소방자격증 **합격교재**

# 소방시설관리사
## 단원별 기출문제집

**1차**

서울고시각

**Stand by
Strategy
Satisfaction**

새로운 출제경향에 맞춘 수험서의 완벽서

# 머리말

　본 교재는 소방시설관리사 필기시험의 기출문제를 단원별, 과목별로 풀이할 수 있도록 구성하였으며 이론과 예상문제를 통한 기초학습 이후 실전대비를 위한 필수 참고자료로서 활용될 것입니다.

　본서는 대영소방전문학원 소방시설관리사 필기강의의 최종 참고자료로 합격의 나침반이 될 것입니다.

## [본서의 특징]

1. 본 교재와 더불어 동영상강의와 연계하면 최종 실력향상에 도움이 됩니다.
2. 단원별, 과목별로 기출문제를 정리함으로써 각 과목에서 높은 점수를 받으실 수 있도록 도움을 드립니다.
3. 소방시설관리사 전체 기출문제를 수록함으로써 시험트렌드를 분석할 수 있습니다.
4. 대영소방전문학원의 강의용 교재로서 교재만으로 활용이 어려운 부분은 홈페이지를 통해 쉽게 해결받을 수 있습니다.
   [www.dyedu.co.kr]

　부족하지만 심혈을 기울여 쓴 본 교재가 수험생 여러분의 합격에 일조할 수 있는 수험서가 되기를 간절히 바라며, 다시 한 번 합격의 영광을 위해 불철주야 공부에 매진하고 있는 수험생 여러분께 가슴으로부터 우러나오는 격려와 애정을 표현하면서 수험생 여러분의 합격을 진심으로 기원합니다.

　끝으로 본서가 나오기까지 물심양면으로 힘써주신 서울고시각 김용관 회장님, 김용성 사장님, 그리고 편집부 직원 여러분께 지면으로나마 감사의 말씀을 전합니다.

편저자 씀

# 시험 GUIDE

- **자격명** : 소방시설관리사

- **영문명** : Fire Facilities Manager

- **관련부처** : 소방청

- **시행기관** : 한국산업인력공단

- **응시자격**

  1. 아래 각 호에 어느 하나에 해당하는 자
     1) 소방기술사・위험물기능장・건축사・건축기계설비기술사・건축전기설비기술사 또는 공조냉동기계기술사
     2) 소방설비기사 자격을 취득한 후 2년 이상 소방청장이 정하여 고시하는 소방에 관한 실무경력(이하 "소방실무경력"이라 함)이 있는 자
     3) 소방설비산업기사 자격을 취득한 후 3년 이상 소방실무경력이 있는 자
     4) 「국가과학기술 경쟁력 강화를 위한 이공계지원 특별법」 제2조 제1호에 따른 이공계(이하 "이공계"라 한다) 분야를 전공한 사람으로서 다음 각 목의 어느 하나에 해당하는 사람
        가. 이공계 분야의 박사학위를 취득한 사람
        나. 이공계 분야의 석사학위를 취득한 후 2년 이상 소방실무경력이 있는 사람
        다. 이공계 분야의 학사학위를 취득한 후 3년 이상 소방실무경력이 있는 사람
     5) 소방안전공학(소방방재공학, 안전공학을 포함)분야를 전공한 후 다음 각 목의 어느 하나에 해당하는 사람
        가. 해당 분야의 석사학위 이상을 취득한 사람
        나. 2년 이상 소방실무경력이 있는 사람
     6) 위험물산업기사 또는 위험물기능사 자격을 취득한 후 3년 이상 소방실무경력이 있는 자
     7) 소방공무원으로 5년 이상 근무한 경력이 있는 자
     8) 소방안전 관련 학과의 학사학위를 취득한 후 3년 이상 소방실무경력이 있는 사람
     9) 산업안전기사 자격을 취득한 후 3년 이상 소방실무경력이 있는 자

10) 다음 각 목의 어느 하나에 해당하는 사람

    가. 특급 소방안전관리대상물의 소방안전관리자로 2년 이상 근무한 실무경력이 있는 사람
    나. 1급 소방안전관리대상물의 소방안전관리자로 3년 이상 근무한 실무경력이 있는 사람
    다. 2급 소방안전관리대상물의 소방안전관리자로 5년 이상 근무한 실무경력이 있는 사람
    라. 3급 소방안전관리대상물의 소방안전관리자로 7년 이상 근무한 실무경력이 있는 사람
    마. 10년 이상 소방실무경력이 있는 사람

    ※ 응시자격 경력 산정 서류심사 기준일은 제1차 시험일임
    ※ 부정행위자로 처분을 받은 자에 대해서는 그 처분이 있는 날로부터 2년간 응시제한
      (소방시설 설치 및 관리에 관한 법률 제26조)

## 2. 결격사유

1) 피성년후견인
2) 「화재의 예방 및 안전관리에 관한 법률」, 「소방시설 설치 및 관리에 관한 법률」, 「소방기본법」, 「소방시설공사업법」 또는 「위험물안전관리법」에 따른 금고 이상의 실형을 선고받고 그 집행이 종료(집행이 종료된 것으로 보는 경우를 포함한다)되거나 집행이 면제된 날부터 2년이 지나지 아니한 사람
3) 「화재의 예방 및 안전관리에 관한 법률」, 「소방시설 설치 및 관리에 관한 법률」, 「소방기본법」, 「소방시설공사업법」 또는 「위험물안전관리법」에 따른 금고 이상의 형의 집행유예의 선고를 받고 그 유예기간 중에 있는 사람
4) 자격이 취소된 날부터 2년이 지나지 아니한 사람

# 시험 GUIDE

## • 시험과목 및 방법

| 구 분 | 교시 | 시험과목 | 시험시간 | 문항수 | 시험방법 |
|---|---|---|---|---|---|
| 제1차 시험 | 1 | 1. 소방안전관리론(연소 및 소화·화재예방관리·건축물 소방 안전기준·인원수용 및 피난계획에 관한 부분에 한함) 및 연소속도·구획화재·연소생성물·연기의 생성 및 이동에 관한 부분에 한함<br>2. 소방수리학·약제화학 및 소방전기(소방관련 전기공사 재료 및 전기제어에 관한 부분에 한함)<br>3. 소방관련법령(「소방기본법」, 동법 시행령 및 동법 시행규칙, 「소방시설공사업법」, 동법 시행령 및 동법 시행규칙, 「화재의 예방 및 안전관리에 관한 법률」, 동법 시행령 및 동법 시행규칙, 「소방시설 설치 및 관리에 관한 법률」, 동법 시행령 및 동법 시행규칙, 「위험물안전관리법」, 동법 시행령 및 시행규칙, 「다중이용업소의 안전관리에 관한 특별법」, 동법 시행령 및 동법 시행규칙)<br>4. 위험물의 성상 및 시설기준<br>5. 소방시설의 구조원리(고장진단 및 정비를 포함) | 09:30 ~11:35 (125분) | 과목별 25문항 (총 125문항) | 객관식 4지택일형 |
| 제2차 시험 | 1 | 소방시설의 점검실무 행정(점검절차 및 점검기구 사용법) | 09:30~11:00 (90분) | 과목별 3문항 (총 6문항) | 논술형 |
| | 2 | 소방시설의 설계 및 시공 | 11:50~13:20 (90분) | | |

## • 합격기준

| 구 분 | 합격결정기준 |
|---|---|
| 제1차 시험 | 매 과목 100점을 만점으로 하여 매 과목 40점 이상, 전 과목 평균 60점 이상 득점한 자 |
| 제2차 시험 | 시험과목별 5인의 채점위원이 각각 채점하는 독립 5심제이며, 최고점수와 최저점수를 제외한 점수가 채점위원 1명당 100점을 만점으로 하여 매 과목 평균 40점 이상 전 과목 평균 60점 이상 득점한 자 |

### • 면제 대상자

#### 1. 과목 일부 면제자

| 번호 | 자격 | 1차 시험 면제 과목 | 2차 시험 면제 과목 |
|---|---|---|---|
| 1 | 소방기술사 자격을 취득한 후 15년 이상 소방실무경력이 있는 자 | 소방수리학·약제화학 및 소방전기(소방 관련 전기공사 재료 및 전기제어에 관한 부분에 한함) | |
| 2 | 소방공무원으로 15년 이상 근무한 경력이 있는 사람으로서 5년 이상 소방청장이 정하여 고시하는 소방 관련 업무 경력이 있는 자 | 소방관련법령 | |
| 3 | 소방기술사·위험물기능장·건축사·건축기계설비기술사·건축전기설비기술사·공조냉동기계기술사 | | 소방시설의 설계 및 시공 |
| 4 | 소방공무원으로 5년 이상 근무한 경력이 있는 자 | | 소방시설의 점검실무 행정 |
| 5 | 소방공무원으로 5년 이상 근무한 경력이 있는 자로서 소방기술사·위험물기능장·건축사·건축기계설비기술사·건축전기설비기술사·공조냉동기계기술사 | | 한 과목 선택하여 응시 가능 |

※ 1, 2호(또는 3, 4호) 모두에 해당하는 사람은 본인이 선택한 한 과목만 면제받을 수 있음

#### 2. 전년도 제1차 시험 합격에 의한 면제자

제1차 시험에 합격한 자에 대하여는 다음 회의 시험에 한하여 제1차 시험을 면제함

# Contents

**Chapter 1** [제1과목] 소방안전관리론 및 화재역학 / 1

- 제24회 소방시설관리사 1차 필기 기출문제 ········································ 3
- 제23회 소방시설관리사 1차 필기 기출문제 ········································ 11
- 제22회 소방시설관리사 1차 필기 기출문제 ········································ 19
- 제21회 소방시설관리사 1차 필기 기출문제 ········································ 27
- 제20회 소방시설관리사 1차 필기 기출문제 ········································ 34
- 제19회 소방시설관리사 1차 필기 기출문제 ········································ 41
- 제18회 소방시설관리사 1차 필기 기출문제 ········································ 48
- 제17회 소방시설관리사 1차 필기 기출문제 ········································ 56
- 제16회 소방시설관리사 1차 필기 기출문제 ········································ 63
- 제15회 소방시설관리사 1차 필기 기출문제 ········································ 71
- 제14회 소방시설관리사 1차 필기 기출문제 ········································ 78
- 제13회 소방시설관리사 1차 필기 기출문제 ········································ 85
- 제12회 소방시설관리사 1차 필기 기출문제 ········································ 91
- 제11회 소방시설관리사 1차 필기 기출문제 ········································ 97
- 제10회 소방시설관리사 1차 필기 기출문제 ········································ 102
- 제9회 소방시설관리사 1차 필기 기출문제 ········································· 108
- 제8회 소방시설관리사 1차 필기 기출문제 ········································· 114
- 제7회 소방시설관리사 1차 필기 기출문제 ········································· 119
- 제6회 소방시설관리사 1차 필기 기출문제 ········································· 125
- 제5회 소방시설관리사 1차 필기 기출문제 ········································· 131
- 제4회 소방시설관리사 1차 필기 기출문제 ········································· 136

**Chapter 2** [제2과목] 소방수리학 / 141

- 제24회 소방시설관리사 1차 필기 기출문제 ········································ 143
- 제23회 소방시설관리사 1차 필기 기출문제 ········································ 145
- 제22회 소방시설관리사 1차 필기 기출문제 ········································ 147
- 제21회 소방시설관리사 1차 필기 기출문제 ········································ 149
- 제20회 소방시설관리사 1차 필기 기출문제 ········································ 151
- 제19회 소방시설관리사 1차 필기 기출문제 ········································ 153
- 제18회 소방시설관리사 1차 필기 기출문제 ········································ 155
- 제17회 소방시설관리사 1차 필기 기출문제 ········································ 158
- 제16회 소방시설관리사 1차 필기 기출문제 ········································ 161
- 제15회 소방시설관리사 1차 필기 기출문제 ········································ 163
- 제14회 소방시설관리사 1차 필기 기출문제 ········································ 165
- 제13회 소방시설관리사 1차 필기 기출문제 ········································ 167
- 제12회 소방시설관리사 1차 필기 기출문제 ········································ 170
- 제11회 소방시설관리사 1차 필기 기출문제 ········································ 172
- 제10회 소방시설관리사 1차 필기 기출문제 ········································ 176
- 제9회 소방시설관리사 1차 필기 기출문제 ········································· 179
- 제8회 소방시설관리사 1차 필기 기출문제 ········································· 181
- 제7회 소방시설관리사 1차 필기 기출문제 ········································· 183
- 제6회 소방시설관리사 1차 필기 기출문제 ········································· 185
- 제5회 소방시설관리사 1차 필기 기출문제 ········································· 188
- 제4회 소방시설관리사 1차 필기 기출문제 ········································· 190

## Chapter 3

### [제2과목] 소방전기 / 193

- 제24회 소방시설관리사 1차 필기 기출문제 ······ 195
- 제23회 소방시설관리사 1차 필기 기출문제 ······ 197
- 제22회 소방시설관리사 1차 필기 기출문제 ······ 200
- 제21회 소방시설관리사 1차 필기 기출문제 ······ 203
- 제20회 소방시설관리사 1차 필기 기출문제 ······ 206
- 제19회 소방시설관리사 1차 필기 기출문제 ······ 209
- 제18회 소방시설관리사 1차 필기 기출문제 ······ 212
- 제17회 소방시설관리사 1차 필기 기출문제 ······ 215
- 제16회 소방시설관리사 1차 필기 기출문제 ······ 218
- 제15회 소방시설관리사 1차 필기 기출문제 ······ 221
- 제14회 소방시설관리사 1차 필기 기출문제 ······ 224
- 제13회 소방시설관리사 1차 필기 기출문제 ······ 226
- 제12회 소방시설관리사 1차 필기 기출문제 ······ 229
- 제11회 소방시설관리사 1차 필기 기출문제 ······ 231
- 제10회 소방시설관리사 1차 필기 기출문제 ······ 233
- 제9회 소방시설관리사 1차 필기 기출문제 ······ 235
- 제8회 소방시설관리사 1차 필기 기출문제 ······ 237
- 제7회 소방시설관리사 1차 필기 기출문제 ······ 240
- 제6회 소방시설관리사 1차 필기 기출문제 ······ 242
- 제5회 소방시설관리사 1차 필기 기출문제 ······ 244
- 제4회 소방시설관리사 1차 필기 기출문제 ······ 247

## Chapter 4

### [제2과목] 약제화학 / 249

- 제24회 소방시설관리사 1차 필기 기출문제 ······ 251
- 제23회 소방시설관리사 1차 필기 기출문제 ······ 253
- 제22회 소방시설관리사 1차 필기 기출문제 ······ 256
- 제21회 소방시설관리사 1차 필기 기출문제 ······ 259
- 제20회 소방시설관리사 1차 필기 기출문제 ······ 261
- 제19회 소방시설관리사 1차 필기 기출문제 ······ 264
- 제18회 소방시설관리사 1차 필기 기출문제 ······ 266
- 제17회 소방시설관리사 1차 필기 기출문제 ······ 268
- 제16회 소방시설관리사 1차 필기 기출문제 ······ 270
- 제15회 소방시설관리사 1차 필기 기출문제 ······ 272
- 제14회 소방시설관리사 1차 필기 기출문제 ······ 274
- 제13회 소방시설관리사 1차 필기 기출문제 ······ 276
- 제12회 소방시설관리사 1차 필기 기출문제 ······ 278
- 제11회 소방시설관리사 1차 필기 기출문제 ······ 281
- 제10회 소방시설관리사 1차 필기 기출문제 ······ 282
- 제9회 소방시설관리사 1차 필기 기출문제 ······ 284
- 제8회 소방시설관리사 1차 필기 기출문제 ······ 287
- 제7회 소방시설관리사 1차 필기 기출문제 ······ 289
- 제6회 소방시설관리사 1차 필기 기출문제 ······ 292
- 제5회 소방시설관리사 1차 필기 기출문제 ······ 293
- 제4회 소방시설관리사 1차 필기 기출문제 ······ 295

# Contents

**Chapter 5**

## [제3과목] 소방관계법령 / 297

- 제24회 소방시설관리사 1차 필기 기출문제 ········· 299
- 제23회 소방시설관리사 1차 필기 기출문제 ········· 311
- 제22회 소방시설관리사 1차 필기 기출문제 ········· 325
- 제21회 소방시설관리사 1차 필기 기출문제 ········· 335
- 제20회 소방시설관리사 1차 필기 기출문제 ········· 346
- 제19회 소방시설관리사 1차 필기 기출문제 ········· 358
- 제18회 소방시설관리사 1차 필기 기출문제 ········· 368
- 제17회 소방시설관리사 1차 필기 기출문제 ········· 381
- 제16회 소방시설관리사 1차 필기 기출문제 ········· 394
- 제15회 소방시설관리사 1차 필기 기출문제 ········· 407
- 제14회 소방시설관리사 1차 필기 기출문제 ········· 422
- 제13회 소방시설관리사 1차 필기 기출문제 ········· 430
- 제12회 소방시설관리사 1차 필기 기출문제 ········· 443
- 제11회 소방시설관리사 1차 필기 기출문제 ········· 451
- 제10회 소방시설관리사 1차 필기 기출문제 ········· 459
- 제9회 소방시설관리사 1차 필기 기출문제 ········· 468
- 제8회 소방시설관리사 1차 필기 기출문제 ········· 478
- 제7회 소방시설관리사 1차 필기 기출문제 ········· 486
- 제6회 소방시설관리사 1차 필기 기출문제 ········· 494
- 제5회 소방시설관리사 1차 필기 기출문제 ········· 500
- 제4회 소방시설관리사 1차 필기 기출문제 ········· 506

**Chapter 6**

## [제4과목] 위험물의 성상 / 515

- 제24회 소방시설관리사 1차 필기 기출문제 ········· 517
- 제23회 소방시설관리사 1차 필기 기출문제 ········· 521
- 제22회 소방시설관리사 1차 필기 기출문제 ········· 525
- 제21회 소방시설관리사 1차 필기 기출문제 ········· 528
- 제20회 소방시설관리사 1차 필기 기출문제 ········· 532
- 제19회 소방시설관리사 1차 필기 기출문제 ········· 535
- 제18회 소방시설관리사 1차 필기 기출문제 ········· 539
- 제17회 소방시설관리사 1차 필기 기출문제 ········· 543
- 제16회 소방시설관리사 1차 필기 기출문제 ········· 546
- 제15회 소방시설관리사 1차 필기 기출문제 ········· 549
- 제14회 소방시설관리사 1차 필기 기출문제 ········· 552
- 제13회 소방시설관리사 1차 필기 기출문제 ········· 556
- 제12회 소방시설관리사 1차 필기 기출문제 ········· 561
- 제11회 소방시설관리사 1차 필기 기출문제 ········· 565
- 제10회 소방시설관리사 1차 필기 기출문제 ········· 569
- 제9회 소방시설관리사 1차 필기 기출문제 ········· 572
- 제8회 소방시설관리사 1차 필기 기출문제 ········· 575
- 제7회 소방시설관리사 1차 필기 기출문제 ········· 578
- 제6회 소방시설관리사 1차 필기 기출문제 ········· 580
- 제5회 소방시설관리사 1차 필기 기출문제 ········· 582
- 제4회 소방시설관리사 1차 필기 기출문제 ········· 585

## Chapter 7

### [제4과목] 위험물의 시설기준 / 587

- 제24회 소방시설관리사 1차 필기 기출문제 ········· 589
- 제23회 소방시설관리사 1차 필기 기출문제 ········· 595
- 제22회 소방시설관리사 1차 필기 기출문제 ········· 600
- 제21회 소방시설관리사 1차 필기 기출문제 ········· 606
- 제20회 소방시설관리사 1차 필기 기출문제 ········· 610
- 제19회 소방시설관리사 1차 필기 기출문제 ········· 613
- 제18회 소방시설관리사 1차 필기 기출문제 ········· 617
- 제17회 소방시설관리사 1차 필기 기출문제 ········· 622
- 제16회 소방시설관리사 1차 필기 기출문제 ········· 627
- 제15회 소방시설관리사 1차 필기 기출문제 ········· 632
- 제14회 소방시설관리사 1차 필기 기출문제 ········· 636
- 제13회 소방시설관리사 1차 필기 기출문제 ········· 640
- 제12회 소방시설관리사 1차 필기 기출문제 ········· 646
- 제11회 소방시설관리사 1차 필기 기출문제 ········· 650
- 제10회 소방시설관리사 1차 필기 기출문제 ········· 654
- 제9회 소방시설관리사 1차 필기 기출문제 ········· 658
- 제8회 소방시설관리사 1차 필기 기출문제 ········· 661
- 제7회 소방시설관리사 1차 필기 기출문제 ········· 666
- 제6회 소방시설관리사 1차 필기 기출문제 ········· 673
- 제5회 소방시설관리사 1차 필기 기출문제 ········· 677
- 제4회 소방시설관리사 1차 필기 기출문제 ········· 681

## Chapter 8

### [제5과목] 소방시설의 구조 및 원리 / 685

- 제24회 소방시설관리사 1차 필기 기출문제 ········· 687
- 제23회 소방시설관리사 1차 필기 기출문제 ········· 696
- 제22회 소방시설관리사 1차 필기 기출문제 ········· 705
- 제21회 소방시설관리사 1차 필기 기출문제 ········· 714
- 제20회 소방시설관리사 1차 필기 기출문제 ········· 724
- 제19회 소방시설관리사 1차 필기 기출문제 ········· 731
- 제18회 소방시설관리사 1차 필기 기출문제 ········· 741
- 제17회 소방시설관리사 1차 필기 기출문제 ········· 753
- 제16회 소방시설관리사 1차 필기 기출문제 ········· 761
- 제15회 소방시설관리사 1차 필기 기출문제 ········· 768
- 제14회 소방시설관리사 1차 필기 기출문제 ········· 777
- 제13회 소방시설관리사 1차 필기 기출문제 ········· 783
- 제12회 소방시설관리사 1차 필기 기출문제 ········· 789
- 제11회 소방시설관리사 1차 필기 기출문제 ········· 795
- 제10회 소방시설관리사 1차 필기 기출문제 ········· 802
- 제9회 소방시설관리사 1차 필기 기출문제 ········· 808
- 제8회 소방시설관리사 1차 필기 기출문제 ········· 814
- 제7회 소방시설관리사 1차 필기 기출문제 ········· 819
- 제6회 소방시설관리사 1차 필기 기출문제 ········· 824
- 제5회 소방시설관리사 1차 필기 기출문제 ········· 830
- 제4회 소방시설관리사 1차 필기 기출문제 ········· 835

소방시설관리사 기출문제집[필기]

CHAPTER 01

[제1과목]
# 소방안전관리론 및 화재역학

소방시설관리사 기출문제집 [필기]

# 2024 제24회 소방시설관리사 1차 필기 기출문제
## [제1과목 : 소방안전관리론 및 화재역학]

**01** 고체 가연물의 연소방식이 아닌 것은?
① 표면연소
② 예혼합연소
③ 분해연소
④ 자기연소

**해설** 고체 가연물의 연소
㉠ 표면연소 : 가연성 기체의 발생 없이 고체 표면에서 불꽃을 내지 않고 연소하는 형태이다. 불꽃연소에 비해 연소열량이 적고 연소속도가 느려 화재에 대한 위험성은 크지 않다.
　예 코크스, 목탄, 금속분 등
㉡ 분해연소 : 가연물이 열분해를 통하여 여러 가지 가연성 기체가 발생되어 연소하는 형태
　예 목재, 종이, 섬유, 플라스틱 등
㉢ 증발연소 : 승화성 물질의 단순 증발에 의해 발생된 가연성 기체가 연소하는 형태
　예 황, 나프탈렌, 장뇌 등 승화성 물질, 파라핀(양초)의 연소
㉣ 자기연소 : 가연물 내에 산소를 함유하는 물질이 연소하는 형태이며, 외부로부터 산소공급이 없이도 연소가 진행될 수 있어 연소속도가 매우 빨라 폭발적으로 연소한다.
　예 질산에스터류, 셀룰로이드류, 나이트로화합물류 등

**참고** 예혼합연소
기체의 연소형태로서 가연성기체와 공기를 적당한 혼합비로 미리 혼합시킨 후 연소하는 형태. 비화재 시 해당하며 연소효율을 높이기 위해 인위적 조작 필요

**02** 면적이 0.12m²인 합판이 완전 연소 시 열방출량(kW)은? (단, 평균질량 감소율은 1800g/m²·min, 연소열은 25kJ/g, 연소효율은 50%로 가정한다.)
① 45
② 270
③ 450
④ 2700

**해설** 열방출량
$HRR = 25kJ/g \times 1800g/m^2 \cdot \min \times 0.12m^2$
$\qquad \times 0.5 \times \dfrac{1\min}{60\sec}$
$\quad = 45kJ/\sec$
$\quad = 45kW$

**03** 내화건축물의 구획실 내에서 가연물의 연소 시, 최성기의 지배적 열전달로 옳은 것은?
① 확산
② 전도
③ 대류
④ 복사

**해설** 화재 성상에 따른 지배적 열전달
최성기 때의 지배적인 열전달현상은 복사이다.
• 초기 : 전도, 복사
• 성장기(중기) : 대류

**04** 최소발화에너지(MIE)에 영향을 주는 요소에 관한 내용으로 옳은 것은? (단, 일반적인 경향성으로 예외는 적용하지 않는다.)
① 온도가 낮을수록 MIE는 감소한다.
② 압력이 상승하면 MIE는 증가한다.
③ 산소농도가 증가할수록 MIE는 감소한다.
④ MIE는 화학양론적 조성 부근에서 가장 크다.

**해설** ① 온도가 낮을수록 MIE는 증가한다.
② 압력이 상승하면 MIE는 감소한다.
④ MIE는 화학양론적 조성 부근에서 가장 작다.
※ MIE는 작을수록 위험하다.

정답 01.② 02.① 03.④ 04.③

## 05
표준상태에서, 5몰(mol)의 프로페인가스($C_3H_8$)가 완전연소를 하는데 발생하는 이산화탄소($CO_2$)의 부피($m^3$)는?

① 0.336  ② 0.560
③ 336　　④ 560

**해설** $5C_3H_8 + 25O_2 \rightarrow 15CO_2 + 20H_2O + Q\,kcal$
프로페인 5mol 연소시 생성되는 이산화탄소는 15mol
따라서 $15mol \times 22.4 l/mol = 336 l = 0.336 m^3$

## 06
물질을 연소시키는 열에너지원의 종류와 발생되는 열원의 연결이 옳은 것을 모두 고른 것은?

> ㄱ. 전기적 에너지 – 유도열, 아크열
> ㄴ. 기계적 에너지 – 마찰열, 압축열
> ㄷ. 화학적 에너지 – 연소열, 자연발열

① ㄱ
② ㄱ, ㄴ
③ ㄴ, ㄷ
④ ㄱ, ㄴ, ㄷ

**해설** 점화원의 종류
1) 기계열 : 압축열, 마찰열, 단열압축
2) 전기열 : 유도열, 유전열, 아크열, 저항열, 정전기열, 낙뢰
3) 화학열 : 연소열, 분해열, 용해열, 생성열, 자연발화열

### 기계적 에너지(Mechanical Heat Energy)
㉠ 마찰열(Frictional Heat)
  물체 간의 마찰에 의하여 발생하는 열이다.
  예 벨트와 롤러 사이에서 발생하는 열, 그라인더에서 불꽃이 튀는 것
㉡ 마찰스파크(Friction Spark)
  고체 물체끼리의 충돌에 의해 발생되는 순간적인 스파크
㉢ 압축열(Heat of Compression)
  기체를 압축하면 기체 분자들 간의 충돌횟수가 증가하고 이로 인하여 내부에너지가 상승하면서 발생되는 열

### 전기적 에너지(Electrical Heat Energy)
㉠ 저항가열(Resistance Heating)
  도체에 전류가 흐를 때 도체물질의 전기저항으로 인하여 전기에너지가 열에너지로 전환되면서 열을 발생하는 것
  예 백열전구의 발열

> **저항열 발생식**
> $H = 0.24 I^2 R t$
> $H$ : 발생열(cal), $I$ : 전류의 세기(A), $R$ : 저항($\Omega$), $t$ : 전류가 흐르는 시간(sec)

㉡ 유도가열(Induction Heating)
  도체 주위에 변화하는 자장이 존재하면 전위차를 발생하고 이 전위차로 인하여 전류의 흐름이 일어난다. 이 전류에 대한 저항으로 발열이 일어나지만 발열의 원인이 자장의 변화에 의한 것이므로 유도가열로 구분한다.
㉢ 유전가열(Dielectric Heating)
  전기절연물이라 할지라도 실제로는 완전한 절연능력을 갖지 못하므로 절연불량으로 인하여 미약한 전류가 흐르는데 이러한 누설전류에 의해 발열하는 것을 유전가열이라 한다.
㉣ 아크가열(Heat from Arcing)
  보통 전류가 흐르는 회로나 개폐기 등의 우발적인 접촉 혹은 접점이 느슨해져 전류가 끊길 때 발생하는 열이다. 아크의 온도는 매우 높기 때문에 방출되는 열이 가연성 또는 인화성 물질을 점화시킬 수 있다.
㉤ 정전기가열(Static Electricity Heating)
  일명 마찰전기라고도 하며 두 물질이 접촉되었다가 떨어질 때 그 물질표면에 축적된 전하가 양이고 다른 물질의 표면이 음으로 대전될 때 발생된다. 발생에너지가 그리 크지 않으므로 일반가연물은 착화시킬 수 없지만 착화에너지가 작은 가연성 기체는 착화시킬 수 있다.

> **정전기에 의한 발화 진행과정**
> 전하의 발생 – 정전기의 축적 – 스파크 방전 – 발화

㉥ 낙뢰에 의한 발열(Heat Generated by Lightning)
  번개가 나무나 돌과 같은 저항이 큰 물질에 부딪치게 되면 많은 열이 발생된다.

**07** 두께 3cm인 내열판의 한쪽 면의 온도는 400℃, 다른 쪽 면의 온도는 40℃일 때, 이 판을 통해 일어나는 열유속(W/m²)은? (단, 내열판의 열전도도는 0.1W/m·℃이다.)

① 1.2
② 12
③ 120
④ 1200

**해설** 전도열량(W/m²)

$$Q = \frac{\lambda A(T_2 - T_1)}{l}$$

$$= \frac{0.1 W/m℃ \times 1m^2 \times (400-40)℃}{0.03m}$$

$$= 1200 W/m^2$$

**8** 연소생성물과 주요 특성의 연결로 옳지 않은 것은?

① CO – 헤모글로빈과 결합해 산소운반기능 약화
② $H_2S$ – 계란 썩은 냄새
③ $COCl_2$ – 맹독성 가스로 허용농도는 0.1ppm
④ HCN – 맹독성 가스로 0.3ppm의 농도에서 즉사

**해설** HCN(시안화수소)
맹독성의 무색기체로 청산이라고 불리며 0.3% 이상의 농도에서 즉사
허용농도 : 10ppm

**09** 다음에서 설명하는 것은?

> 건축물 내부와 외부의 온도차·공기 밀도차로 인하여 발생하며, 일반적으로 저층보다 고층건물에서 더 큰 효과를 나타낸다.

① 플래시오버
② 백드래프트
③ 굴뚝효과
④ 롤오버

**해설** 굴뚝효과에 영향을 주는 요인
㉠ 건물의 높이　　㉡ 외벽의 기밀성
㉢ 건물의 층간 공기 누출　㉣ 누설틈새
㉤ 건물의 구획　　㉥ 공조시설의 종류
㉦ 내·외부의 온도차

**굴뚝효과(Stack Effect)**
화재 시 실내·외 온도차가 커서 건물 내부와 외부의 압력 차이로 부력이 발생하여 저층부에 공기가 유입되어 연기가 수직공간을 따라 상승하는 현상

**10** 건축물의 피난·방화구조 등의 기준에 관한 규칙상 방화구획의 설치 기준 중 ( )에 들어갈 내용으로 옳은 것은?

> • 10층 이하의 층은 바닥면적 ( ㄱ )제곱미터(스프링클러 기타 이와 유사한 자동식 소화설비를 설치한 경우가 아님) 이내마다 구획할 것
> • 11층 이상의 층은 바닥면적 ( ㄴ )제곱미터(스프링클러 기타 이와 유사한 자동식 소화설비를 설치한 경우가 아님) 이내마다 구획할 것(다만, 벽 및 반자의 실내에 접하는 부분이 마감을 불연재료로 한 경우가 아님)

① ㄱ : 500　　ㄴ : 200
② ㄱ : 500　　ㄴ : 300
③ ㄱ : 1000　ㄴ : 200
④ ㄱ : 1000　ㄴ : 300

**해설** 방화구획

| 구획 종류 | 구획단위 | 구획부분의 구조 |
|---|---|---|
| 면적별 구획 | ㉠ 10층 이하의 층 : 바닥면적 1,000[m²] 이내마다 구획(자동식 소화설비가 설치된 경우 : 3,000[m²] 이내마다 구획) ㉡ 11층 이상의 층 : 바닥면적 200[m²] 이내마다 구획(자동식 소화설비가 설치된 경우 : 600[m²] 이내마다 구획) ㉢ 11층 이상의 층(불연재료로 사용한 경우) : 바닥면적 500[m²] 이내마다 구획(자동식 소화설비가 설치된 경우 : 1,500[m²] 이내마다 구획) | ㉠내화구조의 바닥, 벽 ㉡60분+ 또는 60분 방화문 ㉢자동방화셔터 |
| 층별 구획 | 매 층마다 구획 | |
| 용도별 구획 | 주요 구조부를 내화구조로 하여야 하는 대상부분과 기타 부분 사이의 구획 | |
| 목조 건축물 등의 방화벽 | 바닥면적 1,000[m²] 이내마다 구획 | ㉠방화벽 ㉡60분+ 또는 60분 방화문 |

정답　07.④　08.④　09.③　10.③

**11** 건축물의 피난·방화구조 등의 기준에 관한 규칙상 내화구조로 옳지 않은 것은?

① 벽의 경우에는 철골철근콘크리트조로서 두께가 10센티미터 이상인 것
② 기둥의 경우에는 철근콘크리트조로서 그 작은 지름이 15센티미터 이상인 것(다만, 고강도 콘크리트를 사용하는 경우가 아님)
③ 바닥의 경우에는 철재의 양면을 두께 5센티미터 이상의 철망모르타르 또는 콘크리트로 덮은 것
④ 지붕의 경우에는 철골철근콘크리트조

**해설** 내화구조의 기준
㉠ 내화구조

| 내화구분 | | 내화구조의 기준 |
|---|---|---|
| 벽 | 모든 벽 | ① 철근콘크리트조 또는 철골·철근콘크리트조로서 두께가 10[cm] 이상인 것<br>② 골구를 철골조로 하고 그 양면을 두께 4[cm] 이상의 철망모르타르로 덮은 것<br>③ 두께 5[cm] 이상의 콘크리트 블록·벽돌 또는 석재로 덮은 것<br>④ 철재로 보강된 콘크리트블록조·벽돌조 또는 석조로서 철재에 덮은 두께가 5[cm] 이상인 것<br>⑤ 벽돌조로서 두께가 19[cm] 이상인 것<br>⑥ 고온·고압의 증기로 양생된 경량기포 콘크리트패널 또는 경량기포 콘크리트블록조로서 두께가 10[cm] 이상인 것 |
| | 외벽 중 비내력벽 | ① 철근콘크리트조 또는 철골·철근콘크리트조로서 두께가 7[cm] 이상인 것<br>② 골구를 철골조로 하고 그 양면을 두께 3[cm] 이상의 철망모르타르로 덮은 것<br>③ 두께 4[cm] 이상의 콘크리트 블록·벽돌 또는 석재로 덮은 것<br>④ 무근콘크리트조·콘크리트블록조·벽돌조 또는 석조로서 두께가 7[cm] 이상인 것 |
| 기둥 (작은 지름이 25[cm] 이상인 것) | | ① 철근콘크리트조 또는 철골·철근콘크리트조<br>② 철골을 두께 6[cm] 이상의 철망모르타르로 덮은 것<br>③ 철골을 두께 7[cm] 이상의 콘크리트 블록·벽돌 또는 석재로 덮은 것<br>④ 철골을 두께 5[cm] 이상의 콘크리트로 덮은 것 |
| 바닥 | | ① 철근콘크리트조 또는 철골·철근콘크리트조로서 두께가 10[cm] 이상인 것<br>② 철재로 보강된 콘크리트블록조·벽돌조 또는 석조로서 철재에 덮은 콘크리트블록 등의 두께가 5[cm] 이상인 것<br>③ 철재의 양면을 두께 5[cm] 이상의 철망모르타르 또는 콘크리트로 덮은 것 |
| 보 | | ① 철근콘크리트조 또는 철골·철근콘크리트조<br>② 철골을 두께 6[cm] 이상의 철망모르타르로 덮은 것<br>③ 철골을 두께 5[cm] 이상의 콘크리트조로 덮은 것 |

㉡ 방화구조

| 구조내용 | 방화구조의 기준 |
|---|---|
| • 철망 모르타르 바르기 | 바름 두께가 2[cm] 이상인 것 |
| • 석고판 위에 시멘트 모르타르 또는 회반죽을 바른 것<br>• 시멘트 모르타르 위에 타일을 붙인 것 | 두께의 합계가 2.5[cm] 이상인 것 |
| • 심벽에 흙으로 맞벽치기한 것<br>• 「산업표준화법」에 따른 한국산업표준(이하 "한국산업표준"이라 한다)에 따라 시험한 결과 방화 2급 이상에 해당하는 것 | 그대로 모두 인정됨 |

**12** 건축물의 피난·방화구조 등의 기준에 관한 규칙 및 건축법령상 소방관의 진입창의 기준으로 옳은 것은?

① 3층 이상 11층 이하인 층에 각각 1개소 이상 설치할 것. 이 경우 소방관이 진입할 수 있는 창의 가운데에서 벽면 끝까지의 수평거리가 50미터 이상인 경우에는 50미터 이내마다 소방관이 진입할 수 있는 창을 추가로 설치해야 한다.
② 창문의 가운데에 지름 30센티미터 이상의 삼각형을 야간에도 알아볼 수 있도록 빛 반사 등으로 붉은색으로 표시할 것
③ 창문의 한쪽 모서리에 타격지점을 지름 3센티미터 이상의 원형으로 표시할 것
④ 창문의 크기는 폭 75센티미터 이상, 높이 1.1미터 이상으로 하고, 실내 바닥면으로부터 창의 아랫부분까지의 높이는 80센티미터 이내로 할 것

정답 11.② 12.③

**해설** 건축물의 피난·방화구조 등의 기준에 관한 규칙
제18조의2(소방관 진입창의 기준)
법 제49조제3항에서 "국토교통부령으로 정하는 기준"이란 다음 각 호의 요건을 모두 충족하는 것을 말한다.
1. 2층 이상 11층 이하인 층(직접 지상으로 통하는 출입구가 있는 층은 제외한다)에 각각 1개소 이상 설치할 것. 이 경우 소방관이 진입할 수 있는 창의 가운데에서 벽면 끝까지의 수평거리가 40미터 이상인 경우에는 40미터 이내마다 소방관이 진입할 수 있는 창을 추가로 설치해야 한다.
2. 소방차 진입로 또는 소방차 진입이 가능한 공터에 면할 것
3. 창문의 가운데에 지름 20센티미터 이상의 역삼각형을 야간에도 알아볼 수 있도록 빛 반사 등으로 붉은색으로 표시할 것
4. 창문의 한쪽 모서리에 타격지점을 지름 3센티미터 이상의 원형으로 표시할 것
5. 창문 유리의 크기는 폭 90센티미터 이상, 높이 1미터 이상으로 하고, 실내 바닥면으로부터 창의 아랫부분까지의 높이는 80센티미터[난간이 설치된 노대등(영 제40조제1항에 따른 노대등을 말한다)에 불가피하게 소방관 진입창을 설치하는 경우에는 120센티미터] 이내로 할 것
6. 다음 각 목의 어느 하나에 해당하는 유리를 사용할 것
   가. 플로트판유리로서 그 두께가 6밀리미터 이하인 것
   나. 강화유리 또는 배강도유리로서 그 두께가 5밀리미터 이하인 것
   다. 가목 또는 나목에 해당하는 유리로 구성된 이중유리
   라. 가목 또는 나목에 해당하는 유리로 구성된 삼중유리. 이 경우 각각의 유리에 비산방지필름을 부착하는 경우에는 그 필름 두께를 50마이크로미터 이하로 해야 한다.

**13** 내화건축물과 비교한 목조건축물의 화재특성에 관한 설명으로 옳은 것은?
① 공기의 유입이 불충분하여 발염연소가 억제된다.
② 건축물의 구조와 특성상 열이 외부로 방출되는 것보다 축적되는 것이 많다.
③ 화재 시 연기 등 연소생성물이 계단이나 복도 등을 따라 상층부로 이동하는 경향이 있다.
④ 화염의 분출면적이 크고 복사열이 커서 접근하기 어렵다.

**해설** 목조건축물화재의 특징
㉠ 공기유입이 충분하여 발염연소가 확대된다.
㉡ 열이 외부로 분출되기 쉽다.
㉢ 직접적으로 건물의 외부로 연기가 이동한다.
㉣ 화재 분출면적이 크고 복사열이 크다.

**14** 건축물의 피난·방화구조 등의 기준에 관한 규칙상 지하층의 비상탈출구의 기준으로 옳은 것은? (단, 주택의 경우에는 해당되지 않음)
① 비상탈출구의 유효너비는 0.6미터 이상으로 하고, 유효높이는 1.2미터 이상으로 할 것
② 비상탈출구는 출입구로부터 2미터 이상 떨어진 곳에 설치할 것
③ 지하층의 바닥으로부터 비상탈출구의 아랫부분까지의 높이가 1.1미터 이상이 되는 경우에는 벽체에 발판의 너비가 26센티미터 이상인 사다리를 설치할 것
④ 피난층 또는 지상으로 통하는 복도나 직통계단까지 이르는 피난통로의 유효너비는 0.75미터 이상으로 하고, 피난통로의 실내에 접하는 부분의 마감과 그 바탕은 불연재료로 할 것

**해설** 비상탈출구 설치기준
1. 비상탈출구의 유효너비는 0.75미터 이상으로 하고, 유효높이는 1.5미터 이상으로 할 것
2. 비상탈출구의 문은 피난방향으로 열리도록 하고, 실내에서 항상 열 수 있는 구조로 하여야 하며, 내부 및 외부에는 비상탈출구의 표시를 할 것
3. 비상탈출구는 출입구로부터 3미터 이상 떨어진 곳에 설치할 것
4. 지하층의 바닥으로부터 비상탈출구의 아랫부분까지의 높이가 1.2미터 이상이 되는 경우에는 벽체에 발판의 너비가 20센티미터 이상인 사다리를 설치할 것
5. 비상탈출구는 피난층 또는 지상으로 통하는 복도나 직통계단에 직접 접하거나 통로 등으로 연결될 수 있도록 설치하여야 하며, 피난층 또는 지상으로 통하는 복도나 직통계단까지 이르는 피난통로의 유효너비는 0.75미터 이상으로 하고, 피난통로의 실내에 접하는 부분의 마감과 그 바탕은 불연재료로 할 것

정답 13.④ 14.④

6. 비상탈출구의 진입부분 및 피난통로에는 통행에 지장이 있는 물건을 방치하거나 시설물을 설치하지 아니할 것
7. 비상탈출구의 유도등과 피난통로의 비상조명등의 설치는 소방법령이 정하는 바에 의할 것

**15** 건축물의 피난·방화구조 등의 기준에 관한 규칙상 피난안전구역의 구조 및 설비기준으로 옳지 않은 것은? (단, 초고층건축물과 준초고층건축물에 한함)

① 피난안전구역의 내부마감재료는 불연재료로 설치할 것
② 건축물의 내부에서 피난안전구역으로 통하는 계단은 피난계단의 구조로 설치할 것
③ 비상용 승강기는 피난안전구역에서 승하차할 수 있는 구조로 설치할 것
④ 피난안전구역의 높이는 2.1미터 이상일 것

**해설** 피난안전구역 구조 및 설비기준
건축물의 내부에서 피난안전구역으로 통하는 계단은 특별피난계단의 구조로 설치할 것

**16** 건축물의 피난·방화구조 등의 기준에 관한 규칙상 건축물에 설치하는 계단의 기준 중 ( )에 들어갈 내용으로 옳은 것은? (단, 연면적 200제곱미터를 초과하는 건축물임)

> 초등학교의 계단인 경우에는 계단 및 계단참의 유효너비는 ( ㄱ )센티미터 이상, 단높이는 ( ㄴ )센티미터 이하, 단너비는 ( ㄷ )센티미터 이상으로 할 것

① ㄱ : 120, ㄴ : 16, ㄷ : 26
② ㄱ : 120, ㄴ : 18, ㄷ : 30
③ ㄱ : 150, ㄴ : 16, ㄷ : 26
④ ㄱ : 150, ㄴ : 18, ㄷ : 30

**해설** 건축물의 계단 설치기준
계단을 설치하는 경우 계단 및 계단참의 너비(옥내계단에 한정한다), 계단의 단높이 및 단너비의 치수는 다음 각 호의 기준에 적합해야 한다. 이 경우 돌음계단의 단너비는 그 좁은 너비의 끝부분으로부터 30센티미터의 위치에서 측정한다.

1. 초등학교의 계단인 경우에는 계단 및 계단참의 유효너비는 150센티미터 이상, 단높이는 16센티미터 이하, 단너비는 26센티미터 이상으로 할 것
2. 중·고등학교의 계단인 경우에는 계단 및 계단참의 유효너비는 150센티미터 이상, 단높이는 18센티미터 이하, 단너비는 26센티미터 이상으로 할 것
3. 문화 및 집회시설(공연장·집회장 및 관람장에 한한다)·판매시설 기타 이와 유사한 용도에 쓰이는 건축물의 계단인 경우에는 계단 및 계단참의 유효너비를 120센티미터 이상으로 할 것
4. 제1호부터 제3호까지의 건축물 외의 건축물의 계단으로서 다음 각 목의 어느 하나에 해당하는 층의 계단인 경우에는 계단 및 계단참은 유효너비를 120센티미터 이상으로 할 것
   가. 계단을 설치하려는 층이 지상층인 경우 : 해당 층의 바로 위층부터 최상층(상부층 중 피난층이 있는 경우에는 그 아래층을 말한다)까지의 거실 바닥면적의 합계가 200제곱미터 이상인 경우
   나. 계단을 설치하려는 층이 지하층인 경우 : 지하층 거실 바닥면적의 합계가 100제곱미터 이상인 경우
5. 기타의 계단인 경우에는 계단 및 계단참의 유효너비를 60센티미터 이상으로 할 것
6. 「산업안전보건법」에 의한 작업장에 설치하는 계단인 경우에는 「산업안전 기준에 관한 규칙」에서 정한 구조로 할 것

**17** 메테인(methane)의 완전연소반응식이 다음과 같을 때, 메테인의 발열량(kcal)은?

> $CH_4 + 2O_2 \rightarrow CO_2 + 2H_2O + Q\,kcal$
> 다만, 표준상태에서 메테인, 이산화탄소, 물의 생성열은 각각 17.9kcal, 94.1kcal, 57.8kcal이다.

① 187.7　　② 191.8
③ 201.4　　④ 229.3

**해설** 발열 반응열 = 생성물의 생성열 − 반응물의 생성열
$Q = (94.1\,kcal + 57.8\,kcal \times 2) - 17.9\,kcal$
$= 191.8\,kcal$

**18** 제1인산암모늄의 열분해 생성물 중 부촉매 소화작용에 해당하는 것은?

① $NH_3$　　　② $HPO_3$
③ $H_3PO_4$　　④ $NH_4^+$

**해설** 분말소화약제의 열분해 반응식

| 종류 | 주성분 | 착색 | 적응화재 | 열분해 반응식 |
|---|---|---|---|---|
| 제1종 분말 | 탄산수소나트륨 ($NaHCO_3$) | 백색 | B, C | $2NaHCO_3 \rightarrow Na_2CO_3 + CO_2 + H_2O$ |
| 제2종 분말 | 탄산수소칼륨 ($KHCO_3$) | 담자색 | B, C | $2KHCO_3 \rightarrow K_2CO_3 + CO_2 + H_2O$ |
| 제3종 분말 | 제일인산암모늄 ($NH_4H_2PO_4$) | 담홍색 | A, B, C | $NH_4H_2PO_4 \rightarrow HPO_3 + NH_3 + H_2O$ |
| 제4종 분말 | 탄산수소칼륨+요소 ($KHCO_3 + (NH_2)_2CO$) | 회백색 | B, C | $2KHCO_3 + (NH_2)_2CO \rightarrow K_2CO_3 + 2NH_3 + 2CO_2$ |

**19** 화재 시 발생하는 일산화탄소(CO)에 관한 설명으로 옳지 않은 것은?

① 일산화탄소의 농도는 분해 생성물의 양에 반비례한다.
② 공기가 부족할 때 또는 환기량이 적을수록 증가한다.
③ 셀룰로오스계 가연물 연소 시 또는 화재하중이 클수록 증가한다.
④ OH 라디칼은 일산화탄소의 산화에 결정적인 요소이다.

**해설** 일산화탄소
일산화탄소의 농도는 분해생성물의 양에 비례한다.

**20** 가연성액화가스 저장탱크 주변 화재로 BLEVE 발생 시 Fire Ball 형성에 영향을 미치는 요인이 아닌 것은?

① 높은 연소열
② 넓은 폭발범위
③ 높은 증기밀도
④ 연소 상한계에 가까운 조성

**해설** Fire ball 형성요인
㉠ 넓은 연소(폭발)범위
㉡ 높은 연소열
㉢ 증기, 공기 혼합물의 조성(완전연소 조건)

**21** 연소범위(폭발범위)에 관한 설명으로 옳지 않은 것은?

① 불활성 가스를 첨가할수록 연소범위는 좁아진다.
② 온도가 높아질수록 폭발범위는 넓어진다.
③ 혼합기를 이루는 공기의 산소농도가 높을수록 연소범위는 좁아진다.
④ 가연물의 양과 유동상태 및 방출속도 등에 따라 영향을 받는다.

**해설** 연소범위
※ 불활성 가스를 첨가할수록 연소범위는 좁아진다(안전해진다).
㉠ 온도가 높을수록 연소범위는 넓어진다.
㉡ 불활성 가스를 첨가하면 연소범위는 좁아진다.
㉢ 산소농도가 높을수록 연소범위는 넓어진다.

**22** 연소 시 산소공급원의 역할에 관한 설명으로 옳은 것은?

① 염소($Cl_2$)는 조연성 가스로서 산소공급원의 역할을 할 수 있다.
② 일산화탄소(CO)는 불연성 가스로서 산소공급원의 역할을 할 수 없다.
③ 이산화질소($NO_2$)는 가연성 가스로서 산소공급원의 역할을 할 수 있다.
④ 수소($H_2$)는 인화성 가스로서 산소공급원의 역할을 할 수 있다.

**해설**
• 조연성가스(=지연성가스) : 공기, 산소, 오존, 염소, 불소
• 가연성가스 : 수소, 메탄, 일산화탄소, 천연가스, 부탄, 에탄, 암모니아, 프로판

정답　18.④　19.①　20.③　21.③　22.①

**23** 분말소화약제인 탄산수소나트륨 84g이 1기압(atm), 270℃에서 분해되었다. 이때, 분해 생성된 이산화탄소의 부피(L)는 약 얼마인가?

① 11.1　　② 22.3
③ 28.6　　④ 44.6

**해설** 270℃ 열분해 반응식
$2NaHCO_3 \rightarrow Na_2CO_3 + CO_2 + H_2O$
$NaHCO_3$ 1mol = 84g
$NaHCO_3$ 2mol 분해 시 $CO_2$ 1mol 생성
따라서 생성되는 $CO_2$는 0.5mol

$$V = \frac{nRT}{P}$$
$$= \frac{0.5 \times 0.082 \times (273+270)}{1}$$
$$= 22.263 L$$

**24** 가시거리의 한계치를 연기의 농도로 환산한 감광계수($m^{-1}$)와 가시거리(m)에 관한 설명으로 옳은 것은?

① 감광계수 0.1은 연기감지기가 작동할 정도이다.
② 감광계수 0.3은 가시거리 2이다.
③ 감광계수 1은 어두침침한 것을 느끼는 정도이다.
④ 감광계수로 표시한 연기의 농도와 가시거리는 비례관계를 갖는다.

**해설** 감광계수에 따른 가시거리

| 감광계수 | 가시거리 | 상황 설명 |
|---|---|---|
| 0.1Cs | 20~30m | • 희미하게 연기가 감도는 정도의 농도<br>• 연기감지기가 작동되는 농도<br>• 건물구조에 익숙지 않은 사람이 피난에 지장을 받을 수 있는 농도 |
| 0.3Cs | 5m | 건물구조를 잘 아는 사람이 피난에 지장을 받을 수 있는 농도 |
| 0.5Cs | 3m | 약간 어두운 정도의 농도 |
| 1.0Cs | 1~2m | 전방이 거의 보이지 않을 정도의 농도 |
| 10Cs | 수십cm | • 최성기 때 화재층의 연기 농도<br>• 유도등도 보이지 않는 암흑상태의 농도 |
| 30Cs | - | 출화실에서 연기가 배출될 때의 농도 |

**25** 분말소화기의 특성에 관한 설명으로 옳지 않은 것은?

① 분말소화약제의 분해 반응 시 발열반응을 한다.
② 축압식소화기는 소화분말을 채운 용기에 이산화탄소 또는 질소가스로 축압시킨다.
③ 인산암모늄 소화기의 열분해 생성물은 메타인산, 암모니아, 물이다.
④ 제3종 분말소화기는 A급, B급, C급 화재에 모두 적응성이 있다.

**해설** 분말소화약제의 종류 및 특징

| 약제 종류 | 주성분 | 열분해 반응식 | 착색 | 적응 화재 |
|---|---|---|---|---|
| 제1종 분말 | 탄산수소나트륨 ($NaHCO_3$) | $2NaHCO_3 \xrightarrow{\Delta} Na_2CO_3 + CO_2 + H_2O - Q$ kcal | 백색 | B, C급 |
| 제2종 분말 | 탄산수소칼륨 ($KHCO_3$) | $2KHCO_3 \xrightarrow{\Delta} K_2CO_3 + CO_2 + H_2O - Q$ kcal | 보라색 (담자색) | B, C급 |
| 제3종 분말 | 인산암모늄 ($NH_4H_2PO_4$) | $NH_4H_2PO_4 \xrightarrow{\Delta} NH_3 + HPO_3 + H_2O - Q$ kcal<br>★ 제3종분말이 A급화재에도 적응성이 있는 이유는 $HPO_3$(메타인산)의 **방진작용** 때문 | 핑크색 (담홍색) | A, B, C급 |
| 제4종 분말 | 탄산수소칼륨+요소 ($KHCO_3 + NH_2CONH_2$) | $2KHCO_3 + NH_2CONH_2 \xrightarrow{\Delta} 2NH_3 + K_2CO_3 + 2CO_2 - Q$ kcal | 회색 | B, C급 |

# 2023 제23회 소방시설관리사 1차 필기 기출문제
[제1과목 : 소방안전관리론 및 화재역학]

**01** Methane 20 vol%, Butane 30 vol%, Propane 50 vol%인 혼합기체의 공기 중 폭발하한계는 약 몇 vol% 인가? (단, 공기 중 각 가스의 폭발하한계는 Methane 5.0 vol%, Butane 1.8 vol%, Propane 2.1 vol% 임)

① 1.86  ② 2.25
③ 2.86  ④ 3.29

**해설**
$$\frac{100}{L} = \frac{V_1}{L_1} + \frac{V_2}{L_2} + \frac{V_3}{L_3}$$

$$L = \frac{100}{\frac{V_1}{L_1} + \frac{V_2}{L_2} + \frac{V_3}{L_3}} = \frac{100}{\frac{20}{5.0} + \frac{30}{1.8} + \frac{50}{2.1}}$$

$$= 2.248 \fallingdotseq 2.25\%$$

**02** 다음에서 설명하고 있는 현상은?

> 밀폐된 유류저장탱크가 가열로 인해 유류의 비등과 압력상승으로 폭발하는 현상으로 점화원에 의해 분출된 유증기가 착화되어 저장탱크 위쪽에 공 모양의 화구를 형성하기도 한다.

① Boil Over
② Slop Over
③ UVCE(Unconfined Vapor Cloud Explosion)
④ BLEVE(Boiling Liquid Expanding Vapor Explosion)

**해설**
**블레비(BLEVE, Boiling Liquid Expanding Vapor Explosion)**
액화가스 저장탱크의 누설로 부유 또는 확산된 액화가스가 착화원과 접촉하여 액화가스가 공기중으로 확산, 폭발하는 현상

**증기운 폭발**
저장탱크에서 유출된 가스가 대기 중의 공기와 혼합하여 구름을 형성하여 떠다니다가 점화원과 접촉하면 격렬하게 폭발하여 Fire Ball을 형성하는 것으로 영어로는 VCE(Vapor Cloud Explosion) 또는 UVCE(Unconfined Vapor Cloud Explosion)이라고 한다.

**03** 다음 ( )에 들어갈 내용으로 옳은 것은?

> 가. GWP
> $= \dfrac{\text{비교물질 }1kg\text{이 기여하는 지구온난화 정도}}{(\;\lnot\;)1kg\text{이 기여하는 지구온난화 정도}}$
>
> 나. ODP $= \dfrac{\text{비교물질 }1kg\text{이 파괴하는 오존량}}{(\;\llcorner\;)1kg\text{이 파괴하는 오존량}}$

① ㄱ : CO, ㄴ : CFC-11
② ㄱ : CFC-12, ㄴ : CO
③ ㄱ : $CO_2$, ㄴ : CFC-11
④ ㄱ : CFC-12, ㄴ : $CO_2$

**해설**
오존파괴지수(ODP ; Ozone Depletion Potential)
$$ODP = \frac{\text{어떤 물질 1kg이 파괴하는 오존의 양}}{\text{CFC-11, 1kg이 파괴하는 오존의 양}}$$

지구온난화지수(GWP ; Global Warming Potential)
$$GWP = \frac{\text{어떤 물질 1kg에 의한 지구 온난화 정도}}{CO_2\ \text{1kg에 의한 지구 온난화 정도}}$$

정답  01.②  02.④  03.③

**04** 연소점, 인화점 및 발화점에 관한 내용으로 옳지 않은 것은?

① 연소점, 인화점, 발화점 순으로 온도가 높다.
② 인화점은 외부에너지(점화원)에 의해 발화하기 시작되는 최저온도를 말한다.
③ 발화점은 점화원 없이 스스로 발화할 수 있는 최저온도를 말한다.
④ 연소점은 외부에너지(점화원)를 제거해도 연소가 지속되는 최저온도를 말한다.

**해설** 연소점
㉠ 연소상태에서 점화원을 제거하여도 자발적으로 연소가 지속되는 온도를 연소점이라 한다.
㉡ 자력에 의해 연소를 지속할 수 있는 최저온도를 말하며 인화점보다 약 10℃ 정도 높다.
㉢ 인화점에서는 점화원을 제거하면 연소가 중단되나, 연소점에서는 점화원을 제거하더라도 연소가 중단되지 않는다.

**05** 가연성기체의 폭발한계범위에서 위험도가 가장 높은 것은?

① 수소     ② 에틸렌
③ 아세틸렌  ④ 에테인

**해설**
수소 $H = \dfrac{75-4}{4} = 17.75$

에틸렌 $H = \dfrac{36-2.7}{2.7} = 12.33$

아세틸렌 $H = \dfrac{81-2.5}{2.5} = 31.4$

에테인 $H = \dfrac{12.4-3}{3} = 3.13$

**공기 중에서 가연성 가스의 폭발범위**

| 가 스 | 하한계(%) | 상한계(%) | 가 스 | 하한계(%) | 상한계(%) |
|---|---|---|---|---|---|
| 메 탄 | 5.0 | 15.0 | 아세트알데히드 | 4.1 | 57.0 |
| 에 탄 | 3.0 | 12.4 | 에테르 | 1.9 | 48.0 |
| 프로판 | 2.1 | 9.5 | 산화에틸렌 | 3.0 | 80.0 |
| 부 탄 | 1.8 | 8.4 | 벤 젠 | 1.4 | 7.1 |
| 에틸렌 | 2.7 | 36.0 | 톨루엔 | 1.4 | 6.7 |
| 아세틸렌 | 2.5 | 81.0 | 이황화탄소 | 1.2 | 44.0 |
| 황화수소 | 4.3 | 45.4 | 메틸알코올 | 7.3 | 36.0 |
| 수 소 | 4.0 | 75.0 | 에틸알코올 | 4.3 | 19.0 |
| 암모니아 | 15.0 | 28.0 | 일산화탄소 | 12.5 | 74.0 |

**06** 아레니우스(Arrhenius)의 반응속도식에 관한 설명으로 옳지 않은 것은?

① 온도가 높을수록 반응속도는 증가한다.
② 압력이 높을수록 반응속도는 감소한다.
③ 활성화에너지가 클수록 반응속도는 감소한다.
④ 분자의 충돌 횟수가 많을수록 반응속도는 증가한다.

**해설** 아레니우스 반응속도식
$$k(T) = Ae\left(-\dfrac{E_a}{RT}\right)$$
여기서, $k(T)$ : 반응속도(1/sec)
　　　　$A$ : 아레니우스 속도 상수(=충돌 빈도 : 단위 시간당 충돌하는 횟수)
　　　　$E_a$ : 활성화 에너지(l/mol)
　　　　$T$ : 절대 온도(켈빈)
　　　　$R$ : 기체상수(8.314 1/mol・K)
반응속도는 온도와 비례하여 증감한다.

**07** 폭발의 분류에서 기상폭발이 아닌 것은?

① 가스폭발  ② 분해폭발
③ 수증기폭발 ④ 분진폭발

**해설** 폭발의 상태에 따른 분류
① 기상폭발 : 기체상태의 폭발
　(가스폭발, 분진(기상)폭발, 누설가스 착화폭발(UVCE), 분무폭발, 분해폭발, BLEVE(가연성의 경우))
② 응상(의상)폭발 : 액・고체상태의 폭발(수증기폭발, 화약류폭발, 전선폭발, 유기화합물폭발, BLEVE(비가연성의 경우))

정답 04.① 05.③ 06.② 07.③

**08** 소실정도에 따른 화재분류에 관한 설명이다. ( )에 들어갈 내용으로 옳은 것은?

> ( )란 건물의 30% 이상 70% 미만이 소실된 것이다.

① 즉소  ② 전소
③ 부분소  ④ 반소

**해설** 화재의 소실정도
① 부분소 화재 : 전체의 30% 미만이 소손된 경우
② 반소 화재 : 전체의 30% 이상 70% 미만이 소손된 경우
③ 전소 화재 : 전체의 70% 이상이 소손되거나 70% 미만이라 할지라도 재수리 사용이 불가능하도록 소손된 경우

**09** 폭발의 종류와 해당 폭발이 일어날 수 있는 물질의 연결이 옳은 것은?

① 산화폭발 - 가연성가스
② 분진폭발 - 시안화수소
③ 중합폭발 - 아세틸렌
④ 분해폭발 - 염화비닐

**해설** 화학적인 폭발
㉠ 산화폭발 : 가스가 공기 중에 누설 또는 인화성 액체 탱크에 공기가 유입되어 탱크 내에 점화원이 유입되어 폭발하는 현상
㉡ 분해폭발 : 아세틸렌, 산화에틸렌, 하이드라진과 같이 분해하면서 폭발하는 현상
㉢ 중합폭발 : 산화에틸렌, 시안화수소와 같이 단량체가 일정온도와 압력으로 반응이 진행되어 분자량이 큰 중합체가 되어 폭발하는 현상
㉣ 분진폭발 : 공기 속을 떠다니는 아주 작은 미립자(75 $\mu m$ 이하의 고체입자로서 공기 중에 떠있는 분체)가 적당한 농도 범위에 있을 때 불꽃이나 점화원으로 인하여 폭발하는 현상
① 분진의 폭발범위 : 25~45mg/L(하한값)~80mg/L (상한값)
② 분진의 착화에너지 : $10^{-3} \sim 10^{-2}$ J
   화약의 착화에너지 : $10^{-6} \sim 10^{-4}$ J

**10** 건축물의 피난·방화구조 등의 기준에 관한 규칙상 피난안전구역의 면적 산정기준에서 문화·집회 용도에서 고정좌석을 사용하지 않는 공간의 재실자 밀도 기준으로 옳은 것은?

① 0.28  ② 0.45
③ 2.80  ④ 9.30

**해설** 피난안전구역 설치 대상 건축물의 용도에 따른 사용 형태별 재실자 밀도는 다음 표와 같다.

| 용도 | 사용 형태별 | | 재실자 밀도 |
|---|---|---|---|
| 문화·집회 | 고정좌석을 사용하지 않는 공간 | | 0.45 |
| | 고정좌석이 아닌 의자를 사용하는 공간 | | 1.29 |
| | 벤치형 좌석을 사용하는 공간 | | - |
| | 고정좌석을 사용하는 공간 | | - |
| | 무대 | | 1.40 |
| | 게임제공업 등의 공간 | | 1.02 |
| 운동 | 운동시설 | | 4.60 |
| 교육 | 도서관 | 서고 | 9.30 |
| | | 열람실 | 4.60 |
| | 학교 및 학원 | 교실 | 1.90 |
| 보육 | 보호시설 | | 3.30 |
| 의료 | 입원치료구역 | | 22.3 |
| | 수면구역 | | 11.1 |
| 교정 | 교정시설 및 보호관찰소 등 | | 11.1 |
| 주거 | 호텔 등 숙박시설 | | 18.6 |
| | 공동주택 | | 18.6 |
| 업무 | 업무시설, 운수시설 및 관련 시설 | | 9.30 |
| 판매 | 지하층 및 1층 | | 2.80 |
| | 그 외의 층 | | 5.60 |
| | 배송공간 | | 27.9 |
| 저장 | 창고, 자동차 관련 시설 | | 46.5 |
| 산업 | 공장 | | 9.30 |
| | 제조업 시설 | | 18.6 |

정답 08.④ 09.① 10.②

**11** 가로 10m, 세로 5m, 높이 10m인 실내공간에 저장되어 있는 발열량 10,500kcal/kg인 가연물 1,000kg과 발열량 7,500kcal/kg인 가연물 2,000kg이 완전연소 하였을 때 화재하중(kg/m²)은 약 얼마인가? (단, 목재의 단위 발열량은 4,500 kcal/kg임)

① 56.67  ② 70.35
③ 113.33  ④ 120.56

**해설** 화재하중

$$Q = \frac{\Sigma(G_t \times H_t)}{H \times A}$$

여기서 $Q$ : 화재하중(kg/m²)
$G_t$ : 가연물 질량(kg)
$H_t$ : 가연물의 단위발열량(kcal/kg)
$H$ : 목재의 단위발열량(4,500kcal/kg)
$A$ : 화재실의 바닥면적(m²)

$$\therefore Q = \frac{\Sigma(G_t \times H_t)}{H \times A}$$

$$= \frac{1,000kg \times 10,500kcal/kg + 2,000kg \times 7,500kcal/kg}{4,500kcal/kg \times (10 \times 5)m^2}$$

$$= 113.33 kg/m^2$$

**12** 내화건축물과 비교한 목조건축물의 화재 특성에 관한 설명으로 옳은 것을 모두 고른 것은?

> ㄱ. 최성기에 도달하는 시간이 빠르다.
> ㄴ. 저온장기형의 특성을 갖는다.
> ㄷ. 화염의 분출면적이 크고, 복사열이 커서 접근하기 어렵다.
> ㄹ. 횡방향보다 종방향의 화재성장이 빠르다.

① ㄴ, ㄷ  ② ㄷ, ㄹ
③ ㄱ, ㄴ, ㄹ  ④ ㄱ, ㄷ, ㄹ

**해설** 건축물의 화재 성상
(1) 목조건축물
  ① 화재형태 : 고온단기형
  ② 최성기 때 온도 : 1,200℃~1300℃
(2) 내화건축물
  ① 화재형태 : 저온장기형
  ② 최성기 때 온도 : 1,000℃

**13** 건축물의 피난·방화구조 등의 기준에 관한 규칙상 벽의 내화구조에 관한 내용으로 옳지 않은 것은?

① 철근콘크리트조 또는 철골철근콘크리트조로서 두께가 10센티미터 이상인 것
② 철재로 보강된 콘크리트블록조·벽돌조 또는 석조로서 철재에 덮은 콘크리트블록등의 두께가 5센티미터 이상인 것
③ 벽돌조로서 두께가 15센티미터 이상인 것
④ 고온·고압의 증기로 양생된 경량기포 콘크리트패널 또는 경량기포 콘크리트블록조로서 두께가 10센티미터 이상인 것

**해설** 내화구조의 벽
① 철근콘크리트조 또는 철골철근콘크리트조로서 두께가 10cm 이상인 것
② 골구를 철골조로 하고 그 양면을 두께 4cm 이상의 철망모르타르 또는 두께 5cm 이상의 콘크리트블록·벽돌 또는 석재로 덮은 것
③ 철재로 보강된 콘크리트블록조·벽돌조 또는 석조로서 철재에 덮은 콘크리트블록등의 두께가 5cm 이상인 것
④ 벽돌조로서 두께가 19cm 이상인 것
⑤ 고온·고압의 증기로 양생된 경량기포 콘크리트판넬 또는 경량기포 콘크리트블록조로서 두께가 10cm 이상인 것

**14** 건축물의 피난·방화구조 등의 기준에 관한 규칙상 피난안전구역 설치기준에 관한 설명으로 옳은 것은?

① 피난안전구역의 내부마감재료는 난연재료로 설치할 것
② 비상용 승강기는 피난안전구역에서 승하차할 수 있는 구조로 설치할 것
③ 건축물의 내부에서 피난안전구역으로 통하는 계단은 피난계단의 구조로 설치할 것
④ 피난안전구역의 높이는 1.8미터 이상일 것

**해설** 피난안전구역의 구조 및 설비는 다음 각 호의 기준에 적합하여야 한다.

정답 11.③ 12.④ 13.③ 14.②

1. 피난안전구역의 바로 아래층 및 위층은 「녹색건축물 조성 지원법」 제15조제1항에 따라 국토교통부장관이 정하여 고시한 기준에 적합한 단열재를 설치할 것. 이 경우 아래층은 최상층에 있는 거실의 반자 또는 지붕 기준을 준용하고, 위층은 최하층에 있는 거실의 바닥 기준을 준용할 것
2. 피난안전구역의 내부마감재료는 불연재료로 설치할 것
3. 건축물의 내부에서 피난안전구역으로 통하는 계단은 특별피난계단의 구조로 설치할 것
4. 비상용 승강기는 피난안전구역에서 승하차 할 수 있는 구조로 설치할 것
5. 피난안전구역에는 식수공급을 위한 급수전을 1개소 이상 설치하고 예비전원에 의한 조명설비를 설치할 것
6. 관리사무소 또는 방재센터 등과 긴급연락이 가능한 경보 및 통신시설을 설치할 것
7. 별표 1의2에서 정하는 기준에 따라 산정한 면적 이상일 것
8. 피난안전구역의 높이는 2.1미터 이상일 것
9. 「건축물의 설비기준 등에 관한 규칙」 제14조에 따른 배연설비를 설치할 것
10. 그 밖에 소방청장이 정하는 소방 등 재난관리를 위한 설비를 갖출 것

**15** 초고층 및 지하연계 복합건축물 재난관리에 관한 특별법 시행령상 피난안전구역 면적 산정 기준에 관한 설명으로 ( )에 들어갈 내용으로 옳은 것은?

> 지하층이 하나의 용도로 사용되는 경우
> 피난안전구역 면적 = (수용인원 × 0.1) × ( )m²

① 0.28　　② 0.50
③ 0.70　　④ 1.80

**해설** 피난안전구역 면적 산정기준
1. 지하층이 하나의 용도로 사용되는 경우
   피난안전구역 면적 = (수용인원 × 0.1) × 0.28m²
2. 지하층이 둘 이상의 용도로 사용되는 경우
   피난안전구역 면적 = (용도·사용형태별 수용인원의 합 × 0.1) × 0.28m²

**16** 다음에서 설명하는 화재 시 인간의 피난행동 특성으로 옳은 것은?

> 피난 시 인간은 평소에 사용하는 문·통로를 사용하거나, 자신이 왔던 길로 되돌아가려는 본능이 있다.

① 귀소본능　　② 지광본능
③ 추정본능　　④ 회피본능

**해설** 화재 시 인간의 피난행동 특성
(1) 귀소본능 : 평소에 사용하던 출입구나 통로 등 습관적으로 친숙해 있는 경로로 도피하려는 본능
(2) 지광본능 : 화재의 공포로 인하여 밝은 방향으로 도피하려는 본능
(3) 추종본능 : 화재 발생 시 최초로 행동을 개시한 사람에 따라 전체가 움직이는 본능(많은 사람들이 달아나는 방향으로 무의식적으로 안전하다고 느껴 위험한 곳임에도 불구하고 따라가는 경향)
(4) 좌회본능 : 좌측으로 통행하고 시계의 반대방향으로 회전하려는 본능
(5) 퇴피본능 : 연기나 화염에 대한 공포감으로 화원의 반대방향으로 이동하려는 본능

**17** 건축물의 피난·방화구조 등의 기준에 관한 규칙상 건축물의 바깥쪽에 설치하는 피난계단의 구조에 관한 설명으로 옳은 것을 모두 고른 것은?

> ㄱ. 계단은 그 계단으로 통하는 출입구외의 창문 등(망이 들어 있는 유리의 붙박이창으로서 그 면적이 각각 1제곱미터 이하인 것을 제외한다)으로부터 1.5미터 이상의 거리를 두고 설치할 것
> ㄴ. 계단은 불연구조로 하고 지상까지 직접 연결되도록 할 것
> ㄷ. 계단의 유효너비는 0.9미터 이상으로 할 것
> ㄹ. 건축물의 내부에서 계단으로 통하는 출입구에는 60분+ 방화문 또는 60분 방화문을 설치할 것

① ㄱ, ㄴ　　② ㄱ, ㄹ
③ ㄴ, ㄷ　　④ ㄷ, ㄹ

정답 15.① 16.① 17.④

**해설** 건축물의 바깥쪽에 설치하는 피난계단의 구조
가. 계단은 그 계단으로 통하는 출입구외의 창문등(망이 들어 있는 유리의 붙박이창으로서 그 면적이 각각 1제곱미터 이하인 것을 제외한다)으로부터 2미터 이상의 거리를 두고 설치할 것
나. 건축물의 내부에서 계단으로 통하는 출입구에는 60분+ 방화문 또는 60분 방화문을 설치할 것
다. 계단의 유효너비는 0.9미터 이상으로 할 것
라. 계단은 내화구조로 하고 지상까지 직접 연결되도록 할 것

**18** 화재실 내부에 발생한 난류화염에 벽체가 노출되었다. 화염으로부터 벽체에 전달되는 대류 열유속(W/m²)은 얼마인가? (단, 대류열전달계수는 7W/m²·℃, 난류화염의 온도는 900℃, 벽체의 온도는 30℃, 벽체면적은 2m²임)

① 6,090   ② 6,510
③ 12,180  ④ 13,020

**해설** 대류열유속
$Q = h(T_2 - T_1)$
여기서, $Q$ : 대류열유속[W/m²]
$h$ : 대류열전달계수[W/m²·K]
$T_2 - T_1$ : 온도차(K)
따라서
$Q = 7[\text{W/m}^2 \cdot \text{K}] \times [(273+900) - (273+30)]\text{K}$
$= 6090 \text{W/m}^2$

**19** 고체가연물의 한쪽 면이 가열되고 있는 조건에서 점화시간에 관한 설명으로 옳지 않은 것은?

① 얇은 가연물이 두꺼운 가연물보다 빨리 점화된다.
② 밀도가 높을수록 점화하기까지의 시간이 짧아진다.
③ 가연물의 발화점이 낮을수록 점화하기까지의 시간이 짧아진다.
④ 비열이 클수록 점화하기까지의 시간이 길어진다.

**해설** 밀도가 높을수록(고분자물질) 발화점이 높고, 점화되기까지의 시간이 길어진다.

**20** 화재성장속도 분류에서 약 1MW의 열량에 도달하는 시간이 300초에 해당하는 것은?

① Slow 화재
② Medium 화재
③ Fast 화재
④ Ultrafast 화재

**해설** 연료지배형 화재 시 화재성장속도
$Q[\text{kW}] = \alpha t^2$
여기서, $Q$ : 열방출율(kW)
$\alpha$ : 화재강도계수
$t$ : 시간(sec)
화재성장속도는 열방출률이 1,055kW에 도달하는데 걸리는 시간을 기준으로 다음과 같이 구분한다.
① ultra fast : 75sec
② fast : 150sec
③ medium : 300sec
④ slow : 600sec

**21** 연소생성물 중 발생하는 연소가스에 관한 설명으로 옳지 않은 것은?

① 시안화수소는 울, 실크, 나일론과 같이 질소를 함유하는 물질 등이 연소할 때 발생한다.
② 일산화탄소는 가연물이 불완전 연소할 때 발생하는 것으로 독성가스이며 연소가 가능한 물질이다.
③ 이산화탄소는 흡입하면 호흡이 촉진되어 화재에 의해 발생하는 독성가스나 수증기를 흡입하는 양이 늘어난다.
④ 황화수소는 폴리염화비닐(PVC)이 화재로 인해 분해됐을 때 다량 발생하며, 금속에 대한 강한 부식성이 있다.

정답 18.① 19.② 20.② 21.④

**해설** PVC분해시 생성되는 가스는 염화수소이며 부식성이 있다.

**연소생성물의 종류**

| 가연물의 종류 | 연소생성물 | 가연물의 종류 | 연소생성물 |
|---|---|---|---|
| 탄소 함유 가연물 | CO, $CO_2$ | 석탄, 코크스 | 일산화탄소 (CO) |
| 나무, 나일론, 페놀수지 | 알데히드 (R-CHO) | 양모, 고무, 목재, LPG | 아황산가스 ($SO_2$) |
| PVC | 염화수소 (HCl) | 셀룰로오스, 암모니아 | 이산화질소 ($NO_2$) |
| 석유제품, 유지, 비닐론 | 아크로레인 ($C_2H_3CHO$) | 멜라민수지, 요소수지 | 암모니아 ($NH_3$) |
| 명주, 양모, 우레탄 | 시안화수소 (HCN) | 폴리스티렌 (스티로폴) | 벤젠 ($C_6H_6$) |
| 천연가스, 석유류 | 카본블랙(C) | 양모, 피혁 | 황화수소 ($H_2S$) |

**22** 열방출속도가 2MW로 연소 중인 화재를 진압하는데 필요한 최소 방수량(g/s)은 약 얼마인가? (단, 물의 온도는 20℃, 기화온도는 100℃, 기화열은 2,260J/g이며, 물의 냉각효과가 열방출속도보다 크면 소화됨)

① 715.16  ② 746.83
③ 770.79  ④ 884.96

**해설** 물의 냉각열 $= mC\Delta T + mr$
$= m(g) \times 4.184 J/g\,°C \times 80\,°C$
$+ m(g) \times 2,260 J/g$

열방출속도 $= 2 \times 10^6 J/sec$

따라서 $2 \times 10^6 J = m(g) \times 4.184 J/g\,°C$
$\times 80\,°C + m(g) \times 2,260 J/g$
$m = 770.79 g$

**23** 면적 $1m^2$의 목재표면에서 연소가 일어날 때 에너지 방출율 $\dot{Q}$는 얼마인가? (단, 목재의 최대 질량연소유속 $\dot{m}''$은 $720 g/m^2 \cdot min$, 기화열 L은 4kJ/g, 유효 연소열 $\Delta H_C$는 14kJ/g임)

① 120kW  ② 168kW
③ 7.20MW  ④ 10.08MW

**해설** 에너지 방출속도
$Q = m \times A \times \Delta H_C$
$= 720 g/m^2 \cdot min \times 1 m^2 \times 14 kJ/g \times 1min/60sec$
$= 168 kJ/sec = 168 kW$

**24** 제연설비의 예상제연구역에 관한 배출량의 기준으로 옳지 않은 것은? (단, 거실의 수직거리 2m 이하의 공간임)

① 바닥면적이 $400m^2$ 미만으로 구획된 예상제연구역에서 바닥면적 $1m^2$당 $1m^3/min$ 이상으로 하되, 예상제연구역에 대한 최소 배출량은 $1,000m^3/h$ 이상으로 할 것
② 바닥면적이 $400m^2$ 이상인 거실의 예상제연구역에서 예상제연구역이 직경 40m인 원의 범위 안에 있을 경우 배출량은 $40,000m^3/h$ 이상으로 할 것
③ 바닥면적이 $400m^2$ 이상인 거실의 예상제연구역에서 예상제연구역이 직경 40m인 원의 범위를 초과할 경우 배출량은 $45,000m^3/h$ 이상으로 할 것
④ 예상제연구역이 통로인 경우의 배출량은 $45,000m^3/h$ 이상으로 할 것

**해설** 바닥면적이 $400m^2$ 미만으로 구획된 예상제연구역에서 바닥면적 $1m^2$당 $1m^3/min$ 이상으로 하되, 예상제연구역에 대한 최소 배출량은 $5,000m^3/h$ 이상으로 할 것

**25** 구획실 화재 시 화재실의 중성대에 관한 설명으로 옳은 것은?

① 중성대는 화재실 내부의 실온이 낮아질수록 낮아지고, 실온이 높아질수록 높아진다.
② 화재실의 중성대 상부 압력은 실외압력보다 낮고 하부의 압력은 실외압력보다 높다.
③ 중성대에서 연기의 흐름이 가장 활발하다.
④ 화재실의 상부에 큰 개구부가 있다면 중성대는 높아진다.

정답  22.③  23.②  24.①  25.④

㉠ 중성대는 화재실 내부의 실온이 낮아질수록 높아지고, 실온이 높아질수록 낮아진다.
㉡ 화재실의 중성대 상부 압력은 실외압력보다 높고 하부의 압력은 실외압력보다 낮다.
㉢ 중성대위치에서는 연기의 흐름은 거의 없다.
㉣ 바닥면에서 중성대까지의 높이

$$h(m) = \frac{H}{1 + \left(\frac{A_1}{A_2}\right)^2 \left(\frac{T_i}{T_o}\right)}$$

# 2022 제22회 소방시설관리사 1차 필기 기출문제

[제1과목 : 소방안전관리론 및 화재역학]

**01** 가연물이 점화원과 접촉했을 때 연소가 시작되는 최저온도는?

① 발화점   ② 연소점
③ 인화점   ④ 산화점

**해설** 용어의 정의
① 인화점
  ㉮ 가연성 기체와 공기가 혼합된 상태(가연성 혼합기)에서 점화원에 의해 불이 붙을 수 있는 최저온도를 말한다.
  ㉯ 연소범위 하한계에 도달되는 온도로 액체 가연물의 화재 위험성의 척도이며, 인화점이 낮을수록 위험성은 크다 할 수 있다.
② 연소점
  ㉮ 연소상태에서 점화원을 제거하여도 스스로 연소가 지속되는 최저온도를 말한다.
  ㉯ 인화점보다 약 10℃ 정도 높다.
③ 발화점
  ㉮ 점화원 없이 스스로 불이 붙을 수 있는 최저온도를 발화점이라 말한다.
  ㉯ 발화점은 인화점보다 매우 높은 온도이며 발화점이 낮을수록 위험하다.

**02** 표준상태에서 5[mol]의 부탄가스($C_4H_{10}$)가 완전연소를 하는데 요구되는 산소($O_2$)의 부피[$m^3$]는?

① 0.728[$m^3$]   ② 0.828[$m^3$]
③ 728[$m^3$]    ④ 828[$m^3$]

**해설** 부탄의 완전연소 반응식
$C_4H_{10} + 6.5O_2 \rightarrow 4CO_2 + 5H_2O$
산소몰수=6.5×5=32.5[mol]
산소부피=32.5[mol]×22.4[L/mol]=728[L]
       = 0.728[$m^3$]

**03** 화재 시 물질의 비열과 증발잠열을 활용하여 소화하는 방법은?

① 냉각소화   ② 제거소화
③ 질식소화   ④ 억제소화

**해설** 소화방법
① 냉각소화(에너지 한계에 의한 소화)
  ㉮ 가연물의 온도를 인화점, 발화점 이하로 낮추어 소화하는 방법
  ㉯ 옥내·외 소화전설비, 스프링클러설비 등
② 질식소화
  ㉮ 산소 농도를 15[%] 이하로 떨어뜨려 소화하는 방법
  ㉯ 불연성 가스를 첨가 : $CO_2$, $N_2$, 수증기 등을 첨가하여 주위 산소를 밀어냄
  ㉰ 불연성의 포 거품으로 가연물 표면을 덮음
  ㉱ 담요 또는 건조사로 화염을 덮음
  ㉲ 이산화탄소 소화설비, 불활성기체 소화설비 등
③ 제거소화
  ㉮ 산림화재 시 미리 벌목하여 가연물을 제거하는 것
  ㉯ 유류탱크화재에서 배관을 통하여 미연소 유류를 이송하는 것
  ㉰ 가스화재 시 가스밸브를 닫아 가스공급을 차단하는 것
  ㉱ 전기화재 시 전원공급을 차단하는 것
  ㉲ 유전화재 시 질소폭탄을 투하하는 것
  ㉳ 촛불을 입김으로 불어 끄는 것
④ 부촉매(억제) 소화(연쇄반응 억제)
  ㉮ 불꽃연소에만 가능한 소화방법이다.
  ㉯ 화재 시 부촉매에 의한 연쇄반응을 차단하여 소화한다.
  ㉰ 할로겐화합물 소화약제, 분말 소화약제 등을 사용한다.

정답  01.③  02.①  03.①

**04** 연소속도보다 가스 분출속도가 클 때, 주위에 공기유동이 심하여 불꽃이 노즐에서 떨어진 후 꺼지는 현상은?

① 백파이어(Back fire)
② 링파이어(Ring fire)
③ 블로우오프(Blow off)
④ 롤오버(Roll over)

**[해설]** 연소 시 발생하는 이상현상
① 불완전연소 : 물질이 연소할 때 산소의 공급이 불충분하거나 온도가 낮으면 그을음이나 일산화탄소가 생성되면서 연료가 완전히 연소되지 못하는 현상을 말한다.
② 선화(Lifting) : 불꽃이 버너에서 일정간격을 두고 부상하여 연소되는 현상을 말하며, 역화(Back fire)의 반대되는 현상이다.
③ 역화(Back fire) : 불꽃이 버너 내부의 혼합기 내에서 연소되는 현상으로 선화(Lifting)와 반대되는 현상이다.
④ 블로오프(Blow off) : 연소 시 화염 주변이 불안정하여 불꽃이 노즐에서 떨어지면서 꺼지는 현상을 말한다.
⑤ 옐로 팁(Yellow tip) : 불꽃의 색이 적황색을 띠면서 연소되는 현상으로 1차 공기가 부족할 때 발생된다.

**05** 다음에서 설명하는 화재현상은?

> 위험물저장탱크 내에 저장된 양이 내용적 1/2 이하로 충전된 경우 화재로 인하여 증기압력이 상승하고 저장탱크 내의 유류가 외부로 분출하면서 탱크가 파열되는 현상이다.

① 보일오버(Boil over)
② 슬롭오버(Slop over)
③ 프로스오버(Froth over)
④ 오일오버(Oil over)

**[해설]** 고비점 액체 위험물에서 발생될 수 있는 현상

| 종류 | 현상 |
|---|---|
| 보일오버<br>(Boil over) | 탱크 유면에서 화재 발생 → 고온의 열류층 형성 → 열파에 의해 탱크 하부 수분이 급격히 비등하면서 상층의 유류를 탱크 밖으로 분출시키는 현상 |
| 슬롭오버<br>(Slop over) | 탱크 유면에서 화재 발생 → 고온의 열류층 형성 → 물분무 또는 포소화설비 방사 → 열류층 교란 → 고온층 아래 차가운 유류가 불이 붙은 상태로 분출 |
| 프로스오버<br>(Froth over) | 화재가 아닌 경우로서 물이 고점도 유류와 접촉되면 급속히 비등하여 거품과 같은 형태로 분출되는 현상 |

**06** 분진폭발에 관한 설명으로 옳은 것을 모두 고른 것은?

> ㄱ. 화학적 폭발로 가연성 고체의 미분이 티끌이 되어 공기 중에 부유하고 있을 때 어떤 착화원의 에너지를 받으면 폭발하는 현상이다.
> ㄴ. 입자표면에 열에너지가 주어져서 표면의 온도가 상승한다.
> ㄷ. 폭발의 입자가 비산하므로 이것에 접촉되는 가연물은 국부적으로 심한 탄화를 일으킨다.
> ㄹ. 분진의 입자와 밀도가 작을수록 표면적이 커져서 폭발이 잘 일어난다.

① ㄱ
② ㄱ, ㄴ
③ ㄱ, ㄴ, ㄷ
④ ㄱ, ㄴ, ㄷ, ㄹ

**[해설]** 분진폭발
① 공기 속을 떠다니는 아주 작은 미립자(75[$\mu$m] 이하의 고체 입자로서 공기 중에 떠있는 분체)가 적당한 농도 범위에 있을 때 불꽃이나 점화원으로 인하여 폭발하는 현상
② 가스폭발보다 발화에너지 및 발생에너지가 크다.
③ 영향인자
 ㉮ 분진의 휘발성이 크고, 발열량이 많을수록 폭발력이 커진다.
 ㉯ 입자의 직경이 작을수록 폭발력이 커진다.
 ㉰ 산소농도가 클수록 폭발력이 커진다.
 ㉱ 수분 함유량이 적을수록 폭발력이 커진다.
 ㉲ 침상입자가 구형입자보다 폭발력이 커진다.

정답 04.③ 05.④ 06.④

**07** 화재의 분류에 관한 설명으로 옳은 것을 모두 고른 것은?

> ㄱ. A급화재의 표시색상은 백색이다.
> ㄴ. B급화재의 원인물질은 인화성 액체 등 기름성분이다.
> ㄷ. C급화재는 전기화재를 말한다.
> ㄹ. K급화재는 금속화재를 말한다.

① ㄱ, ㄷ
② ㄴ, ㄹ
③ ㄱ, ㄴ, ㄷ
④ ㄱ, ㄴ, ㄷ, ㄹ

**해설** 화재의 분류

| 화재분류 | 구분 | 화재 표시색 |
|---|---|---|
| 일반화재 | A급 | 백색 |
| 유류화재 | B급 | 황색 |
| 전기화재 | C급 | 청색 |
| 금속화재 | D급 | - |
| 가스화재 | E급 | - |
| 주방화재 | K급 | - |

**08** 폭연과 폭굉에 관한 설명으로 옳지 않은 것은?

① 폭연의 충격파 전파 속도는 음속보다 느리다.
② 폭굉은 파면에서 온도, 압력, 밀도가 연속적으로 나타난다.
③ 폭연은 폭굉으로 전이될 수 있다.
④ 폭굉의 폭발반응은 충격파에너지에 의한 화학반응에 의해 전파되어 가는 현상이다.

**해설** 폭연과 폭굉
① 폭연(Deflagration)
 ㉠ 전도, 대류, 복사의 열전달에 의해 화염이 전파된다.
 ㉡ 반응속도(화염의 전파속도)는 음속보다 느린 0.1~10[m/s]이다.
 ㉢ 온도, 압력, 밀도가 연속적으로 나타난다.
 ㉣ 에너지 방출속도가 물질 전달속도에 기인한다.
② 폭굉(Detonation)
 ㉠ 반응속도(화염의 전파속도)가 음속보다 빠르며, 1,000~3,500[m/s]이다.
 ㉡ 밀폐계나 배관 내에서 일어나기 쉽고, 충격파를 발생한다.
 ㉢ 온도, 압력, 밀도가 불연속적으로 나타난다.
 ㉣ 에너지 방출속도가 물질 전달속도에 기인하지 않는다.
 ㉤ 압력은 1,000[kgf/cm$^2$] 정도이다.

**09** 플래시오버(Flash over)와 백드래프트(Back draft)에 관한 설명으로 옳지 않은 것은?

① 플래시오버는 층 전체가 순식간에 화염에 휩싸이면서 모든 공간을 통하여 입체적으로 확대되는 현상이다.
② 백드래프트는 밀폐된 공간에서 화재가 발생하여 산소농도 저하로 불꽃을 내지 못하고 가연물질의 열분해에 의해 발생된 가연성 가스가 축적되면서 갑자기 유입된 신선한 공기로 급격히 연소가 활발해진다.
③ 플래시오버의 방지대책으로 가연물의 양을 제한하는 방법이 있다.
④ 백드래프트가 발생하는 주요 원인은 복사열이다.

**해설** 플래시오버(Flash over)와 백드래프트(Back draft)
① 플래시오버(Flash over)
 ㉮ 구획된 실내에서 가연성 재료의 전 표면이 불로 덮여 순간적으로 화염이 확대되는 현상
 ㉯ 국부화재에서 대형 화재로의 전이과정이며, 연료지배형 화재에서 환기지배형 화재로 전환된다.
 ㉰ 실내에 사람이 거주할 수 없는 피난 한계가 되는 시점이다.
② 백드래프트(Back draft)
 실내화재 시 최성기로 접어들면 많은 양의 공기가 필요하지만 개구부가 폐쇄되어 있는 경우 공기의 공급이 어렵게 되어 연소현상이 원활치 못하게 된다. 이때 공기가 공급될 경우 실내에 축적되어 있던 가연성 가스의 폭발적인 연소를 Back draft 현상이라 한다.
 ㉮ Back draft 현상은 최성기 이후(감쇠기)에서 발생된다.
 ㉯ 개방된 개구부를 통하여 화염이 외부로 분출된다.
 ㉰ 급격한 압력상승으로 건물이 붕괴될 수 있다.

③ 비교

| 구 분 | 발생원인 | 발생시기 |
|---|---|---|
| Flash over | 에너지 축적 | 성장기 |
| Back draft | 공기 공급 | 최성기 이후(감쇠기) |

**10** 건축물의 피난·방화구조 등의 기준에 관한 규칙상 발코니의 바닥에 국토교통부령으로 정하는 하향식 피난구의 설치기준으로 옳지 않은 것은?

① 피난구의 덮개는 품질시험을 실시한 결과 비차열 1시간 이상의 내화성능을 가져야 할 것
② 피난구의 유효 개구부 규격은 직경 50센티미터 이상일 것
③ 상층·하층 간 피난구의 수평거리는 15센티미터 이상 떨어져 있을 것
④ 사다리는 바로 아래층의 바닥면으로부터 50센티미터 이하까지 내려오는 길이로 할 것

**해설** 하향식 피난구 설치기준
1. 피난구의 덮개(덮개와 사다리, 승강식피난기 또는 경보시스템이 일체형으로 구성된 경우에는 그 사다리, 승강식피난기 또는 경보시스템을 포함한다)는 품질시험을 실시한 결과 비차열 1시간 이상의 내화성능을 가져야 하며, 피난구의 유효 개구부 규격은 직경 60센티미터 이상일 것
2. 상층·하층 간 피난구의 수평거리는 15센티미터 이상 떨어져 있을 것
3. 아래층에서는 바로 위층의 피난구를 열 수 없는 구조일 것
4. 사다리는 바로 아래층의 바닥면으로부터 50센티미터 이하까지 내려오는 길이로 할 것
5. 덮개가 개방될 경우에는 건축물관리시스템 등을 통하여 경보음이 울리는 구조일 것
6. 피난구가 있는 곳에는 예비전원에 의한 조명설비를 설치할 것

**11** 건축물의 피난·방화구조 등의 기준에 관한 규칙상 내화구조로 옳지 않은 것은?

① 외벽 중 비내력벽인 경우에는 철근콘크리트조로서 두께가 7센티미터 이상인 것
② 기둥의 경우에는 그 작은 지름이 20센티미터 이상인 것으로서 철근콘크리트조인 것(고강도 콘크리트를 사용하는 경우가 아님)
③ 바닥의 경우에는 철근콘크리트조로서 두께가 10센티미터 이상인 것
④ 보의 경우에는 철근콘크리트조인 것(고강도 콘크리트를 사용하는 경우가 아님)

**해설** 내화구조
기둥의 경우에는 그 작은 지름이 25센티미터 이상인 것으로서 다음 각 목의 어느 하나에 해당하는 것. 다만, 고강도 콘크리트(설계기준강도가 50[MPa] 이상인 콘크리트를 말한다. 이하 이 조에서 같다)를 사용하는 경우에는 국토교통부장관이 정하여 고시하는 고강도 콘크리트 내화성능 관리기준에 적합해야 한다.
㉮ 철근콘크리트조 또는 철골철근콘크리트조
㉯ 철골을 두께 6센티미터(경량골재를 사용하는 경우에는 5센티미터) 이상의 철망모르타르 또는 두께 7센티미터 이상의 콘크리트블록·벽돌 또는 석재로 덮은 것
㉰ 철골을 두께 5센티미터 이상의 콘크리트로 덮은 것

**12** 건축물의 피난·방화구조 등의 기준에 관한 규칙 및 건축법령상 피난 및 방화구조 등에 관한 내용으로 옳은 것은?

① 시멘트모르타르 위에 타일을 붙인 것으로서 그 두께의 합계가 2센티미터 이상인 것은 방화구조이다.
② 초고층 건축물에는 피난층 또는 지상으로 통하는 직통계단과 직접 연결되는 피난안전구역을 지상층으로부터 최대 30개 층마다 1개소 이상 설치하여야 한다.
③ 소방관 진입창의 기준은 창문의 가운데에 지름 20센티미터 이상의 사각형을 야간에도 알아볼 수 있도록 빛 반사 등으로 붉은색으로 표시할 것
④ 지하층의 비상탈출구는 지하층의 바닥으로부터 비상탈출구의 아랫부분까지의 높이가 1.2미터 이상이 되는 경우에는 벽체에 발판의 너비가 15센티미터 이상인 사다리를 설치할 것

정답 10.② 11.② 12.②

**해설 피난 및 방화구조 등에 관한 기준**
① 시멘트모르타르 위에 타일을 붙인 것으로서 그 두께의 합계가 2.5센티미터 이상인 것은 방화구조이다.
③ 소방관 진입창의 기준은 창문의 가운데에 지름 20센티미터 이상의 역삼각형을 야간에도 알아볼 수 있도록 빛 반사 등으로 붉은색으로 표시할 것
④ 지하층의 비상탈출구는 지하층의 바닥으로부터 비상탈출구의 아랫부분까지의 높이가 1.2미터 이상이 되는 경우에는 벽체에 발판의 너비가 20센티미터 이상인 사다리를 설치할 것

**13** 건축물의 피난·방화구조 등의 기준에 관한 규칙상 특별피난계단의 구조에 관한 설명으로 옳지 않은 것은?

① 계단실의 노대 또는 부속실에 접하는 창문 등(출입구를 제외한다)은 망이 들어 있는 유리의 붙박이창으로서 그 면적을 각각 2제곱미터 이하로 할 것
② 노대 및 부속실에는 계단실외의 건축물의 내부와 접하는 창문 등(출입구를 제외한다)을 설치하지 아니할 것
③ 출입구의 유효너비는 0.9미터 이상으로 하고 피난의 방향으로 열 수 있을 것
④ 계단은 내화구조로 하되, 피난층 또는 지상까지 직접 연결되도록 할 것

**해설 특별피난계단의 구조**
가. 건축물의 내부와 계단실은 노대를 통하여 연결하거나 외부를 향하여 열 수 있는 면적 1제곱미터 이상인 창문(바닥으로부터 1미터 이상의 높이에 설치한 것에 한한다) 또는 「건축물의 설비기준 등에 관한 규칙」제14조의 규정에 적합한 구조의 배연설비가 있는 면적 3제곱미터 이상인 부속실을 통하여 연결할 것
나. 계단실·노대 및 부속실(「건축물의 설비기준 등에 관한 규칙」제10조제2호 가목의 규정에 의하여 비상용승강기의 승강장을 겸용하는 부속실을 포함한다)은 창문등을 제외하고는 내화구조의 벽으로 각각 구획할 것
다. 계단실 및 부속실의 실내에 접하는 부분(바닥 및 반자 등 실내에 면한 모든 부분을 말한다)의 마감(마감을 위한 바탕을 포함한다)은 불연재료로 할 것
라. 계단실에는 예비전원에 의한 조명설비를 할 것
마. 계단실·노대 또는 부속실에 설치하는 건축물의 바깥쪽에 접하는 창문등(망이 들어 있는 유리의 붙박이창으로서 그 면적이 각각 1제곱미터 이하인 것을 제외한다)은 계단실·노대 또는 부속실외의 당해 건축물의 다른 부분에 설치하는 창문등으로부터 2미터 이상의 거리를 두고 설치할 것
바. 계단실에는 노대 또는 부속실에 접하는 부분외에는 건축물의 내부와 접하는 창문등을 설치하지 아니할 것
사. 계단실의 노대 또는 부속실에 접하는 창문등(출입구를 제외한다)은 망이 들어 있는 유리의 붙박이창으로서 그 면적을 각각 1제곱미터 이하로 할 것
아. 노대 및 부속실에는 계단실외의 건축물의 내부와 접하는 창문등(출입구를 제외한다)을 설치하지 아니할 것
자. 건축물의 내부에서 노대 또는 부속실로 통하는 출입구에는 60분+ 방화문 또는 60분 방화문을 설치하고, 노대 또는 부속실로부터 계단실로 통하는 출입구에는 60분+, 60분 방화문 또는 영 제64조제1항제3호의 30분 방화문을 설치할 것. 이 경우 방화문은 언제나 닫힌 상태를 유지하거나 화재로 인한 연기 또는 불꽃을 감지하여 자동적으로 닫히는 구조로 해야 하고, 연기 또는 불꽃으로 감지하여 자동적으로 닫히는 구조로 할 수 없는 경우에는 온도를 감지하여 자동적으로 닫히는 구조로 할 수 있다.
차. 계단은 내화구조로 하되, 피난층 또는 지상까지 직접 연결되도록 할 것
카. 출입구의 유효너비는 0.9미터 이상으로 하고 피난의 방향으로 열 수 있을 것

**14** 건축법령상 대지 안의 피난 및 소화에 필요한 통로 설치에 관하여 ( )에 들어갈 내용으로 옳은 것은?

> 바닥면적의 합계가 ( ㄱ )제곱미터 이상인 문화 및 집회시설, 종교시설, 의료시설, 위락시설 또는 장례시설은 유효 너비 ( ㄴ )미터 이상의 통로를 확보하여야 한다.

① ㄱ : 300, ㄴ : 2
② ㄱ : 300, ㄴ : 3
③ ㄱ : 500, ㄴ : 2
④ ㄱ : 500, ㄴ : 3

**해설 대지 안의 피난 및 소화에 필요한 통로 설치기준**
1. 통로의 너비는 다음 각 목의 구분에 따른 기준에 따라 확보할 것

정답 13.① 14.④

가. 단독주택 : 유효 너비 0.9미터 이상
나. 바닥면적의 합계가 500제곱미터 이상인 문화 및 집회시설, 종교시설, 의료시설, 위락시설 또는 장례시설 : 유효 너비 3미터 이상
다. 그 밖의 용도로 쓰는 건축물 : 유효 너비 1.5미터 이상

2. 필로티 내 통로의 길이가 2미터 이상인 경우에는 피난 및 소화활동에 장애가 발생하지 아니하도록 자동차 진입억제용 말뚝 등 통로 보호시설을 설치하거나 통로에 단차(段差)를 둘 것

**15** 다음에서 설명하는 건축물의 화재 시 인간의 피난행동 특성은?

> 화재 초기에는 주변 상황의 확인을 위하여 서로 모이지만 화세의 급격한 확대로 각자의 공포감이 증가되며 발화지점의 반대방향으로 이동, 즉 반사적으로 위험으로부터 멀리하려는 본능이다.

① 귀소 본능  ② 추종 본능
③ 퇴피 본능  ④ 지광 본능

**해설** **인간의 피난행동 특성**
① 귀소본능 : 인간은 비상시 자신의 신체를 보호하기 위해 원래 들어온 경로 또는 늘 사용하던 경로를 따라 대피하려고 하므로, 일상적으로 사용되는 주 통로의 단순화·안전성 확보가 추가적인 피난 경로의 구비보다 중요하다.
② 퇴피본능 : 인간은 이상상황이 발생되면 우선 확인하려고 하며, 긴급한 사태임이 확인되면 반사적으로 그 지점에서 멀어지려고 한다. 따라서, 비상계단을 설치할 경우 건물 중앙부와 건물 외주부분에 각각 설치하는 것이 바람직하다.
③ 추종본능 : 비상시에는 많은 사람들이 한 사람의 리더를 추종하려는 경향을 보이므로, 불특정 다수가 모이는 장소에는 피난 유도를 위한 요원의 육성 및 배치가 필요하다.
④ 좌회본능 : 일반적으로 오른손잡이는 오른발이 발달하여 어둠 속에서 보행하면 자연히 왼쪽으로 돌게 된다. 따라서 계단은 좌측으로 돌며 내려가 피난층으로 갈 수 있도록 설계한다.
⑤ 지광본능 : 화재 시 정전 또는 연기로 인해 주위가 어두워지면 사람들은 밝은 쪽으로 피난하려고 한다. 따라서, 피난경로를 집중적으로 밝게 하고, 이와 혼동되기 쉬운 장식용 조명등은 소등하며, 유도등·유도표지 설치 및 출입구·계단 등은 외부와 접하여 채광이 되도록 하는 것이 좋다.

**16** 화재 시 인간의 피난행동 특성을 고려하여 혼란을 최소화하는 건축물 피난계획의 일반적인 원칙에 관한 설명으로 옳지 않은 것은?

① 피난경로 중 한 방향이 화재 등의 재난으로 사용할 수 없을 경우에 다른 방향이 사용되도록 고려하는 페일 세이프(fail safe) 원칙이 필요하다.
② 피난설비는 이동식 기구와 이동식 장치(피난기구) 등이 원칙이며, 고정시설은 탈출에 늦은 소수 사람에 대한 극히 예외적인 보조 수단으로 고려한다.
③ 피난경로에 따라 일정 구역을 한정하여 피난 존으로 설정하고, 최종 안전한 피난 장소 쪽으로 진행됨에 따라 각 존의 안전성을 높인다.
④ 피난로에는 정전 시에도 피난방향을 명백히 확인할 수 있는 표시를 한다.

**해설** **피난계획의 일반원칙**
① 2방향 이상의 피난로를 확보할 것
② 피난의 수단은 원시적 방법에 의할 것
③ 피난 경로는 간단명료할 것
④ 피난 시설은 고정설비에 의할 것
⑤ 피난 대책은 Fool-proof와 Fail-safe 원칙에 의할 것

**17** 공간(가로 10[m], 세로 30[m], 높이 5[m])에 목재 1,000[kg]과 가연성 A물질 2,000[kg]이 적재되어 있는 경우 완전연소 하였을 때 화재하중은 약 몇 [kg/m$^2$]인가? (단, 목재의 단위 발열량은 4,500[kcal/kg], 가연성 A물질의 단위 발열량은 3,000[kJ/kg]이다).

① 0.88[kg/m$^2$]  ② 2.60[kg/m$^2$]
③ 4.40[kg/m$^2$]  ④ 6.32[kg/m$^2$]

정답 15.③ 16.② 17.③

**해설** 화재하중

$$Q\,(kg/m^2) = \frac{\sum(G_t \cdot H_t)}{H_o \cdot A_f}$$

$$= \frac{1{,}000kg \times 4500kcal/kg + 2{,}000kg \times 3{,}000kJ/kg \times 0.24kcal/kJ}{4{,}500kcal/kg \times 300m^2}$$

$$= 4.4\,kg/m^2$$

여기서, $Q$ : 연료하중(화재하중)$(kg/m^2)$
$G_t$ : 가연물의 양$(kg)$
$H_t$ : 가연물의 단위 질량당 발열량 $(kcal/kg)(kJ/kg)$
$H_o$ : 목재의 단위 질량당 발열량 $4{,}500(kcal/kg)/18{,}855(kJ/kg)$
$A_f$ : 화재실의 바닥면적$(m^2)$

**18** 목조건축물과 비교한 내화건축물의 화재 특성에 관한 설명으로 옳은 것은?

① 화염의 분출면적이 크고, 복사열이 커서 접근하기 어렵다.
② 횡방향보다 종방향의 화재성장이 빠르다.
③ 최성기에 도달하는 시간이 빠르다.
④ 저온장기형의 특성을 갖는다.

**해설** 내화 건축물과 목조 건축물 화재의 비교

| 구 분 | 특 징 |
|---|---|
| 목조 건축물 | 고온 단기형(약 1,200[℃], 5~15분) |
| 내화 건축물 | 저온 장기형(약 800[℃], 30분~3시간) |

**19** 고체 가연물의 연소방식으로 옳지 않은 것은?

① 분무연소    ② 분해연소
③ 작열연소    ④ 증발연소

**해설** 고체 가연물의 연소
㉮ 표면연소 : 가연성 기체의 발생 없이 고체 표면에서 불꽃을 내지 않고 연소하는 형태이다. 불꽃연소에 비해 연소열량이 적고 연소속도가 느려 화재에 대한 위험성은 크지 않다.
  ⓔ 코크스, 목탄, 금속분 등
㉯ 분해연소 : 가연물이 열분해를 통하여 여러 가지 가연성 기체가 발생되어 연소하는 형태
  ⓔ 목재, 종이, 섬유, 플라스틱 등

㉰ 증발연소 : 승화성 물질의 단순 증발에 의해 발생된 가연성 기체가 연소하는 형태
  ⓔ 황, 나프탈렌, 장뇌 등 승화성 물질, 파라핀(양초)의 연소
㉱ 자기연소 : 가연물 내에 산소를 함유하는 물질이 연소하는 형태이며, 외부로부터 산소공급이 없이도 연소가 진행될 수 있어 연소속도가 매우 빨라 폭발적으로 연소한다.
  ⓔ 질산에스터류, 셀룰로이드류, 나이트로화합물류 등

**참고** 분무연소
공업적으로 가장 많이 사용하는 것으로서 액체연료를 작은 입자의 무수히 많은 액적상태로 하여 증발 표면적을 증가시켜 연소하는 것으로 이 경우 액체의 인화점 이하에서도 연소가 가능하다.

**20** 연소속도를 결정하는 인자로 옳지 않은 것은?

① 비중량    ② 산소농도
③ 촉매      ④ 온도

**해설** 연소속도
① 연소속도란 가연물의 양이 연소에 의해 감소되는 속도를 말하며, 연소속도가 빠를수록 위험하다.
② 연소속도에 영향을 미치는 요인(연소속도가 빨라지는 경우)
  ㉮ 가연물의 온도가 높을수록
  ㉯ 가연물의 입자가 작을수록
  ㉰ 산소의 농도가 클수록
  ㉱ 주변 압력은 높을수록, 자신의 압력은 낮을수록
  ㉲ 발열량이 많을수록
  ㉳ 활성화에너지가 작을수록

**21** 열전달 방법 중 복사에 관한 설명으로 옳지 않은 것은?

① 물질에서 방사되는 에너지가 전자기적인 파동에 의해 전달되는 현상이다.
② 진공상태에서는 손실이 없으며, 공기 중에서도 거의 손실이 없다.
③ 복사열은 절대온도 제곱에 비례하고, 열전달 면적에 반비례한다.
④ 스테판-볼츠만 법칙이 적용된다.

정답 18.④ 19.① 20.① 21.③

**해설** **복사(Stenfan-Boltzmann 법칙)**
원자 내부의 전자는 열을 받거나 빼앗길 때 원래의 에너지 준위에서 벗어나 다른 에너지 준위로 전이한다. 이때 전자기파를 방출 또는 흡수하는데, 이러한 전자기파에 의해 열이 매질을 통하지 않고 고온의 물체에서 저온의 물체로 직접 전달되는 현상으로, 복사에너지는 면적에 비례하고 절대온도의 4승에 비례한다.

**22** 구획실에서 10[m] 직경의 크기를 갖는 화재가 발생하였다. 화재 방출열량이 200[MW]일 때 화재 중심에서 수평방향으로 25[m] 떨어진 한 지점으로 전달되는 복사열량[kW/m²]은? (단, 거리 감소에 의한 복사에너지는 30%가 전달되는 것으로 하고, π ≒ 3.14로 하고, 소수점 이하 셋째자리에서 반올림한다).

① 3.82[kW/m²]  ② 7.64[kW/m²]
③ 25.48[kW/m²]  ④ 50.96[kW/m²]

**해설** **복사열량(복사열류)**

$$\dot{q}'' = \frac{X_r \dot{Q}}{4\pi c^2} = \frac{0.3 \times 200 \times 1{,}000}{4 \times 3.14 \times 25^2} = [7.64\,\text{kW/m}^2]$$

여기서, $\dot{q}''$ : 복사열류(W/m²)
$X_r$ : 복사에너지 분율(전체 발열량 중 복사의 형태로 방출되는 비율)
$\dot{Q}$ : 에너지 방출률(W)
$c$ : 화염 중심으로부터의 거리(m)

**23** 다음에서 설명하는 연소생성물은?

> 화재 시 발생하는 연소가스로서 자체는 유독성 가스는 아니나 호흡률을 증대시켜 화재 현장에 공존하는 다른 유독가스의 흡입량 증가로 인명피해를 유발한다.

① CO  ② $CO_2$
③ $H_2S$  ④ $CH_2CHCHO$

**해설** **$CO_2$(이산화탄소)** : 허용농도 5,000[ppm](0.5[%])
㉮ 비독성가스이지만, 화재 시 대량으로 발생하여 산소 농도를 저하시킨다.
㉯ 실제 화재 시 호흡속도를 증가시켜 유해가스의 흡입률을 높인다.

| 공기 중의 $CO_2$ 농도 | 인체에 미치는 영향 |
|---|---|
| 0.1[%] | 공중위생 한계 |
| 3[%] | 호흡 증가 |
| 8[%] | 호흡 곤란 |
| 10[%] | 시력장애, 1분 이내 의식 상실, 장시간 노출 시 사망 |
| 20[%] | 중추신경 마비, 단시간 내 사망 |

**24** 연기 제어방법 중 희석에 관한 설명으로 옳은 것은?
① 희석에 의한 연기제어는 연기를 외부로만 내보내는 것이다.
② 스모크샤프트를 설치하여 제어하는 방법이다.
③ 출입문이나 벽을 이용하여 장소 간 압력차를 이용한 방법이다.
④ 신선한 다량의 공기를 유입하여 연기생성물을 위험수준 이하로 유지한다.

**해설** **연기의 제어방법**
㉠ 희석 : 신선한 공기를 다량으로 공급하여 연기의 농도를 낮추는 것
㉡ 배기 : 건물 내·외부의 압력차를 이용하여 연기를 외부로 배출시키는 것
㉢ 차단 : 연기가 유입되지 못하도록 하는 것

**25** 화재 시 고층빌딩에서 연기가 이동하는 주요 요소로 옳지 않은 것은?
① 역화현상
② 온도상승에 의한 공기의 팽창
③ 굴뚝효과
④ 건물 내 기류에 의한 강제이동

**해설** **연기의 유동에 영향을 미치는 요인**
① 연돌(굴뚝)효과
② 외부에서의 풍력
③ 공기유동의 영향
④ 건물 내 기류의 강제이동
⑤ 비중차
⑥ 공조설비
⑦ 온도상승에 따른 증기팽창

**정답** 22.② 23.② 24.④ 25.①

# 제21회 소방시설관리사 1차 필기 기출문제
[제1과목 : 소방안전관리론 및 화재역학]

**01** 최소발화에너지(MIE)에 영향을 주는 요소에 관한 내용으로 옳지 않은 것은?

① MIE는 온도가 상승하면 작아진다.
② MIE는 압력이 상승하면 작아진다.
③ MIE는 화학양론적 조성 부근에서 가장 크다.
④ MIE는 연소속도가 빠를수록 작아진다.

**해설** 최소점화에너지(최소발화에너지 MIE)에 미치는 영향
㉠ 온도, 압력이 높으면 최소점화에너지가 낮아진다. 따라서 위험도는 증가한다.
㉡ 연소속도가 큰 가스일수록 MIE가 낮다.
㉢ 가연성가스의 조성이 완전연소조성농도 부근일 경우 MIE가 가장 낮다.
㉣ 연소범위에 따라 MIE는 변하며 화학양론비 부근에서 가장 낮다.
㉤ 불활성기체가 혼합될수록 MIE는 증가한다.

**02** 화재를 일으키는 열원과 그 종류의 연결로 옳지 않은 것은?

① 화학적 열원 - 발효열, 유전발열, 압축열
② 기계적 열원 - 압축열, 마찰열, 마찰스파크
③ 전기적 열원 - 유전발열, 저항발열, 유도발열
④ 화학적 열원 - 분해열, 중합열, 흡착열

**해설** 열 에너지원의 종류
㉠ 화학적에너지 : 연소열, 자연발열, 분해열, 용해열 등
㉡ 기계적에너지 : 마찰열, 마찰스파크, 압축열
㉢ 전기적에너지 : 저항가열, 유도가열, 유전가열, 아크가열, 정전기가열, 낙뢰에 의한 발열

**03** 분말소화약제의 종별에 따른 주성분 및 화재적응성을 나열한 것으로 옳지 않은 것은?

① 제1종 - 중탄산나트륨 - B, C급
② 제2종 - 중탄산칼륨 - B, C급
③ 제3종 - 제1인산암모늄 - A, B, C급
④ 제4종 - 인산 + 요소 - A, B, C급

**해설** 【 분말소화약제의 종류 및 특징 】

| 약제종류 | 주성분 | 열분해 반응식 | 착색 | 적응화재 |
|---|---|---|---|---|
| 제1종 분말 | 탄산수소나트륨 ($NaHCO_3$) | $2NaHCO_3 \xrightarrow{\Delta} Na_2CO_3 + CO_2 + H_2O - Q$ kcal | 백색 | B, C급 |
| 제2종 분말 | 탄산수소칼륨 ($KHCO_3$) | $2KHCO_3 \xrightarrow{\Delta} K_2CO_3 + CO_2 + H_2O - Q$ kcal | 보라색 (담자색) | B, C급 |
| 제3종 분말 | 인산암모늄 ($NH_4H_2PO_4$) | $NH_4H_2PO_4 \xrightarrow{\Delta} NH_3 + HPO_3 + H_2O - Q$ kcal ★ 제3종분말이 A급화재에도 적응성이 있는 이유는 $HPO_3$(메타인산)의 **방진작용** 때문 | 핑크색 (담홍색) | A, B, C급 |
| 제4종 분말 | 탄산수소칼륨+요소 ($KHCO_3$ + $NH_2CONH_2$) | $2KHCO_3 + NH_2CONH_2 \xrightarrow{\Delta} 2NH_3 + K_2CO_3 + 2CO_2 - Q$ kcal | 회색 | B, C급 |

정답 01.③ 02.① 03.④

## 01. 소방안전관리론 및 화재역학

**04** 화재의 소화방법과 소화효과의 연결로 옳지 않은 것은?
① 물리적소화 - 질식소화 - 산소차단
② 화학적소화 - 질식소화 - 점화에너지 차단
③ 물리적소화 - 제거소화 - 가연물 차단
④ 화학적소화 - 억제소화 - 연쇄반응 차단

**해설** 【 화재의 소화방법 】

| 가연물 | 산소공급원 | 점화원 | 연쇄반응 |
|---|---|---|---|
| 제거소화<br>+희석소화 | 질식소화<br>+피복소화<br>+유화효과 | 냉각소화 | 부촉매(억제)<br>소화 |
| 물리적 소화 | | | 화학적 소화 |

**05** 폭발의 종류와 형식 중 응상폭발이 아닌 것은?
① 가스폭발  ② 전선폭발
③ 수증기폭발  ④ 액화가스의 증기폭발

**해설**
• 기상폭발 : 기체상태의 폭발[가스폭발, 분진(기상)폭발, 누설가스 착화폭발(UVCE), 분무폭발, 분해폭발]
• 응상(의상)폭발 : 액·고체상태의 폭발(수증기폭발, 화약류폭발, 전선폭발, 유기화합물폭발, BLEVE)

**06** 소화기구 및 자동소화장치의 화재안전기준상 주방에서 동·식물유를 취급하는 조리기구에서 일어나는 화재를 나태내는 등급으로 옳은 것은?
① A급 화재  ② B급 화재
③ C급 화재  ④ K급 화재

**해설**

| 화재의 분류 | | 소화기<br>표시색 | 소화방법 | 특 징 |
|---|---|---|---|---|
| A급 | 일반화재 | 백색 | 냉각효과 | ㉠ 백색 연기 발생<br>㉡ 연소 후 재를 남김 |
| B급 | 유류화재 | 황색 | 질식효과 | ㉠ 검은색 연기 발생<br>㉡ 연소 후 재가 없음<br>㉢ 정전기로 인한 착화<br>가능성 있음 |
| C급 | 전기화재 | 청색 | 질식효과 | 통전 중인 전기시설물이 점화원의 기능을 함 |
| D급 | 금속화재 | - | 건조사 피복 | 금속이 열을 생성 |
| E급 | 가스화재 | - | 질식효과 | 재를 남기지 않음 |
| K급 | 주방화재 | - | 냉각, 질식 | 주방 내 식용유 화재 |

**07** 화재 시 열적 손상에 관한 설명으로 옳지 않은 것은?
① 1도 화상은 홍반성 화상 등의 변화가 피부의 표층에 나타나는 것으로 환부가 빨갛게 되며 가벼운 통증을 수반하는 단계이다.
② 대류열과 복사열은 열적 손상으로 인한 화상을 일으킬 수 있다.
③ 마취성, 자극성, 독성 및 부식성 연소생성물은 열적 손상만을 일으킨다.
④ 3도 화상은 생체 내의 조직이나 세포가 국부적으로 죽는 괴사가 진행되는 단계이다.

**해설** 자극성, 독성 연소생성물은 생리적 손상도 일으킨다.

**08** 폭굉이 발생할 수 있는 조건 하에서 유도거리(DID)가 짧아지는 조건으로 옳지 않은 것은?
① 압력이 높아진다.
② 점화에너지가 작아진다.
③ 관경이 가늘어진다.
④ 정상연소 속도가 빨라진다.

**해설** DID(Detonation Induced Distance, 폭굉유도거리)
최초의 완만한 연소로부터 폭굉까지 이르는 데 필요한 거리

DID가 짧아질 수 있는 조건
• 점화에너지가 강할수록
• 연소속도가 큰 가스일수록
• 관경이 가늘거나 관 속에 이물질이 있을수록
• 압력이 높을수록
• 주위온도가 높을수록

**정답** 04.② 05.① 06.④ 07.③ 08.②

**09** 연소 메커니즘에서 확산연소와 예혼합연소에 관한 설명으로 옳지 않은 것은?

① 확산연소는 열방출속도가 높고, 예혼합연소는 열방출속도가 낮다.
② 예혼합연소에서 화염면의 압력이 전파되면 충격파를 형성한다.
③ 예혼합연소에는 분젠버너 연소, 가정용 가스기기연소, 가스폭발 등이 있다.
④ 확산연소에는 성냥연소, 양초연소, 액면연소 등이 있다.

**해설** 기체의 연소
㉠ 확산연소 : 수소, 아세틸렌, 프로판, 부탄 등 화염의 안정 범위가 넓고 조작이 용이하여 액화의 위험이 없는 연소
㉡ 폭발연소 : 밀폐된 용기에 공기와 혼합가스가 있을 때 점화되면 연소속도가 증가하여 폭발적으로 연소하는 현상
㉢ 예혼합연소 : 가연성기체와 공기 중의 산소를 미리 혼합하여 연소하는 현상예혼합연소의 경우 확산연소보다 열방출속도가 빠르다.

**10** 건축물의 피난·방화구조 등의 기준에 관한 규칙상 건축물에 설치하는 특별피난계단의 구조에 관한 기준으로 옳지 않은 것은?

① 부속실에는 예비전원에 의한 조명설비를 할 것
② 계단은 내화구조로 하고 피난층 또는 지상까지 직접 연결되도록 할 것
③ 계단실 실내에 접하는 부분의 마감은 불연재료로 할 것
④ 계단실은 창문등을 제외하고는 내화구조의 벽으로 구획할 것

**해설** 특별피난계단의 구조
㉠ 건축물의 내부와 계단실은 노대를 통하여 연결하거나 외부를 향하여 열 수 있는 면적 1제곱미터 이상인 창문(바닥으로부터 1미터 이상의 높이에 설치한 것에 한한다) 또는 「건축물의 설비기준 등에 관한 규칙」 제14조의 규정에 적합한 구조의 배연설비가 있는 면적 3제곱미터 이상인 부속실을 통하여 연결할 것
㉡ 계단실·노대 및 부속실(「건축물의 설비기준 등에 관한 규칙」 제10조제2호 가목의 규정에 의하여 비상용승강기의 승강장을 겸용하는 부속실을 포함한다)은 창문등을 제외하고는 내화구조의 벽으로 각각 구획할 것
㉢ 계단실 및 부속실의 실내에 접하는 부분(바닥 및 반자 등 실내에 면한 모든 부분을 말한다)의 마감(마감을 위한 바탕을 포함한다)은 불연재료로 할 것
㉣ 계단실에는 예비전원에 의한 조명설비를 할 것
㉤ 계단실·노대 또는 부속실에 설치하는 건축물의 바깥쪽에 접하는 창문등(망이 들어 있는 유리의 붙박이창으로서 그 면적이 각각 1제곱미터 이하인 것을 제외한다)은 계단실·노대 또는 부속실외의 당해 건축물의 다른 부분에 설치하는 창문등으로부터 2미터 이상의 거리를 두고 설치할 것
㉥ 계단실에는 노대 또는 부속실에 접하는 부분외에는 건축물의 내부와 접하는 창문등을 설치하지 아니할 것
㉦ 계단실의 노대 또는 부속실에 접하는 창문등(출입구를 제외한다)은 망이 들어 있는 유리의 붙박이창으로서 그 면적을 각각 1제곱미터 이하로 할 것
㉧ 노대 및 부속실에는 계단실외의 건축물의 내부와 접하는 창문등(출입구를 제외한다)을 설치하지 아니할 것
㉨ 건축물의 내부에서 노대 또는 부속실로 통하는 출입구에는 60분+ 또는 60분 방화문을 설치하고, 노대 또는 부속실로부터 계단실로 통하는 출입구에는 60분+, 60분 방화문 또는 영 제64조제1항제3호의 30분 방화문을 설치할 것. 이 경우 방화문은 언제나 닫힌 상태를 유지하거나 화재로 인한 연기 또는 불꽃을 감지하여 자동적으로 닫히는 구조로 해야 하고, 연기 또는 불꽃으로 감지하여 자동적으로 닫히는 구조로 할 수 없는 경우에는 온도를 감지하여 자동적으로 닫히는 구조로 할 수 있다.
㉩ 계단은 내화구조로 하되, 피난층 또는 지상까지 직접 연결되도록 할 것
㉪ 출입구의 유효너비는 0.9미터 이상으로 하고 피난의 방향으로 열 수 있을 것

정답 09.① 10.①

**11** 건축법령상 아파트 48층의 거실 각 부분에서 가장 가까운 직통계단까지 최소설치기준으로 옳은 것은? (단, 주요구조부가 내화구조이며, 아파트 전체 층수는 50층이다)

① 직통거리 30m 이하
② 보행거리 40m 이하
③ 직통거리 50m 이하
④ 보행거리 30m 이하

해설 **건축법 시행령 제34조(직통계단의 설치)**
① 건축물의 피난층(직접 지상으로 통하는 출입구가 있는 층 및 제3항과 제4항에 따른 피난안전구역을 말한다. 이하 같다) 외의 층에서는 피난층 또는 지상으로 통하는 직통계단(경사로를 포함한다. 이하 같다)을 거실의 각 부분으로부터 계단(거실로부터 가장 가까운 거리에 있는 1개소의 계단을 말한다)에 이르는 보행거리가 30미터 이하가 되도록 설치해야 한다. 다만, 건축물(지하층에 설치하는 것으로서 바닥면적의 합계가 300제곱미터 이상인 공연장·집회장·관람장 및 전시장은 제외한다)의 주요구조부가 내화구조 또는 불연재료로 된 건축물은 그 보행거리가 50미터(층수가 16층 이상인 공동주택의 경우 16층 이상인 층에 대해서는 40미터) 이하가 되도록 설치할 수 있으며, 자동화 생산시설에 스프링클러 등 자동식 소화설비를 설치한 공장으로서 국토교통부령으로 정하는 공장인 경우에는 그 보행거리가 75미터(무인화 공장인 경우에는 100미터) 이하가 되도록 설치할 수 있다.

**12** 건축물의 피난·방화구조 등의 기준에 관한 규칙상 건축물의 주요구조부 중 계단의 내화구조 기준으로 옳지 않은 것은?

① 철근콘크리트조
② 철재로 보강된 망입유리
③ 콘크리트블록조
④ 철재로 보강된 벽돌조

해설 **내화구조로서의 계단**
㉠ 철근콘크리트조 또는 철골철근콘크리트조
㉡ 무근콘크리트조·콘크리트블록조·벽돌조 또는 석조
㉢ 철재로 보강된 콘크리트블록조·벽돌조 또는 석조
㉣ 철골조

**13** 다음에서 설명하는 화재 시 인간의 피난행동 특성으로 옳은 것은?

> 연기와 정전 등으로 가시거리가 짧아져 시야가 흐려지거나 밀폐공간에서 공포 분위기가 조성될 때 개구부 등의 불빛을 따라 행동하는 본능

① 귀소본능
② 지광본능
③ 추종본능
④ 좌회본능

해설 **인간의 피난특성**
갑작스런 화재가 발생하여 맹렬한 불꽃을 뿜을 경우 혼란이 가중되어 이성적인 판단이 어렵게 된다. 그 때부터는 동물적 본능에 지배되어 활동하게 되므로 인간의 본능에 따른 피난특성을 고려한 피난계획을 검토하여야 한다.
㉠ **귀소본능(歸巢本能)**: 본능적으로 자신의 신체를 보호하기 위하여 자주 이용하는 경로 및 원래 온 길로 돌아가려는 특성이 있다. 따라서 많은 사람의 이동경로가 되는 부분을 가장 안전한 피난경로가 되도록 하고, 피난설비등도 그 곳에 설치하도록 한다.
㉡ **퇴피본능(退避本能)**: 위험사태가 발생하면 반사적으로 그 부분에서 멀어지려는 경향이 있다. 가연물이 많고 화재위험이 있는 부분으로부터 먼 곳으로 피난경로를 설정하고 피난설비를 설치하도록 한다.
㉢ **지광본능(智光本能)**: 화재 시 정전이나 검은 연기에 의해 암흑상태가 되면 사람들은 밝은 곳으로 모이게 된다. 화재가 발생하는 경우 안전한 피난경로부분은 밝게 유지하고 그렇지 않은 부분은 소등하는 것이 바람직하다.
㉣ **좌회본능(左廻本能)**: 사람의 대부분은 오른손잡이이며 이로 인해 오른발이 발달해 있어 어둠 속에서 걷게 되면 왼쪽으로 돌게 된다. 따라서 벽체에 설치하는 피난구는 왼쪽에 설치하는 것이 바람직하다.
㉤ **추종본능(追從本能)**: 화재와 같은 급박한 상황에서 리더(Leader) 한 사람의 행동을 따라하는 경향이 있다. 즉, 최초 한 사람의 행동이 옳고 그름에 따라 많은 사람의 생명을 지배하는 경우가 많다. 따라서 불특정 다수인이 모이는 시설에는 잘 훈련된 리더의 육성이 필요하다.

정답 11.② 12.② 13.②

**14** 구획실 화재 시 발생하는 연기의 유해성 및 제연에 관한 설명으로 옳지 않은 것은?

① 화재 시 발생하는 연기 및 독성 가스는 공급되는 공기량에 따라 농도가 변화한다.
② 화재실의 제연은 거주자의 피난경로와 소방대원의 진압경로를 확보하는 것이 주목적이다.
③ 화재실의 제연은 화재실의 플래시오버(flash-over) 성장을 억제하는 효과가 있다.
④ 화재 최성기에는 공기를 유입시키는 기계제연이 효과적이다.

**해설** 화재의 최성기에는 연기를 배출시키는 기계제연을 이용하여야 한다.

**15** 건축물 종합방재계획 중 평면계획 수립 시 유의사항으로 옳지 않은 것은?

① 화재를 작은 범위로 한정하기 위한 유효한 피난구획으로 조닝(Zoning)화 할 필요가 있다.
② 계단은 보행거리를 기준으로 균등 배치하고, 계단으로 통하는 복도 등 피난로는 단순하게 설계하여야 한다.
③ 소방활동상 필요한 층과 층을 연결하는 수직피난로는 피난이 용이한 개방구조로 상호연결되도록 하여야 한다.
④ 지하가와 호텔, 차고 및 극장과 백화점 등은 용도별 구획 및 별도 경로의 피난로를 설치한다.

**해설** 수직피난로는 별도로 방화구획되도록 설정하여야 한다.

**16** 내화건축물과 비교한 목조건축물의 화재 특성으로 옳지 않은 것은?

① 화재 최고 온도가 낮다.
② 최성기에 도달하는 시간이 빠르다.
③ 연소 지속시간이 짧다.
④ 플래시오버(flashover)에 도달하는 시간이 빠르다.

**해설** 건축물의 화재 성상
(1) 목조건축물
  ① 화재형태 : 고온단기형
  ② 최성기 때 온도 : 1,200℃~1,300℃
(2) 내화건축물
  ① 화재형태 : 저온장기형
  ② 최성기 때 온도 : 800℃~1,000℃

**17** 다음 (   )에 들어갈 내용으로 옳은 것은?

> 내화건축물의 구획실에서 화재가 발생할 경우, 성장기 단계에서는 ( ㉠ )가, 최성기 단계에서는 ( ㉡ )가 지배적인 열전달 기전이다.

① ㉠ : 대류, ㉡ : 복사
② ㉠ : 대류, ㉡ : 전도
③ ㉠ : 복사, ㉡ : 복사
④ ㉠ : 전도, ㉡ : 대류

**해설** 내화건축물의 구획실에서 화재가 발생할 경우, 성장기 단계에서는 대류가, 최성기 단계에서는 복사가 지배적인 열전달 기전이다.

**18** 물체 표면의 절대온도가 100K에서 300K로 증가하는 경우 물체 표면에서 복사되는 에너지는 몇 배 증가하는가? (단, 다른 모든 조건은 동일하다)

① 3배
② 16배
③ 27배
④ 81배

**해설**
$$Q_1 = 4.88\,A\,\varepsilon \left(\frac{100}{100}\right)^4$$

$$Q_2 = 4.88\,A\,\varepsilon \left(\frac{300}{100}\right)^4$$

$$\frac{Q_2}{Q_1} = \frac{(300)^4}{(100)^4} = 81$$

정답 14.④ 15.③ 16.① 17.① 18.④

**19** 유효연소열이 50[kJ/g], 질량연소유속(mass burning flux)이 100[g/m² · s]인 액체연료가 누출되어 직경 2[m]의 풀 전면에 화재가 발생한 경우 열방출속도(HRR)는? (단, $\pi = 3.14$로 한다)

① 10,000[kW]   ② 11,500[kW]
③ 13,020[kW]   ④ 15,700[kW]

**해설**
$$HRR = 50kJ/g \times 100g/m^2 \cdot s \times \frac{3.14}{4}(2m)^2$$
$$= 15,700[kJ/s] = 15,700[kW]$$

**20** 프로판가스 연소반응식이 다음과 같을 때 프로판가스 1[g]이 완전연소하면 발생하는 열량(kcal)은?

$$C_3H_8 + 5O_2 \rightarrow 3CO_2 + 4H_2O + 530.6 kcal$$

① 1.21[kcal]   ② 10.05[kcal]
③ 12.06[kcal]  ④ 24.50[kcal]

**해설** $C_3H_8$ 분자량 : 44
44[g] 연소 시 530.63[kcal] 발생
따라서 1[g] 연소 시 $\frac{530.63}{44} = 12.059 = 12.06[kcal]$

**21** 건축물 구획실 화재 시 화재실의 중성대에 관한 설명으로 옳지 않은 것은?

① 중성대는 화재실 내부의 실온이 높아질수록 낮아지고, 실온이 낮아질수록 높아진다.
② 화재실의 중성대 상부 압력은 실외압력보다 높고 하부의 압력은 실외압력보다 낮다.
③ 화재실 상부에 큰 개구부가 있다면 중성대는 올라간다.
④ 중성대의 위치는 건축물의 높이와 건축물 내·외부의 온도차가 결정의 주요요인이다.

**해설** 중성대의 중요인자는 건축물 내·외부의 온도차이이다.
중성대의 높이 계산
$$h_1 = H \times \frac{1}{1 + \frac{T_i}{T_o}}$$
중성대에서 출입문상부까지의 높이 $h_2 = H - h_1$

**22** 다음 연소가스의 허용농도(TLV-TWA)를 낮은 것에서 높은 순서로 옳게 나열한 것은?

㉠ 일산화탄소   ㉡ 이산화탄소
㉢ 포스겐       ㉣ 염화수소

① ㉠ - ㉣ - ㉡ - ㉢
② ㉢ - ㉠ - ㉣ - ㉡
③ ㉢ - ㉣ - ㉠ - ㉡
④ ㉣ - ㉢ - ㉡ - ㉠

**해설** 허용농도(TLV)

| CO 일산화탄소 | CO₂ 이산화탄소 | HCN 시안화수소 | H₂S 황화수소 | COCl₂ 포스겐 | CH₂CHCHO 아크롤레인 | HCl 염화수소 | NH₃ 암모니아 |
|---|---|---|---|---|---|---|---|
| 50ppm | 5,000ppm | 10ppm | 10ppm | 0.1ppm | 0.1ppm | 5ppm | 25ppm |

**23** 화재 시 발생한 부력을 주로 이용하는 제연방식을 모두 고른 것은?

㉠ 스모크타워제연방식
㉡ 자연제연방식
㉢ 급배기 기계제연방식

① ㉠           ② ㉠, ㉡
③ ㉡, ㉢       ④ ㉠, ㉡, ㉢

**해설** 연기의 부력을 이용하는 제연
스모크타워제연, 자연제연

**24** 고층건축물에서의 연돌효과(stack effect)에 관한 설명으로 옳지 않은 것은?

① 건축물 내부의 온도가 외부의 온도보다 높은 경우 연돌효과가 발생한다.
② 건축물 외부 공기의 온도보다 내부의 공기 온도가 높아질수록 연돌효과가 커진다.
③ 건축물 내부의 온도와 외부의 온도가 같을 경우 연돌효과가 발생하지 않는다.
④ 건축물의 높이가 낮아질수록 연돌효과는 증가한다.

**해설** 건축물의 높이가 높을수록 연돌효과는 증가한다.

**25** 질량연소유속(mass burning flux)이 $20[g/m^2 \cdot s]$인 연료에 화재가 발생하면서 생성된 일산화탄소의 수율이 $0.004[g/g]$인 경우 일산화탄소의 생성 속도는? (단, 연소면적은 $2[m^2]$이다)

① $0.04[g/s]$  ② $0.08[g/s]$
③ $0.16[g/s]$  ④ $0.22[g/s]$

**해설** 일산화탄소 생성속도(g/s)
$= 20g/m^2 \cdot s \times 0.004g/g \times 2m^2$
$= 0.16[g/s]$

정답  24.④  25.③

# 제20회 소방시설관리사 1차 필기 기출문제

[제1과목 : 소방안전관리론 및 화재역학]

**01** K급 화재(주방화재)에 관한 설명으로 옳지 않은 것은?

① 비누화현상을 일으키는 중탄산나트륨 성분의 소화약제가 적응성이 있다.
② 인화점과 발화점의 차이가 작아 재발화의 우려가 큰 식용유화재를 말한다.
③ 주방에서 동식물유를 취급하는 조리기구에서 일어나는 화재를 말한다.
④ K급 화재용 소화기의 소화능력시험은 소화기의 B급 화재 소화능력시험에 따른다.

**해설** 소화기의 형식승인 및 제품검사기술기준
[별표 3] B급소화기의 소화능력시험기준
[별표 6] K급소화기의 소화능력시험기준

**02** 일반화재(A급 화재)에 물을 소화약제로 사용할 경우 분무상으로 방수할 때 증대되는 소화효과는?

① 부촉매효과  ② 억제효과
③ 냉각효과    ④ 유화효과

**해설** 분무주수시 소화효과 : 냉각(A급 화재 시), 질식(A,B,C급 화재 시), 유화(B급 화재 시)

**03** 25[℃]의 물 200L를 대기압에서 가열하여 모두 기화시켰을 때 물의 흡수열량은 몇 [kJ]인가? (단, 물의 비열은 4.18[kJ/kg·℃], 증발잠열은 2,255.5[kJ/kg]이며, 기타 조건은 무시한다)

① 107,920[kJ]
② 342,000[kJ]
③ 451,100[kJ]
④ 513,800[kJ]

**해설**
$Q = mC\Delta T + mr$
$= 200\text{kg} \times 4.18\text{kJ/kg}\cdot℃$
$\quad \times (100-25)℃ + 200\text{kg} \times 2,255.5\text{kJ/kg}$
$= 513,800[\text{kJ}]$

**04** 제3종 분말소화약제가 열분해 될 때 생성되는 물질이 아닌 것은?

① $NH_3$      ② $CO_2$
③ $HPO_3$    ④ $H_2O$

**해설** 분말소화약제의 종류 및 특징

| 약제<br>종류 | 주성분 | 열분해 반응식 | 착색 | 적응<br>화재 |
|---|---|---|---|---|
| 제1종<br>분말 | 탄산수소나트륨<br>($NaHCO_3$) | $2NaHCO_3 \xrightarrow{\Delta} Na_2CO_3 + CO_2 + H_2O - Q$ kcal | 백색 | B,<br>C급 |
| 제2종<br>분말 | 탄산수소칼륨<br>($KHCO_3$) | $2KHCO_3 \xrightarrow{\Delta} K_2CO_3 + CO_2 + H_2O - Q$ kcal | 보라색<br>(담자색) | B,<br>C급 |
| 제3종<br>분말 | 인산암모늄<br>($NH_4H_2PO_4$) | $NH_4H_2PO_4 \xrightarrow{\Delta} NH_3 + HPO_3 + H_2O - Q$ kcal<br>★ 제3종분말이 A급화재에도 적응성이 있는 이유는 $HPO_3$(메타인산)의 **방진작용** 때문 | 핑크색<br>(담홍색) | A, B,<br>C급 |
| 제4종<br>분말 | 탄산수소칼륨<br>+요소<br>($KHCO_3$+<br>$NH_2CONH_2$) | $2KHCO_3 + NH_2CONH_2 \xrightarrow{\Delta}$<br>$2NH_3 + K_2CO_3 + 2CO_2 - Q$ kcal | 회색 | B,<br>C급 |

**05** 고체가연물의 점화(발화)시간은 물체의 두께와 밀접한 관계가 있는데, 열적으로 얇은 고체가연물(두께가 약 2mm 미만)의 경우 점화시간 계산 시 주요 영향요소가 아닌 것은?

① 열전도도(W/m·k)
② 정압비열(J/kg·K)
③ 순열유속(W/m²)
④ 밀도(kg/m³)

정답  01.④  02.③  03.④  04.②  05.①

해설 ) 열전도도는 두께가 두꺼운 재료의 경우 영향을 미친다.

**발화시간계산**

㉠ 얇은 재료(두께 2mm 미만) :
$$t(\sec) = \rho Q l \left(\frac{T_{ig} - T_\infty}{q}\right)$$

㉡ 두꺼운 재료(두께 2mm 이상) :
$$t(\sec) = \rho c K Q \left(\frac{T_{ig} - T_\infty}{q}\right)^2$$

[$t$ : 발화시간, $Q$ : 열용량, $l$ : 두께, $\rho$ : 밀도, $c$ : 상수
$q$ : 열방출속도, $T_{ig}$ : 발화온도, $T_\infty$ : 기상온도
$K$ : 열전도도]
열관성 : $KQ$값

**06** 분진폭발의 특징으로 옳지 않은 것은?

① 열분해에 의해 유독성 가스가 발생될 수 있다.
② 폭발과 관련된 연소속도 및 폭발압력이 가스폭발에 비해 낮다.
③ 1차폭발로 인해 2차폭발이 야기될 수 있어 피해 범위가 크다.
④ 가스폭발에 비해 발생에너지가 적고 상대적으로 저온이다.

해설 ) **분진폭발과 가스폭발의 비교**

㉠ 가스폭발보다 분진폭발은 최소발화에너지가 크다.
㉡ 가스폭발에 비해 분진폭발은 불완전연소가 심하므로 일산화탄소(CO)가 발생한다.
㉢ 1차 분진폭발의 영향으로 주위의 분진을 날리게 하여 2차·3차 폭발이 발생할 수 있다.
㉣ 가스폭발보다 분진폭발은 연소속도, 폭발압력은 작으나 연소시간이 길고 발생에너지가 크기 때문에 연소 시 그 물질의 파괴력과 그을음이 크다.
㉤ 분진폭발은 입자가 비산하므로 접촉되는 가연물은 국부적으로 심한 탄화 또는 화상도 유발한다.
㉥ 분진폭발의 발생에너지는 가스폭발의 수백 배 이상이고 온도는 탄화수소량이 많아 약 2천~3천[℃]까지 올라간다.

**07** 가연성 액체의 화재발생 위험에 관한 설명으로 옳은 것은?

① 인화점, 발화점이 높을수록 위험하다.
② 연소범위가 좁을수록 위험하다.
③ 증기압이 높고 연소속도가 빠를수록 위험하다.
④ 증발열, 비열이 클수록 위험하다.

해설 ) ① 인화점, 발화점이 낮을수록 위험하다.
② 연소범위가 넓을수록 위험하다.
④ 증발열, 비열은 작을수록 위험하다.

**08** 다음과 같은 특성을 모두 가진 연소형태는?

- 가스폭발 메커니즘
- 분젠버너의 연소(급기구 개방)
- 화염전방에 압축파, 충격파, 단열압축 발생
- 화염속도 = 연소속도 + 미연소가스 이동속도

① 표면연소  ② 확산연소
③ 예혼합연소  ④ 자기연소

해설 ) 버너의 연소등 압축파의 발생이 가능한 연소형태는 예혼합연소이다.
확산연소는 기체의 일반적인 연소형태로서 압축파의 발생이 있지 않은 연소형태도 확산연소에 해당된다.

**09** 초고층 및 지하연계 복합건축물 재난관리에 관한 특별법령에서 정한 피난안전구역에 설치하여야 하는 소방시설이 아닌 것은?

① 소화기 및 간이소화용구
② 자동화재속보설비
③ 비상조명등 및 휴대용비상조명등
④ 자동화재탐지설비

해설 ) **초고층 및 지하연계 복합건축물 재난관리에 관한 특별법 시행령 제14조 제2항**
1. 소화설비 중 소화기구(소화기 및 간이소화용구만 해당한다), 옥내소화전설비 및 스프링클러설비
2. 경보설비 중 자동화재탐지설비
3. 피난설비 중 방열복, 공기호흡기(보조마스크를 포함한다), 인공소생기, 피난유도선(피난안전구역으로 통하는 직통계단 및 특별피난계단을 포함한다), 피난안전구역으로 피난을 유도하기 위한 유도등·유도표지, 비상조명등 및 휴대용비상조명등
4. 소화활동설비 중 제연설비, 무선통신보조설비

정답 06.④ 07.③ 08.③ 09.②

**10** 내화구조 건축물의 내화성능 요구조건에 해당하지 않는 것은?

① 차연성　　② 차열성
③ 차염성　　④ 하중지지력

**해설** 내화구조란 차열, 차염, 하중지지력이 있는 구조를 말한다.

**11** 피난계획의 일반적인 원칙으로 옳지 않은 것은?

① 건물 내 임의의 지점에서 피난 시 한 방향이 화재로 사용이 불가능하면 다른 방향으로 사용되도록 한다.
② 피난수단은 보행에 의한 피난을 기본으로 하고 인간본능을 고려하여 설계한다.
③ 피난경로는 굴곡부가 많거나 갈림길이 생기지 않도록 간단하고 명료하게 설계한다.
④ 피난경로의 안전구획을 1차는 계단, 2차는 복도로 설정한다.

**해설** 안전구획의 구분
㉠ 제1차안전구획 : 일시적으로 안전하게 수용하기 위한 구획 – 복도
㉡ 제2차안전구획 : 불과 연기로부터 장시간 안전하게 보호되는 구획 – 계단전실 또는 부실
㉢ 제3차안전구획 : 최종적인 피난경로 – 계단

**12** 건축물의 피난·방화구조 등의 기준에 관한 규칙에서 소방관 진입창의 기준으로 옳지 않은 것은?

① 2층 이상 11층 이하인 층에 각각 1개소 이상 설치할 것
② 창문의 한쪽 모서리에 타격지점을 지름 3센티미터 이상의 원형으로 표시할 것
③ 강화유리 또는 배강도유리로서 그 두께가 6밀리미터 이상인 것
④ 창문의 가운데에 지름 20센티미터 이상의 역삼각형을 야간에도 알아볼 수 있도록 빛반사 등으로 붉은색으로 표시할 것

**해설** 건축물의 피난·방화구조등의 기준에 관한 규칙
제18조의2(소방관 진입창의 기준)
법 제49조제3항에서 "국토교통부령으로 정하는 기준"이란 다음 각 호의 요건을 모두 충족하는 것을 말한다.
1. 2층 이상 11층 이하인 층(직접 지상으로 통하는 출입구가 있는 층은 제외한다)에 각각 1개소 이상 설치할 것. 이 경우 소방관이 진입할 수 있는 창의 가운데에서 벽면 끝까지의 수평거리가 40미터 이상인 경우에는 40미터 이내마다 소방관이 진입할 수 있는 창을 추가로 설치해야 한다.
2. 소방차 진입로 또는 소방차 진입이 가능한 공터에 면할 것
3. 창문의 가운데에 지름 20센티미터 이상의 역삼각형을 야간에도 알아볼 수 있도록 빛 반사 등으로 붉은색으로 표시할 것
4. 창문의 한쪽 모서리에 타격지점을 지름 3센티미터 이상의 원형으로 표시할 것
5. 창문 유리의 크기는 폭 90센티미터 이상, 높이 1미터 이상으로 하고, 실내 바닥면으로부터 창의 아랫부분까지의 높이는 80센티미터[난간이 설치된 노대등(영 제40조제1항에 따른 노대등을 말한다)에 불가피하게 소방관 진입창을 설치하는 경우에는 120센티미터] 이내로 할 것
6. 다음 각 목의 어느 하나에 해당하는 유리를 사용할 것
   가. 플로트판유리로서 그 두께가 6밀리미터 이하인 것
   나. 강화유리 또는 배강도유리로서 그 두께가 5밀리미터 이하인 것
   다. 가목 또는 나목에 해당하는 유리로 구성된 이중유리
   라. 가목 또는 나목에 해당하는 유리로 구성된 삼중유리. 이 경우 각각의 유리에 비산방지필름을 부착하는 경우에는 그 필름 두께를 50마이크로미터 이하로 해야 한다.

**13** 다중이용업소의 안전관리에 관한 특별법령상 다중이용업소에 설치·유지하여야 하는 피난설비에서 피난기구가 아닌 것은?

① 피난사다리
② 피난유도선
③ 구조대
④ 완강기

**정답** 10.① 11.④ 12.③ 13.②

**해설** 다중이용업소 4층 이하 영업장에 설치하는 피난기구의 종류
가) 미끄럼대  나) 피난사다리
다) 구조대  라) 완강기
마) 다수인 피난장비  바) 승강식 피난기

**14** 구획실 화재에서 화재가혹도에 관한 설명으로 옳지 않은 것은?

① 화재가혹도는 최고온도의 지속시간으로 화재가 건물에 피해를 입히는 능력의 정도를 나타낸다.
② 화재가혹도는 화재하중과 화재강도로 구성되며, 화재강도는 단위면적당 가연물의 양으로 계산한다.
③ 화재가혹도를 낮추기 위해서는 가연물을 최소단위로 저장하고 불연성 밀폐용기에 보관한다.
④ 화재가혹도에 견디는 내력을 화재저항이라고 하며 건축물의 내화구조, 방화구조 등을 의미한다.

**해설**
• 화재하중 : 단위면적당 가연물의 질량
• 화재강도 : 단위시간당 축적된 열의 양
• 화재가혹도 : 최고온도×지속시간

**15** 바닥면적이 300[m²]인 창고에 목재 1,000[kg]과 기타 가연물 1,000[kg]이 적재되어 있는 경우 화재하중[kg/m²]은 얼마인가? (단, 목재의 단위발열량은 4,500[kcal/kg], 기타 가연물의 단위발열량은 5,000[kJ/kg]이며, 소수점 이하 셋째자리에서 반올림한다)

① 2.11[kg/m²]  ② 4.22[kg/m²]
③ 7.04[kg/m²]  ④ 14.08[kg/m²]

**해설**
$$Q(kg/m^2) = \frac{\sum Q_t}{4500 A}$$
$$= \frac{(1000kg \times 4500kcal/kg + 1000kg \times 5000kJ/kg) \times 0.24kcal/kJ}{4500kcal/kg \times 300m^2}$$
$$= 4.22[kg/m^2]$$

**16** 화재 시 인간의 피난행동 특성에 관한 설명으로 옳지 않은 것은?

① 처음에 들어온 빌딩 등에서 내부 상황을 모를 경우 들어왔던 경로로 피난하려는 본능을 귀소본능이라 한다.
② 건물내부에 연기로 인해 시야가 제한을 받을 경우 빛이 새어나오는 방향으로 피난하려는 본능을 지광본능이라 한다.
③ 열린 느낌이 드는 방향으로 피난하려는 경향을 직진성이라 한다.
④ 안전하다고 생각되는 경로로 피난하려는 경향을 이성적 안전지향성이라 한다.

**해설** 인간의 피난특성
㉠ 귀소본능(歸巢本能) : 본능적으로 자신의 신체를 보호하기 위하여 자주 이용하는 경로 및 원래 온 길로 돌아가려는 특성이 있다. 따라서 많은 사람의 이동경로가 되는 부분을 가장 안전한 피난경로가 되도록 하고, 피난설비등도 그 곳에 설치하도록 한다.
㉡ 퇴피본능(退避本能) : 위험사태가 발생하면 반사적으로 그 부분에서 멀어지려는 경향이 있다. 가연물이 많고 화재위험이 있는 부분으로부터 먼 곳으로 피난경로를 설정하고 피난설비를 설치하도록 한다.(이성적안전지향성)
㉢ 지광본능(智光本能) : 화재 시 정전이나 검은 연기에 의해 암흑상태가 되면 사람들은 밝은 곳으로 모이게 된다. 화재가 발생하는 경우 안전한 피난경로부분은 밝게 유지하고 그렇지 않은 부분은 소등하는 것이 바람직하다.
㉣ 좌회본능(左廻本能) : 사람의 대부분은 오른손잡이이며 이로 인해 오른발이 발달해 있어 어둠 속에서 걷게 되면 왼쪽으로 돌게 된다. 따라서 벽체에 설치하는 피난구는 왼쪽에 설치하는 것이 바람직하다.
㉤ 추종본능(追從本能) : 화재와 같은 급박한 상황에서 리더(Leader) 한 사람의 행동을 따라하는 경향이있다. 즉, 최초 한 사람의 행동이 옳고 그름에 따라 많은 사람의 생명을 지배하는 경우가 많다. 따라서 불특정 다수인이 모이는 시설에는 잘 훈련된 리더의 육성이 필요하다.

정답 14.② 15.② 16.③

**17** 건축물의 피난·방화구조 등의 기준에 관한 규칙에서 정한 건축물의 내부에 설치하는 피단계단의 구조의 기준으로 옳지 않은 것은?

① 계단실은 창문·출입구 기타 개구부를 제외한 당해 건축물의 다른 부분과 내화구조의 벽으로 구획할 것
② 건축물의 내부와 접하는 계단실의 창문등(출입구를 제외한다)은 망이 들어 있는 유리의 붙박이창으로서 그 면적을 각각 1제곱미터 이하로 할 것
③ 건축물의 내부에서 계단실로 통하는 출입구의 유효너비는 0.9미터 이상으로 할 것
④ 계단실의 바깥쪽과 접하는 창문등은 당해 건축물의 다른 부분에 설치하는 창문등으로부터 1미터 이하의 거리를 두고 설치할 것

**해설** 건축물 내부 피난계단 설치기준
㉠ 계단실은 창문·출입구 기타 개구부(이하 "창문등"이라 한다)를 제외한 당해 건축물의 다른 부분과 내화구조의 벽으로 구획할 것
㉡ 계단실의 실내에 접하는 부분(바닥 및 반자 등 실내에 면한 모든 부분을 말한다)의 마감(마감을 위한 바탕을 포함한다)은 불연재료로 할 것
㉢ 계단실에는 예비전원에 의한 조명설비를 할 것
㉣ 계단실의 바깥쪽과 접하는 창문등(망이 들어 있는 유리의 붙박이창으로서 그 면적이 각각 1제곱미터 이하인 것을 제외한다)은 당해 건축물의 다른 부분에 설치하는 창문등으로부터 2미터 이상의 거리를 두고 설치할 것
㉤ 건축물의 내부와 접하는 계단실의 창문등(출입구를 제외한다)은 망이 들어 있는 유리의 붙박이창으로서 그 면적을 각각 1제곱미터 이하로 할 것
㉥ 건축물의 내부에서 계단실로 통하는 출입구의 유효너비는 0.9미터 이상으로 하고, 그 출입구에는 피난의 방향으로 열 수 있는 것으로서 언제나 닫힌 상태를 유지하거나 화재로 인한 연기, 온도, 불꽃 등을 가장 신속하게 감지하여 자동적으로 닫히는 구조로 된 60분+ 또는 60분 방화문을 설치할 것
㉦ 계단은 내화구조로 하고 피난층 또는 지상까지 직접 연결되도록 할 것

**18** 가로 50[cm], 세로 60[cm]인 벽면의 양쪽 온도가 350[℃]와 30[℃]이고, 벽을 통한 이동열량이 250[W]일 때 이 벽의 두께 $l$[m]는? (단, 열전도도는 0.8[W/m·K]이고 기타 조건은 무시하며, 소수점 이하 셋째자리에서 반올림한다)

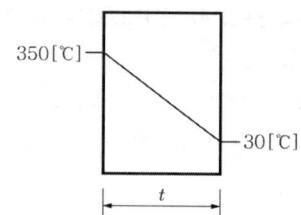

① 0.31[m]  ② 0.45[m]
③ 0.64[m]  ④ 0.78[m]

**해설** 전도열량 $Q(W) = \dfrac{\lambda A \Delta T}{l}$

$250W = \dfrac{0.8\,W/m\cdot K \times (0.5m \times 0.6m) \times (350-30)K}{l(m)}$

$l[m] = 0.31[m]$

**19** 아레니우스(Arrhenius)의 반응속도식에 관한 설명으로 옳은 것은?

① 활성화에너지가 클수록 반응속도는 증가한다.
② 기체상수가 클수록 반응속도는 증가한다.
③ 온도가 높을수록 반응속도는 감소한다.
④ 가연물의 밀도가 높을수록 반응속도는 증가한다.

**해설** ① 활성화에너지가 작을수록 반응속도는 증가한다.
③ 온도가 높을수록 반응속도는 증가한다.
④ 가연물의 밀도가 낮을수록 반응속도는 증가한다.

**20** 구획실에서 화재의 지속시간에 관한 설명으로 옳지 않은 것은?

① 화재실 단위면적당 가연물의 양에 비례한다.
② 화재실 바닥 면적에 비례한다.
③ 화재실 개구부 면적에 비례한다.
④ 화재실 개구부 높이의 제곱근에 반비례한다.

정답  17.④  18.①  19.②  20.③

**해설** 화재계속시간

$$T(\min) = \frac{\text{단위면적당 가연물의 양}(kg/m^2) \times \text{화재실의 바닥면적}(m^2)}{\text{연소속도}(kg/\min) \, [5.5 \sim 6 \, (A\sqrt{H})]}$$

**21** 에탄올($C_2H_5OH$) 1[kmol]을 완전 연소하는데 필요한 이론적인 산소($O_2$)의 체적[m³]은? (단, 0[℃], 1기압 표준상태를 기준으로 하며, 소수점 이하 둘째자리에서 반올림한다)

① 67.2[m³]  ② 69.4[m³]
③ 70.6[m³]  ④ 74.0[m³]

**해설** $C_2H_5OH + 3O_2 \rightarrow 2CO_2 + 3H_2O$
에탄올 1[kmol] 연소 시 산소 3[kmol] 필요
∴ $3[\text{kmol}] \times 22.4[m^3/\text{kmol}] = 67.2[m^3]$

**22** 연소생성물질의 특성에 관한 설명으로 옳지 않은 것은?

① 일산화탄소(CO)는 불연성 기체로서 호흡률을 높여 독성가스 흡입을 증가시킨다.
② 아크롤레인($CH_2CHCHO$)은 석유류 제품 및 유지(기름)성분의 물질이 연소할 때 발생한다.
③ 황화수소($H_2S$)는 계란 썩은 것 같은 냄새가 난다.
④ 염화수소(HCl)는 PVC 등 염소함유물질이 연소할 때 생성된다.

**해설** 불연성기체로서 호흡률을 높여 독성가스 흡입을 증가시키는 가스는 이산화탄소이다.

**23** 힌클리(HinKley)의 연기하강시간(t)에 관한 식으로 옳은 것은? (단, t는 연기의 하강시간[s], A는 바닥면적[m²], $P_f$는 화재둘레[m], $g$는 중력가속도[m/s²], H는 층고[m], Y는 청결층 높이[m] 이다)

① $t = \frac{20A}{P_f \times g}\left(\frac{1}{\sqrt{H}} - \frac{1}{\sqrt{Y}}\right)$

② $t = \frac{20A}{P_f \times \sqrt{g}}\left(\frac{1}{\sqrt{H}} - \frac{1}{\sqrt{Y}}\right)$

③ $t = \frac{20A}{P_f \times g}\left(\frac{1}{\sqrt{Y}} - \frac{1}{\sqrt{H}}\right)$

④ $t = \frac{20A}{P_f \times \sqrt{g}}\left(\frac{1}{\sqrt{Y}} - \frac{1}{\sqrt{H}}\right)$

**해설** 힌클리공식

$t = \frac{20A}{P_f \times \sqrt{g}}\left(\frac{1}{\sqrt{Y}} - \frac{1}{\sqrt{H}}\right)$

$t$ : 연기축적시간[sec]
$A$ : 바닥면적[m²]
$P_f$ : 화염의 둘레[m]
$g$ : 중력가속도 9.8[m/s²]
$Y$ : 청결층높이[m]
$H$ : 실의 높이[m]

**24** 고층건축물의 화재 시 굴뚝효과(Stack effect)에 의한 샤프트와 외기의 압력차에 관한 설명으로 옳은 것은?

① 외기 온도가 높을수록 감소한다.
② 샤프트 내부 온도가 높을수록 감소한다.
③ 중성대(면) 위의 거리(높이)가 클수록 감소한다.
④ 샤프트 내부와 외기의 온도차가 클수록 감소한다.

**해설** ① 실내외의 온도차가 높을수록 압력차는 증가, 온도차가 낮을수록 압력차는 감소.
따라서 외기 온도가 높을수록 내부온도와의 차이가 작아지므로 압력차는 감소한다.
② 샤프트 내부온도가 높을수록 증가한다.
③ 바닥면에서 중성대까지의 높이

$h(m) = \frac{H}{1 + \left(\frac{A_1}{A_2}\right)^2 \left(\frac{T_i}{T_o}\right)}$

중성대로부터 천장까지 거리가 크다는 것은 위의 h가 작다는 것, 실내외의 온도차이가 크다는 것.
따라서 온도차이가 클수록 압력차이는 증가한다.
④ 샤프트 내부와 외기의 온도차가 클수록 압력차이는 증가한다.

정답 21.① 22.① 23.④ 24.①

**25** 연기농도와 피난한계에 관한 설명으로 옳지 않은 것은? (단, CS는 감광계수이다)

① 반사형 표지 및 문짝의 가시거리(L)는 $\dfrac{2 \sim 4}{C_s} m$ 이다.

② 발광형 표지 및 주간 창의 가시거리(L)는 $\dfrac{5 \sim 10}{C_s} m$ 이다.

③ 가시거리(L)와 감광계수($C_s$)는 비례한다.

④ 감광계수($C_s$)는 입사된 광량에 대한 투과된 광량의 감쇄율로, 단위는 $m^{-1}$이다.

**해설** 가시거리와 감광계수는 반비례한다.

# 제9회 소방시설관리사 1차 필기 기출문제

[제1과목 : 소방안전관리론 및 화재역학]

**01** 공기중의 산소농도가 증가할수록 화재 시 일어나는 현상으로 옳지 않은 것은?

① 점화에너지가 커진다.
② 발화온도가 낮아진다.
③ 폭발범위가 넓어진다.
④ 연소속도가 빨라진다.

**해설** 산소농도가 증가할수록
㉠ 점화에너지가 작아진다(최소점화에너지, 최소발화에너지, 활성화에너지).
㉡ 발화점(발화온도)이 낮아진다.
㉢ 인화점이 낮아진다.
㉣ 연소범위(폭발범위)가 커진다(넓어진다).
㉤ 연소속도가 빨라진다.

**02** 물이 어는 온도(0[℃])를 화씨온도([℉])와 랭킨온도([R])로 나타낸 것으로 옳은 것은?

① 0[℉], 460[R]   ② 0[℉], 492[R]
③ 32[℉], 460[R]   ④ 32[℉], 492[R]

**해설** 0[℃]=32[℉]
$R = [℉] + 460$
∴ $R = 32 + 460 = 492[R]$

**03** 가연물의 종류와 연소형태의 연결이 옳지 않은 것은?

① 숯 - 표면연소
② 에틸벤젠 - 자기연소
③ 가솔린 - 증발연소
④ 종이 - 분해연소

**해설** 에틸벤젠은 4류위험물(인화성액체)로서 증발연소

**04** 건축물의 피난·방화구조 등의 기준에 관한 규칙에서 정하고 있는 갑종방화문의 성능기준으로 ( )에 들어갈 내용으로 옳은 것은?

> 갑종방화문은 국토교통부장관이 정하여 고시하는 시험기준에 따라 시험한 결과 다음 각 호의 구분에 따른 기준에 적합하여야 한다.
> 1. 갑종방화문 : 다음 각 목의 성능을 모두 확보할 것
>   가. 비차열(非遮熱) ( ㉠ ) 이상
>   나. 차열(遮熱) ( ㉡ ) 이상(영 제46조 제4항에 따라 아파트 발코니에 설치하는 대피공간의 갑종방화문만 해당한다)

① ㉠ : 30분, ㉡ : 30분
② ㉠ : 30분, ㉡ : 1시간
③ ㉠ : 1시간, ㉡ : 30분
④ ㉠ : 1시간, ㉡ : 1시간

**해설** 방화문의 구조[21년 이후 개정]
1. 60분+ 방화문 : 연기 및 불꽃을 차단할 수 있는 시간이 60분 이상이고, 열을 차단할 수 있는 시간이 30분 이상인 방화문
2. 60분 방화문 : 연기 및 불꽃을 차단할 수 있는 시간이 60분 이상인 방화문
3. 30분 방화문 : 연기 및 불꽃을 차단할 수 있는 시간이 30분 이상 60분 미만인 방화문

정답  01.①  02.④  03.②  04.③

**05** 다음 물질의 증기비중이 낮은 것부터 높은 순으로 바르게 나열한 것은?

> ㉠ 톨루엔(Toluene)　　㉡ 벤젠(Benzene)
> ㉢ 에틸알코올(Ethyl Alcohol)　㉣ 크실렌(Xylene)

① ㉡ - ㉠ - ㉣ - ㉢
② ㉡ - ㉢ - ㉠ - ㉣
③ ㉢ - ㉠ - ㉣ - ㉡
④ ㉢ - ㉡ - ㉠ - ㉣

**해설**

증기비중 = $\dfrac{\text{표준상태에서 측정기체의 밀도}}{\text{표준상태에서 공기의 밀도}}$

= $\dfrac{\text{측정기체의 분자량}}{\text{공기의 분자량}}$

톨루엔($C_6H_5CH_3$) : 분자량 92　∴ $\dfrac{92}{29}$ = 3.17

벤젠($C_6H_6$) : 분자량 78　∴ $\dfrac{78}{29}$ = 2.67

에틸알코올($C_2H_6O$) : 분자량 46　∴ $\dfrac{46}{29}$ = 1.56

크실렌($C_6H_4(CH_3)_2$) : 분자량 106　∴ $\dfrac{106}{29}$ = 3.66

**06** 산불화재의 형태에 관한 설명으로 옳지 않은 것은?

① 지중화는 산림 지중에 있는 유기질층이 타는 것이다.
② 지표화는 산림 지면에 떨어져 있는 낙엽, 마른풀 등이 타는 것이다.
③ 수관화는 나무의 줄기가 타는 것이다.
④ 비화는 강풍 등에 의해 불꽃이 날아가 타는 것이다.

**해설**

**산불화재**
㉠ 지표화재 : 바닥의 낙엽이 연소하는 형태
㉡ 수관화재 : 나뭇가지부터 연소하는 형태
㉢ 수간화재 : 나무기둥부터 연소하는 형태
㉣ 지중화재 : 바닥의 썩은 나무에서 발생하는 유기물이 연소하는 형태

> **참고** 나무의 줄기는 수간(樹幹) [나무의 뿌리대목에서부터 첫 번째로 큰 가지까지의 줄기]

**07** 다음에서 설명하는 폭발은?

> 물 속에서 사고로 인해 액화천연가스가 분출되었을 때, 이 물질이 급격한 비등현상으로 체적팽창 및 상변화로 인하여 고압이 형성되어 일어나는 폭발현상이다.

① 증기폭발
② 분해폭발
③ 중합폭발
④ 산화폭발

**해설**

**폭발의 분류**
㉠ 물리적인 폭발
　ⓐ 화산폭발
　ⓑ 과열액체비등에 의한 증기폭발
　ⓒ 고압용기 과압, 과충전폭발
　ⓓ 수증기폭발
㉡ 화학적인 폭발
　ⓐ 산화폭발 : 가스가 공기 중에 누설 또는 인화성 액체 탱크에 공기가 유입되어 탱크 내에 점화원이 유입되어 폭발하는 현상
　ⓑ 분해폭발 : 아세틸렌, 산화에틸렌, 하이드라진과 같이 분해하면서 폭발하는 현상
　ⓒ 중합폭발 : 산화에틸렌, 시안화수소와 같이 단량체가 일정온도와 압력으로 반응이 진행되어 분자량이 큰 중합체가 되어 폭발하는 현상
㉢ 가스폭발 : 인화성 액체의 증기가 산소와 반응하여 점화원에 의해 폭발하는 현상
　(메탄, 에탄, 프로판, 부탄, 수소, 아세틸렌 폭발)
㉣ 분진폭발 : 공기 속을 떠다니는 아주 작은 미립자(75[μm] 이하의 고체입자로서 공기 중에 떠있는 분체)가 적당한 농도 범위에 있을 때 불꽃이나 점화원으로 인하여 폭발하는 현상
　ⓐ 분진의 폭발범위 : 25~45[mg/L](하한값)~80[mg/L] (상한값)
　ⓑ 분진의 착화에너지 : $10^{-3}$~$10^{-2}$[J], 화약의 착화에너지 : $10^{-6}$~$10^{-4}$[J]

**정답** 05.④　06.③　07.①

**08** 온도변화에 따른 연소범위에서 ( )에 들어갈 내용으로 옳은 것은?

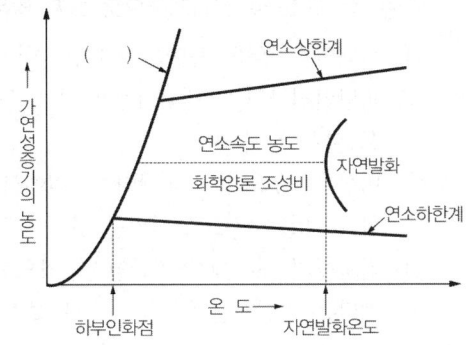

① 삼중압선  ② 연소점곡선
③ 공연비곡선  ④ 포화증기압선

**09** 화재의 종류별 특성에 관한 설명으로 옳지 않은 것은?

① 금속화재는 나트륨, 칼륨 등 금속가연물에 의한 화재로 물에 의한 냉각소화가 효과적이다.
② 유류화재는 인화성액체에 의한 화재로 포(Foam)를 이용한 질식소화가 효과적이다.
③ 전기화재는 통전중인 전기기기에서 발생하는 화재로 이산화탄소에 의한 질식소화가 효과적이다.
④ 일반화재는 종이, 목재에 의한 화재로 물에 의한 냉각소화가 효과적이다.

**해설** 금속화재 시 주수소화하면 수소, 일산화탄소 등 가연성 가스 발생

**10** 두께 3cm인 내열판의 한 쪽 면의 온도는 500[℃] 다른 쪽 면의 온도는 50[℃]일 때, 이 판을 통해 일어나는 열전달량(W/m²)은? (단, 내열판의 열전도도는 0.1[W/m·℃] 이다)

① 13.5[W/m²]  ② 150.0[W/m²]
③ 1,350.0[W/m²]  ④ 1,500.0[W/m²]

**해설** 전도열량 $Q(W) = \dfrac{\lambda A \Delta T}{l}$

$= \dfrac{0.1\,W/m\cdot°C \times 1m^2 \times (500-50)°C}{0.03m}$

$= 1,500[W]$

따라서 1m²당 열량은 1,500[W/m²]

**11** 피난원칙 중 페일세이프(Fail Safe)에 관한 설명으로 옳은 것은?

① 피난경로는 간단명료하게 하여야 한다.
② 피난수단은 원시적 방법에 의한 것을 원칙으로 한다.
③ 비상시 판단능력 저하를 대비하여 누구나 알 수 있도록 피난수단 등을 문자나 그림등으로 표시한다.
④ 피난시 하나의 수단이 고장으로 실패하여도 다른 수단에 의해 피난할 수 있도록 하는 것을 말한다.

**해설** 피난계획의 일반원칙
㉠ Fool Proof : 비상시 머리가 혼란하여 판단능력이 저하되는 상태로 누구나 알 수 있도록 문자나 그림 등을 표시하여 직감적으로 작용하는 것
㉡ Fail Safe : 하나의 수단이 고장으로 실패하여도 다른 수단에 의해 구제할 수 있도록 고려하는 것으로 양 방향 피난로의 확보와 예비전원을 준비하는 것 등이다.

**12** 소방시설 설치 및 관리에 관한 법령상 특정소방대상물의 규모 등에 따라 갖추어야 하는 소방시설의 수용인원 산정 방법으로 ( )에 들어갈 내용으로 옳은 것은?

숙박시설이 있는 특정소방대상물에서 침대가 없는 숙박시설의 경우 해당 특정소방대상물의 종사자 수에 숙박시설 바닥면적의 합계를 ( )[m²]로 나누어 얻은 수를 합한 수

① 0.45  ② 1.9
③ 3  ④ 4.6

해설 숙박시설이 있는 특정소방대상물의 수용인원 산정
㉠ 침대가 있는 숙박시설 : 당해 특정소방대상물의 종사자의 수에 침대의 수(2인용 침대는 2인으로 산정한다)를 합한 수
㉡ 침대가 없는 숙박시설 : 당해 특정소방대상물의 종사자의 수에 숙박시설의 바닥면적의 합계를 3[$m^2$]로 나누어 얻은 수를 합한 수

**13** 다음에서 설명하는 화재현상은?

> 중질유(中質油) 탱크 화재 시 유류표면 온도가 물의 비점 이상일 때 소화용수를 유류표면에 방수시키면 물이 수증기로 변하면서 급격한 부피팽창으로 인해 유류가 탱크의 외부로 분출되는 현상이다.

① 보일오버(Boil Over)
② 슬롭오버(Slop Over)
③ 프로스오버(Froth Over)
④ 플래시오버(Flash Over)

해설 고비점 액체위험물에서 발생될 수 있는 현상
㉠ 보일오버(Boil Over) 현상 : 유류탱크 화재 시 액체위험물의 밑 부분에 존재하고 있던 물이 열파에 의해 비점 이상으로 되면 급격히 증발하면서 가연성 액체를 탱크 밖으로 비산시켜 화재를 확대시키는 현상

> ◯ 보일오버의 발생조건
> • 탱크 내부에 수분이 존재할 것
> • 열파를 형성하는 유류일 것
> • 적당한 점성과 거품을 가진 유류일 것
> • 비점이 물보다 높은 유류일 것

㉡ 슬롭오버(Slop Over) 현상 : 액체위험물 화재 시 연소유면이 가열된 상태에서 물이 포함되어 있는 소화약제를 방사할 경우 물이 비등·기화하면서 액체위험물을 탱크 밖으로 비산시키는 현상
㉢ 프로스오버(Froth Over) 현상 : 화재가 아닌 경우에 발생하는 현상으로 점도가 높은 유류를 저장하는 탱크의 바닥에 있는 수분이 어떤 원인에 의해 비등하면서 액체위험물을 탱크 밖으로 넘치게 하는 현상

**14** 건축물의 피난·방화구조 등의 기준에 관한 규칙에서 정하고 있는 건축물의 피난안전구역의 설치기준 중 구조 및 설비기준으로 옳지 않은 것은?

① 피난안전구역의 높이는 2.1미터 이상일 것
② 피난안전구역의 내부마감재료는 준불연재료로 설치할 것
③ 비상용 승강기는 피난안전구역에서 승하차 할 수 있는 구조로 설치할 것
④ 건축물의 내부에서 피난안전구역으로 통하는 계단은 특별피난계단의 구조로 설치할 것

해설 피난안전구역의 구조 및 설비는 다음 각 호의 기준에 적합하여야 한다.
1. 피난안전구역의 바로 아래층 및 윗층은 「녹색건축물 조성지원법」 제15조제1항에 따라 국토교통부장관이 정하여 고시한 기준에 적합한 단열재를 설치할 것. 이 경우 아래층은 최상층에 있는 거실의 반자 또는 지붕 기준을 준용하고, 윗층은 최하층에 있는 거실의 바닥 기준을 준용할 것
2. 피난안전구역의 내부마감재료는 불연재료로 설치할 것
3. 건축물의 내부에서 피난안전구역으로 통하는 계단은 특별피난계단의 구조로 설치할 것
4. 비상용 승강기는 피난안전구역에서 승하차 할 수 있는 구조로 설치할 것
5. 피난안전구역에는 식수공급을 위한 급수전을 1개소 이상 설치하고 예비전원에 의한 조명설비를 설치할 것
6. 관리사무소 또는 방재센터 등과 긴급연락이 가능한 경보 및 통신시설을 설치할 것
7. 별표 1의2에서 정하는 기준에 따라 산정한 면적 이상일 것
8. 피난안전구역의 높이는 2.1미터 이상일 것
9. 「건축물의 설비기준 등에 관한 규칙」 제14조에 따른 배연설비를 설치할 것
10. 그 밖에 소방청장이 정하는 소방 등 재난관리를 위한 설비를 갖출 것

**15** 화재성장속도의 분류별 약 1[MW]의 열량에 도달하는 시간으로 ( )에 들어갈 내용으로 옳은 것은?

| 화재성장속도 | slow | medium | fast | ultrafast |
|---|---|---|---|---|
| 시간(s) | 600 | ㉠ | ㉡ | ㉢ |

① ㉠ : 200, ㉡ : 100, ㉢ : 50
② ㉠ : 300, ㉡ : 150, ㉢ : 75
③ ㉠ : 400, ㉡ : 200, ㉢ : 100
④ ㉠ : 450, ㉡ : 300, ㉢ : 150

**해설** 연료지배형 화재 시 화재성장속도
$Q[kW] = \alpha t^2$
$Q$ : 열방출율[kW]
$\alpha$ : 화재강도계수
$t$ : 시간[sec]
화재성장속도는 열방출률이 1,055[kW]에 도달하는데 걸리는 시간을 기준으로 다음과 같이 구분한다.
㉠ ultrafast : 75[sec]
㉡ fast : 150[sec]
㉢ medium : 300[sec]
㉣ slow : 600[sec]

**16** 내화건축물의 구획실 내에서 가연물의 연소 시, 성장기의 지배적 열전달로 옳은 것은?

① 복사
② 대류
③ 전도
④ 확산

**해설** 화재초기 – 전도, 복사
화재중기(성장기) – 대류

**17** 화재로 인해 공장벽체의 내부 표면온도가 450[℃]까지 상승하였으며, 벽체 외부의 공기온도는 15[℃]일 때 벽체 외부 표면온도([℃])는 약 얼마인가? (단, 벽체의 두께는 200[mm]이고, 벽체의 열전도계수는 0.69[W/m·K], 대류열전달계수는 12[W/m²·K]이다. 복사의 영향과 벽체 상·하부로의 열전달 및 기타의 손실은 무시하며 0[℃]는 273[K]이고, 소수점 이하 셋째자리에서 반올림한다)

① 112.14
② 121.14
③ 235.14
④ 385.14

**해설** 단위면적당 전도열량
$Q_1[W/m^2] = \dfrac{\lambda(T_2 - T_1)}{l}$
대류열류 $Q_2[W/m^2] = h \cdot (T_2 - T_1)$
$Q_1[W/m^2] = \dfrac{0.69 W/m \cdot K \times [(273+450)-(273+T_O)]}{0.2m}$
$Q_2[W/m^2] = 12 W/m^2 \cdot K \times [(273+T_O)-(273+15)]$
$Q_1 = Q_2$
∴ $\dfrac{0.69 W/m \cdot K \times [(273+450)-(273+T_O)]}{0.2m}$
$= 12 W/m^2 \cdot K \times [(273+T_O)-(273+15)]$
$T_O = 112.135 ≒ 112.14[℃]$

**18** 다음에서 설명하는 연소생성물은?

질소가 함유된 수지류 등의 연소 시 생성되는 유독성 가스로서 다량 노출 시 눈, 코, 인후 및 폐에 심한 손상을 주며, 냉동창고 냉동기의 냉매로도 쓰이고 있다.

① 이산화질소($NO_2$)
② 이산화탄소($CO_2$)
③ 암모니아($NH_3$)
④ 시안화수소(HCN)

**해설** 연소생성물의 종류

| 가연물의 종류 | 연소생성물 |
|---|---|
| 탄소 함유 가연물 | $CO$, $CO_2$ |
| 나무, 나일론, 페놀수지 | 알데히드(R-CHO) |
| PVC | 염화수소(HCl) |
| 석유제품, 유지, 비닐론 | 아크로레인($C_2H_3CHO$) |
| 명주, 양모, 우레탄 | 시안화수소(HCN) |
| 천연가스, 석유류 | 카본블랙(C) |
| 석탄, 코크스 | 일산화탄소(CO) |
| 양모, 고무, 목재, LPG | 아황산가스($SO_2$) |
| 셀룰로오스, 암모니아 | 이산화질소($NO_2$) |
| 멜라민수지, 요소수지 | 암모니아($NH_3$) |
| 폴리스티렌(스티로폼) | 벤젠($C_6H_6$) |
| 양모, 피혁 | 황화수소($H_2S$) |

정답 15.② 16.② 17.① 18.③

**19** 연소생성물 중 연기가 인간에 미치는 유해성을 모두 고른 것은?

> ㉠ 시계적 유해성
> ㉡ 심리적 유해성
> ㉢ 생리적 유해성

① ㉠, ㉡  ② ㉠, ㉢
③ ㉡, ㉢  ④ ㉠, ㉡, ㉢

**해설** 연기의 유해성
㉠ 시계적 유해성
㉡ 생리적 유해성
㉢ 심리적 유해성

**20** 연기농도를 측정하는 감광계수, 중량농도법, 입자농도법의 단위를 순서대로 나열한 것으로 옳은 것은?

① $m^{-1}$, 개/$cm^3$, $mg/m^3$
② $m^{-1}$, $mg/m^3$, 개/$cm^3$
③ $m^{-3}$, $mg/m^3$, 개/$cm^3$
④ $m^{-3}$, 개/$cm^3$, $mg/m^3$

**해설** 연기의 농도측정법
㉠ 중량농도 : 단위체적당 연기입자의 질량($mg/m^3$)을 측정하는 표시법
㉡ 입자농도 : 단위체적당 연기입자의 개수(개/$cm^3$)를 측정하는 표시법
㉢ 광학적 농도 : 연기 속을 투과하는 빛의 양을 측정하는 방법으로 감광계수($m^{-1}$)로 나타낸다.

**21** 제연방식으로 (    )에 들어갈 내용으로 옳은 것은?

> ( ㉠ ) - 화재에 의해서 발생한 열기류의 부력 또는 외부의 바람의 흡출효과에 의해 실의 상부에 설치된 창 또는 전용의 제연구로부터 연기를 옥외로 배출하는 방식
> ( ㉡ ) - 화재 시 온도상승에 의하여 생긴 실내공기의 부력이나 지붕상에 설치된 루프모니터 등이 외부바람에 의해 동작하면서 생긴 흡입력을 이용하여 제연하는 방식

① ㉠ : 자연제연방식, ㉡ : 기계제연방식
② ㉠ : 밀폐제연방식, ㉡ : 급배기 기계제연방식
③ ㉠ : 밀폐제연방식, ㉡ : 스모크타워제연방식
④ ㉠ : 자연제연방식, ㉡ : 스모크타워제연방식

**해설** 제연방식의 종류
ⓐ 자연제연방식 : 화재에 의해서 발생한 열기류의 부력 또는 외부의 바람의 흡출효과에 의해 실의 상부에 설치된 창 또는 전용의 제연구로부터 연기를 옥외로 배출하는 방식
ⓑ 기계제연방식 : 실내의 연기를 기계적인 동력을 이용하여 강제로 배출하는 방식으로 1종, 2종, 3종 기계제연으로 분류된다.

【 기계제연의 분류 】

| 기계제연의 종류 | 송풍기 | 배출기 |
|---|---|---|
| 제1종 기계제연 | ○ | ○ |
| 제2종 기계제연 | ○ | × |
| 제3종 기계제연 | × | ○ |

ⓒ 스모크타워제연방식 : 화재 시 온도상승에 의하여 생긴 실내공기의 부력이나 지붕상에 설치된 루프모니터 등이 외부바람에 의해 동작하면서 생긴 흡입력을 이용하여 제연하는 방식

**22** 면적이 $0.15[m^2]$인 합판이 연소되면서 발생한 열방출량(Heat release rate)[kW]은 약 얼마인가? (단, 평균질량감소율은 $0.03[kg/m^2 \cdot s]$, 연소열은 $25[kJ/g]$, 연소효율은 $55[\%]$이며, 소수점 이하 셋째자리에서 반올림한다)

① 0.06[kW]
② 0.20[kW]
③ 61.88[kW]
④ 204.50[kW]

**해설** 열방출량 $= 0.03 kg/m^2 \cdot s \times 25,000 kJ/kg$
$\times 0.15 m^2 \times 0.55$
$= 61.875 ≒ 61.88 [kJ/s]$
$= 61.88 [kW]$

정답 19.④ 20.② 21.④ 22.③

**23** 화재플룸(Fire plume)에 관한 설명으로 옳지 않은 것은?

① 측면에서는 층류에 의한 부분적인 와류를 생성한다.
② 내부에 형성되는 기류는 중앙부의 부력이 가장 강하다.
③ 열원으로부터 점차 멀어질수록 주변으로 넓게 퍼져나가는 모습을 나타낸다.
④ 고온의 연소생성물은 부력에 의해 위로 상승한다.

**해설** 화재 Plume
㉠ 화염연료층 부근 연속화염영역 + 간헐적 화염영역
㉡ 평균화염높이
$$L_f = 0.23Q^{\frac{2}{5}} - 1.02D$$
　　$Q$ : 에너지방출속도[kW]
　　$D$ : 화염직경(연료층직경)[m]
㉢ 특징
　ⓐ 측면에서는 난류에 의한 부분적인 와류를 생성한다.
　ⓑ 내부에 형성되는 기류는 중앙부의 부력이 가장 강하다.
　ⓒ 열원으로부터 점차 멀어질수록 주변으로 넓게 퍼져나가는 모습을 나타낸다.
　ⓓ 고온의 연소생성물은 부력에 의해 위로 상승한다.

**24** 다음에서 설명하는 연소방식은?

> 점도가 높고 비휘발성인 액체를 일단 가열 등의 방법으로 점도를 낮추어 버너 등을 사용하여 액체의 입자를 안개상으로 분출하여 액체 표면적을 넓게 하여 공기와의 접촉면을 많게 하는 연소방법이다.

① 자기연소　　② 확산연소
③ 분무연소　　④ 예혼합연소

**해설** 분무연소는 물입자가 미세하게 분무되므로 표면적을 넓게 하여 공기와 접촉면을 넓게 하기 위해서이다.

**25** 환기구로 에너지가 유출되는 것을 의미하는 환기계수로 옳은 것은? (단, A는 면적, H는 높이이다)

① $A\sqrt{H}$　　② $H\sqrt{A}$
③ $A^2\sqrt{H}$　　④ $\sqrt{\dfrac{A}{H}}$

**해설** 연료지배형과 환기지배형 화재의 구분 방법
$A\sqrt{H}$(환기인자)와 $R$(연소속도)의 관계

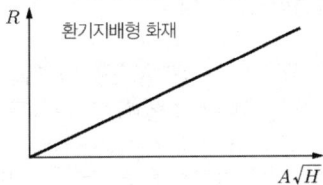

⇒ 환기인자가 클수록 연소속도 증대

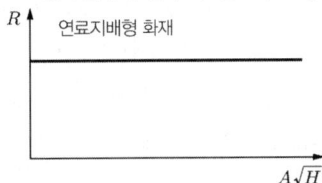

⇒ 환기인자 크기와 연소속도 무관

정답　23.① 24.③ 25.①

# 제18회 소방시설관리사 1차 필기 기출문제
[제1과목 : 소방안전관리론 및 화재역학]

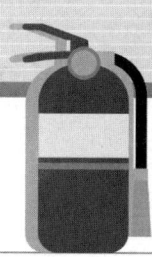

**01** 다음에서 설명하는 용어는?

> • 생물체의 성장기능, 신진대사 등에 영향을 주는 최소량으로 인체에 미치는 독성 최소농도를 말함
> • 이것보다 설계농도가 높은 소화약제는 사람이 없거나 30초 이내에 대피할 수 있는 장소에서만 사용할 수 있음

① ODP ② GWP
③ NOAEL ④ LOAEL

**해설**
- TLV(Threshold Limit Value)
  독성 물질의 섭취량과 인간에 대한 그 반응정도를 나타내는 관계에서 손상을 입히지 않는 농도 중 가장 큰 값
- $LD_{50}$ : 실험쥐의 50%를 사망시킬 수 있는 물질의 양
- $LC_{50}$ : 실험쥐의 50%를 사망시킬 수 있는 물질의 농도
- ALT(Atmospheric Life Time) 대기잔존년수
  어떤 물질이 방사되어 분해되지 않은 채로 존재하는 기간
- NOAEL(No Observable Adverse Effect Level)
  농도를 증가시킬 때 아무런 악영향을 감지할 수 없는 최대농도(심장에 영향을 미치지 않는 최대 농도, 최대 허용 설계농도)
- LOAEL(Lowest Observable Adverse Effect Level)
  농도를 감소시킬 때 악영향을 감지할 수 있는 최소농도(심장독성 시험 시 심장에 영향을 미치는 최소농도)

**02** 전기화재의 원인과 주된 방지대책의 연결이 옳지 않은 것은?

① 낙뢰 – 피뢰설비
② 정전기 – 방진설비
③ 스파크 – 방폭설비
④ 과전류 – 적정용량의 배선 및 차단기 설치

**해설**
- 방진설비란 진동제거설비 또는 먼지제거설비를 뜻한다.
- 정전기제거장치에는 공기이온화설비, 정전기중화설비가 있다.

**03** 연소현상에서 역화(Back Fire)의 원인으로 옳지 않은 것은?

① 분출 혼합가스의 압력이 비정상적으로 높을 때
② 분출 혼합가스의 양이 매우 적을 때
③ 연소속도보다 혼합가스의 분출속도가 느릴 때
④ 노즐의 부식 등으로 분출구가 커질 때

**해설** 역화(Back Fire) : 가연성 기체의 분출속도가 연소속도보다 느릴 경우 불꽃이 버너의 염공 속으로 진입하는 현상으로 선화(Lifting)와 반대되는 현상이다.

> **역화(Back Fire)의 발생원인**
> • 가스의 분출압력이 낮을 때
> • 가스의 분출속도가 느릴 때
> • 혼합기체의 양이 과소일 때
> • 버너가 과열되었을 때

**04** 폭발의 종류와 해당 물질의 연결이 옳지 않은 것은?

① 분해폭발 – 아세틸렌
② 증기폭발 – 염화비닐
③ 분진폭발 – 석탄가루
④ 중합폭발 – 시안화수소

**해설** 화학적인 폭발
㉠ 산화폭발 : 가스가 공기 중에 누설 또는 인화성 액체 탱크에 공기가 유입되어 탱크 내에 점화원이 유입되어 폭발하는 현상

**정답** 01.④ 02.② 03.① 04.②

ⓒ 분해폭발 : 아세틸렌, 산화에틸렌, 하이드라진과 같이 분해하면서 폭발하는 현상
ⓓ 중합폭발 : 산화에틸렌, 시안화수소와 같이 단량체가 일정온도와 압력으로 반응이 진행되어 분자량이 큰 중합체가 되어 폭발하는 현상
ⓔ 분진폭발 : 공기 속을 떠다니는 아주 작은 미립자(75 $\mu m$ 이하의 고체입자로서 공기 중에 떠있는 분체)가 적당한 농도 범위에 있을 때 불꽃이나 점화원으로 인하여 폭발하는 현상
  ⓐ 분진의 폭발범위 : 25~45[mg/L](하한값)~80[mg/L] (상한값)
  ⓑ 분진의 착화에너지 : $10^{-3}$~$10^{-2}$[J], 화약의 착화에너지 : $10^{-6}$~$10^{-4}$[J]

**05** 다음에 제시된 가연성 기체의 폭발한계범위에서 위험도가 낮은 것부터 높은순으로 바르게 나열한 것은?

  ㉠ 수소(4.0~75.0[vol%])
  ㉡ 아세틸렌(2.5~81.0[vol%])
  ㉢ 에테르(1.9~48.0[vol%])
  ㉣ 프로판(2.1~9.5[vol%])

① ㉢, ㉠, ㉣, ㉡    ② ㉢, ㉣, ㉡, ㉠
③ ㉣, ㉠, ㉢, ㉡    ④ ㉣, ㉢, ㉡, ㉠

**해설** 위험도
  ㉠ 수소 $H = \dfrac{75-4}{4} = 17.75$
  ㉡ 아세틸렌 $H = \dfrac{81-2.5}{2.5} = 31.4$
  ㉢ 에테르 $H = \dfrac{48-1.9}{1.9} = 24.26$
  ㉣ 프로판 $H = \dfrac{9.5-2.1}{2.1} = 3.52$

**06** 국내의 A급화재, B급화재, C급화재, D급화재를 표시색과 가연물에 따른 화재분류로 바르게 연결한 것은?

① A급화재 – 적색화재 – 일반화재
② B급화재 – 백색화재 – 유류화재
③ C급화재 – 청색화재 – 전기화재
④ D급화재 – 황색화재 – 금속화재

**해설** 화재의 종류

| 화재의 분류 | | 소화기 표시색 | 소화방법 | 특 징 |
|---|---|---|---|---|
| A급 | 일반화재 | 백색 | 냉각효과 | ㉠ 백색 연기 발생<br>㉡ 연소 후 재를 남김 |
| B급 | 유류화재 | 황색 | 질식효과 | ㉠ 검은색 연기 발생<br>㉡ 연소 후 재가 없음<br>㉢ 정전기로 인한 착화 가능성 있음 |
| C급 | 전기화재 | 청색 | 질식효과 | 통전 중인 전기시설물이 점화원의 기능을 함 |
| D급 | 금속화재 | – | 건조사 피복 | 금속이 열을 생성 |
| E급 | 가스화재 | – | 질식효과 | 재를 남기지 않음 |
| K급 | 주방화재 | – | 냉각/질식 | 식용유화재 |

**07** 화재 소화방법 중 자유 라디칼(Free radical) 생성과 관계되는 것은?

① 냉각소화
② 제거소화
③ 질식소화
④ 억제소화

**해설** 부촉매소화(억제소화)란 F, Cl 등의 할로겐원소나 분말에서 열분해 시 유리된 $K^+$, $Na^+$ 등의 활성라디칼이 연쇄반응을 차단하고 억제하여 소화작용을 한다.

**08** 폭굉(Detonation)에 관한 설명으로 옳지 않은 것은?

① 화염전파속도가 음속보다 빠르다.
② 온도상승은 충격파의 압력에 비례한다.
③ 화재전파의 연속성을 갖는다.
④ 폭굉파를 형성하여 물리적인 충격에 의한 피해가 크다.

**해설** 폭굉은 화재전파의 불연속성을 갖는다.

## 09. 건축법령상 요양병원의 피난층 외의 층에 설치하여야 하는 시설에 해당하지 않는 것은?

① 각 층마다 별도로 방화구획된 대피공간
② 발코니의 바닥에 국토교통부령으로 정하는 하향식 피난구
③ 계단을 이용하지 아니하고 건물 외부 지표면 또는 인접 건물로 수평으로 피난할 수 있도록 설치하는 구름다리 형태의 구조물
④ 거실에 직접 접속하여 바깥 공기에 개방된 피난용 발코니

**해설** 요양병원, 정신병원, 「노인복지법」 제34조제1항제1호에 따른 노인요양시설(이하 "노인요양시설"이라 한다), 장애인 거주시설 및 장애인 의료재활시설의 피난층 외의 층에는 다음 각 호의 어느 하나에 해당하는 시설을 설치하여야 한다.
1. 각 층마다 별도로 방화구획된 대피공간
2. 거실에 접하여 설치된 노대등(기존 : 바깥공기에 개방된 피난용발코니)
3. 계단을 이용하지 아니하고 건물 외부의 지상으로 통하는 경사로 또는 인접 건축물로 피난할 수 있도록 설치하는 연결복도 또는 연결통로

## 10. 건축물의 연소확대 방지를 위한 구획방법으로 옳지 않은 것은?

① 일정한 면적마다 방화구획을 함으로써 화재규모를 가능한 한 작은 범위로 줄이고 피해를 최소한으로 한다.
② 외벽의 개구부에는 내화구조의 차양, 발코니 등을 설치하지 않는 것이 바람직하며, 고온의 화기가 상부로 올라가도록 구획한다.
③ 건축물을 수직으로 관통하는 부분은 다른 층으로 화재가 확산되지 않도록 구획한다.
④ 복합건축물에서 화재위험을 많이 내포하고 있는 공간을 그 밖의 공간과 구획하여 화재 시 피해를 줄인다.

**해설** ② 고온의 화기가 상부로 올라가지 않도록 구획한다.

## 11. 내화건축물의 화재 특성으로 옳지 않은 것은?

① 공기의 유입이 불충분하여 발염연소가 억제된다.
② 열이 외부로 방출되는 것보다 축적되는 것이 많다.
③ 저온장기형의 특성을 나타낸다.
④ 목조건축물에 비해 밀도가 낮기 때문에 초기에 연소가 빠르다.

**해설** 화재초기 연소속도가 느리다. (저온 장기형)

## 12. 건축물의 피난·방화구조 등의 기준에 관한 규칙상 건축물의 출입구에 설치하는 회전문의 설치기준으로 옳지 않은 것은?

① 계단이나 에스컬레이터로부터 1.5미터 이상의 거리를 둘 것
② 출입에 지장이 없도록 일정한 방향으로 회전하는 구조로 할 것
③ 회전문의 회전속도는 분당회전수가 8회를 넘지 아니하도록 할 것
④ 자동회전문은 충격이 가하여지거나 사용자가 위험한 위치에 있는 경우에는 전자감지장치 등을 사용하여 정지하는 구조로 할 것

**해설** 건축물의 피난·방화구조 등의 기준에 관한 규칙 제12조(회전문의 설치기준)
영 제39조제2항의 규정에 의하여 건축물의 출입구에 설치하는 회전문은 다음 각 호의 기준에 적합하여야 한다.
1. 계단이나 에스컬레이터로부터 2미터 이상의 거리를 둘 것
2. 회전문과 문틀 사이 및 바닥 사이는 다음 각 목에서 정하는 간격을 확보하고 틈 사이를 고무와 고무펠트의 조합체 등을 사용하여 신체나 물건 등에 손상이 없도록 할 것
   가. 회전문과 문틀 사이는 5센티미터 이상
   나. 회전문과 바닥 사이는 3센티미터 이하
3. 출입에 지장이 없도록 일정한 방향으로 회전하는 구조로 할 것

**정답** 09.② 10.② 11.④ 12.①

4. 회전문의 중심축에서 회전문과 문틀 사이의 간격을 포함한 회전문날개 끝부분까지의 길이는 140센티미터 이상이 되도록 할 것
5. 회전문의 회전속도는 분당회전수가 8회를 넘지 아니하도록 할 것
6. 자동회전문은 충격이 가하여지거나 사용자가 위험한 위치에 있는 경우에는 전자감지장치 등을 사용하여 정지하는 구조로 할 것

**13** 건축물 실내화재에서 화재성상에 영향을 주는 주된 요인으로 옳지 않은 것은?

① 인접실의 크기
② 실의 개구부 위치 및 크기
③ 실의 넓이와 모양
④ 화원의 위치와 크기

**[해설]** 화재실의 크기가 영향을 주겠으나 인접실의 크기와는 상관이 없다.

**14** 바닥면적이 $200[m^2]$인 창고에 의류 1,000[kg], 고무제품 2,000[kg]이 적재되어 있는 경우 완전연소되었을 때 화재하중은 약 몇 $[kg/m^2]$인가? (단, 의류, 고무의 단위발열량은 각각 5,000[kcal/kg], 9,000[kcal/kg]이다)

① $15.56[kg/m^2]$  ② $20.56[kg/m^2]$
③ $25.56[kg/m^2]$  ④ $30.56[kg/m^2]$

**[해설]** 화재하중

$$Q = \frac{\sum(G_t \times H_t)}{H \times A}$$

여기서, $Q$ : 화재하중$[kg/m^2]$
$G_t$ : 가연물 질량[kg]
$H_t$ : 가연물의 단위발열량[kcal/kg]
$H$ : 목재의 단위발열량(4,500[kcal/kg])
$A$ : 화재실의 바닥면적$[m^2]$

$$\therefore Q = \frac{\sum(G_t \times H_t)}{H \times A}$$
$$= \frac{1000kg \times 5000kcal/kg + 2000kg \times 9000kcal/kg}{4,500kcal/kg \times (200)m^2}$$
$$= 25.56[kg/m^2]$$

**15** 열전달의 형태에 관한 설명으로 옳지 않은 것은?

① 전도는 열이 직접 접촉하여 전달되는 것이다.
② 대류는 유체의 흐름으로 열이 이동하는 현상이다.
③ 비화는 화재의 이동경로, 연소 확산에 영향을 미치지 않는다.
④ 복사는 진공상태에서 손실이 없으며, 복사열은 일직선으로 이동한다.

**[해설]** 비화는 화재의 이동경로, 연소확산에 큰 영향을 미친다.

**16** 다음에서 설명하는 용어는?

> 밀폐된 공간의 화재 시 산소농도 저하로 불꽃을 내지 못하고 가연물질의 열분해에 의해 발생된 가연성 가스가 축적된 경우, 진화를 위하여 출입문 등을 개방할 때 신선한 공기의 유입으로 폭발적인 연소가 다시 시작되는 현상

① 롤오버(Roll over)
② 백드래프트(Back draft)
③ 보일오버(Boil over)
④ 슬롭오버(Slop over)

**17** 분진폭발에 영향을 미치는 요소에 관한 설명으로 옳지 않은 것은?

① 분진의 입자가 작고 밀도가 작을수록 표면적이 크고 폭발하기 쉽다.
② 분진은 발열량이 크고 휘발성이 클수록 폭발하기 쉽다.
③ 분진의 부유성이 클수록 공기 중에 체류하는 시간이 긴 동시에 위험성도 커진다.
④ 분진의 형상과 표면의 상태에 관계없이 폭발성은 일정하다.

**[해설]** 분진폭발과 가스폭발의 비교
㉠ 가스폭발보다 분진폭발은 최소발화에너지가 크다.
㉡ 가스폭발에 비해 분진폭발은 불완전연소가 심하므로 일산화탄소(CO)가 발생한다.

정답 13.① 14.③ 15.③ 16.② 17.④

ⓒ 1차 분진폭발의 영향으로 주위의 분진을 날리게 하여 2차, 3차 폭발이 발생할 수 있다.
ⓔ 가스폭발보다 분진폭발은 연소속도, 폭발압력은 작으나 연소시간이 길고 발생에너지가 크기 때문에 연소 시 그 물질의 파괴력과 그을음이 크다.
ⓜ 분진폭발은 입자가 비산하므로 접촉되는 가연물은 국부적으로 심한 탄화 또는 화상도 유발한다.
ⓗ 분진폭발의 발생에너지는 가스폭발의 수백배 이상이고 온도는 탄화수소양이 많아 약 2천~3천[℃]까지 올라간다.

**참고** 분진폭발에 영향을 미치는 요인
① 산소농도 : 산소농도가 높을수록 분진폭발이 잘 일어난다.
  ※ 예외적으로 산소와 반응성이 큰 분진은 산화성 피막($Al_2O_3$ 등)을 형성하여 폭발성이 약해지는 경우도 있다.
② 분진 내 수분 ☞ 폭발성 ↓
  ㉠ 분진의 부유성을 억제한다.
  ㉡ 수분의 증발로서 점화에 필요한 에너지가 부족하게 된다.
  ㉢ 증발한 수증기가 불활성 가스의 역할을 함으로써 점화온도를 높인다.
  ㉣ 대전성을 감소시키므로 폭발성을 낮게 한다.
③ 화학적 성질과 조성
  ㉠ 산화반응으로 생성하는 가연성 기체의 반응이 클수록 폭발이 잘된다.
  ㉡ 난류는 화염의 전파속도를 증가시켜 폭발위력이 커진다.
  ㉢ 분체 중에 휘발성이 크고 발화온도가 낮을수록 폭발이 잘된다.
  ㉣ 분진의 발열량이 클수록 폭발이 잘된다.
④ 분진의 입도
  ㉠ 입자의 크기 : 약 100[μ] 이하이지만 76[μ] (200[mesh]) 이하가 적합하다.
  ㉡ 분진의 입자와 밀도가 작을수록 표면적이 커져서 폭발이 잘된다.
  ㉢ 분진의 표면적이 입체면적에 비교하여 증대하면 열의 발생속도가 커서 폭발이 커진다.
⑤ 입자의 표면상태와 형상
  구상(둥금) → 침상(뾰족함) → 평편상(넓음) 입자 순으로 폭발성이 증가한다.

**18** 물질 연소 시 발생되는 열에너지원의 종류와 열원의 연결이 옳은 것을 모두 고른 것은?

㉠ 화학적 에너지 - 분해열, 연소열
㉡ 전기적 에너지 - 저항열, 유전열
㉢ 기계적 에너지 - 마찰스파크열, 아크열
㉣ 원자력 에너지 - 원자핵 중성자 입자를 충돌시킬 때 발생하는 열, 낙뢰에 의한 열

① ㉠, ㉡   ② ㉠, ㉣
③ ㉡, ㉢   ④ ㉡, ㉣

**해설** ㉢ : 아크열은 전기적 에너지
㉣ : 낙뢰에 의한 열은 전기적 에너지

**19** 거실제연설비의 소요배출량 27,000[m³/h], 송풍기 전압(全壓) 60[mmAq], 효율 55[%], 여유율 20[%]인 다익형 송풍기의 모터동력(kW)과, 본 송풍기를 그대로 사용하고 배출량만 20[%] 증가시킬 경우 회전수(rpm)는 약 얼마인가? (단, 다익형 송풍기의 초기회전수는 1,200[rpm]이다)

① 모터동력 6.63[kW], 회전수 1,350[rpm]
② 모터동력 6.63[kW], 회전수 1,480[rpm]
③ 모터동력 9.63[kW], 회전수 1,440[rpm]
④ 모터동력 9.63[kW], 회전수 1,450[rpm]

**해설**
$$P = \frac{PQ}{102\eta}K = \frac{60 \times \frac{27000}{3600}}{102 \times 0.55} \times 1.2$$
$$= 9.625 = 9.63[kW]$$
$$Q_2 = Q_1 \times \frac{N_2}{N_1}$$
따라서 $N_2 = \frac{Q_2}{Q_1} \times N_1 = 1.2 N_1$
$= 1.2 \times 1200$
$= 1440[rpm]$

정답 18.① 19.③

**20** 인간의 피난행동 특성에 관한 설명으로 옳지 않은 것은?

① 퇴피본능 : 반사적으로 위험으로부터 멀리하려는 본능
② 폐쇄공간지향본능 : 가능한 좁은 공간을 찾아 이동하다가 위험성이 높아지면 의외의 넓은 공간을 찾는 본능
③ 지광본능 : 화재 시 연기 및 정전 등으로 시야가 흐려질 때 어두운 곳에서 개구부, 조명부 등의 밝은 빛을 따르려는 본능
④ 귀소본능 : 피난 시 평소에 사용하는 문, 길, 통로를 사용하거나 자신이 왔던 길로 되돌아가려는 본능

**해설** 인간의 피난특성
갑작스런 화재가 발생하여 맹렬한 불꽃을 뿜을 경우 혼란이 가중되어 이성적인 판단이 어렵게 된다. 그때부터는 동물적 본능에 지배되어 활동하게 되므로 인간의 본능에 따른 피난특성을 고려한 피난계획을 검토하여야 한다.
㉠ 귀소본능(歸巢本能) : 본능적으로 자신의 신체를 보호하기 위하여 자주 이용하는 경로 및 원래 온 길로 돌아가려는 특성이 있다. 따라서 많은 사람의 이동경로가 되는 부분을 가장 안전한 피난경로가 되도록 하고, 피난설비 등도 그 곳에 설치하도록 한다.
㉡ 퇴피본능(退避本能) : 위험사태가 발생하면 반사적으로 그 부분에서 멀어지려는 경향이 있다. 가연물이 많고 화재위험이 있는 부분으로부터 먼 곳으로 피난경로를 설정하고 피난설비를 설치하도록 한다.
㉢ 지광본능(智光本能) : 화재 시 정전이나 검은 연기에 의해 암흑상태가 되면 사람들은 밝은 곳으로 모이게 된다. 화재가 발생하는 경우 안전한 피난경로부분은 밝게 유지하고 그렇지 않은 부분은 소등하는 것이 바람직하다.
㉣ 좌회본능(左廻本能) : 사람의 대부분은 오른손잡이이며 이로 인해 오른발이 발달되어 있어 어둠 속에서 걷게 되면 왼쪽으로 돌게 된다. 따라서 벽체에 설치하는 피난구는 왼쪽에 설치하는 것이 바람직하다.
㉤ 추종본능(追從本能) : 화재와 같은 급박한 상황에서 리더(Leader) 한 사람의 행동을 따라하는 경향이 있다. 즉, 최초 한 사람의 행동이 옳고 그름에 따라 많은 사람의 생명을 지배하는 경우가 많다. 따라서 불특정 다수인이 모이는 시설에는 잘 훈련된 리더의 육성이 필요하다.

**21** 피난시설계획에 관한 설명으로 옳지 않은 것은?

① 피난수단은 원시적인 방법에 의한 것을 원칙으로 한다.
② 피난대책은 Fool proof와 Fail safe의 원칙을 중시해야 한다.
③ 피난경로에 따라 일정한 구획을 한정하여 피난 Zone을 설정하고, 안전성을 높이도록 한다.
④ 피난설비는 이동식 시설에 의해야 하고, 가구식의 기구나 장치 등은 극히 예외적인 보조수단으로 생각하여야 한다.

**해설** 피난설비는 고정식 시설에 의한다.

**22** 특별피난계단의 계단실 및 부속실 제연설비의 화재안전성능기준상 시험, 측정 및 조정 등의 기준으로 옳은 것은?

① 제연구역의 모든 출입문등의 크기와 열리는 방향이 설계 시와 동일한지 여부를 확인할 것
② 제연구역의 출입문 및 복도와 거실(옥내가 복도와 거실로 되어 있는 경우에 한한다) 사이의 출입문마다 제연설비가 작동하고 있는 상태에서 그 폐쇄력을 측정할 것
③ 둘 이상의 특정소방대상물이 지하에 설치된 주차장으로 연결되어 있는 경우에는 주차장에서 둘 이상의 특정소방대상물의 제연구역으로 들어가는 출구에 설치된 제연용 연기감지기의 작동에 따라 특정소방대상물의 해당 수직풍도에 연결된 일부 제연구역의 댐퍼가 개방되도록 할 것
④ 제연구역의 출입문이 일부 닫혀있는 상태에서 제연설비를 가동시킨 후 출입문의 개방에 필요한 힘을 측정할 것

정답 20.② 21.④ 22.①

**해설** 제25조(성능확인)
① 제연설비는 설계목적에 적합한지 검토하고 제연설비의 성능과 관련된 건물의 모든 부분(건축설비를 포함한다)이 완성되는 시점에 맞추어 시험·측정 및 조정(이하 "시험 등"이라 한다)을 해야 한다.
② 제연설비의 시험 등은 다음 각 호의 기준에 따라 실시해야 한다.
  1. 제연구역의 모든 출입문 등의 크기와 열리는 방향이 설계 시와 동일한지 여부를 확인할 것
  2. 삭제
  3. 제연구역의 출입문 및 복도와 거실(옥내가 복도와 거실로 되어 있는 경우에 한한다) 사이의 출입문마다 제연설비가 작동하고 있지 아니한 상태에서 그 폐쇄력을 측정할 것
  4. 층별로 화재감지기(수동기동장치를 포함한다)를 동작시켜 제연설비가 작동하는지 여부를 확인할 것. 다만, 둘 이상의 특정소방대상물이 지하에 설치된 주차장으로 연결되어 있는 경우에는 특정소방대상물의 화재감지기 및 주차장에서 하나의 특정소방대상물의 제연구역으로 들어가는 입구에 설치된 제연용 연기감지기의 작동에 따라 해당 특정소방대상물의 수직풍도에 연결된 모든 제연구역의 댐퍼가 개방되도록 하거나 해당 특정소방대상물을 포함한 둘 이상의 특정소방대상물의 모든 제연구역의 댐퍼가 개방되도록 하고 비상전원을 작동시켜 급기 및 배기용 송풍기의 성능이 정상인지 확인할 것
  5. 제4호의 기준에 따라 제연설비가 작동하는 경우 방연풍속, 차압, 및 출입문의 개방력과 자동 닫힘 등이 적합한지 여부를 확인하는 시험을 실시할 것

**23** 압력 0.8[MPa], 온도 20[℃]의 $CO_2$ 기체 10[kg]을 저장한 용기의 체적($m^3$)은 약 얼마인가? (단, $CO_2$의 기체상수 $R = 19.26$[kgf·m/kg·K], 절대온도는 273[K]이다)

① 0.71[$m^3$]
② 1.71[$m^3$]
③ 2.71[$m^3$]
④ 3.71[$m^3$]

**해설** $PV = GRT$에서 $V = \dfrac{GRT}{P}$

$= \dfrac{10\text{kg} \times 19.26\text{kgf} \cdot \text{m/kg} \cdot \text{K} \times (273+20)\text{K}}{0.8\text{MPa} \times \dfrac{10332\text{kgf/m}^2}{0.101325\text{MPa}}}$

$= 0.691[\text{m}^3]$

**24** 자연발화 방지방법으로 옳지 않은 것은?
① 통풍을 잘 시킴
② 습도를 높게 유지
③ 열의 축적을 방지
④ 주위의 온도를 낮춤

**해설** 자연발화(Spontaneous Ignition)
외부에서의 인위적인 에너지 공급이 없이 물질 스스로 서서히 산화되면서 발생된 열을 축적하여 발화점에 이르게 되면 발화하는 현상
㉠ 자연발화의 원인
  ⓐ 분해열에 의한 발열 : 셀룰로이드류, 나이트로셀룰로오스 등
  ⓑ 산화열에 의한 발열 : 석탄, 건성유 등
  ⓒ 흡착열에 의한 발열 : 활성탄, 목탄 등
  ⓓ 미생물에 의한 발열 : 퇴비, 먼지 등
  ⓔ 중합열에 의한 발열 : 시안화수소 등
㉡ 자연발화가 쉬운 조건
  ⓐ 습도가 높을수록
  ⓑ 주위 온도가 높을수록
  ⓒ 열전도율이 적을수록
  ⓓ 발열량이 클수록
  ⓔ 열의 축적이 잘될수록
  ⓕ 표면적이 넓을수록
  ⓖ 공기의 유통이 적을수록
㉢ 자연발화 방지법
  ⓐ 습도가 높은 것을 피한다.
  ⓑ 저장실의 온도를 낮춘다.
  ⓒ 통풍을 잘 시킨다.
  ⓓ 열의 축적을 방지한다.

**25** 건축물 내 연기유동의 원인을 모두 고른 것은?

㉠ 부력효과
㉡ 바람에 의한 압력 차
㉢ 굴뚝(연돌)효과
㉣ 공기조화설비의 영향

① ㉠, ㉢
② ㉡, ㉣
③ ㉠, ㉡, ㉢
④ ㉠, ㉡, ㉢, ㉣

**해설**
1. 저층건물에서 연기유동을 일으키는 요인
   ㉠ 열
   ㉡ 대류이동
   ㉢ 화재압력
2. 고층건물에서 연기유동을 일으키는 요인
   ㉠ 온도에 의한 가스의 팽창
   ㉡ 굴뚝효과(=연돌효과)
   ㉢ 외부 풍압의 영향 : 외부에서의 바람에 의한 압력차
   ㉣ 건물 내에서의 강제적인 공기유동 : 공기조화설비에 의한 영향
   ㉤ 중성대 : 건물 내·외의 온도차
   ㉥ 화재로 인한 부력

정답 25.④

# 2017 제17회 소방시설관리사 1차 필기 기출문제

[제1과목 : 소방안전관리론 및 화재역학]

**01** 프로판($C_3H_8$) 2몰과 산소($O_2$) 10몰이 반응할 경우 이산화탄소($CO_2$)는 몇 몰이 생성되는가?

① 2몰　② 4몰
③ 6몰　④ 8몰

**해설** 프로판가스의 완전연소반응식
$C_3H_8 + 5O_2 \rightarrow 3CO_2 + 4H_2O$
따라서 2몰의 프로판 반응 시 이산화탄소 6몰이 생성

**02** 폭발성분위기 내에 표준용기의 접합면 틈새를 통하여 폭발화염이 내부에서 외부로 전파되지 않는 최대안전틈새(화염일주한계)가 가장 넓은 물질은?

① 부탄　② 에틸렌
③ 수소　④ 아세틸렌

**해설** 최대안전틈새
내용적이 8[L]이고 틈새깊이가 25[mm]인 표준용기 안에서 가스가 폭발할 때 화염이 용기밖으로 전파하여 가연성 가스에 점화되지 않는 최대틈새간격

【 최대안전틈새·폭발등급(Explosion Class) 】

| 등급 | 틈새의 직경(mm) | 해당 가스 |
|---|---|---|
| A | 0.9 이상 | 프로판가스, 메탄, 에탄, 부탄 |
| B | 0.5 초과 0.9 미만 | 에틸렌, 시안화수소, 산화에틸렌 |
| C | 0.5 이하 | 수소, 아세틸렌 |

**03** 열에너지원 중 기계적 에너지가 아닌 것은?

① 마찰열　② 압축열
③ 마찰스파크　④ 유도열

**해설** 기계적 에너지(Mechanical Heat Energy)
㉠ 마찰열(Frictional Heat)
　물체 간의 마찰에 의하여 발생하는 열이다.
㉮ 벨트와 롤러 사이에서 발생하는 열, 그라인더에서 불꽃이 튀는 것
㉡ 마찰스파크(Friction Spark)
　고체 물체끼리의 충돌에 의해 발생되는 순간적인 스파크
㉢ 압축열(Heat of Compression)
　기체를 압축하면 기체 분자들 간의 충돌횟수가 증가하고 이로 인하여 내부에너지가 상승하면서 발생되는 열

전기적 에너지(Electrical Heat Energy)
㉠ 저항가열(Resistance Heating)
　도체에 전류가 흐를 때 도체물질의 전기저항으로 인하여 전기에너지가 열에너지로 전환되면서 열을 발생하는 것
㉮ 백열전구의 발열

> 저항열 발생식
> $H = 0.24I^2Rt$
> H : 발생열(cal), I : 전류의 세기(A), R : 저항(Ω), t : 전류가 흐르는 시간(sec)

㉡ 유도가열(Induction Heating)
　도체 주위에 변화하는 자장이 존재하면 전위차를 발생하고 이 전위차로 인하여 전류의 흐름이 일어난다. 이 전류에 대한 저항으로 발열이 일어나지만 발열의 원인이 자장의 변화에 의한 것이므로 유도가열로 구분한다.
㉢ 유전가열(Dielectric Heating)
　전기절연물이라 할지라도 실제로는 완전한 절연능력을 갖지 못하므로 절연불량으로 인하여 미약한 전류가 흐르는데 이러한 누설전류에 의해 발열하는 것을 유전가열이라 한다.
㉣ 아크가열(Heat from Arcing)
　보통 전류가 흐르는 회로나 개폐기 등의 우발적인 접촉 혹은 접점이 느슨해져 전류가 끊길 때 발생하는 열이다. 아크의 온도는 매우 높기 때문에 방출되는 열이 가연성 또는 인화성 물질을 점화시킬 수 있다.
㉤ 정전기가열(Static Electricity Heating)
　일명 마찰전기라고도 하며 두 물질이 접촉되었다가

정답　01.③　02.①　03.④

떨어질 때 그 물질 표면에 축적된 전하가 양이고 다른 물질의 표면이 음으로 대전될 때 발생된다. 발생에너지가 그리 크지 않으므로 일반가연물은 착화시킬 수 없지만 착화에너지가 작은 가연성 기체는 착화시킬 수 있다.

> **정전기에 의한 발화 진행과정**
> 전하의 발생-정전기의 축적-스파크 방전-발화

(ㅂ) 낙뢰에 의한 발열(Heat Generated by Lightning)
번개가 나무나 돌과 같은 저항이 큰 물질에 부딪치게 되면 많은 열이 발생된다.

**04** 폭굉유도거리가 짧아질 수 있는 조건으로 옳지 않은 것은?

① 점화에너지가 클수록 짧아진다.
② 정상 연소속도가 큰 가스일수록 짧아진다.
③ 관경이 작을수록 짧아진다.
④ 압력이 낮을수록 짧아진다.

**해설** DID(Detonation Lnduced Distance, 폭굉유도거리)
최초의 완만한 연소로부터 폭굉까지 이르는 데 필요한 거리 DID가 짧아질 수 있는 조건
㉠ 점화에너지가 강할수록
㉡ 연소속도가 큰 가스일수록
㉢ 관경이 가늘거나 관 속에 이물질이 있을수록
㉣ 압력이 높을수록
㉤ 주위온도가 높을수록

**05** 메탄 30[vol%], 에탄 30[vol%], 부탄 40[vol%]인 혼합기체의 공기 중 폭발하한계는 약 몇 [vol%]인가? (단, 공기 중 각 가스의 폭발하한계는 메탄 5.0[vol%], 에탄 3.0[vol%], 부탄 1.8[vol%]이다)

① 2.62[vol%]　② 3.28[vol%]
③ 4.24[vol%]　④ 5.27[vol%]

**해설** 
$$\frac{100}{L} = \frac{V_1}{L_1} + \frac{V_2}{L_2} + \frac{V_3}{L_3}$$

$$L = \frac{100}{\frac{V_1}{L_1} + \frac{V_2}{L_2} + \frac{V_3}{L_3}}$$

$$= \frac{100}{\frac{30}{5.0} + \frac{30}{3.0} + \frac{40}{1.8}}$$

$$= 2.62[vol\%]$$

**06** 유류 저장탱크 내부의 물이 점성을 가진 뜨거운 기름의 표면 아래에서 끓을 때 화재를 수반하지 않고 기름이 넘치는 형상은?

① 슬롭오버(Slop Over)
② 플레임오버(Flame Over)
③ 보일오버(Boil Over)
④ 프로스오버(Froth Over)

**해설** 고비점 액체위험물에서 발생될 수 있는 현상
㉠ 보일오버(Boil Over) 현상 : 유류탱크 화재 시 액체위험물의 밑 부분에 존재하고 있던 물이 열파에 의해 비점 이상으로 되면 급격히 증발하면서 가연성 액체를 탱크 밖으로 비산시켜 화재를 확대시키는 현상

> ○ 보일오버의 발생조건
> • 탱크 내부에 수분이 존재할 것
> • 열파를 형성하는 유류일 것
> • 적당한 점성과 거품을 가진 유류일 것
> • 비점이 물보다 높은 유류일 것

㉡ 슬롭오버(Slop Over) 현상 : 액체위험물 화재 시 연소유면이 가열된 상태에서 물이 포함되어 있는 소화약제를 방사할 경우 물이 비등·기화하면서 액체위험물을 탱크 밖으로 비산시키는 현상
㉢ 프로스오버(Froth Over) 현상 : 화재가 아닌 경우에 발생하는 현상으로 점도가 높은 유류를 저장하는 탱크의 바닥에 있는 수분이 어떤 원인에 의해 비등하면서 액체위험물을 탱크 밖으로 넘치게 하는 현상

> **참고** 플레임오버(Flame Over)
> ① 화재진행 중에 불꽃(화염)이 아직 불이 붙지 않은 가스층을 통과하거나 수평 이동하는 현상을 말한다.
> ② 화재의 진행단계 중 성장기에 발생하며 연소하지 않은 연소생성 가스가 구획실로 빠져 나올 때에 관찰될 수 있다.
> ③ 복도 등과 같은 통로 공간에서 벽, 바닥표면의 가연물에 화염이 급속히 확산되는 현상이다.

**롤오버(Roll Over)**
① 플래시오버 전 단계로 화재 초기에 발생된 뜨거운 가연성 가스가 천장 부근에 축적되어 있다가 화재 중기에 이르면 실내 공기의 압력 차이가 생기고 그 압력 차이로 천장을 산발적으로 구르다가 화재가 발생하지 않은 쪽으로 빠르게 굴러가는 현상이다.
② 실내 상층부 천장 쪽의 초고온 증기인 가연성 가스의 이동과 착화현상이다.

**07** 최소발화(점화)에너지에 영향을 미치는 인자에 관한 설명으로 옳지 않은 것은?

① 온도가 높을수록 최소발화에너지가 낮아진다.
② 압력이 낮을수록 최소발화에너지가 낮아진다.
③ 산소의 분압이 높아지면 연소범위 내에서 최소발화에너지가 낮아진다.
④ 연소범위에 따라서 최소발화에너지는 변하며, 화학양론비 부근에서 가장 낮다.

**해설** 최소점화에너지(최소발화에너지 MIE)에 미치는 영향
㉠ 온도, 압력이 높으면 최소점화에너지가 낮아진다. 따라서 위험도는 증가한다.
㉡ 연소속도가 큰 가스일수록 MIE가 낮다.
㉢ 가연성 가스의 조성이 완전연소조성농도 부근일 경우 MIE가 가장 낮다.
㉣ 연소범위에 따라 MIE는 변하며 화학양론비부근에서 가장 낮다.
㉤ 불활성기체가 혼합될수록 MIE는 증가한다.

**08** 1기압 상온에서 인화점이 낮은 것에서 높은 것으로 옳게 나열한 것은?

① 아세톤<이황화탄소<메틸알코올<벤젠
② 이황화탄소<아세톤<벤젠<메틸알코올
③ 벤젠<이황화탄소<아세톤<메틸알코올
④ 아세톤<벤젠<메틸알코올<이황화탄소

**해설** 인화점
㉠ 이황화탄소 : -30[℃]
㉡ 아세톤 : -18[℃]
㉢ 벤젠 : -11[℃]
㉣ 메틸알코올 : 12[℃]

**09** 연소속도에 영향을 미치는 요인에 관한 설명으로 옳지 않은 것은?

① 화염온도가 높을수록 연소속도는 증가한다.
② 미연소 가연성 기체의 비열이 클수록 연소속도는 증가한다.
③ 미연소 가연성 기체의 열전도율이 클수록 연소속도는 증가한다.
④ 미연소 가연성 기체의 밀도가 작을수록 연소속도는 증가한다.

**해설** 연소속도에 영향을 미치는 요인
㉠ 화염의 온도가 높을수록 연소속도는 증가한다.
㉡ 압력이 클수록 연소속도는 증가한다.
㉢ 열전도율이 클수록(가스이므로) 연소속도는 증가한다.
㉣ 비열, 밀도, 분자량이 작을수록 연소속도는 증가한다.

**10** 목재 300[kg]과 고무 500[kg]이 쌓여 있는 공간(가로4[m], 세로8[m], 높이6[m])의 내부 화재하중[kg/m²]은 약 얼마인가? (단, 목재의 단위발열량은 18,855[kJ/kg], 고무의 단위발열량은 42,430[kJ/kg]이다)

① 44.79[kg/m²]　② 46.62[kg/m²]
③ 48.22[kg/m²]　④ 50.62[kg/m²]

**해설** 화재하중

$$Q = \frac{\Sigma(G_t \times H_t)}{H \times A}$$

여기서, $Q$ : 화재하중[kg/m²]
　　　　$G_t$ : 가연물 질량[kg]
　　　　$H_t$ : 가연물의 단위발열량[kcal/kg]
　　　　$H$ : 목재의 단위발열량(4,500[kcal/kg])
　　　　$A$ : 화재실의 바닥면적[m²]

$\therefore Q = \frac{\Sigma(G_t \times H_t)}{H \times A}$

$= \frac{[300\text{kg} \times 18,855\text{kJ/kg} + 500\text{kg} \times 42,430\text{kJ/kg}] \times 0.24\text{kcal/kJ}}{4,500\text{kcal/kg} \times (4 \times 8)\text{m}^2}$

$= 44.785 ≒ 44.79[\text{kg/m}^2]$

cf) 1J=0.24[cal]

**11** 건축물 피난계획 수립 시 Fool Proof를 적용한 사례로 옳지 않은 것은?

① 소화·경보설비의 위치, 유도표지에 판별이 쉬운 색채를 사용한다.
② 피난방향으로 열리는 출입문을 설치한다.
③ 도어노브는 회전식이 아닌 레버식을 사용한다.
④ 정전시를 대비한 비상조명등을 설치하며, 피난경로는 2방향 이상 피난로를 확보한다.

**해설** 2방향피난의 경우 fail-safe원칙을 적용한 원리임.

**12** 구획실 내 화염(가로2[m], 세로2[m])에서 발생되는 연기발생량(kg/s)을 힌클리(Hinkley) 공식을 이용해 계산하면 약 얼마인가? (단, 청결층(Clear Layer)의 높이 1.8[m], 공기의 밀도 1.22[kg/m³], 외기의 온도 290[K], 화염의 온도 1,100[K], 중력가속도 9.81[m/s²]이다)

① 3.15[kg/s]  ② 3.32[kg/s]
③ 3.63[kg/s]  ④ 3.87[kg/s]

**해설** 연기발생량

$M(kg/s) = 0.188 \times P_f \times y^{\frac{3}{2}}$
$M$ : 연기발생량$(kg/s)$
$P_f$ : 화염의 둘레$(m)$
$y$ : 청결층의 높이$(m)$

따라서 $M(kg/s) = 0.188 \times P_f \times y^{\frac{3}{2}}$
$= 0.188 \times 8m \times (1.8m)^{\frac{3}{2}}$
$= 3.63[kg/s]$

**13** 건축물의 화재안전에 대한 공간적 대응방법에 해당되지 않는 것은?

① 건축물 내장재의 난연·불연화성능
② 건축물의 내화성능
③ 건축물의 방화구획성능
④ 건축물의 제연설비성능

**해설** 화재에 대한 인간의 대응
㉠ 공간적 대응
 ⓐ 대항성(對抗性) : 건축물의 내화성능, 방화구획성능, 화재방어력, 방연성능, 초기소화대응력 등의 화재사상과 대항하여 저항하는 성능을 가진 항력
 ⓑ 회피성(回避性) : 건축물의 불연화, 난연화, 내장제한, 구획의 세분화, 방화훈련, 불조심 등과 화기취급의 제한 등과 같은 화재의 예방적 조치 및 상황
 ⓒ 도피성(逃避性) : 화재발생 시 사람이 궁지에 몰리지 않고 안전하게 피난할 수 있는 공간성과 시스템을 말하며 거실의 배치, 피난통로의 확보, 피난시설의 설치 및 건축물의 구조계획서, 방재계획서 등
㉡ 설비적 대응 : 화재에 대응하여 설치하는 소화설비, 경보설비, 피난설비 등의 소방시설

**14** 건축물의 피난·방화구조 등의 기준에 관한 규칙상 건축물의 내화구조로 옳지 않은 것은? (단, 특별건축구역 등 기타 사항은 고려하지 않는다)

① 외벽 중 비내력벽의 경우 철골철근콘크리트조로서 두께가 5[cm] 이상인 것
② 보의 경우 철골을 두께 5[cm] 이상의 콘크리트로 덮은 것
③ 벽의 경우 철재로 보강된 콘크리트블록조·벽돌조 또는 석조로서 철재에 덮은 콘크리트블록 등의 두께가 5[cm] 이상의 콘크리트로 덮은 것
④ 기둥의 경우 그 작은 지름이 25[cm] 이상인 것으로서 철골을 두께 5[cm] 이상의 콘크리트로 덮은 것

**해설** 외벽 중 비내력벽
㉠ 철근콘크리트조 또는 철골철근콘크리트조로서 두께가 7[cm] 이상인 것
㉡ 골구를 철골조로 하고 그 양면을 두께 3[cm] 이상의 철망모르타르 또는 두께 4[cm] 이상의 콘크리트블록·벽돌 또는 석재로 덮은 것
㉢ 철재로 보강된 콘크리트블록조·벽돌조 또는 석조로서 철재에 덮은 콘크리트블록 등의 두께가 4[cm] 이상인 것
㉣ 무근콘크리트조·콘크리트블록조·벽돌조 또는 석조로서 그 두께가 7[cm] 이상인 것

**15** 건축법령상 방화구획 등의 설치 대상건축물 중 방화구획 설치를 적용하지 아니하거나 그 사용에 지장이 없는 범위에서 완화하여 적용할 수 있는 것이 아닌 것은? (단, 특별건축구역 등 기타 사항은 고려하지 않는다)

① 장례시설의 용도로 쓰는 거실로서 시선 및 활동공간의 확보를 위하여 불가피한 부분
② 승강기의 승강로 부분으로서 그 건축물의 다른 부분과 방화구획으로 구획된 부분
③ 주요구조부가 난연재료로 된 주차장
④ 복층형 공동주택의 세대별 층간 바닥 부분

**해설** 건축법 시행령 제46조(방화구획 등의 설치)
㉠ 법 제49조제2항에 따라 주요구조부가 내화구조 또는 불연재료로 된 건축물로서 연면적이 1천 제곱미터를 넘는 것은 국토교통부령으로 정하는 기준에 따라 내화구조로 된 바닥·벽·자동방화셔터(국토교통부령으로 정하는 기준에 적합한 것을 말한다. 이하 "자동방화셔터"라 한다) 및 60분+ 또는 60분 방화문으로 구획(이하 "방화구획"이라 한다)하여야 한다. 다만, 「원자력안전법」 제2조 제8호 및 제10호에 따른 원자로 및 관계시설은 「원자력안전법」에서 정하는 바에 따른다.
㉡ 다음 각 호의 어느 하나에 해당하는 건축물의 부분에는 제1항을 적용하지 아니하거나 그 사용에 지장이 없는 범위에서 제1항을 완화하여 적용할 수 있다.
1. 문화 및 집회시설(동·식물원은 제외한다), 종교시설, 운동시설 또는 장례시설의 용도로 쓰는 거실로서 시선 및 활동공간의 확보를 위하여 불가피한 부분
2. 물품의 제조·가공·보관 및 운반 등에 필요한 고정식 대형기기 설비의 설치를 위하여 불가피한 부분. 다만, 지하층인 경우에는 지하층의 외벽 한쪽 면(지하층의 바닥면에서 지상층 바닥 아래까지의 외벽 면적 중 4분의 1 이상이 되는 면을 말한다) 전체가 건물 밖으로 개방되어 보행과 자동차의 진입·출입이 가능한 경우에 한정한다.
3. 계단실·복도 또는 승강기의 승강장 및 승강로로서 그 건축물의 다른 부분과 방화구획으로 구획된 부분. 다만, 해당부분에 위치하는 설비배관등이 바닥을 관통하는 부분은 제외한다.
4. 건축물의 최상층 또는 피난층으로서 대규모 회의장·강당·스카이라운지·로비 또는 피난안전구역 등의 용도로 쓰는 부분으로서 그 용도로 사용하기 위하여 불가피한 부분
5. 복층형 공동주택의 세대별 층간 바닥 부분
6. 주요구조부가 내화구조 또는 불연재료로 된 주차장
7. 단독주택, 동물 및 식물 관련 시설 또는 교정 및 군사시설 중 군사시설(집회, 체육, 창고 등의 용도로 사용되는 시설만 해당한다)로 쓰는 건축물
8. 건축물의 1층과 2층의 일부를 동일한 용도로 사용하며 그 건축물의 다른 부분과 방화구획으로 구획된 부분(바닥면적합계가 500[m²] 이하인 경우로 한정한다)

**16** 굴뚝효과(Skack Effect)에 관한 설명으로 옳은 것은?

① 건물 내부와 외부의 온도차가 클수록 발생가능성이 낮다.
② 일반적으로 고층 건물보다 저층 건물에서 더 크다.
③ 층간 공기 누설과 관계가 없다.
④ 건물 내부와 외부의 공기밀도차로 인해 발생한 압력차로 발생한다.

**해설** 굴뚝효과(Stack Effect) : 건물의 내·외부 공기 사이의 온도와 밀도차에 의하여 건물의 수직공간을 통한 자연적인 공기의 수직 이동현상
▶ 굴뚝효과에 영향을 주는 요인
㉠ 건물의 높이
㉡ 외벽의 기밀성
㉢ 건물의 층간 공기누설
㉣ 누설틈새
㉤ 공조시설
㉥ 내외부 온도차

**17** 연기의 피난한계에서 발광형 표지 및 주간 창의 가시거리(간파거리)는? (단, $L$은 가시거리, $C_S$는 감광계수이다)

① $L = \dfrac{1 \sim 2}{C_S}[m]$  ② $L = \dfrac{3 \sim 4}{C_S}[m]$
③ $L = \dfrac{5 \sim 10}{C_S}[m]$  ④ $L = \dfrac{11 \sim 15}{C_S}[m]$

**해설** 연기농도와 가시거리의 관계
$$L(가시거리 m) = \frac{C_V(물체별 가시거리 m)}{C_s(감광계수)}$$

정답 15.③ 16.④ 17.③

건물구조에 익숙한 사람은 5[m], 불특정다수인의 경우 30[m]의 가시거리 한계가 발생한다.
반사판형 표지의 경우 물체별 가시거리값은 2~4[m]이며 발광형 표지의 경우 물체별 가시거리값은 5~10[m]이다.

따라서 $L = \dfrac{5 \sim 10}{C_S}[m]$

**18** 제한된 공간에서 연기 이동과 확산에 관한 설명으로 옳지 않은 것은?

① 고층 건물의 연기 이동을 일으키는 주요 인자는 부력, 팽창, 바람 영향 등이다.
② 중성대에서 연기의 흐름이 가장 활발하다.
③ 계단에서 연기 수직 이동속도는 일반적으로 3~5[m/s]이다.
④ 거실에서 연기 수평 이동속도는 일반적으로 0.5~1.0[m/s]이다.

**해설**
- 중성대의 하부는 공기유입만 가능하게 되며 연기가 확산되지 않고 중성대의 상부는 연기를 유출시키는 연돌효과에 의해 연기가 상부층부터 충만된다.
- 중성대위치에서는 연기의 흐름은 거의 없다.

**19** 공간 화재 특성에 관한 설명으로 옳지 않은 것은?

① 플래시오버는 실내의 국소화재로부터 실내 모든 가연물 표면이 연소하는 현상을 말한다.
② 백드래프트는 신선한 공기가 유입되어 실내에 축적되었던 가연성 가스가 단시간에 폭발적으로 연소하는 현상이다.
③ 환기지배형 화재란 환기가 충분한 상태에서 가연물의 양에 따라 제어되는 화재를 말한다.
④ 공간 화재에서 연기와 공기의 유동은 주로 온도상승에 의한 부력의 영향 때문이다.

**해설** 환기지배형 화재란 환기가 부족한 상태에서 연소하여 공기공급량에 따라 화재의 크기가 결정되는 화재로서 플래시오버 이후 화재의 특성이며 또한 지하층, 무창층 등에서의 화재특성이다.

**20** 연기 제연방식에 관한 설명으로 옳은 것은?

① 밀폐제연방식은 비교적 대규모 공간의 연기 제어에 적합하다.
② 자연제연방식은 실내·외의 온도, 개구부의 높이나 형상, 외부 바람 등에 영향을 받는다.
③ 스모크타워제연방식은 기계배연의 한 방법으로 저층 건물에 적합하다.
④ 기계제연방식은 넓은 면적의 구획과 좁은 면적의 구획을 공동 배연할 경우 넓은 면적에서 현저한 압력저하가 일어난다.

**해설**
① 밀폐제연방식은 호텔이나 주택 등 방연구획을 작게 하는 건축물에 적합한 방식이다.
③ 스모크타워제연방식은 굴뚝효과를 이용하는 제연방식으로 기계배연의 방법에 속하지 않으며 고층건축물에 적합하다.
④ 기계제연방식은 넓은 면적의 구획과 좁은 면적의 구획을 공동 배연할 경우 좁은 면적에서 현저한 압력저하가 일어난다.

**21** 연소물질과 연소 시 생성되는 연소가스의 연결이 옳은 것을 모두 고른 것은? (단, 불완전연소를 포함한다)

> ㉠ PVC - 황화수소
> ㉡ 나일론 - 암모니아
> ㉢ 폴리스티렌 - 시안화수소
> ㉣ 레이온 - 아크롤레인

① ㉠, ㉡  ② ㉠, ㉢
③ ㉡, ㉣  ④ ㉢, ㉣

**해설** **연소생성물의 종류**
㉠ PVC - 염화수소
㉡ 나일론 - 암모니아
㉢ 폴리스티렌 - 벤젠
㉣ 레이온 - 아크롤레인

정답 18.② 19.③ 20.② 21.③

**22** 화재 시 연기 성질에 관한 설명으로 옳지 않은 것은?

① 연기란 연소가스에 부가하여 미세하게 이루어진 미립자와 에어로졸성의 불안정한 액체 입자로 구성된다.
② 연기 입자의 크기는 0.01~10[$\mu$m]에 이르는 정도이다.
③ 탄소입자가 다량으로 함유된 연기는 농도가 짙으며, 검게 보인다.
④ 연기의 생성은 화재 크기와는 관계가 없고, 층 면적과 구획 크기와 관계가 있다.

**해설** ④ 연기의 생성은 화재 크기와 관계가 있고, 층 면적, 구획 크기와도 관계가 있다.
[배출량 산정 시 바닥면적을 기준으로 배출량 산정]

**23** 표준대기압 조건에서 내부와 외부가 각각 25[℃]와 −10[℃]이고 높이가 170[m]인 건물에서 중성대가 건물의 중간 높이에 위치한다고 가정하면, 건물 샤프트의 최상부와 외부 사이에 굴뚝효과에 의한 압력차[Pa]는 약 얼마인가?

① 94.76[Pa]  ② 113.24[Pa]
③ 131.34[Pa]  ④ 150.16[Pa]

**해설**
$\Delta P = 3460 h \left( \dfrac{1}{T_o} - \dfrac{1}{T_i} \right)$

$\Delta P$ : 압력차[Pa]
$h$ : 중성대에서 상층부까지의 거리[m]
$T_o$ : 외부 절대온도[K]
$T_i$ : 내부 절대온도[K]

$\therefore \Delta P = 3460 \times \dfrac{170m}{2}$
$\qquad \times \left( \dfrac{1}{(273-10)[K]} - \dfrac{1}{(273+25)[K]} \right)$
$= 131.34[Pa]$

**24** 난류화염으로부터 10[℃]의 벽으로 전달되는 대류 열유속(kW/m²)은? (단, 대류열전달계수 값은 5 [W/m²·℃]을 사용하고, 시간 평균 최대화염 온도는 약 900[℃]이다)

① 3.16[kW/m²]  ② 4.45[kW/m²]
③ 5.41[kW/m²]  ④ 6.12[kW/m²]

**해설** 대류열유속
$Q = h(T_2 - T_1)$
$Q$ : 대류열유속[$W/m^2$]
$h$ : 대류열전달계수[$W/m^2 \cdot K$]
$T_2 - T_1$ : 온도차[K]
따라서 $Q = 5[W/m^2 \cdot K]$
$\qquad \times [(273+900) - (273+10)][K]$
$= 4,450[W/m^2]$
$= 4.45[kW/m^2]$

**25** 목조건축물의 화재 특성으로 옳지 않은 것은?

① 화염의 분출면적이 작고 복사열이 커서 접근하기 어렵다.
② 습도가 낮을수록 연소확대가 빠르다.
③ 횡방향보다 종방향의 화재성장이 빠르다.
④ 화재 최성기 이후 비화에 의해 화재확대의 위험성이 높다.

**해설** 목조건축물은 화염의 분출면적이 크고 복사열이 커서 접근하기 어렵다.

# 제6회 소방시설관리사 1차 필기 기출문제
[제1과목 : 소방안전관리론 및 화재역학]

**01** 액화가스 탱크폭발인 BLEVE(Boiling Liquid Expanding Vapor Explosion)의 방지대책으로 옳지 않은 것은?

① 탱크가 화염에 의해 가열되지 않도록 고정식 살수설비를 설치한다.
② 입열을 위하여 탱크를 지상에 설치한다.
③ 용기 내압강도를 유지할 수 있도록 견고하게 탱크를 제작한다.
④ 탱크내벽에 열전도도가 큰 알루미늄 합금박판을 설치한다.

**해설** **블레비 방지대책**
㉠ 주위 화재 시 탱크쪽으로의 입열을 방지하기 위하여 수막설비나 물분무소화설비를 설치한다.
㉡ 용기의 내압이 유지될 수 있도록 견고하게 탱크를 제작한다.
㉢ 탱크내벽에는 열전도도가 큰 알루미늄 합금박판을 설치한다.
㉣ 입열에 의한 탱크의 과압이 생기지 않도록 안전밸브 등 과압에 따른 압력저하장치를 설치한다.

**02** 연료가스의 분출속도가 연소속도보다 클 때, 주위 공기의 움직임에 따라 불꽃이 노즐에서 정착하지 않고 떨어져 꺼지는 현상은?

① 불완전연소(Incomplete combustion)
② 리프팅(Lifting)
③ 블로우오프(Blow off)
④ 역화(Back fire)

**해설** **블로오프(Blow Off)**
화염 주변에 공기의 유동이 심하여 불꽃이 노즐에 정착되지 못하고 떨어지면서 꺼지는 현상이다.

**03** 요오드값(아이오딘값)에 관한 설명으로 옳지 않은 것은?

① 유지 100[g]에 흡수된 요오드의 g수로 표시한 값이다.
② 값이 클수록 불포화도가 낮고 반응성이 작다.
③ 값이 클수록 공기 중에 노출되면 산화열 축적에 의해 자연발화하기 쉽다.
④ 요오드값이 130 이상인 유지를 건성유라고 한다.

**해설** **동식물유류의 종류**
㉠ 건성유
   ⓐ 요오드값이 130 이상인 것[반응성 크고 불포화도가 크다]
   ⓑ 종류 : 들기름, 정어리기름, 아마인유, 동유, 해바라기기름 등
㉡ 반건성유
   ⓐ 요오드값이 100 이상 130 미만인 것
   ⓑ 종류 : 청어기름, 콩기름, 옥수수기름, 참기름, 면실유, 채종유 등
㉢ 불건성유
   ⓐ 요오드값이 100 미만인 것[반응성 작고 불포화도가 작다]
   ⓑ 종류 : 땅콩기름, 올리브유, 피마자유, 팜유, 야자유 등
※ 요오드값이 클수록 공기중에 노출되면 산화열의 축적에 의해 자연발화하기 쉽다.

정답  01.②  02.③  03.②

## 04 표면연소(작열연소)에 관한 설명으로 옳지 않은 것은?

① 흑연, 목탄 등과 같이 휘발분이 거의 포함되지 않은 고체연료에서 주로 발생한다.
② 불꽃연소에 비해 일산화탄소가 발생할 가능성이 크다.
③ 화학적 소화만 소화 효과가 있다.
④ 불꽃연소에 비해 연소속도가 느리고 단위시간당 방출열량이 적다.

**해설** 표면연소와 불꽃연소의 비교

| 구분 | 불꽃연소 | 작열연소(표면연소) |
|---|---|---|
| 화재구분 | 표면화재 | 심부화재 |
| 연소형태 | 아세틸렌, 수소, 메탄, 프로판 등의 가연성 가스 | 코크스, 연탄, 짚, 목탄(숯) 등 고체의 연소 |
| 불꽃여부 | 불꽃이 발생 | 불꽃이 발생하지 않음 |
| CO 발생량 | 적다 | 많다 |
| 연소속도 | 빠르다 | 느리다 |
| 발열량 | 크다 | 작다 |
| 연쇄반응 | 일어남 | 일어나지 않음 |
| 적응화재 | B, C급 화재 | A급 화재 |
| 소화방법 | $CO_2$로 34% 질식소화 | $CO_2$로 34% 질식소화 및 냉각소화 |

## 05 40톤의 프로판이 증기운 폭발했을 때, TNT당량모델에 따른 TNT당량과 환산거리(폭발지점으로부터 100[m] 지점)에 관한 설명으로 옳지 않은 것은? (단, 프로판의 연소열은 47[MJ/t], TNT의 연소열은 4.7[MJ/t], 폭발효율은 0.1이다)

① TNT당량은 어떤 물질이 폭발할 때 내는 에너지와 동일 에너지를 내는 TNT중량을 말한다.
② 환산거리는 폭발의 영향범위 산정 및 폭풍파의 특성을 결정하는 데 사용된다.
③ TNT당량값은 40,000[kg]이다.
④ 환산거리값은 약 5.00[m/kg$^{\frac{1}{3}}$]이다.

**해설** TNT당량이란 어떤 물질이 폭발할 때 에너지와 동일에너지를 내는 TNT의 중량값을 말한다.

○ TNT당량 환산

$$W = \frac{\Delta Hc \times Wc}{1,100}[\text{kg}]$$

$$= \frac{\text{프로판의 중량[kg]} \times \text{프로판의 연소열} \times \text{폭발효율}}{\text{TNT의 연소열}}$$

환산거리는 폭발의 영향범위산정 및 폭풍파의 특성을 결정하는데 사용된다.

$$W = \frac{40t \times 47MJ/t \times 0.1}{4.7MJ/t} = 40t = 40,000[\text{kg}]$$

$$\text{환산거리} = \frac{R}{W^{1/3}} = \frac{100[\text{m}]}{(40,000[\text{kg}])^{1/3}} = 2.93$$

## 06 다중이용업소의 안전관리에 관한 특별법령상 다중이용업이 아닌 것은?

① 수용인원이 400명인 학원
② 지상3층에 설치된 영업장으로 사용하는 바닥면적의 합계가 66제곱미터인 일반음식점영업
③ 구획된 실(室) 안에 학습자가 공부할 수 있는 시설을 갖추고 숙박 또는 숙식을 제공하는 고시원업
④ 노래연습장업

**해설** 다중이용업법 시행령 제2조(다중이용업)

「다중이용업소의 안전관리에 관한 특별법」(이하 "법"이라 한다) 제2조제1항제1호에서 "대통령령으로 정하는 영업"이란 다음 각 호의 어느 하나에 해당하는 영업을 말한다. 다만, 영업을 옥외시설 또는 옥외장소에서 하는 경우 그 영업은 제외한다.

1. 「식품위생법 시행령」제21조제8호에 따른 식품접객업 중 다음 각 목의 어느 하나에 해당하는 것
   가. 휴게음식점영업·제과점영업 또는 일반음식점영업으로서 영업장으로 사용하는 바닥면적(「건축법 시행령」제119조제1항제3호에 따라 산정한 면적을 말한다. 이하 같다)의 합계가 100제곱미터(영업장이 지하층에 설치된 경우에는 그 영업장의 바닥면적 합계가 66제곱미터) 이상인 것. 다만, 영업장(내부계단으로 연결된 복층구조의 영업장을 제외한다)이 다음의 어느 하나에 해당하는 층

에 설치되고 그 영업장의 주된 출입구가 건축물 외부의 지면과 직접 연결되는 곳에서 하는 영업을 제외한다.
  1) 지상 1층
  2) 지상과 직접 접하는 층
나. 단란주점영업과 유흥주점영업
2. 「영화 및 비디오물의 진흥에 관한 법률」 제2조제10호, 같은 조 제16호가목·나목 및 라목에 따른 영화상영관·비디오물감상실업·비디오물소극장업 및 복합영상물제공업
3. 「학원의 설립·운영 및 과외교습에 관한 법률」 제2조제1호에 따른 학원(이하 "학원"이라 한다)으로서 다음 각 목의 어느 하나에 해당하는 것
  가. 「화재예방, 소방시설 설치·유지 및 안전관리에 관한 법률 시행령」 별표 7에 따라 산정된 수용인원(이하 "수용인원"이라 한다)이 300명 이상인 것
  나. 수용인원 100명 이상 300명 미만으로서 다음의 어느 하나에 해당하는 것. 다만, 학원으로 사용하는 부분과 다른 용도로 사용하는 부분(학원의 운영권자를 달리하는 학원과 학원을 포함한다)이 「건축법 시행령」 제46조에 따른 방화구획으로 나누어진 경우는 제외한다.
    (1) 하나의 건축물에 학원과 기숙사가 함께 있는 학원
    (2) 하나의 건축물에 학원이 둘 이상 있는 경우로서 학원의 수용인원이 300명 이상인 학원
    (3) 하나의 건축물에 제1호, 제2호, 제4호부터 제7호까지, 제7호의2부터 제7호의5까지 및 제8호의 다중이용업 중 어느 하나 이상의 다중이용업과 학원이 함께 있는 경우
4. 목욕장업으로서 다음 각 목에 해당하는 것
  가. 하나의 영업장에서 「공중위생관리법」 제2조제1항제3호가목에 따른 목욕장업 중 맥반석·황토·옥 등을 직접 또는 간접 가열하여 발생하는 열기나 원적외선 등을 이용하여 땀을 배출하게 할 수 있는 시설 및 설비를 갖춘 것으로서 수용인원(물로 목욕을 할 수 있는 시설부분의 수용인원은 제외한다)이 100명 이상인것
  나. 「공중위생관리법」 제2조제1항제3호나목의 시설 및 설비를 갖춘 목욕장업
5. 「게임산업진흥에 관한 법률」 제2조제6호·제6호의2·제7호 및 제8호의 게임제공업·인터넷컴퓨터게임시설제공업 및 복합유통게임제공업. 다만, 게임제공업 및 인터넷컴퓨터게임시설제공업의 경우에는 영업장(내부계단으로 연결된 복층구조의 영업장은 제외한

다)이 다음 각 목의 어느 하나에 해당하는 층에 설치되고 그 영업장의 주된 출입구가 건축물 외부의 지면과 직접 연결된 구조에 해당하는 경우는 제외한다.
  가. 지상 1층
  나. 지상과 직접 접하는 층
6. 「음악산업진흥에 관한 법률」 제2조제13호에 따른 노래연습장업
7. 「모자보건법」 제2조제10호에 따른 산후조리업
7의2. 고시원업[구획된 실(室) 안에 학습자가 공부할 수 있는 시설을 갖추고 숙박 또는 숙식을 제공하는 형태의 영업]
7의3. 「사격 및 사격장 안전관리에 관한 법률 시행령」 제2조제1항 및 별표 1에 따른 권총사격장(실내사격장에 한정하며, 같은 조 제1항에 따른 종합사격장에 설치된 경우를 포함한다)
7의4. 「체육시설의 설치·이용에 관한 법률」 제10조제1항제2호에 따른 골프 연습장업(실내에 1개 이상의 별도의 구획된 실을 만들어 스크린과 영사기 등의 시설을 갖추고 골프를 연습할 수 있도록 공중의 이용에 제공하는 영업에 한정한다)
7의5. 「의료법」 제82조제4항에 따른 안마시술소
8. 법 제15조제2항에 따른 화재안전등급이 제11조제1항에 해당하거나 화재발생시 인명피해가 발생할 우려가 높은 불특정다수인이 출입하는 영업으로서 행정안전부령으로 정하는 영업. 이 경우 소방청장은 관계 중앙행정기관의 장과 미리 협의하여야 한다.

**07** 초고층 및 지하연계 복합건축물 재난관리에 관한 특별법령상 종합방재실의 설치 기준에 관한 설명으로 옳지 않은 것은?

① 종합방재실과 방화구획된 부속실을 설치할 것
② 재난 및 안전관리에 필요한 인력은 2명을 상주하도록 할 것
③ 면적은 20제곱미터 이상으로 할 것
④ 종합방재실을 피난층이 아닌 2층에 설치하는 경우 특별피난계단 출입구로부터 5미터 이내에 위치할 것

해설) 재난 및 안전관리에 필요한 인력은 3명 이상 상주하도록 할 것

**08** 건축물의 피난·방화구조 등의 기준에 관한 규칙상 고층건축물에 설치하는 피난용 승강기의 설치기준에 관한 설명으로 옳은 것은?

① 승강로의 상부 및 승강장에는 배연설비를 설치할 것
② 승강장에는 상용전원에 의한 조명설비만을 설치할 것
③ 예비전원은 전용으로 하고 30분 동안 작동할 수 있는 용량의 것으로 할 것
④ 승강장의 바닥면적은 피난용승강기 1대에 대하여 4제곱미터로 할 것

**해설** 건축물의 피난·방화구조등의 기준에 관한 규칙 제30조(피난용승강기의 설치기준)
영 제91조제5호에서 "국토교통부령으로 정하는 구조 및 설비 등의 기준"이란 다음 각 호를 말한다.
1. 피난용승강기 승강장의 구조
  가. 승강장의 출입구를 제외한 부분은 해당 건축물의 다른 부분과 내화구조의 바닥 및 벽으로 구획할 것
  나. 승강장은 각 층의 내부와 연결될 수 있도록 하되, 그 출입구에는 60분+ 또는 60분 방화문을 설치할 것. 이 경우 방화문은 언제나 닫힌 상태를 유지할 수 있는 구조이어야 한다.
  다. 실내에 접하는 부분(바닥 및 반자 등 실내에 면한 모든 부분을 말한다)의 마감(마감을 위한 바탕을 포함한다)은 불연재료로 할 것
  라. 「건축물의 설비기준 등에 관한 규칙」제14조에 따른 배연설비를 설치할 것. 다만, 「소방시설 설치·유지 및 안전관리에 법률 시행령」별표 4 제5호가목에 따른 제연설비를 설치한 경우에는 배연설비를 설치하지 아니할 수 있다.
2. 피난용승강기 승강로의 구조
  가. 승강로는 해당 건축물의 다른 부분과 내화구조로 구획할 것
  나. 승강로 상부에 「건축물의 설비기준 등에 관한 규칙」제14조에 따른 배연설비를 설치할 것
3. 피난용승강기 기계실의 구조
  가. 출입구를 제외한 부분은 해당 건축물의 다른 부분과 내화구조의 바닥 및 벽으로 구획할 것
  나. 출입구에는 60분+ 또는 60분 방화문을 설치할 것
4. 피난용승강기 전용 예비전원
  가. 정전시 피난용승강기, 기계실, 승강장 및 폐쇄회로 텔레비전 등의 설비를 작동할 수 있는 별도의 예비전원 설비를 설치할 것
  나. 가목에 따른 예비전원은 초고층 건축물의 경우에는 2시간 이상, 준초고층 건축물의 경우에는 1시간 이상 작동이 가능한 용량일 것
  다. 상용전원과 예비전원의 공급을 자동 또는 수동으로 전환이 가능한 설비를 갖출 것
  라. 전선관 및 배선은 고온에 견딜 수 있는 내열성 자재를 사용하고, 방수조치를 할 것

**09** 열에너지원의 종류 중 화학열이 아닌 것은?
① 분해열        ② 압축열
③ 용해열        ④ 생성열

**해설** 압축열은 기계적 에너지이다.

**10** 소방시설 등의 성능위주설계 방법 및 기준상 화재 및 피난시뮬레이션의 시나리오 작성 시 국내 업무용도 건축물의 수용인원 산정기준은 1인당 몇 [m²]인가?
① 4.6[m²]      ② 9.3[m²]
③ 18.6[m²]    ④ 22.3[m²]

**해설** 건축물의 수용인원산정기준[성능위주설계기준 중]
[수용인원 산정기준(단위 : 1인당 면적 m²)]

| 사용용도 | m²/인 | 사용용도 | m²/인 |
|---|---|---|---|
| 집회용도 | | 상업용도 | |
| 고밀도지역 (고정좌석 없음) | 0.65 | 피난층 판매지역 | 2.8 |
| 저밀도지역 (고정좌석 없음) | 1.4 | 2층 이상 판매지역 | 3.7 |
| | | 지하층 판매지역 | 2.8 |
| 벤치형 좌석 | 1인/좌석길이 45.7cm | 보호용도 | 3.3 |
| 고정좌석 | 고정좌석 수 | | |
| 취사장 | 9.3 | 의료용도 | |
| | | 입원치료구역 | 22.3 |
| 서가지역 | 9.3 | 수면구역(구내숙소) | 11.1 |
| 열람실 | 4.6 | 교정, 감호용도 | 11.1 |

정답  08.①  09.②  10.②

| | | | |
|---|---|---|---|
| 수영장 | 4.6 (물 표면) | 주거용도 | |
| 수영장 데크 | 2.8 | 호텔, 기숙사 | 18.6 |
| 헬스장 | 4.6 | 아파트 | 18.6 |
| 운동실 | 1.4 | 대형 숙식주거 | 18.6 |
| 무대 | 1.4 | 공업용도 | |
| 접근출입구, 좁은 통로, 회랑 | 9.3 | 일반 및 고위험공업 | 9.3 |
| 카지노 등 | 1 | 특수공업 | 수용인원 이상 |
| | | 업무용도 | 9.3 |
| 스케이트장 | 4.6 | | |
| 교육용도 | | 창고용도 (사업용도 외) | 수용인원 이상 |
| 교실 | 1.9 | | |
| 매점, 도서관, 작업실 | 4.6 | | |

**11** 다음에서 설명하는 것은?

> 미분탄, 소맥분, 플라스틱의 분말 같은 가연성 고체가 미분말로 되어 공기 중에 부유한 상태로 폭발농도 이상으로 있을 때 착화원이 존재함으로써 발생하는 폭발현상

① 산화폭발   ② 분무폭발
③ 분진폭발   ④ 분해폭발

**12** 화재조사 용어 중 강소흔에 관한 설명으로 옳은 것은?

① 목재 등의 표면이 타 들어가 구갑상(龜甲狀)을 이루면서 탄화된 부분의 총 깊이
② 통전 상태에 있던 전선이 화재 시의 열기로 인해 전선 피복이 타버리는 과정에서 전선의 심선이 서로 접촉될 때의 방전으로 생기는 용흔
③ 목재표면이 불의 영향을 강하게 받아 심하게 탄 흔적으로 약 900[℃] 수준의 불에 탄 목재 표면층에 나타나는 균열흔

④ 가연물이 탈 때 발생하는 그을음 등의 입자가 공간 속을 흘러가며 물체 또는 공간 내 표면에 연기가 접촉해서 남겨 놓은 흔적

**해설** 목재표면의 흔적
㉠ 완소흔(700~800[℃]) : 탄화흠, 얇고 사각 또는 삼각형 형태
㉡ 강소흔(900[℃]) : 홈이 깊고 만두모양으로 요철 형태
㉢ 열소흔(1100[℃]) : 홈이 가장 깊고 반원형 모양
㉣ 훈소흔 : 목재표면에 발열체가 밀착되었을 때 목재표면에 생기는 연소흔적
①은 탄화심도에 대한 정의, 설명
②는 용흔에 대한 설명[소손흔]
④는 훈소흔에 대한 설명

**13** 1기압 상온에서 발화점(Ignition Point)이 가장 낮은 것은?

① 황린        ② 이황화탄소
③ 셀룰로이드  ④ 아세트알데히드

**해설** 발화점
① 황린 : 34[℃]
② 이황화탄소 : 100[℃]
③ 셀룰로이드 : 약 180[℃]
④ 아세트알데히드 : 185[℃]

**14** 1기압 상온에서 가연성 가스의 연소범위(vol%)로 옳지 않은 것은?

① 수소 : 4 ~ 75[vol%]
② 메탄 : 5 ~ 15[vol%]
③ 암모니아 : 15 ~ 28[vol%]
④ 일산화탄소 : 3 ~ 11.5[vol%]

**해설** 일산화탄소 : 12.5 ~ 74[vol%]

**15** 화재성장속도 분류에서 약 1[MW]의 열량에 도달하는 시간이 600초인 것은?

① Slow화재      ② Medium화재
③ Fast화재      ④ Ultra Fast화재

**정답** 11.③  12.③  13.①  14.④  15.①

> **[해설]** 연료지배형 화재 시 화재성장속도
> $Q[\text{kW}] = \alpha t^2$
> 여기서, $Q$ : 열방출율[kW]
> $\alpha$ : 화재강도계수
> $t$ : 시간[sec]
> 화재성장속도는 열방출률이 1,055[kW]에 도달하는데 걸리는 시간을 기준으로 다음과 같이 구분한다.
> ① Ultrafast : 75[sec]
> ② Fast : 150[sec]
> ③ Medium : 300[sec]
> ④ Slow : 600[sec]

**16** 연소 시 발생하는 연소가스가 인체에 미치는 영향에 관한 설명으로 옳지 않은 것은?

① 포스겐은 독성이 매우 강한 가스로서 공기 중에 25[ppm]만 있어도 1시간 이내에 사망한다.
② 아크롤레인은 눈과 호흡기를 자극하며, 기도장애를 일으킨다.
③ 이산화탄소는 그 자체의 독성은 거의 없으나 다량이 존재할 경우 사람의 호흡속도를 증가시켜 화재가스에 혼합된 유해가스의 흡입을 증가시킨다.
④ 시안화수소는 달걀 썩는 냄새가 나는 특성이 있으며, 공기중에 0.02[%]의 농도만으로도 치명적인 위험상태에 빠질 수가 있다.

> **[해설]** 시안화수소는 달걀 썩는 냄새가 나는 특징이 있으며 공기중에 0.3[%]만의 농도만으로도 치명적인 위험상태에 빠질 수 있다.

**17** 연소과정에 따른 시간과 에너지의 관계를 나타내는 그림에서 연소열을 나타내는 구간은?

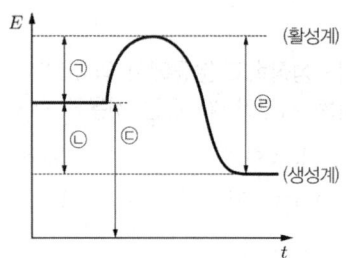

① ㉠   ② ㉡
③ ㉢   ④ ㉣

> **[해설]** ㉠ 활성화에너지
> ㉡ 연소열
> ㉢ 총에너지
> ㉣ 방출에너지
> 연소열 = 방출에너지 − 활성화에너지

**18** 힌클리(Hinkley) 공식을 이용하여 실내 화재 시 연기의 하강시간을 계산할 때 필요한 자료로 옳은 것을 모두 고른 것은?

> ㉠ 화재실의 바닥면적
> ㉡ 화재실의 높이
> ㉢ 청결층(clear layer) 높이
> ㉣ 화염 둘레길이

① ㉠, ㉡   ② ㉡, ㉣
③ ㉠, ㉢, ㉣   ④ ㉠, ㉡, ㉢, ㉣

> **[해설]** 힌클리 관계식
> ㉠ 연기층 하강 시간
> $t = \dfrac{20 \cdot A}{P\sqrt{g}} \cdot \left(\dfrac{1}{\sqrt{y}} - \dfrac{1}{\sqrt{h}}\right)$
> ㉡ 연기 생성량
> $Q = \dfrac{A(h-y)}{t}\,[\text{m}^3/\text{sec}]$
> 여기서, $t$ : 연기층하강시간[sec]
> $A$ : 화재실 바닥면적[m²]
> $P$ : 화염의 둘레(대형 : 12[m], 중형 : 6[m], 소형 : 4[m])
> $g$ : 중력가속도(9.8[m/sec²])
> $y$ : 청결층 높이[m]
> $h$ : 건물높이 또는 실내높이[m]
> $Q$ : 연기발생량[m³/sec]

**19** 국내 화재 분류에서 A급화재에 해당하는 것은?

① 일반화재
② 유류화재
③ 전기화재
④ 금속화재

**정답** 16.④ 17.② 18.④ 19.①

**해설** 화재의 종류

| 화재의 분류 | | 소화기 표시색 | 소화 방법 | 특 징 |
|---|---|---|---|---|
| A급 | 일반화재 | 백색 | 냉각효과 | ㉠ 백색 연기 발생<br>㉡ 연소 후 재를 남김 |
| B급 | 유류화재 | 황색 | 질식효과 | ㉠ 검은색 연기 발생<br>㉡ 연소 후 재가 없음<br>㉢ 정전기로 인한 착화 가능성 있음 |
| C급 | 전기화재 | 청색 | 질식효과 | 통전 중인 전기시설물이 점화원의 기능을 함 |
| D급 | 금속화재 | – | 건조사 피복 | 금속이 열을 생성 |
| E급 | 가스화재 | – | 질식효과 | 재를 남기지 않음 |
| K급 | 주방화재 | – | 냉각 질식 | 식용유화재 |

**20** 바닥으로부터 높이 0.2m의 위치에 개구부(가로 2[m]×세로 2[m]) 1개가 있는 창고(바닥면적 가로 3[m]×세로 4[m], 높이 3[m])에 화재가 발생하였을 때, Flash over 발생에 필요한 최소한의 열방출속도 $Q_{fo}$는 몇 [kW]인가? (단, Thomas의 공식 $Q_{fo}[kW]=7.8A_T+378A\sqrt{H}$을 이용하며, 소수점 이하 셋째자리에서 반올림한다)

① 2,528.29[kW]　② 2,559.49[kW]
③ 2,621.89[kW]　④ 2,653.09[kW]

**해설** 토마스식

$Q_{fo} = 7.8A_T + 378A\sqrt{H}$

여기서, $Q_{f0}$ : 열방출속도
　　　　$A_T$ : 전체표면적
　　　　$A$ : 개구부면적
　　　　$H$ : 개구부높이

$A_T = 3m \times 3m \times 2 + 4m \times 3m \times 2$
　　　$+ 3m \times 4m \times 2 - 2m \times 2m = 62m^2$
$A = 2m \times 2m = 4m^2$
$H = 2m$
∴ $Q_{fo} = 7.8 \times 62 + 378 \times 4 \times \sqrt{2}$
　　　　$= 2,621.89[kW]$

**21** 정상상태에서 위험분위기가 지속적으로 또는 장기적으로 존재하는 배관 내부에 적합한 방폭구조는?

① 내압방폭구조　② 본질안전방폭구조
③ 압력방폭구조　④ 안전증방폭구조

**해설** 위험장소(Hazardous Location)

| 구 분 | 대상장소 | 방폭구조의 종류 |
|---|---|---|
| 0종 장소 | 항상 폭발분위기이거나, 장기간 위험성이 존재하는 지역, 인화성 액체용기나 탱크 내부, 가연성 가스용기 내부 등 | 본질안전 방폭구조 |
| 1종 장소 | 정상상태에서 간헐적으로 폭발분위기로 유지되는 지역이나 릴리프밸브 부근 | 내압, 압력 방폭구조 |
| 2종 장소 | 비정상상태에서만 폭발분위기가 유지되는 지역 | 내압, 압력, 안전증방폭구조 |

**22** 물리적 소화방법이 아닌 것은?

① 질식소화　② 냉각소화
③ 제거소화　④ 억제소화

**해설**
- 물리적 소화방법 : 제거, 냉각, 질식, 피복, 유화, 희석, 타격소화 등
- 화학적 소화방법 : 부촉매(억제)소화

**23** 가로 10[m], 세로 10[m], 높이 5[m]인 공간에 저장되어 있는 발열량 13,500[kcal/kg]인 가연물 2,000[kg]과 발열량 9,000[kcal/kg]인 가연물 1,000[kg]이 완전연소 하였을 때 화재하중은 몇 [kg/m²]인가? (단, 목재의 단위 발열량은 4,500[kcal/kg]이다)

① 20[kg/m²]　② 40[kg/m²]
③ 60[kg/m²]　④ 80[kg/m²]

**해설** 화재하중

$$Q = \frac{\sum(G_t \times H_t)}{H \times A}$$

여기서, $Q$ : 화재하중[kg/m²]

정답　20.③　21.②　22.④　23.④

$G_t$ : 가연물 질량[kg]
$H_t$ : 가연물의 단위발열량[kcal/kg]
$H$ : 목재의 단위발열량(4,500[kcal/kg])
$A$ : 화재실의 바닥면적[m²]

$$\therefore Q = \frac{\sum(G_t \times H_t)}{H \times A}$$

$$= \frac{13{,}500\text{kcal/kg} \times 2{,}000\text{kg} + 9{,}000\text{kcal/kg} \times 1{,}000\text{kg}}{4{,}500\text{kcal/kg} \times (10 \times 10)\text{m}^2}$$

$$= 80[\text{kg/m}^2]$$

## 24 폭연과 폭굉에 관한 설명으로 옳은 것은?

① 폭연은 압력파가 미반응 매질 속으로 음속 이하로 이동하는 폭발 현상을 말한다.
② 폭연은 폭굉으로 전이될 수 없다.
③ 폭굉의 최고 압력은 초기 압력과 동일하다.
④ 폭굉의 파면에서는 온도, 압력, 밀도가 연속적으로 나타난다.

**해설** 폭연과 폭굉의 비교
㉠ 폭연(deflagation)
  연소파의 전파속도가 음속보다 느린 것으로 폭속은 0.1~10[m/sec]정도이다.
㉡ 폭굉(detonation)
  연소파의 전파속도가 음속보다 빠른 것으로 폭속은 1,000~3,500[m/sec] 정도이며 파면에 충격파(압력파)가 진행되어 심한 파괴작용을 동반한다.

## 25 다음에서 설명하는 인간의 피난행동 특성은?

- 화재가 발생하면 확인하려 하고, 그것이 비상사태로 확인되면 화재로부터 멀어지려고 하는 본능
- 연기, 불의 차폐물이 있는 곳으로 도망가거나 숨는다.
- 발화점으로부터 조금이라도 먼 곳으로 피난한다.

① 추종본능   ② 귀소본능
③ 퇴피본능   ④ 지광본능

**해설** 인간의 피난특성
갑작스런 화재가 발생하여 맹렬한 불꽃을 뿜을 경우 혼란이 가중되어 이성적인 판단이 어렵게 된다. 그 때부터는 동물적 본능에 지배되어 활동하게 되므로 인간의 본능에 따른 피난특성을 고려한 피난계획을 검토하여야 한다.
㉠ 귀소본능(歸巢本能) : 본능적으로 자신의 신체를 보호하기 위하여 자주 이용하는 경로 및 원래 온 길로 돌아가려는 특성이 있다. 따라서 많은 사람의 이동경로가 되는 부분을 가장 안전한 피난경로가 되도록 하고, 피난설비 등도 그 곳에 설치하도록 한다.
㉡ 퇴피본능(退避本能) : 위험사태가 발생하면 반사적으로 그 부분에서 멀어지려는 경향이 있다. 가연물이 많고 화재위험이 있는 부분으로부터 먼 곳으로 피난경로를 설정하고 피난설비를 설치하도록 한다.
㉢ 지광본능(智光本能) : 화재 시 정전이나 검은 연기에 의해 암흑상태가 되면 사람들은 밝은 곳으로 모이게 된다. 화재가 발생하는 경우 안전한 피난경로 부분은 밝게 유지하고 그렇지 않은 부분은 소등하는 것이 바람직하다.
㉣ 좌회본능(左廻本能) : 사람의 대부분은 오른손잡이이며 이로 인해 오른발이 발달해 있어 어둠 속에서 걷게 되면 왼쪽으로 돌게 된다. 따라서 벽체에 설치하는 피난구는 왼쪽에 설치하는 것이 바람직하다.
㉤ 추종본능(追從本能) : 화재와 같은 급박한 상황에서 리더(Leader) 한 사람의 행동을 따라하는 경향이 있다. 즉, 최초 한 사람의 행동이 옳고 그름에 따라 많은 사람의 생명을 지배하는 경우가 많다. 따라서 불특정 다수인이 모이는 시설에는 잘 훈련된 리더의 육성이 필요하다.

# 제15회 소방시설관리사 1차 필기 기출문제
[제1과목 : 소방안전관리론 및 화재역학]

**01** 연소에 관한 설명으로 옳지 않은 것은?
① 화학적 활성도가 큰 가연물일수록 연소가 용이하다.
② 조연성 가스는 가연물이 탈 수 있도록 도와주는 기체이다.
③ 열전도율이 작은 가연물일수록 연소가 용이하다.
④ 흡착열은 가연물의 산화반응으로 발열 축적된 것이다.

해설) 흡착열은 어떤 물질이 흡착할 때 발생하는 열량이다.

**02** 인화점과 발화점에 관한 설명으로 옳지 않은 것은?
① 인화점은 가연성 액체의 위험성 기준이 된다.
② 발화점은 발열량과 열전도율이 클 때 낮아진다.
③ 인화점은 점화원에 의하여 연소를 시작할 수 있는 최저온도이다.
④ 고체 가연물의 발화점은 가열된 공기의 유량, 가열속도에 따라 달라질 수 있다.

해설) 발화점은 발열량이 클 때, 열전도율이 작을 때 낮아진다.

**03** 화재의 종류에 관한 설명으로 옳지 않은 것은?
① 산소와 친화력이 강한 물질의 화재로 연기가 발생하고, 연소 후 재를 남기면 A급 화재이다.
② 유류에서 발생한 증기가 공기와 혼합하여 점화되면 B급 화재이다.
③ 통전 중인 전기다리미에서 발생되는 화재는 C급 화재이다.
④ 칼륨이나 나트륨 등 금속류에 의한 화재는 K급 화재이다.

해설) 칼륨이나 나트륨 등 금속류화재는 D급 화재이다.

**04** 가연성 가스 또는 증기가 공기와 혼합기를 형성하였을 때 위험도가 큰 물질의 순서로 옳은 것은?

㉠ 메탄　　㉡ 에테르
㉢ 프로판　㉣ 가솔린

① ㉠>㉡>㉢>㉣　② ㉠>㉡>㉣>㉢
③ ㉡>㉣>㉢>㉠　④ ㉡>㉠>㉣>㉢

해설) 위험도
㉠ 메탄 $H = \dfrac{15-5}{5} = 2$
㉡ 에테르 $H = \dfrac{48-1.9}{1.9} = 24.26$
㉢ 프로판 $H = \dfrac{9.5-2.1}{2.1} = 3.52$
㉣ 가솔린 $H = \dfrac{7.6-1.2}{1.2} = 5.33$

**05** 소화방법에 관한 설명으로 옳지 않은 것은?
① 부촉매소화 : 이산화탄소를 화원에 뿌렸다.
② 냉각소화 : 가연물질에 물을 뿌려 연소온도를 낮추었다.
③ 제거소화 : 산불화재 시 주위 산림을 벌채하였다.
④ 질식소화 : 불연성 기체를 투입하여 산소농도를 떨어뜨렸다.

정답　01.④　02.②　03.④　04.③　05.①

**06** 이산화탄소 1.2kg을 18[℃] 대기중(1[atm])에 방출하면 몇 [L]의 가스체로 변하는가? (기체상수가 0.082[L·atm/mol·K]인 이상기체이다. 단, 소수점 이하는 둘째자리에서 반올림함)

① 0.6[L]  ② 40.3[L]
③ 610.5[L]  ④ 650.8[L]

**해설** $PV = \dfrac{W}{M}RT$ 에서

$V = \dfrac{WRT}{PM}$

$= \dfrac{1,200[g] \times 0.082[L \cdot atm/mol \cdot K] \times (273+18)[K]}{1[atm] \times 44[g/mol]}$

$= 650.78[L]$

**07** 화재 시 노출피부에 대한 화상을 입힐 수 있는 최소 열유속으로 옳은 것은?

① 1[kW/m²]  ② 4[kW/m²]
③ 10[kW/m²]  ④ 15[kW/m²]

**해설** 화재 시 열에 의한 손상을 받을 수 있는 최소 열유속 [kW/m²]
㉠ 노출피부에 대한 통증 : 1[kW/m²]
㉡ 노출피부에 대한 화상 : 4[kW/m²]
㉢ 물체의 점화 : 10~20[kW/m²]
㉣ 태양에서 지구표면까지의 복사열유속 : 대략 1[kW/m²]

**08** 폭굉 유도거리가 짧아질 수 있는 조건으로 옳은 것은?

① 관경이 클수록 짧아진다.
② 점화에너지가 클수록 짧아진다.
③ 압력이 낮을수록 짧아진다.
④ 연소속도가 늦을수록 짧아진다.

**해설** DID(Detonation Induced Distance, 폭굉유도거리)
최초의 완만한 연소로부터 폭굉까지 이르는 데 필요한 거리

DID가 짧아질 수 있는 조건
- 점화에너지가 강할수록
- 연소속도가 큰 가스일수록
- 관경이 가늘거나 관 속에 이물질이 있을수록
- 압력이 높을수록
- 주위온도가 높을수록

**09** 폭발범위(연소범위)에 관한 설명으로 옳지 않은 것은?

① 불활성 가스를 첨가할수록 연소범위는 넓어진다.
② 온도가 높아질수록 폭발범위는 넓어진다.
③ 혼합기를 이루는 공기의 산소농도가 높을수록 연소범위는 넓어진다.
④ 가연물의 양과 유동상태 및 방출속도 등에 따라 영향을 받는다.

**해설** 불활성 가스를 첨가할수록 연소범위는 좁아진다(안전해진다).

**10** 가솔린 액면화재에서 직경 5[m], 화재크기 10[MW]일 때 화염 중심에서 15[m] 떨어진 점에서의 복사열류는 몇 [kW/m²]인가? (단, 가솔린의 경우 복사에너지 분율은 50[%]인 것으로 한다. $\pi = 3.14$, 소수점 셋째자리에서 반올림함)

① 0.76[kW/m²]
② 1.35[kW/m²]
③ 1.77[kW/m²]
④ 3.19[kW/m²]

**해설** 복사열류

$$\dot{Q} = \dfrac{X_r \times \dot{q}}{4\pi C^2}$$

여기서, $X_r$ : 복사에너지 분율
$q$ : 열방출속도[kW]
$C$ : 화염과 수열체의 거리[m]

$\therefore \dot{Q} = \dfrac{X_r \times \dot{q}}{4\pi C^2} = \dfrac{0.5 \times 10 \times 10^3 [kW]}{4 \times 3.14 \times 15^2 [m^2]}$

$= 1.77[kW/m^2]$

정답 06.④ 07.② 08.② 09.① 10.③

**11** 연소생성물 중 발생하는 연소가스에 관한 설명으로 옳지 않은 것은?

① 일산화탄소는 가연물이 불완전 연소할 때 발생하는 것으로 유독성 기체이며 연소가 가능한 물질이다.
② 시안화수소는 모직, 견직물 등의 불완전연소 시 발생하며 독성이 커서 인체에 치명적이다.
③ 염화수소는 폴리염화비닐 등과 같이 염소가 함유된 수지류가 탈 때 주로 생성되며 금속에 대한 강한 부식성이 있다.
④ 황화수소는 무색·무취의 기체이며 인화성과 독성이 강하여 살충제의 원료로 사용된다.

**해설** 황화수소는 계란썩는 냄새가 나는 무색의 인화성과 독성을 가지고 있다. 살충제의 원료로 사용된다.

**12** 탄화수소계 가연물의 완전연소식으로 옳은 것은?

① 에탄 : $C_2H_6 + 3O_2 \rightarrow 2CO_2 + 3H_2O$
② 프로판 : $C_3H_8 + 5O_2 \rightarrow 3CO_2 + 4H_2O$
③ 부탄 : $C_4H_{10} + 6O_2 \rightarrow 4CO_2 + 5H_2O$
④ 메탄 : $CH_4 + O_2 \rightarrow CO_2 + 2H_2O$

**해설** 메탄~부탄의 완전연소반응식
㉠ 메탄 : $CH_4 + 2O_2 \rightarrow CO_2 + 2H_2O$
㉡ 에탄 : $C_2H_6 + 3.5O_2 \rightarrow 2CO_2 + 3H_2O$
㉢ 프로판 : $C_3H_8 + 5O_2 \rightarrow 3CO_2 + 4H_2O$
㉣ 부탄 : $C_4H_{10} + 6.5O_2 \rightarrow 4CO_2 + 5H_2O$

**13** 연기 속을 투과하는 빛의 양을 측정하는 농도측정법으로 옳은 것은?

① 중량농도법  ② 입자농도법
③ 한계도달법  ④ 감광계수법

**해설** 연기의 농도측정법
㉠ 중량농도법 : 단위체적당 연기입자의 질량($mg/m^3$)을 측정하는 표시법
㉡ 입자농도법 : 단위체적당 연기입자의 개수(개/$cm^3$)를 측정하는 표시법
㉢ 감광계수법 : 연기 속을 투과하는 빛의 양을 측정하는 방법으로 감광계수($m^{-1}$)로 나타낸다.

**14** 연기의 제연방식에 관한 설명으로 옳지 않은 것은?

① 밀폐제연방식은 연기를 일정구획에 한정시키는 방법으로 비교적 소규모 공간의 연기제어에 적합하다.
② 자연제연방식은 연기의 부력을 이용하여 천장, 벽에 설치된 개구부를 통해 연기를 배출하는 방식이다.
③ 기계제연방식은 기계력으로 연기를 제어하는 방식으로 제3종 기계제연방식은 급기송풍기로 가압하고 자연배출을 유도하는 방식이다.
④ 스모크타워제연방식은 세로방향 샤프트(Shaft) 내의 부력과 지붕 위에 설치된 루프 모니터의 흡입력을 이용하여 제연하는 방식이다.

**해설** 기계제연방식
실내의 연기를 기계적인 동력을 이용하여 강제로 배출하는 방식으로 1종, 2종, 3종 기계제연으로 분류된다.

**[ 기계제연의 분류 ]**

| 기계제연의 종류 | 송풍기 | 배출기 |
|---|---|---|
| 제1종 기계제연 | O | O |
| 제2종 기계제연 | O | × |
| 제3종 기계제연 | × | O |

정답  11.④  12.②  13.④  14.③

**15** 건축물 내의 연기유동에 관한 설명으로 옳지 않은 것은?

① 화재실의 내부온도가 상승하면 중성대의 위치는 높아지며 외부로부터의 공기유입이 많아져서 연기의 이동이 활발하게 진행된다.
② 고층 건축물에서 연기유동을 일으키는 주요한 요인으로는 온도에 의한 기체 팽창, 외부풍압의 영향 등이 있다.
③ 연기층두께 증가속도는 연소속도에 좌우되며 연기 유동속도는 수평방향일 경우 0.5~1[m/s], 계단실 등 수직방향일 경우 3~5[m/s]이다.
④ 연기는 부력에 의해 수직 상승하면서 확산되며 천장에서 꺾인 후 천장면을 따라 흐르다 벽과 같은 수직 장애물을 만날 경우 흐름이 정지되어 연기층을 형성한다.

**해설** 화재실의 내부온도가 상승하면(화재가 확대) 중성대의 위치는 낮아지며(연기발생량이 많으므로) 실내에서 외부로의 연기유출량이 많아진다.

**16** 화재 시 연소생성물인 이산화질소($NO_2$)에 관한 설명으로 옳지 않은 것은?

① 질산셀룰로오스가 연소될 때 생성된다.
② 푸른색의 기체로 낮은 온도에서는 붉은 갈색의 액체로 변한다.
③ 이산화질소를 흡입하면 인후의 감각신경이 마비된다.
④ 공기중에 노출된 이산화질소 농도가 200~700[ppm]이면 인체에 치명적이다.

**해설** 이산화질소는 붉은 갈색의 기체로 낮은 온도에서는 붉은 갈색의 액체로 변한다.

**17** 건축법에서 규정하는 방화구획에 관한 설명으로 옳지 않은 것은?

① 안전구획의 크기와 배치에 대한 사항이 고려되어야 한다.
② 내화구조로 된 바닥, 벽 및 갑종방화문(자동방화셔터 포함)으로 구획해야 한다.
③ 일체형셔터를 포함한 자동방화셔터는 내화시험결과 비차열 1시간 성능을 요구한다.
④ 일체형셔터를 포함한 자동방화셔터는 피난상 유효한 갑종방화문으로부터 5[m] 이내에 설치한다.

**해설** 일체형셔터를 포함한 자동방화셔터는 피난상 유효한 갑종방화문으로부터 3[m] 이내에 설치한다.[현행 삭제]

**18** 건축물의 방화계획에 대한 공간적 대응의 요구성능으로 옳은 것은?

① 대항성, 회피성, 일시성
② 설비성, 회피성, 도피성
③ 대항성, 도피성, 회피성
④ 영구성, 도피성, 설비성

**해설** 화재에 대한 인간의 대응
㉠ 공간적 대응
  ⓐ 대항성(對抗性)
    건축물의 내화성능, 방화구획성능, 화재방어력, 방연성능, 초기소화대응력 등의 화재사상과 대항하여 저항하는 성능을 가진 항력
  ⓑ 회피성(回避性)
    건축물의 불연화, 난연화, 내장제한, 구획의 세분화, 방화훈련, 불조심 등과 화기취급의 제한 등과 같은 화재의 예방적 조치 및 상황
  ⓒ 도피성(逃避性)
    화재발생 시 사람이 궁지에 몰리지 않고 안전하게 피난할 수 있는 공간성과 시스템을 말하며 거실의 배치, 피난통로의 확보, 피난시설의 설치 및 건축물의 구조계획서, 방재계획서 등
㉡ 설비적 대응
  화재에 대응하여 설치하는 소화설비, 경보설비, 피난설비 등의 소방시설

**19** 훈소의 일반적인 진행속도(cm/s) 범위로 옳은 것은?

① 0.001 ~ 0.01[cm/s]
② 0.05 ~ 0.5[cm/s]
③ 0.1 ~ 1[cm/s]
④ 10 ~ 100[cm/s]

해설) 훈소의 진행속도 : 0.001~ 0.01[cm/s]

**20** 화재온도곡선에 따른 화재성상 중 ( ⓒ ) 단계에서 나타나는 현상으로 옳지 않은 것은?

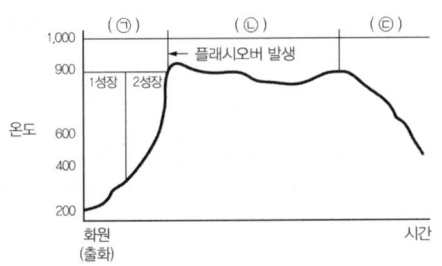

① 환기지배형보다는 연료지배형의 화재 특성이 보인다.
② 창문 등 건축물의 개구부로 화염이 뿜어져 나오는 시기이다.
③ 강렬한 복사열로 인하여 인접 건물로 연소가 확산될 수 있다.
④ 실내 전체에 화염이 충만되고 연소가 최고조에 이른다.

해설) 플래시오버 이후에는 환기지배화재의 특성을 가진다.

**21** 특정소방대상물의 수용인원산정으로 옳은 것은?

• 객실 30개인 콘도미니엄(온돌방)으로서 객실 1개당 바닥면적이 66[m²]인 경우 (   )명이다.
• 단, 콘도미니엄의 종사자는 10명이다.

① 660
② 670
③ 760
④ 770

해설) 침대가 없는 숙박시설의 경우
종사자수 + 숙박시설의 바닥면적 합계를 3[m²]로 나누어 얻은 수(반올림)[복도, 화장실, 계단면적 제외]

∴ 수용인원 = 10명 + $\dfrac{30[개] \times 66[m^2]}{3[m^2/명]}$ = 670[명]

**22** 수직 및 수평방향의 피난시설계획에 관한 설명으로 옳지 않은 것은?

① 계단실은 내화성능을 가지도록 방화구획하여야 한다.
② 계단실은 연기가 침입하지 않도록 타실보다 높은 압력을 가하는 것이 좋다.
③ 피난복도의 천정은 불연재료를 사용하고 피난시설계획을 고려하여 낮게 설치한다.
④ 계단실의 실내에 접하는 부분의 마감은 불연재료로 한다.

해설) 피난복도의 천정은 불연재료를 사용하고 피난시설계획을 고려하여 높게 설치한다.

**23** 건축물의 피난·방화구조 등의 기준에 관한 규칙상 지하층에 설치하는 비상탈출구의 설치기준에 관한 설명으로 옳은 것을 모두 고른 것은?

ⓐ 위치 : 출입구로부터 3[m] 이상 떨어진 곳에 설치할 것
ⓑ 크기 : 유효너비는 0.75[m] 이상, 유효높이는 1.0[m] 이상
ⓒ 높이 : 바닥으로부터 비상탈출구의 아랫부분까지의 높이가 1.2[m] 이상인 경우에는 벽체에 발판의 너비가 20[cm] 이상인 사다리를 설치할 것
ⓓ 구조 및 표시 : 문은 실내에서 열 수 있는 구조로 하고 내부 또는 외부에 비상탈출구 표시를 할 것

① ㉠, ㉡
② ㉠, ㉢
③ ㉠, ㉡, ㉢
④ ㉡, ㉢, ㉣

**해설** 지하층에 설치하는 비상탈출구 설치기준

1. 비상탈출구의 유효너비는 0.75미터 이상으로 하고, 유효높이는 1.5미터 이상으로 할 것
2. 비상탈출구의 문은 피난방향으로 열리도록 하고, 실내에서 항상 열 수 있는 구조로 하여야 하며, 내부 및 외부에는 비상탈출구의 표시를 할 것
3. 비상탈출구는 출입구로부터 3미터 이상 떨어진 곳에 설치할 것
4. 지하층의 바닥으로부터 비상탈출구의 아랫부분까지의 높이가 1.2미터 이상이 되는 경우에는 벽체에 발판의 너비가 20센티미터 이상인 사다리를 설치할 것
5. 비상탈출구는 피난층 또는 지상으로 통하는 복도나 직통계단에 직접 접하거나 통로 등으로 연결될 수 있도록 설치하여야 하며, 피난층 또는 지상으로 통하는 복도나 직통계단까지 이르는 피난통로의 유효너비는 0.75미터 이상으로 하고, 피난통로의 실내에 접하는 부분의 마감과 그 바탕은 불연재료로 할 것
6. 비상탈출구의 진입부분 및 피난통로에는 통행에 지장이 있는 물건을 방치하거나 시설물을 설치하지 아니할 것
7. 비상탈출구의 유도등과 피난통로의 비상조명등의 설치는 소방법령이 정하는 바에 의할 것

**24** 건축물의 화재특성에 플래시오버(flash over)와 롤오버(roll over)에 관한 설명으로 옳지 않은 것은?

① 플래시오버는 공간 내 전체 가연물을 발화시킨다.
② 롤오버에서는 화염이 주변공간으로 확대되어 간다.
③ 롤오버 현상은 플래시오버 현상과 달리 감쇠기 단계에서 발생한다.
④ 내장재에 따른 플래시오버 발생기간을 보면, 난연성 재료보다는 가연성재료의 소요시간이 짧다.

**해설** 감쇠기단계에서 발생하는 현상은 백드래프트이다.
**롤오버(Roll Over)**
㉠ 플래시오버 전 단계로 화재 초기에 발생된 뜨거운 가연성 가스가 천장 부근에 축적되어 있다가 화재 중기에 이르면 실내 공기의 압력 차이가 생기고 그 압력 차이로 천장을 산발적으로 구르다가 화재가 발생하지 않은 쪽으로 빠르게 굴러가는 현상이다.
㉡ 실내 상층부 천장 쪽의 초고온 증기인 가연성 가스의 이동과 착화현상이다.

**25** 직통계단 및 피난계단에 관한 설명으로 옳지 않은 것은?

① 11층 이상인 공동주택의 직통계단은 거실의 각 부분으로부터 계단에 이르는 보행거리가 60[m] 이하로 설치한다.
② 5층 이상 판매시설 용도의 1층에 설치되는 직통계단은 1개 이상을 특별피난계단으로 설치한다.
③ 지하층으로서 거실의 바닥면적의 합계가 200[$m^2$] 이상인 것은 직통계단을 2개 이상 설치한다.
④ 주요구조부가 내화구조인 5층 이상인 층의 바닥면적의 합계가 200[$m^2$] 이하인 경우에는 피난계단 또는 특별피난계단의 설치가 면제된다.

**해설** 건축법 시행령 제34조(직통계단의 설치)
① 건축물의 피난층(직접 지상으로 통하는 출입구가 있는 층 및 제3항과 제4항에 따른 피난안전구역을 말한다. 이하 같다) 외의 층에서는 피난층 또는 지상으로 통하는 직통계단(경사로를 포함한다. 이하 같다)을 거실의 각 부분으로부터 계단(거실로부터 가장 가까운 거리에 있는 계단을 말한다)에 이르는 보행거리가 30미터 이하가 되도록 설치하여야 한다. 다만, 건축물(지하층에 설치하는 것으로서 바닥면적의 합계가 300제곱미터 이상인 공연장·집회장·관람장 및 전시장은 제외한다)의 주요구조부가 내화구조 또는 불연재료로 된 건축물은 그 보행거리가 50미터(층수가 16층 이상인 공동주택의 경우 16층 이상인 층에 대해서는 40미터) 이하가 되도록 설치할 수 있으며, 자동화 생산시설에 스프링클러 등 자동식 소화

정답 24.③ 25.①

설비를 설치한 공장으로서 국토교통부령으로 정하는 공장인 경우에는 그 보행거리가 75미터(무인화 공장인 경우에는 100미터) 이하가 되도록 설치할 수 있다.

**건축법 시행령 제35조(피난계단의 설치)**
① 법 제49조제1항에 따라 5층 이상 또는 지하 2층 이하인 층에 설치하는 직통계단은 국토교통부령으로 정하는 기준에 따라 피난계단 또는 특별피난계단으로 설치하여야 한다. 다만, 건축물의 주요구조부가 내화구조 또는 불연재료로 되어 있는 경우로서 다음 각 호의 어느 하나에 해당하는 경우에는 그러하지 아니하다.
1. 5층 이상인 층의 바닥면적의 합계가 200제곱미터 이하인 경우
2. 5층 이상인 층의 바닥면적 200제곱미터 이내마다 방화구획이 되어 있는 경우

② 건축물(갓복도식 공동주택은 제외한다)의 11층(공동주택의 경우에는 16층) 이상인 층(바닥면적이 400제곱미터 미만인 층은 제외한다) 또는 지하 3층 이하인 층(바닥면적이 400제곱미터미만인 층은 제외한다)으로부터 피난층 또는 지상으로 통하는 직통계단은 제1항에도 불구하고 특별피난계단으로 설치하여야 한다.

③ 제1항에서 판매시설의 용도로 쓰는 층으로부터의 직통계단은 그 중 1개소 이상을 특별피난계단으로 설치하여야 한다.

④ 건축물의 5층 이상인 층으로서 문화 및 집회시설 중 전시장 또는 동·식물원, 판매시설, 운수시설(여객용 시설만 해당한다), 운동시설, 위락시설, 관광휴게시설(다중이 이용하는 시설만 해당한다) 또는 수련시설 중 생활권 수련시설의 용도로 쓰는 층에는 제34조에 따른 직통계단 외에 그 층의 해당 용도로 쓰는 바닥면적의 합계가 2천 제곱미터를 넘는 경우에는 그 넘는 2천 제곱미터 이내마다 1개소의 피난계단 또는 특별피난 계단(4층 이하의 층에는 쓰지 아니하는 피난계단 또는 특별피난계단만 해당한다)을 설치하여야 한다.

# 2014 제14회 소방시설관리사 1차 필기 기출문제

**[제1과목 : 소방안전관리론 및 화재역학]**

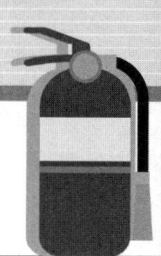

**01** 공기 50[vol%], 프로판 35[vol%], 부탄 12[vol%], 메탄 3[vol%]인 혼합기체의 공기 중 폭발 하한계는 몇 [vol%]인가? (단, 공기 중 각 가스의 폭발 하한계는 메탄 5[vol%], 프로판 2[vol%], 부탄 1.8[vol%]이다)

① 2.02[vol%]
② 3.41[vol%]
③ 4.04[vol%]
④ 6.82[vol%]

**해설**

$$\frac{50}{L} = \frac{V_1}{L_1} + \frac{V_2}{L_2} + \frac{V_3}{L_3}$$

$$L = \frac{50}{\frac{V_1}{L_1} + \frac{V_2}{L_2} + \frac{V_3}{L_3}}$$

$$= \frac{50}{\frac{35}{2.0} + \frac{12}{1.8} + \frac{3}{5.0}}$$

$$= 2.02[vol\%]$$

**02** 화상의 정의와 응급 처치(치료)에 관한 설명으로 옳지 않은 것은?

① 2도 화상은 표재성 화상과 심재성 화상으로 분류된다.
② 3도 화상은 흑색 화상으로 근육, 뼈까지 손상을 입는 탄화 열상이다.
③ 1도 화상은 표피손상이며 시원한 물 또는 찬 수건으로 화상 부위를 식힌다.
④ 체표면적 10[%] 이상의 3도 화상은 중증화상에 속한다.

**해설** 화상의 종류

㉠ 1도 화상 : 일광욕 후에도 발생될 정도의 가벼운 화상으로 표피층에만 손상을 입어 피부가 붉게 변하는 정도의 화상[홍반성, 표층화상]
㉡ 2도 화상 : 화상부의 표피와 진피의 일부가 손상을 받아 수포가 생기는 정도의 화상[수포성, 부분층 화상]
㉢ 3도 화상 : 진피 전체와 피하지방까지 손상을 받아 회색 또는 다갈색으로 변하며 감각이 마비되는 정도의 화상[괴사성, 전층화상]
㉣ 4도 화상 : 뼈속까지 손상되는 정도의 화상[흑색화상]

**03** 건축물 화재에 관한 설명으로 옳지 않은 것은?

① 플래시오버 현상은 폭풍이나 충격파를 수반하지 않는다.
② 수분함유량이 최소 15[%] 이상인 경우에는 목재가 고온에 접촉해도 착화되기 어렵다.
③ 내화건축물의 온도-시간 표준곡선에서 화재 발생 후 30분이 경과되면 온도는 약 1,000[℃] 정도에 달한다.
④ 내화건축물은 목조건축물에 비해 연소온도는 낮지만 연소지속시간은 길다.

**해설** 내화건축물의 표준시간온도곡선

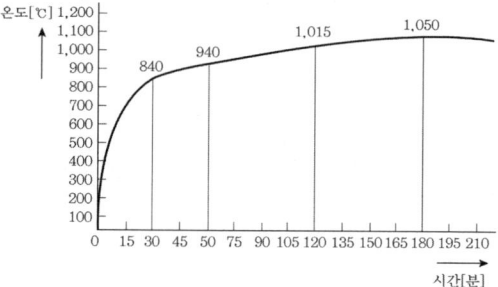

**04** 축압식 분말소화기에 관한 설명으로 옳지 않은 것은?
① 충전압력은 0.7 ~ 0.98[MPa]이다.
② 지시압력계가 적색을 지시하면 과충전 상태이다.
③ 지시압력계가 황색을 지시하면 정상 상태이다.
④ 소화약제와 불활성 기체를 하나의 용기에 충전시켜 사용한다.

**해설** 지시압력계가 녹색을 나타내면 정상이다

**05** 화재의 분류와 표시색의 연결이 옳은 것은?
① 일반화재(A급) – 무색
② 유류화재(B급) – 황색
③ 전기화재(C급) – 백색
④ 금속화재(D급) – 청색

**해설** 화재의 종류

| 화재의 분류 | | 소화기 표시색 | 소화방법 | 특 징 |
|---|---|---|---|---|
| A급 | 일반화재 | 백색 | 냉각효과 | ㉠ 백색 연기 발생<br>㉡ 연소 후 재를 남김 |
| B급 | 유류화재 | 황색 | 질식효과 | ㉠ 검은색 연기 발생<br>㉡ 연소 후 재가 없음<br>㉢ 정전기로 인한 착화 가능성 있음 |
| C급 | 전기화재 | 청색 | 질식효과 | 통전 중인 전기시설물이 점화원의 기능을 함 |
| D급 | 금속화재 | - | 건조사 피복 | 금속이 열을 생성 |
| E급 | 가스화재 | - | 질식효과 | 재를 남기지 않음 |
| K급 | 주방화재 | - | 냉각/질식 | 식용유화재 |

**06** 연소의 개념과 형태에 관한 설명으로 옳은 것은?
① 폭굉 발생 시 화염전파 속도는 음속보다 느리다.
② 목탄(숯), 코크스, 금속분 등은 분해연소를 한다.
③ 기체연료의 연소형태는 확산연소, 예혼합연소, 증발연소가 있다.
④ 열가소성 수지는 연소되면서 용융 액면이 넓어져 화재의 확산이 빨라진다.

**해설** ① 폭굉은 음속보다 빠르다.
② 목탄, 코크스 등은 표면연소를 한다.
③ 증발연소는 액체 및 고체 가연물의 연소형태이다.

**07** 연소용어에 관한 설명으로 옳지 않은 것은?
① 인화점은 액면에서 증발된 증기의 농도가 그 증기의 연소하한계에 도달한 때의 온도이다.
② 위험도는 연소하한계가 낮고 연소범위가 넓은수록 증가한다.
③ 연소점은 연소상태에서 점화원을 제거하여도 자발적으로 연소가 지속되는 온도이다.
④ 발화점은 파라핀계 탄화수소 화합물의 경우 탄소수가 적을수록 낮아진다.

**해설** 탄화수소류의 경우 탄소수가 증가할수록 발화점은 낮아진다.
**파라핀계 탄화수소의 탄소수 증가에 따른 성질변화**
㉠ 인화점이 높아진다.   ㉡ 연소범위가 감소한다.
㉢ 휘발성(증기압)이 감소한다.
㉣ 점도가 커진다.
㉤ 증기비중이 커진다.   ㉥ 비점이 높아진다.
㉦ 이성질체가 많아진다.  ㉧ 비중이 작아진다.
㉨ 착화점이 낮아진다.   ㉩ 발열량이 커진다.

**08** 포소화약제의 주된 소화원리와 동일한 것은?
① 식용유 화재 시 용기의 뚜껑을 덮어서 소화
② 촛불을 입으로 불어서 소화
③ 산불의 진행방향 쪽을 벌목하여 소화
④ 전기실 화재에 할로겐화합물 소화약제를 방사하여 소화

**해설** 포소화약제의 주된 소화효과는 질식과 냉각이다.

정답 04.③ 05.② 06.④ 07.④ 08.①

**09** 가연물의 연소 시 에너지 방출속도를 측정하는 콘 칼로리미터에 관한 설명으로 옳지 않은 것은?

① 기기의 측정요소 중 가연물의 질량 감소를 측정한다.
② 가연물의 연소열에 따라 에너지 방출속도가 다를 수 있다.
③ 동일한 가연물일지라도 점화방법, 점화위치에 따라 연소속도가 다를 수 있다.
④ 가연물의 연소생성물 중 일산화탄소 농도를 측정하여 에너지 방출속도를 산출한다.

**해설** 콘 칼로리미터
㉠ 기기의 측정요소 중 가연물의 질량 감소를 측정한다.
㉡ 가연물의 연소열에 따라 에너지 방출속도가 다를 수 있다.
㉢ 동일한 가연물일지라도 점화방법, 점화위치에 따라 연소속도가 다를 수 있다.
㉣ 가연물의 연소생성물 중 산소농도를 측정하여 에너지 방출속도를 산출한다.

**10** 목재 500[kg]과 종이 박스 300[kg]이 쌓여 있는 컨테이너(폭 : 2.4[m], 길이 : 6[m], 높이 : 2.4[m]) 내부의 화재하중(kg/m²)은? (단, 목재의 단위발열량은 18,855[kJ/kg]이며, 종이의 단위발열량은 16,760[kJ/kg]이다)

① 22.18[kg/m²]  ② 53.54[kg/m²]
③ 133.10[kg/m²]  ④ 223.08[kg/m²]

**해설** 화재하중

$$Q = \frac{\Sigma(G_t \times H_t)}{H \times A}$$

여기서, $Q$ : 화재하중[kg/m²]
$G_t$ : 가연물 질량[kg]
$H_t$ : 가연물의 단위발열량[kcal/kg]
$H$ : 목재의 단위발열량(4,500[kcal/kg])
$A$ : 화재실의 바닥면적[m²]

$$\therefore Q = \frac{\Sigma(G_t \times H_t)}{H \times A}$$
$$= \frac{(500\text{kg} \times 18,855\text{kJ/kg} + 300\text{kg} \times 16,760\text{kJ/kg}) \times 0.24\text{kcal}}{4,500\text{kcal/kg} \times (2.4 \times 6)\text{m}^2}$$
$$= 53.538[\text{kg/m}^2]$$
cf) 1J = 0.24[cal]

**11** 열전달 형태에 관한 설명으로 옳지 않은 것은?

① 전자기파의 형태로 열이 전달되는 것을 복사라 한다.
② 유체의 흐름에 의하여 열이 전달되는 것을 대류라 한다.
③ 전도열량은 면적, 온도차, 열전도율에 비례하고 두께에 반비례한다.
④ 전도는 뉴턴의 냉각법칙을 따른다.

**해설** 전도열량은 다음과 같다

$$Q(\text{kcal/hr}) = \frac{\lambda \cdot A \cdot \Delta T}{l}$$

여기서, $Q$ : 전도열량[kcal/hr]
$\lambda$ : 열전도도[kcal/m · hr℃]
$A$ : 접촉면적[m²]
$\Delta T$ : 온도차[℃]
$l$ : 두께[m]

**12** 구획실 화재(훈소화재는 제외)의 특징으로 옳지 않은 것은?

① 천장의 연기층은 화재의 초기단계보다 성장단계에서 빠르게 축적된다.
② 연기층이 축적되어 개방문의 상부에 도달되면 구획실 밖으로 흘러나가기 시작한다.
③ 연기 생성속도가 연기 배출속도를 초과하지 않으면 천장 연기층은 더 이상 하강하지 않는다.
④ 화재가 성장하면서 연기층은 축적되지만 연기와 가스의 온도는 더 이상 상승하지 않는다.

**해설** 화재가 성장하면서 연기와 가스의 온도도 지속적으로 상승한다.

**정답** 09.④  10.②  11.④  12.④

**13** 면적 0.8[m²]의 목재표면에서 연소가 일어날 때 에너지 방출속도($Q$)는 몇 [kW]인가? (단, 목재의 최대 질량연소유속[m]= 11[g/m²·s], 기화열 ($L$) = 4[kJ/g], 유효 연소열($\Delta H_C$)= 15[kJ/g] 이다)

① 35.2[kW]　　② 96.8[kW]
③ 132.0[kW]　　④ 167.2[kW]

**해설** 에너지 방출속도
$Q = m \times A \times \Delta H_C$
$= 11[g/m^2 \cdot s] \times 0.8[m^2] \times 15[kJ/g]$
$= 132[kJ/sec] = 132[kW]$

**14** PVC가 연소될 때 생성되며, 건물의 철골을 부식시키는 물질은?

① $NH_3$　　② HCl
③ HCN　　④ CO

**해설** PVC연소생성물 : HCl(염화수소, 염산)

**15** 화재안전기준상 연기제어 시스템에 관한 설명으로 옳은 것은?

① 유입풍도안의 풍속은 15[m/s] 이하로 하여야 한다.
② 예상제연구역에 공기가 유입되는 순간의 풍속은 10[m/s] 이하가 되도록 한다.
③ 배출기의 흡입측 풍도안의 풍속과 배출측 풍속은 각각 20[m/s] 이하로 하여야 한다.
④ 예상제연구역에 대한 공기유입구의 크기는 해당 예상제연구역 배출량 1[m³/min]에 대하여 35[cm²] 이상으로 하여야 한다.

**해설** ① 유입풍도안의 풍속은 20[m/s] 이하일 것
② 유입되는 순간풍속은 5[m/s] 이하일 것
③ 배출기의 흡입측 풍속은 15[m/s] 이하, 배출측 풍속은 20[m/s] 이하일 것

**16** 허용농도(TLV)가 가장 낮은 가스들로 조합된 것은?

① CO, $CO_2$
② HCN, $H_2S$
③ $COCl_2$, $CH_2CHCHO$
④ $C_6H_6$, $NH_3$

**해설** 허용농도(TLV)

| | | | |
|---|---|---|---|
| CO 일산화탄소 | 50ppm | $COCl_2$ 포스겐 | 0.1ppm |
| $CO_2$ 이산화탄소 | 5000ppm | $CH_2CHCHO$ 아크롤레인 | 0.1ppm |
| HCN 시안화수소 | 10ppm | $C_6H_6$ 벤젠 | 10ppm |
| $H_2S$ 황화수소 | 10ppm | $NH_3$ 암모니아 | 25ppm |

**17** 그림에서 연기층 하단의 강하 속도($V_{sd}$)를 구하는 식으로 옳은 것은? (단, 플럼기체의 체적 유입속도 : $v_p$, 천장면적 : $A_c$, 플럼기체의 밀도 : $\rho_p$, 연기층 기체의 밀도 : $\rho_s$ 이다)

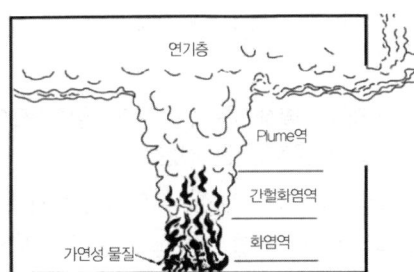

① $V_{sd} = \left(\dfrac{v_p}{A_c}\right) \cdot \left(\dfrac{\rho_p}{\rho_s}\right)$

② $V_{sd} = \left(\dfrac{v_p}{A_c}\right) \cdot \left(\dfrac{\rho_s}{\rho_p}\right)$

③ $V_{sd} = \left(\dfrac{A_c}{v_p}\right) \cdot \left(\dfrac{\rho_p}{\rho_s}\right)$

④ $V_{sd} = \left(\dfrac{A_c}{v_p}\right) \cdot \left(\dfrac{\rho_s}{\rho_p}\right)$

정답　13.③　14.②　15.④　16.③　17.①

**18** 건축물의 방화구조 기준으로 옳은 것을 모두 고른 것은?

> ㉠ 시멘트모르타르 위에 타일을 붙인 것으로 그 두께의 합계가 2[cm] 이상인 것
> ㉡ 철망모르타르의 바름 두께가 2[cm] 이상인 것
> ㉢ 작은 지름이 25[cm] 이상인 기둥으로서 철골을 두께 5[cm] 이상의 콘크리트로 덮은 것
> ㉣ 회반죽을 바른 것으로서 그 두께의 합계가 2.5[cm] 이상인 것

① ㉠, ㉢
② ㉡, ㉣
③ ㉠, ㉡, ㉣
④ ㉠, ㉡, ㉢, ㉣

**해설** 방화구조
방화구조란 화염의 확산을 막을 수 있는 성능을 가진 구조로 다음의 기준에 적합한 구조
㉠ 철망모르타르로서 그 바름두께가 2[cm] 이상인 것
㉡ 석고판 위에 시멘트모르타르 또는 회반죽을 바른 것으로서 그 두께의 합계가 2.5[cm] 이상인 것
㉢ 시멘트모르타르 위에 타일을 붙인 것으로서 그 두께의 합계가 2.5[cm] 이상인 것
㉣ 심벽에 흙으로 맞벽치기한 것
㉤ 기타 방화 2급 이상에 해당하는 것

**19** 화재 시 발생하는 연기량과 발연속도에 관한 설명으로 옳지 않은 것은?

① 발연량은 고분자 재료의 종류와는 무관하다.
② 재료의 형상, 산소농도 등에 따라 발연속도는 크게 변한다.
③ 목질계보다 플라스틱계 재료의 발연량이 대체적으로 많다.
④ 재료의 발연량은 온도나 산소량 등에 크게 영향을 받는다.

**해설** 발연량은 재료의 종류, 화재 시 온도, 산소량에 따라 영향을 받는다.

**20** 다음 중 용어에 관한 설명으로 옳지 않은 것은?

① 을종방화문은 비차열 1시간 이상 성능이 확보되어야 한다.
② 피난층이란 곧바로 지상으로 갈 수 있는 출입구가 있는 층을 말한다.
③ 무창층의 유효개구부는 도로 또는 차량이 진입할 수 있는 빈터로 향하여야 한다.
④ 소방시설이란 소화설비, 경보설비, 피난구조설비, 소화용수설비, 그 밖에 소화활동설비로서 대통령령으로 정하는 것을 말한다.

**해설** 을종방화문은 비차열 30분 이상 성능이 확보되어야 한다.
[21년 이후 개정]

**21** 배연전용 수직 샤프트를 설치하여 공기의 온도차 등에 의한 부력과 루프모니터의 흡인력으로 제연하는 방식은?

① 밀폐제연방식
② 스모크타워제연방식
③ 자연제연방식
④ 기계제연방식

**해설** 스모크타워제연방식은 세로방향 샤프트(Shaft) 내의 부력과 지붕 위에 설치된 루프 모니터의 흡입력을 이용하여 제연하는 방식이다.

**22** 건축물 화재에 대응한 피난계획의 일반적 원칙으로 옳지 않은 것은?

① 2개 방향의 피난동선을 상시 확보한다.
② 피난수단은 전자기기나 기계장치로 조작하여 작동하는 것을 우선한다.
③ 피난경로에 따라서 일정한 구획을 한정하여 피난구역을 설정한다.
④ 'fool proof'와 'fail safe'의 원칙을 중시한다.

**해설** 원시적 방법에 의한 것을 원칙으로 한다.

**23** 건축물의 내부에 설치하는 피난계단의 구조에 관한 기준으로 옳지 않은 것은?

① 계단실에는 상용전원에 의한 비상조명설비를 할 것
② 계단실의 실내에 접하는 부분의 마감은 불연재료로 할 것
③ 계단실의 바깥쪽과 접하는 창문 등은 당해 건축물의 다른 부분에 설치하는 창문 등으로부터 2[m] 이상 거리를 두고 설치할 것
④ 건축물의 내부에서 계단실로 통하는 출입구의 유효너비는 0.9[m] 이상으로 할 것

**해설** 건축물의 내부에 설치하는 피난계단의 구조

㉠ 계단실은 창문·출입구 기타 개구부(이하 "창문등"이라 한다)를 제외한 당해 건축물의 다른 부분과 내화구조의 벽으로 구획할 것
㉡ 계단실의 실내에 접하는 부분(바닥 및 반자 등 실내에 면한 모든 부분을 말한다)의 마감(마감을 위한 바탕을 포함한다)은 불연재료로 할 것
㉢ 계단실에는 예비전원에 의한 조명설비를 할 것
㉣ 계단실의 바깥쪽과 접하는 창문등(망이 들어 있는 유리의 붙박이창으로서 그 면적이 각각 1제곱미터 이하인 것을 제외한다)은 당해 건축물의 다른 부분에 설치하는 창문등으로부터 2미터 이상의 거리를 두고 설치할 것
⑤ 건축물의 내부와 접하는 계단실의 창문등(출입구를 제외한다)은 망이 들어 있는 유리의 붙박이창으로서 그 면적을 각각 1제곱미터 이하로 할 것
⑥ 건축물의 내부에서 계단실로 통하는 출입구의 유효너비는 0.9미터 이상으로 하고, 그 출입구에는 피난의 방향으로 열 수 있는 것으로서 언제나 닫힌 상태를 유지하거나 화재로 인한 연기, 온도, 불꽃 등을 가장 신속하게 감지하여 자동적으로 닫히는 구조로 된 60분+ 또는 60분 방화문을 설치할 것
⑦ 계단은 내화구조로 하고 피난층 또는 지상까지 직접 연결되도록 할 것

**24** 건축물에 설치하는 방화구획의 기준에 관한 설명으로 옳지 않은 것은?

① 스프링클러 소화설비가 설치된 10층 이하의 층은 바닥면적 3,000[m²] 이내마다 구획한다.
② 매 층마다 구획한다.
③ 11층 이상의 층은 바닥면적 600[m²] 이내마다 구획한다.
④ 벽 및 반자의 실내에 접하는 부분의 마감이 불연재료이고 스프링클러 소화설비가 설치된 11층 이상의 층은 1,500[m²] 이내마다 구획한다.

**해설** 방화구획의 구분

주요구조부가 내화구조 또는 불연재료로 된 건축물로서 연면적이 1,000[m²]를 넘는 것은 다음 기준에 의한 내화구조의 바닥, 벽 및 60분+ 또는 60분 방화문(자동방화셔터를 포함)으로 구획하여야 한다.

㉠ 층별구획 : 매 층마다 구획할 것. 다만 지하1층에서 지상으로 직접 연결하는 경사로부위는 제외한다.
㉡ 면적별구획 : 각 층에 대하여 다음의 면적 이하가 되도록 내화구조의 벽으로 구획한다.

| 대상물의 구분 | 소화설비 | 구획면적 |
|---|---|---|
| 10층 이하의 건축물 | 일반건축물 | 1,000[m²] 이내 |
| | 자동식 소화설비가 설치된 건축물 | 3,000[m²] 이내 |
| 11층 이상의 건축물 | 일반건축물 | 200[m²] 이내 |
| | 자동식 소화설비가 설치된 건축물 | 600[m²] 이내 |
| 11층 이상인 건축물 중 벽 및 반자의 실내에 접하는 부분의 마감이 불연재료인 것 | 일반건축물 | 500[m²] 이내 |
| | 자동식 소화설비가 설치된 건축물 | 1,500[m²] 이내 |

㉢ 수직관통부구획 : E/L권상기실, 계단, 경사로, 린넨슈트, 피트 등 수직관통부를 방화구획한다.
㉣ 용도별구획 : 내화구조인 부분과 비내화구조인 부분은 내화구조의 벽으로 구획한다.
㉤ 필로티주차장부부은 건축물과 구획

정답 23.① 24.③

**25** 다음은 화재 시 인간의 피난특성에 관한 설명이다. ( )안에 들어갈 내용을 순서대로 나열한 것은?

> ( )은 화재 시 본능적으로 원래 왔던 길 또는 늘 사용하는 경로로 탈출하려고 하는 것이며, ( )은 화염, 연기 등에 대한 공포감으로 인하여 위험요소로부터 멀어지려는 특성을 말한다.

① 귀소본능, 지광본능
② 지광본능, 추종본능
③ 귀소본능, 퇴피본능
④ 추종본능, 퇴피본능

**해설** 인간의 피난특성

갑작스런 화재가 발생하여 맹렬한 불꽃을 뿜을 경우 혼란이 가중되어 이성적인 판단이 어렵게 된다. 그때부터는 동물적 본능에 지배되어 활동하게 되므로 인간의 본능에 따른 피난특성을 고려한 피난계획을 검토하여야 한다.

㉠ 귀소본능(歸巢本能) : 본능적으로 자신의 신체를 보호하기 위하여 자주 이용하는 경로 및 원래 온 길로 돌아가려는 특성이 있다. 따라서 많은 사람의 이동경로가 되는 부분을 가장 안전한 피난경로가 되도록 하고, 피난설비 등도 그 곳에 설치하도록 한다.

㉡ 퇴피본능(退避本能) : 위험사태가 발생하면 반사적으로 그 부분에서 멀어지려는 경향이 있다. 가연물이 많고 화재위험이 있는 부분으로부터 먼 곳으로 피난경로를 설정하고 피난설비를 설치하도록 한다.

㉢ 지광본능(智光本能) : 화재 시 정전이나 검은 연기에 의해 암흑상태가 되면 사람들은 밝은 곳으로 모이게 된다. 화재가 발생하는 경우 안전한 피난경로부분은 밝게 유지하고 그렇지 않은 부분은 소등하는 것이 바람직하다.

㉣ 좌회본능(左廻本能) : 사람의 대부분은 오른손잡이이며 이로 인해 오른발이 발달해 있어 어둠 속에서 걷게 되면 왼쪽으로 돌게 된다. 따라서 벽체에 설치하는 피난구는 왼쪽에 설치하는 것이 바람직하다.

㉤ 추종본능(追從本能) : 화재와 같은 급박한 상황에서 리더(Leader) 한 사람의 행동을 따라하는 경향이 있다. 즉, 최초 한 사람의 행동이 옳고 그름에 따라 많은 사람의 생명을 지배하는 경우가 많다. 따라서 불특정 다수인이 모이는 시설에는 잘 훈련된 리더의 육성이 필요하다.

정답 25.③

# 2013 제13회 소방시설관리사 1차 필기 기출문제

[제1과목 : 소방안전관리론 및 화재역학]

**01** 화재의 분류에 관한 설명으로 옳지 않은 것은?
① A급화재는 액체탄화수소의 화재로, 발생되는 연기의 색은 흑색이다.
② B급화재는 유류의 화재로, 이를 예방하기 위해서는 유증기의 체류를 방지해야 한다.
③ C급화재는 전기화재로, 화재발생의 주요인으로는 과전류에 의한 열과 단락에 의한 스파크가 있다.
④ D급화재는 금속화재로, 수계 소화약제로 소화할 경우 가연성 가스가 발생할 위험성이 있다.

**해설** A급화재는 종이, 목재 등 일반가연물화재이며 연소시 초기에 백색연기, 이후 흑색연기를 띈다.

**02** 염화비닐 단량체(vinylchloride monomer)가 폴리염화비닐(polyvinylchloride)로 되는 반응 과정에서 발열을 동반하면서 압력이 급상승하여 폭발하는 현상은?
① 분해폭발   ② 산화폭발
③ 분무폭발   ④ 중합폭발

**해설** 화학적인 폭발
㉠ 산화폭발 : 가스가 공기 중에 누설 또는 인화성 액체 탱크에 공기가 유입되어 탱크 내에 점화원이 유입되어 폭발하는 현상
㉡ 분해폭발 : 아세틸렌, 산화에틸렌, 하이드라진과 같이 분해하면서 폭발하는 현상
㉢ 중합폭발 : 산화에틸렌, 시안화수소와 같이 단량체가 일정온도와 압력으로 반응이 진행되어 분자량이 큰 중합체가 되어 폭발하는 현상

**03** 화상(火傷)에 관한 설명으로 옳지 않은 것은?
① 15[%] 미만의 부분층 화상, 50[%] 이하의 표층화상을 경증화상이라 한다.
② 표피(epidermis)뿐만 아니라 진피(dermis)도 손상을 입은 화상을 3도화상이라 한다.
③ 3도화상을 입은 환자는 쇼크에 빠질 우려가 있으므로 생체징후를 자주 측정하고 산소를 공급하면서 이송해야 한다.
④ 10[%] 이상의 전층화상을 중증화상이라 한다.

**해설** 화상의 종류
㉠ 1도 화상 : 일광욕 후에도 발생될 정도의 가벼운 화상으로 표피층에만 손상을 입어 피부가 붉게 변하는 정도의 화상[홍반성, 표층화상]
㉡ 2도 화상 : 화상부의 표피와 진피의 일부가 손상을 받아 수포가 생기는 정도의 화상[수포성, 부분층화상]
㉢ 3도 화상 : 진피전체와 피하지방까지 손상을 받아 회색 또는 다갈색으로 변하며 감각이 마비되는 정도의 화상[괴사성, 전층화상]
㉣ 4도 화상 : 뼈속까지 손상되는 정도의 화상[흑색화상]

**04** 건축물의 화재안전에 대한 공간적 대응방법 중 대항성에 해당하지 않는 것은?
① 건축물 내장재의 불연화 성능
② 건축물 내화 성능
③ 건축물 방화구획 성능
④ 건축물 방·배연 성능

정답  01.① 02.④ 03.② 04.①

**해설** 화재에 대한 인간의 대응
㉠ 공간적 대응
ⓐ 대항성(對抗性) : 건축물의 내화성능, 방화구획성능, 화재방어력, 방연성능, 초기소화대응력 등의 화재사상과 대항하여 저항하는 성능을 가진 항력
ⓑ 회피성(回避性) : 건축물의 불연화, 난연화, 내장제한, 구획의 세분화, 방화훈련, 불조심 등과 화기취급의 제한 등과 같은 화재의 예방적 조치 및 상황
ⓒ 도피성(逃避性) : 화재발생 시 사람이 궁지에 몰리지 않고 안전하게 피난할 수 있는 공간성과 시스템을 말하며 거실의 배치, 피난통로의 확보, 피난시설의 설치 및 건축물의 구조계획서, 방재계획서 등
㉡ 설비적 대응 : 화재에 대응하여 설치하는 소화설비, 경보설비, 피난구조설비 등의 소방시설

**05** 발화점(ignition point)이 가장 낮은 것은?
① 메탄(methane)
② 프로판(propane)
③ 부탄(butane)
④ 헥산(hexane)

**해설** 발화점의 구분
① 메탄(methane) : 537[℃]
② 프로판(propane) : 525[℃]
③ 부탄(butane) : 405[℃]
④ 헥산(hexane) : 230[℃]

**06** 건축물의 바깥쪽에 설치하는 피난계단의 구조로 기준에 적합하지 않은 것은?
① 건축물의 내부에 계단으로 통하는 출입구는 60분+ 또는 60분 방화문으로 할 것
② 계단의 유효너비를 0.9[m] 이상으로 할 것
③ 계단은 내화구조로 하고 지상까지 직접 연결할 것
④ 계단은 그 계단으로 통하는 출입구 외의 창문 등으로부터 1[m] 이상의 거리에 두고 설치할 것

**해설** 건축물의 바깥쪽에 설치하는 피난계단의 구조
㉠ 계단은 그 계단으로 통하는 출입구외의 창문등(망이 들어 있는 유리의 붙박이창으로서 그 면적이 각각 1제곱미터 이하인 것을 제외한다)으로부터 2미터 이상의 거리를 두고 설치할 것
㉡ 건축물의 내부에서 계단으로 통하는 출입구에는 제26조에 따른 60분+ 또는 60분 방화문을 설치할 것
㉢ 계단의 유효너비는 0.9미터 이상으로 할 것
㉣ 계단은 내화구조로 하고 지상까지 직접 연결되도록 할 것

**07** 연소반응속도에 관한 설명으로 옳지 않은 것은?
① 분자간의 충돌빈도수가 증가할수록 증가한다.
② 활성화에너지가 클수록 증가한다.
③ 온도가 높을수록 증가한다.
④ 시간 변화량에 대한 농도 변화량이 클수록 증가한다.

**해설** 활성화에너지가 작을수록 불이 붙기 쉽고 연소반응속도가 빨라진다.

**08** 액체이산화탄소 20[kg]이 30[℃]의 대기 중으로 방출되었다. 대기 중에서 기체상태의 이산화탄소 체적(L)은 약 얼마인가? (단, 대기압은 1[atm], 기체상수는 0.082[L·atm/mol·K], 이산화탄소는 이상기체거동을 한다고 가정한다)
① 1,118.2[L]   ② 11,293.6[L]
③ 17,145.5[L]  ④ 18,263.6[L]

**해설** $PV = \frac{W}{M}RT$ 에서
$V = \frac{WRT}{PM}$
$= \frac{20,000[g] \times 0.082[L \cdot atm/mol \cdot K] \times (273+30)[K]}{1[atm] \times 44[g/mol]}$
$= 11,293.64[L]$

**09** 가연성 액체탄화수소가 유출되어 화재가 발생한 경우 소화에 적합한 Twin Agent System의 약제성분은?
① 단백포 + 제1종 분말소화약제
② 불화단백포 + 제2종 분말소화약제
③ 수성막포 + 제3종 분말소화약제
④ 합성계면활성제포 + 제4종 분말소화약제

**해설** CDC(Compatible Dry Chemical) 소화약제
  ㉠ 분말 소화약제의 빠른 소화성과 포 소화약제의 포의 지속 안전성의 장점이 있다.
  ㉡ Twin Agent System의 종류
    ⓐ TWIN 20/20 : ABC 분말약제 20[kg] + 수성막포 20[L]
    ⓑ TWIN 40/40 : ABC 분말약제 40[kg] + 수성막포 40[L]
  ㉢ 소화효과 : 희석효과 · 질식효과 · 냉각효과 · 부촉매효과

**10** 화재의 정의로 옳지 않은 것은?
① 불을 사용하는 사람의 부주의에 의해 불이 확대되는 연소현상이다.
② 사람의 의도에 반하여 출화되고 확대되는 연소현상이다.
③ 인명 및 경제적인 손실을 방지하기 위하여 소화할 필요성이 있는 연소현상이다.
④ 대기 중에 방치한 못이 공기 중의 산소와 반응하여 녹이 스는 연소현상이다.

**11** 건축물의 피난 · 방화등의 기준에 관한 규칙에서 내화구조인 벽에 관한 기준으로 옳지 않은 것은?
① 벽돌조로서 두께가 19[cm] 이상인 것
② 철근콘크리트조 또는 철골철근콘크리트조로서 두께가 10[cm] 이상인 것
③ 골구를 철골조로 하고 그 양면은 두께 5[cm] 이상의 콘크리트블록 · 벽돌 또는 석재로 덮은 것
④ 고온 · 고압의 증기로 양생된 경량기포 콘크리트패널 또는 경량기포 콘크리트블록조로서 두께가 20[cm] 이상인 것

**해설** 내화구조로서의 벽
  ㉠ 철근콘크리트조 또는 철골철근콘크리트조로서 두께가 10[cm] 이상인 것
  ㉡ 골구를 철골조로 하고 그 양면을 두께 4[cm] 이상의 철망모르타르 또는 두께 5[cm] 이상의 콘크리트블록 · 벽돌 또는 석재로 덮은 것
  ㉢ 철재로 보강된 콘크리트블록조 · 벽돌조 또는 석조로서 철재에 덮은 콘크리트 블록의 두께가 5[cm] 이상인 것
  ㉣ 벽돌조로서 두께가 19[cm] 이상인 것
  ㉤ 고온 · 고압의 증기로 양생된 경량기포 콘크리트판넬 또는 경량기포 콘크리트블록조로서 두께가 10[cm] 이상인 것

**12** 목조 건축물의 화재에 관한 설명으로 옳지 않은 것은?
① 목조 건축물 화재 시 플래시오버(flashover)에 도달하는 시간이 내화 건축물 화재보다 빠르다.
② 건조한 목재는 셀룰로오스(cellulose)가 주성분이다.
③ 목재는 열전도도가 낮아 철보다 단열효과가 작다.
④ 목재에 함유되어 있는 수분의 양은 연소속도에 큰 영향을 미친다.

**해설** 목재는 열전도도가 낮아 단열효과가 크다.

**13** 피난 복도 계획 시 고려해야 할 일반적인 사항에 해당되지 않는 것은?
① 피난 복도의 폭은 재실자가 빠른 시간 내에 안전한 피난처로 갈 수 있도록 하는 것이 좋다.
② 피난 복도의 천장은 가능한 낮게 하고 천장에는 불연재를 사용한다.
③ 피난 복도에는 피난에 방해가 되는 시설물을 설치하지 않아야 한다.
④ 피난 복도에는 피난방향 및 계단위치를 알 수 있는 표식을 한다.

**해설** 피난 복도의 천장은 가능한 높게 하고 불연재를 사용한다.

정답 10.④ 11.④ 12.③ 13.②

**14** 화재의 현장에 있는 불특정 다수인으로 이루어진 집단은 패닉(panic)상태가 되기 쉬운데, 이 집단의 일반적 특징으로 옳지 않은 것은?

① 우연적으로 발생한 집단이다.
② 각 개인에게 임무가 부여되는 집단이다.
③ 감정적인 분위기의 집단이다.
④ 암시에 걸리기 쉬운 집단이다.

**해설** 불특정 다수인으로 이루어진 집단
㉠ 우연적으로 발생하는 집단
㉡ 각 개인에게 임무가 부여되지 않는 집단
㉢ 감정적인 분위기의 집단
㉣ 암시에 걸리기 쉬운 집단
㉤ 패닉상태가 되기 쉬운 집단

**15** 다음은 건축법시행령상 피난안전구역에 관한 기준이다. ( )안에 알맞은 것은?

> 초고층 건축물에는 피난층 또는 지상으로 통하는 직통계단과 직접 연결되는 피난안전구역(건축물의 피난·안전을 위하여 건축물 중간층에 설치하는 대피공간을 말한다)를 지상층으로부터 최대 ( )개층마다 1개소 이상 설치하여야 한다.

① 30   ② 40
③ 50   ④ 60

**해설** 건축법 시행령 제34조(직통계단의 설치)
③ 초고층 건축물에는 피난층 또는 지상으로 통하는 직통계단과 직접 연결되는 피난안전구역(건축물의 피난·안전을 위하여 건축물 중간층에 설치하는 대피공간을 말한다. 이하 같다)을 지상층으로부터 최대 30개 층마다 1개소 이상 설치하여야 한다.

**16** 가로 10[m], 세로 10[m], 높이 3[m]의 공간에 발열량이 9,000[kcal/kg]인 가연물 3,000[kg]과 발열량이 4,500[kcal/kg]인 가연물 2,000[kg]이 저장된 실의 화재하중(kg/m²)은? (단, 목재의 단위발열량은 4,500[kcal/kg]이다)

① 60[kg/m²]   ② 80[kg/m²]
③ 100[kg/m²]  ④ 120[kg/m²]

**해설** 화재하중

$$Q = \frac{\sum(G_t \times H_t)}{H \times A}$$

여기서, $Q$ : 화재하중[kg/m²]
$G_t$ : 가연물 질량[kg]
$H_t$ : 가연물의 단위발열량[kcal/kg]
$H$ : 목재의 단위발열량(4,500[kcal/kg])
$A$ : 화재실의 바닥면적[m²]

$$\therefore Q = \frac{\sum(G_t \times H_t)}{H \times A}$$
$$= \frac{9{,}000\text{kcal/kg} \times 3{,}000\text{kg} + 4{,}500\text{kcal/kg} \times 2{,}000\text{kg}}{4{,}500\text{kcal/kg} \times (10 \times 10)\text{m}^2}$$
$$= 80[\text{kg/m}^2]$$

**17** 구획화재에서 화재온도 상승곡선을 정하는 온도인자에 관한 설명으로 옳은 것은?

① 개구부 크기, 개구부 높이의 제곱근 및 실내의 전체 표면적에 비례한다.
② 개구부 크기에 비례하고 개구부 높이의 제곱근에 반비례한다.
③ 개구부 크기, 개구부 높이의 제곱근에 비례하고 실내의 전체 표면적에 반비례한다.
④ 개구부 크기에 반비례하고 개구부 높이의 제곱근에 비례한다.

**해설** 온도인자

온도인자 $F = \dfrac{A\sqrt{H}}{A_T}$

$A$ : 개구부크기
$H$ : 개구부높이
$A_T$ : 실내표면적(개구부제외)

**18** 열전도율 1.4[kcal/m·h·℃], 두께 10[cm], 면적 30[m²]인 콘크리트 벽체가 있다. 벽체의 내측온도는 30[℃], 외측온도는 −5[℃]일 때, 벽체를 통한 손실열량(kcal/h)은? (단, 푸리에(fourier)법칙을 이용하여 구한다)

① 14,700[kcal/h]   ② 15,400[kcal/h]
③ 16,200[kcal/h]   ④ 17,500[kcal/h]

정답  14.② 15.① 16.② 17.③ 18.①

**해설** 푸리에법칙

$$q = kA \frac{dt}{dl}$$

$q$ : 손실열량[kcal/hr]
$k$ : 열전도도[kcal/m·hr·℃[, ]W/m·K]
$A$ : 열전달면적[m²]
$\frac{dt}{dl}$ : 온도구매(단위길이당 온도차)

$\therefore q = 1.4[\text{kcal/m·hr·℃}] \times 30[\text{m}^2]$
$\qquad \times \frac{30[℃] - (-5[℃])}{0.1[\text{m}]}$
$\quad = 14,700[\text{kcal/h}]$

**19** 화재의 성장속도가 빠름(Fast)이라고 가정할 때 열방출률 $Q = \alpha t^2$에서 화재강도계수 $\alpha[\text{kW/s}^2]$는 약 얼마인가? (단, t는 열방출률이 1,055[kW]까지 도달하는데 걸리는 시간이다)

① 0.00293[kW/s²]    ② 0.01172[kW/s²]
③ 0.04689[kW/s²]    ④ 0.18757[kW/s²]

**해설** 연료지배형 화재 시 화재성장속도

$Q[\text{kW}] = \alpha t^2$
$Q$ : 열방출율(kW), $\alpha$ : 화재강도계수, $t$ : 시간[sec]
화재성장속도는 열방출률이 1,055[kW]에 도달하는데 걸리는 시간을 기준으로 다음과 같이 구분한다.
㉠ Ultrafast : 75sec
㉡ Fast : 150sec
㉢ Medium : 300sec
㉣ Slow : 600sec
$1,055[\text{kW}] = \alpha \times (150[\text{S}])^2$
$\therefore \alpha = 0.04689[\text{kW/s}^2]$

**20** 플래시오버(flashover)가 발생하기 위해 필요한 열량에 관한 설명으로 옳지 않은 것은?

① 열량은 환기구의 높이의 4제곱근에 비례한다.
② 열량은 단면적의 제곱근에 비례한다.
③ 열량은 열손실계수의 제곱근에 비례한다.
④ 열량은 접촉면의 표면적에 비례한다.

**해설** 플래시오버가 발생하기 위해 필요한 열량공식 [McCaffrey]

$Q = 610 \sqrt{h \cdot A_T \cdot A \sqrt{H}}$
$h$ : 열전달계수, $A_T$ : 내부표면적
$A$ : 개구부면적, $H$ : 개구부높이

**21** 허용농도가 가장 낮은 독성가스는?

① 일산화질소    ② 황화수소
③ 염화수소      ④ 염소

**해설** 허용농도의 구분
① 일산화질소 : 25[ppm]
② 황화수소 : 10[ppm]
③ 염화수소 : 5[ppm]
④ 염소 : 1[ppm]

**22** 가연물 연소 시 발생되는 연기의 농도와 가시거리에 관한 설명으로 옳지 않은 것은?

① 어두침침한 것을 느낄 정도의 감광계수는 0.5[m⁻¹]이고 가시거리가 3m이다.
② 건물을 잘 아는 사람이 피난에 지장을 느낄 정도의 감광계수는 0.3[m⁻¹]이고 가시거리가 5[m]이다.
③ 연기감지기가 작동할 때의 가시거리는 0.2~0.5[m]이고 감광계수는 0.07~0.13[m⁻¹]이다.
④ 감광계수로 표시한 연기의 농도와 가시거리는 반비례의 관계를 갖는다.

**해설** 【 감광계수에 따른 가시거리 】

| 감광계수 | 가시거리 | 상황 설명 |
|---|---|---|
| 0.1Cs | 20~30m | • 희미하게 연기가 감도는 정도의 농도<br>• 연기감지기가 작동되는 농도<br>• 건물구조에 익숙지 않은 사람이 피난에 지장을 받을 수 있는 농도 |
| 0.3Cs | 5m | 건물구조를 잘 아는 사람이 피난에 지장을 받을 수 있는 농도 |
| 0.5Cs | 3m | 약간 어두운 정도의 농도 |
| 1.0Cs | 1~2m | 전방이 거의 보이지 않을 정도의 농도 |
| 10Cs | 수십cm | • 최성기 때 화재층의 연기 농도<br>• 유도등도 보이지 않는 암흑상태의 농도 |
| 30Cs | – | 출화실에서 연기가 배출될 때의 농도 |

**23** 발포 폴리스티렌(expanded polystyrene)이 연소하였을 때 발생될 수 있는 연소가스로 옳지 않은 것은?

① 이산화탄소  ② 일산화탄소
③ 시안화수소  ④ 아크로레인

**해설** 폴리스티렌 연소 시 이산화탄소, 일산화탄소, 아크로레인, 벤젠 등이 발생한다.

| 가연물의 종류 | 연소생성물 |
|---|---|
| 탄소 함유 가연물 | CO, $CO_2$ |
| 나무, 나일론, 페놀수지 | 알데히드(R-CHO) |
| PVC | 염화수소(HCl) |
| 석유제품, 유지, 비닐론 | 아크로레인($C_2H_3CHO$) |
| 명주, 양모, 우레탄 | 시안화수소(HCN) |
| 천연가스, 석유류 | 카본블랙(C) |
| 석탄, 코크스 | 일산화탄소(CO) |
| 양모, 고무, 목재, LPG | 아황산가스($SO_2$) |
| 셀룰로오스, 암모니아 | 이산화질소($NO_2$) |
| 멜라민수지, 요소수지 | 암모니아($NH_3$) |
| 폴리스티렌(스티로폴) | 벤젠($C_6H_6$) |
| 양모, 피혁 | 황화수소($H_2S$) |

**24** 건축물 내 연기유동과 확산에 관한 설명으로 옳지 않은 것은?

① 연기가 수평으로 유동할 경우 속도는 약 0.5~1[m/s]이다.
② 건물 내부의 온도가 건물 외부의 온도보다 높을 경우 굴뚝효과에 의한 연기의 흐름은 아래로 이동한다.
③ 계단실 등 수직방향으로의 연기속도는 화재 초기 약 1.5[m/s], 농연 시 약 3~4[m/s]로 인간의 보행속도보다 빠르다.
④ 연기의 비중은 공기보다 크지만 발생 직후의 연기는 온도가 높기 때문에 건물의 상층부로 이동한다.

**해설** 건물 내부의 온도가 높은 경우 굴뚝효과에 의해 연기는 위로 이동한다.

**25** 제연방식 중 화재 시 피난로가 되는 계단, 부속실 등에 외부공기를 급기하여 가압하는 방식은?

① Smoke tower 제연방식
② 제1종 기계제연방식
③ 제2종 기계제연방식
④ 제3종 기계제연방식

**해설** 기계제연방식
실내의 연기를 기계적인 동력을 이용하여 강제로 배출하는 방식으로 1종, 2종, 3종 기계제연으로 분류된다.

**[ 기계제연의 분류 ]**

| 기계제연의 종류 | 송풍기 | 배출기 |
|---|---|---|
| 제1종 기계제연 | O | O |
| 제2종 기계제연 | O | X |
| 제3종 기계제연 | X | O |

# 2011 제2회 소방시설관리사 1차 필기 기출문제
### [제1과목 : 소방안전관리론 및 화재역학]

**01** 에너지 방출속도에 대한 설명으로 옳지 않은 것은?
① 기화면적에 비례한다.
② 연소속도에 비례한다.
③ 유효연소열에 비례한다.
④ 기화열에 비례한다.

**해설** 에너지 방출속도 = 연소속도 × 기화면적 × 유효연소열

**02** 다음 중 위험도가 가장 큰 것은?
① $CO$        ② $H_2S$
③ $NH_3$      ④ $CS_2$

**해설** 위험도
① 일산화탄소(CO) $H = \dfrac{74-12.5}{12.5} = 4.92$
② 황화수소($H_2S$) $H = \dfrac{45.4-4.3}{4.3} = 9.56$
③ 암모니아($NH_3$) $H = \dfrac{28-15}{15} = 0.87$
④ 이황화탄소($CS_2$) $H = \dfrac{44-1.2}{1.2} = 43.0$

**03** 화재가혹도에 대한 설명으로 틀린 것은?
① 화재하중이 작으면 화재가혹도가 작다.
② 화재실 내 단위시간당 축적되는 열이 크면 화재가혹도가 크다.
③ 화재규모를 판단하는 척도로 주수시간을 결정하는 인자이다.
④ 화재발생으로 건물 내부 수용재산 및 건물자체손상을 입히는 정도이다.

**해설** 화재하중과 화재가혹도의 비교
• 화재하중 : 화재의 규모를 판단하는 척도로 주수시간을 결정하는 인자이다.
• 화재가혹도 : 화재강도를 판단하는 척도로 주수율(L/$m^2$·min)을 결정하는 인자이다.

**04** 다중이용업소의 실내장식물 중 방염대상물품이 아닌 것은?
① 너비 10[cm] 이하의 반자돌림대
② 흡음용 커튼
③ 합판과 목재
④ 두께 2[mm] 미만인 벽지류

**해설** 방염대상물품의 종류
1. 제조 또는 가공 공정에서 방염처리를 한 물품(합판·목재류의 경우에는 설치 현장에서 방염처리를 한 것을 포함한다)으로서 다음 각 목의 어느 하나에 해당하는 것
   가. 창문에 설치하는 커튼류(블라인드를 포함한다)
   나. 카펫, 두께가 2밀리미터 미만인 벽지류(종이벽지는 제외한다)
   다. 전시용 합판 또는 섬유판, 무대용 합판 또는 섬유판
   라. 암막·무대막(영화상영관에 설치하는 스크린과 골프 연습장업에 설치하는 스크린을 포함한다)
   마. 섬유류 또는 합성수지류 등을 원료로 하여 제작된 소파·의자(단란주점영업, 유흥주점영업 및 노래연습장업의 영업장에 설치하는 것만 해당한다)
2. 건축물 내부의 천장이나 벽에 부착하거나 설치하는 것으로서 다음 각 목의 어느 하나에 해당하는 것을 말한다. 다만, 가구류(옷장, 찬장, 식탁, 식탁용 의자, 사무용 책상, 사무용 의자 및 계산대, 그 밖에 이와 비슷한 것을 말한다)와 너비 10센티미터 이하인 반자돌림대 등과 「건축법」 제52조에 따른 내부마감재료는 제외한다.

**정답** 01.④ 02.④ 03.③ 04.①

가. 종이류(두께 2밀리미터 이상인 것을 말한다)·합성수지류 또는 섬유류를 주원료로 한 물품
나. 합판이나 목재
다. 공간을 구획하기 위하여 설치하는 간이 칸막이(접이식 등 이동 가능한 벽체나 천장 또는 반자가 실내에 접하는 부분까지 구획하지 아니하는 벽체를 말한다)
라. 흡음(吸音)이나 방음(防音)을 위하여 설치하는 흡음재(흡음용 커튼을 포함한다) 또는 방음재(방음용 커튼을 포함한다)

**05** 화재발생 시 건물 내 재실자들의 피난 소요시간을 확보하거나 줄일 수 있는 방법 중 옳지 않은 것은?

① 난연성이나 불연성 건축내장재를 사용한다.
② 재실자들에게 화재를 가상한 피난교육을 실시한다.
③ 총 피난시간을 증가시키는 구조로 건물을 설계한다.
④ 피난 이동시간을 줄이기 위해 피난통로에 장애물 등을 제거한다.

**해설** 총 피난시간은 감소시키는 구조로 설계하여야 한다.

**06** 가로 1[m]×세로 1[m]의 개구부가 존재하는 구획실에 환기지배형 화재가 발생하여 플래시오버 이전에 개구부 높이가 2배 증가했다면 이 구획실의 환기인자는 약 몇 배 증가했는가?

① 1.4배   ② 2.8배
③ 4.2배   ④ 5.6배

**해설** **연료지배형과 환기지배형 화재의 구분 방법**
$A\sqrt{H}$(환기인자)와 $R$(연소속도)의 관계

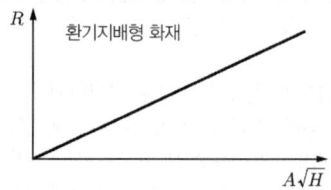
⇒ 환기인자가 클수록 연소속도 증대

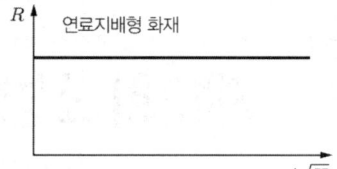
⇒ 환기인자 크기와 연소속도 무관
최초 환기인자 $A\sqrt{H} = (1 \times 1) \times \sqrt{1} = 1$
이후 환기인자 $A\sqrt{H} = (1 \times 2) \times \sqrt{2} = 2.828$

**07** 위험물화재의 연소확대 시 위험성 중 이연성(易燃性)에 관한 설명 중 옳은 것은?

① 연소열이 작다.
② 연소속도가 빠르다.
③ 낮은 산소농도에서도 연소되기 쉽다.
④ 연소점이 낮고, 연소가 계속되기 쉽다.

**해설** **이연성물질**
특수가연물로서 소량, 평상시에는 위험하지 않으나 점화원에 의해 쉽게 불이 붙고 착화한 뒤 연소속도가 빠른 물질(연소열이 많다. 낮은 산소농도에서는 연소되기 어렵다. 고체가연물로서 연소점의 정의는 없고, 발화점이 낮다)

**08** 화염이 다른 층으로 확대되지 못하도록 구획하는 건축물의 방재계획으로 옳은 것은?

① 단면계획   ② 재료계획
③ 평면계획   ④ 입면계획

**해설**
㉠ 대지계획 : 부지 확보
㉡ 평면계획 : 면적별 구획
㉢ 단면계획 : 수직구획, 수직통로를 통한 상층부로의 확대방지
㉣ 입면계획 : 건물외벽을 통한 상층부로의 확대방지
㉤ 재료계획 : 내장재, 외장재

**09** 건축방재계획 중 공간적 대응에서 회피성으로 옳은 것은?

① 내화성능, 방연성능, 초기소화대응능력 등의 화재에 대응하여 저항하는 성능
② 화재가 발생한 경우 안전피난 시스템 동작

③ 제연설비, 방화문, 방화셔터, 자동화재탐지설비, 스프링클러설비 등에 대한 대응이다.
④ 불연화, 난연화, 내장재의 제한, 용도별 구획 등으로 출화, 화재확대 등을 감소시키고자 하는 예방적 조치이다.

**해설** 화재에 대한 인간의 대응
㉠ 공간적 대응
ⓐ 대항성(對抗性) : 건축물의 내화성능, 방화구획성능, 화재방어력, 방연성능, 초기소화대응력 등의 화재사상과 대항하여 저항하는 성능을 가진 항력
ⓑ 회피성(回避性) : 건축물의 불연화, 난연화, 내장제한, 구획의 세분화, 방화훈련, 불조심 등과 화기취급의 제한 등과 같은 화재의 예방적 조치 및 상황
ⓒ 도피성(逃避性) : 화재발생 시 사람이 궁지에 몰리지 않고 안전하게 피난할 수 있는 공간성과 시스템을 말하며 거실의 배치, 피난통로의 확보, 피난시설의 설치 및 건축물의 구조계획서, 방재계획서 등
㉡ 설비적 대응 : 화재에 대응하여 설치하는 소화설비, 경보설비, 피난설비 등의 소방시설

**10** 할로겐화합물(청정)소화약제의 ODP를 현저히 낮추기 위해 배제하는 원소는?
① F
② Cl
③ Br
④ I

**해설** 할로겐화합물소화약제의 경우 C, F, Cl, I 이용(Br은 사용하지 않음)

**11** 복도에서 피난개시로부터 종료까지의 복도피난허용시간을 계산하는 식은? (단, A=층의 거실연면적의 합+층의 복도면적의 합이다)
① $2\sqrt{A}$
② $3\sqrt{A}$
③ $4\sqrt{A}$
④ $5\sqrt{A}$

**해설** 피난허용시간[T : 피난허용시간(sec)]
(1) 거실허용 피난시간
$T = 2\sqrt{A}$ (A=발화실의 면적, 천장높이가 6[m] 미만인 경우)
$T = 3\sqrt{A}$ (A=발화실의 면적, 천장높이가 6[m] 이상인 경우)
(2) 복도허용 피난시간
$T = 4\sqrt{A}$ (A=거실(발화실)면적+복도면적)
(3) 각층허용 피난시간
$T = 8\sqrt{A}$ (A=층의 거실연면적의 합+층의 복도면적의 합)

**12** 다음 섬유 중 발화온도가 가장 높은 것은?
① 나일론
② 순면
③ 양모
④ 폴리에스터

**해설** 발화점의 구분
㉠ 나일론 : 532[℃]
㉡ 순 면 : 400[℃]
㉢ 양 모 : 580[℃]
㉣ 폴리에스터 : 485[℃]

**13** 공기나 질소와 같이 불연성 가스를 용기 내부에 압입시켜 내부압력을 유지함으로서 외부의 폭발성 가스가 용기 내부에 침입하지 못하게 하는 구조는?
① 본질안전 방폭구조
② 압력 방폭구조
③ 내압 방폭구조
④ 유입 방폭구조

**해설** 방폭구조의 종류
㉠ 내압(耐壓) 방폭구조 : 용기 내부에서 가연성 가스를 폭발시켰을 때 그 폭발압력에 견딜 수 있는 특수한 구조로 설계하는 것으로 가장 많이 이용되고 있는 방식이다.
㉡ 압력(壓力) 방폭구조 : 용기 내부에 불활성 가스 등을 압입시켜 외부의 폭발성 가스의 유입을 방지하는 구조로 내압의 유지방식에 따라 통풍식, 봉입식, 밀봉식으로 구분한다.
㉢ 유입 방폭구조 : 전기불꽃이 발생될 우려가 있는 부분을 기름 속에 넣어 폭발성 가스와 격리시키는 구조
㉣ 충전 방폭구조 : 전기불꽃이 발생될 우려가 있는 부분을 석영가루나 유리입자 등의 충전물로 완전히 덮어 폭발성 가스와 격리시키는 구조
㉤ 몰드 방폭구조 : 전기불꽃이 발생될 우려가 있는 부분을 절연성이 있는 콤파운드로 포입하는 구조

**정답** 10.③ 11.③ 12.③ 13.②

ⓑ 안전증 방폭구조 : 전기불꽃 발생부나 고온부가 존재하지 않는 구조로서 특별히 안전도를 증가시켜 고장을 일으키지 않도록 한 구조

ⓢ 본질안전 방폭구조 : 안전지역과 위험지역 사이에 안전장치를 설치하여 위험지역으로 유입되는 전압과 전류를 제거하여 폭발을 일으킬 수 있는 최소 에너지보다 작게 하는 구조

**14** 고체표면의 화염확산으로 옳지 않은 것은?

① 화염확산방향이 수평전파할 때 확산속도가 빠르다.
② 화염확산에서 중력과 바람 영향은 중요변수가 된다.
③ 화염확산속도는 화재 위험성 평가에서 중요한 역할을 한다.
④ 바람과 같은 방향으로의 화염확산은 순풍에서의 화염확산이라 한다.

[해설] 화염확산방향은 수직전파할 때 확산속도가 빠르다.

**15** 소화기의 형식승인 및 제품검사의 기술기준에서 정한 대형소화기 기준으로 틀린 것은?

① 강화액 60[L]
② 이산화탄소 50[kg]
③ 할로겐화합물 30[kg]
④ 분말 30[kg]

[해설]

**[ 대형소화기의 소화약제 충전량 ]**

| 소화기의 종류 | 소화약제의 양 |
|---|---|
| 물 소화기 | 80[L] |
| 기계포소화기 | 20[L] |
| 강화액 소화기 | 60[L] |
| 이산화탄소 소화기 | 50[kg] |
| 할론 소화기 | 30[kg] |
| 분말 소화기 | 20[kg] |

**16** 구획실화재의 현상에 대한 설명 중 옳지 않은 것은?

① 중성대가 개구부에 형성될 때 중성대 아래쪽은 공기가 유입되고 위쪽은 연기가 유출된다.
② 연기와 공기 흐름은 주로 온도상승에 의한 부력때문이다.
③ 백드래프트는 연료지배형 화재에서 발생한다.
④ 벽면코너화염이 단일 벽면화염보다 화염전파 속도가 빠르다.

[해설] 백드래프트는 환기지배형 화재 시 공기가 유입되는 경우 발생한다.

**17** 다음 설명 중 틀린 것은?

① 불연성 가스 등을 가연성 혼합기에 첨가하면 MOC(최소산소농도)는 증가한다.
② MOC는 공기와 연료의 혼합기 중 산소의 부피를 나타내며 [%]의 단위로 나타낸다.
③ LOI(한계산소지수)는 가연물을 수직으로 하여 가장 윗부분에 착화하며 연소를 계속 유지시킬 수 있는 산소의 최저 체적농도[vol%]를 말한다.
④ 가연성 가스의 조성이 완전연소조성 부근일 경우 최소발화에너지(MIE)는 최대가 된다.

[해설] 가연성 가스의 조성이 완전연소조성 부근일 경우 최소발화에너지(MIE)는 최소가 된다.

**18** 화재발생시 다량의 물로 주수소화하면 안 되는 것은?

① 과산화벤조일
② 메틸에틸케톤퍼옥사이드
③ 과산화나트륨
④ 질산나트륨

[해설] 과산화나트륨은 무기과산화물로서 1류위험물이며 물기엄금 위험물이다.

정답 14.① 15.④ 16.③ 17.④ 18.③

① 과산화벤조일, ② 메틸에틸케톤퍼옥사이드는 5류 위험물로서 주수소화, ④ 질산나트륨은 1류 위험물로서 주수소화하는 위험물이다.

**19** 자동화재탐지설비의 연기감지기가 아닌 것은?

① 이온화식  ② 광전식
③ 차동식  ④ 연기복합식

**해설** 차동식감지기는 열감지기이다.

**20** 건물에 익숙한 사람이 피난의 어려움을 겪기 시작하는 연기농도는?

① 감광계수 0.1, 가시거리 20~30[m]
② 감광계수 0.3, 가시거리 5[m]
③ 감광계수 1, 가시거리 2[m]
④ 감광계수 10, 가시거리 0.2~0.5[m]

**해설**

**[ 감광계수에 따른 가시거리 ]**

| 감광계수 | 가시거리 | 상황 설명 |
|---|---|---|
| 0.1Cs | 20~30[m] | • 희미하게 연기가 감도는 정도의 농도<br>• 연기감지기가 작동되는 농도<br>• 건물구조에 익숙지 않은 사람이 피난에 지장을 받을 수 있는 농도 |
| 0.3Cs | 5[m] | 건물구조를 잘 아는 사람이 피난에 지장을 받을 수 있는 농도 |
| 0.5Cs | 3[m] | 약간 어두운 정도의 농도 |
| 1.0Cs | 1~2[m] | 전방이 거의 보이지 않을 정도의 농도 |
| 10Cs | 수십[cm] | • 최성기 때 화재층의 연기 농도<br>• 유도등도 보이지 않는 암흑상태의 농도 |
| 30Cs | - | 출화실에서 연기가 배출될 때의 농도 |

**21** 인간의 심장에 영향을 주지 않는 최대농도의 의미를 가지고 있는 것은?

① LC50  ② LD50
③ LOAEL  ④ NOAEL

**해설** TLV(Threshold Limit Value)
독성 물질의 섭취량과 인간에 대한 그 반응정도를 나타내는 관계에서 손상을 입지 않는 농도 중 가장 큰 값

예) LD50 : 실험쥐의 50%를 사망시킬 수 있는 물질의 양
LC50 : 실험쥐의 50%를 사망시킬 수 있는 물질의 농도

• ALT(Atmospheric Life Time) 대기잔존년수 : 어떤 물질이 방사되어 분해되지 않은 채로 존재하는 기간
• NOAEL(No Observable Adverse Effect Level) : 농도를 증가시킬 때 아무런 악영향을 감지할 수 없는 최대농도(심장에 영향을 미치지 않는 최대 농도, 최대 허용 설계농도)
• LOAEL(Lowest Observable Adverse Effect Level) : 농도를 감소시킬 때 악영향을 감지할 수 있는 최소농도(심장독성 시험 시 심장에 영향을 미치는 최소농도)

**22** 소방대상물의 크기가 가로 8[m]×세로 10[m]×높이 5[m]인 9,000[kcal/kg]의 발열량을 갖는 특정가연물이 가득 차 있다면 이 건물 내의 화재하중은 몇 [kg/m²]인가? (단, 특정가연물의 비중은 0.8로 한다)

① 8,000[kg/m²]  ② 9,000[kg/m²]
③ 10,000[kg/m²]  ④ 12,000[kg/m²]

**해설** 화재하중

$$Q = \frac{\sum(G_t \times H_t)}{H \times A}$$

여기서, $Q$ : 화재하중[kg/m²]
$G_t$ : 가연물 질량[kg]
$H_t$ : 가연물의 단위발열량[kcal/kg]
$H$ : 목재의 단위발열량(4,500[kcal/kg])
$A$ : 화재실의 바닥면적[m²]

$$\therefore Q = \frac{\sum(G_t \times H_t)}{H \times A}$$

$$= \frac{800\text{kg/m}^3 \times (8\times10\times5)\text{m}^3 \times 9,000\text{kcal/kg}}{4,500\text{kcal/kg} \times (8\times10)\text{m}^2}$$

$$= 8,000[\text{kg/m}^2]$$

**23** 화재 시 평소에 사용하던 출입구나 통로 등 습관적으로 친숙한 경로로 도피하려는 본능을 무엇이라 하는가?

① 귀소본능　② 지광본능
③ 추종본능　④ 퇴피본능

**24** 다음 설명 중 작열연소에 적합한 설명으로 맞는 것은?

① 연소속도가 매우 빠르고 불꽃과 열을 내며 연소하는 것을 말한다.
② 고에너지화재이며 열가소성 합성수지류의 화재이다.
③ 시간당 방출열량이 많다.
④ 연료의 표면에서 불꽃을 발생하지 않고 연소하는 것을 말한다.

**[해설] 불꽃연소와 작열연소의 비교**

| 불꽃연소 | 작열연소 |
| --- | --- |
| 연료표면에서 불꽃이 발생 | 연료표면에서 불꽃을 발생하지 않음 |
| 표면화재 | 심부화재 |
| 연소속도가 매우 빠르다 | 연소속도가 느리다 |
| 연쇄반응이 발생 | 연쇄반응 미발생 |
| 방출열량이 많다 | 방출열량이 작다 |
| B,C급화재 | A급화재(숯, 목탄, 코크스 등) |

**25** 다음 중 소염거리에 대한 설명 중 틀린 것은?

① 점화가 일어나지 않는 전극 간의 최대거리를 소염거리(Quenching distance)라고 한다.
② 전극의 간격이 좁은 경우 아무리 큰 전기에너지를 통해 형성된 불꽃을 가해도 점화되지 않는다.
③ 최소발화에너지는 소염거리와 연소속도에 비례한다.
④ 최소발화에너지는 화염온도에 비례한다.

**[해설] 소염거리**

㉠ 정의 : 전기불꽃을 가해도 점화되지 않는 전극 간의 최대거리
㉡ 최소발화에너지는 소염거리의 제곱에 비례하고 화염온도와 미연소가스온도의 차이에 비례하고 연소속도에 반비례한다.

$$H = \lambda \cdot l^2 \cdot \frac{(T_f - T_u)}{U}$$

여기서, $H$ : 화염에서 얻어지는 에너지[kcal]
　　　　$\lambda$ : 화염평균열전달률[kcal/m·s·℃]
　　　　$l$ : 소염거리(간격, [m])
　　　　$T_f$ : 화염온도[℃]
　　　　$T_u$ : 미연소가스온도[℃]
　　　　$U$ : 연소속도[m/s]

정답　23.①　24.④　25.③

# 제1회 소방시설관리사 1차 필기 기출문제
## [제1과목 : 소방안전관리론 및 화재역학]

**01** 연소와 가장 관련이 있는 화학반응은?
① 산화반응  ② 환원반응
③ 치환반응  ④ 중화반응

**해설** 연소의 정의
일종의 산화반응으로 그 반응이 너무 급격하여 열과 빛을 동반하는 발열반응이며 화학적인 반응이다.
㉠ 산소와 화합하는 산화반응이어야 한다.
㉡ 발열반응이어야 한다.
㉢ 빛을 발생시켜야 한다.

**02** 가연성 액체가 개방된 상태에서 증기를 계속 발생시키면서 연소가 지속될 수 있는 최저온도를 무엇이라고 하는가?
① 인화점  ② 연소점
③ 발화점  ④ 기화점

**해설** 연소점
㉠ 연소상태에서 점화원을 제거하여도 자발적으로 연소가 지속되는 온도를 연소점이라 한다.
㉡ 자력에 의해 연소를 지속할 수 있는 최저온도를 말하며 인화점보다 약 10[℃] 정도 높다.
㉢ 인화점에서는 점화원을 제거하면 연소가 중단되나, 연소점에서는 점화원을 제거하더라도 연소가 중단되지 않는다.

**03** 일반적으로 공기 중 산소농도를 몇 [vol%] 이하로 감소시키면 연소상태의 중지 및 질식소화가 가능하겠는가?
① 15[vol%]  ② 21[vol%]
③ 25[vol%]  ④ 31[vol%]

**해설** 일반가연물의 MOC = 15[vol%]

**04** 할론소화설비에 사용하는 소화약제가 아닌 것은?
① 할론 2402  ② 할론 1211
③ 할론 1301  ④ 할론 1311

**해설** 할론약제의 종류
㉠ Methane의 유도체
  ⓐ 할론 1211($CF_2ClBr$) : 일취화일염이불화메탄 (BCF)
  ⓑ 할론 1301($CF_3Br$) : 일취화삼불화메탄 (BTM)
  ⓒ 할론 1011($CH_2ClBr$) : 일취화일염화메탄 (CB)
  ⓓ 할론 1040($CCl_4$) : 사염화탄소 (CTC)
㉡ Ethane의 유도체
  할론 2402($C_2F_4Br_2$) : 이취화사불화에탄 (FB)

**05** 방화구획의 효과와 관계 없는 것은?
① 화염의 제한  ② 인명의 안전대피
③ 화재하중의 감소  ④ 연기의 확산방지

**해설** 방화구획과 화재하중과는 관계가 없다.

**06** 출화 가옥의 기둥, 벽 등은 발화부를 향하여 도괴되는 경향이 있으므로 이곳을 출화부로 추정하는 것을 무엇이라 하는가?
① 접염비교법  ② 탄화심도비교법
③ 도괴방향법  ④ 연소비교법

**해설** 발화부 추정방법
㉠ 도괴방향법 : 기둥, 바닥, 벽 등이 발화부 방향으로 도괴
㉡ 연소상승성 확인법 : V패턴 확인
㉢ 탄화심도 비교법 : 발화부의 탄화심도가 가장 깊은 목재표면의 균열흔은 발화부에 가까울수록 잘고 가늘어지는 경향이 있다.

**정답** 01.① 02.② 03.① 04.④ 05.③ 06.③

01. 소방안전관리론 및 화재역학

ㄹ. 용융흔 확인법 : 유리 등 재료의 용융으로 화재 시 온도를 추정 가능함
  예) 유리는 250[℃]에서 균열, 650~750[℃]에서 물러지며 850[℃]에서 용융됨
ㅁ. 주염흔, 주연흔 확인법 : 천장의 수열흔적 또는 연기 방향 흔적을 확인

**07** 화재실의 온도를 측정하는 데는 여러 종류의 온도계를 이용하여 측정하게 된다. 그렇다면 온도는 어느 계량단위에 속하는가?

① 기본단위  ② 유도단위
③ 보조단위  ④ 특수단위

**해설** 기본단위
국제적으로 규정한 단위로 7개의 실용단위와 2개의 보조단위를 이용한 실용적인 단위

| 물리량 | SI 단위의 명칭 | 기호 |
|---|---|---|
| 질량(Mass) | 킬로그램(Kilogram) | kg |
| 길이(Length) | 미터(Meter) | m |
| 시간(Time) | 초(Second) | s |
| 열역학온도(Thermodynamic Temperature) | 켈빈(Kelvin) | K |
| 물질의 양(Amount of Substance) | 몰(Mole) | mol |
| 전류(Electric Current) | 암페어(Ampare) | A |
| 광도(Luminous Intensity) | 칸델라(Candela) | cd |
| 평면각(Plane Angle) | 라디안(Radian) | rad |
| 입체각(Solid Angle) | 스테라디안(Steradian) | sr |

**08** 포소화설비의 화재 적응성이 가장 낮은 대상물은?

① 건축물  ② 가연성 고체류
③ 가연성 가스  ④ 가연성 액체류

**해설** 적응성이 가장 낮은 대상물은 가연성가스이다.

**09** 우리나라에서의 화재급수와 그에 따른 화재분류가 틀린 것은?

① A급-일반화재  ② B급-유류화재
③ C급-가스화재  ④ D급-금속화재

**해설** 화재의 종류

| 화재의 분류 | 소화기 표시색 | 소화방법 | 특 징 |
|---|---|---|---|
| A급 일반화재 | 백색 | 냉각효과 | ㉠ 백색 연기 발생<br>㉡ 연소 후 재를 남김 |
| B급 유류화재 | 황색 | 질식효과 | ㉠ 검은색 연기 발생<br>㉡ 연소 후 재가 없음<br>㉢ 정전기로 인한 착화 가능성 있음 |
| C급 전기화재 | 청색 | 질식효과 | 통전 중인 전기시설물이 점화원의 기능을 함 |
| D급 금속화재 | - | 건조사 피복 | 금속이 열을 생성 |
| E급 가스화재 | - | 질식효과 | 재를 남기지 않음 |
| K급 주방화재 | - | 냉각질식 | 식용유화재 |

**10** 불연재료가 아닌 것은?

① 기와  ② 석고보드
③ 유리  ④ 콘크리트

**해설** 불연재료
- 불에 타지 않는 성질을 가진 재료로서 불연성 시험 및 가스유해성 시험결과 기준을 만족하는 것
- 종류 : 콘크리트, 석재, 벽돌, 기와, 석면판, 철강, 알루미늄, 유리, 시멘트모르타르, 회 기타 난연 1급에 해당하는 것

준불연재료
- 불연재료에 준하는 성질을 가진 재료로서 열방출률 시험 및 가스유해성 시험결과 기준을 만족하는 것
- 종류 : 석고보드, 목모시멘트판 기타 난연 2급에 해당하는 것

난연재료
- 불에 잘 타지 않는 성질을 가진 재료로서 열방출률 시험 및 가스유해성 시험결과 기준을 만족하는 것
- 종류 : 난연합판, 난연플라스틱 기타 난연 3급에 해당하는 것

**11** 다음 중 주된 연소형태가 표면연소인 것은 어느 것인가?

① 알코올  ② 숯
③ 목재  ④ 에테르

정답 07.① 08.③ 09.③ 10.② 11.②

**해설** 고체가연물(표면연소, 증발연소, 분해연소, 자기연소)
㉠ 표면연소 : 고체의 표면에서 가연성 기체가 발생되지 않아 고체 표면에서 불꽃을 내지 않고 연소하는 연소형태이다. 불꽃연소에 비해 연소열량이 적고 연소속도가 느려 화재에 대한 위험성은 그리 크지 않다.
　　예 코우크스, 목탄, 금속분 등
㉡ 분해연소 : 고체가연물이 온도상승에 의한 열분해를 통하여 여러 가지 가연성 기체를 발생시켜 연소하는 형태 예 목재, 종이, 섬유, 플라스틱 등
㉢ 증발연소 : 고체가연물 중 승화성 물질의 단순증발에 의해 발생된 가연성 기체가 연소하는 형태
　　예 황, 나프탈렌, 장뇌 등 승화성 물질
㉣ 자기연소 : 가연물이면서 그 분자 내에 연소에 필요한 충분한 양의 산소공급원을 함유하고 있는 물질의 연소형태이다. 외부로부터 산소공급이 없이도 연소가 진행될 수 있어 연소속도가 매우 빨라 폭발적으로 연소한다. 예 질산에스터류, 셀룰로이드류, 나이트로화합물류 등

**12** 화재 시 발생되는 연소가스 중 적은 양으로는 인체에 거의 해가 없으나 많은 양을 흡입하면 질식을 일으키며 소화약제로도 사용되는 가스는?
① $CO$　　② $CO_2$
③ $H_2O$　　④ $H_2$

**해설** 이산화탄소($CO_2$)
㉠ 탄소 함유 물질의 완전연소 시 발생된다.
㉡ 일산화탄소처럼 인체에 대한 독성은 없지만 화재 시 다량 발생하므로 공기 중의 산소부족에 따른 질식의 우려 및 호흡속도가 빨라져 기타 유독가스의 흡입을 촉진시킬 수 있다.
㉢ 일반가연물 화재 시 가장 많이 발생되는 가스로 허용농도는 5,000[ppm]이다.

**13** 다음의 할로겐 화합물 중 오존 파괴지수가 가장 큰 것은?
① Halon 104　　② Halon 1211
③ Halon 2402　　④ Halon 1301

**해설** 오존파괴지수(ODP)
㉠ 할론 1301 : 14.1(소화능력 100%)
㉡ 할론 2402 : 6.6(소화능력 57%)
㉢ 할론 1211 : 2.4(소화능력 46%)

**14** 플래시오버(flash over)를 옳게 설명한 것은?
① 도시가스의 폭발적 연소를 말한다.
② 휘발유 등 가연성 액체가 넓게 흘러서 발화한 상태를 말한다.
③ 옥내 화재가 서서히 진행하여 열 및 가연성 기체가 축적되었다가 일시에 연소하여 화염이 크게 발생하는 상태를 말한다.
④ 화재층의 불이 상부층으로 올라가는 현상을 말한다.

**해설** 플래시오버(flash over)란 옥내 화재가 서서히 진행하여 열 및 가연성 기체가 축적되었다가 일시에 연소하여 화염이 크게 발생하는 상태를 말한다.

**15** 갑작스런 화재 발생 시 인간의 피난 특성으로 틀린 것은?
① 본능적으로 평상시 사용하는 출입구를 사용한다.
② 최초로 행동을 개시한 사람을 따라서 움직인다.
③ 공포감으로 인해서 빛을 피하여 어두운 곳으로 몸을 숨긴다.
④ 무의식 중에 발화 장소의 반대쪽으로 이동한다.

**해설** 인간의 피난특성
갑작스런 화재가 발생하여 맹렬한 불꽃을 뿜을 경우 혼란이 가중되어 이성적인 판단이 어렵게 된다. 그 때부터는 동물적 본능에 지배되어 활동하게 되므로 인간의 본능에 따른 피난특성을 고려한 피난계획을 검토하여야 한다.
㉠ 귀소본능(歸巢本能) : 본능적으로 자신의 신체를 보호하기 위하여 자주 이용하는 경로 및 원래 온 길로 돌아가려는 특성이 있다. 따라서 많은 사람의 이동경로가 되는 부분을 가장 안전한 피난경로가 되도록 하고, 피난설비 등도 그 곳에 설치하도록 한다.
㉡ 퇴피본능(退避本能) : 위험사태가 발생하면 반사적으로 그 부분에서 멀어지려는 경향이 있다. 가연물이 많고 화재위험이 있는 부분으로부터 먼 곳으로 피난경로를 설정하고 피난설비를 설치하도록 한다.
㉢ 지광본능(智光本能) : 화재 시 정전이나 검은 연기에 의해 암흑상태가 되면 사람들은 밝은 곳으로 모이게 된다. 화재가 발생하는 경우 안전한 피난경로 부분은

정답  12.② 13.④ 14.③ 15.③

밝게 유지하고 그렇지 않은 부분은 소등하는 것이 바람직하다.
ⓔ 좌회본능(左廻本能) : 사람의 대부분은 오른손잡이이며 이로 인해 오른발이 발달해 있어 어둠 속에서 걷게 되면 왼쪽으로 돌게 된다. 따라서 벽체에 설치하는 피난구는 왼쪽에 설치하는 것이 바람직하다.
ⓜ 추종본능(追從本能) : 화재와 같은 급박한 상황에서 리더(Leader) 한 사람의 행동을 따라하는 경향이 있다. 즉, 최초 한 사람의 행동이 옳고 그름에 따라 많은 사람의 생명을 지배하는 경우가 많다. 따라서 불특정 다수인이 모이는 시설에는 잘 훈련된 리더의 육성이 필요하다.

**16** 목재의 상태를 기준으로 했을 때 다음 중 연소 속도가 가장 느린 것은?

① 거칠고 얇은 것  ② 각이 있고 얇은 것
③ 매끄럽고 둥근 것  ④ 수분이 적고 거친 것

**해설** 매끄럽고 둥근 목재는 연소 시 표면적이 적고 두꺼워 느리게 연소한다.

**17** 페놀수지, 멜라민수지 등이 연소될 때 발생되며 눈, 코, 인후 및 폐에 매우 자극성이 큰 유독성가스는?

① $CO_2$  ② $SO_2$
③ $HBr$  ④ $NH_3$

**해설** 연소생성물의 종류

| 가연물의 종류 | 연소생성물 |
|---|---|
| 탄소 함유 가연물 | CO, $CO_2$ |
| 나무, 나일론, 페놀수지 | 알데히드(R-CHO) |
| PVC | 염화수소(HCl) |
| 석유제품, 유지, 비닐론 | 아크로레인($C_2H_3CHO$) |
| 명주, 양모, 우레탄 | 시안화수소(HCN) |
| 천연가스, 석유류 | 카본블랙(C) |
| 석탄, 코크스 | 일산화탄소(CO) |
| 양모, 고무, 목재, LPG | 아황산가스($SO_2$) |
| 셀룰로오스, 암모니아 | 이산화질소($NO_2$) |
| 멜라민수지, 요소수지 | 암모니아($NH_3$) |
| 폴리스티렌(스티로폼) | 벤젠($C_6H_6$) |
| 양모, 피혁 | 황화수소($H_2S$) |

**18** 이산화탄소 소화약제의 저장 용기 충전비로서 적합하게 짝지어져 있는 것은?

① 저압식은 1.1 이상, 고압식은 1.5 이상
② 저압식은 1.4 이상, 고압식은 2.0 이상
③ 저압식은 1.9 이상, 고압식은 2.5 이상
④ 저압식은 2.3 이상, 고압식은 3.0 이상

**해설**
• 저압식 이산화탄소소화설비 충전비 : 1.1 이상 1.4 이하
• 고압식 이산화탄소소화설비 충전비 : 1.5 이상 1.9 이하

$$C = \frac{V}{G}$$

여기서, $C$ : 충전비
$G$ : 1병 충전질량[kg]
$V$ : 용기체적[L]

**19** 화재하중을 나타내는 단위는?

① $kcal/kg$  ② $℃/m^2$
③ $kg/m^2$  ④ $kg/kcal$

**해설** 화재하중

$$Q = \frac{\sum(G_t \times H_t)}{H \times A}$$

여기서, $Q$ : 화재하중[kg/m²]
$G_t$ : 가연물 질량[kg]
$H_t$ : 가연물의 단위발열량[kcal/kg]
$H$ : 목재의 단위발열량(4,500[kcal/kg])
$A$ : 화재실의 바닥면적[m²]

**20** 위험물 유별에 따른 그 성질의 연결이 틀린 것은?

① 제1류 위험물-산화성 고체
② 제2류 위험물-가연성 고체
③ 제4류 위험물-인화성 액체
④ 제6류 위험물-자기반응성 물질

**해설** 제6류 위험물 : 산화성 액체

**21** 다음 중 유류 화재 시 수성막포 소화약제와 혼합 사용 시 소화효과를 높일 수 있는 가장 효과적인 소화약제는?

① 분말 소화약제
② 화학포 소화약제
③ 이산화탄소 소화약제
④ 할로겐화합물 소화약제

**해설** CDC(Compatible Dry Chemical) 소화약제
㉠ 분말 소화약제의 빠른 소화성과 포 소화약제의 포의 지속 안전성의 장점이 있다.
㉡ Twin Agent System의 종류
  ⓐ TWIN 20/20 : ABC 분말약제 20[kg] + 수성막포 20[L]
  ⓑ TWIN 40/40 : ABC 분말약제 40[kg] + 수성막포 40[L]
㉢ 소화효과 : 희석효과·질식효과·냉각효과·부촉매효과

**22** 방화구조의 기준으로 맞는 것은?

① 철망모르타르로서 그 바름 두께가 2[cm] 이상인 것
② 두께 2.5[cm] 이상의 암면보온판 위에 석면 시멘트판을 붙인 것
③ 시멘트모르타르 위에 타일을 붙인 것으로서 그 두께의 합계가 1.5[cm] 이상인 것
④ 두께 1.2[cm] 이상의 석고판 위에 석면 시멘트판을 붙인 것

**해설** 방화구조
방화구조란 화염의 확산을 막을 수 있는 성능을 가진 구조로 다음의 기준에 적합한 구조
㉠ 철망모르타르로서 그 바름두께가 2[cm] 이상인 것
㉡ 석고판 위에 시멘트모르타르 또는 회반죽을 바른 것으로서 그 두께의 합계가 2.5[cm] 이상인 것
㉢ 시멘트모르타르 위에 타일을 붙인 것으로서 그 두께의 합계가 2.5[cm] 이상인 것
㉣ 심벽에 흙으로 맞벽치기한 것
㉤ 기타 방화 2급 이상에 해당하는 것

**23** 소화에 필요한 산소농도를 알 수 있다면 $CO_2$ 소화약제 사용 시 최소 소화농도를 구하는 식은?

① $CO_2[\%] = 21 \times \left( \dfrac{100 - O_2[\%]}{100} \right)$

② $CO_2[\%] = \dfrac{21 - O_2[\%]}{21} \times 100$

③ $CO_2[\%] = 21 \times \left( \dfrac{O_2[\%]}{100} - 1 \right)$

④ $CO_2[\%] = \left( \dfrac{21 \times O_2[\%]}{100} - 1 \right)$

**24** 정전기에 의한 발화를 방지하기 위한 예방대책으로 옳지 않은 것은?

① 접지시설을 한다.
② 습도를 70[%] 이상으로 유지한다.
③ 공기를 이온화한다.
④ 부도체물질을 사용한다.

**해설** 정전기 방지법
㉠ 상대습도를 70[%] 이상으로 한다.
㉡ 공기를 이온화한다.
㉢ 접지를 한다.
㉣ 도체를 사용한다.
㉤ 유류 수송배관의 유속을 낮춘다.

**25** 황린, 적린이 서로 동소체라는 것을 증명하는 데 가장 효과적인 것은?

① 비중을 비교한다.
② 착화점을 비교한다.
③ 유기용제에 대한 용해도를 비교한다.
④ 연소생성물을 확인한다.

**해설** 동소체는 연소 후 연소생성물이 동일하다.

# 2008 제10회 소방시설관리사 1차 필기 기출문제

[제1과목 : 소방안전관리론 및 화재역학]

**01** 다음 중 화재하중을 감소시키는 방법 중 틀린 것은?

① 가연물의 양을 줄인다.
② 불연화율을 낮춘다.
③ 바닥면적을 크게 한다.
④ 방출열량을 작게 한다.

**해설** 화재하중

단위면적당 가연성 수용물의 양으로서 건물화재 시 발열량 및 화재의 위험성을 나타내는 용어이고, 화재의 규모를 결정하는데 사용되며 건축물의 불연화율을 증가시키면 화재하중을 감소시킬 수 있다.

$$Q = \frac{\Sigma (G_t \times H_t)}{H \times A} = \frac{Q_t}{4,500 \times A} [kg/m^2]$$

여기서, $G_t$ : 가연물의 질량
$H_t$ : 가연물의 단위발열량[kcal/kg]
$H$ : 목재의 단위발열량(4,500[kcal/kg])
$A$ : 화재실의 바닥면적[m²]
$Q_t$ : 가연물의 전체발열량[kcal]

**02** 다음 〈보기〉 중 위험도가 작은 것부터 큰 것으로 나열한 것은?

| A : 메탄 | 하한계 5.0[%], 상한계 15.0[%] |
| B : 에탄 | 하한계 3.0[%], 상한계 12.4[%] |
| C : 프로판 | 하한계 2.1[%], 상한계 9.5[%] |
| D : 부탄 | 하한계 1.8[%], 상한계 8.4[%] |

① B-A-C-D
② C-B-A-D
③ A-B-C-D
④ D-A-B-C

**해설** 위험도 $H = \frac{U-L}{L}$

A. 메탄 $H = \frac{15-5.0}{5.0} = 2.0$
B. 에탄 $H = \frac{12.4-3.0}{3.0} = 3.13$
C. 프로판 $H = \frac{9.5-2.1}{2.1} = 3.52$
D. 부탄 $H = \frac{8.4-1.8}{1.8} = 3.67$

**03** 목조건축물에 화재가 발생하여 인근 건축물에 불이 옮겨 붙었다면 주된 원인은?

① 전도
② 비화
③ 대류
④ 복사

**해설** 비화 : 목조건축물의 화재원인으로 불티가 바람에 날려 원거리의 가연물에 착화하는 현상

**04** 다음 중 특수가연물이 아닌 것은?

① 면화류
② 석탄 및 목탄류
③ 합성수지류
④ 락카퍼티

**해설** 특수가연물(기본법 시행령 별표 2)

| 품명 | 수량 |
|---|---|
| 면화류 | 200[kg] 이상 |
| 나무껍질 및 대팻밥 | 400[kg] 이상 |
| 넝마 및 종이부스러기 | 1,000[kg] 이상 |
| 사류(絲類) | 1,000[kg] 이상 |
| 볏짚류 | 1,000[kg] 이상 |
| 가연성 고체류 | 3,000[kg] 이상 |
| 석탄·목탄류 | 10,000[kg] 이상 |

**정답** 01.② 02.③ 03.② 04.④

| 가연성 액체류 | | $2[m^3]$ 이상 |
|---|---|---|
| 목재가공품 및 나무부스러기 | | $10[m^3]$ 이상 |
| 합성수지류 | 발포시킨 것 | $20[m^3]$ 이상 |
| | 그 밖의 것 | $3,000[kg]$ 이상 |

※ 락카퍼티 : 제2류 위험물인 인화성 고체

**05** 다음 중 굴뚝효과와 관계가 없는 것은?
① 건물의 높이
② 건물의 내장재불연화
③ 누설틈새
④ 내·외부온도차

**[해설]** 굴뚝효과에 영향을 주는 요인
㉠ 건물의 높이     ㉡ 외벽의 기밀성
㉢ 건물의 층간 공기 누출   ㉣ 누설틈새
㉤ 건물의 구획     ㉥ 공조시설의 종류
㉦ 내·외부의 온도차

> **굴뚝효과(Stack Effect)**
> 화재 시 실내·외 온도차가 커서 건물 내부와 외부의 압력차이로 부력이 발생하여 저층부에 공기가 유입되어 연기가 수직공간을 따라 상승하는 현상

**06** 다음 중 Fool Proof 대책이 아닌 것은?
① 소화설비 및 경보설비에 위치표시등을 적색으로 하여 쉽게 사용 가능하도록 한다.
② 피난구유도등에 문자 또는 그림을 사용하여 피난자가 쉽게 확인 가능하도록 한다.
③ 피난기구에 사용법을 기재하여 조작자가 쉽게 사용 가능하도록 한다.
④ 양방향 피난이 가능하도록 통로의 양측에 피난로를 확보한다.

**[해설]** 피난계획의 일반원칙
㉠ Fool Proof : 비상시 머리가 혼란하여 판단능력이 저하되는 상태로 누구나 알 수 있도록 문자나 그림 등을 표시하여 직감적으로 작용하는 것

㉡ Fail Safe : 하나의 수단이 고장으로 실패하여도 다른 수단에 의해 구제할 수 있도록 고려하는 것으로 양 방향피난로의 확보와 예비전원을 준비하는 것 등이다.

**07** 다음 중 방화구획은 바닥면적 몇 $[m^2]$ 이내마다 구획하여야 하는가? (단, 9층인 건축물에 내화구조로 되어 있고 스프링클러설비가 설치되어 있다)
① $1,000[m^2]$   ② $1,500[m^2]$
③ $2,000[m^2]$   ④ $3,000[m^2]$

**[해설]** 방화구획

| 구획 종류 | 구획단위 | 구획부분의 구조 |
|---|---|---|
| 면적별 구획 | ㉠ 10층 이하의 층 : 바닥면적 $1,000[m^2]$ 이내마다 구획(자동식 소화설비가 설치된 경우 : $3,000[m^2]$ 이내마다 구획)<br>㉡ 11층 이상의 층 : 바닥면적 $200[m^2]$ 이내마다 구획(자동식 소화설비가 설치된 경우 : $600[m^2]$ 이내마다 구획)<br>㉢ 11층 이상의 층(불연재료로 사용한 경우) : 바닥면적 $500[m^2]$ 이내마다 구획(자동식 소화설비가 설치된 경우 : $1,500[m^2]$ 이내마다 구획) | ㉠ 내화구조의 바닥, 벽<br>㉡ 60분+ 또는 60분 방화문<br>㉢ 자동방화셔터 |
| 층별 구획 | 매 층마다 구획 | |
| 용도별 구획 | 주요 구조부를 내화구조로 하여야 하는 대상부분과 기타 부분 사이의 구획 | |
| 목조 건축물 등의 방화벽 | 바닥면적 $1,000[m^2]$ 이내마다 구획 | ㉠ 방화벽<br>㉡ 60분+ 또는 60분 방화문 |

**08** 다음 중 강자성체인 것만으로 묶인 것은?
① 백금, 알루미늄, 철   ② 라듐, 세슘, 철
③ 코발트, 니켈, 철     ④ 철, 니켈, 크롬

**[해설]** 강자성체
물체가 외부의 자기 마당에 의하여 강하게 자기화(磁氣化)되어 자기 마당을 없애도 자기화가 그대로 남아 있는 성질. 영구 자석을 만드는 재료인 철·니켈·코발트 등이 있다.

**정답** 05.② 06.④ 07.④ 08.③

**09** 인간은 위험사태가 발생하면 연기나 화염에 대한 공포감 때문에 반사적으로 멀어지려는 경향이 있는데 이를 어떤 본능이라고 하는가?

① 좌회본능
② 귀소본능
③ 퇴피본능
④ 추종본능

**해설** 화재 시 인간의 피난 행동 특성
㉠ 귀소본능 : 평소에 사용하던 출입구나 통로 등 습관적으로 친숙해 있는 경로로 도피하려는 본능
㉡ 지광본능 : 화재의 공포로 인하여 밝은 방향으로 도피하려는 본능
㉢ 추종본능 : 화재 발생 시 최초로 행동을 개시한 사람에 따라 전체가 움직이는 본능(많은 사람들이 달아나는 방향으로 무의식적으로 안전하다고 느껴 위험한 곳임에도 불구하고 따라가는 경향)
㉣ 좌회본능 : 좌측으로 통행하고 시계의 반대방향으로 회전하려는 본능

**10** 다음 중 정상연소에 대한 정의로 옳은 것은?

① 연소속도가 변화없이 일정하게 연소하는 현상
② 가연성 기체가 대기 중으로 확산되면서 연소하는 현상
③ 가연성 기체와 공기가 혼합되어 연소하는 현상
④ 가연물이 열분해되어 연소하는 현상

**해설** 정상연소
연소속도가 변화 없이 일정하게 연소하는 현상

**11** 다음 중 블레비현상의 방지대책이 아닌 것은?

① 열전도도가 좋은 알루미늄판을 사용한다.
② 탱크를 원형으로 설치한다.
③ 탱크를 경사지게 설치한다.
④ 탱크내부압력을 감압한다.

**해설** 블레비를 방지하기 위하여 열전도율이 큰 알루미늄합금 박판을 사용한다.

○ 블레비(BLEVE, Boiling Liquid Expanding Vapour Explosion)
액화가스 저장탱크의 누설로 부유 또는 확산된 액화가스가 착화원과 접촉하여 액화가스가 공기중으로 확산, 폭발하는 현상

**12** 다음 중 증기운 폭발이 발생할 수 있는 조건이 아닌 것은?

① 가스누설이 적을 때
② 다량의 가연성 증기를 방출할 때
③ 증기운의 형성이 좋을 때
④ 증기운이 클 때

**해설** 증기운 폭발(Vapor Cloud Explosion, VCE)의 발생 조건
㉠ 누출되는 물질이 가연성 물질일 때
㉡ 발화하기 전에 증기운의 형성이 좋을 때
㉢ 가연성 증기가 폭발 한계 내에 존재할 때
㉣ 증기운이 고립된 지역에서 형성되거나 증기운의 일부분이 난류성 혼합으로 존재할 때

○ 증기운 폭발
저장탱크에서 유출된 가스가 대기 중의 공기와 혼합하여 구름을 형성하여 떠다니다가 점화원과 접촉하면 격렬하게 폭발하여 Fire Ball을 형성하는 것으로 영어로는 VCE(Vapor Cloud Explosion) 또는 UVCE(Unconfined Vapor Cloud Explosion)이라고 한다.

**13** 다음 중 방화구획 방법이 아닌 것은?

① 면적별 구획
② 층별 구획
③ 동별 구획
④ 용도별 계획

**해설** 방화구획 방법 : 면적별, 층별, 용도별 구획, 수직관통부 구획

**14** 다음 중 산화제의 특성이 아닌 것은?

① 산소를 잃기 쉽다.
② 수소를 얻기 쉽다.
③ 전자를 잃기 쉽다.
④ 산화수가 증가한다.

정답 09.③ 10.① 11.③ 12.① 13.③ 14.③

**해설** 산화제 : 자신은 환원되고 다른 물질을 산화시키는 물질
  ㉠ 산소를 주는 물질
  ㉡ 수소를 얻는 물질
  ㉢ 전자를 얻는 물질
  ㉣ 산화수를 증가시키는 물질

| 산화제의 조건 | 해당 물질 |
|---|---|
| 산소를 내기 쉬운 물질 | $H_2O_2$, $KClO_3$, $NaClO_3$ |
| 수소와 결합하기 쉬운 물질 | $O_2$, $Cl_2$, $Br_2$ |
| 전자를 얻기 쉬운 물질 | $MnO_4^-$, $(Cr_2O_7)^{-2}$ |
| 발생기산소를 내기 쉬운 물질 | $O_2$, $O_3$, $Cl_2$, $MnO_2$, $HNO_3$, $H_2SO_4$, $KMnO_4$, $K_2Cr_2O_7$ |

**15** 다음 중 연소속도에 영향을 주는 요인이 아닌 것은?
  ① 공기비          ② 산소농도
  ③ 인화점          ④ 활성화에너지

**해설** 연소속도에 영향을 주는 요인
  ㉠ 공기비       ㉡ 산소농도
  ㉢ 활성화에너지   ㉣ 발열량
  ㉤ 연소상태     ㉥ 압력
  ㉦ 가연물의 온도

**16** 다음과 같은 혼합물의 연소하한계 값은? (단, 혼합가스는 프로판 70[%], 부탄 20[%], 에탄 10[%]로 혼합되었으며 각 가스의 폭발 하한치는 프로판 2.1, 부탄 1.8, 에탄 3.0이다)
  ① 2.10[vol%]     ② 3.10[vol%]
  ③ 4.10[vol%]     ④ 5.10[vol%]

**해설** 혼합가스의 폭발범위

$$\frac{100}{Lm} = \frac{V_1}{L_1} + \frac{V_2}{L_2} + \frac{V_3}{L_3}$$

$L_1$, $L_2$, $L_3$, $L_4$ : 가연성 가스의 폭발하한계[vol%]
$V_1$, $V_2$, $V_3$, $V_4$ : 가연성 가스의 용량[vol%]
$Lm$ : 혼합가스의 폭발한계[vol%]

$$\therefore \frac{100}{Lm} = \frac{70}{2.1} + \frac{20}{1.8} + \frac{10}{3.0}$$
$$\therefore Lm = 2.10[vol\%]$$

**17** 선화상태에서 연료가스의 분출속도가 연소속도보다 클 때 주위의 공기의 유동이 심하여 화염이 노즐에서 연소하지 못하고 떨어져서 화염이 꺼지는 현상은?
  ① 블로우오프      ② 리프트
  ③ 백파이어        ④ 플래시오버

**해설** 용어설명
  ㉠ 블로우오프(Blow-off)
    선화상태(분출속도>연소속도)에서 주위의 공기의 유동이 심하여 불꽃이 노즐에서 연소하지 못하고 떨어져서 화염이 꺼지는 현상
  ㉡ 리프트(Lift)
    연료가스의 분출속도가 연소속도보다 빠를 때 불꽃이 버너의 노즐에서 떨어져 나가서 연소하는 현상으로 완전연소가 이루어지지 않는다.
  ㉢ 백파이어
    연료가스의 분출속도가 연소속도보다 느릴 때 불꽃이 연소기의 내부로 들어가 혼합관 속에서 연소하는 현상
  ㉣ 플래시오버
    가연성 가스를 동반하는 연기와 유독가스가 방출하여 실내의 급격한 온도상승으로 실내 전체가 확산되어 연소하는 현상

**18** 다음 중 발화점이 낮아지는 요인이 아닌 것은?
  ① 산소와 친화력이 좋을수록
  ② 발열량이 클수록
  ③ 압력이 높을수록
  ④ 증기압이 높을수록

**해설** 발화점이 낮아지는 요인
  ㉠ 분자구조가 복잡할 때
  ㉡ 산소와 친화력이 좋을 때
  ㉢ 열전도율이 낮을 때
  ㉣ 증기압이 낮을 때
  ㉤ 압력이 클 때
  ㉥ 발열량이 클 때

**19** 다음 중 특수가연물의 가연성 고체류가 아닌 것은?

① 고체로서 인화점이 40[℃] 이상 100[℃] 미만인 것
② 고체로서 인화점이 100[℃] 이상 200[℃] 미만이고, 연소열량이 8,000[cal/g] 이상인 것
③ 고체로서 인화점이 200[℃] 이상이고 연소열량이 8,000[cal/g] 이상이고 융점이 100[℃] 미만인 것
④ 1기압과 20[℃] 초과 40[℃] 이하에서 고상인 것으로서 융점이 40[℃] 미만인 것

해설 **가연성 고체류** : 고체로서 다음에 해당하는 것
㉠ 인화점이 40[℃] 이상 100[℃] 미만인 것
㉡ 인화점이 100[℃] 이상 200[℃] 미만이고, 연소열량이 8,000[cal/g] 이상인 것
㉢ 인화점이 200[℃] 이상이고 연소열량이 8,000[cal/g] 이상인 것으로서 융점이 100[℃] 미만인 것
㉣ 1기압과 20[℃] 초과 40[℃] 이하에서 액상인 것으로서 인화점이 70[℃] 이상 200[℃] 미만이거나 ㉡ 또는 ㉢에 해당하는 것

**20** 다음 중 최소착화에너지(MIE)가 낮아지는 조건이 아닌 것은?

① 압력을 높인다.
② 표면적을 넓게 한다.
③ 산소의 농도를 높인다.
④ 연소범위 상한계 근처로 한다.

해설 **최소착화에너지(MIE)가 낮아지는 조건**
㉠ 온도와 압력이 높을 때
㉡ 산소의 농도가 높을 때
㉢ 표면적이 넓을 때

○ **최소착화(발화)에너지**
가연성 가스가 공기와 혼합하여 착화원으로 착화 시에 발화하기 위하여 필요한 최고에너지

**21** 다음 연소범위에 대한 설명 중 옳은 것은?

① 이산화탄소를 가연성 가스에 혼합하면 연소범위가 넓어진다.
② 질소를 가연성 가스에 혼합하면 연소범위가 넓어진다.
③ 온도가 내려가면 연소범위가 넓어진다.
④ 압력이 증가하면 연소범위가 넓어진다.

해설 온도나 압력이 증가하면 연소범위가 넓어진다.

**22** 다음 연소에 대한 설명 중 틀린 것은?

① 예혼합연소는 가연성 기체와 공기가 미리 혼합된 상태에서 점화하여 연소가 진행된다.
② 확산연소는 경계층이 형성된 기체의 연소이다.
③ 층류연소속도는 압력이 작을수록 커진다.
④ 기체의 연소속도가 느리면 역화하기가 쉽다.

해설 기체의 연소속도가 분출속도보다 크면 역화하기가 쉽다.

**23** 다음 중 정전기 대전현상에 대한 설명으로 틀린 것은?

① 마찰대전은 물체가 마찰할 때 접촉위치가 이동하고 전하가 분리되는 현상
② 박리대전은 접촉되어 있는 물체가 떨어질 때 전하의 분리가 일어나는 현상
③ 분출대전은 액체가 파이프 호스 내를 흐를 때 전하의 분리가 일어나는 현상
④ 충돌대전은 분체류와 같은 입자 상호 간이나 입자와 기체와의 충돌에 의해 빠른 접촉으로 일어나는 현상

해설 **정전기 대전현상**
㉠ 마찰대전(물체끼리의 마찰에 의한 발생)
두 물체 사이의 마찰이나 접촉위치의 이동으로 전하의 분리 및 재배열이 일어나서 정전기가 발생하는 현상

정답 19.④ 20.④ 21.④ 22.④ 23.③

ⓒ 박리대전(박리대전에 의한 발생)
  서로 밀착되어 있는 물체가 떨어질 때 전하의 분리가 일어나 정전기가 발생하는 현상
ⓒ 유동대전(액체류의 유동에 의한 발생)
  액체류가 파이프 등 내부에서 유동할 때 액체와 관벽 사이에 정전기가 발생하는 현상
ⓔ 분출대전(액체분체의 분출에 의한 발생)
  액체, 기체, 고체 등이 작은 분출구를 통해 공기 중으로 분출될 때 정전기가 발생하는 현상
ⓜ 충돌대전(분체충돌에 의한 발생)
  분체류와 같은 입자 상호 간이나 입자와 기체와의 충돌에 의해 빠른 접촉, 분리가 행하여짐에 의하여 정전기가 발생하는 현상

ⓒ 프로스오버(Froth over)
  물이 뜨거운 기름 표면 아래서 끓을 때 화재를 수반하지 않는 용기에서 넘쳐흐르는 현상

## 24 다음 빈칸에 알맞은 것을 고르시오.

> 연면적이 1,000[m²] 이상인 목조의 건축물은 그 외벽 및 처마 밑의 연소할 우려가 있는 부분을 (   )로 하되 그 지붕은 (   )로 하여야 한다.

① 방화구조 – 불연재료  ② 내화구조 – 불연재료
③ 방화구조 – 난연재료  ④ 내화구조 – 난연재료

**해설** 건축물의 피난·방화구조 등의 기준에 관한 규칙 제22조
연면적이 1,000[m²] 이상인 목조의 건축물은 그 외벽 및 처마 밑의 연소할 우려가 있는 부분을 방화구조로 하되, 그 지붕은 불연재료로 하여야 한다.

## 25 화재 시 중질유 탱크에서 장시간 조용히 연소하다가 탱크의 잔존기름이 갑자기 분출(Overflow)하는 현상을 무엇이라 하는가?

① 보일오버   ② 슬롭오버
③ 프로스오버   ④ 플래시오버

**해설** 유류탱크에서 발생하는 현상
ⓐ 보일오버(Boil Over)
  중질유 탱크에서 장시간 조용히 연소하다가 탱크의 잔존기름이 갑자기 분출(Overflow)하는 현상
ⓑ 슬롭오버(Slop Over)
  물이 연소유의 뜨거운 표면에 들어갈 때 기름 표면에서 화재가 발생하는 현상

정답  24.①  25.①

# 2006 제9회 소방시설관리사 1차 필기 기출문제
[제1과목 : 소방안전관리론 및 화재역학]

**01** 다음 중 피난구조설비가 아닌 것은?
① 방열복      ② 유도등
③ 인공소생기  ④ 시각경보기

**해설** 피난구조설비
㉠ 미끄럼대·피난사다리·구조대·완강기·피난교·공기안전매트 등
㉡ 방열복 또는 방화복(안전헬멧, 보호장갑 및 안전화 포함)·공기호흡기 및 인공소생기(인명구조기구)
㉢ 유도등 및 유도표지
㉣ 비상조명등 및 휴대용비상조명등

• 시각경보기 : 경보설비

**02** 화재로 인하여 산소가 부족한 건물 내에 산소가 새로 유입된 때에는 고열가스의 폭발 또는 급속한 연소가 발생하는데 이 현상을 무엇이라고 하는가?
① 플래시오버(Flash Over)
② 보일오버(Boil Over)
③ 백드래프트(Back Draft)
④ 백파이어(Back Fire)

**해설** 발생 현상
㉠ 플래시오버(Flash Over)
가연물이 연소하여 다량의 가연성 가스를 동반하는 연기와 유독가스가 방출하여 실내의 온도가 급격히 상승하여 순간적으로 실내전체가 확산되어 연소하는 현상
㉡ 보일오버(Boil Over)
저유를 저장한 개방탱크에서 화재 발생 시 자연히 발생하는 현상, 장시간 조용히 연소하다가 탱크 내의 잔존기름의 갑작스런 오버 플로우나 분출이 일어나는 현상이다. 급속히 팽창하는 증기-기름거품을 형성하는 것은 끓는 물이 원인이다.
㉢ 백드래프트(Back Draft)
화재로 인하여 산소가 부족한 건물 내에 산소가 새로 유입된 때에는 고열가스의 폭발 또는 급속한 연소가 발생하는 현상으로 감쇠기에서 발생한다.
㉣ 백파이어(Back Fire)
연료가스의 분출속도가 연소속도보다 느릴 때 불꽃이 연소기의 내부로 들어가 혼합관 속에서 연소하는 현상

**03** 다음 중 다중이용업의 범위에 해당되지 않는 것은?
① 예식장업      ② 찜질방업
③ 콜라텍업      ④ 산후조리원

**해설** 다중이용업법 시행령 제2조(다중이용업)
「다중이용업소의 안전관리에 관한 특별법」(이하 "법"이라 한다) 제2조제1항제1호에서 "대통령령으로 정하는 영업"이란 다음 각 호의 어느 하나에 해당하는 영업을 말한다. 다만, 영업을 옥외시설 또는 옥외장소에서 하는 경우 그 영업은 제외한다.
1. 「식품위생법 시행령」 제21조제8호에 따른 식품접객업 중 다음 각 목의 어느 하나에 해당하는 것
  가. 휴게음식점영업·제과점영업 또는 일반음식점영업으로서 영업장으로 사용하는 바닥면적(「건축법 시행령」 제119조제1항제3호에 따라 산정한 면적을 말한다. 이하 같다)의 합계가 100제곱미터(영업장이 지하층에 설치된 경우에는 그 영업장의 바닥면적 합계가 66제곱미터) 이상인 것. 다만, 영업장(내부계단으로 연결된 복층구조의 영업장을 제외한다)이 다음의 어느 하나에 해당하는 층에 설치되고 그 영업장의 주된 출입구가 건축물 외부의 지면과 직접 연결되는 곳에서 하는 영업을 제외한다.
    1) 지상 1층
    2) 지상과 직접 접하는 층
  나. 단란주점영업과 유흥주점영업

정답 01.④ 02.③ 03.①

2. 「영화 및 비디오물의 진흥에 관한 법률」제2조제10호, 같은 조 제16가목·나목 및 라목에 따른 영화상영관·비디오물감상실업·비디오물소극장업 및 복합영상물제공업
3. 「학원의 설립·운영 및 과외교습에 관한 법률」제2조제1호에 따른 학원(이하 "학원"이라 한다)으로서 다음 각 목의 어느 하나에 해당하는 것
   가. 「화재예방, 소방시설 설치·유지 및 안전관리에 관한 법률 시행령」별표 7에 따라 산정된 수용인원(이하 "수용인원"이라 한다)이 300명 이상인 것
   나. 수용인원 100명 이상 300명 미만으로서 다음의 어느 하나에 해당하는 것. 다만, 학원으로 사용하는 부분과 다른 용도로 사용하는 부분(학원의 운영권자를 달리하는 학원과 학원을 포함한다)이 「건축법 시행령」제46조에 따른 방화구획으로 나누어진 경우는 제외한다.
      (1) 하나의 건축물에 학원과 기숙사가 함께 있는 학원
      (2) 하나의 건축물에 학원이 둘 이상 있는 경우로서 학원의 수용인원이 300명 이상인 학원
      (3) 하나의 건축물에 제1호, 제2호, 제4호부터 제7호까지, 제7호의2부터 제7호의5까지 및 제8호의 다중이용업 중 어느 하나 이상의 다중이용업과 학원이 함께 있는 경우
4. 목욕장업으로서 다음 각 목에 해당하는 것
   가. 하나의 영업장에서 「공중위생관리법」제2조제1항제3호가목에 따른 목욕장업 중 맥반석·황토·옥 등을 직접 또는 간접 가열하여 발생하는 열기나 원적외선 등을 이용하여 땀을 배출하게 할 수 있는 시설 및 설비를 갖춘 것으로서 수용인원(물로 목욕을 할 수 있는 시설부분의 수용인원은 제외한다)이 100명 이상인 것
   나. 「공중위생관리법」제2조제1항제3호나목의 시설 및 설비를 갖춘 목욕장업
5. 「게임산업진흥에 관한 법률」제2조제6호·제6호의2·제7호 및 제8호의 게임제공업·인터넷컴퓨터게임시설제공업 및 복합유통게임제공업. 다만, 게임제공업 및 인터넷컴퓨터게임시설제공업의 경우에는 영업장(내부계단으로 연결된 복층구조의 영업장은 제외한다)이 다음 각 목의 어느 하나에 해당하는 층에 설치되고 그 영업장의 주된 출입구가 건축물 외부의 지면과 직접 연결된 구조에 해당하는 경우는 제외한다.
   가. 지상 1층
   나. 지상과 직접 접하는 층
6. 「음악산업진흥에 관한 법률」제2조제13호에 따른 노래연습장업
7. 「모자보건법」제2조제10호에 따른 산후조리업
7의2. 고시원업[구획된 실(室) 안에 학습자가 공부할 수 있는 시설을 갖추고 숙박 또는 숙식을 제공하는 형태의 영업]
7의3. 「사격 및 사격장 안전관리에 관한 법률 시행령」제2조제1항 및 별표 1에 따른 권총사격장(실내사격장에 한정하며, 같은 조 제1항에 따른 종합사격장에 설치된 경우를 포함한다)
7의4. 「체육시설의 설치·이용에 관한 법률」제10조제1항제2호에 따른 골프 연습장업(실내에 1개 이상의 별도의 구획된 실을 만들어 스크린과 영사기 등의 시설을 갖추고 골프를 연습할 수 있도록 공중의 이용에 제공하는 영업에 한정한다)
7의5. 「의료법」제82조제4항에 따른 안마시술소
8. 법 제15조제2항에 따른 화재안전등급이 제11조제1항에 해당하거나 화재발생 시 인명피해가 발생할 우려가 높은 불특정다수인이 출입하는 영업으로서 행정안전부령으로 정하는 영업. 이 경우 소방청장은 관계 중앙행정기관의 장과 미리 협의하여야 한다.

- 예식장업 : 문화 및 집회시설

**04** 다음 중 연소범위가 넓은 순서대로 나열된 것은?
① 수소 – 메탄 – 에틸렌 – 프로판
② 에틸렌 – 수소 – 메탄 – 프로판
③ 수소 – 에틸렌 – 메탄 – 프로판
④ 메탄 – 수소 – 프로판 – 에틸렌

**해설** 연소범위

| 가스 | 하한계(%) | 상한계(%) | U-L |
|---|---|---|---|
| 아세틸렌($C_2H_2$) | 2.5 | 81.0 | 78.5 |
| 수소($H_2$) | 4.0 | 75.0 | 71 |
| 일산화탄소(CO) | 12.5 | 74.0 | 61.5 |
| 암모니아($NH_3$) | 15.0 | 28.0 | 13 |
| 메탄($CH_4$) | 5.0 | 15.0 | 10 |
| 에틸렌($C_2H_4$) | 2.7 | 36.0 | 33.3 |
| 프로판($C_3H_8$) | 2.1 | 9.5 | 7.4 |
| 에테르($C_2H_5OC_2H_5$) | 1.9 | 48.0 | 46.1 |

정답 04.③

05 방화 상 유효한 구획 중 일정규모 이상이면 건축물에 적용되는 방화구획을 하여야 한다. 다음 중에서 구획종류가 아닌 것은?

① 면적단위
② 층단위
③ 용도단위
④ 수용인원단위

**해설** 방화구획의 종류 : 면적단위, 층단위, 용도단위, 수직관통부단위

06 불꽃의 색깔에 의한 온도의 측정에서 온도의 순서대로 옳게 나열한 것은?

① 암적색<백적색<황적색<휘백색
② 암적색<휘백색<적색<황적색
③ 암적색<황적색<백적색<휘백색
④ 암적색<휘적색<황적색<적색

**해설** 연소의 색과 온도

| 색상 | 담암적색 | 암적색 | 적색 | 휘적색 (주황색) | 황적색 | 백색 (백적색) | 휘백색 |
|---|---|---|---|---|---|---|---|
| 온도 ([°C]) | 520 | 700 | 850 | 950 | 1,100 | 1,300 | 1,500 이상 |

07 다음 연소범위에 대한 설명 중 맞지 않는 것은?

① 하한값이 낮을수록 위험하다.
② 연소범위가 넓을수록 위험하다.
③ 혼합가스가 농도의 범위를 벗어날 때에는 연소하지 않는다.
④ 압력이 높으면 연소범위가 좁아진다.

**해설** 연소범위
㉠ 정의 : 가연성 물질이 기체상태에서 공기와 혼합하여 일정농도 범위 내에서 연소가 일어나는 범위
㉡ 하한값(하한계) : 연소가 계속되는 최저의 용량비
㉢ 상한값(상한계) : 연소가 계속되는 최대의 용량비
㉣ 위험성
　ⓐ 하한계가 낮을수록 위험하다.
　ⓑ 상한계가 높을수록 위험하다.
　ⓒ 연소범위가 넓을수록 위험하다.
　ⓓ 온도(압력)가 상승할수록 위험(압력이 상승하면 하한계는 불변, 상한계는 증가)하다(단, 일산화탄소는 압력상승 시 연소범위가 감소).

08 화재 시 고층건물내의 연기 이동 중 굴뚝효과(Stack Effect)와 관계가 없는 것은?

① 층의 면적
② 건물의 높이
③ 화재실의 온도
④ 건물내부의 온도

**해설** 굴뚝효과 관련인자 : 화재실의 온도, 건물 내·외의 온도차, 건물의 높이

09 다음 중 소방신호의 종류가 아닌 것은?

① 피난신호
② 경계신호
③ 훈련신호
④ 해제신호

**해설** 소방신호의 종류
㉠ 정의 : 화재예방, 소방활동 또는 소방훈련을 위하여 사용되는 신호
㉡ 소방신호의 종류와 방법 : 행정안전부령
㉢ 소방신호의 종류

| 신호 종류 | 발령시기 | 타종신호 | 사이렌신호 |
|---|---|---|---|
| 경계 신호 | 화재예방상 필요하다고 인정 또는 화재위험경보 시 발령 | 1타와 연2타를 반복 | 5초 간격을 두고 30초씩 3회 |
| 발화 신호 | 화재가 발생한 때 발령 | 난타 | 5초 간격을 두고 5초씩 3회 |
| 해제 신호 | 소화활동의 필요 없다고 인정할 때 발령 | 상당한 간격을 두고 1타씩 반복 | 1분간 1회 |
| 훈련 신호 | 훈련상 필요하다고 인정할 때 발령 | 연 3타 반복 | 10초 간격을 두고 1분씩 3회 |

정답 05.④ 06.③ 07.④ 08.① 09.①

**10** 다음 물질 중 증발연소를 하는 물질은?
① 나이트로셀룰로오스  ② 목탄
③ 파라핀  ④ 퇴비

**해설** 연소의 종류
㉠ 표면연소 : 목탄, 코크스, 숯, 금속분 등이 열분해에 의하여 가연성 가스를 발생하지 않고 그 물질 자체가 연소하는 현상
㉡ 분해연소 : 석탄, 종이, 목재, 플라스틱 등의 연소 시 열분해에 의해 발생된 가스와 공기가 혼합하여 연소하는 현상
㉢ 증발연소 : 황, 나프탈렌, 왁스, 파라핀 등과 같이 고체를 가열하면 열분해는 일어나지 않고 고체가 액체로 되어 일정온도가 되면 액체가 기체로 변화하여 기체가 연소하는 현상
㉣ 자기연소(내부연소) : 제5류위험물인 나이트로셀룰로오스, 질화면 등 그 물질이 가연물과 산소를 동시에 가지고 있는 가연물이 연소하는 현상

**11** 다음 물질 중 분진폭발을 하지 않는 물질은?
① 탄산칼슘  ② 알루미늄분
③ 황  ④ 적린

**해설** 분진폭발을 하는 물질 : 알루미늄분, 황, 적린, 금속분(알루미늄분, 아연분), 마그네슘, 밀가루 등

**12** 다음 설명 중 맞지 않는 것은?
① 연소점은 어떤 물질이 연소 시 연소를 지속할 수 있는 온도로서 인화점보다 10[℃] 높다.
② 물 1[g]을 수증기로 변화하는데 539[cal]의 열량이 필요하다.
③ 원소의 주기율표에서 0족 원소는 가연물이 될 수 없다.
④ 나이트로셀룰로오스, 셀룰로이드의 자연발화 형태는 산화열이다.

**해설** 자연발화의 형태
㉠ 산화열에 의한 발화 : 석탄, 건성유, 고무분말
㉡ 분해열에 의한 발화 : 나이트로셀룰로오스, 셀룰로이드
㉢ 미생물에 의한 발화 : 퇴비, 먼지
㉣ 흡착열에 의한 발화 : 목탄, 활성탄
㉤ 중합열에 의한 발화 : 시안화수소

**13** 화재 발생 시 주수소화할 수 없는 물질은?
① Na  ② $CH_3COOH$
③ $KClO_3$  ④ $H_2O_2$

**해설** 물질의 특성
㉠ Na(나트륨)은 금수성 물질로서 주수소화하면 수소($H_2$)를 발생한다.

$$2Na + 2H_2O \rightarrow 2NaOH + H_2 \uparrow$$

㉡ 초산($CH_3COOH$), 과산화수소($H_2O_2$)는 물과 혼합되고 염소산칼륨($KClO_3$)은 온수에는 용해한다.

**14** 다음 설명 중 옳지 못한 것은?
① 지방산 화재 시의 소화약제로는 중탄산나트륨이 효과적이다.
② 금속분의 화재 시에 대한 소화로 주수에 의한 방법은 오히려 위험하다.
③ 제4류 위험물 화재 시의 주수소화는 가능하고 수용성의 액체는 화학포소화약제가 적당하다.
④ 이산화탄소 가스는 질식, 냉각, 피복효과가 있다.

**해설** 제4류 위험물은 유류화재로서 물(봉상, 적상) 소화약제는 부적합하고 수용성 액체는 알코올형 포소화약제가 적당하다.

**15** 화재 발생 시 인간의 피난 특성을 설명한 것 중 틀린 것은?

① 귀소본능은 평소에 사용하던 출입구나 통로 등 습관적으로 친숙해 있는 경로로 도피하려는 본능이다.
② 지광본능은 사람이 항상 밝은 방향으로 도피하려는 본능이다.
③ 퇴피본능은 연기나 화염에 대한 공포감으로 화원의 반대방향으로 이동하려는 본능이다.
④ 좌회본능은 좌측으로 통행하고 시계와 같은 방향으로 회전하려는 본능이다.

**해설** 화재 시 인간의 피난 행동 특성
㉠ 귀소본능[일상동선 지향형] : 평소에 사용하던 출입구나 통로 등 습관적으로 친숙해 있는 경로로 도피하려는 본능
㉡ 지광본능[향광성(向光性)] : 화재의 공포로 인하여 밝은 방향으로 도피하려는 본능
㉢ 추종본능[부하뇌동성] : 화재 발생 시 최초로 행동을 개시한 사람에 따라 전체가 움직이는 본능(많은 사람들이 달아나는 방향으로 무의식적으로 안전하다고 느껴 위험한 곳임에도 불구하고 따라가는 경향)
㉣ 퇴피본능 : 연기나 화염에 대한 공포감으로 화원의 반대방향으로 이동하려는 본능
㉤ 좌회본능 : 좌측으로 통행하고 시계의 반대방향으로 회전하려는 본능

**16** 화재로 인한 연소생성물인 이산화탄소의 농도가 높아지면 연소속도에 미치는 영향은?

① 연소속도가 빨라진다.
② 연소속도가 저하한다.
③ 연소속도에는 변화가 없다.
④ 처음에는 저하되나 나중에는 빨라진다.

**해설** $CO_2$나 $N_2$의 농도가 높아지면 산소의 농도가 줄어들어 연소속도는 저하된다.

**17** 자연발화를 방지하기 위한 예방대책으로 적당하지 않은 것은?

① 통풍이나 환기 방법 등을 고려하여 열의 축적을 방지한다.
② 활성이 강한 황린은 물 속에 저장한다.
③ 반응속도가 온도에 좌우되므로 주위온도를 낮게 유지한다.
④ 가능한 한 물질을 분말상태로 저장한다.

**해설** 자연발화의 예방대책
㉠ 통풍이나 환기 방법 등을 고려하여 열의 축적을 방지한다.
㉡ 황린은 물 속에 저장한다.
㉢ 저장실 및 주위의 온도를 낮게 유지한다.
㉣ 가능한 입자를 크게 하여 공기와의 접촉 표면적을 적게 한다.

**18** 방화구획 면적을 작게 할 경우의 특징이 아닌 것은?

① 정보를 전달하기 쉽다.
② 화재성장의 억제가 유리하다.
③ 시각적 장애를 일으킨다.
④ 연기의 평면적 확대를 억제한다.

**해설** 방화구획 면적을 작게 할 경우의 특징
㉠ 정보 전달이 어렵다.
㉡ 화재가 성장하기가 어렵다.
㉢ 시각적인 장애를 일으킨다.
㉣ 연기의 평면적 확대를 억제한다.

**19** 화재 시 발생하는 연소가스 중에서 유황분이 포함되어 있는 물질이 불완전 연소 시 발생하는 가스는?

① $H_2SO_4$
② $H_2S$
③ $SO_2$
④ $PbSO_4$

**해설** 연소생성물

| 구분 | 완전연소 | 불완전연소 |
|---|---|---|
| 유기화합물 | 이산화탄소($CO_2$) | 일산화탄소($CO$) |
| 황화합물 | 아황산가스($SO_2$) | 황화수소($H_2S$) |

정답 15.④ 16.② 17.④ 18.① 19.②

**20** 연소의 3요소 중 가연물의 구비조건 중 맞지 않는 것은?

① 열전도율이 커야 할 것
② 발열량이 커야 할 것
③ 산소와 친화력이 좋을 것
④ 산소와의 표면적이 넓을 것

**해설** 가연물의 구비조건
㉠ 열전도율이 적을 것
㉡ 발열량이 클 것
㉢ 표면적이 넓을 것
㉣ 산소와 친화력이 좋을 것
㉤ 활성화에너지가 작을 것

**21** 플래시오버에 대해 설명하고 있는 것은?

① 목조건물로서 연소온도는 100[℃]이다.
② 무염착화와 동시에 일어난다.
③ 순발적인 연소 확대 현상이다.
④ 느리게 연소되어 점차적으로 온도가 올라간다.

**해설** 플래시오버 : 순발적인 연소확대현상

**22** 공기 중의 산소는 필요로 하지 않고 분자 중에 함유하고 있는 산소가 열분해에 의하여 산소를 발생하여 연소를 하는 형태를 무슨 연소라 하는가?

① 증발연소
② 분해연소
③ 자기연소
④ 표면연소

**해설** 자기연소(내부연소)
제5류 위험물인 나이트로셀룰로오스, 질화면 등 그 물질이 가연물과 산소를 동시에 가지고 있는 가연물이 연소하는 현상

**23** 방화지구 내에 있는 건축물의 외벽의 개구부(창문 등)로서 연소의 우려가 있는 부분의 방화설비가 아닌 것은?

① 드렌처설비
② 60분+ 또는 60분 방화문
③ 환기구멍에 설치하는 불연재료로 된 방화커버
④ 연결송수관설비

**해설** 방화설비
㉠ 드렌처설비
㉡ 60분+ 또는 60분 방화문
㉢ 당해 창문 등과 연소할 우려가 있는 다른 건축물의 부분을 차단하는 내화구조나 불연재료로 된 벽, 담장, 기타 이와 유사한 방화설비
㉣ 환기구멍에 설치하는 불연재료로 된 방화커버 또는 그물눈이 2[mm] 이하인 금속망

- 연결송수관설비 : 소화활동설비

**24** 다음 물질 중 가연물이 아닌 것은?

① 아세톤   ② 질소
③ 가솔린   ④ 수소

**해설** 질소
산소와 반응은 하나 흡열반응을 하므로 가연물이 아니다.

**25** 화재 시 연기로 인한 사람의 투시거리에 영향을 주는 인자가 아닌 것은?

① 연기농도
② 연기의 질
③ 보는 표식의 휘도, 형상, 색
④ 연기의 흐름 속도

**해설** 연기로 인한 투시거리에 영향을 주는 요인
㉠ 연기의 농도
㉡ 연기의 흐름속도
㉢ 보는 표식의 휘도, 형상, 색

정답  20.① 21.③ 22.③ 23.④ 24.② 25.②

# 제8회 소방시설관리사 1차 필기 기출문제
## [제1과목 : 소방안전관리론 및 화재역학]

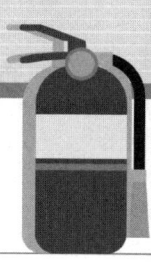

**01** 다음 중 플래시오버(Flash Over) 현상의 지연대책으로 옳은 것은?

① 내장재료를 얇게 한다.
② 열전도율이 큰 내장재료를 사용한다.
③ 주요 구조부를 내화구조로 하고 개구부를 크게 설치한다.
④ 실내 가연물은 한 곳에 대량 저장한다.

**해설** 플래시오버의 지연대책
㉠ 두꺼운 내장재를 사용한다.
㉡ 열전도율이 큰 내장재를 사용한다.
㉢ 실내에 가연물을 분산 적재한다.
㉣ 개구부 제한(규모가 큰 실의 경우 개구부를 많이, 크게 / 규모가 작은 실의 경우 개구부를 작게, 밀폐)

**02** 할론 소화약제의 구비 조건으로 옳지 않은 것은?

① 증발 잔유물이 없어야 한다.
② 기화되기 쉬워야 한다.
③ 고비점 물질이어야 한다.
④ 불연성이어야 한다.

**해설** Halon 소화약제의 구비 조건
㉠ 저비점 물질로서 기화되기 쉬울 것
㉡ 공기보다 무겁고 불연성일 것
㉢ 증발 잔유물이 없을 것

**03** 화재 시 발생하는 연소가스 중에서 유황분이 포함되어 있는 물질의 불완전연소에 의하여 발생하는 가스는?

① $H_2SO_4$  ② $H_2S$
③ $SO_2$    ④ $PbSO_4$

**해설** 연소생성물

| 구분 | 완전연소 | 불완전연소 |
|---|---|---|
| 유기화합물 | 이산화탄소($CO_2$) | 일산화탄소(CO) |
| 황화합물 | 아황산가스($SO_2$) | 황화수소($H_2S$) |

**04** 중질유 탱크에서 장시간 조용히 연소하다 탱크 내의 잔존 기름이 갑자기 분출하는 현상을 무엇이라고 하는가?

① 보일오버(Boil over)
② 플래시오버(Flash over)
③ 슬롭오버(Slop over)
④ 프로스오버(Froth over)

**해설** 유류탱크의 발생 현상
㉠ 보일오버(Boil over)
저유를 저장한 개방탱크의 화재 발생 시에 자연히 발생하는 현상, 장시간 조용히 연소하다가 탱크 내의 잔존기름의 갑작스런 오버 플로우나 분출이 일어나는 현상이다. 급속히 팽창하는 증기-기름거품을 형성하는 것은 끓는 물이 원인이다.
㉡ 플래시오버(Flash over)
가연물이 연소하여 다량의 가연성 가스를 동반하는 연기와 유독가스가 방출하여 실내의 온도가 급격히 상승하여 순간적으로 실내전체에 확산되어 연소하는 현상
㉢ 슬롭오버(Slop over)
물이 연소유의 뜨거운 표면에 들어갈 때 일어나는 현상으로 그리 격렬하지는 않다.
㉣ 프로스오버(Froth over)
물이 점성의 뜨거운 기름표면 아래서 끓을 때 화재를 수반하지 않는 용기의 over flowing하는 현상으로서 뜨거운 아스팔트에서 물이 있는 탱크차에 넣을 때 이 현상이 일어난다.

**정답** 01.② 02.③ 03.② 04.①

**05** 다음 중 소화의 형태로 볼 수 없는 것은?

① 발열소화  ② 화학소화
③ 희석소화  ④ 제거소화

**해설** 소화의 형태
- ㉠ 냉각소화 : 화재 현장에 물을 주수하여 발화점 이하로 온도를 낮추어 소화하는 방법
- ㉡ 질식소화 : 공기 중의 산소의 농도를 21[%]에서 15[%] 이하로 낮추어 소화하는 방법
- ㉢ 제거소화 : 화재 현장에서 가연물을 없애주어 소화하는 방법
- ㉣ 화학소화(부촉매효과) : 연쇄반응을 차단하여 소화하는 방법
- ㉤ 희석소화 : 알코올, 에테르, 에스테르, 케톤류 등 수용성 물질에 다량의 물을 방사하여 가연물의 농도를 낮추어 소화하는 방법과 기체, 고체, 액체에서 나오는 분해가스나 증기의 농도를 낮추어 소화하는 방법
- ㉥ 유화소화 : 물분무 소화설비를 중유에 방사하는 경우 유류표면에 엷은 막으로 유화층을 형성하여 화재를 소화하는 방법
- ㉦ 피복소화 : 이산화탄소 약제 방사 시 가연물의 구석까지 침투하여 피복하므로 연소를 차단하여 소화하는 방법

**06** 절대압력 $0.48[kg/cm^2]$을 진공으로 환산하면 얼마인가?

① $0.50[kg/m^2]$  ② $0.48[kg/m^2]$
③ $0.55[kg/m^2]$  ④ $0.45[kg/m^2]$

**해설** 절대압=대기압+게이지압=대기압-진공압
∴ 진공압=대기압-절대압=1.0332-0.48
=0.5532[kg/cm²]

**07** 건물의 화재하중을 감소하는 방법은?

① 방화구획의 세분화
② 내장재 불연화
③ 소화시설의 증강
④ 건물높이의 제한

**해설** 화재의 규모를 결정하는 것은 화재실의 가연물의 총량이므로 내장재 불연화는 화재하중을 감소하는 방법이다.

**08** 다음 중 가연물로 볼 수 있는 것은?

① C  ② $N_2$
③ 불활성 기체  ④ $CO_2$

**해설** 가연물이 될 수 없는 물질
- ㉠ 산소와 더 이상 반응하지 않는 물질($CO_2$, $H_2O$, $Al_2O_3$ 등)
- ㉡ 질소 또는 질소산화물(산소와 반응은 하나 흡열반응을 하기 때문)
- ㉢ 0족 원소(불활성 기체)

**09** 다음 중 폴리우레탄 등이 연소할 때의 연소 생성물은?

① 시안화수소
② 아크로레인
③ 질소산화물
④ 암모니아

**해설** 폴리우레탄은 고분자중합체로서 질소를 함유하고 있으므로 질소산화물을 생성한다.

**10** 다음 중 열의 전달형태와 관련되는 법칙이 아닌 것은?

① 푸리에의 법칙
② 스테판-볼츠만의 법칙
③ 뉴턴의 냉각법칙
④ 그레이엄의 법칙

**해설** 그레이엄의 법칙 : 기체확산속도의 법칙

**11** 내화구조 건물의 표준화재 온도곡선에서 화재발생 후 3시간 경과 시 내부온도는 약 몇 [℃]인가?

① 500[℃]  ② 840[℃]
③ 950[℃]  ④ 1,050[℃]

**해설** 내화건축물의 표준온도곡선의 내부온도

| 시간 | 30분 후 | 1시간 후 | 2시간 후 | 3시간 후 |
|---|---|---|---|---|
| 온도 | 840[℃] | 950[℃] | 1,010[℃] | 1,050[℃] |

정답  05.① 06.③ 07.② 08.① 09.③ 10.④ 11.④

**12** 상온상압에서 연소 시 연소열이 가장 큰 물질은?
① 인
② 신문지
③ 벤젠
④ 에틸알코올

**해설** 가연물의 연소열

| 종류 | 연소열[kcal/kg] |
|---|---|
| 인 | 5,879 |
| 신문지 | 4,378 |
| 벤젠 | 10,015 |
| 에틸알코올 | 7,110 |

**13** 다음 물질 중 분해연소를 하는 물질은?
① 코크스
② 플라스틱
③ 황
④ 나이트로글리세린

**해설** 연소의 종류
㉠ 표면연소 : 목탄, 코크스, 숯, 금속분 등이 열분해에 의하여 가연성 가스를 발생하지 않고 그 물질 자체가 연소하는 현상
㉡ 분해연소 : 석탄, 종이, 목재, 플라스틱 등의 연소 시 열분해에 의해 발생된 가스와 공기가 혼합하여 연소하는 현상
㉢ 증발연소 : 황, 나프탈렌, 왁스, 파라핀 등과 같이 고체를 가열하면 열분해는 일어나지 않고 고체가 액체로 되어 일정온도가 되면 액체가 기체로 변화하여 기체가 연소하는 현상
㉣ 자기연소(내부연소) : 제5류 위험물인 나이트로셀룰로오스, 질화면 등 그 물질이 가연물과 산소를 동시에 가지고 있는 가연물이 연소하는 현상
㉤ 액적연소 : 벙커C유와 같이 가열하여 점도를 낮추어 버너 등을 사용하여 액체의 입자를 안개상으로 분출하여 연소하는 현상
㉥ 확산연소 : 수소, 아세틸렌, 프로판, 부탄 등 화염의 안정 범위가 넓고 조작이 용이하여 역화의 위험이 없는 연소

**14** 다음 중 연료층의 내경이 1[m]인 목재의 화염높이(m)는? (단, 목재의 에너지 방출속도는 130[kW]이다)
① 0.59[m]
② 1.59[m]
③ 2.59[m]
④ 3.59[m]

**해설** 화염의 높이(H)

$$H = 0.23Q^{0.4} - 1.02d$$

여기서, $Q$ : 방출속도[kW]
$d$ : 연료의 직경[m]
∴ $H = 0.23 \times (130)^{0.4} - 1.02 \times 1 = 0.59[m]$

**15** 할로겐화합물 약제에 의한 피해의 척도와 관계없는 것은?
① 지구의 온난화 지수
② 오존층의 파괴지수
③ 분해열에 의한 복사열 지수
④ 치사농도

**해설** 할로겐화합물 약제에 의한 피해의 척도
㉠ 지구의 온난화 지수
㉡ 오존층의 파괴지수
㉢ 치사농도

**16** 다음 중 난연재료란?
① 철근콘크리트조, 연와조, 기타 이와 유사한 성능의 재료
② 불연재료에 준하는 방화성능을 가진 건축재료
③ 철망 모르타르로서 바름두께가 2[cm] 이상인 것
④ 불에 잘 타지 아니하는 성능을 가진 건축재료

**해설** ㉠ 내화구조 : 철근콘크리트조, 연와조(벽돌조) 기타 이와 유사한 성능을 가진 구조
㉡ 불연재료 : 콘크리트, 석재, 벽돌, 기와, 석면판, 철강, 알루미늄, 유리, 모르타르, 회 등의 불연성재료
㉢ 준불연재료 : 불연재료에 준하는 방화성능을 가진 재료
㉣ 난연재료 : 불에 잘 타지 않는 성능을 가진 재료
※ 문제에서 ③은 방화구조이다.

**17** 60분+ 또는 60분 방화문은 비차열 몇 분 이상의 성능이 확보되어야 하는가?

① 10분  ② 20분
③ 30분  ④ 60분

**[해설]** 방화문의 구조[21년 이후 개정]
1. 60분+ 방화문 : 연기 및 불꽃을 차단할 수 있는 시간이 60분 이상이고, 열을 차단할 수 있는 시간이 30분 이상인 방화문
2. 60분 방화문 : 연기 및 불꽃을 차단할 수 있는 시간이 60분 이상인 방화문
3. 30분 방화문 : 연기 및 불꽃을 차단할 수 있는 시간이 30분 이상 60분 미만인 방화문

**18** 다음 중 연소의 4요소에 해당되는 것은?

① 가연물 – 열 – 산소 – 발열량
② 가연물 – 발화온도 – 산소 – 반응속도
③ 가연물 – 열 – 산소 – 순조로운 연쇄반응
④ 가연물 – 산화반응 – 발열량 – 반응속도

**[해설]** 연소의 4요소
가연물, 산소공급원, 점화원(열), 순조로운 연쇄반응

**19** 소방용 펌프에서 발생하는 공동현상(Cavitation)의 방지대책으로 틀린 것은?

① 펌프의 설치 높이를 낮추어 흡입양정을 짧게 한다.
② 펌프의 회전속도를 낮추어 흡입 비교 회전도를 크게 한다.
③ 두 대 이상의 펌프를 사용한다.
④ 양흡입펌프를 사용한다.

**[해설]** 공동현상(Cavitation)의 방지대책
㉠ Pump의 흡입측 수두(양정), 마찰손실을 적게 한다.
㉡ Pump 흡입관경을 크게 한다.
㉢ Pump 설치위치를 수원보다 낮게 하여야 한다.
㉣ Pump 흡입압력을 유체의 증기압보다 높게 한다.
㉤ 양흡입 Pump를 사용하여야 한다.
㉥ 양흡입 Pump로 부족 시 펌프를 2대로 나눈다.
㉦ 펌프의 회전속도를 낮추어 흡입 비교 회전도를 낮게 한다.

**20** 불꽃연소와 작열연소에 관한 설명으로서 옳은 것은?

① 불꽃연소는 작열연소에 비해 대개 발열량이 크다.
② 작열연소에는 연쇄반응이 동반된다.
③ 분해연소는 작열연소의 한 형태이다.
④ 작열연소는 불완전 연소 시에 불꽃연소는 완전연소 시에 나타난다.

**[해설]** 불꽃연소는 연소 시 연소 속도가 빨라 작열연소에 비해 발열량이 크다.

**21** 다음 중 TLV(Threshold Limit Value)에 대한 설명으로 옳은 것은?

① 독성물질의 섭취량과 인간에 대한 그 반응정도를 나타내는 관계에서 손상을 입히지 않는 농도 중 가장 큰 값
② 실험쥐의 50[%]를 사망시킬 수 있는 물질의 양
③ 실험쥐의 50[%]를 사망시킬 수 있는 물질의 농도
④ 실험쥐의 50[%]를 10분 이내에 사망시킬 수 있는 허용농도

**[해설]** 용어 설명
㉠ TLV(Threshold Limit Value) : 미국산업위생 전가회의에서 채택한 허용농도기준으로 독성물질의 섭취량과 인간에 대한 그 반응정도를 나타내는 관계에서 손상을 입히지 않는 농도 중 가장 큰 값
㉡ LC50(Lethal Concentration) : 실험동물의 50%를 사망시킬 수 있는 물질의 농도
㉢ LD50(Lethal Dose) : 실험동물의 50%를 사망시킬 수 있는 물질의 양

**22** 다음 중 전기시설에 있어서 방폭구조의 종류가 아닌 것은?

① 내압(內壓) 방폭구조  ② 하중 방폭구조
③ 안전증 방폭구조  ④ 유입 방폭구조

**정답** 17.④ 18.③ 19.② 20.① 21.① 22.②

**해설** 방폭구조의 종류
㉠ 내압(內壓) 방폭구조 : 폭발성 가스가 용기 내부에서 폭발하였을 때 용기가 그 압력에 견디거나 외부의 폭발성가스가 인화되지 않도록 된 구조
㉡ 압력(내압, 內壓) 방폭구조 : 공기나 질소와 같이 불연성 가스를 용기 내부에 압입시켜 내부압력을 유지함으로서 외부의 폭발성 가스가 용기 내부에 침입하지 못하게 하는 구조
㉢ 유입 방폭구조 : 전기불꽃이 발생될 우려가 있는 부분을 기름 속에 넣어 폭발성 가스와 격리시키는 구조
㉣ 안전증 방폭구조 : 폭발성가스나 증기에 점화원의 발생을 방지하기 위하여 기계적, 전기적 구조상 온도상승에 대한 안전도를 증가시키는 구조
㉤ 본질안전 방폭구조 : 전기불꽃, 아크 또는 고온에 의하여 폭발성 가스나 증기에 점화되지 않는 것이 점화시험, 기타에 의하여 확인된 구조

## 23 배관 내에 유체가 흐를 때 관마찰 손실은?
① 관 길이에 반비례한다.
② 관 직경에 반비례한다.
③ 중력가속도에 비례한다.
④ 유속에 제곱에 반비례한다.

**해설** 달시-웨버 식

$$h = \frac{\Delta P}{\gamma} = \frac{f\ell u^2}{2gD}(m)$$

여기서, $h$ : 마찰손실[m]
$\Delta P$ : 압력차[kg/m²]
$\gamma$ : 유체의비중량(물의 비중량 1,000[kgf/m³])
$f$ : 관의 마찰계수
$\ell$ : 관의 길이[m]
$u$ : 유체의 유속[m/sec]
$D$ : 관의 내경[m]

관마찰손실[h]
㉠ 관마찰계수, 배관의 길이, 유속의 제곱에 비례한다.
㉡ 중력가속도, 관의 직경에 반비례한다.

## 24 제4류 위험물의 석유류 취급 시 정전기 발생이 증가하는 경우가 아닌 것은?
① 필터를 통과할 때
② 유속이 높을 때
③ 비전도성 부유물질이 적을 때
④ 와류가 형성될 때

**해설** 정전기 발생요인
㉠ 필터를 통화할 때(유속이 증가하므로)
㉡ 유속이 높을 때(유속을 1[m/sec] 이하로 하여야 한다)
㉢ 비전도성 부유물질이 많을 때
㉣ 와류가 형성될 때

## 25 다음 분무연소에 대한 설명 중 틀린 것은?
① 액체연료를 수 $\mu m$~수백 $\mu m$ 크기의 액적으로 미립화시켜 연소시킨다.
② 휘발성이 낮은 액체연료의 연소이다.
③ 점도가 높은 중질유의 연소에 이용한다.
④ 미세한 액적으로 분무시키는 이유는 공기와의 혼합을 좋게 하기 위하여 표면적을 작게 한다.

**해설** 분무연소는 물입자가 미세하게 분무되므로 표면적을 넓게 하여 공기와 접촉면적을 넓게 하기 위해서이다.

# 제7회 소방시설관리사 1차 필기 기출문제
### [제1과목 : 소방안전관리론 및 화재역학]

**01** 연소의 3요소 중 점화원이 될 수 없는 것은?
① 단열압축　② 대기압
③ 정전기불꽃　④ 전기불꽃

**해설** 점화원
㉠ 전기불꽃
㉡ 정전기불꽃
㉢ 충격마찰의 불꽃
㉣ 단열압축
㉤ 나화 및 고온표면 등

**02** 화재 시 연기를 이동시키는 추진력으로 옳지 않은 것은?
① 굴뚝효과　② 팽창
③ 중력　④ 부력

**해설** 연기유동에 영향을 미치는 요인
㉠ 연돌(굴뚝)효과
㉡ 외부에서의 풍력
㉢ 공기유동의 영향
㉣ 건물 내 기류의 강제이동
㉤ 비중차
㉥ 공조설비
㉦ 부력

**03** 냉각소화에 사용되는 것으로 주로 사용되는 것은?
① 포　② 물
③ 분말　④ 할론

**해설** 소화효과
㉠ 물(적상, 봉상) : 냉각효과
㉡ 물(무상) : 질식, 냉각, 희석, 유화효과
㉢ 포말 : 질식, 냉각효과
㉣ 이산화탄소 : 질식, 냉각, 피복효과

**04** 다음 중 착화온도가 가장 높은 물질은?
① 석탄
② 프로판
③ 메탄
④ 셀룰로이드

**해설** 착화점

| 종류 | 석탄 | 프로판 | 메탄 | 셀룰로이드 |
|---|---|---|---|---|
| 착화점 | 약 400[℃] | 460~520[℃] | 537[℃] | 180[℃] |

**05** 소화기 설치장소 중 적당하지 않은 것은?
① 통행 또는 피난에 지장을 주지 않는 장소
② 사용 시 반출이 용이한 장소
③ 장난의 방지를 위하여 사람들의 눈에 띄지 않는 장소
④ 위험물 등 각 부분으로부터 규정된 거리 이내의 장소

**해설** 소화기는 화재 시 즉시 사용할 수 있도록 잘 보이는 곳에 설치하여야 한다.

**06** 다음 중 프로판가스의 특성 중 옳은 것은?
① 액화프로판이 기화하면 용적은 약 500배가 된다.
② 가스비중은 약 0.5이다.
③ 연소범위는 5.0~15.05이다.
④ 용기 내에서는 액화프로판의 양이 감소함에 따라 압력도 감소한다.

**정답** 01.② 02.③ 03.② 04.③ 05.③ 06.④

**해설** 프로판가스의 특성
㉠ 가스의 비중 $\left(\dfrac{44}{29}=1.517\right)$은 1.5이다.
㉡ 연소범위는 2.1~9.5%이다.
㉢ 액화프로판이 기화하면 용적은 약 250배가 된다.

**07** 콘크리트에 대한 설명 중 틀린 것은?
① 콘크리트와 강재의 열팽창률은 거의 같다.
② 콘크리트의 열전도율은 목재보다 적다.
③ 콘크리트는 장시간 화재에 노출되면 강도는 저하한다.
④ 콘크리트는 인장력에 대하여 아주 약하다.

**해설** 목재의 열전도율은 콘크리트나 철재보다 적다.

| 건축재료 | 열전도율(cal/cm · sec · [℃]) |
|---|---|
| 콘크리트 | $4.10 \times 10^{-3}$ |
| 철재 | 0.15 |
| 목재 | $0.41 \times 10^{-3}$ |

**08** 다음 중 내화구조에 해당되는 것은?
① 철망 모르타르 바르기로 그 두께가 2[cm]인 것
② 시멘트 모르타르 위에 타일을 붙여 그 두께가 2.5[cm]
③ 기둥으로서 철골에 두께 5[cm]의 콘크리트를 덮은 것
④ 무근 콘크리트조로서 그 두께가 5[cm]인 것

**해설** ㉠ 내화구조

| 내화구분 | | 내화구조의 기준 |
|---|---|---|
| 벽 | 모든 벽 | ① 철근콘크리트조 또는 철골·철근콘크리트조로서 두께가 10[cm] 이상인 것<br>② 골구를 철골조로 하고 그 양면을 두께 4[cm] 이상의 철망모르타르로 덮은 것<br>③ 두께 5[cm] 이상의 콘크리트 블록·벽돌 또는 석재로 덮은 것<br>④ 철재로 보강된 콘크리트블록조·벽돌조 또는 석조로서 철재에 덮은 두께가 5[cm] 이상인 것<br>⑤ 벽돌조로서 두께가 19[cm] 이상인 것<br>⑥ 고온·고압의 증기로 양생된 경량기포 콘크리트패널 또는 경량기포 콘크리트블록조로서 두께가 10[cm] 이상인 것 |
| | 외벽 중 비내력벽 | ① 철근콘크리트조 또는 철골·철근콘크리트조로서 두께가 7[cm] 이상인 것<br>② 골구를 철골조로 하고 그 양면을 두께 3[cm] 이상의 철망모르타르로 덮은 것<br>③ 두께 4[cm] 이상의 콘크리트 블록·벽돌 또는 석재로 덮은 것<br>④ 무근콘크리트조·콘크리트블록조·벽돌조 또는 석조로서 두께가 7[cm] 이상인 것 |
| 기둥<br>(작은 지름이<br>25[cm]<br>이상인 것) | | ① 철근콘크리트조 또는 철골·철근콘크리트조<br>② 철골을 두께 6[cm] 이상의 철망모르타르로 덮은 것<br>③ 철골을 두께 7[cm] 이상의 콘크리트 블록·벽돌 또는 석재로 덮은 것<br>④ 철골을 두께 5[cm] 이상의 콘크리트로 덮은 것 |
| 바닥 | | ① 철근콘크리트조 또는 철골·철근콘크리트조로서 두께가 10[cm] 이상인 것<br>② 철재로 보강된 콘크리트블록조·벽돌조 또는 석조로서 철재에 덮은 콘크리트블록 등의 두께가 5[cm] 이상인 것<br>③ 철재의 양면을 두께 5[cm] 이상의 철망모르타르 또는 콘크리트로 덮은 것 |
| 보 | | ① 철근콘크리트조 또는 철골·철근콘크리트조<br>② 철골을 두께 6[cm] 이상의 철망모르타르로 덮은 것<br>③ 철골을 두께 5[cm] 이상의 콘크리트조로 덮은 것 |

㉡ 방화구조

| 구조내용 | 방화구조의 기준 |
|---|---|
| • 철망 모르타르 바르기 | 바름 두께가 2[cm] 이상인 것 |
| • 석고판 위에 시멘트 모르타르 또는 회반죽을 바른 것<br>• 시멘트 모르타르 위에 타일을 붙인 것 | 두께의 합계가 2.5[cm] 이상인 것 |
| • 심벽에 흙으로 맞벽치기한 것<br>• 「산업표준화법」에 따른 한국산업표준(이하 "한국산업표준"이라 한다)에 따라 시험한 결과 방화 2급 이상에 해당하는 것 | 그대로 모두 인정됨 |

정답 07.② 08.③

**09** 난류화염으로부터 200[℃]의 벽으로 전달되는 대류열류는? (단, h=5[W/m² · ℃], 평균시간 최대 화염온도는 800[℃]이다)

① 1.0[kW/m²]  ② 2.0[kW/m²]
③ 3.0[kW/m²]  ④ 4.0[kW/m²]

**해설** 대류열류

$$Q = h(T_2 - T_1)$$

여기서, $Q$ : 대류열류[W/m²]
$h$ : 전열계수[W/m² · ℃]
$T_2 - T_1$ : 온도차

∴ $Q = 5[W/m^2 \cdot ℃] \times (800-200)[℃]$
$= 3,000[W/m^2] = 3.0[kW/m^2]$

**10** 화재 시 초기소화용으로 사용되지 않는 것은?

① 스프링클러설비  ② 소화기
③ 옥내소화전설비  ④ 연결송수관설비

**해설** 초기소화설비
소화기, 스프링클러설비, 옥내소화전설비, 옥외소화전설비, 물분무등소화설비

➡ 소화활동설비
연결송수관설비, 연결살수설비, 비상콘센트설비, 무선통신보조설비, 제연설비, 연소방지설비

**11** 다음 위험물 중 위험도(H)가 가장 작은 것은?

① 에테르  ② 수소
③ 에틸렌  ④ 프로판

**해설** 위험물(Degree of Hazards)

$$위험도\ H = \frac{U-L}{L}$$

① 에테르 $H = \dfrac{48-1.9}{1.9} = 24.26$

② 수소 $H = \dfrac{75-4.0}{4.0} = 17.75$

③ 에틸렌 $H = \dfrac{36-2.7}{2.7} = 12.33$

④ 프로판 $H = \dfrac{9.5-2.1}{2.1} = 3.52$

【 공기 중의 폭발범위 】

| 가스 | 하한계(%) | 상한계(%) |
|---|---|---|
| 아세틸렌($C_2H_2$) | 2.5 | 81.0 |
| 수소($H_2$) | 4.0 | 75.0 |
| 일산화탄소(CO) | 12.5 | 74.0 |
| 암모니아($NH_3$) | 15.0 | 28.0 |
| 메탄($CH_4$) | 5.0 | 15.0 |
| 에틸렌($C_2H_4$) | 2.7 | 36.0 |
| 프로판($C_3H_8$) | 2.1 | 9.5 |
| 에테르($C_2H_5OC_2H_5$) | 1.9 | 48 |

**12** 할로겐화합물 소화약제 중 소화효과가 가장 좋고 독성이 가장 약한 것은?

① 할론 1301  ② 할론 1040
③ 할론 1211  ④ 할론 2402

**해설** 할론 1301은 인체에 대한 독성이 가장 약하고 소화효과가 가장 좋다.

**13** 산소의 공기 중 확산속도는 수소의 공기 중 확산속도에 비해 몇 배 정도인가? (단, 산소의 분자량은 32, 수소는 2로 본다)

① 4배  ② 16배
③ $\dfrac{1}{4}$배  ④ $\dfrac{1}{16}$배

**해설** 그레이엄의 확산속도 법칙

$$\frac{U_2}{U_1} = \sqrt{\frac{M_1}{M_2}} = \sqrt{\frac{\rho_1}{\rho_2}}$$

여기서, $U_1, U_2$ : 확산속도
$M_1, M_2$ : 분자량
$\rho_1, \rho_2$ : 밀도

∴ $\dfrac{U_2}{U_1} = \sqrt{\dfrac{M_1}{M_2}} = \sqrt{\dfrac{2}{32}} = \dfrac{1}{4}$

정답  09.③  10.④  11.④  12.①  13.③

**14** 목재 화재 시 초기의 연소속도가 매분 평균 0.75~1[m]씩 원형으로 확대한다면 발화 5분 후 연소된 면적은 약 몇 [m²]가 되는가?

① 38~70[m²]　　② 38~78.5[m²]
③ 40~65[m²]　　④ 44~78.5[m²]

**해설** 화재의 연소속도
㉠ 화재 초기 : 원형의 모양으로 0.75~1[m/min]씩 원형으로 확대
㉡ 화재 중기 : 타원형의 모양으로 1~1.5[m/min]씩 원형으로 확대

> 원형의 모양으로 0.75~1[m/min]씩 원형으로 확대하면 발화 5분 후 연소된 면적은 약 44~78.5[m²] 정도가 된다.

**15** 다음 중 화재하중(Fire Load)을 나타내는 단위는?

① kcal/kg　　② ℃/m²
③ kg/m²　　④ kg/kcal

**해설** 화재하중
단위면적당 가연성 수용물의 양으로서 건물화재 시 발열량 및 화재의 위험성을 나타내는 용어이고, 화재의 규모를 결정하는데 사용된다.

> ● 화재하중
> $$Q = \frac{\Sigma(G_t \times H_t)}{H \times A} = \frac{\Sigma Q_t}{4,500 \times A} [kg/m^2]$$

여기서, $G_t$ : 가연물의 질량
$H_t$ : 가연물의 단위발열량[kcal/kg]
$Q_t$ : 가연물의 전발열량[kcal]
$H$ : 목재의 단위발열량(4,500[kcal/kg])
$A$ : 화재실의 바닥면적[m²]

**16** 기체, 고체, 액체에서 나오는 분해가스나 증기의 농도를 작게 하여 연소를 중지시키는 소화방법은?

① 냉각소화　　② 질식소화
③ 제거소화　　④ 희석소화

**해설** 소화의 종류
㉠ 냉각소화 : 화재 현장에 물을 주수하여 발화점 이하로 온도를 낮추어 소화하는 방법
㉡ 질식소화 : 공기 중의 산소의 농도를 21[%]에서 15[%] 이하로 낮추어 소화하는 방법

> 질식소화시 산소의 유효 한계농도 : 10~15[%]

㉢ 제거소화 : 화재 현장에서 가연물을 없애주어 소화하는 방법

> 표면연소는 불꽃연소보다 연소속도가 매우 느리다.

㉣ 화학소화(부촉매효과) : 연쇄반응을 차단하여 소화하는 방법
㉤ 희석소화 : 기체, 고체, 액체에서 나오는 분해가스나 증기의 농도를 작게 하여 연소를 중지시키는 소화방법
㉥ 유화효과 : 물분무소화설비를 중유에 방사하는 경우 유류표면에 엷은 막으로 유화층을 형성하여 화재를 소화하는 방법
㉦ 피복효과 : 이산화탄소 약제 방사 시 가연물의 구석까지 침투하여 피복하므로 연소를 차단하여 소화하는 방법

**17** 다음 중 열전도율을 표시하는 단위는?

① kcal/m²·h·℃　　② kcal·m²/h·℃
③ W/m·deg　　④ J/m²·deg

**해설** 열전도율의 단위
W/m·deg = J/m·sec·℃
　　　　= kcal/4,184·m·sec·℃

> W=J/sec, 1cal=4.184J

**18** 화재의 위험에 관한 설명 중 맞지 않는 것은?

① 인화점 및 착화점이 낮을수록 위험하다.
② 착화에너지가 적을수록 위험하다.
③ 증기압이 클수록, 비점이 높을수록 위험하다.
④ 연소범위는 넓을수록 위험하다.

**해설** 화재의 위험성
㉠ 인화점 및 착화점이 낮을수록 위험하다.
㉡ 착화에너지(최소점화에너지)가 작을수록 위험하다.
㉢ 증기압이 클수록, 비점 및 융점이 낮을수록 위험하다.
㉣ 하한값이 낮을수록, 연소범위는 넓을수록 위험하다.

정답　14.④　15.③　16.④　17.③　18.③

**19** 목재를 가열할 때 가열온도 160~360[℃]에서 많이 발생되는 기체는?
① 일산화탄소  ② 수소가스
③ 아세틸렌가스  ④ 황화수소가스

**해설** 목재의 화재는 약 500[℃] 이상에서 완전 연소가 되어 이산화탄소가 생성되고 200~300[℃]에서 불완전 연소가 일어나 일산화탄소가 생성된다.

**20** 인화성, 가연성 물질의 취급 장소에 대한 폭발의 방지방법이 아닌 것은?
① 발화원을 없앤다.
② 취급장소 주위의 공기 대신 불활성 기체로 바꾼다.
③ 밀폐된 용기 내에 보관한다.
④ 환기시설을 하지 않는다.

**해설** 화재와 폭발의 방지방법
㉠ 화기, 불꽃 등 발화원을 제거한다.
㉡ 취급장소 주위의 공기 대신 불활성 기체(질소, 이산화탄소)로 바꾼다.
㉢ 밀폐된 용기 내에 보관한다.
㉣ 인화성 액체는 증기가 공기보다 무거워 바닥에 체류하므로 높은 곳으로 빨리 환기를 시켜야 한다.

**21** 다음 중 연소한계가 가장 넓은 것은?
① 에틸렌  ② 프로판
③ 메탄  ④ 일산화탄소

**해설** 연소범위

| 가스 | 하한계(%) | 상한계(%) |
|---|---|---|
| 아세틸렌($C_2H_2$) | 2.5 | 81.0 |
| 수소($H_2$) | 4.0 | 75.0 |
| 일산화탄소(CO) | 12.5 | 74.0 |
| 암모니아($NH_3$) | 15.0 | 28.0 |
| 메탄($CH_4$) | 5.0 | 15.0 |
| 에틸렌($C_2H_4$) | 2.7 | 36.0 |
| 프로판($C_3H_8$) | 2.1 | 9.5 |
| 에테르($C_2H_5OC_2H_5$) | 1.9 | 48 |

**22** 다음 중 불연재료가 아닌 것은?
① 기와
② 석고보드
③ 유리
④ 콘크리트

**해설** 불연재료 등
㉠ 불연재료 : 콘크리트, 석재, 벽돌, 기와, 석면판, 철강, 유리, 알루미늄, 시멘트모르타르, 회 등 불에 타지 않는 성질을 가진 재료(난연 1급)
㉡ 준불연재료 : 불연재료에 준하는 성질을 가진 재료(난연 2급, 석고보드)
㉢ 난연재료 : 불에 타지 않는 성질을 가진 재료(난연 3급, 난연 합판 및 플라스틱판)

**23** 건물의 피난동선에 대한 설명으로 옳지 않은 것은?
① 피난동선은 가급적 단순형태가 좋다.
② 피난동선은 가급적 상호 반대방향으로 다수의 출구와 연결되는 것이 좋다.
③ 피난동선은 수평동선과 수직동선으로 구분한다.
④ 피난동선이라 함은 복도, 계단, 엘리베이터와 같은 피난전용의 통행구조를 말한다.

**해설** 피난동선의 특성
㉠ 가급적 단순한 형태가 좋다.
㉡ 가급적 상호 반대방향으로 다수의 출구와 연결되는 것이 좋다.
㉢ 수평동선과 수직동선으로 구분한다.

> 피난동선 : 복도(수평동선), 계단(수직동선)과 같은 피난전용의 통행구조

**24** 다음 중 가연물의 구비 조건으로 틀린 것은?
① 산소와 친화력이 클 것
② 열전도율이 적을 것
③ 활성화에너지가 클 것
④ 표면적이 넓을 것

**정답** 19.① 20.④ 21.④ 22.② 23.④ 24.③

**해설** **가연물의 조건**
  ㉠ 열전도율이 적을 것
  ㉡ 발열량이 클 것
  ㉢ 표면적이 넓을 것
  ㉣ 산소와 친화력이 좋을 것
  ㉤ 활성화에너지가 작을 것

**25** 고체 가연물질의 연소과정에서 거치는 4단계의 순서는?
① 용융-열분해-기화-연소
② 열분해-용융-기화-연소
③ 기화-용융-열분해-연소
④ 열분해-기화-용융-연소

**해설** **고체의 연소 과정**
용융-열분해-기화-연소

# 제6회 소방시설관리사 1차 필기 기출문제
[제1과목 : 소방안전관리론 및 화재역학]

**01** 연기에 의한 감광계수가 0.1, 가시거리가 20~30[m]일 때 상황을 바르게 설명한 것은?
① 건물 내부에 익숙한 사람이 피난에 지장을 느낄 정도
② 연기감지기가 작동할 정도
③ 어둠침침한 것을 느낄 정도
④ 거의 앞이 보이지 않을 정도

**해설** 연기농도와 가시거리

| 감광계수 | 가시거리(m) | 상황 |
|---|---|---|
| 0.1 | 20~30 | 연기 감지기가 작동할 때의 정도 |
| 0.3 | 5 | 건물내부에 익숙한 사람이 피난에 지장을 느낄 정도 |
| 0.5 | 3 | 어두침침한 것을 느낄 정도 |
| 1 | 1~2 | 거의 앞이 보이지 않을 정도 |
| 10 | 0.2~0.5 | 화재 최성기 때의 정도 |

**02** 폭연(Deflagration)에 대한 설명으로 옳은 것은?
① 발열반응으로 연소의 전파속도가 음속보다 느린 현상
② 중요한 가열기구는 충격파에 의한 충격압력
③ 혼합비가 연소범위 상한보다 약간 높은 곳에서 발생
④ 발열반응으로 연소의 전파속도가 음속보다 빠른 현상

**해설** 폭굉과 폭연
㉠ 폭연(Deflagration) : 발열반응으로서 연소의 전파속도가 음속보다 느린 현상
㉡ 폭굉(Detonation) : 발열반응으로서 연소의 전파속도가 음속보다 빠른 현상

**03** 연기의 이동과 관계가 먼 것은?
① 굴뚝효과 ② 비중차
③ 공조설비 ④ 적설량

**해설** 연기유동에 영향을 미치는 요인
㉠ 연돌(굴뚝)효과
㉡ 외부에서의 풍력
㉢ 공기유동의 영향
㉣ 건물 내 기류의 강제이동
㉤ 비중차
㉥ 공조설비

적설량과 연기의 이동과는 관련이 없다.

**04** 자기연소를 일으키는 가연물질로만 짝지어진 것은?
① 나이트로셀룰로오스, 황, 등유
② 질산에스터류, 셀룰로이드, 나이트로화합물
③ 셀룰로이드, 발연황산, 목탄
④ 질산에스터류, 황린, 염소산칼륨

**해설** 연소의 형태
㉠ 고체의 연소
ⓐ 표면연소 : 목탄, 코크스, 숯, 금속분 등이 열분해에 의하여 가연성 가스를 발생하지 않고 그 물질 자체가 연소하는 현상
ⓑ 분해연소 : 석탄, 종이, 목재, 플라스틱 등의 연소 시 열분해에 의해 발생된 가스와 공기가 혼합하여 연소하는 현상
ⓒ 증발연소 : 황, 나프탈렌, 왁스, 파라핀 등과 같이 고체를 가열하면 열분해는 일어나지 않고 고체가 액체로 되어 일정온도가 되면 액체가 기체로 변화하여 기체가 연소하는 현상
ⓓ 자기연소(내부연소) : 제5류 위험물인 나이트로셀룰로오스, 질화면 등 그 물질이 가연물과 산소를 동시에 가지고 있는 가연물이 연소하는 현상

정답 01.② 02.① 03.④ 04.②

ⓒ 액체의 연소
  ⓐ 증발연소 : 아세톤, 휘발유, 등유, 경유와 같이 액체를 가열하면 증기가 되어 증기가 연소하는 현상
  ⓑ 분해연소 : 비점이 높아 증발이 어려운 액체가연물에 계속 열을 가하면 복잡한 경로의 열분해 과정을 거쳐 탄소수가 적은 저급탄화수소가 되어 연소하는 형태
  ⓒ 액적연소 : 벙커C유와 같이 가열하여 점도를 낮추고 버너 등을 사용하여 액체의 입자를 안개상으로 분출하여 연소하는 현상
ⓒ 기체의 연소
  ⓐ 확산연소 : 수소, 아세틸렌, 프로판, 부탄 등 화염의 안정 범위가 넓고 조작이 용이하여 액화의 위험이 없는 연소
  ⓑ 폭발연소 : 밀폐된 용기에 공기와 혼합가스가 있을 때 점화되면 연소속도가 증가하여 폭발적으로 연소하는 현상
  ⓒ 예혼합연소 : 가연성 기체와 공기 중의 산소를 미리 혼합하여 연소하는 현상

**05** 혼합가스가 존재할 경우 이 가스의 폭발 하한치를 계산하면? (단, 혼합가스는 프로판 70[%], 부탄 20[%], 에탄 10[%]로 혼합되었으며 각 가스의 폭발 하한치는 프로판 2.1, 부탄 1.8, 에탄 3.0으로 한다)

① 2.10  ② 3.10
③ 4.10  ④ 5.10

**[해설]** 혼합가스의 폭발 하한값

$$\text{하한값 } Lm = \frac{100}{\frac{V_1}{L_1}+\frac{V_2}{L_2}+\frac{V_3}{L_3}}$$

∴ 하한값 = $\frac{100}{\frac{70}{2.1}+\frac{20}{1.8}+\frac{10}{3.0}} = 2.09$

**06** 저장 시 분해 또는 중합되어 폭발을 일으킬 수 있는 위험물은?

① 아세틸렌  ② 시안화수소
③ 산화에틸렌  ④ 염소산칼륨

**[해설]** 폭발의 종류
ⓒ 분해, 중합폭발 : 산화에틸렌
ⓒ 분해폭발 : 아세틸렌
ⓒ 중합폭발 : 시안화수소

**07** 건물에 설치하는 피난계단의 설치 기준 중 옳은 것은?

① 옥외에 설치해야 한다.
② 지하 3층 이하의 건물에 설치해야 한다.
③ 5층 이상의 건물에 설치해야 한다.
④ 스프링클러 소화설비를 하면 피난계단의 설치는 면제된다.

**[해설]** 피난계단의 설치 기준
ⓒ 옥내 또는 옥외에 설치할 것
ⓒ 지하 2층 이하의 건물에 설치할 것
ⓒ 5층 이상의 건물에 설치할 것

**08** 내력벽, 기둥, 바닥, 보, 지붕틀 및 주계단은?

① 내화구조부  ② 건축설비부
③ 보조구조부  ④ 주요구조부

**[해설]** 주요구조부
내력벽, 기둥, 바닥, 보, 지붕틀 및 주계단

**09** 실의 상부에 설치된 창 또는 전용 제연구로부터 연기를 옥외로 배출하는 방식으로 전원이나 복잡한 장치가 필요하지 않으며, 평상시 환기 겸용으로 사용하는 것은?

① 밀폐 제연방식
② 스모크 타워 제연방식
③ 자연 제연방식
④ 기계식 제연방식

**[해설]** 제연방식의 종류
ⓒ 밀폐 제연방식 : 화재발생 시 연기를 밀폐하여 연기의 외부유출, 외부의 신선한 공기의 유입을 막아 제연하는 방식

ⓒ 자연 제연방식
화재 시 발생되는 온도 상승에 의해 발생한 부력 또는 외부 공기의 흡출효과에 의하여 내부의 실 상부에 설치된 창 또는 전용의 제연구로부터 연기를 옥외로 배출하는 방식
ⓒ 스모크 타워 제연방식
전용 샤프트를 설치하여 건물 내·외부의 온도차와 화재 시 발생되는 열기에 의한 밀도차이를 이용하여 지붕외부의 루프모니터 등을 이용하여 옥외로 배출·환기시키는 방식
② 기계제연방식
ⓐ 제1종 기계 제연방식
화재 발생지역이나 복도나 계단을 통해서 기계력에 의한 제연을 행하는 방식으로서 급기와 제연 모두가 기계에 의존하므로 풍력조절에 주의해야 하며 장치가 복잡하다.
ⓑ 제2종 기계 제연방식
화재발생 시 발생한 연기를 발생한 곳의 상부에 설치되어 있는 제연기로 흡입하여 외부로 방출하는 방식
ⓒ 제3종 기계 제연방식
화재 발생 시 발생한 연기를 발생한 곳의 상부에 설치되어 있는 제연기로 흡입하여 외부로 방출하는 방식으로 제연기의 흡입력에 의해서 연기가 다른 구역으로 이동되지 않는 장점이 있어 많이 사용하고 있다.

**10** 유류저장탱크의 화재 중 열류층을 형성 화재의 진행과 더불어 열류층이 점차 탱크 바닥으로 도달해 탱크 저부에 물 또는 물-기름 에멀전이 수증기로 변해 부피 팽창에 의해 유류의 갑작스런 탱크 외부로의 분출을 발생시키면서 화재를 확대시키는 현상은?

① 보일오버(Boil Over)
② 슬롭오버(Slop Over)
③ 프로스오버(Froth Over)
④ 플래시오버(Flash Over)

**해설** 유류탱크에서 발생하는 현상
㉠ 보일오버(Boil Over)
ⓐ 중질유 탱크에서 장시간 조용히 연소하다가 탱크의 잔존기름이 갑자기 분출(Overflow)하는 현상

ⓑ 유류탱크 바닥에 물 또는 물-기름에 에멀전이 섞여 있을 때 화재가 발생하는 현상
ⓒ 연소유면으로부터 100[℃] 이상의 열파가 탱크 저부에 고여 있는 물을 비등하게 하면서 연소유를 탱크 밖으로 비산하며 연소하는 현상
㉡ 슬롭오버(Slop Over)
물이 연소유의 뜨거운 표면에 들어갈 때 기름 표면에서 화재가 발생하는 현상
㉢ 프로스오버(Froth over)
물이 뜨거운 기름 표면 아래서 끓을 때 화재를 수반하지 않는 용기에서 넘쳐흐르는 현상
㉣ 블레비(BLEVE, Boilling Liquid Expanding Vapour Explosion)
액화가스 저장탱크의 누설로 부유 또는 확산된 액화가스가 착화원과 접촉하여 액화가스가 공기 중으로 확산, 폭발하는 현상

**11** 다음 중 재료의 연결이 잘못된 것은?
① 불연재료-철판
② 불연재료-석면 슬레이트
③ 준불연재료-목모시멘트판
④ 준불연재료-유리

**해설** 방화재료
㉠ 불연재료 : 콘크리트, 석재, 벽돌, 기와, 석면판, 철강, 알루미늄, 유리, 모르타르, 회 등
㉡ 준불연재료 : 목모시멘트판

**12** 분진폭발을 일으킬 수 없는 것은 어느 것인가?
① 담뱃가루
② 알루미늄분말
③ 아연분말
④ 석회석분말

**해설** 분진폭발을 일으키는 물질
담뱃가루, 알루미늄분말, 아연분말, 마그네슘 분말, 황, 밀가루

> 분진폭발을 하지 않는 물질
> 시멘트분, 석회석, 생석회

**13** 화재실 혹은 화재공간의 단위바닥면적에 대한 등가가연물량의 값을 화재하중이라 하며 식으로 $Q = \dfrac{\Sigma(G_t \cdot H_t)}{H \cdot A}$ 와 같이 표현할 수 있다. 여기서 H는 무엇을 나타내는가?

① 목재의 단위발열량
② 가연물의 단위발열량
③ 화재실 내 가연물의 전체발열량
④ 목재의 단위발열량과 가연물의 단위발열량을 합한 것

**해설** 화재하중

단위면적당 가연성 수용물의 양으로서 건물화재 시 발열량 및 화재의 위험성을 나타내는 용어이고, 화재의 규모를 결정하는데 사용한다.

> ● 화재하중
> $$Q = \dfrac{\Sigma(G_t \times H_t)}{H \times A} = \dfrac{\Sigma Q_t}{4,500 \times A} \; [kg/m^2]$$

여기서, $G_t$ : 가연물의 질량
$H_t$ : 가연물의 단위발열량[kcal/kg]
$Q_t$ : 가연물의 전발열량[kcal]
$H$ : 목재의 단위발열량(4,500[kcal/kg])
$A$ : 화재실의 바닥면적[m²]

| 소방<br>대상물 | 주택·<br>아파트 | 사무실 | 창고 | 시장 | 도서실 | 교실 |
|---|---|---|---|---|---|---|
| 화재<br>하중<br>[kg/m²] | 30~60 | 30~<br>150 | 200~<br>1,000 | 100~<br>200 | 100~<br>250 | 30~45 |

**14** 최근 전체화재 중 건물화재가 차지하는 비율은?

① 15.4[%]  ② 37.8[%]
③ 67[%]   ④ 85.1[%]

**해설** 전체 화재에서 건물화재가 67[%]를 차지한다.

**15** 고체 가연물이 연소될 때 나타나는 현상은?

① 표면연소  ② 심부연소
③ 발염연소  ④ 불꽃연소

**해설** 문제 4번 해설 참조

**16** 화재 시 탄산가스의 농도로 인한 중독작용의 설명으로 적합하지 않은 것은?

① 농도가 0.1[%]인 경우 : 공중위생상의 상한선이다.
② 농도가 3[%]인 경우 : 호흡수가 증가되기 시작한다.
③ 농도가 4[%]인 경우 : 두부에 압박감이 느껴진다.
④ 농도가 6[%]인 경우 : 의식불명 또는 생명을 잃게 된다.

**해설** 이산화탄소의 영향

| 농도 | 인체에 미치는 영향 |
|---|---|
| 0.1[%] | 공중위생상의 상한선 |
| 2[%] | 불쾌감 감지 |
| 3[%] | 호흡수 증가 |
| 4[%] | 두부에 압박감 감지 |
| 6[%] | 두통, 현기증, 호흡곤란 |
| 10[%] | 시력장애, 1분 이내에 의식불명하여 방치 시 사망 |
| 20[%] | 중추신경이 마비되어 사망 |

**17** 다음 중 전기화재의 원인으로 볼 수 없는 것은?

① 승압에 의한 발화
② 과전류에 의한 발화
③ 누전에 의한 발화
④ 단락에 의한 발화

**해설** 전기화재

전기화재는 양상이 다양한 원인 규명의 곤란이 많은 전기가 설치된 곳의 화재

> ● 전기화재의 원인
> 합선(단락), 과부하, 누전, 스파크, 배선불량, 과전류

정답  13.① 14.③ 15.① 16.④ 17.①

**18** 액화 가연성 가스의 용기가 과열로 파손되어 가스가 분출된 후 불이 붙었다. 이러한 현상을 무엇이라고 하는가?
① 블레비 현상
② 보일오버 현상
③ 슬롭오버 현상
④ 파이어볼 현상

**해설** 블레비(BLEVE) 현상
액화 가연가스의 용기가 과열로 파손되어 가스가 분출된 후 불이 붙는 현상

• 액화 가연성 탱크 : 블레비현상

**19** 화재의 연소한계에 관한 설명 중 옳지 않은 것은?
① 가연성 가스와 공기의 혼합가스에는 연소에 도달할 수 있는 농도의 범위가 있다.
② 농도가 낮은 편을 연소 하한계라 하고, 농도가 높은 편을 연소 상한계라고 한다.
③ 휘발유의 연소 상한계는 10.5[%]이고, 연소 하한계는 2.7[%]이다.
④ 혼합가스가 농도의 범위를 벗어날 때에는 연소하지 않는다.

**해설** 휘발유의 연소범위 : 1.4~7.6[%]

**20** 다음 중 가연성 가스가 아닌 것은?
① 수소
② 염소
③ 에탄
④ 메탄

**해설** 가스의 종류
㉠ 가연성 가스 : 수소, 일산화탄소, 아세틸렌, 메탄, 에탄, 프로판, 부탄 등의 폭발한계 농도가 하한값이 10[%] 이하, 상한값과 하한값의 차이가 20[%] 이상인 가스
㉡ 압축가스 : 수소, 질소, 산소 등 고압으로 저장되어 있는 가스
㉢ 액화가스 : 액화석유가스(LPG), 액화천연가스(LNG) 등 액화되어 있는 가스
㉣ 조연(지연)성 가스 : 산소, 오존, 공기, 염소, 불소 등 자신은 연소하지 않고 연소를 도와주는 가스

**21** 전기화재 요인별 발생상황 분석 시 가장 비율이 높은 것은?
① 합선
② 누전
③ 과전류
④ 정전기

**해설** 전기화재 요인별 발생상황[현행 삭제]
합선＞누전＞과전류＞절연불량＞정전기

**22** 방재 시스템의 인텔리전트(Intelligent)화와 관련이 적은 것은?
① 정확한 방재정보의 파악
② 화재의 확대상황(불, 연기)의 파악
③ 방재 시스템의 설치 및 관리비용 절감
④ 화재 시 빌딩 내 잔류인원 등 정보의 정확한 파악

**해설** 방재 시스템의 설치 및 관리비용 절감은 인텔리전트화와 관련이 적다.

**23** 다음 화재 사례 중 가장 최근에 발생한 화재는?
① 부산 대아호텔 화재
② 제주 서귀포호텔 사우나 화재
③ 대구호텔 화재
④ 서울 대연각호텔 화재

**해설** 화재 사례
㉠ 부산 대아호텔 화재 : 1984년 1월 14일
㉡ 제주 서귀포호텔 사우나 화재 : 1994년 3월 23일
㉢ 대구호텔 화재 : 1994년 12월 20일
㉣ 서울 대연각호텔 화재 : 1971년 12월 25일

**24** 가연성 가스이면서도 독성가스인 것으로만 된 것은?
① 메탄, 에틸렌
② 불소, 벤젠
③ 이황화탄소, 염소
④ 황화수소, 암모니아

**해설** 가연성 가스이면서 독성가스인 것 : 황화수소, 암모니아, 벤젠

**정답** 18.① 19.③ 20.② 21.① 22.③ 23.③ 24.④

**25** 제4류 위험물의 일반적인 특성이 아닌 것은?

① 인화하기 쉬운 위험물이다.
② 증기는 공기보다 가볍다.
③ 연소범위의 하한이 낮다.
④ 인화점이 낮다.

**해설** **제4류 위험물의 일반적인 성질**
㉠ 대단히 인화하기 쉬운 인화성 액체이다.
㉡ 물보다 가볍고 물에 녹지 않는다.
㉢ 증기비중은 공기보다 무겁기 때문에 낮은 곳에 체류하여 연소, 폭발의 위험이 있다.
㉣ 연소범위의 하한이 낮기 때문에 공기 중 소량 누설되어도 연소한다.

정답 25.②

# 제5회 소방시설관리사 1차 필기 기출문제

### [제1과목 : 소방안전관리론 및 화재역학]

**01** 국내의 화재발생 원인 중 비율이 가장 높은 것은?
① 유류
② 불장난
③ 담배
④ 전기

**해설** 화재발생 원인 : 전기 > 담배 > 불장난 > 유류[현행 삭제]

**02** 최근 5년간 화재발생 증가율이 높은 것은?
① 주택
② 차량
③ 공장
④ 음식점

**해설** 화재발생률 : 차량 > 음식점 > 공장 > 주택[현행 삭제]

**03** 일반 목조건물의 최성기에서 연소낙하까지의 소요시간으로 가장 적합한 것은?
① 1~5분
② 4~14분
③ 6~19분
④ 13~24분

**해설** 일반목조건축물의 소요시간

| 풍속(m/sec) | 발화 → 최성기 | 최성기 → 연소낙하 | 발화 → 연소낙하 |
|---|---|---|---|
| 0~3분 | 5~15분 | 6~19분 | 13~24분 |

**04** 가연성 혼합기의 발화지연 시간에 영향을 미치는 요인이 아닌 것은?
① 혼합가스의 농도
② 혼합가스의 활성화에너지
③ 혼합가스의 초기 압력
④ 혼합가스의 연소한계

**해설** 발화지연 시간에 영향을 미치는 요인 : 농도, 활성화에너지, 연소한계

**05** 방화구획 면적을 작게 할 경우 맞지 않는 것은?
① 정보를 전달하기 쉽다.
② 화재성장의 억제가 유리하다.
③ 시각적 장애를 일으킨다.
④ 연기의 평면적 확대를 억제한다.

**해설** 방화구획은 1,000[m²] 이내마다 구획하는데 작게 할 경우
㉠ 정보 전달이 어렵다.
㉡ 화재가 성장하기가 어렵다.
㉢ 시각적인 장애를 일으킨다.
㉣ 연기의 평면적 확대를 억제한다.

**06** 소손정도에 의한 분류기준 중 부분소 화재는 약 몇 [%] 정도가 소손되는 경우인가?
① 10[%] 미만 소손된 경우
② 10~30[%] 미만 소손된 경우
③ 30~70[%] 미만 소손된 경우
④ 70[%] 이상 소손된 경우

**해설** 화재의 손실정도
㉠ 국소 화재[현행 삭제]
　전체의 10[%] 미만이 소손된 경우로서 바닥면적이 3.3[m²] 미만이거나 내부의 수용물만이 소손된 경우
㉡ 부분소 화재[현행 : 30% 미만 소손된 경우]
　전체의 10[%] 이상 30[%] 미만이 소손된 경우
㉢ 반소 화재
　전체의 30[%] 이상 70[%] 미만이 소손된 경우
㉣ 전소 화재
　전체의 70[%] 이상이 소손되거나 70[%] 미만이라 할지라도 재수리 사용이 불가능하도록 소손된 경우
㉤ 즉소 화재[현행 삭제]
　화재로 인한 인명피해가 없고 피해액이 경미한(동산과 부동산을 포함하여 50만원 미만) 화재로 화재건수에 이를 포함한다.

**정답** 01.④ 02.② 03.③ 04.③ 05.① 06.②

## 01. 소방안전관리론 및 화재역학

**07** 일반건축물 화재 시 제2차 안전구획은?
① 복도　　② 계단전실
③ 지상　　④ 계단

**해설** 건축물 화재의 안전구획

| 구분 | 1차 안전구획 | 2차 안전구획 | 3차 안전구획 |
|---|---|---|---|
| 종류 | 복도 | 계단부속실 (전실) | 계단 |

**08** 다음 중 대형화재의 기준에 해당되지 않는 것은?
① 사망자 5인 이상
② 사상자 10인 이상
③ 재산피해 50억원 이상
④ 이재민 50인 이상

**해설** 긴급상황 보고 사항
(1) 보고라인 : 소방서의 종합상황실 → 소방본부 종합상황실 → 소방청 종합상황실
(2) 소방본부장 또는 소방서장이 소방청장에게 보고하여야 할 화재
　㉠ 대형화재
　　ⓐ 인명피해 : 사망 5인 이상, 사상자 10인 이상 발생한 화재
　　ⓑ 재산피해 : 재산피해액 50억 이상 발생한 화재
　㉡ 중요화재
　　ⓐ 관공서, 학교, 정부미도정공장, 문화재, 지하철, 지하구 등 공공건물의 화재
　　ⓑ 관광호텔, 고층건물, 지하상가, 시장, 백화점, 대량 위험물 제조소, 저장소, 취급소
　　ⓒ 이재민 100인 이상 발생한 화재
　㉢ 특수화재
　　ⓐ 철도, 항구에 매어둔 외항선, 항공기, 발전소 및 변전소의 화재
　　ⓑ 특수사고, 방화 등 화재원인이 특이한 화재
　　ⓒ 외국공관 및 그 사택
　　ⓓ 기타 사회 이목이 집중되는 화재

**09** 현장에서 안전사고를 분석하기 위한 방법으로 옳지 않은 것은?
① 안전사고를 개별적으로 분석한다.
② 사고내용의 공통점을 찾아낸다.
③ 사고내용의 주된 사항을 찾아낸다.
④ 유사한 사고를 사전에 예방하기 위하여 결함사항을 찾아낸다.

**해설** 안전사고의 분석방법
㉠ 안전사고내용을 개별적으로 분석한다.
㉡ 사고내용의 주된 사항을 찾아낸다.
㉢ 유사한 사고를 사전에 예방하기 위하여 결함사항을 찾아낸다.

**10** 다음 중 상온상압에서 연소 시 g-mol당 연소열이 가장 많은 것은?
① n-부탄　　② 에탄
③ 메탄　　　④ 프로판

**해설** 연소열
단위 면적당 단위시간에 연소하는 연료의 중량

| 종류 | n-부탄 | 에탄 | 메탄 | 프로판 |
|---|---|---|---|---|
| 발열량 (연소열) | 30,690 [kcal/m$^3$] | 16,630 [kcal/m$^3$] | 9,494 [kcal/m$^3$] | 23,670 [kcal/m$^3$] |

**11** 제4류 위험물의 석유류 취급 시 정전기 발생이 증가하는 경우가 아닌 것은?
① 필터를 통과할 때
② 유속이 높을 때
③ 비전도성 부유물질이 적을 때
④ 와류가 형성될 때

**해설** 정전기 발생요인
㉠ 필터를 통과할 때(유속이 증가하므로)
㉡ 유속이 높을 때(유속을 1[m/sec] 이하로 하여야 한다)
㉢ 비전도성 부유물질이 많을 때
㉣ 와류가 형성될 때

**정답** 07.② 08.④ 09.② 10.① 11.③

**12** 화재 시 탄산가스의 농도로 인한 중독 작용의 설명으로 적합하지 않은 것은?

① 농도가 1[%]인 경우 : 공중위생상의 상한선이다.
② 농도가 3[%]인 경우 : 호흡수가 증가되기 시작한다.
③ 농도가 4[%]인 경우 : 두부에 압박감이 느껴진다.
④ 농도가 6[%]인 경우 : 호흡이 곤란해진다.

**해설** 이산화탄소의 중독 현상

| 농도 | 인체에 미치는 영향 |
|---|---|
| 0.1[%] | 공중위생상의 상한선 |
| 2[%] | 불쾌감 감지 |
| 3[%] | 호흡수 증가 |
| 4[%] | 두부에 압박감 감지 |
| 6[%] | 두통, 현기증, 호흡곤란 |
| 10[%] | 시력장애, 1분 이내에 의식 불명하여 방치 시 사망 |
| 20[%] | 중추신경이 마비되어 사망 |

**13** 피난시설을 계획하는 일반적인 원칙이 아닌 것은?

① 피난수단은 원시적 방법에 의하는 것을 원칙으로 한다.
② 연기의 침입을 방지하기 위해 피난경로를 복잡하게 한다.
③ 피난설비는 고정식설비를 위주로 할 것
④ 피난경로에는 피난방향을 명백히 표시한다.

**해설** 피난대책의 일반적인 원칙
㉠ 피난경로는 간단명료하게 할 것
㉡ 피난설비는 고정식설비를 위주로 할 것
㉢ 피난수단은 원시적 방법에 의한 것을 원칙으로 할 것
㉣ 2방향 이상의 피난통로를 확보할 것
㉤ 피난통로는 항상 사용할 수 있도록 자물쇠를 풀어 둔다.
㉥ 피난대책은 풀 프루프(Fool proof)와 페일 세이프(Fail safe)의 원칙을 중시하여야 한다.

**14** 화재발생 시 인간의 피난특성으로 틀린 것은?

① 무의식중에 평상 시 사용하는 출입구나 통로를 사용한다.
② 좌측통행을 하고 시계방향으로 회전한다.
③ 화염, 연기에 대한 공포감으로 발화의 반대방향으로 이동한다.
④ 화재 시 최초로 행동을 개시한 사람을 따라 전체가 움직이는 경향이 있다.

**해설** 화재 시 인간의 피난 행동 특성
㉠ 귀소본능 : 평소에 사용하던 출입구나 통로 등 습관적으로 친숙해 있는 경로로 도피하려는 본능
㉡ 지광본능 : 화재의 공포로 인하여 밝은 방향으로 도피하려는 본능
㉢ 추종본능 : 화재 발생 시 최초로 행동을 개시한 사람에 따라 전체가 움직이는 본능(많은 사람들이 달아나는 방향으로 무의식적으로 안전하다고 느껴 위험한 곳임에도 불구하고 따라가는 경향)
㉣ 좌회본능 : 좌측으로 통행하고 시계의 반대방향으로 회전하려는 본능
㉤ 퇴피본능 : 연기나 화염에 대한 공포감으로 화원의 반대방향으로 이동하려는 본능

**15** 다음 중 연기의 농도가 짙게 되는 경우는?

① 공기가 부족할 때  ② 환기가 잘될 때
③ 공기가 많을 때    ④ 압력이 높을 때

**해설** 공기의 양이 적을 때 온도가 낮을 때에는 연기의 농도가 짙어진다.

**16** 다음 중 백드래프트(Back draft) 현상은 어느 시기에 나타나는가?

① 초기      ② 성장기
③ 최성기    ④ 감쇠기

**해설** 백드래프트(Back draft)
환기가 잘되지 않는 실내에서 연소가 될 때 소화활동으로 출입문 개방 시 산소가 공급되면 폭발적인 연소와 폭풍을 동반하여 화염이 외부로 분출되는 현상으로 감쇠기에서 발생한다.

**정답** 12.① 13.② 14.② 15.① 16.④

**17** 다음 중 액면연소(증발연소)에 해당되지 않는 것은?
① 경계층 연소  ② 포트(pot) 연소
③ 전파화염  ④ 분무연소

*해설* 액면연소는 등유의 pot bunner의 연소로서 경계층의 연소, 전파화염이 해당된다.

**18** 화재 시 피난시간을 여러 가지 요소에 의해 영향을 받는다. 피난 시 체류현상이 나타날 요인으로 볼 수 없는 것은?
① 출구폭의 협소
② 복도폭의 협소
③ 가구 칸막이 등의 배치
④ 전실의 협소

*해설* 피난 체류 요인
㉠ 출구폭의 협소
㉡ 복도폭의 협소
㉢ 가구 칸막이 등의 배치

● 전실(계단부속실) : 2차 안전구획

**19** 목조건축물의 화재에 대한 설명으로 잘못된 것은?
① 최성기를 지나면 지붕과 벽이 무너진다.
② 최성기까지의 소요시간은 평균 15분이 걸린다.
③ 최성기에 도달하면 최고 1,300[℃]까지 온도가 오른다.
④ 최성기에 도달하면 연기의 색깔은 흑색으로 변한다.

*해설* 목조건축물의 화재진행 시간

| 풍속(m/sec) | 발화 → 최성기 | 최성기 → 연소낙하 | 발화 → 연소낙하 |
|---|---|---|---|
| 0~3분 | 5~15분 | 6~19분 | 13~24분 |

**20** 과거 화재발생현황을 장소별로 볼 때 화재발생률이 가장 낮은 장소는?
① 주택·아파트  ② 공장·작업장
③ 점포  ④ 차량

*해설* 장소별 화재 발생현황[현행 삭제]
주택·아파트＞차량＞공장·작업장＞점포

● 화재발생현황
① 장소별 화재발생현황 : 주택·아파트＞차량＞공장·작업장＞음식점＞점포
② 원인별 화재발생현황 : 전기＞방화＞담배＞불티＞불장난

**21** 건축물의 화재 시 그 성장을 억제하기 위하여 공간을 구획하는데, 해당되지 않는 것은?
① 수직구획  ② 측면구획
③ 수평구획  ④ 용도구획

*해설* 연소확대방지의 공간 구획
수직구획, 수평구획, 용도구획

**22** 다음 중 피난로가 확실하게 보장되는 피난 형태는?
① Z형  ② H형
③ X형  ④ T형

*해설* 피난형태

| 구분 | 특징 |
|---|---|
| T형 | 피난자에게 피난경로를 확실히 알려주는 형태 |
| X형 | 양방향으로 피난할 수 있는 확실한 형태 |
| H형 | 중앙코너방식으로 피난자의 집중으로 패닉현상이 일어날 우려가 있는 형태 |
| Z형 | 중앙복도형 건축물에서의 피난경로로서 코너식 중 제일 안전한 형태 |

**23** 열전달의 스테판-볼츠만의 법칙은 복사체의 복사열은 절대온도차이의 몇 제곱에 비례하는가?
① 1  ② 2
③ 3  ④ 4

*해설* 스테판 볼츠만 법칙
복사열은 절대온도차의 4제곱에 비례하고 열전달면적에 비례한다.
$Q = aAf(T_1^4 - T_2^4)[kcal/hr]$
$Q_1 : Q_2 = (T_1+273)^4 : (T_2+273)^4$

정답 17.④ 18.④ 19.② 20.③ 21.② 22.④ 23.④

**24** 내화건축물의 온도-시간 표준곡선에서 약 2시간 후의 온도는 몇 [℃] 정도인가?
① 500[℃]  ② 700[℃]
③ 1,000[℃]  ④ 1,100[℃]

**해설** 내화구조건축물의 화재 시 온도

| 시간 | 30분 후 | 1시간 후 | 2시간 후 | 3시간 후 |
|---|---|---|---|---|
| 온도 | 840[℃] | 950[℃] | 1,010[℃] | 1,050[℃] |

**25** 다음 중 연소에 대한 설명 중 맞지 않는 것은?
① 인화점은 착화의 용이성을 나타내는 지표가 될 수 있다.
② 발화점은 점화원이 없는 상태에서 연소를 일으키는데 필요한 최저온도이다.
③ 인화점은 화염에 의해 발화 가능한 혼합기가 형성되는 최저온도이다.
④ 인화점이 높을수록 발화점이 높다.

**해설** 인화점과 발화점

| 종류 | 휘발유 | 등유 |
|---|---|---|
| 인화점 | -43~-20[℃] | 40~70[℃] |
| 발화점 | 300[℃] | 220[℃] |

∴ 인화점이 높다고 해서 발화점이 높은 것은 아니다.

정답 24.③ 25.④

# 1998 제4회 소방시설관리사 1차 필기 기출문제

[제1과목 : 소방안전관리론 및 화재역학]

**01** 목조건축물의 화재 진행상황에 관한 설명으로 알맞은 것은?

① 화원 – 무염착화 – 출화 – 소화
② 화원 – 발염착화 – 출화 – 소화
③ 화원 – 무염착화 – 발염착화 – 출화 – 최성기 – 소화
④ 화원 – 무염착화 – 출화 – 최성기 – 소화

[해설] 목조건축물의 화재진행과정
화재원인 → 무염착화 → 발염착화 → 출화 → 최성기 → 연소낙하 → 소화

**02** 방화상 유효한 구획 중 일정규모 이상이면 건축물에 적용되는 방화구획을 하여야 한다. 다음 중에서 구획 종류가 아닌 것은?

① 면적단위   ② 층단위
③ 용도단위   ④ 수용인원단위

[해설] 방화구획의 종류 : 면적단위, 층단위, 용도단위

**03** 다음 중 피난대책으로 부적합한 것은?

① 화재층의 피난을 최우선으로 고려한다.
② 피난동선은 2방향 피난을 가장 중시한다.
③ 피난시설 중 피난로는 출입구 및 계단을 말한다.
④ 인간의 본능적 행동을 무시하지 않도록 고려한다.

[해설] 피난로 : 복도나 거실

**04** 다음 물질의 증기가 공기와 혼합기체를 형성하였을 때 연소범위가 가장 넓은 혼합비를 형성하는 물질은?

① 수소($H_2$)   ② 이황화탄소($CS_2$)
③ 아세틸렌($C_2H_2$)   ④ 에테르(($C_2H_5)_2O$)

[해설] 연소범위

| 종류 | 수소 | 이황화탄소 | 아세틸렌 | 에테르 |
|---|---|---|---|---|
| 연소범위 | 4.0~75[%] | 1.2~44[%] | 2.5~81[%] | 1.9~48[%] |

'위험성이 가장 큰 것은?'이라고 묻는다면 위험도를 계산하여야 한다.

① 수소 $H = \dfrac{상한값 - 하한값}{하한값} = \dfrac{75 - 4.0}{4.0} = 17.75$

② 이황화탄소 $H = \dfrac{44 - 1.2}{1.2} = 35.67$

③ 아세틸렌 $H = \dfrac{81 - 2.5}{2.5} = 31.4$

④ 에테르 $H = \dfrac{48 - 1.9}{1.9} = 24.26$

∴ 위험성이 가장 큰 것은 이황화탄소이다.

**05** 단위면적당 가연물의 중량을 나타내는 화재하중에 영향을 주는 것은?

① 가연물의 배열상태
② 가연물의 압력
③ 가연물의 양
④ 가연물의 비표면적

[해설] 화재하중(Fire Load)
㉠ 화재하중의 정의 : 단위면적당 가연물의 양[$kg/m^2$]
㉡ 영향인자 : 단위면적, 가연물의 중량, 발열량

정답  01.③  02.④  03.③  04.③  05.③

**06** 다음 중 폭연(Deflagration)에 대한 설명으로 옳은 것은?
① 발열반응으로 연소의 전파속도가 음속보다 느린 현상
② 가열기구는 충격파에 의한 충격압력
③ 혼합비가 연소범위 상한보다 약간 높은 곳에서 발생한다.
④ 발열반응으로 연소의 전파속도가 음속보다 빠른 현상

[해설] ㉠ 폭연(Deflagration) : 발열반응으로서 연소의 전파속도가 음속보다 느린 것
㉡ 폭굉(Detonation) : 물질 내에 충격파가 생겨 반응을 일으키는 것으로 음속보다 빠른 것

**07** 화재의 연소에 대한 설명 중 틀린 것은?
① 화재는 가연물질의 연소로부터 시작되고 그 연소로 종료된다.
② 연소의 요인으로서는 접염, 대류, 복사, 비화 연소 등의 현상이 있다.
③ 연소의 종류는 정상연소, 접염연소의 2종으로 분류된다.
④ 공기는 연소 3요소 중의 하나이다.

[해설] 연소의 종류
정상연소, 비정상연소

**08** 다음 중 휘발유의 인화점은?
① -18[℃]
② -43[℃]
③ 11[℃]
④ 70[℃]

[해설] • 휘발유의 인화점 : -43~-20[℃]
• 착화점 : 300[℃]

**09** 다음 중 장소별 화재 사망비율이 가장 높은 곳은?
① 주택, 아파트    ② 공장, 작업장
③ 창고              ④ 점포

[해설] 장소별 화재발생현황[현행 삭제]
주택, 아파트＞차량＞공장·작업장＞음식점＞점포

**10** 보통 화재에서 백색불꽃의 온도는 몇 [℃]인가?
① 525[℃]    ② 750[℃]
③ 1,300[℃]  ④ 1,500[℃]

[해설] 불꽃의 색상

| 색상 | 담암적색 | 암적색 | 적색 | 황적색 | 백적색(백색) | 휘백색 |
|---|---|---|---|---|---|---|
| 온도([℃]) | 520 | 700 | 850 | 1,100 | 1,300 | 1,500 이상 |

**11** 다음 중 계절별 화재발생순서가 옳은 것은?
① 봄＞겨울＞여름＞가을
② 봄＞겨울＞가을＞여름
③ 겨울＞봄＞가을＞여름
④ 겨울＞봄＞여름＞가을

[해설] 계절별 화재발생순서[현행 삭제]
겨울＞봄＞가을＞여름

**12** 플라스틱 재료와 그 특성에 관한 대비로 옳은 것은?
① PVC 수지 - 열가소성
② 페놀수지 - 열가소성
③ 폴리스틸렌수지 - 열경화성
④ 폴리에틸렌수지 - 열경화성

[해설] 플라스틱의 성상
㉠ 열가소성 수지 : 열에 의하여 변형되는 수지(폴리에틸렌수지, 폴리스틸렌수지, PVC 수지 등)
㉡ 열경화성 수지 : 열에 의하여 굳어지는 수지(페놀수지, 요소수지, 멜라민수지)

정답  06.①  07.③  08.②  09.①  10.③  11.③  12.①

**13** 화재발생 시 피해의 증가요인으로 볼 수 없는 것은?
① 인구의 증가에 따른 건물 밀집
② 가연성 물질의 대량 사용
③ 전기사용의 증가
④ 견고하고 무거운 재료 대신 가볍고 불에 타기 쉬운 재료 설치

**해설** 화재피해의 증가요인
㉠ 인구증가 및 도시집중에 따른 건물, 공동주택건물의 밀집현상
㉡ 플라스틱 등 가연성물질의 대량 사용
㉢ 방화구획이 되어 있지 않는 대형건물의 증가
㉣ 좁고 밀폐된 공간 내의 고가품의 집적
㉤ 방화사범의 증가
㉥ 석유류 및 전기사용의 증가

**14** 다음 중 방화진단의 조건으로 거리가 먼 것은?
① 인접한 건축물의 구조
② 건물의 실내장식
③ 항공장애등 설비의 유지상황
④ 휴일과 야간의 수용인원 파악

**해설** 방화진단의 조건
㉠ 인접한 건축물의 구조
㉡ 건물의 실내장식
㉢ 수용인원 파악

**15** 정전기의 발생이 가장 적은 것은?
① 자동차의 장시간 주행하는 경우
② 위험물 옥외탱크에 석유류를 주입하는 경우
③ 공기 중 습도가 높은 경우
④ 부도체를 마찰시키는 경우

**해설** 정전기 방지법
㉠ 접지를 할 것
㉡ 공기를 이온화할 것
㉢ 공기 중의 상대습도를 70[%] 이상으로 할 것

**16** 훈소 화재에 대한 설명이다. 옳지 않은 것은?
① 거의 밀폐된 내화구조로 된 실내화재 시 많이 일어난다.
② 신선한 공기의 공급이 불충분하여 연소가 거의 정지 또는 매우 느리게 진행된다.
③ 화재의 종기단계에 나타나는 현상으로 가연물이 거의 소진되고 더 이상 연소가 진행되지 않는 상태를 말한다.
④ 훈소 중에도 열축적은 계속되어 외부공기가 갑자기 유입될 때에는 급격한 연소가 일어날 수 있는 상태를 말한다.

**해설** 훈소 화재
㉠ 정의 : 물질이 착화되어 불꽃없이 연기를 내면서 타거나 타다가 어느 정도 시간이 지나면서 발염될 때까지의 연소상태
㉡ 훈소화재의 특성
ⓐ 거의 밀폐된 내화구조로 된 실내화재 시 많이 일어난다.
ⓑ 신선한 공기의 공급이 불충분하여 연소가 거의 정지 또는 매우 느리게 진행된다.
ⓒ 화재의 초기단계에 나타나는 현상이다.
ⓓ 훈소 중에도 열축적은 계속되어 외부공기가 갑자기 유입될 때에는 급격한 연소가 일어날 수 있는 상태를 말한다.
• 훈소흔 : 목재에 남겨진 흔적

**17** 소방대상물의 크기가 가로 8[m], 세로 10[m], 높이 5[m]인 9,000[kcal/kg]의 발열량을 갖는 가연물이 가득 차 있다면 이 건물 내의 화재하중은 몇 [kg/m²]인가? (단, 특정가연물의 비중은 0.8로 한다)
① 8,000[kg/m²]
② 9,000[kg/m²]
③ 10,000[kg/m²]
④ 12,000

해설) **화재하중**

$$Q = \frac{\Sigma(G_t \times H_t)}{H \times A}$$

여기서, $Q$ : 화재하중[kg/m²]
$G_t$ : 가연물 질량[kg]
$H_t$ : 가연물의 단위발열량[kcal/kg]
$H$ : 목재의 단위발열량(4,500[kcal/kg])
$A$ : 화재실의 바닥면적[m²]

$$\therefore Q = \frac{\Sigma(G_t \times H_t)}{H \times A}$$

$$= \frac{800[kg/m^3] \times (8 \times 10 \times 5)[m^3] \times 9,000[kcal/kg]}{4,500[kcal/kg] \times (8 \times 10)[m^2]}$$

$$= 8,000[kg/m^2]$$

**18** 우리나라 화재 원인 중 가장 많은 원인으로 나타나고 있는 것은?

① 전기  ② 유류
③ 담배  ④ 방화

해설) **화재의 발생현황[현행 삭제]**
㉠ 원인별 화재발행 현황 : 전기>담배>방화>불티>불장난>유류
㉡ 장소별 화재발행 현황 : 주택, 아파트>차량>공장>음식점>점포

**19** 다음 중 방화구획의 효과와 관계없는 것은?

① 화염의 제한  ② 인명의 안전대피
③ 화재하중의 감소  ④ 연기의 확산방지

해설) **방화구획의 효과**
㉠ 화염의 제한
㉡ 인명의 안전대피
㉢ 연기의 확산방지

**20** 산소의 유량이 2.12[L/min], 질소의 유량이 10.48[L/min]일 때 산소지수(LOI)는?

① 10.8[%]  ② 16.8[%]
③ 25.8[%]  ④ 42.8[%]

해설)
$$LOI = \frac{O_2}{O_2 + N_2} \times 100$$

$$= \frac{2.12[L/min]}{2.12[L/min] + 10.48[L/min]} \times 100$$

$$= 16.8[\%]$$

**21** 기체, 고체, 액체에서 나오는 분해가스나 증기의 농도를 작게 하여 소화하는 방법은?

① 냉각소화  ② 질식소화
③ 제거소화  ④ 희석소화

해설) **소화의 종류**
㉠ 냉각소화 : 화재 현장에 물을 주수하여 발화점 이하로 온도를 낮추어 소화하는 방법

> 물 1[L/min]는 건물 내의 일반가연물을 진화할 수 있는 양 : 0.75[m³]

㉡ 질식소화 : 공기중의 산소의 농도를 21[%]에서 15[%] 이하로 낮추어 소화하는 방법

> 질식소화 시 산소의 유효 한계농도 : 10~15[%]

㉢ 제거소화 : 화재 현장에서 가연물을 없애주어 소화하는 방법

> 표면연소는 불꽃연소보다 연소속도가 매우 느리다.

㉣ 화학소화(부촉매효과) : 연쇄반응을 차단하여 소화하는 방법
㉤ 희석소화 : 알코올, 에테르, 에스터, 케톤류 등 수용성 물질에 다량의 물을 방사하여 가연물의 농도를 낮추어 소화하는 방법과 기체, 고체, 액체에서 나오는 분해가스나 증기의 농도를 낮추어 소화하는 방법
㉥ 유화소화 : 물분무소화설비를 중유에 방사하는 경우 유류표면에 엷은 막으로 유화층을 형성하여 화재를 소화하는 방법
㉦ 피복소화 : 이산화탄소 약제 방사 시 가연물의 구석까지 침투하여 피복하므로 연소를 차단하여 소화하는 방법

**22** 다음 중 알킬알루미늄의 소화에 적합한 소화제는?

① 마른모래  ② 분무상의 물
③ 포말  ④ 이산화탄소

해설) 알킬알루미늄의 소화제 : 마른모래, 팽창질석, 팽창알루미늄

**23** 최근 국내 호텔화재를 분석하였을 때 증가율이 큰 것은?

① 인명피해
② 재산피해
③ 발생건수
④ 인명피해 및 재산피해

**해설** 호텔은 사람이 투숙하는 장소로서 화재 시 인명에 대한 피해가 가장 크다.

**24** 열의 전달에 관한 설명 중 틀린 것은?

① 열이 전달되는 것은 전도, 대류, 복사 중 한 가지이다.
② 어떤 물체를 통해서 전달되는 것은 전도이다.
③ 공기 등 기체의 흐름으로 인해서 전달되는 것은 대류이다.
④ 전자파의 형태로 에너지를 전달하는 것은 복사이다.

**해설** 열이 전달되는 것은 전도, 대류, 복사 중 한 가지 이상의 방법으로 열이 전달된다.

**25** 목조건물의 화재가 발생하여 최성기에 도달할 때 온도는 약 몇 [℃] 정도 되는가?

① 300[℃]　　② 800[℃]
③ 1,200[℃]　④ 1,800[℃]

**해설** 건축물의 화재 성상
㉠ 목조건축물
　ⓐ 화재형태 : 고온단기형
　ⓑ 최성기 때 온도 : 1,200~1,300[℃]
㉡ 내화건축물
　ⓐ 화재형태 : 저온장기형
　ⓑ 최성기 때 온도 : 1,000[℃]

정답　23.①　24.①　25.③

CHAPTER 02

[제 2 과목]
# 소방수리학

소방시설관리사 기출문제집 [필기]

# 2024 제24회 소방시설관리사 1차 필기 기출문제
[제2과목 : 소방수리학]

**01** 지름 100mm인 관내의 물이 평균유속 5m/s로 흐를 때, 유량(m³/s)은 약 얼마인가?

① 0.039
② 0.39
③ 3.9
④ 39

해설
$Q = AU = \dfrac{\pi}{4}(0.1\text{m})^2 \times 5\text{m/s}$
$\quad\quad\quad\quad = 0.0392\text{m}^3/\text{s}$

**02** 유체의 점성에 관한 설명으로 옳지 않은 것은?

① 동점성계수의 MLT차원은 $L^2T^{-1}$이다.
② 동점성계수는 점성계수와 유체의 밀도로 나타낼 수 있다.
③ 점성계수와 동점성계수의 단위는 같다.
④ 점성은 유체에 전단응력이 적용할 때 변형에 저항하는 정도를 나타내는 유체의 성질로 정의된다.

해설
점성계수=동점성계수×밀도
$\mu$ : 점성계수[kg/m·s]
동점성계수 $\nu = \dfrac{\mu}{\rho}$
단위 : 스토크스(stokes)=cm²/s[$L^2T^{-1}$]

**03** Darcy-Weisbach 공식에서 마찰손실수두에 관한 설명으로 옳은 것은?

① 관의 직경에 반비례한다.
② 관의 길이에 반비례한다.
③ 마찰손실계수에 반비례한다.
④ 유속의 제곱에 반비례한다.

해설 달시-와이스바하 방정식
$h_L = f \cdot \dfrac{L}{D} \cdot \dfrac{u^2}{2g}$

**04** 다음 그림에서 유량이 Q인 물이 방출되고 있다. 이때, 방출유량을 4배 높이기 위한 수위로 옳은 것은? (단, 방출구의 직경 변화는 없고, 점성 등의 영향은 무시한다.)

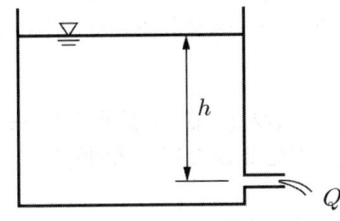

① 2h
② 4h
③ 8h
④ 16h

해설 $Q = AU = A\sqrt{2gh}$
$Q$가 4배가 되기 위해서는 $\sqrt{h}$가 4배가 되어야 함.
따라서 $h$는 16배

**05** 모세관 현상에서 대기압 $P_a$를 고려하여 액체의 상승높이를 구하는 공식으로 옳은 것은? (단, 표면장력 $\sigma$, 접촉각 $\theta$, 단위체적당 비중량 $\gamma$, 모세관직경 $d$이다.)

① $\dfrac{4\sigma\cos\theta}{\gamma d} - \dfrac{P_a}{\gamma}$
② $\dfrac{4\sigma\cos\theta}{\gamma d} - P_a$
③ $\dfrac{4\sigma\cos\theta}{\gamma d} - \dfrac{4P_a}{d}$
④ $\dfrac{4\sigma\cos\theta}{\gamma d} - \dfrac{4P_a}{\gamma}$

정답  01.①  02.③  03.①  04.④  05.①

**해설** 모세관 상승높이 $h[\text{m}]$

$$h = \frac{4\sigma\cos\theta}{\gamma d}$$

- $h$ : 상승높이[m]
- $\sigma$ : 표면장력[kgf/m]
- $\theta$ : 접촉각
- $\gamma$ : 유체의 비중량[kgf/m³]
- $d$ : 모세관의 직경[m]

**06** 관수로 흐름의 손실 중 미소손실이 아닌 것은?
① 관 마찰손실   ② 급 확대손실
③ 점차확대손실  ④ 밸브에 의한 손실

**해설**
- **주 손실** : 직관에서의 마찰 손실
- **부차적 손실** : 직관에서의 마찰손실 이외에 단면의 변화, 곡관부 및 밸브(valve), 엘보(elbow), 티(Tee) 등과 같은 관 부속물에서도 마찰손실이 발생하는데, 이와 같이 직관 이외에서 발생되는 마찰손실

**07** 펌프의 상사법칙으로 옳은 것을 모두 고른 것은? (단, 펌프의 비속도는 동일하다.)

> ㄱ. 유량은 회전수 비에 비례한다.
> ㄴ. 전양정은 회전수 비의 제곱에 비례한다.
> ㄷ. 펌프의 축동력은 회전수 비의 4승에 비례한다.

① ㄱ       ② ㄷ
③ ㄱ, ㄴ   ④ ㄴ, ㄷ

**해설** 펌프의 상사(相似)법칙
㉠ 유량은 펌프 회전수에 정비례하고 임펠러 직경의 3승에 비례한다.

$$Q_2 = \frac{N_2}{N_1} \times \left(\frac{D_2}{D_1}\right)^3 \times Q_1$$

㉡ 양정은 펌프 회전수의 제곱에 비례하고 임펠러 직경의 2승에 비례한다.

$$H_2 = \left(\frac{N_2}{N_1}\right)^2 \times \left(\frac{D_2}{D_1}\right)^2 \times H_1$$

㉢ 축동력은 펌프 회전수의 3승에 비례하고 임펠러 직경의 5승에 비례한다.

$$L_2 = \left(\frac{N_2}{N_1}\right)^3 \times \left(\frac{D_2}{D_1}\right)^5 \times L_1$$

Q : 유량, D : 임펠러 직경, N : 회전수, H : 양정, L : 축동력

**08** 직경 0.5m의 수평관에 1m³/s의 유량과 2.2kgf/cm²의 압력으로 송수하기 위한 펌프의 소요동력(kW)은 약 얼마인가? (단, 펌프 효율은 85%이며, 관내 마찰손실은 무시한다.)
① 15.2    ② 253.6
③ 268.9   ④ 283.6

**해설**
$$P[\text{kW}] = \frac{\gamma \cdot Q \cdot H}{102 \cdot \eta}k$$
$$= \frac{1000[\text{kgf/m}^3] \times 1[\text{m}^3/\text{s}] \times 22[\text{m}]}{(102) \cdot (0.85)}$$
$$= 253.7[\text{kW}]$$

**09** 직경 40mm의 호수로 200L/min의 물이 분출되고 있다. 이 호스의 직경을 20mm로 줄이면 분출속도(m/s)는 약 얼마나 증가하는가?
① 1.95    ② 4.95
③ 7.95    ④ 12.95

**해설** $A_1 U_1 = A_2 U_2$

$$U_1 = \frac{\left(\frac{0.2}{60}\right)\text{m}^3/\text{s}}{\frac{\pi}{4}(0.04\text{m})^2} = 2.65\,\text{m/s}$$

$$\frac{\pi}{4}(0.04\text{m})^2 \times 2.65\,\text{m/s} = \frac{\pi}{4}(0.02\text{m})^2 \times U_2$$

$U_2 = 10.6\,\text{m/s}$

따라서 최초 2.65m/s에서 7.95m/s 상승

# 2023 제23회 소방시설관리사 1차 필기 기출문제
[제2과목 : 소방수리학]

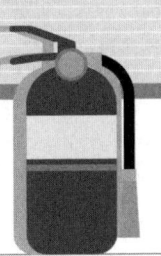

**01** 다음 중 유체에 해당하는 것을 모두 고른 것은?

| ㄱ. 고체 | ㄴ. 액체 | ㄷ. 기체 |

① ㄴ
② ㄱ, ㄷ
③ ㄴ, ㄷ
④ ㄱ, ㄴ, ㄷ

**해설** 유체 : 액체, 기체

**02** 어떤 액체의 동점성계수가 0.002m²/s, 비중이 1.1일 때 이 액체의 점성계수(N·s/m²)는 얼마인가? (단, 중력가속도는 9.8m/s², 물의 단위중량은 9.8kN/m³이다.)

① 2.2
② 6.8
③ 10.1
④ 15.7

**해설** 점성계수 = 동점성계수 × 밀도

$$밀도 = \frac{비중량}{중력가속도} = \frac{9,800\text{N/m}^3 \times 1.1}{9.8\text{m/s}^2}$$
$$= 1,100\text{N}\cdot\text{s}^2/\text{m}^4 = 1,100\text{kg/m}^3$$

점성계수 = $0.002\text{m}^2/\text{s} \times 1,100\text{kg/m}^3$
$= 2.2\text{kg/m}\cdot\text{s}$
$= 2.2\text{N}\cdot\text{s/m}^2$

**03** 관수로 흐름에서 미소손실에 해당하지 않는 것은?

① 단면 급확대손실
② 단면 급축소손실
③ 밸브손실
④ 마찰손실

**해설** 미소손실(부품손실)
① 밸브류등 부품손실
② 급격한 확대 손실
③ 급격한 축소 손실
④ 완만한 확대 및 축소 손실

**04** 이상유체 흐름에서 베르누이 방정식의 전수두(total head)를 구성하는 수두가 아닌 것은?

① 위치수두
② 마찰손실수두
③ 압력수두
④ 속도수두

**해설** 베르누이방정식

$$\frac{P_1}{\gamma} + \frac{U_1^2}{2g} + Z_1 = \frac{P_2}{\gamma} + \frac{U_2^2}{2g} + Z_2$$

여기서, P : 압력(kgf/m²)
γ : 비중량(kgf/m³)
U : 유속(m/sec)
g : 중력가속도(m/sec²)
Z : 높이(m)
$\frac{P}{\gamma}$ : 압력수두
$\frac{U^2}{2g}$ : 속도수두
Z : 위치수두

압력수두 + 속도수두 + 위치수두 = 전수두

∴ 전수두(H) = $\frac{P}{\gamma} + \frac{U^2}{2g} + Z$

**05** 내경이 0.5m인 주철관에서 물이 400m를 흐르는 동안 발생한 손실수두가 10m이다. 이때 유량(m³/s)은 약 얼마인가? (단, Manning의 평균유속공식을 사용하며, 주철관의 조도계수는 0.015, π는 3.14이다.)

① 0.517
② 2.696
③ 4.529
④ 6.315

**해설** 매닝평균유속

$$V = \frac{1}{n} R^{\frac{2}{3}} I^{\frac{1}{2}}$$

여기서, $n$ : 조도계수

**정답** 01.③ 02.① 03.④ 04.② 05.②

$R$ : 경심(수력반경)
$I$ : 동수구배($h/l$)

따라서 $R = \frac{1}{4}D = \frac{1}{4} \times 0.5m = 0.125m$

$I = h/l = 10m/400m = 0.025$

$V = \frac{1}{0.015} \times 0.125^{\frac{2}{3}} \times 0.025^{\frac{1}{2}} = 2.635$

**06** 내경이 각각 30cm와 20cm인 관이 서로 연결되어 있다. 내경 30cm 관에서의 유속이 1.5 m/s일 때 20cm 관에서의 유속(m/s)은 얼마인가? (단, 정상류 흐름이며, $\pi$는 3.14 이다.)

① 0.951
② 3.375
③ 5.691
④ 8.284

**해설** $A_1 U_1 = A_2 U_2$

$\frac{3.14}{4}(0.3m)^2 \times 1.5m/s = \frac{3.14}{4}(0.2m)^2 \times U_2$

$U_2 = 3.375 m/s$

**07** 다음에서 설명하는 것은?

> 펌프의 내부에서 유속이 급변하거나 와류 발생, 유로 장애 등에 의하여 유체의 압력이 저하되어 포화수증기압에 가까워지면, 물속에 용존되어 있는 기체가 액체 중에서 분리되어 기포로 되며 더욱이 포화수증기압 이하로 되면 물이 기화되어 흐름 중에 공동이 생기는 현상이다.

① 모세관 현상
② 사이폰
③ 도수현상(hydraulic jump)
④ 캐비테이션

**해설** **공동현상(Cavitation)**
Pump의 흡입측 배관 내에서 발생하는 것으로 배관 내의 수온 상승으로 물이 수증기로 변화하여 물이 Pump로 흡입되지 않는 현상

**08** Darcy-Weisbach의 마찰손실공식에 관한 설명 중 옳지 않은 것은?

① 마찰손실수두는 관경에 반비례한다.
② 마찰손실수두는 마찰손실계수에 비례한다.
③ 마찰손실수두는 관의 길이에 비례한다.
④ 마찰손실수두는 유속의 제곱에 반비례한다.

**해설** 달시-와이스바하 방정식(Darcy-weisbach equation)

$h_L = f \frac{L}{D} \frac{U^2}{2g}$

여기서, $h_L$ : 마찰손실수두[m]
　　　　f : 마찰계수
　　　　D : 배관의 직경[m]
　　　　L : 직관의 길이[m]
　　　　U : 유체의 유속[m/sec]

위 식은 길고 곧은 직관에서 유체의 흐름이 정상류일 때 마찰손실수두를 계산하는데 이용되는 식이다. 위 식에서 알 수 있듯 마찰손실은 배관의 길이에 비례하고, 유속의 제곱에 비례하며, 직경에 반비례한다.

**09** 레이놀즈(Reynolds) 수로 알 수 있는 유체의 흐름은?

① 층류, 난류, 천이류
② 사류, 상류, 한계류
③ 층류, 난류, 한계류
④ 사류, 상류, 천이류

**해설** 레이놀즈수

㉠ 레이놀즈수 = $\frac{관성력}{점성력}$

$R_e = \frac{dV\rho}{\mu} = \frac{dV}{\nu}$

여기서, $d$ : 직경, $V$ : 유속, $\rho$ : 밀도
　　　　$\mu$ : 점성계수, $\nu$ : 동점성계수

㉡ 판정기준

| 층류 | $R_e \leq 2,100$ |
|---|---|
| 전이(천이, 임계)영역 | $2,100 < R_e < 4000$ |
| 난류 | $R_e \geq 4,000$ |

# 2022 제22회 소방시설관리사 1차 필기 기출문제
[제2과목 : 소방수리학]

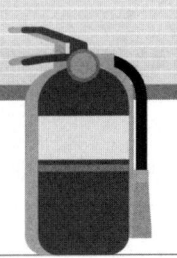

**01** 유체의 점성계수가 0.8[poise]이고 비중이 1.1일 때 동점성계수(ν)는 약 몇 [stokes]인가?

① 0.088  ② 0.727
③ 0.880  ④ 7.270

해설) 동점성계수 = $\dfrac{점성계수}{밀도}$ = $\dfrac{0.8[g/cm \cdot sec]}{1.1[g/cm^3]}$
= 0.727[cm²/sec]
= 0.727[stokes]

**02** 지상의 유체에 관한 설명으로 옳지 않은 것은?

① 유체는 공간상으로 넓게 떨어져 있는 원자들로 구성되어 있으나 물질의 원자적 본질을 무시하고 구멍이 없는 연속체로 볼 수 있다.
② 주어진 온도에서 순수 물질이 상변화를 하는 압력을 포화 압력이라 한다.
③ 중력장 내에서 시스템의 고도에 따른 결과로 시스템이 보유하는 에너지를 위치에너지라 한다.
④ 기체상수 R은 특정한 이상기체에 대하여 정해져 있으며, 이상기체에서의 음속은 압력의 함수이다.

해설)
• 기체상수 R은 모든 기체에 통용되는 상수이며 특정 이상기체에 대한 상수는 특정기체상수이다.
• 음속에서의 입력의 함수는 특정기체상수로서 공기의 상수를 이용한다.

**03** 베르누이 방정식의 가정조건으로 옳지 않은 것은?

① 동일한 유선을 따르는 흐름이다.
② 압축성 유체의 흐름이다.
③ 정상상태의 흐름이다.
④ 마찰이 없는 흐름이다.

해설) 베르누이방정식 가정조건
① 비압축성유체
② 비점성유체
③ 마찰이 없는 흐름
④ 정상상태흐름
⑤ 유체흐름은 유선상의 흐름을 가진다.

**04** 가로 8[m], 세로 8[m], 높이 3[m]인 실내의 절대압력이 100[kPa], 온도가 25[℃]이다. 실내 공기의 질량은 약 몇 [kg]인가? (단, 공기의 기체상수 R=0.287[kPa·m³/kg·K]이다).

① 1.17[kg]  ② 224.49[kg]
③ 348.43[kg]  ④ 2,675.96[kg]

해설) $PV = GRT$
$G = \dfrac{PV}{RT}$
= $\dfrac{100[kPa] \times (8 \times 8 \times 3)[m^3]}{0.287[kPa \cdot m^3/kg \cdot K] \times (273+25)[K]}$
= 224.49[kg]

정답 01.② 02.④ 03.② 04.②

**05** 수평면과 상방향으로 45° 경사를 갖는 지름 250[mm]인 원관에서 유출하는 물의평균 유출속도가 9.8[m/s]이다. 원관의 출구로부터 물의 최대 수직상승 높이는 약 몇 [m]인가?

① 0.25[m]  ② 0.49[m]
③ 2.45[m]  ④ 4.90[m]

**해설** 방사시 최고높이

$$H = \frac{V_0^2 \sin^2\theta}{2g} = \frac{(9.8[m/s])^2 \times (\sin 45°)^2}{2 \times 9.8[m/s^2]} = 2.45[m]$$

**06** 내경이 250[mm]인 원관을 통해 비압축성 유체가 흐르고 있다. 체적 유량이 40[L/s]일 때, 레이놀즈수(Re)는 약 얼마인가? (단, 동점성계수는 $0.120 \times 10^{-3}[m^2/s]$이다).

① 1,698  ② 2,084
③ 3,396  ④ 4,168

**해설**

$ReNo = \dfrac{DU}{\nu}$

$D = 0.25[m]$

$U = \dfrac{Q}{A} = \dfrac{0.04[m^3/s]}{\dfrac{\pi}{4}(0.25[m])^2} = 0.8148[m/s]$

$ReNo = \dfrac{0.25 \times 0.8148}{0.12 \times 10^{-3}} = 1697.5 ≒ 1698$

**07** 유체가 원관을 층류로 흐를 때 발생하는 마찰손실계수에 관한 설명으로 옳은 것은?

① 레이놀즈수의 함수이다.
② 레이놀즈수와 상대조도의 함수이다.
③ 마하수와 코시수의 함수이다.
④ 상대조도와 오일러수의 함수이다.

**해설** 관 마찰계수($f$)
㉠ 층류 : 상대조도와 전혀 관계없이 레이놀드수만의 함수
㉡ 임계영역(전이영역) : 상대조도와 레이놀드수의 함수
㉢ 난류 : 상대조도와 전혀 관계없이 레이놀드수에 따라서 결정되는 영역

**08** 물이 내경 200[mm]인 직선원관에 평균유속 3[m/s]로 80[m]를 유하할 때 손실수두는 약 몇 [m]인가? (단, 관마찰계수 f=0.042이다)

① 1.54[m]  ② 2.57[m]
③ 5.14[m]  ④ 7.71[m]

**해설**

$h_L = f\dfrac{L}{D}\dfrac{U^2}{2g} = 0.042 \times \dfrac{80}{0.2} \times \dfrac{3^2}{2 \times 9.8}$
$= 7.714[m]$

**09** 회전펌프의 장단점으로 옳지 않은 것은?

① 소용량, 고양정, 고점도 액체의 수송이 가능하다.
② 송출량의 맥동이 없고 구조가 간단하다.
③ 흡입양정이 적다.
④ 행정의 조절로 토출량을 조절할 수 있다.

**해설** 회전펌프
- 1~3개의 회전자(로터)를 회전시켜 그것의 밀어내기 작용으로 액체를 압출하는 형식의 펌프
- 구조가 간단하고 취급이 용이하며 프라이밍이 필요없고 오일이나 점성이 큰 액체의 압송에 적합
- 회전수의 조절로 토출량을 조절

# 2021 제21회 소방시설관리사 1차 필기 기출문제
### [제2과목 : 소방수리학]

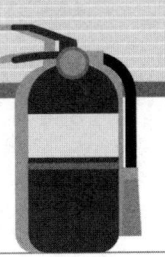

**01** 점성계수 및 동점성계수에 관한 설명으로 옳지 않은 것은?

① 액체의 경우 온도상승에 따라 점성계수 값이 감소한다.
② 기체의 경우 온도상승에 따라 점성계수 값이 증가한다.
③ 동점성계수는 점성계수를 유속으로 나눈 값이다.
④ 점성계수는 유체의 전단응력과 속도경사 사이의 비례상수이다.

**해설** 동점성계수는 절대점성계수를 밀도로 나눈 값이다.
$v = \dfrac{\mu}{\rho}$ (동점성계수 = $\dfrac{\text{절대점성계수}}{\text{밀도}}$)

**02** 소방장비의 공기 중 무게가 2[kg]이고 수중에서의 무게가 0.5[kg]일 때, 이 장비의 비중은 약 얼마인가?

① 1.33  ② 2.45
③ 3.25  ④ 4.00

**해설**
$F_{부력} = \gamma_물 \times V_{잠긴부분}(= 전체부분)$
$= 2kgf - 0.5kgf$
$= 1.5[kgf]$
$\therefore 1.5kgf = 1{,}000kgf/m^3 \times V_{전체}$
$\rightarrow V_{전체} = 1.5 \times 10^{-3} m^3$
$F_{무게} = 2kgf = \gamma_{물체} \times V_{전체}$
$= \gamma_{물체} \times 1.5 \times 10^{-3} m^3$
$\therefore \gamma_{물체} = 1{,}333.33 [kgf/m^3]$
$s = \dfrac{\gamma_{물체}}{\gamma_{물}} = \dfrac{1{,}333.33 kgf/m^3}{1{,}000 kgf/m^3} = 1.33$

**03** 수면표고차가 10[m]인 두 저수지 사이에 설치된 500[m] 길이의 원형관으로 1.0[m³/s]의 물을 송수할 때, 관의 지름(mm)은 약 얼마인가? (단, π는 3.14이고, 조도계수는 0.013이며, 마찰 이외의 손실은 무시한다)

① 105[mm]  ② 258[mm]
③ 484[mm]  ④ 633[mm]

**해설** 매닝공식
속도 $V[m/s] = \dfrac{1}{n} R^{\frac{2}{3}} S^{\frac{1}{2}}$

$\dfrac{1 m^3/s}{\frac{3.14}{4}(D)^2} = \dfrac{1}{0.013} \times \left(\dfrac{\frac{3.14}{4}(D)^2}{3.14 D}\right)^{\frac{2}{3}} \times \left(\dfrac{10}{500}\right)^{\frac{1}{2}}$

$D = 0.6327[m] = 632.7[mm]$

**04** 지름 2[mm]인 유리관에 0.25[cm³/s]의 물이 흐를 때, 마찰손실계수는 약 얼마인가? (단, π는 3.14이고, 동점성계수는 $1.12 \times 10^{-2}[cm^2/s]$이다)

① 0.02  ② 0.13
③ 0.45  ④ 0.066

**해설**
$f = \dfrac{64}{ReNo} = \dfrac{64}{\frac{Du}{v}} = \dfrac{64}{\dfrac{0.002 m \times 0.0796 m/s}{1.12 \times 10^{-2} \times \frac{1}{100^2}}} = 0.45$

$Q = AU$
$U = \dfrac{Q}{A} = \dfrac{0.25 \times \frac{1}{100^3}}{\frac{\pi}{4} \times (0.002)^2} = 0.0796 m/s$

정답 01.③ 02.① 03.④ 04.③

**05** 지름 10[cm]인 원형관로를 통하여 0.2[m³/s]의 물이 수조에 유입된다. 이 경우 단면 급확대로 인한 손실수두(m)는 약 얼마인가? (단, $\pi$는 3.14이고, 중력가속도는 981[cm/s²]이다)

① 22.20[m]   ② 33.09[m]
③ 45.98[m]   ④ 54.25[m]

**해설** $D = 10[\text{cm}] = 0.1[\text{m}]$, $Q = 0.2[\text{m}^3/\text{s}]$, $g = 981[\text{cm/s}^2]$
$Q = AU$

$U = \dfrac{Q}{A} = \dfrac{0.2 m^3/s}{\dfrac{\pi}{4} \times (0.1m)^2} = 25.46[\text{m/s}]$

$h_L = \dfrac{u^2}{2g} = \dfrac{(25.46 m/s)^2}{2 \times 9.81 m/s^2} = 33.038$

**06** 물이 원형관 내에서 층류 상태로 흐르고 있다. 관 지름이 3배로 커질 때 수두손실은 처음의 몇 배로 변화하는가? (단, 관 지름 증가에 따른 유속 변화 이외의 모든 물리량은 변하지 않는다)

① $\dfrac{1}{81}$배   ② $\dfrac{1}{9}$배
③ 9배   ④ 81배

**해설** 하겐-포아즈웰 방정식

$V_{\max} = \dfrac{\Delta P D^2}{16\mu L}$, $V_{av} = \dfrac{\Delta P D^2}{32\mu L}$

$Q = \dfrac{\pi}{4} D^2 \times \dfrac{\Delta P D^2}{32\mu L} = \dfrac{\Delta P D^4 \pi}{128\mu L}$

$\Delta P = \dfrac{128\mu L Q}{D^4 \pi}$   $H = \dfrac{128\mu L Q}{\gamma \underset{\uparrow}{D^4} \pi}$
$\quad\quad\quad\quad\quad\quad\quad\quad\quad\quad 3D$

$\therefore H \propto \dfrac{1}{(3D)^4} = \dfrac{1}{81}$배

**07** 베르누이 방정식을 물이 흐르는 관로에 적용할 때 제한조건으로 옳지 않은 것은?

① 비정상류 흐름
② 비압축성 유체
③ 비점성 유체
④ 유선을 따르는 흐름

**해설** 베르누이 방정식 제한조건
비점성, 비압축성 유선을 따르는 흐름, 정상류

**08** 주요 물리량과 그 차원이 옳게 짝지어진 것은?

① 표면장력 : $[FL^{-2}]$
② 점성계수 : $[L^2 T^{-1}]$
③ 단위중량 : $[FL^{-4}T^2]$
④ 에너지 : $[FL]$

**해설** ④ 에너지 : $[J] = [N \cdot m] \to [FL]$
① 표면장력 : $\sigma = [N/m] \to [FL^{-1}]$
② 점성계수 : $\mu = [g/cm \cdot s] \to [ML^{-1}T^{-1}]$
③ 단위중량 : $\dfrac{W}{V} = \dfrac{m \cdot g}{V} \to [\dfrac{kg \cdot \dfrac{m}{s^2}}{m^3}]$

$= [\dfrac{kg}{m^2 \cdot s^2}] \to [ML^{-2}T^{-2}]$

**09** 원형 유리관 내에 모세관 현상으로 물이 상승할 때, 그 상승 높이에 관한 설명으로 옳은 것은?

① 유리관의 지름에 반비례한다.
② 물의 밀도에 비례한다.
③ 중력가속도에 비례한다.
④ 물의 표면장력에 반비례한다.

**해설** 모세관 현상 $h = \dfrac{4\sigma \cos\theta}{\gamma d} = \dfrac{4\sigma \cos\theta}{\rho g d}$

① $h \propto \dfrac{1}{d}$   ② $h \propto \dfrac{1}{\rho}$
③ $h \propto \dfrac{1}{g}$   ④ $h \propto \sigma$

정답 05.② 06.① 07.① 08.④ 09.①

# 2020 제20회 소방시설관리사 1차 필기 기출문제
## [제2과목 : 소방수리학]

**01** 단위질량당 체적을 나타내는 용어는?

① 밀도  ② 비중
③ 비체적  ④ 비중량

해설) 비체적 $= \dfrac{부피}{질량}[m^3/kg]$

**02** 지름 50[mm]의 관에 20[℃]의 물이 흐를 경우 한계유속[cm/sec]은 얼마인가? (단, 수온 20[℃]에서의 동점성계수는 $1\times10^{-2}$ stokes이고 한계레이놀드수(Re)는 2,000이다)

① 2[cm/sec]  ② 4[cm/sec]
③ 8[cm/sec]  ④ 10[cm/sec]

해설) $ReNo = \dfrac{DU}{\nu}$, $2000 = \dfrac{5cm \times U(cm/\sec)}{1\times10^{-2} cm^2/\sec}$
∴ U = 4[cm/sec]

**03** 그림과 같이 안지름 600[mm]의 본관에 안지름 200[mm]인 벤츄리미터가 장치되어 있다. 압력수두차가 2[m]이면 유량[m³/sec]은 약 얼마인가? (단, 유량계수는 0.98이다)

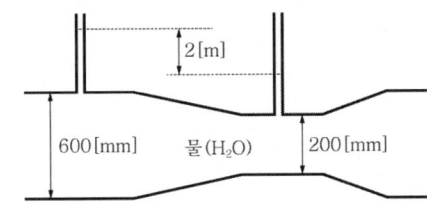

① 0.148[m³/sec]  ② 0.164[m³/sec]
③ 0.188[m³/sec]  ④ 0.194[m³/sec]

해설) $Q = CAU$

$= 0.98 \times \dfrac{\pi}{4}(0.2)^2 \times \dfrac{1}{\sqrt{1-\left(\dfrac{200^2}{600^2}\right)^2}} \sqrt{2\times9.8\times2}$

$= 0.1939 ≒ 0.194[m^3/\sec]$

**04** 지름 2[m]인 원형 수조의 측벽 하단부에 지름 50[mm]의 구멍이 있다. 이 수조의 수위를 50[cm] 이상으로 유지하기 위해서 수조에 공급해야 할 최소 유량[cm³/sec]은 약 얼마인가? (단, 유출구에서의 유량계수는 0.75이다)

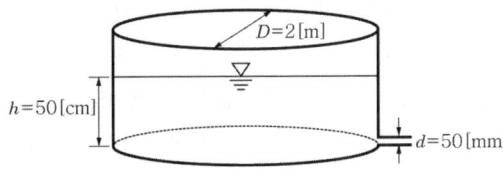

① 4,610[cm³/sec]  ② 6,140[cm³/sec]
③ 7,370[cm³/sec]  ④ 8,190[cm³/sec]

해설) $Q = CAU = 0.75 \times \dfrac{\pi}{4}(0.05)^2 \times \sqrt{2\times9.8\times0.5}$

$= 0.004610[m^3/\sec]$
$≒ 4,610[cm^3/\sec]$

**05** 펌프의 축동력이 26.4[kW], 기계의 손실동력이 4[kW]인 송수펌프가 있다. 이 송수펌프의 기계효율($\eta m$)은 약 얼마인가?

① 0.65  ② 0.75
③ 0.85  ④ 0.95

해설) 축동력 $= \dfrac{수동력}{효율}$, $26.4kW = \dfrac{26.4kW-4kW}{\eta}$
∴ $\eta = 0.848 ≒ 0.85$

정답 01.③ 02.② 03.④ 04.① 05.③

**06** 유적선에 관한 설명으로 옳은 것은?

① 어느 한 순간에 주어진 유체입자의 흐름방향을 나타낸 것이다.
② 흐름을 직각으로 끊는 횡단면적을 말한다.
③ 유체입자의 실제 운동 경로를 말하며, 경우에 따라 유선과 일치할 수도 있다.
④ 단위시간에 그 단면을 통과하는 물의 용적이다.

**해설** 유적선이란 유체입자 하나하나의 실제운동경로를 말하며 정상류유동의 경우 유적선과 유선은 일치한다.

**07** 비중 0.93인 물체가 해수면 위에 떠 있다. 이 물체가 해수면 위로 나온 부분의 체적이 200[cm³]일 때, 물속에 잠긴 부분의 체적[cm³]은 얼마인가? (단, 해수의 비중은 1.03이다)

① 1,860[cm³]   ② 2,060[cm³]
③ 2,260[cm³]   ④ 2,460[cm³]

**해설** 떠 있는 물체의 무게=물체에 의해 상승된 유체의 무게
$0.93\text{gf}/\text{cm}^3 \times (200+x)\text{cm}^3 = 1.03\text{gf}/\text{cm}^3 \times x\text{cm}^3$
$x = 1,860[\text{cm}^3]$

**08** 베르누이 방정식에 관한 설명으로 옳지 않은 것은?

① 에너지 방정식이라고도 한다.
② 에너지 보존법칙을 유체의 흐름에 적용한 것이다.
③ 동수경사선은 위치수두와 압력수두를 합한 선을 연결한 것이다.
④ 적용조건은 이상유체, 정상류, 비압축성 흐름, 점성 흐름이다.

**해설** 베르누이 방정식의 가정 조건
- 정상상태의 흐름이다(정상유동이다).
- 비점성 유체이다(마찰력이 없다).
- 유체입자는 유선을 따라 움직인다(적용되는 임의의 두 점은 같은 유선상에 있다).
- 비압축성 유체의 흐름이다.

**09** 펌프의 비속도($N_s$)에 관한 설명으로 옳지 않은 것은?

① 토출량과 양정이 동일한 경우 회전수가(N) 낮을수록 비속도가 커진다.
② 임펠러의 상사성과 펌프의 특성 및 펌프의 형식을 결정하는데 이용되는 값이다.
③ 양흡입 펌프의 경우 토출량의 1/2로 계산한다.
④ 회전수와 양정이 일정할 때 토출량이 클수록 비속도가 커진다.

**해설** 펌프의 비속도
$$N_s = \frac{N\sqrt{Q}}{\left(\dfrac{H}{n}\right)^{\frac{3}{4}}}$$
$N$ : 회전속도[rpm]
$Q$ : 토출량[m³/min]
$H$ : 양정[m]
$n$ : 단수
회전속도 N이 낮을수록 비속도 $N_s$도 낮아진다.

정답 06.③ 07.① 08.④ 09.①

# 2019 제19회 소방시설관리사 1차 필기 기출문제

**[제2과목 : 소방수리학]**

**01** 이상기체의 부피변화와 관련된 것은?

① 아르키메데스(Archimedes)의 원리
② 아보가드로(Avogadro)의 법칙
③ 베르누이(Bernoulli)의 정리
④ 하젠-윌리엄스(Hazen-Williams)의 공식

**해설** 아보가드로의 법칙
모든 기체는 표준상태(0[℃], 1기압)에서 1[mol]은 22.4[L]의 부피를 가지며 그속에는 $6.023 \times 10^{23}$개의 분자수를 갖는다.

**02** 모세관 현상으로 인해 물이 상승할 때, 그 상승높이에 관한 설명으로 옳지 않은 것은?

① 관의 직경에 비례한다.
② 표면장력에 비례한다.
③ 물의 비중량에 반비례한다.
④ 수면과 관의 접촉각이 커질수록 감소한다.

**해설** 모세관현상

$$h = \frac{4\sigma \cdot \cos\theta}{\gamma \cdot d}$$

[$\sigma$ : 표면장력, $\gamma$ : 비중량, $d$ : 모세관직경]

**03** 달시-와이스바하(Darcy-Weisbach) 공식에서 마찰손실수두에 관한 설명으로 옳지 않은 것은?

① 관의 직경에 반비례한다.
② 관의 길이에 비례한다.
③ 마찰손실 계수에 비례한다.
④ 유속에 반비례한다.

**해설** 달시-와이스바하 방정식(Darcy-weisbach equation)

$$h_L = f \frac{L}{D} \frac{U^2}{2g}$$

$h_L$ : 마찰손실수두[m]
$f$ : 마찰계수
$D$ : 배관의 직경[m]
$L$ : 직관의 길이[m]
$U$ : 유체의 유속[m/sec]

위 식은 길고 곧은 직관에서 유체의 흐름이 정상류일 때 마찰손실수두를 계산하는데 이용되는 식이다. 위 식에서 알 수 있듯 마찰손실은 배관의 길이에 비례하고, 유속의 제곱에 비례하며, 직경에 반비례한다.

**04** 상·하판의 간격이 5[cm]인 두 판 사이에 점성계수가 $0.001[N \cdot s/m^2]$인 뉴턴 유체(Newtonian fluid)가 있다. 상판이 수평방향으로 2.5[m/s]로 움직일 때, 발생하는 전단응력($N/m^2$)은? (단, 하판은 고정되어 있다)

① $0.05[N/m^2]$  ② $0.50[N/m^2]$
③ $5.00[N/m^2]$  ④ $50.0[N/m^2]$

**해설**
- 뉴턴의 점성법칙 $F = \mu \cdot A \cdot \dfrac{du}{dy}$
- 전단응력 $\tau = \mu \cdot \dfrac{du}{dy}$
  $= 0.001[N \cdot s/m^2] \times \dfrac{2.5[m/s]}{0.05[m]}$
  $= 0.05[N/m^2]$

**05** 전양정이 30[m]인 펌프가 물을 $0.03[m^3/s]$로 수송할 때, 펌프의 축동력[kW]은 약 얼마인가? (단, 물의 비중량은 $9,800[N/m^3]$, 중력가속도는 $9.8[m/s^2]$, 펌프의 효율은 60[%]이다)

① 1.44[kW]  ② 1.47[kW]
③ 14.7[kW]  ④ 144[kW]

**정답** 01.② 02.① 03.④ 04.① 05.③

**해설** 펌프의 축동력

$$P = \frac{\gamma QH}{102 \times \eta}[kW]$$

여기서 $\gamma$ : 비중량(1,000[kgf/m³])
Q = 유량[m³/sec]
H : 양정[m]
$\eta$ : 효율[%]

$\therefore$ 축동력 $P = \dfrac{\gamma QH}{102 \times \eta}$

$= \dfrac{1,000[kgf/m^3] \times 0.03[m^3/s] \times 30[m]}{102 \times 0.6}$

$= 14.7[kW]$

**06** 배관 내 평균유속 5[m/s]로 물이 흐르고 있다가 갑작스런 밸브의 잠김으로 발생되는 압력상승(MPa)은 약 얼마인가? (단, 물의 비중량은 9,800[N/m³], 유체 내 압축파의 전달속도는 1,494[m/s], 중력가속도는 9.8[m/s²]이다)

① 7.32[MPa]  ② 7.47[MPa]
③ 73.2[MPa]  ④ 74.7[MPa]

**해설** $\Delta P = \dfrac{9.81 \times \alpha \times V}{g} = \dfrac{9.81 \times 1494 \times 5}{9.8}$

$= 7,477.62[kPa] = 7.47[MPa]$

$\alpha$ : 압력파의 속도[m/s]
$V$ : 유속[m/s]
$g$ : 중력가속도[m/s²]

**07** 폭이 a이고 높이가 b인 직사각형 단면을 갖는 배관의 마찰손실수두를 계산할 때, 수력반경(hydraulic radous)은?

① $\dfrac{2ab}{(a+b)}$  ② $\dfrac{ab}{2(a+b)}$

③ $\dfrac{(a+b)}{2ab}$  ④ $\dfrac{(a+b)}{4ab}$

**해설** 수력반경(Rh) $= \dfrac{단면적}{길이} = \dfrac{ab}{2(a+b)}$

**08** 층류 상태로 직경 5[cm]인 원형관 내 흐를 수 있는 물의 최대 유량(m³/s)은 약 얼마인가? (단, 물의 비중량은 9,800[N/m³], 물의 점성계수는 $10 \times 10^{-3}$ [N·s/m²], 층류의 상한계 레이놀즈(Reynolds)수는 2,000, 중력가속도는 9.8[m/s²], 원주율은 3.0이다)

① $7.35 \times 10^{-5}[m^3/s]$
② $7.50 \times 10^{-4}[m^3/s]$
③ $7.35 \times 10^{-2}[m^3/s]$
④ $7.50 \times 10^{-2}[m^3/s]$

**해설** $Q = AU$

$2000 = \dfrac{DU\rho}{\mu}$

$2000 = \dfrac{0.05[m] \times U[m/s] \times 1000[kg/m^3]}{10 \times 10^{-3}[N \cdot s/m^2]}$

$U = 0.4[m/sec]$

$Q = \dfrac{3}{4}(0.05m)^2 \times 0.4[m/sec]$

$= 0.00075[m^3/sec]$

$= 7.5 \times 10^{-4}[m^3/sec]$

**09** 관수로 흐름의 유량을 측정할 수 없는 장치는?

① 피토관(Pitot tube)
② 오리피스(Orifice)
③ 벤추리미터(Venturi meter)
④ 파샬플룸(Parshall flume)

**해설** ① 피토관은 유속측정장치(유량계산)
④ 파샬플룸은 개수로에서의 유량측정장치(관수로에서의 유량은 측정불가)

# 2018 제18회 소방시설관리사 1차 필기 기출문제

[제2과목 : 소방수리학]

**01** 합성계면활성제 포소화약제 2[%]형 원액 12[L]를 사용하여 팽창율을 100이 되도록 포를 방출할 때, 방출된 포의 부피($m^3$)는?

① 24[$m^3$]　② 60[$m^3$]
③ 240[$m^3$]　④ 600[$m^3$]

**[해설]**
팽창비 = $\dfrac{발포\ 후\ 포체적}{발포\ 전\ 포수용액의\ 체적}$

발포 후 포체적=팽창비×발포전포수용액체적
포수용액체적 2[%] : 12[L]=100[%] : $x$[L]
$x = 600$[L]
따라서, 발포 후 포체적 = 100 × 600[L]
　　　　　　　　　 = 60,000[L] = 60[$m^3$]

**02** 이상기체 상태방정식에서 기체상수의 근사값이 아닌 것은?

① $8.31\dfrac{J}{mol \cdot K}$

② $82\dfrac{cm^3 \cdot atm}{mol \cdot K}$

③ $0.082\dfrac{l \cdot atm}{mol \cdot K}$

④ $8.2 \times 10^{-3}\dfrac{m^3 \cdot atm}{mol \cdot K}$

**[해설]** $R = 0.082$[atm · $m^3$/kmol · K]

**03** 표준상태에서 물질의 증발잠열(cal/g)이 가장 작은 것은?

① 에틸알코올　② 아세톤
③ 액화질소　　④ 액화프로판

**[해설]**
- 에틸알콜 : 846[kJ/kg]
- 아세톤 : 518[kJ/kg]
- 액화질소 : 199[kJ/kg]
- 액화프로판 : 428[kJ/kg]
- 물 : 2,256[kJ/kg]

**04** 1,000K에서 기체의 열용량($C_p^{1,000K}, \dfrac{J}{mol \cdot K}$)이 가장 높은 물질에서 낮은 순서로 옳은 것은?

① $CO_2 > H_2O(g) > N_2 > He$
② $H_2O(g) > CO_2 > N_2 > He$
③ $He > CO_2 > H_2O(g) > N_2$
④ $H_2O(g) > He > N_2 > CO_2$

**[해설]** 기체열용량

① $CO_2$ : $43.29 \dfrac{J}{mol \cdot K}$

② $H_2O(g)$ : $33.137 \dfrac{J}{mol \cdot K}$

③ $N_2$ : $29.194 \dfrac{J}{mol \cdot K}$

④ $He$ : $20.786 \dfrac{J}{mol \cdot K}$

**05** 프로판가스 1몰이 완전연소 시 생성되는 생성물에서 질소기체가 차지하는 부피비(%)는 약 얼마인가? (단, 생성물은 모두 기체로 가정하고, 공기 중의 산소는 21[vol%], 질소는 79[vol%]이다)

① 18.8[%]　② 22.4[%]
③ 72.9[%]　④ 79.0[%]

**[해설]** $C_3H_8 + 5O_2 \rightarrow 3CO_2 + 4H_2O$에서 프로판 1몰 연소 시 산소는 5몰이 필요하다.

정답　01.②　02.④　03.③　04.①　05.③

따라서 공기는 $5[\text{mol}] \times \dfrac{1}{0.21} = 23.8[\text{mol}]$이 필요

여기서 질소가 차지하는 몰수 $= 23.8[\text{mol}] \times 0.79$
$= 18.8[\text{mol}]$

생성물에서 질소의 $\text{mol}\% = \dfrac{18.8}{18.8+3+4}$
$= 0.7286 = 72.9[\%]$

**06** 물이 지름 0.5[m]관로에 유속 2[m/s]로 흐를 때, 100[m] 구간에서 발생하는 손실수두(m)는 약 얼마인가? (단, 마찰손실계수는 0.019이다)

① 0.35[m]  ② 0.58[m]
③ 0.77[m]  ④ 0.98[m]

**해설** $h_L = f\dfrac{L}{D}\dfrac{U^2}{2g} = 0.019 \times \dfrac{100}{0.5} \times \dfrac{2^2}{2 \times 9.8}$
$= 0.775[\text{m}]$

**07** A광역시 교외에 위치한 산업단지의 노후화된 물탱크 안전진단 결과 철거결정이 내려졌다. 물탱크 구조물을 해체하기 전에 탱크 안의 물을 먼저 배수하여야 하는데 수위 변화에 따른 유속 및 유량이 변화할 것으로 예상된다. 물을 대기압 하의 물탱크 바닥 오리피스에서 분출시킬 때 최대유량($\text{m}^3/\text{s}$)은 약 얼마인가? (단, 오리피스의 지름은 5[cm], 초기수위는 3[m]이다)

① 0.002[$\text{m}^3/\text{s}$]  ② 0.005[$\text{m}^3/\text{s}$]
③ 0.010[$\text{m}^3/\text{s}$]  ④ 0.015[$\text{m}^3/\text{s}$]

**해설** $Q = AU = \dfrac{\pi}{4}(0.05[\text{m}])^2 \times \sqrt{2 \times 9.8 \times 3}$
$= 0.015[\text{m}^3/\text{s}]$

**08** 베르누이 방정식은 완전유체를 대상으로 하며 몇 가지 제한조건을 전제로 한다. 이 제한조건에 해당하는 것은?

① 비정상 유체유동
② 압축성 유체유동
③ 점성 유체유동
④ 비회전성 유체유동

**해설** 베르누이방정식 조건
㉠ 비점성유체
㉡ 비압축성유체
㉢ 정상류
㉣ 실제유체흐름
㉤ 임의의 두 점은 같은 유선상에 있다.
㉥ 마찰손실이 없는 유동

**09** 물이 지름 2[mm]인 원형관에 0.25[$\text{cm}^3/\text{s}$]로 흐르고 있을 때, 레이놀즈수는 약 얼마인가? (단, 동점성계수는 0.0112[$\text{cm}^2/\text{s}$]이다)

① 106  ② 142
③ 206  ④ 410

**해설** $ReNo = \dfrac{DU}{\nu}$,

$U = \dfrac{Q}{A} = \dfrac{0.25}{\dfrac{\pi}{4}(0.2)^2}$
$= 7.957 \fallingdotseq 7.96[\text{cm/sec}]$

$ReNo = \dfrac{0.2[\text{cm}] \times 7.96[\text{cm/sec}]}{0.0112[\text{cm}^2/\text{sec}]}$
$= 142.14$

**10** 단면적 2.5[$\text{cm}^2$], 길이 1.4[m]인 소방장비의 무게가 지상에서 2.75[kg]일 때, 물 속에서의 무게(kg)는 얼마인가?

① 0.9[kg]  ② 1.4[kg]
③ 1.9[kg]  ④ 2.4[kg]

**해설** 부력은 물체에 의해 상승된 물의 무게와 같다.
가라앉은 경우 부력 = 1,000[$\text{kgf/m}^3$]
$\times (2.5 \times 10^{-4} \times 1.4)[\text{m}^3]$
$= 0.35[\text{kgf}]$
따라서 물속에서의 무게 = 2.75[kgf] − 0.35[kgf]
$= 2.4[\text{kgf}]$

정답 06.③ 07.④ 08.④ 09.② 10.④

**11** 유체의 압력 표시방법에 관한 설명으로 옳지 않은 것은?

① 계기압은 대기압을 0으로 놓고 측정하는 압력이다.
② 해수면에서 표준대기압은 약 101.3[kPa]이다.
③ 계기압은 절대압과 대기압의 합이다.
④ 이상기체 방정식에서 부피계산은 절대압을 사용한다.

**해설** 절대압은 대기압과 계기압의 합이다.

**12** 2개의 피스톤으로 구성된 유압잭의 작동원리에 관한 설명 중 옳지 않은 것은? (단, W : 일, P : 압력, F : 힘, A : 피스톤의 단면적, L : 피스톤이 이동한 거리)

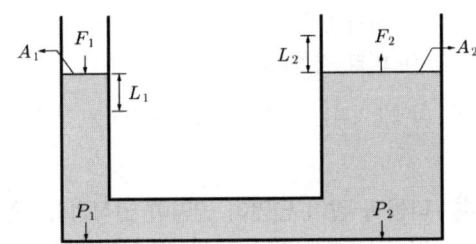

① $F_1 < F_2$  ② $P_1 = P_2$
③ $L_1 < L_2$  ④ $W_1 = W_2$

**해설** 면적이 큰 경우 힘이 더 크게 필요하며, 동일한 수평선의 경우 압력은 같고 일의 양도 같다.
한쪽의 압력이 더욱 커져서 수위가 변하는 경우 면적이 작은 쪽의 수위가 더 크게 나타난다.
즉 $L_1 > L_2$이다.

# 2017 제17회 소방시설관리사 1차 필기 기출문제

[제2과목 : 소방수리학]

**01** 아보가드로(Avogadro)의 법칙에 관한 설명으로 옳은 것은?
① 온도가 일정할 때 기체의 압력은 부피에 반비례 한다.
② 0[℃], 1기압에서 모든 기체 1몰의 부피는 22.4[L]이다.
③ 압력이 일정할 때 기체의 부피는 절대온도에 비례한다.
④ 밀폐된 용기에서 유체에 가한 압력은 모든 방향에서 같은 크기로 전달된다.

**해설** 아보가드로 법칙
모든 기체는 표준상태(0[℃], 1기압)에서 1[mol]은 22.4[L]의 부피를 가지며 그 속에는 $6.023 \times 10^{23}$개의 분자수를 갖는다.

**02** 관성력과 점성력의 비를 나타내는 무차원수는?
① 웨버(Weber) 수
② 프루드(Froude) 수
③ 오일러(Euler) 수
④ 레이놀즈(Reynolds) 수

**해설** 무차원식의 관계

| 명칭 | 무차원식 | 물리적 의미 |
|---|---|---|
| 레이놀즈수 | $R_e = \dfrac{DU\rho}{\mu} = \dfrac{DU}{\upsilon}$ | $R_e = \dfrac{관성력}{점성력}$ |
| 오일러수 | $E_u = \dfrac{2P}{\rho V^2}$ | $E_u = \dfrac{압축력}{관성력}$ |
| 웨버수 | $W_e = \dfrac{\rho L U^2}{\sigma}$ | $W_e = \dfrac{관성력}{표면장력}$ |
| 코우시수 | $C_a = \dfrac{U^2}{\dfrac{K}{\rho}}$ | $C_a = \dfrac{관성력}{탄성력}$ |
| 마하수 | $M_a = \dfrac{U}{a}$ (a : 음속) | $M_a = \dfrac{관성력}{탄성력}$ |
| 프루우드수 | $F_r = \dfrac{U}{\sqrt{gL}}$ | $F_r = \dfrac{관성력}{중력}$ |

**03** 배관 내 동압을 측정할 수 없는 장치는?
① 피토관
② 피에조미터
③ 시차액주계
④ 피토-정압관

**해설** 피에조미터는 유체의 정압을 측정하는 장치이다.

**04** 다음과 같이 단면이 원형이 연직점축소관에서 위에서 아래로 물이 0.3[m³/s]로 흐를 때, 상·하 단면에서의 압력차는? (단, 관내에너지손실은 무시하고, 물의 밀도는 1,000[kg/m³], 중력가속도는 10.0[m/s²], 원주율은 3.0이다)

① 73[N/cm²]
② 73[kN/cm²]
③ 75[N/cm²]
④ 75[kN/cm²]

정답  01.②  02.④  03.②  04.①

해설
$$U_1 = \frac{Q}{A_1} = \frac{0.3[\text{m}^3/\text{s}]}{\frac{3}{4}(0.2[\text{m}])^2} = 10[\text{m/s}]$$

$$U_2 = \frac{Q}{A_2} = \frac{0.3[\text{m}^3/\text{s}]}{\frac{3}{4}(0.1[\text{m}])^2} = 40[\text{m/s}]$$

$$\frac{P_1}{\gamma} + \frac{U_1^2}{2g} + Z_1 = \frac{P_2}{\gamma} + \frac{U_2^2}{2g} + Z_2$$

$$\frac{P_1}{\gamma} - \frac{P_2}{\gamma} = \frac{U_2^2}{2g} + Z_2 - \frac{U_1^2}{2g} - Z_1$$

$$= \frac{40^2}{2 \times 10} + 0 - \frac{10^2}{2 \times 10} - 2 = 73[\text{m}]$$

$$\frac{P_1 - P_2}{\gamma} = 73[\text{m}]$$

$$P_1 - P_2 = 73[\text{m}] \times 10,000[\text{N/m}]^3$$
$$= 730,000[\text{N/m}^2]$$
$$= 73[\text{N/cm}^2]$$

**05** 안지름 2.0[cm]인 노즐을 통하여 매초 $0.06[m^3]$의 물을 수평으로 방사할 때, 노즐에서 발생하는 반발력(kN)은(반동력)? (단, 물의 밀도는 1,000 $[\text{kg/m}^3]$이고, 원주율은 3.0이다)

① 1.0[kN]
② 1.2[kN]
③ 10[kN]
④ 12[kN]

해설
$$F = \rho Q U \sin\theta = \rho A U^2 \sin\theta$$
$$U = \frac{Q}{A} = \frac{0.06[\text{m}^3/\text{sec}]}{\frac{3}{4}(0.02[\text{m}])^2} = 200[\text{m/sec}]$$

$$\therefore F = 1,000[\text{kg/m}^3] \times 0.06[\text{m}^3/\text{sec}]$$
$$\times (200[\text{m/sec}]) \times 1$$
$$= 12,000[\text{kg}\cdot\text{m/s}^2]$$
$$= 12,000[\text{N}] = 12[\text{kN}]$$

**06** 물의 특성을 나타내는 식과 그에 대한 차원식이 모두 옳게 표현된 것은? (단, 물의 점성계수는 $\mu$, 동점성계수는 $\nu$, 밀도는 $\rho$, 비중량은 $\gamma$, 중력가속도는 $g$, 질량은 M, 길이는 L, 시간은 T이다)

① $\mu = \rho \times \nu [ML^{-1}T^{-1}]$
② $\gamma = \rho \times g [ML^{-2}T^{-1}]$
③ $\rho = \nu \times \mu [ML^{-3}]$
④ $\gamma = \rho \times g [ML^{-3}T^{-1}]$

해설
동점성계수 $\nu = \frac{\mu}{\rho}$

따라서 $\mu = \rho \times \nu = \text{kg/m}^3 \times \text{m}^2/\text{sec}$
$$= \text{kg/m} \cdot \text{sec}\,[ML^{-1}T^{-1}]$$

**07** 개방된 물탱크 A의 수면으로부터 5[m] 아래에 지름 10[mm]인 오리피스를 부착하였다. 그 아래쪽에 설치한 한 변의 길이가 75[cm]인 정사각형 수조 안으로 물을 낙하시켜서 16분 40초 후에 수조의 수심이 0.8[m] 상승하였다면, 오리피스의 유량계수는? (단, 물탱크 A의 수심은 변화 없고, 수축계수는 1.0, 원주율은 3.0, 중력가속도는 10.0 $[\text{m/s}^2]$이다)

① 0.45
② 0.50
③ 0.60
④ 0.75

해설
$$Q = C \times A \times \sqrt{2gH}$$
$$C = \frac{Q}{A\sqrt{2gH}}$$
$$Q = \frac{0.75[\text{m}] \times 0.75[\text{m}] \times 0.8[\text{m}]}{16 \times 60s + 40s}$$
$$= 0.00045[\text{m}^3/\text{s}]$$
$$A = \frac{3}{4}(0.01)^2$$
$$\sqrt{2gH} = \sqrt{2 \times 10 \times 5}$$
$$C = \frac{0.00045}{\frac{3}{4}(0.01)^2 \times \sqrt{2 \times 10 \times 5}} = 0.6$$

정답 05.④ 06.① 07.③

**08** 서징(Surging) 현상에 관한 설명으로 옳은 것은?

① 만관흐름에서 관로 끝에 위치한 밸브를 갑자기 닫을 경우 발생한다.
② 펌프의 흡입측 배관의 물의 정압이 기존의 수증기압보다 낮아져서 기포가 발생한다.
③ 수주분리(Column Separation)가 생겨 재결합 시에 발생하는 격심한 충격파로 관로에 피해를 발생시킨다.
④ 펌프 운전 중에 계기압력의 눈금이 어떤 주기를 가지고 큰 진폭으로 흔들리고, 토출량도 어떤 범위에서 주기적인 변동이 발생된다.

**해설** **맥동(서징)현상**
펌프의 운전 중 압력계의 눈금이 흔들리며 송출유량이 주기적으로 변화되고 토출배관의 진동과 소음이 수반되는 현상

정답 08.④

# 2016 제16회 소방시설관리사 1차 필기 기출문제
## [제2과목 : 소방수리학]

**01** 뉴턴의 점성법칙과 관계가 없는 것은?
① 점성계수  ② 속도기울기
③ 전단응력  ④ 압력

**해설** 뉴턴의 점성법칙
$F = \mu \cdot A \cdot \dfrac{du}{dy}$

**02** 다음 그림과 같이 수조벽면에 설치된 오리피스로 유량 Q의 물이 방출되고 있다. 이때 수위가 감소하여 1/4h가 되었다면 방출유량은 얼마인가? (단, 점성에 의한 영향 등은 무시한다)

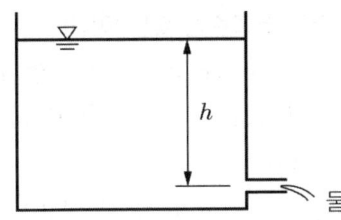

① $\dfrac{1}{\sqrt{2}}Q$   ② $\dfrac{1}{2}Q$
③ $\sqrt{2}\,Q$   ④ $2Q$

**해설** $Q = AU$
$U = \sqrt{2gH}$
이므로 $H$가 1/4이 되는 경우 유속은 1/2이 됨
이 경우 유량도 1/2이 됨

**03** 베르누이(Bernoulli)식에 관한 설명으로 옳지 않은 것은?
① 배관 내의 모든 지점에서 위치수두, 속도수두, 압력수두의 합은 일정하다.
② 수평으로 설치된 배관의 위치수두는 일정하다.
③ 수력구배선은 위치수두와 속도수두의 합을 이은 선을 말한다.
④ 구경이 커지면 유속이 감소되어 속도수두는 감소한다.

**해설** 수력구배는 압력수두와 위치수두의 합을 나타낸다.

**04** 단일 재질로 두께가 20[cm]인 벽체의 양면 온도가 각각 800[℃]와 100[℃]라면 이 벽체를 통하여 단위면적($m^2$)당 1시간(hr)동안 전도에 의해 전달되는 열의 양은 몇 [J]인가? (단, 열전도계수는 4[J/m·hr·K]이다)
① 14,000[J]  ② 16,000[J]
③ 18,000[J]  ④ 20,000[J]

**해설** 전도열량 $Q[J/hr] = \dfrac{\lambda A \Delta T}{l}$
$= \dfrac{4[J/m \cdot hr \cdot K] \times 1m^2 \times (1073K - 373K)}{0.2[m]}$
$= 14,000[J/hr]$
∴ $14,000[J/hr] \times 1[hr] = 14,000[J]$

**05** 온도가 35[℃]이고 절대압력이 6,000[kPa]인 공기의 비중량은 약 몇 [N/$m^3$]인가? (단, 공기의 기체상수는 R=286.8[J/kg·K]이고, 중력가속도 $g$=9.8[m/$sec^2$]이다)
① 579[N/$m^3$]  ② 666[N/$m^3$]
③ 755[N/$m^3$]  ④ 886[N/$m^3$]

**해설** $PV = GRT$에서
$\dfrac{G}{V} = \dfrac{P}{RT}$
$= \dfrac{6000 \times 10^3 [N/m^2]}{286.8[N \cdot m/kg \cdot K] \times (273+35)[K]}$

정답 01.④ 02.② 03.③ 04.① 05.②

$= 67.92 [\text{kg/m}^3]$

$\therefore \gamma = \rho \times g = 67.92 [\text{kg/m}^3] \times 9.8 [\text{m/s}^2]$
$= 665.616 [\text{N/m}^3]$

**06** 배관의 마찰손실압력을 계산할 수 있는 하젠-윌리암스(Hazen-Williams)식에 관한 설명으로 옳지 않은 것은?

① 마찰손실은 유량의 1.85승에 정비례한다.
② 마찰손실은 배관 내경의 4.87승에 반비례한다.
③ 마찰손실은 관마찰손실계수의 1.85승에 정비례한다.
④ 관경은 호칭경보다 배관의 내경을 대입한다.

**해설** 하젠-윌리암스식에는 관마찰손실계수가 아닌 조도를 이용한다.

**07** 원형배관 내부로 흐르는 유체의 레이놀즈수가 1,000일 때 마찰손실계수는 얼마인가?

① 0.024　　② 0.064
③ 0.076　　④ 0.098

**해설** $f = \dfrac{64}{ReNo} = \dfrac{64}{1000} = 0.064$

• 난류의 경우 : $f = 0.3164 ReNo^{-\frac{1}{4}}$

> **참고**
> 층류의 경우 마찰손실수두
> $H = \dfrac{128 \mu L Q}{\gamma \pi D^4}$ (하겐포아즈웰)
> 난류의 경우 마찰손실수두
> $H = \dfrac{2fL U^2}{g D}$ (패닝)

**08** 펌프의 공동현상(cavitation)의 방지방법이 아닌 것은?

① 수조의 밑 부분에 배수밸브 및 배수관을 설치해 둔다.
② 펌프의 설치위치를 수조의 수위보다 낮게 한다.
③ 흡입 관로의 마찰손실을 줄인다.
④ 양흡입 펌프를 선정한다.

**해설** 공동현상
(1) 발생원인
　㉠ Pump의 흡입측 수두, 마찰손실, Impeller 속도가 클 때
　㉡ Pump의 흡입관경이 적을 때
　㉢ Pump 설치위치가 수원보다 높을 때
　㉣ 관내의 유체가 고온일 때
　㉤ Pump의 흡입압력이 유체의 증기압보다 낮을 때
(2) 방지 대책
　㉠ Pump의 흡입측 수두, 마찰손실, Impeller 속도를 적게 한다.
　㉡ Pump 흡입관경을 크게 한다.
　㉢ Pump 설치위치를 수원보다 낮게 하여야 한다.
　㉣ Pump 흡입압력을 유체의 증기압보다 높게 한다.
　㉤ 양흡입 Pump를 사용하여야 한다.
　㉥ 양흡입 Pump로 부족 시 펌프를 2대로 나눈다.

**09** 지름이 10[cm]인 원형배관에 물이 층류로 흐르고 있다. 이 때 물의 최대 평균 유속은 약 몇 [m/s]인가? (단, 동점성계수는 $\nu = 1.006 \times 10^{-6} [\text{m}^2/\text{s}]$, 임계레이놀즈수는 2,100이다)

① 0.021[m/s]　　② 0.21[m/s]
③ 2.1[m/s]　　④ 21[m/s]

**해설** $Q = AU$

$2100 = \dfrac{DU}{\nu}$, $2,100 = \dfrac{0.1[\text{m}] \times U[\text{m/s}]}{1.006 \times 10^{-6} [\text{m}^2/\text{s}]}$

$U = 0.021 [\text{m/s}]$

**10** 1기압에서 20[℃]의 물 10[kg]을 100[℃]의 수증기로 만들 때 필요한 열량은 약 몇 [kJ]인가? (단, 물의 비열은 4.2[kJ/kg·k], 증발잠열은 2,263.8[kJ/kg], 융해잠열은 336[kJ/kg]으로 한다)

① 15,998[kJ]　　② 25,998[kJ]
③ 35,998[kJ]　　④ 45,998[kJ]

**해설** $Q = mC\Delta T + mr$
$= 10[\text{kg}] \times 4.2[\text{kJ/kg} \cdot \text{K}] \times (373-293)[\text{K}]$
$+ 10[\text{kg}] \times 2263.8[\text{kJ/kg}]$
$= 25,998[\text{kJ}]$

정답　06.③　07.②　08.①　09.①　10.②

# 2015 제15회 소방시설관리사 1차 필기 기출문제
### [제2과목 : 소방수리학]

**01** 성능이 동일한 펌프 2대를 직렬로 연결하여 작동시킬 때 병렬연결에 비하여 그 양이 약 2배로 증가하는 것은?

① 유량　　　② 효율
③ 동력　　　④ 양정

**해설** 펌프의 연합운전
특성곡선이 서로 같은 두 대의 펌프를
㉠ 직렬연결했을 때 토출량=불변, 토출압력=2배
㉡ 병렬연결했을 때 토출량=2배, 토출압력=불변

**02** 원형관 속에 유체가 층류 상태로 흐르고 있다. 이때 관의 지름을 2배로 할 경우 손실수두는 처음의 몇 배가 되는가? (단, 유량은 일정하다)

① $\dfrac{1}{16}$ 배　　　② $\dfrac{1}{8}$ 배
③ 8배　　　④ 16배

**해설** 하겐 포아즈웰 방정식 이용[층류유동]
손실수두 $H = \dfrac{\Delta P}{\gamma} = \dfrac{128 \mu L Q}{\gamma \pi D^4}$
지름이 2배일 경우 마찰손실수두는 1/16배

**03** 달시-와이스바하(Darcy-Weisbach) 공식에서 수두손실에 관한 설명으로 옳지 않은 것은?

① 관 길이에 비례한다.
② 마찰손실계수에 비례한다.
③ 유속의 제곱에 비례한다.
④ 중력가속도에 비례한다.

**해설** 달시-와이스바하 방정식(Darcy-weisbach equation)
$h_L = f \dfrac{L}{D} \dfrac{U^2}{2g}$
여기서, $h_L$ : 마찰손실수두[m]
　　　　$f$ : 마찰계수
　　　　$D$ : 배관의 직경[m]
　　　　$L$ : 직관의 길이[m]
　　　　$U$ : 유체의 유속[m/sec]
위 식은 길고 곧은 직관에서 유체의 흐름이 정상류일 때 마찰손실수두를 계산하는데 이용되는 식이다. 위 식에서 알 수 있듯 마찰손실은 배관의 길이에 비례하고, 유속의 제곱에 비례하며, 직경에 반비례한다.

**04** 단면(5[cm]×5[cm])이 정사각형인 관에 유체가 가득 차 흐를 때의 수력지름[m]은?

① 0.0125[m]　　　② 0.025[m]
③ 0.05[m]　　　　④ 0.2[m]

**해설** 수력반경 $Rh = \dfrac{\text{유동단면적}}{\text{접수길이}}$
$= \dfrac{0.05[\text{m}] \times 0.05[\text{m}]}{0.05[\text{m}] \times 2 + 0.05[\text{m}] \times 2}$
$= 0.0125[\text{m}]$
수력지름(수력직경)$= 4Rh = 4 \times 0.0125\text{m} = 0.05\text{m}$

**05** 원형관 속의 유량이 1,800[L/min]이고 평균유속이 3[m/s]일 때, 관의 지름(mm)은 약 얼마인가?

① 102.4[mm]　　　② 112.9[mm]
③ 124.6[mm]　　　④ 132.8[mm]

**해설**
$D = \sqrt{\dfrac{4Q}{\pi U}} = \sqrt{\dfrac{4 \times \dfrac{1.8}{60}}{\pi \times 3}}$
$= 0.11286[\text{m}] = 112.86[\text{mm}]$

**정답** 01.④　02.①　03.④　04.③　05.②

**06** 저수조가 소화펌프보다 아래에 있으며, 펌프의 토출유량 520[L/min], 전양정 64[m], 효율 55[%], 전달계수 1.2인 경우의 펌프의 축동력(kW)은?

① 5.4[kW]　　② 9.9[kW]
③ 11.8[kW]　　④ 18.4[kW]

**해설**

$$P(\text{kW}) = \frac{\gamma QH}{102\eta} = \frac{1000 \times \frac{0.52}{60} \times 64}{102 \times 0.55}$$
$$= 9.887 \fallingdotseq 9.9[\text{kW}]$$

**07** 모세관 현상으로 인한 액체의 상승높이를 구하는 공식에 포함되지 않는 요소만을 고른 것은?

| ㉠ 관의 길이 | ㉡ 관의 지름 |
| ㉢ 밀도 | ㉣ 표면 장력 |
| ㉤ 전단 응력 | |

① ㉠, ㉢　　② ㉠, ㉤
③ ㉡, ㉢, ㉣　　④ ㉢, ㉣, ㉤

**해설**

$h = \dfrac{4\sigma \cdot \cos\theta}{\gamma \cdot d}$

여기서, $\sigma$ : 표면장력
　　　　$\gamma$ : 비중량
　　　　$d$ : 모세관직경

정답 06.② 07.②

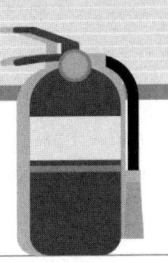

# 제4회 소방시설관리사 1차 필기 기출문제
### [제2과목 : 소방수리학]

**01** 엔트로피(Entropy)에 관한 설명으로 옳지 않은 것은?

① 등엔트로피 과정은 정압 가역과정이다.
② 가역과정에서 엔트로피는 0이다.
③ 비가역과정에서 엔트로피는 증가한다.
④ 계가 가역적으로 흡수한 열량을 그 때의 절대온도로 나눈 값이다.

**해설** 엔트로피(Entropy)

㉠ 물질계가 흡수하는 열량을 절대온도로 나눈 값

$$dS = \frac{dQ}{T}$$

여기서, $dS$ : 물질계가 열을 흡수하는 동안 엔트로피의 변화량
$dQ$ : 물질계가 흡수하는 열량
$T$ : 절대온도

㉡ 가역과정(평형상태를 유지하며 변화하는 과정)에서 엔트로피는 0이다.
㉢ 비가역과정 : 엔트로피는 증가한다.
㉣ 등엔트로피 과정 : 단열가역 과정

**02** 동일한 고도에서 베르누이 방정식을 만족하는 유동이 유선을 따라 흐를 때, 유선 내에서 일정한 값을 갖는 것은?

① 전압과 정체압
② 정압과 국소압력
③ 내부에너지
④ 동압과 속도압력

**해설** 베르누이 방정식

㉠ 방정식을 적용하기 위한 가정 : 비점성, 비압축성, 정상상태, 유선을 따라서 적용한다.

㉡ 베르누이 방정식

전양정 $H = \frac{P}{\gamma} + \frac{V^2}{2g} + Z =$ 일정(에너지 불변의 법칙, 전압은 일정)

㉢ 정체압 : 관 속의 흐름이 0인 상태에서 어느 한 점에서의 전압력 즉, 유속이 0인 상태에서의 전압을 말한다.

**03** 레이놀즈수에 관한 설명으로 옳은 것은?

① 등속류와 비등속류를 구분하는 기준이 된다.
② 레이놀즈수의 물리적 의미는 관성력과 점성력의 관계를 나타낸다.
③ 정상류와 비정상류를 구분하는 기준이 된다.
④ 하임계 레이놀즈수는 층류에서 난류로 변할 때의 레이놀즈수이다.

**해설** 레이놀즈수

㉠ 레이놀즈수 = $\frac{관성력}{점성력}$

$$R_e = \frac{dV\rho}{\mu} = \frac{dV}{\nu}$$

여기서, $d$ : 직경, $V$ : 유속, $\rho$ : 밀도
$\mu$ : 점성계수, $\nu$ : 동점성계수

㉡ 판정기준

| 층류 | $R_e \leq 2,100$ |
|---|---|
| 전이(임계)영역 | $2,100 < R_e < 4000$ |
| 난류 | $R_e \geq 4,000$ |

**04** 4단 소화펌프가 정격유량 2[m³/min], 회전수 2,000[rpm], 양정 60[m]일 경우 비속도는 약 얼마인가?

① 351[rpm]   ② 361[rpm]
③ 371[rpm]   ④ 381[rpm]

정답  01.① 02.① 03.② 04.③

**해설** 비속도

$$N_s = \frac{NQ^{\frac{1}{2}}}{\left(\frac{H}{n}\right)^{\frac{3}{4}}} = \frac{2,000[\text{rpm}] \times (2[\text{m}^3/\text{min}])^{\frac{1}{2}}}{\left(\frac{60[\text{m}]}{4}\right)^{\frac{3}{4}}}$$
$$= 371.08[\text{rpm}]$$

**05** 압축공기용 탱크 내부의 온도는 20[℃]이고, 계기압력은 345[kPa]이다. 이때 이상기체의 가정 하에 탱크 내에 공기의 밀도는 약 몇 [kg/m³]인가? (단, 대기압은 101.3[kPa], 공기의 기체상수는 286.9[J/kg·K]이다)

① 0.08[kg/m³]  ② 4.10[kg/m³]
③ 5.31[kg/m³]  ④ 77.78[kg/m³]

**해설** 공기의 밀도

$$\rho = \frac{G}{V} = \frac{P}{RT}$$
$$= \frac{(345[\text{kPa}] + 101.3[\text{kPa}])}{286.9[\text{J/kg·K}] \times (273+20)[\text{K}]}$$
$$= \frac{446.3 \times 10^3[\text{N/m}^2]}{286.9[\text{N·m/kg·K}] \times 293[\text{K}]}$$
$$= 5.31[\text{kg/m}^3]$$

**06** 소화설비 배관 직경이 300[mm]에서 450[mm]로 급격하게 확대되었을 때 작은 배관에서 큰 배관 쪽으로 분당 13.8[m³]의 소화수를 보내면 연결부에서 발생하는 손실수두는 약 몇 [m]인가? (단, 중력가속도는 9.8[m/s²]이다)

① 0.17[m]  ② 0.87[m]
③ 1.67[m]  ④ 2.17[m]

**해설** 손실수두

㉠ $V_1 = \frac{Q}{A_1} = \frac{Q}{\frac{\pi}{4} \times D^2} = \frac{13.8\text{m}^3/60\text{s}}{\frac{\pi}{4} \times (0.3\text{m})^2}$
$= 3.25[\text{m/s}]$

㉡ $V_2 = \frac{Q}{A_2} = \frac{Q}{\frac{\pi}{4} \times D^2} = \frac{13.8\text{m}^3/60\text{s}}{\frac{\pi}{4} \times (0.45\text{m})^2}$
$= 1.45[\text{m/s}]$

㉢ 손실수두
$$\triangle H = \frac{(V_1 - V_2)^2}{2g}$$
$$= \frac{(3.25[\text{m/s}] - 1.45[\text{m/s}])^2}{2 \times 9.8[\text{m/s}^2]}$$
$$= 0.17[\text{m}]$$

**07** 소화배관에 연결된 노즐의 방수량은 150[L/min], 방수압력은 0.25[MPa]이다. 이 노즐의 방수량 200[L/min]로 증가시킬 경우 방수압력은 약 몇 [MPa]인가?

① 0.24[MPa]  ② 0.44[MPa]
③ 4.44[MPa]  ④ 5.44[MPa]

**해설** 방수량은 압력의 제곱근에 비례

$150[\text{L/min}] : \sqrt{0.25[\text{MPa}]} = 200[\text{L/min}] : \sqrt{P}$
$P = \left(\frac{200}{150}\right)^2 \times 0.25 = 0.44[\text{MPa}]$

**08** 개방된 큰 탱크의 바닥에 있는 오리피스로부터 물이 8[m/s]의 속도로 흘러 나올 때의 탱크 내 물의 높이는 약 몇 [m]인가? (단, 유체의 점성효과는 무시되며, 중력가속도는 9.8[m/s²]이다)

① 0.27[m]  ② 1.27[m]
③ 2.27[m]  ④ 3.27[m]

**해설** 높이 $H = \frac{V^2}{2g} = \frac{(8[\text{m/s}])^2}{2 \times 9.8[\text{m/s}^2]} = 3.27[\text{m}]$

**정답** 05.③ 06.① 07.② 08.④

# 2013 제13회 소방시설관리사 1차 필기 기출문제
### [제2과목 : 소방수리학]

**01** 다음에서 설명하고 있는 열역학 법칙은?

> 어떤 두 물체 A와 B가 제3의 물체 C와 각각 열평형상태에 있을 때, 두 물체 A와 B도 서로 열평형상태이다.

① 열역학 제0법칙  ② 열역학 제1법칙
③ 열역학 제2법칙  ④ 열역학 제3법칙

**[해설] 열역학법칙**

㉠ 열역학 0법칙(열평형, 온도평형의 법칙)
  온도계의 원리를 제시하는 법칙으로 고온의 물체와 저온의 물체를 접촉시키면 고온에서 저온의 방향으로 열이 이동하여 시간경과 후 상호 열적평형에 도달하게 된다.
㉡ 열역학 1법칙(에너지 보존의 법칙)
  ⓐ 열과 일은 본질적으로 에너지의 일종으로 열과 일은 상호 변환이 가능하다.
    • 일량→ 열량 Q=AW
    • 열량→ 일량 W=JQ
    Q : 열량[kcal]
    W : 일량[kgf·m]
    A : 일의 열당량(1/427[kcal/kgf·m])
    J : 열의 일당량(427[kgf·m/kcal])
  ⓑ 가역적인 법칙이다.
㉢ 열역학 2법칙(에너지흐름의 법칙)
  ⓐ 실제적으로 일의 열로의 변환은 쉽게 일어나는 자연현상이지만, 열이 일로 변환하는 데에는 어떠한 제한이 있다.
  ⓑ 비가역적인 현상을 말하고 있다.
  ⓒ 열은 스스로 저온에서 고온으로 이동할 수 없다.
㉣ 열역학 3법칙
  어떠한 방법으로든 절대영도($-273.15$[℃])에는 도달할 수 없다.

**02** 그림과 같은 수평원형배관에 물이 충만하여 흐르는 정상유동에서 ㉮와 ㉯ 지점의 유속비 $\dfrac{V_1}{V_2}$은?

(단, 물은 이상유체로 가정하고, ㉮ 지점에서 배관내경은 $D_1$, 물의 유속은 $V_1$이며, ㉯ 지점에서 배관내경은 $D_2$, 물의 유속은 $V_2$라 한다)

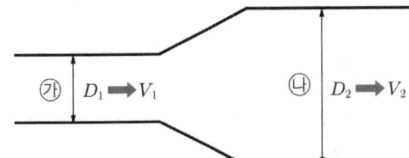

① $\left(\dfrac{D_2}{D_1}\right)^2$  ② $\dfrac{D_2}{D_1}$

③ $\dfrac{D_1}{D_2}$  ④ $\left(\dfrac{D_1}{D_2}\right)^2$

**[해설]** $Q_1 = Q_2$, $\dfrac{\pi}{4}(D_1)^2 \times V_1 = \dfrac{\pi}{4}(D_2)^2 \times V_2$

$\therefore \dfrac{V_1}{V_2} = \dfrac{D_2^{\,2}}{D_1^{\,2}} = \left(\dfrac{D_2}{D_1}\right)^2$

**03** 물이 수평 원형배관 내를 충만하여 흐를 때 배관 내 어느 한 지점에서 물의 속도가 10[m/s], 물의 정압력이 0.25[MPa]일 경우, 물의 속도수두[m]는 약 얼마인가? (단, 중력가속도는 9.8[m/s²]로 한다)

① 1.1[m]  ② 3.1[m]
③ 5.1[m]  ④ 7.1[m]

**[해설]** $H = \dfrac{U^2}{2g} = \dfrac{10^2}{2 \times 9.8} = 5.1$[m]

정답  01.①  02.①  03.③

**04** 관성력과 표면장력의 비를 나타내는 무차원수는?
① 그라쇼프(Grashof) 수
② 프루드(Froude) 수
③ 오일러(Euler) 수
④ 웨버(Weber) 수

**해설** 무차원식의 관계

| 명칭 | 무차원식 | 물리적 의미 |
| --- | --- | --- |
| 레이놀즈수 | $R_e = \dfrac{DU\rho}{\mu} = \dfrac{DU}{\upsilon}$ | $R_e = \dfrac{관성력}{점성력}$ |
| 오일러수 | $E_u = \dfrac{2P}{\rho V^2}$ | $E_u = \dfrac{압축력}{관성력}$ |
| 웨버수 | $W_e = \dfrac{\rho LU^2}{\sigma}$ | $W_e = \dfrac{관성력}{표면장력}$ |
| 코우시수 | $C_a = \dfrac{U^2}{\dfrac{K}{\rho}}$ | $C_a = \dfrac{관성력}{탄성력}$ |
| 마하수 | $M_a = \dfrac{U}{a}$ (a : 음속) | $M_a = \dfrac{관성력}{탄성력}$ |
| 프루우드수 | $F_r = \dfrac{U}{\sqrt{gL}}$ | $F_r = \dfrac{관성력}{중력}$ |

**05** 그림과 같이 밀폐계 속에 들어 있는 공기의 압력(1기압)을 일정하게 유지하면서 공기의 온도를 0[℃]에서 546[℃]로 증가시켰다. 546[℃], 1기압 상태일 때의 공기체적(V)은 0[℃], 1기압 상태일 때 공기체적($V_0$)의 약 몇 배인가? (단, 공기는 이상기체로 가정한다)

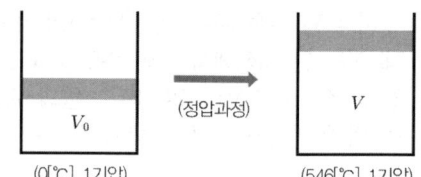

① 2배　　② 3배
③ 4배　　④ 5배

**해설** $\dfrac{P_1 V_1}{T_1} = \dfrac{P_2 V_2}{T_2}$ 에서

$V_2 = V_1 \times \dfrac{P_1}{P_2} \times \dfrac{T_2}{T_1}$

$V_2 = V_1 \times \dfrac{1}{1} \times \dfrac{546+273}{0+273} = 3V_1$

**06** 그림과 같이 비중이 1.2인 액체가 대기 중에 상부가 개방된 탱크에 들어 있을 때, A점의 계기압력은 수은 몇 [mmHg]인가? (단, 수은의 비중의 13.6, 물의 밀도는 1,000[kg/m³]이다)

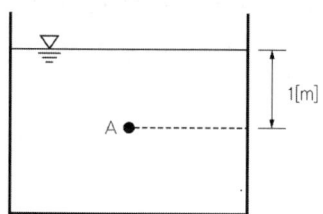

① 0.9[mmHg]　　② 16.3[mmHg]
③ 88.2[mmHg]　　④ 163.2[mmHg]

**해설** 게이지압
$P = \gamma H = (1.2 \times 1,000)[\text{kgf/m}^3] \times 1[\text{m}]$
$= 1,200[\text{kgf/m}^2]$
$\therefore 1,200[\text{kgf/m}^2] \times \dfrac{760[\text{mmHg}]}{10,332[\text{kgf/m}^2]}$
$= 88.27[\text{mmHg}]$

**07** 내경이 D, 길이가 L인 직관으로 이루어진 소화배관에서 흐르는 물의 양이 200[L/min]일 때 마찰손실압력은 0.02[MPa]이다. 이 소화배관에서 흐르는 물의 양이 400[L/min]로 증가한다면 마찰손실압력(MPa)은 약 얼마인가? (단, 마찰손실계산은 Hazen-Williams의 식을 따르고, 소화배관의 조도계수는 일정하다)
① 0.062[MPa]　　② 0.072[MPa]
③ 0.082[MPa]　　④ 0.092[MPa]

**해설** 마찰손실압력은 유량의 1.85승에 비례,
$200^{1.85} : 0.02[\text{MPa}] = 400^{1.85} : x$
$x = 0.072[\text{MPa}]$

**08** 옥내소화전설비에 사용하는 소화펌프의 토출량이 1,000[L/min], 전양정이 100[m], 펌프전효율이 65[%]일 때 전동기의 출력(kW)은 약 얼마인가? (단, 소화펌프와 전동기의 동력전달계수(K)는 1.1로 가정한다)

① 22.6[kW]   ② 25.6[kW]
③ 27.6[kW]   ④ 30.6[kW]

**해설**
$$P(\text{kW}) = \frac{\gamma QH}{102\eta}K$$

$$= \frac{1,000 \times \frac{1}{60} \times 100}{102 \times 0.65} \times 1.1$$

$$= 27.65[\text{kW}]$$

정답 08.③

# 2011 제12회 소방시설관리사 1차 필기 기출문제
### [제2과목 : 소방수리학]

**01** 베르누이 방정식 적용으로 틀린 것은?
① 실제유체
② 비점성유체
③ 압축성유체
④ 정상류

**해설** 베르누이방정식 조건
㉠ 비점성유체
㉡ 비압축성유체
㉢ 정상류
㉣ 실제유체흐름

**02** 지름 150[mm]인 원관에 비중이 0.85, 동점성계수가 $1.33 \times 10^{-4}[m^2/s]$인 기름이 0.5[m/s]의 유속으로 흐르고 있다. 이때 관마찰계수는 약 얼마인가?
① 0.11
② 0.15
③ 0.17
④ 0.19

**해설** 레이놀즈 수
$$\mathrm{ReNo} = \frac{D \cdot U \cdot \rho}{\mu} = \frac{DU}{v}$$
D : 배관의 직경[m]
U : 유체의 유속[m/sec]
$\rho$ : 유체의 밀도[kg/m³]
$\mu$ : 절대점도[kg/m・sec]
$v$ : 동점도[m²/sec]
$$\mathrm{ReNo} = \frac{DU}{v} = \frac{0.15[m] \times 0.5[m/sec]}{1.33 \times 10^{-4}[m^2/sec]} = 563.9$$
$$f = \frac{64}{563.9} = 0.113$$

**03** 포소화설비의 고정포약제량 산출방식으로 옳은 것은? (단, $Q_1$ : 포수용액의 양[L/min・m²], A : 탱크의 액표면적[m²], T : 방출시간[min], S : 농도[%])
① $Q = A \times Q_1 \times T$
② $Q = A \times Q_1 \times T \times S$
③ $Q = N \times S \times 6{,}000[L]$
④ $Q = N \times S \times 8{,}000[L]$

**04** 정상류에서 유체의 유속은?
① 관의 단면적에 비례
② 관의 지름에 비례
③ 관의 지름에 반비례
④ 관의 지름의 제곱에 반비례

**해설** 유속은 면적에 반비례, 지름의 제곱에 반비례

**05** 직경 25[cm]의 매끈한 원관을 통해서 물을 초당 100[L]를 수송하고 있다. 관의 길이 5[m]에 대한 손실수두는? (관마찰계수 f는 0.03)
① 0.013[m]
② 0.13[m]
③ 1.3[m]
④ 13[m]

**해설**
$$h_L = f \times \frac{L}{D} \times \frac{U^2}{2g}$$
$$U = \frac{Q}{A} = \frac{0.1[m^3/s]}{\frac{\pi}{4}(0.25[m])^2} = 2.04[m/s]$$
$$h_L = 0.03 \times \frac{5}{0.25} \times \frac{2.04^2}{2 \times 9.8}$$
$$= 0.127 \fallingdotseq 0.13[m]$$

**정답** 01.③ 02.① 03.② 04.④ 05.②

**06** 회전수가 2배가 되면 유량은 몇 배가 되는가?
① 2배  ② 4배
③ 8배  ④ 16배

해설) $Q_2 = Q_1 \times \left(\dfrac{N_2}{N_1}\right)^1 = Q_1 \times \left(\dfrac{2}{1}\right)^1 = Q_1 \times 2$

**07** 성능이 같은 두 대의 소화펌프를 병렬로 연결하였을 때의 양정(H)은?
① 0.5H[m]  ② 1H[m]
③ 1.5H[m]  ④ 2H[m]

해설) 병렬연결시 토출량은 2배, 양정은 변화없음

**08** 다음 중 유량측정기가 아닌 것은?
① 벤투리미터(Venturi meter)
② 로타미터(Rota meter)
③ 마노미터(Mano meter)
④ 오리피스(Orifice)

해설) 마노미터는 압력측정계이다.

**09** 소화펌프의 토출량이 520[L/min], 전양정 50[m], 펌프 효율이 0.6인 경우 전동기 용량은 얼마가 적당한가? (전달계수는 1.1이다)
① 5[kW]  ② 7.8[kW]
③ 10[kW]  ④ 15[kW]

해설) $P(\text{kW}) = \dfrac{\gamma Q H}{102 \eta} K$

$= \dfrac{1{,}000 \times \dfrac{0.52}{60} \times 50}{102 \times 0.6} \times 1.1$

$= 7.78 \fallingdotseq 7.8[\text{kW}]$

정답 06.① 07.② 08.③ 09.②

# 2010 제1회 소방시설관리사 1차 필기 기출문제
### [제2과목 : 소방수리학]

**01** 지름이 5[cm]인 소방노즐에서 물제트가 40[m/s]의 속도로 건물벽에 수직으로 충돌하고 있다. 벽이 받는 힘은 몇 [kgf]인가?

① 230[kgf]
② 250[kgf]
③ 320[kgf]
④ 280[kgf]

**해설**
$F = \rho A U^2 \sin\theta$
$= 102\,[\text{kgf}\cdot\text{s}^2/\text{m}^4] \times \dfrac{\pi}{4}(0.05[\text{m}])^2$
$\quad \times (40[\text{m/s}])^2 \times 1$
$= 320.44\,[\text{kgf}]$

**02** 체적 2[m³], 온도 20[℃]의 기체 1[kg]을 정압하에서 체적을 5[m³]로 팽창시켰다. 가한열량은 몇 [kJ]인가? (단, 기체의 정압비열은 2.06[kJ/kg·K], 기체상수는 0.4881[kJ/kg·K]으로 한다)

① 954[kJ]
② 905[kJ]
③ 889[kJ]
④ 863[kJ]

**해설**
$\dfrac{V_1}{T_1} = \dfrac{V_2}{T_2}$

$\therefore T_2 = T_1 \times \dfrac{V_2}{V_1} = (273+20)K \times \dfrac{5[\text{m}^3]}{2[\text{m}^3]}$
$= 732.5\,[K]$

$Q(\text{kJ}) = m C \Delta T$
$= 1[\text{kg}] \times 2.06[\text{kJ/kg}\cdot\text{K}]$
$\quad \times (732.5[K] - 293[K])$
$= 905.37\,[\text{kJ}]$

**03** 어떤 액체가 0.01[m³]의 체적을 갖는 실린더 속에서 50[kPa]의 압력을 받고 있다. 이때 압력이 100[kPa]으로 증가되었을 때 액체의 체적이 0.0099[m³]으로 축소되었다면 이 액체의 체적탄성계수 K는 몇 [kPa]인가?

① 500[kPa]  ② 5,000[kPa]
③ 50,000[kPa]  ④ 500,000[kPa]

**해설** 체적탄성계수
$E = \dfrac{\Delta P}{\dfrac{\Delta V}{V}} = \dfrac{(100-50)[\text{kPa}]}{\dfrac{(0.01-0.0099)[\text{m}^3]}{0.01[\text{m}^3]}}$
$= 5,000\,[\text{kPa}]$

**04** 어느 유체가 배관 내의 층류로 흐르고 있다. 지름은 100[mm]이며, 동점성계수가 $1.3 \times 10^{-3}[\text{cm}^2/\text{s}]$인 유체로서 층류로 흐를 수 있는 최대유량은 약 얼마인가? (단, 임계레이놀즈수는 2,100이다)

① 21.44[cm³/s]  ② 214.4[cm³/s]
③ 21.44[m³/s]  ④ 2.144[m³/s]

**해설**
$Q = AU$
$2,100 = \dfrac{DU}{\nu}$
$2,100 = \dfrac{10[\text{cm}] \times U[\text{cm/s}]}{1.3 \times 10^{-3}[\text{cm}^2/\text{s}]}$
$U = 0.273\,[\text{cm/sec}]$
$Q = \dfrac{\pi}{4}(10[\text{cm}])^2 \times 0.273[\text{cm/sec}]$
$= 21.44\,[\text{cm}^3/\text{sec}]$

정답 01.③ 02.② 03.② 04.①

**05** 관 마찰계수가 0.022인 지름 50[mm] 관에 물이 흐르고 있다. 이 관에 부차적 손실계수가 각각 10, 1.8인 밸브와 티(tee)가 결합되어 있을 경우 관의 상당길이는 몇 [m]인가?

① 24.3[m]  ② 24.9[m]
③ 25.4[m]  ④ 26.8[m]

**해설**
$K = f\dfrac{L}{D}$, $L = \dfrac{KD}{f}$

$\therefore L = \dfrac{10 \times 0.05[\text{m}]}{0.022} + \dfrac{1.8 \times 0.05[\text{m}]}{0.022}$
$= 26.818[\text{m}]$

**06** 원심식 송풍기에서 회전수를 변화시킬 때 동력변화를 구하는 식으로 맞는 것은? (단, 변화 전후의 회전수를 각각 $N_1$, $N_2$ 동력을 $L_1$, $L_2$로 표시한다)

① $L_2 = L_1 \times \left(\dfrac{N_1}{N_2}\right)^3$

② $L_2 = L_1 \times \left(\dfrac{N_1}{N_2}\right)^2$

③ $L_2 = L_1 \times \left(\dfrac{N_2}{N_1}\right)^3$

④ $L_2 = L_1 \times \left(\dfrac{N_2}{N_1}\right)^2$

**해설** 상사법칙 $L_2 = \left(\dfrac{N_2}{N_1}\right)^3 \times L_1$

**07** 질량 M, 길이 L, 시간 T로 표시할 때 운동량의 차원은?

① $[MLT]$  ② $[ML^{-1}T]$
③ $[MLT^{-2}]$  ④ $[MLT^{-1}]$

**해설** 운동량 = 질량 × 속도
= kg × m/sec [$MLT^{-1}$]

**08** 웨버수(Weber number)의 물리적 의미는?

① 관성력/압력   ② 관성력/점성력
③ 관성력/표면장력 ④ 관성력/탄성력

**해설** 무차원식의 관계

| 명칭 | 무차원식 | 물리적 의미 |
| --- | --- | --- |
| 레이놀즈수 | $R_e = \dfrac{DU\rho}{\mu} = \dfrac{DU}{\upsilon}$ | $R_e = \dfrac{관성력}{점성력}$ |
| 오일러수 | $E_u = \dfrac{2P}{\rho V^2}$ | $E_u = \dfrac{압축력}{관성력}$ |
| 웨버수 | $W_e = \dfrac{\rho L U^2}{\sigma}$ | $W_e = \dfrac{관성력}{표면장력}$ |
| 코우시수 | $C_a = \dfrac{U^2}{\dfrac{K}{\rho}}$ | $C_a = \dfrac{관성력}{탄성력}$ |
| 마하수 | $M_a = \dfrac{U}{a}$ (a : 음속) | $M_a = \dfrac{관성력}{탄성력}$ |
| 프루우드수 | $F_r = \dfrac{U}{\sqrt{gL}}$ | $F_r = \dfrac{관성력}{중력}$ |

**09** 점성계수가 0.101[N·s/m²], 비중이 0.85인 기름이 내경 300[mm], 길이 3[km]의 주철관 내부를 흐르며 유량은 0.0444[m³/s]이다. 이 관을 흐르는 동안 수두손실은 약 몇 [m]인가? (단, 물의 밀도는 1,000[kg/m³]이다)

① 7.1[m]  ② 8.1[m]
③ 7.7[m]  ④ 8.9[m]

**해설**
$h_L = f\dfrac{L}{D}\dfrac{U^2}{2g}$

$f = \dfrac{64}{ReNo}$, $ReNo = \dfrac{DU\rho}{\mu}$

$U = \dfrac{Q}{A} = \dfrac{0.0444[\text{m}^3/\text{s}]}{\dfrac{\pi}{4}(0.3[\text{m}])^2} = 0.628 \fallingdotseq 0.63[\text{m/sec}]$

$ReNo = \dfrac{0.3[\text{m}] \times 0.63[\text{m/sec}] \times 850[\text{kg/m}^3]}{0.101[\text{kg/m·sec}]}$
$= 1,590.59$

$f = \dfrac{64}{1,590.59} = 0.0402 \fallingdotseq 0.04$

$\therefore h_L = 0.04 \times \dfrac{3,000}{0.3} \times \dfrac{0.63^2}{2 \times 9.8} = 8.1[\text{m}]$

**10** 펌프의 흡입양정이 4[m]이고 흡입관로의 손실수두가 2[m]일 때 NPSH는 약 몇 [m]인가? (단, 수면의 표준대기압(101.3[kPa]) 상태이고, 이때의 포화 수증기압은 3,300[Pa]이다)

① 10[m]
② 2[m]
③ 6[m]
④ 4[m]

**해설**
$$NPSH = \frac{P_0}{\gamma} - \frac{P_v}{\gamma} - \frac{P_H}{\gamma} - h$$
$$= \frac{101.3[kN/m^2]}{9.8[kN/m^3]} - \frac{3,300[N/m^2]}{9,800[N/m^3]}$$
$$- 2[m] - 4[m]$$
$$= 4[m]$$

**11** 진공압이 400[mmHg]일 때 절대압으로 약 몇 [kPa]인가? (단, 대기압은 101.3[kPa], 수은의 비중은 13.6이다)

① 53[kPa]
② 48[kPa]
③ 154[kPa]
④ 149[kPa]

**해설** 절대압 = 대기압 − 진공압
$$= 101.3[kPa] - 400[mmHg] \times \frac{101.325[kPa]}{760[mmHg]}$$
$$= 47.97 \fallingdotseq 48[kPa]$$

**12** 배관설비에서 상류 지점인 A지점의 배관을 조사해 보니 지름 100[mm], 압력 0.45[MPa], 평균유속 1[m/s]이었다. 또 하류의 B지점을 조사해 보니 지름 50[mm], 압력 0.4[MPa] 이었다면 두 지점 사이의 손실 수두는 몇 m인가? (단, $Z_1 - Z_2 = \Delta Z$는 0.6m로 가정)

① 4.94[m]   ② 5.87[m]
③ 8.67[m]   ④ 10.87[m]

**해설**
$$\frac{P_1}{\gamma} + \frac{U_1^2}{2g} + Z_1 = \frac{P_2}{\gamma} + \frac{U_2^2}{2g} + Z_2 + h_L$$

$A_1 U_1 = A_2 U_2$에서 $U_2 = U_1 \times \frac{A_1}{A_2}$

$$= 1[m/sec] \times \frac{100^2}{50^2} = 4[m/sec]$$

$$h_L = \frac{P_1}{\gamma} + \frac{U_1^2}{2g} + Z_1 - \frac{P_2}{\gamma} - \frac{U_2^2}{2g} - Z_2$$
$$= \frac{450[kN/m^2]}{9.8[kN/m^3]} + \frac{(1[m/s])^2}{2 \times 9.8[m/s^2]}$$
$$- \frac{400[kN/m^2]}{9.8[kN/m^3]} - \frac{(4[m/s])^2}{2 \times 9.8[m/s^2]} + 0.6[m]$$
$$= 4.936 \fallingdotseq 4.94[m]$$

**13** 수압기에서 피스톤의 지름이 각각 10[mm], 50[mm]이고 큰 피스톤에 1,000[N]의 하중을 올려놓으면 작은 피스톤에 얼마의 힘이 작용하게 되는가?

① 40[N]
② 400[N]
③ 25,000[N]
④ 245,000[N]

**해설** $\frac{F_1}{A_1} = \frac{F_2}{A_2}$ 에서

$$F_2 = F_1 \times \frac{A_2}{A_1} = 1,000[N] \times \frac{10^2}{50^2} = 40[N]$$

**14** 물이 파이프 속을 꽉 차서 흐를 때, 정전등의 원인으로 유속이 급격히 변하면서 물에 심한 압력 변화가 생기고 큰 소음이 발생하는 현상을 무엇이라 하는가?

① 수격 작용
② 서어징
③ 캐비테이션
④ 실속

정답  10.④  11.②  12.①  13.①  14.①

**15** 호수 수면 아래에서 지름 d인 공기방울이 수면으로 올라오면서 지름이 1.5배로 팽창하였다. 공기방울의 최초 위치는 수면에서 몇 [m]되는 곳인가? (단, 이 호수의 대기압은 750[mmHg], 수은의 비중은 13.6 공기방울 내부의 공기는 Boyle의 법칙을 따른다고 한다)

① 34.4[m]   ② 24.2[m]
③ 12.0[m]   ④ 43.3[m]

**해설** 구의 체적 $=(4/3)\pi r^3$에 의해 지름이 1.5배가 되면 체적은 3.375배가 된다.
온도의 변화가 없을 때 보일의 법칙이 적용되며 대기 중의 상태를 $P_1V_1$, 수심 h지점에서의 상태를 $P_2V_2$라 하면
$P_1V_1 = P_2V_2$

$$\therefore P_2 = \frac{V_1}{V_2} \times P_1$$

$$= \frac{3.375}{1} \times \left(750\text{mmHg} \times \frac{10,332\text{m}}{760\text{mmHg}}\right)$$

$$= 34.41[m]$$

수면으로 부터의 깊이는 게이지압력이므로 절대압력 - 대기압력

$$\therefore h = 34.4[m] - \left(750\text{mmHg} \times \frac{10,332\text{m}}{760\text{mmHg}}\right)$$

$$= 24.21[m]$$

정답 15.②

# 2008 제10회 소방시설관리사 1차 필기 기출문제

[제2과목 : 소방수리학]

**01** 다음 중 수격작용을 방지하기 위한 대책으로 틀린 것은?

① 관경을 작게 한다.
② 플라이휠(Fly Wheel)을 설치한다.
③ 수격방지기를 설치한다.
④ 밸브조작을 서서히 한다.

**해설** 수격현상(Water Hammering)의 방지대책
㉠ 관경을 크게 하고 유속을 낮게 한다.
㉡ 압력강하의 경우 Fly Wheel을 설치한다.
㉢ Surge Tank(조압수조)를 설치하여 적정압력을 유지하여야 한다.
㉣ Pump 송출구 가까이 송출밸브를 설치하여 압력 상승 시 압력을 제어하여야 한다.
㉤ 수격방지기(WHC)를 설치한다.

**02** 펌프에서 사용하는 안내깃의 역할이 맞는 것은?

① 속도수두를 압력수두로 변화시킨다.
② 위치수두를 압력수두로 변화시킨다.
③ 속도수도를 위치수도로 변환시킨다.
④ 압력수두를 속도수두로 변환시킨다.

**해설** 안내깃
펌프의 날개차에서 유출되는 유체에 적당한 방향과 속도를 주거나, 속도를 압력으로 바꾸는 데 쓰이는 유선형의 날개

**03** 15[℃]의 물 1[kg]이 100[℃]의 수증기로 될 때 열량은? (단, 물의 비열 1[kcal/kg·℃], 수증기 비열 0.44[kcal/kg·℃], 증발잠열 539[kcal/kg]이다)

① 624[kcal]   ② 724[kcal]
③ 824[kcal]   ④ 924[kcal]

**해설** $Q = mC\Delta t + r \cdot m$
$= 1[kg] \times 1[kcal/kg \cdot ℃] \times (100-15)[℃]$
$+ 539[kcal/kg] \times 1[kg]$
$= 624[kcal]$

**04** 다음 중 레이놀즈수를 구하는 공식으로 맞는 것은?

배관직경 d, 절대점도 $\mu$, 유속 V, 밀도 $\rho$

① $\dfrac{dV\rho}{\mu}$   ② $\dfrac{d\mu}{\rho}$

③ $\dfrac{d\mu^2}{2g}$   ④ $\rho V^2$

**해설** 레이놀즈수(Reynolds Number, Re)

$Re = \dfrac{DV\rho}{\mu} = \dfrac{DV}{\nu}$ [무차원]

여기서, D : 관의 내경[cm]
V : 유속[cm/sec]
$\rho$ : 유체의 밀도[gr/cm³]
$\mu$ : 유체의 점도[gr/cm·sec]
$\nu$(동점도) : 절대점도를 밀도로 나눈 값
$\left(\dfrac{\mu}{\rho} = cm^2/sec\right)$

정답 01.① 02.① 03.① 04.①

**05** 다음 그림과 같이 벤츄리관에 물이 흐르고 있다. 단면 ①과 단면 ②의 면적비가 2이고 압력수두차가 $\Delta h$일 때 단면 ②에서의 유속은 얼마인가? (단, 모든 손실은 무시한다)

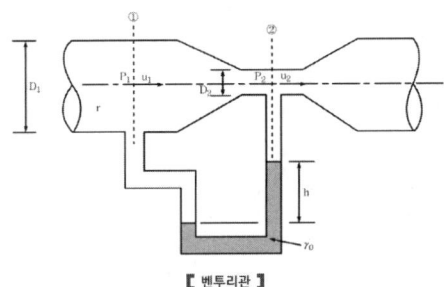

【 벤투리관 】

① $\sqrt{2g\Delta h/3}$
② $\sqrt{2g\Delta h}$
③ $2\sqrt{2g\Delta h/3}$
④ $\sqrt{3g\Delta h/2}$

**해설** 벤츄리관의 모든 손실은 무시되므로 Cv=1이므로

$$V_2 = \frac{Q}{A_2} = \frac{1}{\sqrt{1-\left(\frac{A_2}{A_1}\right)^2}}\sqrt{2g\left(\frac{p_1-p_2}{\gamma}\right)}$$

문제에서 $\frac{A_2}{A_1} = \frac{1}{2}$ 이고 $\Delta h = \frac{p_1-p_2}{\gamma}$ 이므로

$$\therefore V_2 = \frac{1}{\sqrt{1-\left(\frac{1}{2}\right)^2}}\sqrt{2g\Delta h} = 2\sqrt{\frac{2g\Delta h}{3}}$$

**06** 다음 중 물의 밀도 단위가 아닌 것은?

① $1[g/cm^3]$
② $1,000[kg \cdot sec/m^4]$
③ $1,000[kg/m^3]$
④ $1,000[N \cdot sec^2/m^4]$

**해설** 물의 밀도
$\rho = 1[g/cm^3] = 1,000[kg/m^3]$
$= 1,000[N \cdot sec^2/m^4]$(절대단위)
$= 1,000/9.8 = 102[kgf \cdot sec^2/m^4]$(중력단위)

**07** 표준상태에서 $60[m^3]$의 용적을 가진 이산화탄소 가스를 액화하여 얻을 수 있는 액화 탄산가스의 무게(kg)는 얼마인가?

① 110[kg]
② 117.8[kg]
③ 127[kg]
④ 130[kg]

**해설** 표준 상태(0[℃], 1[atm])에서
기체(가스) 1g-mol이 차지하는 부피 : 22.4[L]
기체(가스) 1kg-mol이 차지하는 부피 : 22.4[$m^3$]
∴ 액화 탄산가스 무게

$$\frac{60[m^3]}{22.4[m^3]} \times 44[kg] = 117.8[kg]$$

- 이산화탄소($CO_2$) 분자량 : 44

**08** 다음 중 모세관현상에서 액면이 올라가는 경우는?

① 응집력보다 부착력이 클 때
② 부착력보다 응집력이 클 때
③ 비중이 클 때
④ 증기압이 클 때

**해설** 모세관현상
액체 속에 가는 관(모세관)을 넣으면 액체가 관을 따라 상승, 하강하는 현상
㉠ 액면이 상승 : 응집력＜부착력
㉡ 액면이 하강 : 응집력＞부착력

**09** 스프링클러헤드의 방수압이 0.1[MPa]일 때 방사량이 200[L/min]이었다면, 방수압이 0.4[MPa]일 때 방사량은 얼마인가?

① 200[L/min]
② 400[L/min]
③ 600[L/min]
④ 800[L/min]

**해설** $Q = K\sqrt{10P}$
$200[L/min] = K\sqrt{10(0.1)}$, $K = 200$
∴ $Q = 200 \times \sqrt{10 \times 0.4} = 400[L/min]$

**10** 다음 중 상사법칙이 틀린 것은?

① $P_2 = P_1 \times \left(\dfrac{N_2}{N_1}\right)^4$

② $Q_2 = Q_1 \times \left(\dfrac{N_2}{N_1}\right)$

③ $H_2 = H_1 \times \left(\dfrac{D_2}{D_1}\right)^2$

④ $P_2 = P_1 \times \left(\dfrac{D_2}{D_1}\right)^5$

**해설** 펌프의 상사법칙

㉠ 유량 $Q_2 = Q_1 \times \dfrac{N_2}{N_1} \times \left(\dfrac{D_2}{D_1}\right)^3$

㉡ 양정 $H_2 = H_1 \times \left(\dfrac{N_2}{N_1}\right)^2 \times \left(\dfrac{D_2}{D_1}\right)^2$

㉢ 동력 $P_2 = P_1 \times \left(\dfrac{N_2}{N_1}\right)^3 \times \left(\dfrac{D_2}{D_1}\right)^5$

여기서, N : 회전수[rpm], D : 내경[mm]

정답 10.①

# 2006 제9회 소방시설관리사 1차 필기 기출문제
### [제2과목 : 소방수리학]

**01** 연속방정식(Continuity Equation)의 설명에 대한 이론적 근거가 되는 것은?

① 에너지 보존의 법칙
② 질량보존의 법칙
③ 뉴턴의 운동 제2법칙
④ 관성의 법칙

**해설** • 연속방정식 : 질량 보존의 법칙

**02** 왕복피스톤 펌프에 공기실을 설치하는 이유는?

① 수격작용을 방지하기 위하여
② 유량변동을 평균화하기 위하여
③ 공동현상을 방지하기 위하여
④ 맥동현상을 방지하기 위하여

**해설** 왕복피스톤 펌프의 유량변동을 평균화하기 위하여 공기실을 설치한다.

**03** 다음의 무차원수 중 레이놀즈수를 의미하는 것은?

① $\dfrac{압축력}{관성력}$  ② $\dfrac{관성력}{탄성력}$

③ $\dfrac{관성력}{중력}$  ④ $\dfrac{관성력}{점성력}$

**해설** 무차원식의 관계

| 명칭 | 무차원식 | 물리적 의미 |
|---|---|---|
| 레이놀즈수 | $R_e = \dfrac{DU\rho}{\mu} = \dfrac{DU}{\upsilon}$ | $R_e = \dfrac{관성력}{점성력}$ |
| 오일러수 | $E_u = \dfrac{2P}{\rho V^2}$ | $E_u = \dfrac{압축력}{관성력}$ |
| 웨버수 | $W_e = \dfrac{\rho L U^2}{\sigma}$ | $W_e = \dfrac{관성력}{표면장력}$ |
| 코우시수 | $C_a = \dfrac{U^2}{\frac{K}{\rho}}$ | $C_a = \dfrac{관성력}{탄성력}$ |
| 마하수 | $M_a = \dfrac{U}{a}$ (a : 음속) | $M_a = \dfrac{관성력}{탄성력}$ |
| 프루우드수 | $F_r = \dfrac{U}{\sqrt{gL}}$ | $F_r = \dfrac{관성력}{중력}$ |

**04** 그림과 같이 속도 $V$인 유체가 정지하고 있는 곡면 깃에 부딪혀 $\theta$의 각도로 유동 방향이 바뀐다. 유체가 곡면에 가하는 힘의 $x$, $y$성분의 크기를 $|F_x|$와 $|F_y|$라 할 때, $|F_y|/|F_x|$는? (단, 유동 단면적은 일정하고, $0° < \theta < 90°$이다)

① $\dfrac{1-\cos\theta}{\sin\theta}$

② $\dfrac{\sin\theta}{1-\cos\theta}$

③ $\dfrac{1-\sin\theta}{\cos\theta}$

④ $\dfrac{\cos\theta}{1-\sin\theta}$

**해설** $F_x = \rho \cdot Q \cdot V(1-\cos\theta)$
$F_y = \rho \cdot Q \cdot V \cdot \sin\theta$
$\therefore \dfrac{F_y}{F_x} = \dfrac{\rho QV \cdot \sin\theta}{\rho QV(1-\cos\theta)}$

**정답** 01.② 02.② 03.④ 04.②

**05** 피토우-정압관은 무엇을 측정하는데 사용되는가?
① 정지하고 있는 유체의 질량
② 유동하고 있는 유체의 비중량
③ 유동하고 있는 유체의 동압
④ 유동하고 있는 유체의 정압

**해설** 피토우-정압관 : 유동하고 있는 유체의 동압

**06** 수력구배선 HGL에 대한 설명 중 맞는 것은?
① 에너지선(EL)보다 위에 있어야 한다.
② 항상 수평이 된다.
③ 위치수두와 속도수두의 합을 나타내며 주로 에너지선 아래에 위치한다.
④ 위치수두와 압력수두의 합을 나타내며 주로 에너지선 아래에 위치한다.

**해설** 수력구배선(HGL)은 위치수두와 압력수두의 합을 나타내며 주로 에너지선 아래에 위치한다.

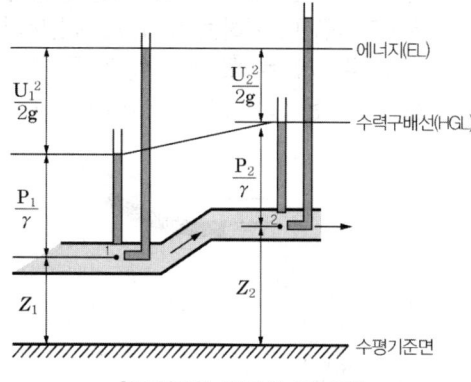

[유관에서 유체의 에너지]

**07** 수격작용에 대한 설명이다. 알맞은 것은?
① 흐르는 물에 갑자기 정지시킬 때 수압이 급격히 변화하는 현상을 말한다.
② 물의 온도는 낮을 때 생긴다.
③ 물의 유속이 늦을 때 일어난다.
④ 물이 연속적으로 흐를 때 물의 온도가 상승하면 일어난다.

**해설** 수격현상
흐르는 물에 갑자기 정지시킬 때 수압이 급격히 변화하는 현상을 말한다.

# 2005 제8회 소방시설관리사 1차 필기 기출문제
[제2과목 : 소방수리학]

**01** 질소 3[kg]이 25[℃]에서 0.6[m³]의 용기에 들어 있다. 이때 압력(Pa)은 얼마인가? (단, R=296 [J/kg · K])

① 440,040[Pa]
② 441,040[Pa]
③ 442,040[Pa]
④ 443,040[Pa]

**해설** 보일샤를 법칙에서 완전 기체 식은
PV = GRT

$$\therefore P = \frac{GRT}{V}$$

$$= \frac{3[kg] \times 296[N \cdot m/kg \cdot K] \times 298[K]}{0.6[m^3]}$$

$$= 441,040[N/m^2] = 441,040[Pa]$$

> ● 일의 단위
> ㉠ Joule(J) = N · m = kg · $\frac{m}{sec^2}$ × m
> = kg · m²/sec²
> ㉡ erg = dyne · cm = g · $\frac{cm}{sec^2}$ × cm
> = g · cm²/sec²

**02** 지름 30[cm]인 원관과 지름 45[cm]인 원관이 직접 연결되어 있을 때 작은 관에서 큰 관쪽으로 매초 230[L]의 물을 보내면 연결부의 손실수두는 몇 [m]인가?

① 0.308[m]
② 0.125[m]
③ 0.135[m]
④ 0.166[m]

**해설** 확대관의 손실수두

$$H = \frac{(u_1 - u_2)^2}{2g} = \frac{(3.255 - 1.447)^2}{2 \times 9.8[m/sec]} = 0.166[m]$$

여기서 Q = AU

$$u_1 = \frac{Q}{A} = \frac{0.23[m^3/sec]}{\frac{\pi}{4}(0.3[m])^2} = 3.255[m/sec]$$

$$u_2 = \frac{Q}{A} = \frac{0.23[m^3/sec]}{\frac{\pi}{4}(0.45[m])^2} = 1.447[m/sec]$$

$$\therefore H = \frac{(3.255 - 1.447)^2}{2 \times 9.8} = 0.166[m]$$

**03** 같은 펌프를 다른 회전수로 운전하는 경우에 회전수($N_1$, $N_2$), 토출량($Q_1$, $Q_2$), 양정($H_1$, $H_2$), 축동력($P_1$, $P_2$), 효율($\eta_1$, $\eta_2$)와의 관계를 나타내었다. 다음 중 틀린 것은?

① $P_2 = \left(\frac{N_2}{N_1}\right)^2 P_1$
② $H_2 = \left(\frac{N_2}{N_1}\right)^2 H_1$
③ $\eta_2 = \eta_1$
④ $Q_2 = \left(\frac{N_2}{N_1}\right) Q_1$

**해설** 펌프의 상사법칙
㉠ 유량 $Q_2 = Q_1 \times \frac{N_2}{N_1} \times \left(\frac{D_2}{D_1}\right)^3$
㉡ 양정 $H_2 = H_1 \times \left(\frac{N_2}{N_1}\right)^2 \times \left(\frac{D_2}{D_1}\right)^2$
㉢ 축동력 $P_2 = P_1 \times \left(\frac{N_2}{N_1}\right)^3 \times \left(\frac{D_2}{D_1}\right)^5$

여기서, N : 회전수[rpm]
D : 내경[mm]

정답 01.② 02.④ 03.①

**04** 다음 그림에서 탱크차가 받는 추력은 몇 [kgf]인가?

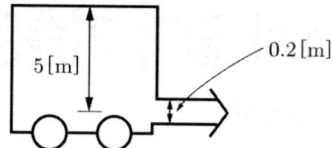

① 9.0[kgf]   ② 97.0[kgf]
③ 3,069[kgf]   ④ 313[kgf]

해설
$U = \sqrt{2gH} = \sqrt{2 \times 9.8 \times 5} = 9.9$[m/sec]
$Q = UA = 9.9$[m/sec]$\times \frac{\pi}{4}(0.2$[m]$)^2$
$= 0.31$[m³/sec]
$F = \rho QU$
$= 102$[kgf·sec²/m⁴]$\times 0.31$[m³/sec]
$\times 9.9$[m/sec]
$= 313$[kgf]

**05** 다음 중 펌프에서 일어나는 공동현상의 발생 원인이 아닌 것은?

① 펌프 흡입 배관의 마찰 손실이 크게 발생할 경우 발생한다.
② 펌프 흡입 배관의 유속이 빠를 때 발생한다.
③ 펌프의 설치 위치가 수원보다 낮을 때 발생한다.
④ 관 속으로 흐르는 물의 온도가 높을 때 발생한다.

해설 공동현상
(1) 발생원인
  ㉠ Pump의 흡입측 수두, 마찰손실, Impeller 속도가 클 때
  ㉡ Pump의 흡입관경이 작을 때
  ㉢ Pump 설치위치가 수원보다 높을 때
  ㉣ 관내의 유체가 고온일 때
  ㉤ Pump의 흡입압력이 유체의 증기압보다 낮을 때
(2) 방지 대책
  ㉠ Pump의 흡입측 수두, 마찰손실, Impeller 속도를 작게 한다.
  ㉡ Pump 흡입관경을 크게 한다.

  ㉢ Pump 설치위치를 수원보다 낮게 하여야 한다.
  ㉣ Pump 흡입압력을 유체의 증기압보다 높게 한다.
  ㉤ 양흡입 Pump를 사용하여야 한다.
  ㉥ 양흡입 Pump로 부족 시 펌프를 2대로 나눈다.

**06** 소방펌프차로 물을 수송하는데 진공계가 400[mmHg]를 나타내었다. 펌프에서 수면까지의 높이는 몇 [m]인가?

① 4.9[m]   ② 5.4[m]
③ 6.5[m]   ④ 7.2[m]

해설
1[atm] = 760[mmHg] = 10.332[mH₂O]
∴ $\frac{400[mmHg]}{760[mmHg]} \times 10.332$[mH₂O] $= 5.44$[mH₂O]

**07** 물이 들어 있는 탱크의 수면으로부터 10[m]의 깊이에 직경 15[cm]의 노즐이 달려있다. 이 노즐의 유량계수가 0.9라 할 때 몇 [m³/min]이 흐르는가?

① 2.4[m³/min]   ② 6.4[m³/min]
③ 8.4[m³/min]   ④ 13.4[m³/min]

해설 유속
$U = C\sqrt{2gH} = 0.9 \times \sqrt{2 \times 9.8[m/sec^2] \times 10[m]}$
$= 12.6$[m/sec]
∴ 유량 $Q = UA$
$= 12.6$[m/sec]$\times 60$[sec/min]$\times \frac{\pi}{4}(0.15$[m]$)^2$
$= 13.35$[m³/min]

정답 04.④ 05.③ 06.② 07.④

# 2004 제7회 소방시설관리사 1차 필기 기출문제

[제2과목 : 소방수리학]

**01** 0.02[m³/sec]의 유량으로 직경 50[cm]인 주철관 속을 기름이 흐르고 있다. 길이 1,000[m]에 대한 손실수두는 몇 [m]인가? (기름의 점성계수 0.0105 [kgf·s/m²], 비중 0.9)

① 0.15[m]  ② 0.3[m]
③ 0.45[m]  ④ 0.5[m]

**해설** 손실수두

$$H = \frac{fLV^2}{2gD}$$

(1) 유속

$$U = \frac{Q}{A} = \frac{0.02[m^3/sec]}{\frac{\pi}{4} \times (0.5[m])^2} = 0.102[m/sec]$$

(2) 관마찰계수(f)를 구하기 위하여

$$R_e = \frac{DU\rho}{\mu}$$

$$= \frac{0.5[m] \times 0.102[m/sec] \times 0.9 \times 102[kgf \cdot sec^2/m^4]}{0.0105[kgf \cdot sec/m^2]}$$

$$= 446$$

$$\therefore f = \frac{64}{Re} = \frac{64}{446} = 0.143$$

(3) 중력가속도 g = 9.8[m/sec²]

$$\therefore H = \frac{fLV^2}{2gD}$$

$$= \frac{0.143 \times 1,000[m] \times (0.102[m/sec])^2}{2 \times 9.8[m/sec^2] \times 0.5[m]}$$

$$= 0.151[m]$$

**02** 물이 노즐을 통해서 대기로 방출한다. 노즐입구에서의 압력이 계기압력으로 P[kg/cm²]라면 방출속도는 몇 [m/sec]인가? (단, 마찰손실은 전혀 없고 속도수두는 무시하며, 중력 가속도는 9.8[m/sec²]이다)

① 19.6  ② 19.6$\sqrt{P}$
③ 14P  ④ 14$\sqrt{P}$

**해설** $u = \sqrt{2gH}$ 에서

$H = P[kgf/cm^2] \div 1.0332[kgf/cm^2] \times 10.332[m]$
$= 10P$

$\therefore u = \sqrt{2 \times 9.8 \times 10P} = \sqrt{196} \times \sqrt{P} = 14\sqrt{P}$

**03** 압력계가 30[lbf/in²]일 때 [kgf/cm²]으로 환산하면?

① 2.1[kgf/cm²]  ② 3.1[kgf/cm²]
③ 4.1[kgf/cm²]  ④ 5.1[kgf/cm²]

**해설** 1[atm] = 760[mmHg]
= 10.332[mH₂O(mAq)]
= 1013[mbar]
= 1.0332[kgf/cm²]
= 101325 × 10³[dyne/cm²]
= 101,325[Pa](N/m²)
= 101.325[KPa](kN/m²)
= 0.101325[MPa](MN/m²)
= 14.7[Psi](lbf/in²)

∴ 30[lbf/in²] ÷ 14.7[lbf/in²] × 1.0332[kgf/cm²]
= 2.1[kgf/cm²]

정답  01.①  02.④  03.①

**04** 성능시험배관의 관경은 정격토출압력의 65[%] 이상에서 정격토출량의 150[%]를 토출할 수 있는 크기로 하여야 하는데 분당 토출량은 500[L/min], 압력은 0.17[MPa]일 때 성능시험 배관의 관경은?

① 11[mm]  ② 22[mm]
③ 33[mm]  ④ 44[mm]

**해설** $Q = 0.653 D^2 \sqrt{10P}$
$1.5 \times 500 = 0.653 \times D^2 \times \sqrt{10 \times 0.17 \times 0.65}$
$D = 33[mm]$

**05** 관속의 흐름에 대하여 레이놀드수를 Q, D 및 $v$의 함수로 표시하면 다음 중 어느 것인가?

① $N_R = \dfrac{Q}{4\pi dv}$   ② $N_R = \dfrac{4Q}{\pi dv}$
③ $N_R = \dfrac{dQ}{4\pi v}$   ④ $N_R = \dfrac{\pi dv}{4Q}$

**해설** $Re = \dfrac{du}{v} \left( u = \dfrac{Q}{A} = \dfrac{Q}{\dfrac{\pi}{4}d^2} = \dfrac{4Q}{\pi d^2} \right)$

$= \dfrac{d \times \dfrac{4Q}{\pi d^2}}{v} = \dfrac{4Qd}{\pi d^2 v} = \dfrac{4Q}{\pi dv}$

**06** 펌프의 전동기 용량을 계산하는 과정에서 전양정이란?

① 흡입수면에서 펌프의 중심까지의 수직거리
② 펌프의 중심에서 최상층의 송출수면까지의 수직거리
③ 실양정과 관부속품의 마찰손실수두, 직관의 마찰손실수두의 합
④ 실양정, 관부속품 및 직관마찰손실수두, 방수압환산수두의 합

**해설** 양정 설명
㉠ 흡입양정 : 흡입수면에서 펌프의 중심까지의 수직거리
㉡ 토출양정 : 펌프의 중심에서 최상층의 송출수면까지의 수직거리
㉢ 전양정=실양정+관부속품의 마찰손실수두+직관의 마찰손실수두+방수압환산수두

**07** 상온 상압의 물의 체적을 1[%] 축소시키는데 요구하는 압력은 몇 [kgf/cm²]인가? (단, 압축률의 값은 $4.75 \times 10^{-5}$[cm²/kgf]이다)

① 200[kgf/cm²]   ② 211[kgf/cm²]
③ 2,100[kgf/cm²]  ④ 2,000[kgf/cm²]

**해설** 압축률 $\beta = \dfrac{1}{K}$

$K = \dfrac{1}{\beta} = \dfrac{1}{4.75 \times 10^{-5}} = 21,052[kgf/cm^2]$

∴ $\Delta = K \dfrac{\Delta V}{V} = 21,052.6 \times 0.01$
$= 210.5[kgf/cm^2]$

**08** 정상류에서 유체의 유속은?

① 관의 단면적에 비례
② 관의 지름에 비례
③ 관의 지름에 반비례
④ 관의 지름의 제곱에 반비례

**해설** 정상류의 유속

$$\dfrac{u_2}{u_1} = \dfrac{A_1}{A_2} = \left(\dfrac{D_1}{D_2}\right)^2$$

∴ 정상류에서 유체의 유속은 관의 단면적에 반비례, 관의 지름의 제곱에 반비례한다.

**09** 등가길이의 값이 가장 작은 것은?

① 티(측류)     ② 45° 엘보
③ 게이트 밸브   ④ 유니온

**해설** 관부속류의 등가길이

| 부속종류 | 티(측류) | 45° 엘보 | 게이트 밸브 | 유니온 |
|---|---|---|---|---|
| 등가길이 (40[mm]) | 2.1[m] | 0.9[m] | 0.3[m] | 무시할 정도로 작다. |

**정답** 04.③ 05.② 06.④ 07.② 08.④ 09.④

# 2002 제6회 소방시설관리사 1차 필기 기출문제
### [제2과목 : 소방수리학]

**01** $CO_2$ 5[kg]을 일정한 압력하에 20[℃]에서 60[℃]로 가열하는 데 필요한 열량은 몇 [kJ]인가? (단, 정압비열은 0.837[kJ/kg·℃]이다)

① 105[kJ]    ② 167[kJ]
③ 251[kJ]    ④ 356[kJ]

**해설** 열량(Q)

$$Q = mCp\Delta t$$

여기서, Q : 열량[kJ]
m : 질량
Cp : 정압비열(0.837[kJ/kg·℃])
$\Delta t$ : 온도차
∴ Q = 5[kg] × 0.837[kJ/kg·℃] × (60-20)[℃]
    = 167.4[kJ]

**02** 비중 S인 액체가 액면으로부터 h[cm] 깊이에 있는 점의 압력은 수은주로 몇 [mmHg]인가? (단, 수은의 비중은 13.6이다)

① 13.6Sh[mmHg]
② 1,000Sh/13.6[mmHg]
③ Sh/13.6[mmHg]
④ 10Sh/13.6[mmHg]

**해설**

$1,000 S \times \dfrac{1}{100} h = 13,600 \times \dfrac{1}{1,000} H$

[H : 수은주 mmHg]

∴ $H = \dfrac{1,000 \times 1,000}{13,600 \times 100} Sh$

$= \dfrac{10}{13.6} Sh$ [mmHg]

**03** 오리피스 헤드가 6cm이고 실제 물의 유출속도가 9.7[m/s]일 때 손실 수두는? (단, k=0.25이다)

① 0.6[m]    ② 1.2[m]
③ 1.5[m]    ④ 2.4[m]

**해설** 손실수두(H)

$$H = K \dfrac{u^2}{2g} (m)$$

여기서, K : 손실계수
u : 유속
g : 중력가속도(9.8[m/sec²])

∴ $H = K \dfrac{u^2}{2g} = 0.25 \times \dfrac{9.7[m/sec^2]}{2 \times 9.8[m/sec^2]} = 1.2[m]$

**04** 물소화설비의 배관에서 마찰손실을 구하는 실험식인 하젠-윌리엄 공식에서 C에 관한 설명으로 옳은 것은?

$$P_m = 6.174 \times 10^5 \times \dfrac{Q^{1.85}}{C^{1.85} \times D^{4.87}}$$

① C는 상수로서 언제나 일정한 값을 갖는다.
② C값은 백관의 경우보다 주철관의 경우에 작은 값이 된다.
③ C값은 같은 내경의 관이며, 관의 재질과 무관하다.
④ 동일한 관에 대해서만 C값은 시간의 흐름에 따라 변하지 않는다.

**해설** Hagen-william's 방정식

$$\Delta P_m = 6.174 \times 10^5 \times \dfrac{Q^{1.85}}{C^{1.85} \times D^{4.87}}$$

정답 01.② 02.④ 03.② 04.②

여기서, $\Delta P_m$ : 배관 1[m]당 압력손실[kg/cm² · m]
$Q$ : 유량[L/min]
$D$ : 내경[mm]
$C$ : 조도계수

※ 배관에 따른 조도계수(C)

| 배관 설비 | 주철관 | 흑관 | 백관<br>(아연도강관) | 동관<br>(구리관) |
|---|---|---|---|---|
| 습식스프링클러 설비 | 100 | 120 | 120 | 150 |
| 건식, 준비작동식,<br>일제살수식 설비 | 100 | 100 | 120 | 150 |

**05** 같은 펌프를 다른 회전수로 운전하는 경우에 회전수($N_1$, $N_2$), 토출량($Q_1$, $Q_2$), 양정($H_1$, $H_2$), 축동력($P_1$, $P_2$), 효율($\eta_1$, $\eta_2$)와의 관계를 나타내었다. 다음 중 틀린 것은?

① $P_2 = \left(\dfrac{N_2}{N_1}\right)^2 P_1$

② $H_2 = \left(\dfrac{N_2}{N_1}\right)^2 H_1$

③ $\eta_2 = \eta_1$

④ $Q_2 = \left(\dfrac{N_2}{N_1}\right) Q_1$

**[해설]** 펌프의 상사법칙

㉠ 유량 $Q_2 = Q_1 \times \dfrac{N_2}{N_1} \times \left(\dfrac{D_2}{D_1}\right)^3$

㉡ 양정 $H_2 = H_1 \times \left(\dfrac{N_2}{N_1}\right)^2 \times \left(\dfrac{D_2}{D_1}\right)^2$

㉢ 축동력 $P_2 = P_1 \times \left(\dfrac{N_2}{N_1}\right)^3 \times \left(\dfrac{D_2}{D_1}\right)^5$

여기서, N : 회전수[rpm], D : 내경[mm]

**06** 용량 2,000[L]의 탱크에 물을 가득 채운 소방차가 화재현장에 출동하여 노즐 압력 390[kPa], 노즐구경 2.5[cm]를 사용하여 방수한다면 소방차 내의 물이 전부 방수되는 데 소요되는 시간은?

① 약 2분 30초     ② 약 3분 30초
③ 약 4분 30초     ④ 약 5분 30초

**[해설]** 방수량

$$Q = 0.653 D^2 \sqrt{10P}$$

여기서, Q : 분당토출량[L/min]
D : 관경(또는 노즐구경)[mm]
P : 방수압력[kg/cm²]
$= \dfrac{390[\text{kPa}]}{101.3[\text{kPa}]} \times 0.10332[\text{MPa}]$
$= 0.398[\text{MPa}]$

∴ $Q = 0.653 \times (25[\text{mm}])^2 \times \sqrt{10 \times 0.398}$
$= 814.2[\text{L/min}]$

용량 2,000[L]이므로 $2,000 \div 814.2[\text{L/min}]$
$= 2.46 \text{min} = 2분 30초$

**07** 흐르는 물 속에 피토관을 삽입하여 압력을 측정하였더니 전압이 200[kPa], 정압이 100[kPa]이었다. 이 위치에서 유속은 몇 [m/sec]인가? (단, 물의 밀도는 1,000[kg/m³]이다)

① 14.1[m/sec]    ② 10[m/sec]
③ 3.16[m/sec]    ④ 1.02[m/sec]

**[해설]** $U = \sqrt{2gH}$
$= \sqrt{2 \times 9.8[\text{m/sec}^2] \times \left(\dfrac{200-100}{101.3} \times 10.332\right)}$
$= 14.1[\text{m/sec}]$

**08** 파이프 내 물의 속도가 9.8[m/sec], 압력이 98[kPa]이다. 이 파이프가 기준면으로부터 3[m] 위에 있다면 전수두는 몇 [m]인가?

① 13.5[m]    ② 16[m]
③ 6.7[m]     ④ 17.9[m]

**[해설]** 베르누이 방정식에서

㉠ 속도수두 $= \dfrac{u^2}{2g} = \dfrac{(9.8[\text{m/sec}])^2}{2 \times 9.8[\text{m/sec}^2]} = 4.9[\text{m}]$

㉡ 압력수두 $= \dfrac{P}{\gamma} = \dfrac{98[\text{kPa}]}{101.325[\text{kPa}]} \times 10.332\text{H}_2\text{O}$
$= 9.99[\text{m}]$

∴ 전수두 = 속도수두 + 압력수두 + 위치수두
$= 4.9[\text{m}] + 9.99[\text{m}] + 3[\text{m}]$
$= 17.89[\text{m}]$

**09** 유체의 비중량 $\gamma$, 밀도 $\rho$ 및 중력가속도 $g$와의 관계는?

① $\gamma = \dfrac{\rho}{g}$   ② $\gamma = \rho g$

③ $\gamma = \dfrac{g}{\rho}$   ④ $\gamma = \dfrac{\rho}{g^2}$

**해설** 비중량 $\gamma = \rho g$ ($g$ : 중력가속도, $\rho$ : 밀도)

**10** 내경이 d, 외경이 D인 동심 2중관에 액체가 가득 차 흐를 때 수력반경 $R_h$는?

① $\dfrac{1}{6}(D-d)$   ② $\dfrac{1}{6}(D+d)$

③ $\dfrac{1}{4}(D-d)$   ④ $\dfrac{1}{4}(D+d)$

**해설** 수력반경(Rh) = $\dfrac{단면적}{길이}$

$$= \dfrac{\dfrac{\pi D^2}{4} - \dfrac{\pi d^2}{4}}{(\pi D + \pi d)} = \dfrac{\dfrac{\pi}{4}(D^2 - d^2)}{\pi(D+d)}$$

$$= \dfrac{\pi(D^2 - d^2)}{4\pi(D+d)} = \dfrac{\pi(D-d)(D+d)}{4\pi(D+d)}$$

$$= \dfrac{1}{4}(D-d)$$

**11** 1[kgf · s/m²]은 몇 [Poise]인가?

① 9.8[Poise]   ② 98[Poise]
③ 980[Poise]   ④ 9,800[Poise]

**해설** 1[kgf] = 9.8[N], 1[poise] = 1[g/cm · sec]

∴ 1[kgf · sec/m²] = 9.8[N · sec/m²]

$= 9.8 \dfrac{[kg] \cdot [m/s^2] \times [sec]}{[m^2]}$

$= 9.8[kg/m \cdot sec] \times \dfrac{1,000[g]}{1[kg]} \times \dfrac{1[m]}{100[cm]}$

$= 98[g/cm \cdot sec] = 98[poise]$

**12** 뉴톤(Newton)의 점성법칙을 이용하여 만든 점도계는?

① 세이볼트(Saybolt) 점도계
② 오스왈트(Ostwald) 점도계
③ 레드우드(Redwood) 점도계
④ 맥마이클(Macmichael) 점도계

**해설** 점도계
㉠ 맥마이클(Macmichael) 점도계 : 뉴톤의 점성법칙
㉡ 오스왈트(Ostwald) 점도계, 세이볼트(Saybolt) 점도계 : 하겐-포아젤법칙
㉢ 낙구식 점도계 : 스토크스 법칙

**13** 이산화탄소를 방사하여 산소의 체적 농도를 10~14[%]로 하려면 상대적으로 방사된 이산화탄소의 농도는 얼마가 되어야 할 것인가? (단, 공기 중 산소의 체적비는 21[%], 질소의 체적비는 79[%]이다)

① 21.3~42.4[%]   ② 27.3~48.4[%]
③ 33.3~52.4[%]   ④ 37.3~58.4[%]

**해설** 이산화탄소의 농도

$$CO_2(\%) = \dfrac{21 - O_2\%}{21} \times 100$$

㉠ 산소 10[%]일 때
$CO_2(\%) = \dfrac{21 - 10[\%]}{21} \times 100 = 52.38[\%]$

㉡ 산소 14[%]일 때
$CO_2(\%) = \dfrac{21 - 14[\%]}{21} \times 100 = 33.33[\%]$

**정답** 09.② 10.③ 11.② 12.④ 13.③

# 2000 제5회 소방시설관리사 1차 필기 기출문제
[제2과목 : 소방수리학]

**01** 유동하는 물의 속도가 12[m/sec], 압력이 1[kgf/cm²]이다. 이때 속도수두와 압력수두는 각각 얼마인가?

① 7.35[m], 10[m]  ② 13.5[m], 10.5[m]
③ 7.35[m], 20.33[m]  ④ 0.6[m], 10[m]

**해설** 베르누이 방정식에서

㉠ 속도수두 $= \dfrac{u^2}{2g} = \dfrac{12^2}{2 \times 9.8} = 7.35[m]$

㉡ 압력수두 $= \dfrac{P}{\gamma} = \dfrac{1 \times 10^4}{1,000} = 10[m]$

**02** 공기 중에서 무게가 900[N]인 돌이 물속에서의 무게가 400[N]일 때 이 돌의 비중은?

① 1.4  ② 1.6
③ 1.8  ④ 1.0

**해설** 돌의 비중 $= \dfrac{\text{공기중의 무게}}{\text{공기중의 무게} - \text{물속의 무게}}$

$= \dfrac{900[N]}{900[N] - 400[N]} = 1.8$

**03** 직경 7.5[cm]인 원관을 통하여 3[m/s]의 유속으로 물을 흘려보내려 한다. 관의 길이가 200m이면 압력강하는 몇 [kgf/cm²]인가? (단, 마찰계수 f = 0.03이다)

① 1.22[kgf/cm²]  ② 3.67[kgf/cm²]
③ 7.34[kgf/cm²]  ④ 1.35[kgf/cm²]

**해설** Darcy-Weisbach식에서

$H = \dfrac{\Delta P}{\gamma} = \dfrac{fLV^2}{2gD}$

$\Delta P = \dfrac{fLV^2 \gamma}{2gD}$

$= \dfrac{0.03 \times 200[m] \times (3[m/sec])^2 \times 1,000[kgf/m^3]}{2 \times 9.8[m/sec^2] \times 0.075[m]}$

$= 36,734[kgf/m^2] = 3.67[kgf/cm^2]$

**04** 다음 중 펌프에서 발생하는 공동현상(Cavitation)의 원인은?

① 유속이 빠르기 때문이다.
② 유속이 늦기 때문이다.
③ 흡입압력이 높기 때문이다.
④ 흡입압력이 낮기 때문이다.

**해설** 공동현상(Cavitation)
Pump의 흡입측 배관 내에서 발생하는 것으로 배관 내의 수온 상승으로 물이 수증기로 변화하여 물이 Pump로 흡입되지 않는 현상

(1) 공동현상의 발생원인
  ㉠ Pump의 흡입측 수두가 클 때
  ㉡ Pump의 마찰손실이 클 때
  ㉢ Pump의 Impeller 속도가 클 때
  ㉣ Pump의 흡입관경이 작을 때
  ㉤ Pump 설치위치가 수원보다 높을 때
  ㉥ 관내의 유체가 고온일 때
  ㉦ Pump의 흡입압력이 유체의 증기압보다 낮을 때

(2) 공동현상의 발생 현상
  ㉠ 소음과 진동 발생
  ㉡ 관정 부식
  ㉢ Impeller의 손상
  ㉣ Pump의 성능저하(토출량, 양정, 효율감소)

(3) 공동현상의 방지 대책
  ㉠ Pump의 흡입측 수두(양정), 마찰손실을 작게 한다.
  ㉡ Pump Impeller 속도를 작게 한다.
  ㉢ Pump 흡입관경을 크게 한다.

정답 01.① 02.③ 03.② 04.④

ⓒ Pump 설치위치를 수원보다 낮게 하여야 한다.
ⓒ Pump 흡입압력을 유체의 증기압보다 높게 한다.
ⓑ 양흡입 Pump를 사용하여야 한다.
ⓢ 양흡입 Pump로 부족 시 펌프를 2대로 나눈다.

**05** 물이 들어 있는 U자관 속에 기름을 넣었더니 기름 25[cm]와 물 15[cm]의 액주가 평형을 이루었다면 이 기름의 비중은 얼마인가?

① 0.3  ② 0.6
③ 0.7  ④ 1.7

**해설** 기름의 비중
$S_1H_1 = S_2H_2$ (S : 비중)
$S_2 = S_1 \times \dfrac{H_1}{H_2} = 1 \times \dfrac{15}{25} = 0.6$

**06** 지상 30[m]의 창문으로부터 구조대용 유도로프의 모래주머니를 자유낙하 시켰을 때 지상에 도착할 때의 속도는 몇 [m/sec]인가?

① 14.25[m/sec]  ② 24.25[m/sec]
③ 588[m/sec]   ④ 688[m/sec]

**해설** 속도
$V = \sqrt{2gH} = \sqrt{2 \times 9.8[m/sec^2] \times 30[m]}$
$= 24.25[m/sec]$

**07** 압력의 단위환산에서 틀린 것은?

① $2.5[kgf/cm^2 abs] = 2.5[kgf/cm^2\ gauge]$
② $0.8[kgf/cm^2] = 588.4[mmHg] = 0.8[atm]$
③ $0.55[kgf/cm^2] = 405[mmHg] = 0.55[atm]$
④ $3[kgf/cm^2] = 30[mAq]$

**해설** 단위환산

절대압(abs) = 대기압 + 게이지압(gauge)
$1[atm] = 1.0332[kgf/cm^2] = 760[mmHg]$
$= 10.322[mAq]$

∴ 절대압(abs) = 대기압 + 게이지압(gauge)
$3.5[kgf/cm^2 abs]$
$= 1[kgf/cm^2] + 2.5[kgf/cm^2\ gauge]$

# 1998 제4회 소방시설관리사 1차 필기 기출문제
[제2과목 : 소방수리학]

**01** 240[mmHg]의 절대압력은 계기압력으로 몇 [kgf/cm²]인가? (단, 대기압의 크기는 760mmHg이고, 수은의 비중은 13.6이다)

① $-0.3158[kgf/cm^2]$
② $-0.6842[kgf/cm^2]$
③ $-0.7072[kgf/cm^2]$
④ $-0.8565[kgf/cm^2]$

**해설** 절대압=대기압+게이지압
게이지압=절대압-대기압=(240-760)[mmHg]
$$=-520mmHg \times \frac{1.0332kgf/m^2}{760mmHg}$$
$$=-0.7072[kgf/cm^2]$$

**02** 다음은 두개의 관을 연결할 때 사용하지 않는 것은?

① flange
② Nipple
③ Socket
④ Reducer

**해설** Reducer와 Bushing은 관의 직경을 바꿀 때 사용

**03** 기체상수 R의 값 중 L·atm/mol·K의 단위에 맞는 수치는?

① 0.082
② 62.36
③ 10.73
④ 1.987

**해설** 기체상수(R)의 값

㉠ $R = \frac{1[atm] \times 22.4[m^3]}{1[k-mol] \times 273[K]}$
$= 0.082[atm \cdot m^3/k-mol \cdot K]$

㉡ $R = \frac{1.0332[kgf/cm^2] \times 22.4[m^3]}{1[k-mol] \times 273[K]}$
$= 0.08477[kgf/cm^2 \cdot m^3/k-mol \cdot K]$

㉢ $R = \frac{760[mmHg] \times 22.4[m^3]}{1[k-mol] \cdot 273[K]}$
$= 62.359[mmHg \cdot m^3/k-mol \cdot K]$

㉣ $R = \frac{101,325[N/m^2] \times 22.4[m^3]}{1[k-mol] \times 273[K]}$
$= 8,313.85[N \cdot m/k-mol \cdot K]$

㉤ $R = \frac{10,332[kgf/m^2] \times 22.4[m^3]}{1[k-mol] \times 273[K]}$
$= 847.8[kgf \cdot m/k-mol \cdot K]$

**04** 호주에서 무게가 2[kgf]인 어느 물체를 한국에서 재어보니 1.98[kgf]이었다면 한국에서의 중력가속도는? (단, 호주에서의 중력가속도는 9.82[m/sec²])

① $9.80[m/sec^2]$
② $9.78[m/sec^2]$
③ $9.75[m/sec^2]$
④ $9.72[m/sec^2]$

**해설** $1.98[kgf] : 2[kgf] = x : 9.82[m/sec^2]$
$x = \frac{1.98[kgf] \times 9.8[m/sec^2]}{2[kgf]}$
$= 9.72[m/sec^2]$

**05** 두 피스톤의 지름이 각각 25[cm]와 5[cm]이다. 큰 피스톤(25[cm])을 1[cm] 만큼 움직이면 작은 피스톤(5[cm])은 몇 [cm] 움직이겠는가?

① 15[cm]
② 20[cm]
③ 25[cm]
④ 5[cm]

**해설** $A_1 l_1 = A_2 l_2$
$l_1$ : 큰 피스톤이 움직인 거리
$l_2$ : 작은 피스톤이 움직인 거리
$l_2 = l_1 \times \frac{A_1}{A_2} = 1[cm] \times \frac{\frac{\pi}{4} \times 25^2}{\frac{\pi}{4} \times 5^2} = 25[cm]$

정답 01.③ 02.④ 03.① 04.④ 05.③

**06** 압력 8[kgf/cm²], 온도 20[℃]의 $CO_2$기체 8[kg]을 수용한 용기의 체적은 얼마인가? (단, $CO_2$의 기체상수 R=19.26[kgf·m/kg·K])

① 0.34[m³]  ② 0.56[m³]
③ 2.4[m³]   ④ 19.3[m³]

해설) $PV = GRT$

$V = \dfrac{GRT}{P}$

$= \dfrac{8[kg] \times 19.26[kgf \cdot m/kg \cdot K] \times (273+20)[K]}{8 \times 10^4 [kgf/m^2]}$

$= 0.564 [m^3]$

**07** 설계 온도는 20[℃]이고, 20[℃]에서의 수증기압 0.15[kg/cm²], 펌프 흡입배관에서의 마찰손실수두 2[m]일 때 펌프의 유효흡입양정(NPSH)은 몇 [m]인가? (정압흡입방식으로서 펌프중심에서 흡수구까지의 높이는 3[m])

① 6.83[m]  ② 7.83[m]
③ 8.83[m]  ④ 9.83[m]

해설) NPSH(Net Positive Suction Head, 유효흡입양정)
㉠ 부압 유효 NPSH=$H_a - H_p - H_s - H_L$
㉡ 정압 유효 NPSH=$H_a + H_s - H_p - H_L$
  여기서, $H_a$ : 대기압수두[m]
  $H_p$ : 포화수증기압수두[m]
  $H_s$ : 실양정[m]
  $H_L$ : 흡입관내 마찰손실수두[m]
∴ 이 문제는 정압흡입이므로
  압입 유효 NPSH=$H_a + H_s - H_p - H_L$
  =10.332[m]+3[m]-1.5[m]-2[m]
  =9.83[m]

**08** 어느 가스탱크에 10[℃], 5[bar]의 공기 10[kg]이 채워져 있다. 온도가 37[℃]로 상승할 경우, 탱크 체적의 변화가 없다면 압력증가는 몇 [bar]인가?

① 5.48[bar]  ② 0.24[bar]
③ 0.72[bar]  ④ 0.48[bar]

해설) 압력증가

$\dfrac{P_1}{T_1} = \dfrac{P_2}{T_2}$

$P_2 = \dfrac{T_2}{T_1} \times P_1 = \dfrac{(273+37)}{(273+10)} \times 5 = 5.48 [bar]$

∴ $\Delta P = P_2 - P_1 = 5.48 - 5 = 0.48 [bar]$

**09** 유량을 측정하기 위하여 그림과 같은 벤튜리관에 물이 흐르고 있다. 단면 ①과 ②의 단면적 비가 ②이고 압력수두차가 $\Delta h$일 때 단면 ②를 흐르고 있는 유체의 속도 $V_2$는? (단, 모든 손실은 무시한다)

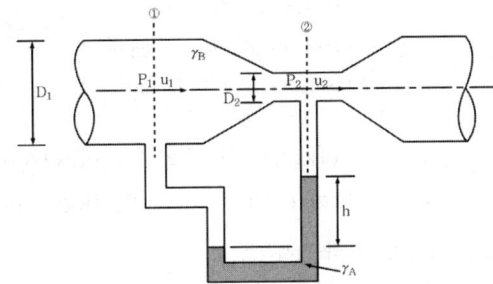

① $\sqrt{2g\Delta h}$  ② $2\sqrt{g\Delta h}$
③ $\sqrt{\dfrac{2g\Delta h}{3}}$  ④ $2\sqrt{\dfrac{2g\Delta h}{3}}$

해설) 유속 $V_2 = \dfrac{Q}{A_2}$

$= \dfrac{1}{\sqrt{1-\left(\dfrac{A_2}{A_1}\right)^2}} \sqrt{2g\left(\dfrac{P_1 - P_2}{\gamma}\right)}$

여기서
$\dfrac{A_1}{A_2} = \dfrac{1}{2}$ 이고 $\dfrac{P_1 - P_2}{\gamma} = \Delta h$ 이므로

∴ 유속 $V_2 = \dfrac{1}{\sqrt{1-\left(\dfrac{1}{2}\right)^2}} \sqrt{2g\Delta h}$

$= 2\sqrt{\dfrac{2g\Delta h}{3}}$

**10** 다음 그림과 같이 시차액주계의 압력차($\Delta p$)를 계산하시오?

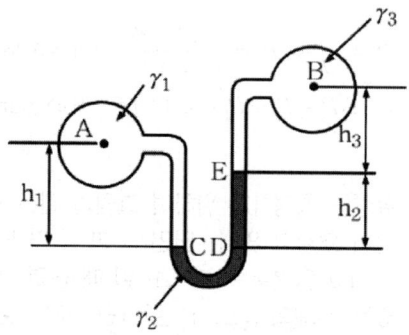

$\gamma_1 = 1,000[\text{kgf/m}^3]$, $h_1 = 0.2[\text{m}]$
$\gamma_2 = 13,600[\text{kgf/m}^3]$, $h_2 = 0.06[\text{m}]$
$\gamma_3 = 1,000[\text{kgf/m}^3]$, $h_3 = 0.3[\text{m}]$

① $0.0916[\text{kgf/cm}^2]$  ② $0.916[\text{kgf/cm}^2]$
③ $9.16[\text{kgf/cm}^2]$    ④ $91.6[\text{kgf/cm}^2]$

**해설** $P_A$와 $P_B$의 관계식은
$P_A + \gamma_1 h_1 = P_B + \gamma_2 h_2 + \gamma_3 h_3$
$P_A - P_B = \gamma_2 h_2 + \gamma_3 h_3 - \gamma_1 h_1$
$\qquad = (13.6 \times 1,000[\text{kgf/m}^3] \times 0.06[\text{m}])$
$\qquad\quad + (1 \times 1,000[\text{kgf/m}^3] \times 0.3[\text{m}])$
$\qquad\quad - (1 \times 1,000[\text{kgf/m}^3] \times 0.2[\text{m}])$
$\qquad = 916[\text{kgf/m}^2] = 0.0916[\text{kgf/cm}^2]$

정답 10.①

CHAPTER

# 03

**[제 2 과목]**
## 소방전기

소방시설관리사 기출문제집 [필기]

# 2024 제24회 소방시설관리사 1차 필기 기출문제
[제2과목 : 소방전기]

**01** 콘덴서의 직렬 및 병렬 접속에 관한 설명으로 옳지 않은 것은?

① 직렬 접속 시 정전용량이 큰 콘덴서에 전압이 많이 걸린다.
② 직렬 접속 시 합성 정전용량은 감소한다.
③ 병렬 접속 시 총 전하량은 각 콘덴서의 전하량의 합과 같다.
④ 병렬 접속 시 합성 정전용량은 각 콘덴서의 정전용량의 합과 같다.

**해설** 콘덴서의 분압법칙
정전용량이 작은 콘덴서에 많은 전압이 걸린다. (전하량이 일정)

**02** 동종 금속 도선의 두 점간에 온도차를 주고 고온 쪽에서 저온 쪽으로 전류를 흘리면, 줄열 이외에 도선 속에서 열이 발생하거나 흡수가 일어나는 현상은?

① 제백 효과
② 톰슨 효과
③ 펠티에 효과
④ 펀치 효과

**해설** 톰슨 효과 : 동일 금속에 온도 구배가 있을 경우 여기에 전류를 흘리면 열을 흡수 또는 발생하는 현상

**03** 자기력선의 성질에 관한 설명으로 옳지 않은 것은?

① 자기력선은 서로 교차하지 않는다.
② 자계의 방향은 자기력선 위의 한 점에서의 접선 방향이다.
③ 자기력선의 밀도는 자계의 세기와 같다.
④ 자기력선은 자석 내부에서는 S극에서 나와 N극으로 들어간다.

**해설** 자기력선의 특징
㉠ 항상 N극에서 나와서 S극으로 들어간다.
㉡ 중간에 끊어지거나 교차하지 않는다.
㉢ 자기력선의 간격이 촘촘할수록 자기장의 세기가 세다.

**04** 자기장 내에 존재하는 도체에 전류를 흘릴 때 도체가 받는 전자력의 방향을 결정하는 법칙은?

① 렌츠의 법칙
② 플레밍의 왼손 법칙
③ 플레밍의 오른손 법칙
④ 암페어의 오른나사 법칙

**해설** 플레밍의 왼손법칙
전동기의 원리, 힘, 전류, 자기장의 방향 결정

| 암페어 오른나사법칙 | 자계 | 방향을 결정 |
| --- | --- | --- |
| 비오사바르 법칙 | 자계 | 세기를 결정 |
| 렌츠의 법칙 | 유도기전력 | 방향을 결정 |
| 패러데이의 전자유도법칙 | 유도기전력 | 세기를 결정 |
| 플레밍의 오른손법칙 | 발전기원리 | 유도기전력의 방향 |
| 플레밍의 왼손법칙 | 전동기원리 | 힘의 방향 |

**05** 한국전기설비규정(KEC)에 따른 전선의 식별에서 상과 색상이 옳은 모두 고른 것은?

ㄱ. L1 : 검은색
ㄴ. L2 : 갈색
ㄷ. L3 : 회색
ㄹ. N : 파란색

① ㄹ
② ㄴ, ㄷ
③ ㄷ, ㄹ
④ ㄱ, ㄴ, ㄷ, ㄹ

**정답** 01.① 02.② 03.④ 04.② 05.③

해설) L1 : 갈색
L2 : 흑색
L3 : 회색
N : 청색
보호도체 : 녹색바탕에 노란줄

**06** 다음 회로에서 공진시의 임피던스의 값은?

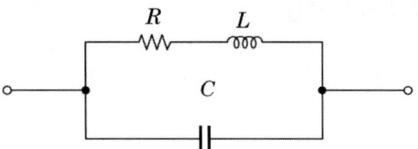

① $R - \dfrac{1}{\sqrt{LC}}$  ② $R + \dfrac{1}{\sqrt{LC}}$

③ $\dfrac{RC}{L}$  ④ $\dfrac{L}{RC}$

해설) ㉠ 합성 어드미턴스

$Z_1 = R + j\omega L \rightarrow Y_1 = \dfrac{1}{R + j\omega L}$[s]

$Z_2 = \dfrac{1}{j\omega C} = -j\dfrac{1}{\omega C} \rightarrow Y_2 = j\omega C$[s]

∴ 합성 어드미턴스

$Y = Y_1 + Y_2 = \dfrac{1}{R + j\omega L} + j\omega C$

$= \dfrac{R - j\omega L}{R^2 + (\omega L)^2} + j\omega C$

$= \dfrac{R}{R^2 + (\omega L)^2} + j\left(\omega C - \dfrac{\omega L}{R^2 + (\omega L)^2}\right)$[s]

㉡ 공진일 조건(허수부=0)

$\omega C = \dfrac{\omega L}{R^2 + (\omega L)^2} \rightarrow C = \dfrac{L}{R^2 + (\omega L)^2}$[F]

㉢ 공진상태의 어드미턴스

$Y = \dfrac{R}{R^2 + (\omega L)^2} = \dfrac{CR}{L}$[S]

㉣ 공진상태의 임피던스

$Z = \dfrac{1}{Y} = \dfrac{L}{CR}$[Ω]

**07** 다음 회로에서 단자 C, D간의 전압을 40V라고 하면, 단자 A, B간의 전압(V)은?

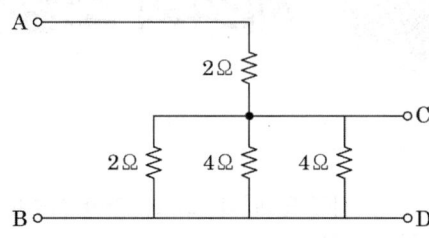

① 60  ② 120
③ 180  ④ 240

해설) 2Ω, 4Ω, 4Ω 병렬 합성저항=1Ω
1Ω에 걸리는 전압=40V
2Ω에 걸리는 전압=80V
따라서 전체 전압=120V

**08** 유도전동기 기동 시 각 상당 임피던스가 동일한 고정자 권선의 접속을 △결선에서 Y결선으로 변환할 때의 선전류 비($\dfrac{I_Y}{I_\triangle}$)는?

① $\dfrac{1}{\sqrt{3}}$  ② $\dfrac{1}{3}$

③ $\sqrt{3}$  ④ 3

해설) [Y기동 △운전 시의 전류, 토크, 전압의 비교]

| 구분 | 전류 | 저항 | 전력 | 토크 | 전압 |
|---|---|---|---|---|---|
| Y기동 시 | $\dfrac{1}{3}$ | $\dfrac{1}{3}$ | $\dfrac{1}{3}$ | $\dfrac{1}{3}$ | $\dfrac{1}{\sqrt{3}}$ |
| △운전 시 | 1 | 1 | 1 | 1 | 1 |

정답 06.④ 07.② 08.②

# 2023 제23회 소방시설관리사 1차 필기 기출문제
[제2과목 : 소방전기]

**01** 다음 회로에서 전류 I(A)는 얼마인가?

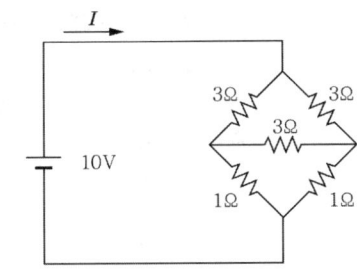

① 3  ② 4
③ 5  ④ 6

**해설** 3Ω 3개 △결선을 Y결선으로 변형
1Ω 3개로 변형됨

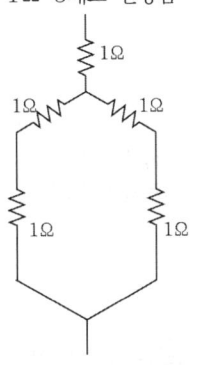

$R = 1 + \dfrac{1}{\frac{1}{2}+\frac{1}{2}} = 2\Omega$

따라서 $I = \dfrac{V}{R} = \dfrac{10}{2} = 5[A]$

**02** 완전 도체에 관한 설명으로 옳지 않은 것은?

① 전하는 도체 내부에 균일하게 분포한다.
② 도체 내부의 전기장의 세기는 0 이다.
③ 도체 표면은 등전위면이고 도체 내부의 전위는 표면 전위와 같다.
④ 도체 표면에서 전기장의 방향은 도체 표면에 항상 수직이다.

**해설** 도체의 기본 성질
1. 도체 내부에는 전하가 존재하지 않는다. 전하는 도체의 표면에만 존재한다.
2. 도체 내부의 전기장의 세기는 0이다. (도체 내부에는 전기장이 없다)
3. 도체 표면은 등전위이다. 도체는 모두 같은 전위(전압)을 가진다.
4. 도체 표면에서 전기력선과 도체 표면의 접선은 수직이다. (등전위면과 전기력선은 수직으로 교차하는데, 도체 표면은 등전위면이므로)

**03** 인덕터의 자기 인덕턴스(self inductance)에 관한 설명으로 옳지 않은 것은?

① 코일 안에 삽입된 절연물의 투자율에 비례한다.
② 동일한 인덕턴스를 갖는 인덕터 2개를 직렬 연결하면 합성 인덕턴스는 2배가 된다.
③ 코일이 전하를 축적할 수 있는 능력의 정도를 나타내는 비례상수이다.
④ 인덕터에 흐르는 전류가 일정하다면 인덕터에 저장된 에너지는 인덕턴스에 비례한다.

정답  01.③  02.①  03.③

**해설** 자기 인덕턴스의 성질

① 코일의 인덕턴스 $L = \dfrac{\mu S N^2}{l}$ 에서 인덕턴스L은 투자율 $\mu$과 비례 $L \propto \mu$

② 인덕터 소자의 직렬 연결 시 인덕턴스는 저항의 직렬 합성과 마찬가지로 2배가 된다. (단, 상호인덕턴스를 고려하지 않은 경우)

③ 어떤 코일에서의 전류에 대한 자속의 비를 인덕턴스라고 한다. (전하 축적은 캐패시터)

④ 코일에 저장되는 에너지 $W = \dfrac{1}{2}LI^2$에 의해 인덕턴스와 에너지는 비례 $W \propto L$

**04** 진공 중에서 2m 떨어져 평행하게 놓여 있는 무한히 긴 두 도체에 같은 방향으로 직류 전류가 각각 1[A] 흐르고 있다. 이때 단위 길이 당 작용하는 힘의 방향과 크기(N/m)는? (단, $\mu_0$는 진공에서의 투자율이다.)

① 인력, $\dfrac{\mu_0}{4\pi}$  ② 척력, $\dfrac{\mu_0}{4\pi}$

③ 인력, $\dfrac{\mu_0}{2\pi}$  ④ 척력, $\dfrac{\mu_0}{2\pi}$

**해설** $d$[m]만큼 떨어진 무한장 선도체 간에 작용하는 힘
$F = \dfrac{\mu_0 I_1 I_2}{2\pi d}$ [N/m]에서 $d = 2$[m], $I_1 = I_2 = 1$[A]
이므로 답은 ①

**05** 다음 회로의 부하 $R_L$에서 소비되는 평균 전력이 최대가 될 때 $R_L$[Ω]은 얼마인가? (단, $Z_S = 4 + j3$[Ω]이다.)

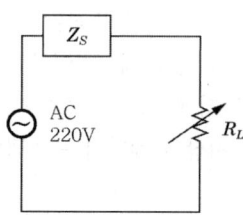

① 3  ② 4
③ 5  ④ 6

**해설** 최대전력 전달 조건(임피던스 정합)은 내부임피던스$Z_s$와 외부 임피던스$Z_L$이 같아지는 경우이다.
따라서 $Z_s = 4 + j3 \to |Z_s| = \sqrt{4^2 + 3^2} = 5$

**06** 다음 회로에서 충분한 시간이 지난 다음 $t = 0$에서 스위치가 열린다면 $t \geq 0$에서 출력전압 $V_o(t)$(V)는?

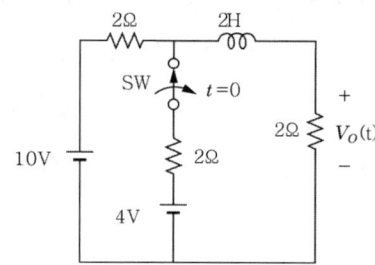

① $v_0(t) = 10 - \dfrac{2}{3}e^{-2t}$

② $v_0(t) = 10 - \dfrac{2}{3}e^{-t}$

③ $v_0(t) = 5 - \dfrac{1}{3}e^{-2t}$

④ $v_0(t) = 5 - \dfrac{1}{3}e^{-t}$

**해설** 저항은 직렬이므로 R=2+2[Ω]로 보아 4[V]의 전원이 제거된 뒤의 회로의 KVL은
$10[V] = V_R - Ee^{-\frac{R}{L}t}$
$V_R = 10 - Ee^{-\frac{R}{L}t} = 10 - \dfrac{2}{3}e^{-\frac{4}{2}t}$
이 값은 $R = 2 + 2$[Ω]에 걸리는 전압이므로
$V_R \times \dfrac{1}{2}$ 하면 $5 - \dfrac{1}{3}e^{-2t}$

**07** 다음 회로와 같은 T형 회로의 어드미턴스 파라미터(S) 중 옳지 않은 것은?

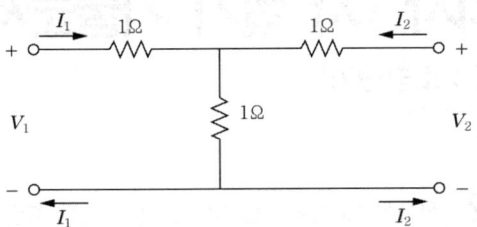

① $Y_{11} = \dfrac{2}{3}$   ② $Y_{12} = \dfrac{1}{3}$

③ $Y_{21} = -\dfrac{1}{3}$   ④ $Y_{22} = \dfrac{2}{3}$

**해설**

$V_1$ 단락일 때 $Y_{12} = \dfrac{I_1}{V_2}$

$I_2 = -2I_1$ 이고 $I_2 = \dfrac{V_2}{R_t} = \dfrac{V_2}{\dfrac{3}{2}} = \dfrac{2}{3}V_2$

따라서 $I_1 = I_2 \times -\dfrac{1}{2} = \dfrac{2}{3}V_2 \times -\dfrac{1}{2} = -\dfrac{1}{3}$

**08** 이상적인 연산 증폭기(ideal operational amplifier)가 포함된 다음 회로에서 출력전압 $V_o(V)$는 얼마인가?

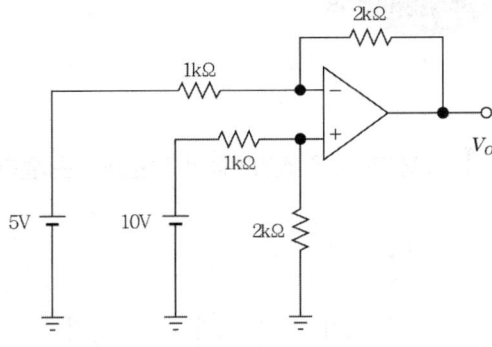

① 2.5   ② 5.0
③ 10.0   ④ 15.0

**해설**

$\dfrac{V_{in}}{R} = \dfrac{V_o}{R_f}$

$\dfrac{5}{1 \times 10^3} = \dfrac{V_o}{2 \times 10^3} \rightarrow V_o = 10[V]$

정답 07.② 08.③

# 2022 제22회 소방시설관리사 1차 필기 기출문제

[제2과목 : 소방전기]

**01** 그림과 같은 전압파형의 평균값(V)은 얼마인가?

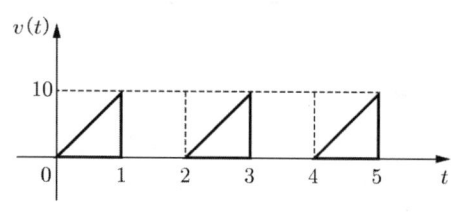

① 2.5
② 3.5
③ 4.0
④ 5.0

**해설** **평균값의 정의**

파형의 한 주기 또는 반주기 동안의 값을 단순 평균한 것이다. 일반적으로 교류는 (+), (−) 동량만큼 변화하므로 한 주기 동안을 평균하면 0이 된다. 그러므로 사인파 교류는 반주기 동안을 평균한 것을 평균값으로 정하고 다음 식으로 정의한다.

$$V_{av} = \frac{1}{\frac{T}{2}} \int_0^{\frac{T}{2}} v(t)\,dt = \frac{2}{T} \int_0^{\frac{T}{2}} v(t)\,dt$$

정현파가 아닌 경우 전체 주기간의 평균값으로 계산하여

$$V_{av} = \frac{1}{T} \int_0^T v(t)\,dt$$ 로 표현할 수 있다.

주어진 문제의 그래프는 $v(t) = \frac{10}{1}t = 10t$ 이고 주기 $T = 2[\sec]$, 반파이므로 적분범위는 0~1초간으로 하여 평균값의 정의에 따라 계산하면

$$V_{av} = \frac{1}{2}\int_0^1 (10t)\,dt = \frac{1}{2} \times \frac{10}{2} \times 1 = 2.5[V]$$

**02** 전자장 해석을 위한 미분연산에 관한 설명 중 옳지 않은 것은?

① 벡터계의 미분계산에는 미분연산자 ▽(델)을 사용한다.
② ▽V는 스칼라 함수 V의 변화율(경도)을 의미한다.
③ 벡터 E의 발산은 단위 체적에서 발산하는 선속수를 의미하며, ▽²·E로 표시한다.
④ ▽·▽을 라플라시안이라 부른다.

**해설**
① 미분 연산자 ▽(del, nabla) $= \frac{\partial}{\partial x}i + \frac{\partial}{\partial y}j + \frac{\partial}{\partial z}k$
② ▽V는 전압의 변화율로 전위경도 라고 부르며 이는 전기장의 세기에 −를 붙인 값과 같다.
③ 발산(divergence) : div A = ▽·E
   회전(rotation) : rot A = curl A = ▽×A
④ 라플라시안 ▽·▽ = ▽²

**03** 자계에 관한 설명으로 옳지 않은 것은?

① 도체의 운동에 의한 전자유도현상에 의해 발생되는 유도기전력의 방향은 플레밍의 왼손법칙에 따라 결정된다.
② 자계의 크기나 자성체 내부의 자기적인 상태를 나타내기 위하여 자속의 방향에 수직인 단위 면적을 통과하는 자속의 수를 자속밀도라 한다.
③ 자석 사이에 작용하는 힘을 양적으로 취급하는데 전계에서와 같이 쿨롱의 법칙을 이용한다.
④ 암페어의 주회법칙은 전류에 의한 자계의 세기를 구하는데 사용한다.

해설) 도체가 자기장(자속)에 다가가거나 멀어질 때 도체의 입장에서는 시간에 따른 자속의 변화가 생기며 여기서 유기기전력이 발생한다.
(1) 페러데이-렌츠(Faraday-Lenz)의 전자유도에 관한 법칙은 시간에 따른 자속의 변화가 있을 경우 이 변화를 방해(-)하는 방향으로 유기기전력이 발생한다는 법칙으로 $e=-N\dfrac{d\phi}{dt}$[V]의 식으로 표현되며 여기서 기전력의 방향이 자속의 변화와 반대(-)방향으로 발생한다는 부분만을 따로 렌츠의 법칙이라고 부른다.
(2) 이상의 원리는 발전기의 원리가 되며 이를 이용한 발전기의 원리를 설명하는 법칙을 플레밍의 오른손 법칙이라고 한다.
따라서 ①을 올바르게 표현하면 유도기전력의 방향은 "플레밍의 오른손 법칙에 따른다" 또는 "렌츠의 법칙에 따른다"라고 되어야 함.

**04** 소방시설도시기호 중 비상분전반에 해당하는 기호는?

①    ②

③    ④

해설) 도시기호
①  : 할로겐화합물 소화기
②  : 비상분전반
③  : 표시등
④  : 연기감지기

**05** 2대의 단상변압기로 3상 전력을 얻는 V결선 방식의 이용률은 약 몇 [%]인가?
① 22.9[%]   ② 33.3[%]
③ 57.7[%]   ④ 86.6[%]

해설) V결선 시 출력비 : $\dfrac{P_V}{P_3}=\dfrac{\sqrt{3}}{3}=\dfrac{1}{\sqrt{3}}=0.577$
∴ 57.7[%]
이용률 : $\dfrac{P_V}{P_2}=\dfrac{\sqrt{3}}{2}=0.866$
∴ 86.6[%]

**06** 그림과 같은 RLC 직렬회로에서 $v(t)$의 실효값이 220[V]일 때, 회로에 흐르는 실효전류[A]는 얼마인가?

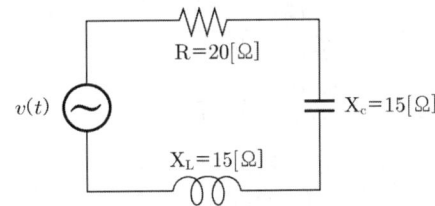

① 4.4[A]   ② 6.3[A]
③ 7.3[A]   ④ 11.0[A]

해설) $I=\dfrac{V}{Z}=\dfrac{220}{\sqrt{20^2+(15-15)^2}}=11[A]$

**07** 그림과 같은 T형 회로의 임피던스 파라미터 중 옳지 않은 것은?

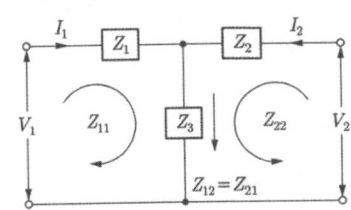

① $Z_{11}=Z_1+Z_3$   ② $Z_{12}=Z_1$
③ $Z_{21}=Z_3$   ④ $Z_{22}=Z_2+Z_3$

해설) T형 회로의 임피던스 파라미터
$Z_{11}=Z_1+Z_3$ : 출력 개방 구동점 임피던스
$Z_{12}=Z_3$ : 입력 개방 역방향 전달 임피던스
$Z_{21}=Z_3$ : 출력 개방 순방향 전달 임피던스
$Z_{22}=Z_2+Z_3$ : 입력 개방 구동점 임피던스

**08** 그림과 같은 피드백제어계 블록선도의 전달함수는?

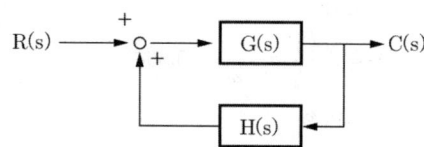

① $\dfrac{G(s)}{1+G(s) \cdot H(s)}$

② $\dfrac{H(s)}{1+G(s) \cdot H(s)}$

③ $\dfrac{G(s)}{1-G(s) \cdot H(s)}$

④ $\dfrac{H(s)}{1-G(s) \cdot H(s)}$

해설 $G(s) = \dfrac{순환경로}{1-피드백}$
$= \dfrac{G(s)}{1-(+G(s)H(s))}$

# 2021 제21회 소방시설관리사 1차 필기 기출문제
[제2과목 : 소방전기]

**01** 다음 〈가〉와 같은 무접점 회로가 있다. 이 회로의 $PB_1$, $PB_2$, $PB_3$에 대한 타임차트가 〈나〉와 같을 때, 출력값 $R_1$, $R_2$에 대한 타임차트로 옳은 것은?

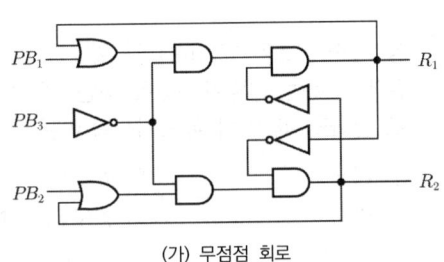

(가) 무접점 회로

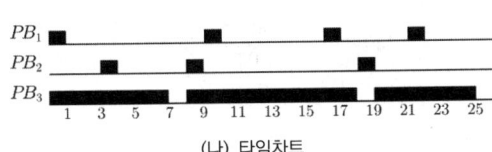

(나) 타임차트

①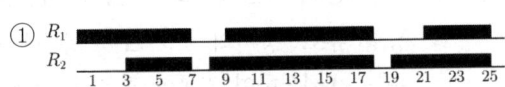

②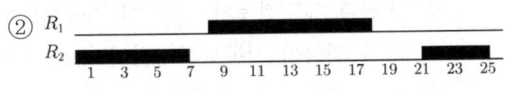

③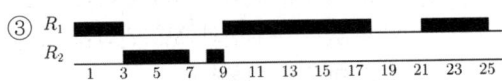

④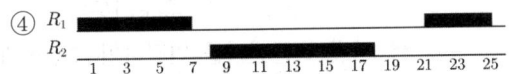

**02** 저항 $R$과 인덕턴스 $L$이 직렬로 연결된 $R-L$ 직렬회로에서 교류전압을 인가할 때 회로에 흐르는 전류의 위상으로 옳은 것은?

① 전압보다 $\tan^{-1}\dfrac{R}{\omega L}$ 만큼 앞선다.

② 전압보다 $\tan^{-1}\dfrac{R}{\omega L}$ 만큼 뒤진다.

③ 전압보다 $\tan^{-1}\dfrac{\omega L}{R}$ 만큼 앞선다.

④ 전압보다 $\tan^{-1}\dfrac{\omega L}{R}$ 만큼 뒤진다.

**해설** 코일콘류

- 코일 회로 → 전압이 전류보다 $\tan^{-1}\left(\dfrac{wL}{R}\right)$ 만큼 앞선다.

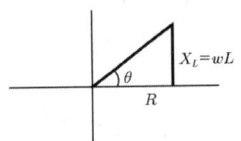

- 전류는 전압보다 $\tan^{-1}\left(\dfrac{wL}{R}\right)$ 만큼 뒤진다.

**03** 전원과 부하가 모두 $\Delta$결선된 3상 평형회로가 있다. 전원 전압 400[V], 부하 임피던스 $12+j16$[Ω]인 경우 선전류(A)는?

① 10[A]
② $10\sqrt{3}$ [A]
③ 20[A]
④ $20\sqrt{3}$ [A]

정답 01.④ 02.④ 03.④

해설
$V = 400V$
$Z = 12 + j16$
$I_l = x[A]$
$\Delta$결선 $I_l = \sqrt{3}\,I_P = \sqrt{3} \times 20 = 20\sqrt{3}$
$I_P = \dfrac{V}{Z} = \dfrac{400}{\sqrt{12^2+16^2}} = 20[A]$
$V_l = V_P$

**04** 다음과 같은 비정현파 전압, 전류에 관한 평균전력(W)은?

$v = 100\sin(wt+30°) - 30\sin(3wt+60°)$
$\quad + 10\sin(5wt+30°)(V)$
$i = 30\sin(wt-30°) + 20\sin(3wt-30°)$
$\quad + 5\cos(5wt-60°)(A)$

① 750[W]
② 775[W]
③ 1,225[W]
④ 1,825[W]

해설
$P[W] = V \cdot I\cos\theta$
$= \dfrac{100}{\sqrt{2}} \times \dfrac{30}{\sqrt{2}} \times \cos(30-(-30))$
$\quad + \dfrac{-30}{\sqrt{2}} \times \dfrac{20}{\sqrt{2}} \times \cos(60-(-30))$
$\quad + \dfrac{10}{\sqrt{2}} \times \dfrac{5}{\sqrt{2}} \times \cos(30-(-60+90))$
$= 775[W]$

**05** 전기력선의 성질에 관한 설명으로 옳지 않은 것은?
① 전기력선의 밀도는 전계의 세기와 같다.
② 두 개의 전기력선은 교차하지 않는다.
③ 전기력선의 방향은 전계의 방향과 일치하지 않는다.
④ 전기력선은 등전위면과 직교한다.

해설 전기력선의 방향은 전계의 방향과 같다.

**06** 이종 금속을 결합하여 폐회로를 만든 후 두 접합점의 온도를 다르게 하여 열전류를 얻는 열전현상으로 옳은 것은?
① 펠티에 효과(Peltier effect)
② 제벡 효과(Seebeck effect)
③ 톰슨 효과(Thomson effect)
④ 핀치 효과(Pinch effect)

해설 제벡 효과(Seebeck effect)
- 응용 : 열전온도계, 열전대식·열반도체식 감지기
- 두 종류의 금속 접속면에 온도차가 있으면 기전력이 발생하는 효과

**07** 상호인덕턴스가 150[mH]인 회로가 있다. 1차 코일에 흐르는 전류가 0.5초 동안 5[A]에서 20[A]로 변화할 때, 2차 유도기전력(V)은?
① 3[V]                ② 4.5[V]
③ 6[V]                ④ 7.5[V]

해설
$e = M\dfrac{di}{dt}$
$= 150 \times 10^{-3} \times \dfrac{20-5}{0.5}$
$= 4.5[V]$

**08** 전동기 기동에 관한 설명으로 옳지 않은 것은?
① 농형 유도전동기의 $Y-\Delta$ 기동 시 기동전류는 $\Delta$ 결선하여 기동한 경우의 1/3이 된다.
② 권선형 유도전동기 기동 시 기동전류를 제한하기 위하여 기동보상기법이 주로 사용된다.
③ 분상 기동형 단상 유도전동기는 병렬로 연결되어 있는 주권선과 보조권선에 의해 회전자계를 만들어 기동한다.
④ 콘덴서 기동형 단상 유도전동기는 기동권선에 직렬로 콘덴서를 연결하여 주권선과 기동권선 사이에 위상차를 만들어 기동한다.

해설 ② 기동보상기법(×)
2차저항제어법(○)

정답 04.② 05.③ 06.② 07.② 08.②

**09** 전력용반도체 소자에 관한 설명으로 옳지 않은 것은?

① SCR(Silicon Controlled Rectifier)은 소호 기능이 없으며, 전류는 양극(A)과 음극(K)전압의 극성이 바뀌면 차단된다.
② TRIAC(Triode AC Switch)은 SCR 2개를 역방향으로 병렬연결한 형태로 양방향 제어가 가능하다.
③ GTO(Gate Turn OFF Thyristor)는 도통시점과 소호시점을 임의로 제어할 수 있는 양방향성 소자이다.
④ IGBT(Insulated Gate Bipolar Transistor)는 고속스위칭이 가능하며 대전류 출력 특성이 있다.

**해설** **단방향 다이리스터(역저지)**
SCR, LASCR, GTO, SCS
**양방향 다이리스터**
SSS, TRIAC

정답 09.③

# 2020 제20회 소방시설관리사 1차 필기 기출문제

[제2과목 : 소방전기]

**01** 다음 그림은 교류 실효값 3[A]의 전류 파형이다. 이 파형을 표현한 수식으로 옳지 않은 것은?

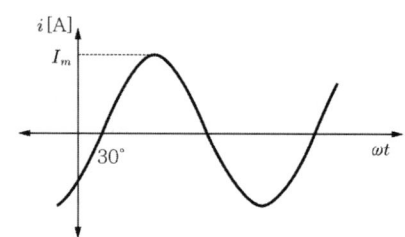

① $i = 3\sin(\omega t - 30°)$
② $i = 3 \angle 30$
③ $i = 2.6 - j1.5$
④ $i = 3e^{-j30}$

**해설** $i = 3\sin(\omega t - 30°)$에서 3A는 최대값. 따라서 조건의 실효값 3A와 다른값

**02** 전계 내에서 전하 사이에 작용하는 힘, 전계, 전위를 표현한 식으로 옳지 않은 것은? (단, F : 힘, Q : 전하, r : 거리, V : 전위, K : 비례상수, E : 전계)

① $F = QE[\text{N}]$
② $E = K\dfrac{Q}{r^2}[\text{V/m}]$
③ $V = K\dfrac{Q}{r}[\text{V}]$
④ $F = K\dfrac{Q_1 Q_2}{r}[\text{N}]$

**해설** 두 전하 사이에 작용하는 힘 $F = K\dfrac{Q_1 Q_2}{r^2}[\text{N}]$

**03** 그림과 같이 전류가 흐를 때, 미소길이(dℓ) 0.1[m]인 전선의 일부에서 발생한 자속이 P점에 영향을 줄 경우 P점에서 측정한 자기장의 세기 dH[AT/m]는 약 얼마인가? (단, $\pi = 3.14$이다)

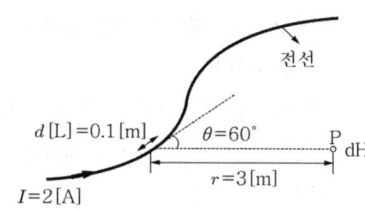

① $1.732 \times 10^{-3}[\text{AT/m}]$
② $1.532 \times 10^{-3}[\text{AT/m}]$
③ $1.414 \times 10^{-3}[\text{AT/m}]$
④ $1.212 \times 10^{-3}[\text{AT/m}]$

**해설** 무한장직선도체 자기장의 세기
$$dH = \dfrac{I \cdot d\ell}{4\pi r^2} \cdot \sin\theta = \dfrac{2 \times 0.1}{4 \times 3.14 \times 3^2} \times \sin 60°$$
$$= 1.532 \times 10^{-3}[\text{AT/m}]$$

**04** 다음 회로에서 10[Ω]의 저항에 흐르는 전류 I[A]는?

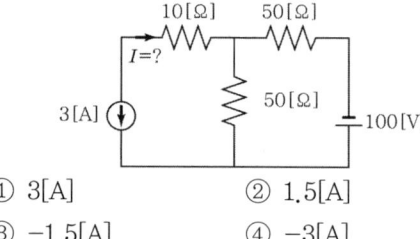

① 3[A]
② 1.5[A]
③ −1.5[A]
④ −3[A]

**해설** 중첩의 원리
㉠ 전압원단락(전류원 전원)
 $I = 3[\text{A}]$(전류방향 반대이므로 −3[A])
㉡ 전류원개방(전압원 전원)
 $I = 0[\text{A}]$(그림에서의 I방향으로 전류가 흐르지 않음)
따라서 −3[A]

정답 01.① 02.④ 03.② 04.④

**05** 다음 무접점 논리회로의 출력을 표현한 진리표의 내용이 옳게 작성된 것은?

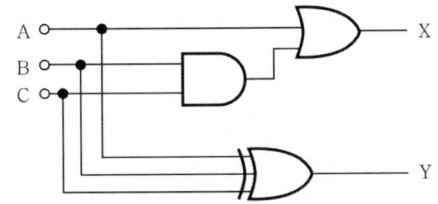

| A | B | C | 가 | | 나 | | 다 | | 라 | |
|---|---|---|---|---|---|---|---|---|---|---|
|   |   |   | X | Y | X | Y | X | Y | X | Y |
| 0 | 0 | 0 | 0 | 0 | 0 | 0 | 0 | 1 | 1 | 1 |
| 0 | 0 | 1 | 0 | 1 | 0 | 1 | 0 | 0 | 1 | 0 |
| 0 | 1 | 0 | 0 | 1 | 0 | 1 | 0 | 0 | 1 | 0 |
| 0 | 1 | 1 | 1 | 1 | 1 | 0 | 1 | 1 | 0 | 1 |
| 1 | 0 | 0 | 0 | 1 | 1 | 1 | 1 | 0 | 0 | 0 |
| 1 | 0 | 1 | 1 | 1 | 1 | 0 | 1 | 1 | 0 | 0 |
| 1 | 1 | 0 | 1 | 1 | 1 | 0 | 1 | 1 | 0 | 1 |
| 1 | 1 | 1 | 0 | 1 | 1 | 0 | 1 | 0 | 0 | 1 |

① 가    ② 나
③ 다    ④ 라

**해설** $X = A + B \cdot C$
$Y = A \cdot \overline{B} \cdot \overline{C} + \overline{A} \cdot \overline{B} \cdot C + \overline{A} \cdot B \cdot \overline{C}$

**06** 다음 R-L 직렬회로에서 전압의 위상을 0°로 할 때 회로의 전류(I) 및 전류 위상(θ)을 올바르게 나열한 것은?

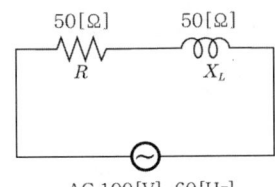

① $I = 1.5[A], \theta = -30°$
② $I = 1.4[A], \theta = -45°$
③ $I = 1.3[A], \theta = -60°$
④ $I = 1.2[A], \theta = -90°$

**해설** $Z = R + jX_L = 50 + j50$
$I = \dfrac{V}{Z} = \dfrac{V}{\sqrt{R^2 + L_L^2}} = \dfrac{100}{\sqrt{50^2 + X_L^2}}$
$= 1.414 \quad \therefore 1.4[A]$
$\theta = \tan^{-1}\dfrac{X_L}{R} = \tan^{-1}\dfrac{50}{50} = 45°$

**07** 다음 회로에서 스위치 $PB_2$를 ON시키면 램프가 점등된다. 스위치 $PB_2$를 OFF하여도 램프가 계속 점등상태가 되기 위해서는 어떤 회로를 어느 위치에 연결해야 하는가?

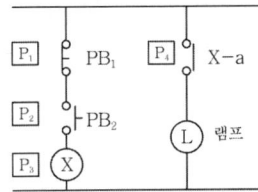

① 자기유지회로를 $P_1$ 위치에 연결한다.
② 자기유지회로를 $P_2$ 위치에 연결한다.
③ 인터록회로를 $P_3$ 위치에 연결한다.
④ 인터록회로를 $P_4$ 위치에 연결한다.

**해설**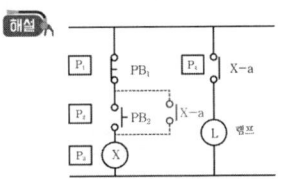

**08** 전압 계측기의 측정범위를 확장하여 더 높은 전압을 측정하기 위한 방법으로 옳은 것은?

① 분류기를 계측기와 병렬로 연결하여 부하에 직렬로 연결한다.
② 분류기를 계측기와 직렬로 연결하여 부하에 병렬로 연결한다.
③ 배율기를 계측기와 병렬로 연결하여 부하에 직렬로 연결한다.
④ 배율기를 계측기와 직렬로 연결하여 부하에 병렬로 연결한다.

정답 05.② 06.② 07.② 08.④

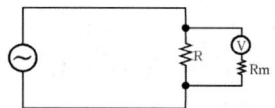

- 배율기($R_m$)

    배율 $m = \dfrac{V_o}{V} = 1 + \dfrac{R_m}{R_v}$

- 분류기($R_s$)

    배율 $m = \dfrac{I_o}{I} = 1 + \dfrac{R_o}{R_s}$

# 2019 제19회 소방시설관리사 1차 필기 기출문제
### [제2과목 : 소방전기]

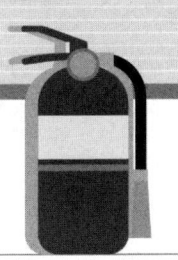

**01** 다음 진리표를 만족하는 시퀀스 회로를 설계하고자 한다. 출력에 관한 논리식으로 옳지 않은 것은?

| 입력 | | 출력 |
|---|---|---|
| A | B | X |
| 0 | 0 | 1 |
| 0 | 1 | 0 |
| 1 | 0 | 1 |
| 1 | 1 | 1 |

① $X = \overline{A} \cdot \overline{B} + A \cdot \overline{B} + A \cdot B$
② $X = \overline{A} + A \cdot B$
③ $X = \overline{A} \cdot \overline{B} + A$
④ $X = A + \overline{B}$

**해설**
$X = \overline{A} \cdot \overline{B} + A \cdot \overline{B} + A \cdot B$
$\quad = \overline{A} \cdot \overline{B} + A(\overline{B} + B)$
$\quad = \overline{A} \cdot \overline{B} + A$
$\quad = \overline{A} \cdot \overline{B} + A \cdot A$
$\quad = (\overline{A} + A) \cdot (\overline{B} + A)$
$\quad = \overline{B} + A$

**02** 전기력선의 기본 성질에 관한 설명으로 옳지 않은 것은?

① 전기력선은 서로 교차하지 않는다.
② 전계의 세기는 전기력선의 밀도와 같다.
③ 전기력선은 등전위면과 직교한다.
④ 전계의 세기는 도체 내부에서 가장 크다.

**해설** 전기력선의 성질
㉠ 전기력선은 정(+)전하에서 시작하여 부(-)전하에서 끝난다.
㉡ 전기력선의 방향은 그 점의 전계의 방향, 즉 접선 방향과 같고 전기력선 밀도는 그 점에서의 전계의 크기와 같다.
㉢ 도체면(등전위면)에서 전기력선은 수직으로 출입한다.
㉣ 도체 내부에는 전기력선이 없다.
㉤ 그 자신만으로 폐곡선이 되지 않는다.
㉥ 전계가 0이 아닌 곳에서는 2개의 전기력선은 교차하지 않는다.
㉦ 전위가 높은 점에서 낮은 점으로 향한다.
㉧ 수직 단면의 전기력선 밀도는 전계의 세기와 같고, 전기력선의 접선 방향은 전계의 방향과 같다.
㉨ 전하가 없는 곳에서는 전기력선의 발생, 소멸이 없고 연속적이다.

**03** 다음 그림과 같이 직렬로 접속된 2개의 코일에 10[A]의 전류를 흘릴 경우, 합성코일에 발생하는 에너지(J)는 얼마인가? (단, 결합계수는 0.6이다)

$I$ 10[A]  $M$
$L_1$ 100[mH]  $L_2$ 100[mH]

① 4[J]  ② 10[J]
③ 12[J]  ④ 16[J]

**해설**
$W = \dfrac{1}{2}LI^2$
$L = L_1 + L_2 + 2M$
$\quad = 0.1 + 0.1 + 2 \times (0.6\sqrt{0.1 \times 0.1})$
$\quad = 0.32[\text{H}]$
$W = \dfrac{1}{2} \times 0.32 \times 10^2 = 16[\text{J}]$

**정답** 01.② 02.④ 03.④

**04** 동일한 배터리와 전구를 사용하여 그림과 같이 2개의 회로를 구성하였다. 다음 중 옳은 것은?

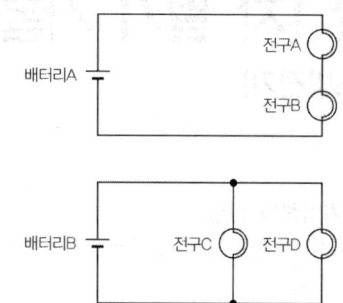

① 모든 전구의 밝기는 동일하다.
② 모든 배터리의 사용시간은 동일하다.
③ 전구C는 전구A보다 밝다.
④ 배터리B의 사용시간은 배터리A보다 길다.

**해설** 전구를 직렬 연결 시 전압의 분배가 일어나 전구에서의 전압은 배터리 전압의 1/2이 되며 전구를 병렬 연결 시 전구에서의 전압은 배터리와 동일한 전압이 되므로 병렬 연결 시 전구의 밝기가 직렬 연결 시 전구의 밝기보다 세다.

**05** 정전용량 1[F]에 해당하는 것은?
① 1[V]의 전압을 가하여 1[C]의 전하가 축적된 경우
② 1[W]의 전력을 1초 동안 사용한 경우
③ 1[C]의 전하가 1초 동안 흐른 경우
④ 1[C]의 전하가 이동하여 1[J]의 일을 한 경우

**해설** $Q = CV$에서 $C = \dfrac{Q}{V}$, $1[F] = \dfrac{1[C]}{1[V]}$

**06** 그림과 같은 저항기의 값이 4.7[MΩ]이고 허용오차가 ±10[%]일 때, 이 저항기의 색띠(Color code)를 바르게 나타낸 것은?

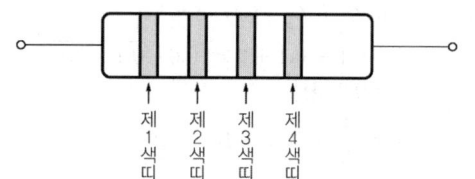

① 적색(red)-청색(blue)-황색(yellow)-금색(gold)
② 녹색(green)-회색(gray)-청색(blue)-금색(gold)
③ 황색(yellow)-자색(violet)-녹색(green)-은색(silver)
④ 동색(orange)-녹색(green)-회색(gray)-은색(silver)

**해설** 전기기술기준 EIA - RS - 279 참고
$4.7[MΩ] = 47 \times 10^5[Ω]$
첫 번째띠 4=노랑색
두 번째띠 7=보라색
세 번째띠 $10^5$=초록색
네 번째띠 오차10[%]=은색

**07** 소비전력이 3[W]인 스피커에 DC 1.5[V], 2,000[mAh]의 배터리 2개를 병렬 연결하여 사용하고 있다. 이 스피커를 최대출력으로 사용할 경우, 예상되는 사용 시간은?
① 1시간　　② 2시간
③ 4시간　　④ 8시간

**해설** $t = \dfrac{W}{P} = \dfrac{P \cdot t}{P} = \dfrac{VIt}{P} = \dfrac{2 \times 1.5[V] \times 2[Ah]}{3[W]}$
$= 2hr$

**08** 대칭 3상 Y결선 회로에 관한 설명으로 옳지 않은 것은?
① 상전압은 선간전압보다 위상이 30° 앞선다.
② 선간전압의 크기는 상전압의 $\sqrt{3}$ 배이다.
③ 상전류와 선전류의 크기는 같다.
④ 각 상의 위상차는 120°이다.

**해설** Y결선
상전류 $I_P$=선간전류 $I_l$,
선간전압 $V_l = \sqrt{3}\, V_P$[상전압의 $\sqrt{3}$ 배]이다.

정답 04.③ 05.① 06.③ 07.② 08.①

**09** 다음과 같은 R-L-C 직렬 회로에 $v(t)=\sqrt{2} \cdot 220 \cdot \sin 120\pi t [V]$의 순시전압을 인가한 경우, 회로에 흐르는 실효전류(A)는 얼마인가?

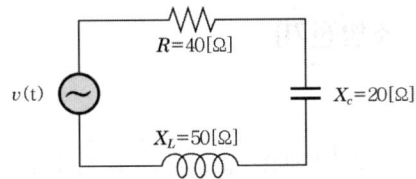

① 2.0[A]   ② 3.1[A]
③ 4.4[A]   ④ 5.5[A]

$V = \sqrt{2} \cdot 220 \times \dfrac{1}{\sqrt{2}} = 220[V]$

$I = \dfrac{V}{Z} = \dfrac{220}{\sqrt{40^2 + (50-20)^2}}$

$= 4.4[A]$

정답 09.③

# 2018 제18회 소방시설관리사 1차 필기 기출문제

[제2과목 : 소방전기]

**01** 다음 용어 정의에 대한 공식과 단위 연결이 옳지 않은 것은? (단, $W$ : 일, $Q$ : 전하량, $t$ : 시간, $\rho$ : 고유저항, $l$ : 길이, $S$ : 단면적)

① 전압 $V = \dfrac{Q}{W}(C/J)$

② 전류 $I = \dfrac{Q}{t}(C/s)$

③ 전력 $P = \dfrac{W}{t}(J/s)$

④ 저항 $R = \rho \dfrac{l}{S}[\Omega]$

**해설** 전압 $V = \dfrac{W}{Q}(J/C)$

**02** 자동제어계의 제어동작에 의한 분류 중 옳지 않은 제어방식은?

① PD 제어   ② PE 제어
③ PI 제어   ④ P 제어

**해설** 제어동작

| 제어동작 | | 특징 | 정상편차 | 속응도 |
|---|---|---|---|---|
| 2위치동작 | On-Off제어 | 사이클링이 발생함 | 있음 | - |
| P동작 | 비례제어 | 사이클를 방지함 | 있음 | 늦음 |
| I동작 | 적분제어 | - | 없음 | 늦음 |
| PI동작 | 비례적분제어 | 뒤진 회로의 특성을 띰 | 없음 | 늦음 |
| D동작 | 미분제어 | 단독으로 사용하지 않음 | - | 빠름 |
| PD동작 | 비례미분제어 | 앞선 회로의 특성을 띰 | 있음 | 늦음 |
| PID동작 | 비례적분미분제어 | 뒤진 회로 앞선 회로의 특성을 띰 | 최적 | 최적 |

**03** 논리식 $X = A \cdot \overline{B}$에 맞는 타임 차트는? (단, A, B는 입력, X는 출력)

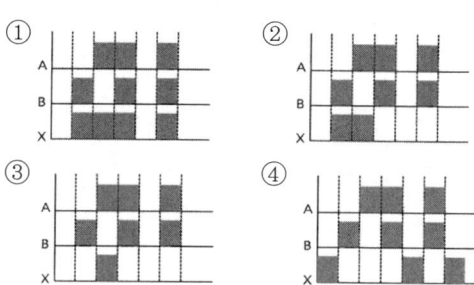

**해설** A 동작, B 동작하지 않은 경우 X 동작

**04** 다음 그림의 유접점 회로와 동일한 무접점 회로는?

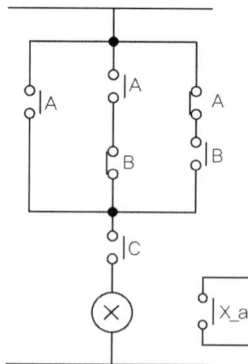

212

정답 01.① 02.② 03.③ 04.①

①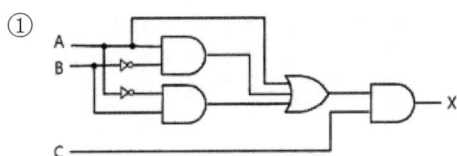

②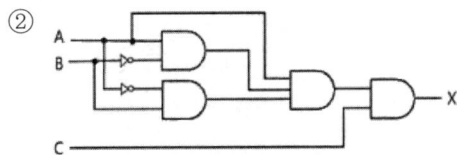

③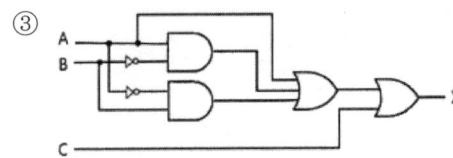

④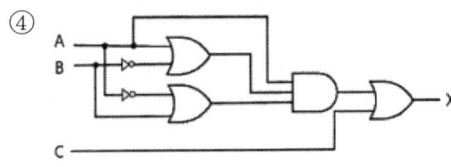

**05** 전압 220[V], 저항부하 110[Ω]인 회로에 1시간 동안 전류를 흘렸을 때, 이 저항에서의 발열량 (kcal)은 약 얼마인가?

① 26[kcal]  ② 380[kcal]
③ 440[kcal]  ④ 1,584[kcal]

해설 $H = 0.24\dfrac{V^2}{R}t = 0.24 \times \dfrac{220^2}{110} \times 3{,}600$
$= 380{,}160[cal] = 380[kcal]$

**06** R-L 직렬회로의 임피던스 Z를 복소수평면상에 표현한 그림이다. 이 회로의 임피던스에 관한 설명으로 옳지 않은 것은?

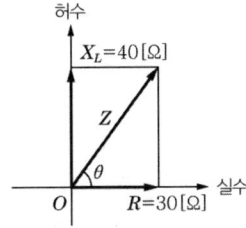

① 임피던스 $Z = 50\angle\theta$
② 임피던스 $Z = 30 + j40$
③ 임피던스 위상각 $\theta ≒ 53.1°$
④ 임피던스 $Z = 50(\sin\theta + j\cos\theta)$

해설 $Z = 50(\cos\theta + j\sin\theta)$

**07** 교류전원이 인가되는 다음 R-L 직렬 회로의 역률은 약 얼마인가?

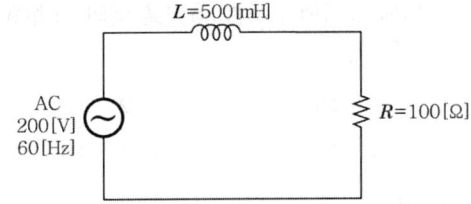

① 0.196
② 0.258
③ 0.389
④ 0.469

해설 역률 $\cos\theta = \dfrac{R}{Z}$
$= \dfrac{100}{\sqrt{100^2 + (2\times\pi\times 60\times 500\times 10^{-3})^2}}$
$= 0.4686 ≒ 0.469$

**08** 교류 전압을 표현하는 방법 중 실효값에 해당하지 않는 것은? (단, $v = V_m\sin\omega t$, $V_m$은 최댓값)

① 실효값 $V = \sqrt{\dfrac{1}{\pi}\int_0^\pi v\,dt}$

② 실효값 $V = \dfrac{V_m}{\sqrt{2}}$

③ 실효값은 동일한 저항에 직류 전원과 교류 전원을 각각 인가했을 경우 평균전력이 같아지는 때의 전압 값을 의미한다.

④ 교류 220[V]와 380[V] 등은 교류전원의 실효값 전압을 의미한다.

**해설** 실효값

$$V = \sqrt{\frac{1}{T}\int_0^T v^2 dt} = \sqrt{\frac{1}{\pi}\int_0^\pi v^2 d\theta}$$
$$= \sqrt{\frac{1}{\pi}\int_0^\pi (V_m \sin\theta)^2 d\theta}$$
$$= \frac{1}{\sqrt{2}} V_m$$

**09** 권선수 500회이고 자기인덕턴스가 50[mH]인 코일에 2[A]의 전류를 흘렸을 때의 자속(Wb)은 얼마인가?

① $1 \times 10^{-4}$    ② $2 \times 10^{-4}$
③ $3 \times 10^{-4}$    ④ $4 \times 10^{-4}$

**해설** 자속
$$m = \frac{LI}{N} = 50 \times 10^{-3} \times 2 \div 500 = 2 \times 10^{-4}$$

# 2017 제17회 소방시설관리사 1차 필기 기출문제
### [제2과목 : 소방전기]

**01** 100[Ω]의 저항부하 2개만으로 직렬 연결된 회로에 AC 60[Hz], 220[V]의 교류전원을 인가하였을 때, 역률은 얼마인가?

① 1  ② 0.9
③ 0.8  ④ 0.7

**해설** 역률($\cos\theta$)
㉠ 저항(R)만 있는 부하의 경우 : 전류와 전압의 위상이 같은 회로이므로, 위상차가 0도이다. 따라서 역률 $\cos 0° = 1$이 된다.
㉡ 인덕턴스(L)만 있는 부하의 경우 : 전류가 전압보다 90도 뒤진 회로이므로, 위상차가 90도이다. 따라서 역률 $\cos 90° = 0$이 된다.
㉢ 커패시턴스(C)만 있는 부하의 경우 : 전류가 전압보다 90도 앞선 회로이므로, 위상차가 90도이다. 따라서 역률 $\cos 90° = 0$이 된다.

**02** 단면적이 2[mm²]이고, 길이가 2[km]인 원형 구리 전선의 저항은 약 얼마인가? (단, 구리의 고유저항은 $1.72 \times 10^{-8}$ [Ω·m]이다)

① 1.72[mΩ]  ② 17.2[mΩ]
③ 1.72[Ω]  ④ 17.2[Ω]

**해설** 구리전선(R)의 저항
$R = \rho \dfrac{\ell}{A}$
여기서, $\rho$ : 고유저항[Ω·m]
  $\ell$ : 길이[m]
  A : 단면적[m²]
∴ $R = \rho \dfrac{\ell}{A} = (1.72 \times 10^{-8}) \times \dfrac{2 \times 10^3}{2 \times 10^{-6}} = 17.2$ [Ω]

**03** 다음 회로에서 4[Ω]의 저항에 흐르는 전류는?

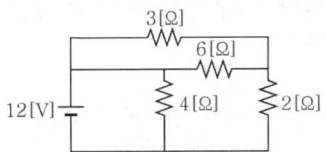

① 1[A]  ② 2[A]
③ 3[A]  ④ 6[A]

**해설** 회로를 변경하여 전류를 구하면
㉠ 전체전류 = $\dfrac{12[V]}{전체저항} = \dfrac{12}{\dfrac{1}{\dfrac{1}{4}+\dfrac{1}{4}}} = \dfrac{12}{\dfrac{4}{2}} = 6$[A]

㉡ 4[Ω]에 흐르는 전류 $I_{4[Ω]} = \dfrac{4}{4+4} \times 6 = 3$[A]

**04** 다음은 정현파 교류전압 파형의 한 주기를 나타내었다. 시간(t)에 따른 전압의 순시값을 가장 근사하게 표현한 것은?

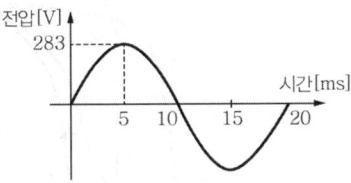

① $v(t) = \sqrt{2} \cdot 200 \cdot \sin 40\pi t$
② $v(t) = \sqrt{2} \cdot 200 \cdot \sin 100\pi t$
③ $v(t) = \sqrt{2} \cdot 220 \cdot \sin 40\pi t$
④ $v(t) = \sqrt{2} \cdot 220 \cdot \sin 100\pi t$

정답 01.① 02.④ 03.③ 04.②

**해설** 순시값
㉠ 최댓값 $283 = \sqrt{2} \times 200$
㉡ $\sin 2f\pi t = \sin 100\pi t$
$2f = 2 \times \dfrac{1}{t} = 2 \times \dfrac{1}{20 \times 10^{-3}} = 100$

**05** 자화되지 않은 강자성체를 외부 자계 내에 놓았더니 히스테리시스 곡선(Hysteresis Loop)이 나타났다. 이에 관한 설명으로 옳은 것을 모두 고른 것은?

> ㉠ 외부자계의 세기를 계속 증가시키면 강자성체의 자속밀도가 계속 증가한다.
> ㉡ 자계의 세기를 0에서 증가시켰다가 다시 0으로 감소시키면 강자성체에는 잔류자기(Residual Magnetization)가 남게 된다.
> ㉢ 히스테리시스 곡선이 이루는 면적에 해당하는 에너지는 손실이다.
> ㉣ 주파수를 낮추면 히스테리시스 곡선이 이루는 면적을 키울 수 있다.

① ㉠
② ㉡, ㉢
③ ㉡, ㉢, ㉣
④ ㉠, ㉡, ㉢, ㉣

**해설** 히스테리시스 곡선(Hysteresis Loop)

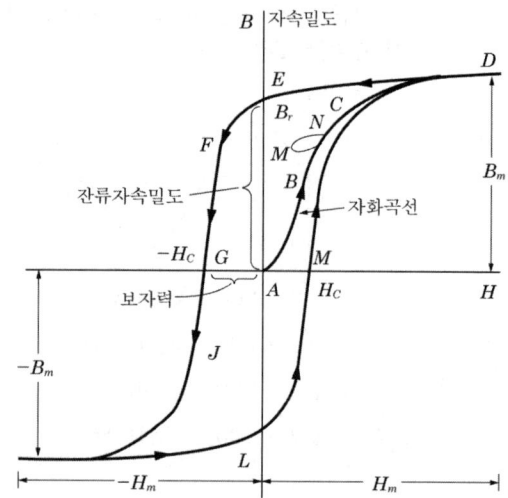

㉠ 외부자계의 세기를 계속 증가시키면 강자성체의 자속밀도가 증가하다가 포화된다.
㉡ 자계의 세기를 0에서 증가시켰다가 다시 0으로 감소시키면 강자성체에는 잔류자기(잔류자속밀도)가 남게 된다.
㉢ 히스테리시스 곡선이 이루는 면적에 해당하는 에너지는 손실이다.
㉣ 주파수를 낮추면 히스테리시스 곡선이 이루는 면적을 줄일 수 있다.

**06** 다음 논리회로에 대한 논리식을 가장 간략화한 것은?

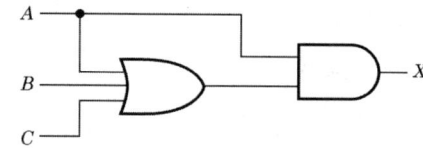

① $X = A$
② $X = AB$
③ $X = BC$
④ $X = AB + BC$

**해설** 논리식
$(A+B+C)(A) = AA+AB+AC = A+A(B+C)$
$= (1+B+C)A = 1 \cdot A = A$

**07** 다음 타임차트의 논리식은? (단, A, B, C는 입력, X는 출력이다)

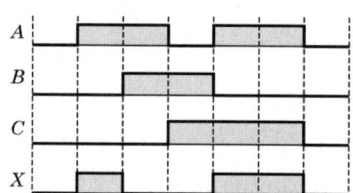

① $X = A\overline{B}$
② $X = \overline{A}B$
③ $X = AB\overline{C}$
④ $X = \overline{A}B\overline{C}$

**해설** 타임차트
$A\overline{B}\,\overline{C} + A\overline{B}C = A\overline{B}(\overline{C}+C) = A\overline{B}$

**08** 콘덴서(Condenser)에 축적되는 에너지를 2배로 만들기 위한 방법으로 옳지 않은 것은?

① 두 극판의 면적을 2배로 한다.
② 두 극판 사이의 간격을 0.5배로 한다.
③ 두 전극 사이에 인가된 전압을 2배로 한다.
④ 두 극판 사이에 유전율이 2배인 유전체를 삽입한다.

**해설** 콘덴서의 축적에너지

$$W = \frac{1}{2}QV = \frac{1}{2}CV^2 \,[J]$$

여기서, Q : 전기량[C]
 V : 전압[V]
 C : 정전용량[F]

㉠ 정전용량

$$C = \varepsilon\frac{S}{d}\,[F]$$

여기서, $\varepsilon$ : 유전율
 S : 극판의 면적[m²]
 d : 극판의 간격[m]

㉡ 콘덴서의 축적에너지

$$W = \frac{1}{2}CV^2 = \frac{1}{2}\left(\varepsilon\frac{S}{d}\right)V^2\,[F]$$

여기서, $\varepsilon$ : 유전율
 S : 극판의 면적[m²]
 d : 극판의 간격[m]

이므로 콘덴서에 축적되는 에너지를 2배로 만들기 위한 방법은 다음과 같다.

㉠ 두 극판의 면적(S)을 2배로 한다.
㉡ 두 극판 사이의 간격(d)을 0.5배로 한다.
㉢ 두 전극 사이에 인가된 전압(V)을 $\sqrt{2}$ 배로 한다.
㉣ 두 극판 사이에 유전율($\varepsilon$)이 2배인 유전체를 삽입한다.

**09** 다음은 금속관을 사용한 소방용 옥내배선 그림 기호의 일부분이다. 공사방법으로 옳지 않은 것은?

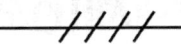

HFIX 1.5(16)

① 천장은폐배선을 한다.
② 직경 1.5[mm]인 전선 4가닥을 사용한다.
③ 내경 16[mm]의 후강전선관을 사용한다.
④ 저독성 난연 가교 폴리올레핀 절연 전선을 사용한다.

**해설** 단면적 1.5[mm²]인 전선 4가닥을 사용한다.

# 2016 제16회 소방시설관리사 1차 필기 기출문제

[제2과목 : 소방전기]

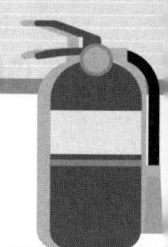

**01** 콘덴서의 정전용량에 관한 설명으로 옳지 않은 것은?

① 전극 사이에 삽입된 절연물의 투자율에 비례한다.
② 동일한 정전용량을 갖는 콘덴서 2개를 병렬 연결하면 합성 정전용량은 2배가 된다.
③ 전극이 전하를 축적할 수 있는 능력의 정도를 나타내는 비례상수이다.
④ 전극 사이의 간격에 반비례한다.

$C = \varepsilon \dfrac{S}{d}$

여기서, $C$ : 전하량
 $\varepsilon$ : 유전율
 $S$ : 콘덴서의 단면적
 $d$ : 콘덴서 간의 간격

∴ 콘덴서는 유전율에 비례하며, 전극 사이의 간격에 반비례한다.

**02** 교류전력에 관한 내용으로 옳지 않은 것은?

① 저항 4[Ω]과 코일 3[Ω]이 직렬 연결되어 있고 100[V], 60[Hz]인 전압을 공급하면 유효전력은 1.6[kW]이다.
② 공진주파수에서 유효전력과 피상전력은 같다.
③ [kVAR]는 무효전력의 단위이다.
④ [kW]는 피상전력의 단위이다.

• 전력의 단위

| 피상전력(Pa) | 유효전력(P) | 무효전력(Pr) |
|---|---|---|
| [kVA] | [kW] | [kVAR] |

• 피상전력 = 유효전력 + 무효전력, Z(임피던스)
 = R(저항) + jX(리액턴스)

• $Pa = VI[kVA] = I^2 Z = \dfrac{V^2}{Z}$

• $P = VI\cos\theta[kW] = I^2 R = \dfrac{V^2}{R}$
 $= 20^2 \times 4 = 1,600[W] = 1.6[kW]$

• $Pr = VI\sin\theta[kVAR] = I^2 X = \dfrac{V^2}{X}$

**03** 우리나라에서 사용하는 단상 220[V], 60[Hz]인 배전전압의 최댓값은 약 몇 [V]인가?

① 156[V]  ② 220[V]
③ 311[V]  ④ 346[V]

실효값 $= \dfrac{최댓값}{\sqrt{2}}$, 최댓값 $= \sqrt{2} \times 실효값$

∴ 최댓값 $= \sqrt{2} \times 실효값 = \sqrt{2} \times 220[V] = 311[V]$

**04** 감지기 배선으로 단면적 1.5[mm²]인 구리 전선을 2[km] 사용하였다. 이 전선의 저항은 약 몇 [Ω]인가? (단, 구리의 고유저항은 $1.72 \times 10^{-8}$ [Ω·m]이다)

① 8[Ω]  ② 12[Ω]
③ 18[Ω]  ④ 23[Ω]

$R = \rho \dfrac{\ell}{S}[\Omega]$

여기서, $R$ : 저항[Ω]
 $\rho$ : 고유저항[Ω·m]
 $\ell$ : 전선의 길이[m]
 $S$ : 단면적[m²]

∴ $R = \rho \dfrac{\ell}{S} = 1.72 \times 10^{-8} \times \dfrac{2 \times 10^3}{1.5 \times 10^{-6}} = 23[\Omega]$

정답  01.①  02.④  03.③  04.④

**05** 400[V] 미만의 저압용 기기에 실시하는 접지공사 종류와 접지저항값의 기준으로 옳은 것은?

① 제2종 접지공사 : 10[Ω] 이하
② 제3종 접지공사 : 100[Ω] 이하
③ 특별 제3종 접지공사 : 50[Ω] 이하
④ 특별 제3종 접지공사 : 10[Ω] 이하

**해설** 접지공사의 종류 및 범위[21년 이후 개정]
- 400[V] 미만의 저압용 기기에 설치하는 접지 : 제3종 접지공사
- 400[V] 이상의 저압용 기기에 설치하는 접지 : 특별 제3종 접지공사

**06** 기전력이 E이고 내부저항이 r인 같은 종류의 전지 3개를 병렬 접속하여 부하저항 R에 연결하였다. 부하저항 R에 흐르는 전류 I는?

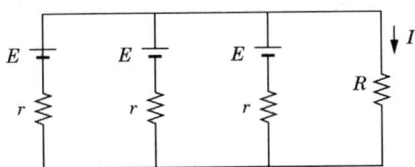

① $I = \dfrac{E}{R}$

② $I = \dfrac{E}{R+3r}$

③ $I = \dfrac{3E}{R+3r}$

④ $I = \dfrac{3E}{3R+r}$

**해설** 전체저항$(R_0) = R + \dfrac{1}{\dfrac{1}{r} \times 3} = R + \dfrac{r}{3}$

$= \dfrac{3R+r}{3}$ 이므로,

전류$(I) = \dfrac{E}{R_0} = \dfrac{E}{\dfrac{3R+r}{3}}$

$= \dfrac{3E}{3R+r}$ [A]

**07** 다음 그림의 논리회로와 동일한 동작을 하는 회로는?

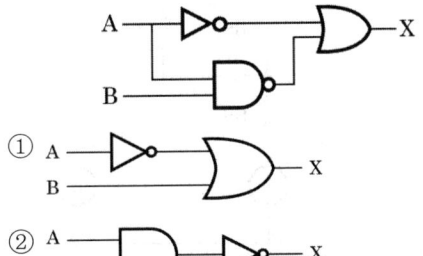

①

② A ─┐
     ├ AND ─○─ X
   B ─┘

③ A ─┐
     ├ OR ─○─ X
   B ─┘

④ A ─○─┐
       ├ AND ── X
   B ───┘

**해설** $\overline{AB} + \overline{A} = X$
$\overline{A} + \overline{B} + \overline{A} = X$
$\overline{A} + \overline{B} = X = \overline{AB}$

**08** 피드백(feedback) 제어시스템의 특징으로 옳은 것은?

① 개루프 제어시스템에 비하여 감도(입력 대 출력비)가 증가한다.
② 개루프 제어시스템에 비하여 대역폭이 감소한다.
③ 입력과 출력을 비교하는 기능이 있다.
④ 개루프 제어시스템에 비하여 구조는 간단하나 설치비용이 비싸다.

**해설** 피드백 제어시스템의 특징
㉠ 정확성과 감대폭이 증가한다.
㉡ 제어계의 특성 변화에 대한 입력 대 출력비의 감도가 감소된다.
㉢ 반드시 입력과 출력을 비교하는 장치가 있어야 한다.

## 03. 소방전기

**09** 다음 시퀀스회로에 관한 설명으로 옳지 않은 것은?

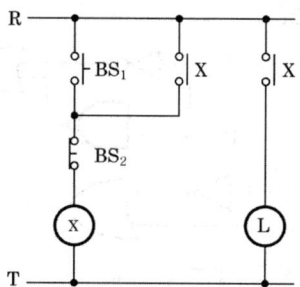

① BS₁를 누르고 BS₂를 누르지 않으면 L이 ON 상태가 된다.
② BS₁은 a접점을 사용하였으며, BS₂는 b접점을 사용하였다.
③ 코일 X가 접점 X를 동작시키기 때문에 인터록 회로라고 한다.
④ ON 상태가 되어 있는 L을 OFF 상태로 변화시키기 위해 BS₂를 누른다.

**해설** 작동상태
BS₁을 누르면 X가 가동되어 X의 a접점이 붙어서 BS₁이 떨어져도 자기유지가 되어 L이 계속해서 작동된다. 여기서 BS₂를 누르면 모든 것이 작동을 멈춘다. 상기 문제에서는 접점 X는 자기유지회로라 한다.

정답 09.③

# 2015 제5회 소방시설관리사 1차 필기 기출문제
[제2과목 : 소방전기]

**01** 회로의 부하 $R_L$에서 소비될 수 있는 최대전력(W)은?

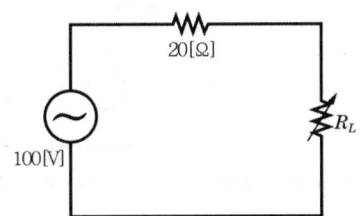

① 105[W]　　② 115[W]
③ 125[W]　　④ 135[W]

**해설** 최대전력전송조건

$$P_M = \frac{V^2}{4R} = \frac{100^2}{4 \times 20} = 125[W]$$

**02** 어떤 저항에 220[V]의 전압을 인가하여 2[A]의 전류가 3초 동안 흘렀다면, 이때 저항에서 발생한 열량(cal)은 약 얼마인가?

① 106[cal]　　② 317[cal]
③ 440[cal]　　④ 1,320[cal]

**해설** 열량(H) = 0.24 VIt[cal]
= 0.24 × V × I × t
= 0.24 × 220 × 2 × 3
= 316.8[cal]

**03** 어떤 회로의 유효전력이 70[W], 무효전력이 50[Var]이면 역률은 약 얼마인가?

① 0.58　　② 0.71
③ 0.81　　④ 0.98

**해설** 역률은 유효전력/피상전력으로

$$\cos\theta = \frac{유효전력}{피상전력} = \frac{P}{P_a} = \frac{P}{\sqrt{(P^2 + P_r^2)}}$$

$$= \frac{70}{\sqrt{(70^2 + 50^2)}} = 0.81$$

**04** 자속변화에 의한 유도기전력의 크기를 결정하는 법칙은?

① 패러데이의 전자유도법칙
② 플레밍의 왼손법칙
③ 렌츠의 법칙
④ 플레밍의 오른손법칙

**해설**
㉠ 플레밍의 오른손법칙(유도기전력의 방향결정법칙) : 자계중도선의 운동 시 유도기전력의 발생이유로 기전력의방향을 결정하는 법칙
㉡ 플레밍의 왼손법칙(전자력의 방향결정법칙) : 영구자계 중 도선전류에 의한 상호작용으로 전자력이 발생하는데 이 전자력의 방향을 결정하는 법칙
㉢ 패러데이의 전자유도법칙 : 유도기전력의 크기는 자속쇄교량과 코일권수와의 곱에 비례한다는 법칙
㉣ 렌츠의 법칙(유도기전력의 방향) : 전자유도에 의하여 생긴 기전력의 방향은 그 유도전류가 만드는 자속이 항상 원래의 자속의 증가 또는 감소를 방해하는 방향이다.

**05** 어떤 코일 2개의 극성을 달리하여 직렬 접속하였을 때 합성 인덕턴스가 200[mH]와 100[mH]로 각각 측정되었다. 이 경우 두 코일의 상호 인덕턴스[mH]는?

① 25[mH]　　② 50[mH]
③ 75[mH]　　④ 100[mH]

**정답** 01.③　02.②　03.③　04.①　05.①

**해설** 극성을 달리하여 감극성으로 직렬 접속하였을 때 합성인덕턴스

가극성일 때 $L_0 = L_1 = L_2 + 2M = 200$
감극성일 때 $L_0 = L_1 + L_2 - 2M = 100$
이 두식을 빼면 4M=100이므로 M=25[mH]

**06** 콘덴서의 정전용량에 관한 설명으로 옳지 않은 것은?

① 유전율의 크기에 비례한다.
② 전극이 전하를 축적할 수 있는 능력의 정도이다.
③ 단위는 테슬라(tesla)로서 [T]로 나타낸다.
④ 전극의 면적에 비례하고, 전극 사이의 간격에 반비례한다.

**해설** $C = \frac{Q}{V}$[F], $Q = CV$[C]

여기서, $C$[F] : 전하를 축전하는 능력
$V$[V] : 전원전압[V]
$Q$[C] : 전하

**참고** 자속밀도 $B = \mu H$
- 자속의 밀도로서 자기장의 크기를 표시
- 단위면적 1[m²]를 통과하는 자속 수
- 단위[Wb/m²] 또는 테슬라(Tesla, [T])가 사용

**07** 역률이 0.8인 다음 회로에 220[V]의 실효전압을 인가하여 5[A]의 실효전류가 흐르고 있다. 이 부하가 2시간 동안 소비하는 전력량(kWh)은 약 얼마인가?

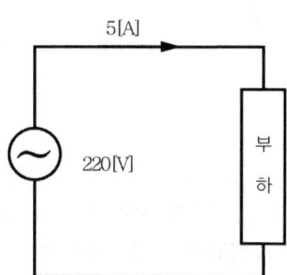

① 1.10[kWh]  ② 1.76[kWh]
③ 2.20[kWh]  ④ 2.49[kWh]

**해설** 전력량은 전력[P]이 임의의 시간 t[S]동안 한 일의 양,
$W = P \times t = VI\cos\theta t = 220 \times 5 \times 0.8 \times 2 \times 10^{-3}$
$= 1.76$[kWh]

**08** 그림과 같은 논리회로는?

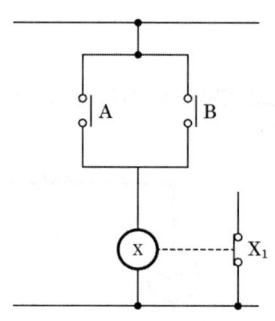

① AND 회로  ② OR 회로
③ NAND 회로  ④ NOR 회로

**해설** $\overline{X}$=A+B이므로 NOR회로이다.

**09** 소방설비 배선에서 내화배선 또는 내열배선으로 설치가 가능한 것은?

① 옥내소화전설비의 비상전원에서 동력제어반 및 가압송수장치에 이르는 전원회로의 배선
② 비상콘센트설비 전원회로의 배선
③ 자동화재탐지설비 전원회로의 배선
④ 스프링클러설비의 상용전원으로부터 동력제어반에 이르는 배선

**해설** **스프링클러설비의 배선**
㉠ 비상전원으로부터 동력제어반 및 가압송수장치에 이르는 전원회로배선은 내화배선으로 할 것. 다만, 자가발전설비와 동력제어반이 동일한 실에 설치된 경우에는 자가발전기로부터 그 제어반에 이르는 전원회로 배선은 그러하지 아니한다.
㉡ 상용전원으로부터 동력제어반에 이르는 배선, 그 밖의 스프링클러설비의 감시·조작 또는 표시등회로의 배선은 내화배선 또는 내열배선으로 할 것. 다만, 감시제어반 또는 동력제어반 안의 감시·조작 또는 표시등회로의 배선은 그러하지 아니하다.

**10** 그림과 같이 평형 3상 회로에 선간전압 220[V]의 대칭 3상 전압을 인가할 때, 한 선로에 흐르는 선전류[A]는 약 얼마인가?

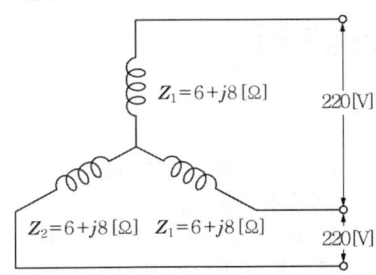

① 12.7[A]  ② 22.0[A]
③ 27.5[A]  ④ 36.7[A]

**해설** 선전류($I_l$)=상전류($I_p$)=$\dfrac{\text{상전압}(V_p)}{\text{한상의 임피던스}}$

$=\dfrac{\frac{220}{\sqrt{3}}}{6+j8}=\dfrac{220}{10\sqrt{3}}=12.7[A]$

**11** 논리식 $[A\overline{B}(C+BD)+\overline{A}\,\overline{B}]C$를 간단히 하면?

① $\overline{A}B$   ② $AB$
③ $\overline{B}C$   ④ $BC$

**해설** $[A\overline{B}(C+BD)+\overline{A}\,\overline{B}]C$
$=[A\overline{B}C+A\overline{B}BD+\overline{A}\,\overline{B}]C$
$=[\overline{B}(AC+ABD+\overline{A})]C$
$=\overline{B}C$

∵ $AC+ABD+\overline{A}$
$=A(C+BD)+\overline{A}\cdot 1$
$=(A+\overline{A})\cdot(1+C+BD)$
$=1\cdot 1$
$=1$

정답 10.① 11.③

# 2014 제4회 소방시설관리사 1차 필기 기출문제

[제2과목 : 소방전기]

**01** 납축전지의 전해액으로 옳은 것은?

① $Cd(OH)_2$   ② $H_2SO_4$
③ $PbSO_4$   ④ $MnO_2$

**[해설]** 납축전지
㉠ 공칭전압 : 2[V/cell], 방전용량 : 10[Ah]
㉡ 전해액 : 묽은 황산($H_2SO_4$)
㉢ 반응식 : $PbO_2 + H_2SO_4 + Pb \underset{충전}{\overset{방전}{\rightleftarrows}} PbSO_4 + 2H_2O + PbSO_4$

**02** 다음 왜형파 전압의 왜형률은 약 얼마인가?

$$v = 150\sqrt{2}\sin\omega t + 40\sqrt{2}\sin 2\omega t + 70\sqrt{2}\sin 3\omega t$$

① 0.45   ② 0.54
③ 0.67   ④ 0.85

**[해설]** 왜형률 = $\dfrac{\text{전고조파만의 실효값}}{\text{기본파의 실효값}}$

$= \dfrac{\sqrt{(\frac{40\sqrt{2}}{\sqrt{2}})^2 + (\frac{70\sqrt{2}}{\sqrt{2}})^2}}{\frac{150\sqrt{2}}{\sqrt{2}}}$

$= 0.54$

**03** 전류가 흐르는 도체 주위의 자계 방향을 결정하는 법칙은?

① 패러데이의 법칙
② 렌츠의 법칙
③ 플레밍의 오른손 법칙
④ 암페어의 오른나사 법칙

**[해설]**
① 패러데이의 법칙 : 유도기전력의 크기는 쇄교자속의 시간변화 감쇄율에 비례한다.
② 렌츠의 법칙 : 유도기전력의 방향은 자속의 증감을 방해하는 반대방향으로 생성된다.
③ 플레밍의 오른손 법칙 : 발전기의 원리로 평등자장 내에 회전자를 넣고 일정한 속도로 회전시키면 유도기전력이 발생
④ 암페어의 오른나사 법칙 : 전류가 흐를 때 발생하는 자장은 오른나사의 회전방향과 동일하다.

**04** 다음 피드백제어계 블록선도의 전달 함수는?

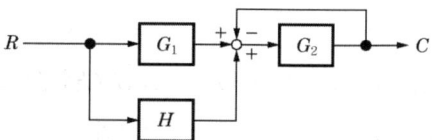

① $\dfrac{G_2(G_1 + H)}{1 + G_2}$

② $\dfrac{G_1 + H}{1 + G_1 G_2}$

③ $\dfrac{G_1 G_2 + H}{1 + G_2}$

④ $\dfrac{G_1}{1 + G_1 G_2 H}$

**[해설]** 전달함수 = $\dfrac{\text{전향경로의 합}}{1 - \text{루프이득의 합}}$

$= \dfrac{G_1 G_2 + G_2 H}{1 - (-G_2)}$

$= \dfrac{G_2(G_1 + H)}{1 + G_2}$

**정답** 01.② 02.② 03.④ 04.①

**05** 인덕턴스가 각각 $L_1 = 5H$, $L_2 = 10H$인 두 코일을 그림과 같이 연결하고 합성 인덕턴스를 측정하였더니 5[H]이었다. 두 코일간의 상호인덕턴스 M(H)은?

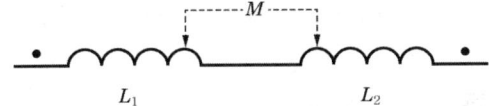

① 2[H]　　　② 3[H]
③ 4[H]　　　④ 5[H]

**해설** 상호인덕턴스의 계산
㉠ 차동결합이므로 합성 인덕턴스 $L = L_1 + L_2 - 2M$
㉡ $L = L_1 + L_2 - 2M$, $5 = 5 + 10 - 2M$,
$2M = 15 - 5 = 10$, $M = 5$

**06** 정격용량 1,000[kVA], 발전기 과도 리액턴스 0.2인 자가발전기의 차단기용량[kVA]은?

① 5,230[kVA]　　② 5,720[kVA]
③ 6,250[kVA]　　④ 6,830[kVA]

**해설** 차단기용량 $= P_s = \dfrac{P}{X_d} \times 1.25$
$= \dfrac{1,000[\text{kVA}]}{0.2} \times 1.25$
$= 6,250[\text{kVA}]$

**07** 역방향 전압영역에서 동작하고 전원전압을 일정하게 유지하기 위하여 사용되는 다이오드는?

① 발광다이오드　　② 터널다이오드
③ 포토다이오드　　④ 제너다이오드

**해설** 제너다이오드 : 정전압 정류작용

**08** 60[Hz]인 교류 전압을 인가할 때, 유도성 리액턴스가 3.77[Ω]이라면 인덕턴스는 약 몇 [mH]인가?

① 0.1[mH]　　② 1[mH]
③ 10[mH]　　　④ 100[mH]

**해설** 인덕턴스
$L = \dfrac{X_L}{2\pi f} = \dfrac{3.77}{2\pi \times 60} = 0.01 H = 10[\text{mH}]$

**09** 교류전압만을 측정할 수 있는 계기는?

① 유도형계기　　② 가동코일형계
③ 정전형계기　　④ 열전형계기

**해설** 지시계기의 동작원리에 의한 분류
㉠ 직류전용 : 가동코일형
㉡ 교류전용 : 가동철편형, 유도형, 정류형
㉢ 직류, 교류 겸용 : 전류력계형, 정전형, 열전형

**10** 평행판 콘덴서의 면적을 4배 증가시키고, 간격은 2배 감소시켰다면 콘덴서의 정전용량은 처음의 몇 배인가?

① 2배　　　② 3배
③ 4배　　　④ 8배

**해설** 평행판 콘덴서의 정전용량
$C = \dfrac{\varepsilon A'}{d'} = \dfrac{\varepsilon \times 4A}{\frac{1}{2}d} = 8\dfrac{\varepsilon A}{d}$

**11** $2\mu F$ 콘덴서를 3[kV]로 충전하면 저장되는 에너지는 몇 [J]인가?

① 6[J]　　　② 9[J]
③ 12[J]　　　④ 15[J]

**해설** 정전에너지
$W = \dfrac{1}{2}CV^2$
$= \dfrac{1}{2} \times 2 \times 10^{-6} \times (3 \times 10^3)^2$
$= 9[\text{J}]$

정답　05.④　06.③　07.④　08.③　09.①　10.④　11.②

# 2013 제3회 소방시설관리사 1차 필기 기출문제
[제2과목 : 소방전기]

**01** 그림과 같은 회로에서 저항 20[Ω]에 흐르는 전류가 4[A]라면, 전류 I(A)는?

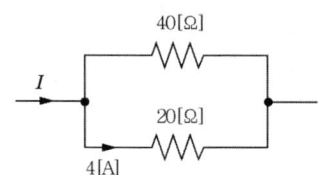

① 6[A]  ② 8[A]
③ 10[A]  ④ 12[A]

해설 $4 = I \times \dfrac{40}{40+20}$, $I = 6[A]$

**02** 그림과 같이 저항 5[Ω], 유도리액턴스 8[Ω], 용량리액턴스 5[Ω]이 직렬로 접속된 회로의 역률은 약 얼마인가?

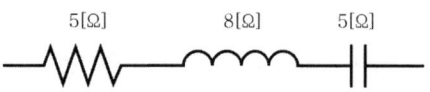

① 0.65  ② 0.75
③ 0.86  ④ 0.94

해설 $Z = \sqrt{R^2 + (X_L - X_C)^2}$
$= \sqrt{5^2 + (8-5)^2} = 5.83[Ω]$
$\cos\theta(역률) = \dfrac{R}{Z} = \dfrac{5}{5.83} = 0.86$

**03** 그림과 같은 NAND 게이트와 등가인 논리식은?

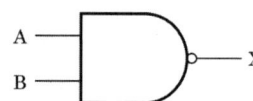

① $X = A + B$  ② $X = \overline{A} \cdot \overline{B}$
③ $X = A \cdot B$  ④ $X = \overline{A} + \overline{B}$

해설 $X = \overline{A \cdot B} = \overline{A} + \overline{B}$

**04** 다음 심벌이 의미하는 반도체 소자는?

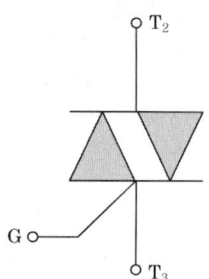

① DIAC  ② TRIAC
③ SCR  ④ SCS

해설 반도체 소자의 종류

| 명칭 | | 단자 | 기호 | 신호 | 사용 예, 기능 |
|---|---|---|---|---|---|
| 다이리스터 | 역저지 다이리스터 SCR | 3단자 | | 게이트신호 | 정류기, 인버터 |
| | LASCR | 3단자 | | 빛 또는 게이트신호 | 정지스위치, 응용스위치 |
| | GTO | 3단자 | | 게이트신호 (ON, OFF) | 초퍼, 직류스위치 |
| | SCS | 4단자 | | | |
| | 양방향 다이리스터 SSS | 2단자 | | 과전압 또는 상승전압 | 조광장치, 교류스위치 |
| | TRIAC | 3단자 | | 게이트신호 | 조광장치, 교류스위치 |
| | 역도통 다이리스터 | 3단자 | | 게이트신호 | 직류 초퍼 |

정답 01.① 02.③ 03.④ 04.②

| 다이오드(역저지) | 2단자 | ─▶├─ | 정류기 |
| 트랜지스터 | 3단자 | | 증폭기 |

**05** 전선의 표시기호로서 천장은폐배선은?

① ────────
② ─ ─ ─ ─ ─ ─
③ ── ── ── ──
④ ──·──·──·──

[해설]
㉠ 천장은폐배선
㉡ 노출배선
㉢ 바닥은폐배선
㉣ 지중매설배선

**06** 회로에 100[V]의 전압을 인가하였더니 5[A]의 전류가 흘러 72[kcal]의 열량이 발생하였다. 이때 전류가 흐른 시간(초)은?

① 0.6[sec]  ② 6[sec]
③ 60[sec]  ④ 600[sec]

[해설] $H = 0.24\,Pt$

$t = \dfrac{H}{0.24P} = \dfrac{72 \times 10^3}{0.24 \times (100 \times 5)} = 600[\sec]$

**07** 정전용량이 같은 콘덴서 2개의 병렬합성 정전용량은 직렬합성 정전용량의 몇 배인가?

① 2배  ② 4배
③ 5배  ④ 8배

[해설]
• 콘덴서의 병렬접속 : $\sum C = nC_1$
• 콘덴서의 직렬접속 : $\sum C = \dfrac{C_1}{n}$

따라서 $\dfrac{C병렬}{C직렬} = \dfrac{nC_1}{\dfrac{C_1}{n}} = n^2 = 2^2 = 4$배

**08** 100회 감은 코일과 쇄교(자력선과 코일이 교차)하는 자속이 0.2초 동안에 5[Wb]에서 2[Wb]로 감소할 경우, 코일에 유도되는 기전력[V]은?

① 300[V]  ② 1,000[V]
③ 1,500[V]  ④ 2,500[V]

[해설] $e = N \cdot \dfrac{d\Phi}{dt} = 100 \times \dfrac{5-2}{0.2} = 1,500[V]$

**09** 그림과 같이 직렬로 접속된 2개의 코일에 5A의 전류를 흘릴 때 결속된 합성코일에 발생하는 자기에너지(J)는? (단, 코일의 자기 인덕턴스 $L_1 = L_2 = 20[mH]$, 상호인덕턴스 $M = 10[mH]$이다)

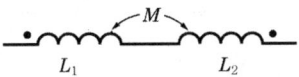

① 0.2[J]  ② 0.25[J]
③ 0.3[J]  ④ 0.4[J]

[해설]
$L = L_1 + L_2 - 2M$
$= 20 + 20 - 2 \times 10$
$= 20[mH]$

$W_L = \dfrac{1}{2} LI^2$
$= \dfrac{1}{2} \times (20 \times 10^{-3}) \times 5^2$
$= 0.25[J]$

**10** $v = 50 + 20\sqrt{2}\sin(wt+20) + 10\sqrt{2}\sin(3wt-40)[V]$인 비정현파 교류전압의 실효값[V]은 약 얼마인가?

① 23.6[V]  ② 37.4[V]
③ 45.7[V]  ④ 54.8[V]

[해설] 비정현파 전압의 실효값
$V = \sqrt{V_0^2 + V_1^2 + V_2^2}$
$= \sqrt{50^2 + 20^2 + 10^2}$
$= 54.8[V]$

정답 05.① 06.④ 07.② 08.③ 09.② 10.④

**11** 전기계측기와 지시 값의 연결이 옳지 않은 것은?

① 가동코일형 계기 – 평균값 지시
② 정전형 계기 – 평균값 및 실효값 지시
③ 열전형 계기 – 평균값 및 실효값 지시
④ 유도형 계기 – 평균값 지시

**해설** 직류(평균값), 교류(실효값)

| 종류(형) | 기 호 | 사용 회로 | 사용 예 | 동작원리 |
|---|---|---|---|---|
| 가동 코일형 | ⌒ | 직류 | A, V, Ω | 영구자석과 가동코일에 흐르는 전류의 전자력에 의한 회전력 이용 |
| 정전형 | ╪ | 직·교 양용 | V | 절연된 두 금속전극에 가한 전압에 의해 생긴 전하 간 정전력으로 가동부분을 움직여 측정 |
| 유도형 | ○ | 교류 | A, V, W | 회전 자기장 내에 금속편을 놓으면 여기에 맴돌이 전류가 발생하여 금속편을 회전시키는 것을 이용 |
| 열전형 | ⋁·⋁ | 직·교 양용 (고주파) | A | 열선(저항선)의 온도를 열전대에서 직류기전력으로 변환시켜 가동코일형으로 측정 |
| 정류형 | ▶│ | 교류 | A, V, Ω | 다이오드 등으로 정류하여 가동코일형 계기로 측정 |
| 가동 철편형 | ⋛ | 교류 | A, V | 전류가 흐르는 고정코일 내에 있는 철편의 자기력에 의한 회전력 이용 |
| 전류력 계형 | ╫⊕ | 직·교 양용 | A, V, W | 고정코일 및 가동코일에 흐르는 전류의 전자력에 의한 회전력 이용 |

정답 11.④

# 2011 제2회 소방시설관리사 1차 필기 기출문제
### [제2과목 : 소방전기]

**01** 60[Hz]에서 콘덴서가 10[Ω]의 용량 리액턴스를 가질 때 정전용량($\mu F$)은 얼마인가?

① 125[$\mu F$]    ② 165[$\mu F$]
③ 225[$\mu F$]    ④ 265[$\mu F$]

**해설** 정전용량 $X_C = \dfrac{1}{2\pi fC}$ 에서

$C = \dfrac{1}{2\pi f X_C} = \dfrac{1}{2\times \pi \times 60 \times 10}$
$= 0.000265 = 265[\mu F]$

**02** 대칭 3상 Y결선부하에 각 상의 임피던스 $Z = 3 + j4[\Omega]$이고 부하전류가 15[A]일 때 부하의 선전압의 크기는 얼마인가?

① 129.9[V]    ② 139.9[V]
③ 149.9[V]    ④ 119.9[V]

**해설** Y결선의 경우 $I_l = I_P$이므로
상전압 $V_P = Z I_P = \sqrt{3^2+4^2} \times 15$
$= 75[V]$
선전압 $V_l = \sqrt{3}\, V_P = \sqrt{3} \times 75$
$= 129.9[V]$

**03** 어떤 전열기에 저항이 5[Ω]이고 흐르는 전류가 20[A]일 때 전열기에서 소비되는 전력은 몇 [W]인가?

① 1,000[W]    ② 100[W]
③ 2,000[W]    ④ 200[W]

**해설** $P = I^2 R = 20^2 \times 5$
$= 2,000[W]$

**04** 100[$\mu F$]인 콘덴서의 양단에 전압을 2,000[V/s]의 비율로 변화시킬 때 콘덴서에 흐르는 전류는 몇 [A]인가?

① 0.1[A]    ② 0.2[A]
③ 0.3[A]    ④ 0.5[A]

**해설** $i = C\dfrac{dv}{dt}$ 에서
$i = 100 \times 10^{-6} \times 2,000 = 0.2[A]$

**05** 온도를 전압으로 변환시키는 요소는?

① 광전지    ② 열전대
③ 자동변압기    ④ 측온저항계

**해설** 변환량과 변환요소

| 변환량 | 변환요소 |
|---|---|
| 압력 → 변위 | 벨로우즈(Bellows), 다이어프램, 스프링 |
| 변위 → 압력 | 노즐 플래퍼, 유압 분사관, 스프링 |
| 변위 → 임피던스 | 가변 저항기, 용량형 변압기, 가변저항 스프링 |
| 변위 → 전압 | 포텐셔미터(Potentio-meter), 차동 변압기, 전위차계 |
| 전압 → 변위 | 전자석, 전자 코일(솔레노이드) |
| 빛 → 임피던스 | 광전관, 광전도 셀(Photo Cell), 광전 트랜지스터 |
| 빛 → 전압 | 광전지(Solar Cell), 광전 다이오드 |
| 방사선 → 임피던스 | 가이거뮬러(GM)관, 전리함 |
| 온도 → 임피던스 | 측온 저항(열선, 서미스터, 백금, 니켈), 정온식 감지선형 감지기 |
| 온도 → 전압 (기전력) | 열전대(백금-백금 로듐, 철-콘스탄탄, 구리-콘스탄탄, 크로멜-알루멜), 열전대식 감지기 |

정답  01.④  02.①  03.③  04.②  05.②

**06** 30[mH]인 코일이 있다. 이 코일에 100[V], 60[Hz]의 교류 전압을 인가하였을 때 흐르는 전류(A)는 얼마인가?

① 5.85[A]　② 6.85[A]
③ 7.85[A]　④ 8.85[A]

**해설** $I = \dfrac{V}{X_L}$

$X_L = \omega L = 2\pi f L$
$\quad = 2 \times \pi \times 60 \times 30 \times 10^{-3} = 11.3[\Omega]$

$\therefore I = \dfrac{V}{X_L} = \dfrac{100}{11.3} = 8.85[A]$

**07** 교류파형의 상용주파수 60[Hz]의 각속도[rad/s]는 얼마인가?

① 177[rad/s]　② 277[rad/s]
③ 377[rad/s]　④ 477[rad/s]

**해설** $\omega = 2\pi f = 2 \times \pi \times 60 = 377 [\text{rad/s}]$

**08** $v = V_m \sin wt$의 정현파 전압이 $wt = 30°$일 때 순시치가 50[V]라면 이 전압의 실효값은 몇 [V]인가?

① 70.7[V]　② 65.7[V]
③ 60.7[V]　④ 63.7[V]

**해설** $v = V_m \sin \omega t$

$V_m = \dfrac{50}{\sin 30°} = \dfrac{50}{1/2} = 100[V]$

$V = \dfrac{1}{\sqrt{2}} V_m = \dfrac{1}{\sqrt{2}} \times 100 = 70.7[V]$

정답　06.④　07.③　08.①

# 2010 제1회 소방시설관리사 1차 필기 기출문제
[제2과목 : 소방전기]

**01** 일정전압의 직류전원에 저항을 접속하고 전류를 흘릴 때 이 전류값을 50[%] 증가시키기 위해서는 저항값을 몇 배로 하여야 하는가?

① 0.5배
② 0.56배
③ 0.67배
④ 1.5배

**해설** $V = IR$
$R = \dfrac{V}{I} = \dfrac{V}{1.5I} = \dfrac{1}{1.5}\dfrac{V}{I}$
$R = 0.67\dfrac{V}{I}$

**02** 그림과 같은 회로에서 전압계의 지시값은?

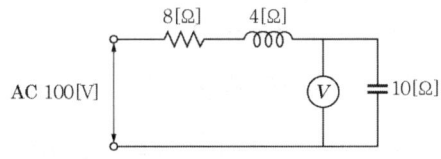

① 40[V]
② 50[V]
③ 80[V]
④ 100[V]

**해설** 전 전류
$I = \dfrac{V}{Z} = \dfrac{V}{\sqrt{R^2 + (X_L - X_C)^2}}$
$= \dfrac{100}{\sqrt{8^2 + (4-10)^2}} = 10[A]$
$\therefore V_C = IX_C$
$= 10 \times 10 = 100[V]$

**03** 그림과 같은 회로망에서 전류를 산출하는 식은?

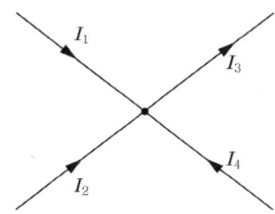

① $I_1 + I_2 - I_3 + I_4 = 0$
② $I_1 - I_2 - I_3 + I_4 = 0$
③ $I_1 + I_2 + I_3 + I_4 = 0$
④ $I_1 - I_2 - I_3 - I_4 = 0$

**04** $i = I_m \sin \omega t$인 정현파에 있어서 순시값과 실효값이 같아지는 위상은 몇 도인가?

① 30°
② 45°
③ 50°
④ 60°

**해설** 실효값 $V = V_m \times \dfrac{1}{\sqrt{2}}$
순시값 $v = V_m \sin \omega t [V]$, $i = I_m \sin \omega t [A]$
(여기서, 각속도 $\omega = 2\pi f [rad/s]$)
$\sin \theta = \dfrac{1}{\sqrt{2}}$
따라서 $\theta = 45°$

**05** 다음 그림과 같은 회로에서 $R = 16[\Omega]$, $L = 180[mH]$, $\omega = 100[rad/s]$일 때 합성임피던스는?

① 약 3[Ω]
② 약 5[Ω]
③ 약 24[Ω]
④ 약 34[Ω]

정답 01.③ 02.④ 03.① 04.② 05.③

해설  
$Z = \sqrt{R^2 + (X_L)^2} = \sqrt{R^2 + (\omega L)^2}$
$= \sqrt{16^2 + (100 \times 180 \times 10^{-3})^2}$
$= 24.083[\Omega]$

**06** 200[V] 전원에 접속하면 1[kW]의 전력을 소비하는 저항을 100[V] 전원에 접속하였을 때 소비전력은?

① 250[W]  ② 500[W]
③ 750[W]  ④ 900[W]

해설  소비전력
$P = \dfrac{V^2}{R} \propto V^2$ 이므로
$P_1 : P_2 = V_1^2 : V_2^2$
$\to 1{,}000 : P_2 = 200^2 : 100^2$
$\therefore P_2 = 1000 \times \dfrac{100^2}{200^2} = 250[W]$

**07** 자체 인덕턴스가 각각 160[mH], 250[mH]인 두 코일이 있다. 두 코일 사이의 상호 인덕턴스가 150[mH]이라면 결합계수는?

① 0.5  ② 0.75
③ 0.66  ④ 1.0

해설  상호 인덕턴스
$k = \dfrac{M}{\sqrt{L_1 L_2}} = \dfrac{150}{\sqrt{160 \times 250}} = 0.75$

**08** 피드백 제어에서 반드시 필요한 장치는?

① 구동장치
② 출력장치
③ 입력과 출력을 비교하는 장치
④ 안정도를 좋게 하는 장치

해설  피드백 제어시스템의 특징
㉠ 정확성과 감대폭이 증가한다.
㉡ 제어계의 특성 변화에 대한 입력 대 출력비의 감도가 감소된다.
㉢ 반드시 입력과 출력을 비교하는 장치가 있어야 한다.

**09** 변압기의 1차 권수가 10회, 2차 권수가 300회인 경우 2차 단자에서 1,500[V]의 전압을 얻고자 하는 경우 1차 단자에서 인가하여야 할 전압은?

① 50[V]  ② 100[V]
③ 220[V]  ④ 380[V]

해설  권수비
$a = \dfrac{N_1}{N_2} = \dfrac{V_1}{V_2} \to V_1 = \dfrac{N_1}{N_2} \times V_2$
$= \dfrac{10}{300} \times 1{,}500 = 50[V]$

**10** 그림과 같이 저항 3개가 병렬로 연결된 회로에 흐르는 가지전류 $I_1$, $I_2$, $I_3$는 몇 [A]인가?

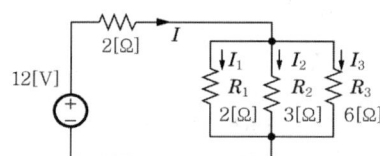

① $I_1 = 2$, $I_2 = \dfrac{4}{3}$, $I_3 = \dfrac{2}{3}$
② $I_1 = \dfrac{2}{3}$, $I_2 = \dfrac{1}{3}$, $I_3 = 2$
③ $I_1 = 3$, $I_2 = 2$, $I_3 = 1$
④ $I_1 = 1$, $I_2 = 2$, $I_3 = 3$

해설  합성저항 $R = \dfrac{1}{\dfrac{1}{2} + \dfrac{1}{3} + \dfrac{1}{6}} = 1[\Omega]$

따라서 병렬회로의 전압 $= 12[V] \times \dfrac{1}{2+1} = 4[V]$

$I_1 = \dfrac{4[V]}{2[\Omega]} = 2[A]$
$I_2 = \dfrac{4[V]}{3[\Omega]} = \dfrac{4}{3}[A]$
$I_3 = \dfrac{4[V]}{6[\Omega]} = \dfrac{2}{3}[A]$

# 2008 제10회 소방시설관리사 1차 필기 기출문제
[제2과목 : 소방전기]

**01** 다음 조건에서 전류값은?

$$V = 24[V], \quad R = 2[\Omega]$$

① 10[A]　　② 12[A]
③ 24[A]　　④ 2[A]

해설 전류 $\left(I = \dfrac{V}{R}\right)$에서

∴ $I = \dfrac{24}{2} = 12[A]$

**02** 다음 조건에서 열량값은?

시간=10[sec], 전류=12[A], 저항=2[Ω], Q=0.24I²Rt

① 590[cal]　　② 690[cal]
③ 790[cal]　　④ 890[cal]

해설 열량 $H = 0.24Pt = 0.24I^2Rt$[cal]에서
$H = 0.24 \times 12^2 \times 2 \times 10 = 691.2$[cal]

**03** 무부하전압이 230[kV]이고 전부하전압(정격전압)이 220[kV]일 때 전압변동률은?

① 3.54[%]　　② 4.54[%]
③ 5.54[%]　　④ 6.54[%]

해설 전압변동률($\epsilon$)
$= \dfrac{\text{무부하전압} - \text{정격전압}}{\text{정격전압}} \times 100[\%]$

∴ $\varepsilon = \dfrac{230 - 220}{220} \times 100$
$= 4.54[\%]$

**04** 다음 중 3단자 단방향 신호인 것은?
① SSS　　② TRIAC
③ SCR　　④ SCS

해설 반도체 소자의 종류

| 명칭 | | 단자 | 기호 | 신호 | 사용 예, 기능 |
|---|---|---|---|---|---|
| 다이리스터 | 역저지 다이리스터 SCR | 3단자 | | 게이트신호 | 정류기, 인버터 |
| | 역저지 다이리스터 LASCR | 3단자 | | 빛 또는 게이트신호 | 정지스위치, 응용스위치 |
| | 역저지 다이리스터 GTO | 3단자 | | 게이트신호 (ON, OFF) | 초퍼, 직류스위치 |
| | 역저지 다이리스터 SCS | 4단자 | | | |
| | 양방향 다이리스터 SSS | 2단자 | | 과전압 또는 상승전압 | 조광장치, 교류스위치 |
| | 양방향 다이리스터 TRIAC | 3단자 | | 게이트신호 | 조광장치, 교류스위치 |
| | 역도통 다이리스터 | 3단자 | | 게이트신호 | 직류 초퍼 |
| 다이오드(역저지) | | 2단자 | | | 정류기 |
| 트랜지스터 | | 3단자 | | | 증폭기 |

**05** 한 쪽이 여자되면 다른 쪽은 동작되지 않도록 하는 회로는?
① 자기유지회로　　② y-기동
③ 정역회로　　④ 인터록회로

정답　01.②　02.②　03.②　04.③　05.④

해설 · 인터록회로(상대투입금지회로)
한 쪽이 여자되면 다른 쪽은 투입이 금지되어 동작되지 않도록 하는 회로

**06** 다음 피드백회로에서 등가이득은?

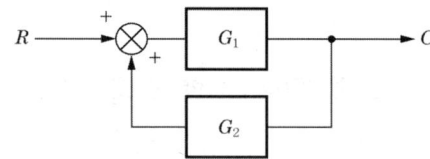

① $\dfrac{1}{G_1}+\dfrac{1}{G_2}$  ② $\dfrac{G_1}{1-G_1G_2}$

③ $\dfrac{G_1}{1+G_1G_2}$  ④ $\dfrac{G_2}{1-G_1G_2}$

해설 · 전달함수 $G(s)=\dfrac{\text{전향경로}}{1-\text{피드백}}=\dfrac{G_1}{1-(+G_1G_2)}$
$=\dfrac{G_1}{1-G_1G_2}$

**07** 다음 중 Y종 절연저항온도는?

① 90°  ② 120°
③ 155°  ④ 180°

해설 · 절연물의 허용온도

| 종류 | Y | A | E | B | F | H | C |
|---|---|---|---|---|---|---|---|
| 온도 | 90° | 105° | 120° | 130° | 155° | 180° | 180° 초과 |

**08** 다음의 전압 강하값은?

단상2선식, 배선단면적 2.0[mm²], 선로길이 100[m], 전류 10[A]

① 15.6[V]
② 17.8[V]
③ 18.8[V]
④ 20.2[V]

해설 · 전압강하(단상2선식)
$e=\dfrac{35.6LI}{1,000A}=\dfrac{35.6\times100\times10}{1,000\times2}$
$=17.8[V]$
L : 선로길이[m], I : 전류[A], A : 배선단면적[mm²]

**09** 다음 중 전선의 구비조건이 아닌 것은?

① 기계적 강도가 클 것
② 저항률이 클 것
③ 가요성이 풍부할 것
④ 중량이 작을 것

해설 · 전선의 구비조건
㉠ 허용전류가 클 것
㉡ 기계적 강도가 클 것
㉢ 전압강하가 작을 것
㉣ 가요성이 풍부할 것
㉤ 고조파 내량이 클 것
㉥ 중량이 작을 것

**10** 자체인덕턴스가 20[mH]인 코일에 2[A]의 전류가 흘렀을 때 이 코일에 저장되는 에너지(J)는?

① 0.02[J]  ② 0.04[J]
③ 0.06[J]  ④ 0.08[J]

해설 · 코일에 저장되는 에너지($W=\dfrac{1}{2}LI^2[J]$)
∴ $W=\dfrac{1}{2}\times20\times10^{-3}\times2^2=0.04[J]$

# 2006 제9회 소방시설관리사 1차 필기 기출문제
[제2과목 : 소방전기]

**01** 다음 중 제3종 접지공사의 접지선의 굵기와 저항치로 맞는 것은?

① 공칭 단면적 2.5[mm²] 이상, 150[Ω] 이하
② 공칭 단면적 16[mm²] 이상, 100[Ω] 이하
③ 공칭 단면적 2.5[mm²] 이상, 100[Ω] 이하
④ 공칭 단면적 16[mm²] 이상, 150[Ω] 이하

**[해설]** 제3종 접지공사의 접지선[21년 이후 개정]

| 접지공사의 종류 | 접지 저항치 | 접지선의 굵기 |
|---|---|---|
| 제3종 접지공사 | 100[Ω] 이하 | 2.5[mm²] |

현행
1종 : 6[mm²], 2종 : 16[mm²], 3종 : 2.5[mm²], 특별제3종 : 2.5[mm²]

**02** 입력신호 A, B 값이 모두 1일 때 출력 C가 1인 회로는?

① OR GATE
② NAND GATE
③ AND GATE
④ NOT GATE

**[해설]** 논리회로
㉠ OR GATE : 입력 신호 A, B 중 한 값이 1일 때 출력 C가 1인 회로
㉡ NAND GATE : 입력 신호 A, B값이 모두 1일 때 출력 C가 0인 회로
㉢ AND GATE : 입력 신호 A, B값이 모두 1일 때 출력 C가 1인 회로
㉣ NOT GATE : 출력신호는 입력 신호의 부정인 회로

**03** 어떤 회로에 100[V]의 전압을 가하니 10[A]의 전류가 10초 동안 흘렀다. 이때 열량 H[cal]은 얼마인가?

① 1,200[cal]
② 2,400[cal]
③ 24[cal]
④ 2.4[cal]

**[해설]** 줄의 법칙
$H = 0.24VIt = 0.24 \times 100 \times 10 \times 10 = 2,400$[cal]

**04** 150[Ω]인 저항 3개를 병렬 연결 시 합성저항[Ω]은 얼마인가?

① 30[Ω]  ② 50[Ω]
③ 450[Ω]  ④ 600[Ω]

**[해설]** 합성저항

$$R = \frac{1}{\frac{1}{R_1}+\frac{1}{R_2}+\frac{1}{R_3}} = \frac{1}{\frac{1}{150}+\frac{1}{150}+\frac{1}{150}}[\Omega]$$
$= 50[\Omega]$

**05** 이산화동의 저항은 상온 부근에서 수십[kΩ]이지만 몇 [℃] 부근에서 3[Ω]으로 가장 작게 되는가?

① 900[℃]  ② 950[℃]
③ 1,000[℃]  ④ 1,050[℃]

**[해설]** 이산화동의 저항온도 특성은 상온 부근에서 수십 [kΩ]이지만 온도가 승승하여 1,050[℃] 부근에서 약 3[Ω]으로 가장 작은데 더욱 온도를 올리면 전기 저항이 약간 증가한다.

정답  01.③  02.③  03.②  04.②  05.④

## 03. 소방전기

**06** 그림과 같은 피드백제어의 종합전달함수는?

$$R \to [G_1] \to [G_2] \to C$$

① $G_1 + G_2$
② $G_1 \cdot G_2$
③ $\dfrac{1}{G_1} + \dfrac{1}{G_2}$
④ $\dfrac{1}{G_1} \cdot \dfrac{1}{G_2}$

**해설** $G_1$과 $G_2$의 종속 접속된 요소의 전달함수는 $G_1 \cdot G_2$이다.

정답 06.②

# 2005 제8회 소방시설관리사 1차 필기 기출문제
[제2과목 : 소방전기]

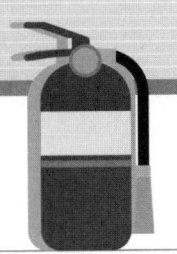

**01** 그림과 같은 회로에서 소비되는 전력[W]은?

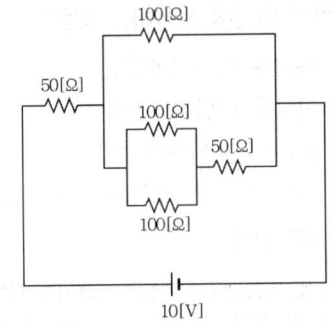

① 1[W]  ② 1.5[W]
③ 2[W]  ④ 2.5[W]

**해설** 회로의 합성저항

$$R_0 = 50 + \frac{\left(\frac{100 \times 100}{100+100}+50\right) \times 100}{\left(\frac{100 \times 100}{100+100}+50\right)+100}$$

$$= 50 + \frac{100 \times 100}{100+100} = 100[\Omega]$$

∴ 회로에서 소비되는 전력

$$P = VI = \frac{V^2}{R} = \frac{10^2}{100} = 1[W]$$

**02** 어떤 코일의 임피던스를 측정하고자 직류전압 30[V]를 가했더니 300[W]가 소비되고, 교류전압 100[V]를 가했더니 1,200[W]가 소비되었다. 이 코일의 리액턴스는 몇 [Ω]인가?

① 2[Ω]  ② 4[Ω]
③ 6[Ω]  ④ 8[Ω]

**해설** ㉠ 직류전압 인가 시 전력과 저항과의 관계

$$P = I^2R = \frac{V^2}{R} \text{에서 } R = \frac{V^2}{P} = \frac{30^2}{300} = 3[\Omega]$$

㉡ 교류전압 인가 시 전력과 저항과의 관계

$$P = I^2R = \left(\frac{V}{Z}\right)^2 R \text{ 에서}$$

$$Z = \frac{V}{\sqrt{\frac{P}{R}}} = \frac{100}{\sqrt{\frac{1,200}{3}}} = 5[\Omega]$$

∴ 코일의 리액턴스
$$X_L = \sqrt{Z^2 - R^2} = \sqrt{5^2 - 3^2} = 4[\Omega]$$

**03** 기전력 1.2[V], 내부저항 0.4[Ω]의 전지가 길이 20[m], 단면적 1[mm²]의 동선에 접속되었을 때 1분 동안에 발생하는 열량은 몇 [cal]이겠는가? (단, 동의 고유저항 $\rho = 1.6 \times 10^{-8}[\Omega \cdot m]$임)

① 12.7[cal]  ② 15.7[cal]
③ 18.7[cal]  ④ 21.7[cal]

**해설** ㉠ 먼저 동선의 저항

$$R = \rho \frac{l}{A} = 1.6 \times 10^{-8} \times \frac{20}{1 \times 10^{-6}}$$

$$= 3.2 \times 10^{-1}[\Omega]$$

㉡ 동선에 흐르는 전류

$$I = \frac{E}{R+r} = \frac{1.2}{3.2 \times 10^{-1} + 4 \times 10^{-1}} ≒ 1.66[A]$$

∴ 발열량 $H = 0.24I^2Rt$
$$= 0.24 \times 1.66^2 \times 3.2 \times 10^{-1} \times 60$$
$$≒ 12.7[cal]$$

**04** R=10[Ω], $X_L$=8[Ω], $X_C$=20[Ω]이 병렬로 접속된 회로에 80[V]의 교류 전압을 가하면 전원에 몇 [A]의 전류가 흐르게 되는가?

① 20[A]  ② 15[A]
③ 10[A]  ④ 5[A]

정답 01.① 02.② 03.① 04.③

해설) $R=10[\Omega]$, $X_L=8[\Omega]$, $X_C=20[\Omega]$인 회로의 전류

$I_R = \dfrac{V}{R} = \dfrac{80}{10} = 8[A]$

$I_L = \dfrac{V}{jX_L} = \dfrac{80}{j8} = -j10[A]$

$I_C = \dfrac{V}{-jX_C} = \dfrac{80}{-j20} = j4[A]$

$I_0 = I_R + I_L + I_C = 8 - j10 + j4[A]$,

$I = 8 - j6 = \sqrt{8^2 + 6^2} = 10$

$\therefore I = \sqrt{8^2 + 6^2} = 10[A]$

**05** 3상 유도전동기의 출력이 10[HP], 전압 200[V], 효율 90[%], 역률 85[%]일 때, 이 전동기에 유입되는 선전류는 몇 [A]인가?

① 16[A]  ② 18[A]
③ 20[A]  ④ 28[A]

해설) 전동기 출력
$P_m = \sqrt{3}\,VI\cos\theta\eta[W]$ (1[HP]=746[W])

선전류

$I = \dfrac{P_m}{\sqrt{3}\,V\cos\theta\eta} = \dfrac{10 \times 746}{\sqrt{3} \times 200 \times 0.85 \times 0.9}$

$\fallingdotseq 28[A]$

**06** 다음 그림과 같은 블록선도에서 C는?

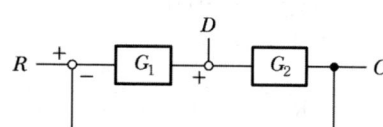

① $C = \dfrac{G_1G_2}{1+G_1G_2}R + \dfrac{G_1}{1+G_1G_2}D$

② $C = \dfrac{G_1G_2}{1+G_1G_2}R + \dfrac{G_1G_2}{1-G_1G_2}D$

③ $C = \dfrac{G_1G_2}{1+G_1G_2}R + \dfrac{G_1G_2}{1+G_1G_2}D$

④ $C = \dfrac{G_1G_2}{1+G_1G_2}R + \dfrac{G_2}{1+G_1G_2}D$

해설) 전달함수
$(R-C)G_1 + DG_2 = C$
$\to RG_1G_2 - CG_1G_2 + DG_2 = C$
$\to RG_1G_2 + DG_2 = C(1+G_1G_2)$

$\therefore C = \dfrac{G_1G_2}{1+G_1G_2}R + \dfrac{G_2}{1+G_1G_2}D$

**07** 다음 절연전선 중 옥내배선용으로 소방 및 비상전력의 배선에 사용하는 것은?

① 옥외용 비닐절연전선
② 인입용 비닐절연전선
③ 600[V] 비닐절연전선
④ 450/750[V] 저독성 난연 가교 폴리올레핀 절연전선

해설) 소방 및 비상전력의 배선에 사용되는 전선의 종류
1. 450/750[V] 저독성 난연 가교 폴리올레핀 절연전선
2. 0.6/1[kV] 가교 폴리에틸렌 절연 저독성 난연폴리올레핀 시스 전력케이블
3. 6/10[kV] 가교 폴리에틸렌 절연 저독성 난연 폴리올레핀 시스 전력용 케이블
4. 가교 폴리에틸렌 절연 비닐시스 트레이용 난연 전력케이블
5. 0.6/1[kV] EP 고무절연 클로로프렌 시스 케이블
6. 300/500[V] 내열성 실리콘 고무 절연전선(180[℃])
7. 내열성에틸렌-비닐아세테이트 고무 절연케이블
8. 버스덕트(Bus Duct)
9. 기타 전기용품안전관리법 및 전기설비기술기준에 따라 동등 이상의 내화성능이 있다고 주무부장관이 인정하는 것

**08** 400[V] 미만의 저압용 기계기구의 금속제 외함에는 몇 종 접지공사를 하는가?

① 제1종 접지공사
② 제2종 접지공사
③ 제3종 접지공사
④ 특별 제3종 접지공사

**해설** [21년 이후 개정]

| 접지공사의 종류 | 접지 공사별 내용 |
|---|---|
| 제1종 접지공사 | ㉠ 특별고압 계기용 변압기의 2차측 전로<br>㉡ 고압전로에 시설하는 피뢰기<br>㉢ 고압용 기계기구의 철대 및 금속제 외함 |
| 제2종 접지공사 | ㉠ 고압 및 특별고압 전로와 저압전로를 결합하는 변압기 저압측의 중성점 또는 1단자<br>㉡ 고압 및 특별고압 전로와 저압전로를 결합하는 변압기에서 고압 및 특별고압 권선과 저압 권선 사이에 설치하는 금속제 혼촉 방지판 |
| 제3종 접지공사 | ㉠ 고압 계기용 변압기의 2차측 전로<br>㉡ 400[V] 미만인 저압용 기계기구의 철대 및 금속제 외함 |
| 특별 제3종 접지공사 | 400[V] 이상인 저압용 기계기구의 철대 및 금속제 외함 |

**09** 동작신호를 증폭하여 충분한 에너지를 가진 신호로 만드는데 이 신호를 일반적으로 무엇이라 하는가?

① 조작량
② 제어량
③ 동작신호
④ 피드백신호

**해설** 자동제어의 용어
㉠ 조작량 : 동작신호를 증폭하여 충분한 에너지를 가진 신호로 제어대상을 직접 구동할 수 있는 양
㉡ 제어량 : 제어대상의 출력
㉢ 동작신호 : 기준입력과 피드백신호의 차이에 해당하는 값(제어오차)
㉣ 피드백신호 : 출력(제어량)을 기준입력과 비교하기 위해 변환한 신호

**10** $i = I_{m1}\sin\omega t + I_{m2}\sin(2\omega t + \theta)$의 실효값은?

① $\dfrac{I_{m1} + I_{m2}}{2}$ [A]

② $\dfrac{I_{m1}^2 + I_{m2}^2}{2}$ [A]

③ $\sqrt{\dfrac{I_{m1}^2 + I_{m2}^2}{2}}$ [A]

④ $\sqrt{\dfrac{I_{m1} + I_{m2}}{2}}$ [A]

**해설** 비 정현파 전류의 실효값은 직류 성분 및 각 고조파의 실효값을 제곱한 값의 합에 제곱근한 값과 동일하다.
$I = \sqrt{I_1^2 + I_2^2 + I_3^2 + \cdots + I_n^2}$
$\therefore I = \sqrt{\left(\dfrac{I_{m1}}{\sqrt{2}}\right)^2 + \left(\dfrac{I_{m2}}{\sqrt{2}}\right)^2}$
$= \sqrt{\dfrac{I_{m1}^2 + I_{m2}^2}{2}}$ [A]

# 2004 제7회 소방시설관리사 1차 필기 기출문제
### [제2과목 : 소방전기]

**01** 피드백 제어의 특징으로 틀린 것은?
① 정확도가 증가한다.
② 대역폭이 크다.
③ 계의 특성변화에 대한 입력대 출력비의 감도가 감소한다.
④ 구조가 단순하고 설치비용이 저렴하다.

**해설** 피드백 제어(Feedback Control)의 특징
㉠ 외부조건의 변화에 대한 영향이 적다.
㉡ 정확도가 증가한다.
㉢ 대역폭이 넓다.
㉣ 부품의 성능이 저하하여도 전체 시스템동작에는 영향이 적다.
㉤ 계의 특성변화에 대한 입력과 출력비(이득)가 감소한다.
㉥ 구조가 복잡하고 규모가 크며 설치비용이 비싸다.

**02** 100[V]의 전위차로 5[A]의 전류가 2분 동안 흘렀다면 이때 전기가 행한 일은 몇 [J]인가?
① 100[J]
② 1,000[J]
③ 6,000[J]
④ 60,000[J]

**해설** 전기가 행한 일
$W = VQ$, $Q = It$에서
$W = VIt = 100 \times 5 \times 120$
$\quad = 60,000[J]$

**03** 어떤 회로에 100[V]의 전압을 가하니 5[A]의 전류가 흘러 2,400[cal]의 열량이 발생하였다. 전류가 흐른 시간[sec]은?
① 5[sec]
② 10[sec]
③ 20[sec]
④ 40[sec]

**해설** 줄의 법칙
$H = 0.24Pt = 0.24VIt = 0.24I^2Rt[cal]$에서
$t = \dfrac{H}{0.24VI} = \dfrac{2,400}{0.24 \times 100 \times 5} = 20[sec]$

**04** 콘덴서만의 회로에서 전압과 전류 사이의 위상관계는?
① 전압이 전류보다 180° 앞선다.
② 전압이 전류보다 180° 뒤진다.
③ 전압이 전류보다 90° 앞선다.
④ 전압이 전류보다 90° 뒤진다.

**해설** ㉠ 저항(R)만의 회로 : 전압과 전류는 동상이다.
㉡ 코일(L)만의 회로 : 전압이 전류보다 90° 앞선다.
㉢ 콘덴서(C)만의 회로 : 전압이 전류보다 90° 뒤진다.

**05** 차동식 스포트형 열감지기의 감지부로 이용되지 않는 것은?
① 감열실
② 다이어프램
③ 바이메탈
④ 반도체 열전대

**해설** 바이메탈을 이용한 것은 정온식 스포트형 감지기이다.

**정답** 01.④ 02.④ 03.③ 04.④ 05.③

**06** 내화배선으로 반드시 하여야 하는 것은?

① 위치표시등회로
② 비상벨설비 기동장치와 비상벨회로
③ 옥내소화전설비 제어반과 위치표시등 회로
④ 자동화재탐지설비의 수신반과 중계기의 비상전원 회로

**해설** 배선의 종류
(1) 내열배선
  ㉠ 위치표시등회로
  ㉡ 비상벨설비 기동장치와 비상벨회로
  ㉢ 옥내소화전설비 제어반과 위치표시등 회로
(2) 내화배선
  자동화재탐지설비의 수신반과 중계기의 비상전원 회로

# 2002 제6회 소방시설관리사 1차 필기 기출문제

[제2과목 : 소방전기]

**01** 다음 콘덴서 회로의 AB간, AC간 정전용량으로 옳은 것은?

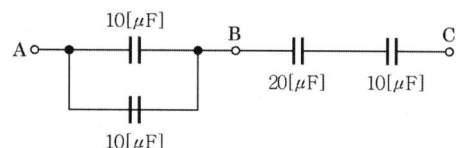

① AB간 : 20[$\mu$F], AC간 : 5[$\mu$F]
② AB간 : 10[$\mu$F], AC간 : 40[$\mu$F]
③ AB간 : 20[$\mu$F], AC간 : 10[$\mu$F]
④ AB간 : 10[$\mu$F], AC간 : 5[$\mu$F]

**해설** 회로 AB간의 정전용량
$C_{AB} = C_1 + C_2 = 10 + 10 = 20[\mu F]$
회로 AC간의 정전용량
$C_{AC} = \dfrac{1}{\dfrac{1}{C_1+C_2}+\dfrac{1}{C_3}+\dfrac{1}{C_4}}$
$= \dfrac{1}{\dfrac{1}{(10+10)}+\dfrac{1}{20}+\dfrac{1}{10}} = 5[\mu F]$

**02** 다음 회로의 합성저항은 몇 [Ω]인가?

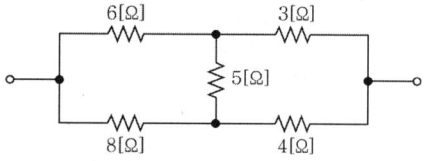

① 0.19[Ω]　　② 1.28[Ω]
③ 2.57[Ω]　　④ 5.14[Ω]

**해설** 브리지회로의 평형조건이 되므로 5[Ω]의 저항에는 전류가 흐르지 않는다.
그러므로

$R_0 = \dfrac{1}{\dfrac{1}{(6+3)}+\dfrac{1}{(8+4)}} = 5.14[\Omega]$

**03** 코일의 권수가 1,250회인 공심 환상솔레노이드의 평균길이가 50[cm]이며, 단면적이 20[cm²]이고, 코일에 흐르는 전류가 1[A]일 때 솔레노이드의 내부자속은 몇 [Wb]인가?

① $2\pi \times 10^{-6}$[Wb]　② $2\pi \times 10^{-8}$[Wb]
③ $\pi \times 10^{5}$[Wb]　　④ $\pi \times 10^{-8}$[Wb]

**해설** 환상솔레노이드의 내부자계의 세기
$H = \dfrac{NI}{2\pi r} = \dfrac{NI}{\ell}$[AT/m]
자속밀도 $B = \dfrac{\phi}{A} = \mu H$[Wb/m²]
∴ $\phi = BA = \mu HA = \mu \dfrac{NI}{\ell} A$
$= 4\pi \times 10^{-7} \times \dfrac{1,250 \times 1}{50 \times 10^{-2}} \times 20 \times 10^{-4}$
$= 2\pi \times 10^{-6}$[Wb]

**04** 동일 전류가 흐르는 두 평행 도선이 있다. 도선 사이의 거리를 2.5배로 하면 그 작용력은 몇 배가 되는가?

① 0.4배　　② 0.64배
③ 2.5배　　④ 6.25배

**해설** 두 평행도선에 작용하는 힘
$F = \dfrac{2I_1 I_2}{r} \times 10^{-7}$[N/m]에서
F는 $\dfrac{1}{r}$에 비례하므로 $\dfrac{1}{2.5} = 0.4$[배]가 된다.

정답  01.①  02.④  03.①  04.①

**05** 방전방향과 반대방향으로 충전하면 몇 번이라도 반복사용 할 수 있는 전지는?

① 납축전지 ② 르클랑세 전지
③ 공기전지 ④ 표준전지

**해설** 전지의 종류
㉠ 1차 전지 : 방전 후 역으로 충전하여도 재생되지 않는 전지(재사용 불가)
   ⓐ 르클랑세 전지
   ⓑ 공기전지
㉡ 2차 전지 : 방전 후 역으로 충전하면 이전상태가 되어 재사용이 가능한 전지
   ⓐ 납축전지
   ⓑ 알칼리 축전지

**06** 어떤 콘덴서를 50[Hz], 100[V]의 교류에 접속하면 10[A]의 전류가 흐른다고 한다. 이 콘덴서를 60[Hz], 100[V]에 연결하면 몇 [A]의 전류가 흐르는가?

① 7[A] ② 10[A]
③ 12[A] ④ 14[A]

**해설** 콘덴서에 흐르는 전류

$$I_C = \frac{V}{X_C} = \frac{V}{\frac{1}{\omega C}} = \frac{V}{\frac{1}{2\pi fc}} = 2\pi fcV[A] 에서$$

$I_C \propto f$ 하므로

$$I_C = \frac{60}{50} \times 10 = 12[A]$$

**07** 프로그램제어에서 스캔타임의 계산식은?

① 스텝수+처리속도
② 스텝수-처리속도
③ 스텝수×처리속도
④ 스텝수÷처리속도

**해설** 스캔타임
최고 단계인 0 스텝에서 최후의 스텝까지 실행하는데 걸리는 시간(스텝수×처리속도)

**08** 진공 중에서 크기가 $10^{-4}$[C]인 두 개의 같은 점전하가 서로 10[m] 떨어져 있을 때 두 전하 사이에 작용하는 힘은 몇 [N]인가?

① 0.9[N] ② 1.0[N]
③ 1.2[N] ④ 1.5[N]

**해설** 전기장에 관한 쿨롱의 법칙

$$F = \frac{1}{4\pi\epsilon} \times \frac{Q_1 Q_2}{r^2} = 9 \times 10^9 \times \frac{Q_1 Q_2}{r^2}[N]$$

$$= 9 \times 10^9 \times \frac{10^{-4} \times 10^{-4}}{10^2} = 0.9[N]$$

**09** 제어요소의 동작특성 중 연속동작이 아닌 제어는?

① 비례제어 ② 비례적분제어
③ 비례미분제어 ④ 온오프제어

**해설** ON-OFF 제어
제어신호의 (+), (-) 또는 크기에 따라 두 가지 값의 조절신호를 발생하는 제어 동작으로 불연속 동작이다.

정답 05.① 06.③ 07.③ 08.① 09.④

# 2000 제5회 소방시설관리사 1차 필기 기출문제
### [제2과목 : 소방전기]

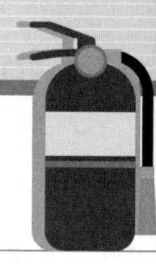

**01** 다음 중 온도를 전압으로 변환시키는 요소는?
① 차동변압기  ② 열전대
③ 측온저항  ④ 광전지

**해설** 열전대
온도 → 전압으로 변환

**[ 변환량과 변환요소 ]**

| 변환량 | 변환요소 |
|---|---|
| 압력 → 변위 | 벨로우즈(Bellows), 다이어프램, 스프링 |
| 변위 → 압력 | 노즐 플래퍼, 유압 분사관, 스프링 |
| 변위 → 임피던스 | 가변 저항기, 용량형 변압기, 가변저항 스프링 |
| 변위 → 전압 | 포텐셔미터(Potentio-meter), 차동 변압기, 전위차계 |
| 전압 → 변위 | 전자석, 전자 코일(솔레노이드) |
| 빛 → 임피던스 | 광전관, 광전도 셀(Photo Cell), 광전 트랜지스터 |
| 빛 → 전압 | 광전지(Solar Cell), 광전 다이오드 |
| 방사선 → 임피던스 | 가이거뮬러(GM)관, 전리함 |
| 온도 → 임피던스 | 측온 저항(열선, 서미스터, 백금, 니켈), 정온식 감지선형 감지기 |
| 온도 → 전압 (기전력) | 열전대(백금-백금 로듐, 철-콘스탄탄, 구리-콘스탄탄, 크로멜-알루멜), 열전대식 감지기 |

**02** 정전용량[F]과 동일한 전기단위는?
① V/m  ② C/A
③ V/C  ④ C/V

**해설** 전하량 Q=CV[C], 전압 $V = \dfrac{Q}{C}$[V]

정전용량 $C = \dfrac{Q}{V}$[F]

∴ 정전용량 $C[F] = \dfrac{Q[C]}{V[V]}$

**03** 공기 중에 $1 \times 10^{-7}$[C]의 (+)전하가 있을 때 이 전하로부터 15[cm]의 거리에 있는 점의 전장의 세기는 몇 [V/m]인가?
① $1 \times 10^4$[V/m]
② $2 \times 10^4$[V/m]
③ $3 \times 10^4$[V/m]
④ $4 \times 10^4$[V/m]

**해설** 전장의 세기
$$E = \frac{1}{4\pi\epsilon} \cdot \frac{Q}{r^2} = 9 \times 10^9 \times \frac{Q}{r^2}$$
$$= 9 \times 10^9 \times \frac{1 \times 10^{-7}}{(15 \times 10^{-2})^2}$$
$$= 4 \times 10^4 [V/m]$$

**04** 트랜지스터 스위치의 ON-OFF 동작속도는?
① $10^{-1} \sim 10^{-4}$[sec]
② $10^{-6} \sim 10^{-9}$[sec]
③ $10^{-11} \sim 10^{-14}$[sec]
④ $10^{-16} \sim 10^{-19}$[sec]

**해설** 트랜지스터 스위치의 ON-OFF 동작속도
$10^{-6} \sim 10^{-9}$[sec]

**정답** 01.② 02.④ 03.④ 04.②

**05** 유도등 20[W] 40등, 40[W] 60등의 점등에 필요한 축전지의 용량은 다음 조건에서 몇 [Ah]인가?

[조건]
- 유도등의 사용전압 : 200[V]
- 용량환산시간 : 1.2[hr]
- 용량 저하율 : 0.8

① 22[Ah]  ② 23[Ah]
③ 24[Ah]  ④ 25[Ah]

**해설** 축전지의 용량 $C = \dfrac{1}{L}KI$ [Ah]

여기서, L : 보수율(용량저하율)
K : 용량환산시간[hr]
I : 방전전류[A]

방전전류 $I = \dfrac{P}{V} = \dfrac{(20 \times 40) + (40 \times 60)}{200}$

$= \dfrac{3,200}{200} = 16$ [A]

∴ 축전지용량 $C = \dfrac{1}{L}KI = \dfrac{1}{0.8} \times 1.2 \times 16$
$= 24$ [Ah]

**06** 가교폴리에틸렌 절연비닐 외장케이블의 최고허용온도는 몇 [℃]인가?

① 60[℃]  ② 75[℃]
③ 80[℃]  ④ 90[℃]

**해설**

| 절연전선의 명칭 | 약호 | 절연물의 최고허용온도(℃) |
|---|---|---|
| 600[V] 비닐절연전선 | IV | 60 |
| 600[V] 고무절연전선 | RB | |
| 600[V] 2종비닐절연전선 | HIV | 75 |
| 450/750[V] 저독성난연가교 폴리올레핀 절연전선 | HFIX | 90 |
| 가교폴리에틸렌 절연비닐 외장케이블 | CV | 90 |
| 무기절연케이블 | MI | |

**07** 디지털 제어의 이점이 아닌 것은?
① 감도의 개선
② 드리프트(Drift)의 제거
③ 잡음 및 외란의 영향의 감소
④ 프로그램의 단일성

**해설** 디지털 제어의 이점
㉠ 감도의 개선
㉡ 신뢰도 향상
㉢ 드리프트(Drift)의 제거
㉣ 잡음 및 외란 영향의 감소
㉤ 프로그램의 융통성

**08** 그림의 블록선도에서 $\dfrac{C}{R}$ 는?

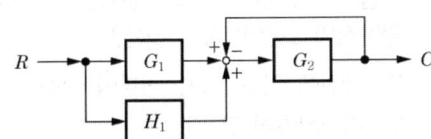

① $\dfrac{H_1}{1+G_1G_2}$  ② $\dfrac{G_2(G_1+H_1)}{1+G_2}$

③ $\dfrac{G_1G_2}{1+G_1G_2H_1}$  ④ $\dfrac{G_1G_2}{G_1+H_1}$

**해설** $C = (RG_1 + RH_1C)G_2$
$= RG_1G_2 + RH_1G_2 - CG_2$
$C(1+G_2) = R(G_1G_2 + H_1G_2)$

∴ $\dfrac{C}{R} = \dfrac{G_1G_2 + H_1G_2}{1+G_2} = \dfrac{G_2(G_1+H_1)}{1+G_2}$

전달함수 $G(S) = \dfrac{전향경로}{1-피드백} = \dfrac{(G_1+H_1)G_2}{1-(-G_2)}$

$= \dfrac{(G_1+H_1)G_2}{1+G_2}$

**09** 전기분해에서 음극에서 구리 1[kg]을 석출하기 위해서는 100[A]의 전류를 몇 시간 흘려야 하는가? (단, 전기화학당량은 $0.3293 \times 10^{-3}$[g/C]이다)

① 4.27시간  ② 8.44시간
③ 30,370시간  ④ $3.037 \times 10^6$시간

정답 05.③ 06.④ 07.④ 08.② 09.②

문제를 풀기 위하여 2가지 방법이 있다.
㉠ Cu는 +2가이므로 63.54/2=31.77[g]
96,500[coulone] : 31.77g=x : 1,000[g]
∴ x=3037,456.7[coulone]
시간(t)=coulone/전류
=3037,456.7coulone/100A=30,374[sec]
시간으로 환산하면 30,374÷3,600=8.437[hr]
㉡ 석출량 W=KIt(g)
여기서 K : 전기화학당량($0.3293 \times 10^{-3}$[g/C])
I : 전류[A]  t : 시간(sec)
$t = \dfrac{W}{KI} = \dfrac{1,000[g]}{0.3293 \times 10^{-3} \times 100} = 20,367.4[sec]$
⇒ 30,367.4÷3,600=8.435[hr]

**10** 다음 중 개폐기의 접촉 재료로서 구비하여야 할 일반적인 조건이 아닌 것은?

① 방전에 의한 소모, 변형이 적을 것
② 접촉저항이 클 것
③ 융착하지 않을 것
④ 방전이 발생하지 않을 것

 개폐기의 접촉재료의 구비조건
㉠ 방전에 의한 소모, 변형이 적을 것
㉡ 접촉저항이 작을 것
㉢ 융착하지 않을 것
㉣ 방전이 발생하지 않을 것

**11** $\sin(\omega t)$를 라플라스로 변환하면?

① $\dfrac{\omega}{s^2 + \omega^2}$  ② $\dfrac{s}{s^2 + \omega^2}$

③ $\dfrac{\omega}{s^2 - \omega^2}$  ④ $\dfrac{s}{s^2 - \omega^2}$

라플라스$[\sin\omega t] = \dfrac{\omega}{s^2 + \omega^2}$

라플라스$[\cos\omega t] = \dfrac{s}{s^2 + \omega^2}$

**12** 선간전압이 220[V]인 3상 전원에 임피던스가 Z=8+j6[Ω]인 3상 Y부하를 연결할 경우 상전류는 몇 [A]인가?

① 5[A]  ② 12.7[A]
③ 18.4[A]  ④ 22[A]

Y 결선의 상전류 $I_P = I_l$

상전압 $V_P = \dfrac{V_l}{\sqrt{3}}$ 이다.

∴ 상전류 $I_P = \dfrac{V_P}{Z} = \dfrac{\frac{V_l}{\sqrt{3}}}{Z}$
$= \dfrac{220}{\sqrt{3} \times (8+j6)} = \dfrac{220}{10\sqrt{3}}$
$= 12.7[A]$

정답  10.②  11.①  12.②

# 1998 제4회 소방시설관리사 1차 필기 기출문제
[제2과목 : 소방전기]

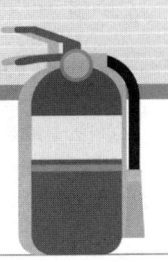

**01** 어떤 회로에 100[V]의 전압을 가하니 10[A]의 전류가 흘러 7,200[cal]의 열량이 발생하였다. 전류가 흐른 시간은 몇 [sec]인가?

① 20[sec]  ② 30[sec]
③ 50[sec]  ④ 100[sec]

**해설** 줄의 법칙(Joule's law)

$$H = Pt = VIt = I^2Rt = 0.24I^2Rt[\text{cal}]$$

∴ 전류가 흐른 시간
$t = \dfrac{H}{0.24P} = \dfrac{H}{0.24VI} = \dfrac{7,200}{0.24 \times 100 \times 10}$
$= 30[\text{sec}]$

**02** 한 상의 임피던스가 6+j8[Ω]인 평형 Δ부하에 대칭인 선간전압 200[V]를 가하면 3상전력은 몇 [kW]인가?

① 2[kW]    ② 2.4[kW]
③ 4.2[kW]  ④ 7.2[kW]

**해설** Δ결선에서 $V_P = V_l$, $I_l = \sqrt{3}\,I_P$이다.

여기서 상전류 $I_P = \dfrac{V_P}{Z} = \dfrac{200}{\sqrt{6^2+8^2}} = \dfrac{200}{10} = 20[A]$

∴ 유효전력 $P = 3I^2R = 3 \times \left(\dfrac{200}{\sqrt{6^2+8^2}}\right)^2 \times 6$
$= 7,200[W]$
$= 7.2[kW]$

**03** 50[Hz], 200[V]의 교류 전압을 어떤 콘덴서에 가할 때 1[A]의 전류가 흐른다면, 이 콘덴서의 정전용량(μF)은?

① 5.9[μF]   ② 10.9[μF]
③ 15.9[μF]  ④ 20.9[μF]

**해설** 먼저 콘덴서의 용량 리액턴스

$C = \dfrac{1}{2\pi f X_C} = \dfrac{1}{2\pi \times 50 \times 200} ≒ 15.9 \times 10^{-6}$

$X_C = \dfrac{V}{I} = \dfrac{200}{I} = 200[\Omega]$이며,

$X_C = \dfrac{1}{\omega C} = \dfrac{1}{2\pi f C}[\Omega]$이다.

∴ 정전용량 $C = \dfrac{1}{2\pi f X_C} = \dfrac{1}{2\pi \times 50 \times 200}$
$≒ 15.9 \times 10^{-6} ≒ 15.9[\text{F}] ≒ 15.9[\mu\text{F}]$

**04** 다음 중 금속관 공사에 사용되지 않는 부품은?

① Bushing   ② Cleat
③ Coupling  ④ Saddle

**해설** 관부속품
㉠ 부싱(Bushing) : 전선의 절연피복을 보호하기 위하여 금속관의 끝 부분에 취부하는 자재
㉡ 클리이트(Cleat) : 애자사용공사에서 전선을 고정하기 위한 부품
㉢ 카플링(Coupling) : 금속전선관 상호간 접속하는데 사용되는 부품
㉣ 새들(Saddle) : 전선관을 조영재에 고정하기 위한 부품

**05** 주기 0.002초인 교류의 주파수는?

① 50[Hz]     ② 500[Hz]
③ 1,000[Hz]  ④ 2,000[Hz]

**해설** 주파수 $f = \dfrac{1}{T} = \dfrac{1}{0.002} = 500[\text{Hz}]$

정답  01.②  02.④  03.③  04.②  05.②

**06** R-L-C 직렬회로에서 R=3[Ω], XL=8[Ω], XC=4[Ω]일 때 합성임피던스의 크기는 몇 [Ω]인가?

① 5[Ω]  ② 7[Ω]
③ 8[Ω]  ④ 10[Ω]

해설 R-L-C 직렬회로의 합성 임피던스
$Z = \sqrt{R^2 + (X_L - X_C)^2} = \sqrt{3^2 + (8-4)^2} = 5[\Omega]$

**07** $v = 141\sin 377t$[V]인 정현파 전압의 주파수는 몇 [Hz]인가?

① 50[Hz]  ② 55[Hz]
③ 60[Hz]  ④ 65[Hz]

해설 $v = 141\sin 377t$[V]에서
각속도 $\omega = 2\pi f = 377$이므로
∴ $f = \dfrac{\omega}{2\pi} = \dfrac{377}{2\pi} ≒ 60$[Hz]

**08** 금속관 공사에서 금속관의 끝에 사용하여서는 안 되는 것은?

① 링 레듀서  ② 엔트런스 캡
③ 터미널 캡  ④ 부싱

해설
㉠ 링 레듀서 : 박스에서 노크아웃 구멍이 금속관 지름보다 클 때 사용하는 것
㉡ 엔트런스 캡 : 금속관 끝에 취부하여 전선을 보호하는데 사용하다.(터미널 캡과 동일한 목적으로 사용)
㉢ 터미널 캡 : 금속관공사에서 옥외에서의 인입구 또는 인출구의 끝에 붙여서 관내에 물의 침입을 방지하기 위한 것
㉣ 부싱 : 전선의 절연피복을 보호하기 위해서 금속관의 관 끝에 취부하는 것

**09** 저항값이 동일한 저항에 3배의 전압을 가하면 소비전력은 몇 배가 되는가?

① $\dfrac{1}{3}$배  ② 3배
③ 6배  ④ 9배

해설 소비전력 $P = \dfrac{V^2}{R}$에서 전압을 3배한 소비전력
$P = \dfrac{(3V)^2}{R} = \dfrac{9V^2}{R}$으로 9배가 된다.

정답 06.① 07.③ 08.① 09.④

# CHAPTER 04

[제 2 과목]
## 약제화학

소방시설관리사 기출문제집 [필기]

# 2024 제24회 소방시설관리사 1차 필기 기출문제

[제2과목 : 약제화학]

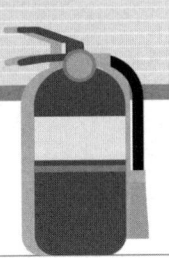

**01** 소화원리 중 화학적 소화방법에 해당하는 것은?

① 질식소화  ② 냉각소화
③ 희석소화  ④ 억제소화

**해설** 화재의 소화방법

| 가연물 | 산소공급원 | 점화원 | 연쇄반응 |
|---|---|---|---|
| 제거소화 +희석소화 | 질식소화 +피복소화 +유화효과 | 냉각소화 | 부촉매(억제)소화 |
| ↓ | ↓ | ↓ | ↓ |
| 물리적 소화 | | | 화학적 소화 |

**02** 소화약제와 주된 소화방법의 연결이 옳은 것은?

① 합성계면활성제포 - 냉각소화
② $CHF_2CF_3$ - 냉각소화
③ $NH_4H_2PO_4$ - 억제소화
④ $CF_3Br$ - 억제소화

**해설**
① 합성계면활성제포 - 질식소화
② $CHF_2CF_3$[HFC-125] - 부촉매소화
③ $NH_4H_2PO_4$ - 냉각소화
④ $CF_3Br$[할론1301] - 부촉매소화(억제소화)

**03** 방호대상물이 서고이며 체적이 $80m^3$인 방호구역에 전역방출방식의 이산화탄소소화설비를 설치하고자 한다. 이산화탄소소화설비의 화재안전성능기준(NFPC106)에 의해 산정한 최소 약제량(kg)은?

- 방호구역 내 모든 물체는 가연성이다.
- 방호구역의 개구부 총면적은 $2m^2$이다.
- 개구부에는 자동개폐장치가 설치되어 있다.
- 설계농도(%)는 고려하지 않는다.

① 130  ② 140
③ 150  ④ 160

**해설** $W = V \times \alpha = 80m^3 \times 2.0kg/m^3 = 160kg$

**04** 소화약제로 사용된 4℃의 물이 모두 200℃ 과열수증기로 변화하였다면, 물은 약 몇 배 팽창하였는가? (단, 화재실은 대기압상태로 화재발생 전·후 압력의 변화는 없으며, 과열수증기는 이상기체로 가정한다. 4℃에서의 물의 밀도 = $1g/cm^3$, H 및 O의 원자량은 각각 1과 16이다.)

① 1,700  ② 1,928
③ 2,154  ④ 2,383

**해설**
$$PV = \frac{W}{M}RT$$
$$V = \frac{WRT}{PM}$$
$$= \frac{1kg \times 0.082atm \cdot m^3/kmol \cdot K \times (200+273)K}{1atm \times 18kg/kmol}$$
$$= 2.154m^3 = 2154L$$
따라서 1L의 물이 2,154L의 수증기로 기화

**정답** 01.④ 02.④ 03.④ 04.③

## 04. 약제화학

**05** 제3종 분말소화약제의 소화효과는 다음과 같다. 제3종 분말소화약제가 다른 분말소화약제와 달리 일반(A급) 화재에도 적용이 가능한 이유로 옳은 것을 모두 고른 것은?

> ㄱ. 열분해 시 흡열반응에 의한 냉각효과
> ㄴ. 열분해 시 발생되는 불연성가스에 의한 질식효과
> ㄷ. 메타인산의 방진효과
> ㄹ. Ortho인산에 의한 섬유소의 탈수 탄화 작용
> ㅁ. 분말 운무에 의한 열방사의 차단효과
> ㅂ. 열분해 시 유리된 $NH_4^+$에 의한 부촉매 효과

① ㄱ, ㄴ
② ㄷ, ㄹ
③ ㄹ, ㅁ, ㅂ
④ ㄱ, ㄴ, ㄷ, ㄹ, ㅁ, ㅂ

**해설** 모두 옳은 [해설]이긴 하나, 문제조건상 A급 화재에 적응성이 있는 이유이므로 방진효과($HPO_3$), 탈수탄화작용($H_3PO_4$)

**06** 화재현장에서 15℃의 물이 100℃의 수증기로 모두 바뀌었다고 가정할 때, 소화약제로 사용된 물의 냉각효과에 관한 설명으로 옳지 않은 것은?

① 물 1kg당 흡수한 현열은 약 355.3kJ이다.
② 물 1kg당 흡수한 용융잠열은 약 80kcal이다.
③ 물 1kg당 흡수한 현열은 약 2,253kJ이다.
④ 물 1kg당 흡수한 총열은 약 624kcal이다.

**해설** 현열 : $mC\Delta T = 1kg \times 1kcal/kg \cdot ℃ \times 85℃$
$\qquad = 85kcal$
$\qquad = 355.64kJ$ [$1kcal = 4.184kJ$]
기화잠열 : $mr = 1kg \times 539kcal/kg = 539kcal$
총열량 : $85 + 539 = 624kcal$

**07** 충전비가 1.6인 고압식 이산화탄소소화설비에 필요한 약제량이 230kg일 때, 68L 표준용기는 몇 개가 필요한가?

① 4
② 5
③ 6
④ 7

**해설**  $G = \dfrac{V}{C}$병 ∴ $G = \dfrac{68}{1.6} = 42.5 kg/$병

∴ $\dfrac{230kg}{42.5kg/병} = 5.41$병

따라서 6병

**08** 할로겐화합물소화약제 중 오존파괴지수(ODP)가 0인 소화약제가 아닌 것은?

① HCFC-124
② HFC-23
③ FC-3-1-10
④ FK-5-1-12

**해설** ODP지수
① HCFC-124 : 0.022
② HFC-23 : 0
③ FC-3-1-10 : 0
④ FK-5-1-12 : 0

> **참고**
> HCFC-Blend A : 0.048

정답 05.② 06.② 07.③ 08.①

# 제23회 소방시설관리사 1차 필기 기출문제
### [제2과목 : 약제화학]

**01** 소화약제에 관한 설명으로 옳은 것을 모두 고른 것은?

> ㄱ. 아르곤은 불활성기체소화약제이다.
> ㄴ. 알코올형포소화약제는 아세톤 화재에 적응성이 있다.
> ㄷ. 할로겐화합물소화약제인 HFC-125의 화학식은 $CHF_2CF_3$이다.
> ㄹ. 주방화재에는 냉각과 질식효과가 우수한 소화약제가 적응성이 있다.

① ㄱ, ㄴ
② ㄷ, ㄹ
③ ㄱ, ㄴ, ㄷ
④ ㄱ, ㄴ, ㄷ, ㄹ

**02** 할로겐화합물 및 불활성기체소화설비의 화재안전성능기준상 할로겐화합물 및 불활성기체 소화약제의 저장용기에 관한 내용이다. ( )에 들어갈 내용으로 옳은 것은?

> 저장용기의 약제량 손실이 ( ㄱ )퍼센트를 초과하거나 압력손실이 ( ㄴ )퍼센트를 초과할 경우에는 재충전하거나 저장용기를 교체할 것. 다만, 불활성기체 소화약제 저장용기의 경우에는 압력손실이 ( ㄷ )퍼센트를 초과할 경우 재충전하거나 저장용기를 교체해야 한다.

① ㄱ:5   ㄴ:5    ㄷ:5
② ㄱ:5   ㄴ:10   ㄷ:5
③ ㄱ:10  ㄴ:10   ㄷ:15
④ ㄱ:10  ㄴ:15   ㄷ:10

**03** 이산화탄소소화설비의 화재안전기술기준상 이산화탄소소화약제 소요량의 방출기준에 관한 내용이다. ( )에 들어갈 내용으로 옳은 것은?

> 전역방출방식에 있어서 종이, 목재, 석탄, 섬유류, 합성수지류 등 심부화재 방호대상물의 경우에는 ( ㄱ )분. 이 경우 설계농도가 2분 이내에 ( ㄴ )%에 도달하여야 한다.

① ㄱ:5, ㄴ:30   ② ㄱ:5, ㄴ:50
③ ㄱ:7, ㄴ:30   ④ ㄱ:7, ㄴ:50

**해설** 배관의 구경은 이산화탄소 소화약제의 소요량이 다음의 기준에 따른 시간 내에 방출될 수 있는 것으로 해야 한다.
2.5.2.1 전역방출방식에 있어서 가연성액체 또는 가연성가스 등 표면화재 방호대상물의 경우에는 1분
2.5.2.2 전역방출방식에 있어서 종이, 목재, 석탄, 섬유류, 합성수지류 등 심부화재 방호대상물의 경우에는 7분. 이 경우 설계농도가 2분 이내에 30%에 도달해야 한다.
2.5.2.3 국소방출방식의 경우에는 30초

**04** 소화약제원액 12L를 사용하여 3%의 수성막포 소화제 수용액을 만들었다. 이 수용액을 모두 사용하여 발생시킨 포의 총 부피가 $4m^3$일 때 포의 팽창비는 얼마인가?

① 5    ② 8
③ 10   ④ 14

**해설** $3[\%] : 12[L] = 100[\%] : x[L]$
$x = 400[L]$ (포수용액의 체적)
팽창비 $= \dfrac{\text{발포후 포체적}}{\text{발포전 포수용액체적}} = \dfrac{4,000L}{400L} = 10$

정답  01.④  02.②  03.③  04.③

**05** 소화약제의 형식승인 및 제품검사의 기술기준상 포소화약제에 관한 내용으로 옳지 않은 것은? (단, 측정값은 기술기준의 시험방법에 따라 측정하며, 오차범위는 고려하지 않는다.)

① 유동점은 사용 하한온도보다 2.5℃ 이하이어야 한다.
② 수성막포소화약제의 수소이온농도의 범위는 6.0 이상 8.5 이하이어야 한다.
③ 알콜형포소화약제의 비중의 범위는 0.90 이상 1.20 이하이어야 한다.
④ 고발포용포소화약제는 거품의 팽창율은 500배 이상이어야 하며, 발포전 포수용액 용량의 25%인 포수용액이 거품으로부터 환원되는데 필요한 시간이 1분 이하이어야 한다.

**해설** 포수용액(방수포용 포소화약제를 제외한다)의 발포성능은 용도별로 다음 각 목에 적합하여야 한다.
가. 저발포용 소화약제 : (20 ± 2)℃인 포수용액을 수압력 0.7MPa, 방수량이 매분 10L인 조건에서 별표2의 표준발포노즐을 사용하여 거품을 발생(이하 "발포"라 한다)시키는 경우 그 거품의 팽창율(포수용액의 용량과 발생하는 거품의 용량과의 비를 말한다. 이하 같다)이 6배(수성막포소화약제는 5배) 이상 20배 이하이어야 하며, 발포 전 포수용액 용량의 25%인 포수용액이 거품으로부터 환원되는데 필요한 시간은 1분 이상이어야 한다. 변질시험후의 포수용액에 있어서도 또한 같다.
나. 고발포용 포소화약제 : (20 ± 2)℃인 포수용액을 수압력 0.1MPa, 방수량 매분 6L, 풍량 매분 13㎥인 조건에서 별표3의 표준발포장치를 사용하여 발포시키는 경우 거품의 팽창율은 500배 이상이어야 하며, 발포전 포수용액 용량의 25%인 포수용액이 거품으로부터 환원되는데 필요한 시간이 3분 이상이어야 한다. 변질시험후의 포수용액에 있어서도 또한 같다.

**06** 할론소화약제의 특징에 관한 설명으로 옳은 것은?

① 할론 1211의 화학식은 $CF_3ClBr$이다.
② 할론 2402는 에테인(ethane)의 유도체이다.
③ 오존파괴지수는 할론 1211이 할론 1301보다 크다.
④ 할론 1301은 상온과 상압에서 액체이며, 주된 소화효과는 억제소화이다.

**해설** 할론소화약제의 종류
㉠ 메탄(Methane)의 유도체
  ⓐ 할론1211($CF_2ClBr$) : 일취화일염화이불화메탄 (BCF)
  ⓑ 할론1301($CF_3Br$) : 일취화삼불화메탄(BTM)
  ⓒ 할론1011($CH_2ClBr$) : 일취화일염화메탄(CB)
  ⓓ 할론1040($CCl_4$) : 사염화탄소(CTC)
㉡ 에탄(Ethane)의 유도체 할론2402($C_2F_4Br_2$) : 이취화사불화에탄(FB)

**07** 소화약제인 물에 관한 설명으로 옳지 않은 것은? (단, 물의 비열은 1cal/g·℃이다.)

① 물의 용융잠열은 약 79.7cal/g이다.
② 물은 극성분자로 분자 간에는 수소결합을 한다.
③ 1기압에서 20℃의 물 1g을 100℃의 수증기로 만들기 위해서는 약 619.6cal가 필요하다.
④ 물의 임계온도는 약 374℃로 임계온도 이상에서는 압력을 조금만 가해도 쉽게 액화된다.

**해설** 임계점이상의 온도에서는 높은 압력을 가하더라도 액화되지 않는다.

정답 05.④ 06.② 07.④

**08** 분말소화약제에 관한 설명으로 옳은 것은?

① 제1종 분말의 주성분은 $KHCO_3$이다.
② 차고 또는 주차장에 설치하는 분말소화설비의 소화약제는 제3종 분말을 사용한다.
③ 칼륨의 중탄산염이 주성분인 소화약제는 황색, 인산염이 주성분인 소화약제는 담홍색으로 각각 착색하여야 한다.
④ 분말상태의 소화약제는 굳거나 덩어리지거나 변질 등 그 밖의 이상이 생기지 아니하여야 하며 페네트로메타(penetrometer)시험기로 시험한 경우 10mm 이하 침투되어야 한다.

**해설** 분말소화약제의 종류

| 구분 | 주성분 | 착색 | 적응화재 |
| --- | --- | --- | --- |
| 제1종분말 | 탄산수소나트륨 ($NaHCO_3$) | 백색 | B, C급 |
| 제2종분말 | 탄산수소칼륨 ($KHCO_3$) | 보라색 (자색) | B, C급 |
| 제3종분말 | 인산암모늄 ($NH_4H_2PO_4$) | 핑크색 (담홍색) | A, B, C급 |
| 제4종분말 | 탄산수소칼륨+요소 ($KHCO_3 + NH_2CONH_2$) | 회색 | B, C급 |

분말상태의 소화약제는 굳거나 덩어리지거나 변질 등 그 밖의 이상이 생기지 아니하여야 하며 페네트로메타(Penetrometer)시험기로 시험한 경우 15mm 이상 침투되어야 한다.

# 2022 제22회 소방시설관리사 1차 필기 기출문제

[제2과목 : 약제화학]

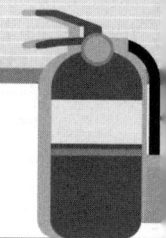

**01** 화재 종류에 따른 소화약제의 적응성에 관한 내용으로 옳지 않은 것은?

① A급 화재의 경우 수성막포를 사용하여 질식 효과로 소화할 수 있다.
② B급 화재의 경우 물을 사용하여 부촉매 효과로 소화할 수 있다.
③ C급 화재의 경우 ABC급 분말을 사용하여 부촉매 효과로 소화할 수 있다.
④ K급 화재의 경우 강화액을 사용하여 냉각 효과로 소화할 수 있다.

**해설** 물을 사용하는 소화는 냉각소화이다.

**02** 이산화탄소 소화약제의 저장용기 설치 기준으로 옳지 않은 것은?

① 저장용기의 충전비는 고압식은 1.5 이상 1.9 이하로 할 것
② 저장용기의 충전비는 저압식은 1.1 이상 1.4 이하로 할 것
③ 저압식 저장용기에는 액면계 및 압력계와 1.9[MPa] 이상 1.5[MPa] 이하의 압력에서 작동하는 압력경보장치를 설치할 것
④ 저장용기는 고압식은 25[MPa] 이상, 저압식은 3.5[MPa] 이상의 내압시험압력에 합격한 것으로 할 것

**해설** 이산화탄소 소화약제의 저장용기는 다음의 기준에 적합해야 한다.
① 저장용기의 충전비는 고압식은 1.5 이상 1.9 이하, 저압식은 1.1 이상 1.4 이하로 할 것
② 저압식 저장용기에는 내압시험압력의 0.64배부터 0.8배의 압력에서 작동하는 안전밸브와 내압시험압력의 0.8배부터 내압시험압력에서 작동하는 봉판을 설치할 것
③ 저압식 저장용기에는 액면계 및 압력계와 2.3[MPa] 이상 1.9[MPa] 이하의 압력에서 작동하는 압력경보장치를 설치할 것
④ 저압식 저장용기에는 용기 내부의 온도가 섭씨 영하 18[℃] 이하에서 2.1[MPa]의 압력을 유지할 수 있는 자동냉동장치를 설치할 것
⑤ 저장용기는 고압식은 25[MPa] 이상, 저압식은 3.5[MPa] 이상의 내압시험압력에 합격한 것으로 할 것
⑥ 이산화탄소 소화약제 저장용기의 개방밸브는 전기식·가스압력식 또는 기계식에 따라 자동으로 개방되고 수동으로도 개방되는 것으로서 안전장치가 부착된 것으로 해야 한다.
⑦ 이산화탄소 소화약제 저장용기와 선택밸브 또는 개폐밸브 사이에는 내압시험압력 0.8배에서 작동하는 안전장치를 설치해야 한다.

**03** 가연물질이 부탄(Butane)인 경우 이산화탄소의 최소소화농도(vol %)와 최소설계농도(vol %)를 순서대로 옳게 나열한 것은?

① 24, 34
② 28, 34
③ 34, 41
④ 38, 41

**해설** $CO_2(\%) = \dfrac{21 - O_2}{21} \times 100 = \dfrac{21 - 15}{21} \times 100 = 28.57[\%]$

설계농도 = 소화농도 × 1.2 = 28.57[%] × 1.2 = 34.28[%]

정답 01.② 02.③ 03.②

**04** 할로겐화합물 및 불활성기체 소화약제의 종류 중 $HFC$ 계열로 옳지 않은 것은?

① $CHF_3$  ② $CHF_2CF_3$
③ $CHClFCF_3$  ④ $CF_3CHFCF_3$

**해설** 할로겐화합물

| 소화약제 | 화학식 |
|---|---|
| 퍼플루오로부탄(이하 "FC-3-1-10"이라 한다) | $C_4F_{10}$ |
| 하이드로클로로플루오로카본혼화제 (이하 "HCFC BLEND A"라 한다) | HCFC-123($CHCl_2CF_3$) : 4.75%<br>HCFC-22($CHClF_2$) : 82%<br>HCFC-124($CHClFCF_3$) : 9.5%<br>$C_{10}H_{16}$ : 3.75% |
| 클로로테트라플루오로에탄(이하 "HCFC-124"라 한다) | $CHClFCF_3$ |
| 펜타플루오로에탄(이하 "HFC-125"라 한다) | $CHF_2CF_3$ |
| 헵타플루오로프로판(이하 "HFC-227ea"라 한다) | $CF_3CHFCF_3$ |
| 트리플루오로메탄(이하 "HFC-23"라 한다) | $CHF_3$ |
| 헥사플루오로프로판(이하 "HFC-236fa"라 한다) | $CF_3CH_2CF_3$ |
| 트리플루오로이오다이드(이하 "FIC-13I1"라 한다) | $CF_3I$ |
| 도데카플루오르-2-메틸펜탄-3-원(이하 "FK-5-1-12"라 한다) | $CF_3CF_2C(O)CF(CF_3)_2$ |

**05** 포 소화약제의 혼합장치 설치 방식 중 펌프와 발포기의 중간에 설치된 벤추리관의 벤추리작용에 따라 포 소화약제를 흡입·혼합하는 방식으로 옳은 것은?

① 라인 프로포셔너방식
② 펌프 프로포셔너방식
③ 압축공기포 믹싱챔버방식
④ 프레져사이드 프로포셔너방식

**해설** 약제혼합방식의 종류

① 펌프 프로포셔너방식(Pump Proportioner Type) : 펌프의 토출관과 흡입관 사이의 배관 도중에서 분기된 바이패스배관 상에 설치된 흡입기에 펌프에서 토출된 물의 일부를 보내고 농도조절밸브에서 조정된 포소화약제의 필요량을 포소화약제 탱크에서 펌프 흡입측으로 보내어 이를 혼합하는 방식

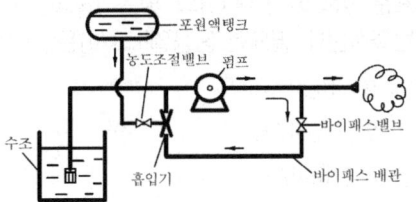
펌프 프로포셔너방식

② 라인 프로포셔너방식(Line Proportioner Type) : 펌프와 발포기 중간에 설치된 벤추리관의 벤추리작용에 의하여 포소화약제를 흡입, 혼합하는 방식

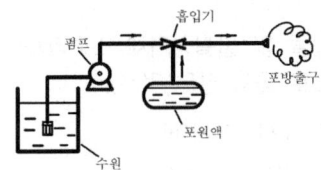
라인 프로포셔너방식

③ 프레져 프로포셔너방식(Pressure Proportioner Type) : 펌프와 발포기의 중간에 설치된 벤추리관의 벤추리작용과 펌프가압수의 포소화약제 저장탱크에 대한 압력에 의하여 포소화약제를 흡입·혼합하는 방식

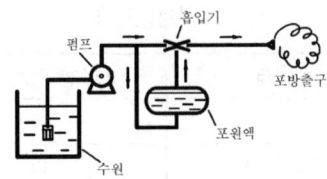
프레져 프로포셔너방식

④ 프레져 사이드 프로포셔너방식(Pressure Side Proportioner Type) : 펌프의 토출관에 압입기를 설치하여 포소화약제 압입용 펌프로 포소화약제를 압입시켜 혼합하는 방식

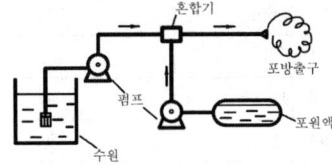
프레져 사이드 프로포셔너방식

⑤ 압축공기포 믹싱챔버방식 : 압축공기 또는 압축질소를 일정 비율로 포수용액에 강제주입 혼합하는 방식을 말한다.

## 06
표준 상태에서 0[℃]의 얼음 1[g]이 0[℃] 물로 변화하는데 필요한 용융열[cal/g]은 약 얼마인가?

① 23.4[cal/g]
② 24.9[cal/g]
③ 30.1[cal/g]
④ 79.7[cal/g]

**해설** 물의 기화잠열=539[cal/g]
얼음의 융해잠열=80[cal/g]

## 07
할로겐화합물 및 불활성기체 소화약제의 최대허용설계농도로 옳지 않은 것은?

① HCFC-124 : 1.0[%]
② HFC-236fa : 12.5[%]
③ IG-100 : 30[%]
④ HFC-23 : 30[%]

**해설** 최대허용설계농도

【 할로겐화합물 및 불활성기체소화약제 최대허용 설계농도 】

| 소화약제 | 최대허용 설계농도(%) |
|---|---|
| FC-3-1-10 | 40 |
| HCFC BLEND A | 10 |
| HCFC-124 | 1.0 |
| HFC-125 | 11.5 |
| HFC-227ea | 10.5 |
| HFC-23 | 30 |
| HFC-236fa | 12.5 |
| FIC-13I1 | 0.3 |
| FK-5-1-12 | 10 |
| IG-01 | 43 |
| IG-100 | 43 |
| IG-541 | 43 |
| IG-55 | 43 |

## 08
분말소화약제의 저장용기 설치 기준으로 옳은 것은?

① 저장용기에는 가압식은 최고사용압력의 2.5배 이하, 축압식은 용기의 내압시험압력의 0.8배 이하의 압력에서 작동하는 안전밸브를 설치할 것
② 제1종 분말 소화약제 1[kg]당 저장용기의 내용적은 0.8[L]로 하고 저장용기의 충전비는 0.8 이상으로 할 것
③ 제2종 분말 소화약제 1[kg]당 저장용기의 내용적은 1.25[L]로 하고 저장용기의 충전비는 0.8 이상으로 할 것
④ 제3종 분말 소화약제 1[kg]당 저장용기의 내용적은 1[L]로 하고 저장용기의 충전비는 1.1 이상으로 할 것

**해설** 분말소화설비 저장용기의 설치기준

㉠ 저장용기의 내용적은 다음 표에 따를 것

| 소화약제의 종별 | 소화약제 1[kg]당 저장용기의 내용적 |
|---|---|
| 제1종 분말(탄산수소나트륨을 주성분으로 한 분말) | 0.8[L] |
| 제2종 분말(탄산수소칼륨을 주성분으로 한 분말) | 1[L] |
| 제3종 분말(인산염을 주성분으로 한 분말) | 1[L] |
| 제4종 분말(탄산수소칼륨과 요소가 화합된 분말) | 1.25[L] |

㉡ 저장용기에는 가압식의 것에 있어서는 최고사용압력의 1.8배 이하, 축압식의 것에 있어서는 용기 내압시험압력의 0.8배 이하의 압력에서 작동하는 안전밸브를 설치할 것
㉢ 저장용기에는 저장용기의 내부압력이 설정압력으로 되었을 때 주밸브를 개방하는 정압작동 장치를 설치할 것
㉣ 저장용기의 충전비는 0.8 이상으로 할 것
㉤ 저장용기 및 배관에는 잔류 소화약제를 처리할 수 있는 청소장치를 설치할 것
㉥ 축압식의 분말소화설비는 사용압력의 범위를 표시한 지시압력계를 설치할 것

정답 06.④ 07.③ 08.②

# 2021 제21회 소방시설관리사 1차 필기 기출문제
### [제2과목 : 약제화학]

**01** 금속화재에 관한 설명으로 옳지 않은 것은?
① 가연성금속에 의한 화재이다.
② 금속이 괴상이 아닌 고운 분말이나 가는 선의 형태로 존재하면 화재의 위험성은 더 커진다.
③ 금속화재를 일으키는 Na, K 등은 물과 만나면 수소가스를 발생시키는 금수성 물질이다.
④ 소화 시 강화액 소화약제를 사용한다.

**해설** 금속화재 소화 → 피복소화

**02** 고발포 포소화약제의 발포배율과 환원시간에 관한 설명으로 옳지 않은 것은?
① 발포배율이 커지면 환원시간은 짧아진다.
② 환원시간이 짧을수록 양호한 포소화약제이다.
③ 포의 막이 두꺼울수록 환원시간은 길어진다.
④ 발포배율이 작은 포는 포의 직경이 작아서 포의 막은 두껍다.

**해설** ② 환원시간이 길수록 양호한 포소화약제이다.

**03** 이산화탄소소화설비의 화재안전기준상 배관 등에 관한 내용으로 옳은 것은?
① 전역방출방식에 있어서 가연성액체 또는 가연성가스 등 표면화재 방호대상물의 경우에는 1분 내에 방사될 수 있는 것으로 하여야 한다.
② 전역방출방식에 있어서 종이, 목재, 석탄, 섬유류, 합성수지류 등 심부화재 방호대상물의 경우에는 10분 내에 방사될 수 있는 것으로 하여야 한다.
③ 국소방출 방식의 경우에는 1분 내에 방사될 수 있는 것으로 하여야 한다.
④ 전역방출방식에 있어서 심부화재 방호대상물의 경우에는 설계농도가 3분 이내에 40[%]에 도달하여야 한다.

**해설** ② 심부화재의 경우 7분 이내에 방사될 수 있을 것
③ 국소방출방식의 경우 30초 이내에 방사될 수 있을 것
④ 심부화재의 경우 2분 이내에 설계농도 30[%]에 도달할 수 있을 것

**04** 불활성기체 소화약제 IG-541에 포함되어 있지 않은 성분은?
① $Ar$
② $CO_2$
③ $He$
④ $N_2$

**해설** IG-541
$N_2$ : 52[%]    $Ar$ : 40[%]    $CO_2$ : 8[%]

**05** 강화액 소화약제에 관한 설명으로 옳은 것은?
① 알칼리 금속염류 등을 주성분으로 하는 수용액이다.
② 소화약제의 용액은 약산성이다.
③ 화염과 접촉 시 열분해에 의하여 질소가 발생하여 질식소화 한다.
④ 전기화재 시 무상방사 하는 경우라도 소화약제로 사용할 수 없다.

**해설** 강화액 소화약제
알칼리 금속염류 등을 주성분으로 하는 수용액

정답 01.④ 02.② 03.① 04.③ 05.①

## 04. 약제화학

**06** 이산화탄소소화약제 600[kg]을 내용적 68[L]의 이산화탄소 저장용기에 충전할 때 필요한 저장용기의 최소 개수는? (단, 충전비는 1.6[L/kg]으로 한다)

① 9병  ② 11병
③ 13병  ④ 15병

$C = \dfrac{V}{G}$   $1.6 = \dfrac{68L}{G\text{kg}}$   ∴ $G = 42.5[\text{kg}]$

$\dfrac{600kg}{42.5kg/병} = 14.12$   ∴ 15병

**07** 공기 중 산소가 21[vol%], 질소가 79[vol%]일 때, 메탄가스 1몰이 완전연소 되었다. 이때 반응 생성물에서 질소기체가 차지하는 부피비(%)는 약 얼마인가? (단, 생성물은 모두 기체로 가정한다)

① 44.8[%]  ② 56.0[%]
③ 71.5[%]  ④ 75.2[%]

$CH_4 + 2O_2 \rightarrow CO_2 + 2H_2O$ 산소 2[mol] 필요

질소(79%)와 산소(21%)의 비 = $\dfrac{79}{21} = 3.76$

산소 2mol 필요시 질소 7.52mol 필요
∴ 반응생성물 $CO_2$ 1몰과 $H_2O$ 2몰
  그리고 반응되지 않은 질소($N_2$) 7.52몰 중
  질산의 부피 %는 다음과 같다.

$\dfrac{N_2(7.52몰)}{CO_2(1몰) + H_2O(2몰) + N_2(7.52몰)} \times 100$
$= 71.5\%$

정답 06.④ 07.③

# 2020 제20회 소방시설관리사 1차 필기 기출문제
### [제2과목 : 약제화학]

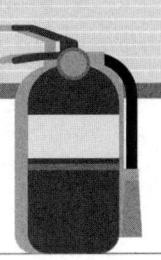

**01** 포소화약제 포원액의 비중기준으로 옳은 것은?

① 단백포소화약제 : 0.90 이상 2.00 이하
② 합성계면활성제 포소화약제 : 1.10 이상 1.20 이하
③ 수성막포소화약제 : 1.00 이상 1.15 이하
④ 알콜형포소화약제 : 0.60 이상 1.20 이하

**해설** 소화약제의 형식승인 및 제품검사 기술기준 제4조 제3호
비중은 KS M 0004(화학제품의 비중측정방법)의 비중부액계 또는 비중병을 사용하여 20[℃] 온도에서 측정한 경우 설계값의 ±0.02 이내이어야 하며, 포소화약제의 종류에 따라 다음 표와 같아야 한다.

| 종류 | 단백포 소화약제 | 합성계면활성제 포소화약제 및 알콜형포 소화약제 | 수성막포 소화약제 |
|---|---|---|---|
| 비중의 범위 | 1.10 이상 1.20 이하 | 0.90 이상 1.20 이하 | 1.00 이상 1.15 이하 |

**02** 소화약제에 관한 설명으로 옳지 않은 것은?

① 제1종 분말소화약제에 탄산마그네슘 등의 분산제를 첨가해서 유동성을 향상시킨다.
② 포소화약제 중 수성막포의 팽창비는 6배 이상, 기타 포소화약제의 팽창비는 5배 이상이다.
③ 물 소화약제에 증점제를 첨가하여 가연물에 대한 물의 잔류시간을 길게 한다.
④ 물의 증발잠열은 약 539[kcal/kg]이다.

**해설** 소화약제의 형식승인 및 제품검사 기술기준 용어정의
• 저발포용 포소화약제 : 제4조제11호제가목에서 규정하는 별표2의 표준발포노즐에 의해 발포시키는 경우 포팽창율이 6배(수성막포소화약제는 5배) ~ 20배 이하인 포소화약제를 말한다.

• 고발포용 포소화약제 : 제4조제11호제나목에서 규정하는 별표3의 표준발포노즐에 의해 발포시키는 경우 포팽창율이 500배 이상인 포소화약제를 말한다.

**03** 할로겐화합물 소화약제의 최대허용설계농도가 큰 순서대로 나열한 것은?

① HCFC-124 > HFC-125 > IG-100 > HFC-23
② HFC-23 > HCFC-124 > HFC-125 > IG-100
③ IG-100 > HFC-23 > HFC-125 > HCFC-124
④ IG-100 > HFC-125 > HCFC-124 > HFC-23

**해설** 소화약제의 최대허용설계농도
• IG-100 : 43%
• HFC-23 : 30%
• HFC-125 : 11.5%
• HCFC-124 : 1%

**04** 표준상태에서 한계산소농도가 가장 큰 가연성 물질은?

① 메탄  ② 수소
③ 에틸렌  ④ 일산화탄소

**해설** 한계산소농도(LOI)

$$\text{LOI} = \frac{O_2}{O_2 + N_2} \times 100$$

• 한계산소농도는 연소가 지속되기 위한 최소한의 산소농도로서 이 농도가 작을수록 위험, 클수록 안전하다.
• 메탄의 한계산소농도가 가장 크며 연소범위 또한 가장 좁다.

**정답** 01.③ 02.② 03.③ 04.①

**05** 온도변화 없이 밀폐된 공간에 산소 21[vol%], 질소 79[vol%]인 공기 353[ft³]이 가득 차있다. 이 공간에 순수한 이산화탄소가 417[L]가 방출될 때, 이산화탄소 농도[vol%]는? (단, 1ft=0.3048[m]이다)

① 2[vol%]
② 3[vol%]
③ 4[vol%]
④ 6[vol%]

**해설**
$$CO_2(\%) = \frac{방사된 이산화탄소 체적}{실의 체적 + 방사된 이산화탄소 체적} \times 100$$

$$= \frac{0.417 m^3}{353 \times (0.3048 m)^3 + 0.417 m^3} \times 100$$

$$= 4.0046 [vol\%]$$

**06** 분말소화약제에 관한 설명으로 옳지 않은 것은?

① 제3종 분말소화약제는 제1종과 제2종에 비해 낮은 온도에서 열분해 한다.
② 제2종 분말소화약제의 구성성분이 제1종보다 반응성이 커서 소화능력이 우수하다.
③ 분말소화약제는 작열연소보다 불꽃연소에 소화효과가 우수하다.
④ 제1종 분말소화약제가 590[℃] 이상에서 분해될 때 $Na_2O$가 생성된다.

**해설** 제1종 분말 열분해반응식
- 1차(270[℃])반응 : $2NaHCO_3 \rightarrow Na_2CO_3 + CO_2 + H_2O - Q kcal$
- 2차(850[℃])반응 : $2NaHCO_3 \rightarrow Na_2O + 2CO_2 + H_2O - Q kcal$

**07** 할로겐화합물 및 불활성기체소화설비의 화재안전기준상 할로겐화합물 소화약제 저장용기의 설치기준으로 옳은 것은?

① 저장용기를 방호구역 내에 설치한 경우에는 방화문으로 구획된 실에 설치할 것
② 용기간의 간격은 점검에 지장이 없도록 3[cm] 이상의 간격을 유지할 것
③ 온도가 65[℃] 이하이고 온도 변화가 작은 곳에 설치할 것
④ 하나의 방호구역을 담당하는 경우에도 저장용기와 집합관을 연결하는 연결배관에는 체크밸브를 설치할 것

**해설** 할로겐화합물 및 불활성기체 소화설비 저장용기 설치기준
1. 방호구역외의 장소에 설치할 것. 다만, 방호구역 내에 설치할 경우에는 피난 및 조작이 용이하도록 피난구 부근에 설치하여야 한다.
2. 온도가 55[℃] 이하이고 온도의 변화가 작은 곳에 설치할 것
3. 직사광선 및 빗물이 침투할 우려가 없는 곳에 설치할 것
4. 저장용기를 방호구역 외에 설치한 경우에는 방화문으로 구획된 실에 설치할 것
5. 용기의 설치장소에는 해당 용기가 설치된 곳임을 표시하는 표지를 할 것
6. 용기간의 간격은 점검에 지장이 없도록 3[cm] 이상의 간격을 유지할 것
7. 저장용기와 집합관을 연결하는 연결배관에는 체크밸브를 설치할 것. 다만, 저장용기가 하나의 방호구역만을 담당하는 경우에는 그러하지 아니하다.

**08** 할로겐화합물 및 불활성기체소화설비의 화재안전기준상 저장용기의 최대충전밀도가 가장 큰 것은?

① FK-5-1-12  ② FC-3-1-10
③ HCFC BLEND A  ④ HCFC-124

**해설** 최대충전밀도

| (가)소화약제<br>(나)항목 | (다)HFC-227ea | | | (라)FC-3-1-10 | (마)HCFC BLEND A | |
|---|---|---|---|---|---|---|
| 최대충전밀도 (kg/m³) | 1,201.4 | 1,153.3 | 1,153.3 | 1,281.4 | 900.2 | 900.2 |
| 21[℃] 충전압력 (kPa) | 1,034* | 2,482* | 4,137* | 2,482* | 4,137* | 2,482* |
| 최소사용 설계압력 (kPa) | 1,379 | 2,868 | 5,654 | 2,482 | 4,689 | 2,979 |

| (바)소화약제<br>(사)항목 | (아) HFC-23 | | | | |
|---|---|---|---|---|---|
| 최대충전밀도 (kg/m³) | 768.9 | 720.8 | 640.7 | 560.6 | 480.6 |
| 21[℃] 충전압력 (kPa) | 4,198** | 4,198** | 4,198** | 4,198** | 4,198** |
| 최소사용 설계압력 (kPa) | 9,453 | 8,605 | 7,626 | 6,943 | 6,392 |

| (자)소화약제<br>(차) 항목 | (카) HCFC-124 | | (타) HFC-125 | | (파) HFC-236fa | | (하) FK-5-1-12 |
|---|---|---|---|---|---|---|---|
| 최대충전밀도 (kg/m³) | 1,185.4 | 1,185.4 | 865 | 897 | 1,185.4 | 1,201.4 | 1,185.4 | 1,441.7 |
| 21[℃] 충전압력 (kPa) | 1,655* | 2,482* | 2,482* | 4,137* | 1,655* | 2,482* | 4,137* | 2,482*, 4,206* |
| 최소사용 설계압력 (kPa) | 1,951 | 3,199 | 3,392 | 5,764 | 1,931 | 3,310 | 6,068 | 2,482 4,206 |

비 고
1. "*" 표시는 질소로 축압한 경우를 표시한다.
2. "**" 표시는 질소로 축압하지 아니한 경우를 표시한다.

정답 08.①

# 2019 제19회 소방시설관리사 1차 필기 기출문제
[제2과목 : 약제화학]

**01** 분말소화약제에 관한 설명으로 옳지 않은 것은?

① 분말의 안식각이 작을수록 유동성이 커진다.
② 제1종 분말소화약제를 저장하는 경우 분말소화약제 1kg당 저장용기의 내용적은 0.8L이다.
③ 제2종 분말소화약제의 주성분은 탄산수소나트륨($NaHCO_3$)이다.
④ 제3종 분말소화약제의 주성분은 제1인산암모늄($NH_4H_2PO_4$)이다.

**해설** 분말소화약제의 물성

| 종류 | 주성분 | 착색 | 적응화재 | 열분해 반응식 |
|---|---|---|---|---|
| 제1종 분말 | 탄산수소나트륨 ($NaHCO_3$) | 백색 | B, C | $2NaHCO_3 \rightarrow Na_2CO_3 + CO_2 + H_2O$ |
| 제2종 분말 | 탄산수소칼륨 ($KHCO_3$) | 담자색 | B, C | $2KHCO_3 \rightarrow K_2CO_3 + CO_2 + H_2O$ |
| 제3종 분말 | 제일인산암모늄 ($NH_4H_2PO_4$) | 담홍색 | A, B, C | $NH_4H_2PO_4 \rightarrow HPO_3 + NH_3 + H_2O$ |
| 제4종 분말 | 탄산수소칼륨+요소 ($KHCO_3+(NH_2)_2CO$) | 회백색 | B, C | $2KHCO_3+(NH_2)_2CO \rightarrow K_2CO_3+2NH_3+2CO_2$ |

**02** 이산화탄소소화설비의 화재안전기준상 소화에 필요한 이산화탄소의 설계농도[%]가 가장 높은 것은?

① 프로판   ② 에틸렌
③ 산화에틸렌   ④ 에탄

**해설** 가연성 액체 또는 가연성 가스의 소화에 필요한 설계농도

| 방호대상물 | 설계농도[%] |
|---|---|
| 수소(Hydrogen) | 75 |
| 아세틸렌(Acetylene) | 66 |
| 일산화탄소(Carbon Monoxide) | 64 |
| 산화에틸렌(Ethylene Oxide) | 53 |
| 에틸렌(Ethylene) | 49 |
| 에탄(Ethane) | 40 |
| 석탄가스, 천연가스(Coal, Natural Gas) | 37 |
| 시클로프로판(Cyclo Propane) | 37 |
| 이소부탄(Iso Butane) | 36 |
| 프로판(Propane) | 36 |
| 부탄(Butane) | 34 |
| 메탄(Methane) | 34 |

**03** 1기압 20[℃]에서 기체상태로 존재하는 것을 모두 고른 것은?

㉠ Halon 1211   ㉡ Halon 1301
㉢ Halon 2402

① ㉠, ㉡   ② ㉠, ㉢
③ ㉡, ㉢   ④ ㉠, ㉡, ㉢

**해설** 방출시 액체의 분무상으로 방출되는 것
할론 1011, 할론 2402

**04** 단백포소화약제 3[%]형 18[L]를 이용하여 팽창비가 5가 되도록 포를 방출할 때 발생된 포의 체적[m³]은?

① 0.08[m³]   ② 0.3[m³]
③ 3.0[m³]   ④ 6.0[m³]

**해설** $3[\%] : 100[\%] = 18[L] : x[L]$
포수용액 $x = 600[L]$
따라서 포의 체적 $= 600[L] \times 5 = 3000[L] = 3[m^3]$

정답 01.③ 02.③ 03.① 04.③

**05** 물에 관한 설명으로 옳지 않은 것은?

① 압력이 감소함에 따라 비등점은 낮아진다.
② 물의 기화열은 융해열보다 크다.
③ 물의 표면장력을 낮추는 경우 침투성이 강화된다.
④ 온도가 상승할수록 물의 점도는 증가한다.

**해설** 액체, 고체의 경우 온도가 상승할수록 점도는 감소하고, 기체의 경우 온도가 상승할수록 점도는 증가한다.

**06** 연소에 관한 설명으로 옳지 않은 것은?

① 자기반응성 물질은 외부에서 공급되는 산소가 없는 경우 연소하지 않는다.
② 연소는 산화반응의 일종이다.
③ 메탄이 완전연소를 하는 경우 이산화탄소가 발생한다.
④ 일산화탄소는 연소가 가능한 가연성 물질이다.

**해설** 자기반응성 물질은 외부산소가 없어도 연소가 가능한 물질이다.

**07** 벤추리관의 벤추리작용을 이용하는 기계포 소화약제의 혼합방식을 모두 고른 것은?

> ㉠ 프레져 사이드 프로포셔너방식
> ㉡ 라인 프로포셔너방식
> ㉢ 프레져 프로포셔너방식

① ㉠, ㉡        ② ㉠, ㉢
③ ㉡, ㉢        ④ ㉠, ㉡, ㉢

**해설** **약제혼합방식의 종류**

ⓐ 펌프 프로포셔너방식(Pump Proportioner Type) : 펌프의 토출관과 흡입관 사이의 배관 도중에서 분기된 바이패스 배관 상에 설치된 흡입기에 펌프에서 토출된 물의 일부를 보내고 농도조절 밸브에서 조정된 포소화약제의 필요량을 포소화약제 탱크에서 펌프 흡입측으로 보내어 이를 혼합하는 방식

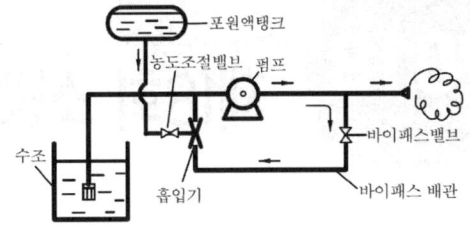

**【 펌프 프로포셔너방식 】**

ⓑ 라인 프로포셔너방식(Line Proportioner Type) : 펌프와 발포기 중간에 설치된 벤추리관의 벤추리작용에 의하여 포소화약제를 흡입, 혼합하는 방식

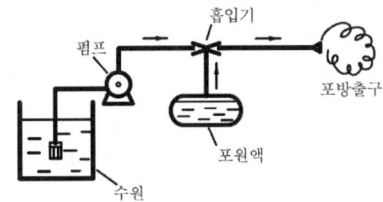

**【 라인 프로포셔너방식 】**

ⓒ 프레져 프로포셔너방식(Pressure Proportioner Type) : 펌프와 발포기의 중간에 설치된 벤추리관의 벤추리작용과 펌프가압수의 포소화약제 저장탱크에 대한 압력에 의하여 포소화약제를 흡입·혼합하는 방식

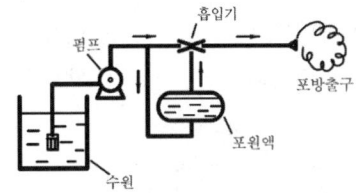

**【 프레져 프로포셔너방식 】**

ⓓ 프레져 사이드 프로포셔너방식(Pressure Side Proportioner Type) : 펌프의 토출관에 압입기를 설치하여 포소화약제 압입용 펌프로 포소화약제를 압입시켜 혼합하는 방식

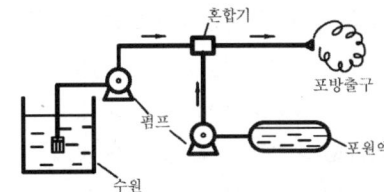

**【 프레져 사이드 프로포셔너방식 】**

ⓔ 압축공기포 혼합방식 : 포수용액에 가압원으로 압축된 공기 또는 질소를 일정비율로 혼합하는 방식

# 2018 제18회 소방시설관리사 1차 필기 기출문제

[제2과목 : 약제화학]

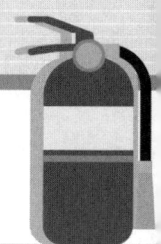

**01** 합성계면활성제 포소화약제 2[%]형 원액 12[L]를 사용하여 팽창율을 100이 되도록 포를 방출할 때, 방출된 포의 부피($m^3$)는?

① 24[$m^3$]    ② 60[$m^3$]
③ 240[$m^3$]    ④ 600[$m^3$]

**해설** 2[%] : 12[L] = 100[%] : $x$[L]
$x$ = 600[L] (포수용액의 체적)
팽창비 = 100
따라서 팽창된 부피 = 600[L] × 100 = 60,000[L]
= 60[$m^3$]

**02** 표준상태에서 물질의 증발잠열(cal/g)이 가장 작은 것은?

① 에틸알코올    ② 아세톤
③ 액화질소    ④ 액화프로판

**해설**
- 에틸알콜 : 846[kJ/kg]
- 아세톤 : 518[kJ/kg]
- 액화질소 : 199[kJ/kg]
- 액화프로판 : 428[kJ/kg]
- 물 : 2,256[kJ/kg]

**03** 1,000[K]에서 기체의 열용량($C_p^{1,000K}$, $\frac{J}{mol \cdot K}$)이 가장 높은 물질에서 낮은 순서로 옳은 것은?

① $CO_2$ > $H_2O(g)$ > $N_2$ > He
② $H_2O(g)$ > $CO_2$ > $N_2$ > He
③ He > $CO_2$ > $H_2O(g)$ > $N_2$
④ $H_2O(g)$ > He > $N_2$ > $CO_2$

**해설** 기체열용량
㉠ $CO_2$ : 43.29 $\frac{J}{mol \cdot K}$
㉡ $H_2O(g)$ : 33.137 $\frac{J}{mol \cdot K}$
㉢ $N_2$ : 29.194 $\frac{J}{mol \cdot K}$
㉣ He : 20.786 $\frac{J}{mol \cdot K}$

**04** 프로판가스 1몰이 완전연소 시 생성되는 생성물에서 질소기체가 차지하는 부피비[%]는 약 얼마인가? (단, 생성물은 모두 기체로 가정하고, 공기 중의 산소는 21[vol%], 질소는 79[vol%]이다)

① 18.8[%]    ② 22.4[%]
③ 72.9[%]    ④ 79.0[%]

**해설** $C_3H_8 + 5O_2 \rightarrow 3CO_2 + 4H_2O$ 에서
프로판 1몰 연소 시 산소는 5몰이 필요
따라서 공기는 5[mol] × $\frac{1}{0.21}$ = 23.8[mol]이 필요
여기서 질소가 차지하는 몰수 = 23.8[mol] × 0.79
= 18.8[mol]
생성물에서 질소의 mol[%] = $\frac{18.8}{18.8+3+4}$ = 0.7286
= 72.9[%]

**05** 할로겐화합물 및 불활성기체소화설비의 화재안전기술기준(NFTC 107A)에 의한 소화약제의 최대허용설계농도[%]가 옳은 것을 모두 고른 것은?

㉠ FC-3-1-10 : 40    ㉡ IG-55 : 43
㉢ HCFC-124 : 1.0    ㉣ HFC-23 : 40
㉤ FK-5-1-12 : 10    ㉥ HCFC BLEND A : 20

정답 01.② 02.③ 03.① 04.③ 05.①

① ㉠, ㉡, ㉢, ㉤
② ㉠, ㉢, ㉣, ㉤
③ ㉡, ㉢, ㉣, ㉥
④ ㉡, ㉣, ㉤, ㉥

**해설** 소화약제 최대허용 설계농도

| 소화약제 | 최대허용 설계농도[%] |
|---|---|
| FC-3-1-10 | 40 |
| HCFC BLEND A | 10 |
| HCFC-124 | 1.0 |
| HFC-125 | 11.5 |
| HFC-227ea | 10.5 |
| HFC-23 | 30 |
| HFC-236fa | 12.5 |
| FIC-13I1 | 0.3 |
| FK-5-1-12 | 10 |
| IG-01 | 43 |
| IG-100 | 43 |
| IG-541 | 43 |
| IG-55 | 43 |

**06** 이산화탄소 소화약제에 관한 설명으로 옳지 않은 것은?

① 이산화탄소는 연소물 주변의 산소 농도를 저하시켜 질식소화한다.
② 심부화재의 경우 고농도의 이산화탄소를 장시간 방출시켜 재발화를 방지할 수 있다.
③ 통신기기실, 전산기기실, 변전실 화재에 적응성이 있다.
④ 마그네슘 화재에 적응성이 있다.

**해설** 마그네슘 화재 시 건조사, 분말, 마른모래 사용, 이산화탄소 반응 시 산화마그네슘, 일산화탄소 발생

**07** 제3종 분말소화약제의 열분해 시 생성되는 오르토(ortho)인산의 화학식으로 옳은 것은?

① $H_3PO_4$
② $HPO_3$
③ $H_4P_2O_5$
④ $H_4P_2O_7$

**해설** 3종분말
㉠ 190[℃] : $NH_4H_2PO_4 \rightarrow NH_3 + H_3PO_4$(오르토인산)
㉡ 215[℃] : $H_3PO_4 \rightarrow H_2O + H_4P_2O_7$(피로인산)
㉢ 300[℃] : $H_4P_2O_7 \rightarrow H_2O + 2HPO_3$(메타인산)

# 2017 제17회 소방시설관리사 1차 필기 기출문제

[제2과목 : 약제화학]

**01** 제1종 분말소화약제의 주성분인 탄산수소나트륨 10[kg] 전량이 850[℃]에서 2차 열분해 될 때 생성되는 이산화탄소 발생량[kg]은 약 얼마인가? (단, 원자량은 Na : 23, H : 1, C : 12, O : 16으로 한다)

① 2.62[kg]  ② 3.48[kg]
③ 5.24[kg]  ④ 10.48[kg]

**해설** 제1종 분말소화약제
  ㉠ 1차 분해반응식(270[℃])
  $2NaHCO_3 \rightarrow Na_2CO_3 + CO_2 + H_2O - Q[kcal]$
  ㉡ 2차 분해반응식(850[℃])
  $2NaHCO_3 \rightarrow Na_2O + 2CO_2 + H_2O - Q[kcal]$

$2NaHCO_3 \rightarrow Na_2O + 2CO_2 + H_2O$
$2 \times 84[kg] \quad\quad 2 \times 44[kg]$
$10[kg] \quad\quad x$

$\therefore x = \dfrac{10[kg] \times 2 \times 44[kg]}{2 \times 84[kg]} = 5.24[kg]$

**02** 이산화탄소 소화약제에 관한 설명으로 옳지 않은 것은?

① 무색·무취이며, 전기적으로 비전도성이고 공기보다 약 1.5배 무겁다.
② 임계온도는 약 31[℃]이고, 삼중점은 0.51[MPa]에서 약 -56[℃]이다.
③ A급, B급, C급 화재에 모두 적응이 가능하나 주로 B급과 C급 화재에 사용된다.
④ 한국산업규격에 따른 품질에 관한 액화이산화탄소 분류에서 제1종과 제2종을 소화약제로 사용한다.

**해설** 한국산업규격에 따른 품질에 관한 액화이산화탄소 분류에서 제1종, 제2종, 제3종이 있으며 주로 제2종 소화약제로 사용한다.

**03** 소화원액 15[L]로 3[%] 합성계면활성제포 수용액을 만들었다. 이 수용액을 이용하여 발생시킨 포의 총 부피가 325[m³]일 때, 팽창비는?

① 450  ② 550
③ 650  ④ 750

**해설** 팽창비 = $\dfrac{\text{방출 후 포의 체적[L]}}{\text{방출 전 포수용액의 체적[L]}}$

= $\dfrac{\text{방출 후 포의 체적[L]}}{\dfrac{\text{원액의 양[L]}}{\text{농도}}}$

= $\dfrac{325,000[L]}{15[L]/0.03} = 650$ 배

**04** 화재안전기준(NFSC 107A)에서 정한 할로겐화합물 소화약제의 최대허용 설계농도 기준으로 옳지 않은 것은?

① HCFC-124 : 1.0[%]
② HFC-227ea : 10.5[%]
③ HFC-125 : 12.5[%]
④ FC-3-1-10 : 40[%]

**해설** 소화약제 최대허용 설계농도

| 소화약제 | 최대허용 설계농도[%] |
|---|---|
| FC-3-1-10 | 40 |
| HCFC BLEND A | 10 |
| HCFC-124 | 1.0 |
| HFC-125 | 11.5 |
| HFC-227ea | 10.5 |
| HFC-23 | 30 |
| HFC-236fa | 12.5 |

정답  01.③  02.④  03.③  04.③

| | |
|---|---|
| FIC-13I1 | 0.3 |
| FK-5-1-12 | 10 |
| IG-01 | 43 |
| IG-100 | 43 |
| IG-541 | 43 |
| IG-55 | 43 |

**05** 금속화재에 적응성이 없는 분말소화약제는?

① G-1
② MET-L-X
③ Na-X
④ CDC(Compatible Dry Chemical)

**해설** 금속화재

| 종류 | 구성 | 적용대상 | 특징 |
|---|---|---|---|
| G-1 | 흑연과 유기인이 입혀진 코크스 | Mg, Al, K, Na | • 흑연은 열을 흡수하여 금속을 냉각<br>• 유기인은 증기를 발생시켜 산소를 차단 |
| MET-L-X | NaCl+첨가물 | Na | • 대형금속화재에 적합<br>• 염화나트륨(NaCl, 소금)에 내습용 첨가제와 플라스틱이 첨가됨 |
| Na-X | 탄산나트륨+첨가제 | Na, K | 염소가 포함되지 않는 소화약제 |

**06** 질식소화를 위한 연소한계 산소농도가 15[vol%]인 가연물질의 소화에 필요한 가스의 최소소화농도[vol%]는? (단, 무유출(No Efflux) 방식을 전제로 하고, 공기 중 산소는 20[vol%]이다)

① 20[vol%]   ② 25[vol%]
③ 33[vol%]   ④ 40[vol%]

**해설** $CO_2$ 가스의 최소소화농도[vol%]

$$CO_2농도[\%] = \frac{20-O_2}{20} \times 100$$

이 문제는 공기 중 산소농도가 20[%]라고 하였으므로, 21이 아니고 20으로 하여야 함

$$\therefore CO_2농도[\%] = \frac{20-O_2}{20} \times 100$$
$$= \frac{20-15}{20} \times 100 = 25[vol\%]$$

**07** 다음 중 오존파괴지수가 가장 높은 소화약제는?

① Halon 2402
② Halon 1211
③ CFC 12
④ CFC 113

**해설** 오존파괴지수

| 소화약제 | 오존층파괴지수 |
|---|---|
| 할론 2402 | 6.6 |
| 할론 1211 | 2.4 |
| CFC 12 | 1.0 |
| CFC 113 | 0.8 |

**08** 열분해로 생성된 불연성의 용융물질에 의한 방진 소화효과를 발생시키는 분말소화약제는?

① $NH_4H_2PO_4$
② $KHCO_3$
③ $NaHCO_3$
④ $KHCO_3 + CO(NH_2)_2$

**해설** 제3종 분말소화약제(제1인산암모늄, $NH_4H_2PO_4$)의 소화효과

㉠ 열분해시 암모니아와 수증기에 의한 질식효과
㉡ 열분해에 의한 냉각효과
㉢ 유리된 암모늄염($NH_4^+$)에 의한 부촉매 효과
㉣ 메타인산($HPO_3$)에 의한 방진작용(가연물이 숯불형태로 연소하는 것을 방지하는 작용)
㉤ 탈수효과

# 제16회 소방시설관리사 1차 필기 기출문제

[제2과목 : 약제화학]

**01** 제3종 분말소화약제에 해당하는 것을 모두 고른 것은?

> ㉠ 분자식 : $KHCO_3$
> ㉡ 적응화재 : A급, B급, C급
> ㉢ 착색 : 담회색
> ㉣ 열분해 생성물 : 메타인산($HPO_3$)

① ㉠, ㉢   ② ㉠, ㉣
③ ㉡, ㉢   ④ ㉡, ㉣

**해설** 제3종 분말소화약제
- 분자식 : 인산암모늄($NH_4H_2PO_4$)
- 착색 : 담홍색 또는 황색
- 적응화재 : A급, B급, C급
- 열분해반응식
  $NH_4H_2PO_4 \rightarrow HPO_3$(메타인산)$+NH_3+H_2O$

**02** 이산화탄소 소화약제에 관한 설명으로 옳지 않은 것은?

① 이온결합 물질이다.
② 기체의 비중은 약 1.52로 공기보다 무겁다.
③ 1기압 상온에서 무색 기체이다.
④ 삼중점은 약 5.1기압에서 약 -56[℃]이다.

**해설** 이산화탄소 소화약제
- 탄소원자 1개와 산소원자 2개로 공유결합하는 물질이다.
- 기체의 비중은 약 1.52(44/29=1.517)로 공기보다 무겁다.
- 1기압 상온에서 무색 기체이다.
- 삼중점은 약 5.1기압에서 약 -56.3[℃]이다.

**03** 할론소화설비의 화재안전기준(NFSC 107)상 할론소화약제의 저장용기 등에 관한 기준이다. ( )안에 들어갈 내용으로 모두 옳은 것은?

> 축압식 저장용기의 압력은 온도 20[℃]에서 ( ㉠ )을 저장하는 것은 1.1[MPa] 또는 2.5[MPa], ( ㉡ )을 저장하는 것은 2.5[MPa] 또는 4.2[MPa]이 되도록 질소가스로 축압할 것

① ㉠ : 할론 1211   ㉡ : 할론 1301
② ㉠ : 할론 1211   ㉡ : 할론 2402
③ ㉠ : 할론 1301   ㉡ : 할론 2402
④ ㉠ : 할론 1011   ㉡ : 할론 1301

**해설** 축압식 저장용기의 압력은 온도 20[℃]에서 (할론 1211)을 저장하는 것은 1.1[MPa] 또는 2.5[MPa] (할론 1301)을 저장하는 것은 2.5[MPa] 또는 4.2[MPa]이 되도록 질소가스로 축압할 것

**04** 1기압에서 20[℃]의 물 10kg을 100[℃]의 수증기로 만들 때 필요한 열량은 약 몇 [kJ]인가? (단, 물의 비열은 4.2[kJ/kg·K], 증발잠열은 2,263.8[kJ/kg], 융해잠열은 336[kJ/kg]로 한다)

① 15,998[kJ]   ② 25,998[kJ]
③ 35,998[kJ]   ④ 45,998[kJ]

**해설** 열량(Q)

$$Q = mc\Delta t + r \cdot m$$

여기서, $m$ : 물의 무게[kg]
  $c$ : 물의 비열(4.2[kJ/kg·K])
  $\Delta t$ : 온도차(100-20=80[℃])
  $r$ : 물의 증발잠열(2,263.8[kJ/kg])

정답  01.④  02.①  03.①  04.②

$$\therefore Q = mc\Delta t + r \cdot m$$
$$= (10[\text{kg}] \times 4.2[\text{kJ/kg} \cdot \text{K}] \times (100-20)[\text{℃}])$$
$$+ (2,263.8[\text{kJ/kg}] \times 10[\text{kg}])$$
$$= 25,998[\text{kJ}]$$

**05** 할로겐 원소가 아닌 것은?

① Cl   ② Br
③ At   ④ Ne

**해설** **할로겐 원소**
불소(F), 염소(Cl), 브롬(Br), 요오드(I), 아스타틴(At)

> ● **불활성 기체(0족 원소)**
> 헬륨(He), 네온(Ne), 아르곤(Ar), 크립톤(Kr), 크세논(Xe), 라돈(Rn)

**06** 농도가 6.5[wt%]인 단백포 소화약제 수용액 1[kg]에 물을 첨가하여 농도가 1.5[wt%]인 단백포 소화약제 수용액으로 만들고자 한다. 이때 첨가해야 하는 물의 양은 약 몇 [kg]인가?

① 2.2[kg]   ② 2.78[kg]
③ 3.33[kg]  ④ 3.88[kg]

**해설** 물의 양을 $x$라 하면
$0.065 \times 1[\text{kg}] = (1[\text{kg}] + x) \times 0.015$
$\therefore x = 3.33[\text{kg}]$

**07** 포소화약제가 연소표면을 덮어 공기 접촉을 차단하는 소화원리는?

① 냉각소화   ② 질식소화
③ 탈수소화   ④ 부촉매소화

**해설** **포소화약제**
질식소화(약제가 연소표면을 덮어 공기접촉을 차단하는 소화)

**정답** 05.④ 06.③ 07.②

# 2015 제15회 소방시설관리사 1차 필기 기출문제

[제2과목 : 약제화학]

**01** 부촉매 효과로 화재를 소화하는 소화약제가 아닌 것은?

① 할론 1301 소화약제
② 강화액 소화약제
③ 이산화탄소 소화약제
④ 제2종분말 소화약제

**해설** 이산화탄소는 질식, 냉각, 피복 소화약제이다.

**02** 강화액 소화약제에 관한 설명으로 옳지 않은 것은?

① 수소이온지수(pH)는 5.5~7.5이고, 응고점은 영하 16~20[℃]이다.
② 물에 탄산칼륨, 황산암모늄, 인산암모늄 및 침투제 등을 첨가한 것이다.
③ 용기 내부를 크롬 도금 또는 내식성 도료로 처리하여 저장한다.
④ 사람의 피부에 닿으면 피부염, 피부모공 손상 등을 야기할 수 있다.

**해설** • 강화액소화기의 형식승인 기준 응고점 : -20[℃]

**03** 분말소화약제에 요구되는 이상적 조건으로 옳지 않은 것은?

① 분체의 안식각이 클수록 유동성이 좋아진다.
② 시간 경과에 따른 안정성이 높아야 한다.
③ 분말소화약제로 사용되기 위한 겉보기비중 값은 0.82[g/mL] 이상이어야 한다.
④ 수분 침투에 대한 내습성이 높아야 한다.

**해설** 분말소화약제의 조건
㉠ 분체의 안식각이 낮을수록 장기간 저장 및 취급이 용이하고 안전한 상태로 유지가 가능하고 유동성이 좋아진다.
㉡ 시간경과에 따라 안전성이 높아야 한다.
㉢ 겉보기 비중값은 0.82[g/mL] 이상이어야 한다.
㉣ 수분침투에 대한 내습성이 높아야 한다.
㉤ 분말을 수면에 고르게 살포한 경우에 1시간 이내에 침강하지 아니하여야 한다.

**04** 화재안전기준상 가연성 액체 또는 가연성 가스의 소화에 필요한 이산화탄소 소화약제의 설계농도에 관한 기준으로 옳지 않은 것은?

① 아세틸렌 : 66[%]
② 에틸렌 : 49[%]
③ 일산화탄소 : 64[%]
④ 석탄가스, 천연가스 : 75[%]

**해설** 가연성 액체 또는 가연성 가스의 소화에 필요한 설계농도

| 방호대상물 | 설계농도[%] |
|---|---|
| 수소(Hydrogen) | 75 |
| 아세틸렌(Acetylene) | 66 |
| 일산화탄소(Carbon Monoxide) | 64 |
| 산화에틸렌(Ethylene Oxide) | 53 |
| 에틸렌(Ethylene) | 49 |
| 에탄(Ethane) | 40 |
| 석탄가스, 천연가스(Coal, Natural Gas) | 37 |
| 시클로프로판(Cyclo Propane) | 37 |
| 이소부탄(Iso Butane) | 36 |
| 프로판(Propane) | 36 |
| 부탄(Butane) | 34 |
| 메탄(Methane) | 34 |

정답 01.③ 02.① 03.① 04.④

**05** 산·알칼리 소화기에 사용되는 소화약제의 주성분은?

① $NH_4H_2PO_4$ - 진한 $H_2SO_4$
② $KHCO_3$ - 진한 $H_2SO_4$
③ $Al_2(SO_4)_3$ - 진한 $H_2SO_4$
④ $NaHCO_3$ - 진한 $H_2SO_4$

**해설** 산·알칼리 소화기

$$H_2SO_4 + 2NaHCO_3 \rightarrow Na_2SO_4 + 2CO_2 + 2H_2O$$
(황산)   (중탄산나트륨)   (황산나트륨) (이산화탄소)

**06** 할로겐화합물 및 불활성기체 소화약제 HCFC BLEND A의 구성 성분이 아닌 것은?

① HCFC-22    ② HCFC-23
③ HCFC-123   ④ HCFC-124

**해설** 할로겐화합물 및 불활성기체소화약제의 종류
㉠ 할로겐화합물 소화약제 : 불소(F), 염소(Cl), 브롬(Br) 또는 요오드(I) 중 하나 이상의 원소를 포함하고 있는 유기화합물을 기본성분으로 하는 소화약제
  ⓐ 퍼플루오로부탄(이하 "FC-3-1-10"이라 한다. CEA-410) : $C_4F_{10}$
  ⓑ 하이드로클로로플루오로카본 혼화제(이하 "HCFC BLEND A"라 한다) : NAFS-Ⅲ
    ㉮ HCFC-123($CHCl_2CF_3$) : 4.75[%]
    ㉯ HCFC-22($CHClF_2$) : 82[%]
    ㉰ HCFC-124($CHClFCF_3$) : 9.5[%]
    ㉱ $C_{10}H_{16}$ : 3.75[%]
  ⓒ 클로로테트라플루오로에탄(이하 "HCFC-124"라 한다. FE-241) : $CHClFCF_3$
  ⓓ 펜타플루오로에탄(이하 "HFC-125"라 한다. FE-25) : $CHF_2CF_3$
  ⓔ 헵타플루오로프로판(이하 "HFC-227ea"라 한다. FM-200) : $CF_3CHFCF_3$
  ⓕ 트리플루오로메탄(이하 "HFC-23"라 한다. FE-13) : $CHF_3$
  ⓖ 헥사플루오로프로판(이하 "HFC-236fa"라 한다) : $CF_3CH_2CF_3$
  ⓗ 트리플루오로이오다이드(이하 "FIC-13I1"라 한다) : $CF_3I$
  ⓘ 도데카플루오로-2-메틸펜탄-3-원(이하 "FK-5-1-12"라 한다) : $CF_3CF_2C(O)CF(CF_3)_2$

㉡ 불활성기체 소화약제 : 헬륨(He), 네온(Ne), 아르곤(Ar) 또는 질소($N_2$) 가스 중 하나 이상의 원소를 기본성분으로 하는 소화약제
  ⓐ IG-01 : Ar(100[%])
  ⓑ IG-100 : $N_2$(100[%])
  ⓒ IG-541[Inergen] : $N_2$(52[%]), Ar(40[%]), $CO_2$(8[%])
  ⓓ IG-55 : $N_2$(50[%]), Ar(50[%])

# 2014 제4회 소방시설관리사 1차 필기 기출문제
[제2과목 : 약제화학]

**01** 화재안전기준상 소화약제별 최대허용설계농도[%]로 옳지 않은 것은?

① HFC-227ea : 10.5[%]
② HCFC BLEND A : 10[%]
③ FK-5-1-12 : 15[%]
④ IG-55 : 43[%]

**해설** 소화약제 최대허용 설계농도

| 소화약제 | 최대허용 설계농도[%] |
|---|---|
| FC-3-1-10 | 40 |
| HCFC BLEND A | 10 |
| HCFC-124 | 1.0 |
| HFC-125 | 11.5 |
| HFC-227ea | 10.5 |
| HFC-23 | 30 |
| HFC-236fa | 12.5 |
| FIC-13I1 | 0.3 |
| FK-5-1-12 | 10 |
| IG-01 | 43 |
| IG-100 | 43 |
| IG-541 | 43 |
| IG-55 | 43 |

**02** 일반화재, 유류화재, 전기화재에 모두 적응성이 있는 분말소화약제의 종류와 주성분의 연결로 옳은 것은?

① 제2종 분말소화약제 - $NaHCO_3$
② 제2종 분말소화약제 - $(NH_2)_2CO$
③ 제3종 분말소화약제 - $NH_4H_2PO_4$
④ 제3종 분말소화약제 - $Na_2CO_3$

**해설** 분말소화약제의 종류

| 구분 | 주성분 | 착색 | 적응화재 |
|---|---|---|---|
| 제1종분말 | 탄산수소나트륨 ($NaHCO_3$) | 백색 | B, C급 |
| 제2종분말 | 탄산수소칼륨 ($KHCO_3$) | 보라색 (자색) | B, C급 |
| 제3종분말 | 인산암모늄 ($NH_4H_2PO_4$) | 핑크색 (담홍색) | A, B, C급 |
| 제4종분말 | 탄산수소칼륨+요소 ($KHCO_3 + NH_2CONH_2$) | 회색 | B, C급 |

**03** 다음 중 부촉매효과가 없는 소화약제는?

① Halon 1301 소화약제
② 제1종 분말소화약제
③ HFC-125 소화약제
④ IG-100 소화약제

**해설** IG-100 소화약제는 불활성기체 소화약제로서 질식, 냉각작용의 소화효과를 이용하는 소화약제이다.

**04** 다음 중 물 소화약제에 관한 설명으로 옳지 않은 것은?

① 침투제를 사용하여 물의 표면장력을 증가시키면 심부화재에 적용 가능하다.
② 다른 소화약제에 비해 비열 및 기화열이 크다.
③ 무상주수를 통해 질식, 냉각이 가능하다.
④ 희석소화를 통해 수용성 가연물질 화재에 적용 가능하다.

정답 01.③ 02.③ 03.④ 04.①

**해설** 물 소화약제
- ㉠ 침투제를 사용하여 물의 표면장력을 감소시켜 심부화재에 적용 가능하다.
- ㉡ 다른 소화약제에 비해 비열(1[kcal/kg·℃]) 기화열(539[kcal/kg])이 크다.
- ㉢ 무상주수를 통해 질식, 냉각, 희석, 유화 효과가 가능하다.
- ㉣ 희석소화를 통해 수용성 가연물질(알코올, 케톤, 에스테르 등) 화재에 적용 가능하다.

**05** 탄화칼슘($CaC_2$) 화재 시 가장 적합한 소화방법은?
① 물을 주수하여 냉각소화한다.
② 이산화탄소를 방사하여 질식소화한다.
③ 마른모래로 질식소화한다.
④ 할론소화약제를 사용하여 부촉매소화한다.

**해설** 탄화칼슘은 물과 반응하면 아세틸렌가스를 발생하므로 물이 함유된 약제는 불가능하므로 안전한 마른모래로 질식소화가 적합하다.

$$CaC_2 + 2H_2O \rightarrow Ca(OH)_2 + C_2H_2(\text{아세틸렌})$$

**06** 화재안전기준상 청정소화약제인 IG-541의 혼합가스 체적 성분비는?
① $N_2$ : 50[%], Ar : 40[%], CO : 10[%]
② $N_2$ : 52[%], Ar : 40[%], $CO_2$ : 8[%]
③ $CO_2$ : 50[%], Ar : 40[%], $N_2$ : 10[%]
④ $CO_2$ : 52[%], Ar : 40[%], $N_2$ : 8[%]

**해설** 불활성 가스 청정소화약제

| 종류 | 화학식 |
| --- | --- |
| IG - 01 | Ar |
| IG - 100 | $N_2$ |
| IG - 55 | $N_2$(50[%]), Ar(50[%]) |
| IG - 541 | $N_2$(52[%]), Ar(40[%]), $CO_2$(8[%]) |

# 2013 제3회 소방시설관리사 1차 필기 기출문제
### [제2과목 : 약제화학]

**01** 포소화약제의 유화효과(emulsion effect)를 이용하여 소화할 수 있는 방호대상물로 가장 적합한 장소는?

① 전자제품 창고　② 유류 저장고
③ 종이 창고　　　④ 귀금속 상점

**해설** 제4류 위험물(휘발유, 등유, 경유)과 같이 유류화재 시 포소화약제를 이용하여 유화효과로 소화할 수 있다.

**02** 다음 중 화학적 소화원리에 해당하는 것은?

① 부촉매소화　② 질식소화
③ 냉각소화　　④ 희석소화

**해설** 화재의 소화방법

| 가연물 | 산소공급원 | 점화원 | 연쇄반응 |
|---|---|---|---|
| 제거소화<br>+희석소화 | 질식소화<br>+피복소화<br>+유화효과 | 냉각소화 | 부촉매(억제)소화 |
| ↓ | ↓ | ↙ | ↓ |
| 물리적 소화 | | | 화학적 소화 |

**03** 소화수에 사용되는 첨가제 중 침투제에 관한 설명으로 옳은 것은?

① 물의 표면장력을 감소시켜 심부화재소화를 돕는 첨가제
② 가연물과의 유화층 형성을 돕는 첨가제
③ 물의 동결을 방지하기 위한 첨가제
④ 물의 점도를 증가시켜 쉽게 흘러 유실되는 것은 방지하는 첨가제

**해설** 물 소화약제의 첨가제
㉠ 동결방지제 : 에틸렌글리콜, 프로필렌글리콜, 염화칼슘, 글리세린, 염화나트륨 등
㉡ Viscous agent(점도보강제) : 물의 점성을 높임(CMC).
㉢ Wetting agent(계면활성제) : 물의 표면장력을 낮춰 침투성을 높임
㉣ Rapid water(유동화제) : 소방펌프 등 물의 유출속도를 증가

**04** 다음 분말소화약제의 열분해 반응식과 관계가 있는 것은?

$$NH_4H_2PO_4 \rightarrow NH_3 + H_2O + HPO_3 - 76.95 \text{ kcal}$$

① 제1종 분말소화약제
② 제2종 분말소화약제
③ 제3종 분말소화약제
④ 제4종 분말소화약제

**해설** 열분해반응식
㉠ 제1종분말 : $2NaHCO_3 \rightarrow Na_2CO_3 + CO_2 + H_2O - Q\text{kcal}$
㉡ 제2종분말 : $2KHCO_3 \rightarrow K_2CO_3 + CO_2 + H_2O - Q\text{kcal}$
㉢ 제3종분말 : $NH_4H_2PO_4 \rightarrow NH_3 + HPO_3 + H_2O - Q\text{kcal}$
㉣ 제4종분말 : $2KHCO_3 + NH_2CONH_2 \rightarrow 2NH_3 + K_2CO_3 + 2CO_2 - Q\text{kcal}$

정답　01.②　02.①　03.①　04.③

**05** 질식소화를 위한 연소한계산소농도가 14.7[vol%]인 가연물질의 소화에 필요한 $CO_2$ 가스의 최소소화농도(vol%)는? (단, 무유출(No efflux)방식을 전제로 한다)

① 28[vol%]  ② 30[vol%]
③ 34[vol%]  ④ 36[vol%]

**해설** 이산화탄소의 이론적 최소소화농도[%]

$$CO_2[\%] = \frac{21 - O_2[\%]}{21} \times 100$$

∴ $CO_2[\%] = \dfrac{21 - O_2[\%]}{21} \times 100$

$= \dfrac{21 - 14.7}{21} \times 100 = 30[\%]$

**06** 포노즐을 통하여 포수용액 80[L]를 포팽창비 5.0으로 방출시킬 경우 방출된 포의 체적[L]은?

① 0.0625[L]  ② 16[L]
③ 80[L]  ④ 400[L]

**해설** 팽창비

$$팽창비 = \frac{방출\ 후\ 포의\ 체적[L]}{방출\ 전\ 포수용액의\ 체적[L]}$$

∴ 방출 후 포의 체적 = 팽창비 × 포수용액의 체적
= 5.0 × 80[L] = 400[L]

정답 05.② 06.④

# 2011 제12회 소방시설관리사 1차 필기 기출문제
[제2과목 : 약제화학]

**01** 포소화설비의 고정포약제량 산출방식으로 옳은 것은? (단, $Q_1$ : 포수용액의 양[L/min·m²], A : 탱크의 액표면적[m²], T : 방출시간[min], S : 농도[%])

① $Q = A \times Q_1 \times T$
② $Q = A \times Q_1 \times T \times S$
③ $Q = N \times S \times 6,000[L]$
④ $Q = N \times S \times 8,000[L]$

**해설** 고정포방출구 약제산출공식

$$Q = A \times Q_1 \times T \times S$$

여기서, $Q_1$ : 포수용액의 양[L/min·m²]
$A$ : 탱크의 액표면적[m²]
$T$ : 방출시간[min]
$S$ : 사용농도[%]

**02** 다음 소화약제의 설계농도가 가장 큰 소화약제는?

① FK-5-1-12
② HFC-125
③ HFC-23
④ FC-3-1-10

**해설** 소화약제 최대허용설계농도

| 소화약제 | 최대허용 설계농도[%] |
|---|---|
| FC-3-1-10 | 40 |
| HCFC BLEND A | 10 |
| HCFC-124 | 1.0 |
| HFC-125 | 11.5 |
| HFC-227ea | 10.5 |
| HFC-23 | 30 |
| HFC-236fa | 12.5 |
| FIC-13I1 | 0.3 |
| FK-5-1-12 | 10 |
| IG-01 | 43 |
| IG-100 | 43 |
| IG-541 | 43 |
| IG-55 | 43 |

**03** 물의 소화성능을 향상시키기 위한 첨가제로 적당하지 않는 것은?

① 침투제
② 증점제
③ 내유제
④ 유화제

**해설** 물 소화약제의 첨가제
㉠ 동결방지제 : 에틸렌글리콜, 프로필렌글리콜, 염화칼슘, 글리세린, 염화나트륨 등
㉡ Viscous agent(점도보강제) : 물의 점성을 높임(CMC)
㉢ Wetting agent(계면활성제) : 물의 표면장력을 낮춰 침투성을 높임
㉣ Rapid water(유동화제) : 소방펌프 등 물의 유출속도를 증가

**04** 3[%]의 포원액 6[L]를 방출하였더니 방출한 포의 체적이 20,000[L]가 되었다. 이때 포약제의 팽창비는 얼마인가?

① 10배
② 100배
③ 1,000배
④ 2,000배

정답 01.② 02.④ 03.③ 04.②

**해설** 팽창비

$$팽창비 = \frac{방출\ 후\ 포의\ 체적[L]}{방출\ 전\ 포수용액의\ 체적(포원액+물)[L]}$$

$$= \frac{방출\ 후\ 포의\ 체적[L]}{\frac{원액의\ 양[L]}{농도[\%]}}$$

$$\therefore 팽창비 = \frac{방출\ 후\ 포의\ 체적[L]}{\frac{원액의\ 양[L]}{농도[\%]}}$$

$$= \frac{20,000[L]}{\frac{6[L]}{0.03}} = 100배$$

**05** 다음 위험물의 소화방법으로 주수소화가 적당하지 않은 것은?

① $NaClO_3$　　② $P_4S_3$
③ $Ca_3P_2$　　④ S

**해설** 인화석회는 물과 반응하면 포스핀($PH_3$)의 유독성 가스를 생성한다.

$$Ca_3P_2 + 6H_2O \rightarrow 3Ca(OH)_2 + 2PH_3$$

**06** 다음 중 할론 소화약제인 Halon1301과 Halon2402에 공통으로 없는 원소는?

① Br　　② Cl
③ F　　④ C

**해설** 할론소화약제의 종류
㉠ 메탄(Methane)의 유도체
　ⓐ 할론1211($CF_2ClBr$) : 일취화일염화이불화메탄(BCF)
　ⓑ 할론1301($CF_3Br$) : 일취화삼불화메탄(BTM)
　ⓒ 할론1011($CH_2ClBr$) : 일취화일염화메탄(CB)
　ⓓ 할론1040($CCl_4$) : 사염화탄소(CTC)
㉡ 에탄(Ethane)의 유도체 할론2402($C_2F_4Br_2$) : 이취화사불화에탄(FB)

**07** 제3종 분말소화약제가 열분해될 때 발생하는 물질이 아닌 것은?

① $H_3PO_4$　　② $H_4P_2O_7$
③ $HPO_3$　　④ $P_2O_5$

**해설** 분말소화약제의 열분해반응식
㉠ 제1종분말
　$2NaHCO_3 \rightarrow Na_2CO_3 + CO_2 + H_2O - Q$ kcal
㉡ 제2종분말
　$2KHCO_3 \rightarrow K_2CO_3 + CO_2 + H_2O - Q$ kcal
㉢ 제3종분말
　$NH_4H_2PO_4 \rightarrow NH_3 + HPO_3 + H_2O - Q$ kcal
㉣ 제4종분말
　$2KHCO_3 + NH_2CONH_2 \rightarrow 2NH_3 + K_2CO_3 + 2CO_2 - Q$ kcal

[3종분말]
㉠ 190[℃] : $2NH_4H_2PO_4 \rightarrow 2NH_3 + 2H_3PO_4$(오르토인산)
㉡ 215[℃] : $2H_3PO_4 \rightarrow H_2O + H_4P_2O_7$(피로인산)
㉢ 300[℃] : $H_4P_2O_7 \rightarrow H_2O + 2HPO_3$(메타인산)

**08** 드라이 케미컬(Dry Chemical)로 100[kg]의 탄산가스를 얻고자 할 때 표준상태에서 몇 [kg]의 중탄산나트륨을 사용하면 되겠는가?

① 382[kg]
② 372[kg]
③ 312[kg]
④ 282[kg]

**해설** 중탄산나트륨의 열분해반응식
$2NaHCO_3 \rightarrow Na_2CO_3 + CO_2 + H_2O$
$2 \times 84$[kg]　　　44[kg]
$x$　　　100[kg]

$\therefore x = \frac{100 \times 2 \times 84[kg]}{44[kg]}$
$= 381.8$[kg]

정답  05.③  06.②  07.④  08.①

**09** 다음 중 소화효과에 대한 설명으로 틀린 것은?

① 산소의 농도를 낮추어 산소공급의 차단에 의한 소화는 제거효과이다.
② 주수에 의한 효과는 냉각효과이다.
③ 화재 시 화재현장에 가연물을 없애주는 것은 제거효과이다.
④ 소화분말에 의한 효과는 가열분해에 의한 질식, 억제, 냉각효과가 있다.

**해설** 산소의 농도를 낮추어 산소공급의 차단에 의한 소화는 질식효과이다.

**정답** 09.①

# 2010 제1회 소방시설관리사 1차 필기 기출문제
[제2과목 : 약제화학]

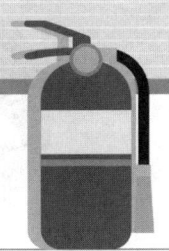

제11회 소방수리학 15문제, 소방전기 10문제 출제,
약제화학 문제 미출제

# 2008 제10회 소방시설관리사 1차 필기 기출문제

[제2과목 : 약제화학]

**01** 다음 중 알칼리금속이 포함되어 있지 않은 분말 소화약제는 무엇인가?

① 제1종 분말소화약제
② 제2종 분말소화약제
③ 제3종 분말소화약제
④ 제4종 분말소화약제

**해설** 분말 소화약제

| 종류 | 주성분 |
|---|---|
| 제1종 분말 | 탄산수소나트륨($NaHCO_3$) |
| 제2종 분말 | 탄산수소칼륨($KHCO_3$) |
| 제3종 분말 | 제일인산암모늄($NH_4H_2PO_4$) |
| 제4종 분말 | 탄산수소칼륨+요소($KHCO_3+(NH_2)_2CO$) |

※ 알칼리 금속은 리튬(Li), 나트륨(Na), 칼륨(K), 루비듐(Rb), 세슘(Cs)을 말한다.

**02** 촉진제로 휘발유를 사용하여 목재에 화재가 발생하였다. 화재의 종류는?

① A급 화재
② B급 화재
③ C급 화재
④ D급 화재

**해설** 목재화재 : A급(일반) 화재

**03** 제1종 분말약제인 중탄산나트륨이 850[℃]에서의 열분해할 때 반응식으로 맞는 것은?

① $2NaHCO_3 \rightarrow 2NaCO+CO_2+H_2O-Qkcal$
② $2NaHCO_3 \rightarrow Na_2O+2CO_2+H_2O-Qkcal$
③ $2NaHCO_3 \rightarrow Na_2CO_3+2CO_2+H_2O-Qkcal$
④ $2NaHCO_3 \rightarrow Na_2CO_2+CO_2+2H_2O-Qkcal$

**해설** 분말 소화약제

| 종류 | 주성분 | 착색 | 적응화재 | 열분해 반응식 |
|---|---|---|---|---|
| 제1종 분말 | 탄산수소나트륨($NaHCO_3$) | 백색 | B, C | $2NaHCO_3 \rightarrow Na_2CO_3+CO_2+H_2O$ |
| 제2종 분말 | 탄산수소칼륨($KHCO_3$) | 담자색 | B, C | $2KHCO_3 \rightarrow K_2CO_3+CO_2+H_2O$ |
| 제3종 분말 | 제일인산암모늄($NH_4H_2PO_4$) | 담홍색 | A, B, C | $NH_4H_2PO_4 \rightarrow HPO_3+NH_3+H_2O$ |
| 제4종 분말 | 탄산수소칼륨+요소($KHCO_3+(NH_2)_2CO$) | 회백색 | B, C | $2KHCO_3+(NH_2)_2CO \rightarrow K_2CO_3+2NH_3+2CO_2$ |

850℃ 제1종 : $2NaHCO_3 \rightarrow Na_2O+2CO_2+H_2O$

**04** 15[℃]의 물 1kg이 100[℃]의 수증기로 될 때 열량은? (단, 물의 비열 1[kcal/kg·℃], 수증기비열 0.6[kcal/kg℃], 증발잠열 539[kcal/kg]이다)

① 624[kcal]
② 724[kcal]
③ 824[kcal]
④ 924[kcal]

**해설** $Q=mC\Delta t+r \cdot m$
$=1[kg] \times 1[kcal/kg \cdot ℃] \times (100-15)[℃]$
$+539[kcal/kg] \times 1[kg]$
$=624[kcal]$

**05** 표준상태에서 60[m³]의 용적을 가진 이산화탄소 가스를 액화하여 얻을 수 있는 액화 탄산가스의 무게(kg)는 얼마인가?

① 110[kg]
② 117.8[kg]
③ 127[kg]
④ 130[kg]

정답 01.③ 02.① 03.② 04.① 05.②

**해설**
- 표준 상태(0[℃], 1atm)에서 기체(가스) 1g-mol이 차지하는 부피 : 22.4[L]
- 기체(가스) 1kg-mol이 차지하는 부피 : 22.4[m³]

∴ 액화 탄산가스 무게

$$\frac{60[m^3]}{22.4[m^3]} \times 44kg = 117.8[kg]$$

이산화탄소($CO_2$) 분자량 : 44

**06** 다음 분말소화약제 중 기준 약제량이 틀린 것은?

① 1종 - 0.6[kg/m³]
② 2종 - 0.42[kg/m³]
③ 3종 - 0.36[kg/m³]
④ 4종 - 0.24[kg/m³]

**해설** 분말소화약제의 소화약제량

| 약제의 종류 | 소화약제량 | 가산량 |
|---|---|---|
| 제1종 분말 | 0.60[kg/m³] | 4.5[kg/m³] |
| 제2종 또는 제3종 분말 | 0.36[kg/m³] | 2.7[kg/m³] |
| 제4종 분말 | 0.24[kg/m³] | 1.8[kg/m³] |

# 2006 제9회 소방시설관리사 1차 필기 기출문제
[제2과목 : 약제화학]

**01** 물을 소화약제로 사용하는 이유가 아닌 것은?
① 구하기 쉽다.
② 무상주수일 때에는 소화효과가 크다.
③ 비열과 증발잠열이 크기 때문이다.
④ 모든 화재에 적응성이 있다.

**해설** 물을 소화약제로 사용하는 이유
㉠ 구하기 쉽고 가격이 저렴하고 장기보존이 가능하다.
㉡ 인체에 무해하여 다른 약제와 혼합하여 수용액으로 사용할 수 있다.
㉢ 냉각효과가 우수하며 무상주수일 때는 질식, 희석, 유화효과가 있다.
㉣ 비열(1[cal/g·℃])과 증발잠열(539[kcal/kg])이 크기 때문이다.

**02** 산소농도를 15[%] 이하로 제어하면 일반적으로 소화가 가능하다. 만약 이산화탄소를 방사하여 산소의 농도가 14[%]가 되었다면 이때 공기 중의 이산화탄소의 농도는 몇 [%]인가?
① 34[%] ② 38[%]
③ 44[%] ④ 48[%]

**해설** $CO_2$ 농도[%] $= \dfrac{21 - O_2}{21} \times 100 = \dfrac{(21-14)}{21} \times 100$
$= 33.3[\%]$

**03** 물의 소화성능을 향상시키기 위해 첨가하는 첨가제로 산림화재에 적합한 것은?
① 침투제 ② 증점제
③ 내유제 ④ 유화제

**해설** 물의 소화성능을 향상시키기 위해 첨가하는 첨가제 : 침투제, 증점제, 유화제

㉠ 침투제 : 물의 침투성을 증가시키는 Wetting Agent
㉡ 증점제 : 물의 점도를 증가시키는 Viscosity Agent로 산림화재에 적합하다.
㉢ 유화제 : 기름의 표면에 유화(에멀젼) 효과를 위한 첨가제(분무주수)

**04** 다음은 포소화설비의 혼합장치에 대한 설명이다. 맞는 것은?

> 펌프와 발포기의 중간에 설치된 벤추리관의 벤추리작용에 의하여 포소화약제를 흡입·혼합하는 방식

① 펌프 비례 혼합방식
② 프레져 사이드 비례 혼합방식
③ 라인 비례 혼합방식
④ 프레져 비례 혼합방식

**해설** 포소화설비의 혼합장치
㉠ 펌프 프로포셔너 방식(Pump Proportioner, 펌프 혼합방식)
펌프의 토출관과 흡입관 사이의 배관도중에 설치한 흡입기에 펌프에서 토출된 물의 일부를 보내고 농도조절 밸브에서 조정된 포소화약제의 필요량을 포소화약제 탱크에서 펌프 흡입측으로 보내어 약제를 혼합하는 방식
㉡ 라인 프로포셔너 방식(Line Proportioner, 관로 혼합방식)
펌프와 발포기의 중간에 설치된 벤추리관의 벤추리작용에 따라 포 소화약제를 흡입·혼합하는 방식.
이 방식은 옥외 소화전에 연결해서 주로 1층에 사용하며 원액 흡입력 때문에 송수압력의 손실이 크고, 토출측 호스의 길이, 포원액 탱크의 높이 등에 민감하므로 아주 정밀설계와 시공을 요한다.

**정답** 01.④ 02.① 03.② 04.③

ⓒ 프레져 프로포셔너 방식(Pressure Proportioner, 차압 혼합방식)
펌프와 발포기의 중간에 설치된 벤추리관의 벤추리작용과 펌프 가압수의 포소화약제 저장탱크에 대한 압력에 따라 포소화약제를 흡입 혼합하는 방식. 현재 우리나라에서는 3[%]단백포 차압혼합방식을 많이 사용하고 있다.

ⓔ 프레져 사이드 프로포셔너 방식(Pressure Side Proportioner, 압입 혼합방식)
펌프의 토출관에 압입기를 설치하여 포소화 약제 압입용 펌프로 압입시켜 혼합하는 방식으로 대규모 유류저장소에 적합하다.

**05** 표면하주입방식 포소화설비에 설치할 수 있는 포소화약제로 적합한 것은?

① 단백포　　　　② 불화단백포
③ 합성계면활성제포　④ 알코올포

**해설** 표면하주입방식 포소화설비
㉠ 적용하는 포방출구 : Ⅲ형 포방출구, Ⅳ형 포방출구
㉡ 적용 포소화약제 : 수성막포, 불화단백포

**06** 바닥 면적이 200[m²] 이상일 때 호스릴 방식 포소화설비의 약제량을 계산하는 식으로 맞는 것은?

① $Q=N\times S\times 8,000[L]$
② $Q=N\times S\times 6,000[L]$
③ $Q=A\times Q_1\times T\times S$
④ $Q=N\times S\times 6,000[L]\times 0.75$

**해설** 포소화설비의 약제량
㉠ 옥내포소화전 방식 또는 호스릴 방식

| 구분 | 소화약제량 | 수용액의 양 |
|---|---|---|
| 옥내포소화전<br>방식<br>호스릴방식 | $Q=N\times S\times 6,000[L]$<br>N : 호스접결구 수(5개 이상은 5개)<br>S : 포소화약제의 농도[%] | $Q=N$<br>$\times 6,000[L]$ |

[바닥면적이 200[m²] 미만일 때 호스릴 방식의 약제량]
$Q=N\times S\times 6,000[L]\times 0.75$

ⓛ 고정포 방출방식

| 구분 | 약제량 | 수원의 양 |
|---|---|---|
| ① 고정포<br>방출구 | $Q=A\times Q_1\times T\times S$<br>Q : 포소화약제의 양(L)<br>A : 탱크의 액표면적(m²)<br>$Q_1$ : 단위포소화 수용액의 양(L/m²·분)<br>T : 방출시간(분)<br>S : 포소화약제 사용농도[%] | $Q=A\times Q_1\times T$ |
| ② 보조포<br>소화전 | $Q=N\times S\times 8,000L$<br>Q : 포소화약제의 양(L)<br>N : 호스 접결구수(3개 이상일 경우 3개)<br>S : 포소화약제 사용농도[%] | $Q=N\times 8,000L$ |
| ③ 배관<br>보정 | 가장 먼 탱크까지의 송액관(내경 75mm 이하 제외)에 충전하기 위하여 필요한 양<br>$Q=Q_A\times S=\dfrac{\pi}{4}d^2\times\ell\times S$<br>Q : 배관 충전 필요량(L)<br>$Q_A$ : 송액관 충전량(L)<br>S : 포소화약제 사용농도[%] | $Q=Q_A$ |

※ 고정포 방출방식 약제 저장량 = ① + ② + ③

**07** 이산화탄소 소화설비에서 특수가연물 외의 소방대상물에 고압식 국소방출방식의 약제량을 구하는 식으로 맞는 것은?

① 체적(m³) $\times\left(8-6\dfrac{a}{A}\right)\times 1.4$
② 체적(m³) $\times\left(8-6\dfrac{a}{A}\right)\times 1.1$
③ 체적(m³) $\times\left(X-Y\dfrac{a}{A}\right)\times 1.4$
④ 체적(m³) $\times\left(X-Y\dfrac{a}{A}\right)\times 1.1$

**해설** 국소방출방식의 약제량

| 소방대상물 | 약제 저장량[kg] ||
|---|---|---|
| | 고압식 | 저압식 |
| 특수가연물(윗면이 개방된 용기에 저장하는 경우와 화재시 연소면이 한정되고, 가연물이 비산할 우려가 없는 경우) | 방호대상물의<br>표면적[m³]<br>$\times 13[kg/m^2]$<br>$\times 1.4$ | 방호대상물의<br>표면적[m³]<br>$\times 13[kg/m^2]$<br>$\times 1.1$ |

| 상기 이외의 것 | 방호 공간의 체적[m³] × $\left(8 - 6\dfrac{a}{A}\right)$[kg/m³] × 1.4 | 방호 공간의 체적[m³] × $\left(8 - 6\dfrac{a}{A}\right)$[kg/m³] × 1.1 |
|---|---|---|

**08** 이산화탄소 소화설비의 저장용기의 충전비로 맞는 것은?

① 고압식은 1.5 이상 1.9 이하로 하여야 한다.
② 고압식은 1.1 이상 1.4 이하로 하여야 한다.
③ 저압식은 1.5 이상 1.9 이하로 하여야 한다.
④ 저압식은 1.0 이상 2.0 이하로 하여야 한다.

**해설** 이산화탄소 소화설비의 저장용기의 충전비

| 구분 | 저압식 | 고압식 |
|---|---|---|
| 충전비 | 1.1 이상 1.4 이하 | 1.5 이상 1.9 이하 |

**09** 포소화약제가 갖추어야 할 조건 중 옳지 않는 것은?

① 내화성이 좋을 것
② 부패 및 변질이 없을 것
③ 수용액의 침전량이 0.3[%] 이하일 것
④ 포 방사 후 1분간 수용액의 환원양이 25[%] 이하일 것

**해설** 포 소화약제의 기준
㉠ 내화성이 좋을 것
㉡ 부패 및 변질이 없을 것
㉢ 액체상태 또는 물에 쉽게 용해하는 분말상태일 것
㉣ 방사되는 거품의 양은 소화약제 용량의 5배 이상일 것
㉤ 포 방사 후 1분간 수용액의 환원양이 25[%] 이하일 것
㉥ 수용액의 침전량이 0.1[%] 이하일 것
㉦ 변질시험 후의 침전량은 0.2[%] 이하일 것

**10** 분말소화약제의 분말 입도와 소화성능에 대하여 옳은 것은?

① 미세할수록 소화성능이 우수하다.
② 입도가 클수록 소화성능이 우수하다.
③ 입도와 소화 성능과는 관련이 없다.
④ 입도가 너무 미세하거나 너무 커도 소화성능은 저하된다.

**해설** 분말 소화약제의 입도는 너무 미세하거나 너무 커도 소화성능은 저하되므로 20~25[μm] 입도가 적당하다.

**11** 이산화탄소의 소요량의 계산식으로 맞는 것은?

① $CO_2\% = \dfrac{O_2 - 21}{21} \times 100$

② $CO_2\% = \dfrac{21 - O_2}{21} \times 100$

③ $CO_2\% = \dfrac{O_2 + 21}{21} \times 100$

④ $CO_2\% = \dfrac{21 + O_2}{O_2} \times 100$

**해설** 이산화탄소의 이론적 최소소화농도[%]

$$CO_2\% = \dfrac{21 - O_2}{21} \times 100$$

정답 08.① 09.③ 10.④ 11.②

# 2005 제8회 소방시설관리사 1차 필기 기출문제
[제2과목 : 약제화학]

**01** 다음 소방대상물 중 할론 소화약제를 사용하여서는 안 되는 것은?

① 변압기, Oil switch
② Na, Ti
③ 가솔린, 인화성 연료
④ 액상 인화성 물질

**해설** Na(나트륨), Ti(티탄), K(칼륨) 등 반응성이 큰 물질은 할론 소화약제는 부적합하고 마른모래, 팽창질석, 팽창진주암이 적당하다.

**02** 내유염성(耐油染性)이 우수하며 특형 고정포방출 방식을 적용할 수 있는 포소화약제는?

① 단백포    ② 수성막포
③ 내알코올포  ④ 합성계면활성제포

**해설** 특형 고정포방출방식 적용 포소화약제
㉠ 수성막포
㉡ 불화단백포
[저부포주입 가능약제 : 수성막포, 불화단백포]

**03** 화학포소화기 화학반응 시 생성되는 물질이 아닌 것은?

① $CO_2$    ② $H_2O$
③ $Al(OH)_3$   ④ $NaHCO_3$

**해설** 화학포 소화약제의 반응식

$$6NaHCO_3 + Al_2(SO_4)_3 \cdot 18H_2O \rightarrow 3Na_2SO_4 + 2Al(OH)_3 + 6CO_2 + 18H_2O$$

※ ㉣ $NaHCO_3$ : 제1종분말, 산·알칼리소화기의 알칼리

**04** 분말소화약제의 입자는 너무 커도 너무 미세하여도 소화효과가 떨어지는데 소화효과가 가장 좋은 입자의 크기는?

① 20~25[$\mu m$]    ② 5~10[$\mu m$]
③ 50~60[$\mu m$]    ④ 30~50[$\mu m$]

**해설** 분말소화약제의 입도
㉠ 너무 커도 너무 미세하여도 소화효과가 떨어진다.
㉡ 미세하게 골고루 분포되어 있어야 한다.
㉢ 입도의 크기 : 20~25[$\mu m$]

**05** 이산화탄소 소화약제에 대한 설명으로 맞지 않는 것은?

① 이산화탄소의 가장 큰 효과는 질식효과이며, 약간의 냉각효과가 있다.
② 약제로 인한 오염의 영향이 없다는 장점이 있다.
③ 밀폐된 상태에서 방출되는 경우 A급 화재에도 사용 가능하다.
④ 산소 농도가 34[%]일 때 소화를 위한 이산화탄소 농도는 14[%] 정도이다.

**해설** 산소의 농도가 14[%]일 때 이산화탄소 농도는 34[vol%]이다.

$$CO_2(\%) = \frac{21 - O_2}{21} \times 100$$

∴ $CO_2(\%) = \frac{21 - O_2}{21} \times 100$

$34[\%] = \frac{21 - O_2}{21} \times 100$

$O_2 = 13.86 ≒ 14[\%]$

**정답** 01.② 02.② 03.④ 04.① 05.④

## 04. 약제화학

**06** 물 소화약제에 대한 설명 중 틀린 것은?

① 물은 증발 잠열이 작아 냉각효과가 우수하다.
② 물은 주로 A급 화재에만 사용한다.
③ 사용 후 2차 피해인 수손이 발생한다.
④ 물은 액체에서 수증기로 바뀌면 체적은 1,700배 정도 증가한다.

**해설** 물은 증발잠열이 크기 때문에 냉각효과가 우수하다.

**07** 소화능력, ODP(오존파괴지수), GWP(지구온난화지수), 독성 등 HFC계 소화약제 중 가장 우수하고 고가인 소화약제는?

① 펜타플루오르에탄(HFC-125)
② 트리플루오르메탄(HFC-23)
③ 헵타플루오르프로판(HFC-227ea)
④ 클로로테트라플루오르에탄(HFC-124)

**해설** 헵타플루오르프로판(HFC-227ea)
소화능력, ODP(오존파괴지수), GWP(지구온난화지수), 독성 등 HFC계 소화약제 중 가장 우수하고 고가인 소화약제

정답 06.① 07.③

# 2004 제7회 소방시설관리사 1차 필기 기출문제

[제2과목 : 약제화학]

**01** 소화약제인 물의 특성 중 옳지 않은 것은?
① 대기압 하에서 100[℃]의 물이 수증기로 바뀔 때 체적은 1,000배 정도로 증가한다.
② 물의 기화잠열은 539[cal/g]이다.
③ 0[℃]의 물이 1[g]이 100[℃]의 수증기로 되는데 필요한 열량은 639[cal/g]이다.
④ 물의 융해잠열은 80[cal/g]이다.

**해설** 물의 특성
㉠ 대기압 하에서 100[℃]의 물이 수증기로 바뀔 때 체적은 1,600~1,700배 정도로 증가한다.
㉡ 물의 기화잠열 : 539[cal/g]
㉢ 0[℃]의 물 1g이 100[℃]의 수증기로 필요한 열량은 639[cal/g]이다.

$Q = mc\Delta t + r \cdot m$
$= 1[g] \times 1[cal/g \cdot ℃] \times (100-0)[℃] + 539[cal/g] \times 1[g]$
$= 639[cal]$

㉣ 물의 융해잠열 : 80[cal/g]

**02** 한계 산소농도($O_2$[%])를 알 경우에 이산화탄소의 이론적 최소 소화농도($CO_2$[%])를 구하는 식으로 맞는 것은?

① $CO_2\% = \dfrac{(O_2 - 21)}{21} \times 100$

② $CO_2\% = \dfrac{(21 - O_2)}{21} \times 100$

③ $CO_2\% = \dfrac{(O_2 + 21)}{21} \times 100$

④ $CO_2\% = \dfrac{(21 + O_2)}{O_2} \times 100$

**해설** 이산화탄소의 이론적 최소 소화농도
$CO_2\% = \dfrac{(21 - O_2)}{21} \times 100$

**03** 제4류 위험물 화재 시 소화약제로 적합하지 않은 것은?
① 할론 소화약제
② 포말 소화약제
③ 물(봉상) 소화약제
④ 분말 소화약제

**해설** 제4류 위험물 : 봉상, 적상의 주수소화는 부적합

제4류 위험물 봉상주수 : 연소면 확대로 부적합

**04** 할론 1301의 질소가스 축압에 대한 설명 중 틀린 것은?
① 질소가스를 축압할 때 쉽게 가압할 수 있다.
② 질소가스를 축압할 때 할론 1301과 화학적으로 반응한다.
③ 할론 1301은 자체 증기압이 낮기 때문에 질소가스로 축압한다.
④ 질소가스의 가압은 압력에 따라 고압식과 저압식으로 나누어진다.

**해설** 할론 1301의 특징
㉠ 할론 1301은 자체증기압이 1.4[MPa]이므로 질소로 2.8[MPa]를 추가하여 4.2[MPa]로 하여야 전량 방출하므로 질소가스를 축압하여야 한다.
㉡ 질소가스 축압 시 쉽게 가압할 수 있다.
㉢ 질소가스의 가압은 압력에 따라 고압식과 저압식으로 나누어진다.

정답 01.① 02.② 03.③ 04.②

**05** 불활성기체소화약제인 IG-541에 대한 설명 중 틀린 것은?

① IG-541은 불연성·불활성 기체 혼합가스이다.
② IG-541은 아르곤이 52[%] 함유되어 있다.
③ IG-541은 질소, 아르곤, 이산화탄소로 구성된다.
④ IG-541은 이산화탄소가 8[%] 함유되어 있다.

**[해설] 불활성기체소화약제의 종류**

| 소화약제 | 화학식 |
|---|---|
| 불활성기체혼합가스(IG-01) | Ar |
| 불활성기체혼합가스(IG-100) | $N_2$ |
| 불활성기체혼합가스(IG-541) | $N_2$ : 52[%], Ar : 40[%], $CO_2$ : 8[%] |
| 불활성기체혼합가스(IG-55) | $N_2$ : 50[%], Ar : 50[%] |

∴ IG-541은 질소, 아르곤, 이산화탄소로 구성되어 있다.

**06** 고압식 이산화탄소 저장용기의 내용적이 50L라고 할 때 이 용기에 충전할 수 있는 이산화탄소의 중량은?

① 11.1[kg]  ② 22.3[kg]
③ 33.3[kg]  ④ 44.4[kg]

**[해설] 이산화탄소 저장용기의 충전비**

| 구분 | 저압식 | 고압식 |
|---|---|---|
| 충전비 | 1.1 이상 1.4 이하 | 1.5 이상 1.9 이하 |

$$충전비 = \frac{용기의\ 내용적(L)}{충전하는\ 탄산가스의\ 중량(kg)}$$

∴ 탄산가스의 중량 = $\frac{용기의\ 내용적}{충전비}$

㉠ 이산화탄소의 최대 양 = $\frac{50}{1.5}$ = 33.33[kg]

㉡ 이산화탄소의 최소 양 = $\frac{50}{1.9}$ = 26.31[kg]

**07** 식용유 화재의 소화에는 제1종 분말소화약제가 제2종 분말소화약제보다 우수한 것으로 판명되었다. 그 이유로 가장 적합한 것은?

① 분말소화약제에 결합된 알칼리 금속은 분자량이 가벼울수록 식용유화재에 대한 소화성능이 우수하다.
② 제1종 분말소화약제는 식용유와 비누화반응을 일으켜 가연물의 가연성을 억제한다.
③ 연소의 연쇄반응을 일으키는 활성종의 흡착력이 제1종 분말소화약제가 더 크다.
④ 제2종 분말소화약제에 결합된 칼륨은 분자량이 무거워 식용유 밑으로 침전하여 소화력이 떨어진다.

**[해설]** 제1종 분말소화약제는 주방에서 사용하는 식용유화재에는 가연물과 반응하여 비누화반응을 일으켜 질식소화 및 재발화를 방지하는 소화효과가 있다.

**08** 다음은 분말소화약제의 색상 중 틀린 것은?

① 제1종 분말 - 백색
② 제2종 분말 - 담자색
③ 제3종 분말 - 황색
④ 제4종 분말 - 회색

**[해설] 분말소화약제의 성상**

| 종류 | 주성분 | 착색 | 적응 화재 | 열분해 반응식 |
|---|---|---|---|---|
| 제1종 분말 | 탄산수소나트륨 ($NaHCO_3$) | 백색 | B, C | $2NaHCO_3 \rightarrow Na_2CO_3 + CO_2 + H_2O$ |
| 제2종 분말 | 탄산수소칼륨 ($KHCO_3$) | 담자색 | B, C | $2KHCO_3 \rightarrow K_2CO_3 + CO_2 + H_2O$ |
| 제3종 분말 | 제일인산암모늄 ($NH_4H_2PO_4$) | 담홍색 | A, B, C | $NH_4H_2PO_4 \rightarrow HPO_3 + NH_3 + H_2O$ |
| 제4종 분말 | 탄산수소칼륨+요소 ($KHCO_3 + (NH_2)_2CO$) | 회색 | B, C | $2KHCO_3 + (NH_2)_2CO \rightarrow K_2CO_3 + 2NH_3 + 2CO_2$ |

## 09 물의 소화효과와 거리가 먼 것은?

① 연쇄반응의 억제효과
② 질식효과
③ 냉각효과
④ 희석효과

**해설** 물의 소화효과
㉠ 봉상주수(옥내·외 소화전설비) : 냉각효과
㉡ 적상주수(스프링클러설비) : 냉각효과
㉢ 무상주수(물분무설비) : 질식, 냉각, 희석, 유화효과

> ● 연쇄반응의 억제효과
>    분말소화설비, 할론 소화설비

## 10 대규모 유류저장소에 가장 적합한 것으로서 압입기가 있는 포소화약제 혼합방식은?

① 펌프 프로포셔너(Pump Proportioner) 방식
② 라인 프로포셔너(Line Proportioner) 방식
③ 프레져 프로포셔너(Pressure Proportioner) 방식
④ 프레져 사이드 프로포셔너(Pressure Side Proportioner) 방식

**해설** 포소화약제의 혼합방식

㉠ 펌프 프로포셔너 방식(Pump Proportioner, 펌프 혼합방식)
  펌프의 토출관과 흡입관 사이의 배관도중에 설치한 흡입기에 펌프에서 토출된 물의 일부를 보내고 농도조절 밸브에서 조정된 포소화약제의 필요량을 포소화약제 탱크에서 펌프 흡입측으로 보내어 약제를 혼합하는 방식

㉡ 라인 프로포셔너 방식(Line Proportioner, 관로 혼합방식)
  펌프와 발포기의 중간에 설치된 벤추리관의 벤추리작용에 따라 포소화약제를 흡입·혼합하는 방식. 이 방식은 옥외소화전에 연결해서 주로 1층에 사용하며 원액 흡입력 때문에 송수압력의 손실이 크고, 토출측 호스의 길이, 포원액 탱크의 높이 등에 민감하므로 아주 정밀설계와 시공을 요한다.

㉢ 프레져 프로포셔너 방식(Pressure Proportioner, 차압 혼합방식)
  펌프와 발포기의 중간에 설치된 벤추리관의 벤추리작용과 펌프 가압수의 포소화약제 저장탱크에 대한 압력에 따라 포소화약제를 흡입 혼합하는 방식. 현재 우리나라에서는 3[%]단백포 차압혼합방식을 많이 사용하고 있다.

㉣ 프레져 사이드 프로포셔너 방식(Pressure Side Proportioner, 압입 혼합방식)
  펌프의 토출관에 압입기를 설치하여 포소화약제 압입용 펌프로 압입시켜 혼합하는 방식으로 대규모 유류저장소에 적합하다.

㉤ 압축공기포혼합방식 : 포수용액에 가압원으로 압축된 공기 또는 질소를 일정비율로 혼합하는 방식

# 2002 제6회 소방시설관리사 1차 필기 기출문제
[제2과목 : 약제화학]

**01** 이산화탄소 소화약제의 저장용기 충전비로서 적합하게 짝지어져 있는 것은?

① 저압식은 1.1 이상, 고압식은 1.5 이상
② 저압식은 1.4 이상, 고압식은 2.0 이상
③ 저압식은 1.9 이상, 고압식은 2.5 이상
④ 저압식은 2.3 이상, 고압식은 3.0 이상

**해설** 이산화탄소 소화약제의 충전비

| 구분 | 저압식 | 고압식 |
|---|---|---|
| 충전비 | 1.1 이상 1.4 이하 | 1.5 이상 1.9 이하 |

**02** 가스계 소화약제로서 연소의 연쇄반응을 차단하거나 억제하는 물질은?

① $NH_4H_2PO_4$  ② $CF_3Br$
③ $NaHCO_3$  ④ $KHCO_3$

**해설** 할론 소화약제의 소화효과
질식효과, 냉각효과, 부촉매효과(연쇄반응을 차단)

| 종류 | 할론1301 | 할론1211 | 할론1011 | 할론2402 |
|---|---|---|---|---|
| 화학식 | $CF_3Br$ | $CF_2ClBr$ | $CH_2Clbr$ | $C_2F_4Br_2$ |

**03** 발명된 기름화재용 포원액 중 가장 뛰어난 소화액을 가진 소화액으로서 원액이든 수용액이든 장기보존성이 좋고 무독하여 $CO_2$가스 등과 병용이 가능한 소화액은?

① 불화단백포  ② 수성막포
③ 단백포    ④ 알코올형포

**해설** 수성막포
유류화재용 포원액 중 가장 뛰어난 소화액을 가진 소화액으로서 원액이든 수용액이든 장기보존성이 좋고 무독하여 $CO_2$가스 등과 병용이 가능한 소화약제로서 항공기의 격납고에 사용한다.

**04** 이산화탄소를 방사하여 산소의 체적 농도를 10~14[%]로 하려면 상대적으로 방사된 이산화탄소의 농도는 얼마가 되어야 할 것인가? (단, 공기 중 산소의 체적비는 21[%], 질소의 체적비는 79[%]이다)

① 21.3~42.4[%]
② 27.3~48.4[%]
③ 33.3~52.4[%]
④ 37.3~58.4[%]

**해설** 이산화탄소의 농도

$$CO_2(\%) = \frac{21 - O_2\%}{21} \times 100$$

㉠ 산소 10[%]일 때
$$CO_2(\%) = \frac{21 - 10[\%]}{21} \times 100 = 52.38[\%]$$

㉡ 산소 14[%]일 때
$$CO_2(\%) = \frac{21 - 14[\%]}{21} \times 100 = 33.33[\%]$$

정답  01.①  02.②  03.②  04.③

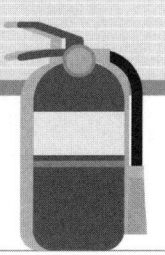

# 제5회 소방시설관리사 1차 필기 기출문제
### [제2과목 : 약제화학]

**01** 다음 중 잘못된 것은?

① 할론 1301 – 연쇄반응을 억제 또는 차단함으로써 연소를 중단시키므로 소화한다.
② 할론 2402 – 에탄($C_2H_6$)의 유도체이다.
③ 할론 1211 – 할론소화제 중 독성이 가장 적고, 생산가격도 저렴하다.
④ 할론 104 – 포스겐가스의 발생으로 현재 사용이 중지되었다.

**해설** 할론 1301은 독성이 가장 적고 인체에 대한 독성이 가장 약하다.
[GWP지수]
㉠ 할론 1301 : 7140   ㉡ 할론 1211 : 1890
㉢ 할론 2402 : 1640   ㉣ 할론 1040 : 1400

> ODP 지수
> 할론 1301=14, 할론 1211=2.4,
> 할론 1040=6.6, $CO_2$=0.05

**02** 고압식 이산화탄소 소화설비의 저장용기의 최소 충전비는?

① 1.5    ② 1.4
③ 1.3    ④ 1.0

**해설** **이산화탄소의 충전비** : 1.5 이상 [고압식 1.5 이상 1.9 이하, 저압식 1.1 이상 1.4 이하]

**03** 강화액 소화약제에 대한 설명으로 옳은 것은?

① 침투제가 첨가된 물을 말한다.
② 침투성을 높여 주기 위해서 첨가하는 계면 활성제의 총칭이다.
③ 물이 저온에서 동결되는 단점을 보완하기 위해 첨가하는 액체이다.
④ 알칼리 금속염을 주성분으로 한 것으로 황색 또는 무색의 점성이 있는 수용액이다.

**해설** **첨가제**
㉠ 강화액 : 알칼리 금속염을 주성분으로 한 것으로 황색 또는 무색의 점성이 있는 수용액
㉡ 침투제 : 침투성을 높여 주기 위해서 첨가하는 계면 활성제의 총칭
㉢ 부동액 : 물이 저온에서 동결되는 단점을 보완하기 위해 첨가하는 액체

**04** 다음 중 물을 소화약제로 사용할 수 있는 것은?

① 카바이트(탄화칼슘)
② 유기과산화물
③ 마그네슘분
④ 탄소봉

**해설** **과산화물**
㉠ 무기과산화물(제1류 위험물)은 물과 반응하면 산소를 방출하므로 적합하지 않다.
㉡ 유기과산화물(제5류 위험물)은 물로 소화가 가능하다.

정답  01.③  02.①  03.④  04.②

04. 약제화학

**05** 다음 반응 중 화학평형에서 오른쪽으로 진행시키기 위한 조건은?

$$N_2 + 3H_2 \leftrightarrows 2NH_3 + Qkcal$$

① 저온, 감압  ② 고온, 감압
③ 고온, 가압  ④ 저온, 가압

**해설** 반응이동의 조건
㉠ 온도
　ⓐ 상승 : 온도가 내려가는 방향으로 진행(흡열반응 방향 ←)
　ⓑ 강하 : 온도가 올라가는 방향으로 진행(발열반응 방향 →)
㉡ 압력
　ⓐ 상승 : 몰수가 감소하는 방향으로 진행(→)
　ⓑ 강하 : 몰수가 증가하는 방향으로 진행(←)
㉢ 농도
　ⓐ 증가 : 정반응(→)
　ⓑ 감소 : 역반응(←)
㉣ 암모니아 제거, 수소나 질소첨가 : 정반응(→)

- 오른쪽으로 진행하기 위한 조건 : 저온, 가압

**06** 물의 기화열이 539[cal]란 어떤 의미를 말하는가?

① 0[℃]의 물이 1[g]이 얼음으로 변하는데 539[cal]의 열량이 필요하다.
② 100[℃]이 물 1[g]이 수증기로 변하는데 539[cal]의 열량이 필요하다.
③ 0[℃]의 얼음 1[g]이 물로 변하는데 539[cal]의 열량이 필요하다.
④ 0[℃]의 물 1[g]이 100[℃]의 물로 변하는데 539[cal]의 열량이 필요하다.

**해설** 용어정의
㉠ 기화열 : 100[℃]이 물 1[g]이 수증기로 변하는데 필요한 열량(물의 기화열 : 539[cal/g])
㉡ 융해열 : 0[℃]이 얼음 1[g]이 물로 변하는데 필요한 열량(얼음의 융해열 : 80[cal/g])

# 1998 제4회 소방시설관리사 1차 필기 기출문제
### [제2과목 : 약제화학]

**01** 주수소화 시 물의 표면장력을 낮추어 연소물의 침투속도를 향상시키기 위해 첨가제를 사용하는 데 적합한 것은?

① Ethylene oxide
② Sodium carboxy methyl cellulose
③ Wetting agents
④ Viscosity agents

**해설** Wetting agents
주수소화 시 물의 표면장력을 낮춰 연소물의 침투속도를 향상시키기 위한 첨가제
[소화효과 증대를 위한 첨가제]
  ㉠ 부동액(Antifreeze Agent) : 에틸렌글리콜, 프로필렌글리콜, 글리세린
  ㉡ 침투제(Wetting Agent) : 물의 표면장력을 낮추고 침투력을 높임
  ㉢ 증점제(Viscosity Agent) : 점도증가, CMC(카르복시메틸셀룰로오스), gelgard, Organic-gel
  ㉣ 유화제(Emulsifier) : 친수성콜로이드(기름막 형성제), 에틸렌글리콜, 계면활성제

**02** 다음 원소 중 할로겐 원소가 아닌 것은?

① 염소   ② 브롬
③ 네온   ④ 요오드

**해설** 할로겐족 원소(17족 원소)
  ㉠ F : 불소
  ㉡ Cl : 염소
  ㉢ Br : 브롬, 취소
  ㉣ I : 요오드, 옥소

> 0족(18족) 원소
> He(헬륨), Ne(네온), Ar(아르곤), Kr(크립톤), Xe(크세논), Rn(라돈)

**03** 인산 제1암모늄계 분말약제가 A급 화재에도 좋은 소화 효과를 보여주는 이유는 무엇인가?

① 인산암모늄계 분말약제가 열에 의해 분해되면서 생성되는 물질이 특수한 냉각효과를 보여주기 때문이다.
② 인산암모늄계 분말약제가 열에 의해 분해되면서 생성되는 다량의 불연성 가스가 질식효과를 보여주기 때문이다.
③ 인산 분말 암모늄계가 열에 의해 분해되면서 생성되는 불연성의 용융물질이 가연물의 표면에 부착되어 차단 효과를 보여주기 때문이다.
④ 인산 제1암모늄계 분말약제가 열에 의해 분해되어 생성되는 물질이 강력한 연쇄반응 차단 효과를 보여주기 때문이다.

**해설** 제3종 분말 소화약제는 열분해 되면서 생성되는 불연성의 용융물질이 가연물의 표면에 부착되어 차단 효과를 보여주기 때문에 A급화재에 적합하다.

**04** 할론 소화설비에 사용하지 않는 할로겐화합물 소화약제는?

① 할론 1301   ② 할론 1211
③ 할론 1011   ④ 할론 2402

**해설** • 할론 소화약제 : 할론 1301, 할론 1211, 할론 2402

> 할론 1011
> 현재 독성이 심해서 사용하지 않는다.

04. 약제화학

**05** 물의 소화성능을 향상시키기 위한 첨가제로 적당하지 않은 것은?

① 침투제　　② 증점제
③ 내유제　　④ 유화제

**해설** 물의 소화성능을 향상시키기 위해 첨가하는 첨가제 : 침투제, 증점제, 유화제
　㉠ 침투제 : 물의 침투성을 증가시키는 Wetting agent
　㉡ 증점제 : 물의 점도를 증가시키는 Viscosity agent
　㉢ 유화제 : 기름의 표면에 유화(에멀젼) 효과를 위한 첨가제(분무주수)
　㉣ 부동제 : 저온에서 동결되는 것을 보완하기 위하여 첨가하는 약제

정답 05.③

CHAPTER

# 05

[제 3 과목]
## 소방관계법령

소방시설관리사 기출문제집 [필기]

# 2024 제24회 소방시설관리사 1차 필기 기출문제
[제3과목 : 소방관계법령]

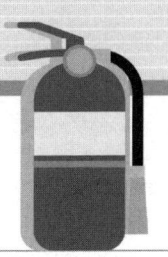

**01** 소방기본법령상 소방기술 및 소방산업의 국제경쟁력과 국제적 통용성을 높이기 위하여 소방청장이 추진하는 사업으로 명시되지 않은 것은?

① 소방기술 및 소방산업의 국제 협력을 위한 조사·연구
② 소방기술과 안전관리에 관한 교육 및 조사·연구
③ 소방기술 및 소방산업의 국외시장 개척
④ 소방기술 및 소방산업에 관한 국제 전시회, 국제 학술회의 개최 등 국제 교류

**해설** 소방기본법 제39조의7(소방기술 및 소방산업의 국제화 사업)
① 국가는 소방기술 및 소방산업의 국제경쟁력과 국제적 통용성을 높이는 데에 필요한 기반 조성을 촉진하기 위한 시책을 마련하여야 한다.
② 소방청장은 소방기술 및 소방산업의 국제경쟁력과 국제적 통용성을 높이기 위하여 다음 각 호의 사업을 추진하여야 한다.
1. 소방기술 및 소방산업의 국제 협력을 위한 조사·연구
2. 소방기술 및 소방산업에 관한 국제 전시회, 국제 학술회의 개최 등 국제 교류
3. 소방기술 및 소방산업의 국외시장 개척
4. 그 밖에 소방기술 및 소방산업의 국제경쟁력과 국제적 통용성을 높이기 위하여 필요하다고 인정하는 사업

**02** 소방기본법령상 소방대의 소방지원활동에 해당하지 않는 것은?

① 산불에 대한 예방·진압 등 지원활동
② 자연재해에 따른 급수·배수 및 제설 등 지원활동
③ 집회·공연 등 각종 행사시 사고에 대비한 근접대기 등 지원활동
④ 끼임, 고립 등에 따른 위험제거 및 구출 활동

**해설** 소방기본법 제16조의2(소방지원활동)
① 소방청장·소방본부장 또는 소방서장은 공공의 안녕질서 유지 또는 복리증진을 위하여 필요한 경우 소방활동 외에 다음 각 호의 활동(이하 "소방지원활동"이라 한다)을 하게 할 수 있다.
1. 산불에 대한 예방·진압 등 지원활동
2. 자연재해에 따른 급수·배수 및 제설 등 지원활동
3. 집회·공연 등 각종 행사 시 사고에 대비한 근접대기 등 지원활동
4. 화재, 재난·재해로 인한 피해복구 지원활동
5. 삭제 〈2015. 7. 24.〉
6. 그 밖에 행정안전부령으로 정하는 활동

> 시행규칙 제8조의4(소방지원활동)
> 법 제16조의2제1항제6호에서 "그 밖에 행정안전부령으로 정하는 활동"이란 다음 각 호의 어느 하나에 해당하는 활동을 말한다.
> 1. 군·경찰 등 유관기관에서 실시하는 훈련지원 활동
> 2. 소방시설 오작동 신고에 따른 조치활동
> 3. 방송제작 또는 촬영 관련 지원활동

정답 01.② 02.④

**03** 소방시설공사업법령상 벌칙에 관한 내용으로 옳은 것은?

① 공사감리 결과보고서의 제출을 거짓으로 한 자는 3천만원 이하의 벌금에 처한다.
② 소방시설공사를 다른 업종의 공사와 분리하여 도급하지 아니한 자는 1천만원 이하의 벌금에 처한다.
③ 소방기술자를 공사 현장에 배치하지 아니한 자에게는 200만원 이하의 과태료를 부과한다.
④ 공사대금의 지급보증을 정당한 사유 없이 이행하지 아니한 자에게는 300만원 이하의 과태료를 부과한다.

**해설**
① 공사감리 결과보고서의 제출을 거짓으로 한 자 : 1년 이하의 징역 또는 1천만원 이하의 벌금
② 소방시설공사를 다른 업종의 공사와 분리하여 도급하지 아니한 자 : 300만원 이하의 벌금
④ 공사대금의 지급보증을 정당한 사유 없이 이행하지 아니한 자 : 200만원 이하의 과태료

**04** 소방시설공사업법령상 소방시설공사 분리 도급의 예외로 명시되지 않은 것은? (단, 다른 조건은 고려하지 않음)

① 연소방지설비의 살수구역을 증설하는 공사인 경우
② 연면적이 1천제곱미터 이하인 특정소방대상물에 비상경보설비를 설치하는 공사인 경우
③ 국방 및 국가안보 등과 관련하여 기밀을 유지해야 하는 공사인 경우
④ 「재난 및 안전관리 기본법」에 따른 재난의 발생으로 긴급하게 착공해야 하는 공사인 경우

**해설** 공사업법 시행령 제11조의2(소방시설공사 분리 도급의 예외)
법 제21조제2항 단서에서 "대통령령으로 정하는 경우"란 다음 각 호의 어느 하나에 해당하는 경우를 말한다.
1. 「재난 및 안전관리 기본법」 제3조제1호에 따른 재난의 발생으로 긴급하게 착공해야 하는 공사인 경우
2. 국방 및 국가안보 등과 관련하여 기밀을 유지해야 하는 공사인 경우
3. 제4조 각 호에 따른 소방시설공사에 해당하지 않는 공사인 경우
4. 연면적이 1천제곱미터 이하인 특정소방대상물에 비상경보설비를 설치하는 공사인 경우
5. 다음 각 목의 어느 하나에 해당하는 입찰로 시행되는 공사인 경우
   가. 「국가를 당사자로 하는 계약에 관한 법률 시행령」 제79조제1항제4호 또는 제5호 및 「지방자치단체를 당사자로 하는 계약에 관한 법률 시행령」 제95조제1항제4호 또는 제5호에 따른 대안입찰 또는 일괄입찰
   나. 「국가를 당사자로 하는 계약에 관한 법률 시행령」 제98조제2호 또는 제3호 및 「지방자치단체를 당사자로 하는 계약에 관한 법률 시행령」 제127조제2호 또는 제3호에 따른 실시설계 기술제안입찰 또는 기본설계 기술제안입찰
5의2. 「국가첨단전략산업 경쟁력 강화 및 보호에 관한 특별조치법」 제2조제1호에 따른 국가첨단전략기술 관련 연구시설·개발시설 또는 그 기술을 이용하여 제품을 생산하는 시설 공사인 경우
6. 그 밖에 국가유산수리 및 재개발·재건축 등의 공사로서 공사의 성질상 분리하여 도급하는 것이 곤란하다고 소방청장이 인정하는 경우

**05** 소방시설공사업법령상 2차 위반 시 100만원의 과태료를 부과하는 경우를 모두 고른 것은? (단, 가중 또는 감경 사유는 고려하지 않음)

ㄱ. 방염처리업자가 방염성능기준 미만으로 방염을 한 경우
ㄴ. 감리업자가 소방시설공사의 감리를 위하여 소속 감리원을 소방시설공사 현장에 배치 후 소방본부장이나 소방서장에게 배치통보를 하지 않은 경우
ㄷ. 소방시설공사등의 도급을 받은 자가 해당 공사를 하도급할 때 미리 관계인과 발주자에게 하도급 등의 통지를 하지 않은 경우

① ㄱ, ㄴ
② ㄱ, ㄷ
③ ㄴ, ㄷ
④ ㄱ, ㄴ, ㄷ

정답 03.③ 04.① 05.③

## 해설 2. 개별기준

| 위반행위 | 근거 법조문 | 과태료 금액(단위 : 만원) | | |
|---|---|---|---|---|
| | | 1차 위반 | 2차 위반 | 3차 이상 위반 |
| 가. 법 제6조, 제6조의2제1항, 제7조제3항, 제13조제1항 및 제2항 전단, 제17조제2항을 위반하여 신고를 하지 않거나 거짓으로 신고한 경우 | 법 제40조 제1항제1호 | 60 | 100 | 200 |
| 나. 법 제8조제3항을 위반하여 관계인에게 지위승계, 행정처분 또는 휴업·폐업의 사실을 거짓으로 알린 경우 | 법 제40조제1항제2호 | 60 | 100 | 200 |
| 다. 법 제8조제4항을 위반하여 관계 서류를 보관하지 않은 경우 | 법 제40조제1항제3호 | 200 | | |
| 라. 법 제12조제2항을 위반하여 소방기술자를 공사 현장에 배치하지 않은 경우 | 법 제40조제1항제4호 | 200 | | |
| 마. 법 제14조제1항을 위반하여 완공검사를 받지 않은 경우 | 법 제40조제1항제5호 | 200 | | |
| 바. 법 제15조제3항을 위반하여 3일 이내에 하자를 보수하지 않거나 하자보수계획을 관계인에게 거짓으로 알린 경우 | 법 제40조제1항제6호 | | | |
| 1) 4일 이상 30일 이내에 보수하지 않은 경우 | | 60 | | |
| 2) 30일을 초과하도록 보수하지 않은 경우 | | 100 | | |
| 3) 거짓으로 알린 경우 | | 200 | | |
| 사. 법 제17조제3항을 위반하여 감리 관계 서류를 인수·인계하지 않은 경우 | 법 제40조제1항제8호 | 200 | | |
| 아. 법 제18조제2항에 따른 배치통보 및 변경통보를 하지 않거나 거짓으로 통보한 경우 | 법 제40조제1항제8호의2 | 60 | 100 | 200 |
| 자. 법 제20조의2를 위반하여 방염성능기준 미만으로 방염을 한 경우 | 법 제40조제1항제9호 | 200 | | |
| 차. 법 제20조의3제2항에 따른 방염처리능력 평가에 관한 서류를 거짓으로 제출한 경우 | 법 제40조제1항제10호 | 200 | | |
| 카. 법 제21조의3제2항에 따른 도급계약 체결 시 의무를 이행하지 않은 경우(하도급 계약의 경우에는 하도급 받은 소방시설업자는 제외한다) | 법 제40조제1항제10호의3 | 200 | | |
| 타. 법 제21조의3제4항에 따른 하도급 등의 통지를 하지 않은 경우 | 법 제40조제1항제11호 | 60 | 100 | 200 |
| 파. 법 제21조의4제1항에 따른 공사대금의 지급보증, 담보의 제공 또는 보험료등의 지급을 정당한 사유 없이 이행하지 않은 경우 | 법 제40조제1항제11호의2 | 200 | | |
| 하. 법 제26조제2항에 따른 시공능력 평가에 관한 서류를 거짓으로 제출한 경우 | 법 제40조제1항제13호의2 | 200 | | |
| 거. 법 제26조의2제1항 후단에 따른 사업수행능력 평가에 관한 서류를 위조하거나 변조하는 등 거짓이나 그 밖의 부정한 방법으로 입찰에 참여한 경우 | 법 제40조제1항제13호의3 | 200 | | |
| 너. 법 제31조제1항에 따른 명령을 위반하여 보고 또는 자료 제출을 하지 않거나 거짓으로 보고 또는 자료 제출을 한 경우 | 법 제40조제1항제14호 | 60 | 100 | 200 |

**06** 소방시설공사업법령상 소방시설업의 업종별 등록기준 중 기계 및 전기분야 소방설비기사 자격을 함께 취득한 사람을 주된 기술인력으로 볼 수 있는 경우는?

① 전문 소방시설설계업과 화재위험평가 대행업을 함께 하는 경우
② 일반 소방시설설계업과 전문 소방시설공사업을 함께 하는 경우
③ 전문 소방시설설계업과 전문 소방시설공사업을 함께 하는 경우
④ 전문 소방시설설계업과 일반 소방시설공사업을 함께 하는 경우

**해설**
가. 전문 소방시설설계업과 소방시설관리업을 함께 하는 경우 : 소방기술사 자격과 소방시설관리사 자격을 함께 취득한 사람
나. 전문 소방시설설계업과 전문 소방시설공사업을 함께 하는 경우 : 소방기술사 자격을 취득한 사람
다. 전문 소방시설설계업과 화재위험평가 대행업을 함께 하는 경우 : 소방기술사 자격을 취득한 사람
라. 일반 소방시설설계업과 소방시설관리업을 함께 하는 경우 다음의 어느 하나에 해당하는 사람
　1) 소방기술사 자격과 소방시설관리사 자격을 함께 취득한 사람
　2) 기계분야 소방설비기사 또는 전기분야 소방설비기사 자격을 취득한 사람 중 소방시설관리사 자격을 취득한 사람
마. 일반 소방시설설계업과 일반 소방시설공사업을 함께 하는 경우 : 소방기술사 자격을 취득하거나 기계분야 또는 전기분야 소방설비기사 자격을 취득한 사람
바. 일반 소방시설설계업과 전문 소방시설공사업을 함께 하는 경우 : 소방기술사 자격을 취득하거나 기계분야 및 전기분야 소방설비기사 자격을 함께 취득한 사람
사. 전문 소방시설설계업과 일반 소방시설공사업을 함께 하는 경우 : 소방기술사 자격을 취득한 사람

**07** 소방시설 설치 및 관리에 관한 법령상 중앙소방기술심의위원회 심의 사항을 모두 고른 것은?

ㄱ. 화재안전기준에 관한 사항
ㄴ. 소방시설의 설계 및 공사감리의 방법에 관한 사항
ㄷ. 소방시설공사의 하자를 판단하는 기준에 관한 사항

① ㄱ, ㄴ
② ㄱ, ㄷ
③ ㄴ, ㄷ
④ ㄱ, ㄴ, ㄷ

**해설** 소방시설법 제18조(소방기술심의위원회)
① 다음 각 호의 사항을 심의하기 위하여 소방청에 중앙소방기술심의위원회(이하 "중앙위원회"라 한다)를 둔다.
　1. 화재안전기준에 관한 사항
　2. 소방시설의 구조 및 원리 등에서 공법이 특수한 설계 및 시공에 관한 사항
　3. 소방시설의 설계 및 공사감리의 방법에 관한 사항
　4. 소방시설공사의 하자를 판단하는 기준에 관한 사항
　5. 제8조제5항 단서에 따라 신기술·신공법 등 검토·평가에 고도의 기술이 필요한 경우로서 중앙위원회에 심의를 요청한 사항
　6. 그 밖에 소방기술 등에 관하여 대통령령으로 정하는 사항
② 다음 각 호의 사항을 심의하기 위하여 시·도에 지방소방기술심의위원회(이하 "지방위원회"라 한다)를 둔다.
　1. 소방시설에 하자가 있는지의 판단에 관한 사항
　2. 그 밖에 소방기술 등에 관하여 대통령령으로 정하는 사항
③ 중앙위원회 및 지방위원회의 구성·운영 등에 필요한 사항은 대통령령으로 정한다.

정답 06.② 07.④

**08** 소방시설 설치 및 관리에 관한 법령상 특정소방대상물 중 근린생활시설에 해당하는 것은?

① 같은 건축물에 해당 용도로 쓰는 바닥면적의 합계가 800㎡인 슈퍼마켓
② 같은 건축물에 해당 용도로 쓰는 바닥면적의 합계가 600㎡인 테니스장
③ 같은 건축물에 해당 용도로 쓰는 바닥면적의 합계가 500㎡인 공연장
④ 같은 건축물에 해당 용도로 쓰는 바닥면적의 합계가 700㎡인 금융업소

**해설** 근린생활시설

가. 슈퍼마켓과 일용품(식품, 잡화, 의류, 완구, 서적, 건축자재, 의약품, 의료기기 등) 등의 소매점으로서 같은 건축물(하나의 대지에 두 동 이상의 건축물이 있는 경우에는 이를 같은 건축물로 본다. 이하 같다)에 해당 용도로 쓰는 바닥면적의 합계가 1천㎡ 미만인 것
나. 휴게음식점, 제과점, 일반음식점, 기원(棋院), 노래연습장 및 단란주점(단란주점은 같은 건축물에 해당 용도로 쓰는 바닥면적의 합계가 150㎡ 미만인 것만 해당한다)
다. 이용원, 미용원, 목욕장 및 세탁소(공장에 부설된 것과 「대기환경보전법」, 「물환경보전법」 또는 「소음·진동관리법」에 따른 배출시설의 설치허가 또는 신고의 대상인 것은 제외한다)
라. 의원, 치과의원, 한의원, 침술원, 접골원(接骨院), 조산원, 산후조리원 및 안마원(「의료법」 제82조제4항에 따른 안마시술소를 포함한다)
마. 탁구장, 테니스장, 체육도장, 체력단련장, 에어로빅장, 볼링장, 당구장, 실내낚시터, 골프연습장, 물놀이형 시설(「관광진흥법」 제33조에 따른 안전성검사의 대상이 되는 물놀이형 시설을 말한다. 이하 같다), 그 밖에 이와 비슷한 것으로서 같은 건축물에 해당 용도로 쓰는 바닥면적의 합계가 500㎡ 미만인 것
바. 공연장(극장, 영화상영관, 연예장, 음악당, 서커스장, 「영화 및 비디오물의 진흥에 관한 법률」 제2조제16호가목에 따른 비디오물감상실업의 시설, 같은 호 나목에 따른 비디오물소극장업의 시설, 그 밖에 이와 비슷한 것을 말한다. 이하 같다) 또는 종교집회장[교회, 성당, 사찰, 기도원, 수도원, 수녀원, 제실(祭室), 사당, 그 밖에 이와 비슷한 것을 말한다. 이하 같다]으로서 같은 건축물에 해당 용도로 쓰는 바닥면적의 합계가 300㎡ 미만인 것
사. 금융업소, 사무소, 부동산중개사무소, 결혼상담소 등 소개업소, 출판사, 서점, 그 밖에 이와 비슷한 것으로서 같은 건축물에 해당 용도로 쓰는 바닥면적의 합계가 500㎡ 미만인 것
아. 제조업소, 수리점, 그 밖에 이와 비슷한 것으로서 같은 건축물에 해당 용도로 쓰는 바닥면적의 합계가 500㎡ 미만인 것(「대기환경보전법」, 「물환경보전법」 또는 「소음·진동관리법」에 따른 배출시설의 설치허가 또는 신고의 대상인 것은 제외한다)
자. 「게임산업진흥에 관한 법률」 제2조제6호의2에 따른 청소년게임제공업 및 일반게임제공업의 시설, 같은 조 제7호에 따른 인터넷컴퓨터게임시설제공업의 시설 및 같은 조 제8호에 따른 복합유통게임제공업의 시설로서 같은 건축물에 해당 용도로 쓰는 바닥면적의 합계가 500㎡ 미만인 것
차. 사진관, 표구점, 학원(같은 건축물에 해당 용도로 쓰는 바닥면적의 합계가 500㎡ 미만인 것만 해당하며, 자동차학원 및 무도학원은 제외한다), 독서실, 고시원(「다중이용업소의 안전관리에 관한 특별법」에 따른 다중이용업 중 고시원업의 시설로서 독립된 주거의 형태를 갖추지 않은 것으로서 같은 건축물에 해당 용도로 쓰는 바닥면적의 합계가 500㎡ 미만인 것을 말한다), 장의사, 동물병원, 총포판매사, 그 밖에 이와 비슷한 것
카. 의약품 판매소, 의료기기 판매소 및 자동차영업소로서 같은 건축물에 해당 용도로 쓰는 바닥면적의 합계가 1천㎡ 미만인 것

**09** 소방시설 설치 및 관리에 관한 법령상 소방청장 및 시·도지사가 처분 전에 청문을 하여야 하는 경우가 아닌 것은?

① 소방시설관리사 자격의 취소 및 정지
② 방염성능검사 결과의 취소 및 검사 중지
③ 우수품질인증의 취소
④ 전문기관의 지정취소 및 업무정지

### 해설 소방시설법 제49조(청문)
소방청장 또는 시·도지사는 다음 각 호의 어느 하나에 해당하는 처분을 하려면 청문을 하여야 한다.
1. 제28조에 따른 관리사 자격의 취소 및 정지
2. 제35조제1항에 따른 관리업의 등록취소 및 영업정지
3. 제39조에 따른 소방용품의 형식승인 취소 및 제품검사 중지
4. 제42조에 따른 성능인증의 취소
5. 제43조제5항에 따른 우수품질인증의 취소
6. 제47조에 따른 전문기관의 지정취소 및 업무정지

**10** 소방시설 설치 및 관리에 관한 법령상 소방시설 등의 자체점검에 관한 설명으로 옳지 않은 것은?

① 해당 특정소방대상물의 소방시설등이 신설된 경우, 관계인은 「건축법」에 따라 건축물을 사용할 수 있게 된 날부터 30일 이내에 최초 점검을 실시해야 한다.
② 스프링클러가 설치된 특정소방대상물이나 제연설비가 설치된 터널은 종합점검 대상이다.
③ 자체점검의 면제를 신청하려는 관계인은 자체점검의 실시 만료일 3일 전까지 자체점검 면제신청서를 소방본부장 또는 소방서장에게 제출해야 한다.
④ 관리업자가 자체점검을 실시한 경우 그 점검이 끝난 날부터 10일 이내에 소방시설등점검표를 첨부하여 소방시설등 자체점검 실시결과 보고서를 관계인에게 제출해야 한다.

### 해설 소방시설법 제22조(소방시설등의 자체점검)
① 특정소방대상물의 관계인은 그 대상물에 설치되어 있는 소방시설등이 이 법이나 이 법에 따른 명령 등에 적합하게 설치·관리되고 있는지에 대하여 다음 각 호의 구분에 따른 기간 내에 스스로 점검하거나 제34조에 따른 점검능력 평가를 받은 관리업자 또는 행정안전부령으로 정하는 기술자격자(이하 "관리업자등"이라 한다)로 하여금 정기적으로 점검(이하 "자체점검"이라 한다)하게 하여야 한다. 이 경우 관리업자등이 점검한 경우에는 그 점검 결과를 행정안전부령으로 정하는 바에 따라 관계인에게 제출하여야 한다.

1. 해당 특정소방대상물의 소방시설등이 신설된 경우 : 「건축법」 제22조에 따라 건축물을 사용할 수 있게 된 날부터 60일
2. 제1호 외의 경우 : 행정안전부령으로 정하는 기간

**11** 소방시설 설치 및 관리에 관한 법령상 성능위주설계를 해야 하는 특정소방대상물(신축하는 것만 해당)로 옳지 않는 것은?

① 연면적 3만제곱미터 이상인 철도 및 도시철도 시설
② 길이가 5천미터 이상인 터널
③ 30층 이상(지하층을 포함)이거나 지상으로부터 높이가 120미터 이상인 아파트등
④ 연면적 10만제곱미터 이상인 창고시설

### 해설 소방시설법 시행령 제9조(성능위주설계를 해야 하는 특정소방대상물의 범위)
법 제8조제1항에서 "대통령령으로 정하는 특정소방대상물"이란 다음 각 호의 어느 하나에 해당하는 특정소방대상물(신축하는 것만 해당한다)을 말한다.
1. 연면적 20만제곱미터 이상인 특정소방대상물. 다만, 별표 2 제1호가목에 따른 아파트등(이하 "아파트등"이라 한다)은 제외한다.
2. 50층 이상(지하층은 제외한다)이거나 지상으로부터 높이가 200미터 이상인 아파트등
3. 30층 이상(지하층을 포함한다)이거나 지상으로부터 높이가 120미터 이상인 특정소방대상물(아파트등은 제외한다)
4. 연면적 3만제곱미터 이상인 특정소방대상물로서 다음 각 목의 어느 하나에 해당하는 특정소방대상물
   가. 별표 2 제6호나목의 철도 및 도시철도 시설
   나. 별표 2 제6호다목의 공항시설
5. 별표 2 제16호의 창고시설 중 연면적 10만제곱미터 이상인 것 또는 지하층의 층수가 2개 층 이상이고 지하층의 바닥면적의 합계가 3만제곱미터 이상인 것
6. 하나의 건축물에 「영화 및 비디오물의 진흥에 관한 법률」 제2조제10호에 따른 영화상영관이 10개 이상인 특정소방대상물
7. 「초고층 및 지하연계 복합건축물 재난관리에 관한 특별법」 제2조제2호에 따른 지하연계 복합건축물에 해당하는 특정소방대상물
8. 별표 2 제27호의 터널 중 수저(水底)터널 또는 길이가 5천미터 이상인 것

정답 10.① 11.③

**12** 소방시설 설치 및 관리에 관한 법령상 300만원 이하의 과태료가 부과되는 자는?

① 소방시설관리사증을 다른 사람에게 빌려준 자
② 방염성능검사에 합격하지 아니한 물품에 합격표시를 한 자
③ 형식승인을 받은 후 해당 소방용품에 대하여 형상 등의 일부를 변경하면서 변경승인을 받지 아니한 자
④ 자체점검을 실시한 후 그 점검결과를 거짓으로 보고한 자

**해설** 소방시설법 제61조(과태료)
① 다음 각 호의 어느 하나에 해당하는 자에게는 300만원 이하의 과태료를 부과한다.
  1. 제12조제1항을 위반하여 소방시설을 화재안전기준에 따라 설치·관리하지 아니한 자
  2. 제15조제1항을 위반하여 공사 현장에 임시소방시설을 설치·관리하지 아니한 자
  3. 제16조제1항을 위반하여 피난시설, 방화구획 또는 방화시설의 폐쇄·훼손·변경 등의 행위를 한 자
  4. 제20조제1항을 위반하여 방염대상물품을 방염성능기준 이상으로 설치하지 아니한 자
  5. 제22조제1항 전단을 위반하여 점검능력 평가를 받지 아니하고 점검을 한 관리업자
  6. 제22조제1항 후단을 위반하여 관계인에게 점검 결과를 제출하지 아니한 관리업자등
  7. 제22조제2항에 따른 점검인력의 배치기준 등 자체점검 시 준수사항을 위반한 자
  8. 제23조제3항을 위반하여 점검 결과를 보고하지 아니하거나 거짓으로 보고한 자
  9. 제23조제4항을 위반하여 이행계획을 기간 내에 완료하지 아니한 자 또는 이행계획 완료 결과를 보고하지 아니하거나 거짓으로 보고한 자
  10. 제24조제1항을 위반하여 점검기록표를 기록하지 아니하거나 특정소방대상물의 출입자가 쉽게 볼 수 있는 장소에 게시하지 아니한 관계인
  11. 제31조 또는 제32조제3항을 위반하여 신고를 하지 아니하거나 거짓으로 신고한 자
  12. 제33조제3항을 위반하여 지위승계, 행정처분 또는 휴업·폐업의 사실을 특정소방대상물의 관계인에게 알리지 아니하거나 거짓으로 알린 관리업자
  13. 제33조제4항을 위반하여 소속 기술인력의 참여 없이 자체점검을 한 관리업자
  14. 제34조제2항에 따른 점검실적을 증명하는 서류 등을 거짓으로 제출한 자
  15. 제52조제1항에 따른 명령을 위반하여 보고 또는 자료제출을 하지 아니하거나 거짓으로 보고 또는 자료제출을 한 자 또는 정당한 사유 없이 관계 공무원의 출입 또는 검사를 거부·방해 또는 기피한 자
② 제1항에 따른 과태료는 대통령령으로 정하는 바에 따라 소방청장, 시·도지사, 소방본부장 또는 소방서장이 부과·징수한다.

**13** 화재의 예방 및 안전관리에 관한 법령상 보일러 등의 설비 또는 기구 등의 위치·구조 등에 관한 설명으로 옳지 않은 것은?

① 화목 등 고체 연료를 사용할 때에는 연통의 배출구는 사업장용 보일러 본체보다 1미터 이상 높게 설치해야 한다.
② 주방설비에 부속된 배출덕트는 0.5밀리미터 이상의 아연도금강판 또는 이와 같거나 그 이상의 내식성 불연재료로 설치해야 한다.
③ 사업장용 보일러 본체와 벽·천장 사이의 거리는 0.6미터 이상이어야 한다.
④ 난로의 연통은 천장으로부터 0.6미터 이상 떨어지고, 연통의 배출구는 건물밖으로 0.6미터 이상 나오게 설치해야 한다.

**해설** 화목(火木) 등 고체연료를 사용할 때에는 다음 사항을 지켜야 한다.
1) 고체연료는 보일러 본체와 수평거리 2미터 이상 간격을 두어 보관하거나 불연재료로 된 별도의 구획된 공간에 보관할 것
2) 연통은 천장으로부터 0.6미터 떨어지고, 연통의 배출구는 건물 밖으로 0.6미터 이상 나오도록 설치할 것
3) 연통의 배출구는 보일러 본체보다 2미터 이상 높게 설치할 것
4) 연통이 관통하는 벽면, 지붕 등은 불연재료로 처리할 것
5) 연통재질은 불연재료로 사용하고 연결부에 청소구를 설치할 것

**14** 화재의 예방 및 안전관리에 관한 법령상 300만원 이하의 벌금에 처해지는 자는?

① 화재예방안전진단 결과를 제출하지 아니한 진단기관
② 실무교육을 받지 아니한 소방안전관리자 또는 소방안전관리보조자
③ 소방안전관리자를 선임하지 아니한 소방안전관리대상물의 관계인
④ 근무자 또는 거주자에게 피난유도 안내정보를 정기적으로 제공하지 않은 소방안전관리대상물의 관계인

**해설** 화재예방법 제50조(벌칙)
① 다음 각 호의 어느 하나에 해당하는 자는 3년 이하의 징역 또는 3천만원 이하의 벌금에 처한다.
  1. 제14조제1항 및 제2항에 따른 조치명령을 정당한 사유 없이 위반한 자
  2. 제28조제1항 및 제2항에 따른 명령을 정당한 사유 없이 위반한 자
  3. 제41조제5항에 따른 보수·보강 등의 조치명령을 정당한 사유 없이 위반한 자
  4. 거짓이나 그 밖의 부정한 방법으로 제42조제1항에 따른 진단기관으로 지정을 받은 자
② 다음 각 호의 어느 하나에 해당하는 자는 1년 이하의 징역 또는 1천만원 이하의 벌금에 처한다.
  1. 제12조제2항을 위반하여 관계인의 정당한 업무를 방해하거나, 조사업무를 수행하면서 취득한 자료나 알게 된 비밀을 다른 사람 또는 기관에게 제공 또는 누설하거나 목적 외의 용도로 사용한 자
  2. 제30조제4항을 위반하여 자격증을 다른 사람에게 빌려 주거나 빌리거나 이를 알선한 자
  3. 제41조제1항을 위반하여 진단기관으로부터 화재예방안전진단을 받지 아니한 자
③ 다음 각 호의 어느 하나에 해당하는 자는 300만원 이하의 벌금에 처한다.
  1. 제7조제1항에 따른 화재안전조사를 정당한 사유 없이 거부·방해 또는 기피한 자
  2. 제17조제2항 각 호의 어느 하나에 따른 명령을 정당한 사유 없이 따르지 아니하거나 방해한 자
  3. 제24조제1항·제3항, 제29조제1항 및 제35조제1항·제2항을 위반하여 소방안전관리자, 총괄소방안전관리자 또는 소방안전관리보조자를 선임하지 아니한 자
  4. 제27조제3항을 위반하여 소방시설·피난시설·방화시설 및 방화구획 등이 법령에 위반된 것을 발견하였음에도 필요한 조치를 할 것을 요구하지 아니한 소방안전관리자
  5. 제27조제4항을 위반하여 소방안전관리자에게 불이익한 처우를 한 관계인
  6. 제41조제6항 및 제48조제3항을 위반하여 업무를 수행하면서 알게 된 비밀을 이 법에서 정한 목적 외의 용도로 사용하거나 다른 사람 또는 기관에 제공하거나 누설한 자

**15** 화재의 예방 및 안전관리에 관한 법령상 소방안전관리자에 관한 설명으로 옳은 것은?

① 신축된 소방안전관리대상물의 관계인은 해당 소방안전관리대상물의 사용승인일부터 20일 이내에 신규 소방안전관리자를 선임해야 한다.
② 소방안전관리자 선임 연기 신청서를 제출받은 소방본부장 또는 소방서장은 7일 이내에 소방안전관리자 선임 기간을 정하여 2급 또는 3급 소방안전관리대상물의 관계인에게 통보해야 한다.
③ 소방안전관리자는 소방안전관리자로 선임된 날부터 3개월 이내에 실무교육을 받아야 하며, 그 후에는 2년마다 1회 이상 실무교육을 받아야 한다.
④ 건설현장 소방안전관리대상물의 공사시공자는 소방안전관리자를 선임한 날부터 14일 이내에 소방본부장 또는 소방서장에게 선임 신고를 해야 한다.

**해설** ① 신축된 소방안전관리대상물의 관계인은 해당 소방안전관리대상물의 사용승인일부터 30일 이내에 신규 소방안전관리자를 선임해야 한다.
② 소방안전관리자 선임 연기 신청서를 제출받은 소방본부장 또는 소방서장은 3일 이내에 소방안전관리자 선임 기간을 정하여 2급 또는 3급 소방안전관리대상물의 관계인에게 통보해야 한다.
③ 소방안전관리자는 소방안전관리자로 선임된 날부터 6개월 이내에 실무교육을 받아야 하며, 그 후에는 2년마다 1회 이상 실무교육을 받아야 한다.

**16** 화재의 예방 및 안전관리에 관한 법령상 특수가연물에 관한 설명으로 옳지 않은 것은?

① 10,000킬로그램 이상의 석탄·목탄류는 특수가연물에 해당한다.
② 특수가연물인 가연성 고체류 또는 가연성 액체류를 저장하는 장소에는 특수가연물 표지에 품명과 인화점을 표시하여야 한다.
③ 살수설비를 설치한 경우 특수가연물(발전용 석탄·목탄류 제외)은 15미터 이하의 높이로 쌓아야 한다.
④ 특수가연물(발전용 석탄·목탄류 제외)을 실외에 쌓는 경우, 쌓는 부분 바닥 면적의 3미터 또는 쌓는 높이 중 큰 값 이상으로 간격을 두어야 한다.

해설 특수가연물을 저장 또는 취급하는 장소에는 품명, 최대저장수량, 단위부피당 질량 또는 단위체적당 질량, 관리책임자 성명·직책, 연락처 및 화기취급의 금지표시가 포함된 특수가연물 표지를 설치해야 한다.

**17** 위험물안전관리법령상 탱크안전성능시험자가 30일 이내에 시·도지사에게 변경신고를 해야 하는 경우가 아닌 것은?

① 영업소 소재지의 변경
② 보유장비의 변경
③ 대표자의 변경
④ 상호 또는 명칭의 변경

해설 **위험물법 시행규칙 제61조(변경사항의 신고 등)**
① 탱크시험자는 법 제16조제3항의 규정에 의하여 다음 각 호의 1에 해당하는 중요사항을 변경한 경우에는 별지 제38호서식의 신고서(전자문서로 된 신고서를 포함한다)에 다음 각 호의 구분에 따른 서류(전자문서를 포함한다)를 첨부하여 시·도지사에게 제출하여야 한다.
  1. 영업소 소재지의 변경 : 사무소의 사용을 증명하는 서류와 위험물탱크안전성능시험자등록증
  2. 기술능력의 변경 : 변경하는 기술인력의 자격증과 위험물탱크안전성능시험자등록증
  3. 대표자의 변경 : 위험물탱크안전성능시험자등록증
  4. 상호 또는 명칭의 변경 : 위험물탱크안전성능시험자등록증
② 제1항에 따른 신고서를 제출받은 경우에 담당공무원은 법인 등기사항증명서를 제출받는 것에 갈음하여 그 내용을 「전자정부법」 제36조제1항에 따른 행정정보의 공동이용을 통하여 확인하여야 한다.
③ 시·도지사는 제1항의 신고서를 수리한 때에는 등록증을 새로 교부하거나 제출된 등록증에 변경사항을 기재하여 교부하고, 기술자격증에는 그 변경된 사항을 기재하여 교부하여야 한다.

**18** 위험물안전관리법령상 옥외저장소에 관한 설명으로 옳지 않은 것은?

① 옥외저장소를 설치하는 경우, 그 설치장소를 관할하는 시·도지사의 허가를 받아야한다.
② 옥외저장소에는 제2류 위험물 및 제5류 위험물을 저장할 수 있다.
③ 옥외저장소에 선반을 설치하는 경우 선반의 높이는 6m를 초과하지 않아야 한다.
④ 알코올류를 저장하는 옥외저장소에는 살수설비 등을 설치하여야 한다.

해설 **[옥외저장소]**
옥외에 다음 각 목의 1에 해당하는 위험물을 저장하는 장소. 다만, 제2호의 장소(옥외탱크저장소)를 제외한다.
가. 제2류 위험물 중 황 또는 인화성고체(인화점이 섭씨 0도 이상인 것에 한한다)
나. 제4류 위험물 중 제1석유류(인화점이 섭씨 0도 이상인 것에 한한다)·알코올류·제2석유류·제3석유류·제4석유류 및 동식물유류
다. 제6류 위험물
라. 제2류 위험물 및 제4류 위험물 중 특별시·광역시·특별자치시·도 또는 특별자치도의 조례로 정하는 위험물(「관세법」 제154조에 따른 보세구역 안에 저장하는 경우로 한정한다)
마. 「국제해사기구에 관한 협약」에 의하여 설치된 국제해사기구가 채택한 「국제해상위험물규칙」(IMDG Code)에 적합한 용기에 수납된 위험물

정답 16.② 17.② 18.②

**19** 위험물안전관리법령상 과태료 처분에 해당하지 않는 경우는?

① 관할소방서장의 승인을 받지 아니하고 지정수량 이상의 위험물을 90일 동안 임시로 저장한 경우
② 제조소등 설치자의 지위를 승계한 날부터 30일 이내에 시·도지사에게 그 사실을 신고하지 아니한 경우
③ 제조소등의 관계인이 안전관리자를 해임한 날부터 30일 이내에 다시 안전관리자를 선임하지 아니한 경우
④ 제조소등의 정기점검을 한 날부터 30일 이내에 점검결과를 시·도지사에게 제출하지 아니한 경우

해설 위험물안전관리자 미선임 : 1500만원 이하의 벌금

**20** 위험물안전관리법령상 이동탱크저장소의 위치구조 및 설비의 기준 중 이동저장 탱크의 구조에 관한 조문의 일부이다. ( )에 들어갈 숫자로 옳은 것은?

> 압력탱크(최대상용압력이 ( ㄱ )kPa 이상인 탱크를 말한다) 외의 탱크는 70kPa의 압력으로, 압력탱크는 최대상용압력의 ( ㄴ )배의 압력으로 각각 ( ㄷ )분간 수압시험을 실시하여 새거나 변형되지 아니할 것

① ㄱ : 20, ㄴ : 1.1, ㄷ : 5
② ㄱ : 20, ㄴ : 1.5, ㄷ : 5
③ ㄱ : 46.7, ㄴ : 1.1, ㄷ : 10
④ ㄱ : 46.7, ㄴ : 1.5, ㄷ : 10

해설 이동저장탱크의 구조는 다음 각 목의 기준에 의하여야 한다.
가. 탱크(맨홀 및 주입관의 뚜껑을 포함한다)는 두께 3.2mm 이상의 강철판 또는 이와 동등 이상의 강도·내식성 및 내열성이 있다고 인정하여 소방청장이 정하여 고시하는 재료 및 구조로 위험물이 새지 아니하게 제작할 것
나. 압력탱크(최대상용압력이 46.7kPa 이상인 탱크를 말한다) 외의 탱크는 70kPa의 압력으로, 압력탱크는 최대상용압력의 1.5배의 압력으로 각각 10분간의 수압시험을 실시하여 새거나 변형되지 아니할 것. 이 경우 수압시험은 용접부에 대한 비파괴시험과 기밀시험으로 대신할 수 있다.

**21** 위험물안전관리법령상 위험물시설의 안전관리자에 관한 설명으로 옳지 않은 것은?

① 제조소등에 있어서 위험물취급자격자가 아닌 자는 안전관리자 또는 그 대리자가 참여한 상태에서 위험물을 취급하여야 한다.
② 시·도지사, 소방본부장 또는 소방서장은 안전관리자가 안전교육을 받지 아니한 때에는 그 교육을 받을 때까지 그 자격으로 행하는 행위를 제한할 수 있다.
③ 안전관리자가 되려는 사람은 16시간의 강습교육을 받아야 한다.
④ 지정수량 5배 이하의 제4류 위험물만을 취급하는 제조소에서는 소방공무원경력 3년인 자를 안전관리자로 선임할 수 있다.

해설

| 교육과정 | 교육대상자 | 교육시간 | 교육시기 | 교육기관 |
|---|---|---|---|---|
| 강습교육 | 안전관리자가 되려는 사람 | 24시간 | 최초 선임되기 전 | 안전원 |
| | 위험물운반자가 되려는 사람 | 8시간 | 최초 종사하기 전 | 안전원 |
| | 위험물운송자가 되려는 사람 | 16시간 | 최초 종사하기 전 | 안전원 |

정답 19.③ 20.④ 21.③

**22** 다중이용업소의 안전관리에 관한 특별법령상 피난설비 중 비상구 설치 예외에 관한 조문의 일부이다. ( )에 들어갈 내용으로 옳은 것은?

> • 주된 출입구 외에 해당 영업장 내부에서 피난층 또는 지상으로 통하는 직통계단이 주된 출입구 중심선으로부터 수평거리로 영업장의 긴 변 길이의 ( ) 이상 떨어진 위치에 별도로 설치된 경우
> • 피난층에 설치된 영업장[영업장으로 사용하는 바닥면적이 ( )제곱미터 이하인 경우로서 영업장 내부에 구획된 실(室)이 없고, 영업장 전체가 개방된 구조의 영업장을 말한다]으로서 그 영업장의 각 부분으로부터 출입구까지의 수평거리가 ( )미터 이하인 경우

① ㄱ : 2분의 1, ㄴ : 33, ㄷ : 10
② ㄱ : 2분의 1, ㄴ : 66, ㄷ : 20
③ ㄱ : 3분의 2, ㄴ : 33, ㄷ : 10
④ ㄱ : 3분의 2, ㄴ : 66, ㄷ : 20

**해설** 다음 각 목의 어느 하나에 해당하는 영업장에는 비상구를 설치하지 않을 수 있다.
 가. 주된 출입구 외에 해당 영업장 내부에서 피난층 또는 지상으로 통하는 직통계단이 주된 출입구 중심선으로부터 수평거리로 영업장의 긴 변 길이의 2분의 1 이상 떨어진 위치에 별도로 설치된 경우
 나. 피난층에 설치된 영업장[영업장으로 사용하는 바닥면적이 33제곱미터 이하인 경우로서 영업장 내부에 구획된 실(室)이 없고, 영업장 전체가 개방된 구조의 영업장을 말한다]으로서 그 영업장의 각 부분으로부터 출입구까지의 수평거리가 10미터 이하인 경우

**23** 다중이용업소의 안전관리에 관한 특별법령상 안전관리기본계획(이하 '기본계획'이라 함)에 관한 설명으로 옳지 않은 것은?

① 소방청장은 기본계획을 관계 중앙행정기관의 장과 협의를 거쳐 5년마다 수립해야 한다.
② 기본계획 수립지침에는 화재 등 재난 발생 경감대책이 포함되어야 한다.
③ 소방청장은 기본계획을 수립하면 행정안전부장관에게 보고하여야 한다.
④ 소방청장은 매년 연도별 안전관리계획을 전년도 12월 31일까지 수립하여야 한다.

**해설** 소방청장은 제1항 및 제3항에 따라 수립된 기본계획 및 연도별계획을 관계 중앙행정기관의 장과 특별시장·광역시장·특별자치시장·도지사 또는 특별자치도지사(이하 "시·도지사"라 한다)에게 통보하여야 한다.

**24** 다중이용업소의 안전관리에 관한 특별법령상 1천만원의 이행강제금을 부과하는 경우를 모두 고른 것은? (단, 가중 또는 감경 사유는 고려하지 않음)

> ㄱ. 실내장식물에 대한 교체 또는 제거 등 필요한 조치명령을 위반한 경우
> ㄴ. 영업장의 내부구획에 대한 보완 등 필요한 조치명령을 위반한 경우
> ㄷ. 다중이용업소의 사용금지 또는 제한 명령을 위반한 경우

① ㄱ, ㄴ      ② ㄱ, ㄷ
③ ㄴ, ㄷ      ④ ㄱ, ㄴ, ㄷ

**해설** 다중이용업법 제26조(이행강제금)
① 소방청장, 소방본부장 또는 소방서장은 제9조제2항, 제10조제3항, 제10조의2제3항 또는 제15조제2항에 따라 조치 명령을 받은 후 그 정한 기간 이내에 그 명령을 이행하지 아니하는 자에게는 1천만원 이하의 이행강제금을 부과한다.

> 제9조제2항
> ② 소방본부장이나 소방서장은 안전시설등이 행정안전부령으로 정하는 기준에 맞게 설치 또는 유지되어 있지 아니한 경우에는 그 다중이용업주에게 안전시설등의 보완 등 필요한 조치를 명하거나 허가관청에 관계 법령에 따른 영업정지 처분 또는 허가등의 취소를 요청할 수 있다.
> 제10조제3항
> ③ 소방본부장이나 소방서장은 다중이용업소의 실내장식물이 제1항 및 제2항에 따른 실내장식물의 기준에 맞지 아니하는 경우에는 그 다중이용업주에게 해당 부분의 실내장식물을 교체하거나 제거하게 하는 등 필요한 조치를 명하거나 허가관청에 관계 법령에 따른 영업정지 처분 또는 허가등의 취소를 요청할 수 있다.

**정답** 22.① 23.③ 24.①

제10조의2제3항
③ 소방본부장이나 소방서장은 영업장의 내부구획이 제1항 및 제2항에 따른 기준에 맞지 아니하는 경우에는 그 다중이용업주에게 보완 등 필요한 조치를 명하거나 허가관청에 관계 법령에 따른 영업정지 처분 또는 허가등의 취소를 요청할 수 있다.

제15조제2항
② 소방청장, 소방본부장 또는 소방서장은 화재위험평가 결과 다중이용업소에 부여된 등급(이하 "화재안전등급"이라 한다)이 대통령령으로 정하는 기준 미만인 경우에는 해당 다중이용업주 또는 관계인에게 「화재의 예방 및 안전관리에 관한 법률」 제14조에 따른 조치를 명할 수 있다.

1. 2천제곱미터 지역 안에 다중이용업소가 50개 이상 밀집하여 있는 경우
2. 5층 이상인 건축물로서 다중이용업소가 10개 이상 있는 경우
3. 하나의 건축물에 다중이용업소로 사용하는 영업장 바닥면적의 합계가 1천제곱미터 이상인 경우

**25** 다중이용업소의 안전관리에 관한 특별법령상 다중이용업소에 대한 화재위험평가대상에 관한 조문의 일부이다. ( )에 들어갈 내용으로 옳은 것은?

- ( ㄱ )제곱미터 지역 안에 다중이용업소가 50개 이상 밀집하여 있는 경우
- 5층 이상인 건축물로서 다중이용업소가 ( ㄴ )개 이상 있는 경우
- 하나의 건축물에 다중이용업소로 사용하는 영업장 바닥면적의 합계가 ( ㄷ )제곱미터 이상인 경우

① ㄱ : 1천, ㄴ : 10, ㄷ : 2천
② ㄱ : 1천, ㄴ : 40, ㄷ : 2천
③ ㄱ : 2천, ㄴ : 10, ㄷ : 1천
④ ㄱ : 2천, ㄴ : 40, ㄷ : 1천

**해설** 다중이용업법 제15조(다중이용업소에 대한 화재위험평가 등)
① 소방청장, 소방본부장 또는 소방서장은 다음 각 호의 어느 하나에 해당하는 지역 또는 건축물에 대하여 화재를 예방하고 화재로 인한 생명·신체·재산상의 피해를 방지하기 위하여 필요하다고 인정하는 경우에는 화재위험평가를 할 수 있다.

# 2023 제23회 소방시설관리사 1차 필기 기출문제
[제3과목 : 소방관계법령]

**01** 소방기본법령상 소방기술민원센터의 설치·운영에 관한 내용으로 옳지 않은 것은?

① 소방청장 또는 소방본부장은 소방시설, 소방공사 및 위험물 안전관리 등과 관련된 법령해석 등의 민원을 종합적으로 접수하여 처리할 수 있는 소방기술민원센터를 설치·운영할 수 있다.
② 소방기술민원센터는 센터장을 포함하여 30명 이내로 구성한다.
③ 소방기술민원센터의 설치·운영 등에 필요한 사항은 대통령령으로 정한다.
④ 소방기술민원과 관련된 현장 확인 및 처리는 소방기술민원센터의 업무에 해당한다.

**해설** 소방기본법 시행령
제1조의2(소방기술민원센터의 설치·운영)
① 소방청장 또는 소방본부장은 「소방기본법」(이하 "법"이라 한다) 제4조의2제1항에 따른 소방기술민원센터(이하 "소방기술민원센터"라 한다)를 소방청 또는 소방본부에 각각 설치·운영한다.
② 소방기술민원센터는 센터장을 포함하여 18명 이내로 구성한다.
③ 소방기술민원센터는 다음 각 호의 업무를 수행한다.
 1. 소방시설, 소방공사와 위험물 안전관리 등과 관련된 법령해석 등의 민원(이하 "소방기술민원"이라 한다)의 처리
 2. 소방기술민원과 관련된 질의회신집 및 해설서 발간
 3. 소방기술민원과 관련된 정보시스템의 운영·관리
 4. 소방기술민원과 관련된 현장 확인 및 처리
 5. 그 밖에 소방기술민원과 관련된 업무로서 소방청장 또는 소방본부장이 필요하다고 인정하여 지시하는 업무

**02** 소방기본법령상 소방대장이 정한 소방활동구역에 출입이 제한될 수 있는 자는? (단, 소방대장이 소방활동을 위하여 출입을 허가한 사람은 고려하지 않음)

① 소방활동구역 안에 있는 소방대상물의 소유자·관리자 또는 점유자
② 의사·간호사 그 밖의 구조·구급업무에 종사하는 사람
③ 화재보험업무에 종사하는 사람
④ 취재인력 등 보도업무에 종사하는 사람

**해설** 소방기본법 시행령
제8조(소방활동구역의 출입자)
법 제23조제1항에서 "대통령령으로 정하는 사람"이란 다음 각 호의 사람을 말한다. 〈개정 2012. 7. 10.〉
1. 소방활동구역 안에 있는 소방대상물의 소유자·관리자 또는 점유자
2. 전기·가스·수도·통신·교통의 업무에 종사하는 사람으로서 원활한 소방활동을 위하여 필요한 사람
3. 의사·간호사 그 밖의 구조·구급업무에 종사하는 사람
4. 취재인력 등 보도업무에 종사하는 사람
5. 수사업무에 종사하는 사람
6. 그 밖에 소방대장이 소방활동을 위하여 출입을 허가한 사람

정답 01.② 02.③

**03** 소방기본법령상 소방용수시설의 설치 및 관리 등에 관한 내용으로 옳은 것은?

① 소방본부장 또는 소방서장은 소방활동에 필요한 소방용수시설을 설치하고 유지·관리하여야 한다.
② 소방본부장 또는 소방서장은 소방자동차의 진입이 곤란한 지역 등 화재발생 시에 초기대응이 필요한 지역으로서 대통령령으로 정하는 지역에 비상소화장치를 설치하고 유지·관리할 수 있다.
③ 소방본부장 또는 소방서장은 원활한 소방활동을 위하여 소방용수시설에 대한 조사를 연 1회 실시하여야 한다.
④ 비상소화장치는 비상소화장치함, 소화전, 소방호스, 관창을 포함하여 구성하여야 한다.

**해설**
① 시도지사는 소방활동에 필요한 소방용수시설을 설치하고 유지·관리하여야 한다.
② 시도지사는 소방자동차의 진입이 곤란한 지역 등 화재발생 시에 초기대응이 필요한 지역으로서 대통령령으로 정하는 지역에 비상소화장치를 설치하고 유지·관리할 수 있다.
③ 소방본부장 또는 소방서장은 원활한 소방활동을 위하여 소방용수시설에 대한 조사를 월1회 실시하여야 한다.

**04** 소방기본법령상 500만원 이하의 과태료 처분을 받을 수 있는 자는?

① 화재 또는 구조·구급이 필요한 상황을 거짓으로 알린 자
② 정당한 사유 없이 소방대의 생활안전활동을 방해한 자
③ 정당한 사유 없이 소방대가 현장에 도착할 때까지 사람을 구출하는 조치를 하지 아니한 관계인
④ 소방대장의 피난 명령을 위반한 자

**해설** 소방기본법
**제56조(과태료)**
① 다음 각 호의 어느 하나에 해당하는 자에게는 500만원 이하의 과태료를 부과한다. 〈개정 2022. 4. 26.〉
  1. 제19조제1항을 위반하여 화재 또는 구조·구급이 필요한 상황을 거짓으로 알린 사람
  2. 정당한 사유 없이 제20조제2항을 위반하여 화재, 재난·재해, 그 밖의 위급한 상황을 소방본부, 소방서 또는 관계 행정기관에 알리지 아니한 관계인
② 다음 각 호의 어느 하나에 해당하는 자에게는 200만원 이하의 과태료를 부과한다. 〈개정 2016. 1. 27., 2017. 12. 26., 2020. 6. 9., 2020. 10. 20.〉
  1. 삭제 〈2021. 11. 30.〉
  2. 삭제 〈2021. 11. 30.〉
  2의2. 제17조의6제5항을 위반하여 한국119청소년단 또는 이와 유사한 명칭을 사용한 자
  3. 삭제 〈2020. 10. 20.〉
  3의2. 제21조제3항을 위반하여 소방자동차의 출동에 지장을 준 자
  4. 제23조제1항을 위반하여 소방활동구역을 출입한 사람
  5. 삭제 〈2021. 6. 8.〉
  6. 제44조의3을 위반하여 한국소방안전원 또는 이와 유사한 명칭을 사용한 자
③ 제21조의2제2항을 위반하여 전용구역에 차를 주차하거나 전용구역에의 진입을 가로막는 등의 방해행위를 한 자에게는 100만원 이하의 과태료를 부과한다. 〈신설 2018. 2. 9., 2020. 10. 20.〉
④ 제1항부터 제3항까지에 따른 과태료는 대통령령으로 정하는 바에 따라 관할 시·도지사, 소방본부장 또는 소방서장이 부과·징수한다. 〈개정 2018. 2. 9., 2020. 10. 20.〉

**정답** 03.④ 04.①

**05** 소방시설공사업법령상 용어의 정의에 관한 내용으로 옳지 않은 것은?

① "소방시설설계업"이란 소방시설공사에 기본이 되는 공사계획, 설계도면, 설계 설명서, 기술계산서 및 이와 관련된 서류를 작성하는 영업을 말한다.
② "소방시설업자"란 소방시설업을 경영하기 위하여 소방시설업을 등록한 자를 말한다.
③ "발주자"란 소방시설의 설계, 시공, 감리 및 방염을 소방시설업자에게 도급하는 자를 말한다. 다만, 수급인으로서 도급받은 공사를 하도급하는 자는 제외한다.
④ "감리원"이란 소방시설공사업자에 소속된 소방기술자로서 해당 소방시설공사를 감리하는 사람을 말한다.

**해설** 공사업법
제2조(정의)
① 이 법에서 사용하는 용어의 뜻은 다음과 같다. 〈개정 2011. 8. 4., 2014. 12. 30., 2018. 2. 9., 2021. 11. 30.〉
1. "소방시설업"이란 다음 각 목의 영업을 말한다.
　가. 소방시설설계업 : 소방시설공사에 기본이 되는 공사계획, 설계도면, 설계 설명서, 기술계산서 및 이와 관련된 서류(이하 "설계도서"라 한다)를 작성(이하 "설계"라 한다)하는 영업
　나. 소방시설공사업 : 설계도서에 따라 소방시설을 신설, 증설, 개설, 이전 및 정비(이하 "시공"이라 한다)하는 영업
　다. 소방공사감리업 : 소방시설공사에 관한 발주자의 권한을 대행하여 소방시설공사가 설계도서와 관계 법령에 따라 적법하게 시공되는지를 확인하고, 품질ㆍ시공 관리에 대한 기술지도를 하는(이하 "감리"라 한다) 영업
　라. 방염처리업 : 「소방시설 설치 및 관리에 관한 법률」 제20조제1항에 따른 방염대상물품에 대하여 방염처리(이하 "방염"이라 한다)하는 영업
2. "소방시설업자"란 소방시설업을 경영하기 위하여 제4조에 따라 소방시설업을 등록한 자를 말한다.
3. "감리원"이란 소방공사감리업자에 소속된 소방기술자로서 해당 소방시설공사를 감리하는 사람을 말한다.
4. "소방기술자"란 제28조에 따라 소방기술 경력 등을 인정받은 사람과 다음 각 목의 어느 하나에 해당하는 사람으로서 소방시설업과「소방시설 설치 및 관리에 관한 법률」에 따른 소방시설관리업의 기술인력으로 등록된 사람을 말한다.
　가. 「소방시설 설치 및 관리에 관한 법률」에 따른 소방시설관리사
　나. 국가기술자격 법령에 따른 소방기술사, 소방설비기사, 소방설비산업기사, 위험물기능장, 위험물산업기사, 위험물기능사
5. "발주자"란 소방시설의 설계, 시공, 감리 및 방염(이하 "소방시설공사등"이라 한다)을 소방시설업자에게 도급하는 자를 말한다. 다만, 수급인으로서 도급받은 공사를 하도급하는 자는 제외한다.

**06** 소방시설공사업법령상 소방본부장이나 소방서장이 완공검사를 위해 현장확인을 할 수 있는 특정소방대상물로 옳지 않은 것은?

① 스프링클러설비가 설치되는 특정소방대상물
② 가연성가스를 제조ㆍ저장 또는 취급하는 시설 중 지상에 노출된 가연성가스탱크의 저장용량 합계가 1백톤 이상인 시설
③ 연면적 1만제곱미터 이상이거나 11층 이상인 특정소방대상물(아파트는 제외)
④ 「다중이용업소의 안전관리에 관한 특별법」에 따른 다중이용업소

**해설** 공사업법 시행령
제5조(완공검사를 위한 현장확인 대상 특정소방대상물의 범위)
법 제14조제1항 단서에서 "대통령령으로 정하는 특정소방대상물"이란 특정소방대상물 중 다음 각 호의 대상물을 말한다. 〈개정 2013. 11. 20., 2019. 12. 10.〉
1. 문화 및 집회시설, 종교시설, 판매시설, 노유자(老幼者)시설, 수련시설, 운동시설, 숙박시설, 창고시설, 지하상가 및「다중이용업소의 안전관리에 관한 특별법」에 따른 다중이용업소

2. 다음 각 목의 어느 하나에 해당하는 설비가 설치되는 특정소방대상물
   가. 스프링클러설비등
   나. 물분무등소화설비(호스릴 방식의 소화설비는 제외한다)
3. 연면적 1만제곱미터 이상이거나 11층 이상인 특정소방대상물(아파트는 제외한다)
4. 가연성가스를 제조·저장 또는 취급하는 시설 중 지상에 노출된 가연성가스탱크의 저장용량 합계가 1천톤 이상인 시설

**07** 소방시설공사업법령상 일반 공사감리 대상 감리원의 세부 배치 기준이다. ( )에 들어갈 내용은?

> 1명의 감리원이 담당하는 소방공사감리현장은 ( ㄱ )개 이하(자동화재탐지설비 또는 옥내소화전설비 중 어느 하나만 설치하는 2개의 소방공사감리현장이 최단차량주행거리로 ( ㄴ )킬로미터 이내에 있는 경우에는 1개의 소방공사감리현장으로 본다)로서 감리현장 연면적의 총 합계가 ( ㄷ )만제곱미터 이하일 것. 다만, 일반공사감리 대상인 아파트의 경우에는 연면적의 합계에 관계없이 1명의 감리원이 ( ㄹ )개 이내의 공사현장을 감리할 수 있다.

① ㄱ : 3, ㄴ : 30, ㄷ : 20, ㄹ : 5
② ㄱ : 3, ㄴ : 50, ㄷ : 20, ㄹ : 3
③ ㄱ : 5, ㄴ : 30, ㄷ : 10, ㄹ : 5
④ ㄱ : 5, ㄴ : 50, ㄷ : 10, ㄹ : 5

**해설** 공사업법 시행규칙
제16조(감리원의 세부 배치 기준 등)
① 법 제18조제3항에 따른 감리원의 세부적인 배치 기준은 다음 각 호의 구분에 따른다. 〈개정 2011. 5. 17., 2015. 8. 4., 2016. 1. 21., 2016. 8. 25.〉
  1. 영 별표 3에 따른 상주 공사감리 대상인 경우
     가. 기계분야의 감리원 자격을 취득한 사람과 전기분야의 감리원 자격을 취득한 사람 각 1명 이상을 감리원으로 배치할 것. 다만, 기계분야 및 전기분야의 감리원 자격을 함께 취득한 사람이 있는 경우에는 그에 해당하는 사람 1명 이상을 배치할 수 있다.
     나. 소방시설용 배관(전선관을 포함한다. 이하 같다)을 설치하거나 매립하는 때부터 소방시설 완공검사증명서를 발급받을 때까지 소방공사감리현장에 감리원을 배치할 것
  2. 영 별표 3에 따른 일반 공사감리 대상인 경우
     가. 기계분야의 감리원 자격을 취득한 사람과 전기분야의 감리원 자격을 취득한 사람 각 1명 이상을 감리원으로 배치할 것. 다만, 기계분야 및 전기분야의 감리원 자격을 함께 취득한 사람이 있는 경우에는 그에 해당하는 사람 1명 이상을 배치할 수 있다.
     나. 별표 3에 따른 기간 동안 감리원을 배치할 것
     다. 감리원은 주 1회 이상 소방공사감리현장에 배치되어 감리할 것
     라. 1명의 감리원이 담당하는 소방공사감리현장은 5개 이하(자동화재탐지설비 또는 옥내소화전설비 중 어느 하나만 설치하는 2개의 소방공사감리현장이 최단 차량주행거리로 30킬로미터 이내에 있는 경우에는 1개의 소방공사감리현장으로 본다)로서 감리현장 연면적의 총 합계가 10만제곱미터 이하일 것. 다만, 일반 공사감리 대상인 아파트의 경우에는 연면적의 합계에 관계없이 1명의 감리원이 5개 이내의 공사현장을 감리할 수 있다.
② 영 별표 3 상주 공사감리의 방법란 각 호에서 "행정안전부령으로 정하는 기간"이란 소방시설용 배관을 설치하거나 매립하는 때부터 소방시설 완공검사증명서를 발급받을 때까지를 말한다. 〈개정 2013. 3. 23., 2014. 11. 19., 2017. 7. 26.〉
③ 영 별표 3 일반공사감리의 방법란 제1호 및 제2호에서 "행정안전부령으로 정하는 기간"이란 별표 3에 따른 기간을 말한다.

**08** 화재의 예방 및 안전관리에 관한 법령상 시·도지사가 화재예방강화지구로 지정하여 관리할 수 있는 지역이 아닌 것은? (단, 소방관서장이 화재예방강화지구로 지정할 필요가 있다고 인정하는 지역은 고려하지 않음)

① 시장지역
② 상업지역
③ 석유화학제품을 생산하는 공장이 있는 지역
④ 노후·불량건축물이 밀집한 지역

정답 07.③ 08.②

**해설** 화재예방법
**제18조(화재예방강화지구의 지정 등)**
① 시·도지사는 다음 각 호의 어느 하나에 해당하는 지역을 화재예방강화지구로 지정하여 관리할 수 있다. 〈개정 2023. 4. 11.〉
  1. 시장지역
  2. 공장·창고가 밀집한 지역
  3. 목조건물이 밀집한 지역
  4. 노후·불량건축물이 밀집한 지역
  5. 위험물의 저장 및 처리 시설이 밀집한 지역
  6. 석유화학제품을 생산하는 공장이 있는 지역
  7. 「산업입지 및 개발에 관한 법률」 제2조제8호에 따른 산업단지
  8. 소방시설·소방용수시설 또는 소방출동로가 없는 지역
  9. 「물류시설의 개발 및 운영에 관한 법률」 제2조제6호에 따른 물류단지
  10. 그 밖에 제1호부터 제9호까지에 준하는 지역으로서 소방관서장이 화재예방강화지구로 지정할 필요가 있다고 인정하는 지역

**09** 화재의 예방 및 안전관리에 관한 법령상 소방서장이 소방안전관리대상물 중 불특정다수인이 이용하는 특정소방대상물의 근무자등에게 불시에 소방훈련과 교육을 실시할 수 있는 대상이 아닌 것은? (단, 소방본부장 또는 소방서장이 소방훈련·교육이 필요하다고 인정하는 특정소방대상물은 고려하지 않음)

① 위락시설  ② 의료시설
③ 교육연구시설  ④ 노유자 시설

**해설** 화재예방법 시행령
**제39조(불시 소방훈련·교육의 대상)**
법 제37조제4항에서 "대통령령으로 정하는 특정소방대상물"이란 소방안전관리대상물 중 다음 각 호의 특정소방대상물을 말한다.
  1. 「소방시설 설치 및 관리에 관한 법률 시행령」 별표 2 제7호에 따른 의료시설
  2. 「소방시설 설치 및 관리에 관한 법률 시행령」 별표 2 제8호에 따른 교육연구시설
  3. 「소방시설 설치 및 관리에 관한 법률 시행령」 별표 2 제9호에 따른 노유자 시설
  4. 그 밖에 화재 발생 시 불특정 다수의 인명피해가 예상되어 소방본부장 또는 소방서장이 소방훈련·교육이 필요하다고 인정하는 특정소방대상물

**10** 화재의 예방 및 안전관리에 관한 법령상 화재안전영향평가심의회 구성·운영사항으로 옳지 않은 것은?

① 소방청장은 화재안전과 관련된 분야의 학식과 경험이 풍부한 전문가로서 소방기술사를 위원으로 위촉할 수 있다.
② 위촉위원의 임기는 2년으로 하며 두 차례 연임할 수 있다.
③ 위원장이 부득이한 사유로 직무를 수행할 수 없을 때에는 위원장이 지명한 위원이 그 직무를 대행한다.
④ 위원장 1명을 포함한 12명 이내의 위원으로 구성한다.

**해설** 화재예방법
**제22조(화재안전영향평가심의회)**
① 소방청장은 화재안전영향평가에 관한 업무를 수행하기 위하여 화재안전영향평가심의회(이하 "심의회"라 한다)를 구성·운영할 수 있다.
② 심의회는 위원장 1명을 포함한 12명 이내의 위원으로 구성한다.
③ 위원장은 위원 중에서 호선하고, 위원은 다음 각 호의 사람으로 한다.
  1. 화재안전과 관련되는 법령이나 정책을 담당하는 관계 기관의 소속 직원으로서 대통령령으로 정하는 사람
  2. 소방기술사 등 대통령령으로 정하는 화재안전과 관련된 분야의 학식과 경험이 풍부한 전문가로서 소방청장이 위촉한 사람
④ 제2항 및 제3항에서 규정한 사항 외에 심의회의 구성·운영 등에 필요한 사항은 대통령령으로 정한다

**화재예방법 시행령**
**제22조(심의회의 구성)**
① 법 제22조제3항제1호에서 "대통령령으로 정하는 사람"이란 다음 각 호의 사람을 말한다.
  1. 다음 각 목의 중앙행정기관에서 화재안전 관련 법령이나 정책을 담당하는 고위공무원단에 속하는 일반직공무원(이에 상당하는 특정직공무원 및 별정직공무원을 포함한다) 중에서 해당 중앙행정기관의 장이 지명하는 사람 각 1명
    가. 행정안전부·산업통상자원부·보건복지부·고용노동부·국토교통부

정답 09.① 10.②

나. 그 밖에 심의회의 심의에 부치는 안건과 관련된 중앙행정기관
2. 소방청에서 화재안전 관련 업무를 수행하는 소방준감 이상의 소방공무원 중에서 소방청장이 지명하는 사람
② 법 제22조제3항제2호에서 "소방기술사 등 대통령령으로 정하는 화재안전과 관련된 분야의 학식과 경험이 풍부한 전문가"란 다음 각 호의 어느 하나에 해당하는 사람을 말한다.
1. 소방기술사
2. 다음 각 목의 기관이나 법인 또는 단체에서 화재안전 관련 업무를 수행하는 사람으로서 해당 기관이나 법인 또는 단체의 장이 추천하는 사람
  가. 안전원
  나. 기술원
  다. 화재보험협회
  라. 가스안전공사
  마. 전기안전공사
3. 「고등교육법」 제2조에 따른 학교 또는 이에 준하는 학교나 공인된 연구기관에서 부교수 이상의 직(職) 또는 이에 상당하는 직에 있거나 있었던 사람으로서 화재안전 또는 관련 법령이나 정책에 전문성이 있는 사람
③ 법 제22조제3항제2호에 따른 위촉위원의 임기는 2년으로 하며 한 차례만 연임할 수 있다.
④ 심의회의 위원장은 심의회를 대표하고 심의회 업무를 총괄한다.
⑤ 위원장이 부득이한 사유로 직무를 수행할 수 없을 때에는 위원장이 지명한 위원이 그 직무를 대행한다.

**11** 화재의 예방 및 안전관리에 관한 법령상 화재안전조사 통지를 받은 관계인은 소방관서장에게 화재안전조사 연기를 신청할 수 있다. 연기신청 사유에 해당하는 것을 모두 고른 것은?

> ㄱ. 관계인이 운영하는 사업에 부도 또는 도산 등 중대한 위기가 발생하여 화재안전조사를 받을 수 없는 경우
> ㄴ. 권한 있는 기관에 화재안전조사에 필요한 장부·서류 등이 압수되거나 영치(領置)되어 있는 경우
> ㄷ. 소방대상물의 증축·용도변경 또는 대수선 등의 공사로 화재안전조사를 실시하기 어려운 경우

① ㄱ
② ㄴ
③ ㄴ, ㄷ
④ ㄱ, ㄴ, ㄷ

**해설** 화재예방법 시행령
제9조(화재안전조사의 연기)
① 법 제8조제4항 전단에서 "대통령령으로 정하는 사유"란 다음 각 호의 어느 하나에 해당하는 사유를 말한다.
1. 「재난 및 안전관리 기본법」 제3조제1호에 해당하는 재난이 발생한 경우
2. 관계인의 질병, 사고, 장기출장의 경우
3. 권한 있는 기관에 자체점검기록부, 교육·훈련일지 등 화재안전조사에 필요한 장부·서류 등이 압수되거나 영치(領置)되어 있는 경우
4. 소방대상물의 증축·용도변경 또는 대수선 등의 공사로 화재안전조사를 실시하기 어려운 경우
② 법 제8조제4항 전단에 따라 화재안전조사의 연기를 신청하려는 관계인은 행정안전부령으로 정하는 바에 따라 연기신청서에 연기의 사유 및 기간 등을 적어 소방관서장에게 제출해야 한다.
③ 소방관서장은 법 제8조제4항 후단에 따라 화재안전조사의 연기를 승인한 경우라도 연기기간이 끝나기 전에 연기사유가 없어졌거나 긴급히 조사를 해야 할 사유가 발생하였을 때는 관계인에게 미리 알리고 화재안전조사를 할 수 있다.

**12** 소방시설 설치 및 관리에 관한 법령상 특정소방대상물의 노유자 시설에 해당하지 않는 것은?

① 장애인 의료재활시설
② 정신요양시설
③ 학교의 병설유치원
④ 정신재활시설(생산품판매시설은 제외)

**해설** 노유자 시설
가. 노인 관련 시설 : 「노인복지법」에 따른 노인주거복지시설, 노인의료복지시설, 노인여가복지시설, 주·야간보호서비스나 단기보호서비스를 제공하는 재가노인복지시설(「노인장기요양보험법」에 따른 장기요양기관을 포함한다), 노인보호전문기관, 노인일자리지원기관, 학대피해노인 전용쉼터, 그 밖에 이와 비슷한 것

나. 아동 관련 시설 : 「아동복지법」에 따른 아동복지시설, 「영유아보육법」에 따른 어린이집, 「유아교육법」에 따른 유치원[제8호가목1)에 따른 학교의 교사 중 병설유치원으로 사용되는 부분을 포함한다], 그 밖에 이와 비슷한 것
다. 장애인 관련 시설 : 「장애인복지법」에 따른 장애인 거주시설, 장애인 지역사회재활시설(장애인 심부름센터, 한국수어통역센터, 점자도서 및 녹음서 출판시설 등 장애인이 직접 그 시설 자체를 이용하는 것을 주된 목적으로 하지 않는 시설은 제외한다), 장애인 직업재활시설, 그 밖에 이와 비슷한 것
라. 정신질환자 관련 시설 : 「정신건강증진 및 정신질환자 복지서비스 지원에 관한 법률」에 따른 정신재활시설(생산품판매시설은 제외한다), 정신요양시설, 그 밖에 이와 비슷한 것
마. 노숙인 관련 시설 : 「노숙인 등의 복지 및 자립지원에 관한 법률」 제2조제2호에 따른 노숙인복지시설(노숙인일시보호시설, 노숙인자활시설, 노숙인재활시설, 노숙인요양시설 및 쪽방상담소만 해당한다), 노숙인종합지원센터 및 그 밖에 이와 비슷한 것
바. 가목부터 마목까지에서 규정한 것 외에 「사회복지사업법」에 따른 사회복지시설 중 결핵환자 또는 한센인 요양시설 등 다른 용도로 분류되지 않는 것

**13** 소방시설 설치 및 관리에 관한 법령상 내진설계를 하여야 하는 소방시설이 아닌 것은?

① 옥내소화전설비
② 강화액소화설비
③ 연결송수관설비
④ 포소화설비

**해설** 소방시설법 시행령
제8조(소방시설의 내진설계)
① 법 제7조에서 "대통령령으로 정하는 특정소방대상물"이란 「건축법」 제2조제1항제2호에 따른 건축물로서 「지진·화산재해대책법 시행령」 제10조제1항 각 호에 해당하는 시설을 말한다.
② 법 제7조에서 "대통령령으로 정하는 소방시설"이란 소방시설 중 옥내소화전설비, 스프링클러설비 및 물분무등소화설비를 말한다.

**14** 소방시설 설치 및 관리에 관한 법령상 지하가 중 길이가 750m인 터널에 설치해야 하는 소방시설은?

① 옥외소화전설비
② 자동화재탐지설비
③ 무선통신보조설비
④ 연결살수설비

**해설** 터널 길이에 따른 소방시설의 종류
① 500m 이상 : 비상경보설비, 비상조명등설비, 비상콘센트설비, 무선통신보조설비
② 1,000m 이상 : 옥내소화전, 자동화재탐지설비, 연결송수관설비
③ 모든 터널 : 소화기
④ 지하가 중 예상 교통량, 경사도 등 터널의 특성을 고려하여 행정안전부령으로 정하는 위험등급 이상에 해당하는 터널 : 물분무소화설비, 제연설비

**15** 소방시설 설치 및 관리에 관한 법령상 자동소화장치 종류가 아닌 것은?

① 가스자동소화장치
② 액체에어로졸자동소화장치
③ 주거용 주방자동소화장치
④ 분말자동소화장치

**해설** 자동소화장치의 종류
1) 주거용 주방자동소화장치
2) 상업용 주방자동소화장치
3) 캐비닛형 자동소화장치
4) 가스자동소화장치
5) 분말자동소화장치
6) 고체에어로졸자동소화장치

정답 13.③ 14.③ 15.②

**16** 소방시설 설치 및 관리에 관한 법령상 특정소방대상물에 설치해야 하는 소방시설 가운데 기능과 성능이 유사한 소방시설의 설치를 유효범위에서 면제할 수 있는 경우를 모두 고른 것은?

> ㄱ. 상업용 주방자동소화장치를 설치해야 하는 특정소방대상물에 물분무등소화설비를 화재안전기준에 적합하게 설치한 경우
> ㄴ. 누전경보기를 설치해야 하는 특정소방대상물에 아크경보기 또는 누전차단장치를 설치한 경우
> ㄷ. 비상조명등을 설치해야 하는 특정소방대상물에 피난구유도등 또는 객석유도등을 화재안전기준에 적합하게 설치한 경우
> ㄹ. 연소방지설비를 설치해야 하는 특정소방대상물에 미분무소화설비를 화재안전기준에 적합하게 설치한 경우

① ㄹ　　② ㄱ, ㄴ
③ ㄴ, ㄷ　　④ ㄴ, ㄷ, ㄹ

**해설**

■ 소방시설 설치 및 관리에 관한 법률 시행령 [별표 5]
특정소방대상물의 소방시설 설치의 면제 기준(제14조 관련)

| 설치가 면제되는 소방시설 | 설치가 면제되는 기준 |
|---|---|
| 1. 자동소화장치 | 자동소화장치(주거용 주방자동소화장치 및 상업용 주방자동소화장치는 제외한다)를 설치해야 하는 특정소방대상물에 물분무등소화설비를 화재안전기준에 적합하게 설치한 경우에는 그 설비의 유효범위(해당 소방시설이 화재를 감지·소화 또는 경보할 수 있는 부분을 말한다. 이하 같다)에서 설치가 면제된다. |
| 2. 옥내소화전설비 | 소방본부장 또는 소방서장이 옥내소화전설비의 설치가 곤란하다고 인정하는 경우로서 호스릴 방식의 미분무소화설비 또는 옥외소화전설비를 화재안전기준에 적합하게 설치한 경우에는 그 설비의 유효범위에서 설치가 면제된다. |
| 3. 스프링클러설비 | 가. 스프링클러설비를 설치해야 하는 특정소방대상물(발전시설 중 전기저장시설은 제외한다)에 적응성 있는 자동소화장치 또는 물분무등소화설비를 화재안전기준에 적합하게 설치한 경우에는 그 설비의 유효범위에서 설치가 면제된다.<br>나. 스프링클러설비를 설치해야 하는 전기저장시설에 소화설비를 소방청장이 정하여 고시하는 방법에 따라 설치한 경우에는 그 설비의 유효범위에서 설치가 면제된다. |
| 4. 간이스프링클러설비 | 간이스프링클러설비를 설치해야 하는 특정소방대상물에 스프링클러설비, 물분무소화설비 또는 미분무소화설비를 화재안전기준에 적합하게 설치한 경우에는 그 설비의 유효범위에서 설치가 면제된다. |
| 5. 물분무등소화설비 | 물분무등소화설비를 설치해야 하는 차고·주차장에 스프링클러설비를 화재안전기준에 적합하게 설치한 경우에는 그 설비의 유효범위에서 설치가 면제된다. |
| 6. 옥외소화전설비 | 옥외소화전설비를 설치해야 하는 문화유산인 목조건축물에 상수도소화용수설비를 화재안전기준에서 정하는 방수압력·방수량·옥외소화전함 및 호스의 기준에 적합하게 설치한 경우에는 설치가 면제된다. |
| 7. 비상경보설비 | 비상경보설비를 설치해야 할 특정소방대상물에 단독경보형 감지기를 2개 이상의 단독경보형 감지기와 연동하여 설치한 경우에는 그 설비의 유효범위에서 설치가 면제된다. |
| 8. 비상경보설비 또는 단독경보형 감지기 | 비상경보설비 또는 단독경보형 감지기를 설치해야 하는 특정소방대상물에 자동화재탐지설비 또는 화재알림설비를 화재안전기준에 적합하게 설치한 경우에는 그 설비의 유효범위에서 설치가 면제된다. |
| 9. 자동화재탐지설비 | 자동화재탐지설비의 기능(감지·수신·경보기능을 말한다)과 성능을 가진 화재알림설비, 스프링클러설비 또는 물분무등소화설비를 화재안전기준에 적합하게 설치한 경우에는 그 설비의 유효범위에서 설치가 면제된다. |
| 10. 화재알림설비 | 화재알림설비를 설치해야 하는 특정소방대상물에 자동화재탐지설비를 화재안전기준에 적합하게 설치한 경우에는 그 설비의 유효범위에서 설치가 면제된다. |
| 11. 비상방송설비 | 비상방송설비를 설치해야 하는 특정소방대상물에 자동화재탐지설비 또는 비상경보설비와 같은 수준 이상의 음향을 발하는 장치를 부설한 방송설비를 화재안전기준에 적합하게 설치한 경우에는 그 설비의 유효범위에서 설치가 면제된다. |
| 12. 자동화재속보설비 | 자동화재속보설비를 설치해야 하는 특정소방대상물에 화재알림설비를 화재안전기준에 적합하게 설치한 경우에는 그 설비의 유효범위에서 설치가 면제된다. |
| 13. 누전경보기 | 누전경보기를 설치해야 하는 특정소방대상물 또는 그 부분에 아크경보기(옥내 배전선로의 단선이나 선로 손상 등으로 인하여 발생하는 아크를 감지하고 경보하는 장치를 말한다) 또는 전기 관련 법령에 따른 지락차단장치를 설치한 경우에는 그 설비의 유효범위에서 설치가 면제된다. |
| 14. 피난구조설비 | 피난구조설비를 설치해야 하는 특정소방대상물에 그 위치·구조 또는 설비의 상황에 따라 피난상 지장이 없다고 인정되는 경우에는 화재안전기준에서 정하는 바에 따라 설치가 면제된다. |
| 15. 비상조명등 | 비상조명등을 설치해야 하는 특정소방대상물에 피난구유도등 또는 통로유도등을 화재안전기준에 적합하게 설치한 경우에는 그 유도등의 유효범위에서 설치가 면제된다. |

정답 16.①

| 16. 상수도소화용수설비 | 가. 상수도소화용수설비를 설치해야 하는 특정소방대상물의 각 부분으로부터 수평거리 140m 이내에 공공의 소방을 위한 소화전이 화재안전기준에 적합하게 설치되어 있는 경우에는 설치가 면제된다.<br>나. 소방본부장 또는 소방서장이 상수도소화용수설비의 설치가 곤란하다고 인정하는 경우로서 화재안전기준에 적합한 소화수조 또는 저수조가 설치되어 있거나 이를 설치하는 경우에는 그 설비의 유효범위에서 설치가 면제된다. |
|---|---|
| 17. 제연설비 | 가. 제연설비를 설치해야 하는 특정소방대상물[별표 4 제5호가목6)]은 제외한대에 다음의 어느 하나에 해당하는 설비를 설치한 경우에는 설치가 면제된다.<br>1) 공기조화설비를 화재안전기준의 제연설비기준에 적합하게 설치하고 공기조화설비가 화재 시 제연설비 기능으로 자동전환되는 구조로 설치되어 있는 경우<br>2) 직접 외부 공기와 통하는 배출구의 면적의 합계가 해당 제연구역[제연경계(제연설비의 일부인 천장을 포함한다)에 의하여 구획된 건축물 내의 공간을 말한다] 바닥면적의 100분의 1 이상이고, 배출구부터 각 부분까지의 수평거리가 30m 이내이며, 공기유입구가 화재안전기준에 적합하게(외부 공기를 직접 자연 유입할 경우에 유입구의 크기는 배출구의 크기 이상이어야 한다) 설치되어 있는 경우<br>나. 별표 4 제5호가목7)에 따라 제연설비를 설치해야 하는 특정소방대상물 중 노대(露臺)와 연결된 특별피난계단, 노대가 설치된 비상용 승강기의 승강장 또는 「건축법 시행령」 제91조제5호의 기준에 따라 배연설비가 설치된 피난용 승강기의 승강장에는 설치가 면제된다. |
| 18. 연결송수관설비 | 연결송수관설비를 설치해야 하는 소방대상물에 옥외에 연결송수구 및 옥내에 방수구가 부설된 옥내소화전설비, 스프링클러설비, 간이스프링클러설비 또는 연결살수설비를 화재안전기준에 적합하게 설치한 경우에는 그 설비의 유효범위에서 설치가 면제된다. 다만, 지표면에서 최상층 방수구의 높이가 70m 이상인 경우에는 설치해야 한다. |
| 19. 연결살수설비 | 가. 연결살수설비를 설치해야 하는 특정소방대상물에 송수구를 부설한 스프링클러설비, 간이스프링클러설비, 물분무소화설비 또는 미분무소화설비를 화재안전기준에 적합하게 설치한 경우에는 그 설비의 유효범위에서 설치가 면제된다.<br>나. 가스 관계 법령에 따라 설치되는 물분무장치 등에 소방대가 사용할 수 있는 연결송수구가 설치되거나 물분무장치 등에 6시간 이상 공급할 수 있는 수원(水源)이 확보된 경우에는 설치가 면제된다. |
| 20. 무선통신보조설비 | 무선통신보조설비를 설치해야 하는 특정소방대상물에 이동통신 구내 중계기 선로설비 또는 무선이동중계기(「전파법」 제58조의2에 따른 적합성평가를 받은 제품만 해당한다) 등을 화재안전기준의 무선통신보조설비기준에 적합하게 설치한 경우에는 설치가 면제된다. |
| 21. 연소방지설비 | 연소방지설비를 설치해야 하는 특정소방대상물에 스프링클러설비, 물분무소화설비 또는 미분무소화설비를 화재안전기준에 적합하게 설치한 경우에는 그 설비의 유효범위에서 설치가 면제된다. |

**17** 소방시설 설치 및 관리에 관한 법령상 관계 공무원이 출입·검사 업무를 수행하면서 알게 된 비밀을 다른 사람에게 누설할 경우에 벌칙은?

① 100만원 이하 벌금
② 300만원 이하 벌금
③ 500만원 이하 벌금
④ 1년 이하의 징역 또는 1천만원 이하의 벌금

**해설** 소방시설법
**제58조(벌칙)**
다음 각 호의 어느 하나에 해당하는 자는 1년 이하의 징역 또는 1천만원 이하의 벌금에 처한다.
1. 제22조제1항을 위반하여 소방시설등에 대하여 스스로 점검을 하지 아니하거나 관리업자등으로 하여금 정기적으로 점검하게 하지 아니한 자
2. 제25조제7항을 위반하여 소방시설관리사증을 다른 사람에게 빌려주거나 빌리거나 이를 알선한 자
3. 제25조제8항을 위반하여 동시에 둘 이상의 업체에 취업한 자
4. 제28조에 따라 자격정지처분을 받고 그 자격정지기간 중에 관리사의 업무를 한 자
5. 제33조제2항을 위반하여 관리업의 등록증이나 등록수첩을 다른 자에게 빌려주거나 빌리거나 이를 알선한 자
6. 제35조제1항에 따라 영업정지처분을 받고 그 영업정지기간 중에 관리업의 업무를 한 자
7. 제37조제3항에 따른 제품검사에 합격하지 아니한 제품에 합격표시를 하거나 합격표시를 위조 또는 변조하여 사용한 자
8. 제38조제1항을 위반하여 형식승인의 변경승인을 받지 아니한 자
9. 제40조제5항을 위반하여 제품검사에 합격하지 아니한 소방용품에 성능인증을 받았다는 표시 또는 제품검사에 합격하였다는 표시를 하거나 성능인증을 받았다는 표시 또는 제품검사에 합격하였다는 표시를 위조 또는 변조하여 사용한 자
10. 제41조제1항을 위반하여 성능인증의 변경인증을 받지 아니한 자

정답 17.④

11. 제43조제1항에 따른 우수품질인증을 받지 아니한 제품에 우수품질인증 표시를 하거나 우수품질인증 표시를 위조하거나 변조하여 사용한 자
12. 제52조제3항을 위반하여 관계인의 정당한 업무를 방해하거나 출입·검사 업무를 수행하면서 알게 된 비밀을 다른 사람에게 누설한 자

**18** 위험물안전관리법령상 과징금처분에 관한 조문이다. ( )에 들어갈 내용은?

> ( ㄱ )은(는) 위험물안전관리법 제12조 각 호의 어느 하나에 해당하는 경우로서 제조소등에 대한 사용의 정지가 그 이용자에게 심한 불편을 주거나 그 밖에 공익을 해칠 우려가 있는 때에는 사용정지처분에 갈음하여 ( ㄴ ) 이하의 과징금을 부과할 수 있다.

① ㄱ : 소방청장, ㄴ : 1억원
② ㄱ : 소방청장, ㄴ : 2억원
③ ㄱ : 시·도지사, ㄴ : 1억원
④ ㄱ : 시·도지사, ㄴ : 2억원

**해설** 위험물안전관리법
제13조(과징금처분)
① 시·도지사는 제12조 각 호의 어느 하나에 해당하는 경우로서 제조소등에 대한 사용의 정지가 그 이용자에게 심한 불편을 주거나 그 밖에 공익을 해칠 우려가 있는 때에는 사용정지처분에 갈음하여 2억원 이하의 과징금을 부과할 수 있다. 〈개정 2016. 1. 27.〉
② 제1항의 규정에 따른 과징금을 부과하는 위반행위의 종별·정도 등에 따른 과징금의 금액 그 밖의 필요한 사항은 행정안전부령으로 정한다. 〈개정 2008. 2. 29., 2013. 3. 23., 2014. 11. 19., 2017. 7. 26.〉
③ 시·도지사는 제1항의 규정에 따른 과징금을 납부하여야 하는 자가 납부기한까지 이를 납부하지 아니한 때에는 「지방행정제재·부과금의 징수 등에 관한 법률」에 따라 징수한다. 〈개정 2013. 8. 6., 2020. 3. 24.〉

**19** 위험물안전관리법령상 제3류 위험물의 지정수량 기준으로 옳은 것은?

① 알킬리튬 - 20킬로그램
② 황린 - 50킬로그램
③ 금속의 수소화물 - 300킬로그램
④ 칼슘 또는 알루미늄의 탄화물 - 500킬로그램

**해설** ■ 위험물안전관리법 시행령 [별표 1]
위험물 및 지정수량(제2조 및 제3조관련)

| 위험물 | | | 지정수량 |
|---|---|---|---|
| 유별 | 성질 | 품명 | |
| 제1류 | 산화성 고체 | 1. 아염소산염류 | 50킬로그램 |
| | | 2. 염소산염류 | 50킬로그램 |
| | | 3. 과염소산염류 | 50킬로그램 |
| | | 4. 무기과산화물 | 50킬로그램 |
| | | 5. 브로민산염류 | 300킬로그램 |
| | | 6. 질산염류 | 300킬로그램 |
| | | 7. 아이오딘산염류 | 300킬로그램 |
| | | 8. 과망가니즈산염류 | 1,000킬로그램 |
| | | 9. 다이크로뮴산염류 | 1,000킬로그램 |
| | | 10. 그 밖에 행정안전부령으로 정하는 것<br>11. 제1호부터 제10호까지의 어느 하나에 해당하는 위험물을 하나 이상 함유한 것 | 50킬로그램, 300킬로그램 또는 1,000킬로그램 |
| 제2류 | 가연성 고체 | 1. 황화인 | 100킬로그램 |
| | | 2. 적린 | 100킬로그램 |
| | | 3. 황 | 100킬로그램 |
| | | 4. 철분 | 500킬로그램 |
| | | 5. 금속분 | 500킬로그램 |
| | | 6. 마그네슘 | 500킬로그램 |
| | | 7. 그 밖에 행정안전부령으로 정하는 것<br>8. 제1호부터 제7호까지의 어느 하나에 해당하는 위험물을 하나 이상 함유한 것 | 100킬로그램 또는 500킬로그램 |
| | | 9. 인화성고체 | 1,000킬로그램 |

정답 18.④ 19.③

| | | | |
|---|---|---|---|
| 제3류 자연발화성 물질 및 금수성 물질 | 1. 칼륨 | | 10킬로그램 |
| | 2. 나트륨 | | 10킬로그램 |
| | 3. 알킬알루미늄 | | 10킬로그램 |
| | 4. 알킬리튬 | | 10킬로그램 |
| | 5. 황린 | | 20킬로그램 |
| | 6. 알칼리금속(칼륨 및 나트륨을 제외한다) 및 알칼리토금속 | | 50킬로그램 |
| | 7. 유기금속화합물(알킬알루미늄 및 알킬리튬을 제외한다) | | 50킬로그램 |
| | 8. 금속의 수소화물 | | 300킬로그램 |
| | 9. 금속의 인화물 | | 300킬로그램 |
| | 10. 칼슘 또는 알루미늄의 탄화물 | | 300킬로그램 |
| | 11. 그 밖에 행정안전부령으로 정하는 것 | | 10킬로그램, 20킬로그램, 50킬로그램 또는 300킬로그램 |
| | 12. 제1호 내지 제11호의 1에 해당하는 어느 하나 이상을 함유한 것 | | |
| 제4류 인화성 액체 | 1. 특수인화물 | | 50리터 |
| | 2. 제1석유류 | 비수용성액체 | 200리터 |
| | | 수용성액체 | 400리터 |
| | 3. 알코올류 | | 400리터 |
| | 4. 제2석유류 | 비수용성액체 | 1,000리터 |
| | | 수용성액체 | 2,000리터 |
| | 5. 제3석유류 | 비수용성액체 | 2,000리터 |
| | | 수용성액체 | 4,000리터 |
| | 6. 제4석유류 | | 6,000리터 |
| | 7. 동식물유류 | | 10,000리터 |
| 제5류 자기 반응성 물질 | 1. 유기과산화물 | | 제1종: 10킬로그램 제2종: 100킬로그램 |
| | 2. 질산에스터류 | | |
| | 3. 나이트로화합물 | | |
| | 4. 나이트로소화합물 | | |
| | 5. 아조화합물 | | |
| | 6. 다이아조화합물 | | |
| | 7. 하이드라진 유도체 | | |
| | 8. 하이드록실아민 | | |
| | 9. 하이드록실아민염류 | | |
| | 10. 그 밖에 행정안전부령으로 정하는 것 | | |
| | 11. 제1호부터 제10호까지의 어느 하나에 해당하는 위험물을 하나 이상 함유한 것 | | |

| | | |
|---|---|---|
| 제6류 산화성 액체 | 1. 과염소산 | 300킬로그램 |
| | 2. 과산화수소 | 300킬로그램 |
| | 3. 질산 | 300킬로그램 |
| | 4. 그 밖에 행정안전부령으로 정하는 것 | 300킬로그램 |
| | 5. 제1호 내지 제4호의 1에 해당하는 어느 하나 이상을 함유한 것 | 300킬로그램 |

**20** 위험물안전관리법령상 소화난이도등급 Ⅰ에 해당하는 제조소등이 아닌 것은?

① 옥내탱크저장소로 액표면적이 $30m^2$ 이상인 것 (제6류 위험물을 저장하는 것 및 고인화점위험물만을 100℃ 미만의 온도에서 저장하는 것은 제외)
② 암반탱크저장소로 고체위험물만을 저장하는 것으로서 지정수량의 100배 이상인 것
③ 옥내저장소로 처마높이가 6m 이상인 단층건물의 것
④ 이송취급소

**해설** 소화난이도등급 Ⅰ에 해당하는 제조소등

| 제조소등의 구분 | 제조소등의 규모, 저장 또는 취급하는 위험물의 품명 및 최대수량 등 |
|---|---|
| 제조소 일반취급소 | 연면적 1,000㎡ 이상인 것 |
| | 지정수량의 100배 이상인 것(고인화점위험물만을 100℃ 미만의 온도에서 취급하는 것 및 제48조의 위험물을 취급하는 것은 제외) |
| | 지반면으로부터 6m 이상의 높이에 위험물 취급설비가 있는 것(고인화점위험물만을 100℃ 미만의 온도에서 취급하는 것은 제외) |
| | 일반취급소로 사용되는 부분 외의 부분을 갖는 건축물에 설치된 것(내화구조로 개구부 없이 구획 된 것, 고인화점위험물만을 100℃ 미만의 온도에서 취급하는 것 및 별표 16 Ⅹ의2의 화학실험의 일반취급소는 제외) |
| 주유취급소 | 별표 13 Ⅴ제2호에 따른 면적의 합이 500㎡를 초과하는 것 |

정답 20.①

| | | |
|---|---|---|
| 옥내<br>저장소 | 지정수량의 150배 이상인 것(고인화점위험물만을 저장하는 것 및 제48조의 위험물을 저장하는 것은 제외) | |
| | 연면적 150㎡를 초과하는 것(150㎡ 이내마다 불연재료로 개구부없이 구획된 것 및 인화성고체 외의 제2류 위험물 또는 인화점 70℃ 이상의 제4류 위험물만을 저장하는 것은 제외) | |
| | 처마높이가 6m 이상인 단층건물의 것 | |
| | 옥내저장소로 사용되는 부분 외의 부분이 있는 건축물에 설치된 것(내화구조로 개구부없이 구획된 것 및 인화성고체 외의 제2류 위험물 또는 인화점 70℃ 이상의 제4류 위험물만을 저장하는 것은 제외) | |
| 옥외<br>탱크<br>저장소 | 액표면적이 40㎡ 이상인 것(제6류 위험물을 저장하는 것 및 고인화점위험물만을 100℃ 미만의 온도에서 저장하는 것은 제외) | |
| | 지반면으로부터 탱크 옆판의 상단까지 높이가 6m 이상인 것(제6류 위험물을 저장하는 것 및 고인화점위험물만을 100℃ 미만의 온도에서 저장하는 것은 제외) | |
| | 지중탱크 또는 해상탱크로서 지정수량의 100배 이상인 것(제6류 위험물을 저장하는 것 및 고인화점위험물만을 100℃ 미만의 온도에서 저장하는 것은 제외) | |
| | 고체위험물을 저장하는 것으로서 지정수량의 100배 이상인 것 | |
| 옥내<br>탱크<br>저장소 | 액표면적이 40㎡ 이상인 것(제6류 위험물을 저장하는 것 및 고인화점위험물만을 100℃ 미만의 온도에서 저장하는 것은 제외) | |
| | 바닥면으로부터 탱크 옆판의 상단까지 높이가 6m 이상인 것(제6류 위험물을 저장하는 것 및 고인화점위험물만을 100℃ 미만의 온도에서 저장하는 것은 제외) | |
| | 탱크전용실이 단층건물 외의 건축물에 있는 것으로서 인화점 38℃ 이상 70℃ 미만의 위험물을 지정수량의 5배 이상 저장하는 것(내화구조로 개구부없이 구획된 것은 제외한다) | |
| 옥외<br>저장소 | 덩어리 상태의 황을 저장하는 것으로서 경계표시 내부의 면적(2 이상의 경계표시가 있는 경우에는 각 경계표시의 내부의 면적을 합한 면적)이 100㎡ 이상인 것 | |
| | 별표 11 Ⅲ의 위험물을 저장하는 것으로서 지정수량의 100배 이상인 것 | |
| 암반<br>탱크<br>저장소 | 액표면적이 40㎡ 이상인 것(제6류 위험물을 저장하는 것 및 고인화점위험물만을 100℃ 미만의 온도에서 저장하는 것은 제외) | |
| | 고체위험물만을 저장하는 것으로서 지정수량의 100배 이상인 것 | |
| 이송<br>취급소 | 모든 대상 | |

**21** 위험물안전관리법령상 인화성액체위험물(이황화탄소 제외) 옥외탱크저장소의 방유제에 관한 사항이다. ( )에 들어갈 내용은?

> 방유제는 높이 ( ㄱ )m 이상 ( ㄴ )m 이하, 두께 ( ㄷ )m 이상, 지하매설깊이 1m 이상으로 할 것. 다만, 방유제와 옥외저장탱크 사이의 지반면 아래에 불침윤성(不侵潤性 : 수분 흡수를 막는 성질) 구조물을 설치하는 경우에는 지하매설깊이를 해당 불침윤성 구조물까지로 할 수 있다.

① ㄱ : 0.3, ㄴ : 2, ㄷ : 0.1
② ㄱ : 0.3, ㄴ : 2, ㄷ : 0.2
③ ㄱ : 0.5, ㄴ : 3, ㄷ : 0.1
④ ㄱ : 0.5, ㄴ : 3, ㄷ : 0.2

**해설** 방유제
방유제는 높이 0.5m 이상 3m 이하, 두께 0.2m 이상, 지하매설깊이 1m 이상으로 할 것. 다만, 방유제와 옥외저장탱크 사이의 지반면 아래에 불침윤성(不侵潤性 : 수분 흡수를 막는 성질) 구조물을 설치하는 경우에는 지하매설깊이를 해당 불침윤성 구조물까지로 할 수 있다.

**22** 다중이용업소의 안전관리에 관한 특별법령상 피난안내도에 대한 기준으로 옳은 것은?

① 피난안내도의 크기는 A4(210mm × 297mm) 이상의 크기로 할 것
② 피난안내도의 동선은 주 출입구에서 피난층까지로 할 것
③ 피난안내도에 사용하는 언어는 한글 및 2개 이상의 외국어를 사용하여 작성할 것
④ 피난안내도는 소화기, 옥내소화전 등 소방시설의 위치 및 사용방법을 포함할 것

**해설** 피난안내도 설치기준 1-4 제외
5. 피난안내도 및 피난안내 영상물에 포함되어야 할 내용 : 다음 각 호의 내용을 모두 포함할 것. 이 경우 광고 등 피난안내에 혼선을 초래하는 내용을 포함해서는 안 된다.
  가. 화재 시 대피할 수 있는 비상구 위치
  나. 구획된 실 등에서 비상구 및 출입구까지의 피난동선

다. 소화기, 옥내소화전 등 소방시설의 위치 및 사용 방법
라. 피난 및 대처방법
6. 피난안내도의 크기 및 재질
  가. 크기 : B4(257mm×364mm) 이상의 크기로 할 것. 다만, 각 층별 영업장의 면적 또는 영업장이 위치한 층의 바닥면적이 각각 400㎡ 이상인 경우에는 A3(297mm×420mm) 이상의 크기로 하여야 한다.
  나. 재질 : 종이(코팅처리한 것을 말한다), 아크릴, 강판 등 쉽게 훼손 또는 변형되지 않는 것으로 할 것
7. 피난안내도 및 피난안내 영상물에 사용하는 언어 : 피난안내도 및 피난안내영상물은 한글 및 1개 이상의 외국어를 사용하여 작성하여야 한다.
8. 장애인을 위한 피난안내 영상물 상영 : 「영화 및 비디오물의 진흥에 관한 법률」 제2조제10호에 따른 영화상영관 중 전체 객석 수의 합계가 300석 이상인 영화상영관의 경우 피난안내 영상물은 장애인을 위한 한국수어·폐쇄자막·화면해설 등을 이용하여 상영해야 한다.

**23** 다중이용업소의 안전관리에 관한 특별법령상 안전관리기본계획에 대한 내용으로 옳지 않은 것은?

① 안전관리기본계획에는 다중이용업소의 화재배상책임보험 가입관리전산망의 구축·운영이 포함되어야 한다.
② 소방청장은 매년 연도별 안전관리계획을 전년도 10월 31일까지 수립해야 한다.
③ 소방청장은 안전관리기본계획을 수립하면 국무총리에게 보고하고 관계 중앙행정기관의 장과 시·도지사에게 통보한 후 이를 공고해야 한다.
④ 소방청장은 안전관리기본계획을 수립한 경우에는 이를 관보에 공고한다.

**해설** 다중업법 시행령
제7조(연도별 안전관리계획의 통보 등)
① 소방청장은 법 제5조제3항에 따라 매년 연도별 안전관리계획(이하 "연도별 계획"이라 한다)을 전년도 12월 31일까지 수립해야 한다. 〈개정 2014. 11. 19., 2017. 7. 26.〉
② 소방청장은 제1항에 따라 연도별 계획을 수립하면 지체 없이 관계 중앙행정기관의 장과 시·도지사 및 소방본부장에게 통보해야 한다. 〈개정 2014. 11. 19., 2017. 7. 26.〉

**24** 다중이용업소의 안전관리에 관한 특별법령상 안전관리우수업소에 대한 내용으로 옳은 것은?

① 안전관리우수업소 표지의 규격은 가로 450밀리미터×세로 300밀리미터이다.
② 안전관리우수업소 인정 예정공고의 내용에 이의가 있는 사람은 인정 예정공고일부터 30일 이내에 소방본부장이나 소방서장에게 전자우편이나 서면으로 이의신청을 할 수 있다.
③ 안전관리우수업소의 요건은 공표일 기준으로 최근 2년 동안 소방·건축·전기 및 가스 관련 법령 위반 사실이 없어야 한다.
④ 소방본부장이나 소방서장은 안전관리우수업소에 대하여 소방안전교육 및 화재위험평가를 면제할 수 있다.

**해설**
② 제1항의 공고에 따른 안전관리우수업소 인정 예정공고의 내용에 이의가 있는 사람은 안전관리우수업소 인정 예정공고일부터 20일 이내에 소방본부장이나 소방서장에게 전자우편이나 서면으로 이의신청을 할 수 있다.
③ 공표일 기준으로 최근 3년 동안 소방·건축·전기 및 가스 관련 법령 위반 사실이 없을 것
④ 소방본부장이나 소방서장은 제1항에 해당하는 다중이용업소에 대하여는 행정안전부령으로 정하는 기간 동안 제8조에 따른 소방안전교육 및 「화재의 예방 및 안전관리에 관한 법률」 제7조에 따른 화재안전조사를 면제할 수 있다.

정답 23.② 24.①

**25** 다중이용업소의 안전관리에 관한 특별법령상 안전시설등의 설치·유지 기준으로 옳지 않은 것은? (단, 소방청장의 고시는 고려하지 않음)

① 영업장 층별로 가로 50 센티미터 이상, 세로 50센티미터 이상 열리는 창문을 1개 이상 설치할 것
② 영업장 내부 피난통로 또는 복도에 바깥 공기와 접하는 부분에 창문을 설치할 것(구획된 실에 설치하는 것은 제외)
③ 보일러실과 영업장 사이의 출입문은 방화문으로 설치하고, 개구부에는 방화댐퍼(화재 시 연기 등을 차단하는 장치)를 설치할 것
④ 구획된 실부터 주된 출입구 또는 비상구까지의 내부 피난통로의 구조는 네 번 이상 구부러지는 형태로 설치하지 말 것

**해설** **영업장 내부 피난통로**
가. 내부 피난통로의 폭은 120센티미터 이상으로 할 것. 다만, 양 옆에 구획된 실이 있는 영업장으로서 구획된 실의 출입문 열리는 방향이 피난통로 방향인 경우에는 150센티미터 이상으로 설치하여야 한다.
나. 구획된 실부터 주된 출입구 또는 비상구까지의 내부 피난통로의 구조는 세 번 이상 구부러지는 형태로 설치하지 말 것

정답 25.④

# 2022 제22회 소방시설관리사 1차 필기 기출문제

[제3과목 : 소방관련법령]

**01** 소방기본법령상 소방자동차 전용구역에 관한 설명으로 옳은 것은?

① 소방자동차 전용구역 노면표지 도료의 색채는 백색을 기본으로 하되, 문자(P, 소방차 전용)는 황색으로 표시한다.
② 세대수가 80세대인 아파트의 건축주는 소방자동차 전용구역을 설치하여야 한다.
③ 전용구역 노면표지의 외곽선은 빗금무늬로 표시하되, 빗금은 두께를 30센티미터로 하여 50센티미터 간격으로 표시한다.
④ 전용구역에 차를 주차하거나 전용구역에의 진입을 가로막는 등의 방해행위를 한 자에게는 200만원 이하의 과태료를 부과한다.

**해설** ■ 소방기본법 시행령 [별표 2의5]
전용구역의 설치 방법(제7조의13제2항 관련)
1. 전용구역 노면표지의 외곽선은 빗금무늬로 표시하되, 빗금은 두께를 30센티미터로 하여 50센티미터 간격으로 표시한다.
2. 전용구역 노면표지 도료의 색채는 황색을 기본으로 하되, 문자(P, 소방차 전용)는 백색으로 표시한다.

**02** 소방기본법령상 소방지원활동으로 명시되지 않은 것은?

① 산불에 대한 예방·진압 등 지원
② 단전사고 시 비상전원 또는 조명의 공급 지원
③ 자연재해에 따른 급수·배수 및 제설 등 지원
④ 집회·공연 등 각종 행사 시 사고에 대비한 근접대기 등 지원

**해설** ■ 소방기본법 제16조의2(소방지원활동)
1. 산불에 대한 예방·진압 등 지원활동
2. 자연재해에 따른 급수·배수 및 제설 등 지원활동
3. 집회·공연 등 각종 행사 시 사고에 대비한 근접대기 등 지원활동
4. 화재, 재난·재해로 인한 피해복구 지원활동
5. 그 밖에 행정안전부령으로 정하는 활동

■ 소방기본법 제16조의3(생활안전활동)
1. 붕괴, 낙하 등이 우려되는 고드름, 나무, 위험 구조물 등의 제거활동
2. 위해동물, 벌 등의 포획 및 퇴치 활동
3. 끼임, 고립 등에 따른 위험제거 및 구출 활동
4. 단전사고 시 비상전원 또는 조명의 공급
5. 그 밖에 방치하면 급박해질 우려가 있는 위험을 예방하기 위한 활동
* 단전사고시 비상전원 공급지원은 생활안전활동이다.

**03** 소방기본법령상 벌칙에 관한 설명이다. ( )에 들어갈 내용으로 옳은 것은?

> 정당한 사유 없이 출동한 소방대원에게 폭행 또는 협박을 행사하여 화재진압·인명구조 또는 구급활동을 방해하는 행위를 한 사람은 ( ㄱ )년 이하의 징역 또는 ( ㄴ )천만원 이하의 벌금에 처한다.

① ㄱ:3, ㄴ:3   ② ㄱ:3, ㄴ:5
③ ㄱ:5, ㄴ:3   ④ ㄱ:5, ㄴ:5

**해설** ■ 소방기본법 제50조(벌칙) 5년 이하의 징역 또는 5천만원 이하의 벌금
1. 제16조제2항을 위반하여 다음 각 목의 어느 하나에 해당하는 행위를 한 사람
   가. 위력(威力)을 사용하여 출동한 소방대의 화재진압·인명구조 또는 구급활동을 방해하는 행위

정답  01.③  02.②  03.④

나. 소방대가 화재진압·인명구조 또는 구급활동을 위하여 현장에 출동하거나 현장에 출입하는 것을 고의로 방해하는 행위
다. 출동한 소방대원에게 폭행 또는 협박을 행사하여 화재진압·인명구조 또는 구급활동을 방해하는 행위
라. 출동한 소방대의 소방장비를 파손하거나 그 효용을 해하여 화재진압·인명구조 또는 구급활동을 방해하는 행위
* 다목에 의하여 5년 이하의 징역 또는 5천만원 이하의 벌금

**04** 소방기본법령상 화재예방, 소방활동 또는 소방훈련을 위하여 사용되는 소방신호의 종류로 명시되지 않은 것은?

① 발화신호  ② 위기신호
③ 해제신호  ④ 훈련신호

【해설】 ■ 소방기본법 시행규칙 제10조(소방신호의 종류 및 방법)
① 법 제18조의 규정에 의한 소방신호의 종류는 다음 각호와 같다. 〈개정 2022. 12. 1.〉
  1. 경계신호 : 화재예방상 필요하다고 인정되거나 「화재의 예방 및 안전관리에 관한 법률」 제20조의 규정에 의한 화재위험경보시 발령
  2. 발화신호 : 화재가 발생한 때 발령
  3. 해제신호 : 소화활동이 필요없다고 인정되는 때 발령
  4. 훈련신호 : 훈련상 필요하다고 인정되는 때 발령
* 위기신호는 해당없음

**05** 소방시설공사업법령상 소방시설별 하자보수 보증기간이 3년으로 규정되어 있는 소방시설을 모두 고른 것은?

| ㄱ. 비상방송설비 | ㄴ. 옥내소화전설비 |
| ㄷ. 무선통신보조설비 | ㄹ. 자동화재탐지설비 |

① ㄱ, ㄴ  ② ㄱ, ㄷ
③ ㄴ, ㄹ  ④ ㄷ, ㄹ

【해설】 공사업법 시행령 제6조(하자보수 대상 소방시설과 하자보수 보증기간)
법 제15조제1항에 따라 하자를 보수하여야 하는 소방시설과 소방시설별 하자보수 보증기간은 다음 각 호의 구분과 같다.

1. 비상경보설비, 비상방송설비, 피난기구, 유도등, 비상조명등 및 무선통신보조설비 : 2년
2. 자동소화장치, 옥내소화전설비, 스프링클러설비등, 물분무등소화설비, 옥외소화전설비, 자동화재탐지설비, 화재알림설비, 소화용수설비 및 소화활동설비(무선통신보조설비는 제외한다) : 3년

**06** 소방시설공사업법령상 착공신고를 한 공사업자가 변경신고를 하여야 하는 경우에 해당하지 않는 것은?

① 시공자가 변경된 경우
② 소방시설공사 기간이 변경된 경우
③ 설치되는 소방시설의 종류가 변경된 경우
④ 책임시공 및 기술관리 소방기술자가 변경된 경우

【해설】 ■ 소방시설공사업법 시행규칙 제12조(착공신고 등)
② 법 제13조제2항에서 "행정안전부령으로 정하는 중요한 사항"이란 다음 각 호의 어느 하나에 해당하는 사항을 말한다
  1. 시공자
  2. 설치되는 소방시설의 종류
  3. 책임시공 및 기술관리 소방기술자
* "소방시설공사 기간이 변경된 경우"는 해당없음

**07** 소방시설공사업법령상 도급과 관련된 내용으로 옳은 것은?

① 공사업자가 도급받은 소방시설공사의 도급금액 중 그 공사(하도급한 공사를 포함한다)의 근로자에게 지급하여야 할 임금에 해당하는 금액은 그 반액(半額)까지 압류할 수 있다.
② 하수급인은 하도급받은 소방시설공사를 제3자에게 다시 하도급할 수 없다. 다만 시공의 경우에는 대통령령으로 정하는 바에 따라 하도급받은 소방시설공사의 일부를 다른 공사업자에게 하도급할 수 있다.
③ 공사금액이 10억원 이상인 소방시설공사의 발주자는 하수급인의 시공 및 수행능력, 하도급계약의 적정성 등을 심사하기 위하여 하도급계약심사위원회를 두어야 한다.

정답 04.② 05.③ 06.② 07.④

④ 특정소방대상물의 관계인 또는 발주자는 해당 도급계약의 수급인이 정당한 사유 없이 30일 이상 소방시설공사를 계속하지 아니하는 경우 도급계약을 해지할 수 있다.

**해설** ① 공사업자가 도급받은 소방시설공사의 도급금액 중 그 공사(하도급한 공사를 포함한다)의 근로자에게 지급하여야 할 임금에 해당하는 금액은 압류할 수 없다
② 하수급인은 하도급받은 소방시설공사를 제3자에게 다시 하도급할 수 없다.
③ 발주자는 하수급인의 시공 및 수행능력, 하도급계약 내용의 적정성 등을 심사하기 위하여 하도급계약심사위원회를 두어야 한다.
* 금액조건은 없음

**08** 소방시설 설치 및 관리에 관한 법령상 소방시설 등의 자체 점검에 관한 설명이다. ( )에 들어갈 내용으로 옳은 것은?

- 작동점검을 실시해야 하는 종합점검 대상물의 작동점검은 연 1회 이상 실시해야 하며, 종합점검을 받은 달부터 ( ㄱ )개월이 되는 달에 실시한다.
- 법 제23조 제3항 전단에 따른 소방안전관리대상물의 관계인 및 「공공기관의 소방안전관리에 관한 규정」 제5조에 따라 소방안전관리자를 선임해야하는 공공기관의 장은 자체점검을 실시한 경우 자체점검이 끝난 날부터 ( ㄴ )일 이내에 자체점검 실시결과 보고서를 소방본부장 또는 소방서장에게 서면이나 소방청장이 지정하는 전산망을 통하여 보고해야 하며, 그 점검결과를 ( ㄷ )년간 자체 보관해야 한다.

① ㄱ : 3  ㄴ : 14  ㄷ : 1
② ㄱ : 6  ㄴ : 7   ㄷ : 1
③ ㄱ : 6  ㄴ : 15  ㄷ : 2
④ ㄱ : 6  ㄴ : 14  ㄷ : 2

**해설** **소방시설 등의 자체점검**
1) 작동점검을 실시해야 하는 종합점검 대상물의 작동점검은 연 1회 이상 실시해야 하며, 종합점검을 받은 달부터 6개월이 되는 달에 실시한다.
2) 소방안전관리대상물의 관계인 및 소방안전관리자를 선임해야 하는 공공기관의 장은 작동점검·종합점검을 실시한 경우 자체점검이 끝난 날부터 15일 이내 자체점검 실시결과 보고서를 소방본부장 또는 소방서장에게 서면이나 소방청장이 지정하는 전산망을 통하여 보고해야 한다.
3) 소방안전관리대상물의 관계인 및 소방안전관리자를 선임해야 하는 공공기관의 기관장은 작동점검·종합점검을 실시한 경우 그 점검결과를 2년간 자체 보관해야 한다.

**09** 소방시설 설치 및 관리에 관한 법령상 임시소방시설에 해당하는 것은?
① 간이완강기    ② 공기호흡기
③ 간이피난유도선  ④ 비상콘센트설비

**해설** **임시소방시설의 종류**
소화기, 간이소화장치, 비상경보장치, 가스누설경보기, 간이피난유도선, 비상조명등, 방화포

**10** 소방시설 설치 및 관리에 관한 법령상 특정소방대상물 중 업무시설이 아닌 것은?
① 마을회관    ② 우체국
③ 보건소     ④ 소년분류심사원

**해설** **소방시설 설치 및 관리에 관한 법률 시행령 [별표 2] 특정소방대상물**
[업무시설]
가. 공공업무시설 : 국가 또는 지방자치단체의 청사와 외국공관의 건축물로서 근린생활시설에 해당하지 않는 것
나. 일반업무시설 : 금융업소, 사무소, 신문사, 오피스텔[업무를 주로 하며, 분양하거나 임대하는 구획 중 일부의 구획에서 숙식을 할 수 있도록 한 건축물로서 「건축법 시행령」 별표 1 제14호나목2)에 따라 국토교통부장관이 고시하는 기준에 적합한 것을 말한다], 그 밖에 이와 비슷한 것으로서 근린생활시설에 해당하지 않는 것
다. 주민자치센터(동사무소), 경찰서, 지구대, 파출소, 소방서, 119안전센터, 우체국, 보건소, 공공도서관, 국민건강보험공단, 그 밖에 이와 비슷한 용도로 사용하는 것

라. 마을회관, 마을공동작업소, 마을공동구판장, 그 밖에 이와 유사한 용도로 사용되는 것
마. 변전소, 양수장, 정수장, 대피소, 공중화장실, 그 밖에 이와 유사한 용도로 사용되는 것

[교정 및 군사시설]
가. 보호감호소, 교도소, 구치소 및 그 지소
나. 보호관찰소, 갱생보호시설, 그 밖에 범죄자의 갱생·보호·교육·보건 등의 용도로 쓰는 시설
다. 치료감호시설
라. 소년원 및 소년분류심사원
마. 「출입국관리법」 제52조제2항에 따른 보호시설
바. 「경찰관 직무집행법」 제9조에 따른 유치장
사. 국방·군사시설(「국방·군사시설 사업에 관한 법률」 제2조제1호가목부터 마목까지의 시설을 말한다)

**11** 소방시설 설치 및 관리에 관한 법령상 건축허가 등의 동의 대상물에 해당하는 것은?

① 수련시설로서 연면적이 200제곱미터인 건축물
② 「정신건강증진 및 정신질환자 복지서비스 지원에 관한 법률」에 따른 정신의료기관으로서 연면적이 200제곱미터인 건축물
③ 「장애인복지법」에 따른 장애인 의료재활시설로서 연면적이 200제곱미터인 건축물
④ 승강기 등 기계장치에 의한 주차시설로서 자동차 10대 이하를 주차할 수 있는 시설

**해설**

| | 연면적 400[m²] 이상 | 모두 |
|---|---|---|
| | 연면적 100[m²] 이상 | 학교시설 |
| 건축물 | 연면적 150[m²] 이상 | 지하층 또는 무창층 (공연장 100m² 이상) |
| | 연면적 200[m²] 이상 | 노유자·수련시설 |
| | 연면적 300[m²] 이상 | 장애인 의료 재활시설, 정신의료기관 |
| 주차 용도 | 바닥면적 200[m²] 이상 | 차고·주차장 |
| | 기계식 주차 20대 이상 | 승강기 등 기계장치에 의한 주차시설 |

- 항공기격납고, 관망탑, 항공관제탑, 방송용 송수신탑
- 위험물저장 및 처리시설, 지하구
- 노유자시설에 해당하지 않는 노인 관련 시설
- 아동복지시설(아동상담소, 아동전용시설, 지역아동센터 제외)
- 장애인거주시설,
- 정신질환관련시설(24시간 주거하지 않으면 제외)
- 노숙인 관련 시설 중 노숙인자활시설, 노숙인재활시설 및 노숙인요양시설
- 결핵환자·한센인이 24시간 생활하는 노유자시설
- 요양병원

**12** 소방시설 설치 및 관리에 관한 법령상 특정소방대상물의 관계인이 간이스프링클러 설비를 설치하여야 하는 대상이 아닌 것은?

① 입원실이 없는 의원으로서 연면적 600[m²] 미만인 시설
② 조산원으로서 연면적 600[m²] 미만인 시설
③ 교육연구시설 내에 합숙소로서 연면적 100[m²] 이상인 것
④ 숙박시설 중 생활형 숙박시설로서 해당 용도로 사용되는 바닥면적의 합계가 600[m²] 이상인 것

**해설** ■ 간이스프링클러설비를 설치하여야 하는 특정소방대상물은 다음의 어느 하나와 같다.

1) 공동주택 중 연립주택 및 다세대주택(연립주택 및 다세대주택에 설치하는 간이스프링클러설비는 화재안전기준에 따른 주택전용 간이스프링클러설비를 설치한다)
2) 근린생활시설 중 다음의 어느 하나에 해당하는 것
   가) 근린생활시설로 사용하는 부분의 바닥면적 합계가 1천m² 이상인 것은 모든 층
   나) 의원, 치과의원 및 한의원으로서 입원실 또는 인공신장실이 있는 시설
   다) 조산원 및 산후조리원으로서 연면적 600m² 미만인 시설
3) 의료시설 중 다음의 어느 하나에 해당하는 시설
   가) 종합병원, 병원, 치과병원, 한방병원 및 요양병원(의료재활시설은 제외한다)으로 사용되는 바닥면적의 합계가 600m² 미만인 시설
   나) 정신의료기관 또는 의료재활시설로 사용되는 바닥면적의 합계가 300m² 이상 600m² 미만인 시설

다) 정신의료기관 또는 의료재활시설로 사용되는 바닥면적의 합계가 300㎡ 미만이고, 창살(철재·플라스틱 또는 목재 등으로 사람의 탈출 등을 막기 위하여 설치한 것을 말하며, 화재 시 자동으로 열리는 구조로 되어 있는 창살은 제외한다)이 설치된 시설
4) 교육연구시설 내에 합숙소로서 연면적 100㎡ 이상인 경우에는 모든 층
5) 노유자 시설로서 다음의 어느 하나에 해당하는 시설
  가) 제7조제1항제7호 각 목에 따른 시설[같은 호 가목2) 및 같은 호 나목부터 바목까지의 시설 중 단독주택 또는 공동주택에 설치되는 시설은 제외하며, 이하 "노유자 생활시설"이라 한다]
  나) 가)에 해당하지 않는 노유자 시설로 해당 시설로 사용하는 바닥면적의 합계가 300㎡ 이상 600㎡ 미만인 시설
  다) 가)에 해당하지 않는 노유자 시설로 해당 시설로 사용하는 바닥면적의 합계가 300㎡ 미만이고, 창살(철재·플라스틱 또는 목재 등으로 사람의 탈출 등을 막기 위하여 설치한 것을 말하며, 화재 시 자동으로 열리는 구조로 되어 있는 창살은 제외한다)이 설치된 시설
6) 숙박시설로 사용되는 바닥면적의 합계가 300㎡ 이상 600㎡ 미만인 시설
7) 건물을 임차하여 「출입국관리법」 제52조제2항에 따른 보호시설로 사용하는 부분
8) 복합건축물(별표 2 제30호나목의 복합건축물만 해당한다)로서 연면적 1천㎡ 이상인 것은 모든 층

**13** 소방시설 설치 및 관리에 관한 법령상 소방기술심의위원회에 관한 설명으로 옳은 것은?
① 중앙위원회는 성별을 고려하여 위원장을 포함한 21명 이내의 위원으로 구성한다.
② 중앙위원회 위원 중 위촉위원의 임기는 3년으로 한다.
③ 지방위원회의 위원 중 위촉위원의 임기는 2년으로 하되, 연임할 수 없다.
④ 지방위원회는 위원장을 포함하여 5명 이상 9명 이하의 위원으로 구성한다.

**해설**

| 구분 | 교육평가 심의위원회 | 손실보상 심의위원회 | 중앙 소방기술 심의위원회 | 지방 소방기술 심의위원회 | 하도급계약 심사위원회 | 화재안전 조사위원회 | 중앙화재 안전 조사단 |
|---|---|---|---|---|---|---|---|
| 위원장 | 소방청장이 임명 | 소방청장이 임명 | 소방청장이 위촉 | 시·도지사가 위촉 | 발주기관의 장 | 소방관서장 | 소방청장이 위촉 |
| 구성 (위원장 포함) | 9명 이내, (위원장, 감사 포함) | 5~7명 | 60명 이내 (회의: 위원장이 13명 지정) | 5명 이상 9명 이하 (위원장 포함) | 10명 (위원장, 부위원장 각 1명 포함) | 7명 이내 (위원장 포함) | 50명 이내 (단장 포함) |
| 임기 | - | | 2년 (1회 연임 가능) | 3년 (1회 연임 가능) | 2년 (1회 연임 가능) | | - |

**14** 화재의 예방 및 안전관리에 관한 법령상 소방안전관리보조자를 두어야 하는 특정소방대상물에 해당하지 않는 것은? (단, 야간과 휴일에 이용되고 있으며 연면적이 1만5천제곱미터 미만임을 전제함)
① 치료감호시설  ② 수련시설
③ 의료시설  ④ 노유자시설

**해설** ■ 소방안전관리보조자 선임인원

| 300세대 이상 아파트 | 1명(초과 300세대마다 1명 추가) |
|---|---|
| 연면적 1만5천[㎡] 이상 특정소방대상물(아파트 제외) | 1명(초과 연면적 1만5천[㎡]마다 1명 추가) |
| 공동주택 중 기숙사, 의료시설, 노유자시설, 수련시설, 숙박시설(1,500[㎡] 미만 24시간 근무 시 제외) | 1명 이상 |

**15** 화재의 예방 및 안전관리에 관한 법령상 소방안전 특별관리기본계획의 수립·시행에 관한 설명이다. ( )에 들어갈 내용으로 옳은 것은?

> 소방청장은 소방안전 특별관리기본계획을 ( ㄱ )년마다 수립·시행하여야 하고, 계획 시행 전년도 ( ㄴ )까지 수립하여 시·도에 통보한다.

① ㄱ:3, ㄴ:10월 31일
② ㄱ:3, ㄴ:12월 31일
③ ㄱ:5, ㄴ:10월 31일
④ ㄱ:5, ㄴ:12월 31일

정답 13.④ 14.① 15.③

## 해설

■ **화재예방법 제4조(화재의 예방 및 안전관리 기본계획 등의 수립·시행)**

① 소방청장은 화재예방정책을 체계적·효율적으로 추진하고 이에 필요한 기반 확충을 위하여 화재의 예방 및 안전관리에 관한 기본계획(이하 "기본계획"이라 한다)을 5년마다 수립·시행하여야 한다.

> **시행령 제2조(화재의 예방 및 안전관리 기본계획의 협의 및 수립)**
> 소방청장은 「화재의 예방 및 안전관리에 관한 법률」(이하 "법"이라 한다) 제4조제1항에 따른 화재의 예방 및 안전관리에 관한 기본계획(이하 "기본계획"이라 한다)을 계획 시행 전년도 8월 31일까지 관계 중앙행정기관의 장과 협의한 후 계획 시행 전년도 9월 30일까지 수립해야 한다.

② 기본계획은 대통령령으로 정하는 바에 따라 소방청장이 관계 중앙행정기관의 장과 협의하여 수립한다.

③ 기본계획에는 다음 각 호의 사항이 포함되어야 한다.
　1. 화재예방정책의 기본목표 및 추진방향
　2. 화재의 예방과 안전관리를 위한 법령·제도의 마련 등 기반 조성
　3. 화재의 예방과 안전관리를 위한 대국민 교육·홍보
　4. 화재의 예방과 안전관리 관련 기술의 개발·보급
　5. 화재의 예방과 안전관리 관련 전문인력의 육성·지원 및 관리
　6. 화재의 예방과 안전관리 관련 산업의 국제경쟁력 향상
　7. 그 밖에 대통령령으로 정하는 화재의 예방과 안전관리에 필요한 사항

> **시행령 제3조(기본계획의 내용)**
> 법 제4조제3항제7호에서 "대통령령으로 정하는 화재의 예방과 안전관리에 필요한 사항"이란 다음 각 호의 사항을 말한다.
> 1. 화재발생 현황
> 2. 소방대상물의 환경 및 화재위험특성 변화 추세 등 화재예방정책의 여건 변화에 관한 사항
> 3. 소방시설의 설치·관리 및 화재안전기준의 개선에 관한 사항
> 4. 계절별·시기별·소방대상물별 화재예방대책의 추진 및 평가 등에 관한 사항
> 5. 그 밖에 화재의 예방 및 안전관리와 관련하여 소방청장이 필요하다고 인정하는 사항

④ 소방청장은 기본계획을 시행하기 위하여 매년 시행계획을 수립·시행하여야 한다.

> **시행령 제4조(시행계획의 수립·시행)**
> ① 소방청장은 법 제4조제4항에 따라 기본계획을 시행하기 위한 계획(이하 "시행계획"이라 한다)을 계획 시행 전년도 10월 31일까지 수립해야 한다.
> ② 시행계획에는 다음 각 호의 사항이 포함되어야 한다.
> 　1. 기본계획의 시행을 위하여 필요한 사항
> 　2. 그 밖에 화재의 예방 및 안전관리와 관련하여 소방청장이 필요하다고 인정하는 사항

⑤ 소방청장은 제1항 및 제4항에 따라 수립된 기본계획과 시행계획을 관계 중앙행정기관의 장과 시·도지사에게 통보하여야 한다.

> **시행령 제5조(세부시행계획의 수립·시행)**
> ① 소방청장은 법 제4조제5항에 따라 관계 중앙행정기관의 장과 특별시장·광역시장·특별자치시장·도지사 또는 특별자치도지사(이하 "시·도지사"라 한다)에게 기본계획 및 시행계획을 각각 계획 시행 전년도 10월 31일까지 통보해야 한다.
> ② 제1항에 따라 통보를 받은 관계 중앙행정기관의 장 및 시·도지사는 법 제4조제6항에 따른 세부시행계획(이하 "세부시행계획"이라 한다)을 수립하여 계획 시행 전년도 12월 31일까지 소방청장에게 통보해야 한다.
> ③ 세부시행계획에는 다음 각 호의 사항이 포함되어야 한다.
> 　1. 기본계획 및 시행계획에 대한 관계 중앙행정기관 또는 특별시·광역시·특별자치시·도·특별자치도(이하 "시·도"라 한다)의 세부집행계획
> 　2. 직전 세부시행계획의 시행 결과
> 　3. 그 밖에 화재안전과 관련하여 관계 중앙행정기관의 장 또는 시·도지사가 필요하다고 결정한 사항

⑥ 제5항에 따라 기본계획과 시행계획을 통보받은 관계 중앙행정기관의 장과 시·도지사는 소관 사무의 특성을 반영한 세부시행계획을 수립·시행하고 그 결과를 소방청장에게 통보하여야 한다.

⑦ 소방청장은 기본계획 및 시행계획을 수립하기 위하여 필요한 경우에는 관계 중앙행정기관의 장 또는 시·도지사에게 관련 자료의 제출을 요청할 수 있다. 이 경우 자료 제출을 요청받은 관계 중앙행정기관의 장 또는 시·도지사는 특별한 사유가 없으면 이에 따라야 한다.

⑧ 제1항부터 제7항까지에서 규정한 사항 외에 기본계획, 시행계획 및 세부시행계획의 수립·시행에 필요한 사항은 대통령령으로 정한다.

**16** 소방시설 설치 및 관리에 관한 법령상 1차 위반행위를 한 경우 소방청장이 소방시설관리사의 자격을 취소하여야 하는 사항은?

① 동시에 둘 이상의 업체에 취업한 경우
② 성실하게 자체점검 업무를 수행하지 아니한 경우
③ 소방안전관리 업무를 하지 아니한 경우
④ 소방안전관리 업무를 거짓으로 한 경우

**[해설]**

| 위반사항 | 근거 법조문 | 행정처분기준 | | |
|---|---|---|---|---|
| | | 1차 | 2차 | 3차 |
| (1) 거짓, 그 밖의 부정한 방법으로 시험에 합격한 경우 | 법 제28조 제1호 | 자격취소 | | |
| (4) 법 제26조제6항을 위반하여 소방시설관리증을 다른 자에게 빌려준 경우 | 법 제28조 제4호 | 자격취소 | | |
| (5) 법 제26조제7항을 위반하여 동시에 둘 이상의 업체에 취업한 경우 | 법 제28조 제5호 | 자격취소 | | |
| (7) 법 제27조 각 호의 어느 하나의 결격사유에 해당하게 된 경우 | 법 제28조 제7호 | 자격취소 | | |

**17** 화재의 예방 및 안전관리에 관한 법령상 수수료 또는 교육비반환에 관한 설명이다. ( )에 들어갈 내용으로 옳은 것은?

- 시험시행일 또는 교육실시일 ( ㄱ )일 전까지 접수를 취소하는 경우 : 납입한 수수료 또는 교육비의 전부
- 시험시행일 또는 교육실시일 ( ㄴ )일 전까지 접수를 취소하는 경우 : 납입한 수수료 또는 교육비의 100분의 50

① ㄱ : 14, ㄴ : 7
② ㄱ : 20, ㄴ : 10
③ ㄱ : 30, ㄴ : 15
④ ㄱ : 40, ㄴ : 20

**[해설]** ■ 화재예방 및 안전관리에 관한 법률 시행규칙 제49조 (수수료 및 교육비)
② 별표 9의 수수료 또는 교육비를 반환하는 경우에는 다음 각 호의 구분에 따라 반환하여야 한다.
  1. 수수료 또는 교육비를 과오납한 경우 : 그 과오납한 금액의 전부
  2. 시험시행기관 또는 교육실시기관의 귀책사유로 시험에 응시하지 못하거나 교육을 받지 못한 경우 : 납입한 수수료 또는 교육비의 전부
  3. 원서접수기간 또는 교육신청기간 내에 접수를 철회한 경우 : 납입한 수수료 또는 교육비의 전부
  4. 시험시행일 또는 교육실시일 ( 20일 ) 전까지 접수를 취소하는 경우 : 납입한 수수료 또는 교육비의 전부
  5. 시험시행일 또는 교육실시일 ( 10일 ) 전까지 접수를 취소하는 경우 : 납입한 수수료 또는 교육비의 100분의 50

**18** 소방시설 설치 및 관리에 관한 법령상 벌칙에 관한 설명으로 옳지 않은 것은?

① 관리업의 등록을 하지 아니하고 영업을 한 자는 3년 이하의 징역 또는 3천만원 이하의 벌금에 처한다.
② 합격표시를 하지 아니한 소방용품을 판매·진열하거나 소방시설공사에 사용한 자는 3년 이하의 징역 또는 3천만원 이하의 벌금에 처한다.
③ 관리업의 등록증이나 등록수첩을 다른 자에게 빌려준 자는 1년 이하의 징역 또는 1천만원 이하의 벌금에 처한다.
④ 업무를 수행하면서 알게된 비밀을 목적 외의 용도로 사용 또는 누설한 자

**[해설]** 300만원 이하의 벌금
업무를 수행하면서 알게 된 비밀을 목적 외의 용도로 사용하거나 다른 사람 또는 기관에 제공하거나 누설한 자

**19** 위험물안전관리법령상 위험물의 성질과 품명이 바르게 연결된 것은?

① 산화성고체 - 과염소산염류
② 자연발화성물질 및 금수성물질 - 특수인화물
③ 인화성액체 - 아조화합물
④ 자기반응성물질 - 과산화수소

**[해설]**
② 인화성액체 - 특수인화물
③ 자기반응성물질 - 아조화합물
④ 산화성액체 - 과산화수소

정답 16.① 17.② 18.④ 19.①

**20** 위험물안전관리법령상 동일구역 내에 있거나 상호 100미터 이내의 거리에 있는 다수의 저장소로서 동일인이 설치한 경우 1인의 안전관리자를 중복하여 선임할 수 없는 것은?

① 10개의 옥내저장소
② 30개의 옥외저장소
③ 10개의 암반탱크저장소
④ 30개의 옥외탱크저장소

**해설**

| 대상물과 대상물 | | 조건 |
|---|---|---|
| 7개 이하의 일반취급소 (보일러·버너 등 위험물을 소비하는 장치) | 저장소 | 동일구역 내에 있는 경우 |
| 5개 이하의 일반취급소 (옮겨 담기 위한 취급소) | 저장소 | 동일구역 내 보행거리 300[m] 이내 |
| 저장소 | • 저장소<br>• 옥내, 옥외, 암반탱크 : 10개 이하<br>• 옥외탱크 : 30개 이하<br>• 옥내탱크, 지하탱크, 간이탱크 : 제한 없음 | 동일구역 내에 있거나 상호 100[m] 이내 |
| 5개 이하의 제조소 등 (위험물의 최대수량이 지정수량의 3천 배 미만) | | 동일구역 내에 있거나 상호 100[m] 이내 |

\* 옥외저장소는 10개 이하

**21** 위험물안전관리법령상 제조소등에서 위험물을 유출·방출 또는 확산시켜 사람의 생명·신체 또는 재산에 대하여 위험을 발생시킨 자에게 적용되는 벌칙은?

① 1년 이상 10년 이하의 징역
② 7년 이하의 금고 또는 7천만원 이하의 벌금
③ 5년 이하의 금고 또는 1억원 이하의 벌금
④ 10년 이하의 금고 또는 1억원 이하의 벌금

**해설**
■ 제조소 등에서 위험물을 유출·방출 또는 확산시켜
• 1년 이상/10년 이하의 징역 : 사람의 생명·신체 또는 재산에 대하여 위험을 발생시킨 자
• 무기 / 5년 이상의 징역 : 사람을 사망에 이르게 한 때
• 무기 / 3년 이상의 징역 : 사람을 상해(傷害)에 이르게 한 때
• 7년 이하/ 7,000만 원 이하의 벌금 : 업무상 과실로 사람의 생명·신체·재산에 대하여 위험을 발생시킨 자
• 10년 이하/1억 원 이하의 벌금 : 사람을 사상에 이르게 한 자
• 5년 이하/ 1억 원 이하의 벌금 : 제조소등의 설치허가를 받지 아니하고 제조소등을 설치한 자

**22** 다중이용업소의 안전관리에 관한 특별법령상 소방청장, 소방본부장 또는 소방서장이 화재를 예방하고 화재로 인한 생명·신체·재산상의 피해를 방지하기 위하여 필요하다고 인정하는 경우 화재위험평가를 할 수 있는 지역 또는 건축물은?

① 3천제곱미터 지역 안에 다중이용업소 40개가 밀집하여 있는 경우
② 10층인 건축물로서 다중이용업소 5개가 있는 경우
③ 하나의 건축물에 다중이용업소로 사용하는 영업장 바닥면적의 합계가 1천제곱미터인 경우
④ 4층인 건축물로서 다중이용업소로 사용하는 영업장 바닥면적의 합계가 5백제곱미터인 경우

**해설**
■ 화재위험평가 대상
• 2천[$m^2$] 지역 안에 다중이용업소가 50개 이상 밀집하여 있는 경우
• 5층 이상인 건축물로서 다중이용업소가 10개 이상 있는 경우
• 하나의 건축물에 다중이용업소영업장 바닥면적 합계가 1천[$m^2$] 이상인 경우

정답 20.② 21.① 22.③

**23** 다중이용업소의 안전관리에 관한 특별법령상 소방청장이 작성하는 다중이용업소의 안전관리기본계획 수립지침에 포함시켜야 하는 내용 중 화재 등 재난 발생을 줄이기 위한 중·장기 대책으로 명시된 사항은?

① 화재피해 원인조사 및 분석
② 안전관리정보의 전달·관리체계 구축
③ 다중이용업소 안전시설 등의 관리 및 유지계획
④ 화재 등 재난 발생에 대비한 교육·훈련과 예방에 관한 홍보

**해설** ■ 다중이용업소의 안전관리에 관한 특별법 시행령 제5조(안전관리기본계획 수립지침)
제4조제2항에 따른 기본계획 수립지침에는 다음 각 호의 내용을 포함시켜야 한다.
1. 화재 등 재난 발생 경감대책
  가. 화재피해 원인조사 및 분석
  나. 안전관리정보의 전달·관리체계 구축
  다. 화재 등 재난 발생에 대비한 교육·훈련과 예방에 관한 홍보
2. 화재 등 재난 발생을 줄이기 위한 중·장기 대책
  가. 다중이용업소 안전시설 등의 관리 및 유지계획
  나. 소관법령 및 관련기준의 정비

**24** 다중이용업소의 안전관리에 관한 특별법령상 양 옆에 구획된 실이 있는 영업장으로서 구획된 실의 출입문 열리는 방향이 피난통로 방향인 경우 다중이용업주 및 다중이용업을 하려는 자가 설치·유지하여야 하는 영업장 내부 피난통로의 폭은?

① 75센티미터 이상   ② 100센티미터 이상
③ 120센티미터 이상   ④ 150센티미터 이상

**해설** ■ 다중이용업소의 안전관리에 관한 특별법 시행규칙 [별표 2] 안전시설등의 설치·유지 기준
3. 영업장 내부 피난통로
  가. 내부 피난통로의 폭은 120센티미터 이상으로 할 것. 다만, 양 옆에 구획된 실이 있는 영업장으로서 구획된 실의 출입문 열리는 방향이 피난통로 방향인 경우에는 150센티미터 이상으로 설치하여야 한다.
  나. 구획된 실부터 주된 출입구 또는 비상구까지의 내부 피난통로의 구조는 세 번 이상 구부러지는 형태로 설치하지 말 것

**25** 다중이용업소의 안전관리에 관한 특별법령상 소방안전교육에 필요한 교육인력 및 시설·장비기준에 관한 설명으로 옳은 것은?

① 소방 관련 기관에서 5년의 실무경력이 있는 자로서 3년의 강의경력이 있는 자는 강사의 자격요건을 충족한다.
② 소방위 이상의 소방공무원은 강사의 자격요건을 충족한다.
③ 바닥면적이 50제곱미터인 사무실은 교육시설 기준을 충족한다.
④ 바닥면적이 80제곱미터인 실습실·체험실은 교육시설 기준을 충족한다.

**해설** ■ 다중이용업소의 안전관리에 관한 특별법 시행규칙 [별표 1] 소방안전교육에 필요한 교육인력 및 시설·장비기준(제8조관련)
1. 교육인력
  가. 인원 : 강사 4인 및 교무요원 2인 이상
  나. 강사의 자격요건
    (1) 강사
      (가) 소방 관련학의 석사학위 이상을 가진 자
      (나) 전문대학 또는 이와 동등 이상의 교육기관에서 소방안전 관련 학과 전임강사 이상으로 재직한 자
      (다) 「국가기술자격법 시행규칙」 별표 2의 소방기술사, 위험물기능장, 「소방시설 설치 및 관리에 관한 법률」 제25조에 따른 소방시설관리사, 「소방기본법」 제17조의2에 따른 소방안전교육사자격을 소지한 자
      (라) 「국가기술자격법 시행규칙」 별표 2의 소방설비기사 및 위험물산업기사 자격을 취득한 후 소방 관련 기관(단체)에서 2년 이상 강의경력이 있는 자
      (마) 「국가기술자격법 시행규칙」 별표 2의 소방설비산업기사 및 위험물기능사 자격을 취득한 후 소방 관련 기관(단체)에서 5년 이상 강의경력이 있는 자

정답 23.③ 24.④ 25.②

(바) 대학 또는 이와 동등 이상의 교육기관에서 소방안전 관련 학과를 졸업하고 소방 관련 기관(단체)에서 5년 이상 강의경력이 있는 자
(사) 소방 관련 기관(단체)에서 ( 10년 이상 ) 실무경력이 있는 자로서 ( 5년 이상 ) 강의경력이 있는 자
(아) ( 소방위 ) 이상의 소방공무원 또는 소방설비기사 자격을 소지한 소방장 이상의 소방공무원
(자) 간호사 또는 「응급의료에 관한 법률」 제36조에 따른 응급구조사 자격을 소지한 소방공무원(응급처치 교육에 한한다)
(2) 외래 초빙강사 : 강사의 자격요건에 해당하는 자일 것
2. 교육시설 및 교육용기자재
 가. 사무실 : 바닥면적이 ( 60제곱미터 ) 이상일 것
 나. 강의실 : 바닥면적이 ( 100제곱미터 ) 이상이고, 의자·탁자 및 교육용 비품을 갖출 것
 다. 실습실·체험실 : 바닥면적이 100제곱미터 이상
 라. 교육용기자재

# 2021 제21회 소방시설관리사 1차 필기 기출문제
[제3과목 : 소방관계법령]

**01** 소방기본법령상 소방업무의 응원에 관한 설명으로 옳은 것은?

① 소방청장은 소방활동을 할 때에 필요한 경우에는 시·도지사에게 소방업무의 응원을 요청해야 한다.
② 소방업무의 응원을 위하여 파견된 소방대원은 응원을 요청한 소방본부장 또는 소방서장의 지휘에 따라야 한다.
③ 소방업무의 응원 요청을 받은 소방서장은 정당한 사유가 있어도 그 요청을 거절할 수 없다.
④ 소방서장은 소방업무의 응원을 요청하는 경우를 대비하여 출동 대상지역 및 규모와 필요한 경비의 부담 등에 관하여 필요한 사항을 대통령령으로 정하는 바에 따라 이웃하는 소방서장과 협의하여 미리 규약으로 정하여야 한다.

**해설** 소방업무의 응원
1) 소방본부장이나 소방서장은 소방활동을 할 때에 긴급한 경우에는 이웃한 소방본부장 또는 소방서장에게 소방업무의 응원(應援)을 요청할 수 있다.
2) 1)에 따라 소방업무의 응원 요청을 받은 소방본부장 또는 소방서장은 정당한 사유 없이 그 요청을 거절하여서는 아니 된다.
3) 1)에 따라 소방업무의 응원을 위하여 파견된 소방대원은 응원을 요청한 소방본부장 또는 소방서장의 지휘에 따라야 한다.
4) 시·도지사는 1)에 따라 소방업무의 응원을 요청하는 경우를 대비하여 출동 대상지역 및 규모와 필요한 경비의 부담 등에 관하여 필요한 사항을 행정안전부령으로 정하는 바에 따라 이웃하는 시·도지사와 협의하여 미리 규약(規約)으로 정하여야 한다.
5) 시·도지사들간의 상호응원협정사항

1. 다음 각목의 소방활동에 관한 사항
   가. 화재의 경계·진압활동
   나. 구조·구급업무의 지원
   다. 화재조사활동
2. 응원출동대상지역 및 규모
3. 다음 각목의 소요경비의 부담에 관한 사항
   가. 출동대원의 수당·식사 및 피복의 수선
   나. 소방장비 및 기구의 정비와 연료의 보급
   다. 그 밖의 경비
4. 응원출동의 요청방법
5. 응원출동훈련 및 평가

**02** 소방기본법령상 소방용수시설 중 저수조의 설치기준으로 옳지 않은 것은?

① 소방펌프 자동차가 쉽게 접근할 수 있도록 할 것
② 흡수에 지장이 없도록 토사 및 쓰레기 등을 제거할 수 있는 설비를 갖출 것
③ 흡수분의 수심이 0.5미터 이상일 것
④ 지면으로부터의 낙차가 5.5미터 이하일 것

**해설** 저수조의 설치기준(기본법 규칙 별표 3)
(1) 지면으로부터의 낙차가 4.5[m] 이하일 것
(2) 흡수부분의 수심이 0.5[m] 이상일 것
(3) 소방펌프자동차가 쉽게 접근할 수 있도록 할 것
(4) 흡수에 지장이 없도록 토사 및 쓰레기 등을 제거할 수 있는 설비를 갖출 것
(5) 흡수관의 투입구가 사각형의 경우에는 한 변의 길이가 60[cm] 이상, 원형의 경우에는 지름이 60[cm] 이상일 것
(6) 저수조에 물을 공급하는 방법은 상수도에 연결하여 자동으로 급수되는 구조일 것

정답 01.② 02.④

**03** 화재예방법령상 특수가연물에 해당하지 않는 것은?

① 볏짚류 500킬로그램
② 면화류 200킬로그램
③ 사류(絲類) 1,000킬로그램
④ 넝마 및 종이부스러기 1,000킬로그램

해설 [별표 2]

특수가연물(제6조관련)

| 품명 | | 수량 |
|---|---|---|
| 면화류 | | 200킬로그램 이상 |
| 나무껍질 및 대팻밥 | | 400킬로그램 이상 |
| 넝마 및 종이부스러기 | | 1,000킬로그램 이상 |
| 사류(絲類) | | 1,000킬로그램 이상 |
| 볏짚류 | | 1,000킬로그램 이상 |
| 가연성고체류 | | 3,000킬로그램 이상 |
| 석탄·목탄류 | | 10,000킬로그램 이상 |
| 가연성액체류 | | 2세제곱미터 이상 |
| 목재가공품 및 나무부스러기 | | 10세제곱미터 이상 |
| 합성수지류 | 발포시킨 것 | 20세제곱미터 이상 |
| | 그 밖의 것 | 3,000킬로그램 이상 |

[2022.12.1.이후 화재예방법으로 이동]

**04** 소방기본법 및 화재예방법상 벌칙 기준에 관한 설명으로 옳지 않은 것은?

① 관계인의 정당한 업무방해, 조사업무를 수행하면서 취득자료나 알게 된 비밀 제공·누설·목적 외 용도 사용한 자는 500만 원 이하의 벌금에 처한다.
② 위력을 사용하여 출동한 소방대의 화재진압·인명구조 또는 구급활동을 방해하는 행위를 한 사람은 5년 이하의 징역 또는 5,000만 원 이하의 벌금에 처한다.
③ 화재예방강화지구 안의 소방대상물에 대한 화재안전조사를 거부·방해 또는 기피한 자는 300만 원 이하의 벌금에 처한다.
④ 피난명령을 위반한 사람은 100만 원 이하의 벌금에 처한다.

해설 벌칙 기준[22.12.1 개정]
1. 관계인의 정당한 업무방해, 조사업무를 수행하면서 취득자료나 알게 된 비밀 제공·누설·목적 외 용도 사용 : 1년 이하 또는 1000만 원 이하 벌금(예방법)
2. 위력을 사용하여 출동한 소방대의 화재진압·인명구조 또는 구급활동을 방해하는 행위를 한 사람 : 5년 이하의 징역 또는 5,000만 원 이하의 벌금(소방기본법)
3. 화재예방강화지구 안의 소방대상물에 대한 화재안전조사를 거부·방해 또는 기피한 자 : 300만원 이하의 벌금(예방법)
4. 피난명령을 위반한 사람 : 100만 원 이하의 벌금(소방기본법)

**05** 소방시설공사업법령상 소방기술자의 자격취소 또는 소방시설업의 등록취소에 관한 설명으로 옳지 않은 것은?

① 소방시설업자가 거짓이나 그 밖의 부정한 방법으로 등록한 경우 시·도지사는 그 등록을 취소해야 한다.
② 소방기술 인정 자격수첩을 발급받은 자가 그 자격수첩을 다른 사람에게 빌려준 경우 소방청장은 그 자격을 취소해야 한다.
③ 소방시설업자가 다른 자에게 등록수첩을 빌려준 경우 소방청장은 그 등록을 취소해야 한다.
④ 소방시설업자가 등록 결격사유에 해당하게 된 경우 시·도지사는 그 등록을 취소해야 한다.

해설 소방시설업자가 다른 자에게 등록수첩을 빌려준 경우 시·도지사는 1차의 경우 영업정지 6개월, 2차의 경우 등록을 취소하여야 한다.

정답 03.① 04.① 05.③

## 06 소방시설공사업법령상 소방기술자의 배치기준이다. ( )에 들어갈 내용으로 옳게 나열한 것은?

| 소방기술자의 배치기준 | 소방시설공사 현장의 기준 |
|---|---|
| 가. 행정안전부령으로 정하는 특급기술자인 소방기술자(기계분야 및 전기분야) | 1) 연면적 ( ㉠ )제곱미터 이상인 특정소방대상물의 공사 현장<br>2) 지하층을 ( ㉡ )한 층수가 ( ㉢ )층 이상인 특정소방대상물의 공사 현장 |

① ㉠ : 10만, ㉡ : 포함, ㉢ : 20
② ㉠ : 10만, ㉡ : 제외, ㉢ : 30
③ ㉠ : 20만, ㉡ : 포함, ㉢ : 40
④ ㉠ : 20만, ㉡ : 제외, ㉢ : 50

**해설** 소방기술자의 배치기준(제3조 관련)

| 소방기술자의 배치기준 | 소방시설공사 현장의 기준 |
|---|---|
| 1. 행정안전부령으로 정하는 특급기술자인 소방기술자(기계분야 및 전기분야) | 가. 연면적 20만제곱미터 이상인 특정소방대상물의 공사 현장<br>나. 지하층을 포함한 층수가 40층 이상인 특정소방대상물의 공사 현장 |
| 2. 행정안전부령으로 정하는 고급기술자 이상의 소방기술자(기계분야 및 전기분야) | 가. 연면적 3만제곱미터 이상 20만제곱미터 미만인 특정소방대상물(아파트는 제외한다)의 공사 현장<br>나. 지하층을 포함한 층수가 16층 이상 40층 미만인 특정소방대상물의 공사 현장 |
| 3. 행정안전부령으로 정하는 중급기술자 이상의 소방기술자(기계분야 및 전기분야) | 가. 물분무등소화설비(호스릴 방식의 소화설비는 제외한다) 또는 제연설비가 설치되는 특정소방대상물의 공사 현장<br>나. 연면적 5천제곱미터 이상 3만제곱미터 미만인 특정소방대상물(아파트는 제외한다)의 공사 현장<br>다. 연면적 1만제곱미터 이상 20만제곱미터 미만인 아파트의 공사 현장 |
| 4. 행정안전부령으로 정하는 초급기술자 이상의 소방기술자(기계분야 및 전기분야) | 가. 연면적 1천제곱미터 이상 5천제곱미터 미만인 특정소방대상물(아파트는 제외한다)의 공사 현장<br>나. 연면적 1천제곱미터 이상 1만제곱미터 미만인 아파트의 공사 현장<br>다. 지하구(地下溝)의 공사 현장 |
| 5. 법 제28조에 따라 자격수첩을 발급받은 소방기술자 | 연면적 1천제곱미터 미만인 특정소방대상물의 공사 현장 |

## 07 소방시설공사업법령상 하도급계약심사위원회의 구성으로 옳은 것은?

① 위원장 1명과 부위원장 1명을 제외하여 21명 이내의 위원으로 구성한다.
② 위원장 1명과 부위원장 2명을 포함하여 5~9명 이내의 위원으로 구성한다.
③ 위원장 1명과 부위원장 1명을 제외하여 9명 이내의 위원으로 구성한다.
④ 위원장 1명과 부위원장 1명을 포함하여 10명 이내의 위원으로 구성한다.

**해설** 공사업법 시행령 제12조의3(하도급계약심사위원회의 구성 및 운영)

① 법 제22조의2제4항에 따른 하도급계약심사위원회(이하 "위원회"라 한다)는 위원장 1명과 부위원장 1명을 포함하여 10명 이내의 위원으로 구성한다.
② 위원회의 위원장(이하 "위원장"이라 한다)은 발주기관의 장(발주기관이 특별시・광역시・특별자치시・도 및 특별자치도인 경우에는 해당 기관 소속 2급 또는 3급 공무원 중에서, 발주기관이 제11조의5 각 호의 공공기관인 경우에는 1급 이상 임직원 중에서 발주기관의 장이 지명하는 사람을 각각 말한다)이 되고, 부위원장과 위원은 다음 각 호의 어느 하나에 해당하는 사람 중에서 위원장이 임명하거나 성별을 고려하여 위촉한다.
  1. 해당 발주기관의 과장급 이상 공무원(제11조의5 각 호의 공공기관의 경우에는 2급 이상의 임직원을 말한다)
  2. 소방 분야 연구기관의 연구위원급 이상인 사람
  3. 소방 분야의 박사학위를 취득하고 그 분야에서 3년 이상 연구 또는 실무경험이 있는 사람
  4. 대학(소방 분야로 한정한다)의 조교수 이상인 사람
  5. 「국가기술자격법」에 따른 소방기술사 자격을 취득한 사람
③ 제2항제2호부터 제5호까지의 규정에 해당하는 위원의 임기는 3년으로 하며, 한 차례만 연임할 수 있다.
④ 위원회의 회의는 재적위원 과반수의 출석으로 개의(開議)하고, 출석위원 과반수의 찬성으로 의결한다.
⑤ 제1항부터 제4항까지에서 규정한 사항 외에 위원회의 운영에 필요한 사항은 위원회의 의결을 거쳐 위원장이 정한다.

정답 06.③ 07.④

## 05. 소방관계법령

**08** 소방시설 설치 및 관리에 관한 법령상 작동점검의 기록표(ㄱ)와 종합점검의 기록표(ㄴ)의 메인컬러를 옳게 나열한 것은? [현행 삭제된 문제]

① ㄱ : 노랑 PANTONE 116C,
　ㄴ : 빨강 PANTONE 032C
② ㄱ : 빨강 PANTONE 032C,
　ㄴ : 노랑 PANTONE 116C
③ ㄱ : 연두 PANTONE 376C,
　ㄴ : 파랑 PANTONE 279C
④ ㄱ : 파랑 PANTONE 279C,
　ㄴ : 연두 PANTONE 376C

**해설** 점검기록표의 규격은 다음과 같다.
가. 규격 : 원지름 130[mm]
나. 재질 : 유포지(스티커), 아트지(스티커)
다. 메인컬러
　1) 종합정밀점검 : 파랑 PANTONE 279C
　2) 작동기능점검 : 연두 PANTONE 376C
[2022.12.1.이후 삭제]

**09** 화재의 예방 및 안전관리에 관한 법령상 화재안전정책기본계획(이하 "기본계획"이라 함) 등의 수립 및 시행에 관한 설명으로 옳지 않은 것은?

① 국가는 화재안전 기반 확충을 위하여 화재안전정책에 관한 기본계획을 5년마다 수립·시행하여야 한다.
② 기본계획은 대통령령으로 정하는 바에 따라 소방청장이 관계 중앙행정기관의 장과 협의하여 수립한다.
③ 기본계획에는 화재안전분야 국제경쟁력 향상에 관한 사항이 포함되어야 한다.
④ 소방청장은 기본계획을 시행하기 위하여 2년마다 시행계획을 수립·시행하여야 한다.

**해설** 화재예방법 제4조(화재의 예방 및 안전관리 기본계획 등의 수립·시행)
① 소방청장은 화재예방정책을 체계적·효율적으로 추진하고 이에 필요한 기반 확충을 위하여 화재의 예방 및 안전관리에 관한 기본계획(이하 "기본계획"이라 한다)을 5년마다 수립·시행하여야 한다.

> 시행령 제2조(화재의 예방 및 안전관리 기본계획의 협의 및 수립)
> 소방청장은 「화재의 예방 및 안전관리에 관한 법률」(이하 "법"이라 한다) 제4조제1항에 따른 화재의 예방 및 안전관리에 관한 기본계획(이하 "기본계획"이라 한다)을 계획 시행 전년도 8월 31일까지 관계 중앙행정기관의 장과 협의한 후 계획 시행 전년도 9월 30일까지 수립해야 한다.

② 기본계획은 대통령령으로 정하는 바에 따라 소방청장이 관계 중앙행정기관의 장과 협의하여 수립한다.
③ 기본계획에는 다음 각 호의 사항이 포함되어야 한다.
　1. 화재예방정책의 기본목표 및 추진방향
　2. 화재의 예방과 안전관리를 위한 법령·제도의 마련 등 기반 조성
　3. 화재의 예방과 안전관리를 위한 대국민 교육·홍보
　4. 화재의 예방과 안전관리 관련 기술의 개발·보급
　5. 화재의 예방과 안전관리 관련 전문인력의 육성·지원 및 관리
　6. 화재의 예방과 안전관리 관련 산업의 국제경쟁력 향상
　7. 그 밖에 대통령령으로 정하는 화재의 예방과 안전관리에 필요한 사항

> 시행령 제3조(기본계획의 내용)
> 법 제4조제3항제7호에서 "대통령령으로 정하는 화재의 예방과 안전관리에 필요한 사항"이란 다음 각 호의 사항을 말한다.
> 1. 화재발생 현황
> 2. 소방대상물의 환경 및 화재위험특성 변화 추세 등 화재예방정책의 여건 변화에 관한 사항
> 3. 소방시설의 설치·관리 및 화재안전기준의 개선에 관한 사항
> 4. 계절별·시기별·소방대상물별 화재예방대책의 추진 및 평가 등에 관한 사항
> 5. 그 밖에 화재의 예방 및 안전관리와 관련하여 소방청장이 필요하다고 인정하는 사항

④ 소방청장은 기본계획을 시행하기 위하여 매년 시행계획을 수립·시행하여야 한다.

> 시행령 제4조(시행계획의 수립·시행)
> ① 소방청장은 법 제4조제4항에 따라 기본계획을 시행하기 위한 계획(이하 "시행계획"이라 한다)을 계획 시행 전년도 10월 31일까지 수립해야 한다.
> ② 시행계획에는 다음 각 호의 사항이 포함되어야 한다.
> 　1. 기본계획의 시행을 위하여 필요한 사항
> 　2. 그 밖에 화재의 예방 및 안전관리와 관련하여 소방청장이 필요하다고 인정하는 사항

정답 08.③ 09.④

⑤ 소방청장은 제1항 및 제4항에 따라 수립된 기본계획과 시행계획을 관계 중앙행정기관의 장과 시·도지사에게 통보하여야 한다.

> 시행령 제5조(세부시행계획의 수립·시행)
> ① 소방청장은 법 제4조제5항에 따라 관계 중앙행정기관의 장과 특별시장·광역시장·특별자치시장·도지사 또는 특별자치도지사(이하 "시·도지사"라 한다)에게 기본계획 및 시행계획을 각각 계획 시행 전년도 10월 31일까지 통보해야 한다.
> ② 제1항에 따라 통보를 받은 관계 중앙행정기관의 장 및 시·도지사는 법 제4조제6항에 따른 세부시행계획(이하 "세부시행계획"이라 한다)을 수립하여 계획 시행 전년도 12월 31일까지 소방청장에게 통보해야 한다.
> ③ 세부시행계획에는 다음 각 호의 사항이 포함되어야 한다.
>   1. 기본계획 및 시행계획에 대한 관계 중앙행정기관 또는 특별시·광역시·특별자치시·도·특별자치도(이하 "시·도"라 한다)의 세부집행계획
>   2. 직전 세부시행계획의 시행 결과
>   3. 그 밖에 화재안전과 관련하여 관계 중앙행정기관의 장 또는 시·도지사가 필요하다고 결정한 사항

⑥ 제5항에 따라 기본계획과 시행계획을 통보받은 관계 중앙행정기관의 장과 시·도지사는 소관 사무의 특성을 반영한 세부시행계획을 수립·시행하고 그 결과를 소방청장에게 통보하여야 한다.
⑦ 소방청장은 기본계획 및 시행계획을 수립하기 위하여 필요한 경우에는 관계 중앙행정기관의 장 또는 시·도지사에게 관련 자료의 제출을 요청할 수 있다. 이 경우 자료 제출을 요청받은 관계 중앙행정기관의 장 또는 시·도지사는 특별한 사유가 없으면 이에 따라야 한다.
⑧ 제1항부터 제7항까지에서 규정한 사항 외에 기본계획, 시행계획 및 세부시행계획의 수립·시행에 필요한 사항은 대통령령으로 정한다.

**10** 소방시설 설치 및 관리에 관한 법령상 화재안전기준 또는 대통령령이 변경되어 그 기준이 강화되는 경우 기존의 특정소방대상물의 소방시설에 대하여 강화된 기준을 적용하는 소방시설로 옳지 않은 것은?

① 소화기구
② 노유자시설에 설치하는 비상콘센트설비
③ 의료시설에 설치하는 자동화재탐지설비
④ 「국토의 계획 및 이용에 관한 법률」에 따른 공동구에 설치하여야 하는 소방시설

**해설** 소방시설법 제13조(소방시설기준 적용의 특례)
① 소방본부장이나 소방서장은 제12조제1항 전단에 따른 대통령령 또는 화재안전기준이 변경되어 그 기준이 강화되는 경우 기존의 특정소방대상물(건축물의 신축·개축·재축·이전 및 대수선 중인 특정소방대상물을 포함한다)의 소방시설에 대하여는 변경 전의 대통령령 또는 화재안전기준을 적용한다. 다만, 다음 각 호의 어느 하나에 해당하는 소방시설의 경우에는 대통령령 또는 화재안전기준의 변경으로 강화된 기준을 적용할 수 있다.
  1. 다음 각 목의 소방시설 중 대통령령 또는 화재안전기준으로 정하는 것
    가. 소화기구
    나. 비상경보설비
    다. 자동화재탐지설비
    라. 자동화재속보설비
    마. 피난구조설비
  2. 다음 각 목의 특정소방대상물에 설치하는 소방시설 중 대통령령 또는 화재안전기준으로 정하는 것
    가. 「국토의 계획 및 이용에 관한 법률」 제2조제9호에 따른 공동구
    나. 전력 및 통신사업용 지하구
    다. 노유자(老幼者) 시설
    라. 의료시설

**11** 화재의 예방 및 안전관리에 관한 법령상 소방안전관리대상물의 관계인이 피난시설의 위치, 피난경로 또는 대피요령이 포함된 피난유도 안내정보를 근무자 또는 거주자에게 정기적으로 제공하는 방법으로 옳지 않은 것은?

① 연 2회 피난안내 교육을 실시하는 방법
② 연 1회 피난안내방송을 실시하는 방법
③ 피난안내도를 층마다 보기 쉬운 위치에 게시하는 방법
④ 엘리베이터, 출입구 등 시청이 용이한 지역에 피난안내영상을 제공하는 방법

정답 10.② 11.②

**해설** 화재예방법 시행규칙 제35조(피난유도 안내정보의 제공)
① 법 제36조제3항에 따른 피난유도 안내정보 제공은 다음 각 호의 어느 하나에 해당하는 방법으로 하여야 한다.
　1. 연 2회 피난안내 교육을 실시하는 방법
　2. 분기별 1회 이상 피난안내방송을 실시하는 방법
　3. 피난안내도를 층마다 보기 쉬운 위치에 게시하는 방법
　4. 엘리베이터, 출입구 등 시청이 용이한 지역에 피난안내영상을 제공하는 방법
② 제1항에서 규정한 사항 외에 피난유도 안내정보의 제공에 필요한 세부사항은 소방청장이 정하여 고시한다.

**12** 화재의 예방 및 안전관리에 관한 법령상 소방안전관리대상물의 소방계획서에 포함되어야 하는 사항이 아닌 것은?

① 국가화재안전정책의 여건 변화에 관한 사항
② 소방시설·피난시설 및 방화시설의 점검·정비계획
③ 화재예방을 위한 자체점검계획 및 진압대책
④ 화기 취급 작업에 대한 사전 안전조치 및 감독 등 공사 중 소방안전관리에 관한 사항

**해설** 화재예방법 시행령 제27조(소방안전관리대상물의 소방계획서 작성 등)
① 법 제24조제5항제1호에서 "대통령령으로 정하는 사항"이란 다음 각 호의 사항을 말한다.
　1. 소방안전관리대상물의 위치·구조·연면적(「건축법 시행령」 제119조제1항제4호에 따라 산정된 면적을 말한다. 이하 같다)·용도 및 수용인원 등 일반 현황
　2. 소방안전관리대상물에 설치한 소방시설, 방화시설, 전기시설, 가스시설 및 위험물시설의 현황
　3. 화재 예방을 위한 자체점검계획 및 대응대책
　4. 소방시설·피난시설 및 방화시설의 점검·정비계획
　5. 피난층 및 피난시설의 위치와 피난경로의 설정, 화재안전취약자의 피난계획 등을 포함한 피난계획
　6. 방화구획, 제연구획(除煙區劃), 건축물의 내부 마감재료 및 방염대상물품의 사용 현황과 그 밖의 방화구조 및 설비의 유지·관리계획
　7. 법 제35조제1항에 따른 관리의 권원이 분리된 특정소방대상물의 소방안전관리에 관한 사항
　8. 소방훈련·교육에 관한 계획
　9. 법 제37조를 적용받는 소방안전관리대상물의 근무자 및 거주자의 자위소방대 조직과 대원의 임무(화재안전취약자의 피난 보조 임무를 포함한다)에 관한 사항
　10. 화기 취급 작업에 대한 사전 안전조치 및 감독 등 공사 중 소방안전관리에 관한 사항
　11. 소화에 관한 사항과 연소 방지에 관한 사항
　12. 위험물의 저장·취급에 관한 사항(「위험물안전관리법」 제17조에 따라 예방규정을 정하는 제조소등은 제외한다)
　13. 소방안전관리에 대한 업무수행에 관한 기록 및 유지에 관한 사항
　14. 화재발생 시 화재경보, 초기소화 및 피난유도 등 초기대응에 관한 사항
　15. 그 밖에 소방본부장 또는 소방서장이 소방안전관리대상물의 위치·구조·설비 또는 관리 상황 등을 고려하여 소방안전관리에 필요하여 요청하는 사항
② 소방본부장 또는 소방서장은 소방안전관리대상물의 소방계획서의 작성 및 그 실시에 관하여 지도·감독한다.

**13** 소방시설 설치 및 관리에 관한 법령상 옥외소화전설비에 관한 내용이다. ( )에 들어갈 내용으로 옳게 나열한 것은?

> 사. 옥외소화전설비를 설치하여야 하는 특정소방대상물(아파트등, 위험물 저장 및 처리 시설 중 가스시설, 지하구 또는 지하가 중 터널은 제외한다)은 다음의 어느 하나와 같다.
> 1) 지상 1층 및 2층의 바닥면적의 합계가 ( ㉠ )m² 이상인 것. 이 경우 같은 구(區) 내의 둘 이상의 특정소방대상물이 행정안전부령으로 정하는 ( ㉡ )인 경우에는 이를 하나의 특정소방대상물로 본다.
> 2) 문화유산 중 「문화유산의 보존 및 활용에 관한 법률」 제23조에 따라 보물 또는 국보로 지정된 목조건축물
> 3) 1)에 해당하지 않는 공장 또는 창고시설로서 「소방기본법 시행령」 별표 2에서 정하는 수량의 ( ㉢ )배 이상의 특수가연물을 저장·취급하는 것

정답 12.① 13.④

① ㉠ : 6천, ㉡ : 연소 우려가 있는 개구부,
　㉢ : 650
② ㉠ : 7천, ㉡ : 연소 우려가 있는 구조,
　㉢ : 650
③ ㉠ : 8천, ㉡ : 연소 우려가 있는 개구부,
　㉢ : 750
④ ㉠ : 9천, ㉡ : 연소 우려가 있는 구조,
　㉢ : 750

**해설** 옥외소화전설비를 설치해야 하는 특정소방대상물(아파트 등, 위험물 저장 및 처리 시설 중 가스시설, 지하구 및 터널은 제외한다)은 다음의 어느 하나에 해당하는 것으로 한다.
1) 지상 1층 및 2층의 바닥면적의 합계가 9천㎡ 이상인 것. 이 경우 같은 구(區) 내의 둘 이상의 특정소방대상물이 행정안전부령으로 정하는 연소(延燒) 우려가 있는 구조인 경우에는 이를 하나의 특정소방대상물로 본다.
2) 문화유산 중 「문화유산의 보존 및 활용에 관한 법률」 제23조에 따라 보물 또는 국보로 지정된 목조건축물
3) 1)에 해당하지 않는 공장 또는 창고시설로서 「화재의 예방 및 안전관리에 관한 법률 시행령」 별표 2에서 정하는 수량의 750배 이상의 특수가연물을 저장·취급하는 것

**14** 화재의 예방 및 안전관리에 관한 법령상 소방안전 특별관리기본계획 및 시행계획의 수립·시행에 관한 설명으로 옳지 않은 것은?

① 소방청장은 소방안전 특별관리기본계획을 5년마다 수립·시행하여야 한다.
② 소방청장은 소방안전 특별관리기본계획을 계획 시행 전년도 12월 31일까지 수립하여 행정안전부에 통보한다.
③ 시·도지사는 소방안전 특별관리기본계획을 시행하기 위하여 매년 소방안전 특별관리 시행계획을 계획 시행전년도 12월 31일까지 수립하여야 한다.
④ 시·도지사는 소방안전 특별관리시행계획의 시행 결과를 계획 시행 다음 연도 1월 31일까지 소방청장에게 통보하여야 한다.

**해설** 화재예방법 시행령 제2조(화재의 예방 및 안전관리 기본계획의 협의 및 수립)
소방청장은 「화재의 예방 및 안전관리에 관한 법률」(이하 "법"이라 한다) 제4조제1항에 따른 화재의 예방 및 안전관리에 관한 기본계획(이하 "기본계획"이라 한다)을 계획 시행 전년도 8월 31일까지 관계 중앙행정기관의 장과 협의한 후 계획 시행 전년도 9월 30일까지 수립해야 한다.

**15** 소방시설 설치 및 관리에 관한 법령상 방염성능기준 이상의 실내장식물 등을 설치하여야 하는 특정소방물에 해당하지 않는 것은? (단, 11층 미만인 특정소방대상물임)

① 교육연구시설 중 합숙소
② 건축물의 옥내에 있는 수영장
③ 근린생활시설 중 종교집회장
④ 방송통신시설 중 촬영소

**해설** 소방시설법 시행령 제30조(방염성능기준 이상의 실내장식물 등을 설치하여야 하는 특정소방대상물)
법 제20조제1항에서 "대통령령으로 정하는 특정소방대상물"이란 다음 각 호의 어느 하나에 해당하는 것을 말한다.
1. 근린생활시설 중 의원, 치과의원, 한의원, 조산원, 산후조리원, 체력단련장, 공연장 및 종교집회장
2. 건축물의 옥내에 있는 시설로서 다음 각 목의 시설
　가. 문화 및 집회시설
　나. 종교시설
　다. 운동시설(수영장은 제외한다)
3. 의료시설
4. 교육연구시설 중 합숙소
5. 노유자시설
6. 숙박이 가능한 수련시설
7. 숙박시설
8. 방송통신시설 중 방송국 및 촬영소
9. 다중이용업소
10. 제1호부터 제9호까지의 시설에 해당하지 않는 것으로서 층수가 11층 이상인 것(아파트는 제외한다)

**16** 소방시설 설치 및 관리에 관한 법령상 건축물의 신축·증축 및 개축 등으로 소방용품을 변경 또는 신규 비치하여야 하는 경우 우수품질인증 소방용품을 우선 구매·사용하도록 노력하여야 하는 기관 및 단체를 모두 고른 것은?

> ㉠ 지방자치단체
> ㉡ 「공공기관의 운영에 관한 법률」에 따른 공공기관
> ㉢ 「지방자치단체 출자·출연 기관의 운영에 관한 법률」에 따른 출자·출연기관

① ㉠, ㉡
② ㉠, ㉢
③ ㉡, ㉢
④ ㉠, ㉡, ㉢

**해설** 소방시설법 시행령 제47조(우수품질인증 소방용품 우선 구매·사용 기관)
법 제44조제4호에서 "대통령령으로 정하는 기관"이란 다음 각 호의 어느 하나에 해당하는 기관을 말한다.
1. 「지방공기업법」 제49조에 따라 설립된 지방공사 및 같은 법 제76조에 따라 설립된 지방공단
2. 「지방자치단체 출자·출연 기관의 운영에 관한 법률」 제2조에 따른 출자·출연기관

**17** 화재의 예방 및 안전관리에 관한 법령상 특급 소방안전관리대상물의 소방안전관리에 관한 강습교육 과정별 교육시간 운영 편성기준 중 특급 소방안전관리자에 관한 강습교육시간으로 옳은 것은?

① 이론 : 16시간, 실무 : 64시간
② 이론 : 48시간, 실무 : 112시간
③ 이론 : 32시간, 실무 : 48시간
④ 이론 : 40시간, 실무 : 40시간

**해설** 소방안전관리자 강습교육시간(특급 소방안전관리자 기준)
시간합계 : 160시간 / 이론 : 48시간 / 실무-일반 : 48시간 / 실습 및 평가 : 64시간

**18** 위험물안전관리법령상 지정수량 이상의 위험물을 저장하기 위한 저장소의 구분에 포함되지 않는 것은?

① 옥내저장소  ② 옥외저장소
③ 지하저장소  ④ 이동탱크저장소

**해설** 저장소의 종류
■ 위험물안전관리법 시행령 [별표 2]
지정수량 이상의 위험물을 저장하기 위한 장소와 그에 따른 저장소의 구분(제4조관련)

| 지정수량 이상의 위험물을 저장하기 위한 장소 | 저장소의 구분 |
|---|---|
| 1. 옥내(지붕과 기둥 또는 벽 등에 의하여 둘러싸인 곳을 말한다. 이하 같다)에 저장(위험물을 저장하는데 따르는 취급을 포함한다. 이하 이 표에서 같다)하는 장소. 다만, 제3호의 장소를 제외한다. | 옥내저장소 |
| 2. 옥외에 있는 탱크(제4호 내지 제6호 및 제8호에 규정된 탱크를 제외한다. 이하 제3호에서 같다)에 위험물을 저장하는 장소 | 옥외탱크저장소 |
| 3. 옥내에 있는 탱크에 위험물을 저장하는 장소 | 옥내탱크저장소 |
| 4. 지하에 매설한 탱크에 위험물을 저장하는 장소 | 지하탱크저장소 |
| 5. 간이탱크에 위험물을 저장하는 장소 | 간이탱크저장소 |
| 6. 차량(피견인자동차에 있어서는 앞차축을 갖지 아니하는 것으로서 당해 피견인자동차의 일부가 견인자동차에 적재되고 당해 피견인자동차와 그 적재물의 중량의 상당부분이 견인자동차에 의하여 지탱되는 구조의 것에 한한다)에 고정된 탱크에 위험물을 저장하는 장소 | 이동탱크저장소 |
| 7. 옥외에 다음 각목의 1에 해당하는 위험물을 저장하는 장소. 다만, 제2호의 장소를 제외한다.<br>가. 제2류 위험물중 황 또는 인화성고체(인화점이 섭씨 0도 이상인 것에 한한다)<br>나. 제4류 위험물중 제1석유류(인화점이 섭씨 0도 이상인 것에 한한다)·알코올류·제2석유류·제3석유류·제4석유류 및 동식물유류<br>다. 제6류 위험물<br>라. 제2류 위험물 및 제4류 위험물중 특별시·광역시 또는 도의 조례에서 정하는 위험물(「관세법」 제154조의 규정에 의한 보세구역안에 저장하는 경우에 한한다)<br>마. 「국제해사기구에 관한 협약」에 의하여 설치된 국제해사기구가 채택한 「국제해상위험물규칙」(IMDG Code)에 적합한 용기에 수납된 위험물 | 옥외저장소 |
| 8. 암반내의 공간을 이용한 탱크에 액체의 위험물을 저장하는 장소 | 암반탱크저장소 |

정답  16.④  17.②  18.③

**19** 위험물안전관리법령상 제조소등에 대한 정기점검 및 정기검사에 관한 설명으로 옳지 않은 것은?

① 이동탱크저장소는 정기점검의 대상이다.
② 액체위험물을 저장 또는 취급하는 50만리터 이상의 옥외탱크저장소는 정기검사의 대상이다.
③ 소방본부장 또는 소방서장은 당해 제조소등에 대하여 연 1회 이상 정기점검을 실시하여야 한다.
④ 정기점검의 내용·방법 등에 관한 기술상의 기준과 그 밖의 점검에 관하여 필요한 사항은 소방청장이 정하여 고시한다.

**해설** 정기점검은 관계인이 실시한다.

**20** 위험물안전관리법령상 탱크안전성능검사에 해당하지 않는 것은?

① 기초·지반검사   ② 충수·수압검사
③ 밀폐·재질검사   ④ 암반탱크검사

**해설** 탱크안전성능검사의 종류
㉠ 기초·지반검사
㉡ 충수·수압검사
㉢ 용접부검사
㉣ 암반탱크검사

**21** 위험물안전관리법령상 위험물의 안전관리와 관련된 업무를 수행하는 자가 받아야 하는 안전교육에 관한 설명으로 옳은 것은?

① 안전교육대상자는 시·도지사가 실시하는 교육을 받아야 한다.
② 모든 제조소등의 관계인은 안전교육대상자이다.
③ 시·도지사는 안전교육을 강습교육과 실무교육으로 구분하여 실시한다.
④ 시·도지사, 소방본부장 또는 소방서장은 안전교육대상자가 교육을 받지 아니한 때에는 그 교육대상자가 교육을 받을 때까지 위험물안전관리법의 규정에 따라 그 자격으로 행하는 행위를 제한할 수 있다.

**해설** 안전교육
1) 안전관리자·탱크시험자·위험물운송자 등 위험물의 안전관리와 관련된 업무를 수행하는 자로서 대통령령이 정하는 자는 해당 업무에 관한 능력의 습득 또는 향상을 위하여 소방청장이 실시하는 교육을 받아야 한다.
2) 안전교육대상자
  ① 안전관리자로 선임된 자
  ② 탱크시험자의 기술인력으로 종사하는 자
  ③ 위험물운송자로 종사하는 자
3) 안전교육실시자 : 소방청장
4) 제조소등의 관계인은 교육대상자에 대하여 필요한 안전교육을 받게 하여야 한다.
5) 안전교육의 과정 및 기간과 그 밖에 교육의 실시에 관하여 필요한 사항(행정안전부령)
6) 시·도지사, 소방본부장 또는 소방서장은 안전교육대상자가 교육을 받지 아니한 때에는 그 교육대상자가 교육을 받을 때까지 이 법의 규정에 따라 그 자격으로 행하는 행위를 제한할 수 있다.
7) 안전교육의 구분 : 소방청장은 안전교육을 강습교육과 실무교육으로 구분하여 실시한다.
8) 기술원 또는 한국소방안전원은 매년 교육실시계획을 수립하여 교육을 실시하는 해의 전년도 말까지 소방청장의 승인을 받아야 하고, 해당 연도 교육실시결과를 교육을 실시한 해의 다음 연도 1월 31일까지 소방청장에게 보고하여야 한다.
9) 소방본부장은 매년 10월말까지 관할구역 안의 실무교육대상자 현황을 협회에 통보하고 관할구역 안에서 협회가 실시하는 안전교육에 관하여 지도·감독하여야 한다.

**22** 다중이용업소의 안전관리에 관한 특별법령상 '밀폐구조의 영업장'에 대한 용어의 정의이다. ( )에 들어갈 내용으로 옳게 나열한 것은?

( ㉠ )에 있는 다중이용업소의 영업장 중 채광·환기·통풍 및 ( ㉡ ) 등이 용이하지 못한 구조로 되어 있으면서 대통령령으로 정하는 기준에 해당하는 영업장을 말한다.

① ㉠ : 지하층, ㉡ : 피난
② ㉠ : 지하층, ㉡ : 소화활동
③ ㉠ : 지상층, ㉡ : 피난
④ ㉠ : 지상층, ㉡ : 소화활동

**해설** "밀폐구조의 영업장"이란 지상층에 있는 다중이용업소의 영업장 중 채광·환기·통풍 및 피난 등이 용이하지 못한 구조로 되어 있으면서 대통령령으로 정하는 기준에 해당하는 영업장을 말한다.

**23** 다중이용업소의 안전관리에 관한 특별법령상 다른 법률에 따라 다중이용업의 허가·인가·등록·신고수리를 하는 행정기관이 허가등을 한 날부터 14일 이내에 관할 소방본부장 또는 소방서장에게 통보하여야 하는 사항을 모두 고른 것은?

> ⊙ 다중이용업의 종류·영업장 면적
> ⓒ 허가등 일자
> ⓒ 화재배상책임보험 가입여부

① ㉠, ㉡   ② ㉠, ㉢
③ ㉡, ㉢   ④ ㉠, ㉡, ㉢

**해설** 다중업법 시행규칙 제4조(관련 행정기관의 허가등의 통보)
① 「다중이용업소의 안전관리에 관한 특별법」(이하 "법"이라 한다) 제7조제1항에 따른 다중이용업의 허가·인가·등록·신고수리(이하 "허가등"이라 한다)를 하는 행정기관(이하 "허가관청"이라 한다)은 허가등을 한 날부터 14일 이내에 다음 각 호의 사항을 별지 제1호서식의 다중이용업 허가등 사항(변경사항)통보서에 따라 관할 소방본부장 또는 소방서장에게 통보하여야 한다.
1. 영업주의 성명·주소
2. 다중이용업소의 상호·소재지
3. 다중이용업의 종류·영업장 면적
4. 허가등 일자

**24** 다중이용업소의 안전관리에 관한 특별법령상 이행강제금의 부과권자가 아닌 자는?
① 소방청장
② 소방본부장
③ 소방서장
④ 시·군·구청장

**해설** 다중업법 제26조(이행강제금)
① 소방청장, 소방본부장 또는 소방서장은 제9조제2항, 제10조제3항, 제10조의2제3항 또는 제15조제2항에 따라 조치 명령을 받은 후 그 정한 기간 이내에 그 명령을 이행하지 아니하는 자에게는 1천만원 이하의 이행강제금을 부과한다.
② 소방청장, 소방본부장 또는 소방서장은 제1항에 따른 이행강제금을 부과하기 전에 제1항에 따른 이행강제금을 부과·징수한다는 것을 미리 문서로 알려 주어야 한다.
③ 소방청장, 소방본부장 또는 소방서장은 제1항에 따라 이행강제금을 부과할 때에는 이행강제금의 금액, 이행강제금의 부과 사유, 납부기한, 수납기관, 이의 제기 방법 및 이의 제기 기관 등을 적은 문서로 하여야 한다.
④ 소방청장, 소방본부장 또는 소방서장은 최초의 조치 명령을 한 날을 기준으로 매년 2회의 범위에서 그 조치 명령이 이행될 때까지 반복하여 제1항에 따른 이행강제금을 부과·징수할 수 있다.
⑤ 소방청장, 소방본부장 또는 소방서장은 조치 명령을 받은 자가 명령을 이행하면 새로운 이행강제금의 부과를 즉시 중지하되, 이미 부과된 이행강제금은 징수하여야 한다.
⑥ 소방청장, 소방본부장 또는 소방서장은 제1항에 따라 이행강제금 부과처분을 받은 자가 이행강제금을 기한까지 납부하지 아니하면 국세 체납처분의 예 또는 「지방행정제재·부과금의 징수 등에 관한 법률」에 따라 징수한다.
⑦ 제1항에 따라 이행강제금을 부과하는 위반행위의 종류와 위반 정도에 따른 금액과 이의 제기 절차, 그 밖에 필요한 사항은 대통령령으로 정한다.

**25** 다중이용업소의 안전관리에 관한 특별법령상 안전시설등의 구분(소방시설, 비상구, 영업장 내부 피난통로, 그 밖의 안전시설) 중 '그 밖의 안전시설'에 해당하지 않는 것은?
① 휴대용비상조명등
② 영상음향차단장치
③ 누전차단기
④ 창문

정답  23.① 24.④ 25.①

**해설** 안전시설등
1. 소방시설
    가. 소화설비
        1) 소화기 또는 자동확산소화기
        2) 간이스프링클러설비(캐비닛형 간이스프링클러설비를 포함한다)
    나. 경보설비
        1) 비상벨설비 또는 자동화재탐지설비
        2) 가스누설경보기
    다. 피난설비
        1) 피난기구
            가) 미끄럼대
            나) 피난사다리
            다) 구조대
            라) 완강기
            마) 다수인 피난장비
            바) 승강식 피난기
        2) 피난유도선
        3) 유도등, 유도표지 또는 비상조명등
        4) 휴대용비상조명등
2. 비상구
3. 영업장 내부 피난통로
4. 그 밖의 안전시설
    가. 영상음향차단장치
    나. 누전차단기
    다. 창문

# 2020 제20회 소방시설관리사 1차 필기 기출문제
[제3과목 : 소방관계법령]

**01** 소방기본법령상 소방본부 화재조사전담부서에 갖추어야 할 장비 및 시설 중 감식·감정용 기기에 속하지 않는 것은? [현행 삭제된 문제]

① 클램프미터  ② 검전기
③ 슈미트해머  ④ 거리측정기

**해설** ■ 소방기본법 시행규칙 [별표 6]
화재조사전담부서에 갖추어야 할 장비 및 시설(제12조 제4항 관련)

### 1. 소방본부(거점소방서 포함)

| 구분 | 기자재명 및 시설규모 |
|---|---|
| 발굴용구 (1종세트) | 공구류(니퍼, 펜치, 와이어커터, 드라이버세트, 스패너세트, 망치 등), 톱(나무, 쇠), 전동 드릴, 전동 그라인더, 다용도 칼, U형 자석, 뜰채, 붓, 빗자루, 양동이, 삽, 긁개, 휴대용 진공청소기 |
| 기록용기기 (16종) | 디지털카메라(DSLR)세트, 비디오카메라세트, 소형 디지털방수카메라, 촬영용 고무매트, TV, 디지털녹음기, 거리측정기, 초시계, 디지털온도·습도계, 디지털풍향풍속기록계, 정밀저울, 줄자, 버니어캘리퍼스, 웨어러블캠, 외장용 하드, 3D 스캐너 |
| 감식·감정용 기기(16종) | 절연저항계, 멀티테스터기, 클램프미터, 정전기측정장치, 누설전류계, 검전기, 복합가스측정기, 가스(유증)검지기, 확대경, 실체현미경, 적외선열상카메라, 접지저항계, 휴대용디지털현미경, 탄화심도계, 슈미트해머, 내시경카메라 |
| 조명기기 (4종) | 발전기, 이동용조명기, 휴대용랜턴, 헤드랜턴 |
| 안전장비 (8종) | 보호용작업복, 보호용장갑, 안전화, 안전모, 마스크(방진마스크, 방독마스크), 보안경, 안전고리, 공기호흡기세트 |
| 증거수집 장비(6종) | 증거물 수집기구세트(핀셋류, 가위류 등), 증거물 보관세트(상자, 봉투, 밀폐용기, 유증수집용 캔 등), 증거물 표지(번호, 화살·○표, 스티커), 증거물 태그, 접자, 라텍스장갑 |
| 화재조사차량 (2종) | 화재조사용 전용차량, 화재조사 첨단 분석차량(비파괴 검사기, 실체현미경 등 탑재) |
| 보조장비 (7종) | 노트북컴퓨터, 소화기, 전선 릴, 이동용 에어 컴프레서, 접이식사다리, 화재조사 전용 피복, 화재조사용 가방 |
| 추가 권장 장비 (20종) | 가스크로마토그래피, 고속카메라세트, 화재시뮬레이션시스템, X선 촬영기, 금속현미경, 시편(試片)절단기, 시편성형기, 시편연마기, 접지저항계, 직류전압전류계, 교류전압전류계, 오실로스코프, 주사전자현미경, 인화점측정기, 발화점측정기, 미량융점측정기, 온도기록계, 폭발압력측정기세트, 전압조정기(직류, 교류), 적외선 분광광도계 |
| 화재조사 분석실 | 화재조사분석실의 구성장비를 유효하게 보존·사용할 수 있고, 환기 및 수도·배관시설이 있는 30㎡ 이상의 실(室) |
| 화재조사 분석실 구성장비 (10종) | 증거물보관함, 시료보관함, 실험작업대, 바이스, 개수대, 초음파세척기, 실험용 기구류(비커, 피펫, 유리병 등), 드라이어, 항온항습기, 오토 데시케이터 |

### 2. 소방서

| 구분 | 기자재명 |
|---|---|
| 발굴용구 (1종세트) | 공구류(니퍼, 펜치, 와이어커터, 드라이버세트, 스패너세트, 망치 등), 톱(나무, 쇠), 전동 드릴, 전동 그라인더, 다용도 칼, U형 자석, 뜰채, 붓, 빗자루, 양동이, 삽, 긁개, 휴대용 진공청소기 |
| 기록용기기 (15종) | 디지털카메라(DSLR)세트, 비디오카메라세트, 소형 디지털방수카메라, 촬영용 고무매트, TV, 디지털녹음기, 거리측정기, 초시계, 디지털온도·습도계, 디지털풍향풍속기록계, 정밀저울, 줄자, 버니어캘리퍼스, 웨어러블캠, 외장용 하드 |
| 감식용기기 (10종) | 절연저항계, 멀티테스터기, 클램프미터, 누설전류계, 검전기, 복합가스측정기, 가스(유증)검지기, 확대경, 실체현미경, 탄화심도계 |
| 조명기기 (4종) | 발전기, 이동용조명기, 휴대용랜턴, 헤드랜턴 |
| 안전장비 (8종) | 보호용작업복, 보호용장갑, 안전화, 안전모, 마스크(방진마스크, 방독마스크), 보안경, 안전고리, 공기호흡기세트 |
| 증거수집 장비(6종) | 증거물 수집기구세트(핀셋류, 가위류 등), 증거물 보관세트(상자, 봉투, 밀폐용기, 유증수집용 캔 등), 증거물 표지(번호, 화살·○표, 스티커), 증거물 태그, 접자, 라텍스장갑 |
| 화재조사차량 (1종) | 화재조사용 전용차량 |
| 보조장비 (7종) | 노트북컴퓨터, 소화기, 전선 릴, 이동용 에어 컴프레서, 접이식사다리, 화재조사 전용 피복, 화재조사용 가방 |
| 추가 권장 장비(2종) | 휴대용디지털현미경, 정전기측정장치 |
| 화재조사 분석실 | 화재조사분석실의 구성장비를 유효하게 보존·사용할 수 있고, 환기 및 수도·배관시설이 있는 20㎡ 이상의 실(室) |
| 화재조사 분석실 구성장비 (10종) | 증거물보관함, 시료보관함, 실험작업대, 바이스, 개수대, 초음파세척기, 실험용 기구류(비커, 피펫, 유리병 등), 드라이어, 항온항습기, 오토 데시케이터 |

정답 01.④

비고
1. 거점소방서란 화재발생 빈도와 화재조사의 중요성을 감안하여 시·도 소방본부장이 권역별로 별도로 지정한 소방서를 말한다.
2. 촬영용 고무매트란 증거물 등을 올려놓고 사진을 촬영하기 위한 격자 표시형 고무매트를 말한다.
3. 화재조사차량은 탑승공간과 장비 적재공간이 구분되어 주요 장비의 적재·활용이 가능하고 차량 내부에 기초 조사사무용 테이블을 설치할 수 있는 차량을 말한다.
4. 화재조사 전용 피복은 화재진압대원, 구조대원 및 구급대원의 피복과 구별이 가능하고 화재조사 활동에 적합한 기능을 가진 것을 말한다.
5. 화재조사용 가방은 일상적인 외부 충격에 가방 내부의 장비 및 물품이 손상되지 않을 정도의 강도를 갖춘 재질로 제작되고 휴대가 간편한 가방을 말한다.
6. 추가 권장 장비는 화재조사 및 감식·감정 등에 유용하게 활용되는 것으로써 보유가 권장되는 장비를 말한다.
7. 화재조사분석실의 면적은 청사 공간의 효율적 활용을 위하여 불가피한 경우에만 기준 면적의 절반 이상의 면적으로 조정할 수 있다.
[2022.6.9 이후 화재조사법으로 이동]

**02** 소방기본법령상 소방대상물에 화재가 발생한 경우, 정당한 사유 없이 소방대가 현장에 도착할 때까지 사람을 구출하는 조치를 하지 않은 관계인에게 처할 수 있는 벌칙으로 옳은 것은?

① 100만원 이하의 벌금
② 200만원 이하의 벌금
③ 300만원 이하의 벌금
④ 400만원 이하의 벌금

**해설** 소방기본법 100만원 이하의 벌금
㉠ 정당한 사유 없이 소방대의 생활안전활동을 방해한 자
㉡ 정당한 사유 없이 소방대가 현장에 도착할 때까지 사람을 구출하는 조치 또는 불을 끄거나 불이 번지지 아니하도록 하는 조치를 하지 아니한 사람(관계인)
㉢ 피난 명령을 위반한 사람
㉣ 긴급조치 : 정당한 사유 없이 물의 사용이나 수도의 개폐장치의 사용 또는 조작을 하지 못하게 하거나 방해한 자
㉤ 긴급조치 : 가스차단등의 조치를 정당한 사유 없이 방해한 자

**03** 소방기본법령상 소방대장이 화재 현장에 소방활동구역을 정하여 출입을 제한하는 경우, 소방활동에 필요한 사람으로서 그 구역에 출입이 가능하지 않은 자는?

① 소방활동구역 안에 있는 소방대상물의 소유자
② 전기 업무에 종사하는 사람으로서 원활한 소방활동을 위하여 필요한 사람
③ 구조·구급업무에 종사하는 사람
④ 시·도지사가 소방활동을 위하여 출입을 허가한 사람

**해설** 소방활동구역 출입자
㉠ 소방활동구역 안에 있는 소방대상물의 소유자·관리자 또는 점유자
㉡ 전기·가스·수도·통신·교통의 업무에 종사하는 사람으로서 원활한 소방활동을 위하여 필요한 사람
㉢ 의사·간호사 그 밖의 구조·구급업무에 종사하는 사람
㉣ 취재인력 등 보도업무에 종사하는 사람
㉤ 수사업무에 종사하는 사람
㉥ 그 밖에 소방대장이 소방활동을 위하여 출입을 허가한 사람

**04** 소방기본법령상 소방본부의 종합상황실 실장이 소방청의 종합상황실에 보고하여야 하는 화재가 아닌 것은?

① 사상자가 10인 이상 발생한 화재
② 재산피해액이 30억원 이상 발생한 화재
③ 연면적 1만5천제곱미터 이상인 공장에서 발생한 화재
④ 항구에 매어둔 총 톤수가 1천톤 이상인 선박에서 발생한 화재

**해설** 상부 종합상황실 보고사항
1. 다음 각목의 1에 해당하는 화재
  가. 사망자가 5인 이상 발생하거나 사상자가 10인 이상 발생한 화재
  나. 이재민이 100인 이상 발생한 화재
  다. 재산피해액이 50억원 이상 발생한 화재

정답 02.① 03.④ 04.②

라. 관공서·학교·정부미도정공장·문화재·지하철 또는 지하구의 화재
마. 관광호텔, 층수(「건축법 시행령」 제119조제1항제9호의 규정에 의하여 산정한 층수를 말한다. 이하 이 목에서 같다)가 11층 이상인 건축물, 지하상가, 시장, 백화점, 「위험물안전관리법」 제2조제2항의 규정에 의한 지정수량의 3천배 이상의 위험물의 제조소·저장소·취급소, 층수가 5층 이상이거나 객실이 30실 이상인 숙박시설, 층수가 5층 이상이거나 병상이 30개 이상인 종합병원·정신병원·한방병원·요양소, 연면적 1만5천제곱미터 이상인 공장 또는 소방기본법 시행령(이하 "영"이라 한다) 제4조제1항 각 목에 따른 화재경계지구에서 발생한 화재
바. 철도차량, 항구에 매어둔 총 톤수가 1천톤 이상인 선박, 항공기, 발전소 또는 변전소에서 발생한 화재
사. 가스 및 화약류의 폭발에 의한 화재
아. 「다중이용업소의 안전관리에 관한 특별법」 제2조에 따른 다중이용업소의 화재
2. 「긴급구조대응활동 및 현장지휘에 관한 규칙」에 의한 통제단장의 현장지휘가 필요한 재난상황
3. 언론에 보도된 재난상황
4. 그 밖에 소방청장이 정하는 재난상황

## 05
소방시설공사업법령상 200만원 이하의 과태료 부과대상이 아닌 경우는?

① 소방기술자를 공사 현장에 배치하지 아니한 자
② 감리 관계 서류를 인수·인계하지 아니한 자
③ 방염성능기준 미만으로 방염을 한 자
④ 감리업자의 보완 요구에 따르지 아니한 자

**해설** ④ 감리업자의 보완요구에 따르지 아닌 자 : 300만원 이하의 벌금

[200만원 이하의 과태료 사항]
1. 제6조, 제6조의2제1항, 제7조제3항, 제13조제1항 및 제2항 전단, 제17조제2항을 위반하여 신고를 하지 아니하거나 거짓으로 신고한 자
2. 관계인에게 지위승계, 행정처분 또는 휴업·폐업의 사실을 거짓으로 알린 자
3. 제8조제4항을 위반하여 관계 서류를 보관하지 아니한 자
4. 소방기술자를 공사 현장에 배치하지 아니한 자
5. 완공검사를 받지 아니한 자
6. 3일 이내에 하자를 보수하지 아니하거나 하자보수계획을 관계인에게 거짓으로 알린 자
7. 감리 관계 서류를 인수·인계하지 아니한 자
8. 감리원배치통보 및 변경통보를 하지 아니하거나 거짓으로 통보한 자
9. 제20조의2를 위반하여 방염성능기준 미만으로 방염을 한 자
10. 도급계약 체결 시 의무를 이행하지 아니한 자
11. 하도급 등의 통지를 하지 아니한 자
12. 자료제출을 거짓으로 한 자
13. 명령을 위반하여 보고 또는 자료 제출을 하지 아니하거나 거짓으로 보고 또는 자료 제출한 자

## 06
소방시설공사업법령상 소방시설업 등록취소와 영업정지 등에 관한 설명으로 옳지 않은 것은?

① 거짓으로 등록한 경우에는 6개월 이내의 기간을 정하여 시정이나 그 영업의 정지를 명할 수 있다.
② 등록을 한 후 정당한 사유 없이 1년이 지날 때까지 영업을 시작하지 아니한 때는 등록을 취소할 수 있다.
③ 소방시설업자가 영업정지 기간 중에 소방시설공사등을 한 경우에는 그 등록을 취소하여야 한다.
④ 다른 자에게 등록증을 빌려준 경우에는 6개월 이내의 기간을 정하여 그 영업의 정지를 명할 수 있다.

**해설** 등록취소와 영업정지등
1) 시·도지사는 소방시설업자가 다음 각 호의 어느 하나에 해당하면 행정안전부령으로 정하는 바에 따라 그 등록을 취소하거나 6개월 이내의 기간을 정하여 시정이나 그 영업의 정지를 명할 수 있다.
2) 등록취소사유
   1. 거짓이나 그 밖의 부정한 방법으로 등록한 경우
   3. 제5조 각 호의 등록 결격사유에 해당하게 된 경우
   7. 제8조제2항을 위반하여 영업정지 기간 중에 소방시설공사등을 한 경우

정답 05.④ 06.①

**07** 소방시설공사업법령상 방염처리능력평가액 계산식으로 옳은 것은?

① 방염처리능력평가액 = 실적평가액 + 기술력평가액 + 연평균 방염처리실적액 ± 신인도평가액
② 방염처리능력평가액 = 실적평가액 + 자본금평가액 + 기술력평가액 ± 신인도평가액
③ 방염처리능력평가액 = 실적평가액 + 자본금평가액 + 기술력평가액 + 경력평가액 ± 신인도평가액
④ 방염처리능력평가액 = 실적평가액 + 자본금평가액 + 연평균 방염처리실적액 ± 신인도평가액

**해설** 방염처리능력평가액 = 실적평가액 + 자본금평가액 + 기술력평가액 + 경력평가액 ± 신인도평가액

**08** 화재의 예방 및 안전관리에 관한 법령상 중앙화재안전조사단의 편성·운영에 관한 설명으로 옳은 것을 모두 고른 것은?

㉠ 중앙화재안전조사단은 단장을 포함하여 21명 이내의 단원으로 성별을 고려하여 구성한다.
㉡ 소방관서장은 소방공무원을 조사단의 단원으로 위촉할 수 있다.
㉢ 단장은 단원 중에서 소방관서장이 임명 또는 위촉한다.

① ㉠　　　　　　② ㉠, ㉢
③ ㉡, ㉢　　　　 ④ ㉠, ㉡, ㉢

**해설** 중앙화재안전조사단의 편성·운영 ※ 22.12.1 제정
1) 중앙화재안전조사단 및 지방화재안전조사단(이하 "조사단"이라 한다)은 각각 단장을 포함하여 50명 이내의 단원으로 성별을 고려하여 구성한다.
2) 조사단의 단원은 다음 각 호의 어느 하나에 해당하는 사람 중에서 소방관서장이 임명하거나 위촉하고, 단장은 단원 중에서 소방관서장이 임명하거나 위촉한다.
　(1) 소방공무원
　(2) 소방업무와 관련된 단체 또는 연구기관 등의 임직원
　(3) 소방 관련 분야에서 전문적인 지식이나 경험이 풍부한 사람

**09** 소방시설 설치 및 관리에 관한 법령상 건축허가등을 할 때 미리 소방본부장 또는 소방서장의 동의를 받아야 하는 건축물은?

① 층수가 5층인 건축물
② 주차장으로 사용되는 바닥면적이 200제곱미터인 층이 있는 주차시설
③ 승강기 등 기계장치에 의한 주차시설로서 자동차 15대를 주차할 수 있는 시설
④ 연면적이 150제곱미터인 장애인 의료재활시설

**해설** ■ 건축허가 동의 대상물의 범위(대통령령)
1. 연면적(「건축법 시행령」 제119조제1항제4호에 따라 산정된 면적을 말한다. 이하 같다)이 400제곱미터 이상인 건축물이나 시설. 다만, 다음 각 목의 어느 하나에 해당하는 건축물이나 시설은 해당 목에서 정한 기준 이상인 건축물이나 시설로 한다.
　가. 「학교시설사업 촉진법」 제5조의2제1항에 따라 건축등을 하려는 학교시설 : 100제곱미터
　나. 별표 2의 특정소방대상물 중 노유자(老幼者) 시설 및 수련시설 : 200제곱미터
　다. 「정신건강증진 및 정신질환자 복지서비스 지원에 관한 법률」 제3조제5호에 따른 정신의료기관(입원실이 없는 정신건강의학과 의원은 제외하며, 이하 "정신의료기관"이라 한다) : 300제곱미터
　라. 「장애인복지법」 제58조제1항제4호에 따른 장애인 의료재활시설(이하 "의료재활시설"이라 한다) : 300제곱미터
2. 지하층 또는 무창층이 있는 건축물로서 바닥면적이 150제곱미터(공연장의 경우에는 100제곱미터) 이상인 층이 있는 것
3. 차고·주차장 또는 주차 용도로 사용되는 시설로서 다음 각 목의 어느 하나에 해당하는 것
　가. 차고·주차장으로 사용되는 바닥면적이 200제곱미터 이상인 층이 있는 건축물이나 주차시설
　나. 승강기 등 기계장치에 의한 주차시설로서 자동차 20대 이상을 주차할 수 있는 시설
4. 층수(「건축법 시행령」 제119조제1항제9호에 따라 산정된 층수를 말한다. 이하 같다)가 6층 이상인 건축물
5. 항공기 격납고, 관망탑, 항공관제탑, 방송용 송수신탑
6. 별표 2의 특정소방대상물 중 의원(입원실이 있는 것으로 한정한다)·조산원·산후조리원, 위험물 저장 및 처리 시설, 발전시설 중 풍력발전소·전기저장시설, 지하구(地下溝)

정답　07.③　08.③　09.②

7. 제1호나목에 해당하지 않는 노유자 시설 중 다음 각 목의 어느 하나에 해당하는 시설. 다만, 가목2) 및 나목부터 바목까지의 시설 중 「건축법 시행령」 별표 1의 단독주택 또는 공동주택에 설치되는 시설은 제외한다.
    가. 별표 2 제9호가목에 따른 노인 관련 시설 중 다음의 어느 하나에 해당하는 시설
        1) 「노인복지법」 제31조제1호에 따른 노인주거복지시설, 같은 조 제2호에 따른 노인의료복지시설 및 같은 조 제4호에 따른 재가노인복지시설
        2) 「노인복지법」 제31조제7호에 따른 학대피해노인 전용쉼터
    나. 「아동복지법」 제52조에 따른 아동복지시설(아동상담소, 아동전용시설 및 지역아동센터는 제외한다)
    다. 「장애인복지법」 제58조제1항제1호에 따른 장애인 거주시설
    라. 정신질환자 관련 시설(「정신건강증진 및 정신질환자 복지서비스 지원에 관한 법률」 제27조제1항제2호에 따른 공동생활가정을 제외한 재활훈련시설과 같은 법 시행령 제16조제3호에 따른 종합시설 중 24시간 주거를 제공하지 않는 시설은 제외한다)
    마. 별표 2 제9호마목에 따른 노숙인 관련 시설 중 노숙인자활시설, 노숙인재활시설 및 노숙인요양시설
    바. 결핵환자나 한센인이 24시간 생활하는 노유자 시설
8. 「의료법」 제3조제2항제3호라목에 따른 요양병원(이하 "요양병원"이라 한다). 다만, 의료재활시설은 제외한다.
9. 별표 2의 특정소방대상물 중 공장 또는 창고시설로서 「화재의 예방 및 안전관리에 관한 법률 시행령」 별표 2에서 정하는 수량의 750배 이상의 특수가연물을 저장·취급하는 것
10. 별표 2 제17호나목에 따른 가스시설로서 지상에 노출된 탱크의 저장용량의 합계가 100톤 이상인 것

**10** 소방시설 설치 및 관리에 관한 법령상 벌칙에 관한 설명으로 옳지 않은 것은?

① 소방시설관리업의 등록을 하지 아니하고 영업을 한 자는 2년 이하의 징역 또는 2천만원 이하의 벌금에 처한다.

② 특정소방대상물의 관계인이 소방시설을 유지·관리할 때 소방시설의 기능과 성능에 지장을 줄 수 있는 폐쇄·차단 등의 행위를 한 경우 5년 이하의 징역 또는 5천만원 이하의 벌금에 처한다.

③ 특정소방대상물의 관계인이 소방시설을 유지·관리할 때 소방시설의 기능과 성능에 지장을 줄 수 있는 폐쇄·차단 등의 행위를 하여 사람을 상해에 이르게 한 때에는 7년 이하의 징역 또는 7천만원 이하의 벌금에 처한다.

④ 특정소방대상물의 관계인이 소방시설을 유지·관리할 때 소방시설의 기능과 성능에 지장을 줄 수 있는 폐쇄·차단 등의 행위를 하여 사람을 사망에 이르게 한 때에는 10년 이하의 징역 또는 1억원 이하의 벌금에 처한다.

**해설** 소방시설관리업의 등록을 하지 아니하고 영업을 한 자는 3년 이하의 징역 또는 3천만원 이하의 벌금에 처한다.

**11** 소방시설 설치 및 관리에 관한 법령상 소방시설관리사시험에 응시할 수 없는 사람은?

① 건축사
② 소방설비산업기사 자격을 취득한 후 3년의 소방실무경력이 있는 사람
③ 소방공무원으로 3년 근무한 경력이 있는 사람
④ 소방안전 관련 학과의 학사학위를 취득한 후 3년의 소방실무경력이 있는 사람

**해설** 소방시설관리사시험의 응시자격
1. 소방기술사·위험물기능장·건축사·건축기계설비기술사·건축전기설비기술사 또는 공조냉동기계기술사
2. 소방설비기사 자격을 취득한 후 2년 이상 소방청장이 정하여 고시하는 소방에 관한 실무경력(이하 "소방실무경력"이라 한다)이 있는 사람
3. 소방설비산업기사 자격을 취득한 후 3년 이상 소방실무경력이 있는 사람
4. 「국가과학기술 경쟁력 강화를 위한 이공계지원 특별법」 제2조제1호에 따른 이공계(이하 "이공계"라 한다) 분야를 전공한 사람으로서 다음 각 목의 어느 하나에 해당하는 사람

정답 10.① 11.③

가. 이공계 분야의 박사학위를 취득한 사람
나. 이공계 분야의 석사학위를 취득한 후 2년 이상 소방실무경력이 있는 사람
다. 이공계 분야의 학사학위를 취득한 후 3년 이상 소방실무경력이 있는 사람
5. 소방안전공학(소방방재공학, 안전공학을 포함한다) 분야를 전공한 후 다음 각 목의 어느 하나에 해당하는 사람
  가. 해당 분야의 석사학위 이상을 취득한 사람
  나. 2년 이상 소방실무경력이 있는 사람
6. 위험물산업기사 또는 위험물기능사 자격을 취득한 후 3년 이상 소방실무경력이 있는 사람
7. 소방공무원으로 5년 이상 근무한 경력이 있는 사람
8. 소방안전 관련 학과의 학사학위를 취득한 후 3년 이상 소방실무경력이 있는 사람
9. 산업안전기사 자격을 취득한 후 3년 이상 소방실무경력이 있는 사람
10. 다음 각 목의 어느 하나에 해당하는 사람
  가. 특급 소방안전관리대상물의 소방안전관리자로 2년 이상 근무한 실무경력이 있는 사람
  나. 1급 소방안전관리대상물의 소방안전관리자로 3년 이상 근무한 실무경력이 있는 사람
  다. 2급 소방안전관리대상물의 소방안전관리자로 5년 이상 근무한 실무경력이 있는 사람
  라. 3급 소방안전관리대상물의 소방안전관리자로 7년 이상 근무한 실무경력이 있는 사람
  마. 10년 이상 소방실무경력이 있는 사람

[2026.12.1.이후 개정 시행]

**시행령 제37조(소방시설관리사시험의 응시자격)**
법 제25조제1항에 따른 소방시설관리사시험(이하 "관리사시험"이라 한다)에 응시할 수 있는 사람은 다음 각 호와 같다.
1. 소방기술사·건축사·건축기계설비기술사·건축전기설비기술사 또는 공조냉동기계기술사
2. 위험물기능장
3. 소방설비기사
4. 「국가과학기술 경쟁력 강화를 위한 이공계지원 특별법」 제2조제1호에 따른 이공계 분야의 박사학위를 취득한 사람
5. 소방청장이 정하여 고시하는 소방안전 관련 분야의 석사 이상의 학위를 취득한 사람
6. 소방설비산업기사 또는 소방공무원 등 소방청장이 정하여 고시하는 사람 중 소방에 관한 실무경력(자격 취득 후의 실무경력으로 한정한다)이 3년 이상인 사람

**12** 소방시설 설치 및 관리에 관한 법령상 특정소방대상물의 관계인이 특정소방대상물의 규모·용도 및 수용인원 등을 고려하여 갖추어야 하는 소방시설에 관한 설명으로 옳은 것은?

① 아파트등 및 16층 이상 오피스텔의 모든 층에는 주거용 주방자동소화장치를 설치하여야 한다.
② 창고시설(물류터미널은 제외한다)로서 바닥면적 합계가 5천제곱미터 이상인 경우에는 모든 층에 스프링클러설비를 설치하여야 한다.
③ 기계장치에 의한 주차시설을 이용하여 15대 이상의 차량을 주차할 수 있는 것은 물분무등소화설비를 설치하여야 한다.
④ 숙박시설로서 연면적 500제곱미터 이상인 것은 자동화재탐지설비를 설치하여야 한다.

㉠ 아파트등 및 오피스텔의 모든 층에는 주거용 주방자동소화장치를 설치하여야 한다.
㉢ 기계장치에 의한 주차시설을 이용하여 20대 이상의 차량을 주차할 수 있는 것은 물분무등소화설비를 설치하여야 한다.
㉣ 숙박시설의 경우 모든 층에 자동화재탐지설비를 설치하여야 한다.

**13** 소방시설 설치 및 관리에 관한 법령상 특정소방대상물에 설치 또는 부착하는 방염대상물품의 방염성능기준으로 옳지 않은 것은? (단, 고시는 제외함)

① 버너의 불꽃을 제거한 때부터 불꽃을 올리며 연소하는 상태가 그칠 때까지 시간은 20초 이내일 것
② 버너의 불꽃을 제거한 때부터 불꽃을 올리지 아니하고 연소하는 상태가 그칠 때까지 시간은 30초 이내일 것
③ 탄화한 면적은 50제곱센티미터 이내, 탄화한 길이는 30센티미터 이내일 것
④ 불꽃에 의하여 완전히 녹을 때까지 불꽃의 접촉 횟수는 3회 이상일 것

정답 12.② 13.③

**해설** 방염성능기준(대통령령)
1. 버너의 불꽃을 제거한 때부터 불꽃을 올리며 연소하는 상태가 그칠 때까지 시간은 20초 이내일 것 [잔염시간 : 20초 이내]
2. 버너의 불꽃을 제거한 때부터 불꽃을 올리지 아니하고 연소하는 상태가 그칠 때까지 시간은 30초 이내일 것 [잔진시간 : 30초 이내]
3. 탄화(炭化)한 면적은 50제곱센티미터 이내, 탄화한 길이는 20센티미터 이내일 것
4. 불꽃에 의하여 완전히 녹을 때까지 불꽃의 접촉 횟수는 3회 이상일 것
5. 소방청장이 정하여 고시한 방법으로 발연량(發煙量)을 측정하는 경우 최대연기밀도는 400 이하일 것

**14** 소방시설 설치 및 관리에 관한 법령상 소방용품의 품질관리등에 관한 설명으로 옳지 않은 것은?

① 연구개발 목적으로 제조하거나 수입하는 소방용품은 소방청장의 형식승인을 받아야 한다.
② 누구든지 형식승인을 받지 아니한 소방용품을 판매하거나 판매 목적으로 진열하거나 소방시설공사에 사용할 수 없다.
③ 소방청장은 제조자 또는 수입자 등의 요청이 있는 경우 소방용품에 대하여 성능인증을 할 수 있다.
④ 소방청장은 소방용품의 품질관리를 위하여 필요하다고 인정할 때에는 유통 중인 소방용품을 수집하여 검사할 수 있다.

**해설** 소방용품의 형식승인, 성능인증등
1) 대통령령으로 정하는 소방용품을 제조하거나 수입하려는 자는 소방청장의 형식승인을 받아야 한다. 다만, 연구개발 목적으로 제조하거나 수입하는 소방용품은 그러하지 아니하다.
2) 형식승인을 받으려는 자는 행정안전부령으로 정하는 바에 따라 형식승인을 위한 시험시설을 갖추고 소방청장의 심사를 받아야 한다.
3) 형식승인을 받은 자는 그 소방용품에 대하여 소방청장이 실시하는 제품검사를 받아야 한다(사전제품검사, 사후제품검사).
4) 누구든지 다음 어느 하나에 해당하는 소방용품을 판매하거나 판매목적으로 진열하거나 공사에 사용할 수 없다.

㉠ 형식승인을 받지 아니한 것
㉡ 형상등을 임의로 변경한 것
㉢ 제품검사를 받지 아니한 것
㉣ 합격표시를 하지 아니한 것

**15** 화재의 예방 및 안전관리에 관한 법령상 소방안전관리자를 선임하여야 하는 2급 소방안전관리대상물이 아닌 것은? (단, 「공공기관의 소방안전관리에 관한 규정」을 적용받는 특정소방대상물은 제외함)

① 가연성 가스를 1천톤 이상 저장·취급하는 시설
② 지하구
③ 국보로 지정된 목조건축물
④ 가스 제조설비를 갖추고 도시가스사업의 허가를 받아야 하는 시설

**해설** 2급 소방안전관리대상물의 범위
「소방시설 설치 및 관리에 관한 법률 시행령」 별표 2의 특정소방대상물 중 다음의 어느 하나에 해당하는 것(제1호에 따른 특급 소방안전관리대상물 및 제2호에 따른 1급 소방안전관리대상물은 제외한다)
1) 「소방시설 설치 및 관리에 관한 법률 시행령」 별표 4 제1호다목에 따라 옥내소화전설비를 설치해야 하는 특정소방대상물, 같은 호 라목에 따라 스프링클러설비를 설치해야 하는 특정소방대상물 또는 같은 호 바목에 따라 물분무등소화설비[화재안전기준에 따라 호스릴(hose reel) 방식의 물분무등소화설비만을 설치할 수 있는 특정소방대상물은 제외한다]를 설치해야 하는 특정소방대상물
2) 가스 제조설비를 갖추고 도시가스사업의 허가를 받아야 하는 시설 또는 가연성 가스를 100톤 이상 1천톤 미만 저장·취급하는 시설
3) 지하구
4) 「공동주택관리법」 제2조제1항제2호의 어느 하나에 해당하는 공동주택(「소방시설 설치 및 관리에 관한 법률 시행령」 별표 4 제1호다목 또는 라목에 따른 옥내소화전설비 또는 스프링클러설비가 설치된 공동주택으로 한정한다)
5) 「문화유산의 보존 및 활용에 관한 법률」 제23조에 따라 보물 또는 국보로 지정된 목조건축물

**정답** 14.① 15.①

**16** 소방시설 설치 및 관리에 관한 법령상 제품검사 전문기관의 지정 등에 관한 설명으로 옳지 않은 것은?

① 소방청장은 제품검사 전문 기관이 거짓으로 지정을 받은 경우 6개월 이내의 기간을 정하여 그 업무의 정지를 명할 수 있다.
② 소방청장은 제품검사 전문 기관이 정당한 사유 없이 1년 이상 계속하여 제품검사 등 지정 받은 업무를 수행하지 아니한 경우 그 지정을 취소할 수 있다.
③ 소방청장 또는 시·도지사 전문기관의 지정 취소 및 업무정지 처분을 하려면 청문을 하여야 한다.
④ 전문기관은 제품검사 실시 현황을 소방청장에게 보고하여야 한다.

**해설 전문기관의 지정취소 등**
소방청장은 전문기관이 다음 각 호의 어느 하나에 해당할 때에는 그 지정을 취소하거나 6개월 이내의 기간을 정하여 그 업무의 정지를 명할 수 있다. 다만, 제1호에 해당할 때에는 그 지정을 취소하여야 한다.
1. 거짓이나 그 밖의 부정한 방법으로 지정을 받은 경우
2. 정당한 사유 없이 1년 이상 계속하여 제품검사 또는 실무교육 등 지정받은 업무를 수행하지 아니한 경우
3. 제42조제1항 각 호의 요건을 갖추지 못하거나 제42조제3항에 따른 조건을 위반한 때
4. 제46조제1항제7호에 따른 감독 결과 이 법이나 다른 법령을 위반하여 전문기관으로서의 업무를 수행하는 것이 부적당하다고 인정되는 경우

**17** 소방시설 설치 및 관리에 관한 법령상 소방시설등의 자체점검 시 점검인력 배치기준 중 작동점검에서 점검인력 1단위가 하루 동안 점검할 수 있는 특정소방대상물의 연면적(점검한도 면적) 기준은?

① 5,000제곱미터
② 8,000제곱미터
③ 10,000제곱미터
④ 12,000제곱미터

**해설**
- 점검인력 1단위가 하루 동안 점검할 수 있는 특정소방대상물의 연면적(이하 "점검한도 면적"이라 한다)은 다음 각 목과 같다.
  가. 종합점검 : 8,000㎡
  나. 작동점검 : 10,000㎡
- 점검인력 1단위에 보조 기술인력을 1명씩 추가할 때마다 종합점검의 경우에는 2,000㎡, 작동점검의 경우에는 2,500㎡씩을 점검한도 면적에 더한다. 다만, 하루에 2개 이상의 특정소방대상물을 배치할 경우 1일 점검 한도면적은 특정소방대상물별로투입된 점검인력에 따른 점검 한도면적의 평균값으로 적용하여 계산한다.

**18** 위험물안전관리법령상 자체소방대의 설치 의무가 있는 제4류 위험물을 취급하는 일반취급소는? (단, 지정수량은 3천배 이상임)

① 용기에 위험물을 옮겨 담는 일반취급소
② 보일러 그 밖에 이와 유사한 장치로 위험물을 소비하는 일반취급소
③ 이동저장탱크 그 밖에 이와 유사한 것에 위험물을 주입하는 일반취급소
④ 세정을 위하여 위험물을 취급하는 일반취급소

**해설 시행령 제18조(자체소방대를 설치하여야 하는 사업소)**
① 법 제19조에서 "대통령령이 정하는 제조소등"이란 다음 각 호의 어느 하나에 해당하는 제조소등을 말한다. 〈개정 2020. 7. 14.〉
  1. 제4류 위험물을 취급하는 제조소 또는 일반취급소. 다만, 보일러로 위험물을 소비하는 일반취급소 등 행정안전부령으로 정하는 일반취급소는 제외한다.
  2. 제4류 위험물을 저장하는 옥외탱크저장소
② 법 제19조에서 "대통령령이 정하는 수량 이상"이란 다음 각 호의 구분에 따른 수량을 말한다. 〈개정 2020. 7. 14.〉
  1. 제1항제1호에 해당하는 경우 : 제조소 또는 일반취급소에서 취급하는 제4류 위험물의 최대수량의 합이 지정수량의 3천배 이상
  2. 제1항제2호에 해당하는 경우 : 옥외탱크저장소에 저장하는 제4류 위험물의 최대수량이 지정수량의 50만배 이상

정답 16.① 17.③ 18.④

③ 법 제19조의 규정에 의하여 자체소방대를 설치하는 사업소의 관계인은 별표 8의 규정에 의하여 자체소방대에 화학소방자동차 및 자체소방대원을 두어야 한다. 다만, 화재 그 밖의 재난발생시 다른 사업소 등과 상호응원에 관한 협정을 체결하고 있는 사업소에 있어서는 행정안전부령이 정하는 바에 따라 별표 8의 범위 안에서 화학소방자동차 및 인원의 수를 달리할 수 있다. 〈개정 2008. 12. 17., 2013. 3. 23., 2014. 11. 19., 2017. 7. 26.〉

### 시행규칙 제73조(자체소방대의 설치 제외대상인 일반취급소)

영 제18조제1항제1호 단서에서 "행정안전부령으로 정하는 일반취급소"란 다음 각 호의 어느 하나에 해당하는 일반취급소를 말한다. 〈개정 2005. 5. 26., 2006. 8. 3., 2009. 3. 17., 2013. 3. 23., 2014. 11. 19., 2017. 7. 26., 2020. 10. 12.〉
1. 보일러, 버너 그 밖에 이와 유사한 장치로 위험물을 소비하는 일반취급소
2. 이동저장탱크 그 밖에 이와 유사한 것에 위험물을 주입하는 일반취급소
3. 용기에 위험물을 옮겨 담는 일반취급소
4. 유압장치, 윤활유순환장치 그 밖에 이와 유사한 장치로 위험물을 취급하는 일반취급소
5. 「광산안전법」의 적용을 받는 일반취급소

**자체소방대에 두는 화학소방자동차 및 인원(제18조제3항관련)**

| 사업소의 구분 | 화학소방자동차 | 자체소방대원의 수 |
|---|---|---|
| 1. 제조소 또는 1.에서 취급하는 제4류 위험물의 최대수량의 합이 지정수량의 3천배 이상 12만배 미만인 사업소 | 1대 | 5인 |
| 2. 제조소 또는 일반취급소에서 취급하는 제4류 위험물의 최대수량의 합이 지정수량의 12만배 이상 24만배 미만인 사업소 | 2대 | 10인 |
| 3. 제조소 또는 일반취급소에서 취급하는 제4류 위험물의 최대수량의 합이 지정수량의 24만배 이상 48만배 미만인 사업소 | 3대 | 15인 |
| 4. 제조소 또는 일반취급소에서 취급하는 제4류 위험물의 최대수량의 합이 지정수량의 48만배 이상인 사업소 | 4대 | 20인 |
| 5. 옥외탱크저장소에 저장하는 제4류 위험물의 최대수량이 지정수량의 50만배 이상인 사업소 | 2대 | 10인 |

**19** 위험물안전관리법령상 1인의 안전관리자를 중복하여 선임할 수 있는 저장소에 해당하지 않는 것은? (단, 저장소는 동일구내에 있고 동일인이 설치함)

① 30개 이하의 옥내저장소
② 30개 이하의 옥외탱크저장소
③ 10개 이하의 옥외저장소
④ 10개 이하의 암반탱크저장소

**해설** 위험물법 1인의 안전관리자를 중복하여 선임할 수 있는 경우
1. 보일러·버너 또는 이와 비슷한 것으로서 위험물을 소비하는 장치로 이루어진 7개 이하의 일반취급소와 그 일반취급소에 공급하기 위한 위험물을 저장하는 저장소[일반취급소 및 저장소가 모두 동일구내에 있는 경우에 한한다]를 동일인이 설치한 경우
2. 위험물을 차량에 고정된 탱크 또는 운반용기에 옮겨 담기 위한 5개 이하의 일반취급소[일반취급소간의 거리(보행거리)가 300미터 이내인 경우에 한한다]와 그 일반취급소에 공급하기 위한 위험물을 저장하는 저장소를 동일인이 설치한 경우
3. 동일구내에 있거나 상호 100미터 이내의 거리에 있는 저장소로서 저장소의 규모, 저장하는 위험물의 종류 등을 고려하여 행정안전부령이 정하는 저장소를 동일인이 설치한 경우
   **[행정안전부령으로 정하는 저장소]**
   1. 10개 이하의 옥내저장소
   2. 30개 이하의 옥외탱크저장소
   3. 옥내탱크저장소
   4. 지하탱크저장소
   5. 간이탱크저장소
   6. 10개 이하의 옥외저장소
   7. 10개 이하의 암반탱크저장소
4. 다음 각목의 기준에 모두 적합한 5개 이하의 제조소 등을 동일인이 설치한 경우
   ㉠ 각 제조소등이 동일구내에 위치하거나 상호 100미터 이내의 거리에 있을 것
   ㉡ 각 제조소등에서 저장 또는 취급하는 위험물의 최대수량이 지정수량의 3천배 미만일 것. 다만, 저장소의 경우에는 그러하지 아니하다.

정답 19. ①

**20** 위험물안전관리법령상 시·도지사가 한국소방산업기술원에 위탁하는 업무에 해당하지 않는 것은?

① 암반탱크안전성능검사
② 암반탱크저장소의 변경에 따른 완공검사
③ 암반탱크저장소의 설치에 따른 완공검사
④ 용량이 50만리터 이상인 액체위험물을 저장하는 탱크안전성능검사

**해설** 시행령 제22조(업무의 위탁)
① 소방청장은 법 제30조제2항에 따라 법 제28조제1항에 따른 안전교육을 다음 각 호의 구분에 따라 안전원 또는 기술원에 위탁한다.
  1. 제20조제1호, 제3호 및 제4호에 해당하는 자에 대한 안전교육 : 안전원
  2. 제20조제2호에 해당하는 자에 대한 안전교육 : 기술원
② 시·도지사는 법 제30조제2항에 따라 다음 각 호의 업무를 기술원에 위탁한다.
  1. 법 제8조제1항에 따른 탱크안전성능검사 중 다음 각 목의 탱크에 대한 탱크안전성능검사
    가. 용량이 100만리터 이상인 액체위험물을 저장하는 탱크
    나. 암반탱크
    다. 지하탱크저장소의 위험물탱크 중 행정안전부령으로 정하는 액체위험물탱크
  2. 법 제9조제1항에 따른 완공검사 중 다음 각 목의 완공검사
    가. 지정수량의 3천배 이상의 위험물을 취급하는 제조소 또는 일반취급소의 설치 또는 변경(사용 중인 제조소 또는 일반취급소의 보수 또는 부분적인 증설은 제외한다)에 따른 완공검사
    나. 옥외탱크저장소(저장용량이 50만 리터 이상인 것만 해당한다) 또는 암반탱크저장소의 설치 또는 변경에 따른 완공검사
  3. 법 제20조제3항에 따른 운반용기 검사
③ 소방본부장 또는 소방서장은 법 제30조제2항에 따라 법 제18조제3항에 따른 정기검사를 기술원에 위탁한다.

**21** 다음은 위험물안전관리법령상 주유취급소 피난설비의 기준에 관한 내용이다. ( )에 들어갈 내용이 옳은 것은?

> 법 제5조제4항의 규정에 의하여 주유취급소 중 건축물의 ( ㉠ )층 이상의 부분을 점포·( ㉡ )음식점 또는 전시장의 용도로 사용하는 것과 ( ㉢ )주유취급소에는 피난설비를 설치하여야 한다.

① ㉠ : 2, ㉡ : 일반, ㉢ : 철도
② ㉠ : 2, ㉡ : 휴게, ㉢ : 옥내
③ ㉠ : 3, ㉡ : 일반, ㉢ : 철도
④ ㉠ : 3, ㉡ : 휴게, ㉢ : 옥내

**해설** 위험물법 시행규칙 제43조(피난설비의 기준)
① 법 제5조제4항의 규정에 의하여 주유취급소 중 건축물의 2층 이상의 부분을 점포·휴게음식점 또는 전시장의 용도로 사용하는 것과 옥내주유취급소에는 피난설비를 설치하여야 한다.

**22** 다중이용업소의 안전관리에 관한 특별법령상 보험회사가 화재배상책임보험의 보험금 청구를 받은 경우, 지급할 보험금을 결정한 후 피해자에게 며칠 이내에 보험금을 지급하여야 하는가?

① 7일
② 10일
③ 14일
④ 30일

**해설** 다중법 제13조의4(보험금의 지급)
보험회사는 화재배상책임보험의 보험금 청구를 받은 때에는 지체 없이 지급할 보험금을 결정하고 보험금 결정 후 14일 이내에 피해자에게 보험금을 지급하여야 한다.

정답 20.④ 21.② 22.③

**23** 다중이용업소의 안전관리에 관한 특별법령상 소방안전교육 강사의 자격 요건으로 옳은 것은?

① 소방 관련학의 학사학위 이상을 가진 자
② 대학에서 소방안전 관련 학과를 졸업하고 소방 관련 기관에서 3년 이상 강의경력이 있는 자
③ 소방설비기사 자격을 소지한 소방장 이상의 소방공무원
④ 소방설비산업기사 및 위험물기능사 자격을 소지한 자로서 소방 관련 기관에서 3년 이상 강의경력이 있는 자

**해설** 다중이용업소의 안전관리에 관한 특별법 시행규칙 [별표 1] 소방안전교육에 필요한 교육인력 및 시설·장비기준(제8조관련)

1. 교육인력
   가. 인원 : 강사 4인 및 교무요원 2인 이상
   나. 강사의 자격요건
      (1) 강사
         (가) 소방 관련학의 석사학위 이상을 가진 자
         (나) 전문대학 또는 이와 동등 이상의 교육기관에서 소방안전 관련 학과 전임강사 이상으로 재직한 자
         (다) 「국가기술자격법 시행규칙」 별표 2의 소방기술사, 위험물기능장, 「소방시설 설치 및 관리에 관한 법률」 제25조에 따른 소방시설관리사, 「소방기본법」 제17조의2에 따른 소방안전교육사자격을 소지한 자
         (라) 「국가기술자격법 시행규칙」 별표 2의 소방설비기사 및 위험물산업기사 자격을 취득한 후 소방 관련 기관(단체)에서 2년 이상 강의경력이 있는 자
         (마) 「국가기술자격법 시행규칙」 별표 2의 소방설비산업기사 및 위험물기능사 자격을 취득한 후 소방 관련 기관(단체)에서 5년 이상 강의경력이 있는 자
         (바) 대학 또는 이와 동등 이상의 교육기관에서 소방안전 관련 학과를 졸업하고 소방 관련 기관(단체)에서 5년 이상 강의경력이 있는 자
         (사) 소방 관련 기관(단체)에서 10년 이상 실무경력이 있는 자로서 5년 이상 강의경력이 있는 자
         (아) 소방위 이상의 소방공무원 또는 소방설비기사 자격을 소지한 소방장 이상의 소방공무원
         (자) 간호사 또는 「응급의료에 관한 법률」 제36조에 따른 응급구조사 자격을 소지한 소방공무원(응급처치 교육에 한한다)
      (2) 외래 초빙강사 : 강사의 자격요건에 해당하는 자일 것
2. 교육시설 및 교육용기자재
   가. 사무실 : 바닥면적이 60제곱미터 이상일 것
   나. 강의실 : 바닥면적이 100제곱미터 이상이고, 의자·탁자 및 교육용 비품을 갖출 것
   다. 실습실·체험실 : 바닥면적이 100제곱미터 이상
   라. 교육용기자재

| 기자재명 | 규격 | 수량 (단위 : 개) |
|---|---|---|
| 빔 프로젝터(beam projector) (스크린 포함) | | 1 |
| 소화기(단면절개 : 斷面切開) | 3종 | 각 1 |
| 경보설비시스템 | | 1 |
| 간이스프링클러 계통도 | | 1 |
| 자동화재탐지설비 세트 | | 1 |
| 소화설비 계통도 세트 | | 1 |
| 소화기 시뮬레이터 세트 | | 1 |
| 응급교육기자재 세트 | | 1 |
| 심폐소생술(CPR) 실습용 마네킹 | | 1 |

**24** 다중이용업소의 안전관리에 관한 특별법령상 화재위험평가대행자가 등록사항을 변경할 때 소방청장에게 등록하여야 하는 중요사항이 아닌 것은?

① 사무소의 소재지
② 등록번호
③ 평가대행자의 명칭이나 상호
④ 기술인력의 보유현황

**해설** 변경신청시 중요사항
1. 대표자
2. 사무소의 소재지
3. 평가대행자의 명칭이나 상호
4. 기술인력의 보유현황

**25** 다중이용업소의 안전관리에 관한 특별법령상 다중이용업주의 안전시설등에 대한 정기점검에 관한 설명으로 옳은 것은?

① 정기적으로 안전시설등을 점검하고 그 점검결과서를 6개월간 보관하여야 한다.
② 다중이용업주는 정기점검을 소방시설관리업자에게 위탁할 수 있다.
③ 정기적인 안전점검은 매월 1회 이상 하여야 한다.
④ 해당 영업장의 다중이용업주는 정기점검을 직접 수행할 수 없다.

**해설** ㉠ 정기적으로 안전시설등을 점검하고 그 점검결과서를 1년간 보관하여야 한다.
㉢ 정기적인 안전점검은 매 분기별 1회 이상 하여야 한다.
㉣ 해당 영업장의 다중이용업주는 정기점검을 직접 수행할 수 있다.

정답 25.②

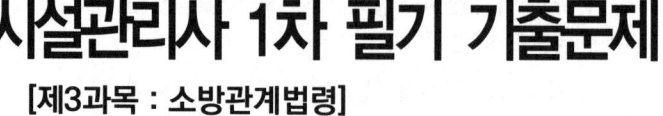

# 제9회 소방시설관리사 1차 필기 기출문제
[제3과목 : 소방관계법령]

**01** 소방기본법령상 소방대의 생활안전활동에 해당하지 않는 것은?

① 붕괴, 낙하 등이 우려되는 고드름, 나무 위험 구조물 등의 제거 활동
② 위해동물, 벌 등의 포획 및 퇴치 활동
③ 단전사고 시 비상전원 또는 조명의 공급
④ 집회·공연 등 각종 행사 시 사고에 대비한 근접대기 등 지원활동

**해설** 생활안전활동
㉠ 소방청장·소방본부장 또는 소방서장은 신고가 접수된 생활안전 및 위험제거 활동(화재, 재난·재해, 그 밖의 위급한 상황에 해당하는 것은 제외한다)에 대응하기 위하여 소방대를 출동시켜 다음 각 호의 활동(이하 "생활안전활동"이라 한다)을 하게 하여야 한다.
㉡ 생활안전활동의 종류
  ⓐ 붕괴, 낙하 등이 우려되는 고드름, 나무, 위험 구조물 등의 제거활동
  ⓑ 위해동물, 벌 등의 포획 및 퇴치 활동
  ⓒ 끼임, 고립 등에 따른 위험제거 및 구출 활동
  ⓓ 단전사고 시 비상전원 또는 조명의 공급
  ⓔ 그 밖에 방치하면 급박해질 우려가 있는 위험을 예방하기 위한 활동
㉢ 누구든지 정당한 사유 없이 제1항에 따라 출동하는 소방대의 생활안전활동을 방해하여서는 아니 된다. : 생활안전활동 방해 100만원 이하의 벌금

**02** 소방기본법령상 보상 제도에 관한 설명이다. ( )에 들어갈 말을 순서대로 바르게 나열한 것은?

소방청장 또는 시·도지사는 「소방기본법」 제16조의3 제1항에 따른 조치로 인하여 손실을 입은 자 등에게 ( )의 심사·의결에 따라 정당한 보상을 하여야 한다. 이러한 보상을 청구할 수 있는 권리는 손실이 있음을 안 날로부터 ( ), 손실이 발생한 날부터 ( )간 행사하지 아니하면 시효의 완성으로 소멸한다.

① 손해보상심의위원회 - 3년 - 5년
② 손실보상심의위원회 - 3년 - 5년
③ 손해보상심의위원회 - 5년 - 10년
④ 손실보상심의위원회 - 5년 - 10년

**해설** ㉠ 소방청장 또는 시·도지사는 다음 각 호의 어느 하나에 해당하는 자에게 손실보상심의위원회의 심사·의결에 따라 정당한 보상을 하여야 한다.
㉡ 손실보상을 청구할 수 있는 권리는 손실이 있음을 안 날부터 3년, 손실이 발생한 날부터 5년간 행사하지 아니하면 시효의 완성으로 소멸한다.

**03** 소방기본법령상 소방자동차 전용구역에 관한 설명으로 옳지 않은 것은?

① 세대수가 100세대 이상인 아파트의 건축주는 소방자동차 전용구역을 설치하여야 한다.
② 소방자동차 전용구역 노면표지 도료의 색채는 황색을 기본으로 하되, 문자(P, 소방차전용)는 백색으로 표시한다.
③ 소방자동차 전용구역에 물건 등을 쌓거나 주차하는 등의 방해행위를 하여서는 아니된다.
④ 전용구역 방해행위를 한 자는 100만원 이하의 벌금에 처한다.

**해설** 전용구역에 차를 주차하거나 전용구역에의 진입을 가로막는 등의 방해행위를 한 자에게는 100만원 이하의 과태료를 부과한다.

**정답** 01.④ 02.② 03.④

**04** 소방기본법령상 용어의 정의에 관한 설명으로 옳지 않은 것은?

① "관계인"이란 소방대상물의 소유자·관리자 또는 점유자를 말한다.
② "관계지역"이란 소방대상물이 있는 장소 및 그 이웃 지역으로서 화재의 예방·경계·진압, 구조·구급 등의 활동에 필요한 지역을 말한다.
③ "소방대"란 화재를 진압하고 화재, 재난·재해, 그 밖의 위급한 상황에서 구조·구급 활동 등을 하기 위하여 소방공무원, 의무소방원, 의용소방대원, 사회복무요원으로 구성된 조직체를 말한다.
④ "소방본부장"이란 특별시·광역시·특별자치시·도 또는 특별자치도에서 화재의 예방·경계·진압·조사 및 구조·구급 등의 업무를 담당하는 부서의 장을 말한다.

**해설** "소방대"(消防隊)란 화재를 진압하고 화재, 재난·재해, 그 밖의 위급한 상황에서 구조·구급 활동 등을 하기 위하여 다음 각 목의 사람으로 구성된 조직체를 말한다.
㉠ 「소방공무원법」에 따른 소방공무원
㉡ 「의무소방대설치법」 제3조에 따라 임용된 의무소방원(義務消防員)
㉢ 「의용소방대 설치 및 운영에 관한 법률」에 따른 의용소방대원(義勇消防隊員)

**05** 소방시설공사업법령상 용어에 관한 설명으로 옳은 것은?

① 방염처리업은 소방시설업에 포함된다.
② 위험물기능장은 소방기술자 대상에 포함되지 않는다.
③ 소방시설관리업은 소방시설업에 포함된다.
④ 화재감식평가기사는 소방기술자 대상에 포함된다.

**해설** "소방시설업"의 종류
㉠ 소방시설설계업
㉡ 소방시설공사업
㉢ 소방공사감리업
㉣ 방염처리업(섬유류방염업, 합성수지류방염업, 합판목재류방염업)

**06** 소방시설공사업법령상 완공검사를 위한 현장확인 대상 특정소방대상물이 아닌 것은?

① 판매시설    ② 창고시설
③ 노유자시설  ④ 운수시설

**해설** 현장확인 소방대상물
㉠ 문화 및 집회시설, 종교시설, 판매시설, 노유자(老幼者)시설, 수련시설, 운동시설, 숙박시설, 창고시설, 지하상가 및 「다중이용업소의 안전관리에 관한 특별법」에 따른 다중이용업소
㉡ 다음 각 목 어느 하나에 해당하는 설비가 설치되는 특정소방대상물
 • 스프링클러설비등
 • 물분무등소화설비(호스릴제외)
㉢ 연면적 1만제곱미터 이상이거나 11층 이상인 특정소방대상물(아파트는 제외한다)
㉣ 가연성가스를 제조·저장 또는 취급하는 시설 중 지상에 노출된 가연성가스탱크의 저장용량 합계가 1천톤 이상인 시설

**07** 소방시설공사업법령상 소방시설업자협회의 업무에 해당하지 않는 것은?

① 소방산업의 발전 및 소방기술의 향상을 위한 지원
② 소방시설업의 기술발전과 관련된 국제교류·활동 및 행사의 유치
③ 소방시설업의 사익증진과 과태료 부과 업무에 관한 사항
④ 소방시설업의 기술발전과 소방기술의 진흥을 위한 조사·연구·분석 및 평가

**해설** 협회의 업무는 다음 각 호와 같다.
1. 소방시설업의 기술발전과 소방기술의 진흥을 위한 조사·연구·분석 및 평가
2. 소방산업의 발전 및 소방기술의 향상을 위한 지원
3. 소방시설업의 기술발전과 관련된 국제교류·활동 및 행사의 유치
4. 이 법에 따른 위탁 업무의 수행

**정답** 04.③ 05.① 06.④ 07.③

**08** 소방시설 설치 및 관리에 관한 법령상 소방시설에 대한 설명으로 옳은 것은?

① 수용인원 50명인 문화 및 집회시설 중 영화상영관은 공기호흡기를 설치하여야 한다.
② 비상경보설비는 소방시설의 내진설계기준에 맞게 설치하여야 한다.
③ 분말형태의 소화약제를 사용하는 소화기의 내용연수는 5년으로 한다.
④ 불연성물품을 저장하는 창고는 옥외소화전 및 연결살수설비를 설치하지 아니할 수 있다.

[해설]
① 수용인원 100명 이상인 문화 및 집회시설 중 영화상영관에 공기호흡기 설치
② 내진설계대상 : 옥내소화전설비, 스프링클러설비, 물분무등소화설비
③ 소화기 내용연수 : 10년

**09** 소방시설 설치 및 관리에 관한 법령상 시·도지사가 소방시설관리업 등록을 반드시 취소하여야 하는 사유로 옳은 것을 모두 고른 것은?

㉠ 소방시설관리업자가 거짓이나 그 밖의 부정한 방법으로 등록을 한 경우
㉡ 소방시설관리업자가 소방시설등의 자체점검 결과를 거짓으로 보고한 경우
㉢ 소방시설관리업자가 관리업의 등록기준에 미달하게 된 경우
㉣ 소방시설관리업자가 관리업의 등록증을 다른 자에게 빌려준 경우

① ㉠, ㉡
② ㉠, ㉣
③ ㉡, ㉢
④ ㉢, ㉣

[해설] 등록의 취소와 영업정지등
① 관리업의 등록취소와 영업정지권자 : 시·도지사
② 등록의 취소와 영업정지(6개월 이내) 사유

| 등록취소 사유 | 1. 거짓이나 그 밖의 부정한 방법으로 등록을 한 경우<br>2. 등록의 결격사유에 해당하게 된 경우<br>① 등록결격사유에 해당되는 법인으로서 결격사유에 해당하게 된 날부터 2개월 이내에 그 임원을 결격사유가 없는 임원으로 바꾸어 선임한 경우는 제외한다.<br>② 관리업자의 지위를 승계한 상속인이 등록결격사유에 해당하는 경우에는 상속을 개시한 날부터 6개월 동안은 등록취소를 적용하지 아니한다.<br>3. 위반하여 다른 자에게 등록증이나 등록수첩을 빌려준 경우 |
|---|---|
| 영업정지 사유 | 1. 점검을 하지 아니하거나 거짓으로 한 경우<br>2. 등록기준에 미달하게 된 경우 |

**10** 화재의 예방 및 안전관리에 관한 법령상 중앙소방특별조사단의 조사단원이 될 수 있는 사람을 모두 고른 것은?

㉠ 소방공무원
㉡ 소방업무와 관련된 단체의 임직원
㉢ 소방업무와 관련된 연구기관의 임직원

① ㉠
② ㉠, ㉡
③ ㉡, ㉢
④ ㉠, ㉡, ㉢

[해설] 화재예방법 제9조(화재안전조사단 편성·운영)
① 소방관서장은 화재안전조사를 효율적으로 수행하기 위하여 대통령령으로 정하는 바에 따라 소방청에는 중앙화재안전조사단을, 소방본부 및 소방서에는 지방화재안전조사단을 편성하여 운영할 수 있다.

시행령 제10조(화재안전조사단 편성·운영)
① 법 제9조제1항에 따른 중앙화재안전조사단 및 지방화재안전조사단(이하 "조사단"이라 한다)은 각각 단장을 포함하여 50명 이내의 단원으로 성별을 고려하여 구성한다.
② 조사단의 단원은 다음 각 호의 어느 하나에 해당하는 사람 중에서 소방관서장이 임명하거나 위촉하고, 단장은 단원 중에서 소방관서장이 임명하거나 위촉한다.
1. 소방공무원
2. 소방업무와 관련된 단체 또는 연구기관 등의 임직원

정답 08.④ 09.② 10.④

3. 소방 관련 분야에서 전문적인 지식이나 경험이 풍부한 사람

② 소방관서장은 제1항에 따른 중앙화재안전조사단 및 지방화재안전조사단의 업무 수행을 위하여 필요한 경우에는 관계 기관의 장에게 그 소속 공무원 또는 직원의 파견을 요청할 수 있다. 이 경우 공무원 또는 직원의 파견 요청을 받은 관계 기관의 장은 특별한 사유가 없으면 이에 협조하여야 한다.

**제10조(화재안전조사위원회 구성·운영)**
① 소방관서장은 화재안전조사의 대상을 객관적이고 공정하게 선정하기 위하여 필요한 경우 화재안전조사위원회를 구성하여 화재안전조사의 대상을 선정할 수 있다.
② 화재안전조사위원회의 구성·운영 등에 필요한 사항은 대통령령으로 정한다.

> **시행령 제11조(화재안전조사위원회의 구성·운영 등)**
> ① 법 제10조제1항에 따른 화재안전조사위원회(이하 "위원회"라 한다)는 위원장 1명을 포함하여 7명 이내의 위원으로 성별을 고려하여 구성한다.
> ② 위원회의 위원장은 소방관서장이 된다.
> ③ 위원회의 위원은 다음 각 호의 어느 하나에 해당하는 사람 중에서 소방관서장이 임명하거나 위촉한다.
> 1. 과장급 직위 이상의 소방공무원
> 2. 소방기술사
> 3. 소방시설관리사
> 4. 소방 관련 분야의 석사 이상 학위를 취득한 사람
> 5. 소방 관련 법인 또는 단체에서 소방 관련 업무에 5년 이상 종사한 사람
> 6. 「소방공무원 교육훈련규정」 제3조제2항에 따른 소방공무원 교육훈련기관, 「고등교육법」 제2조의 학교 또는 연구소에서 소방과 관련한 교육 또는 연구에 5년 이상 종사한 사람
> ④ 위촉위원의 임기는 2년으로 하며, 한 차례만 연임할 수 있다.
> ⑤ 소방관서장은 위원회의 위원이 다음 각 호의 어느 하나에 해당하는 경우에는 해당 위원을 해임하거나 해촉(解囑)할 수 있다.
> 1. 심신장애로 직무를 수행할 수 없게 된 경우
> 2. 직무와 관련된 비위사실이 있는 경우
> 3. 직무태만, 품위손상이나 그 밖의 사유로 위원으로 적합하지 않다고 인정되는 경우
> 4. 제12조제1항 각 호의 어느 하나에 해당함에도 불구하고 회피하지 않은 경우
> 5. 위원 스스로 직무를 수행하기 어렵다는 의사를 밝히는 경우
> ⑥ 위원회에 출석한 위원에게는 예산의 범위에서 수당, 여비, 그 밖에 필요한 경비를 지급할 수 있다. 다만, 공무원인 위원이 소관 업무와 직접 관련하여 위원회에 출석하는 경우에는 그렇지 않다.

> **시행령 제12조(위원의 제척·기피·회피)**
> ① 위원회의 위원이 다음 각 호의 어느 하나에 해당하는 경우에는 위원회의 심의·의결에서 제척(除斥)된다.
> 1. 위원, 그 배우자나 배우자였던 사람 또는 위원의 친족이거나 친족이었던 사람이 다음 각 목의 어느 하나에 해당하는 경우
>    가. 해당 소방대상물의 관계인이거나 그 관계인과 공동권리자 또는 공동의무자인 경우
>    나. 해당 소방대상물의 설계, 공사, 감리 또는 자체점검 등을 수행한 경우
>    다. 해당 소방대상물에 대하여 제7조 각 호의 업무를 수행한 경우 등 소방대상물과 직접적인 이해관계가 있는 경우
> 2. 위원이 해당 소방대상물에 관하여 자문, 연구, 용역(하도급을 포함한다), 감정 또는 조사를 한 경우
> 3. 위원이 임원 또는 직원으로 재직하고 있거나 최근 3년 내에 재직하였던 기업 등이 해당 소방대상물에 관하여 자문, 연구, 용역(하도급을 포함한다), 감정 또는 조사를 한 경우
> ② 당사자는 제1항에 따른 제척사유가 있거나 위원에게 공정한 심의·의결을 기대하기 어려운 사정이 있는 경우에는 위원회에 기피 신청을 할 수 있고, 위원회는 의결로 기피 여부를 결정한다. 이 경우 기피 신청의 대상인 위원은 그 의결에 참여하지 못한다.
> ③ 위원이 제1항 또는 제2항의 사유에 해당하는 경우에는 스스로 해당 안건의 심의·의결에서 회피(回避)해야 한다.

> **시행령 제13조(위원회 운영 세칙)**
> 제11조 및 제12조에서 규정한 사항 외에 위원회의 구성 및 운영에 필요한 사항은 소방청장이 정한다.

**제11조(화재안전조사 전문가 참여)**
① 소방관서장은 필요한 경우에는 소방기술사, 소방시설관리사, 그 밖에 화재안전 분야에 전문지식을 갖춘 사람을 화재안전조사에 참여하게 할 수 있다.
② 제1항에 따라 조사에 참여하는 외부 전문가에게는 예산의 범위에서 수당, 여비, 그 밖에 필요한 경비를 지급할 수 있다.

**11** 소방시설 설치 및 관리에 관한 법령상 연소방지설비는 어떤 소방시설에 속하는가?

① 소화설비  ② 소화용수설비
③ 소화활동설비  ④ 피난구조설비

**해설** 소화활동설비의 종류
㉠ 제연설비
㉡ 연결송수관설비
㉢ 연결살수설비
㉣ 비상콘센트설비
㉤ 무선통신보조설비
㉥ 연소방지설비

**12** 소방시설 설치 및 관리에 관한 법령상 방염대상물품이 아닌 것은?

① 철재를 원료로 제작된 의자
② 카펫
③ 전시용 합판
④ 창문에 설치하는 커튼류

**해설** 방염대상물품의 종류
1. 제조 또는 가공 공정에서 방염처리를 한 물품(합판·목재류의 경우에는 설치 현장에서 방염처리를 한 것을 포함한다)으로서 다음 각 목의 어느 하나에 해당하는 것
   가. 창문에 설치하는 커튼류(블라인드를 포함한다)
   나. 카펫, 두께가 2밀리미터 미만인 벽지류(종이벽지는 제외한다)
   다. 전시용 합판 또는 섬유판, 무대용 합판 또는 섬유판
   라. 암막·무대막(영화상영관에 설치하는 스크린과 골프 연습장업에 설치하는 스크린을 포함한다)
   마. 섬유류 또는 합성수지류 등을 원료로 하여 제작된 소파·의자(단란주점영업, 유흥주점영업 및 노래연습장업의 영업장에 설치하는 것만 해당한다)
2. 건축물 내부의 천장이나 벽에 부착하거나 설치하는 것으로서 다음 각 목의 어느 하나에 해당하는 것. 다만, 가구류(옷장, 찬장, 식탁, 식탁용 의자, 사무용 책상, 사무용 의자, 계산대 및 그 밖에 이와 비슷한 것을 말한다. 이하 이 조에서 같다)와 너비 10센티미터 이하인 반자돌림대 등과 「건축법」 제52조에 따른 내부마감재료는 제외한다.
   가. 종이류(두께 2밀리미터 이상인 것을 말한다)·합성수지류 또는 섬유류를 주원료로 한 물품
   나. 합판이나 목재
   다. 공간을 구획하기 위하여 설치하는 간이 칸막이(접이식 등 이동 가능한 벽체나 천장 또는 반자가 실내에 접하는 부분까지 구획하지 아니하는 벽체를 말한다)
   라. 흡음(吸音)을 위하여 설치하는 흡음재(흡음용 커튼을 포함한다)
   마. 방음(防音)을 위하여 설치하는 방음재(방음용 커튼을 포함한다)

**13** 화재의 예방 및 안전관리에 관한 법령상 소방안전관리대상물의 관계인이 소방안전관리자를 선임한 경우에 소방안전관리대상물의 출입자가 쉽게 알 수 있도록 게시하여야 하는 사항이 아닌 것은?

① 소방안전관리자의 성명
② 소방안전관리자의 소방관련 경력
③ 소방안전관리자의 연락처
④ 소방안전관리자의 선임일자

**해설** 화재예방법 제26조(소방안전관리자 선임신고 등)
① 소방안전관리대상물의 관계인이 제24조에 따라 소방안전관리자 또는 소방안전관리보조자를 선임한 경우에는 행정안전부령으로 정하는 바에 따라 선임한 날부터 14일 이내에 소방본부장 또는 소방서장에게 신고하고, 소방안전관리대상물의 출입자가 쉽게 알 수 있도록 소방안전관리자의 성명과 그 밖에 행정안전부령으로 정하는 사항을 게시하여야 한다.

> 시행규칙 제15조(소방안전관리자 정보의 게시)
> ① 법 제26조제1항에서 "행정안전부령으로 정하는 사항"이란 다음 각 호의 사항을 말한다.
>   1. 소방안전관리대상물의 명칭 및 등급
>   2. 소방안전관리자의 성명 및 선임일자
>   3. 소방안전관리자의 연락처
>   4. 소방안전관리자의 근무 위치(화재 수신기 또는 종합방재실을 말한다)
> ② 제1항에 따른 소방안전관리자 성명 등의 게시는 별표 2의 소방안전관리자 현황표에 따른다. 이 경우 「소방시설 설치 및 관리에 관한 법률 시행규칙」 별표 5에 따른 소방시설등 자체점검기록표를 함께 게시할 수 있다.

정답  11.③  12.①  13.②

**14** 소방시설 설치 및 관리에 관한 법령상 과태료 처분에 해당하는 경우는?

① 형식승인의 변경승인을 받지 아니한 자
② 화재안전기준을 위반하여 소방시설을 설치 또는 유지·관리한 자
③ 영업정지처분을 받고 그 영업정지기간 중에 관리업의 업무를 한 자
④ 소방시설등에 대한 자체점검을 하지 아니하거나 관리업자 등으로 하여금 정기적으로 점검하게 하지 아니한 자

**해설**
① 1년 이하의 징역 또는 1천만원 이하의 벌금
② 300만원 이하의 과태료
③ 1년 이하의 징역 또는 1천만원 이하의 벌금
④ 1년 이하의 징역 또는 1천만원 이하의 벌금

**15** 소방시설 설치 및 관리에 관한 법령상 방염성능기준 이상의 실내장식물 등을 설치하여야 하는 특정소방대상물이 아닌 것은?

① 공항시설
② 숙박시설
③ 의료시설 중 종합병원
④ 노유자시설

**해설** 방염성능기준 이상의 실내장식물등을 설치하여야 하는 특정소방대상물의 종류
1. 근린생활시설 중 의원, 치과의원, 한의원, 조산원, 산후조리원, 체력단련장, 공연장 및 종교집회장
2. 건축물의 옥내에 있는 시설로서 다음 각 목의 시설
   가. 문화 및 집회시설
   나. 종교시설
   다. 운동시설(수영장은 제외한다)
3. 의료시설
4. 교육연구시설 중 합숙소
5. 노유자시설
6. 숙박이 가능한 수련시설
7. 숙박시설
8. 방송통신시설 중 방송국 및 촬영소
9. 다중이용업소
10. 제1호부터 제9호까지의 시설에 해당하지 않는 것으로서 층수가 11층 이상인 것(아파트는 제외한다)

**16** 위험물안전관리법령상 시·도지사의 허가를 받아야 설치할 수 있는 제조소등은?

① 주택의 난방시설을 위한 취급소
② 축산용으로 필요한 건조시설을 위한 지정수량 20배 이하의 저장소
③ 공동주택의 중앙난방시설을 위한 저장소
④ 농예용으로 필요한 난방시설을 위한 지정수량 20배 이하의 저장소

**해설** 제조소등이 아닌 경우에 허가를 받지 아니하고 당해 제조소등을 설치하거나 그 위치 구조 또는 설비를 변경할 수 있으며, 신고를 하지 아니하고 위험물의 품명, 수량 또는 지정수량의 배수를 변경할 수 있는 경우
㉠ 주택의 난방시설(공동주택의 중앙난방시설을 제외한다)을 위한 저장소 또는 취급소
㉡ 농예용·축산용 또는 수산용으로 필요한 난방시설 또는 건조시설을 위한 지정수량 20배 이하의 저장소

**17** 위험물안전관리법령상 탱크안전성능검사의 대상이 되는 탱크 등에 관한 내용이다. ( )에 들어갈 숫자로 옳은 것은?

> 기초·지반검사 : 옥외탱크저장소의 액체위험물탱크 중 그 용량이 ( )만 리터 이상인 탱크

① 20    ② 50
③ 70    ④ 100

**해설** 탱크안전성능검사의 종류 및 대상
㉠ 기초·지반검사 : 옥외탱크저장소의 액체위험물탱크 중 그 용량이 100만리터 이상인 탱크
㉡ 충수(充水)·수압검사 : 액체위험물을 저장 또는 취급하는 탱크 다만, 다음 각 목의 어느 하나에 해당하는 탱크는 제외한다.
   ⓐ 제조소 또는 일반취급소에 설치된 탱크로서 용량이 지정수량 미만인 것
   ⓑ 「고압가스 안전관리법」에 따른 특정설비에 관한 검사에 합격한 탱크
   ⓒ 「산업안전보건법」에 따른 안전인증을 받은 탱크
㉢ 용접부검사 : 옥외탱크저장소의 액체위험물탱크 중 그 용량이 100만리터 이상인 탱크
㉣ 암반탱크검사 : 액체위험물을 저장 또는 취급하는 암반내의 공간을 이용한 탱크

**정답** 14.② 15.① 16.③ 17.④

**18** 위험물안전관리법령상 제조소등의 위험물안전관리자(이하 "안전관리자"라 함)에 관한 설명으로 옳은 것은?

① 제조소등의 관계인이 안전관리자가 질병 등의 사유로 일시적으로 직무를 수행할 수 없어 대리자를 지정하는 경우, 대리자가 안전관리자의 직무를 대행하는 기간은 15일을 초과할 수 없다.
② 제조소등의 관계인이 안전관리자를 해임한 경우 그 관계인 또는 안전관리자는 소방본부장이나 소방서장에게 그 사실을 알려 해임된 사실을 확인받을 수 있다.
③ 제조소등의 관계인이 안전관리자를 선임한 경우에는 선임한 날부터 30일 이내에 소방본부장 또는 소방서장에게 신고하여야 한다.
④ 안전관리자를 선임한 제조소등의 관계인은 안전관리자가 퇴직한 때에는 퇴직한 날부터 60일 이내에 다시 안전관리자를 선임하여야 한다.

**해설** ① 직무 대리자의 직무 대행기간 : 30일을 초과할 수 없다.
③ 선임한 날부터 14일 이내에 신고하여야 한다.
④ 퇴직한 날부터 30일 이내에 재선임하여야 한다.

**19** 위험물안전관리법령상 과태료 처분에 해당하는 경우는?

① 정기점검 결과를 기록·보존하지 아니한 자
② 제조소등의 설치허가를 받지 아니하고 제조소등을 설치한 자
③ 안전관리자 또는 그 대리자가 참여하지 아니한 상태에서 위험물을 취급한 자
④ 위험물의 운반에 관한 중요기준에 따르지 아니한 자

**해설** ① 200만원 이하 과태료
② 5년 이하의 징역 또는 1억원 이하의 벌금
③ 1천만원 이하의 벌금
④ 1천만원 이하의 벌금

**20** 위험물안전관리법령상 정기점검의 대상인 제조소등이 아닌 것은?

① 판매취급소　② 이동탱크저장소
③ 이송취급소　④ 지하탱크저장소

**해설** 정기점검의 대상인 제조소등
㉠ 예방규정을 정하여야 하는 제조소등(7가지)
　ⓐ 지정수량의 10배 이상의 위험물을 취급하는 제조소
　ⓑ 지정수량의 100배 이상의 위험물을 저장하는 옥외저장소
　ⓒ 지정수량의 150배 이상의 위험물을 저장하는 옥내저장소
　ⓓ 지정수량의 200배 이상의 위험물을 저장하는 옥외탱크저장소
　ⓔ 암반탱크저장소
　ⓕ 이송취급소
　ⓖ 지정수량의 10배 이상의 위험물을 취급하는 일반취급소
㉡ 지하탱크저장소
㉢ 이동탱크저장소
㉣ 위험물을 취급하는 탱크로서 지하에 매설된 탱크가 있는 제조소·주유취급소 또는 일반취급소

**21** 다중이용업소의 안전관리에 관한 특별법령상 안전시설등의 설치·유지에 관한 설명이다. ( )에 들어갈 내용으로 옳은 것은?

> 숙박을 제공하는 형태의 다중이용업소의 영업장 또는 밀폐구조의 영업장 중 대통령령으로 정하는 영업장에는 소방시설 중 ( )를(을) 행정안전부령으로 정하는 기준에 따라 설치하여야 한다.

① 간이스프링클러설비　② 비상조명등
③ 자동화재탐지설비　④ 가스누설경보기

**해설** 다중이용업주 및 다중이용업을 하려는 자는 영업장에 대통령령으로 정하는 안전시설등을 행정안전부령으로 정하는 기준에 따라 설치·유지하여야 한다. 이 경우 다음 각 호의 어느 하나에 해당하는 영업장 중 대통령령으로 정하는 영업장에는 소방시설 중 간이스프링클러설비를 행정안전부령으로 정하는 기준에 따라 설치하여야 한다.
1. 숙박을 제공하는 형태의 다중이용업소의 영업장
2. 밀폐구조의 영업장

정답　18.② 19.① 20.① 21.①

**22** 다중이용업소의 안전관리에 관한 특별법령상 화재배상책임보험의 가입과 관련하여 과태료 부과 대상에 해당하지 않는 것은?

① 화재배상책임보험에 가입하지 않은 다중이용업주
② 정당한 사유 없이 계약 체결을 거부한 보험회사
③ 화재배상책임보험 외의 보험 가입을 권유한 보험회사
④ 임의로 계약을 해제 또는 해지한 보험회사

**해설** 제25조(과태료)
① 다음 각 호의 어느 하나에 해당하는 자에게는 300만원 이하의 과태료를 부과한다.
  1. 제8조제1항 및 제2항을 위반하여 소방안전교육을 받지 아니하거나 종업원이 소방안전교육을 받도록 하지 아니한 다중이용업주
  2. 제9조제1항을 위반하여 안전시설등을 기준에 따라 설치·유지하지 아니한 자
  2의2. 제9조제3항을 위반하여 설치신고를 하지 아니하고 안전시설등을 설치하거나 영업장 내부구조를 변경한 자 또는 안전시설등의 공사를 마친 후 신고를 하지 아니한 자
  2의3. 제9조의2를 위반하여 비상구에 추락 등의 방지를 위한 장치를 기준에 따라 갖추지 아니한 자
  3. 제10조제1항 및 제2항을 위반하여 실내장식물을 기준에 따라 설치·유지하지 아니한 자
  3의2. 제10조의2제1항 및 제2항을 위반하여 영업장의 내부구획을 기준에 따라 설치·유지하지 아니한 자
  4. 제11조를 위반하여 피난시설, 방화구획 또는 방화시설에 대하여 폐쇄·훼손·변경 등의 행위를 한 자
  5. 제12조제1항을 위반하여 피난안내도를 갖추어 두지 아니하거나 피난안내에 관한 영상물을 상영하지 아니한 자
  6. 제13조제1항 전단을 위반하여 정기점검결과서를 보관하지 아니한 자
  6의2. 제13조의2제1항을 위반하여 화재배상책임보험에 가입하지 아니한 다중이용업주
  6의3. 제13조의3제3항 또는 제4항을 위반하여 통지를 하지 아니한 보험회사
  6의4. 제13조의5제1항을 위반하여 다중이용업주와의 화재배상책임보험 계약 체결을 거부하거나 제13조의6을 위반하여 임의로 계약을 해제 또는 해지한 보험회사
  7. 제14조를 위반하여 소방안전관리업무를 하지 아니한 자
② 제1항에 따른 과태료는 대통령령으로 정하는 바에 따라 소방청장, 소방본부장 또는 소방서장이 부과·징수한다.

**23** 다중이용업소의 안전관리에 관한 특별법령상 다중이용업에 해당하지 않는 것은?

① 비디오물감상실업  ② 노래연습장업
③ 산후조리업  ④ 노인의료복지업

**해설** 제2조(다중이용업)
「다중이용업소의 안전관리에 관한 특별법」(이하 "법"이라 한다) 제2조제1항제1호에서 "대통령령으로 정하는 영업"이란 다음 각 호의 영업을 말한다. 다만, 영업을 옥외시설 또는 옥외 장소에서 하는 경우 그 영업은 제외한다.
1. 「식품위생법 시행령」 제21조제8호에 따른 식품접객업 중 다음 각 목의 어느 하나에 해당하는 것
  가. 휴게음식점영업·제과점영업 또는 일반음식점영업으로서 영업장으로 사용하는 바닥면적(「건축법 시행령」 제119조제1항제3호에 따라 산정한 면적을 말한다. 이하 같다)의 합계가 100제곱미터(영업장이 지하층에 설치된 경우에는 그 영업장의 바닥면적 합계가 66제곱미터) 이상인 것. 다만, 영업장(내부계단으로 연결된 복층구조의 영업장을 제외한다)이 다음의 어느 하나에 해당하는 층에 설치되고 그 영업장의 주된 출입구가 건축물 외부의 지면과 직접 연결되는 곳에서 하는 영업을 제외한다.
    1) 지상 1층
    2) 지상과 직접 접하는 층
  나. 단란주점영업과 유흥주점영업
1의2. 「식품위생법 시행령」 제21조제9호에 따른 공유주방 운영업 중 휴게음식점영업·제과점영업 또는 일반음식점영업에 사용되는 공유주방을 운영하는 영업으로서 영업장 바닥면적의 합계가 100제곱미터(영업장이 지하층에 설치된 경우에는 그 바닥면적 합계가 66제곱미터) 이상인 것. 다만, 영업장(내부계단으로 연결된 복층구조의 영업장은 제외한다)이 다음 각 목의 어느 하나에 해당하는 층에 설치되고 그 영업장의 주된 출입구가 건축물 외부의 지면과 직접 연결되는 곳에서 하는 영업은 제외한다.
  가. 지상 1층
  나. 지상과 직접 접하는 층

정답 22.③ 23.④

2. 「영화 및 비디오물의 진흥에 관한 법률」제2조제10호, 같은 조 제16호가목·나목 및 라목에 따른 영화상영관·비디오물감상실업·비디오물소극장업 및 복합영상물제공업
3. 「학원의 설립·운영 및 과외교습에 관한 법률」제2조제1호에 따른 학원(이하 "학원"이라 한다)으로서 다음 각 목의 어느 하나에 해당하는 것
    가. 「소방시설 설치 및 관리에 관한 법률 시행령」별표 7에 따라 산정된 수용인원(이하 "수용인원"이라 한다)이 300명 이상인 것
    나. 수용인원 100명 이상 300명 미만으로서 다음의 어느 하나에 해당하는 것. 다만, 학원으로 사용하는 부분과 다른 용도로 사용하는 부분(학원의 운영권자를 달리하는 학원과 학원을 포함한다)이 「건축법 시행령」제46조에 따른 방화구획으로 나누어진 경우는 제외한다.
        (1) 하나의 건축물에 학원과 기숙사가 함께 있는 학원
        (2) 하나의 건축물에 학원이 둘 이상 있는 경우로서 학원의 수용인원이 300명 이상인 학원
        (3) 하나의 건축물에 제1호, 제2호, 제4호부터 제7호까지, 제7호의2부터 제7호의5까지 및 제8호의 다중이용업 중 어느 하나 이상의 다중이용업과 학원이 함께 있는 경우
4. 목욕장업으로서 다음 각 목에 해당하는 것
    가. 하나의 영업장에서 「공중위생관리법」제2조제1항제3호가목에 따른 목욕장업 중 맥반석·황토·옥 등을 직접 또는 간접 가열하여 발생하는 열기나 원적외선 등을 이용하여 땀을 배출하게 할 수 있는 시설 및 설비를 갖춘 것으로서 수용인원(물로 목욕을 할 수 있는 시설부분의 수용인원은 제외한다)이 100명 이상인 것
    나. 「공중위생관리법」제2조제1항제3호나목의 시설 및 설비를 갖춘 목욕장업
5. 「게임산업진흥에 관한 법률」제2조제6호·제6호의2·제7호 및 제8호의 게임제공업·인터넷컴퓨터게임시설제공업 및 복합유통게임제공업. 다만, 게임제공업 및 인터넷컴퓨터게임시설제공업의 경우에는 영업장(내부계단으로 연결된 복층구조의 영업장은 제외한다)이 다음 각 목의 어느 하나에 해당하는 층에 설치되고 그 영업장의 주된 출입구가 건축물 외부의 지면과 직접 연결된 구조에 해당하는 경우는 제외한다.
    가. 지상 1층
    나. 지상과 직접 접하는 층
6. 「음악산업진흥에 관한 법률」제2조제13호에 따른 노래연습장업
7. 「모자보건법」제2조제10호에 따른 산후조리업
7의2. 고시원업[구획된 실(室) 안에 학습자가 공부할 수 있는 시설을 갖추고 숙박 또는 숙식을 제공하는 형태의 영업]
7의3. 「사격 및 사격장 안전관리에 관한 법률 시행령」제2조제1항 및 별표 1에 따른 권총사격장(실내사격장에 한정하며, 같은 조 제1항에 따른 종합사격장에 설치된 경우를 포함한다)
7의4. 「체육시설의 설치·이용에 관한 법률」제10조제1항제2호에 따른 가상체험 체육시설업(실내에 1개 이상의 별도의 구획된 실을 만들어 골프 종목의 운동이 가능한 시설을 경영하는 영업으로 한정한다)
7의5. 「의료법」제82조제4항에 따른 안마시술소
8. 법 제15조제2항에 따른 화재안전등급(이하 "화재안전등급"이라 한다)이 제11조제1항에 해당하거나 화재발생시 인명피해가 발생할 우려가 높은 불특정다수인이 출입하는 영업으로서 행정안전부령으로 정하는 영업. 이 경우 소방청장은 관계 중앙행정기관의 장과 미리 협의하여야 한다.

**[행정안전부령으로 정하는 영업]**
1. 전화방업·화상대화방업 : 구획된 실(室) 안에 전화기·텔레비전·모니터 또는 카메라 등 상대방과 대화할 수 있는 시설을 갖춘 형태의 영업
2. 수면방업 : 구획된 실(室) 안에 침대·간이침대 그 밖에 휴식을 취할 수 있는 시설을 갖춘 형태의 영업
3. 콜라텍업 : 손님이 춤을 추는 시설 등을 갖춘 형태의 영업으로서 주류판매가 허용되지 아니하는 영업
4. 방탈출카페업 : 제한된 시간 내에 방을 탈출하는 놀이 형태의 영업
5. 키즈카페업 : 다음 각 목의 영업
    가. 「관광진흥법 시행령」제2조제1항제5호다목에 따른 기타유원시설업으로서 실내공간에서 어린이(「어린이안전관리에 관한 법률」제3조제1호에 따른 어린이를 말한다. 이하 같다)에게 놀이를 제공하는 영업
    나. 실내에 「어린이놀이시설 안전관리법」제2조제2호 및 같은 법 시행령 별표 2 제13호에 해당하는 어린이놀이시설을 갖춘 영업
    다. 「식품위생법 시행령」제21조제8호가목에 따른 휴게음식점영업으로서 실내공간에서 어린이에게 놀이를 제공하고 부수적으로 음식류를 판매·제공하는 영업

6. 만화카페업 : 만화책 등 다수의 도서를 갖춘 다음 각 목의 영업. 다만, 도서를 대여·판매만 하는 영업인 경우와 영업장으로 사용하는 바닥면적의 합계가 50제곱미터 미만인 경우는 제외한다.
   가. 「식품위생법 시행령」 제21조제8호가목에 따른 휴게음식점영업
   나. 도서의 열람, 휴식공간 등을 제공할 목적으로 실내에 다수의 구획된 실(室)을 만들거나 입체 형태의 구조물을 설치한 영업

**24** 다중이용업소의 안전관리에 관한 특별법령상 이행강제금에 대한 설명으로 옳지 않은 것은?

① 이행강제금의 1회 부과 한도는 1천만원 이하이다.
② 조치 명령을 받은 자가 조치 명령을 이행하면, 이미 부과된 이행강제금도 징수할 수 없다.
③ 이행강제금을 부과하기 전에 이행강제금을 부과·징수한다는 것을 미리 문서로 알려주어야 한다.
④ 최초의 조치 명령을 한 날을 기준으로 매년 2회의 범위에서 그 조치 명령이 이행될 때까지 반복하여 이행강제금을 부과·징수할 수 있다.

**해설** 다중이용업소법 제26조(이행강제금) 제1항
① 소방청장, 소방본부장 또는 소방서장은 제9조제2항, 제10조제3항, 제10조의2제3항 또는 제15조제2항에 따라 조치 명령을 받은 후 그 정한 기간 이내에 그 명령을 이행하지 아니하는 자에게는 1천만원 이하의 이행강제금을 부과한다.

**25** 다중이용업소의 안전관리에 관한 특별법령상 영업장 내부를 구획하고자 할 때 천장(반자속)까지 불연재료로 구획해야 하는 업종에 해당하는 것은?

① 산후조리업  ② 게임제공업
③ 단란주점 영업  ④ 고시원업

**해설** 영업장의 내부구획
① 다중이용업소의 영업장 내부를 구획하고자 할 때에는 불연재료로 구획하여야 한다. 이 경우 다음 각 호의 어느 하나에 해당하는 다중이용업소의 영업장은 천장(반자속)까지 구획하여야 한다.
   1. 단란주점 및 유흥주점 영업
   2. 노래연습장업
② 제1항에 따른 영업장의 내부구획 기준은 행정안전부령으로 정한다.

정답 24.② 25.③

# 2018 제18회 소방시설관리사 1차 필기 기출문제

[제3과목 : 소방관계법령]

**01** 소방기본법령상 국고보조 대상사업의 범위와 기준보조율에 관한 설명으로 옳은 것은?

① 국고보조 대상사업의 범위에 따른 소방활동장비 및 설비의 종류와 규격은 대통령령으로 정한다.
② 방화복 등 소방활동에 필요한 소방장비의 구입 및 설치는 국고보조 대상사업의 범위에 해당한다.
③ 소방헬리콥터 및 소방정의 구입 및 설치는 국고보조 대상사업의 범위에 해당하지 않는다.
④ 국고보조 대상사업의 기준보조율은 「보조금 관리에 관한 법률」에서 정하는 바에 따른다.

**해설** 소방장비등에 대한 국고보조
㉠ 국가는 소방장비의 구입 등 시·도의 소방업무에 필요한 경비의 일부를 보조한다.
㉡ 보조 대상사업의 범위와 기준보조율은 대통령령으로 정한다.
㉢ 국고보조 대상사업의 범위
　ⓐ 다음 각 목의 소방활동장비와 설비의 구입 및 설치
　　㉮ 소방자동차
　　㉯ 소방헬리콥터 및 소방정
　　㉰ 소방전용통신설비 및 전산설비
　　㉱ 그 밖에 방화복 등 소방활동에 필요한 소방장비
　ⓑ 소방관서용 청사의 건축(「건축법」 제2조제1항제8호에 따른 건축을 말한다)
㉣ 국고보조 소방활동장비 및 설비의 종류와 규격은 행정안전부령으로 정한다.

**02** 현행 개정 등으로 문제 삭제

**03** 현행 개정 등으로 문제 삭제

**04** 소방시설공사업법령상 합병의 경우 소방시설업자 지위 승계를 신고하려는 자가 제출하여야 하는 서류가 아닌 것은?

① 소방시설업 합병신고서
② 합병계약서 사본
③ 합병 후 법인의 소방시설업 등록증 및 등록수첩
④ 합병공고문 사본

**해설** 공사업법 시행규칙 제7조(지위승계 신고 등)
① 법 제7조제3항에 따라 소방시설업자 지위 승계를 신고하려는 자는 그 지위를 승계한 날부터 30일 이내에 다음 각 호의 구분에 따른 서류(전자문서를 포함한다)를 협회에 제출하여야 한다.
　3. 합병의 경우 : 다음 각 목의 서류
　　가. 별지 제9호서식에 따른 소방시설업 합병신고서
　　나. 합병 전 법인의 소방시설업 등록증 및 등록수첩
　　다. 합병계약서 사본(합병에 관한 사항을 의결한 총회 또는 창립총회 결의서 사본을 포함한다)
　　라. 제2조제1항 각 호에 해당하는 서류. 이 경우 같은 항 제1호 및 제5호의 "신청인"을 "신고인"으로 본다.
　　마. 합병공고문 사본

정답 01.② 04.③

**05** 소방시설공사업법령상 수수료 기준으로 옳지 않은 것은?

① 전문 소방시설설계업을 등록하려는 자 – 4만원
② 소방시설업 등록증을 재발급 하려는 자 – 2만원
③ 소방시설업자의 지위승계 신고를 하려는 자 – 2만원
④ 일반 소방시설공사업을 등록하려는 자 – 분야별 2만원

**해설** ② 소방시설업 등록증을 재발급 하려는 자 – 소방시설업 등록증 또는 등록수첩별 각각 1만원

■ 공사업법 시행규칙 별표7 [수수료 및 교육비]
1. 법 제4조제1항에 따라 소방시설업을 등록하려는 자
   가. 전문 소방시설설계업 : 4만원
   나. 일반 소방시설설계업 : 분야별 2만원
   다. 전문 소방시설공사업 : 4만원
   라. 일반 소방시설공사업 : 분야별 2만원
   마. 전문 소방공사감리업 : 4만원
   바. 일반 소방공사감리업 : 분야별 2만원
   사. 방염처리업 : 업종별 4만원
2. 법 제4조제3항에 따라 소방시설업 등록증 또는 등록수첩을 재발급 받으려는 자 : 소방시설업 등록증 또는 등록수첩별 각각 1만원
3. 법 제7조제3항에 따라 소방시설업자의 지위승계 신고를 하려는 자 : 2만원
4. 법 제20조의3제2항에 따라 방염처리능력 평가를 받으려는 자 : 소방청장이 정하여 고시하는 금액
5. 법 제26조제2항에 따라 시공능력 평가를 받으려는 자 : 소방청장이 정하여 고시하는 금액
6. 법 제28조제2항에 따라 자격수첩 또는 경력수첩을 발급받으려는 자 : 소방청장이 정하여 고시하는 금액
7. 법 제29조제1항에 따라 실무교육을 받으려는 사람 : 소방청장이 정하여 고시하는 금액

**06** 소방시설공사업법령상 하도급계약심사위원회의 구성 및 운영에 관한 설명으로 옳은 것은?

① 하도급계약심사위원회는 위원장 1명과 부위원장 1명을 제외한 10명 이내의 위원으로 구성한다.
② 소방 분야 연구기관의 연구위원급 이상인 사람은 위원회의 부위원장으로 위촉될 수 있다.
③ 위원회의 회의 재적위원 과반수의 출석으로 개의하고, 출석위원 3분의 2 이상 찬성으로 의결한다.
④ 위원의 임기는 2년으로 하되, 두 차례까지 연임할 수 있다.

**해설** 공사업법 시행령 제12조의3(하도급계약심사위원회의 구성 및 운영)
① 법 제22조의2제4항에 따른 하도급계약심사위원회(이하 "위원회"라 한다)는 위원장 1명과 부위원장 1명을 포함하여 10명 이내의 위원으로 구성한다.
② 위원회의 위원장(이하 "위원장"이라 한다)은 발주기관의 장(발주기관이 특별시·광역시·특별자치시·도 및 특별자치도인 경우에는 해당 기관 소속 2급 또는 3급 공무원 중에서, 발주기관이 제11조의5 각 호의 공공기관인 경우에는 1급 이상 임직원 중에서 발주기관의 장이 지명하는 사람을 각각 말한다)이 되고, 부위원장과 위원은 다음 각 호의 어느 하나에 해당하는 사람 중에서 위원장이 임명하거나 성별을 고려하여 위촉한다.
  1. 해당 발주기관의 과장급 이상 공무원(제11조의5 각 호의 공공기관의 경우에는 2급 이상의 임직원을 말한다)
  2. 소방 분야 연구기관의 연구위원급 이상인 사람
  3. 소방 분야의 박사학위를 취득하고 그 분야에서 3년 이상 연구 또는 실무경험이 있는 사람
  4. 대학(소방 분야로 한정한다)의 조교수 이상인 사람
  5. 「국가기술자격법」에 따른 소방기술사 자격을 취득한 사람
③ 제2항제2호부터 제5호까지의 규정에 해당하는 위원의 임기는 3년으로 하며, 한 차례만 연임할 수 있다.
④ 위원회의 회의는 재적위원 과반수의 출석으로 개의(開議)하고, 출석위원 과반수의 찬성으로 의결한다.
⑤ 제1항부터 제4항까지에서 규정한 사항 외에 위원회의 운영에 필요한 사항은 위원회의 의결을 거쳐 위원장이 정한다.

## 07
소방시설공사업법령상 하자보수 대상 소방시설과 하자보수 보증기간의 연결이 옳지 않은 것은?

① 피난기구 – 3년
② 자동화재탐지설비 – 3년
③ 자동소화장치 – 3년
④ 간이스프링클러설비 – 3년

**해설** 공사의 하자보수등
㉠ 하자보수 보증기간
  ⓐ 비상경보설비, 비상방송설비, 피난기구, 유도등, 비상조명등 및 무선통신보조설비 : 2년
  ⓑ 자동소화장치, 옥내소화전설비, 스프링클러설비 등, 물분무등소화설비, 옥외소화전설비, 자동화재탐지설비, 화재알림설비, 소화용수설비 및 소화활동설비(무선통신보조설비는 제외한다) : 3년
㉡ 관계인은 ㉠에 따른 기간에 소방시설의 하자가 발생하였을 때에는 공사업자에게 그 사실을 알려야 하며, 통보를 받은 공사업자는 3일 이내에 하자를 보수하거나 보수 일정을 기록한 하자보수계획을 관계인에게 서면으로 알려야 한다.

## 08
소방시설공사업법령상 영업정지가 그 이용자에게 불편을 주거나 그 밖에 공익을 해칠 우려가 있을 때에 시·도지사가 영업정지처분을 갈음하여 과징금을 부과할 수 있는 경우는?

① 사업수행능력 평가에 관한 서류를 위조하거나 변조하는 등 거짓이나 그 밖의 부정한 방법으로 입찰에 참여한 경우
② 동일한 특정소방대상물의 소방시설에 대한 시공과 감리를 함께 할 수 없으나 이를 위반하여 시공과 감리를 함께 한 경우
③ 정당한 사유없이 관계 공무원의 출입 또는 검사·조사를 기피한 경우
④ 공사감리자를 변경하였을 때에는 새로 지정된 공사감리자와 종전의 공사감리자는 감리업무 수행에 관한 사항과 관계 서류를 인수·인계하여야 하나, 인수·인계를 기피한 경우

**해설** 공사업법 제10조(과징금처분)
① 시·도지사는 제9조제1항 각 호의 어느 하나에 해당하는 경우로서 영업정지가 그 이용자에게 불편을 주거나 그 밖에 공익을 해칠 우려가 있을 때에는 영업정지처분을 갈음하여 3천만원 이하의 과징금을 부과할 수 있다.
② 제1항에 따른 과징금을 부과하는 위반행위의 종류와 위반 정도 등에 따른 과징금과 그 밖에 필요한 사항은 행정안전부령으로 정한다.
③ 시·도지사는 제1항에 따른 과징금을 내야 할 자가 납부기한까지 과징금을 내지 아니하면「지방행정제재·부과금의 징수 등에 관한 법률」에 따라 징수한다.

[과징금의 부과기준(제10조 관련)]
1. 일반기준
  가. 영업정지 1개월은 30일로 계산한다.
  나. 과징금 산정은 별표 1 제2호의 영업정지기간(일)에 제2호가목부터 다목까지의 영업정지 1일에 해당하는 금액란의 금액을 곱한 금액으로 한다.
  다. 위반행위가 둘 이상 발생한 경우 과징금 부과에 따른 영업정지기간(일) 산정은 별표 1 제2호의 개별기준에 따른 각각의 영업정지처분기간을 합산한 기간으로 한다.
  라. 영업정지에 해당하는 위반사항으로서 위반행위의 동기·내용·횟수 또는 그 결과를 고려하여 그 처분기준의 2분의 1까지 감경한 경우 과징금 부과에 따른 영업정지기간(일) 산정은 감경한 영업정지기간으로 한다.
  마. 제2호나목에 따른 도급(계약)금액은 위반사항이 적발된 소방시설공사현장의 해당 공사 도급금액(법 제22조에 적합한 하도급인 경우 그 하도급금액은 제외한다) 또는 소방시설 설계·공사감리 기술용역대가를 말하며, 연간 매출액은 위반사업자에 대한 처분일이 속한 연도의 전년도의 1년간 위반사항이 적발된 방염처리업의 매출금액을 기준으로 한다. 다만, 신규사업·휴업 등에 따라 1년간의 위반사항이 적발된 방염처리업의 매출금액을 기준으로 하는 것이 불합리하다고 인정되는 경우에는 분기별·월별 또는 일별 매출금액을 기준으로 산출 또는 조정한다.
  바. 별표 1 제2호 행정처분 개별기준 중 나목·바목·거목·퍼목·허목 및 고목의 위반사항에는 법 제10조제1항에 따른 영업정지를 갈음하여 과징금을 부과할 수 없다.

정답 07.① 08.②

[나목·바목·거목·퍼목·허목 및 고목의 위반사항]
나. 제4조제1항에 따른 등록기준에 미달하게 된 후 30일이 경과한 경우. 다만, 자본금기준에 미달한 경우 중 「채무자 회생 및 파산에 관한 법률」에 따라 법원이 회생절차의 개시의 결정을 하고 그 절차가 진행 중인 경우 등 대통령령으로 정하는 경우는 30일이 경과한 경우에도 예외로 한다.
바. 제8조제1항을 위반하여 다른 자에게 등록증 또는 등록수첩을 빌려준 경우
거. 제17조제3항을 위반하여 인수·인계를 거부·방해·기피한 경우
퍼. 제26조의2에 따른 사업수행능력 평가에 관한 서류를 위조하거나 변조하는 등 거짓이나 그 밖의 부정한 방법으로 입찰에 참여한 경우
허. 제31조에 따른 명령을 위반하여 보고 또는 자료제출을 하지 아니하거나 거짓으로 보고 또는 자료제출을 한 경우
고. 정당한 사유 없이 제31조에 따른 관계 공무원의 출입 또는 검사·조사를 거부·방해 또는 기피한 경우

**09** 소방시설 설치 및 관리에 관한 법령상 특정소방대상물이 증축되는 경우에 기존 부분에 대해서는 증축 당시의 소방시설의 설치에 관한 대통령령 또는 화재안전기준을 적용하지 아니하는 경우가 있다. 이 경우에 해당하지 않는 것은?

① 기존 부분과 증축 부분이 갑종 방화문으로 구획되어 있는 경우
② 기존 부분과 증축 부분이 국토교통부장관이 정하는 기준에 적합한 자동방화셔터로 구획되어 있는 경우
③ 자동차 생산공장 내부에 연면적 50제곱미터의 직원 휴게실을 증축하는 경우
④ 자동차 생산공장에 3면 이상에 벽이 없는 구조의 캐노피를 설치하는 경우

**해설** **소방시설 기준 적용의 특례기준**
① 대통령령 또는 화재안전기준이 변경되어 그 기준이 강화되는 경우
  ㉠ 원칙 : 기존의 특정소방대상물(건축물의 신축·개축·재축·이전 및 대수선 중인 특정소방대상물을 포함한다)의 소방시설에 대하여는 변경 전의 대통령령 또는 화재안전기준을 적용한다.
  ㉡ 예외 : 다음의 경우 강화된 기준을 적용한다.
    1. 다음 각 목의 소방시설 중 대통령령 또는 화재안전기준으로 정하는 것
      가. 소화기구
      나. 비상경보설비
      다. 자동화재탐지설비
      라. 자동화재속보설비
      마. 피난구조설비
    2. 다음 각 목의 특정소방대상물에 설치하는 소방시설 중 대통령령 또는 화재안전기준으로 정하는 것
      가. 「국토의 계획 및 이용에 관한 법률」 제2조제9호에 따른 공동구
      나. 전력 및 통신사업용 지하구
      다. 노유자(老幼者) 시설
      라. 의료시설

> 시행령 제13조(강화된 소방시설기준의 적용대상)
> 법 제13조제1항제2호 각 목 외의 부분에서 "대통령령으로 정하는 것"이란 다음 각 호의 소방시설을 말한다.
> 1. 「국토의 계획 및 이용에 관한 법률」 제2조제9호에 따른 공동구에 설치하는 소화기, 자동소화장치, 자동화재탐지설비, 통합감시시설, 유도등 및 연소방지설비
> 2. 전력 및 통신사업용 지하구에 설치하는 소화기, 자동소화장치, 자동화재탐지설비, 통합감시시설, 유도등 및 연소방지설비
> 3. 노유자 시설에 설치하는 간이스프링클러설비, 자동화재탐지설비 및 단독경보형 감지기
> 4. 의료시설에 설치하는 스프링클러설비, 간이스프링클러설비, 자동화재탐지설비 및 자동화재속보설비

② 증축되는 경우
  ㉠ 원칙 : 소방본부장이나 소방서장은 기존의 특정소방대상물이 증축되는 경우에는 대통령령으로 정하는 바에 따라 증축 당시의 소방시설의 설치에 관한 대통령령 또는 화재안전기준을 적용한다.
  ㉡ 예외 : 다음의 경우 기존부분에 대하여는 증축당시의 기준을 적용하지 아니한다.
    1. 기존 부분과 증축 부분이 내화구조(耐火構造)로 된 바닥과 벽으로 구획된 경우
    2. 기존 부분과 증축 부분이 「건축법 시행령」 제46조제1항제2호에 따른 자동방화셔터(이하 "자동방화셔터"라 한다) 또는 같은 영 제64조제1항제1호에 따른 60분+ 방화문(이하 "60분+ 방화문"이라 한다)으로 구획되어 있는 경우

정답 09.③

3. 자동차 생산공장 등 화재 위험이 낮은 특정소방대상물 내부에 연면적 33제곱미터 이하의 직원 휴게실을 증축하는 경우
4. 자동차 생산공장 등 화재 위험이 낮은 특정소방대상물에 캐노피(기둥으로 받치거나 매달아 놓은 덮개를 말하며, 3면 이상에 벽이 없는 구조의 것을 말한다)를 설치하는 경우
③ 용도가 변경되는 경우
  ㉠ 원칙 : 소방본부장이나 소방서장은 기존의 특정소방대상물이 용도가 변경되는 경우에는 대통령령으로 정하는바에 따라 용도변경당시의 소방시설의 설치에 관한 대통령령 또는 화재안전기준을 적용한다.
  ㉡ 예외 : 다음의 경우 전체부분에 대하여는 용도변경당시의 기준을 적용하지 아니한다.[전체 그대로 둔다]
    1. 특정소방대상물의 구조·설비가 화재연소 확대 요인이 적어지거나 피난 또는 화재진압활동이 쉬워지도록 변경되는 경우
    2. 용도변경으로 인하여 천장·바닥·벽 등에 고정되어 있는 가연성 물질의 양이 줄어드는 경우

**10** 소방시설 설치 및 관리에 관한 법령상 임시소방시설에 해당하지 않는 것은?

① 비상경보장치  ② 간이완강기
③ 간이소화장치  ④ 간이피난유도선

**해설** **임시소방시설의 종류**
가. 소화기
나. 간이소화장치 : 물을 방사(放射)하여 화재를 진화할 수 있는 장치로서 소방청장이 정하는 성능을 갖추고 있을 것
다. 비상경보장치 : 화재가 발생한 경우 주변에 있는 작업자에게 화재사실을 알릴 수 있는 장치로서 소방청장이 정하는 성능을 갖추고 있을 것
라. 가스누설경보기 : 가연성 가스가 누설되거나 발생된 경우 이를 탐지하여 경보하는 장치로서 법 제37조에 따른 형식승인 및 제품검사를 받은 것
마. 간이피난유도선 : 화재가 발생한 경우 피난구 방향을 안내할 수 있는 장치로서 소방청장이 정하는 성능을 갖추고 있을 것
바. 비상조명등 : 화재가 발생한 경우 안전하고 원활한 피난활동을 할 수 있도록 자동 점등되는 조명장치로서 소방청장이 정하는 성능을 갖추고 있을 것
사. 방화포 : 용접·용단 등의 작업 시 발생하는 불티로부터 가연물이 점화되는 것을 방지해주는 천 또는 불연성 물품으로서 소방청장이 정하는 성능을 갖추고 있을 것

**11** 화재의 예방 및 안전관리에 관한 법령상 1급 소방안전관리대상물에 해당하는 것은? (단, 「공공기관의 소방안전관리에 관한 규정」을 적용받는 특정소방대상물은 제외함)

① 지하구
② 철강 등 불연성 물품을 저장·취급하는 창고
③ 층수가 10층이고 연면적이 1만5천제곱미터인 판매시설
④ 층수가 20층이고 지상으로부터 높이가 60미터인 아파트

**해설** **소방안전관리자를 두어야 하는 특정소방대상물의 분류**
1. 특급 소방안전관리대상물
  가. 특급 소방안전관리대상물의 범위
    「소방시설 설치 및 관리에 관한 법률 시행령」 별표 2의 특정소방대상물 중 다음의 어느 하나에 해당하는 것
    1) 50층 이상(지하층은 제외한다)이거나 지상으로부터 높이가 200미터 이상인 아파트
    2) 30층 이상(지하층을 포함한다)이거나 지상으로부터 높이가 120미터 이상인 특정소방대상물(아파트는 제외한다)
    3) 2)에 해당하지 않는 특정소방대상물로서 연면적이 10만제곱미터 이상인 특정소방대상물(아파트는 제외한다)
2. 1급 소방안전관리대상물
  가. 1급 소방안전관리대상물의 범위
    「소방시설 설치 및 관리에 관한 법률 시행령」 별표 2의 특정소방대상물 중 다음의 어느 하나에 해당하는 것(제1호에 따른 특급 소방안전관리대상물은 제외한다)
    1) 30층 이상(지하층은 제외한다)이거나 지상으로부터 높이가 120미터 이상인 아파트
    2) 연면적 1만5천제곱미터 이상인 특정소방대상물(아파트 및 연립주택은 제외한다)
    3) 2)에 해당하지 않는 특정소방대상물로서 지상층의 층수가 11층 이상인 특정소방대상물(아파트는 제외한다)

4) 가연성 가스를 1천톤 이상 저장·취급하는 시설
3. 2급 소방안전관리대상물
   가. 2급 소방안전관리대상물의 범위
   「소방시설 설치 및 관리에 관한 법률 시행령」 별표 2의 특정소방대상물 중 다음의 어느 하나에 해당하는 것(제1호에 따른 특급 소방안전관리대상물 및 제2호에 따른 1급 소방안전관리대상물은 제외한다)
      1) 「소방시설 설치 및 관리에 관한 법률 시행령」 별표 4 제1호다목에 따라 옥내소화전설비를 설치해야 하는 특정소방대상물, 같은 호 라목에 따라 스프링클러설비를 설치해야 하는 특정소방대상물 또는 같은 호 바목에 따라 물분무등소화설비[화재안전기준에 따라 호스릴(hose reel) 방식의 물분무등소화설비만을 설치할 수 있는 특정소방대상물은 제외한다]를 설치해야 하는 특정소방대상물
      2) 가스 제조설비를 갖추고 도시가스사업의 허가를 받아야 하는 시설 또는 가연성 가스를 100톤 이상 1천톤 미만 저장·취급하는 시설
      3) 지하구
      4) 「공동주택관리법」 제2조제1항제2호의 어느 하나에 해당하는 공동주택(「소방시설 설치 및 관리에 관한 법률 시행령」 별표 4 제1호다목 또는 라목에 따른 옥내소화전설비 또는 스프링클러설비가 설치된 공동주택으로 한정한다)
      5) 문화유산 중 「문화유산의 보존 및 활용에 관한 법률」 제23조에 따라 보물 또는 국보로 지정된 목조건축물
4. 3급 소방안전관리대상물
   가. 3급 소방안전관리대상물의 범위
   「소방시설 설치 및 관리에 관한 법률 시행령」 별표 2의 특정소방대상물 중 다음의 어느 하나에 해당하는 것(제1호에 따른 특급 소방안전관리대상물, 제2호에 따른 1급 소방안전관리대상물 및 제3호에 따른 2급 소방안전관리대상물은 제외한다)
      1) 「소방시설 설치 및 관리에 관한 법률 시행령」 별표 4 제1호마목에 따라 간이스프링클러설비(주택전용 간이스프링클러설비는 제외한다)를 설치해야 하는 특정소방대상물
      2) 「소방시설 설치 및 관리에 관한 법률 시행령」 별표 4 제2호다목에 따른 자동화재탐지설비를 설치해야 하는 특정소방대상물

**12** 소방시설 설치 및 관리에 관한 법령에 대한 설명으로 옳은 것은?

① 시·도지사는 소방시설관리업등록증(등록수첩) 재교부신청서를 제출받은 때에는 3일이내에 소방시설관리업등록증 또는 등록수첩을 재교부하여야 한다.
② 소방시설관리업자가 소방시설관리업을 휴·폐업한 때에는 3일 이내에 소재지를 관할하는 소방서장에게 그 소방시설관리업등록증 및 등록수첩을 반납하여야 한다.
③ 시·도지사는 소방시설관리업자로부터 소방시설관리업등록사항 변경신고를 받은 때에는 7일 이내에 소방시설관리업등록증 및 등록수첩을 새로 교부하여야 한다.
④ 피성년후견인이 금고 이상의 형의 집행유예를 선고받고 그 유예기간이 종료된 경우에는 소방시설관리업의 등록을 할 수 있다.

**해설**
① 분실, 훼손 시 재교부 3일 이내 교부
※ 최초 등록 시 15일 이내 발급(서류보완 10일)
※ 변경 신고 시 5일(타 시·도 7일) 이내 교부
※ 지위승계 신고 시 10일 이내 교부
② 소방시설관리업자가 소방시설관리업을 휴·폐업한 때에는 3일 이내에 소재지를 관할하는 소방서장에게 그 소방시설관리업등록증 및 등록수첩을 반납하여야 한다. → 시·도지사
③ 시·도지사는 소방시설관리업자로부터 소방시설관리업등록사항 변경신고를 받은 때에는 7일 이내에 소방시설관리업등록증 및 등록수첩을 새로 교부하여야 한다. → 5일 이내(타 시·도 7일)
④ 피성년후견인이 금고 이상의 형의 집행유예를 선고받고 그 유예기간이 종료된 경우에는 소방시설관리업의 등록을 할 수 있다. → 피성년후견인 ×

정답 12.①

**13** 소방시설 설치 및 관리에 관한 법령상 특정소방대상물의 설명으로 옳지 않은 것은?

① 의원은 근린생활시설이다.
② 보건소는 업무시설이다.
③ 요양병원은 의료시설이다.
④ 동물원은 동물 및 식물 관련 시설이다.

**해설** • 동물원 : 문화 및 집회시설

**14** 소방시설 설치 및 관리에 관한 법령상 주택용 소방시설을 설치하여야 하는 대상을 모두 고른 것은?

> ㉠ 다중주택
> ㉡ 다가구주택
> ㉢ 연립주택
> ㉣ 기숙사

① ㉠, ㉣
② ㉡, ㉣
③ ㉠, ㉡, ㉢
④ ㉡, ㉢, ㉣

**해설** 소방시설법 제10조(주택에 설치하는 소방시설)
① 다음 각 호의 주택의 소유자는 대통령령으로 정하는 소방시설을 설치하여야 한다.
  1. 「건축법」 제2조제2항제1호의 단독주택
  2. 「건축법」 제2조제2항제2호의 공동주택(아파트 및 기숙사는 제외한다)
② 국가 및 지방자치단체는 제1항에 따라 주택에 설치하여야 하는 소방시설(이하 "주택용 소방시설"이라 한다)의 설치 및 국민의 자율적인 안전관리를 촉진하기 위하여 필요한 시책을 마련하여야 한다.
③ 주택용 소방시설의 설치기준 및 자율적인 안전관리 등에 관한 사항은 특별시·광역시·특별자치시·도 또는 특별자치도의 조례로 정한다.

[건축법 시행령 별표7 용도별 건축물의 종류]
1. 단독주택(단독주택, 다중주택, 다가구주택, 공관)
2. 공동주택(아파트, 연립주택, 아파트, 다세대주택, 기숙사)

**15** 소방시설 설치 및 관리에 관한 법령상 무선통신보조설비를 설치하여야 하는 특정소방대상물에 해당하지 않는 것은? (단, 위험물 저장 및 처리 시설 중 가스시설은 제외함)

① 공동구
② 지하가(터널은 제외)로서 연면적 1천[$m^2$] 이상인 것
③ 층수가 30층 이상인 것으로서 11층 이상 부분의 모든 층
④ 지하층의 층수가 3층 이상이고 지하층의 바닥면적의 합계가 1천[$m^2$] 이상인 것은 지하층의 모든 층

**해설** 무선통신보조설비를 설치하여야 하는 특정소방대상물
무선통신보조설비를 설치하여야 하는 특정소방대상물(위험물 저장 및 처리 시설 중 가스시설은 제외한다)은 다음의 어느 하나와 같다.
㉠ 지하가(터널은 제외한다)로서 연면적 1천[$m^2$] 이상인 것
㉡ 지하층의 바닥면적의 합계가 3천[$m^2$] 이상인 것 또는 지하층의 층수가 3층 이상이고 지하층의 바닥면적의 합계가 1천[$m^2$] 이상인 것은 지하층의 모든 층
㉢ 지하가 중 터널로서 길이가 500[m] 이상인 것
㉣ 「국토의 계획 및 이용에 관한 법률」 제2조제9호에 따른 공동구
㉤ 층수가 30층 이상인 것으로서 16층 이상 부분의 모든 층

**16** 소방시설 설치 및 관리에 관한 법령상 우수품질 제품에 대한 인증 및 지원에 관한 설명으로 옳은 것은?

① 우수품질인증을 받으려는 자는 대통령령으로 정하는 바에 따라 시·도지사에게 신청하여야 한다.
② 우수품질인증을 받은 소방용품에는 KS인증 표시를 한다.
③ 우수품질인증의 유효기간은 5년의 범위에서 행정안전부령으로 정한다.
④ 중앙행정기관은 건축물의 신축으로 소방용품을 신규 비치하여야 하는 경우 우수품질인증 소방용품을 반드시 구매·사용해야 한다.

정답 13.④ 14.③ 15.③ 16.③

**해설** **소방시설법 제43조(우수품질 제품에 대한 인증)**
① 소방청장은 제37조에 따른 형식승인의 대상이 되는 소방용품 중 품질이 우수하다고 인정하는 소방용품에 대하여 인증(이하 "우수품질인증"이라 한다)을 할 수 있다.
② 우수품질인증을 받으려는 자는 행정안전부령으로 정하는 바에 따라 소방청장에게 신청하여야 한다.
③ 우수품질인증을 받은 소방용품에는 우수품질인증 표시를 할 수 있다.
④ 우수품질인증의 유효기간은 5년의 범위에서 행정안전부령으로 정한다.
⑤ 소방청장은 다음 각 호의 어느 하나에 해당하는 경우에는 우수품질인증을 취소할 수 있다. 다만, 제1호에 해당하는 경우에는 우수품질인증을 취소하여야 한다.
  1. 거짓이나 그 밖의 부정한 방법으로 우수품질인증을 받은 경우
  2. 우수품질인증을 받은 제품이 「발명진흥법」 제2조 제4호에 따른 산업재산권 등 타인의 권리를 침해하였다고 판단되는 경우
⑥ 제1항부터 제5항까지에서 규정한 사항 외에 우수품질인증을 위한 기술기준, 제품의 품질관리 평가, 우수품질인증의 갱신, 수수료, 인증표시 등 우수품질인증에 관하여 필요한 사항은 행정안전부령으로 정한다.

**17** 화재의 예방 및 안전관리에 관한 법령상 소방본부장이 화재안전조사위원회의 위원으로 임명하거나 위촉할 수 없는 사람은?

① 소방기술사
② 소방 관련 분야의 석사학위 이상을 취득한 사람
③ 과장급 직위 이상의 소방공무원
④ 소방공무원 교육기관에서 소방과 관련한 연구에 3년 이상 종사한 사람

**해설** ④ 소방공무원 교육기관에서 소방과 관련한 연구에 3년 이상 종사한 사람 → 5년

**화재예방법 제9조(화재안전조사단 편성·운영)**
① 소방관서장은 화재안전조사를 효율적으로 수행하기 위하여 대통령령으로 정하는 바에 따라 소방청에는 중앙화재안전조사단을, 소방본부 및 소방서에는 지방화재안전조사단을 편성하여 운영할 수 있다.

**시행령 제10조(화재안전조사단 편성·운영)**
① 법 제9조제1항에 따른 중앙화재안전조사단 및 지방화재안전조사단(이하 "조사단"이라 한다)은 각각 단장을 포함하여 50명 이내의 단원으로 성별을 고려하여 구성한다.
② 조사단의 단원은 다음 각 호의 어느 하나에 해당하는 사람 중에서 소방관서장이 임명하거나 위촉하고, 단장은 단원 중에서 소방관서장이 임명하거나 위촉한다.
  1. 소방공무원
  2. 소방업무와 관련된 단체 또는 연구기관 등의 임직원
  3. 소방 관련 분야에서 전문적인 지식이나 경험이 풍부한 사람
② 소방관서장은 제1항에 따른 중앙화재안전조사단 및 지방화재안전조사단의 업무 수행을 위하여 필요한 경우에는 관계 기관의 장에게 그 소속 공무원 또는 직원의 파견을 요청할 수 있다. 이 경우 공무원 또는 직원의 파견 요청을 받은 관계 기관의 장은 특별한 사유가 없으면 이에 협조하여야 한다.

**제10조(화재안전조사위원회 구성·운영)**
① 소방관서장은 화재안전조사의 대상을 객관적이고 공정하게 선정하기 위하여 필요한 경우 화재안전조사위원회를 구성하여 화재안전조사의 대상을 선정할 수 있다.
② 화재안전조사위원회의 구성·운영 등에 필요한 사항은 대통령령으로 정한다.

**시행령 제11조(화재안전조사위원회의 구성·운영 등)**
① 법 제10조제1항에 따른 화재안전조사위원회(이하 "위원회"라 한다)는 위원장 1명을 포함하여 7명 이내의 위원으로 성별을 고려하여 구성한다.
② 위원회의 위원장은 소방관서장이 된다.
③ 위원회의 위원은 다음 각 호의 어느 하나에 해당하는 사람 중에서 소방관서장이 임명하거나 위촉한다.
  1. 과장급 직위 이상의 소방공무원
  2. 소방기술사
  3. 소방시설관리사
  4. 소방 관련 분야의 석사 이상 학위를 취득한 사람
  5. 소방 관련 법인 또는 단체에서 소방 관련 업무에 5년 이상 종사한 사람
  6. 「소방공무원 교육훈련규정」 제3조제2항에 따른 소방공무원 교육훈련기관, 「고등교육법」 제2조의 학교 또는 연구소에서 소방과 관련한 교육 또는 연구에 5년 이상 종사한 사람

④ 위촉위원의 임기는 2년으로 하며, 한 차례만 연임할 수 있다.
⑤ 소방관서장은 위원회의 위원이 다음 각 호의 어느 하나에 해당하는 경우에는 해당 위원을 해임하거나 해촉(解囑)할 수 있다.
  1. 심신장애로 직무를 수행할 수 없게 된 경우
  2. 직무와 관련된 비위사실이 있는 경우
  3. 직무태만, 품위손상이나 그 밖의 사유로 위원으로 적합하지 않다고 인정되는 경우
  4. 제12조제1항 각 호의 어느 하나에 해당함에도 불구하고 회피하지 않은 경우
  5. 위원 스스로 직무를 수행하기 어렵다는 의사를 밝히는 경우
⑥ 위원회에 출석한 위원에게는 예산의 범위에서 수당, 여비, 그 밖에 필요한 경비를 지급할 수 있다. 다만, 공무원인 위원이 소관 업무와 직접 관련하여 위원회에 출석하는 경우에는 그렇지 않다.

**시행령 제12조(위원의 제척・기피・회피)**
① 위원회의 위원이 다음 각 호의 어느 하나에 해당하는 경우에는 위원회의 심의・의결에서 제척(除斥)된다.
  1. 위원, 그 배우자나 배우자였던 사람 또는 위원의 친족이거나 친족이었던 사람이 다음 각 목의 어느 하나에 해당하는 경우
    가. 해당 소방대상물의 관계인이거나 그 관계인과 공동권리자 또는 공동의무자인 경우
    나. 해당 소방대상물의 설계, 공사, 감리 또는 자체점검 등을 수행한 경우
    다. 해당 소방대상물에 대하여 제7조 각 호의 업무를 수행한 경우 등 소방대상물과 직접적인 이해관계가 있는 경우
  2. 위원이 해당 소방대상물에 관하여 자문, 연구, 용역(하도급을 포함한다), 감정 또는 조사를 한 경우
  3. 위원이 임원 또는 직원으로 재직하고 있거나 최근 3년 내에 재직하였던 기업 등이 해당 소방대상물에 관하여 자문, 연구, 용역(하도급을 포함한다), 감정 또는 조사를 한 경우
② 당사자는 제1항에 따른 제척사유가 있거나 위원에게 공정한 심의・의결을 기대하기 어려운 사정이 있는 경우에는 위원회에 기피 신청을 할 수 있고, 위원회는 의결로 기피 여부를 결정한다. 이 경우 기피 신청의 대상인 위원은 그 의결에 참여하지 못한다.
③ 위원이 제1항 또는 제2항의 사유에 해당하는 경우에는 스스로 해당 안건의 심의・의결에서 회피(回避)해야 한다.

**시행령 제13조(위원회 운영 세칙)**
제11조 및 제12조에서 규정한 사항 외에 위원회의 구성 및 운영에 필요한 사항은 소방청장이 정한다.

**제11조(화재안전조사 전문가 참여)**
① 소방관서장은 필요한 경우에는 소방기술사, 소방시설관리사, 그 밖에 화재안전 분야에 전문지식을 갖춘 사람을 화재안전조사에 참여하게 할 수 있다.
② 제1항에 따라 조사에 참여하는 외부 전문가에게는 예산의 범위에서 수당, 여비, 그 밖에 필요한 경비를 지급할 수 있다.

**18** 위험물안전관리법령상 허가를 받지 아니하고 지정수량 이상의 위험물을 저장 또는 취급하는 자에 대한 조치명령에 관한 설명으로 옳은 것은?

① 소방서장은 수산용으로 필요한 난방시설을 위한 지정수량 20배의 저장소를 설치한 자에 대하여 제거 등 필요한 조치를 명할 수 있다.
② 소방본부장은 주택의 난방시설(공동주택의 중앙난방시설은 제외한다)을 위한 취급소를 설치한 자에 대하여 제거 등 필요한 조치를 명할 수 있다.
③ 시・도지사는 축산용으로 필요한 난방시설을 위한 지정수량 20배의 저장소를 설치한 자에 대하여 제거 등 필요한 조치를 명할 수 있다.
④ 소방서장은 농예용으로 필요한 건조시설을 위한 지정수량 30배의 저장소를 설치한 자에 대하여 제거 등 필요한 조치를 명할 수 있다.

**해설** 위험물시설의 설치 및 변경
㉠ 제조소등을 설치하고자 하는 자는 시・도지사의 허가를 받아야 한다.
㉡ 제조소등의 위치, 구조 또는 설비를 변경하고자 하는 자는 시・도지사의 허가를 받아야 한다.
㉢ 취급하는 위험물의 품명, 수량 또는 지정수량의 배수를 변경하고자 하는 자는 변경하고자 하는 날의 1일 전까지 시・도지사에게 신고하여야 한다.
㉣ 제조소등이 아닌 경우에 허가를 받지 아니하고 당해 제조소 등을 설치하거나 그 위치 구조 또는 설비를 변경

정답 18.④

할 수 있는 경우, 신고를 하지 아니하고 위험물의 품명, 수량 또는 지정수량의 배수를 변경할 수 있는 경우
ⓐ 주택의 난방시설(공동주택의 중앙난방시설을 제외한다)을 위한 저장소 또는 취급소
ⓑ 농예용·축산용 또는 수산용으로 필요한 난방시설 또는 건조시설을 위한 지정수량 20배 이하의 저장소

**19** 위험물안전관리법령상 기계에 의하여 하역하는 구조로 된 운반용기에 대한 수납기준으로 옳은 것은?

① 금속제의 운반용기는 3년 6개월 이내에 실시한 운반용기의 외부의 점검 및 7년 이내의 사이에 실시한 운반용기의 내부의 점검에서 누설 등 이상이 없을 것
② 경질플라스틱제의 운반용기에 액체위험물을 수납하는 경우에는 당해 운반용기는 제조된 때로부터 7년 이내의 것으로 할 것
③ 플라스틱내용기 부착의 운반용기에 있어서는 3년 6개월 이내에 실시한 기밀시험에서 누설 등 이상이 없을 것
④ 금속제의 운반용기에 액체위험물을 수납하는 경우에는 55[℃]의 온도에서 증기압이 130[kPa] 이하가 되도록 수납할 것

**해설** 위험물안전관리법 시행규칙 별표 19 [위험물의 운반에 관한 기준 중]
기계에 의하여 하역하는 구조로 된 운반용기에 대한 수납은 제1호(다목을 제외한다)의 규정을 준용하는 외에 다음 각목의 기준에 따라야 한다(중요기준).
가. 다음의 규정에 의한 요건에 적합한 운반용기에 수납할 것
  1) 부식, 손상 등 이상이 없을 것
  2) 금속제의 운반용기, 경질플라스틱제의 운반용기 또는 플라스틱내용기 부착의 운반용기에 있어서는 다음에 정하는 시험 및 점검에서 누설 등 이상이 없을 것
    가) 2년 6개월 이내에 실시한 기밀시험(액체의 위험물 또는 10[kPa] 이상의 압력을 가하여 수납 또는 배출하는 고체의 위험물을 수납하는 운반용기에 한한다)
    나) 2년 6개월 이내에 실시한 운반용기의 외부의 점검·부속설비의 기능점검 및 5년 이내의 사이에 실시한 운반용기의 내부의 점검
나. 복수의 폐쇄장치가 연속하여 설치되어 있는 운반용기에 위험물을 수납하는 경우에는 용기본체에 가까운 폐쇄장치를 먼저 폐쇄할 것
다. 휘발유, 벤젠 그 밖의 정전기에 의한 재해가 발생할 우려가 있는 액체의 위험물을 운반용기에 수납 또는 배출할 때에는 당해 재해의 발생을 방지하기 위한 조치를 강구할 것
라. 온도변화 등에 의하여 액상이 되는 고체의 위험물은 액상으로 되었을 때 당해 위험물이 새지 아니하는 운반용기에 수납할 것
마. 액체위험물을 수납하는 경우에는 55[℃]의 온도에서의 증기압이 130[kPa] 이하가 되도록 수납할 것
바. 경질플라스틱제의 운반용기 또는 플라스틱내용기 부착의 운반용기에 액체위험물을 수납하는 경우에는 당해 운반용기는 제조된 때로부터 5년 이내의 것으로 할 것
사. 가목 내지 바목에 규정하는 것 외에 운반용기에의 수납에 관하여 필요한 사항은 소방청장이 정하여 고시한다.

**20** 위험물안전관리법령상 안전교육의 교육대상자와 교육시기의 연결이 옳지 않은 것은?

① 안전관리자 - 신규 종사 후 3년마다 1회
② 위험물운송자 - 신규 종사 후 3년마다 1회
③ 탱크시험자의 기술인력 - 신규 종사 후 6개월 이내
④ 위험물운송자가 되고자 하는 자 - 신규 종사 전

**해설** 안전교육의 과정·기간과 그 밖의 교육의 실시에 관한 사항 등(제78조제2항관련) [별표 24]
1. 교육과정·교육대상자·교육시간·교육시기 및 교육기관

| 교육과정 | 교육대상자 | 교육시간 | 교육시기 | 교육기관 |
|---|---|---|---|---|
| 강습교육 | 안전관리자가 되고자 하는 자 | 24시간 | 신규 종사 전 | 안전원 |
| | 위험물운송자가 되고자 하는 자 | 16시간 | | 안전원 |

| 실무교육 | 안전관리자 | 8시간 이내 | 신규 종사 후 2년마다 1회 | 안전원 |
|---|---|---|---|---|
| | 위험물운송자 | 8시간 이내 | 신규 종사 후 3년마다 1회 | 안전원 |
| | 탱크시험자의 기술인력 | 8시간 이내 | 가. 신규 종사 후 6개월 이내<br>나. 가목에 따른 교육을 받은 후 2년마다 1회 | 기술원 |

비고
1. 안전관리자 강습교육 및 위험물운송자 강습교육의 공통과목에 대하여 둘 중 어느 하나의 강습교육 과정에서 교육을 받은 경우에는 나머지 강습교육 과정에서도 교육을 받은 것으로 본다.
2. 안전관리자 실무교육 및 위험물운송자 실무교육의 공통과목에 대하여 둘 중 어느 하나의 실무교육 과정에서 교육을 받은 경우에는 나머지 실무교육 과정에서도 교육을 받은 것으로 본다.
3. 안전관리자 및 위험물운송자의 실무교육 시간 중 일부(4시간 이내)를 사이버교육의 방법으로 실시할 수 있다. 다만, 교육대상자가 사이버교육의 방법으로 수강하는 것에 동의하는 경우에 한정한다.

2. 교육계획의 공고 등
   가. 안전원의 원장은 강습교육을 하고자 하는 때에는 매년 1월 5일까지 일시, 장소, 그 밖에 강습의 실시에 관한 사항을 공고할 것
   나. 기술원 또는 안전원은 실무교육을 하고자 하는 때에는 교육실시 10일 전까지 교육대상자에게 그 내용을 통보할 것
3. 교육신청
   가. 강습교육을 받고자 하는 자는 안전원이 지정하는 교육일정 전에 교육수강을 신청할 것
   나. 실무교육 대상자는 교육일정 전까지 교육수강을 신청할 것
4. 교육일시 통보
   기술원 또는 안전원은 제3호에 따라 교육신청이 있는 때에는 교육실시 전까지 교육대상자에게 교육장소와 교육일시를 통보하여야 한다.
5. 기타
   기술원 또는 안전원은 교육대상자별 교육의 과목·시간, 강사의 자격, 교육의 신청, 교육수료증의 교부·재교부, 교육수료증의 기재사항, 교육수료자명부의 작성·보관 등 교육의 실시에 관하여 필요한 세부사항을 정하여 소방청장의 승인을 받아야 한다. 이 경우 안전관리자 강습교육 및 위험물운송자 강습교육의 과목에는 각 강습교육별로 다음 표에 정한 사항을 포함하여야 한다.

| 교육과정 | 교육기관 | |
|---|---|---|
| 안전관리자 강습교육 | • 제4류 위험물의 품명별 일반성질, 화재예방 및 소화의 방법 | • 연소 및 소화에 관한 기초이론<br>• 모든 위험물의 유별 공통성질과 화재예방 및 소화의 방법 |
| 위험물운송자 강습교육 | • 이동탱크저장소의 구조 및 설비작동법<br>• 위험물운송에 관한 안전기준 | • 위험물안전관리법령 및 위험물의 안전관리에 관계된 법령 |

**21** 위험물안전관리법령상 제1류 위험물의 지정수량으로 옳지 않은 것은?

① 과염소산염류 – 50킬로그램
② 브로민산염류 – 200킬로그램
③ 아이오딘산염류 – 300킬로그램
④ 다이크로뮴산염류 – 1,000킬로그램

**해설** 브로민산염류 – 300킬로그램

**22** 위험물안전관리법령상 위험물시설의 설치 및 변경 등에 관한 조문의 일부이다. ( )에 들어갈 말을 바르게 나열한 것은?

제조소등의 위치·구조 또는 설비의 변경없이 당해 제조소등에서 저장하거나 취급하는 위험물의 품명·수량 또는 지정수량의 배수를 변경하고자 하는 자는 변경하고나 하는 날의 ( ㉠ ) 전까지 ( ㉡ )이 정하는 바에 따라 ( ㉢ )에게 신고하여야 한다.

① ㉠ : 1일, ㉡ : 대통령령, ㉢ : 소방서장
② ㉠ : 1일, ㉡ : 행정안전부령, ㉢ : 시·도지사
③ ㉠ : 3일, ㉡ : 대통령령, ㉢ : 소방서장
④ ㉠ : 3일, ㉡ : 행정안전부령, ㉢ : 시·도지사

**해설** 위험물안전관리법 제6조(위험물시설의 설치 및 변경 등)
① 제조소등을 설치하고자 하는 자는 대통령령이 정하는 바에 따라 그 설치장소를 관할하는 특별시장·광역시장·특별자치시장·도지사 또는 특별자치도지사(이하 "시·도지사"라 한다)의 허가를 받아야 한다. 제조소등의 위치·구조 또는 설비 가운데 행정안전부령이 정하는 사항을 변경하고자 하는 때에도 또한 같다.

② 제조소등의 위치·구조 또는 설비의 변경없이 당해 제조소등에서 저장하거나 취급하는 위험물의 품명·수량 또는 지정수량의 배수를 변경하고자 하는 자는 변경하고자 하는 날의 1일 전까지 행정안전부령이 정하는 바에 따라 시·도지사에게 신고하여야 한다.

③ 제1항 및 제2항의 규정에 불구하고 다음 각 호의 어느 하나에 해당하는 제조소등의 경우에는 허가를 받지 아니하고 당해 제조소등을 설치하거나 그 위치·구조 또는 설비를 변경할 수 있으며, 신고를 하지 아니하고 위험물의 품명·수량 또는 지정수량의 배수를 변경할 수 있다.
1. 주택의 난방시설(공동주택의 중앙난방시설을 제외한다)을 위한 저장소 또는 취급소
2. 농예용·축산용 또는 수산용으로 필요한 난방시설 또는 건조시설을 위한 지정수량 20배 이하의 저장소

**23** 다중이용업소의 안전관리에 관한 특별법령상 화재를 예방하고 화재로 인한 생명·신체·재산상의 피해를 방지하기 위하여 필요하다고 인정하는 경우 화재위험평가를 할 수 있는 지역 또는 건축물에 해당하는 것은?

① 3천제곱미터 지역 안에 있는 다중이용업소가 40개 이상 밀집하여 있는 경우
② 하나의 건축물에 다중이용업소로 사용하는 영업장 바닥면적의 합계가 5백제곱미터 이상인 경우
③ 5층 이상인 건축물로서 다중이용업소가 10개 이상 있는 경우
④ 4천제곱미터 지역 안에 4층 이하인 건축물로서 다중이용업소가 20개 이상 밀집하여 있는 경우

**해설** 다중법 제15조(다중이용업소에 대한 화재위험평가 등)
① 소방청장, 소방본부장 또는 소방서장은 다음 각 호의 어느 하나에 해당하는 지역 또는 건축물에 대하여 화재를 예방하고 화재로 인한 생명·신체·재산상의 피해를 방지하기 위하여 필요하다고 인정하는 경우에는 화재위험평가를 할 수 있다.
1. 2천제곱미터 지역 안에 다중이용업소가 50개 이상 밀집하여 있는 경우
2. 5층 이상인 건축물로서 다중이용업소가 10개 이상 있는 경우
3. 하나의 건축물에 다중이용업소로 사용하는 영업장 바닥면적의 합계가 1천제곱미터 이상인 경우

② 소방청장, 소방본부장 또는 소방서장은 화재위험평가 결과 화재안전등급이 대통령령으로 정하는 기준 미만인 경우에는 해당 다중이용업주에게 「화재의 예방 및 안전관리에 관한 법률」 제14조에 따른 조치를 명할 수 있다.
③ 소방청장, 소방본부장 또는 소방서장은 제2항에 따른 명령으로 인하여 손실을 입은 자가 있으면 대통령령으로 정하는 바에 따라 이를 보상하여야 한다. 다만, 법령을 위반하여 건축되거나 설비된 다중이용업소에 대하여는 그러하지 아니하다.
④ 소방청장, 소방본부장 또는 소방서장은 화재안전등급이 대통령령으로 정하는 기준 이상인 다중이용업소에 대하여는 안전시설등의 일부를 설치하지 아니하게 할 수 있다.
⑤ 소방청장, 소방본부장 또는 소방서장은 화재위험평가를 제16조제1항에 따른 화재위험평가 대행자로 하여금 대행하게 할 수 있다.

**24** 다중이용업소의 안전관리에 관한 특별법령상 관련 행정기관의 통보사항에 관한 내용이다. ( )에 들어갈 말을 바르게 나열한 것은?

> 허가관청은 다중이용업주가 휴업 후 영업을 재개(再開)하였을 때에는 그 신고를 수리한 날부터 ( ㉠ ) 이내에 ( ㉡ )에게 통보하여야 한다.

① ㉠ : 14일, ㉡ : 시·도지사
② ㉠ : 30일, ㉡ : 시·도지사
③ ㉠ : 14일, ㉡ : 소방본부장 또는 소방서장
④ ㉠ : 30일, ㉡ : 소방본부장 또는 소방서장

**해설** 다중법 제7조(관련 행정기관의 통보사항)
① 다른 법률에 따라 다중이용업의 허가·인가·등록·신고수리(이하 "허가등"이라 한다)를 하는 행정기관(이하 "허가관청"이라 한다)은 허가등을 한 날부터 14일 이내에 행정안전부령으로 정하는 바에 따라 다중이용업소의 소재지를 관할하는 소방본부장 또는 소방서장에게 다음 각 호의 사항을 통보하여야 한다.
1. 다중이용업주의 성명 및 주소
2. 다중이용업소의 상호 및 주소
3. 다중이용업의 업종 및 영업장 면적

② 허가관청은 다중이용업주가 다음 각 호의 어느 하나에 해당하는 행위를 하였을 때에는 그 신고를 수리(受理)한 날부터 30일 이내에 소방본부장 또는 소방서장에게 통보하여야 한다.
1. 휴업·폐업 또는 휴업 후 영업의 재개(再開)
2. 영업 내용의 변경
3. 다중이용업주의 변경 또는 다중이용업주 주소의 변경
4. 다중이용업소 상호 또는 주소의 변경

**25** 다중이용업소의 안전관리에 관한 특별법령상 다중이용업소의 안전관리기본계획에 포함되어야 할 사항으로 옳지 않은 것은?

① 다중이용업소의 자율적인 안전관리 촉진에 관한 사항
② 다중이용업소의 화재안전에 관한 정보체계의 구축 및 관리
③ 다중이용업소의 적정한 유지·관리에 필요한 교육과 기술 연구·개발
④ 다중이용업주와 종업원에 대한 자체지도 계획

**해설** 다중법 제5조(안전관리기본계획의 수립·시행 등)
① 소방청장은 다중이용업소의 화재 등 재난이나 그 밖의 위급한 상황으로 인한 인적·물적 피해의 감소, 안전기준의 개발, 자율적인 안전관리능력의 향상, 화재배상책임보험제도의 정착 등을 위하여 5년마다 다중이용업소의 안전관리기본계획(이하 "기본계획"이라 한다)을 수립·시행하여야 한다.
② 기본계획에는 다음 각 호의 사항이 포함되어야 한다.
1. 다중이용업소의 안전관리에 관한 기본 방향
2. 다중이용업소의 자율적인 안전관리 촉진에 관한 사항
3. 다중이용업소의 화재안전에 관한 정보체계의 구축 및 관리
4. 다중이용업소의 안전 관련 법령 정비 등 제도 개선에 관한 사항
5. 다중이용업소의 적정한 유지·관리에 필요한 교육과 기술 연구·개발
5의2. 다중이용업소의 화재배상책임보험에 관한 기본 방향
5의3. 다중이용업소의 화재배상책임보험 가입관리전산망(이하 "책임보험전산망"이라 한다)의 구축·운영
5의4. 다중이용업소의 화재배상책임보험제도의 정비 및 개선에 관한 사항
6. 다중이용업소의 화재위험평가의 연구·개발에 관한 사항
7. 그 밖에 다중이용업소의 안전관리에 관하여 대통령령으로 정하는 사항
③ 소방청장은 기본계획에 따라 매년 연도별 안전관리계획(이하 "연도별계획"이라 한다)을 수립·시행하여야 한다.
④ 소방청장은 제1항 및 제3항에 따라 수립된 기본계획 및 연도별계획을 관계 중앙행정기관의 장과 특별시장·광역시장·도지사 또는 특별자치도지사(이하 "시·도지사"라 한다)에게 통보하여야 한다.
⑤ 소방청장은 기본계획 및 연도별계획을 수립하기 위하여 필요하면 관계 중앙행정기관의 장 및 시·도지사에게 관련된 자료의 제출을 요구할 수 있다. 이 경우 자료 제출을 요구받은 관계 중앙행정기관의 장 또는 시·도지사는 특별한 사유가 없으면 요구에 따라야 한다.

정답 25.④

# 2017 제17회 소방시설관리사 1차 필기 기출문제
[제3과목 : 소방관계법령]

**01** 소방기본법령상 소방청장이 수립·시행하는 종합계획에 포함되어야 하는 사항에 해당하지 않은 것은?

① 소방전문인력 양성
② 화재안전분야 국제경쟁력 향상
③ 소방업무의 교육 및 홍보
④ 소방기술의 연구·개발 및 보급

**해설** ② 화재안전분야 국제경쟁력 향상 → 기본계획 포함사항

[소방업무에 관한 종합계획의 수립, 시행 등]
㉠ 소방업무에 관한 종합계획 수립 시행 : 소방청장 (5년마다)
㉡ 종합계획 포함사항
　ⓐ 소방서비스의 질 향상을 위한 정책의 기본방향
　ⓑ 소방업무에 필요한 체계의 구축, 소방기술의 연구·개발 및 보급
　ⓒ 소방업무에 필요한 장비의 구비
　ⓓ 소방전문인력 양성
　ⓔ 소방업무에 필요한 기반조성
　ⓕ 소방업무의 교육 및 홍보(제21조에 따른 소방자동차의 우선 통행 등에 관한 홍보를 포함한다)
　ⓖ 그 밖에 소방업무의 효율적 수행을 위하여 필요한 사항으로서 대통령령으로 정하는 사항

　　◉ 대통령령으로 정하는 사항
　　　㉠ 재난·재해 환경 변화에 따른 소방업무에 필요한 대응 체계 마련
　　　㉡ 장애인, 노인, 임산부, 영유아 및 어린이 등 이동이 어려운 사람을 대상으로 한 소방활동에 필요한 조치

㉢ 세부계획 수립 시행 : 시·도지사(매년마다)
㉣ 소방청장은 소방업무의 체계적 수행을 위하여 필요한 경우 시·도지사가 제출한 세부계획의 보완 또는 수정을 요청할 수 있다.

㉤ 소방청장은 「소방기본법」(이하 "법"이라 한다) 제6조제1항에 따른 소방업무에 관한 종합계획을 관계 중앙행정기관의장과의 협의를 거쳐 계획 시행 전년도 10월 31일까지 수립하여야 한다.
㉥ 특별시장·광역시장·특별자치시장·도지사 또는 특별자치도지사는 법 제6조제4항에 따른 종합계획의 시행에 필요한 세부계획을 계획 시행 전년도 12월 31일까지 수립하여 소방청장에게 제출하여야 한다.

**02** 소방기본법령상 소방활동에 필요한 소방용수시설을 설치하고 유지·관리하여야 하는 자는? (단, 권한의 위임 등 기타 사항은 고려하지 않음)

① 소방본부장·소방서장
② 시장·군수
③ 시·도지사
④ 소방청장

**해설** 시·도지사는 소방활동에 필요한 소화전(消火栓)·급수탑(給水塔)·저수조(貯水槽)(이하 "소방용수시설"이라 한다)를 설치하고 유지·관리하여야 한다.

**03** 화재예방법상 명시적으로 규정하고 있는 화재경계지구의 지정 대상지역에 해당하지 않는 것은?

① 주택이 밀집한 지역
② 공장·창고가 밀집한 지역
③ 석유화학제품을 생산하는 공장이 있는 지역
④ 소방시설·소방용수시설 또는 소방출동로가 없는 지역

**해설** 화재예방법
① 시·도지사는 다음 각 호의 어느 하나에 해당하는 지역을 화재예방강화지구로 지정하여 관리할 수 있다.
　1. 시장지역

정답 01.② 02.③ 03.①

2. 공장·창고가 밀집한 지역
3. 목조건물이 밀집한 지역
4. 노후·불량건축물이 밀집한 지역
5. 위험물의 저장 및 처리 시설이 밀집한 지역
6. 석유화학제품을 생산하는 공장이 있는 지역
7. 「산업입지 및 개발에 관한 법률」 제2조제8호에 따른 산업단지
8. 소방시설·소방용수시설 또는 소방출동로가 없는 지역
9. 그 밖에 제1호부터 제8호까지에 준하는 지역으로서 소방관서장이 화재예방강화지구로 지정할 필요가 있다고 인정하는 지역

② 제1항에도 불구하고 시·도지사가 화재예방강화지구로 지정할 필요가 있는 지역을 화재예방강화지구로 지정하지 아니하는 경우 소방청장은 해당 시·도지사에게 해당 지역의 화재예방강화지구 지정을 요청할 수 있다.

③ 소방관서장은 대통령령으로 정하는 바에 따라 제1항에 따른 화재예방강화지구 안의 소방대상물의 위치·구조 및 설비 등에 대하여 화재안전조사를 연 1회 이상 실시해야 한다.

④ 소방관서장은 법 제18조제5항에 따라 화재예방강화지구 안의 관계인에 대하여 소방에 필요한 훈련 및 교육을 연 1회 이상 실시할 수 있다.

⑤ 소방관서장은 훈련 및 교육을 실시하려는 경우에는 화재예방강화지구 안의 관계인에게 훈련 또는 교육 10일 전까지 그 사실을 통보해야 한다.

⑥ 시·도지사는 법 제18조제6항에 따라 다음 각 호의 사항을 행정안전부령으로 정하는 화재예방강화지구 관리대장에 작성하고 관리해야 한다.
1. 화재예방강화지구의 지정 현황
2. 화재안전조사의 결과
3. 법 제18조제4항에 따른 소화기구, 소방용수시설 또는 그 밖에 소방에 필요한 설비(이하 "소방설비 등"이라 한다)의 설치(보수, 보강을 포함한다) 명령 현황
4. 법 제18조제5항에 따른 소방훈련 및 교육의 실시 현황
5. 그 밖에 화재예방 강화를 위하여 필요한 사항

## 04 화재예방법상 특수가연물의 저장 및 취급기준에 관한 설명으로 옳지 않은 것은?

① 살수설비를 설치하는 경우에는 쌓는 높이는 15[m] 이하가 되도록 할 것
② 발전용으로 저장하는 석탄·목탄류는 품명별로 구분하여 쌓을 것
③ 쌓는 부분(실내)의 바닥면적 사이는 1.2m 또는 쌓는 높이의 1/2 중 큰 값 이상으로 이격할 것
④ 특수가연물을 저장 또는 취급하는 장소에는 품명·최대수량 및 화기취급의 금지표지를 설치할 것

**해설** 특수가연물의 저장 취급기준
■ 화재의 예방 및 안전관리에 관한 법률 시행령 [별표 3]
특수가연물의 저장 및 취급 기준(제19조제2항 관련)
1. 특수가연물의 저장·취급 기준
   특수가연물은 다음 각 목의 기준에 따라 쌓아 저장해야 한다. 다만, 석탄·목탄류를 발전용(發電用)으로 저장하는 경우는 제외한다.
   가. 품명별로 구분하여 쌓을 것
   나. 다음의 기준에 맞게 쌓을 것

| 구분 | 살수설비를 설치하거나 방사능력 범위에 해당 특수가연물이 포함되도록 대형수동식소화기를 설치하는 경우 | 그 밖의 경우 |
|---|---|---|
| 높이 | 15미터 이하 | 10미터 이하 |
| 쌓는 부분의 바닥면적 | 200제곱미터(석탄·목탄류의 경우에는 300제곱미터) 이하 | 50제곱미터(석탄·목탄류의 경우에는 200제곱미터) 이하 |

다. 실외에 쌓아 저장하는 경우 쌓는 부분이 대지경계선, 도로 및 인접 건축물과 최소 6미터 이상 간격을 둘 것. 다만, 쌓는 높이보다 0.9미터 이상 높은 「건축법 시행령」 제2조제7호에 따른 내화구조(이하 "내화구조"라 한다) 벽체를 설치한 경우는 그렇지 않다.
라. 실내에 쌓아 저장하는 경우 주요구조부는 내화구조이면서 불연재료여야 하고, 다른 종류의 특수가연물과 같은 공간에 보관하지 않을 것. 다만, 내화구조의 벽으로 분리하는 경우는 그렇지 않다.

정답 04.②

마. 쌓는 부분 바닥면적의 사이는 실내의 경우 1.2미터 또는 쌓는 높이의 1/2 중 큰 값 이상으로 간격을 두어야 하며, 실외의 경우 3미터 또는 쌓는 높이 중 큰 값 이상으로 간격을 둘 것
2. 특수가연물 표지
  가. 특수가연물을 저장 또는 취급하는 장소에는 품명, 최대저장수량, 단위부피당 질량 또는 단위체적당 질량, 관리책임자 성명·직책, 연락처 및 화기취급의 금지표시가 포함된 특수가연물 표지를 설치해야 한다.
  나. 특수가연물 표지의 규격은 다음과 같다.
    1) 특수가연물 표지는 한 변의 길이가 0.3미터 이상, 다른 한 변의 길이가 0.6미터 이상인 직사각형으로 할 것
    2) 특수가연물 표지의 바탕은 흰색으로, 문자는 검은색으로 할 것. 다만, "화기엄금" 표시 부분은 제외한다.
    3) 특수가연물 표지 중 화기엄금 표시 부분의 바탕은 붉은색으로, 문자는 백색으로 할 것
  다. 특수가연물 표지는 특수가연물을 저장하거나 취급하는 장소 중 보기 쉬운 곳에 설치해야 한다.

**05** 소방시설공사업법령상 중급기술자 이상의 소방기술자(기계 및 전기분야) 배치기준으로 옳지 않은 것은?

① 호스릴 방식의 포소화설비가 설치되는 특정소방대상물의 공사 현장
② 아파트가 아닌 특정소방대상물로서 연면적 2만[$m^2$]인 공사 현장
③ 연면적 2만[$m^2$]인 아파트 공사 현장
④ 제연설비가 설치되는 특정소방대상물의 공사 현장

**해설** 소방기술자 배치기준

| 소방기술자의 배치기준 | 소방시설공사 현장의 기준 |
|---|---|
| 1. 행정안전부령으로 정하는 특급기술자인 소방기술자(기계분야 및 전기분야) | 가. 연면적 20만제곱미터 이상인 특정소방대상물의 공사 현장<br>나. 지하층을 포함한 층수가 40층 이상인 특정소방대상물의 공사 현장 |
| 2. 행정안전부령으로 정하는 고급기술자 이상의 소방기술자(기계분야 및 전기분야) | 가. 연면적 3만제곱미터 이상 20만제곱미터 미만인 특정소방대상물(아파트는 제외한다)의 공사 현장<br>나. 지하층을 포함한 층수가 16층 이상 40층 미만인 특정소방대상물의 공사 현장 |
| 3. 행정안전부령으로 정하는 중급기술자 이상의 소방기술자(기계분야 및 전기분야) | 가. 물분무등소화설비(호스릴 방식의 소화설비는 제외한다) 또는 제연설비가 설치되는 특정소방대상물의 공사 현장<br>나. 연면적 5천제곱미터 이상 3만제곱미터 미만인 특정소방대상물(아파트는 제외한다)의 공사 현장<br>다. 연면적 1만제곱미터 이상 20만제곱미터 미만인 아파트의 공사 현장 |
| 4. 행정안전부령으로 정하는 초급기술자 이상의 소방기술자(기계분야 및 전기분야) | 가. 연면적 1천제곱미터 이상 5천제곱미터 미만인 특정소방대상물(아파트는 제외한다)의 공사 현장<br>나. 연면적 1천제곱미터 이상 1만제곱미터 미만인 아파트의 공사 현장<br>다. 지하구(地下溝)의 공사 현장 |
| 5. 법 제28조에 따라 자격수첩을 발급받은 소방기술자 | 연면적 1천제곱미터 미만인 특정소방대상물의 공사 현장 |

**06** 소방시설 설치 및 관리에 관한 법령상 특정소방대상물에 대하여 관계인이 소방시설등을 정기적으로 자체점검할 때 소방시설별로 갖추어야 하는 점검 장비의 연결이 옳지 않은 것은?

① 포소화설비-헤드결합렌치
② 할로겐화합물 및 불활성기체 소화설비-절연저항계
③ 옥내소화전설비-차압계
④ 제연설비-폐쇄력측정기

**해설** 점검장비

| 소방시설 | 점검 장비 | 규격 |
|---|---|---|
| 모든 소방시설 | 방수압력측정계, 절연저항계(절연저항측정기), 전류전압측정계 | |
| 소화기구 | 저울 | |
| 옥내소화전설비<br>옥외소화전설비 | 소화전밸브압력계 | |

정답 05.① 06.③

| 스프링클러설비 포소화설비 | 헤드결합렌치(볼트, 너트, 나사 등을 죄거나 푸는 공구) | |
|---|---|---|
| 이산화탄소소화설비 분말소화설비 할론소화설비 할로겐화합물 및 불활성기체 소화설비 | 검량계, 기동관누설시험기, 그 밖에 소화약제의 저장량을 측정할 수 있는 점검기구 | |
| 자동화재탐지설비 시각경보기 | 열감지기시험기, 연(煙)감지기시험기, 공기주입시험기, 감지기시험기연결막대, 음량계 | |
| 누전경보기 | 누전계 | 누전전류 측정용 |
| 무선통신보조설비 | 무선기 | 통화시험용 |
| 제연설비 | 풍속풍압계, 폐쇄력측정기, 차압계(압력차 측정기) | |
| 통로유도등 비상조명등 | 조도계(밝기 측정기) | 최소눈금이 0.1럭스 이하인 것 |

**07** 소방시설공사업법령상 소방시설업자의 지위승계가 가능한 자에게 해당하는 것을 모두 고른 것은?

> ㉠ 소방시설업자가 사망한 경우 그 상속인
> ㉡ 소방시설업자가 그 영업을 양도한 경우 그 양수인
> ㉢ 법인인 소방시설업자가 다른 법인과 합병한 경우 합병 후 존속하는 법인이나 합병으로 설립되는 법인
> ㉣ 폐업신고로 소방시설업 등록이 말소된 후 6개월 이내에 다시 소방시설업을 등록한 자

① ㉠, ㉡, ㉢
② ㉠, ㉢, ㉣
③ ㉡, ㉢, ㉣
④ ㉠, ㉡, ㉢, ㉣

**해설** 공사업법 제7조(소방시설업자의 지위승계)
① 다음 각 호의 어느 하나에 해당하는 자는 소방시설업자의 지위를 승계한다.
  1. 소방시설업자가 사망한 경우 그 상속인
  2. 소방시설업자가 그 영업을 양도한 경우 그 양수인
  3. 법인인 소방시설업자가 다른 법인과 합병한 경우 합병 후 존속하는 법인이나 합병으로 설립되는 법인
  4. 제6조의2에 따른 폐업신고로 소방시설업 등록이 말소된 후 6개월 이내에 다시 제4조에 따라 소방시설업을 등록한 자

**08** 소방시설 설치 및 관리에 관한 법령상 소방시설 등의 자체점검 시 점검인력 배치기준 중 종합점검에서 점검인력 1단위가 하루동안 점검할 수 있는 특정소방대상물의 연면적($m^2$) 기준은?

① 7,000[$m^2$]
② 8,000[$m^2$]
③ 9,000[$m^2$]
④ 10,000[$m^2$]

**해설**
■ 점검인력 1단위가 하루 동안 점검할 수 있는 특정소방대상물의 연면적(이하 "점검한도 면적"이라 한다)은 다음 각 목과 같다.
  가. 종합점검 : 8,000$m^2$
  나. 작동점검 : 10,000$m^2$
■ 점검인력 1단위에 보조 기술인력을 1명씩 추가할 때마다 종합점검의 경우에는 2,000$m^2$, 작동점검의 경우에는 2,500$m^2$씩을 점검한도 면적에 더한다. 다만, 하루에 2개 이상의 특정소방대상물을 배치할 경우 1일 점검 한도면적은 특정소방대상물별로 투입된 점검인력에 따른 점검 한도면적의 평균값으로 적용하여 계산한다.

**09** 소방시설 설치 및 관리에 관한 법령상 소방시설 관리업의 등록 기준으로 옳지 않은 것은?

① 소방설비산업기사는 보조 기술인력 자격이 없다.
② 보조 기술인력은 소방설비기사 2명 이상이다.
③ 소방공무원으로 3년 이상 근무하고 소방시설 인정 자격수첩을 발급받은 사람은 보조기술 인력이 될 수 있다.
④ 주된 기술인력은 소방시설관리사 1명 이상이다.

**해설** 소방시설관리업의 등록기준(제36조제1항 관련) [별표 9]
1. 주된 기술인력 : 소방시설관리사 1명 이상
2. 보조 기술인력 : 다음의 어느 하나에 해당하는 사람 2명 이상. 다만, 나목부터 라목까지의 규정에 해당하는 사람은 「소방시설공사업법」 제28조제2항에 따른 소방기술 인정 자격수첩을 발급받은 사람이어야 한다.

정답 07.④ 08.② 09.①

가. 소방설비기사 또는 소방설비산업기사
나. 소방공무원으로 3년 이상 근무한 사람
다. 소방 관련 학과의 학사학위를 취득한 사람
라. 행정안전부령으로 정하는 소방기술과 관련된 자격·경력 및 학력이 있는 사람

### 소방시설관리업의 등록기준[24.12.1 이후 개정]

| | 기술인력 | 영업범위 |
|---|---|---|
| 전문 소방 시설 관리업 | 가. 주된 기술인력<br>　1) 소방시설관리사 자격을 취득한 후 소방 관련 실무경력이 5년 이상인 사람 1명 이상<br>　2) 소방시설관리사 자격을 취득한 후 소방 관련 실무경력이 3년 이상인 사람 1명 이상<br>나. 보조 기술인력<br>　1) 고급점검자 이상의 기술인력 : 2명 이상<br>　2) 중급점검자 이상의 기술력 : 2명 이상<br>　3) 초급점검자 이상의 기술력 : 2명 이상 | 모든 특정 소방대상물 |
| 일반 소방 시설 관리업 | 가. 주된 기술인력 : 소방시설관리사 자격을 취득한 후 소방 관련 실무경력이 1년 이상인 사람 1명 이상<br>나. 보조 기술인력<br>　1) 중급점검자 이상의 기술력 : 1명 이상<br>　2) 초급점검자 이상의 기술력 : 1명 이상 | 특정소방 대상물 중 「화재예방법 시행령」 별표4에 따른 1급, 2급, 3급 소방 안전관리대상물 |

**10** 화재의 예방 및 안전관리에 관한 법령상 연면적 126,000[m²]의 업무시설인 건축물에서 소방안전관리보조자를 최소 몇 명을 선임하여야 하는가?

① 5명　　② 6명
③ 8명　　④ 9명

$$\frac{126,000[m^2] - 15,000[m^2]}{15,000[m^2]} = 7.4$$
∴ 8명

**11** 소방시설 설치 및 관리에 관한 법령상 소방본부장이나 소방서장에게 건축허가 동의를 받아야 하는 건축물은?

① 연면적 150[m²]인 수련시설
② 주차장으로 사용되는 바닥면적 150[m²]인 층이 있는 주차시설
③ 연면적 50[m²]인 위험물 저장 및 처리시설
④ 연면적 250[m²]인 장애인 의료재활시설

■ **건축허가 동의 대상물의 범위(대통령령)**
1. 연면적(「건축법 시행령」 제119조제1항제4호에 따라 산정된 면적을 말한다. 이하 같다)이 400제곱미터 이상인 건축물이나 시설. 다만, 다음 각 목의 어느 하나에 해당하는 건축물이나 시설은 해당 목에서 정한 기준 이상인 건축물이나 시설로 한다.
　가. 「학교시설사업 촉진법」 제5조의2제1항에 따라 건축등을 하려는 학교시설: 100제곱미터
　나. 별표 2의 특정소방대상물 중 노유자(老幼者) 시설 및 수련시설 : 200제곱미터
　다. 「정신건강증진 및 정신질환자 복지서비스 지원에 관한 법률」 제3조제5호에 따른 정신의료기관(입원실이 없는 정신건강의학과 의원은 제외하며, 이하 "정신의료기관"이라 한다) : 300제곱미터
　라. 「장애인복지법」 제58조제1항제4호에 따른 장애인 의료재활시설(이하 "의료재활시설"이라 한다) : 300제곱미터
2. 지하층 또는 무창층이 있는 건축물로서 바닥면적이 150제곱미터(공연장의 경우에는 100제곱미터) 이상인 층이 있는 것
3. 차고·주차장 또는 주차 용도로 사용되는 시설로서 다음 각 목의 어느 하나에 해당하는 것
　가. 차고·주차장으로 사용되는 바닥면적이 200제곱미터 이상인 층이 있는 건축물이나 주차시설
　나. 승강기 등 기계장치에 의한 주차시설로서 자동차 20대 이상을 주차할 수 있는 시설
4. 층수(「건축법 시행령」 제119조제1항제9호에 따라 산정된 층수를 말한다. 이하 같다)가 6층 이상인 건축물
5. 항공기 격납고, 관망탑, 항공관제탑, 방송용 송수신탑
6. 별표 2의 특정소방대상물 중 의원(입원실이 있는 것으로 한정한다)·조산원·산후조리원, 위험물 저장 및 처리 시설, 발전시설 중 풍력발전소·전기저장시설, 지하구(地下溝)

정답　10.③　11.③

7. 제1호나목에 해당하지 않는 노유자 시설 중 다음 각 목의 어느 하나에 해당하는 시설. 다만, 가목2) 및 나목부터 바목까지의 시설 중「건축법 시행령」별표 1의 단독주택 또는 공동주택에 설치되는 시설은 제외한다.
    가. 별표 2 제9호가목에 따른 노인 관련 시설 중 다음의 어느 하나에 해당하는 시설
        1) 「노인복지법」제31조제1호에 따른 노인주거복지시설, 같은 조 제2호에 따른 노인의료복지시설 및 같은 조 제4호에 따른 재가노인복지시설
        2) 「노인복지법」제31조제7호에 따른 학대피해 노인 전용쉼터
    나. 「아동복지법」제52조에 따른 아동복지시설(아동상담소, 아동전용시설 및 지역아동센터는 제외한다)
    다. 「장애인복지법」제58조제1항제1호에 따른 장애인 거주시설
    라. 정신질환자 관련 시설(「정신건강증진 및 정신질환자 복지서비스 지원에 관한 법률」제27조제1항제2호에 따른 공동생활가정을 제외한 재활훈련시설과 같은 법 시행령 제16조제3호에 따른 종합시설 중 24시간 주거를 제공하지 않는 시설은 제외한다)
    마. 별표 2 제9호마목에 따른 노숙인 관련 시설 중 노숙인자활시설, 노숙인재활시설 및 노숙인요양시설
    바. 결핵환자나 한센인이 24시간 생활하는 노유자 시설
8. 「의료법」제3조제2항제3호라목에 따른 요양병원(이하 "요양병원"이라 한다). 다만, 의료재활시설은 제외한다.
9. 별표 2의 특정소방대상물 중 공장 또는 창고시설로서「화재의 예방 및 안전관리에 관한 법률 시행령」별표 2에서 정하는 수량의 750배 이상의 특수가연물을 저장·취급하는 것
10. 별표 2 제17호나목에 따른 가스시설로서 지상에 노출된 탱크의 저장용량의 합계가 100톤 이상인 것

**12** 소방시설 설치 및 관리에 관한 법령상 방염성능검사 결과가 방염 성능기준에 부합하지 않는 것은?

① 탄화한 길이는 22[cm]이었다.
② 버너의 불꽃을 제거한 때부터 불꽃을 올리며 연소하는 상태가 그칠 때까지 시간이 18초이었다.
③ 버너의 불꽃을 제거한 때부터 불꽃을 올리지 아니하고 연소하는 상태가 그칠 때까지 시간이 27초이었다.
④ 탄화한 면적은 45[$cm^2$]이었다.

**해설** 방염성능기준(대통령령)
1. 버너의 불꽃을 제거한 때부터 불꽃을 올리며 연소하는 상태가 그칠 때까지 시간은 20초 이내일 것 [잔염시간 : 20초 이내]
2. 버너의 불꽃을 제거한 때부터 불꽃을 올리지 아니하고 연소하는 상태가 그칠 때까지 시간은 30초 이내일 것 [잔진시간 : 30초 이내]
3. 탄화(炭化)한 면적은 50제곱센티미터 이내, 탄화한 길이는 20센티미터 이내일 것
4. 불꽃에 의하여 완전히 녹을 때까지 불꽃의 접촉 횟수는 3회 이상일 것
5. 소방청장이 정하여 고시한 방법으로 발연량(發煙量)을 측정하는 경우 최대연기밀도는 400 이하일 것

**13** 소방시설 설치 및 관리에 관한 법령상 1년 이하의 징역 또는 1천만원 이하의 벌금에 처할 수 있는 것은?

① 화재안전조사를 정당한 사유 없이 거부·방해한 자
② 관리업의 등록증을 다른 자에게 빌려준 관리업자
③ 소방안전관리자를 선임하여야 하는 관계자가 소방안전관리자를 선임하지 아니한 자
④ 관리업자가 소방시설 등의 점검을 하고 점검기록표를 거짓으로 작성한 자

해설 ① 화재안전조사를 정당한 사유 없이 거부·방해한 자 : 300만원 이하의 벌금
③ 소방안전관리자를 선임하여야 하는 관계자가 소방안전관리자를 선임하지 아니한 자 : 300만원 이하의 벌금
④ 관리업자가 소방시설 등의 점검을 하고 점검기록표를 거짓으로 작성한 자 : 200만원 이하의 과태료

**14** 소방시설 설치 및 관리에 관한 법령상 소방용품 중 형식승인을 받지 않아도 되는 것은? (단, 연구개발 목적의 용도로 제조한거나 수임하는 것은 제외함)

① 방염제
② 공기호흡기
③ 유도표지
④ 누전경보기

해설 **소방시설법 시행령 제46조(형식승인대상 소방용품)**
법 제37조제1항 본문에서 "대통령령으로 정하는 소방용품"이란 별표 3의 [별표 1 제1호나목2)에 따른 상업용 주방소화장치는 제외한다] 소방용품을 말한다.

**[소방용품(제6조 관련)] [별표 3]**
1. 소화설비를 구성하는 제품 또는 기기
   가. 별표 1 제1호가목의 소화기구(소화약제 외의 것을 이용한 간이소화용구는 제외한다)
   나. 별표 1 제1호나목의 자동소화장치
   다. 소화설비를 구성하는 소화전, 관창(菅槍), 소방호스, 스프링클러헤드, 기동용 수압개폐장치, 유수제어밸브 및 가스관선택밸브
2. 경보설비를 구성하는 제품 또는 기기
   가. 누전경보기 및 가스누설경보기
   나. 경보설비를 구성하는 발신기, 수신기, 중계기, 감지기 및 음향장치(경종만 해당한다)
3. 피난구조설비를 구성하는 제품 또는 기기
   가. 피난사다리, 구조대, 완강기(간이완강기 및 지지대를 포함한다)
   나. 공기호흡기(충전기를 포함한다)
   다. 피난구유도등, 통로유도등, 객석유도등 및 예비전원이 내장된 비상조명등
4. 소화용으로 사용하는 제품 또는 기기
   가. 소화약제(별표 1 제1호나목2)와 3)의 자동소화장치와 같은 호 마목3)부터 8)까지의 소화설비용만 해당한다)
   나. 방염제(방염액·방염도료 및 방염성물질을 말한다)

5. 그 밖에 행정안전부령으로 정하는 소방 관련 제품 또는 기기

**15** 소방시설 설치 및 관리에 관한 법령상 신축하는 특정소방 대상물 중 성능위주설계를 하여야 하는 장소에 해당하지 않는 것은?

① 높이가 115[m]인 업무시설
② 연면적 23만[$m^3$]인 아파트
③ 지하 5층이며 지상 29층인 의료시설
④ 연면적 4만[$m^2$]인 공항시설

해설 **성능위주설계 대상**
① 성능위주설계 대상 특정소방대상물
   1. 연면적 20만제곱미터 이상인 특정소방대상물. 다만, 별표 2 제1호가목에 따른 아파트등(이하 "아파트등"이라 한다)은 제외한다.
   2. 50층 이상(지하층은 제외한다)이거나 지상으로부터 높이가 200미터 이상인 아파트등
   3. 30층 이상(지하층을 포함한다)이거나 지상으로부터 높이가 120미터 이상인 특정소방대상물(아파트등은 제외한다)
   4. 연면적 3만제곱미터 이상인 특정소방대상물로서 다음 각 목의 어느 하나에 해당하는 특정소방대상물
      가. 별표 2 제6호나목의 철도 및 도시철도 시설
      나. 별표 2 제6호다목의 공항시설
   5. 별표 2 제16호의 창고시설 중 연면적 10만제곱미터 이상인 것 또는 지하층의 층수가 2개 층 이상이고 지하층의 바닥면적의 합계가 3만제곱미터 이상인 것
   6. 하나의 건축물에 「영화 및 비디오물의 진흥에 관한 법률」 제2조제10호에 따른 영화상영관이 10개 이상인 특정소방대상물
   7. 「초고층 및 지하연계 복합건축물 재난관리에 관한 특별법」 제2조제2호에 따른 지하연계 복합건축물에 해당하는 특정소방대상물
   8. 별표 2 제27호의 터널 중 수저(水底)터널 또는 길이가 5천미터 이상인 것

**16** 화재의 예방 및 안전관리에 관한 법령상 화재안전조사에 관한 설명으로 옳은 것은?

① 화재안전조사의 연기를 신청하려는 자는 화재안전조사 시작 1일 전까지 전화로 연기 신청을 할 수 있다.
② 화재안전조사를 하는 관계 공무원은 관계인에게 필요한 자료제출을 명할 수 있지만, 필요한 보고를 하도록 할 수는 없다.
③ 관계인이 장기출장으로 화재안전조사에 참여할 수 없는 경우에는 연기신청을 할 수 없다.
④ 소방서장은 연기신청 결과 통지서를 연기신청자에게 통지하여야 하고, 연기기간이 종료하면 지체없이 조사를 시작하여야 한다.

**해설** 화재안전조사
① 화재안전조사권자 : 소방청장, 소방본부장, 소방서장 [소방관서장]
② 화재안전조사 실시사유
 1. 「소방시설 설치 및 관리에 관한 법률」제22조에 따른 자체점검이 불성실하거나 불완전하다고 인정되는 경우
 2. 화재예방강화지구 등 법령에서 화재안전조사를 하도록 규정되어 있는 경우
 3. 화재예방안전진단이 불성실하거나 불완전하다고 인정되는 경우
 4. 국가적 행사 등 주요 행사가 개최되는 장소 및 그 주변의 관계 지역에 대하여 소방안전관리 실태를 조사할 필요가 있는 경우
 5. 화재가 자주 발생하였거나 발생할 우려가 뚜렷한 곳에 대한 조사가 필요한 경우
 6. 재난예측정보, 기상예보 등을 분석한 결과 소방대상물에 화재의 발생 위험이 크다고 판단되는 경우
 7. 제1호부터 제6호까지에서 규정한 경우 외에 화재, 그 밖의 긴급한 상황이 발생할 경우 인명 또는 재산 피해의 우려가 현저하다고 판단되는 경우
③ 화재안전조사 대상 선정권자 : 소방청장, 소방본부장, 소방서장
④ 화재안전조사단 : 소방관서장은 화재안전조사를 효율적으로 수행하기 위하여 대통령령으로 정하는 바에 따라 소방청에는 중앙화재안전조사단, 소방본부 및 소방서에는 지방화재안전조사단을 편성하여 운영할 수 있다.
⑤ 화재안전조사위원회 구성권자 : 소방청장, 소방본부장, 소방서장
⑥ 화재안전조사위원회 구성
 ㉠ 화재안전조사위원회(이하 "위원회"라 한다)는 위원장 1명을 포함하여 7명 이내의 위원으로 성별을 고려하여 구성한다.
 ㉡ 위원장 : 소방관서장
 ㉢ 위원회의 위원은 다음 각 호의 어느 하나에 해당하는 사람 중에서 소방관서장이 임명하거나 위촉한다.
  1. 과장급 직위 이상의 소방공무원
  2. 소방기술사
  3. 소방시설관리사
  4. 소방 관련 분야의 석사 이상 학위를 취득한 사람
  5. 소방 관련 법인 또는 단체에서 소방 관련 업무에 5년 이상 종사한 사람
  6. 「소방공무원 교육훈련규정」제3조제2항에 따른 소방공무원 교육훈련기관, 「고등교육법」제2조의 학교 또는 연구소에서 소방과 관련한 교육 또는 연구에 5년 이상 종사한 사람
⑦ 화재안전조사시 합동조사반 편성 기관
 1. 관계 중앙행정기관 또는 지방자치단체
 2. 「소방기본법」제40조에 따른 한국소방안전원(이하 "안전원"이라 한다)
 3. 「소방산업의 진흥에 관한 법률」제14조에 따른 한국소방산업기술원(이하 "기술원"이라 한다)
 4. 「화재로 인한 재해보상과 보험가입에 관한 법률」제11조에 따른 한국화재보험협회(이하 "화재보험협회"라 한다)
 5. 「고압가스 안전관리법」제28조에 따른 한국가스안전공사(이하 "가스안전공사"라 한다)
 6. 「전기안전관리법」제30조에 따른 한국전기안전공사(이하 "전기안전공사"라 한다)
 7. 그 밖에 소방청장이 정하여 고시하는 소방 관련 법인 또는 단체
⑧ 화재안전조사 통보 : 소방관서장은 화재안전조사를 실시하려는 경우 사전에 법 제8조제2항 각 호 외의 부분 본문에 따라 조사대상, 조사기간 및 조사사유 등 조사계획을 소방청, 소방본부 또는 소방서(이하 "소방관서"라 한다)의 인터넷 홈페이지나 법 제16조제3항에 따른 전산시스템을 통해 7일 이상 공개해야 한다.(조사 3일 전 연기신청 가능)
⑨ 통보예외사항 / 해가 진 뒤나 뜨기 전 조사 / 개인주거 승낙없이 조사할 수 있는 사항

정답 16.④

1. 화재가 발생할 우려가 뚜렷하여 긴급하게 조사할 필요가 있는 경우
2. 제1호 외에 화재안전조사의 실시를 사전에 통지하거나 공개하면 조사목적을 달성할 수 없다고 인정되는 경우

⑩ 연기신청사유
1. 「재난 및 안전관리 기본법」 제3조제1호에 해당하는 재난이 발생한 경우
2. 관계인의 질병, 사고, 장기출장의 경우
3. 권한 있는 기관에 자체점검기록부, 교육·훈련일지 등 화재안전조사에 필요한 장부·서류 등이 압수되거나 영치(領置)되어 있는 경우
4. 소방대상물의 증축·용도변경 또는 대수선 등의 공사로 화재안전조사를 실시하기 어려운 경우

⑪ 화재안전조사결과 조치명령권자 : 소방청장, 소방본부장, 소방서장

⑫ 조치명령 내용 : 관계인에게 그 소방대상물의 개수(改修)·이전·제거, 사용의 금지 또는 제한, 사용폐쇄, 공사의 정지 또는 중지, 그 밖의 필요한 조치를 명할 수 있다.

⑬ 조치명령으로 손실을 입은 자가 있는 경우 보상 : 소방청장, 시·도지사

**17** 위험물안전관리법령상 위험물시설의 설치 및 변경에 관한 설명으로 옳지 않은 것은? (단, 권한의 위임들 기타 사항을 고려하지 않음)

① 제조소 등을 설치하고자 하는 자는 그 설치장소를 관할하는 시·도지사의 허가를 받아야 한다.
② 제조소 등의 위치·구조 등의 변경 없이 당해 제조소 등에서 저장하는 위험물의 품명·수량 등을 변경하고자 하는 자는 변경하고자 하는 날까지 시·도지사의 허가를 받아야 한다.
③ 군사목적으로 제조소 등을 설치하고자 하는 군부대의 장이 제조소 등의 소재지를 관할하는 시·도지사와 협의한 경우에는 허가를 받은 것으로 본다.
④ 군부대의 장은 국가기밀에 속하는 제조소 등의 설비를 변경하고자 하는 경우에는 당해 제조소 등의 변경공사를 착수하기 전에 그 공사의 설계도와 서류제출을 생략할 수 있다.

**해설** 위험물시설의 설치 및 변경
㉠ 제조소등을 설치하고자 하는 자는 시·도지사의 허가를 받아야 한다.
㉡ 제조소등의 위치, 구조 또는 설비를 변경하고자 하는 자는 시·도지사의 허가를 받아야 한다.
㉢ 취급하는 위험물의 품명, 수량 또는 지정수량의 배수를 변경하고자 하는 자는 변경하고자 하는 날의 1일 전까지 시·도지사에게 신고하여야 한다.
㉣ 제조소등이 아닌 경우에 허가를 받지 아니하고 당해 제조소등을 설치하거나 그 위치 구조 또는 설비를 변경할 수 있는 경우, 신고를 하지 아니하고 위험물의 품명, 수량 또는 지정수량의 배수를 변경할 수 있는 경우
  ⓐ 주택의 난방시설(공동주택의 중앙난방시설을 제외한다)을 위한 저장소 또는 취급소
  ⓑ 농예용·축산용 또는 수산용으로 필요한 난방시설 또는 건조시설을 위한 지정수량 20배 이하의 저장소

**18** 위험물안전관리법령상 허가를 받고 설치하여야 하는 제조소등을 모두 고른 것은?

㉠ 공동주택의 중앙난방시설을 위한 취급소
㉡ 농예용으로 필요한 건조시설을 위한 지정수량 20배 이하의 저장소
㉢ 축산용으로 필요한 난방시설을 위한 지정수량 20배 이하의 취급소

① ㉠, ㉡
② ㉠, ㉢
③ ㉡, ㉢
④ ㉠, ㉡, ㉢

**해설** 제조소등이 아닌 경우에 허가를 받지 아니하고 당해 제조소등을 설치하거나 그 위치 구조 또는 설비를 변경할 수 있으며, 신고를 하지 아니하고 위험물의 품명, 수량 또는 지정수량의 배수를 변경할 수 있는 경우
㉠ 주택의 난방시설(공동주택의 중앙난방시설을 제외한다)을 위한 저장소 또는 취급소
㉡ 농예용·축산용 또는 수산용으로 필요한 난방시설 또는 건조시설을 위한 지정수량 20배 이하의 저장소

정답 17.② 18.②

**19** 위험물안전관리법령상 탱크안전성능검사의 내용에 해당하지 않는 것은?

① 수직·수평검사  ② 충수·수압검사
③ 기초·지반검사  ④ 암반탱크검사

**해설** 탱크안전성능검사의 종류
㉠ 기초·지반검사
㉡ 충수·수압검사
㉢ 용접부검사
㉣ 암반탱크검사

**20** 위험물안전관리법령상 과징금에 관한 설명으로 옳지 않은 것은?

① 시·도지사는 제조소 등에 대한 사용의 취소가 공익을 해칠 우려가 있는 때에는 사용취소처분에 갈음하여 1억원 이하의 과징금을 부과할 수 있다.
② 과징금의 징수절차에 관하여는 「국고금 관리법시행규칙」을 준용한다.
③ 1일당 과징금의 금액은 당해 제조소 등의 연간 매출액을 기준으로 하여 산정한다.
④ 시·도지사는 과징금을 납부하여야 하는 자가 납부기한까지 이를 납부하지 아니한 때에는 「지방행정제재·부과금의 징수 등에 관한 법률」에 따라 징수한다.

**해설** 위험물법 제13조(과징금처분)
① 시·도지사는 제12조 각 호의 어느 하나에 해당하는 경우로서 제조소등에 대한 사용의 정지가 그 이용자에게 심한 불편을 주거나 그 밖에 공익을 해칠 우려가 있는 때에는 사용정지처분에 갈음하여 2억원 이하의 과징금을 부과할 수 있다.
② 제1항의 규정에 따른 과징금을 부과하는 위반행위의 종별·정도 등에 따른 과징금의 금액 그 밖에 필요한 사항은 행정안전부령으로 정한다.
③ 시·도지사는 제1항의 규정에 따른 과징금을 납부하여야 하는 자가 납부기한까지 이를 납부하지 아니한 때에는 「지방행정제재·부과금의 징수 등에 관한 법률」에 따라 징수한다.

**21** 위험물안전관리법령상 탱크시험자로 등록하거나 탱크시험자의 업무에 종사할 수 있는 경우는?

① 피성년후견인 또는 피한정후견인
② 「소방기본법」에 따른 금고 이상의 형의 집행유예 선고를 받고 그 유예기간 중에 있는 자
③ 「소방시설공사업법」에 따른 금고 이상의 실형의 선고를 받고 그 집행이 종료되거나 집행이 면제된 날부터 1년이 된 자
④ 탱크시험자의 등록이 취소된 날부터 3년이 된 자

**해설** 위험물법 제16조(탱크시험자의 등록 등) 제4항
다음 각 호의 어느 하나에 해당하는 자는 탱크시험자로 등록하거나 탱크시험자의 업무에 종사할 수 없다.
1. 피성년후견인 또는 피한정후견인
2. 삭제〈2006. 9. 22.〉
3. 이 법, 「소방기본법」, 「화재의 예방 및 안전관리에 관한 법률」, 「소방시설 설치 및 관리에 관한 법률」 또는 「소방시설공사업법」에 따른 금고 이상의 실형의 선고를 받고 그 집행이 종료(집행이 종료된 것으로 보는 경우를 포함한다)되거나 집행이 면제된 날부터 2년이 지나지 아니한 자
4. 이 법, 「소방기본법」, 「화재의 예방 및 안전관리에 관한 법률」, 「소방시설 설치 및 관리에 관한 법률」 또는 「소방시설공사업법」에 따른 금고 이상의 형의 집행유예 선고를 받고 그 유예기간 중에 있는 자
5. 제5항의 규정에 따라 탱크시험자의 등록이 취소(제1호에 해당하여 자격이 취소된 경우는 제외한다)된 날부터 2년이 지나지 아니한 자
6. 법인으로서 그 대표자가 제1호 내지 제5호의 1에 해당하는 경우

**22** 다중이용업소의 안전관리에 관한 특별법령상 다중이용업소의 안전관리기본계획(이하 "기본계획"이라 한다)의 수립·시행에 관한 설명으로 옳지 않은 것은?

① 기본계획에는 다중이용업소의 안전관리에 관한 기본방향이 포함되어야 한다.
② 소방청장은 수립된 기본계획을 시·도지사에게 통보하여야 한다.

정답 19.① 20.① 21.④ 22.③

③ 시·도지사는 기본계획에 따라 연도별 계획을 수립·시행하여야 한다.
④ 소방청장은 5년마다 다중이용업소의 기본계획을 수립·시행하여야 한다.

**해설** 다중법 제5조(안전관리기본계획의 수립·시행 등)
① 소방청장은 다중이용업소의 화재 등 재난이나 그 밖의 위급한 상황으로 인한 인적·물적 피해의 감소, 안전기준의 개발, 자율적인 안전관리능력의 향상, 화재배상책임보험제도의 정착 등을 위하여 5년마다 다중이용업소의 안전관리기본계획(이하 "기본계획"이라 한다)을 수립·시행하여야 한다.
② 기본계획에는 다음 각 호의 사항이 포함되어야 한다.
  1. 다중이용업소의 안전관리에 관한 기본 방향
  2. 다중이용업소의 자율적인 안전관리 촉진에 관한 사항
  3. 다중이용업소의 화재안전에 관한 정보체계의 구축 및 관리
  4. 다중이용업소의 안전 관련 법령 정비 등 제도 개선에 관한 사항
  5. 다중이용업소의 적정한 유지·관리에 필요한 교육과 기술 연구·개발
  5의2. 다중이용업소의 화재배상책임보험에 관한 기본 방향
  5의3. 다중이용업소의 화재배상책임보험 가입관리전산망(이하 "책임보험전산망"이라 한다)의 구축·운영
  5의4. 다중이용업소의 화재배상책임보험제도의 정비 및 개선에 관한 사항
  6. 다중이용업소의 화재위험평가의 연구·개발에 관한 사항
  7. 그 밖에 다중이용업소의 안전관리에 관하여 대통령령으로 정하는 사항
③ 소방청장은 기본계획에 따라 매년 연도별 안전관리계획(이하 "연도별계획"이라 한다)을 수립·시행하여야 한다.
④ 소방청장은 제1항 및 제3항에 따라 수립된 기본계획 및 연도별계획을 관계 중앙행정기관의 장과 특별시장·광역시장·도지사 또는 특별자치도지사(이하 "시·도지사"라 한다)에게 통보하여야 한다.
⑤ 소방청장은 기본계획 및 연도별계획을 수립하기 위하여 필요하면 관계 중앙행정기관의 장 및 시·도지사에게 관련된 자료의 제출을 요구할 수 있다. 이 경우 자료 제출을 요구받은 관계 중앙행정기관의 장 또는 시·도지사는 특별한 사유가 없으면 요구에 따라야 한다.

※ 다중법 제6조(집행계획의 수립·시행 등)
① 소방본부장은 기본계획 및 연도별계획에 따라 관할지역 다중이용업소의 안전관리를 위하여 매년 안전관리집행계획(이하 "집행계획"이라 한다)을 수립하여 소방청장에게 제출하여야 한다.
② 소방본부장은 집행계획을 수립하기 위하여 필요하면 해당 시장·군수·구청장(자치구의 구청장을 말한다. 이하 같다)에게 관련된 자료의 제출을 요구할 수 있다. 이 경우 자료 제출을 요구받은 해당 시장·군수·구청장은 특별한 사유가 없으면 요구에 따라야 한다.
③ 집행계획의 수립 시기, 대상, 내용 등에 관하여 필요한 사항은 대통령령으로 정한다.

**23** 다중이용업소의 안전관리에 관한 특별법령상 화재위험평가대행자의 등록을 반드시 취소해야 하는 사유에 해당하지 않는 것은?

① 평가서를 거짓으로 작성하거나 고의 또는 중대한 과실로 평가서를 부실하게 작성한 경우
② 다른 사람에게 등록증이나 명의를 대여한 경우
③ 거짓이나 그 밖의 부정한 방법으로 등록한 경우
④ 최근 1년 이내에 2회의 업무정지처분을 받고 다시 업무정지처분 사유에 해당하는 행위를 한 경우

**해설** 다중법 제17조(평가대행자의 등록취소 등) 제1항
소방청장은 평가대행자가 다음 각 호의 어느 하나에 해당하는 경우에는 그 등록을 취소하거나 6개월 이내의 기간을 정하여 업무의 정지를 명할 수 있다. 다만, 제1호부터 제4호까지의 어느 하나에 해당하는 경우에는 그 등록을 취소하여야 한다.
1. 제16조제2항 각 호의 어느 하나에 해당하는 경우. 다만, 제16조제2항제5호에 해당하는 경우 6개월 이내에 그 임원을 바꾸어 임명한 경우는 제외한다.
2. 거짓이나 그 밖의 부정한 방법으로 등록한 경우
3. 최근 1년 이내에 2회의 업무정지처분을 받고 다시 업무정지처분 사유에 해당하는 행위를 한 경우
4. 다른 사람에게 등록증이나 명의를 대여한 경우
5. 제16조제1항 전단에 따른 등록기준에 미치지 못하게 된 경우

정답 23.①

6. 제16조제3항제2호를 위반하여 다른 평가서의 내용을 복제한 경우
7. 제16조제3항제3호를 위반하여 평가서를 행정안전부령으로 정하는 기간 동안 보존하지 아니한 경우
8. 제16조제3항제4호를 위반하여 도급받은 화재위험평가 업무를 하도급한 경우
9. 평가서를 거짓으로 작성하거나 고의 또는 중대한 과실로 평가서를 부실하게 작성한 경우
10. 등록 후 2년 이내에 화재위험평가 대행 업무를 시작하지 아니하거나 계속하여 2년 이상 화재위험평가 대행 실적이 없는 경우

**24** 다중이용업소의 안전관리에 관한 특별법령상 화재배상책임보험의 가입 촉진 및 관리에 관한 설명으로 옳지 않은 것은?

① 다중이용업주는 다중이용업주를 변경한 경우 화재배상책임보험에 가입한 후 그 증명서를 소방서장에게 제출하여야 한다.
② 화재배상책임보험에 가입한 다중이용업주는 화재배상책임보험에 가입한 영업소임을 표시하는 표지를 부착할 수 있다.
③ 보험회사는 화재배상책임보험에 가입하여야 할 자와 계약을 체결한 경우 소방서장에게 알려야 한다.
④ 소방서장은 다중이용업주가 화재배상책임보험에 가입하지 아니한 경우 허가취소를 하거나 영업정지를 할 수 있다.

**해설** 다중법 제13조의3(화재배상책임보험 가입 촉진 및 관리)
① 다중이용업주는 다음 각 호의 어느 하나에 해당하는 경우에는 화재배상책임보험에 가입한 후 그 증명서(보험증권을 포함한다)를 소방본부장 또는 소방서장에게 제출하여야 한다.
  1. 제7조제2항제3호 중 다중이용업주를 변경한 경우
  2. 제9조제3항 각 호에 따른 신고를 할 경우
② 화재배상책임보험에 가입한 다중이용업주는 행정안전부령으로 정하는 바에 따라 화재배상책임보험에 가입한 영업소임을 표시하는 표지를 부착할 수 있다.

③ 보험회사는 화재배상책임보험의 계약을 체결하고 있는 다중이용업주에게 그 계약 종료일의 75일 전부터 30일 전까지의 기간 및 30일 전부터 10일 전까지의 기간에 각각 그 계약이 끝난다는 사실을 알려야 한다. 다만, 다음 각 호의 어느 하나에 해당하는 경우에는 그러하지 아니하다.
  1. 보험기간이 1개월 이내인 계약의 경우
  2. 다중이용업주가 자기와 다시 계약을 체결한 경우
  3. 다중이용업주가 다른 보험회사와 새로운 계약을 체결한 사실을 안 경우
④ 보험회사는 화재배상책임보험에 가입하여야 할 자가 다음 각 호의 어느 하나에 해당하면 그 사실을 행정안전부령으로 정하는 기간 내에 소방청장, 소방본부장 또는 소방서장에게 알려야 한다.
  1. 화재배상책임보험 계약을 체결한 경우
  2. 화재배상책임보험 계약을 체결한 후 계약 기간이 끝나기 전에 그 계약을 해지한 경우
  3. 화재배상책임보험 계약을 체결한 자가 그 계약 기간이 끝난 후 자기와 다시 계약을 체결하지 아니한 경우
⑤ 소방본부장 또는 소방서장은 다중이용업주가 화재배상책임보험에 가입하지 아니하였을 때에는 허가관청에 다중이용업주에 대한 인가·허가의 취소, 영업의 정지 등 필요한 조치를 취할 것을 요청할 수 있다.
⑥ 소방청장, 소방본부장 또는 소방서장은 다중이용업주의 화재배상책임보험 가입을 관리하기 위하여 필요한 경우에는 사업자등록번호를 기재하여 관할 세무관서의 장에게 다음 각 호의 사항에 대한 과세정보 제공을 요청할 수 있다.
  1. 대표자 성명 및 주민등록번호, 사업장 소재지
  2. 휴업·폐업한 사업자의 성명 및 주민등록번호, 휴업일·폐업일

**25** 다중이용업소의 안전관리에 관한 특별법령상 용어의 설명으로 옳지 않은 것은?

① "안전시설등"이란 소방시설, 비상구, 영업장 내부 피난통로 그 밖의 안전시설을 말한다.
② "영업장의 내부구획"이란 다중이용업소의 영업장 내부를 이용객들이 사용할 수 있도록 벽 또는 칸막이 등을 사용하여 구획된 실을 만드는 것을 말한다.
③ "실내장식물"이란 건축물 내부의 천장 또는 벽·바닥 등에 설치하는 것으로 옷장, 찬장 등 가구류가 포함된다.
④ "다중이용업"이란 불특정다수인이 이용하는 영업 중 화재 등 재난 발생 시 생명·신체·재산상의 피해가 발생할 우려가 높은 영업을 말한다.

**해설** 다중법 제2조(정의)
① 이 법에서 사용하는 용어의 뜻은 다음과 같다.
  1. "다중이용업"이란 불특정 다수인이 이용하는 영업 중 화재 등 재난 발생 시 생명·신체·재산상의 피해가 발생할 우려가 높은 것으로서 대통령령으로 정하는 영업을 말한다.
  2. "안전시설등"이란 소방시설, 비상구, 영업장 내부 피난통로, 그 밖의 안전시설로서 대통령령으로 정하는 것을 말한다.
  3. "실내장식물"이란 건축물 내부의 천장 또는 벽에 설치하는 것으로서 대통령령으로 정하는 것을 말한다.
  4. "화재위험평가"란 다중이용업의 영업소(이하 "다중이용업소"라 한다)가 밀집한 지역 또는 건축물에 대하여 화재 발생 가능성과 화재로 인한 불특정 다수인의 생명·신체·재산상의 피해 및 주변에 미치는 영향을 예측·분석하고 이에 대한 대책을 마련하는 것을 말한다.
  5. "밀폐구조의 영업장"이란 지상층에 있는 다중이용업소의 영업장 중 채광·환기·통풍 및 피난 등이 용이하지 못한 구조로 되어 있으면서 대통령령으로 정하는 기준에 해당하는 영업장을 말한다.
  6. "영업장의 내부구획"이란 다중이용업소의 영업장 내부를 이용객들이 사용할 수 있도록 벽 또는 칸막이 등을 사용하여 구획된 실(室)을 만드는 것을 말한다.
② 이 법에서 사용하는 용어의 뜻은 제1항에서 규정하는 것을 제외하고는 「소방기본법」, 「소방시설공사업법」, 「화재예방, 소방시설 설치·유지 및 안전관리에 관한 법률」 및 「건축법」에서 정하는 바에 따른다.

정답 25.③

# 2016 제16회 소방시설관리사 1차 필기 기출문제
[제3과목 : 소방관계법령]

**01** 소방기본법령상 소방활동 종사 명령에 관한 설명으로 옳지 않은 것은?

① 소방서장은 소방활동 종사명령을 받은 자에게 소방활동에 필요한 보호장구를 지급하는 등 안전을 위한 조치를 하여야 한다.
② 소방대장은 화재 등 위급한 상황이 발생한 현장에서 소방활동을 위하여 필요할 때에는 그 현장에 있는 자에게 소방활동 종사명령을 할 수 있다.
③ 소방대상물에 화재 등 위급한 상황이 발생한 경우 소방활동에 종사한 소방대상물의 점유자는 소방활동 비용을 지급받을 수 있다.
④ 시·도지사는 소방활동 종사명령에 따라 소방활동에 종사한 자가 그로 인하여 사망하거나 부상을 입은 경우에는 보상하여야 한다.

**해설** 기본법 제24조(소방활동 종사명령)
① 소방본부장, 소방서장 또는 소방대장은 화재, 재난·재해, 그 밖의 위급한 상황이 발생한 현장에서 소방활동을 위하여 필요할 때에는 그 관할구역에 사는 사람 또는 그 현장에 있는 사람으로 하여금 사람을 구출하는 일 또는 불을 끄거나 불이 번지지 아니하도록 하는 일을 하게 할 수 있다.
② 삭제〈2007. 12. 26.〉
③ 제1항에 따른 명령에 따라 소방활동에 종사한 사람은 시·도지사로부터 소방활동의 비용을 지급받을 수 있다. 다만, 다음 각 호의 어느 하나에 해당하는 사람의 경우에는 그러하지 아니하다.
  1. 소방대상물에 화재, 재난·재해, 그 밖의 위급한 상황이 발생한 경우 그 관계인
  2. 고의 또는 과실로 화재 또는 구조·구급 활동이 필요한 상황을 발생시킨 사람
  3. 화재 또는 구조·구급 현장에서 물건을 가져간 사람

**02** 소방기본법령상 소방신호의 종류별 신호방법에 관한 설명으로 옳은 것은?

① 경계신호의 타종신호는 1타와 2타를 반복하며, 싸이렌신호는 5초 간격을 두고 10초씩 3회이다.
② 발화신호의 타종신호는 난타이며, 싸이렌신호는 5초 간격을 두고 5초씩 3회이다.
③ 해제신호의 타종신호는 상당한 간격을 두고 1타씩 반복하며, 싸이렌신호는 30초간 1회이다.
④ 훈련신호의 타종신호는 연3타 반복이며, 싸이렌신호는 30초 간격을 두고 1분씩 3회이다.

**해설** 소방신호

| 신호방법 종별 | 타종신호 | 싸이렌신호 |
|---|---|---|
| 경계신호 | 1타와 연2타를 반복 | 5초 간격을 두고 30초씩 3회 |
| 발화신호 | 난타 | 5초 간격을 두고 5초씩 3회 |
| 해제신호 | 상당한 간격을 두고 1타씩 반복 | 1분간 1회 |
| 훈련신호 | 연3타 반복 | 10초 간격을 두고 1분씩 3회 |

**03** 소방기본법령상 소방용수시설 중 저수조의 설치기준으로 옳지 않은 것은?

① 지면으로부터의 낙차가 4.5미터 이하일 것
② 흡수부분의 수심이 0.5미터 이상일 것
③ 흡수관의 투입구가 원형의 경우에는 지름이 50센티미터 이상일 것

정답 01.③ 02.② 03.③

④ 저수조에 물을 공급하는 방법은 상수도에 연결하여 자동으로 급수되는 구조일 것

**해설** 저수조의 설치기준
㉠ 지면으로부터의 낙차가 4.5미터 이하일 것
㉡ 흡수부분의 수심이 0.5미터 이상일 것
㉢ 소방펌프자동차가 쉽게 접근할 수 있도록 할 것
㉣ 흡수에 지장이 없도록 토사 및 쓰레기 등을 제거할 수 있는 설비를 갖출 것
㉤ 흡수관의 투입구가 사각형의 경우에는 한 변의 길이가 60센티미터 이상, 원형의 경우에는 지름이 60센티미터 이상일 것
㉥ 저수조에 물을 공급하는 방법은 상수도에 연결하여 자동으로 급수되는 구조일 것

**04** 화재의 예방 및 안전관리에 관한 법령상 화재예방강화지구의 지정 등에 관한 설명으로 옳은 것은?

① 소방서장은 화재예방강화지구 안의 관계인에 대하여 대통령령으로 정하는 바에 따라 소방에 필요한 훈련 및 교육을 실시할 수 있다.
② 소방본부장은 소방상 필요한 교육을 실시하고자 하는 때에는 화재예방강화지구 안의 관계인에게 7일 전까지 그 사실을 통보하여야 한다.
③ 소방서장은 화재가 발생할 우려가 높거나 화재로 인하여 피해가 클 것으로 예상되는 시장지역을 화재예방강화지구로 지정할 수 있다.
④ 시·도지사는 화재안전조사를 한 결과 화재의 예방과 경계를 위하여 필요한 경우 관계인에게 소방설비의 설치를 명할 수 있다.

**해설** 화재예방강화지구 훈련 및 교육
- 실시자 : 소방본부장, 소방서장
- 횟수 : 연 1회 이상 실시
- 관계인 훈련·교육 통보 : 10일 전까지

**05** 소방시설공사업법령상 지하층을 포함한 층수가 40층이고, 연면적이 20만제곱미터인 특정소방대상물의 공사 현장에 배치해야 하는 소방기술자의 배치기준으로 옳은 것은?

① 행정안전부령으로 정하는 특급기술자인 소방기술자(기계분야 및 전기분야)
② 행정안전부령으로 정하는 고급기술자 이상의 소방기술자(기계분야 및 전기분야)
③ 행정안전부령으로 정하는 중급기술자 이상의 소방기술자(기계분야 및 전기분야)
④ 행정안전부령으로 정하는 초급기술자 이상의 소방기술자(기계분야 및 전기분야)

**해설** 소방기술자 배치기준(공사업법 [별표 2])

| 소방기술자의 배치기준 | 소방시설공사 현장의 기준 |
|---|---|
| 1. 행정안전부령으로 정하는 특급기술자인 소방기술자(기계분야 및 전기분야) | 가. 연면적 20만제곱미터 이상인 특정소방대상물의 공사 현장<br>나. 지하층을 포함한 층수가 40층 이상인 특정소방대상물의 공사 현장 |
| 2. 행정안전부령으로 정하는 고급기술자 이상의 소방기술자(기계분야 및 전기분야) | 가. 연면적 3만제곱미터 이상 20만제곱미터 미만인 특정소방대상물(아파트는 제외한다)의 공사 현장<br>나. 지하층을 포함한 층수가 16층 이상 40층 미만인 특정소방대상물의 공사 현장 |
| 3. 행정안전부령으로 정하는 중급기술자 이상의 소방기술자(기계분야 및 전기분야) | 가. 물분무등소화설비(호스릴 방식의 소화설비는 제외한다) 또는 제연설비가 설치되는 특정소방대상물의 공사 현장<br>나. 연면적 5천제곱미터 이상 3만제곱미터 미만인 특정소방대상물(아파트는 제외한다)의 공사 현장<br>다. 연면적 1만제곱미터 이상 20만제곱미터 미만인 아파트의 공사 현장 |
| 4. 행정안전부령으로 정하는 초급기술자 이상의 소방기술자(기계분야 및 전기분야) | 가. 연면적 1천제곱미터 이상 5천제곱미터 미만인 특정소방대상물(아파트는 제외한다)의 공사 현장<br>나. 연면적 1천제곱미터 이상 1만제곱미터 미만인 아파트의 공사 현장<br>다. 지하구(地下溝)의 공사 현장 |
| 5. 법 제28조에 따라 자격수첩을 발급받은 소방기술자 | 연면적 1천제곱미터 미만인 특정소방대상물의 공사 현장 |

정답 04.① 05.①

비고
1. 다음 각 목의 어느 하나에 해당하는 기계분야 소방시설공사의 경우에는 소방기술자의 배치기준에 따른 기계분야의 소방기술자를 공사 현장에 배치하여야 한다.
    가. 옥내소화전설비, 옥외소화전설비, 스프링클러설비등, 물분무등소화설비의 공사
    나. 소화용수설비의 공사
    다. 제연설비, 연결송수관설비, 연결살수설비, 연소방지설비의 공사
    라. 기계분야 소방시설에 부설되는 전기시설의 공사. 다만, 비상전원, 동력회로, 제어회로, 기계분야의 소방시설을 작동하기 위하여 설치하는 화재감지기에 의한 화재감지장치 및 전기신호에 의한 소방시설의 작동장치의 공사는 제외한다.
2. 다음 각 목의 어느 하나에 해당하는 전기분야 소방시설공사의 경우에는 소방기술자의 배치기준에 따른 전기분야의 소방기술자를 공사 현장에 배치하여야 한다.
    가. 비상경보설비, 시각경보기, 자동화재탐지설비, 비상방송설비, 자동화재속보설비 또는 통합감시시설의 공사
    나. 비상콘센트설비 또는 무선통신보조설비의 공사
    다. 기계분야 소방시설에 부설되는 비상전원, 동력회로 또는 제어회로의 공사
    라. 기계분야 소방시설에 부설되는 전기시설 중 제1호라목 단서의 전기시설의 공사
3. 제1호 및 제2호에도 불구하고 기계분야 및 전기분야의 자격을 모두 갖춘 소방기술자가 있는 경우에는 소방시설공사를 분야별로 구분하지 않고 그 소방기술자를 배치할 수 있다.
4. 제1호 및 제2호에도 불구하고 소방공사감리업자가 감리하는 소방시설공사가 다음 각 목의 어느 하나에 해당하는 경우에는 소방기술자를 소방시설공사 현장에 배치하지 않을 수 있다.
    가. 소방시설의 비상전원을 「전기공사업법」에 따른 전기공사업자가 공사하는 경우
    나. 소화용수설비를 「건설산업기본법 시행령」 별표 1에 따른 기계설비공사업자 또는 상·하수도설비공사업자가 공사하는 경우
    다. 소방 외의 용도와 겸용되는 제연설비를 「건설산업기본법 시행령」 별표 1에 따른 기계설비공사업자가 공사하는 경우
    라. 소방 외의 용도와 겸용되는 비상방송설비 또는 무선통신보조설비를 「정보통신공사업법」에 따른 정보통신공사업자가 공사하는 경우
5. 공사업자는 다음 각 목의 경우를 제외하고는 1명의 소방기술자를 2개의 공사 현장을 초과하여 배치해서는 안 된다. 다만, 연면적 3만제곱미터 이상의 특정소방대상물(아파트는 제외한다)이거나 지하층을 포함한 층수가 16층 이상으로서 500세대 이상인 아파트에 대한 소방시설 공사의 경우에는 1개의 공사 현장에만 배치해야 한다.
    가. 건축물의 연면적이 5천제곱미터 미만인 공사 현장에만 배치하는 경우. 다만, 그 연면적의 합계는 2만제곱미터를 초과해서는 안 된다.
    나. 건축물의 연면적이 5천제곱미터 이상인 공사 현장 2개 이하와 5천제곱미터 미만인 공사 현장에 같이 배치하는 경우. 다만, 5천제곱미터 미만의 공사 현장의 연면적의 합계는 1만제곱미터를 초과해서는 안 된다.

**06** 소방시설공사업법령상 감리업자가 감리원 배치규정을 위반하여 소속 감리원을 소방시설공사 현장에 배치하지 아니한 경우에 해당되는 벌칙 기준은?

① 100만원 이하의 벌금
② 200만원 이하의 과태료
③ 300만원 이하의 벌금
④ 500만원 이하의 벌금

**해설** 300만원 이하의 벌금
㉠ 등록증이나 등록수첩을 다른 자에게 빌려준 자
㉡ 소방시설공사 현장에 감리원을 배치하지 아니한 자
㉢ 감리업자의 보완 요구에 따르지 아니한 자
㉣ 공사감리 계약을 해지하거나 대가 지급을 거부하거나 지연시키거나 불이익을 준 자
㉤ 자격수첩 또는 경력수첩을 빌려 준 사람
㉥ 동시에 둘 이상의 업체에 취업한 사람
㉦ 관계인의 정당한 업무를 방해하거나 업무상 알게 된 비밀을 누설한 사람

**07** 소방시설공사업법령상 1년 이하의 징역 또는 1천만원 이하의 벌금에 처해질 수 없는 자는?

① 소방시설공사업법을 위반하여 시공을 한 소방시설공사업을 등록한 자
② 해당 소방시설업자가 아닌 자에게 소방시설공사등을 도급한 특정소방대상물의 관계인
③ 공사감리 결과의 통보 또는 공사감리 결과보고서의 제출을 거짓으로 한 소방공사감리업을 등록한 자
④ 등록증이나 등록수첩을 다른 자에게 빌려준 소방시설업자

**해설** 1년 이하의 징역 또는 1,000만원 이하의 벌금
㉠ 영업정지처분을 받고 그 영업정지 기간에 영업을 한 자
㉡ 불법으로(화재안전기준 위반) 설계나 시공을 한 자
㉢ 불법으로(규정을 위반) 감리를 하거나 거짓으로 감리한 자
㉣ 공사감리자를 지정하지 아니한 자

ⓔ의2. 공사업자에 대한 시정요구를 이행하지 않은 경우 그 사실 보고를 거짓으로 한 자
ⓔ의3. 공사감리 결과의 통보 또는 공사감리 결과보고서의 제출을 거짓으로 한 자
ⓜ 해당 소방시설업자가 아닌 자에게 소방시설공사등을 도급한 자
ⓗ 제3자에게 소방시설공사 시공을 하도급한 자
ⓢ 법 또는 명령을 따르지 아니하고 업무를 수행한 자 (기술자)

※ 300만원 이하의 벌금
ⓐ 등록증이나 등록수첩을 다른 자에게 빌려준 자
ⓑ 소방시설공사 현장에 감리원을 배치하지 아니한 자
ⓒ 감리업자의 보완 요구에 따르지 아니한 자
ⓓ 공사감리 계약을 해지하거나 대가 지급을 거부하거나 지연시키거나 불이익을 준 자
ⓔ 자격수첩 또는 경력수첩을 빌려 준 사람
ⓕ 동시에 둘 이상의 업체에 취업한 사람
ⓖ 관계인의 정당한 업무를 방해하거나 업무상 알게 된 비밀을 누설한 사람

**08** 소방시설 설치 및 관리에 관한 법령상 소화활동설비에 해당하지 않는 것은?

① 상수도소화용수설비
② 무선통신보조설비
③ 비상콘센트설비
④ 연결살수설비

**[해설] 소화활동설비**
화재를 진압하거나 인명구조활동을 위하여 사용하는 설비로서 다음 각 목의 것
ⓐ 제연설비
ⓑ 연결송수관설비
ⓒ 연결살수설비
ⓓ 비상콘센트설비
ⓔ 무선통신보조설비
ⓕ 연소방지설비

**09** 특급, 1급, 2급 및 3급 소방안전관리대상물의 소방안전관리에 관한 강습교육과 공공기관 소방안전관리자에 대한 강습교육의 교육시간으로 옳지 않은 것은?

① 특급 소방안전관리자 – 160시간
② 1급 소방안전관리자 – 80시간
③ 공공기관 소방안전관리자 – 80시간
④ 2급 소방안전관리자 – 40시간

**[해설] 소방안전관리자의 강습교육**
공공기관 소방안전관리자 – 40시간

**10** 소방시설 설치 및 관리에 관한 법령상 건축허가 등의 동의요구에 대한 조문의 내용이다. ( ) 안에 들어갈 숫자가 바르게 나열된 것은?

> 소방본부장 또는 소방서장은 건축허가 등의 동의 요구서류를 접수한 날부터 ( ㉠ )일(허가를 신청한 건축물 등이 특급소방안전관리대상물에 해당하는 경우에는 10일) 이내에 건축허가 등의 동의여부를 회신하여야 하고, 동의 요구서 및 첨부서류의 보완이 필요한 경우에는 ( ㉡ )일 이내의 기간을 정하여 보완을 요구할 수 있다. 건축허가 등의 동의를 요구한 기관이 그 건축허가등을 취소하였을 때에는 취소한 날부터 ( ㉢ )일 이내에 건축물 등의 시공지 또는 소재지를 관할하는 소방본부장 또는 소방서장에게 그 사실을 통보하여야 한다.

① ㉠ : 5, ㉡ : 4, ㉢ : 7
② ㉠ : 5, ㉡ : 5, ㉢ : 7
③ ㉠ : 7, ㉡ : 3, ㉢ : 7
④ ㉠ : 7, ㉡ : 4, ㉢ : 5

**[해설]** 관할건축허가 행정기관이 관할 소방본부장 또는 소방서장에게 건축허가 동의 → 이 경우 5일 이내 회신(특급 : 10일 이내), 서류보완 4일 → 건축허가등의 동의를 요구한 기관이 그 건축허가등을 취소하였을 때 : 취소한 날부터 7일 이내에 건축물 등의 시공지 또는 소재지를 관할하는 소방본부장 또는 소방서장에게 그 사실을 통보

정답 08.① 09.③ 10.①

**11** 소방시설 설치 및 관리에 관한 법령상 건축허가등을 할 때 미리 소방본부장 또는 소방서장의 동의를 받아야 하는 건축물의 범위로 옳지 않은 것은?

① 지하층 또는 무창층이 있는 공연장으로서 바닥면적이 100제곱미터 이상인 층이 있는 것
② 연면적이 200제곱미터 이상인 노유자시설(老幼者施設) 및 수련 시설
③ 연면적이 300제곱미터 이상인 장애인 의료재활시설
④ 주차용도로 사용되는 시설로 승강기 등 기계장치에 의한 주차시설로서 자동차 10대 이상을 주차할 수 있는 시설

**해설** 건축허가 동의 대상물의 범위(대통령령)

1. 연면적(「건축법 시행령」 제119조제1항제4호에 따라 산정된 면적을 말한다. 이하 같다)이 400제곱미터 이상인 건축물이나 시설. 다만, 다음 각 목의 어느 하나에 해당하는 건축물이나 시설은 해당 목에서 정한 기준 이상인 건축물이나 시설로 한다.
   가. 「학교시설사업 촉진법」 제5조의2제1항에 따라 건축등을 하려는 학교시설 : 100제곱미터
   나. 별표 2의 특정소방대상물 중 노유자(老幼者) 시설 및 수련시설 : 200제곱미터
   다. 「정신건강증진 및 정신질환자 복지서비스 지원에 관한 법률」 제3조제5호에 따른 정신의료기관(입원실이 없는 정신건강의학과 의원은 제외하며, 이하 "정신의료기관"이라 한다) : 300제곱미터
   라. 「장애인복지법」 제58조제1항제4호에 따른 장애인 의료재활시설(이하 "의료재활시설"이라 한다) : 300제곱미터
2. 지하층 또는 무창층이 있는 건축물로서 바닥면적이 150제곱미터(공연장의 경우에는 100제곱미터) 이상인 층이 있는 것
3. 차고·주차장 또는 주차 용도로 사용되는 시설로서 다음 각 목의 어느 하나에 해당하는 것
   가. 차고·주차장으로 사용되는 바닥면적이 200제곱미터 이상인 층이 있는 건축물이나 주차시설
   나. 승강기 등 기계장치에 의한 주차시설로서 자동차 20대 이상을 주차할 수 있는 시설
4. 층수(「건축법 시행령」 제119조제1항제9호에 따라 산정된 층수를 말한다. 이하 같다)가 6층 이상인 건축물
5. 항공기 격납고, 관망탑, 항공관제탑, 방송용 송수신탑
6. 별표 2의 특정소방대상물 중 의원(입원실이 있는 것으로 한정한다)·조산원·산후조리원, 위험물 저장 및 처리 시설, 발전시설 중 풍력발전소·전기저장시설, 지하구(地下溝)
7. 제1호나목에 해당하지 않는 노유자 시설 중 다음 각 목의 어느 하나에 해당하는 시설. 다만, 가목2) 및 나목부터 바목까지의 시설 중 「건축법 시행령」 별표 1의 단독주택 또는 공동주택에 설치되는 시설은 제외한다.
   가. 별표 2 제9호가목에 따른 노인 관련 시설 중 다음의 어느 하나에 해당하는 시설
      1) 「노인복지법」 제31조제1호에 따른 노인주거복지시설, 같은 조 제2호에 따른 노인의료복지시설 및 같은 조 제4호에 따른 재가노인복지시설
      2) 「노인복지법」 제31조제7호에 따른 학대피해노인 전용쉼터
   나. 「아동복지법」 제52조에 따른 아동복지시설(아동상담소, 아동전용시설 및 지역아동센터는 제외한다)
   다. 「장애인복지법」 제58조제1항제1호에 따른 장애인 거주시설
   라. 정신질환자 관련 시설(「정신건강증진 및 정신질환자 복지서비스 지원에 관한 법률」 제27조제1항제2호에 따른 공동생활가정을 제외한 재활훈련시설과 같은 법 시행령 제16조제3호에 따른 종합시설 중 24시간 주거를 제공하지 않는 시설은 제외한다)
   마. 별표 2 제9호마목에 따른 노숙인 관련 시설 중 노숙인자활시설, 노숙인재활시설 및 노숙인요양시설
   바. 결핵환자나 한센인이 24시간 생활하는 노유자 시설
8. 「의료법」 제3조제2항제3호라목에 따른 요양병원(이하 "요양병원"이라 한다). 다만, 의료재활시설은 제외한다.
9. 별표 2의 특정소방대상물 중 공장 또는 창고시설로서 「화재의 예방 및 안전관리에 관한 법률 시행령」 별표 2에서 정하는 수량의 750배 이상의 특수가연물을 저장·취급하는 것
10. 별표 2 제17호나목에 따른 가스시설로서 지상에 노출된 탱크의 저장용량의 합계가 100톤 이상인 것

정답 11.④

**12** 소방시설 설치 및 관리에 관한 법령상 소방청장이 정하는 내진설계기준에 맞게 설치하여야 하는 소방시설은? (단, 내진설계기준을 적용하여야 하는 소방시설을 설치하여야 하는 특정소방대상물의 경우에 한함)

① 자동화재탐지설비
② 옥외소화전설비
③ 물분무등소화설비
④ 비상경보설비

해설 소방시설의 내진설계기준 → 내진설계 대상
옥내소화전설비, 스프링클러설비, 물분무등소화설비

**13** 소방시설 설치 및 관리에 관한 법령상 방염대상물품에 대한 방염성능기준으로 옳은 것은? (단, 고시는 고려하지 않음)

① 버너의 불꽃을 제거한 때부터 불꽃을 올리며 연소하는 상태가 그칠 때까지 시간은 30초 이내일 것
② 탄화(炭化)한 면적은 100제곱센티미터 이내, 탄화한 길이는 30센티미터 이내일 것
③ 불꽃에 의하여 완전히 녹을 때까지 불꽃의 접촉 횟수는 2회 이상일 것
④ 버너의 불꽃을 제거한 때부터 불꽃을 올리지 아니하고 연소하는 상태가 그칠 때까지 시간은 30초 이내일 것

해설 방염성능기준(대통령령)
㉠ 버너의 불꽃을 제거한 때부터 불꽃을 올리며 연소하는 상태가 그칠 때까지 시간은 20초 이내일 것 [잔염시간 : 20초 이내]
㉡ 버너의 불꽃을 제거한 때부터 불꽃을 올리지 아니하고 연소하는 상태가 그칠 때까지 시간은 30초 이내일 것 [잔진시간 : 30초 이내]
㉢ 탄화(炭化)한 면적은 50제곱센티미터 이내, 탄화한 길이는 20센티미터 이내일 것
㉣ 불꽃에 의하여 완전히 녹을 때까지 불꽃의 접촉 횟수는 3회 이상일 것
㉤ 소방청장이 정하여 고시한 방법으로 발연량(發煙量)을 측정하는 경우 최대연기밀도는 400 이하일 것

**14** 소방시설 설치 및 관리에 관한 법령상 방염성능기준 이상의 실내장식물 등을 설치하여야 하는 특정소방대상물에 해당하는 것은?

① 옥외에 설치된 문화 및 집회시설
② 건축물의 옥내에 있는 종교시설
③ 3층 건축물의 옥내에 있는 수영장
④ 층수가 11층 이상인 아파트

해설 방염성능기준 이상의 실내장식물 등을 설치하여야 하는 특정소방대상물(소방시설법 시행령 제30조)
1. 근린생활시설 중 의원, 치과의원, 한의원, 조산원, 산후조리원, 체력단련장, 공연장 및 종교집회장
2. 건축물의 옥내에 있는 시설로서 다음 각 목의 시설
   가. 문화 및 집회시설
   나. 종교시설
   다. 운동시설(수영장은 제외한다)
3. 의료시설
4. 교육연구시설 중 합숙소
5. 노유자시설
6. 숙박이 가능한 수련시설
7. 숙박시설
8. 방송통신시설 중 방송국 및 촬영소
9. 다중이용업소
10. 제1호부터 제9호까지의 시설에 해당하지 않는 것으로서 층수가 11층 이상인 것(아파트는 제외한다)

**15** 소방시설 설치 및 관리에 관한 법령상 소방용품의 성능인증등을 위반하여 합격표시를 하지 아니한 소방용품을 판매한 경우의 벌칙 기준은?

① 200만원 이하의 과태료
② 300만원 이하의 벌금
③ 1년 이하의 징역 또는 1천만원 이하의 벌금
④ 3년 이하의 징역 또는 3천만원 이하의 벌금

해설 화재예방법 제50조(벌칙)
① 다음 각 호의 어느 하나에 해당하는 자는 3년 이하의 징역 또는 3천만원 이하의 벌금에 처한다.
   1. 제14조제1항 및 제2항에 따른 조치명령을 정당한 사유 없이 위반한 자
   2. 제28조제1항 및 제2항에 따른 명령을 정당한 사유 없이 위반한 자

정답 12.③ 13.④ 14.② 15.④

3. 제41조제5항에 따른 보수·보강 등의 조치명령을 정당한 사유 없이 위반한 자
4. 거짓이나 그 밖의 부정한 방법으로 제42조제1항에 따른 진단기관으로 지정을 받은 자

② 다음 각 호의 어느 하나에 해당하는 자는 1년 이하의 징역 또는 1천만원 이하의 벌금에 처한다.
1. 제12조제2항을 위반하여 관계인의 정당한 업무를 방해하거나, 조사업무를 수행하면서 취득한 자료나 알게 된 비밀을 다른 사람 또는 기관에게 제공 또는 누설하거나 목적 외의 용도로 사용한 자
2. 제30조제4항을 위반하여 자격증을 다른 사람에게 빌려 주거나 빌리거나 이를 알선한 자
3. 제41조제1항을 위반하여 진단기관으로부터 화재예방안전진단을 받지 아니한 자

③ 다음 각 호의 어느 하나에 해당하는 자는 300만원 이하의 벌금에 처한다.
1. 제7조제1항에 따른 화재안전조사를 정당한 사유 없이 거부·방해 또는 기피한 자
2. 제17조제2항 각 호의 어느 하나에 따른 명령을 정당한 사유 없이 따르지 아니하거나 방해한 자
3. 제24조제1항·제3항, 제29조제1항 및 제35조제1항·제2항을 위반하여 소방안전관리자, 총괄소방안전관리자 또는 소방안전관리보조자를 선임하지 아니한 자
4. 제27조제3항을 위반하여 소방시설·피난시설·방화시설 및 방화구획 등이 법령에 위반된 것을 발견하였음에도 필요한 조치를 할 것을 요구하지 아니한 소방안전관리자
5. 제27조제4항을 위반하여 소방안전관리자에게 불이익한 처우를 한 관계인
6. 제41조제6항 및 제48조제3항을 위반하여 업무를 수행하면서 알게 된 비밀을 이 법에서 정한 목적 외의 용도로 사용하거나 다른 사람 또는 기관에 제공하거나 누설한 자

**제52조(과태료)**
① 다음 각 호의 어느 하나에 해당하는 자에게는 300만원 이하의 과태료를 부과한다.
1. 정당한 사유 없이 제17조제1항 각 호의 어느 하나에 해당하는 행위를 한 자
2. 제24조제2항을 위반하여 소방안전관리자를 겸한 자
3. 제24조제5항에 따른 소방안전관리업무를 하지 아니한 특정소방대상물의 관계인 또는 소방안전관리대상물의 소방안전관리자
4. 제27조제2항을 위반하여 소방안전관리업무의 지도·감독을 하지 아니한 자
5. 제29조제2항에 따른 건설현장 소방안전관리대상물의 소방안전관리자의 업무를 하지 아니한 소방안전관리자
6. 제36조제3항을 위반하여 피난유도 안내정보를 제공하지 아니한 자
7. 제37조제1항을 위반하여 소방훈련 및 교육을 하지 아니한 자
8. 제41조제4항을 위반하여 화재예방안전진단 결과를 제출하지 아니한 자

② 다음 각 호의 어느 하나에 해당하는 자에게는 200만원 이하의 과태료를 부과한다.
1. 제17조제4항에 따른 불을 사용할 때 지켜야 하는 사항 및 같은 조 제5항에 따른 특수가연물의 저장 및 취급 기준을 위반한 자
2. 제18조제4항에 따른 소방설비등의 설치 명령을 정당한 사유 없이 따르지 아니한 자
3. 제26조제1항을 위반하여 기간 내에 선임신고를 하지 아니하거나 소방안전관리자의 성명 등을 게시하지 아니한 자
4. 제29조제1항을 위반하여 기간 내에 선임신고를 하지 아니한 자
5. 제37조제2항을 위반하여 기간 내에 소방훈련 및 교육 결과를 제출하지 아니한 자

③ 제34조제1항제2호를 위반하여 실무교육을 받지 아니한 소방안전관리자 및 소방안전관리보조자에게는 100만원 이하의 과태료를 부과한다.

④ 제1항부터 제3항까지에 따른 과태료는 대통령령으로 정하는 바에 따라 소방청장, 시·도지사, 소방본부장 또는 소방서장이 부과·징수한다.

**소방시설법 벌칙**
① 5년 이하의 징역 또는 5천만원 이하의 벌금
  ㉠ 소방시설의 기능과 성능에 지장을 초래하는 폐쇄·차단 등의 행위를 한 자
  ㉡ 사람을 상해에 이르게 한 때에는 7년 이하의 징역 또는 7천만원 이하의 벌금
  ㉢ 사망에 이르게 한 때에는 10년 이하의 징역 또는 1억원 이하의 벌금

② 3년 이하의 징역 또는 3천만원 이하의 벌금
  ㉠ 소방시설이 화재안전기준에 따라 설치되어있지 않을때의 조치명령을 위반한 사람
  ㉡ 피난·방화시설, 방화구획의 유지관리 조치명령을 위반한 사람
  ㉢ 방염성능물품 조치명령 위반
  ㉣ 이행계획 조치명령 위반한 사람

ⓜ 임시소방시설 또는 소방시설 등의 조치명령을 위반한 사람
ⓑ 소방시설관리업 등록을 하지 아니하고 영업을 한 사람
ⓢ 소방용품의 형식승인을 받지 아니하고 소방용품을 제조하거나 수입한 자
ⓞ 제품검사를 받지 아니한 자
ⓩ 규정을 위반하여 소방용품을 판매·진열하거나 소방시설공사에 사용한 자
ⓒ 소방용품 제조자·수입자에 대한 회수·교환·폐기 및 판매중지 명령을 위반한 사람
ⓚ 거짓이나 그 밖의 부정한 방법으로 전문기관으로 지정을 받은 자

③ 1년 이하의 징역 또는 1천만원 이하의 벌금
㉠ 규정을 위반하여 관리업의 등록증이나 등록수첩을 다른 자에게 빌려준 자
㉡ 영업정지처분을 받고 그 영업정지기간 중에 관리업의 업무를 한 자
㉢ 규정을 위반하여 소방시설등에 대한 자체점검을 하지 아니하거나 관리업자 등으로 하여금 정기적으로 점검하게 하지 아니한 자
㉣ 규정을 위반하여 소방시설관리사증을 다른 자에게 빌려주거나 동시에 둘 이상의 업체에 취업한 사람
㉤ 소방용품 형식승인의 변경승인을 받지 아니한 자
㉥ 소방용품 성능인증의 변경인증을 받지 아니한 자
㉦ 감독업무 수행 시 관계인의 정당한 업무를 방해한 자, 조사·검사 업무를 수행하면서 알게 된 비밀을 제공 또는 누설하거나 목적 외의 용도로 사용한 자

④ 300만원 이하의 벌금
㉠ 중대한 위반사항에 대하여 필요한 조치를 하지 아니한 관계인 또는 관계인에게 중대위반사항을 알리지 아니한 관리업자등
㉡ 방염성능검사에 합격하지 아니한 물품에 합격표시를 하거나 합격표시를 위조하거나 변조하여 사용한 자
㉢ 방염처리업 등록자가 규정을 위반하여 거짓 시료를 제출한 자
㉣ 성능위주설계평가단 업무를 수행하면서 알게 된 비밀 또는 위탁단체에서 업무를 수행하면서 알게 된 비밀을 이 법에서 정한 목적 외의 용도로 사용하거나 다른 사람 또는 기관에 제공하거나 누설한 사람

⑤ 300만원 이하의 과태료
1. 제12조제1항을 위반하여 소방시설을 화재안전기준에 따라 설치·관리하지 아니한 자
2. 제15조제1항을 위반하여 공사 현장에 임시소방시설을 설치·관리하지 아니한 자
3. 제16조제1항을 위반하여 피난시설, 방화구획 또는 방화시설의 폐쇄·훼손·변경 등의 행위를 한 자
4. 제20조제1항을 위반하여 방염대상물품을 방염성능기준 이상으로 설치하지 아니한 자
5. 제22조제1항 전단을 위반하여 점검능력 평가를 받지 아니하고 점검을 한 관리업자
6. 제22조제1항 후단을 위반하여 관계인에게 점검 결과를 제출하지 아니한 관리업자등
7. 제22조제2항에 따른 점검인력의 배치기준 등 자체점검 시 준수사항을 위반한 자
8. 제23조제3항을 위반하여 점검 결과를 보고하지 아니하거나 거짓으로 보고한 자
9. 제23조제4항을 위반하여 이행계획을 기간 내에 완료하지 아니한 자 또는 이행계획 완료 결과를 보고하지 아니하거나 거짓으로 보고한 자
10. 제24조제1항을 위반하여 점검기록표를 기록하지 아니하거나 특정소방대상물의 출입자가 쉽게 볼 수 있는 장소에 게시하지 아니한 관계인
11. 제31조 또는 제32조제3항을 위반하여 신고를 하지 아니하거나 거짓으로 신고한 자
12. 제33조제3항을 위반하여 지위승계, 행정처분 또는 휴업·폐업의 사실을 특정소방대상물의 관계인에게 알리지 아니하거나 거짓으로 알린 관리업자
13. 제33조제4항을 위반하여 소속 기술인력의 참여 없이 자체점검을 한 관리업자
14. 제34조제2항에 따른 점검실적을 증명하는 서류 등을 거짓으로 제출한 자
15. 제52조제1항에 따른 명령을 위반하여 보고 또는 자료제출을 하지 아니하거나 거짓으로 보고 또는 자료제출을 한 자 또는 정당한 사유 없이 관계 공무원의 출입 또는 검사를 거부·방해 또는 기피한 자

**16** 소방시설 설치 및 관리에 관한 법령상 소방청장이 한국소방산업기술원에 위탁할 수 있는 것은?

① 합판·목재를 설치하는 현장에서 방염처리한 경우의 방염성능검사
② 소방용품에 대한 형식승인의 변경승인
③ 소방안전관리에 대한 교육 업무
④ 소방용품에 대한 교체 등의 명령에 대한 권한

**해설** 소방시설법 시행령 제39조(권한의 위임·위탁 등)
① 법 제45조제1항에 따라 소방청장은 법 제36조제7항에 따른 소방용품에 대한 수거·폐기 또는 교체 등의 명령에 대한 권한을 시·도지사에게 위임한다.
② 법 제45조제2항에 따라 소방청장은 다음 각 호의 업무를 기술원에 위탁한다.
  1. 법 제13조에 따른 방염성능검사 업무(합판·목재를 설치하는 현장에서 방염처리한 경우의 방염성능검사는 제외한다)
  2. 법 제36조제1항·제2항 및 제8항부터 제10항까지의 규정에 따른 형식승인(시험시설의 심사를 포함한다)
  3. 법 제37조에 따른 형식승인의 변경승인
  4. 법 제38조제1항에 따른 형식승인의 취소(법 제44조제3호에 따른 청문을 포함한다)
  5. 법 제39조제1항 및 제6항에 따른 성능인증
  6. 법 제39조의2에 따른 성능인증의 변경인증
  7. 법 제39조의3에 따른 성능인증의 취소(법 제44조제3호의2에 따른 청문을 포함한다)
  8. 법 제40조에 따른 우수품질인증 및 그 취소(법 제44조제4호에 따른 청문을 포함한다)
③ 법 제45조제3항에 따라 소방청장은 법 제41조에 따른 소방안전관리에 대한 교육 업무를 「소방기본법」 제40조에 따른 한국소방안전원에 위탁한다.

**17** 소방시설 설치 및 관리에 관한 법령상 시·도지사가 소방시설관리업 등록을 반드시 취소하여야 하는 사유가 아닌 것은?

① 소방시설관리업자가 거짓이나 그 밖의 부정한 방법으로 등록을 한 경우
② 소방시설관리업자가 소방시설등의 자체점검 결과를 거짓으로 보고한 경우
③ 소방시설관리업자가 피성년후견인이 된 경우
④ 소방시설관리업자가 관리업의 등록증을 다른 자에게 빌려준 경우

**해설** 등록의 취소와 영업정지등
㉠ 관리업의 등록취소와 영업정지권자 : 시·도지사
㉡ 등록의 취소와 영업정지(6개월 이내) 사유

| | |
|---|---|
| 등록취소 사유 | 1. 거짓이나 그 밖의 부정한 방법으로 등록을 한 경우<br>2. 등록의 결격사유에 해당하게 된 경우<br>  ① 등록결격사유에 해당되는 법인으로서 결격사유에 해당하게 된 날부터 2개월 이내에 그 임원을 결격사유가 없는 임원으로 바꾸어 선임한 경우는 제외한다.<br>  ② 관리업자의 지위를 승계한 상속인이 등록결격사유에 해당하는 경우에는 상속을 개시한 날부터 6개월 동안은 등록취소를 적용하지 아니한다.<br>3. 위반하여 다른 자에게 등록증이나 등록수첩을 빌려준 경우 |
| 영업정지 사유 | 1. 점검을 하지 아니하거나 거짓으로 한 경우<br>2. 등록기준에 미달하게 된 경우 |

**18** 위험물안전관리법령상 지정수량 미만인 위험물의 저장 또는 취급에 관한 기술상의 기준을 정하는 것은?

① 대통령령
② 국토교통부령
③ 행정안전부령
④ 시·도의 조례

**해설** 지정수량 미만인 위험물의 저장, 취급
지정수량 미만인 위험물의 저장 또는 취급에 관한 기술상의 기준은 시·도의 조례로 정한다.

**19** 위험물안전관리법령상 위험물시설의 안전관리에 관한 설명으로 옳지 않은 것은?

① 위험물안전관리자를 선임하여야 하는 제조소 등의 경우, 안전관리자를 선임한 제조소등의 관계인은 그 안전관리자를 해임하거나 안전관리자가 퇴직한 때에는 해임하거나 퇴직한 날부터 30일 이내에 다시 안전관리자를 선임하여야 한다.
② 암반탱크저장소는 관계인이 예방규정을 정하여야 하는 제조소등에 포함된다.
③ 정기검사의 대상인 제조소등이라 함은 액체위험물을 저장 또는 취급하는 100만리터 이상의 옥외탱크저장소를 말한다.
④ 탱크안전성능시험자가 되고자 하는 자는 대통령령이 정하는 기술능력·시설 및 장비를 갖추어 소방청장에게 등록하여야 한다.

**해설** 탱크시험자의 등록 등

(1) 시·도지사 또는 제조소등의 관계인은 탱크시험자로 하여금 탱크안전성능검사 또는 점검의 일부를 실시하게 할 수 있다.
(2) 등록신청
  ① 탱크시험자가 되고자 하는 자는 기술능력, 시설, 장비를 갖추어 시·도지사에게 등록하여야 한다.
  ② 등록기준
    1. 기술능력
      가. 필수인력
        ⓐ 위험물기능장·위험물산업기사 또는 위험물기능사 중 1명 이상
        ⓑ 비파괴검사기술사 1명 이상 또는 초음파비파괴검사·자기비파괴검사 및 침투비파괴검사별로 기사 또는 산업기사 각 1명 이상
      나. 필요한 경우에 두는 인력
        ⓐ 충·수압시험, 진공시험, 기밀시험 또는 내압시험의 경우 : 누설비파괴검사 기사, 산업기사 또는 기능사
        ⓑ 수직·수평도시험의 경우 : 측량 및 지형공간정보 기술사, 기사, 산업기사 또는 측량기능사
        ⓒ 방사선투과시험의 경우 : 방사선비파괴검사 기사 또는 산업기사
        ⓓ 필수 인력의 보조 : 방사선비파괴검사·초음파비파괴검사·자기비파괴검사 또는 침투비파괴검사 기능사
    2. 시설 : 전용사무실
    3. 장비
      가. 필수장비 : 자기탐상시험기, 초음파두께측정기 및 다음 ⓐ 또는 ⓑ 중 어느 하나
        ⓐ 영상초음파탐상시험기
        ⓑ 방사선투과시험기 및 초음파탐상시험기
      나. 필요한 경우에 두는 장비
        ⓐ 충·수압시험, 진공시험, 기밀시험 또는 내압시험의 경우
          가) 진공능력 53[kPa] 이상의 진공누설시험기
          나) 기밀시험장치(안전장치가 부착된 것으로서 가압능력 200[kPa] 이상, 감압의 경우에는 감압능력 10[kPa] 이상·감도 10[Pa] 이하의 것으로서 각각의 압력 변화를 스스로 기록할 수 있는 것)
        ⓑ 수직·수평도 시험의 경우 : 수직·수평도 측정기
    ※ 비고 : 둘 이상의 기능을 함께 가지고 있는 장비를 갖춘 경우에는 각각의 장비를 갖춘 것으로 본다.
(3) 탱크시험자 등록취소등
  [등록취소]
  ① 허위 그 밖의 부정한 방법으로 등록을 한 경우
  ② 등록의 결격사유에 해당하게 된 경우
  ③ 등록증을 다른 자에게 빌려준 경우
  [6월 이하의 업무정지]
  ① 등록기준에 미달하게 된 경우
  ② 탱크안전성능시험 또는 점검을 허위로 하거나 이 법에 의한 기준에 맞지 아니하게 탱크안전성능시험 또는 점검을 실시하는 경우 등 탱크시험자로서 적합하지 아니하다고 인정하는 경우

**20** 위험물안전관리법령상 취급소의 구분에 해당하지 않는 것은?

① 주유취급소
② 판매취급소
③ 이송취급소
④ 간이취급소

## 해설 취급소의 구분

| 위험물을 제조외의 목적으로 취급하기 위한 장소 | 취급소의 구분 |
|---|---|
| 1. 고정된 주유설비(항공기에 주유하는 경우에는 차량에 설치된 주유설비를 포함한다)에 의하여 자동차·항공기 또는 선박 등의 연료탱크에 직접 주유하기 위하여 위험물(「석유 및 석유대체연료 사업법」 제29조의 규정에 의한 가짜석유제품에 해당하는 물품을 제외한다. 이하 제2호에서 같다)을 취급하는 장소(위험물을 용기에 옮겨 담거나 차량에 고정된 5천리터 이하의 탱크에 주입하기 위하여 고정된 급유설비를 병설한 장소를 포함한다) | 주유취급소 |
| 2. 점포에서 위험물을 용기에 담아 판매하기 위하여 지정수량의 40배 이하의 위험물을 취급하는 장소 | 판매취급소 |
| 3. 배관 및 이에 부속된 설비에 의하여 위험물을 이송하는 장소. 다만, 다음 각목의 1에 해당하는 경우의 장소를 제외한다.<br>가. 「송유관 안전관리법」에 의한 송유관에 의하여 위험물을 이송하는 경우<br>나. 제조소등에 관계된 시설(배관을 제외한다) 및 그 부지가 같은 사업소안에 있고 당해 사업소안에서만 위험물을 이송하는 경우<br>다. 사업소와 사업소의 사이에 도로(폭 2미터 이상의 일반교통에 이용되는 도로로서 자동차의 통행이 가능한 것을 말한다)만 있고 사업소와 사업소 사이의 이송배관이 그 도로를 횡단하는 경우<br>라. 사업소와 사업소 사이의 이송배관이 제3자(당해 사업소와 관련이 있거나 유사한 사업을 하는 자에 한한다)의 토지만을 통과하는 경우로서 당해 배관의 길이가 100미터 이하인 경우<br>마. 해상구조물에 설치된 배관(이송되는 위험물이 별표 1의 제4류 위험물중 제1석유류인 경우에는 배관의 내경이 30센티미터 미만인 것에 한한다)으로서 당해 해상구조물에 설치된 배관이 길이가 30미터 이하인 경우<br>바. 사업소와 사업소 사이의 이송배관이 다목 내지 마목의 규정에 의한 경우중 2이상에 해당하는 경우<br>사. 「농어촌 전기공급사업 촉진법」에 따라 설치된 자가발전시설에 사용되는 위험물을 이송하는 경우 | 이송취급소 |
| 4. 제1호 내지 제3호외의 장소(「석유 및 석유대체연료 사업법」 제29조의 규정에 의한 가짜석유제품에 해당하는 위험물을 취급하는 경우의 장소를 제외한다) | 일반취급소 |

**21** 위험물안전관리법령상 위험물탱크 안전성능 검사를 받아야 하는 경우 그 신청 시기에 관한 설명으로 옳은 것은?

① 기초·지반검사는 위험물탱크의 기초 및 지반에 관한 공사의 개시 후에 한다.
② 용접부 검사는 탱크 본체에 관한 공사의 개시 전에 한다.
③ 충수·수압검사는 탱크에 배관 그 밖의 부속설비를 부착한 후에 한다.
④ 암반탱크검사는 암반탱크의 본체에 관한 공사의 개시 후에 한다.

### 해설 탱크안전성능검사의 신청시기

㉠ 기초·지반검사 : 위험물탱크의 기초 및 지반에 관한 공사의 개시 전
㉡ 충수·수압검사 : 위험물을 저장 또는 취급하는 탱크에 배관 그 밖의 부속설비를 부착하기 전
㉢ 용접부검사 : 탱크본체에 관한 공사의 개시 전
㉣ 암반탱크검사 : 암반탱크의 본체에 관한 공사의 개시 전

**22** 다중이용업소의 안전관리에 관한 특별법령상 안전시설등에 해당하지 않는 것은?

① 옥내소화전설비
② 구조대
③ 영업장 내부 피난통로
④ 창문

### 해설 다중법 제2조(정의)

"안전시설등"이란 소방시설, 비상구, 영업장 내부 피난통로, 그 밖의 안전시설로서 대통령령으로 정하는 것을 말한다.

[별표 1] 안전시설등(제2조의2 관련)
1. 소방시설
   가. 소화설비
      1) 소화기 또는 자동확산소화기
      2) 간이스프링클러설비(캐비닛형 간이스프링클러설비를 포함한다)
   나. 경보설비

정답 21.② 22.①

1) 비상벨설비 또는 자동화재탐지설비
2) 가스누설경보기
다. 피난설비
  1) 피난기구
    가) 미끄럼대
    나) 피난사다리
    다) 구조대
    라) 완강기
    마) 다수인 피난장비
    바) 승강식 피난기
  2) 피난유도선
  3) 유도등, 유도표지 또는 비상조명등
  4) 휴대용비상조명등
2. 비상구
3. 영업장 내부 피난통로
4. 그 밖의 안전시설
  가. 영상음향차단장치
  나. 누전차단기
  다. 창문

**23** 다중이용업소의 안전관리에 관한 특별법령상 다중이용업주의 화재배상책임보험의 의무가입 등에 관한 설명으로 옳은 것은?

① 보험회사는 화재배상책임보험 외에 다른 보험의 가입을 다중이용업주에게 강요할 수 있다.
② 보험회사는 화재배상책임보험의 보험금 청구를 받은 때에는 지체없이 지급할 보험금을 결정하고 보험금 결정 후 30일 이내에 피해자에게 보험금을 지급하여야 한다.
③ 다중이용업주가 화재배상책임보험 청약 당시 보험회사가 요청한 화재 발생 위험에 관한 중요한 사항을 거짓으로 알린 경우 보험회사는 그 계약의 체결을 거부할 수 있다.
④ 소방서장은 다중이용업주가 화재배상책임보험에 가입하지 아니하였을 때에는 다중이용업주에 대한 인가·허가의 취소를 하여야 한다.

**해설** 다중법 시행령 제9조의4(화재배상책임보험 계약의 체결 거부)
법 제13조의5제1항 단서에서 "대통령령으로 정하는 경우"란 다중이용업주가 화재배상책임보험 청약 당시 보험

회사가 요청한 안전시설등의 유지·관리에 관한 사항 등 화재 발생 위험에 관한 중요한 사항을 알리지 아니하거나 거짓으로 알린 경우를 말한다.

※ 다중법 제13조의5(화재배상책임보험 계약의 체결의무 및 가입강요 금지)
① 보험회사는 다중이용업주가 화재배상책임보험에 가입할 때에는 계약의 체결을 거부할 수 없다. 다만, 대통령령으로 정하는 경우에는 그러하지 아니하다.
② 다중이용업소에서 화재가 발생할 개연성이 높은 경우 등 행정안전부령으로 정하는 사유가 있으면 다수의 보험회사가 공동으로 화재배상책임보험 계약을 체결할 수 있다. 이 경우 보험회사는 다중이용업주에게 공동계약체결의 절차 및 보험료에 대한 안내를 하여야 한다.
③ 보험회사는 화재배상책임보험 외에 다른 보험의 가입을 다중이용업주에게 강요할 수 없다.

**24** 다중이용업소의 안전관리에 관한 특별법령상 다중이용업소의 안전관리기본계획등에 관한 설명으로 옳은 것은?

① 소방청장은 5년마다 다중이용업소의 안전관리기본계획을 수립·시행하여야 한다.
② 소방본부장은 기본계획에 따라 매년 연도별 안전관리계획을 수립·시행하여야 한다.
③ 소방서장은 기본계획 및 연도별 계획에 따라 매년 안전관리집행계획을 수립한다.
④ 국무총리는 기본계획을 수립하면 대통령에게 보고하고 관계 중앙행정기관의 장과 시·도지사에게 통보한 후 이를 공고하여야 한다.

**해설** 다중법 제5조(안전관리기본계획의 수립·시행 등)
① 소방청장은 다중이용업소의 화재 등 재난이나 그 밖의 위급한 상황으로 인한 인적·물적 피해의 감소, 안전기준의 개발, 자율적인 안전관리능력의 향상, 화재배상책임보험제도의 정착 등을 위하여 5년마다 다중이용업소의 안전관리기본계획(이하 "기본계획"이라 한다)을 수립·시행하여야 한다.
② 기본계획에는 다음 각 호의 사항이 포함되어야 한다.
  1. 다중이용업소의 안전관리에 관한 기본 방향
  2. 다중이용업소의 자율적인 안전관리 촉진에 관한 사항

3. 다중이용업소의 화재안전에 관한 정보체계의 구축 및 관리
4. 다중이용업소의 안전 관련 법령 정비 등 제도 개선에 관한 사항
5. 다중이용업소의 적정한 유지·관리에 필요한 교육과 기술 연구·개발
5의2. 다중이용업소의 화재배상책임보험에 관한 기본 방향
5의3. 다중이용업소의 화재배상책임보험 가입관리전산망(이하 "책임보험전산망"이라 한다)의 구축·운영
5의4. 다중이용업소의 화재배상책임보험제도의 정비 및 개선에 관한 사항
6. 다중이용업소의 화재위험평가의 연구·개발에 관한 사항
7. 그 밖에 다중이용업소의 안전관리에 관하여 대통령령으로 정하는 사항

③ 소방청장은 기본계획에 따라 매년 연도별 안전관리계획(이하 "연도별계획"이라 한다)을 수립·시행하여야 한다.
④ 소방청장은 제1항 및 제3항에 따라 수립된 기본계획 및 연도별계획을 관계 중앙행정기관의 장과 특별시장·광역시장·도지사 또는 특별자치도지사(이하 "시·도지사"라 한다)에게 통보하여야 한다.
⑤ 소방청장은 기본계획 및 연도별계획을 수립하기 위하여 필요하면 관계 중앙행정기관의 장 및 시·도지사에게 관련된 자료의 제출을 요구할 수 있다. 이 경우 자료 제출을 요구받은 관계 중앙행정기관의 장 또는 시·도지사는 특별한 사유가 없으면 요구에 따라야 한다.

※ **다중법 제6조(집행계획의 수립·시행 등)**
① 소방본부장은 기본계획 및 연도별계획에 따라 관할 지역 다중이용업소의 안전관리를 위하여 매년 안전관리집행계획(이하 "집행계획"이라 한다)을 수립하여 소방청장에게 제출하여야 한다.
② 소방본부장은 집행계획을 수립하기 위하여 필요하면 해당 시장·군수·구청장(자치구의 구청장을 말한다. 이하 같다)에게 관련된 자료의 제출을 요구할 수 있다. 이 경우 자료 제출을 요구받은 해당 시장·군수·구청장은 특별한 사유가 없으면 요구에 따라야 한다.
③ 집행계획의 수립 시기, 대상, 내용 등에 관하여 필요한 사항은 대통령령으로 정한다.

**25** 다중이용업소의 안전관리에 관한 특별법령상 다중이용업주와 종업원이 받아야 하는 소방안전교육의 교과과정으로 옳지 않은 것은?

① 심폐소생술 등 응급처치 요령
② 소방시설 및 방화시설의 유지·관리 및 사용방법
③ 소방시설설계 도면의 작성 요령
④ 화재안전과 관련된 법령 및 제도

**해설** 다중법 시행규칙 제7조(소방안전교육의 교과과정 등)
① 법 제8조제1항에 따른 소방안전교육의 교과과정은 다음 각 호와 같다.
1. 화재안전과 관련된 법령 및 제도
2. 다중이용업소에서 화재가 발생한 경우 초기대응 및 대피요령
3. 소방시설 및 방화시설(防火施設)의 유지·관리 및 사용방법
4. 심폐소생술 등 응급처치 요령
② 그 밖에 다중이용업소의 안전관리에 관한 교육내용과 관련된 세부사항은 소방청장이 정한다.

정답 25.③

# 2015 제15회 소방시설관리사 1차 필기 기출문제

[제3과목 : 소방관계법령]

**01** 소방기본법령상 5년 이하의 징역 또는 5천만원 이하의 벌금에 처하는 사람이 아닌 것은?

① 화재진압 및 구조·구급 활동을 위하여 출동하는 소방자동차의 출동을 방해한 사람
② 정당한 사유 없이 소방용수시설을 사용하거나 소방용수시설의 효용을 해치거나 그 정당한 사용을 방해한 사람
③ 출동한 소방대원에게 폭행 또는 협박을 행사하여 화재진압·인명구조 또는 구급활동을 방해한 사람
④ 화재의 원인 및 피해상황 조사를 위한 관계공무원의 출입 또는 조사를 정당한 사유 없이 거부·방해 또는 기피한 사람

**해설** **소방기본법 제50조(벌칙)**

다음 각 호의 어느 하나에 해당하는 사람은 5년 이하의 징역 또는 5천만원 이하의 벌금에 처한다.

1. 제16조제2항을 위반하여 다음 각 목의 어느 하나에 해당하는 행위를 한 사람
   가. 위력(威力)을 사용하여 출동한 소방대의 화재진압·인명구조 또는 구급활동을 방해하는 행위
   나. 소방대가 화재진압·인명구조 또는 구급활동을 위하여 현장에 출동하거나 현장에 출입하는 것을 고의로 방해하는 행위
   다. 출동한 소방대원에게 폭행 또는 협박을 행사하여 화재진압·인명구조 또는 구급활동을 방해하는 행위
   라. 출동한 소방대의 소방장비를 파손하거나 그 효용을 해하여 화재진압·인명구조 또는 구급활동을 방해하는 행위
2. 제21조제1항을 위반하여 소방자동차의 출동을 방해한 사람
3. 제24조제1항에 따른 사람을 구출하는 일 또는 불을 끄거나 불이 번지지 아니하도록 하는 일을 방해한 사람
4. 제28조를 위반하여 정당한 사유 없이 소방용수시설 또는 비상소화장치를 사용하거나 소방용수시설 또는 비상소화장치의 효용을 해치거나 그 정당한 사용을 방해한 사람

**02** 소방기본법령상 소방교육·훈련의 종류와 종류별 소방교육·훈련의 대상자의 연결이 옳지 않은 것은?

① 화재진압훈련 - 화재진압업무를 담당하는 소방공무원
② 인명구조훈련 - 구조업무를 담당하는 소방공무원
③ 응급처치훈련 - 구조업무를 담당하는 소방공무원
④ 인명대피훈련 - 소방공무원

**해설** **소방교육 및 훈련**

1) 소방청장, 소방본부장 또는 소방서장은 소방업무를 전문적이고 효과적으로 수행하기 위하여 소방대원에게 필요한 교육·훈련을 실시하여야 한다.
2) 다음 각 호 대상으로 소방안전교육 및 훈련을 실시할 수 있다.
   1. 「영유아보육법」 제2조에 따른 어린이집의 영유아
   2. 「유아교육법」 제2조에 따른 유치원의 유아
   3. 「초·중등교육법」 제2조에 따른 학교의 학생

| 종류 | 교육·훈련을 받아야 할 대상자 |
|---|---|
| 가. 화재 진압훈련 | 1) 화재진압업무를 담당하는 소방공무원<br>2) 「의무소방대설치법 시행령」 제20조제1항제1호에 따른 임무를 수행하는 의무소방원<br>3) 「의용소방대 설치 및 운영에 관한 법률」 제3조에 따라 임명된 의용소방대원 |

정답 01.④ 02.③

| 나. 인명<br>구조훈련 | 1) 구조업무를 담당하는 소방공무원<br>2) 「의무소방대설치법 시행령」 제20조제1항제1호에 따른 임무를 수행하는 의무소방원<br>3) 「의용소방대 설치 및 운영에 관한 법률」 제3조에 따라 임명된 의용소방대원 |
|---|---|
| 다. 응급<br>처치훈련 | 1) 구급업무를 담당하는 소방공무원<br>2) 「의무소방대설치법」 제3조에 따라 임용된 의무소방원<br>3) 「의용소방대 설치 및 운영에 관한 법률」 제3조에 따라 임명된 의용소방대원 |
| 라. 인명<br>대피훈련 | 1) 소방공무원<br>2) 「의무소방대설치법」 제3조에 따라 임용된 의무소방원<br>3) 「의용소방대 설치 및 운영에 관한 법률」 제3조에 따라 임명된 의용소방대원 |
| 마. 현장<br>지휘훈련 | 소방공무원 중 다음의 계급에 있는 사람<br>1) 소방정 2) 소방령 3) 소방경 4) 소방위 |

3) 소방대원에 대한 교육 및 훈련 [2년마다 1회, 2주 이상]

**03** 화재예방법상 불을 사용하는 설비 등의 관리 기준과 특수가연물의 저장·취급 기준에 관한 설명으로 옳은 것은?

① 불꽃을 사용하는 용접 또는 용단 작업자로부터 반경 10[m] 이내에 소화기를 갖추어야 한다.
② 특수가연물을 저장 또는 취급하는 장소에는 품명·최대수량 및 화기취급의 금지표지를 설치하여야 한다.
③ 석탄·목탄류를 발전용으로 저장하는 경우에는 반드시 품명별로 구분하여 쌓고, 쌓는 부분의 바닥면적 사이는 1미터 이상이 되도록 하여야 한다.
④ 화재예방을 위하여 불을 사용할 때 지켜야 하는 사항은 소방본부장이 정한다.

**[해설]** 화재예방법 별표3
**특수가연물의 저장 및 취급 기준(제19조제2항 관련)**
1. 특수가연물의 저장·취급 기준
   특수가연물은 다음 각 목의 기준에 따라 쌓아 저장해야 한다. 다만, 석탄·목탄류를 발전용(發電用)으로 저장하는 경우는 제외한다.
   가. 품명별로 구분하여 쌓을 것
   나. 다음의 기준에 맞게 쌓을 것

| 구분 | 살수설비를 설치하거나 방사능력 범위에 해당 특수가연물이 포함되도록 대형수동식소화기를 설치하는 경우 | 그 밖의 경우 |
|---|---|---|
| 높이 | 15미터 이하 | 10미터 이하 |
| 쌓는 부분의 바닥면적 | 200제곱미터(석탄·목탄류의 경우에는 300제곱미터) 이하 | 50제곱미터(석탄·목탄류의 경우에는 200제곱미터) 이하 |

   다. 실외에 쌓아 저장하는 경우 쌓는 부분이 대지경계선, 도로 및 인접 건축물과 최소 6미터 이상 간격을 둘 것. 다만, 쌓는 높이보다 0.9미터 이상 높은 「건축법 시행령」 제2조제7호에 따른 내화구조(이하 "내화구조"라 한다) 벽체를 설치한 경우는 그렇지 않다.
   라. 실내에 쌓아 저장하는 경우 주요구조부는 내화구조이면서 불연재료여야 하고, 다른 종류의 특수가연물과 같은 공간에 보관하지 않을 것. 다만, 내화구조의 벽으로 분리하는 경우는 그렇지 않다.
   마. 쌓는 부분 바닥면적의 사이는 실내의 경우 1.2미터 또는 쌓는 높이의 1/2 중 큰 값 이상으로 간격을 두어야 하며, 실외의 경우 3미터 또는 쌓는 높이 중 큰 값 이상으로 간격을 둘 것
2. 특수가연물 표지
   가. 특수가연물을 저장 또는 취급하는 장소에는 품명, 최대저장수량, 단위부피당 질량 또는 단위체적당 질량, 관리책임자 성명·직책, 연락처 및 화기취급의 금지표시가 포함된 특수가연물 표지를 설치해야 한다.
   나. 특수가연물 표지의 규격은 다음과 같다.
      1) 특수가연물 표지는 한 변의 길이가 0.3미터 이상, 다른 한 변의 길이가 0.6미터 이상인 직사각형으로 할 것
      2) 특수가연물 표지의 바탕은 흰색으로, 문자는 검은색으로 할 것. 다만, "화기엄금" 표시 부분은 제외한다.
      3) 특수가연물 표지 중 화기엄금 표시 부분의 바탕은 붉은색으로, 문자는 백색으로 할 것
   다. 특수가연물 표지는 특수가연물을 저장하거나 취급하는 장소 중 보기 쉬운 곳에 설치해야 한다.

**04** 소방기본법령상의 내용으로 ( )에 들어갈 말로 순서대로 바르게 나열한 것은?

> 소방의 역사와 안전문화를 발전시키고 국민의 안전의식을 높이기 위하여 소방청장은 ( )을, 시·도지사는 ( )을 설립하여 운영할 수 있다.

① 소방체험관 – 소방박물관
② 소방체험관 – 소방과학관
③ 소방박물관 – 소방체험관
④ 소방박물관 – 소방과학관

**해설** 소방박물관 및 소방체험관
㉠ 소방박물관 설립운영권자 : 소방청장
㉡ 소방체험관 설립운영권자 : 시·도지사
㉢ 소방박물관 설립운영에 관하여 필요한 사항 : 행정안전부령
㉣ 소방체험관 설립운영에 관하여 필요한 사항 : 시·도의 조례
㉤ 소방청장은 법 제5조제2항의 규정에 의하여 소방박물관을 설립·운영하는 경우에는 소방박물관에 소방박물관장 1인과 부관장 1인을 두되, 소방박물관장은 소방공무원 중에서 소방청장이 임명한다.
㉥ 소방박물관에는 그 운영에 관한 중요한 사항을 심의하기 위하여 7인 이내의 위원으로 구성된 운영위원회를 둔다.

**05** 소방시설공사업법령상 감리업자가 소방공사를 감리할 때 반드시 수행하여야 할 업무가 아닌 것은?

① 완공된 소방시설등의 성능시험
② 공사업자가 한 소방시설등의 시공이 설계도서와 화재안전기준에 맞는지에 대한 지도·감독
③ 소방시설등 설계 변경 사항의 도면수정
④ 공사업자가 작성한 시공 상세 도면의 적합성 검토

**해설** 공사업법 제16조(감리) 제1항
1. 소방시설등의 설치계획표의 적법성 검토
2. 소방시설등 설계도서의 적합성(적법성과 기술상의 합리성을 말한다. 이하 같다) 검토
3. 소방시설등 설계 변경 사항의 적합성 검토
4. 「소방시설 설치 및 관리에 관한 법률」 제2조제1항제7호의 소방용품의 위치·규격 및 사용 자재의 적합성 검토
5. 공사업자가 한 소방시설등의 시공이 설계도서와 화재안전기준에 맞는지에 대한 지도·감독
6. 완공된 소방시설등의 성능시험
7. 공사업자가 작성한 시공 상세 도면의 적합성 검토
8. 피난시설 및 방화시설의 적법성 검토
9. 실내장식물의 불연화(不燃化)와 방염 물품의 적법성 검토

**06** 소방시설공사업법령에 관한 설명으로 옳지 않은 것은?

① 감리업자가 소방공사의 감리를 마쳤을 때에는 소방공사감리 결과보고(통보)서에 소방시설공사 완공검사신청서, 소방시설 성능시험 조사표, 소방공사 감리일지를 첨부하여 소방본부장 또는 소방서장에게 알려야 한다.
② 특정소방대상물의 관계인은 공사감리자가 변경된 경우에는 변경일부터 30일 이내에 소방공사감리자 변경신고서를 소방본부장 또는 소방서장에게 제출하여야 한다.
③ 소방공사감리업자는 감리원을 소방공사감리 현장에 배치하는 경우에는 소방공사감리원 배치통보서를 감리원 배치일부터 7일 이내에 소방본부장 또는 소방서장에게 알려야 한다.
④ 소방시설공사업자는 해당 소방시설공사의 착공 전까지 소방시설공사 착공(변경)신고서를 소방본부장 또는 소방서장에게 신고하여야 한다.

정답 04.③ 05.③ 06.①

**공사업법 시행규칙 제19조(감리결과의 통보 등)**

법 제20조에 따라 감리업자가 소방공사의 감리를 마쳤을 때에는 별지 제29호서식의 소방 공사감리 결과보고(통보)서[전자문서로 된 소방공사감리 결과보고(통보)서를 포함한다]에 다음 각 호의 서류(전자 문서를 포함한다)를 첨부하여 공사가 완료된 날부터 7일 이내에 특정소방대상물의 관계인, 소방시설공사의 도급인 및 특정소방대상물의 공사를 감리한 건축사에게 알리고, 소방본부장 또는 소방서장에게 보고하여야 한다.

1. 별지 제30호서식의 소방시설 성능시험조사표 1부(소방청장이 정하여 고시하는 소방시설 세부성능시험조사표 서식을 첨부한다)
2. 착공신고 후 변경된 소방시설설계도면(변경사항이 있는 경우에만 첨부하되, 법 제11조에 따른 설계업자가 설계한 도면만 해당된다) 1부
3. 별지 제13호서식의 소방공사 감리일지(소방본부장 또는 소방서장에게 보고하는 경우에만 첨부한다)

※ **공사업법시행규칙 제17조(감리원 배치통보 등)**

① 소방공사감리업자는 법 제18조제2항에 따라 감리원을 소방공사감리현장에 배치하는 경우에는 별지 제24호서식의 소방공사감리원 배치통보서(전자문서로 된 소방공사감리원 배치통보서를 포함한다)에, 배치한 감리원이 변경된 경우에는 별지 제25호서식의 소방공사감리원 배치변경통보서(전자문서로 된 소방공사감리원 배치변경통보서를 포함한다)에 다음 각 호의 구분에 따른 해당 서류(전자문서를 포함한다)를 첨부하여 감리원 배치일부터 7일 이내에 소방본부장 또는 소방서장에게 알려야 한다. 이 경우 소방본부장 또는 소방서장은 통보된 내용을 7일 이내에 소방기술자 인정자에게 통보하여야 한다.

**07** 소방시설공사업법령상 소방시설업에 대한 행정처분기준 중 2차 위반 시 등록취소 사항에 해당하는 것은? (단, 가중 또는 감경 사유는 고려하지 않음)

① 거짓이나 그 밖의 부정한 방법으로 등록한 경우
② 다른 자에게 등록증 또는 등록수첩을 빌려준 경우
③ 영업정지 기간 중에 설계·시공 또는 감리를 한 경우
④ 정당한 사유 없이 하수급인의 변경요구를 따르지 아니한 경우

**공사업법 시행규칙 [별표 1] 행정처분기준**

| 위반사항 | 근거 법령 | 행정처분 기준 1차 | 2차 | 3차 |
|---|---|---|---|---|
| 가. 거짓이나 그 밖의 부정한 방법으로 등록한 경우 | 법 제9조 | 등록 취소 | | |
| 나. 법 제4조제1항에 따른 등록기준에 미달하게 된 후 30일이 경과한 경우(법 제9조제1항제2호 단서에 해당하는 경우는 제외한다) | 법 제9조 | 경고 (시정명령) | 영업 정지 3개월 | 등록 취소 |
| 다. 법 제5조 각 호의 등록 결격사유에 해당하게 된 경우 | 법 제9조 | 등록 취소 | | |
| 라. 등록을 한 후 정당한 사유 없이 1년이 지날 때까지 영업을 시작하지 아니하거나 계속하여 1년 이상 휴업한 때 | 법 제9조 | 경고 (시정명령) | 등록 취소 | |
| 마. 삭제 〈2013.11.22〉 | | | | |
| 바. 법 제8조제1항을 위반하여 다른 자에게 등록증 또는 등록수첩을 빌려준 경우 | 법 제9조 | 영업 정지 6개월 | 등록 취소 | |
| 사. 법 제8조제2항을 위반하여 영업정지 기간 중에 소방시설공사등을 한 경우 | 법 제9조 | 등록 취소 | | |
| 아. 법 제8조제3항 또는 제4항을 위반하여 통지를 하지 아니하거나 관계서류를 보관하지 아니한 경우 | 법 제9조 | 경고 (시정명령) | 영업 정지 1개월 | 등록 취소 |
| 자. 법 제1조 또는 제2조제1항을 위반하여 화재안전기준 등에 적합하게 설계·시공을 하지 아니하거나, 법 제16조제1항에 따라 적합하게 감리를 하지 아니한 경우 | 법 제9조 | 영업 정지 1개월 | 영업 정지 3개월 | 등록 취소 |
| 차. 법 제1조, 제2조제1항, 제6조제1항 또는 제20조의2에 따른 소방시설공사등의 업무수행의무 등을 고의 또는 과실로 위반하여 다른 자에게 상해를 입히거나 재산피해를 입힌 경우 | 법 제9조 | 영업 정지 6개월 | 등록 취소 | |
| 카. 법 제12조제2항을 위반하여 소속 소방기술자를 공사현장에 배치하지 아니하거나 거짓으로 한 경우 | 법 제9조 | 경고 (시정명령) | 영업 정지 1개월 | 등록 취소 |
| 타. 법 제13조 또는 제14조를 위반하여 착공신고(변경신고를 포함한다)를 하지 아니하거나 거짓으로 한 때 또는 완공검사(부분완공검사를 포함한다)를 받지 아니한 경우 | 법 제9조 | 경고 (시정명령) | 영업 정지 3개월 | 등록 취소 |
| 파. 법 제13조제2항을 위반하여 착공신고사항 중 중요한 사항에 해당하지 아니하는 변경사항을 공사감리 결과보고서에 포함하여 보고하지 아니한 경우 | 법 제9조 | 경고 (시정명령) | 영업 정지 1개월 | 등록 취소 |
| 하. 법 제15조제3항을 위반하여 하자보수 기간 내에 하자보수를 하지 아니하거나 하자보수계획을 통보하지 아니한 경우 | 법 제9조 | 경고 (시정명령) | 영업 정지 1개월 | 등록 취소 |
| 거. 법 제17조제3항을 위반하여 인수·인계를 거부·방해·기피한 경우 | 법 제9조 | 영업 정지 1개월 | 영업 정지 3개월 | 등록 취소 |
| 너. 법 제18조제1항을 위반하여 소속 감리원을 공사현장에 배치하지 아니하거나 거짓으로 한 경우 | 법 제9조 | 영업 정지 1개월 | 영업 정지 3개월 | 등록 취소 |

정답 07.②

| | | | | |
|---|---|---|---|---|
| 더. 법 제18조제3항의 감리원 배치기준을 위반한 경우 | 법 제9조 | 경고 (시정명령) | 영업정지 1개월 | 등록취소 |
| 러. 법 제19조제1항에 따른 요구에 따르지 아니한 경우 | 법 제9조 | 영업정지 1개월 | 영업정지 3개월 | 등록취소 |
| 머. 법 제19조제3항을 위반하여 보고하지 아니한 경우 | 법 제9조 | 경고 (시정명령) | 영업정지 1개월 | 등록취소 |
| 버. 법 제20조를 위반하여 감리 결과를 알리지 아니하거나 거짓으로 알린 경우 또는 공사감리 결과보고서를 제출하지 아니하거나 거짓으로 제출한 경우 | 법 제9조 | 경고 (시정명령) | 영업정지 3개월 | 등록취소 |
| 서. 법 제20조의2를 위반하여 방염을 한 경우 | 법 제9조 | 영업정지 3개월 | 영업정지 6개월 | 등록취소 |
| 어. 법 제22조제1항을 위반하여 하도급한 경우 | 법 제9조 | 영업정지 3개월 | 영업정지 6개월 | 등록취소 |
| 저. 법 제21조의3제4항을 위반하여 하도급 등에 관한 사항을 관계인과 발주자에게 알리지 아니하거나 거짓으로 알린 경우 | 법 제9조 | 경고 (시정명령) | 영업정지 1개월 | 등록취소 |
| 처. 법 제22조의2제2항을 위반하여 정당한 사유 없이 하수급인 또는 하도급 계약내용의 변경요구에 따르지 아니한 경우 | 법 제9조 | 경고 (시정명령) | 영업정지 1개월 | 등록취소 |
| 커. 법 제22조의3을 위반하여 하수급인에게 대금을 지급하지 아니한 경우 | 법 제9조 | 영업정지 1개월 | 영업정지 3개월 | 등록취소 |
| 터. 법 제24조를 위반하여 시공과 감리를 함께 한 경우 | 법 제9조 | 영업정지 3개월 | 등록취소 | |
| 퍼. 법 제26조의2에 따른 사업수행능력 평가에 관한 서류를 위조하거나 변조하는 등 거짓이나 그 밖의 부정한 방법으로 입찰에 참여한 경우 | 법 제9조 | 영업정지 3개월 | 영업정지 6개월 | 등록취소 |
| 허. 법 제31조에 따른 명령을 위반하여 보고 또는 자료 제출을 하지 아니하거나 거짓으로 보고 또는 자료 제출을 한 경우 | 법 제9조 | 영업정지 3개월 | 영업정지 6개월 | 등록취소 |
| 고. 정당한 사유 없이 법 제31조에 따른 관계 공무원의 출입 또는 검사·조사를 거부·방해 또는 기피한 경우 | 법 제9조 | 영업정지 3개월 | 영업정지 6개월 | 등록취소 |

**08** 소방시설 설치 및 관리에 관한 법령상 소방시설 등의 자체점검에 관한 설명으로 옳지 않은 것은?

① 작동점검 대상인 특정소방대상물의 관계인·소방안전관리자 또는 소방시설관리업자가 작동점검을 할 수 있다.
② 제연설비가 설치된 터널은 종합점검 대상이다.
③ 특급 소방안전관리대상물의 종합점검은 반기에 1회 이상 실시한다.
④ 종합점검 대상인 특정소방대상물의 작동점검은 종합점검을 받은 달부터 3개월이 되는 달에 실시한다.

**해설** ■ 점검대상 및 시기, 점검자자격

| 대상 | | | 횟수·시기 | 점검자 |
|---|---|---|---|---|
| 작동점검 | 모든 특정소방대상물 [3급이상에 해당] | | • 원칙 : 연 1회 | 관계인 (자탐, 간이만해당) |
| | 〈제외 대상〉 1. 특급소방안전관리대상물(종합점검만 연 2회) 2. 소방안전관리대상물에 속하지 않는 대상물 3. 위험물 제조소등 | 종합점검 대상 X | 안전관리대상물의 사용승인일이 속하는 달의 말일까지 | 소방안전관리자 (기술사, 관리사) |
| | | 종합점검 대상 O | 종합실시월로부터 6개월이 되는 달에 실시 | 관리업자(관리사) (자탐, 간이는 특급점검자가능) |
| 최초점검 | 3급이상대상중 최초사용승인 건축물 | | 사용승인일로부터 60일이내 | 소방안전관리자 (기술사, 관리사) 관리업자(관리사) |
| 종합점검 | 스프링클러설비가 설치된 특정소방대상물 | | • 원칙 : 연 1회 (최초사용승인해 다음해부터 사용승인일이 속하는 달의 말일까지) **에** 학교 : 1~6월이 사용승인일인 경우 6월 말일까지 • 특급 소방안전관리대상물 : 연2회(반기별 1회) | |
| | 물분무등소화설비가 설치된 연면적 5,000[㎡] 이상인 특정소방대상물 | | | |
| | 그밖점검 | 연면적 2,000[㎡] 이상 다중이용업소(9종) | | |
| | 옥내소화전설비 또는 자동화재탐지설비가 설치된 연면적 1,000[㎡] 이상 공공기관(소방대 제외) | | | |
| | 제연설비가 설치된 터널 | | | |

정답 08.④

## 09 소방시설 설치 및 관리에 관한 법령상 소방시설관리업에 관한 설명으로 옳은 것은?

① 기술인력, 장비 등 소방시설관리업의 등록기준에 관하여 필요한 사항은 행정안전부령으로 정한다.
② 소방시설관리업의 등록신청과 등록증·등록수첩의 발급·재발급 신청, 그 밖에 소방시설관리업의 등록에 필요한 사항은 대통령령으로 정한다.
③ 소방기본법에 따른 금고 이상의 실형을 선고받고 그 집행이 면제된 날부터 3년이 지난 사람은 소방시설관리업의 등록을 할 수 없다.
④ 시·도지사는 소방시설관리업의 등록신청을 위하여 제출된 서류를 심사한 결과 신청서 및 첨부서류의 기재내용이 명확하지 아니한 때에는 10일 이내의 기간을 정하여 이를 보완하게 할 수 있다.

**해설** 소방시설 설치 및 관리에 관한 법률 시행령 [별표 9] 소방시설관리업의 업종별 등록기준 및 영업범위(제45조제1항 관련)

| 기술인력 등 업종별 | 기술인력 | 영업범위 |
|---|---|---|
| 전문 소방시설관리업 | 가. 주된 기술인력<br>　1) 소방시설관리사 자격을 취득한 후 소방 관련 실무경력이 5년 이상인 사람 1명 이상<br>　2) 소방시설관리사 자격을 취득한 후 소방 관련 실무경력이 3년 이상인 사람 1명 이상<br>나. 보조 기술인력<br>　1) 고급점검자 이상의 기술인력 : 2명 이상<br>　2) 중급점검자 이상의 기술인력 : 2명 이상<br>　3) 초급점검자 이상의 기술인력 : 2명 이상 | 모든 특정소방대상물 |
| 일반 소방시설관리업 | 가. 주된 기술인력 : 소방시설관리사 자격을 취득한 후 소방 관련 실무경력이 1년 이상인 사람 1명 이상<br>나. 보조 기술인력<br>　1) 중급점검자 이상의 기술인력 : 1명 이상<br>　2) 초급점검자 이상의 기술인력 : 1명 이상 | 특정소방대상물 중 「화재의 예방 및 안전관리에 관한 법률 시행령」 별표 4에 따른 1급, 2급, 3급 소방안전관리대상물 |

비고
1. "소방 관련 실무경력"이란 「소방시설공사업법」 제28조제3항에 따른 소방기술과 관련된 경력을 말한다.
2. 보조 기술인력의 종류별 자격은 「소방시설공사업법」 제28조제3항에 따라 소방기술과 관련된 자격·학력 및 경력을 가진 사람 중에서 행정안전부령으로 정한다.

## 10 소방시설 설치 및 관리에 관한 법령상 건축허가등의 동의 대상물이 아닌 것은?

① 연면적이 100제곱미터인 수련시설
② 차고·주차장 또는 주차용도로 사용되는 시설로서 차고·주차장으로 사용되는 층 중 바닥면적이 300제곱미터인 층이 있는 시설
③ 관망탑
④ 항공기격납고

**해설** 건축허가 동의 대상물의 범위(대통령령)
1. 연면적(「건축법 시행령」 제119조제1항제4호에 따라 산정된 면적을 말한다. 이하 같다)이 400제곱미터 이상인 건축물이나 시설. 다만, 다음 각 목의 어느 하나에 해당하는 건축물이나 시설은 해당 목에서 정한 기준 이상인 건축물이나 시설로 한다.
　가. 「학교시설사업 촉진법」 제5조의2제1항에 따라 건축등을 하려는 학교시설 : 100제곱미터
　나. 별표 2의 특정소방대상물 중 노유자(老幼者) 시설 및 수련시설 : 200제곱미터
　다. 「정신건강증진 및 정신질환자 복지서비스 지원에 관한 법률」 제3조제5호에 따른 정신의료기관(입원실이 없는 정신건강의학과 의원은 제외하며, 이하 "정신의료기관"이라 한다) : 300제곱미터
　라. 「장애인복지법」 제58조제1항제4호에 따른 장애인 의료재활시설(이하 "의료재활시설"이라 한다) : 300제곱미터

정답 09.④ 10.①

2. 지하층 또는 무창층이 있는 건축물로서 바닥면적이 150제곱미터(공연장의 경우에는 100제곱미터) 이상인 층이 있는 것
3. 차고·주차장 또는 주차 용도로 사용되는 시설로서 다음 각 목의 어느 하나에 해당하는 것
   가. 차고·주차장으로 사용되는 바닥면적이 200제곱미터 이상인 층이 있는 건축물이나 주차시설
   나. 승강기 등 기계장치에 의한 주차시설로서 자동차 20대 이상을 주차할 수 있는 시설
4. 층수(「건축법 시행령」 제119조제1항제9호에 따라 산정된 층수를 말한다. 이하 같다)가 6층 이상인 건축물
5. 항공기 격납고, 관망탑, 항공관제탑, 방송용 송수신탑
6. 별표 2의 특정소방대상물 중 의원(입원실이 있는 것으로 한정한다)·조산원·산후조리원, 위험물 저장 및 처리 시설, 발전시설 중 풍력발전소·전기저장시설, 지하구(地下溝)
7. 제1호나목에 해당하지 않는 노유자 시설 중 다음 각 목의 어느 하나에 해당하는 시설. 다만, 가목2) 및 나목부터 바목까지의 시설 중 「건축법 시행령」 별표 1의 단독주택 또는 공동주택에 설치되는 시설은 제외한다.
   가. 별표 2 제9호가목에 따른 노인 관련 시설 중 다음의 어느 하나에 해당하는 시설
     1) 「노인복지법」 제31조제1호에 따른 노인주거복지시설, 같은 조 제2호에 따른 노인의료복지시설 및 같은 조 제4호에 따른 재가노인복지시설
     2) 「노인복지법」 제31조제7호에 따른 학대피해노인 전용쉼터
   나. 「아동복지법」 제52조에 따른 아동복지시설(아동상담소, 아동전용시설 및 지역아동센터는 제외한다)
   다. 「장애인복지법」 제58조제1항제1호에 따른 장애인 거주시설
   라. 정신질환자 관련 시설(「정신건강증진 및 정신질환자 복지서비스 지원에 관한 법률」 제27조제1항제2호에 따른 공동생활가정을 제외한 재활훈련시설과 같은 법 시행령 제16조제3호에 따른 종합시설 중 24시간 주거를 제공하지 않는 시설은 제외한다)
   마. 별표 2 제9호마목에 따른 노숙인 관련 시설 중 노숙인자활시설, 노숙인재활시설 및 노숙인요양시설
   바. 결핵환자나 한센인이 24시간 생활하는 노유자 시설

8. 「의료법」 제3조제2항제3호라목에 따른 요양병원(이하 "요양병원"이라 한다). 다만, 의료재활시설은 제외한다.
9. 별표 2의 특정소방대상물 중 공장 또는 창고시설로서 「화재의 예방 및 안전관리에 관한 법률 시행령」 별표 2에서 정하는 수량의 750배 이상의 특수가연물을 저장·취급하는 것
10. 별표 2 제17호나목에 따른 가스시설로서 지상에 노출된 탱크의 저장용량의 합계가 100톤 이상인 것

**11** 소방시설 설치 및 관리에 관한 법령상 특정소방대상물의 관계인이 특정 소방대상물의 규모·용도 및 수용인원 등을 고려하여 갖추어야 하는 소방시설에 관한 설명으로 옳지 않은 것은?

① 지하가 중 터널로서 길이가 1천[m] 이상인 터널에는 옥내소화전설비를 설치하여야 한다.
② 판매시설로서 바닥면적의 합계가 5천[$m^2$] 이상인 경우에는 모든 층에 스프링클러설비를 설치하여야 한다.
③ 위락시설로서 연면적 600[$m^2$] 이상인 경우 자동화재탐지설비를 설치하여야 한다.
④ 지하층을 포함하는 층수가 5층 이상인 관광호텔에는 방열복, 인공소생기 및 공기호흡기를 설치하여야 한다.

**해설 소방시설법 시행령 [별표 4]**

인명구조기구를 설치하여야 하는 특정소방대상물은 다음의 어느 하나와 같다.

1) 방열복 또는 방화복(안전헬멧, 보호장갑 및 안전화를 포함한다), 인공소생기 및 공기호흡기를 설치하여야 하는 특정소방대상물 : 지하층을 포함하는 층수가 7층 이상인 관광호텔
2) 방열복 또는 방화복(안전헬멧, 보호장갑 및 안전화를 포함한다) 및 공기호흡기를 설치하여야 하는 특정소방대상물 : 지하층을 포함하는 층수가 5층 이상인 병원
3) 공기호흡기를 설치하여야 하는 특정소방대상물은 다음의 어느 하나와 같다.
   가) 수용인원 100명 이상인 문화 및 집회시설 중 영화상영관
   나) 판매시설 중 대규모점포

정답 11.④

다) 운수시설 중 지하역사
라) 지하가 중 지하상가
마) 제1호바목 및 화재안전기준에 따라 이산화탄소소화설비(호스릴이산화탄소소화설비는 제외한다)를 설치하여야 하는 특정소방대상물

**12** 소방시설 설치 및 관리에 관한 법령상 방염대상물품이 아닌 것은?

① 창문에 설치하는 블라인드
② 카펫
③ 전시용 합판
④ 두께가 2밀리미터 미만인 종이벽지

**해설** 소방시설법 시행령 제31조(방염대상물품 및 방염성능기준) 제1항
1. 제조 또는 가공 공정에서 방염처리를 한 물품(합판·목재류의 경우에는 설치 현장에서 방염처리를 한것을 포함한다)으로서 다음 각 목의 어느 하나에 해당하는 것
   가. 창문에 설치하는 커튼류(블라인드를 포함한다)
   나. 카펫, 두께가 2밀리미터 미만인 벽지류(종이벽지는 제외한다)
   다. 전시용 합판 또는 섬유판, 무대용 합판 또는 섬유판
   라. 암막·무대막(영화상영관에 설치하는 스크린과 골프 연습장업에 설치하는 스크린을 포함한다)
   마. 섬유류 또는 합성수지류 등을 원료로 하여 제작된 소파·의자(단란주점영업, 유흥주점영업 및 노래연습장업의 영업장에 설치하는 것만 해당한다)
2. 건축물 내부의 천장이나 벽에 부착하거나 설치하는 것으로서 다음 각 목의 어느 하나에 해당하는 것. 다만, 가구류(옷장, 찬장, 식탁, 식탁용 의자, 사무용 책상, 사무용 의자, 계산대 및 그 밖에 이와 비슷한 것을 말한다)와 너비 10센티미터 이하인 반자돌림대 등과 「건축법」 제52조에 따른 내부마감재료는 제외한다.
   가. 종이류(두께 2밀리미터 이상인 것을 말한다)·합성수지류 또는 섬유류를 주원료로 한 물품
   나. 합판이나 목재
   다. 공간을 구획하기 위하여 설치하는 간이 칸막이(접이식 등 이동 가능한 벽체나 천장 또는 반자가 실내에 접하는 부분까지 구획하지 아니하는 벽체를 말한다)
   라. 흡음(吸音)을 위하여 설치하는 흡음재(흡음용 커튼을 포함한다)
   마. 방음(防音)을 위하여 설치하는 방음재(방음용 커튼을 포함한다)

**13** 화재예방법상 화재안전조사에 관한 설명으로 옳지 않은 것은?

① 소방관서장은 화재안전조사를 하려던 10일 전에 관계인에게 조사대상, 조사기간 및 조사사유 등을 구두 또는 서면으로 알려야 한다.
② 소방청장, 소방본부장 또는 소방서장은 화재안전조사를 마친 때에는 그 조사결과를 관계인에게 서면으로 통지하여야 한다.
③ 화재안전조사대상선정위원회는 위원장 1명을 포함한 7명 이내의 위원으로 구성하고, 위원장은 소방청장 또는 소방본부장이 된다.
④ 소방청장, 소방본부장 또는 소방서장은 화재안전조사 결과에 따른 조치명령의 미이행 사실 등을 공개하려면 공개내용과 공개방법 등을 공개대상 소방대상물의 관계인에게 미리 알려야 한다.

**해설** 화재안전조사의 방법·절차 등
1) 소방관서장은 7일 이상 조사대상, 조사기간 및 조사사유 등 조사계획을 인터넷 홈페이지나 전산시스템 등을 통해 사전에 공개하여야 함. 단, 다음은 제외
   1. 화재, 재난·재해가 발생할 우려가 뚜렷하여 긴급하게 조사할 필요가 있는 경우
   2. 화재안전조사의 실시를 사전에 통지하면 조사목적을 달성할 수 없다고 인정되는 경우
2) 화재안전조사는 관계인의 승낙 없이 해가 뜨기 전이나 해가 진 뒤에 할 수 없다. 다만 제1항 각 호의 어느 하나에 해당하는 경우에는 그러하지 아니하다.
3) 제1항에 따른 통지를 받은 관계인은 천재 지변이나 그 밖에 대통령령으로 정하는 사유로 화재안전조사를 받기 곤란한 경우에는 화재안전조사를 통지한 소방관서장에게 대통령령으로 정하는 바에 따라 화재안전조사를 연기하여 줄 것을 신청할 수 있다.
4) 제3항에 따라 연기신청을 받은 소방관서장은 연기신청 승인 여부를 결정하고 그 결과를 조사 개시 전까지 관계인에게 알려주어야 한다.

5) 소방관서장은 화재안전조사를 마친 때에는 그 조사결과를 관계인에게 서면으로 통지하여야 한다.
6) 제1항부터 제5항까지에서 규정한 사항 외에 화재안전조사의 방법 및 절차에 필요한 사항은 대통령령으로 정한다.

**14** 소방시설 설치 및 관리에 관한 법령상 소방시설관리사시험에 응시할 수 없는 사람은?

① 15년의 소방실무경력이 있는 사람
② 소방설비산업기사 자격을 취득한 후 2년의 소방실무경력이 있는 사람
③ 위험물기능사 자격을 취득한 후 3년의 소방실무경력이 있는 사람
④ 위험물기능장

해설 **소방시설관리사 시험응시자격**
1. 소방기술사·위험물기능장·건축사·건축기계설비기술사·건축전기설비기술사 또는 공조냉동기계기술사
2. 소방설비기사 자격을 취득한 후 2년 이상 소방청장이 정하여 고시하는 소방에 관한 실무경력(이하 "소방실무경력"이라 한다)이 있는 사람
3. 소방설비산업기사 자격을 취득한 후 3년 이상 소방실무경력이 있는 사람
4. 이공계 분야를 전공한 사람으로서 이공계 분야의 박사학위를 취득한 사람, 이공계 분야의 석사학위를 취득한 후 2년 이상 소방실무경력이 있는 사람, 이공계 분야의 학사학위를 취득한 후 3년 이상 소방실무경력이 있는 사람
5. 소방안전공학(소방방재공학, 안전공학을 포함한다) 분야를 전공한 후 해당 분야의 석사학위 이상을 취득한 사람이거나 2년 이상 소방실무경력이 있는 사람
6. 위험물산업기사 또는 위험물기능사 자격을 취득한 후 3년 이상 소방실무경력이 있는 사람
7. 소방공무원으로 5년 이상 근무한 경력이 있는 사람
8. 소방안전 관련 학과의 학사학위를 취득한 후 3년 이상 소방실무경력이 있는 사람
9. 산업안전기사 자격을 취득한 후 3년 이상 소방실무경력이 있는 사람
10. 다음 각 목의 어느 하나에 해당하는 사람
    가. 특급 소방안전관리대상물의 소방안전관리자로 2년 이상 근무한 실무경력이 있는 사람
    나. 1급 소방안전관리대상물의 소방안전관리자로 3년 이상 근무한 실무경력이 있는 사람
    다. 2급 소방안전관리대상물의 소방안전관리자로 5년 이상 근무한 실무경력이 있는 사람
    라. 3급 소방안전관리대상물의 소방안전관리자로 7년 이상 근무한 실무경력이 있는 사람
    마. 10년 이상 소방실무경력이 있는 사람

[2026.12.1.이후 개정 시행]
**시행령 제37조(소방시설관리사시험의 응시자격)**
법 제25조제1항에 따른 소방시설관리사시험(이하 "관리사시험"이라 한다)에 응시할 수 있는 사람은 다음 각 호와 같다.
1. 소방기술사·건축사·건축기계설비기술사·건축전기설비기술사 또는 공조냉동기계기술사
2. 위험물기능장
3. 소방설비기사
4. 「국가과학기술 경쟁력 강화를 위한 이공계지원 특별법」 제2조제1호에 따른 이공계 분야의 박사학위를 취득한 사람
5. 소방청장이 정하여 고시하는 소방안전 관련 분야의 석사 이상의 학위를 취득한 사람
6. 소방설비산업기사 또는 소방공무원 등 소방청장이 정하여 고시하는 사람 중 소방에 관한 실무경력(자격 취득 후의 실무경력으로 한정한다)이 3년 이상인 사람

**15** 현행 개정 등으로 문제 삭제

**16** 현행 개정 등으로 문제 삭제

**17** 화재의 예방 및 안전관리에 관한 법령상 화재안전조사의 연기를 신청할 수 있는 사유가 아닌 것은?

① 화재안전조사의 실시를 사전에 통지하면 조사목적을 달성할 수 없다고 인정되는 경우
② 태풍, 홍수 등 재난이 발생하여 소방대상물을 관리하기가 매우 어려운 경우
③ 관계인이 질병, 장기출장 등으로 화재안전조사에 참여할 수 없는 경우
④ 권한 있는 기관에 자체점검기록부, 교육·훈련일지 등 소방특별조사에 필요한 장부·서류 등이 압수되거나 영치되어 있는 경우

정답 14.② 17.①

**해설** 화재안전조사

① 화재안전조사권자 : 소방청장, 소방본부장, 소방서장 [소방관서장]
② 화재안전조사 실시사유
  1. 「소방시설 설치 및 관리에 관한 법률」 제22조에 따른 자체점검이 불성실하거나 불완전하다고 인정되는 경우
  2. 화재예방강화지구 등 법령에서 화재안전조사를 하도록 규정되어 있는 경우
  3. 화재예방안전진단이 불성실하거나 불완전하다고 인정되는 경우
  4. 국가적 행사 등 주요 행사가 개최되는 장소 및 그 주변의 관계 지역에 대하여 소방안전관리 실태를 조사할 필요가 있는 경우
  5. 화재가 자주 발생하였거나 발생할 우려가 뚜렷한 곳에 대한 조사가 필요한 경우
  6. 재난예측정보, 기상예보 등을 분석한 결과 소방대상물에 화재의 발생 위험이 크다고 판단되는 경우
  7. 제1호부터 제6호까지에서 규정한 경우 외에 화재, 그 밖의 긴급한 상황이 발생할 경우 인명 또는 재산 피해의 우려가 현저하다고 판단되는 경우
③ 화재안전조사 대상 선정권자 : 소방청장, 소방본부장, 소방서장
④ 화재안전조사단 : 소방관서장은 화재안전조사를 효율적으로 수행하기 위하여 대통령령으로 정하는 바에 따라 소방청에는 중앙화재안전조사단을, 소방본부 및 소방서에는 지방화재안전조사단을 편성하여 운영할 수 있다.
⑤ 화재안전조사위원회 구성권자 : 소방청장, 소방본부장, 소방서장
⑥ 화재안전조사위원회 구성
  ㉠ 화재안전조사위원회(이하 "위원회"라 한다)는 위원장 1명을 포함하여 7명 이내의 위원으로 성별을 고려하여 구성한다.
  ㉡ 위원장 : 소방관서장
  ㉢ 위원회의 위원은 다음 각 호의 어느 하나에 해당하는 사람 중에서 소방관서장이 임명하거나 위촉한다.
    1. 과장급 직위 이상의 소방공무원
    2. 소방기술사
    3. 소방시설관리사
    4. 소방 관련 분야의 석사 이상 학위를 취득한 사람
    5. 소방 관련 법인 또는 단체에서 소방 관련 업무에 5년 이상 종사한 사람
    6. 「소방공무원 교육훈련규정」 제3조제2항에 따른 소방공무원 교육훈련기관, 「고등교육법」 제2조의 학교 또는 연구소에서 소방과 관련한 교육 또는 연구에 5년 이상 종사한 사람
⑦ 화재안전조사시 합동조사반 편성 기관
  1. 관계 중앙행정기관 또는 지방자치단체
  2. 「소방기본법」 제40조에 따른 한국소방안전원(이하 "안전원"이라 한다)
  3. 「소방산업의 진흥에 관한 법률」 제14조에 따른 한국소방산업기술원(이하 "기술원"이라 한다)
  4. 「화재로 인한 재해보상과 보험가입에 관한 법률」 제11조에 따른 한국화재보험협회(이하 "화재보험협회"라 한다)
  5. 「고압가스 안전관리법」 제28조에 따른 한국가스안전공사(이하 "가스안전공사"라 한다)
  6. 「전기안전관리법」 제30조에 따른 한국전기안전공사(이하 "전기안전공사"라 한다)
  7. 그 밖에 소방청장이 정하여 고시하는 소방 관련 법인 또는 단체
⑧ 화재안전조사 통보 : 소방관서장은 화재안전조사를 실시하려는 경우 사전에 법 제8조제2항 각 호 외의 부분 본문에 따라 조사대상, 조사기간 및 조사사유 등 조사계획을 소방청, 소방본부 또는 소방서(이하 "소방관서"라 한다)의 인터넷 홈페이지나 법 제16조제3항에 따른 전산시스템을 통해 7일 이상 공개해야 한다.(조사 3일 전 연기신청 가능)
⑨ 통보예외사항 / 해가 진 뒤나 뜨기 전 조사 / 개인주거 승낙없이 조사할 수 있는 사항
  1. 화재가 발생할 우려가 뚜렷하여 긴급하게 조사할 필요가 있는 경우
  2. 제1호 외에 화재안전조사의 실시를 사전에 통지하거나 공개하면 조사목적을 달성할 수 없다고 인정되는 경우
⑩ 연기신청사유
  1. 「재난 및 안전관리 기본법」 제3조제1호에 해당하는 재난이 발생한 경우
  2. 관계인의 질병, 사고, 장기출장의 경우
  3. 권한 있는 기관에 자체점검기록부, 교육·훈련일지 등 화재안전조사에 필요한 장부·서류 등이 압수되거나 영치(領置)되어 있는 경우
  4. 소방대상물의 증축·용도변경 또는 대수선 등의 공사로 화재안전조사를 실시하기 어려운 경우

⑪ 화재안전조사결과 조치명령권자 : 소방청장, 소방본부장, 소방서장
⑫ 조치명령 내용 : 관계인에게 그 소방대상물의 개수(改修)·이전·제거, 사용의 금지 또는 제한, 사용폐쇄, 공사의 정지 또는 중지, 그 밖의 필요한 조치를 명할 수 있다.
⑬ 조치명령으로 손실을 입은 자가 있는 경우 보상 : 소방청장, 시·도지사

**18** 위험물안전관리법령상 시·도지사가 면제할 수 있는 탱크안전성능검사는?

① 기초·지반검사
② 충수·수압검사
③ 용접부 특별조사
④ 암반탱크검사

**[해설] 탱크안전성능검사의 전부 또는 일부 면제**
㉠ 시·도지사는 탱크안전성능시험자 또는 한국소방산업기술원으로부터 탱크안전성능시험을 받은 경우에는 탱크안전성능 검사의 전부 또는 일부 면제할 수 있다.
㉡ 시·도지사가 면제할 수 있는 탱크안전성능검사는 충수·수압검사로 한다.
㉢ 위험물탱크에 대한 충수·수압검사를 면제받고자 하는 자는 "탱크시험자" 또는 기술원으로부터 충수·수압검사에 관한 탱크안전성능시험을 받아 완공검사를 받기 전(지하에 매설하는 위험물탱크에 있어서는 지하에 매설하기 전)에 당해 시험에 합격하였음을 증명하는 서류("탱크시험필증")를 시·도지사에게 제출하여야 한다.

**19** 위험물안전관리법령상 정기점검의 대상인 제조소등에 해당하지 않는 것은?

① 지하탱크저장소
② 이동탱크저장소
③ 간이탱크저장소
④ 암반탱크저장소

**[해설] 정기점검의 대상인 제조소등**
㉠ 예방규정을 작성해야 하는 제조소등(7가지)
㉡ 지하탱크저장소
㉢ 이동탱크저장소
㉣ 위험물을 취급하는 탱크로서 지하에 매설된 탱크가 있는 제조소·주유취급소 또는 일반취급소

**20** 위험물안전관리법령상 소방청장이 한국소방안전원에 위탁한 교육에 해당하지 않는 것은?

① 안전관리자로 선임된 자에 대한 안전교육
② 탱크시험자의 기술인력으로 종사하는 자에 대한 안전교육
③ 위험물운송자로 종사하는 자에 대한 안전교육
④ 소방청장이 실시하는 안전관리자교육을 이수한 자를 위한 안전교육

**[해설] 위험물법 시행령 제22조(업무의 위탁)**
① 소방청장은 법 제30조제2항에 따라 다음 각 호의 구분에 따른 안전교육에 관한 업무를 안전원 또는 기술원에 위탁한다.
  1. 안전원 : 다음 각 목의 어느 하나에 해당하는 사람에 대한 안전교육
    가. 법 제20조제2항제2호 및 제21조제1항에 따라 위험물운반자 또는 위험물운송자의 요건을 갖추려는 사람
    나. 제11조제1항 및 별표 5 제2호에 따라 위험물 취급자격자의 자격을 갖추려는 사람
    다. 제20조제1호, 제3호 및 제4호에 해당하는 사람
  2. 기술원 : 제20조제2호에 해당하는 사람에 대한 안전교육

법 제20조제2호 : 탱크시험자의 기술인력으로 종사하는 자

**21** 위험물안전관리법령상 관계인이 예방규정을 정하여야 하는 제조소등이 아닌 것은?

① 지정수량의 100배의 위험물을 저장하는 옥외저장소
② 지정수량의 10배의 위험물을 취급하는 제조소
③ 지정수량의 100배의 위험물을 저장하는 옥외탱크저장소
④ 지정수량의 150배의 위험물을 저정하는 옥내저장소

정답 18.② 19.③ 20.② 21.③

> **해설** 예방규정을 작성, 제출하여야 하는 대상
> ㉠ 지정수량의 10배 이상의 위험물을 취급하는 제조소
> ㉡ 지정수량의 100배 이상의 위험물을 저장하는 옥외저장소
> ㉢ 지정수량의 150배 이상의 위험물을 저장하는 옥내저장소
> ㉣ 지정수량의 200배 이상의 위험물을 저장하는 옥외탱크저장소
> ㉤ 암반탱크저장소
> ㉥ 이송취급소
> ㉦ 지정수량의 10배 이상의 위험물을 취급하는 일반취급소
> ※ 다만, 제4류 위험물(특수인화물을 제외한다)만을 지정수량의 50배 이하로 취급하는 일반취급소(제1석유류・알코올류의 취급량이 지정수량의 10배 이하인 경우에 한한다)로서 다음 어느 하나에 해당하는 것을 제외한다.
> ㉠ 보일러・버너 또는 이와 비슷한 것으로서 위험물을 소비하는 장치로 이루어진 일반취급소
> ㉡ 위험물을 용기에 옮겨 담거나 차량에 고정된 탱크에 주입하는 일반취급소

**22** 다중이용업소의 안전관리에 관한 특별법령상 다중이용업소의 영업장에 설치・유지하여야 하는 안전시설 등에 관한 설명으로 옳지 않은 것은?

① 밀폐구조의 영업장에는 간이스프링클러설비를 설치하여야 한다.
② 노래반주기 등 영상음향장치를 사용하는 영업장에는 자동화재탐지설비를 설치하여야 한다.
③ 구획된 실이 있는 노래연습장업의 영업장에는 영업장 내부 피난통로를 설치하여야 한다.
④ 피난유도선은 모든 다중이용업소의 영업장에 설치하여야 한다.

> **해설** 피난유도선 : 영업장 내부 피난통로 또는 복도가 있는 영업장에만 설치한다.

**23** 다중이용업소의 안전관리에 관한 특별법령상 소방본부장이 관할지역 다중이용업소의 안전관리를 위하여 수립하는 안전관리집행계획에 포함되는 사항이 아닌 것은?

① 다중이용업소 밀집 지역의 소방시설 설치, 유지・관리와 개선계획
② 다중이용업소의 화재안전에 관한 정보체계의 구축
③ 다중이용업주와 종업원에 대한 소방안전교육・훈련계획
④ 다중이용업주와 종업원에 대한 자체지도 계획

> **해설** 다중법 시행령 제8조(집행계획의 내용 등)
> ① 소방본부장은 제4조제3항에 따라 공고된 기본계획과 제7조제2항에 따라 통보된 연도별 계획에 따라 안전관리집행계획(이하 "집행계획"이라 한다)을 수립해야 하며, 수립된 집행계획과 전년도 추진실적을 매년 1월 31일까지 소방청장에게 제출해야 한다.
> ② 소방본부장은 법 제6조제1항에 따라 관할지역의 다중이용업소에 대한 집행계획을 수립할 때에는 다음 각 호의 사항을 포함시켜야 한다.
>   1. 다중이용업소 밀집 지역의 소방시설 설치, 유지・관리와 개선계획
>   2. 다중이용업주와 종업원에 대한 소방안전교육・훈련계획
>   3. 다중이용업주와 종업원에 대한 자체지도 계획
>   4. 법 제15조제1항 각 호의 어느 하나에 해당하는 다중이용업소의 화재위험평가의 실시 및 평가
>   5. 제4호에 따른 평가결과에 따른 조치계획(화재위험지역이나 건축물에 대한 안전관리와 시설정비 등에 관한 사항을 포함한다)
> ③ 법 제6조제3항에 따른 집행계획의 수립시기는 해당 연도 전년 12월 31일까지로 하며, 그 수립대상은 제2조의 다중이용업으로 한다.

**24** 다중이용업소의 안전관리에 관한 특별법령상 다중이용업주는 화재배상 책임보험에 가입할 의무가 있다. 이 화재배상책임보험에서 부상등급과 보험금액의 한도가 바르게 연결되지 않은 것은?

① 1급 - 3천만원  ② 2급 - 1,500만원
③ 3급 - 1,200만원  ④ 4급 - 900만원

**해설** 다중법 시행령 [별표 2] 부상 등급별 화재배상책임보험 보험금액의 한도

| 부상등급 | 한도 금액 | 부상 내용 |
|---|---|---|
| 1급 | 3천만원 | 1. 고관절의 골절 또는 골절성 탈구<br>2. 척추체 분쇄성 골절<br>3. 척추체 골절 또는 탈구로 인한 각종 신경증상으로 수술을 시행한 부상<br>4. 외상성 두개강 안의 출혈로 개두술을 시행한 부상<br>5. 두개골의 함몰골절로 신경학적 증상이 심한 부상 또는 경막하 수종, 수활액 낭종, 지주막하 출혈 등으로 개두술을 시행한 부상<br>6. 고도의 뇌좌상(소량의 출혈이 뇌 전체에 퍼져 있는 손상을 포함한다)으로 생명이 위독한 부상(48시간 이상 혼수상태가 지속되는 경우만 해당한다)<br>7. 대퇴골 간부의 분쇄성 골절<br>8. 경골 아래 3분의 1 이상의 분쇄성 골절<br>9. 화상·좌창·괴사창 등으로 연부조직의 손상이 심한 부상(몸 표면의 9퍼센트 이상의 부상을 말한다)<br>10. 사지와 몸통의 연부조직에 손상이 심하여 유경식피술을 시행한 부상<br>11. 상박골 경부 골절과 간부 분쇄골절이 중복된 경우 또는 상완골 삼각골절<br>12. 그 밖에 1급에 해당한다고 인정되는 부상 |
| 2급 | 1,500만원 | 1. 상박골 분쇄성 골절<br>2. 척추체의 압박골절이 있으나 각종 신경증상이 없는 부상 또는 경추 탈구(아탈구를 포함한다), 골절 등으로 경추보조기(할로베스트) 등 고정술을 시행한 부상<br>3. 두개골 골절로 신경학적 증상이 현저한 부상(48시간 미만의 혼수상태 또는 반혼수상태가 지속되는 경우를 말한다)<br>4. 내부장기 파열과 골반골 골절이 동반된 부상 또는 골반골 골절과 요도 파열이 동반된 부상<br>5. 슬관절 탈구<br>6. 족관절부 골절과 골절성 탈구가 동반된 부상<br>7. 척골 간부 골절과 요골 골두 탈구가 동반된 부상<br>8. 천장골 간 관절 탈구<br>9. 슬관절 전·후십자인대 및 내측인대 파열과 내외측 반월상 연골이 전부 파열된 부상<br>10. 그 밖에 2급에 해당한다고 인정되는 부상 |
| 3급 | 1,200만원 | 1. 상박골 경부 골절<br>2. 상박골 과부 골절과 주관절 탈구가 동반된 부상<br>3. 요골과 척골의 간부 골절이 동반된 부상<br>4. 수근 주상골 골절<br>5. 요골 신경손상을 동반한 상박골 간부 골절<br>6. 대퇴골 간부 골절(소아의 경우에는 수술을 시행한 경우만 해당하며, 그 외의 사람의 경우에는 수술의 시행 여부를 불문한다)<br>7. 무릎골(슬개골을 말한다. 이하 같다) 분쇄 골절과 탈구로 인하여 무릎골 완전 적출술을 시행한 부상<br>8. 경골 과부 골절로 인하여 관절면이 손상되는 부상(경골극 골절로 관혈적 수술을 시행한 경우를 포함한다)<br>9. 족근 골척골 간 관절 탈구와 골절이 동반된 부상 또는 족근중족(Lisfranc)관절의 골절 및 탈구<br>10. 전·후십자인대 또는 내외측 반월상 연골 파열과 경골극 골절 등이 복합된 슬내장<br>11. 복부 내장 파열로 수술이 불가피한 부상 또는 복강 내 출혈로 수술한 부상<br>12. 뇌손상으로 뇌신경 마비를 동반한 부상<br>13. 중증도의 뇌좌상(소량의 출혈이 뇌 전체에 퍼져 있는 손상을 포함한다)으로 신경학적 증상이 심한 부상(48시간 미만의 혼수상태 또는 반혼수상태가 지속되는 경우를 말한다)<br>14. 개방성 공막 열창으로 양쪽 안구가 파열되어 양안 적출술을 시행한 부상<br>15. 경추궁의 선상 골절<br>16. 항문 파열로 인공항문 조성술 또는 요도 파열로 요도성형술을 시행한 부상<br>17. 대퇴골 과부 분쇄 골절로 인하여 관절면이 손상되는 부상<br>18. 그 밖에 3급에 해당한다고 인정되는 부상 |
| 4급 | 1천만원 | 1. 대퇴골 과부(원위부, 과상부 및 대퇴과간을 포함한다) 골절<br>2. 경골 간부 골절, 관절면 침범이 없는 경골 과부 골절<br>3. 거골 경부 골절<br>4. 슬개 인대 파열<br>5. 견갑 관절부위의 회선근개 골절<br>6. 상박골 외측상과 전위 골절<br>7. 주관절부 골절과 탈구가 동반된 부상<br>8. 화상, 좌창, 괴사창 등으로 연부조직의 손상이 몸 표면의 약 4.5퍼센트 이상인 부상<br>9. 안구 파열로 적출술이 불가피한 부상 또는 개방성 공막 열창으로 안구 적출술, 각막 이식술을 시행한 부상<br>10. 대퇴 사두근, 이두근 파열로 관혈적 수술을 시행한 부상<br>11. 슬관절부의 내외측부 인대, 전·후십자인대, 내외측 반월상 연골 완전 파열(부분 파열로 수술을 시행한 경우를 포함한다)<br>12. 관혈적 정복술을 시행한 소아의 경·비골 아래 3분의 1 이상의 분쇄성 골절<br>13. 그 밖에 4급에 해당한다고 인정되는 부상 |
| 5급 | 900만원 | 1. 골반골의 중복 골절(말가이그니씨 골절 등을 포함한다)<br>2. 족관절부의 내외과 골절이 동반된 부상<br>3. 족종골 골절<br>4. 상박골 간부 골절<br>5. 요골 원위부(Colles, Smith, 수근 관절면, 요골 원위 골단 골절을 포함한다) 골절<br>6. 척골 근위부 골절<br>7. 다발성 늑골 골절로 혈흉, 기흉이 동반된 부상 또는 단순 늑골 골절과 혈흉, 기흉이 동반되어 흉관 삽관술을 시행한 부상 |

| 급수 | 금액 | 부상 내용 |
|---|---|---|
| | | 8. 족배부 근건 파열창<br>9. 수장부 근건 파열창(상완심부 열창으로 삼각근, 이두근 근건 파열을 포함한다)<br>10. 아킬레스건 파열<br>11. 소아의 상박골 간부 골절(분쇄 골절을 포함한다)로 수술한 부상<br>12. 결막, 공막, 망막 등의 자체 파열로 봉합술을 시행한 부상<br>13. 거골 골절(경부는 제외한다)<br>14. 관혈적 정복술을 시행하지 않은 소아의 경·비골 아래의 3분의 1 이상의 분쇄 골절<br>15. 관혈적 정복술을 시행한 소아의 경골 분쇄 골절<br>16. 23개 이상의 치아에 보철이 필요한 부상<br>17. 그 밖에 5급에 해당된다고 인정되는 부상 |
| 6급 | 700만원 | 1. 소아의 하지 장관골 골절(분쇄 골절 또는 성장판 손상을 포함한다)<br>2. 대퇴골 대전자부 절편 골절<br>3. 대퇴골 소전자부 절편 골절<br>4. 다발성 발바닥뼈(중족골을 말한다. 이하 같다) 골절<br>5. 치골·좌골·장골·천골의 단일 골절 또는 미골 골절로 수술한 부상<br>6. 치골 상·하지 골절 또는 양측 치골 골절<br>7. 단순 손목뼈 골절<br>8. 요골 간부 골절(원위부 골절은 제외한다)<br>9. 척골 간부 골절(근위부 골절은 제외한다)<br>10. 척골 주두부 골절<br>11. 다발성 손바닥뼈(중수골을 말한다. 이하 같다) 골절<br>12. 두개골 골절로 신경학적 증상이 경미한 부상<br>13. 외상성 경막하 수종, 수활액 낭종, 지주막하 출혈 등으로 수술하지 않은 부상(천공술을 시행한 경우를 포함한다)<br>14. 늑골 골절이 없이 혈흉 또는 기흉이 동반되어 흉관 삽관술을 시행한 부상<br>15. 상박골 대결절 견연 골절로 수술을 시행한 부상<br>16. 대퇴골 또는 대퇴골 과부 연연 골절<br>17. 19개 이상 22개 이하의 치아에 보철이 필요한 부상<br>18. 그 밖에 6급에 해당한다고 인정되는 부상 |
| 7급 | 500만원 | 1. 소아의 상지 장관골 골절<br>2. 족관절 내과골 또는 외과골 골절<br>3. 상박골 상과부굴곡 골절<br>4. 고관절 탈구<br>5. 견갑 관절 탈구<br>6. 견봉쇄골간 관절 탈구, 관절낭 또는 견봉쇄골간 인대 파열<br>7. 족관절 탈구<br>8. 천장관절 이개 또는 치골 결합부 이개<br>9. 다발성 안면두개골 골절 또는 신경손상과 동반된 안면 두개골 골절<br>10. 16개 이상 18개 이하의 치아에 보철이 필요한 부상<br>11. 그 밖에 7급에 해당한다고 인정되는 부상 |
| 8급 | 300만원 | 1. 상박골 절과부 신전 골절 또는 상박골 대결절 견연 골절로 수술하지 않은 부상<br>2. 쇄골 골절<br>3. 주관절 탈구<br>4. 견갑골(견갑골극 또는 체부, 흉곽 내 탈구, 경부, 과부, 견봉돌기 및 오훼돌기를 포함한다) 골절<br>5. 견봉쇄골 인대 또는 오구쇄골 인대 완전 파열<br>6. 주관절 내 상박골 소두 골절<br>7. 비골(다리) 골절, 비골 근위부 골절(신경손상 또는 관절면 손상을 포함한다)<br>8. 발가락뼈(족지골을 말한다. 이하 같다)의 골절과 탈구가 동반된 부상<br>9. 다발성 늑골 골절<br>10. 뇌좌상(소량의 출혈이 뇌 전체에 퍼져 있는 손상을 포함한다)으로 신경학적 증상이 경미한 부상<br>11. 안면부 열창, 두개부 타박 등에 의한 뇌손상이 없는 뇌신경손상<br>12. 상악골, 하악골, 치조골, 안면 두개골 골절<br>13. 안구 적출술 없이 시신경의 손상으로 실명된 부상<br>14. 족부 인대 파열(부분 파열은 제외한다)<br>15. 13개 이상 15개 이하의 치아에 보철이 필요한 부상<br>16. 그 밖에 8급에 해당한다고 인정되는 부상 |
| 9급 | 240만원 | 1. 척추골의 극상돌기, 횡돌기 골절 또는 하관절 돌기 골절(다발성 골절을 포함한다)<br>2. 요골 골두골 골절<br>3. 완관절 내 월상골 전방 탈구 등 손목뼈 탈구<br>4. 손가락뼈(수지골을 말한다. 이하 같다)의 골절과 탈구가 동반된 부상<br>5. 손바닥뼈 골절<br>6. 수근 골절(주상골은 제외한다)<br>7. 발목뼈(족근골을 말한다) 골절(거골·종골은 제외한다)<br>8. 발바닥뼈 골절<br>9. 족관절부 염좌, 경·비골 이개, 족부 인대 또는 아킬레스건의 부분 파열<br>10. 늑골, 흉골, 늑연골 골절 또는 단순 늑골 골절과 혈흉, 기흉이 동반되어 수술을 시행하지 않은 경우<br>11. 척추체간 관절부 염좌로서 그 부근의 연부조직(인대, 근육 등을 포함한다) 손상이 동반된 부상<br>12. 척수 손상으로 마비증상이 없고 수술을 시행하지 않은 경우<br>13. 완관절 탈구(요골, 손목뼈 관절 탈구, 수근간 관절 탈구 및 하 요척골 관절 탈구를 포함한다)<br>14. 미골 골절로 수술하지 않은 부상<br>15. 슬관절부 인대의 부분 파열로 수술을 시행하지 않은 경우<br>16. 11개 이상 12개 이하의 치아에 보철이 필요한 부상<br>17. 그 밖에 9급에 해당한다고 인정되는 부상 |

| 10급 | 200만원 | 1. 외상성 슬관절 내 혈종(활액막염을 포함한다)<br>2. 손바닥뼈 지골 간 관절 탈구<br>3. 손목뼈, 손바닥뼈 간 관절 탈구<br>4. 상지부 각 관절부(견관절, 주관절 및 완관절을 말한다) 염좌<br>5. 척골·요골 경상돌기 골절, 제불완전골절[비골(코) 골절, 손가락뼈 골절 및 발가락뼈 골절은 제외한다]<br>6. 손가락 신전근건 파열<br>7. 9개 이상 10개 이하의 치아에 보철이 필요한 부상<br>8. 그 밖에 10급에 해당한다고 인정되는 부상 |
|---|---|---|
| 11급 | 160만원 | 1. 발가락뼈 관절 탈구 및 염좌<br>2. 손가락 골절·탈구 및 염좌<br>3. 비골(코) 골절<br>4. 손가락뼈 골절<br>5. 발가락뼈 골절<br>6. 뇌진탕<br>7. 고막 파열<br>8. 6개 이상 8개 이하의 치아에 보철이 필요한 부상<br>9. 그 밖에 11급에 해당한다고 인정되는 부상 |
| 12급 | 120만원 | 1. 8일 이상 14일 이하의 입원이 필요한 부상<br>2. 15일 이상 26일 이하의 통원 치료가 필요한 부상<br>3. 4개 이상 5개 이하의 치아에 보철이 필요한 부상 |
| 13급 | 80만원 | 1. 4일 이상 7일 이하의 입원이 필요한 부상<br>2. 8일 이상 14일 이하의 통원 치료가 필요한 부상<br>3. 2개 이상 3개 이하의 치아에 보철이 필요한 부상 |
| 14급 | 80만원 | 1. 3일 이하의 입원이 필요한 부상<br>2. 7일 이하의 통원 치료가 필요한 부상<br>3. 1개 이하의 치아에 보철이 필요한 부상 |

**25** 다중이용업소의 안전관리에 관한 특별법령상의 내용으로 ( )에 들어갈 말은?

> 소방청장은 다중이용업소의 화재 등 재난이나 그 밖의 위급한 상황으로 인한 인적·물적 피해의 감소, 안전기준의 개발, 자율적인 안전관리 능력의 향상, 화재배상책임보험제도의 정착 등을 위하여 ( )마다 다중이용업소의 안전관리기본계획을 수립·시행하여야 한다.

① 1년　　② 3년
③ 5년　　④ 7년

**해설** 다중법 시행령 제4조(안전관리기본계획의 수립절차 등) 제1항
소방청장은 법 제5조제1항에 따라 다중이용업소의 안전관리기본계획(이하 "기본계획"이라 한다)을 관계 중앙행정기관의 장과 협의를 거쳐 5년마다 수립해야 한다.

정답 25.③

# 2014 제4회 소방시설관리사 1차 필기 기출문제
[제3과목 : 소방관계법령]

**01** 소방기본법령상 소방자동차의 우선 통행 등과 소방대의 긴급통행에 관한 설명으로 옳지 않은 것은?

① 소방자동차의 우선 통행에 관해서는 「소방기본법 시행령」에 정한 바에 따른다.
② 모든 차와 사람은 소방자동차가 화재진압을 위해 출동할 때에는 이를 방해하여서는 아니 된다.
③ 소방자동차가 훈련을 위하여 필요한 때에는 사이렌을 사용할 수 있다.
④ 소방대는 화재현장에 신속하게 출동하기 위하여 긴급할 때에는 일반적인 통행에 쓰이지 아니하는 도로, 빈터 또는 물 위로 통행할 수 있다.

**해설** 소방자동차의 우선 통행에 관해서는 도로교통법에서 정하는 바에 따른다.

**02** 소방기본법령상 소방기본법에서 규정하는 100만원 이하의 벌금에 해당하는 것은?

① 예방조치명령에 따르지 아니하거나 이를 방해한 자
② 관계인의 정당한 업무를 방해하거나 화재안전조사를 수행하면서 알게 된 비밀을 다른 사람에게 누설한 사람
③ 화재예방강화지구 안의 소방대상물에 대한 화재안전조사를 거부, 방해 또는 기피한 자
④ 피난명령을 위반한 사람

**해설** 소방기본법 제54조(벌칙)
다음 각 호의 어느 하나에 해당하는 자는 100만원 이하의 벌금에 처한다.

1. 삭제 〈2021. 11. 30.〉
1의2. 제16조의3제2항을 위반하여 정당한 사유 없이 소방대의 생활안전활동을 방해한 자
2. 제20조제1항을 위반하여 정당한 사유 없이 소방대가 현장에 도착할 때까지 사람을 구출하는 조치 또는 불을 끄거나 불이 번지지 아니하도록 하는 조치를 하지 아니한 사람
3. 제26조제1항에 따른 피난 명령을 위반한 사람
4. 제27조제1항을 위반하여 정당한 사유 없이 물의 사용이나 수도의 개폐장치의 사용 또는 조작을 하지 못하게 하거나 방해한 자
5. 제27조제2항에 따른 조치를 정당한 사유 없이 방해한 자

**화재예방법 제50조(벌칙)**
① 다음 각 호의 어느 하나에 해당하는 자는 3년 이하의 징역 또는 3천만원 이하의 벌금에 처한다.
  1. 제14조제1항 및 제2항에 따른 조치명령을 정당한 사유 없이 위반한 자
  2. 제28조제1항 및 제2항에 따른 명령을 정당한 사유 없이 위반한 자
  3. 제41조제5항에 따른 보수·보강 등의 조치명령을 정당한 사유 없이 위반한 자
  4. 거짓이나 그 밖의 부정한 방법으로 제42조제1항에 따른 진단기관으로 지정을 받은 자
② 다음 각 호의 어느 하나에 해당하는 자는 1년 이하의 징역 또는 1천만원 이하의 벌금에 처한다.
  1. 제12조제2항을 위반하여 관계인의 정당한 업무를 방해하거나, 조사업무를 수행하면서 취득한 자료나 알게 된 비밀을 다른 사람 또는 기관에게 제공 또는 누설하거나 목적 외의 용도로 사용한 자(화재조사업무시)
  2. 제30조제4항을 위반하여 자격증을 다른 사람에게 빌려 주거나 빌리거나 이를 알선한 자
  3. 제41조제1항을 위반하여 진단기관으로부터 화재예방안전진단을 받지 아니한 자
③ 다음 각 호의 어느 하나에 해당하는 자는 300만원 이하의 벌금에 처한다.

1. 제7조제1항에 따른 화재안전조사를 정당한 사유 없이 거부·방해 또는 기피한 자
2. 제17조제2항 각 호의 어느 하나에 따른 명령(예방조치명령)을 정당한 사유 없이 따르지 아니하거나 방해한 자
3. 제24조제1항·제3항, 제29조제1항 및 제35조제1항·제2항을 위반하여 소방안전관리자, 총괄소방안전관리자 또는 소방안전관리보조자를 선임하지 아니한 자
4. 제27조제3항을 위반하여 소방시설·피난시설·방화시설 및 방화구획 등이 법령에 위반된 것을 발견하였음에도 필요한 조치를 할 것을 요구하지 아니한 소방안전관리자
5. 제27조제4항을 위반하여 소방안전관리자에게 불이익한 처우를 한 관계인
6. 제41조제6항 및 제48조제3항을 위반하여 업무를 수행하면서 알게 된 비밀을 이 법에서 정한 목적 외의 용도로 사용하거나 다른 사람 또는 기관에 제공하거나 누설한 자(화재예방안전진단업체종사자, 위탁업무종사자)

**03** 화재예방법령상 특수가연물에 관한 설명으로 옳은 것은?

① 100킬로그램 이상의 면화류는 특수가연물로 분류된다.
② 800킬로그램 이상의 사류(絲類)는 특수가연물로 분류된다.
③ 특수가연물을 저장 또는 취급하는 장소에는 품명·최대수량 및 화기취급의 금지표지를 설치해야 한다.
④ 합성수지류에는 합성수지의 섬유·옷감·종이 및 실과 이들의 넝마와 부스러기가 포함된다.

해설 ① 200킬로그램 이상의 면화류는 특수가연물로 분류된다.
② 1,000킬로그램 이상의 사류(絲類)는 특수가연물로 분류된다.

| 품명 | 수량 |
|---|---|
| 면화류 | 200킬로그램 이상 |
| 사류(絲類) | 1,000킬로그램 이상 |

③ 합성수지류에는 불연성 또는 난연성이 아닌 고체의 합성수지제품, 합성수지반제품, 원료합성수지 및 합성수지 부스러기(불연성 또는 난연성이 아닌 고무제품, 고무반제품, 원료고무 및 고무 부스러기를 포함한다)를 말한다. 다만, 합성수지의 섬유·옷감·종이 및 실과 이들의 넝마와 부스러기를 제외한다.

**04** 다음 중 화재예방강화지구의 관리에 관한 기준 중 옳지 않은 것은?

① 소방관서장은 법 제18조제3항에 따라 화재예방강화지구 안의 소방대상물의 위치·구조 및 설비 등에 대한 화재안전조사를 연 1회 이상 실시해야 한다.
② 소방관서장은 법 제18조제5항에 따라 화재예방강화지구 안의 관계인에 대하여 소방에 필요한 훈련 및 교육을 연 1회 이상 실시할 수 있다.
③ 소방관서장은 제2항에 따라 훈련 및 교육을 실시하려는 경우에는 화재예방강화지구 안의 관계인에게 훈련 또는 교육 10일 전까지 그 사실을 통보해야 한다.
④ 시·도지사는 화재예방강화지구의 지정 현황을 대통령령으로 정하는 화재예방강화지구 관리대장에 작성하고 관리해야 한다.

해설 시·도지사는 법 제18조제6항에 따라 다음 각 호의 사항을 행정안전부령으로 정하는 화재예방강화지구 관리대장에 작성하고 관리해야 한다.
1. 화재예방강화지구의 지정 현황
2. 화재안전조사의 결과
3. 법 제18조제4항에 따른 소화기구, 소방용수시설 또는 그 밖에 소방에 필요한 설비(이하 "소방설비등"이라 한다)의 설치(보수, 보강을 포함한다) 명령 현황
4. 법 제18조제5항에 따른 소방훈련 및 교육의 실시 현황
5. 그 밖에 화재예방 강화를 위하여 필요한 사항

**05** 소방시설공사업법령상 하자보수 보증기간이 다른 소방시설은?

① 피난기구   ② 유도등
③ 무선통신보조설비   ④ 옥외소화전설비

정답 03.③ 04.④ 05.④

**해설** 하자보수 대상 소방시설과 하자보수 보증기간

법 제15조제1항에 따라 하자를 보수하여야 하는 소방시설과 소방시설별 하자보수 보증기간은 다음 각 호의 구분과 같다.
1. 비상경보설비, 비상방송설비, 피난기구, 유도등, 비상조명등 및 무선통신보조설비 : 2년
2. 자동소화장치, 옥내소화전설비, 스프링클러설비등, 물분무등소화설비, 옥외소화전설비, 자동화재탐지설비, 화재알림설비, 소화용수설비 및 소화활동설비(무선통신보조설비는 제외한다) : 3년

**06** 소방시설법령상 중앙소방기술심의위원회의 심의사항에 해당하지 않는 것은?

① 소방시설의 구조 및 원리 등에서 공법이 특수한 설계 및 시공에 관한 사항
② 소방시설의 설계 및 공사감리의 방법에 관한 사항
③ 새로운 소방시설과 소방용품 등의 도입 여부에 관한 사항
④ 소방시설에 하자가 있는지의 판단에 관한 사항

**해설** 소방시설에 하자가 있는지의 판단에 관한 사항은 지방소방기술심의위원회의 심의사항이다.

**07** 소방시설공사업법령상 소방시설업의 등록을 반드시 취소해야 하는 경우에 해당하지 않는 것은?

① 거짓이나 그 밖의 부정한 방법으로 등록한 경우
② 법인의 대표자가 위험물안전관리법에 따른 금고 이상의 형의 집행유예를 선고받고 그 유예기간 중에 있어서 등록의 결격사유에 해당하는 경우
③ 등록을 한 후 정당한 사유 없이 1년이 지날 때까지 영업을 시작하지 아니한 때의 경우
④ 영업정지처분을 받고 영업정지기간 중에 새로운 설계·시공 또는 감리를 한 경우

**해설** 등록을 한 후 정당한 사유 없이 1년이 지날 때까지 영업을 시작하지 아니하거나 계속하여 1년 이상 휴업한 때는 6개월 이내의 기간을 정하여 시정이나 그 영업의 정지를 명할 수 있다.

**08** 자체점검에 대한 다음 설명 중 옳은 것은?

① 자체점검 구분에 따른 점검사항, 소방시설등 점검표, 점검인원 배치상황 통보 및 세부 점검방법 등 자체점검에 필요한 사항은 행정안전부령으로 정한다.
② 소방시설관리업을 등록한 자(이하 "관리업자"라 한다)는 제1항에 따라 자체점검을 실시하는 경우 점검 대상과 점검 인력 배치상황을 점검인력을 배치한 날 이후 자체점검이 끝난 날부터 10일 이내에 법 제50조제5항에 따라 관리업자에 대한 점검능력 평가 등에 관한 업무를 위탁받은 법인 또는 단체(이하 "평가기관"이라 한다)에 통보해야 한다.
③ 작동점검이란 소방시설등을 인위적으로 조작하여 소방시설이 정상적으로 작동하는지를 소방청장이 정하여 고시하는 소방시설등 작동점검표에 따라 점검하는 것을 말한다.
④ 종합점검이란 소방시설등의 작동점검을 제외하고 소방시설등의 설비별 주요 구성 부품의 구조기준이 화재안전기준과 「건축법」등 관련 법령에서 정하는 기준에 적합한 지 여부를 소방청장이 정하여 고시하는 소방시설등 종합점검표에 따라 점검하는 것을 말한다.

**해설** ① 소방청장이 정하여 고시한다.
② 5일 이내에
④ 작동점검을 포함하여

**09** 소방시설 설치 및 관리에 관한 법령상 터널인 경우 길이가 얼마 이상일 때 연결송수관설비를 설치하여야 하는가?

① 500[m]
② 1천[m]
③ 2천[m]
④ 3천[m]

정답 06.④ 07.③ 08.③ 09.②

**해설** 터널의 길이에 따른 설비

| 터널의 길이 | 설비 |
|---|---|
| 500m 이상 | 비상경보설비, 비상조명등, 비상콘센트설비, 무선통신보조설비 |
| 1000m 이상 | 자동화재탐지설비, 연결송수관설비, 옥내소화전설비 |

**10** 소방시설 설치 및 관리에 관한 법령상 방염성능기준 이상의 실내장식물등을 설치하여야 하는 특정소방대상물이 아닌 것은?

① 숙박이 가능한 수련시설
② 근린생활시설 중 체력단련장
③ 의료시설 중 종합병원
④ 방송통신시설 중 촬영소 및 전신전화국

**해설** 방송통신시설 중 방송국 및 촬영소

**11** 소방시설 설치 및 관리에 관한 법령상 건축허가 등의 동의에 관한 설명으로 옳지 않은 것은?

① 건축허가등의 권한이 있는 행정기관은 건축허가등을 할 때 미리 그 건축물 등의 시공지 또는 소재지를 관할하는 소방본부장이나 소방서장의 동의를 받아야 한다.
② 건축물 등의 사용승인에 대한 동의를 할 때에는 「소방시설공사업법」에 따른 소방시설공사의 완공검사증명서를 교부하는 것으로 동의를 갈음할 수 있다.
③ 건축허가등의 동의를 요구한 기관이 그 건축허가등을 취소하였을 때에는 취소한 날부터 7일 이내에 건축물 등의 시공지 또는 소재지를 관할하는 소방본부장 또는 소방서장에게 그 사실을 통보하여야 한다.
④ 건축물 등의 대수선 신고를 수리할 권한이 있는 행정기관은 그 신고를 수리하면 그 건축물 등의 시공지 또는 소재지를 관할하는 소방본부장이나 소방서장에게 수리한 날로부터 10일 이내에 그 사실을 알려야 한다.

**해설** 건축물 등의 대수선·증축·개축·재축 또는 용도변경의 신고를 수리(受理)할 권한이 있는 행정기관은 그 신고를 수리하면 그 건축물 등의 시공지 또는 소재지를 관할하는 소방본부장이나 소방서장에게 지체없이 그 사실을 알려야 한다.

**12** 화재의 예방 및 안전관리에 관한 법령상 소방안전관리자를 두어야 하는 특정소방대상물에 관한 설명으로 옳은 것은? (단, 공공기관의 소방안전관리에 관한 규정을 적용받는 특정소방대상물은 제외)

① 층수에 상관없이 지상으로부터 높이가 100미터 이상인 것은 특급 소방안전관리대상물이다.
② 지하구는 2급 소방안전관리대상물이다.
③ 가연성 가스를 1천톤 이상 저장·취급하는 시설은 2급 소방안전관리대상물이다.
④ 층수가 21층인 아파트는 1급 소방안전관리대상물이다.

**해설** ① 특급 소방안전관리대상물 : 30층 이상(지하층을 포함한다)이거나 지상으로부터 높이가 120미터 이상인 특정소방대상물
③ 가연성 가스를 1천톤 이상 저장·취급하는 시설은 1급 소방안전관리대상물이다.
④ 아파트는 공동주택으로 2급 소방안전관리대상물이다.

■ 소방안전관리자를 두어야 하는 특정소방대상물의 분류

| 특급 | ① 50층 이상(지하층은 제외)이거나 지상으로부터 높이가 200[m] 이상인 아파트<br>② 연면적 10만[m²] 이상<br>③ 지하층 포함 30층 이상(아파트는 제외)<br>④ 높이가 120[m] 이상(아파트는 제외) | |
|---|---|---|
| 제외 | • 공공기관<br>• 불연성 물품 창고<br>• 지하구 | • 동·식물원<br>• 위험물 제조소등 |
| 1급 | ① 30층 이상(지하층은 제외)이거나 지상으로부터 높이가 120[m] 이상인 아파트<br>② 연면적 1만5천[m²] 이상인 것(아파트는 제외)<br>③ 층수가 11층 이상인 것(아파트는 제외)<br>④ 가연성 가스를 1천톤 이상 저장·취급하는 시설 | |
| 제외 | • 공공기관<br>• 불연성 물품 창고<br>• 지하구 | • 동·식물원<br>• 위험물 제조소등 |

정답 10.④ 11.④ 12.②

| 2급 | ① 옥내소화전설비, 스프링클러설비, 간이스프링클러설비 또는 물분무등소화설비[호스릴방식 제외]를 설치하는 특정소방대상물<br>② 가스 제조설비를 갖추고 도시가스사업의 허가를 받아야 하는 시설 또는 가연성 가스를 100톤 이상 1천톤 미만 저장·취급하는 시설<br>④ 지하구<br>⑤ 공동주택(300세대 이상, 승강기·중앙난방시설·주상복합건축물로 150세대 이상 등)<br>⑥ 보물 또는 국보로 지정된 목조건축물 |
|---|---|
| | 제외 • 공공기관 |
| 3급 | 특급·1급·2급 소방안전관리대상물에 해당하지 아니하는 특정소방대상물로서 자동화재탐지설비를 설치하는 특정소방대상물 and 간이sp 설치특정소방대상물 |
| | 제외 • 공공기관 |
| 비고 | 건축물대장의 건축물현황도에 표시된 대지경계선 안의 지역 또는 인접한 2개 이상의 대지에 소방안전관리자를 두어야 하는 특정소방대상물이 둘 이상 있고, 그 관리에 관한 권원(權原)을 가진 자가 동일인인 경우에는 이를 하나의 특정소방대상물로 보되, 그 특정소방대상물이 특급, 1급, 2급, 3급 소방안전관리대상물 중 둘 이상에 해당하는 경우에는 그 중에서 급수가 높은 특정소방대상물로 본다. |

**13** 소방시설 설치 및 관리에 관한 법령상 소방시설관리사에 관한 설명으로 옳은 것은?

① 소방시설관리사는 동시에 둘 이상의 업체에 취업할 수 있다.
② 소방시설관리사증을 다른 자에게 빌려준 경우에는 소방시설관리사 자격을 정지 또는 취소할 수 있다.
③ 소방시설관리사의 자격이 취소된 날부터 2년이 지나지 아니한 사람은 소방시설관리사가 될 수 없다.
④ 소방청장은 시험에서 부정한 행위를 한 응시자에 대하여는 그 시험을 정지 또는 무효로 하고, 그 처분이 있는 날부터 3년간 시험 응시자격을 정지한다.

**해설**
㉠ 소방시설관리사는 동시에 둘 이상의 업체에 취업하여서는 아니 된다.
㉡ 소방시설관리사증을 다른 자에게 빌려준 경우에는 소방시설관리사 자격을 취소하여야 한다.
㉢ 소방청장은 시험에서 부정한 행위를 한 응시자에 대하여는 그 시험을 정지 또는 무효로 하고, 그 처분이 있는 날부터 2년간 시험 응시자격을 정지한다.

**14** 소방시설 설치 및 관리에 관한 법령상 소방용품의 품질관리 등에 관한 설명으로 옳지 않은 것은?

① 소방청장은 제조자 또는 수입자의 소방용품에 대하여는 성능인증을 하여야 한다.
② 누구든지 형식승인을 받지 아니한 소방용품을 판매 목적으로 진열할 수 없다.
③ 누전경보기 및 가스누설경보기를 제조하거나 수입하려는 자는 형식승인을 받아야 한다.
④ 소방청장은 소방용품의 품질관리를 위하여 필요하다고 인정할 때에는 유통 중인 소방용품을 수집하여 검사할 수 있다.

**해설 소방용품의 품질관리**
㉠ 대통령령으로 정하는 소방용품을 제조하거나 수입하려는 자는 소방청장의 형식승인을 받아야 한다. 다만, 연구개발 목적으로 제조하거나 수입하는 소방용품은 그러하지 아니하다.
㉡ 소방청장은 제조자 또는 수입자 등의 요청이 있는 경우 소방용품에 대하여 성능인증을 할 수 있다.

**15** 소방시설 설치 및 관리에 관한 법령상 소방청장이 시·도지사에게 위임한 업무는?

① 소방안전관리에 대한 교육업무
② 소방용품의 성능인증업무
③ 소방용품에 대한 우수품질인증업무
④ 우수 소방대상물의 선정, 표시 발급 및 관계인에 대한 포상업무

**해설**
① 소방안전관리에 대한 교육업무 : 한국소방안전원
② 소방용품의 성능인증업무 : 한국소방산업기술원
③ 소방용품에 대한 우수품질인증 : 한국소방산업기술원

**16** 소방시설 설치 및 관리에 관한 법령상 과태료의 부과대상인 자는?

① 소방안전관리자를 선임하지 아니한 자
② 소방안전관리자에게 불이익한 처우를 한 관계인
③ 방염성능기준 미만으로 방염처리한 자
④ 화재안전조사를 정당한 사유 없이 거부·방해 또는 기피한 자

해설 ① 소방안전관리자 또는 소방안전관리보조자를 선임하지 아니한 자 : 300만원 이하의 벌금
② 소방안전관리자에게 불이익한 처우를 한 관계인 : 300만원 이하의 벌금
③ 방염성능기준 미만으로 방염처리한 자 : 200만원 이하의 과태료
④ 화재안전조사를 정당한 사유 없이 거부·방해 또는 기피한 자 : 300만원 이하의 벌금

**17** 소방시설 설치 및 관리에 관한 법령상 특정소방대상물 중 근린생활시설에 해당하는 것은?

① 유흥주점
② 마약진료소
③ 같은 건축물에 해당 용도로 쓰는 바닥면적의 합계가 300제곱미터인 골프연습장
④ 같은 건축물에 해당 용도로 쓰는 바닥면적의 합계가 500제곱미터인 운전학원

해설 골프연습장, 물놀이형 시설 그 밖에 이와 비슷한 것으로서 같은 건축물에 해당 용도로 쓰는 바닥면적의 합계가 500[m²] 미만인 것

**18** 위험물안전관리법에 관한 설명으로 옳은 것은?

① 위험물이라는 함은 인화성 또는 발화성 등의 성질을 가지는 것으로 행정안전부령으로 정하는 물품을 말한다.
② 지정수량이라 함은 위험물의 종류별로 위험성을 고려하여 행정안전부령으로 정하는 수량을 말한다.
③ 지정수량 미만인 위험물의 저장 또는 취급에 관한 기술상의 기준은 행정안전부령으로 정한다.
④ 위험물안전관리법은 철도 및 궤도에 의한 위험물의 저장·취급 및 운반에 있어서는 이를 적용하지 아니한다.

해설 ① 위험물이라 함은 인화성 또는 발화성 등의 성질을 가지는 것으로 대통령령으로 정하는 물품을 말한다.
② 지정수량이라 함은 위험물의 종류별로 위험성을 고려하여 대통령령으로 정하는 수량을 말한다.
③ 지정수량 미만인 위험물의 저장 또는 취급에 관한 기술상의 기준은 시·도의 조례로 정한다.

**19** 다음은 위험물안전관리법상 위험물시설의 설치 및 변경에 관한 내용이다. ( )안에 들어갈 내용으로 옳은 것은?

> 제조소등의 위치·구조 또는 설비의 변경없이 당해 제조소등에서 저장하거나 취급하는 위험물의 품명·수량 또는 지정수량의 배수를 변경하고자 하는 자는 변경하고자 하는 날의 ( )일 전까지 행정안전부령이 정하는 바에 따라 시·도지사에게 신고하여야 한다.

① 5          ② 1
③ 10         ④ 14

해설 제조소등의 위치·구조 또는 설비의 변경없이 당해 제조소등에서 저장하거나 취급하는 위험물의 품명·수량 또는 지정수량의 배수를 변경하고자 하는 자는 변경하고자 하는 날의 1일 전까지 행정안전부령이 정하는 바에 따라 시·도지사에게 신고하여야 한다.

정답 16.③ 17.③ 18.④ 19.②

**20** 위험물안전관리법령상 위험물의 안전관리와 관련된 업무를 수행하는 자로서 안전교육대상자로 명시된 자를 모두 고른 것은?

> ㉠ 안전관리자로 선임된 자
> ㉡ 탱크시험자의 기술인력으로 종사하는 자
> ㉢ 위험물운송자로 종사하는 자
> ㉣ 제조소등을 시공한 자

① ㉠
② ㉠, ㉡
③ ㉠, ㉡, ㉢
④ ㉠, ㉡, ㉢, ㉣

**해설** 안전관리자·탱크시험자·위험물운송자 등 위험물의 안전관리와 관련된 업무를 수행하는 자로서 대통령령이 정하는 자는 해당 업무에 관한 능력의 습득 또는 향상을 위하여 소방청장이 실시하는 교육을 받아야 한다.

**21** 위험물안전관리법령상 제조소에서 취급하는 제4류 위험물의 최대수량의 합이 지정수량의 12만배 이상 24만배 미만인 사업소의 경우 자체소방대에 두는 화학소방자동차 대수와 자체소방대원의 수로 옳은 것은? (단, 다른 사업소 등과 상호응원협정은 없음)

① 1대 - 5인
② 2대 - 10인
③ 3대 - 15인
④ 4대 - 20인

**해설** 위험물법 시행령 [별표 8] 자체소방대에 두는 화학소방자동차 및 인원

| 사업소의 구분 | 화학소방자동차 | 자체소방대원의 수 |
|---|---|---|
| 1. 제조소 또는 일반취급소에서 취급하는 제4류 위험물의 최대수량의 합이 지정수량의 12만배 미만인 사업소 | 1대 | 5인 |
| 2. 제조소 또는 일반취급소에서 취급하는 제4류 위험물의 최대수량의 합이 지정수량의 12만배 이상 24만배 미만인 사업소 | 2대 | 10인 |
| 3. 제조소 또는 일반취급소에서 취급하는 제4류 위험물의 최대수량의 합이 지정수량의 24만배 이상 48만배 미만인 사업소 | 3대 | 15인 |
| 4. 제조소 또는 일반취급소에서 취급하는 제4류 위험물의 최대수량의 합이 지정수량의 48만배 이상인 사업소 | 4대 | 20인 |
| 5. 옥외탱크저장소에 저장하는 제4류 위험물의 최대수량이 지정수량의 50만배 이상인 사업소 | 2대 | 10인 |

**22** 다중이용업주의 안전시설등에 대한 정기점검에 관한 설명으로 옳은 것은?

① 다중이용업주는 다중이용업소의 안전관리를 위하여 정기적으로 안전시설등을 점검하고 그 점검결과서를 1년간 보관하여야 한다.
② 자체점검을 한 경우 이외에는 매년 1회 이상 점검해야 한다.
③ 다중이용업주는 정기점검을 직접 수행할 수 없다.
④ 다중이용업소의 종업원인 경우에는 국가기술자격법에 따라 소방기술사의 자격을 보유하였더라도 안전점검자의 자격은 없다.

**해설** ㉠ 점검주기 : 매 분기별 1회 이상 점검. 다만, 자체점검을 실시한 경우에는 자체점검을 실시한 그 분기에는 점검을 실시하지 아니할 수 있다.
㉡ 안전점검자의 자격
ⓐ 해당 영업장의 다중이용업주 또는 다중이용업소가 위치한 특정소방대상물의 소방안전관리자(소방안전관리자가 선임된 경우에 한한다)
ⓑ 해당 업소의 종업원 중 소방안전관리자 자격을 취득한 자, 소방기술사·소방설비기사 또는 소방설비산업기사자격을 취득한 자
ⓒ 소방시설관리업자

**23** 다중이용업소의 안전관리에 관한 특별법상 다중이용업소의 안전관리기본계획의 수립권자는?

① 행정안전부장관　② 소방청장
③ 시·도지사　　　④ 소방본부장

해설) 소방청장은 다중이용업소의 화재 등 재난이나 그 밖의 위급한 상황으로 인한 인적·물적 피해의 감소, 안전기준의 개발, 자율적인 안전관리능력의 향상, 화재배상책임보험제도의 정착 등을 위하여 5년마다 다중이용업소의 안전관리기본계획을 수립·시행하여야 한다.

**24** 다중이용업소의 안전관리에 관한 특별법령상 이행강제금을 부과하는 경우는?

① 다중이용업소의 사용금지 또는 제한 명령을 위반한 경우
② 소방안전교육을 받지 않거나 종업원이 소방안전교육을 받도록 하지 않은 경우
③ 정기점검결과서를 보관하지 않은 경우
④ 화재배상책임보험에 가입하지 않은 경우

해설) 다중이용업소의 사용금지 또는 제한 명령을 위반한 경우 600만원의 이행강제금을 부과한다.

[별표 7] 이행강제금 부과기준(제24조제1항 관련)
1. 일반기준
이행강제금 부과권자는 위반행위의 동기와 그 결과를 고려하여 제2호의 이행강제금 부과기준액의 2분의 1까지 경감하여 부과할 수 있다.
2. 개별기준　　　　　　　　　　　　　(단위 : 만원)

| 위반행위 | 근거 법조문 | 이행강제금 금액 |
|---|---|---|
| 가. 법 제9조제2항에 따른 안전시설등에 대하여 보완 등 필요한 조치명령을 위반한 경우 | 법 제26조제1항 | |
| 1) 안전시설등의 작동·기능에 지장을 주지 않는 경미한 사항인 경우 | | 200 |
| 2) 안전시설등을 고장상태로 방치한 경우 | | 600 |
| 3) 안전시설등을 설치하지 않은 경우 | | 1,000 |
| 나. 법 제10조제3항에 따른 실내장식물에 대한 교체 또는 제거 등 필요한 조치명령을 위반한 경우 | 법 제26조제1항 | 1,000 |
| 다. 법 제10조의2제3항에 따른 영업장의 내부구획에 대한 보완 등 필요한 조치명령을 위반한 경우 | 법 제26조제1항 | 1,000 |
| 라. 법 제15조제2항에 따른 화재안전조사 조치명령을 위반한 경우 | 법 제26조제1항 | |
| 1) 다중이용업소의 공사의 정지 또는 중지 명령을 위반한 경우 | | 200 |
| 2) 다중이용업소의 사용금지 또는 제한 명령을 위반한 경우 | | 600 |
| 3) 다중이용업소의 개수·이전 또는 제거명령을 위반한 경우 | | 1,000 |

**25** 다중이용업소의 안전관리에 관한 특별법령상 다중이용업주의 화재배상책임보험가입 등에 관한 설명으로 옳지 않은 것은?

① 다중이용업주는 다중이용업주의 성명을 변경한 경우에는 화재배상책임보험에 가입한 후 그 증명서를 소방본부장 또는 소방서장에게 제출하여야 한다.
② 보험회사는 화재배상책임보험의 보험금 청구를 받은 때에는 청구 받은 날로부터 14일 이내에 피해자에게 보험금을 지급하여야 한다.
③ 다중이용업주가 화재배상책임보험 청약 당시 보험회사가 요청한 안전시설등의 유지·관리에 관한 사항 등을 거짓으로 알리는 경우 보험회사는 계약을 거절할 수 있다.
④ 소방서장은 다중이용업주가 화재배상책임보험에 가입하지 아니하였을 때에는 허가관청에 다중이용업주에 대한 영업의 정지 등 필요한 조치를 취할 것을 요청할 수 있다.

해설) 보험회사는 화재배상책임보험의 보험금 청구를 받은 때에는 지체 없이 지급할 보험금을 결정하고 보험금 결정 후 14일 이내에 피해자에게 보험금을 지급하여야 한다.

정답　23.②　24.①　25.②

# 2013 제13회 소방시설관리사 1차 필기 기출문제
[제3과목 : 소방관계법령]

**01** 소방기본법령에 관한 설명으로 옳지 않은 것은?
① 소방자동차의 우선 통행에 관하여는 소방기본법이 정하는 바에 따른다.
② 소방활동에 필요한 사람으로서 취재인력 등 보도업무에 종사하는 사람은 소방대장이 출입을 제한할 수 없다.
③ 소방대상물에 화재가 발생한 경우 그 관계인은 소방활동에 종사하여도 소방활동의 비용을 지급받을 수 없다.
④ 소방활동구역을 정하는 자는 소방대장이다.

**해설** 소방자동차의 우선 통행에 관하여는 「도로교통법」이 정하는 바에 따른다.

**02** 소방기본법령상 소방기관·종합상황실·박물관 등의 설치·운영에 관한 설명으로 옳지 않은 것은?
① 시·도의 소방기관의 설치에 필요한 사항은 대통령령으로 정한다.
② 종합상황실의 설치·운영에 필요한 사항은 행정안전부령으로 정한다.
③ 소방박물관의 설립과 운영에 필요한 사항은 행정안전부령으로 정한다.
④ 소방체험관의 설립과 운영에 필요한 사항은 행정안전부령으로 정한다.

**해설** 소방체험관의 설립과 운영에 필요한 사항은 시·도의 조례로 정한다.

※ **소방박물관 및 소방체험관**
㉠ 소방박물관 설립운영권자 : 소방청장
㉡ 소방체험관 설립운영권자 : 시·도지사
㉢ 소방박물관 설립운영에 관하여 필요한 사항 : 행정안전부령
㉣ 소방체험관 설립운영에 관하여 필요한 사항 : 행정안전부령에 따라 시·도의 조례로 정함
㉤ 소방청장은 법 제5조제2항의 규정에 의하여 소방박물관을 설립·운영하는 경우에는 소방박물관에 소방박물관장 1인과 부관장 1인을 두되, 소방박물관장은 소방공무원 중에서 소방청장이 임명한다.
㉥ 소방박물관에는 그 운영에 관한 중요한 사항을 심의하기 위하여 7인 이내의 위원으로 구성된 운영위원회를 둔다.

**03** 소방기본법령상 소방신호에 관한 설명으로 옳지 않은 것은?
① 화재예방, 소방활동 또는 소방훈련을 위하여 사용한다.
② 예방신호는 화재예방상 필요하다고 인정하거나 화재위험경보 시 발령한다.
③ 발화신호의 방법은 타종신호는 난타, 사이렌 신호는 5초 간격을 두고 5초씩 3회 울린다.
④ 해제 및 훈련신호도 소방신호에 해당한다.

**해설** 경계신호는 화재예방상 필요하다고 인정하거나 화재위험경보 시 발령한다.

※ **소방신호의 방법(기본법 규칙 별표 4)**

| 신호의 종류 | 발하는 시기 | 타종 신호 | 사이렌 신호 |
|---|---|---|---|
| 경계 신호 | 화재예방상 필요할 때 화재위험경보 시 발령 | 1타와 연2타를 반복 | 5초 간격을 두고 30초씩 3회 |
| 발화 신호 | 화재가 발생한 때 발령 | 난타 | 5초 간격을 두고 5초씩 3회 |
| 해제 신호 | 소화활동이 필요 없다고 인정되는 때 발령 | 상당한 간격을 두고 1타씩 반복 | 1분간 1회 |
| 훈련 신호 | 훈련상 필요하다고 인정되는 때 발령 | 연 3타 반복 | 10초 간격을 두고 1분씩 3회 |

정답 01.① 02.④ 03.②

**04** 소방기본법령상 소방산업의 육성·진흥 및 지원 등에 관한 설명으로 옳지 않은 것은?

① 국가는 소방산업의 육성·진흥을 위하여 행정상·재정상의 지원시책을 마련하여야 한다.
② 국가는 우수 소방제품의 전시·홍보를 위하여 대외무역법에 의한 무역전시장을 설치한 자에게 소방산업전시회 관련 국외홍보비의 재정적인 지원을 할 수 있다.
③ 국가는 고등교육법에 따른 전문대학에 소방기술의 연구·개발사업을 수행하게 할 수 있다.
④ 국가는 소방기술 및 소방산업의 국외시장 개척을 위한 사업을 추진하여야 한다.

**해설** 기본법 제7장의2 소방산업의 육성·진흥 및 지원 등
※ 기본법 제39조의3(국가의 책무)
국가는 소방산업(소방용 기계·기구의 제조, 연구·개발 및 판매 등에 관한 일련의 산업을 말한다. 이하 같다)의 육성·진흥을 위하여 필요한 계획의 수립 등 행정상·재정상의 지원시책을 마련하여야 한다.
※ 기본법 제39조의5(소방산업과 관련된 기술개발 등의 지원)
① 국가는 소방산업과 관련된 기술(이하 "소방기술"이라 한다)의 개발을 촉진하기 위하여 기술개발을 실시하는 자에게 그 기술개발에 드는 자금의 전부나 일부를 출연하거나 보조할 수 있다.
② 국가는 우수소방제품의 전시·홍보를 위하여 「대외무역법」 제4조제2항에 따른 무역전시장 등을 설치한 자에게 다음 각 호에서 정한 범위에서 재정적인 지원을 할 수 있다.
  1. 소방산업전시회 운영에 따른 경비의 일부
  2. 소방산업전시회 관련 국외 홍보비
  3. 소방산업전시회 기간 중 국외의 구매자 초청 경비
※ 기본법 제39조의6(소방기술의 연구·개발사업 수행)
① 국가는 국민의 생명과 재산을 보호하기 위하여 다음 각 호의 어느 하나에 해당하는 기관이나 단체로 하여금 소방기술의 연구·개발사업을 수행하게 할 수 있다.
② 국가가 제1항에 따른 기관이나 단체로 하여금 소방기술의 연구·개발사업을 수행하게 하는 경우에는 필요한 경비를 지원하여야 한다.
※ 기본법 제39조의7(소방기술 및 소방산업의 국제화사업)
① 국가는 소방기술 및 소방산업의 국제경쟁력과 국제적 통용성을 높이는 데에 필요한 기반 조성을 촉진하기 위한 시책을 마련하여야 한다.

② 소방청장은 소방기술 및 소방산업의 국제경쟁력과 국제적 통용성을 높이기 위하여 다음 각 호의 사업을 추진하여야 한다.
  1. 소방기술 및 소방산업의 국제 협력을 위한 조사·연구
  2. 소방기술 및 소방산업에 관한 국제 전시회, 국제 학술회의 개최 등 국제 교류
  3. 소방기술 및 소방산업의 국외시장 개척
  4. 그 밖에 소방기술 및 소방산업의 국제경쟁력과 국제적 통용성을 높이기 위하여 필요하다고 인정하는 사업

**05** 소방시설공사업법령상 소방시설 공사에 관한 설명으로 옳지 않은 것은?

① 하나의 건축물에 영화상영관이 10개 이상인 신축 특정소방대상물은 성능위주설계를 하여야 한다.
② 공사업자가 구조변경·용도변경되는 특정소방대상물에 연소방지설비의 살수구역을 증설하는 공사를 할 경우 소방서장에게 착공신고를 하여야 한다.
③ 하자보수 대상 소방시설 중 자동소화장치의 하자보수 보증기간은 3년이다.
④ 연면적이 1,000제곱미터 이상인 특정소방대상물에 비상경보설비를 설치하는 경우에는 공사감리자를 지정해야 한다.

**해설** 성능위주설계대상
㉠ 연면적 20만제곱미터 이상인 특정소방대상물. 다만, 별표 2 제1호에 따른 공동주택 중 주택으로 쓰이는 층수가 5층 이상인 주택(이하 이 조에서 "아파트등"이라 한다)은 제외한다.
㉡ 다음 각 목의 어느 하나에 해당하는 특정소방대상물. 다만, 아파트등은 제외한다.
  ⓐ 건축물의 높이가 100미터 이상인 특정소방대상물
  ⓑ 지하층을 포함한 층수가 30층 이상인 특정소방대상물
㉢ 연면적 3만제곱미터 이상인 특정소방대상물로서 다음 각 목의 어느 하나에 해당하는 특정소방대상물
  ⓐ 별표 2 제6호나목의 철도 및 도시철도 시설
  ⓑ 별표 2 제6호다목의 공항시설

ㄹ. 하나의 건축물에 「영화 및 비디오물의 진흥에 관한 법률」 제2조제10호에 따른 영화상영관이 10개 이상인 특정소방대상물

**성능위주설계 대상 특정소방대상물**
1. 연면적 20만제곱미터 이상인 특정소방대상물. 다만, 별표 2 제1호가목에 따른 아파트등(이하 "아파트등"이라 한다)은 제외한다.
2. 50층 이상(지하층은 제외한다)이거나 지상으로부터 높이가 200미터 이상인 아파트등
3. 30층 이상(지하층을 포함한다)이거나 지상으로부터 높이가 120미터 이상인 특정소방대상물(아파트등은 제외한다)
4. 연면적 3만제곱미터 이상인 특정소방대상물로서 다음 각 목의 어느 하나에 해당하는 특정소방대상물
  가. 별표 2 제6호나목의 철도 및 도시철도 시설
  나. 별표 2 제6호다목의 공항시설
5. 별표 2 제16호의 창고시설 중 연면적 10만제곱미터 이상인 것 또는 지하층의 층수가 2개 층 이상이고 지하층의 바닥면적의 합계가 3만제곱미터 이상인 것
6. 하나의 건축물에 「영화 및 비디오물의 진흥에 관한 법률」 제2조제10호에 따른 영화상영관이 10개 이상인 특정소방대상물
7. 「초고층 및 지하연계 복합건축물 재난관리에 관한 특별법」 제2조제2호에 따른 지하연계 복합건축물에 해당하는 특정소방대상물
8. 별표 2 제27호의 터널 중 수저(水底)터널 또는 길이가 5천미터 이상인 것

※ **착공신고**
㉠ 공사업자는 대통령령으로 정하는 소방시설공사를 하려면 행정안전부령으로 정하는 바에 따라 그 공사의 내용, 시공 장소, 그 밖에 필요한 사항을 소방본부장이나 소방서장에게 신고하여야 한다.
㉡ 공사업자가 ㉠에 따라 신고한 사항 가운데 행정안전부령으로 정하는 중요한 사항을 변경하였을 때에는 행정안전부령으로 정하는 바에 따라 변경신고를 하여야 한다. 이 경우 중요한 사항에 해당하지 아니하는 변경 사항은 제20조에 따른 공사감리 결과보고서에 포함하여 소방본부장이나 소방서장에게 보고하여야 한다.
㉢ 착공신고대상
  ⓐ 신축, 증축, 개축, 재축(再築), 대수선(大修繕) 또는 구조변경·용도변경되는 특정소방대상물(「위험물 안전관리법」 제2조 제1항 제6호에 따른 제조소등은 제외한다. 이하 제2호 및 제3호에서 같다)에 다음 각 목의 어느 하나에 해당하는 설비를 신설하는 공사
    ㉮ 옥내소화전설비(호스릴옥내소화전설비를 포함한다. 이하 같다), 옥외소화전설비, 스프링클러설비·간이스프링클러설비(캐비닛형 간이스프링클러설비를 포함한다. 이하 같다) 및 화재조기진압용 스프링클러설비(이하 "스프링클러설비등"이라 한다), 물분무소화설비·포소화설비·이산화탄소소화설비·할로겐화합물소화설비·청정소화약제소화설비·미분무소화설비·강화액소화설비 및 분말소화설비(이하 "물분무등소화설비"라 한다), 연결송수관설비, 연결살수설비, 제연설비(소방용 외의 용도와 겸용되는 제연설비를 「건설산업기본법 시행령」 별표 1에 따른 기계설비공사업자가 공사하는 경우는 제외한다), 소화용수설비(소화용수설비를 「건설산업기본법 시행령」 별표 1에 따른 기계설비공사업자 또는 상·하수도설비공사업자가 공사하는 경우는 제외한다) 또는 연소방지설비
    ㉯ 자동화재탐지설비, 비상경보설비, 비상방송설비(소방용 외의 용도와 겸용되는 비상방송설비를 「정보통신공사업법」에 따른 정보통신공사업자가 공사하는 경우는 제외한다), 비상콘센트설비(비상콘센트설비를 「전기공사업법」에 따른 전기공사업자가 공사하는 경우는 제외한다) 또는 무선통신보조설비(소방용 외의 용도와 겸용되는 무선통신보조설비를 「정보통신공사업법」에 따른 정보통신공사업자가 공사하는 경우는 제외한다)
  ⓑ 증축, 개축, 재축, 대수선 또는 구조변경·용도변경되는 특정소방대상물에 다음 각 목의 어느 하나에 해당하는 설비 또는 구역 등을 증설하는 공사
    ㉮ 옥내·옥외소화전설비
    ㉯ 스프링클러설비·간이스프링클러설비 또는 물분무등소화설비의 방호구역, 자동화재탐지설비의 경계구역, 제연설비의 제연구역(소방용 외의 용도와 겸용되는 제연설비를 「건설산업기본법 시행령」 별표 1에 따른 기계설비공사업자가 공사하는 경우는 제외한다), 연결살수설비의 살수구역, 연결송수관설비의 송수구역, 비상콘센트설비의 전용회로, 연소방지설비의 살수구역
  ⓒ 전부 또는 일부를 개설(改設), 이전(移轉) 또는 정비(整備)하는 공사. 다만, 고장 또는 파손 등으로 인하여 작동시킬 수 없는 소방시설을 긴급히 교체하거나 보수하여야 하는 경우에는 신고하지 않을 수 있다.

㉮ 수신반(受信盤)
㉯ 소화펌프
㉰ 동력(감시)제어반
② 착공신고 서류
   ⓐ 공사업자의 소방시설공사업 등록증 사본 1부 및 등록수첩 사본 1부
   ⓑ 해당 소방시설공사의 책임시공 및 기술관리를 하는 기술인력의 기술등급을 증명하는 서류 사본 1부
   ⓒ 법 제21조의3제2항에 따라 체결한 소방시설공사 계약서 사본 1부
   ⓓ 설계도서(설계설명서를 포함하되, 「화재예방, 소방시설 설치·유지 및 안전관리에 관한 법률」 제7조에 따른 건축허가 동의 시 제출된 설계도서가 변경된 경우에만 첨부한다) 1부
   ⓔ 별지 제31호서식의 소방시설공사 하도급통지서 사본(소방시설공사를 하도급하는 경우에만 첨부한다) 1부
⑩ 착공신고사항 중 중요한 사항 변경사항들[변경일로부터 30일 이내 소방본부장 또는 소방서장에게 신고]
   ⓐ 시공자
   ⓑ 설치되는 소방시설의 종류
   ⓒ 책임시공 및 기술관리 소방기술자
⑪ 착공신고의 변경신고를 받은 경우 2일 이내에 공사현장에 배치되는 기술자 내용기재발급. 7일 이내 협회에 통보

※ **공사의 하자보수등**
㉠ 하자보수 보증기간
   ⓐ 비상경보설비, 비상방송설비, 피난기구, 유도등, 비상조명등 및 무선통신보조설비 : 2년
   ⓑ 자동소화장치, 옥내소화전설비, 스프링클러설비 등, 물분무등소화설비, 옥외소화전설비, 자동화재탐지설비, 화재알림설비, 소화용수설비 및 소화활동설비(무선통신보조설비는 제외한다) : 3년
㉡ 관계인은 제1항에 따른 기간에 소방시설의 하자가 발생하였을 때에는 공사업자에게 그 사실을 알려야 하며, 통보를 받은 공사업자는 3일 이내에 하자를 보수하거나 보수 일정을 기록한 하자보수계획을 관계인에게 서면으로 알려야 한다.

※ **감리지정대상 특정소방대상물**
㉠ 옥내소화전설비를 신설·개설 또는 증설할 때
㉡ 스프링클러설비등(캐비닛형 간이스프링클러설비는 제외한다)을 신설·개설하거나 방호·방수 구역을 증설할 때
㉢ 물분무등소화설비(호스릴 방식의 소화설비는 제외한다)를 신설·개설하거나 방호·방수 구역을 증설할 때
㉣ 옥외소화전설비를 신설·개설 또는 증설할 때
㉤ 자동화재탐지설비를 신설·개설하거나 경계구역을 증설할 때
㉥ 통합감시시설을 신설 또는 개설할 때
㉦ 소화용수설비를 신설 또는 개설할 때
㉧ 다음 각 목에 따른 소화활동설비에 대하여 각 목에 따른 시공을 할 때
   ⓐ 제연설비를 신설·개설하거나 제연구역을 증설할 때
   ⓑ 연결송수관설비를 신설 또는 개설할 때
   ⓒ 연결살수설비를 신설·개설하거나 송수구역을 증설할 때
   ⓓ 비상콘센트설비를 신설·개설하거나 전용회로를 증설할 때
   ⓔ 무선통신보조설비를 신설 또는 개설할 때
   ⓕ 연소방지설비를 신설·개설하거나 살수구역을 증설할 때

**06** 소방시설공사업법령상 소방기술자(및 소방안전관리자)에 해당하지 않는 자는?

① 섬유기사
② 공조냉동기계산업기사
③ 광산보안기사
④ 건축전기설비기술사

**[해설]** 소방기술과 관련된 자격[공사업법 시행규칙 별표4의 2]
㉠ 소방기술사, 소방시설관리사, 소방설비기사, 소방설비산업기사
㉡ 건축사, 건축기사, 건축산업기사
㉢ 건축기계설비기술사, 건축설비기사, 건축설비산업기사
㉣ 건설기계기술사, 건설기계설비기사, 건설기계설비산업기사, 일반기계기사
㉤ 공조냉동기계기술사, 공조냉동기계기사, 공조냉동기계산업기사
㉥ 화공기술사, 화공기사, 화공산업기사
㉦ 가스기술사, 가스기능장, 가스기사, 가스산업기사
㉧ 건축전기설비기술사, 전기기능장, 전기기사, 전기산업기사, 전기공사기사, 전기공사산업기사
㉨ 산업안전기사, 산업안전산업기사
㉩ 위험물기능장, 위험물산업기사, 위험물기능사

정답 06.①

※ **소방안전관리자 및 소방안전관리보조자의 선임대상자 중 제3항 제3호**
③ 2급 소방안전관리대상물의 관계인은 다음 각 호의 어느 하나에 해당하는 사람 중에서 소방안전관리자를 선임하여야 한다. 다만, 제3호에 해당하는 사람은 보안관리자 또는 보안감독자로 선임된 해당 소방안전관리대상물의 소방 안전관리자로만 선임할 수 있다.
3. 광산보안기사 또는 광산보안산업기사 자격을 가진 사람으로서「광산안전법」제13조에 따라 광산안전관리직원(안전관리자 또는 안전감독자만 해당한다)으로 선임된 사람

**07** 지방소방기술심의위원회의 심의사항으로 옳은 것은?
① 화재안전기준에 관한 사항
② 소방시설의 설계 및 공사감리의 방법에 관한 사항
③ 소방시설에 하자가 있는지의 판단에 관한 사항
④ 소방시설공사의 하자를 판단하는 기준에 관한 사항

**[해설]** 지방소방기술심의위원회
㉠ 설치 : 시·도
㉡ 구성 : 위원장 포함 5명 이상 9명 이하
㉢ 위원장 : 시·도지사가 위원 중 위촉
㉣ 위원이 될 수 있는 자
　ⓐ 과장급 직위 이상의 소방공무원
　ⓑ 소방기술사
　ⓒ 소방시설관리사
　ⓓ 소방 관련 분야의 석사학위 이상을 취득한 사람
　ⓔ 소방 관련 법인 또는 단체에서 소방 관련 업무에 5년 이상 종사한 사람
　ⓕ 소방공무원 교육기관, 「고등교육법」제2조의 학교 또는 연구소에서 소방과 관련한 교육 또는 연구에 5년 이상 종사한 사람
㉤ 심의사항
　ⓐ 소방시설에 하자가 있는지의 판단에 관한 사항
　ⓑ 그 밖에 소방기술 등에 관하여 대통령령으로 정하는 사항
　　㉮ 연면적 10만제곱미터 미만의 특정소방대상물에 설치된 소방시설의 설계·시공·감리의 하자 유무에 관한 사항
　　㉯ 소방본부장 또는 소방서장이 화재안전기준 또는 위험물 제조소등의 시설기준의 적용에 관하여 기술검토를 요청하는 사항
　　㉰ 그 밖에 소방기술과 관련하여 시·도지사가 심의에 부치는 사항

**08** 소방시설 설치 및 관리에 관한 법령상 특정소방대상물 중 근린생활시설에 해당하는 것은?
① 바닥면적이 500제곱미터인 안마원
② 바닥면적이 500제곱미터인 서커스장
③ 바닥면적이 1,000제곱미터인 금융업소
④ 바닥면적이 1,000제곱미터인 고시원

**[해설]** ① 안마원(안마시술소 포함) : 면적기준 없음[근생]
② 서커스장(공연장) : 바닥면적의 합계가 300[$m^2$] 미만인 것
③ 금융업소(업무) : 바닥면적의 합계가 500[$m^2$] 미만인 것
④ 고시원(숙박) : 바닥면적의 합계가 500[$m^2$] 미만인 것

**09** 우수소방대상물 선정업무의 객관성 및 전문성을 확보하기 위한 평가위원회의 위원으로 위촉될 수 없는 자는?
① 소방 관련 법인에서 소방 관련 업무에 5년 이상 종사한 사람
② 소방안전관리자로 선임된 소방기술사
③ 소방공무원 교육기관에서 소방과 관련한 교육에 5년 이상 종사한 사람
④ 소방관련 석사 학위 이상을 취득한 사람

**[해설]** 소방청장은 우수 소방대상물 선정 등 업무의 객관성 및 전문성을 확보하기 위하여 필요한 경우에는 다음 각 호의 어느 하나에 해당하는 사람이 2명 이상 포함된 평가위원회를 구성하여 운영할 수 있다. 이 경우 평가위원회의 위원에게는 예산의 범위에서 수당, 여비 등 필요한 경비를 지급할 수 있다.
1. 소방기술사(소방안전관리자로 선임된 사람은 제외한다)
2. 소방 관련 석사 학위 이상을 취득한 사람
3. 소방 관련 법인 또는 단체에서 소방 관련 업무에 5년 이상 종사한 사람
4. 소방공무원 교육기관, 대학 또는 연구소에서 소방과 관련한 교육 또는 연구에 5년 이상 종사한 사람

**10** 소방시설 설치 및 관리에 관한 법령상 소방시설관리업에 관한 설명으로 옳지 않은 것은?

① 소방시설관리사가 동시에 둘 이상의 업체에 취업한 경우 그 자격을 취소하여야 한다.
② 소방공무원으로 4년을 근무하고, 소방시설공사업법에 따른 소방기술 인정 자격수첩을 발급받은 자는 소방시설관리업의 보조 기술인력으로 등록할 수 있다.
③ 시·도지사는 등록수첩 재교부 신청서를 제출받은 때에는 10일 이내에 등록수첩을 재교부하여야 한다.
④ 관리업자가 사망한 경우 그 상속인이 피성년후견인이라 할지라도 상속받은 날부터 3개월 동안은 관리업자의 지위를 승계할 수 있다.

**해설** 시·도지사는 등록수첩 재교부 신청서를 제출받은 때에는 3일 이내에 등록수첩을 재교부하여야 한다.

**11** 소방시설 설치 및 관리에 관한 법령상 소방용품의 형식승인을 반드시 취소하여야 하는 경우가 아닌 것은?

① 거짓으로 형식승인을 받은 경우
② 거짓으로 보고 또는 자료제출을 한 경우
③ 거짓으로 제품검사를 받은 경우
④ 거짓으로 변경승인을 받은 경우

**해설** 형식승인의 취소
㉠ 형식승인을 취소하거나 6개월 이내의 기간을 정하여 제품검사의 중지 명령권자 : 소방청장
㉡ 형식승인 취소 및 제품검사 중지 사유

| 형식승인 취소 | 1. 거짓이나 그 밖의 부정한 방법으로 형식승인을 받은 경우<br>2. 거짓이나 그 밖의 부정한 방법으로 제품검사를 받은 경우<br>3. 변경승인을 받지 아니하거나 거짓이나 그 밖의 부정한 방법으로 변경승인을 받은 경우 |
|---|---|
| 제품검사 중지 | 1. 시험시설의 시설기준에 미달되는 경우<br>2. 기술기준에 미달되는 경우 |

**12** 소방시설 설치 및 관리에 관한 법령상 벌칙 중 1년 이하의 징역 또는 1천만원 이하의 벌금에 처하는 경우에 해당하는 것은?

① 특정소방대상물의 소방시설 등이 화재안전기준에 따라 설치·유지·관리되어 있지 아니하여 필요한 조치를 명하였으나 정당한 사유 없이 위반한 자
② 소방용품의 형식승인을 받지 아니하고 소방용품을 제조하거나 수입한 자
③ 방염업의 등록을 하지 아니하고 영업을 한 자
④ 특정소방대상물의 소방시설 등에 대한 자체점검을 하지 아니하거나 관리업자 등으로 하여금 정기적으로 점검하게 하지 아니한 자

**해설** ① 특정소방대상물의 소방시설 등이 화재안전기준에 따라 설치·유지·관리되어 있지 아니하여 필요한 조치를 명하였으나 정당한 사유 없이 위반한 자 : 3년 이하의 징역 또는 3천만원 이하의 벌금
② 소방용품의 형식승인을 받지 아니하고 소방용품을 제조하거나 수입한 자 : 3년 이하의 징역 또는 3천만원 이하의 벌금
③ 방염업의 등록을 하지 아니하고 영업을 한 자 : 3년 이하의 징역 또는 3천만원 이하의 벌금

**13** 특정소방대상물에 설치하는 소방시설 등의 유지·관리에 관한 설명으로 옳지 않은 것은?

① 소방청장이 정하는 내진설계기준에 맞게 설치하여야 하는 소방시설은 소화설비 및 경보설비를 말한다.
② 화재안전기준이 변경되어 그 기준이 강화되는 경우, 강화된 기준을 적용하여야 하는 소방시설에는 자동화재속보설비가 포함된다.
③ 특정소방대상물이 증축되는 경우 기존 부분과 증축 부분이 내화구조로 된 바닥과 벽으로 구획되어 있으면 기존 부분에 대해서는 증축 당시의 화재안전기준을 적용하지 아니한다.
④ 수용인원 100명 이상인 문화 및 집회시설 중 영화상영관에는 공기호흡기를 설치하여야 한다.

정답 10.③ 11.② 12.④ 13.①

**해설** 소방시설의 내진설계기준 → 내진설계 대상
옥내소화전설비, 스프링클러설비, 물분무등소화설비
대통령령 또는 화재안전기준이 변경되어 그 기준이 강화되는 경우
㉠ 원칙 : 기존의 특정소방대상물(건축물의 신축·개축·재축·이전 및 대수선 중인 특정소방대상물을 포함한다)의 소방시설에 대하여는 변경 전의 대통령령 또는 화재안전기준을 적용한다.
㉡ 예외 : 다음의 경우 강화된 기준을 적용한다.
  1. 다음 각 목의 소방시설 중 대통령령 또는 화재안전기준으로 정하는 것
    가. 소화기구
    나. 비상경보설비
    다. 자동화재탐지설비
    라. 자동화재속보설비
    마. 피난구조설비
  2. 다음 각 목의 특정소방대상물에 설치하는 소방시설 중 대통령령 또는 화재안전기준으로 정하는 것
    가. 「국토의 계획 및 이용에 관한 법률」제2조제9호에 따른 공동구
    나. 전력 및 통신사업용 지하구
    다. 노유자(老幼者) 시설
    라. 의료시설

> **시행령 제13조(강화된 소방시설기준의 적용대상)**
> 법 제13조제1항제2호 각 목 외의 부분에서 "대통령령으로 정하는 것"이란 다음 각 호의 소방시설을 말한다.
> 1. 「국토의 계획 및 이용에 관한 법률」제2조제9호에 따른 공동구에 설치하는 소화기, 자동소화장치, 자동화재탐지설비, 통합감시시설, 유도등 및 연소방지설비
> 2. 전력 및 통신사업용 지하구에 설치하는 소화기, 자동소화장치, 자동화재탐지설비, 통합감시시설, 유도등 및 연소방지설비
> 3. 노유자 시설에 설치하는 간이스프링클러설비, 자동화재탐지설비 및 단독경보형 감지기
> 4. 의료시설에 설치하는 스프링클러설비, 간이스프링클러설비, 자동화재탐지설비 및 자동화재속보설비

※ 공기호흡기를 설치하여야 하는 특정소방대상물은 다음의 어느 하나와 같다.
  가) 수용인원 100명 이상인 문화 및 집회시설 중 영화상영관
  나) 판매시설 중 대규모점포
  다) 운수시설 중 지하역사
  라) 지하가 중 지하상가

마) 제1호바목 및 화재안전기준에 따라 이산화탄소소화설비(호스릴이산화탄소소화설비는 제외한다)를 설치하여야 하는 특정소방대상물

**14** 소방시설 설치 및 관리에 관한 법령상 방염대상 물품을 방염성능기준 이상인 것으로 설치하여야 하는 대상에 해당하지 않는 것은?

① 근린생활시설 중 체력단련장
② 건축물 옥내에 있는 수영장
③ 노유자시설
④ 층수가 13층인 업무시설

**해설** 방염성능기준 이상의 실내장식물 등을 설치하여야 하는 특정소방대상물
1. 근린생활시설 중 의원, 치과의원, 한의원, 조산원, 산후조리원, 체력단련장, 공연장 및 종교집회장
2. 건축물의 옥내에 있는 시설로서 다음 각 목의 시설
  가. 문화 및 집회시설
  나. 종교시설
  다. 운동시설(수영장은 제외한다)
3. 의료시설
4. 교육연구시설 중 합숙소
5. 노유자시설
6. 숙박이 가능한 수련시설
7. 숙박시설
8. 방송통신시설 중 방송국 및 촬영소
9. 다중이용업소
10. 제1호부터 제9호까지의 시설에 해당하지 않는 것으로서 층수가 11층 이상인 것(아파트는 제외한다)

**15** 소방시설 설치 및 관리에 관한 법령상 소방본부장 또는 소방서장의 건축허가등의 동의대상물 범위에 해당하는 것은?

① 차고·주차장으로 사용되는 층 중 바닥면적이 100제곱미터 이상인 층이 있는 시설
② 승강기 등 기계장치에 의한 주차시설로서 자동차 10대 이상을 주차할 수 있는 시설
③ 지하층이 있는 공연장으로서 공연장의 바닥면적이 100제곱미터인 층이 있는 건축물
④ 노유자시설로서 연면적 100제곱미터인 건축물

정답 14.② 15.③

■ 건축허가 동의 대상물의 범위(대통령령)
1. 연면적(「건축법 시행령」 제119조제1항제4호에 따라 산정된 면적을 말한다. 이하 같다)이 400제곱미터 이상인 건축물이나 시설. 다만, 다음 각 목의 어느 하나에 해당하는 건축물이나 시설은 해당 목에서 정한 기준 이상인 건축물이나 시설로 한다.
   가. 「학교시설사업 촉진법」 제5조의2제1항에 따라 건축등을 하려는 학교시설 : 100제곱미터
   나. 별표 2의 특정소방대상물 중 노유자(老幼者) 시설 및 수련시설 : 200제곱미터
   다. 「정신건강증진 및 정신질환자 복지서비스 지원에 관한 법률」 제3조제5호에 따른 정신의료기관(입원실이 없는 정신건강의학과 의원은 제외하며, 이하 "정신의료기관"이라 한다) : 300제곱미터
   라. 「장애인복지법」 제58조제1항제4호에 따른 장애인 의료재활시설(이하 "의료재활시설"이라 한다) : 300제곱미터
2. 지하층 또는 무창층이 있는 건축물로서 바닥면적이 150제곱미터(공연장의 경우에는 100제곱미터) 이상인 층이 있는 것
3. 차고·주차장 또는 주차 용도로 사용되는 시설로서 다음 각 목의 어느 하나에 해당하는 것
   가. 차고·주차장으로 사용되는 바닥면적이 200제곱미터 이상인 층이 있는 건축물이나 주차시설
   나. 승강기 등 기계장치에 의한 주차시설로서 자동차 20대 이상을 주차할 수 있는 시설
4. 층수(「건축법 시행령」 제119조제1항제9호에 따라 산정된 층수를 말한다. 이하 같다)가 6층 이상인 건축물
5. 항공기 격납고, 관망탑, 항공관제탑, 방송용 송수신탑
6. 별표 2의 특정소방대상물 중 의원(입원실이 있는 것으로 한정한다)·조산원·산후조리원, 위험물 저장 및 처리 시설, 발전시설 중 풍력발전소·전기저장시설, 지하구(地下溝)
7. 제1호나목에 해당하지 않는 노유자 시설 중 다음 각 목의 어느 하나에 해당하는 시설. 다만, 가목2) 및 나목부터 바목까지의 시설 중 「건축법 시행령」 별표 1의 단독주택 또는 공동주택에 설치되는 시설은 제외한다.
   가. 별표 2 제9호가목에 따른 노인 관련 시설 중 다음의 어느 하나에 해당하는 시설
      1) 「노인복지법」 제31조제1호에 따른 노인주거복지시설, 같은 조 제2호에 따른 노인의료복지시설 및 같은 조 제4호에 따른 재가노인복지시설
      2) 「노인복지법」 제31조제7호에 따른 학대피해 노인 전용쉼터
   나. 「아동복지법」 제52조에 따른 아동복지시설(아동상담소, 아동전용시설 및 지역아동센터는 제외한다)
   다. 「장애인복지법」 제58조제1항제1호에 따른 장애인 거주시설
   라. 정신질환자 관련 시설(「정신건강증진 및 정신질환자 복지서비스 지원에 관한 법률」 제27조제1항제2호에 따른 공동생활가정을 제외한 재활훈련시설과 같은 법 시행령 제16조제3호에 따른 종합시설 중 24시간 주거를 제공하지 않는 시설은 제외한다)
   마. 별표 2 제9호마목에 따른 노숙인 관련 시설 중 노숙인자활시설, 노숙인재활시설 및 노숙인요양시설
   바. 결핵환자나 한센인이 24시간 생활하는 노유자 시설
8. 「의료법」 제3조제2항제3호라목에 따른 요양병원(이하 "요양병원"이라 한다). 다만, 의료재활시설은 제외한다.
9. 별표 2의 특정소방대상물 중 공장 또는 창고시설로서 「화재의 예방 및 안전관리에 관한 법률 시행령」 별표 2에서 정하는 수량의 750배 이상의 특수가연물을 저장·취급하는 것
10. 별표 2 제17호나목에 따른 가스시설로서 지상에 노출된 탱크의 저장용량의 합계가 100톤 이상인 것

■ 건축허가 동의 제외대상
1. 별표 4에 따라 특정소방대상물에 설치되는 소화기구, 자동소화장치, 누전경보기, 단독경보형감지기, 가스누설경보기 및 피난구조설비(비상조명등은 제외한다)가 화재안전기준에 적합한 경우 해당 특정소방대상물
2. 건축물의 증축 또는 용도변경으로 인하여 해당 특정소방대상물에 추가로 소방시설이 설치되지 않는 경우 해당 특정소방대상물
3. 「소방시설공사업법 시행령」 제4조에 따른 소방시설공사의 착공신고 대상에 해당하지 않는 경우 해당 특정소방대상물

**16** 소방시설 설치 및 관리에 관한 법령상 복도 또는 통로로 연결된 둘 이상의 특정소방대상물을 하나의 소방대상물로 보지 않는 경우는?

① 내화구조로 된 연결통로가 벽이 없는 구조로서 길이가 10미터인 경우
② 내화구조가 아닌 연결통로로 연결된 경우
③ 지하보도, 지하상가, 지하가로 연결된 경우
④ 지하구로 연결된 경우

**해설** 소방시설법 시행령 [별표 2] 특정소방대상물(제5조 관련) 비고사항 중

둘 이상의 특정소방대상물이 다음 각 목의 어느 하나에 해당되는 구조의 복도 또는 통로(이하 이 표에서 "연결통로"라 한다)로 연결된 경우에는 이를 하나의 소방대상물로 본다.
가. 내화구조로 된 연결통로가 다음의 어느 하나에 해당되는 경우
  1) 벽이 없는 구조로서 그 길이가 6[m] 이하인 경우
  2) 벽이 있는 구조로서 그 길이가 10[m] 이하인 경우. 다만, 벽 높이가 바닥에서 천장까지의 높이의 2분의 1 이상인 경우에는 벽이 있는 구조로 보고, 벽 높이가 바닥에서 천장까지의 높이의 2분의 1 미만인 경우에는 벽이 없는 구조로 본다.
나. 내화구조가 아닌 연결통로로 연결된 경우
다. 컨베이어로 연결되거나 플랜트설비의 배관 등으로 연결되어 있는 경우
라. 지하보도, 지하상가, 지하가로 연결된 경우
마. 방화셔터 또는 60분+방화문이 설치되지 않은 피트로 연결된 경우
바. 지하구로 연결된 경우

**17** 화재의 예방 및 안전관리에 관한 법령상 소방안전관리자 교육 등에 관한 설명으로 옳지 않은 것은?

① 2급 소방안전관리대상물의 소방안전관리자가 강습교육 신청시 경력증명서를 제출하여야 한다.
② 1급 소방안전관리자와 공공기관 소방안전관리자의 업무 강습시간은 40시간이다.
③ 한국소방안전원장은 소방안전관리자에 대한 실무교육을 2년마다 1회 이상 실시하여야 한다.
④ 소방본부장 또는 소방서장은 실무교육이 효율적으로 이루어질 수 있도록 소방안전관리자 선임 및 변동사항에 대하여 반기별로 한국소방안전원장에게 통보하여야 한다.

**해설** 강습교육 수강신청 등
① 법 제41조제1항에 따른 강습교육을 받고자 하는 자는 강습교육의 종류별로 별지 제 33호서식의 강습교육원서(전자문서로 된 원서를 포함한다)에 다음 각 호의 서류(전자문서를 포함한다)를 첨부하여 안전원장에게 제출하여야 한다.
  1. 사진(가로 3.5센티미터×세로 4.5센티미터) 1매
  2. 위험물안전관리자수첩 사본(위험물안전관리법령에 의하여 안전관리자 강습교육을 수료한 자에 한한다) 1부
  3. 재직증명서(공공기관에 재직하는 자에 한한다)
  4. 소방안전관리자 경력증명서(특급 또는 1급 소방안전관리대상물의 소방안전관리에 관한 강습교육을 받으려는 사람만 해당한다)
② 안전원장은 강습교육원서를 접수한 때에는 수강증을 교부하여야 한다.

**18** 위험물안전관리법령상 제조소 또는 일반취급소의 설비 중 변경허가를 받을 필요가 없는 경우는?

① 배출설비를 신설하는 경우
② 불활성기체의 봉입장치를 신설하는 경우
③ 위험물취급탱크의 탱크전용실을 증설하는 경우
④ 펌프설비를 증설하는 경우

**해설** 위험물법 시행규칙 [별표1의 2] 제조소등의 변경허가를 받아야 하는 경우
가. 제조소 또는 일반취급소의 위치를 이전하는 경우
나. 건축물의 벽·기둥·바닥·보 또는 지붕을 증설 또는 철거하는 경우
다. 배출설비를 신설하는 경우
라. 위험물취급탱크를 신설·교체·철거 또는 보수(탱크의 본체를 절개하는 경우에 한한다)하는 경우
마. 위험물취급탱크의 노즐 또는 맨홀을 신설하는 경우(노즐 또는 맨홀의 직경이 250[mm]를 초과하는 경우에 한한다)
바. 위험물취급탱크의 방유제의 높이 또는 방유제 내의 면적을 변경하는 경우

정답 16.① 17.① 18.④

사. 위험물취급탱크의 탱크전용실을 증설 또는 교체하는 경우
아. 300[m](지상에 설치하지 아니하는 배관의 경우에는 30[m])를 초과하는 위험물배관을 신설·교체·철거 또는 보수(배관을 절개하는 경우에 한한다)하는 경우
자. 불활성기체의 봉입장치를 신설하는 경우
차. 별표 4 XII제2호가목에 따른 누설범위를 국한하기 위한 설비를 신설하는 경우
카. 별표 4 XII제3호다목에 따른 냉각장치 또는 보냉장치를 신설하는 경우
타. 별표 4 XII제3호마목에 따른 탱크전용실을 증설 또는 교체하는 경우
파. 별표 4 XII제4호나목에 따른 담 또는 토제를 신설·철거 또는 이설하는 경우
하. 별표 4 XII제4호다목에 따른 온도 및 농도의 상승에 의한 위험한 반응을 방지하기 위한 설비를 신설하는 경우
거. 별표 4 XII제4호라목에 따른 철이온 등의 혼입에 의한 위험한 반응을 방지하기 위한 설비를 신설하는 경우
너. 방화상 유효한 담을 신설·철거 또는 이설하는 경우
더. 위험물의 제조설비 또는 취급설비(펌프설비를 제외한다)를 증설하는 경우
러. 옥내소화전설비·옥외소화전설비·스프링클러설비·물분무등소화설비를 신설·교체(배관·밸브·압력계·소화전본체·소화약제탱크·포헤드·포방출구 등의 교체는 제외한다) 또는 철거하는 경우
머. 자동화재탐지설비를 신설 또는 철거하는 경우

**19** 위험물안전관리법령상 산화성고체에 해당하는 것은?
① 유기과산화물
② 질산에스터류
③ 다이크로뮴산염류
④ 하이드록실아민염류

**해설** ① 유기과산화물 : 제5류(자기반응성물질)
② 질산에스터류 : 제5류(자기반응성물질)
③ 다이크로뮴산염류 : 제1류(산화성고체)
④ 하이드록실아민염류 : 제5류(자기반응성물질)

**20** 위험물안전관리법령상 제조소등의 관계인이 예방규정을 정하여야 하는 제조소등의 기준에 해당하는 것은?
① 지정수량의 10배 이상의 위험물을 취급하는 제조소
② 지정수량의 50배 이상의 위험물을 저장하는 옥외저장소
③ 지정수량의 100배 이상의 위험물을 저장하는 옥내저장소
④ 지정수량의 150배 이상의 위험물을 저장하는 옥외탱크저장소

**해설** 예방규정등
㉠ 제조소등의 관계인은 당해 제조소등을 사용하기 전에 시·도지사에게 예방규정을 제출하여야 한다.
㉡ 예방규정을 작성, 제출하여야 하는 대상
  ⓐ 지정수량의 10배 이상의 위험물을 취급하는 제조소
  ⓑ 지정수량의 100배 이상의 위험물을 저장하는 옥외저장소
  ⓒ 지정수량의 150배 이상의 위험물을 저장하는 옥내저장소
  ⓓ 지정수량의 200배 이상의 위험물을 저장하는 옥외탱크저장소
  ⓔ 암반탱크저장소
  ⓕ 이송취급소
  ⓖ 지정수량의 10배 이상의 위험물을 취급하는 일반취급소
※ 다만, 제4류 위험물(특수인화물을 제외한다)만을 지정수량의 50배 이하로 취급하는 일반취급소(제1석유류·알코올류의 취급량이 지정수량의 10배 이하인 경우에 한한다)로서 다음 어느 하나에 해당하는 것을 제외한다.
  ㉠ 보일러·버너 또는 이와 비슷한 것으로서 위험물을 소비하는 장치로 이루어진 일반취급소
  ㉡ 위험물을 용기에 옮겨 담거나 차량에 고정된 탱크에 주입하는 일반취급소

**21** 위험물안전관리법령상 시·도지사의 권한을 한국소방산업기술원에 위탁하는 업무에 해당하는 것은?

① 제조소등의 설치허가 또는 변경허가
② 군사목적인 제조소등의 설치에 관한 군부대의 장과의 협의
③ 위험물의 품명·수량 또는 지정수량 배수의 변경신고의 수리
④ 저장용량이 70만리터인 옥외탱크저장소 설치에 따른 완공검사

**해설** 위험물법 시행령 제22조(업무의 위탁)
① 법 제30조제2항에 따라 다음 각 호의 어느 하나에 해당하는 업무는 기술원에 위탁한다.
  1. 법 제8조제1항의 규정에 의한 시·도지사의 탱크안전성능검사 중 다음 각목의 1에 해당하는 탱크에 대한 탱크안전성능검사
    가. 용량이 100만리터 이상인 액체위험물을 저장하는 탱크
    나. 암반탱크
    다. 지하탱크저장소의 위험물탱크 중 행정안전부령이 정하는 액체위험물탱크
  2. 법 제9조제1항에 따른 시·도지사의 완공검사에 관한 권한 중 다음 각 목의 어느 하나에 해당하는 완공검사
    가. 지정수량의 3천배 이상의 위험물을 취급하는 제조소 또는 일반취급소의 설치 또는 변경(사용 중인 제조소 또는 일반취급소의 보수 또는 부분적인 증설은 제외한다)에 따른 완공검사
    나. 옥외탱크저장소(저장용량이 50만 리터 이상인 것만 해당한다) 또는 암반탱크저장소의 설치 또는 변경에 따른 완공검사
  3. 법 제18조제2항의 규정에 의한 소방본부장 또는 소방서장의 정기검사
  4. 법 제20조제2항에 따른 시·도지사의 운반용기검사
  5. 법 제28조제1항의 규정에 의한 소방청장의 안전교육에 관한 권한 중 제20조제2호에 해당하는 자에 대한 안전교육
② 법 제30조제2항의 규정에 의하여 법 제28조제1항의 규정에 의한 소방청장의 안전교육 중 제20조제1호 및 제3호의 1에 해당하는 자에 대한 안전교육(별표 5의 안전관리자교육이수자 및 위험물운송자를 위한 안전교육을 포함한다)은 「소방기본법」 제40조의 규정에 의한 한국소방안전원에 위탁한다.

**22** 다중이용업소의 영업장에 설치·유지하여야 하는 안전시설 등에 관한 설명으로 옳지 않은 것은?

① 지하층에 설치된 영업장에는 간이스프링클러설비를 설치하여야 한다.
② 노래반주기 등 영상음향장치를 사용하는 영업장에는 비상벨설비를 설치하여야 한다.
③ 가스시설을 사용하는 주방이나 난방시설이 있는 영업장에는 가스누설경보기를 설치하여야 한다.
④ 단란주점영업과 유흥주점영업의 영업장에는 피난유도선을 설치하여야 한다.

**해설** 다중법 시행규칙 [별표2] 안전시설등의 설치·유지기준에 의하여 노래반주기 등 영상음향장치를 사용하는 영업장에는 자동화재탐지설비를 설치하여야 한다.

**23** 다중이용업소의 안전관리기본계획 등에 관한 설명으로 옳지 않은 것은?

① 소방청장은 다중이용업소의 안전관리기본계획을 5년마다 수립·시행하여야 한다.
② 소방청장은 기본계획에 따라 매년 연도별 안전관리계획을 수립·시행하여야 한다.
③ 다중이용업소의 안전관리를 위하여 시·도지사는 매년 안전관리집행계획을 수립하여 소방청장에게 제출하여야 한다.
④ 다중이용업소의 안전관리집행계획은 해당 연도 전년 12월 31일까지 수립하여야 한다.

**해설** 다중법 제5조(안전관리기본계획의 수립·시행 등)
① 소방청장은 다중이용업소의 화재 등 재난이나 그 밖의 위급한 상황으로 인한 인적·물적 피해의 감소, 안전기준의 개발, 자율적인 안전관리능력의 향상, 화재배상책임보험제도의 정착 등을 위하여 5년마다 다중이용업소의 안전관리기본계획(이하 "기본계획"이라 한다)을 수립·시행하여야 한다.

정답 21.④ 22.② 23.③

② 기본계획에는 다음 각 호의 사항이 포함되어야 한다.
1. 다중이용업소의 안전관리에 관한 기본 방향
2. 다중이용업소의 자율적인 안전관리 촉진에 관한 사항
3. 다중이용업소의 화재안전에 관한 정보체계의 구축 및 관리
4. 다중이용업소의 안전 관련 법령 정비 등 제도 개선에 관한 사항
5. 다중이용업소의 적정한 유지·관리에 필요한 교육과 기술 연구·개발
5의2. 다중이용업소의 화재배상책임보험에 관한 기본 방향
5의3. 다중이용업소의 화재배상책임보험 가입관리전산망(이하 "책임보험전산망"이라 한다)의 구축·운영
5의4. 다중이용업소의 화재배상책임보험제도의 정비 및 개선에 관한 사항
6. 다중이용업소의 화재위험평가의 연구·개발에 관한 사항
7. 그 밖에 다중이용업소의 안전관리에 관하여 대통령령으로 정하는 사항
③ 소방청장은 기본계획에 따라 매년 연도별 안전관리계획(이하 "연도별계획"이라 한다)을 수립·시행하여야 한다.
④ 소방청장은 제1항 및 제3항에 따라 수립된 기본계획 및 연도별계획을 관계 중앙행정기관의 장과 특별시장·광역시장·도지사 또는 특별자치도지사(이하 "시·도지사"라 한다)에게 통보하여야 한다.
⑤ 소방청장은 기본계획 및 연도별계획을 수립하기 위하여 필요하면 관계 중앙행정기관의 장 및 시·도지사에게 관련된 자료의 제출을 요구할 수 있다. 이 경우 자료 제출을 요구받은 관계 중앙행정기관의 장 또는 시·도지사는 특별한 사유가 없으면 요구에 따라야 한다

※ **다중법 제6조(집행계획의 수립·시행 등)**
① 소방본부장은 기본계획 및 연도별계획에 따라 관할지역 다중이용업소의 안전관리를 위하여 매년 안전관리집행계획(이하 "집행계획"이라 한다)을 수립하여 소방청장에게 제출하여야 한다.
② 소방본부장은 집행계획을 수립하기 위하여 필요하면 해당 시장·군수·구청장(자치구의 구청장을 말한다. 이하 같다)에게 관련된 자료의 제출을 요구할 수 있다. 이 경우 자료 제출을 요구받은 해당 시장·군수·구청장은 특별한 사유가 없으면 요구에 따라야 한다.
③ 집행계획의 수립 시기, 대상, 내용 등에 관하여 필요한 사항은 대통령령으로 정한다.

**24** 다중이용업소의 화재배상책임보험에 관한 설명으로 옳지 않은 것은?
① 사망의 경우 피해자 1명당 1억원의 범위에서 피해자에게 발생한 손해액을 지급한다.
② 척추체 분쇄성 골절 부상의 경우 1천만원 범위에서 피해자에게 발생한 손해액을 지급한다.
③ 안전시설 등을 설치하려는 경우 다중이용업주는 화재배상책임보험에 가입한 후 그 증명서를 소방본부장 또는 소방서장에게 제출하여야 한다.
④ 보험회사는 화재배상책임보험에 가입하여야 할 자와 계약을 체결한 경우 그 사실을 보험회사의 전산시스템에 입력한 날부터 5일 이내에 소방서장에게 알려야 한다.

**해설** ② 1천만원 범위 → 3천만원 범위
**다중법 시행령 제9조의2(화재배상책임보험의 보험금액)**
① 법 제13조의2제1항에 따라 다중이용업주가 가입하여야 하는 화재배상책임보험은 다음 각 호의 기준을 충족하는 것이어야 한다.
1. 사망의 경우 : 피해자 1명당 1억5천만원의 범위에서 피해자에게 발생한 손해액을 지급할 것. 다만, 그 손해액이 2천만원 미만인 경우에는 2천만원으로 한다.
2. 부상의 경우 : 피해자 1명당 별표 2에서 정하는 금액의 범위에서 피해자에게 발생한 손해액을 지급할 것
3. 부상에 대한 치료를 마친 후 더 이상의 치료효과를 기대할 수 없고 그 증상이 고정된 상태에서 그 부상이 원인이 되어 신체의 장애(이하 "후유장애"라 한다)가 생긴 경우 : 피해자 1명당 별표 3에서 정하는 금액의 범위에서 피해자에게 발생한 손해액을 지급할 것
4. 재산상 손해의 경우 : 사고 1건당 10억원의 범위에서 피해자에게 발생한 손해액을 지급할 것
② 제1항에 따른 화재배상책임보험은 하나의 사고로 제1항제1호부터 제3호까지 중 둘 이상에 해당하게 된 경우 다음 각 호의 기준을 충족하는 것이어야 한다.

1. 부상당한 사람이 치료 중 그 부상이 원인이 되어 사망한 경우 : 피해자 1명당 제1항제1호에 따른 금액과 제1항 제2호에 따른 금액을 더한 금액을 지급할 것
2. 부상당한 사람에게 후유장애가 생긴 경우 : 피해자 1명당 제1항제2호에 따른 금액과 제1항제3호에 따른 금액을 더한 금액을 지급할 것
3. 제1항제3호에 따른 금액을 지급한 후 그 부상이 원인이 되어 사망한 경우 : 피해자 1명당 제1항제1호에 따른 금액에서 제1항제3호에 따른 금액 중 사망한 날 이후에 해당하는 손해액을 뺀 금액을 지급할 것

**부상 등급별 화재배상책임보험 보험금액의 한도[별표2]**

| 부상등급 | 한도금액 | 부상 내용 |
|---|---|---|
| 1급 | 3천만원 | 1. 고관절의 골절 또는 골절성 탈구<br>2. 척추체 분쇄성 골절<br>3. 척추체 골절 또는 탈구로 인한 각종 신경증상으로 수술을 시행한 부상<br>4. 외상성 두개강 안의 출혈로 개두술을 시행한 부상<br>5. 두개골의 함몰골절로 신경학적 증상이 심한 부상 또는 경막하 수종, 수활액 낭종, 지주막하 출혈 등으로 개두술을 시행한 부상<br>6. 고도의 뇌좌상(소량의 출혈이 뇌 전체에 퍼져 있는 손상을 포함한다)으로 생명이 위독한 부상(48시간 이상 혼수상태가 지속되는 경우만 해당한다)<br>7. 대퇴골 간부의 분쇄성 골절<br>8. 경골 아래 3분의 1 이상의 분쇄성 골절<br>9. 화상・좌창・괴사창 등으로 연부조직의 손상이 심한 부상(몸 표면의 9퍼센트 이상의 부상을 말한다)<br>10. 사지와 몸통의 연부조직에 손상이 심하여 유경식피술을 시행한 부상<br>11. 상박골 경부 골절과 간부 분쇄골절이 중복된 경우 또는 상완골 삼각골절<br>12. 그 밖에 1급에 해당한다고 인정되는 부상 |
| 2급 | 1,500만원 | 1. 상박골 분쇄성 골절<br>2. 척추체의 압박골절이 있으나 각종 신경증상이 없는 부상 또는 경추 탈구(아탈구를 포함한다), 골절 등으로 경추보조기(할로베스트) 등 고정술을 시행한 부상<br>3. 두개골 골절로 신경학적 증상이 현저한 부상(48시간 미만의 혼수상태 또는 반혼수상태가 지속되는 경우를 말한다)<br>4. 내부장기 파열과 골반골 골절이 동반된 부상 또는 골반골 골절과 요도 파열이 동반된 부상<br>5. 슬관절 탈구<br>6. 족관절부 골절과 골절성 탈구가 동반된 부상<br>7. 척골 간부 골절과 요골 골두 탈구가 동반된 부상<br>8. 천장골 간 관절 탈구<br>9. 슬관절 전・후십자인대 및 내측부인대 파열과 내외측 반월상 연골이 전부 파열된 부상<br>10. 그 밖에 2급에 해당한다고 인정되는 부상 |
| 3급 | 1,200만원 | 1. 상박골 경부 골절<br>2. 상박골 과부 골절과 주관절 탈구가 동반된 부상<br>3. 요골과 척골의 간부 골절이 동반된 부상<br>4. 수근 주상골 골절<br>5. 요골 신경손상을 동반한 상박골 간부 골절<br>6. 대퇴골 간부 골절(소아의 경우에는 수술을 시행한 경우만 해당하며, 그 외의 사람의 경우에는 수술의 시행 여부를 불문한다)<br>7. 무릎골(슬개골을 말한다. 이하 같다) 분쇄 골절과 탈구로 인하여 무릎골 완전 적출술을 시행한 부상<br>8. 경골 과부 골절로 인하여 관절면이 손상되는 부상(경골 극 골절로 관혈적 수술을 시행한 경우를 포함한다)<br>9. 족근 족척골 간 관절 탈구와 골절이 동반된 부상 또는 족근중족(Lisfranc)관절의 골절 및 탈구<br>10. 전・후십자인대 또는 내외측 반월상 연골 파열과 경골극 골절 등이 복합된 슬내장<br>11. 복부 내장 파열로 수술이 불가피한 부상 또는 복강 내 출혈로 수술한 부상<br>12. 뇌손상으로 뇌신경 마비를 동반한 부상<br>13. 중증도의 뇌좌상(소량의 출혈이 뇌 전체에 퍼져 있는 손상을 포함한다)으로 신경학적 증상이 심한 부상(48시간 미만의 혼수상태 또는 반혼수상태가 지속되는 경우를 말한다)<br>14. 개방성 공막 열창으로 양쪽 안구가 파열되어 양안 적출술을 시행한 부상<br>15. 경추궁의 선상 골절<br>16. 항문 파열로 인공항문 조성술 또는 요도 파열로 요도 성형술을 시행한 부상<br>17. 대퇴골 과부 분쇄 골절로 인하여 관절면이 손상되는 부상<br>18. 그 밖에 3급에 해당한다고 인정되는 부상 |

**25** 현행 개정 등으로 문제 삭제

# 2011 제12회 소방시설관리사 1차 필기 기출문제
### [제3과목 : 소방관계법령]

**01** 소방시설 설치 및 관리에 관한 법령상 형식승인을 받는 소방용품에 포함되지 않는 것은?

① 옥내소화전함
② 송수구
③ 예비전원이 내장된 비상조명등
④ 소방호스

**해설** **소방용품**
1. 소화설비를 구성하는 제품 또는 기기
   가. 별표 1 제1호가목의 소화기구(소화약제 외의 것을 이용한 간이소화용구는 제외한다)
   나. 별표 1 제1호나목의 자동소화장치
   다. 소화설비를 구성하는 소화전, 관창(菅槍), 소방호스, 스프링클러헤드, 기동용 수압개폐장치, 유수제어밸브 및 가스관선택밸브
2. 경보설비를 구성하는 제품 또는 기기
   가. 누전경보기 및 가스누설경보기
   나. 경보설비를 구성하는 발신기, 수신기, 중계기, 감지기 및 음향장치(경종만 해당한다)
3. 피난구조설비를 구성하는 제품 또는 기기
   가. 피난사다리, 구조대, 완강기(간이완강기 및 지지대를 포함한다)
   나. 공기호흡기(충전기를 포함한다)
   다. 피난구유도등, 통로유도등, 객석유도등 및 예비전원이 내장된 비상조명등
4. 소화용으로 사용하는 제품 또는 기기
   가. 소화약제(별표 1 제1호나목2)와 3)의 자동소화장치와 같은 호 마목3)부터 8)까지의 소화설비용만 해당한다)
   나. 방염제(방염액 · 방염도료 및 방염성물질을 말한다)
5. 그 밖에 행정안전부령으로 정하는 소방 관련 제품 또는 기기 형식승인대상 = 소방용품[소방용품중 상업용 주방자동소화장치는 형식승인대상에서 제외]

**02** 현행 개정 등으로 문제 삭제

**03** 소방대의 구성원이 될 수 없는 것은?

① 소방공무원
② 의무소방원
③ 의용소방대원
④ 자체소방대원

**해설** **기본법 제2조(정의)**
"소방대"(消防隊)란 화재를 진압하고 화재, 재난·재해, 그 밖의 위급한 상황에서 구조·구급 활동 등을 하기 위하여 다음 각 목의 사람으로 구성된 조직체를 말한다.
가. 「소방공무원법」에 따른 소방공무원
나. 「의무소방대설치법」 제3조에 따라 임용된 의무소방원(義務消防員)
다. 「의용소방대 설치 및 운영에 관한 법률」에 따른 의용소방대원(義勇消防隊員)

**04** 위험물 지정수량의 24만배 이상 48만배 미만을 취급하는 제조소에는 화학소방자동차 몇 대 및 조작인원을 몇 명을 두어야 하는가?

① 2대 – 10명
② 2대 – 15명
③ 3대 – 15명
④ 3대 – 20명

| 사업소의 구분 | 화학소방 자동차 | 자체소방 대원의 수 |
|---|---|---|
| 1. 제조소 또는 일반취급소에서 취급하는 제4류 위험물의 최대수량의 합이 지정수량의 12만배 미만인 사업소 | 1대 | 5인 |
| 2. 제조소 또는 일반취급소에서 취급하는 제4류 위험물의 최대수량의 합이 지정수량의 12만배 이상 24만배 미만인 사업소 | 2대 | 10인 |
| 3. 제조소 또는 일반취급소에서 취급하는 제4류 위험물의 최대수량의 합이 지정수량의 24만배 이상 48만배 미만인 사업소 | 3대 | 15인 |
| 4. 제조소 또는 일반취급소에서 취급하는 제4류 위험물의 최대수량의 합이 지정수량의 48만배 이상인 사업소 | 4대 | 20인 |

**정답** 01.② 03.④ 04.③

## 05. 다음 소방신호의 종류로 잘못된 것은?

① 해제신호  ② 발화신호
③ 진압신호  ④ 훈련신호

**해설** 소방신호

| 신호방법 종별 | 타종신호 | 싸이렌신호 |
|---|---|---|
| 경계신호 | 1타와 연2타를 반복 | 5초 간격을 두고 30초씩 3회 |
| 발화신호 | 난타 | 5초 간격을 두고 5초씩 3회 |
| 해제신호 | 상당한 간격을 두고 1타씩 반복 | 1분간 1회 |
| 훈련신호 | 연3타 반복 | 10초 간격을 두고 1분씩 3회 |

## 06. 다음 중 방염대상물품이 아닌 것은?

① 창문에 설치하는 블라인드
② 카펫, 두께가 2[mm] 미만인 종이벽지
③ 전시용 합판 또는 섬유판
④ 암막, 무대막(영화상영관에 설치하는 스크린을 포함한다.)

**해설** 소방시설법 시행령 제31조(방염대상물품 및 방염성능기준)

1. 제조 또는 가공 공정에서 방염처리를 한 물품(합판·목재류의 경우에는 설치 현장에서 방염처리를 한 것을 포함한다)으로서 다음 각 목의 어느 하나에 해당하는 것
   가. 창문에 설치하는 커튼류(블라인드를 포함한다)
   나. 카펫, 두께가 2밀리미터 미만인 벽지류(종이벽지는 제외한다)
   다. 전시용 합판 또는 섬유판, 무대용 합판 또는 섬유판
   라. 암막·무대막(영화상영관에 설치하는 스크린과 골프 연습장업에 설치하는 스크린을 포함한다)
   마. 섬유류 또는 합성수지류 등을 원료로 하여 제작된 소파·의자(단란주점영업, 유흥주점영업 및 노래연습장업의 영업장에 설치하는 것만 해당한다)
2. 건축물 내부의 천장이나 벽에 부착하거나 설치하는 것으로서 다음 각 목의 어느 하나에 해당하는 것. 다만, 가구류(옷장, 찬장, 식탁, 식탁용 의자, 사무용 책상, 사무용 의자, 계산대 및 그 밖에 이와 비슷한 것을 말한다)와 너비 10센티미터 이하인 반자돌림대 등과 「건축법」 제52조에 따른 내부마감재료는 제외한다.
   가. 종이류(두께 2밀리미터 이상인 것을 말한다)·합성수지류 또는 섬유류를 주원료로 한 물품
   나. 합판이나 목재
   다. 공간을 구획하기 위하여 설치하는 간이 칸막이(접이식 등 이동 가능한 벽체나 천장 또는 반자가 실내에 접하는 부분까지 구획하지 아니하는 벽체를 말한다)
   라. 흡음(吸音)을 위하여 설치하는 흡음재(흡음용 커튼을 포함한다)
   마. 방음(防音)을 위하여 설치하는 방음재(방음용 커튼을 포함한다)

## 07. 다음 소방시설관리사에 대한 행정처분기준으로 맞는 것은?

① 거짓, 그 밖의 부정한 방법으로 시험에 합격한 경우 1차 행정처분은 자격정지 2년이다.
② 동시에 둘 이상의 업체에 취업한 경우 1차 행정처분은 자격정지 6개월이다.
③ 소방시설관리사증을 다른 자에게 빌려준 때는 1차 행정처분은 자격취소이다.
④ 점검을 하지 않거나 거짓으로 한 경우 2차 행정처분은 자격취소이다.

**해설** 소방시설관리사에 대한 행정처분기준

| 위반사항 | 근거 법조문 | 행정처분기준 | | |
|---|---|---|---|---|
| | | 1차 | 2차 | 3차 |
| (1) 거짓, 그 밖의 부정한 방법으로 시험에 합격한 경우 | 법 제28조 제1호 | 자격취소 | | |
| (2) 법 제20조제6항에 따른 소방안전관리 업무를 하지 않거나 거짓으로 한 경우 | 법 제28조 제2호 | 경고 (시정명령) | 자격정지 6월 | 자격취소 |
| (3) 법 제25조에 따른 점검을 하지 않거나 거짓으로 한 경우 | 법 제28조 제3호 | 경고 (시정명령) | 자격정지 6월 | 자격취소 |
| (4) 법 제26조제6항을 위반하여 소방시설관리증을 다른 자에게 빌려준 경우 | 법 제28조 제4호 | 자격취소 | | |
| (5) 법 제26조제7항을 위반하여 동시에 둘 이상의 업체에 취업한 경우 | 법 제28조 제5호 | 자격취소 | | |

정답 05.③ 06.② 07.③

| (6) 법 제26조제8항을 위반하여 성실하게 자체점검업무를 수행하지 아니한 경우 | 법 제28조 제6호 | 경고 | 자격정지 6월 | 자격취소 |
| (7) 법 제27조 각 호의 어느 하나의 결격사유에 해당하게 된 경우 | 법 제28조 제7호 | 자격취소 | | |

## 08 화재조사에 대한 설명 중 알맞은 것은?

① 화재조사를 하는 관계공무원은 그 권한을 표시하는 증표를 지니고 이를 관계인에게 내보여야 한다.
② 화재조사를 하는 관계공무원은 관계인의 정당한 업무를 방해하거나 화재조사를 수행하면서 알게 된 비밀을 다른 사람에게 누설하여도 된다.
③ 소방공무원과 일반공무원은 화재조사를 할 때에 서로 협력하여야 한다.
④ 소방본부장이나 소방서장은 화재조사 결과 방화 또는 실화의 혐의가 있다고 인정하면 지체 없이 소방청장에게 그 사실을 알리고 필요한 증거를 수집, 보존하여 그 범죄수사에 협력하여야 한다.

**해설** 화재의 조사[원인조사, 피해조사]
㉠ 소방청장, 소방본부장 또는 소방서장은 화재가 발생하였을 때에는 화재의 원인 및 피해 등에 대한 조사(이하 "화재조사"라 한다)를 하여야 한다
㉡ 화재조사는 제12조제4항의 규정에 의한 장비를 활용하여 소화활동과 동시에 실시되어야 한다.
㉢ 화재조사의 종류와 범위
ⓐ 화재원인조사

| 종류 | 조사범위 |
| --- | --- |
| 가. 발화원인 조사 | 화재가 발생한 과정, 화재가 발생한 지점 및 불이 붙기 시작한 물질 |
| 나. 발견·통보 및 초기 소화상황 조사 | 화재의 발견·통보 및 초기소화 등 일련의 과정 |
| 다. 연소상황 조사 | 화재의 연소경로 및 확대원인 등의 상황 |
| 라. 피난상황 조사 | 피난경로, 피난상의 장애요인 등의 상황 |
| 마. 소방시설 등 조사 | 소방시설의 사용 또는 작동 등의 상황 |

ⓑ 화재피해조사

| 종류 | 조사범위 |
| --- | --- |
| 가. 인명피해 조사 | (1) 소방활동중 발생한 사망자 및 부상자<br>(2) 그 밖에 화재로 인한 사망자 및 부상자 |
| 나. 재산피해 조사 | (1) 열에 의한 탄화, 용융, 파손 등의 피해<br>(2) 소화활동중 사용된 물로 인한 피해<br>(3) 그 밖에 연기, 물품반출, 화재로 인한 폭발 등에 의한 피해 |

■ 출입 조사등
1) 소방청장, 소방본부장 또는 소방서장은 화재조사를 하기 위하여 필요하면 관계인에게 보고 또는 자료 제출을 명하거나 관계 공무원으로 하여금 관계 장소에 출입하여 화재의 원인과 피해의 상황을 조사하거나 관계인에게 질문하게 할 수 있다.
2) 화재조사를 하는 관계 공무원은 관계인의 정당한 업무를 방해하거나 화재조사를 수행하면서 알게 된 비밀을 다른 사람에게 누설하여서는 아니 된다. : 비밀누설자 300만원 이하의 벌금

■ 수사 및 조사
소방청장, 소방본부장 또는 소방서장은 수사기관이 방화(放火) 또는 실화(失火)의 혐의가 있어서 이미 피의자를 체포하였거나 증거물을 압수하였을 때에 화재조사를 위하여 필요한 경우에는 수사에 지장을 주지 아니하는 범위에서 그 피의자 또는 압수된 증거물에 대한 조사를 할 수 있다. 이 경우 수사기관은 소방청장, 소방본부장 또는 소방서장의 신속한 화재조사를 위하여 특별한 사유가 없으면 조사에 협조하여야 한다.
[2022.6.9.이후 삭제(화재조사법 이동)]

## 09 다음 중 틀린 것은?

① 특정소방대상물의 종합점검은 소방안전관리자로 선임된 소방설비기사가 할 수 있다.
② 특정소방대상물의 작동점검은 소방안전관리자가 1년에 1회 이상 실시하여야 한다.
③ 종합점검 대상인 특정소방대상물의 작동점검은 종합점검을 받은 달부터 6월이 되는 달에 실시하여야 한다.
④ 소방청장이 소방안전관리가 우수하다고 인정한 특정소방대상물의 경우에는 해당 연도부터 3년간 종합점검을 면제할 수 있되, 면제기간 중 화재가 발생한 경우를 제외한다.

### 해설 점검대상 및 시기, 점검자자격

| 대상 | | | 횟수·시기 | | 점검자 |
|---|---|---|---|---|---|
| 작동점검 | 모든 특정소방대상물 [3급이상에 해당] ⟨제외 대상⟩ 1. 특급소방안전관리대상물(종합점검만 연 2회) 2. 소방안전관리대상물에 속하지 않는 대상물 3. 위험물 제조소등 | | • 원칙 : 연 1회 | | 관계인 (자탐,간이만해당) |
| | | 종합점검 대상 X | 안전관리대상물의 사용승인일이 속하는 달의 말일까지 | | 소방안전관리자 (기술사,관리사) |
| | | 종합점검 대상 O | 종합실시월로부터 6개월이 되는 달에 실시 | | 관리업자(관리사) (자탐,간이는 특급점검자가능) |
| 종합점검 | 최초점검 | 3급이상대상중 최초사용승인 건축물 | 사용승인일로부터 60일이내 | | |
| | 그밖점검 | 스프링클러설비가 설치된 특정소방대상물 | • 원칙 : 연 1회 (최초사용승인해 다음해부터 사용승인일이 속하는 달의 말일까지) 예 학교 : 1~6월이 사용승인일 경우 6월 말일까지 • 특급 소방안전관리대상물 : 연2회(반기별 1회) | | 소방안전관리자 (기술사, 관리사) 관리업자(관리사) |
| | | 물분무등소화설비가 설치된 연면적 5,000[㎡] 이상인 특정소방대상물 | | | |
| | | 연면적 2,000[㎡] 이상 다중이용업소(9종) | | | |
| | | 옥내소화전설비 또는 자동화재탐지설비가 설치된 연면적 1,000[㎡] 이상 공공기관(소방대 제외) | | | |
| | | 제연설비가 설치된 터널 | | | |

**10** 소방시설업에 대한 설명 중 틀린 것은?

① 전문소방시설설계업의 주된 기술 인력은 기술사이고, 보조 기술인력은 1명 이상이다.
② 전문 소방공사감리업인 경우 법인의 자본금은 1억원 이상이다.
③ 소방시설관리사와 소방설비기사(기계분야 및 전기 분야의 자격을 함께 취득한 사람) 자격을 함께 취득한 사람은 소방시설관리업과 전문소방시설공사업의 주된 기술 인력으로 선임할 수 있다.
④ 제연설비와 연소방지설비는 기계분야의 소방 감리 대상이다.

### 해설 감리지정대상 특정소방대상물
① 옥내소화전설비를 신설·개설 또는 증설할 때
② 스프링클러설비등(캐비닛형 간이스프링클러설비는 제외한다)을 신설·개설하거나 방호·방수 구역을 증설할 때
③ 물분무등소화설비(호스릴 방식의 소화설비는 제외한다)를 신설·개설하거나 방호·방수 구역을 증설할 때
④ 옥외소화전설비를 신설·개설 또는 증설할 때
⑤ 자동화재탐지설비를 신설 또는 개설할 때
⑤의2. 비상방송설비를 신설 또는 개설할 때
⑥ 통합감시시설을 신설 또는 개설할 때
⑥의2. 비상조명등을 신설 또는 개설할 때
⑦ 소화용수설비를 신설 또는 개설할 때
⑧ 다음 각 목에 따른 소화활동설비에 대하여 각 목에 따른 시공을 할 때
  ㉠ 제연설비를 신설·개설하거나 제연구역을 증설할 때
  ㉡ 연결송수관설비를 신설 또는 개설할 때
  ㉢ 연결살수설비를 신설·개설하거나 송수구역을 증설할 때
  ㉣ 비상콘센트설비를 신설·개설하거나 전용회로를 증설할 때
  ㉤ 무선통신보조설비를 신설 또는 개설할 때
  ㉥ 연소방지설비를 신설·개설하거나 살수구역을 증설할 때

**11** 다음 중 시·도지사의 소방업무 지원으로 틀린 것은?

① 관할지역의 특성을 고려하여 종합계획의 시행에 필요한 세부계획을 매년 수립하고 이에 따른 소방업무를 성실히 수행하여야 한다.
② 소방력의 기준에 따라 관할구역의 소방력을 확충하기 위하여 필요한 계획을 수립하여 시행하여야 한다.
③ 다중이용업소의 안전관리기본계획은 5년마다 수립·시행하여야 한다.
④ 소방활동에 필요한 소화전, 급수탑, 저수조를 설치하고 유지·관리하여야 한다.

### 해설 다중법 제5조(안전관리기본계획의 수립·시행 등)
① 소방청장은 다중이용업소의 화재 등 재난이나 그 밖의 위급한 상황으로 인한 인적·물적 피해의 감소, 안전기준의 개발, 자율적인 안전관리능력의 향상, 화재배상책임보험제도의 정착 등을 위하여 5년마다 다중이용업소의 안전관리기본계획(이하 "기본계획"이라 한다)을 수립·시행하여야 한다.

정답 10.② 11.③

**12** 소방청장, 소방본부장 또는 소방서장이 다중이용업소에 대한 화재위험평가를 실시하는 대상이 아닌 것은?

① 2,000[m²] 지역 안에 다중이용업소가 50개 이상 밀집하여 있는 경우
② 5층 이상인 건축물로서 다중이용업소가 10개 이상 있는 경우
③ 하나의 건축물에 다중이용업소로 사용하는 영업장 바닥면적의 합계가 1,000[m²] 이상인 경우
④ 1,000[m²] 지역 안에 다중이용업소가 10개 이상 밀집하여 있는 경우

**해설** 다중법 제15조(다중이용업소에 대한 화재위험평가 등)
① 소방청장, 소방본부장 또는 소방서장은 다음 각 호의 어느 하나에 해당하는 지역 또는 건축물에 대하여 화재를 예방하고 화재로 인한 생명·신체·재산상의 피해를 방지하기 위하여 필요하다고 인정하는 경우에는 화재위험평가를 할 수 있다.
  1. 2천제곱미터 지역 안에 다중이용업소가 50개 이상 밀집하여 있는 경우
  2. 5층 이상인 건축물로서 다중이용업소가 10개 이상 있는 경우
  3. 하나의 건축물에 다중이용업소로 사용하는 영업장 바닥면적의 합계가 1천제곱미터 이상인 경우
② 소방청장, 소방본부장 또는 소방서장은 화재위험평가 결과 화재안전등급이 대통령령으로 정하는 기준 미만인 경우에는 해당 다중이용업주에게 「화재의 예방 및 안전관리에 관한 법률」 제14조에 따른 조치를 명할 수 있다.
③ 소방청장, 소방본부장 또는 소방서장은 제2항에 따른 명령으로 인하여 손실을 입은 자가 있으면 대통령령으로 정하는 바에 따라 이를 보상하여야 한다. 다만, 법령을 위반하여 건축되거나 설치된 다중이용업소에 대하여는 그러하지 아니하다.
④ 소방청장, 소방본부장 또는 소방서장은 화재안전등급이 대통령령으로 정하는 기준 이상인 다중이용업소에 대하여는 안전시설등의 일부를 설치하지 아니하게 할 수 있다.
⑤ 소방청장, 소방본부장 또는 소방서장은 화재위험평가를 제16조제1항에 따른 화재위험평가 대행자로 하여금 대행하게 할 수 있다.

**13** 다음 소방시설의 분류로 맞게 연결된 것은?

① 소화설비 – 연소방지설비
② 경보설비 – 비상조명등
③ 피난구조설비 – 방열복
④ 소화활동설비 – 통합감시시설

**해설** ① 연소방지설비 : 소화활동설비
② 비상조명등 : 피난구조설비
④ 통합감시시설 : 경보설비

**14** 화재안전기준이 변경되어 그 기준이 강화되는 경우 기존의 특정소방대상물에 변경으로 강화된 기준을 적용하여야 하는 소방시설이 아닌 것은?

① 소화기구
② 피난구조설비
③ 비상경보설비
④ 비상방송설비

**해설** 대통령령 또는 화재안전기준이 변경되어 그 기준이 강화되는 경우
㉠ 원칙 : 기존의 특정소방대상물(건축물의 신축·개축·재축·이전 및 대수선 중인 특정소방대상물을 포함한다)의 소방시설에 대하여는 변경 전의 대통령령 또는 화재안전기준을 적용한다.
㉡ 예외 : 다음의 경우 강화된 기준을 적용한다.
  1. 다음 각 목의 소방시설 중 대통령령 또는 화재안전기준으로 정하는 것
    가. 소화기구
    나. 비상경보설비
    다. 자동화재탐지설비
    라. 자동화재속보설비
    마. 피난구조설비
  2. 다음 각 목의 특정소방대상물에 설치하는 소방시설 중 대통령령 또는 화재안전기준으로 정하는 것
    가. 「국토의 계획 및 이용에 관한 법률」 제2조제9호에 따른 공동구
    나. 전력 및 통신사업용 지하구
    다. 노유자(老幼者) 시설
    라. 의료시설

정답  12.④  13.③  14.④

시행령 제13조(강화된 소방시설기준의 적용대상)
법 제13조제1항제2호 각 목 외의 부분에서 "대통령령으로 정하는 것"이란 다음 각 호의 소방시설을 말한다.
1. 「국토의 계획 및 이용에 관한 법률」제2조제9호에 따른 공동구에 설치하는 소화기, 자동소화장치, 자동화재탐지설비, 통합감시시설, 유도등 및 연소방지설비
2. 전력 및 통신사업용 지하구에 설치하는 소화기, 자동소화장치, 자동화재탐지설비, 통합감시시설, 유도등 및 연소방지설비
3. 노유자 시설에 설치하는 간이스프링클러설비, 자동화재탐지설비 및 단독경보형 감지기
4. 의료시설에 설치하는 스프링클러설비, 간이스프링클러설비, 자동화재탐지설비 및 자동화재속보설비

**15** 다음 방염성능기준에 대한 설명으로 틀린 것은?

① 버너의 불꽃을 제거한 때부터 불꽃을 올리며 연소하는 상태가 그칠 때까지 시간은 30초 이내
② 탄화한 면적은 50[cm$^2$] 이내, 탄화한 길이는 20[cm] 이내
③ 불꽃에 의하여 완전히 녹을 때까지 불꽃의 접촉 횟수는 3회 이상
④ 발연량을 측정하는 경우 최대연기밀도는 400 이하

**[해설]** 방염성능기준(대통령령)
㉠ 버너의 불꽃을 제거한 때부터 불꽃을 올리며 연소하는 상태가 그칠 때까지 시간은 20초 이내일 것 [잔염시간 : 20초 이내]
㉡ 버너의 불꽃을 제거한 때부터 불꽃을 올리지 아니하고 연소하는 상태가 그칠 때까지 시간은 30초 이내일 것 [잔진시간 : 30초 이내]
㉢ 탄화(炭化)한 면적은 50제곱센티미터 이내, 탄화한 길이는 20센티미터 이내일 것
㉣ 불꽃에 의하여 완전히 녹을 때까지 불꽃의 접촉 횟수는 3회 이상일 것
㉤ 소방청장이 정하여 고시한 방법으로 발연량(發煙量)을 측정하는 경우 최대연기밀도는 400 이하일 것

**16** 소방시설별 하자보수보증기간으로 맞는 것은?

① 연소방지설비 – 2년
② 스프링클러설비 – 2년
③ 무선통신보조설비 – 3년
④ 자동화재탐지설비 – 3년

**[해설]** 하자보수 대상 소방시설과 하자보수 보증기간
법 제15조제1항에 따라 하자를 보수하여야 하는 소방시설과 소방시설별 하자보수 보증기간은 다음 각 호의 구분과 같다.
1. 비상경보설비, 비상방송설비, 피난기구, 유도등, 비상조명등 및 무선통신보조설비 : 2년
2. 자동소화장치, 옥내소화전설비, 스프링클러설비등, 물분무등소화설비, 옥외소화전설비, 자동화재탐지설비, 화재알림설비, 소화용수설비 및 소화활동설비(무선통신보조설비는 제외한다) : 3년

**17** 다음 중 다중이용업소에 해당되지 않는 것은?

① 바닥면적의 합계가 50[$m^2$]인 지상 1층의 일반 음식점
② 바닥면적의 합계가 100[$m^2$]인 지상 2층의 제과점영업
③ 지상 1층에 설치된 노래연습장업
④ 산후조리업

**[해설]** ① 바닥면적의 합계가 50[m$^2$]인 지상 1층의 일반 음식점 → 100[m$^2$] 이상

**18** 현행 개정 등으로 문제 삭제

**19** 현행 개정 등으로 문제 삭제

정답 15.① 16.④ 17.①

**20** 성능위주설계를 하여야 하는 특정소방대상물에 해당되는 것은?

① 연면적 10만[m²] 이상인 특정소방대상물
② 건축물의 높이가 70[m] 이상인 특정소방대상물
③ 연면적 2만[m²] 이상인 철도역상에 5,000[m²]를 증축한 소방대상물
④ 하나의 건축물에 영화상영관이 2개 있는데 9개를 추가로 증축한 소방대상물

**해설** 성능위주설계 대상 특정소방대상물
1. 연면적 20만제곱미터 이상인 특정소방대상물. 다만, 별표 2 제1호가목에 따른 아파트등(이하 "아파트등"이라 한다)은 제외한다.
2. 50층 이상(지하층은 제외한다)이거나 지상으로부터 높이가 200미터 이상인 아파트등
3. 30층 이상(지하층을 포함한다)이거나 지상으로부터 높이가 120미터 이상인 특정소방대상물(아파트등은 제외한다)
4. 연면적 3만제곱미터 이상인 특정소방대상물로서 다음 각 목의 어느 하나에 해당하는 특정소방대상물
 가. 별표 2 제6호나목의 철도 및 도시철도 시설
 나. 별표 2 제6호다목의 공항시설
5. 별표 2 제16호의 창고시설 중 연면적 10만제곱미터 이상인 것 또는 지하층의 층수가 2개 층 이상이고 지하층의 바닥면적의 합계가 3만제곱미터 이상인 것
6. 하나의 건축물에 「영화 및 비디오물의 진흥에 관한 법률」 제2조제10호에 따른 영화상영관이 10개 이상인 특정소방대상물
7. 「초고층 및 지하연계 복합건축물 재난관리에 관한 특별법」 제2조제2호에 따른 지하연계 복합건축물에 해당하는 특정소방대상물
8. 별표 2 제27호의 터널 중 수저(水底)터널 또는 길이가 5천미터 이상인 것

**21** 탱크안전성능검사를 받아야 하는 위험물탱크의 검사항목에 해당되지 않는 것은?

① 기초・지반검사
② 배관검사
③ 충수검사
④ 용접부검사

**해설** 탱크안전성능검사의 종류
㉠ 기초・지반검사
㉡ 충수・수압검사
㉢ 용접부검사
㉣ 암반탱크검사

**22** 다음 위험물안전관리법에 대한 설명으로 틀린 것은?

① 지정수량 미만인 위험물의 저장 또는 취급에 관한 기술상의 기준은 시・도의 조례로 정한다.
② 제조소 등의 위치, 구조 또는 설비의 변경 없이 해당 제조소 등에서 저장하거나 취급하는 위험물의 품명, 수량 또는 지정수량의 배수를 변경하고자 하는 자는 변경하고자 하는 날의 10일 전까지 행정안전부령이 정하는 바에 따라 시・도지사에게 신고하여야 한다.
③ 주택의 난방시설(공동주택의 중앙난방시설을 제외)을 위한 취급소에 그 위치, 구조 또는 설비를 변경할 경우, 신고를 하지 아니하고 위험물의 품명, 수량 또는 지정수량의 배수를 변경할 수 있다.
④ 시・도지사는 제조소등에 대한 사용의 정지가 그 이용자에게 심한 불편을 주거나 그 밖에 공익을 해칠 우려가 있는 때에는 사용정지 처분에 갈음하여 2억원 이하의 과징금을 부과할 수 있다.

**해설** ② 10일전 → 1일전

**23** 위험물안전관리법에서 정하는 정기검사대상인 제조소등에 해당되는 것은?

① 지정수량의 200배 이상을 저장하는 옥외탱크저장소
② 지정수량의 100배 이상을 저장하는 옥내저장소
③ 지정수량의 100만[L] 이상을 저장하는 옥외탱크저장소
④ 지정수량의 100만[L] 이상을 저장하는 옥내저장소

**해설** 정기점검의 대상인 제조소등
㉠ 예방규정을 작성해야 하는 제조소등(7가지)
㉡ 지하탱크저장소
㉢ 이동탱크저장소
㉣ 위험물을 취급하는 탱크로서 지하에 매설된 탱크가 있는 제조소·주유취급소 또는 일반취급소

**24** 위험물안전관리법에 의한 위험물안전관리자에 대한 설명으로 틀린 것은?

① 관계인은 위험물의 안전관리에 관한 직무를 수행하게 하기 위하여 제조소등마다 대통령령이 정하는 위험물의 취급에 관한 자격이 있는 자를 위험물안전관리자로 선임하여야 한다.
② 안전관리자가 여행, 질병 그 밖의 사유로 인하여 일시적으로 직무를 수행할 수 없을 경우 대리자로 지정하여 그 직무를 대행하게 하는데 이 경우 대리자가 안전관리자의 직무를 대행하는 기간은 30일을 초과할 수 없다.
③ 관계인은 그 안전관리자를 해임하거나 안전관리자가 퇴직한 때에는 해임하거나 퇴직한 날부터 30일 이내에 다시 안전관리자를 선임하여야 한다.
④ 안전관리자를 선임 또는 해임하거나 안전관리자가 퇴직한 때에는 30일 이내에 행정안전부령이 정하는 바에 의하여 소방본부장 또는 소방서장에게 신고하여야 한다.

**해설** 제조소등의 관계인은 안전관리자가 해임, 퇴직한 날부터 30일 이내에 선임하여 선임한 날부터 14일 이내에 소방본부장 또는 소방서장에게 신고하여야 한다.

**25** 제4류 위험물 중 옥외저장소에 저장할 수 있는 것은?

① 피리딘   ② 벤젠
③ 초산에틸  ④ 아세톤

**해설** 옥외저장소
옥외에 다음 각 목의 1에 해당하는 위험물을 저장하는 장소. 다만, 제2호의 장소를 제외한다.
가. 제2류 위험물 중 황 또는 인화성고체(인화점이 섭씨 0도 이상인 것에 한한다)
나. 제4류 위험물 중 제1석유류(인화점이 섭씨 0도 이상인 것에 한한다)·알코올류·제2석유류·제3석유류·제4석유류 및 동식물유류
다. 제6류 위험물
라. 제2류 위험물 및 제4류 위험물중 특별시·광역시 또는 도의 조례에서 정하는 위험물(「관세법」제154조의 규정에 의한 보세구역안에 저장하는 경우에 한한다)
마. 「국제해사기구에 관한 협약」에 의하여 설치된 국제해사기구가 채택한 「국제해상위험물규칙」(IMDG Code)에 적합한 용기에 수납된 위험물

① 피리딘 : 제1석유류(인화점 20[℃])
② 벤젠 : 제1석유류(인화점 -11[℃])
③ 초산에틸 : 제1석유류(인화점 -4[℃])
④ 아세톤 : 제1석유류(인화점 -18[℃])

# 2010 제1회 소방시설관리사 1차 필기 기출문제
[제3과목 : 소방관계법령]

**01** 특정소방대상물에서 소방안전관리업무를 대행할 수 있는 사람은?

① 소방시설관리업을 등록한 자
② 소방공사감리업을 등록한 자
③ 소방시설설계업을 등록한 자
④ 소방시설공사업을 등록한 자

**해설** 소방안전관리업무대행 : 소방시설관리업자

**02** 시·도지사는 등록신청을 받은 소방시설업의 업종별 자본금, 기술인력 및 장비가 소방시설업의 업종별 등록기준에 적합하다고 인정되는 경우에는 등록신청을 받은 날부터 며칠 이내에 소방시설업 등록증 및 소방시설업 등록수첩을 교부하여야 하는가?

① 3일　　② 5일
③ 10일　　④ 15일

**해설** 최초 소방시설업등록신청시 15일 이내에 발급 [서류보완기간 : 10일]

**03** 소방기술자의 소방시설 공사현장의 배치기준으로 옳은 것은?

① 기계분야의 소방설비기사는 기계분야 소방시설의 부대시설에 대한 공사에 배치할 수 없다.
② 비상콘센트설비 및 비상방송설비의 공사는 전기분야의 소방설비기사가 담당한다.
③ 전기분야의 소방설비기사는 기계분야 소방시설에 부설되는 자동화재탐지설비의 공사에 배치하여서는 아니 된다.
④ 무선통신보조설비의 공사는 기계분야의 소방설비기사도 배치할 수 있다.

**해설** 소방기술자 배치기준

| 소방기술자의 배치기준 | 소방시설공사 현장의 기준 |
|---|---|
| 1. 행정안전부령으로 정하는 특급기술자인 소방기술자(기계분야 및 전기분야) | 가. 연면적 20만제곱미터 이상인 특정소방대상물의 공사 현장<br>나. 지하층을 포함한 층수가 40층 이상인 특정소방대상물의 공사 현장 |
| 2. 행정안전부령으로 정하는 고급기술자 이상의 소방기술자(기계분야 및 전기분야) | 가. 연면적 3만제곱미터 이상 20만제곱미터 미만인 특정소방대상물(아파트는 제외한다)의 공사 현장<br>나. 지하층을 포함한 층수가 16층 이상 40층 미만인 특정소방대상물의 공사 현장 |
| 3. 행정안전부령으로 정하는 중급기술자 이상의 소방기술자(기계분야 및 전기분야) | 가. 물분무등소화설비(호스릴 방식의 소화설비는 제외한다) 또는 제연설비가 설치되는 특정소방대상물의 공사 현장<br>나. 연면적 5천제곱미터 이상 3만제곱미터 미만인 특정소방대상물(아파트는 제외한다)의 공사 현장<br>다. 연면적 1만제곱미터 이상 20만제곱미터 미만인 아파트의 공사 현장 |
| 4. 행정안전부령으로 정하는 초급기술자 이상의 소방기술자(기계분야 및 전기분야) | 가. 연면적 1천제곱미터 이상 5천제곱미터 미만인 특정소방대상물(아파트는 제외한다)의 공사 현장<br>나. 연면적 1천제곱미터 이상 1만제곱미터 미만인 아파트의 공사 현장<br>다. 지하구(地下溝)의 공사 현장 |
| 5. 법 제28조에 따라 자격수첩을 발급받은 소방기술자 | 연면적 1천제곱미터 미만인 특정소방대상물의 공사 현장 |

비고
1. 다음 각 목의 어느 하나에 해당하는 기계분야 소방시설공사의 경우에는 소방기술자의 배치기준에 따른 기계분야의 소방기술자를 공사 현장에 배치하여야 한다.
　가. 옥내소화전설비, 옥외소화전설비, 스프링클러설비등, 물분무등소화설비의 공사
　나. 소화용수설비의 공사

정답　01.①　02.④　03.②

다. 제연설비, 연결송수관설비, 연결살수설비, 연소방지설비의 공사
라. 기계분야 소방시설에 부설되는 전기시설의 공사. 다만, 비상전원, 동력회로, 제어회로, 기계분야의 소방시설을 작동하기 위하여 설치하는 화재감지기에 의한 화재감지장치 및 전기신호에 의한 소방시설의 작동장치의 공사는 제외한다.

2. 다음 각 목의 어느 하나에 해당하는 전기분야 소방시설공사의 경우에는 소방기술자의 배치기준에 따른 전기분야의 소방기술자를 공사 현장에 배치하여야 한다.
 가. 비상경보설비, 시각경보기, 자동화재탐지설비, 비상방송설비, 자동화재속보설비 또는 통합감시시설의 공사
 나. 비상콘센트설비 또는 무선통신보조설비의 공사
 다. 기계분야 소방시설에 부설되는 비상전원, 동력회로 또는 제어회로의 공사
 라. 기계분야 소방시설에 부설되는 전기시설 중 제1호라목 단서의 전기시설의 공사

3. 제1호 및 제2호에도 불구하고 기계분야 및 전기분야의 자격을 모두 갖춘 소방기술자가 있는 경우에는 소방시설공사를 분야별로 구분하지 않고 그 소방기술자를 배치할 수 있다.

4. 제1호 및 제2호에도 불구하고 소방공사감리업자가 감리하는 소방시설공사가 다음 각 목의 어느 하나에 해당하는 경우에는 소방기술자를 소방시설공사 현장에 배치하지 않을 수 있다.
 가. 소방시설의 비상전원을「전기공사업법」에 따른 전기공사업자가 공사하는 경우
 나. 소화용수설비를「건설산업기본법 시행령」별표 1에 따른 기계설비공사업자 또는 상·하수도설비공사업자가 공사하는 경우
 다. 소방 외의 용도와 겸용되는 제연설비를「건설산업기본법 시행령」별표 1에 따른 기계설비공사업자가 공사하는 경우
 라. 소방 외의 용도와 겸용되는 비상방송설비 또는 무선통신보조설비를「정보통신공사업법」에 따른 정보통신공사업자가 공사하는 경우

5. 공사업자는 다음 각 목의 경우를 제외하고는 1명의 소방기술자를 2개의 공사 현장을 초과하여 배치해서는 안 된다. 다만, 연면적 3만제곱미터 이상의 특정소방대상물(아파트는 제외한다)이거나 지하층을 포함한 층수가 16층 이상으로서 500세대 이상인 아파트에 대한 소방시설 공사의 경우에는 1개의 공사 현장에만 배치해야 한다.
 가. 건축물의 연면적이 5천제곱미터 미만인 공사 현장에만 배치하는 경우. 다만, 그 연면적의 합계는 2만제곱미터를 초과해서는 안 된다.
 나. 건축물의 연면적이 5천제곱미터 이상인 공사 현장 2개 이하와 5천제곱미터 미만인 공사 현장에 같이 배치하는 경우. 다만, 5천제곱미터 미만의 공사 현장의 연면적의 합계는 1만제곱미터를 초과해서는 안 된다.

## 04 정당한 사유 없이 며칠 이상 소방시설 공사를 계속하지 아니한 때에는 도급계약을 해지할 수 있는가?

① 10일  ② 20일
③ 30일  ④ 60일

**해설** 공사업법 제23조(도급계약의 해지)
특정소방대상물의 관계인 또는 발주자는 해당 도급계약의 수급인이 다음 각 호의 어느 하나에 해당하는 경우에는 도급계약을 해지할 수 있다.
1. 소방시설업이 등록취소되거나 영업정지된 경우
2. 소방시설업을 휴업하거나 폐업한 경우
3. 정당한 사유 없이 30일 이상 소방시설공사를 계속하지 아니하는 경우
4. 제22조의2제2항에 따른 요구에 정당한 사유 없이 따르지 아니하는 경우

## 05 현행 개정 등으로 문제 삭제

## 06 원활한 소방 활동을 위한 소방용수시설 및 지리조사의 실시횟수 기준으로 옳은 것은?

① 월 1회 이상
② 3개월에 1회 이상
③ 6개월에 1회 이상
④ 연 1회 이상

**해설** 소방용수시설 및 지리조사
① 소방본부장 또는 소방서장은 원활한 소방활동을 위하여 다음 각호의 조사를 월 1회 이상 실시하여야 한다.
 1. 법 제10조의 규정에 의하여 설치된 소방용수시설에 대한 조사
 2. 소방대상물에 인접한 도로의 폭·교통상황, 도로 주변의 토지의 고저·건축물의 개황 그 밖의 소방활동에 필요한 지리에 대한 조사
② 제1항의 조사결과는 전자적 처리가 불가능한 특별한 사유가 없으면 전자적 처리가 가능한 방법으로 작성·관리하여야 한다.
③ 제1항제1호의 조사는 별지 제2호서식에 의하고, 제1항제2호의 조사는 별지 제3호서식에 의하되, 그 조사결과를 2년간 보관하여야 한다.

**07** 소방시설관리사가 다른 사람에게 자격증을 빌려 주었을 때 제1차 행정처분기준은?

① 자격정지 3월　② 자격정지 6월
③ 자격정지 2년　④ 자격취소

**해설** **자격의 취소 및 정지**
소방청장은 관리사가 다음 어느 하나에 해당할 때에는 그 자격을 취소하거나 2년 이내의 기간을 정하여 그 자격의 정지를 명할 수 있다.

| 자격취소 사유 | 1. 거짓이나 그 밖의 부정한 방법으로 시험에 합격한 경우<br>2. 규정을 위반하여 소방시설관리사증을 다른 자에게 빌려준 경우<br>3. 규정을 위반하여 동시에 둘 이상의 업체에 취업한 경우<br>4. 결격사유에 해당하게 된 경우 |
|---|---|
| 자격정지 사유 | 1. 소방안전관리 업무를 하지 아니하거나 거짓으로 한 경우<br>2. 자체점검을 하지 아니하거나 거짓으로 한 경우<br>3. 규정을 위반하여 성실하게 자체점검 업무를 수행하지 아니한 경우 |

**08** 소방시설관리사 시험의 시험위원에 될 수 없는 사람은?

① 소방관련 학,석사학위를 가진 자
② 소방관련학과 조교수 이상으로 2년 이상 재직한 자
③ 소방시설관리사
④ 소방기술사

**해설** **소방시설법 시행령 제40조(시험위원)**
① 소방청장은 법 제25조제2항에 따라 관리사시험의 출제 및 채점을 위하여 다음 각 호의 어느 하나에 해당하는 사람중에서 시험위원을 임명하거나 위촉하여야 한다.
　1. 소방 관련 분야의 박사학위를 가진 사람
　2. 대학에서 소방안전 관련 학과 조교수 이상으로 2년 이상 재직한 사람
　3. 소방위 이상의 소방공무원
　4. 소방시설관리사
　5. 소방기술사

② 시험위원의 수는 다음 각 호의 구분에 따른다.
　1. 출제위원 : 시험 과목별 3명
　2. 채점위원 : 시험 과목별 5명 이내(제2차시험의 경우로 한정한다)
③ 시험위원으로 임명되거나 위촉된 사람은 소방청장이 정하는 시험문제 등의 출제 시 유의사항 및 서약서 등에 따른 준수사항을 성실히 이행하여야 한다.
④ 임명되거나 위촉된 시험위원과 시험감독 업무에 종사하는 사람에게는 예산의 범위에서 수당과 여비를 지급할 수 있다.

**09** 특수가연물에 해당하는 것은?

① 사류　② 알코올류
③ 황산　④ 동식물유류

**해설** **특수가연물의 종류**

| 품명 | | 수량 |
|---|---|---|
| 면화류 | | 200킬로그램 이상 |
| 나무껍질 및 대팻밥 | | 400킬로그램 이상 |
| 넝마 및 종이부스러기 | | 1,000킬로그램 이상 |
| 사류(絲類) | | 1,000킬로그램 이상 |
| 볏짚류 | | 1,000킬로그램 이상 |
| 가연성고체류 | | 3,000킬로그램 이상 |
| 석탄·목탄류 | | 10,000킬로그램 이상 |
| 가연성액체류 | | 2세제곱미터 이상 |
| 목재가공품 및 나무부스러기 | | 10세제곱미터 이상 |
| 합성수지류 | 발포시킨 것 | 20세제곱미터 이상 |
| | 그 밖의 것 | 3,000킬로그램 이상 |

**10** 방염대상물품에 해당되지 않는 것은?

① 무대막
② 전시용 합판
③ 병원에서 사용하는 침구류
④ 카펫

**해설** **소방시설법 시행령 제31조(방염대상물품 및 방염성능기준)**
1. 제조 또는 가공 공정에서 방염처리를 한 물품(합판·목재류의 경우에는 설치 현장에서 방염처리를 한것을 포함한다)으로서 다음 각 목의 어느 하나에 해당하는 것

정답 07.④　08.①　09.①　10.③

가. 창문에 설치하는 커튼류(블라인드를 포함한다)
나. 카펫, 두께가 2밀리미터 미만인 벽지류(종이벽지는 제외한다)
다. 전시용 합판 또는 섬유판, 무대용 합판 또는 섬유판
라. 암막·무대막(영화상영관에 설치하는 스크린과 골프 연습장업에 설치하는 스크린을 포함한다)
마. 섬유류 또는 합성수지류 등을 원료로 하여 제작된 소파·의자(단란주점영업, 유흥주점영업 및 노래연습장업의 영업장에 설치하는 것만 해당한다)

2. 건축물 내부의 천장이나 벽에 부착하거나 설치하는 것으로서 다음 각 목의 어느 하나에 해당하는 것. 다만, 가구류(옷장, 찬장, 식탁, 식탁용 의자, 사무용 책상, 사무용 의자, 계산대 및 그 밖에 이와 비슷한 것을 말한다)와 너비 10센티미터 이하인 반자돌림대 등과 「건축법」 제52조에 따른 내부마감재료는 제외한다.
   가. 종이류(두께 2밀리미터 이상인 것을 말한다)·합성수지류 또는 섬유류를 주원료로 한 물품
   나. 합판이나 목재
   다. 공간을 구획하기 위하여 설치하는 간이 칸막이 (접이식 등 이동 가능한 벽체나 천장 또는 반자가 실내에 접하는 부분까지 구획하지 아니하는 벽체를 말한다)
   라. 흡음(吸音)을 위하여 설치하는 흡음재(흡음용 커튼을 포함한다)
   마. 방음(防音)을 위하여 설치하는 방음재(방음용 커튼을 포함한다)

## 11  현행 개정 등으로 문제 삭제

## 12  특정소방대상물의 소방시설은 정기적으로 점검을 받아야 하며, 그 결과를 누구에게 보고하여야 하는가?

① 시·도지사
② 소방청장
③ 한국소방안전원장
④ 소방본부장 또는 소방서장

**해설** 소방시설법 제22조
① 특정소방대상물의 관계인은 그 대상물에 설치되어 있는 소방시설등이 이 법이나 이 법에 따른 명령 등에 적합하게 설치·관리되고 있는지에 대하여 다음 각 호의 구분에 따른 기간 내에 스스로 점검하거나 제34조에 따른 점검능력 평가를 받은 관리업자 또는 행정안전부령으로 정하는 기술자격자(이하 "관리업자등" 이라 한다)로 하여금 정기적으로 점검(이하 "자체점검"이라 한다)하게 하여야 한다. 이 경우 관리업자등이 점검한 경우에는 그 점검 결과를 행정안전부령으로 정하는 바에 따라 관계인에게 제출하여야 한다.
  1. 해당 특정소방대상물의 소방시설등이 신설된 경우 : 「건축법」 제22조에 따라 건축물을 사용할 수 있게 된 날부터 60일
  2. 제1호 외의 경우 : 행정안전부령으로 정하는 기간
② 자체점검의 구분 및 대상, 점검인력의 배치기준, 점검자의 자격, 점검 장비, 점검 방법 및 횟수 등 자체점검 시 준수하여야 할 사항은 행정안전부령으로 정한다.
③ 제1항에 따라 관리업자등으로 하여금 자체점검하게 하는 경우의 점검 대가는 「엔지니어링산업 진흥법」 제31조에 따른 엔지니어링사업의 대가 기준 가운데 행정안전부령으로 정하는 방식에 따라 산정한다.
④ 제3항에도 불구하고 소방청장은 소방시설등 자체점검에 대한 품질확보를 위하여 필요하다고 인정하는 경우에는 특정소방대상물의 규모, 소방시설등의 종류 및 점검인력 등에 따라 관계인이 부담하여야 할 자체점검 비용의 표준이 될 금액(이하 "표준자체점검비"라 한다)을 정하여 공표하거나 관리업자등에게 이를 소방시설등 자체점검에 관한 표준가격으로 활용하도록 권고할 수 있다.
⑤ 표준자체점검비의 공표 방법 등에 관하여 필요한 사항은 소방청장이 정하여 고시한다.
⑥ 관계인은 천재지변이나 그 밖에 대통령령으로 정하는 사유로 자체점검을 실시하기 곤란한 경우에는 대통령령으로 정하는 바에 따라 소방본부장 또는 소방서장에게 면제 또는 연기 신청을 할 수 있다. 이 경우 소방본부장 또는 소방서장은 그 면제 또는 연기 신청 승인 여부를 결정하고 그 결과를 관계인에게 알려주어야 한다.

## 13  위험물을 취급하는 건축물의 조명설비의 적합기준이 아닌 것은?

① 연소의 우려가 없는 장소에 설치할 것
② 가연성 가스 등이 체류할 우려가 있는 장소의 조명등은 방폭등으로 할 것
③ 전선은 내화내열전선으로 할 것
④ 점멸스위치는 출입문 바깥부분에 설치할 것

해설 조명설비는 다음의 기준에 적합하게 설치할 것
㉠ 가연성가스 등이 체류할 우려가 있는 장소의 조명등은 방폭등으로 할 것
㉡ 전선은 내화·내열전선으로 할 것
㉢ 점멸스위치는 출입구 바깥부분에 설치할 것. 다만, 스위치의 스파크로 인한 화재·폭발의 우려가 없을 경우에는 그러하지 아니하다.

**14** 지정수량 10배 미만의 위험물제조소의 보유공지 너비는?

① 3[m] 이상 ② 5[m] 이상
③ 7[m] 이상 ④ 9[m] 이상

해설 위험물법 시행규칙 [별표4] 제조소의 위치·구조 및 설비의 기준(제28조관련)
Ⅱ. 보유공지
1. 위험물을 취급하는 건축물 그 밖의 시설(위험물을 이송하기 위한 배관 그 밖에 이와 유사한 시설을 제외한다)의 주위에는 그 취급하는 위험물의 최대수량에 따라 다음 표에 의한 너비의 공지를 보유하여야 한다.

| 취급하는 위험물의 최대수량 | 공지의 너비 |
|---|---|
| 지정수량의 10배 이하 | 3[m] 이상 |
| 지정수량의 10배 초과 | 5[m] 이상 |

**15** 예방규정을 정하여야 할 제조소 등으로 틀린 것은?

① 지정수량 10배 이상의 제조소
② 지정수량 200배 이상의 옥외탱크저장소
③ 지정수량 150배 이상의 옥외저장소
④ 지정수량 10배 이상의 일반취급소

해설 예방규정등
㉠ 제조소등의 관계인은 당해 제조소등을 사용하기 전에 시·도지사에게 예방규정을 제출하여야 한다.
㉡ 예방규정을 작성, 제출하여야 하는 대상
ⓐ 지정수량의 10배 이상의 위험물을 취급하는 제조소
ⓑ 지정수량의 100배 이상의 위험물을 저장하는 옥외저장소
ⓒ 지정수량의 150배 이상의 위험물을 저장하는 옥내저장소
ⓓ 지정수량의 200배 이상의 위험물을 저장하는 옥외탱크저장소
ⓔ 암반탱크저장소
ⓕ 이송취급소
ⓖ 지정수량의 10배 이상의 위험물을 취급하는 일반취급소
※ 다만, 제4류 위험물(특수인화물을 제외한다)만을 지정수량의 50배 이하로 취급하는 일반취급소(제1석유류·알코올류의 취급량이 지정수량의 10배 이하인 경우에 한한다)로서 다음 어느 하나에 해당하는 것을 제외한다.
㉠ 보일러·버너 또는 이와 비슷한 것으로서 위험물을 소비하는 장치로 이루어진 일반취급소
㉡ 위험물을 용기에 옮겨 담거나 차량에 고정된 탱크에 주입하는 일반취급소

**16** 특정소방대상물의 분류 중 숙박시설에 해당되는 것은?

① 수녀원
② 독서실
③ 휴양콘도미니엄
④ 500[m²] 미만 고시원

해설 숙박시설
㉠ 일반형 숙박시설 : 「공중위생관리법 시행령」 제4조제1호가목에 따른 숙박업의 시설
㉡ 생활형 숙박시설 : 「공중위생관리법 시행령」 제4조제1호나목에 따른 숙박업의 시설
㉢ 고시원(근린생활시설에 해당하지 않는 것을 말한다) 500[m²] 이상
㉣ 그 밖에 가목부터 다목까지의 시설과 비슷한 것

① 수녀원 : 바닥면적의 합계가 300[m²] 미만인 것
→ 근린생활시설
② 독서실 → 근린생활시설
③ 휴양콘도미니엄→ 숙박시설

**17** 지하가 중 터널로서 길이가 2,000[m]인 곳에 설치해야 할 소화활동설비가 아닌 것은?

① 비상콘센트설비
② 제연설비
③ 무선통신보조설비
④ 연결송수관설비

**해설** 터널 길이에 따른 소방시설의 종류
㉠ 500[m] 이상 : 비상경보설비, 비상조명등설비, 비상콘센트설비, 무선통신보조설비
㉡ 1,000[m] 이상 : 옥내소화전설비, 자동화재탐지설비, 연결송수관설비
㉢ 모든 터널 : 소화기
㉣ 지하가 중 예상 교통량, 경사도 등 터널의 특성을 고려하여 행정안전부령으로 정하는 위험등급 이상에 해당하는 터널 : 물분무소화설비, 제연설비

**18** 소방용수시설·소화기구 및 설비 등의 설치명령을 위반한 자에 대한 과태료 처분 기준으로 틀린것은?

① 1차 위반시 : 30만원
② 2차 위반시 : 100만원
③ 3차 위반시 : 150만원
④ 4차 위반시 : 200만원

**해설**

| 위반행위 | 근거<br>법조문 | 과태료 금액(만원) | | | |
|---|---|---|---|---|---|
| | | 1회 | 2회 | 3회 | 4회 이상 |
| 가. 법 제13조제4항에 따른 소방용수시설·소화기구 및 설비 등의 설치명령을 위반한 경우 | 법 제56조 제1항 제1호 | 50 | 100 | 150 | 200 |

**19** 소방시설관리사 자격의 결격사유가 아닌 것은?

① 피성년후견인
② 피한정후견인
③ 실형을 선고받고 그 집행이 끝나거나 집행이 면제된 날부터 2년이 지나지 아니한 자
④ 형의 집행유예를 받고 그 기간 중에 있는 자

**해설** 관리사의 결격사유
㉠ 피성년후견인
㉡ 금고 이상의 실형을 선고받고 그 집행이 끝나거나 집행이 면제된 날부터 2년이 지나지 아니한 사람
㉢ 금고 이상의 형의 집행유예를 선고받고 그 유예기간 중에 있는 사람
㉣ 자격이 취소(피성년후견인으로 자격이 취소된 경우는 제외한다)된 날부터 2년이 지나지 아니한 사람

**20** 다음 시설 중 하자보수의 보증기간이 틀린 것은?

① 유도등
② 유도표지
③ 비상조명등
④ 스프링클러설비

**해설** 하자보수 대상 소방시설과 하자보수 보증기간
법 제15조제1항에 따라 하자를 보수하여야 하는 소방시설과 소방시설별 하자보수 보증기간은 다음 각 호의 구분과 같다.
1. 비상경보설비, 비상방송설비, 피난기구, 유도등, 비상조명등 및 무선통신보조설비 : 2년
2. 자동소화장치, 옥내소화전설비, 스프링클러설비등, 물분무등소화설비, 옥외소화전설비, 자동화재탐지설비, 화재알림설비, 소화용수설비 및 소화활동설비(무선통신보조설비는 제외한다) : 3년

**21** 소방기본법에 의해서 소방청장, 소방본부장 또는 소방서장은 구조대를 편성, 운영하여야 하는 바, 특수구조대에 속하지 않는 것은?[현행 삭제된 문제]

① 화학구조대
② 항공구조대
③ 수난구조대
④ 고속국도구조대

**22** 현행 개정 등으로 문제 삭제

**23** 전문 소방시설설계업을 등록하고자 할 때 주된 기술인력에 대한 기준에 맞는 것은?

① 기계분야 또는 전기분야 소방설비기사 자격자 1인 이상
② 기계분야 소방설비기사 자격자 1인 이상과 전기분야 소방설비산업기사 자격자 1인 이상
③ 기계분야와 전기분야를 겸하여 취득한 경우에는 겸하여 취득한 소방설비기사 자격자 1인 이상
④ 소방기술사 1인 이상

정답 18.① 19.② 20.④ 21.② 23.④

**해설** 설계업의 등록기준 및 영업범위

1. 소방시설설계업

| 업종별 | 항목 | 기술인력 | 영업범위 |
|---|---|---|---|
| 전문소방시설설계업 | | 가. 주된 기술인력 : 소방기술사 1명 이상<br>나. 보조기술인력 : 1명 이상 | 모든 특정소방대상물에 설치되는 소방시설의 설계 |
| 일반소방시설설계업 | 기계분야 | 가. 주된 기술인력 : 소방기술사 또는 기계분야 소방설비기사 1명 이상<br>나. 보조기술인력 : 1명 이상 | 가. 아파트에 설치되는 기계분야 소방시설(제연설비는 제외한다)의 설계<br>나. 연면적 3만제곱미터(공장의 경우에는 1만제곱미터) 미만 기계설비<br>다. 위험물제조소등에 설치되는 기계분야 소방시설의 설계 |
| | 전기분야 | 가. 주된 기술인력 : 소방기술사 또는 전기분야 소방설비기사 1명 이상<br>나. 보조기술인력 : 1명 이상 | 가. 아파트에 설치되는 전기분야 소방시설의 설계<br>나. 연면적 3만제곱미터(공장의 경우에는 1만제곱미터) 미만 전기분야 소방시설의 설계<br>다. 위험물제조소등에 설치되는 전기분야 소방시설의 설계 |

**24** 스프링클러설비를 설치하여야 하는 특정소방대상물로서 틀린 것은?

① 복합건축물 또는 교육연구시설 내에 있는 학생수용을 위한 기숙사로서 연면적 5000[m²] 이상인 경우에는 전층
② 층수가 6층 이상인 특정소방대상물의 경우에는 전층
③ 정신보건시설 및 숙박시설이 있는 수련시설로서 연면적 500[m²] 이상인 경우에는 전층
④ 지하가로서 연면적 1000[m²] 이상인 것

**해설** 스프링클러설비를 설치해야 하는 특정소방대상물(위험물 저장 및 처리 시설 중 가스시설 및 지하구는 제외한다)은 다음의 어느 하나에 해당하는 것으로 한다.
1) 층수가 6층 이상인 특정소방대상물의 경우에는 모든 층. 다만, 다음의 어느 하나에 해당하는 경우는 제외한다.
   가) 주택 관련 법령에 따라 기존의 아파트등을 리모델링하는 경우로서 건축물의 연면적 및 층의 높이가 변경되지 않는 경우. 이 경우 해당 아파트 등의 사용검사 당시의 소방시설의 설치에 관한 대통령령 또는 화재안전기준을 적용한다.
   나) 스프링클러설비가 없는 기존의 특정소방대상물을 용도변경하는 경우. 다만, 2)부터 6)까지 및 9)부터 12)까지의 규정에 해당하는 특정소방대상물로 용도변경하는 경우에는 해당 규정에 따라 스프링클러설비를 설치한다.
2) 기숙사(교육연구시설·수련시설 내에 있는 학생 수용을 위한 것을 말한다) 또는 복합건축물로서 연면적 5천㎡ 이상인 경우에는 모든 층
3) 문화 및 집회시설(동·식물원은 제외한다), 종교시설(주요구조부가 목조인 것은 제외한다), 운동시설(물놀이형 시설 및 바닥이 불연재료이고 관람석이 없는 운동시설은 제외한다)로서 다음의 어느 하나에 해당하는 경우에는 모든 층
   가) 수용인원이 100명 이상인 것
   나) 영화상영관의 용도로 쓰는 층의 바닥면적이 지하층 또는 무창층인 경우에는 500㎡ 이상, 그 밖의 층의 경우에는 1천㎡ 이상인 것
   다) 무대부가 지하층·무창층 또는 4층 이상의 층에 있는 경우에는 무대부의 면적이 300㎡ 이상인 것
   라) 무대부가 다) 외의 층에 있는 경우에는 무대부의 면적이 500㎡ 이상인 것
4) 판매시설, 운수시설 및 창고시설(물류터미널로 한정한다)로서 바닥면적의 합계가 5천㎡ 이상이거나 수용인이 500명 이상인 경우에는 모든 층
5) 다음의 어느 하나에 해당하는 용도로 사용되는 시설의 바닥면적의 합계가 600㎡ 이상인 것은 모든 층
   가) 근린생활시설 중 조산원 및 산후조리원
   나) 의료시설 중 정신의료기관
   다) 의료시설 중 종합병원, 병원, 치과병원, 한방병원 및 요양병원
   라) 노유자 시설
   마) 숙박이 가능한 수련시설
   바) 숙박시설

정답 24.③

6) 창고시설(물류터미널은 제외한다)로서 바닥면적 합계가 5천㎡ 이상인 경우에는 모든 층
7) 특정소방대상물의 지하층·무창층(축사는 제외한다) 또는 층수가 4층 이상인 층으로서 바닥면적이 1천㎡ 이상인 층이 있는 경우에는 해당 층
8) 랙식 창고(rack warehouse) : 랙(물건을 수납할 수 있는 선반이나 이와 비슷한 것을 말한다. 이하 같다)을 갖춘 것으로서 천장 또는 반자(반자가 없는 경우에는 지붕의 옥내에 면하는 부분을 말한다)의 높이가 10m를 초과하고, 랙이 설치된 층의 바닥면적의 합계가 1천5백㎡ 이상인 경우에는 모든 층
9) 공장 또는 창고시설로서 다음의 어느 하나에 해당하는 시설
 가) 「화재의 예방 및 안전관리에 관한 법률 시행령」 별표 2에서 정하는 수량의 1천 배 이상의 특수가연물을 저장·취급하는 시설
 나) 「원자력안전법 시행령」 제2조제1호에 따른 중·저준위방사성폐기물(이하 "중·저준위방사성폐기물"이라 한다)의 저장시설 중 소화수를 수집·처리하는 설비가 있는 저장시설
10) 지붕 또는 외벽이 불연재료가 아니거나 내화구조가 아닌 공장 또는 창고시설로서 다음의 어느 하나에 해당하는 것
 가) 창고시설(물류터미널로 한정한다) 중 4)에 해당하지 않는 것으로서 바닥면적의 합계가 2천5백㎡ 이상이거나 수용인원이 250명 이상인 경우에는 모든 층
 나) 창고시설(물류터미널은 제외한다) 중 6)에 해당하지 않는 것으로서 바닥면적의 합계가 2천5백㎡ 이상인 경우에는 모든 층
 다) 공장 또는 창고시설 중 7)에 해당하지 않는 것으로서 지하층·무창층 또는 층수가 4층 이상인 것 중 바닥면적이 500㎡ 이상인 경우에는 모든 층
 라) 랙식 창고 중 8)에 해당하지 않는 것으로서 바닥면적의 합계가 750㎡ 이상인 경우에는 모든 층
 마) 공장 또는 창고시설 중 9)가)에 해당하지 않는 것으로서 「화재의 예방 및 안전관리에 관한 법률 시행령」 별표 2에서 정하는 수량의 500배 이상의 특수가연물을 저장·취급하는 시설
11) 교정 및 군사시설 중 다음의 어느 하나에 해당하는 경우에는 해당 장소
 가) 보호감호소, 교도소, 구치소 및 그 지소, 보호관찰소, 갱생보호시설, 치료감호시설, 소년원 및 소년분류심사원의 수용거실
 나) 「출입국관리법」 제52조제2항에 따른 보호시설 (외국인보호소의 경우에는 보호대상자의 생활공간으로 한정한다. 이하 같다)로 사용하는 부분. 다만, 보호시설이 임차건물에 있는 경우는 제외한다.
 다) 「경찰관 직무집행법」 제9조에 따른 유치장
12) 지하가(터널은 제외한다)로서 연면적 1천㎡ 이상인 것
13) 발전시설 중 전기저장시설
14) 1)부터 13)까지의 특정소방대상물에 부속된 보일러실 또는 연결통로 등

## 25 다음 중 소방신호가 아닌 것은?

① 경계신호  ② 피난신호
③ 발화신호  ④ 해제신호

**해설** 소방신호

| 신호방법 종별 | 타종신호 | 싸이렌신호 |
|---|---|---|
| 경계신호 | 1타와 연2타를 반복 | 5초 간격을 두고 30초씩 3회 |
| 발화신호 | 난타 | 5초 간격을 두고 5초씩 3회 |
| 해제신호 | 상당한 간격을 두고 1타씩 반복 | 1분간 1회 |
| 훈련신호 | 연3타 반복 | 10초 간격을 두고 1분씩 3회 |

정답 25.②

# 2008 제10회 소방시설관리사 1차 필기 기출문제
### [제3과목 : 소방관계법령]

**01** 다음 중 1급 소방안전관리대상물에 선임될 수 없는 사람은?

① 전기사업법에 의하여 전기안전관리자로 선임된 자
② 소방공무원으로 3년 이상 근무한 경력이 있는 자
③ 산업안전기사자격을 취득한 후 2년 이상 2급 소방안전관리자로 근무한 실무경력이 있는 자
④ 소방설비산업기사 자격을 가진 자

**해설** 소방안전관리자 선임자격[소방공무원]
- 특급 : 20년, 1급 : 7년, 2급 : 3년, 3급 : 1년

**02** 다음 중 성능위주설계를 해야 하는 특정소방대상물이 아닌 것은?

① 연면적 200,000[m²] 이상 특정소방대상물
② 연면적 30,000[m²] 이상 철도역사 및 공항시설
③ 공동주택은 면적기준만 적용하고 높이는 적용하지 않는다.
④ 하나의 건축물에 영화상영관 10개 이상인 특정소방대상물

**해설** 성능위주설계 대상 특정소방대상물
1. 연면적 20만제곱미터 이상인 특정소방대상물. 다만, 별표 2 제1호가목에 따른 아파트등(이하 "아파트등"이라 한다)은 제외한다.
2. 50층 이상(지하층은 제외한다)이거나 지상으로부터 높이가 200미터 이상인 아파트등
3. 30층 이상(지하층을 포함한다)이거나 지상으로부터 높이가 120미터 이상인 특정소방대상물(아파트등은 제외한다)
4. 연면적 3만제곱미터 이상인 특정소방대상물로서 다음 각 목의 어느 하나에 해당하는 특정소방대상물
   가. 별표 2 제6호나목의 철도 및 도시철도 시설
   나. 별표 2 제6호다목의 공항시설
5. 별표 2 제16호의 창고시설 중 연면적 10만제곱미터 이상인 것 또는 지하층의 층수가 2개 층 이상이고 지하층의 바닥면적의 합계가 3만제곱미터 이상인 것
6. 하나의 건축물에 「영화 및 비디오물의 진흥에 관한 법률」 제2조제10호에 따른 영화상영관이 10개 이상인 특정소방대상물
7. 「초고층 및 지하연계 복합건축물 재난관리에 관한 특별법」 제2조제2호에 따른 지하연계 복합건축물에 해당하는 특정소방대상물
8. 별표 2 제27호의 터널 중 수저(水底)터널 또는 길이가 5천미터 이상인 것

**03** 다음 중 방염성능기준이 틀린 것은?

① 버너의 불꽃을 제거한 때부터 불꽃을 올리며 연소하는 상태가 그칠 때까지의 시간이 20초 이내
② 버너의 불꽃을 제거한 때부터 불꽃을 올리지 아니하고 연소하는 상태가 그칠 때까지의 시간이 30초 이내
③ 탄화한 면적은 20[cm²], 탄화길이 20[cm] 이내
④ 불꽃의 접촉횟수는 3회 이상

**해설** 방염성능 기준
㉠ 버너의 불꽃을 제거한 때부터 불꽃을 올리며 연소하는 상태가 그칠 때까지 시간은 20초 이내
㉡ 버너의 불꽃을 제거한 때부터 불꽃을 올리지 아니하고 연소하는 상태가 그칠 때까지 시간은 30초 이내
㉢ 탄화한 면적은 50제곱센티미터 이내, 탄화한 길이는 20센티미터 이내

정답  01.②  02.③  03.③

ⓡ 불꽃에 의하여 완전히 녹을 때까지 불꽃의 접촉횟수는 3회 이상
ⓜ 소방청장이 정하여 고시한 방법으로 발연량을 측정하는 경우 최대연기밀도는 400 이하

**04** 다음 중 소방본부장 또는 소방서장의 명령 및 권한이 아닌 것은?

① 화재경계지구 지정
② 불장난, 모닥불, 흡연의 금지 또는 제한
③ 화기의 우려가 있는 재의 처리
④ 함부로 조치 방치되어 있는 물건의 이동 또는 철거

**해설** 명령권한자

ⓠ 소방청장, 소방본부장, 소방서장 : 종합상황실 설치, 소방활동, 소방지원활동, 생활안전활동, 소송지원, 소방교육 및 훈련(공무원, 초중등, 유아), 화재발생시 피난 및 행동방법 홍보, 화재조사, 이상기상예보 시 경보, 예방조치명령(보관등), 화재예방강화지구에 대한 화재안전조사실시, 설치명령, 화재예방강화지구 안의 관계인에 대한 훈련 및 교육
ⓛ 소방본부장 또는 소방서장 : 시·도지사의 지휘와 감독을 받음, 소방업무응원 요청
ⓒ 소방청장 : 소방박물관 설립, 종합계획 5년마다 수립, 명예직 소방대원 위촉, 소방력 동원 요청, 화재예방강화지구 지정 요청, 소방안전교육사 자격부여, 국제화 사업 추진, 안전원은 소방청장의 인가 및 승인, 안전원업무감독
ⓡ 소방대장 : 소방활동구역 설정
ⓜ 소방본부장, 소방서장 또는 소방대장 : 소방활동종사명령, 강제처분명령, 피난명령, 긴급조치명령, 소방활동종사명령

**05** 화재를 진압하고 인명구조활동을 위하여 사용되는 소화활동설비로 맞는 것은?

① 비상경보설비
② 자동화재속보설비
③ 인명구조기구
④ 비상콘센트설비

**해설** 소화활동설비

화재를 진압하거나 인명구조 활동을 위하여 사용하는 설비
ⓠ 제연설비
ⓛ 연결송수관설비
ⓒ 연결살수설비
ⓡ 비상콘센트설비
ⓜ 무선통신보조설비
ⓗ 연소방지설비

**06** 다음 중 소방신호에 대한 설명으로 맞는 것은?

① 화재 시 경계신호를 발할 수 있다.
② 화재가 발생할 우려가 있을 경우 발화신호를 발할 수 있다.
③ 소화활동 중에 해제신호를 할 수 있다.
④ 소방대 비상소집 시 훈련신호를 할 수 있다.

**해설** 소방신호

ⓠ 화재예방상 필요할 때와 화재위험 경보 시 경계신호를 발한다.
ⓛ 화재가 발생한 경우에는 발화신호를 발할 수 있다.
ⓒ 해제신호는 소화활동이 필요없다고 인정되는 때 발할 수 있다.
ⓡ 소방신호의 방법은 그 전부 또는 일부를 함께 사용할 수 있다.
ⓜ 게시판을 철거하거나 통풍대 또는 기를 내리는 것으로 소방활동이 해제되었음을 알린다.
ⓗ 소방대의 비상소집을 하는 경우에는 훈련신호를 사용할 수 있다.

**07** 소방시설관리업의 등록을 위하여 소방시설관리사의 결격사유가 아닌 것은?

① 피성년후견인
② 금고 이상의 실형을 선고받고 그 집행이 끝나거나 집행이 면제된 날부터 2년이 지나지 아니한 사람
③ 금고 이상의 형의 집행유예를 선고받고 그 유예기간 중에 있는 사람
④ 자격이 취소(피성년후견인으로 자격이 취소된 경우를 포함한다)된 날부터 2년이 지나지 아니한 사람

정답 04.① 05.④ 06.④ 07.④

**해설** 관리사의 결격사유
  ㉠ 피성년후견인
  ㉡ 금고 이상의 실형을 선고받고 그 집행이 끝나거나 집행이 면제된 날부터 2년이 지나지 아니한 사람
  ㉢ 금고 이상의 형의 집행유예를 선고받고 그 유예기간 중에 있는 사람
  ㉣ 자격이 취소(피성년후견인으로 자격이 취소된 경우는 제외한다)된 날부터 2년이 지나지 아니한 사람

**08** 다음 중 소방신호의 신호방법으로 틀린 것은?
  ① 타종 신호로 경계신호는 1타와 연2타를 반복한다.
  ② 사이렌 신호로 해제신호는 1분간 1회이다.
  ③ 사이렌 신호로 발화신호는 5초 간격으로 30초씩 3회이다.
  ④ 타종신호로 훈련신호는 연3타를 반복한다.

**해설** 기본법 시행규칙 [별표4](소방신호의 방법)

| 신호의 종류 | 발하는 시기 | 타종 신호 | 사이렌 신호 |
|---|---|---|---|
| 경계신호 | 화재예방상 필요할 때 화재위험경보 시 발령 | 1타와 연2타를 반복 | 5초 간격을 두고 30초씩 3회 |
| 발화신호 | 화재가 발생한 때 발령 | 난타 | 5초 간격을 두고 5초씩 3회 |
| 해제신호 | 소화활동이 필요 없다고 인정되는 때 발령 | 상당한 간격을 두고 1타씩 반복 | 1분간 1회 |
| 훈련신호 | 훈련상 필요하다고 인정되는 때 발령 | 연3타 반복 | 10초 간격을 두고 1분씩 3회 |

**09** 위험물탱크 용적의 산정기준에서 (  )안에 알맞은 말은?

> 위험물을 저장 또는 취급하는 탱크의 용량은 당해 탱크의 (   )에서 (   )을 뺀 용적으로 한다.

  ① 공간용적, 내용적
  ② 내용적, 공간용적
  ③ 최대저장량, 안전용량
  ④ 최대저장량, 내용적

**해설** 탱크의 용량 = 탱크의 내용적 − 공간용적(5~10%) (위험물법 시행규칙 제5조)

**10** 다음 중 소방시설업에 대한 행정처분으로 1차 위반 시 등록이 취소되는 사항은?
  ① 기술인력 및 자본금이 등록기준에 미달한 경우
  ② 장비등록기준에 미달한 경우
  ③ 거짓 또는 그 밖의 부정한 방법으로 등록을 한 경우
  ④ 등록수첩을 다른 자에게 빌려준 경우

**해설** 소방시설업에 대한 행정처분 개별기준

| 위반사항 | 근거법령 | 행정처분 기준 1차 | 2차 | 3차 |
|---|---|---|---|---|
| 가. 거짓이나 그 밖의 부정한 방법으로 등록한 경우 | 법 제9조 | 등록취소 | | |
| 나. 법 제4조제1항에 따른 등록기준에 미달하게 된 후 30일이 경과한 경우(법 제9조제1항제2호 단서에 해당하는 경우는 제외한다) | 법 제9조 | 경고(시정명령) | 영업정지 3개월 | 등록취소 |
| 다. 법 제5조 각 호의 등록 결격사유에 해당하게 된 경우 | 법 제9조 | 등록취소 | | |
| 라. 등록을 한 후 정당한 사유 없이 1년이 지날 때까지 영업을 시작하지 아니하거나 계속하여 1년 이상 휴업한 때 | 법 제9조 | 경고(시정명령) | 등록취소 | |
| 마. 삭제 〈2013.11.22〉 | | | | |
| 바. 법 제8조제1항을 위반하여 다른 자에게 등록증 또는 등록수첩을 빌려준 경우 | 법 제9조 | 영업정지 6개월 | 등록취소 | |
| 사. 법 제8조제2항을 위반하여 영업정지 기간 중에 소방시설공사등을 한 경우 | 법 제9조 | 등록취소 | | |
| 아. 법 제8조제3항 또는 제4항을 위반하여 통지를 하지 아니하거나 관계서류를 보관하지 아니한 경우 | 법 제9조 | 경고(시정명령) | 영업정지 1개월 | 등록취소 |
| 자. 법 제11조 또는 제12조제1항을 위반하여 화재안전기준 등에 적합하게 설계·시공을 하지 아니하거나, 법 제16조제1항에 따라 적합하게 감리를 하지 아니한 경우 | 법 제9조 | 영업정지 1개월 | 영업정지 3개월 | 등록취소 |
| 차. 법 제11조, 제12조제1항, 제16조제1항 또는 제20조의2에 따른 소방시설공사등의 업무수행 의무 등을 고의 또는 과실로 위반하여 다른 자에게 상해를 입히거나 재산피해를 입힌 경우 | 법 제9조 | 영업정지 6개월 | 등록취소 | |
| 카. 법 제12조제2항을 위반하여 소속 소방기술자를 공사현장에 배치하지 아니하거나 거짓으로 한 경우 | 법 제9조 | 경고(시정명령) | 영업정지 1개월 | 등록취소 |

정답 08.③ 09.② 10.③

| | 위반사항 | 근거법령 | 1차 | 2차 | 3차 |
|---|---|---|---|---|---|
| 타. | 법 제3조 또는 제4조를 위반하여 착공신고(변경신고를 포함한다)를 하지 아니하거나 거짓으로 한 때 또는 완공검사(부분완공검사를 포함한다)를 받지 아니한 경우 | 법 제9조 | 경고(시정명령) | 영업정지 3개월 | 등록취소 |
| 파. | 법 제3조제2항을 위반하여 착공신고사항 중 중요한 사항에 해당하지 아니하는 변경사항을 공사감리 결과보고서에 포함하여 보고하지 아니한 경우 | 법 제9조 | 경고(시정명령) | 영업정지 1개월 | 등록취소 |
| 하. | 법 제15조제3항을 위반하여 하자보수 기간 내에 하자보수를 하지 아니하거나 하자보수계획을 통보하지 아니한 경우 | 법 제9조 | 경고(시정명령) | 영업정지 1개월 | 등록취소 |
| 거. | 법 제17조제3항을 위반하여 인수·인계를 거부·방해·기피한 경우 | 법 제9조 | 영업정지 1개월 | 영업정지 3개월 | 등록취소 |
| 너. | 법 제18조제1항을 위반하여 소속 감리원을 공사현장에 배치하지 아니하거나 거짓으로 한 경우 | 법 제9조 | 영업정지 1개월 | 영업정지 3개월 | 등록취소 |
| 더. | 법 제18조제3항의 감리원 배치기준을 위반한 경우 | 법 제9조 | 경고(시정명령) | 영업정지 1개월 | 등록취소 |
| 러. | 법 제19조제1항에 따른 요구에 따르지 아니한 경우 | 법 제9조 | 영업정지 1개월 | 영업정지 3개월 | 등록취소 |
| 머. | 법 제19조제3항을 위반하여 보고하지 아니한 경우 | 법 제9조 | 경고(시정명령) | 영업정지 1개월 | 등록취소 |
| 버. | 법 제20조를 위반하여 감리 결과를 알리지 아니하거나 거짓으로 알린 경우 또는 공사감리 결과보고서를 제출하지 아니하거나 거짓으로 제출한 경우 | 법 제9조 | 경고(시정명령) | 영업정지 3개월 | 등록취소 |
| 서. | 법 제20조의2를 위반하여 방염을 한 경우 | 법 제9조 | 영업정지 3개월 | 영업정지 6개월 | 등록취소 |
| 어. | 법 제22조제1항을 위반하여 하도급한 경우 | 법 제9조 | 영업정지 3개월 | 영업정지 6개월 | 등록취소 |
| 저. | 법 제21조의3제4항을 위반하여 하도급 등에 관한 사항을 관계인과 발주자에게 알리지 아니하거나 거짓으로 알린 경우 | 법 제9조 | 경고(시정명령) | 영업정지 1개월 | 등록취소 |
| 처. | 법 제22조의2제2항을 위반하여 정당한 사유 없이 하수급인 또는 하도급 계약내용의 변경요구에 따르지 아니한 경우 | 법 제9조 | 경고(시정명령) | 영업정지 1개월 | 등록취소 |
| 커. | 법 제22조의3을 위반하여 하수급인에게 대금을 지급하지 아니한 경우 | 법 제9조 | 영업정지 1개월 | 영업정지 3개월 | 등록취소 |
| 터. | 법 제24조를 위반하여 시공과 감리를 함께 한 경우 | 법 제9조 | 영업정지 3개월 | 등록취소 | |
| 퍼. | 법 제26조의2에 따른 사업수행능력 평가에 관한 서류를 위조하거나 변조하는 등 거짓이나 그 밖의 부정한 방법으로 입찰에 참여한 경우 | 법 제9조 | 영업정지 3개월 | 영업정지 6개월 | 등록취소 |
| 허. | 법 제31조에 따른 명령을 위반하여 보고 또는 자료 제출을 하지 아니하거나 거짓으로 보고 또는 자료 제출을 한 경우 | 법 제9조 | 영업정지 3개월 | 영업정지 6개월 | 등록취소 |
| 고. | 정당한 사유 없이 법 제31조에 따른 관계 공무원의 출입 또는 검사·조사를 거부·방해 또는 기피한 경우 | 법 제9조 | 영업정지 3개월 | 영업정지 6개월 | 등록취소 |

**11** 다음 설명 중 틀린 것은?

① 소방안전관리자를 선임, 해임하였을 경우 소방본부장 또는 소방서장에게 14일 이내에 신고하여야 한다.
② 방염처리업의 등록증 등록수첩의 교부 등의 미비서류보완기간은 10일 이내이다.
③ 방염처리업의 등록증, 등록수첩의 재교부신청서 처리기간은 3일 이내이다.
④ 소방안전관리자 해임 시 30일 이내에 재선임하여야 한다.

**해설** 소방안전관리자의 선·해임
㉠ 소방안전관리자 선임 신고 : 선임한 경우에는 선임한 날부터 14일 이내에 소방본부장 또는 소방서장에게 신고하여야 한다.
㉡ 소방안전관리자 해임통보 : 의무조항이 아니고 관계인 또는 해임된 소방안전관리자는 소방본부장 또는 소방서장에게 그 사실을 알려 해임한 사실을 확인을 받을 수 있다.
㉢ 소방안전관리자 해임한 때에는 30일 이내에 재선임하여야 한다.
㉣ 방염처리업의 등록증 등록수첩의 교부 등의 미비서류 보완기간은 10일 이내이다.
㉤ 시·도지사는 방염처리업의 등록증, 등록수첩의 재교부신청서 처리기간은 3일 이내이다.

**12** 다음 조건의 경우 수용인원 수는?

(조건) 종업원 수 : 30명, 침대가 없는 숙박시설로서 바닥면적 800[m²]

① 287명  ② 297명
③ 350명  ④ 450명

정답 11.① 12.②

**[해설]** **숙박시설이 있는 특정소방대상물의 수용인원 산정**
　㉠ 침대가 있는 숙박시설 : 당해 특정소방대상물의 종사자의 수에 침대의 수(2인용 침대는 2인으로 산정한다)를 합한 수
　㉡ 침대가 없는 숙박시설 : 당해 특정소방대상물의 종사자의 수에 숙박시설의 바닥면적의 합계를 3[m²]로 나누어 얻은 수를 합한 수

$$\therefore 수용인원 = 30명 + \frac{800[m^2]}{3[m^2]} (=266.6 \Rightarrow 267)$$
$$= 297명$$

**13** 다음 중 소방용 기계·기구를 제조하고자 하는 자가 소방청장의 형식승인을 받지 않아도 되는 것은?

① 시각경보기
② 금속제피난사다리
③ 유수검지장치
④ 단독경보형감지기

**[해설]** **소방시설법 시행령 [별표3] (소방용품)**
1. 소화설비를 구성하는 제품 또는 기기
　가. 별표 1 제1호가목의 소화기구(소화약제 외의 것을 이용한 간이소화용구는 제외한다)
　나. 별표 1 제1호나목의 자동소화장치
　다. 소화설비를 구성하는 소화전, 관창(菅槍), 소방호스, 스프링클러헤드, 기동용 수압개폐장치, 유수제어밸브 및 가스관선택밸브
2. 경보설비를 구성하는 제품 또는 기기
　가. 누전경보기 및 가스누설경보기
　나. 경보설비를 구성하는 발신기, 수신기, 중계기, 감지기 및 음향장치(경종만 해당한다)
3. 피난구조설비를 구성하는 제품 또는 기기
　가. 피난사다리, 구조대, 완강기(간이완강기 및 지지대를 포함한다)
　나. 공기호흡기(충전기를 포함한다)
　다. 피난구유도등, 통로유도등, 객석유도등 및 예비전원이 내장된 비상조명등
4. 소화용으로 사용하는 제품 또는 기기
　가. 소화약제(별표 1 제1호나목2)와 3)의 자동소화장치와 같은 호 마목3)부터 8)까지의 소화설비용만 해당한다)
　나. 방염제(방염액·방염도료 및 방염성물질을 말한다)

5. 그 밖에 행정안전부령으로 정하는 소방 관련 제품 또는 기기
[단독경보형감지기는 감지기의 형식승인에 포함]

**14** 다음 소방시설별 하자보수 보증기간이 틀린 것은?

① 자동소화장치 : 3년
② 비상콘센트설비 : 3년
③ 비상경보설비 : 2년
④ 옥내소화전설비 : 2년

**[해설]** **하자보수 보증기간**
1. 비상경보설비, 비상방송설비, 피난기구, 유도등, 비상조명등 및 무선통신보조설비 : 2년
2. 자동소화장치, 옥내소화전설비, 스프링클러설비등, 물분무등소화설비, 옥외소화전설비, 자동화재탐지설비, 화재알림설비, 소화용수설비 및 소화활동설비(무선통신보조설비는 제외한다) : 3년

**15** 현행 개정 등으로 문제 삭제

**16** 다음 중 소방시설업의 등록을 할 수 있는 자는?

① 피성년후견인
② 「위험물안전관리법」에 따른 금고 이상의 실형을 선고받고 그 집행이 끝나거나(집행이 끝난 것으로 보는 경우를 포함한다) 면제된 날부터 2년이 지나지 아니한 사람
③ 소방기본법에 따른 금고 이상의 형의 집행유예선고를 받고 그 유예기간이 종료된 후 2년이 지나지 아니한 자
④ 등록하고자 하는 소방시설업의 등록이 취소된 날부터 2년이 지나지 아니한 자

**[해설]** **설계업법 제5조(소방시설업 등록의 결격사유)**
1. 피성년후견인
2. 삭제 〈2015. 7. 20.〉
3. 이 법, 「소방기본법」, 「화재예방, 소방시설 설치·유지 및 안전관리에 관한 법률」 또는 「위험물안전관리법」에 따른 금고 이상의 실형을 선고받고 그 집행이 끝나거나(집행이 끝난 것으로 보는 경우를 포함한다) 면제된 날부터 2년이 지나지 아니한 사람

**정답** 13.① 14.④ 16.③

4. 이 법, 「소방기본법」, 「화재예방, 소방시설 설치·유지 및 안전관리에 관한 법률」 또는 「위험물안전관리법」에 따른 금고 이상의 형의 집행유예를 선고받고 그 유예기간 중에 있는 사람
5. 등록하려는 소방시설업 등록이 취소(제1호에 해당하여 등록이 취소된 경우는 제외한다)된 날부터 2년이 지나지 아니한 자
6. 법인의 대표자가 제1호부터 제5호까지의 규정에 해당하는 경우 그 법인
7. 법인의 임원이 제3호부터 제5호까지의 규정에 해당하는 경우 그 법인

## 17 현행 개정 등으로 문제 삭제

## 18 다음 중 계단 및 복도의 기준이 틀린 것은?

① 특별피난계단의 출입구의 유효너비는 0.9[m] 이상으로 할 것
② 특별피난계단의 계단실, 부속실에 설치하는 창문 등은 건축물의 다른 부분에 설치하는 창문으로부터 2[m] 이상의 거리를 두고 설치할 것
③ 관람석 등의 각 출구의 유효너비는 1[m] 이상일 것
④ 유치원, 초등학교 등의 경우 양옆에 거실이 있는 복도의 경우 복도의 유효너비는 2.4[m] 이상일 것

**해설** (1) 특별피난계단의 구조
① 건축물의 내부와 계단실은 노대를 통하여 연결하거나 외부를 향하여 열 수 있는 면적 1제곱미터 이상인 창문(바닥으로부터 1[m] 이상의 높이에 설치한 것에 한한다) 또는 「건축물의 설비기준 등에 관한 규칙」 제14조의 규정에 적합한 구조의 배연설비가 있는 면적 $3[m^2]$ 이상인 부속실을 통하여 연결할 것
② 계단실·노대 및 부속실(「건축물의 설비기준 등에 관한 규칙」 제10조제2호 가목의 규정에 의하여 비상용승강기의 승강장을 겸용하는 부속실을 포함한다)은 창문등을 제외하고는 내화구조의 벽으로 각각 구획할 것
③ 계단실 및 부속실의 실내에 접하는 부분(바닥 및 반자 등 실내에 면한 모든 부분을 말한다)의 마감(마감을 위한 바탕을 포함한다)은 불연재료로 할 것
④ 계단실에는 예비전원에 의한 조명설비를 할 것
⑤ 계단실·노대 또는 부속실에 설치하는 건축물의 바깥쪽에 접하는 창문등(망이 들어 있는 유리의 붙박이창으로서 그 면적이 각각 $1[m^2]$ 이하인 것을 제외한다)은 계단실·노대 또는 부속실외의 당해 건축물의 다른 부분에 설치하는 창문등으로부터 2[m] 이상의 거리를 두고 설치할 것
⑥ 계단실에는 노대 또는 부속실에 접하는 부분외에는 건축물의 내부와 접하는 창문등을 설치하지 아니할 것
⑦ 계단실의 노대 또는 부속실에 접하는 창문등(출입구를 제외한다)은 망이 들어 있는 유리의 붙박이창으로서 그 면적을 각각 $1[m^2]$ 이하로 할 것
⑧ 노대 및 부속실에는 계단실외의 건축물의 내부와 접하는 창문등(출입구를 제외한다)을 설치하지 아니할 것
⑨ 건축물의 내부에서 노대 또는 부속실로 통하는 출입구에는 60분+60분방화문을 설치하고, 노대 또는 부속실로부터 계단실로 통하는 출입구에는 60분+60분 또는 60분방화문을 설치할 것. 이 경우 이후 동일수전 또는 을종 방화문은 언제나 닫힌 상태를 유지하거나 화재로 인한 연기 또는 불꽃을 감지하여 자동적으로 닫히는 구조로 해야 하고, 연기 또는 불꽃으로 감지하여 자동적으로 닫히는 구조로 할 수 없는 경우에는 온도를 감지하여 자동적으로 닫히는 구조로 할 수 있다.
⑩ 계단은 내화구조로 하되, 피난층 또는 지상까지 직접 연결되도록 할 것
⑪ 출입구의 유효너비는 0.9[m] 이상으로 하고 피난의 방향으로 열 수 있을 것

(2) 문화 및 집회시설중 공연장의 개별관람석(바닥면적이 $300[m^2]$ 이상인 것에 한함)의 출구의 기준
① 관람석별로 2개소 이상 설치할 것
② 각 출구의 유효너비는 1.5[m] 이상일 것
③ 개별 관람석 출구의 유효너비의 합계는 개별 관람석의 바닥면적 $100m^2$마다 0.6[m]의 비율로 산정한 너비 이상으로 할 것

(3) 건축물에 설치하는 복도의 유효너비

| 구분 | 양 옆에 거실이 있는 복도 | 기타의 복도 |
|---|---|---|
| 유치원·초등학교·중학교·고등학교 | 2.4[m] 이상 | 1.8[m] 이상 |
| 공동주택, 오피스텔 | 1.8[m] 이상 | 1.2[m] 이상 |
| 당해 층 거실의 바닥면적 합계가 200[m²] 이상인 경우 | 1.5[m] 이상(의료시설의 복도 : 1.8[m] 이상) | 1.2[m] 이상 |

**19** 소방용수시설의 설치기준으로서 맞는 것은?

① 저수조의 경우 지면으로부터 낙차가 4.5[m] 이하이고 흡수부분의 수심이 0.5[m] 이상일 것
② 주거지역, 상업지역에 설치하는 경우 수평거리를 140[m] 이하가 되도록 설치할 것
③ 소방용수시설의 유지관리책임자는 소방본부장 또는 소방서장이다.
④ 저수조에 물을 공급하는 방법은 상수도에 연결하여 수동으로 급수되는 구조일 것

**해설** 기본법 시행규칙 [별표5] 소방용수시설의 설치기준

(1) 공통기준
① 국토의 계획 및 이용에 관한 법률의 규정에 의한 주거지역·상업지역 및 공업지역에 설치하는 경우 : 소방대상물과의 수평거리를 100[m] 이하가 되도록 할 것
② 그밖의 지역에 설치하는 경우 : 소방대상물과의 수평거리를 140[m] 이하가 되도록 할 것

(2) 소방용수시설별 설치기준
① 소화전의 설치기준 : 상수도와 연결하여 지하식 또는 지상식의 구조로 하고, 소방용호스와 연결하는 소화전의 연결금속구의 구경은 65[mm]로 할 것
② 급수탑의 설치기준 : 급수배관의 구경은 100[mm] 이상으로 하고, 개폐밸브는 지상에서 1.5[m] 이상 1.7[m] 이하의 위치에 설치하도록 할 것
③ 저수조의 설치기준
  ㉠ 지면으로부터의 낙차가 4.5[m] 이하일 것
  ㉡ 흡수부분의 수심이 0.5[m] 이상일 것
  ㉢ 소방펌프자동차가 쉽게 접근할 수 있도록 할 것
  ㉣ 흡수에 지장이 없도록 토사 및 쓰레기 등을 제거할 수 있는 설비를 갖출 것
  ㉤ 흡수관투입구가 사각형의 경우에는 한 변의 길이가 60[cm] 이상, 원형의 경우에는 지름이 60[cm] 이상일 것
  ㉥ 저수조에 물을 공급하는 방법은 상수도에 연결하여 자동으로 급수되는 구조일 것

※ 시·도지사는 소방용수시설(소화전, 급수탑, 저수조)을 설치하고 유지·관리한다.

**20** 무창층에 대한 설명 중 틀린 것은?

① 무창층이라 함은 개구부 면적의 합계가 바닥면적의 $\frac{1}{30}$ 이하가 되는 층
② 개구부의 크기가 지름 50[cm] 이상의 원이 내접할 수 있을 것
③ 개구부는 도로 또는 차량이 집입할 수 있는 빈터를 향할 것
④ 해당 층의 바닥면으로부터 개구부 밑부분까지의 높이가 1.5[m] 이내일 것

**해설** 무창층(無窓層)

지상층 중 다음 각목의 요건을 모두 갖춘 개구부(건축물에서 채광·환기·통풍 또는 출입 등을 위하여 만든 창·출입구 그 밖에 이와 비슷한 것을 말한다)의 면적의 합계가 당해 층의 바닥면적의 $\frac{1}{30}$ 이하가 되는 층

㉠ 개구부의 크기가 지름 50[cm] 이상의 원이 내접할 수 있을 것
㉡ 해당 층의 바닥면으로부터 개구부 밑부분까지의 높이가 1.2[m] 이내일 것
㉢ 개구부는 도로 또는 차량이 진입할 수 있는 빈터를 향할 것
㉣ 화재 시 건축물로부터 쉽게 피난할 수 있도록 개구부에 창살 그 밖의 장애물이 설치되지 아니할 것
㉤ 내부 또는 외부에서 쉽게 파괴 또는 개방할 수 있을 것

**21** 다음 중 판매취급소의 기준으로서 틀린 것은?

① 건축물의 1층에 설치할 것
② 게시판 및 표지판은 제조소에 준할 것
③ 위험물을 배합하는 실의 경우 6[m²] 이하일 것
④ 건축물의 부분은 내화구조 또는 불연재료로 할 것

정답 19.① 20.④ 21.③

**해설** 판매취급소의 설치 기준
(1) 건축물의 1층에 설치할 것
(2) 건축물의 부분은 내화구조 또는 불연재료로 할 것
(3) 배합하는 실의 설치 기준
   ① 배합하는 실의 바닥면적은 6[m²] 이상 15[m²] 이하일 것
   ② 내화구조 또는 불연재료로 된 벽으로 구획할 것
   ③ 바닥은 위험물이 침투하지 아니하는 구조로 하여 적당한 경사를 두고 집유설비를 할 것
   ④ 출입구에는 수시로 열 수 있는 자동폐쇄식의 갑종방화문을 설치할 것
   ⑤ 출입구 문턱의 높이는 바닥면으로부터 0.1[m] 이상으로 할 것
   ⑥ 내부에 체류한 가연성의 증기 또는 가연성의 미분을 지붕위로 방출하는 설비를 할 것

**22** 다음 설명 중 맞는 것은?
① 지하구의 구조는 폭이 1.8[m] 이상, 높이 2[m] 이상이고, 길이 50[m] 이상이어야 한다.
② 방화구조는 철망모르타르로서 그 바름두께가 3[cm] 이상인 것이다.
③ 내화구조는 벽의 경우 철근콘크리트조로서 두께가 8[cm] 이상인 것이다.
④ 방화벽의 경우 방화벽의 양쪽끝과 위쪽끝을 건축물의 외벽면 및 지붕면으로부터 0.3[m] 이상 튀어나오게 할 것

**해설** 내용 설명
㉠ 지하구 : 폭이 1.8[m] 이상, 높이 2[m] 이상이고, 길이 50[m] 이상
㉡ 방화구조는 철망모르타르로서 그 바름 두께가 2[cm] 이상인 것이다.
㉢ 내화구조는 벽의 경우 철근콘크리트조로서 두께가 10[cm] 이상인 것이다.
㉣ 방화벽의 경우 방화벽의 양쪽끝과 위쪽끝을 건축물의 외벽면 및 지붕면으로부터 0.5[m] 이상 튀어나오게 할 것

**23** 위험물제조소에 설치되는 환기설비에 대한 설치 기준으로 틀린 것은?
① 환기는 자연배기방식으로 할 것
② 급기구는 실의 바닥면적 150[m²] 마다 1개 이상으로 할 것
③ 급기구는 높은 곳에 설치하고 인화방지망 설치할 것
④ 환기구는 지붕 위 또는 지상 2[m] 이상의 높이에 회전식 루프팬방식으로 할 것

**해설** 환기설비의 설치 기준
(1) 환기는 자연배기방식으로 할 것
(2) 급기구는 당해 급기구가 설치된 실의 바닥면적 150[m²] 마다 1개 이상으로 하되, 급기구의 크기는 800[cm²] 이상으로 할 것. 다만, 바닥면적이 150[m²] 미만인 경우에는 다음의 크기로 하여야 한다.

| 바닥면적 | 급기구의 면적 |
|---|---|
| 60[m²] 미만 | 150[cm²] 이상 |
| 60[m²] 이상 90[m²] 미만 | 300[cm²] 이상 |
| 90[m²] 이상 120[m²] 미만 | 450[cm²] 이상 |
| 120[m²] 이상 150[m²] 미만 | 600[cm²] 이상 |

(3) 급기구는 낮은 곳에 설치하고 가는 눈의 구리망 등으로 인화방지망을 설치할 것
(4) 환기구는 지붕위 또는 지상 2[m] 이상의 높이에 회전식 고정벤티레이터 또는 루프팬방식으로 설치할 것

**24** 건축물에 설치하는 굴뚝의 기준으로 틀린 것은?
① 굴뚝의 옥상 돌출부는 지붕면으로부터의 수직거리를 1[m] 이상으로 할 것
② 굴뚝의 상단으로부터 수평거리 1[m] 이내에 다른 건축물이 있는 경우에는 그 건축물의 처마보다 1[m] 이상 높게 할 것
③ 금속제 또는 석면제 굴뚝으로서 건축물의 지붕 속·반자 위 및 가장 아랫바닥 밑에 있는 굴뚝의 부분은 금속 외의 불연재료로 덮을 것
④ 금속제 또는 석면제 굴뚝은 목재 기타 가연재료로부터 10[cm] 이상 떨어져서 설치할 것

**해설** **건축물에 설치하는 굴뚝**
(1) 굴뚝의 옥상 돌출부는 지붕면으로부터의 수직거리를 1[m] 이상으로 할 것. 다만, 용마루·계단탑·옥탑 등이 있는 건축물에 있어서 굴뚝의 주위에 연기의 배출을 방해하는 장애물이 있는 경우에는 그 굴뚝의 상단을 용마루·계단탑·옥탑 등보다 높게 하여야 한다.
(2) 굴뚝의 상단으로부터 수평거리 1[m] 이내에 다른 건축물이 있는 경우에는 그 건축물의 처마보다 1[m] 이상 높게 할 것
(3) 금속재 또는 석면제 굴뚝으로서 건축물의 지붕 속·반자 위 및 가장 아랫 바닥밑에 있는 굴뚝의 부분은 금속외의 불연재료로 덮을 것
(4) 금속제 또는 석면제 굴뚝은 목재 기타 가연재료로부터 15[cm] 이상 떨어져서 설치할 것. 다만, 두께 10[cm] 이상인 금속외의 불연재료로 덮은 경우에는 그러하지 아니하다.

**25** 소방시설공사업자가 소방시설공사를 마친 때에는 완공검사를 받아야 하는데 소방관서에서 현장확인 할 수 있는 대상물이 아닌 것은?

① 16층 아파트
② 노유자시설
③ 지하상가
④ 이산화탄소소화설비가 설치된 업무시설

**해설** **현장확인 소방대상물**
㉠ 문화 및 집회시설, 종교시설, 판매시설, 노유자(老幼者)시설, 수련시설, 운동시설, 숙박시설, 창고시설, 지하상가 및 「다중이용업소의 안전관리에 관한 특별법」에 따른 다중이용업소
㉡ 다음 각 목 어느 하나에 해당하는 설비가 설치되는 특정소방대상물
 • 스프링클러설비등
 • 물분무등소화설비(호스릴제외)
㉢ 연면적 1만제곱미터 이상이거나 11층 이상인 특정소방대상물(아파트는 제외한다)
㉣ 가연성가스를 제조·저장 또는 취급하는 시설 중 지상에 노출된 가연성가스탱크의 저장용량 합계가 1천 톤 이상인 시설

정답 25.①

# 2006 제9회 소방시설관리사 1차 필기 기출문제
[제3과목 : 소방관계법령]

**01** 어떤 특정소방대상물에 물분무등소화설비를 화재안전기준에 적합하게 설치한 경우에는 면제될 수 있는 소방시설은?

① 스프링클러설비  ② 물분무등소화설비
③ 연결살수설비  ④ 연결송수관설비

**해설** 소방시설 설치 및 관리에 관한 법률 시행령 [별표 5] 특정소방대상물의 소방시설 설치의 면제 기준(제14조 관련)

| 설치가 면제되는 소방시설 | 설치가 면제되는 기준 |
|---|---|
| 1. 자동소화장치 | 자동소화장치(주거용 주방자동소화장치 및 상업용 주방자동소화장치는 제외한다)를 설치해야 하는 특정소방대상물에 물분무등소화설비를 화재안전기준에 적합하게 설치한 경우에는 그 설비의 유효범위(해당 소방시설이 화재를 감지·소화 또는 경보할 수 있는 부분을 말한다. 이하 같다)에서 설치가 면제된다. |
| 2. 옥내소화전설비 | 소방본부장 또는 소방서장이 옥내소화전설비의 설치가 곤란하다고 인정하는 경우로서 호스릴 방식의 미분무소화설비 또는 옥외소화전설비를 화재안전기준에 적합하게 설치한 경우에는 그 설비의 유효범위에서 설치가 면제된다. |
| 3. 스프링클러설비 | 가. 스프링클러설비를 설치해야 하는 특정소방대상물(발전시설 중 전기저장시설은 제외한다)에 적응성 있는 자동소화장치 또는 물분무등소화설비를 화재안전기준에 적합하게 설치한 경우에는 그 설비의 유효범위에서 설치가 면제된다.<br>나. 스프링클러설비를 설치해야 하는 전기저장시설에 소화설비를 소방청장이 정하여 고시하는 방법에 따라 설치한 경우에는 그 설비의 유효범위에서 설치가 면제된다. |
| 4. 간이스프링클러설비 | 간이스프링클러설비를 설치해야 하는 특정소방대상물에 스프링클러설비, 물분무소화설비 또는 미분무소화설비를 화재안전기준에 적합하게 설치한 경우에는 그 설비의 유효범위에서 설치가 면제된다. |
| 5. 물분무등소화설비 | 물분무등소화설비를 설치해야 하는 차고·주차장에 스프링클러설비를 화재안전기준에 적합하게 설치한 경우에는 그 설비의 유효범위에서 설치가 면제된다. |
| 6. 옥외소화전설비 | 옥외소화전설비를 설치해야 하는 문화유산인 목조건축물에 상수도소화용수설비를 화재안전기준에서 정하는 방수압력·방수량·옥외소화전함 및 호스의 기준에 적합하게 설치한 경우에는 설치가 면제된다. |
| 7. 비상경보설비 | 비상경보설비를 설치해야 할 특정소방대상물에 단독경보형 감지기를 2개 이상의 단독경보형 감지기와 연동하여 설치한 경우에는 그 설비의 유효범위에서 설치가 면제된다. |
| 8. 비상경보설비 또는 단독경보형 감지기 | 비상경보설비 또는 단독경보형 감지기를 설치해야 하는 특정소방대상물에 자동화재탐지설비 또는 화재알림설비를 화재안전기준에 적합하게 설치한 경우에는 그 설비의 유효범위에서 설치가 면제된다. |
| 9. 자동화재탐지설비 | 자동화재탐지설비의 기능(감지·수신·경보기능을 말한다)과 성능을 가진 화재알림설비, 스프링클러설비 또는 물분무등소화설비를 화재안전기준에 적합하게 설치한 경우에는 그 설비의 유효범위에서 설치가 면제된다. |
| 10. 화재알림설비 | 화재알림설비를 설치해야 하는 특정소방대상물에 자동화재탐지설비를 화재안전기준에 적합하게 설치한 경우에는 그 설비의 유효범위에서 설치가 면제된다. |
| 11. 비상방송설비 | 비상방송설비를 설치해야 하는 특정소방대상물에 자동화재탐지설비 또는 비상경보설비와 같은 수준 이상의 음향을 발하는 장치를 부설한 방송설비를 화재안전기준에 적합하게 설치한 경우에는 그 설비의 유효범위에서 설치가 면제된다. |
| 12. 자동화재속보설비 | 자동화재속보설비를 설치해야 하는 특정소방대상물에 화재알림설비를 화재안전기준에 적합하게 설치한 경우에는 그 설비의 유효범위에서 설치가 면제된다. |
| 13. 누전경보기 | 누전경보기를 설치해야 하는 특정소방대상물 또는 그 부분에 아크경보기(옥내 배전선로의 단선이나 선로 손상 등으로 인하여 발생하는 아크를 감지하고 경보하는 장치를 말한다) 또는 전기 관련 법령에 따른 지락차단장치를 설치한 경우에는 그 설비의 유효범위에서 설치가 면제된다. |
| 14. 피난구조설비 | 피난구조설비를 설치해야 하는 특정소방대상물에 그 위치·구조 또는 설비의 상황에 따라 피난상 지장이 없다고 인정되는 경우에는 화재안전기준에서 정하는 바에 따라 설치가 면제된다. |
| 15. 비상조명등 | 비상조명등을 설치해야 하는 특정소방대상물에 피난구유도등 또는 통로유도등을 화재안전기준에 적합하게 설치한 경우에는 그 유도등의 유효범위에서 설치가 면제된다. |

정답 01.①

| | | | |
|---|---|---|---|
| 16. 상수도소화용수설비 | 가. 상수도소화용수설비를 설치해야 하는 특정소방대상물의 각 부분으로부터 수평거리 140m 이내에 공공의 소방을 위한 소화전이 화재안전기준에 적합하게 설치되어 있는 경우에는 설치가 면제된다.<br>나. 소방본부장 또는 소방서장이 상수도소화용수설비의 설치가 곤란하다고 인정하는 경우로서 화재안전기준에 적합한 소화수조 또는 저수조가 설치되어 있거나 이를 설치하는 경우에는 그 설비의 유효범위에서 설치가 면제된다. | 21. 연소방지설비 | 연소방지설비를 설치해야 하는 특정소방대상물에 스프링클러설비, 물분무소화설비 또는 미분무소화설비를 화재안전기준에 적합하게 설치한 경우에는 그 설비의 유효범위에서 설치가 면제된다. |
| 17. 제연설비 | 가. 제연설비를 설치해야 하는 특정소방대상물[별표 4 제5호가목6)은 제외한다]에 다음의 어느 하나에 해당하는 설비를 설치한 경우에는 설치가 면제된다.<br>1) 공기조화설비를 화재안전기준의 제연설비기준에 적합하게 설치하고 공기조화설비가 화재 시 제연설비 기능으로 자동전환되는 구조로 설치되어 있는 경우<br>2) 직접 외부 공기와 통하는 배출구의 면적의 합계가 해당 제연구역[제연경계(제연설비의 일부인 천장을 포함한다)에 의하여 구획된 건축물 내의 공간을 말한다] 바닥면적의 100분의 1 이상이고, 배출구부터 각 부분까지의 수평거리가 30m 이내이며, 공기유입구가 화재안전기준에 적합하게(외부 공기를 직접 자연 유입할 경우에 유입구의 크기는 배출구의 크기 이상이어야 한다) 설치되어 있는 경우<br>나. 별표 4 제5호가목7)에 따라 제연설비를 설치해야 하는 특정소방대상물 중 노대(露臺)와 연결된 특별피난계단, 노대가 설치된 비상용 승강기의 승강장 또는 「건축법 시행령」 제91조제5호의 기준에 따라 배연설비가 설치된 피난용 승강기의 승강장에는 설치가 면제된다. | | |

**02** 소방대상물의 개수명령을 할 수 있는 자는?
① 소방본부장 또는 소방서장
② 소방청장
③ 소방안전원장
④ 시·도지사

**해설** • **소방대상물의 개수명령권자** : 소방본부장 또는 소방서장(소방시설법 제5조)

| | | | |
|---|---|---|---|
| 18. 연결송수관설비 | 연결송수관설비를 설치해야 하는 소방대상물에 옥외에 연결송수구 및 옥내에 방수구가 부설된 옥내소화전설비, 스프링클러설비, 간이스프링클러설비 또는 연결살수설비를 화재안전기준에 적합하게 설치한 경우에는 그 설비의 유효범위에서 설치가 면제된다. 다만, 지표면에서 최상층 방수구의 높이가 70m 이상인 경우에는 설치해야 한다. | | |

**03** 터널의 길이가 1,000[m]일 때 설치하지 않아도 되는 소방시설은?
① 제연설비　　② 연결송수관설비
③ 옥내소화전설비　　④ 무선통신보조설비

**해설** **터널 길이에 따른 소방시설의 종류**
㉠ 500[m] 이상 : 비상경보설비, 비상조명등설비, 비상콘센트설비, 무선통신보조설비
㉡ 1,000[m] 이상 : 옥내소화전설비, 자동화재탐지설비, 연결송수관설비
㉢ 모든 터널 : 소화기
㉣ 지하가 중 예상 교통량, 경사도 등 터널의 특성을 고려하여 행정안전부령으로 정하는 위험등급 이상에 해당하는 터널 : 물분무소화설비, 제연설비

| | |
|---|---|
| 19. 연결살수설비 | 가. 연결살수설비를 설치해야 하는 특정소방대상물에 송수구를 부설한 스프링클러설비, 간이스프링클러설비, 물분무소화설비 또는 미분무소화설비를 화재안전기준에 적합하게 설치한 경우에는 그 설비의 유효범위에서 설치가 면제된다.<br>나. 가스 관계 법령에 따라 설치되는 물분무장치 등에 소방대가 사용할 수 있는 연결송수구가 설치되거나 물분무장치 등에 6시간 이상 공급할 수 있는 수원(水源)이 확보된 경우에는 설치가 면제된다. |
| 20. 무선통신보조설비 | 무선통신보조설비를 설치해야 하는 특정소방대상물에 이동통신 구내 중계기 선로설비 또는 무선이동중계기(「전파법」 제58조의2에 따른 적합성평가를 받은 제품만 해당한다) 등을 화재안전기준의 무선통신보조설비기준에 적합하게 설치한 경우에는 설치가 면제된다. |

**04** 현행 개정 등으로 문제 삭제

**05** 소방시설기준 적용의 특례에서 소방시설 등의 경우 대통령령 또는 화재안전기준의 변경으로 강화된 기준을 적용받지 않는 것은?
① 소화기구
② 비상경보설비
③ 자동화재탐지설비
④ 피난구조설비

**정답** 02.① 03.① 05.③

## 05. 소방관계법령

**해설** 대통령령 또는 화재안전기준이 변경되어 그 기준이 강화되는 경우
㉠ 원칙 : 기존의 특정소방대상물(건축물의 신축·개축·재축·이전 및 대수선 중인 특정소방대상물을 포함한다)의 소방시설에 대하여는 변경 전의 대통령령 또는 화재안전기준을 적용한다.
㉡ 예외 : 다음의 경우 강화된 기준을 적용한다.
1. 다음 각 목의 소방시설 중 대통령령 또는 화재안전기준으로 정하는 것
   가. 소화기구
   나. 비상경보설비
   다. 자동화재탐지설비
   라. 자동화재속보설비
   마. 피난구조설비
2. 다음 각 목의 특정소방대상물에 설치하는 소방시설 중 대통령령 또는 화재안전기준으로 정하는 것
   가. 「국토의 계획 및 이용에 관한 법률」제2조제9호에 따른 공동구
   나. 전력 및 통신사업용 지하구
   다. 노유자(老幼者) 시설
   라. 의료시설

---
**시행령 제13조(강화된 소방시설기준의 적용대상)**
법 제13조제1항제2호 각 목 외의 부분에서 "대통령령으로 정하는 것"이란 다음 각 호의 소방시설을 말한다.
1. 「국토의 계획 및 이용에 관한 법률」제2조제9호에 따른 공동구에 설치하는 소화기, 자동소화장치, 자동화재탐지설비, 통합감시시설, 유도등 및 연소방지설비
2. 전력 및 통신사업용 지하구에 설치하는 소화기, 자동소화장치, 자동화재탐지설비, 통합감시시설, 유도등 및 연소방지설비
3. 노유자 시설에 설치하는 간이스프링클러설비, 자동화재탐지설비 및 단독경보형 감지기
4. 의료시설에 설치하는 스프링클러설비, 간이스프링클러설비, 자동화재탐지설비 및 자동화재속보설비

---

**06** 현행 개정 등으로 문제 삭제

**07** 소방본부장 또는 소방서장은 소방시설의 공사를 마쳤는지의 완공검사를 위한 현장 확인 소방대상물이 아닌 것은?
① 문화집회 및 운동시설
② 숙박시설
③ 다중이용업소
④ 근린생활시설

**해설** 현장확인 소방대상물
㉠ 문화 및 집회시설, 종교시설, 판매시설, 노유자(老幼者)시설, 수련시설, 운동시설, 숙박시설, 창고시설, 지하상가 및 「다중이용업소의 안전관리에 관한 특별법」에 따른 다중이용업소
㉡ 다음 각 목 어느 하나에 해당하는 설비가 설치되는 특정소방대상물
  • 스프링클러설비등
  • 물분무등소화설비(호스릴제외)
㉢ 연면적 1만제곱미터 이상이거나 11층 이상인 특정소방대상물(아파트는 제외한다)
㉣ 가연성가스를 제조·저장 또는 취급하는 시설 중 지상에 노출된 가연성가스탱크의 저장용량 합계가 1천톤 이상인 시설

**08** 위험물 옥외탱크저장소의 방유제 설치 기준으로 맞지 않는 것은?
① 면적은 80,000[m$^2$] 이하로 할 것
② 높이는 0.5[m] 이상 3[m] 이하로 할 것
③ 방유제는 철근콘크리트 또는 흙으로 하여야 할 것
④ 방유제내에 설치하는 옥외탱크의 수는 10기 이하로 할 것

**해설** 인화성액체위험물(이황화탄소를 제외한다)의 옥외탱크저장소의 탱크 주위에는 다음 각목의 기준에 의하여 방유제를 설치하여야 한다.
가. 방유제의 용량은 방유제안에 설치된 탱크가 하나인 때에는 그 탱크 용량의 110[%] 이상, 2기 이상인 때에는 그 탱크 중 용량이 최대인 것의 용량의 110[%] 이상으로 할 것. 이 경우 방유제의 용량은 당해 방유제의 내용적에서 용량이 최대인 탱크 외의 탱크의 방유제 높이 이하 부분의 용적, 당해 방유제 내에 있는 모든 탱크의 지반면 이상 부분의 기초의 체적, 간

정답 07.④ 08.③

막이 둑의 체적 및 당해 방유제 내에 있는 배관 등의 체적을 뺀 것으로 한다.
나. 방유제는 높이 0.5[m] 이상 3[m] 이하, 두께 0.2[m] 이상, 지하매설깊이 1[m] 이상으로 할 것. 다만, 방유제와 옥외저장탱크 사이의 지반면 아래에 불침윤성(不浸潤性) 구조물을 설치하는 경우에는 지하매설깊이를 해당 불침윤성 구조물까지로 할 수 있다.
다. 방유제내의 면적은 8만[m²] 이하로 할 것
라. 방유제내의 설치하는 옥외저장탱크의 수는 10(방유제내에 설치하는 모든 옥외저장탱크의 용량이 20만L 이하이고, 당해 옥외저장탱크에 저장 또는 취급하는 위험물의 인화점이 70[℃] 이상 200[℃] 미만인 경우에는 20) 이하로 할 것. 다만, 인화점이 200[℃] 이상인 위험물을 저장 또는 취급하는 옥외저장탱크에 있어서는 그러하지 아니하다.
마. 방유제 외면의 2분의 1 이상은 자동차 등이 통행할 수 있는 3[m] 이상의 노면폭을 확보한 구내도로(옥외저장탱크가 있는 부지내의 도로를 말한다. 이하 같다)에 직접 접하도록 할 것. 다만, 방유제내에 설치하는 옥외저장탱크의 용량합계가 20만[L] 이하인 경우에는 소화활동에 지장이 없다고 인정되는 3[m] 이상의 노면폭을 확보한 도로 또는 공지에 접하는 것으로 할 수 있다.
바. 방유제는 옥외저장탱크의 지름에 따라 그 탱크의 옆판으로부터 다음에 정하는 거리를 유지할 것. 다만, 인화점이 200[℃] 이상인 위험물을 저장 또는 취급하는 것에 있어서는 그러하지 아니하다.
  1) 지름이 15[m] 미만인 경우에는 탱크 높이의 3분의 1 이상
  2) 지름이 15[m] 이상인 경우에는 탱크 높이의 2분의 1 이상
사. 방유제는 철근콘크리트로 하고, 방유제와 옥외저장탱크 사이의 지표면은 불연성과 불침윤성이 있는 구조(철근콘크리트 등)로 할 것. 다만, 누출된 위험물을 수용할 수 있는 전용유조(專用油槽) 및 펌프 등의 설비를 갖춘 경우에는 방유제와 옥외저장탱크 사이의 지표면을 흙으로 할 수 있다.
아. 용량이 1,000만[L] 이상인 옥외저장탱크의 주위에 설치하는 방유제에는 다음의 규정에 따라 당해 탱크마다 간막이 둑을 설치할 것
  1) 간막이 둑의 높이는 0.3[m](방유제내에 설치되는 옥외저장탱크의 용량의 합계가 2억[L]를 넘는 방유제에 있어서는 1[m]) 이상으로 하되, 방유제의 높이보다 0.2[m] 이상 낮게 할 것
  2) 간막이 둑은 흙 또는 철근콘크리트로 할 것
  3) 간막이 둑의 용량은 간막이 둑안에 설치된 탱크의 용량의 10[%] 이상일 것
자. 방유제내에는 당해 방유제내에 설치하는 옥외저장탱크를 위한 배관(당해 옥외저장탱크의 소화설비를 위한 배관을 포함한다), 조명설비 및 계기시스템과 이들에 부속하는 설비 그 밖의 안전확보에 지장이 없는 부속설비 외에는 다른 설비를 설치하지 아니할 것
차. 방유제 또는 간막이 둑에는 해당 방유제를 관통하는 배관을 설치하지 아니할 것. 다만, 위험물을 이송하는 배관의 경우에는 배관이 관통하는 지점의 좌우방향으로 각 1[m] 이상까지의 방유제 또는 간막이 둑의 외면에 두께 0.1[m] 이상, 지하매설깊이 0.1[m] 이상의 구조물을 설치하여 방유제 또는 간막이 둑을 이중구조로 하고, 그 사이에 토사를 채운 후, 관통하는 부분을 완충재 등으로 마감하는 방식으로 설치할 수 있다.
카. 방유제에는 그 내부에 고인 물을 외부로 배출하기 위한 배수구를 설치하고 이를 개폐하는 밸브 등을 방유제의 외부에 설치할 것
타. 용량이 100만[L] 이상인 위험물을 저장하는 옥외저장탱크에 있어서는 카목의 밸브 등에 그 개폐상황을 쉽게 확인할 수 있는 장치를 설치할 것
파. 높이가 1[m]를 넘는 방유제 및 간막이 둑의 안팎에는 방유제내에 출입하기 위한 계단 또는 경사로를 약 50[m]마다 설치할 것
하. 용량이 50만[L] 이상인 옥외탱크저장소가 해안 또는 강변에 설치되어 방유제 외부로 누출된 위험물이 바다 또는 강으로 유입될 우려가 있는 경우에는 해당 옥외탱크저장소가 설치된 부지 내에 전용유조(專用油槽) 등 누출위험물 수용설비를 설치할 것

**09** 화재 발생 시 인명과 재산을 최소화하기 위하여 소방훈련을 실시하여야 하는데 의무소방원의 훈련대상이 아닌 것은?

① 화재진압훈련
② 인명구조훈련
③ 현장지휘훈련
④ 인명대피훈련

**해설** 소방대원에 대한 교육 및 훈련 [2년마다 1회, 2주 이상]

| 종류 | 교육·훈련을 받아야 할 대상자 |
|---|---|
| 가. 화재진압 훈련 | 1) 화재진압업무를 담당하는 소방공무원<br>2) 「의무소방대설치법 시행령」 제20조제1항 제1호에 따른 임무를 수행하는 의무소방원<br>3) 「의용소방대 설치 및 운영에 관한 법률」 제3조에 따라 임명된 의용소방대원 |
| 나. 인명구조 훈련 | 1) 구조업무를 담당하는 소방공무원<br>2) 「의무소방대설치법 시행령」 제20조제1항 제1호에 따른 임무를 수행하는 의무소방원<br>3) 「의용소방대 설치 및 운영에 관한 법률」 제3조에 따라 임명된 의용소방대원 |
| 다. 응급처치 훈련 | 1) 구급업무를 담당하는 소방공무원<br>2) 「의무소방대설치법」 제3조에 따라 임용된 의무소방원<br>3) 「의용소방대 설치 및 운영에 관한 법률」 제3조에 따라 임명된 의용소방대원 |
| 라. 인명대피 훈련 | 1) 소방공무원<br>2) 「의무소방대설치법」 제3조에 따라 임용된 의무소방원<br>3) 「의용소방대 설치 및 운영에 관한 법률」 제3조에 따라 임명된 의용소방대원 |
| 마. 현장지휘 훈련 | 소방공무원 중 다음의 계급에 있는 사람<br>1) 지방소방정 2) 지방소방령 3) 지방소방경<br>4) 지방소방위 |

**10** 특정소방대상물인 공연장으로 지하층 또는 무창층으로서 바닥면적 몇 [m²] 이상이면 비상경보설비를 설치하여야 하는가?

① 100[m²]   ② 150[m²]
③ 200[m²]   ④ 300[m²]

**해설** 소방시설법 시행령 [별표4] 비상경보설비 설치 대상 기준
(1) 연면적 400[m²](지하구 중 터널을 제외)이거나 지하층 또는 무창층의 바닥면적이 150[m²](공연장인 경우 100[m²]) 이상인 것
(2) 지하구 중 터널로서 길이가 500[m] 이상인 것
(3) 50인 이상의 근로자가 작업하는 옥내작업장

**11** 다음 중 특정소방대상물의 분류기준이 아닌 것은?

① 근린생활시설 – 이용원, 한의원, 안마시술소
② 위락시설 – 단란주점, 주점영업, 투전기업소
③ 문화집회시설 – 공연장, 무도장, 야외극장
④ 노유자시설 – 아동복지시설, 장애인시설, 경로당

**해설** 특정소방대상물의 분류

| 대상물 | 공연장 | 무도장 | 야외극장 |
|---|---|---|---|
| 분류 | 문화집회시설 | 위락시설 | 관광휴게시설 |

**12** 운송책임자의 감독·지원을 받아 운송하여야 하는 위험물이 아닌 것은?

① 알킬알루미늄
② 알킬리튬
③ 알칼리금속
④ 알킬알루미늄 또는 알킬리튬을 함유하는 물질

**해설** 위험물법 시행령 제19조(운송책임자의 감독·지원을 받아 운송하여야 하는 위험물)
1. 알킬알루미늄
2. 알킬리튬
3. 알킬알루미늄 또는 알킬리튬을 함유하는 물질

**13** 저장소에서 위험물을 저장 및 취급하는 기준으로 틀린 것은?

① 옥내저장소에 저장 시 자연발화의 위험이 있는 위험물은 지정수량의 10배 이하마다 0.3[m] 이상은 간격을 두었다.
② 제1류 위험물과 제6류 위험물을 동일한 장소에 저장하는데 1[m] 이상의 간격을 두었다.
③ 저장소에서는 화기를 함부로 사용하지 않는다.
④ 옥내저장소에 저장할 때 기계에 의하여 하역하는 구조로 된 용기를 겹쳐 쌓는 경우 7[m]로 하였다.

**해설** 옥내저장소에서 위험물을 저장하는 경우 높이
㉠ 기계에 의하여 하역하는 구조로 된 용기만을 겹쳐 쌓는 경우 : 6[m] 이하
㉡ 제4류 위험물 중 제3석유류, 제4석유류 및 동식물유류를 수납하는 용기만을 겹쳐 쌓는 경우 : 4[m] 이하
㉢ 그 밖의 경우 : 3[m] 이하

**정답** 10.① 11.③ 12.③ 13.④

**14** 특정소방대상물에 방염대상물품의 종류에 따른 방염성능기준으로 틀린 것은?

① 버너의 불꽃을 제거한 때부터 불꽃을 올리며 연소하는 상태가 그칠 때까지 시간은 30초 이내
② 탄화한 면적은 50제곱센티미터 이내
③ 탄화한 길이는 20센티미터 이내
④ 불꽃에 의하여 완전히 녹을 때까지 불꽃의 접촉횟수는 3회 이상

**해설** 방염성능 기준(소방시설법률 령 제20조)
㉠ 버너의 불꽃을 제거한 때부터 불꽃을 올리며 연소하는 상태가 그칠 때까지 시간은 20초 이내
㉡ 버너의 불꽃을 제거한 때부터 불꽃을 올리지 아니하고 연소하는 상태가 그칠 때까지 시간은 30초 이내
㉢ 탄화한 면적은 50[cm³] 이내, 탄화한 길이는 20[cm] 이내
㉣ 불꽃에 의하여 완전히 녹을 때까지 불꽃의 접촉횟수는 3회 이상

**15** 위험물 옥외탱크저장소에서 위험물 지정수량의 2,000배를 저장할 때 보유공지는 얼마 이상으로 하여야 하는가?

① 3[m]　　② 5[m]
③ 9[m]　　④ 12[m]

**해설** 옥외탱크저장소의 보유공지

| 저장 또는 취급하는 위험물의 최대수량 | 공지의 너비 |
|---|---|
| 지정수량의 500배 이하 | 3[m] 이상 |
| 지정수량의 500배 초과 1,000배 이하 | 5[m] 이상 |
| 지정수량의 1,000배 초과 2,000배 이하 | 9[m] 이상 |
| 지정수량의 2,000배 초과 3,000배 이하 | 12[m] 이상 |
| 지정수량의 3,000배 초과 4,000배 이하 | 15[m] 이상 |
| 지정수량의 4,000배 초과 | 당해 탱크의 수평단면의 최대지름(횡형인 경우에는 긴변)과 높이 중 큰 것과 같은 거리 이상. 다만, 30[m] 초과의 경우에는 30[m] 이상으로 할 수 있고, 15[m] 미만의 경우에는 15[m] 이상으로 하여야 한다. |

**16** 다음 중 대통령령으로 정하는 특정소방대상물에 소방시설을 설치하여야 하는 곳은?

① 화재위험도가 낮은 특정소방대상물
② 화재안전기준을 적용하기가 쉬운 특정소방대상물
③ 화재안전기준을 달리 적용하여야 하는 특수한 용도를 가진 특정소방대상물
④ 자체소방대가 설치된 특정소방대상물

**해설** 소방시설법 제11조 제4항(대통령령이 정하는 특정소방대상물에 소방시설 설치 제외 장소)
㉠ 화재위험도가 낮은 특정소방대상물[석재, 불연성]
㉡ 화재안전기준을 적용하기가 어려운 특정소방대상물[펄프, 음료/정수장, 수영장]
㉢ 화재안전기준을 달리 적용하여야 하는 특수한 용도를 가진 특정소방대상물[원자력, 핵]
㉣ 자체소방대가 설치된 특정소방대상물(위험물)[위험물 제조소등]

**17** 소방시설관리사에 대한 1차 행정처분기준으로 틀린 것은?

① 둘 이상 취업-자격취소
② 거짓 점검-자격정지 6월
③ 대여-자격정지 6월
④ 결격사유-자격 취소

**해설** 소방시설법 시행규칙 [별표8] 소방시설관리사의 행정처분 기준

| 위반사항 | 근거 법조문 | 행정처분기준 | | |
|---|---|---|---|---|
| | | 1차 | 2차 | 3차 |
| (1) 거짓, 그 밖의 부정한 방법으로 시험에 합격한 경우 | 법 제28조 제1호 | 자격취소 | | |
| (2) 법 제20조제6항에 따른 소방안전관리 업무를 하지 않거나 거짓으로 한 경우 | 법 제28조 제2호 | 경고 (시정명령) | 자격정지 6월 | 자격취소 |
| (3) 법 제25조에 따른 점검을 하지 않거나 거짓으로 한 경우 | 법 제28조 제3호 | 경고 (시정명령) | 자격정지 6월 | 자격취소 |

정답　14.①　15.③　16.②　17.③

| | | | | |
|---|---|---|---|---|
| (4) 법 제26조제6항을 위반하여 소방시설관리증을 다른 자에게 빌려준 경우 | 법 제28조 제4호 | 자격취소 | | |
| (5) 법 제26조제7항을 위반하여 동시에 둘 이상의 업체에 취업한 경우 | 법 제28조 제5호 | 자격취소 | | |
| (6) 법 제26조제8항을 위반하여 성실하게 자체점검업무를 수행하지 아니한 경우 | 법 제28조 제6호 | 경고 | 자격정지 6월 | 자격취소 |
| (7) 법 제27조 각 호의 어느 하나의 결격사유에 해당하게 된 경우 | 법 제28조 제7호 | 자격취소 | | |
| (8) 삭제 〈2014.7.8.〉 | | | | |
| (9) 삭제 〈2012.2.3.〉 | | | | |

**18** 다음 중 스프링클러설비를 설치하여야 하는 특정소방대상물로 맞는 것은?

① 문화집회 및 운동시설로서 수용인원이 50인 이상인 것
② 층수가 3층 이하인 판매시설로서 바닥면적의 합계가 6,000[m²] 이상인 것
③ 층수가 4층 이상인 판매시설로서 바닥면적의 합계가 3,000[m²] 이상인 것
④ 층수가 6층 이하인 특정소방대상물의 경우에는 전 층

**해설** 스프링클러설비를 설치해야 하는 특정소방대상물(위험물 저장 및 처리 시설 중 가스시설 및 지하구는 제외한다)은 다음의 어느 하나에 해당하는 것으로 한다.
1) 층수가 6층 이상인 특정소방대상물의 경우에는 모든 층. 다만, 다음의 어느 하나에 해당하는 경우는 제외한다.
   가) 주택 관련 법령에 따라 기존의 아파트등을 리모델링하는 경우로서 건축물의 연면적 및 층의 높이가 변경되지 않는 경우. 이 경우 해당 아파트 등의 사용검사 당시의 소방시설의 설치에 관한 대통령령 또는 화재안전기준을 적용한다.
   나) 스프링클러설비가 없는 기존의 특정소방대상물을 용도변경하는 경우. 다만, 2)부터 6)까지 및 9)부터 12)까지의 규정에 해당하는 특정소방대상물로 용도변경하는 경우에는 해당 규정에 따라 스프링클러설비를 설치한다.
2) 기숙사(교육연구시설·수련시설 내에 있는 학생 수용을 위한 것을 말한다) 또는 복합건축물로서 연면적 5천m² 이상인 경우에는 모든 층
3) 문화 및 집회시설(동·식물원은 제외한다), 종교시설(주요구조부가 목조인 것은 제외한다), 운동시설(물놀이형 시설 및 바닥이 불연재료이고 관람석이 없는 운동시설은 제외한다)로서 다음의 어느 하나에 해당하는 경우에는 모든 층
   가) 수용인원이 100명 이상인 것
   나) 영화상영관의 용도로 쓰는 층의 바닥면적이 지하층 또는 무창층인 경우에는 500m² 이상, 그 밖의 층의 경우에는 1천m² 이상인 것
   다) 무대부가 지하층·무창층 또는 4층 이상의 층에 있는 경우에는 무대부의 면적이 300m² 이상인 것
   라) 무대부가 다) 외의 층에 있는 경우에는 무대부의 면적이 500m² 이상인 것
4) 판매시설, 운수시설 및 창고시설(물류터미널로 한정한다)로서 바닥면적의 합계가 5천m² 이상이거나 수용인원이 500명 이상인 경우에는 모든 층
5) 다음의 어느 하나에 해당하는 용도로 사용되는 시설의 바닥면적의 합계가 600m² 이상인 것은 모든 층
   가) 근린생활시설 중 조산원 및 산후조리원
   나) 의료시설 중 정신의료기관
   다) 의료시설 중 종합병원, 병원, 치과병원, 한방병원 및 요양병원
   라) 노유자 시설
   마) 숙박이 가능한 수련시설
   바) 숙박시설
6) 창고시설(물류터미널은 제외한다)로서 바닥면적 합계가 5천m² 이상인 경우에는 모든 층
7) 특정소방대상물의 지하층·무창층(축사는 제외한다) 또는 층수가 4층 이상인 층으로서 바닥면적이 1천m² 이상인 층이 있는 경우에는 해당 층
8) 랙식 창고(rack warehouse) : 랙(물건을 수납할 수 있는 선반이나 이와 비슷한 것을 말한다. 이하 같다)을 갖춘 것으로서 천장 또는 반자(반자가 없는 경우에는 지붕의 옥내에 면하는 부분을 말한다)의 높이가 10m를 초과하고, 랙이 설치된 층의 바닥면적의 합계가 1천5백m² 이상인 경우에는 모든 층

9) 공장 또는 창고시설로서 다음의 어느 하나에 해당하는 시설
   가) 「화재의 예방 및 안전관리에 관한 법률 시행령」 별표 2에서 정하는 수량의 1천 배 이상의 특수가연물을 저장·취급하는 시설
   나) 「원자력안전법 시행령」 제2조제1호에 따른 중·저준위방사성폐기물(이하 "중·저준위방사성폐기물"이라 한다)의 저장시설 중 소화수를 수집·처리하는 설비가 있는 저장시설
10) 지붕 또는 외벽이 불연재료가 아니거나 내화구조가 아닌 공장 또는 창고시설로서 다음의 어느 하나에 해당하는 것
    가) 창고시설(물류터미널로 한정한다) 중 4)에 해당하지 않는 것으로서 바닥면적의 합계가 2천5백㎡ 이상이거나 수용인원이 250명 이상인 경우에는 모든 층
    나) 창고시설(물류터미널은 제외한다) 중 6)에 해당하지 않는 것으로서 바닥면적의 합계가 2천5백㎡ 이상인 경우에는 모든 층
    다) 공장 또는 창고시설 중 7)에 해당하지 않는 것으로서 지하층·무창층 또는 층수가 4층 이상인 것 중 바닥면적이 500㎡ 이상인 경우에는 모든 층
    라) 랙식 창고 중 8)에 해당하지 않는 것으로서 바닥면적의 합계가 750㎡ 이상인 경우에는 모든 층
    마) 공장 또는 창고시설 중 9)가)에 해당하지 않는 것으로서 「화재의 예방 및 안전관리에 관한 법률 시행령」 별표 2에서 정하는 수량의 500배 이상의 특수가연물을 저장·취급하는 시설
11) 교정 및 군사시설 중 다음의 어느 하나에 해당하는 경우에는 해당 장소
    가) 보호감호소, 교도소, 구치소 및 그 지소, 보호관찰소, 갱생보호시설, 치료감호시설, 소년원 및 소년분류심사원의 수용거실
    나) 「출입국관리법」 제52조제2항에 따른 보호시설(외국인보호소의 경우에는 보호대상자의 생활공간으로 한정한다. 이하 같다)로 사용하는 부분. 다만, 보호시설이 임차건물에 있는 경우는 제외한다.
    다) 「경찰관 직무집행법」 제9조에 따른 유치장
12) 지하가(터널은 제외한다)로서 연면적 1천㎡ 이상인 것
13) 발전시설 중 전기저장시설
14) 1)부터 13)까지의 특정소방대상물에 부속된 보일러실 또는 연결통로 등

**19** 다음 중 벌칙 가운데 가장 무거운 벌칙에 해당하는 것은?

① 소방시설공사의 완공검사를 받지 아니한 자
② 규정을 위반하여 감리를 하거나 거짓으로 감리한 자
③ 소방시설업의 등록증을 다른 사람에게 빌려 준 자
④ 소방기술자가 둘 이상의 업체에 취업을 한 자

**해설** 벌칙
① 소방시설공사의 완공검사를 받지 아니한 자 : 200만원 이하의 과태료
② 규정을 위반하여 감리를 하거나 거짓으로 감리한 자 : 1년 이하의 징역 또는 1,000만원 이하의 벌금
③ 소방시설업의 등록증을 다른 사람에게 빌려 준 자 : 300만원 이하의 벌금
④ 소방기술자가 둘 이상의 업체에 취업을 한 자 : 300만원 이하의 벌금

**20** 다음 중 다중이용업소의 안전시설등이 아닌 것은?

① 영상음향차단장치    ② 피난유도선
③ 가스누설경보기      ④ 누전경보기

**해설** 다중법 시행령 [별표1] 안전시설등
1. 소방시설
   가. 소화설비
      1) 소화기 또는 자동확산소화기
      2) 간이스프링클러설비(캐비닛형 간이스프링클러설비를 포함한다)
   나. 경보설비
      1) 비상벨설비 또는 자동화재탐지설비
      2) 가스누설경보기
   다. 피난설비
      1) 피난기구
         가) 미끄럼대
         나) 피난사다리
         다) 구조대
         라) 완강기
         마) 다수인 피난장비
         바) 승강식 피난기
      2) 피난유도선
      3) 유도등, 유도표지 또는 비상조명등

정답  19.②  20.④

        4) 휴대용비상조명등
    2. 비상구
    3. 영업장 내부 피난통로
    4. 그 밖의 안전시설
        가. 영상음향차단장치
        나. 누전차단기
        다. 창문

**21** 특정소방대상물의 수용인원 산정 방법으로 맞는 것은?

① 침대가 없는 숙박시설은 종사자의 수에 숙박시설의 바닥면적의 합계를 3[m²]로 나누어 얻은 수를 합한 수로 한다.
② 침대가 있는 숙박시설은 종사자의 수에 침대의 수(2인용 침대는 1인용으로 산정)를 합한 수로 한다.
③ 강의실 용도로 사용하는 대상물은 바닥면적의 합계를 2.0[m²]로 나누어 얻은 수로 한다.
④ 문화집회시설은 바닥면적의 합계를 4.5[m²]로 나누어 얻은 수로 한다.

**해설** 수용인원의 산정 방법
㉠ 침대가 없는 숙박시설은 종사자의 수에 숙박시설의 바닥면적의 합계를 3[m²]로 나누어 얻은 수를 합한 수로 한다.
㉡ 침대가 있는 숙박시설은 종사자의 수에 침대의 수(2인용 침대는 2인용으로 산정)를 합한 수로 한다.
㉢ 강의실, 교무실, 상담실, 실습실, 휴게실 용도로 쓰이는 특정대상물은 바닥면적의 합계를 1.9[m²]로 나누어 얻은 수로 한다.
㉣ 문화집회시설은 바닥면적의 합계를 4.6[m²]로 나누어 얻은 수로 한다.

**22** 현행 개정 등으로 문제 삭제

**23** 특정소방대상물에 있어서 건축허가 등의 동의대상물로서 틀린 것은?

① 기계장치에 의한 주차시설로서 20대 이상 주차할 수 있는 것
② 노유자시설로서 연면적 200[m²] 이상인 것
③ 지하층으로서 바닥면적이 100[m²] 이상인 층이 있는 것
④ 위험물제조소등, 가스시설, 지하구

**해설** 건축허가 동의 대상물의 범위(대통령령)
1. 연면적(「건축법 시행령」제119조제1항제4호에 따라 산정된 면적을 말한다. 이하 같다)이 400제곱미터 이상인 건축물이나 시설. 다만, 다음 각 목의 어느 하나에 해당하는 건축물이나 시설은 해당 목에서 정한 기준 이상인 건축물이나 시설로 한다.
    가. 「학교시설사업 촉진법」제5조의2제1항에 따라 건축등을 하려는 학교시설 : 100제곱미터
    나. 별표 2의 특정소방대상물 중 노유자(老幼者) 시설 및 수련시설 : 200제곱미터
    다. 「정신건강증진 및 정신질환자 복지서비스 지원에 관한 법률」제3조제5호에 따른 정신의료기관(입원실이 없는 정신건강의학과 의원은 제외하며, 이하 "정신의료기관"이라 한다) : 300제곱미터
    라. 「장애인복지법」제58조제1항제4호에 따른 장애인 의료재활시설(이하 "의료재활시설"이라 한다) : 300제곱미터
2. 지하층 또는 무창층이 있는 건축물로서 바닥면적이 150제곱미터(공연장의 경우에는 100제곱미터) 이상인 층이 있는 것
3. 차고·주차장 또는 주차 용도로 사용되는 시설로서 다음 각 목의 어느 하나에 해당하는 것
    가. 차고·주차장으로 사용되는 바닥면적이 200제곱미터 이상인 층이 있는 건축물이나 주차시설
    나. 승강기 등 기계장치에 의한 주차시설로서 자동차 20대 이상을 주차할 수 있는 시설
4. 층수(「건축법 시행령」제119조제1항제9호에 따라 산정된 층수를 말한다. 이하 같다)가 6층 이상인 건축물
5. 항공기 격납고, 관망탑, 항공관제탑, 방송용 송수신탑
6. 별표 2의 특정소방대상물 중 의원(입원실이 있는 것으로 한정한다)·조산원·산후조리원, 위험물 저장 및 처리 시설, 발전시설 중 풍력발전소·전기저장시설, 지하구(地下溝)
7. 제1호나목에 해당하지 않는 노유자 시설 중 다음 각 목의 어느 하나에 해당하는 시설. 다만, 가목2) 및 나목부터 바목까지의 시설 중 「건축법 시행령」별표 1의 단독주택 또는 공동주택에 설치되는 시설은 제외한다.

가. 별표 2 제9호가목에 따른 노인 관련 시설 중 다음의 어느 하나에 해당하는 시설
  1) 「노인복지법」 제31조제1호에 따른 노인주거복지시설, 같은 조 제2호에 따른 노인의료복지시설 및 같은 조 제4호에 따른 재가노인복지시설
  2) 「노인복지법」 제31조제7호에 따른 학대피해노인 전용쉼터
나. 「아동복지법」 제52조에 따른 아동복지시설(아동상담소, 아동전용시설 및 지역아동센터는 제외한다)
다. 「장애인복지법」 제58조제1항제1호에 따른 장애인 거주시설
라. 정신질환자 관련 시설(「정신건강증진 및 정신질환자 복지서비스 지원에 관한 법률」 제27조제1항제2호에 따른 공동생활가정을 제외한 재활훈련시설과 같은 법 시행령 제16조제3호에 따른 종합시설 중 24시간 주거를 제공하지 않는 시설은 제외한다)
마. 별표 2 제9호마목에 따른 노숙인 관련 시설 중 노숙인자활시설, 노숙인재활시설 및 노숙인요양시설
바. 결핵환자나 한센인이 24시간 생활하는 노유자시설
8. 「의료법」 제3조제2항제3호라목에 따른 요양병원(이하 "요양병원"이라 한다). 다만, 의료재활시설은 제외한다.
9. 별표 2의 특정소방대상물 중 공장 또는 창고시설로서 「화재의 예방 및 안전관리에 관한 법률 시행령」 별표 2에서 정하는 수량의 750배 이상의 특수가연물을 저장·취급하는 것
10. 별표 2 제17호나목에 따른 가스시설로서 지상에 노출된 탱크의 저장용량의 합계가 100톤 이상인 것

■ 건축허가 동의 제외대상
1. 별표 4에 따라 특정소방대상물에 설치되는 소화기구, 자동소화장치, 누전경보기, 단독경보형감지기, 가스누설경보기 및 피난구조설비(비상조명등은 제외한다)가 화재안전기준에 적합한 경우 해당 특정소방대상물
2. 건축물의 증축 또는 용도변경으로 인하여 해당 특정소방대상물에 추가로 소방시설이 설치되지 않는 경우 해당 특정소방대상물
3. 「소방시설공사업법 시행령」 제4조에 따른 소방시설공사의 착공신고 대상에 해당하지 않는 경우 해당 특정소방대상물

**24** 다음 소방시설에 대한 설명 중 틀린 것은?
① 소방시설의 착공신고는 소방본부장 또는 소방서장에게 하여야 한다.
② 소방시설의 하자가 발생한 때에는 공사업자에게 알려야 하며 공사업자는 3일 이내에 이를 보수하여야 한다.
③ 옥내소화전설비를 신설하는 공사의 경우 공사감리자를 지정하여야 한다.
④ 비상경보설비, 비상방송설비, 자동소화장치의 하자보수 보증기간은 3년이다.

**해설** 제6조(하자보수 대상 소방시설과 하자보수 보증기간)
법 제15조제1항에 따라 하자를 보수하여야 하는 소방시설과 소방시설별 하자보수 보증기간은 다음 각 호의 구분과 같다.
1. 비상경보설비, 비상방송설비, 피난기구, 유도등, 비상조명등 및 무선통신보조설비 : 2년
2. 자동소화장치, 옥내소화전설비, 스프링클러설비등, 물분무등소화설비, 옥외소화전설비, 자동화재탐지설비, 화재알림설비, 소화용수설비 및 소화활동설비(무선통신보조설비는 제외한다) : 3년

**25** 내화구조로 된 옥내저장소에 지정수량의 20배를 저장하려고 할 때 보유 공지는?
① 1[m] 이상
② 2[m] 이상
③ 3[m] 이상
④ 5[m] 이상

**해설** 위험물법 시행규칙 [별표5]옥내저장소의 보유 공지

| 저장 또는 취급하는 위험물의 최대수량 | 공지의 너비 | |
|---|---|---|
| | 벽·기둥 및 바닥이 내화구조로 된 건축물 | 그 밖의 건축물 |
| 지정수량의 5배 이하 | - | 0.5[m] 이상 |
| 지정수량의 5배 초과 10배 이하 | 1[m] 이상 | 1.5[m] 이상 |
| 지정수량의 10배 초과 20배 이하 | 2[m] 이상 | 3[m] 이상 |
| 지정수량의 20배 초과 50배 이하 | 3[m] 이상 | 5[m] 이상 |
| 지정수량의 50배 초과 200배 이하 | 5[m] 이상 | 10[m] 이상 |
| 지정수량의 200배 초과 | 10[m] 이상 | 15[m] 이상 |

정답 24.④ 25.②

# 2005 제6회 소방시설관리사 1차 필기 기출문제
[제3과목 : 소방관계법령]

**01** 소방용수시설·소화기구 및 설비 등의 설치명령을 위반한 자에 대한 과태료 부과기준은?

① 1차 위반시 : 30만원
② 2차 위반시 : 50만원
③ 3차 위반시 : 150만원
④ 4차 위반시 : 300만원

 **소방기본법 과태료 표**

| 위반행위 | 근거 법조문 | 과태료 금액(만원) | | | |
|---|---|---|---|---|---|
| | | 1회 | 2회 | 3회 | 4회 이상 |
| 가. 법 제13조제4항에 따른 소방용수시설·소화기구 및 설비 등의 설치명령을 위반한 경우 | 법 제56조 제2항 제1호 | 50 | 100 | 150 | 200 |
| 나. 법 제15조제1항에 따른 불의 사용에 있어서 지켜야 하는 사항을 위반한 경우 | 법 제56조 제2항 제2호 | | | | |
| 1) 위반행위로 인하여 화재가 발생한 경우 | | 100 | 150 | 200 | 200 |
| 2) 위반행위로 인하여 화재가 발생하지 않은 경우 | | 50 | 100 | 150 | 200 |
| 다. 법 제15조제2항에 따른 특수가연물의 저장 및 취급의 기준을 위반한 경우 | 법 제56조 제2항 제2호 | 20 | 50 | 100 | 100 |
| 라. 법 제17조의6제5항을 위반하여 한국119청소년단 또는 이와 유사한 명칭을 사용한 경우 | 법 제56조 제2항 제2호의2 | 50 | 100 | 150 | 200 |
| 마. 법 제19조제1항을 위반하여 화재 또는 구조·구급이 필요한 상황을 거짓으로 알린 경우 | 법 제56조 제1항 | 200 | 400 | 500 | 500 |
| 바. 법 제21조제3항을 위반하여 소방자동차의 출동에 지장을 준 경우 | 법 제56조 제2항 제3호의2 | 100 | | | |
| 사. 법 제21조의2제2항을 위반하여 전용구역에 차를 주차하거나 전용구역에의 진입을 가로막는 등의 방해행위를 한 경우 | 법 제56조 제3항 | 50 | 100 | 100 | 100 |
| 아. 법 제23조제1항을 위반하여 소방활동구역을 출입한 경우 | 법 제56조 제2항 제4호 | 100 | | | |
| 자. 법 제30조제1항에 따른 명령을 위반하여 보고 또는 자료제출을 하지 아니하거나 거짓으로 보고 또는 자료 제출을 한 경우 | 법 제56조 제2항 제5호 | 50 | 100 | 150 | 200 |
| 차. 법 제44조의3을 위반하여 한국소방안전원 또는 이와 유사한 명칭을 사용한 경우 | 법 제56조 제2항 제6호 | 200 | | | |

**화재예방법 과태료 표**

| 위반행위 | 근거 법조문 | 과태료 금액 (단위 : 만원) | | |
|---|---|---|---|---|
| | | 1차 위반 | 2차 위반 | 3차 이상 위반 |
| 가. 정당한 사유 없이 법 제17조제1항 각 호의 어느 하나에 해당하는 행위를 한 경우 | 법 제52조 제1항제1호 | 300 | | |
| 나. 법 제17조제4항에 따른 불을 사용할 때 지켜야 하는 사항 및 같은 조 제5항에 따른 특수가연물의 저장 및 취급 기준을 위반한 경우 | 법 제52조 제2항제1호 | 200 | | |
| 다. 법 제18조제4항에 따른 소방설비등의 설치 명령을 정당한 사유 없이 따르지 않은 경우 | 법 제52조 제2항제2호 | 200 | | |
| 라. 법 제24조제2항을 위반하여 소방안전관리자를 겸한 경우 | 법 제52조 제1항제2호 | 300 | | |
| 마. 법 제24조제5항에 따른 소방안전관리업무를 하지 않은 경우 | 법 제52조 제1항제3호 | 100 | 200 | 300 |

정답 01.③

| | | | | |
|---|---|---|---|---|
| 바. 법 제26조제1항을 위반하여 기간 내에 선임신고를 하지 않거나 소방안전관리자의 성명 등을 게시하지 않은 경우 | 법 제52조 제2항제3호 | | | |
| 1) 지연 신고기간이 1개월 미만인 경우 | | | 50 | |
| 2) 지연 신고기간이 1개월 이상 3개월 미만인 경우 | | | 100 | |
| 3) 지연 신고기간이 3개월 이상이거나 신고하지 않은 경우 | | | 200 | |
| 4) 소방안전관리자의 성명 등을 게시하지 않은 경우 | | 50 | 100 | 200 |
| 사. 법 제27조제2항을 위반하여 소방안전관리업무의 지도·감독을 하지 않은 경우 | 법 제52조 제1항제4호 | | 300 | |
| 아. 법 제29조제1항을 위반하여 기간 내에 선임신고를 하지 않은 경우 | 법 제52조 제2항제4호 | | | |
| 1) 지연 신고기간이 1개월 미만인 경우 | | | 50 | |
| 2) 지연 신고기간이 1개월 이상 3개월 미만인 경우 | | | 100 | |
| 3) 지연 신고기간이 3개월 이상이거나 신고하지 않은 경우 | | | 200 | |
| 자. 법 제29조제2항에 따른 건설현장 소방안전관리대상물의 소방안전관리자의 업무를 하지 않은 경우 | 법 제52조 제1항제5호 | 100 | 200 | 300 |
| 차. 법 제34조제1항제2호를 위반하여 실무교육을 받지 않은 경우 | 법 제52조 제3항 | | 50 | |
| 카. 법 제36조제3항을 위반하여 피난유도 안내정보를 제공하지 않은 경우 | 법 제52조 제1항제6호 | 100 | 200 | 300 |
| 타. 법 제37조제1항을 위반하여 소방훈련 및 교육을 하지 않은 경우 | 법 제52조 제1항제7호 | 100 | 200 | 300 |
| 파. 법 제37조제2항을 위반하여 기간 내에 소방훈련 및 교육 결과를 제출하지 않은 경우 | 법 제52조 제2항제5호 | | | |
| 1) 지연 제출기간이 1개월 미만인 경우 | | | 50 | |
| 2) 지연 제출기간이 1개월 이상 3개월 미만인 경우 | | | 100 | |
| 3) 지연 제출기간이 3개월 이상이거나 제출을 하지 않은 경우 | | | 200 | |
| 하. 법 제41조제4항을 위반하여 화재예방안전진단 결과를 제출하지 않은 경우 | 법 제52조 제1항제8호 | | | |
| 1) 지연 제출기간이 1개월 미만인 경우 | | | 100 | |
| 2) 지연 제출기간이 1개월 이상 3개월 미만인 경우 | | | 200 | |
| 3) 지연 제출기간이 3개월 이상이거나 제출을 하지 않은 경우 | | | 300 | |

**02** 소방용수시설의 저수조에 대한 기준으로 옳지 않은 것은?

① 지면으로부터 낙차가 6[m] 이하일 것
② 흡수부분의 수심이 0.5[m] 이상일 것
③ 소방펌프자동차가 쉽게 접근할 수 있도록 할 것
④ 흡수관의 투입구가 원형인 경우 지름이 60[cm] 이상일 것

해설 **기본법 시행규칙 [별표3] 소방용수시설의 저수조의 설치 기준**
㉠ 지면으로부터의 낙차가 4.5[m] 이하일 것
㉡ 흡수부분의 수심이 0.5[m] 이상일 것
㉢ 소방펌프자동차가 쉽게 접근할 수 있도록 할 것
㉣ 흡수에 지장이 없도록 토사 및 쓰레기 등을 제거할 수 있는 설비를 갖출 것
㉤ 흡수관의 투입구가 사각형의 경우에는 한변의 길이가 60[cm] 이상, 원형의 경우에는 지름이 60[cm] 이상일 것
㉥ 저수조에 물을 공급하는 방법은 상수도에 연결하여 자동으로 급수되는 구조일 것

**03** 소방용품을 판매하거나 소방시설공사에 사용할 수 없는 것으로 맞지 않는 것은?

① 형식승인을 얻지 아니한 것
② 사전제품검사를 받지 아니한 것
③ 형상등을 임의로 변경한 것
④ 사후제품검사의 대상임을 표시한 것

해설 누구든지 다음 어느 하나에 해당하는 소방용품을 판매하거나 판매목적으로 진열하거나 공사에 사용할 수 없다.
㉠ 형식승인을 받지 아니한 것
㉡ 형상등을 임의로 변경한 것
㉢ 제품검사를 받지 하거나 합격표시를 하지 아니한 것

**04** 다음 중 소방시설관리사 자격의 결격사유가 아닌 것은?

① 피한정후견인
② 피성년후견인
③ 금고 이상의 실형을 선고받고 그 집행이 끝나거나 집행이 면제된 날부터 2년이 지나지 아니한 사람

정답 02.① 03.④ 04.①

④ 금고 이상의 형의 집행유예를 선고받고 그 유예기간 중에 있는 사람

**해설** 소방시설관리사의 결격사유
㉠ 피성년후견인
㉡ 금고 이상의 실형을 선고받고 그 집행이 끝나거나 집행이 면제된 날부터 2년이 지나지 아니한 사람
㉢ 금고 이상의 형의 집행유예를 선고받고 그 유예기간 중에 있는 사람
㉣ 자격이 취소(피성년후견인으로 자격이 취소된 경우는 제외한다)된 날부터 2년이 지나지 아니한 사람

**05** 전기분야 소방설비기사 자격을 가진 자가 행할 수 있는 소방시설의 공사의 종류가 아닌 것은?
① 할론 소화설비에 부설되는 자동화재탐지설비
② 비상방송설비
③ 무선통신보조설비
④ 제연설비 및 연소방지설비

**해설** 제연설비 및 연소방지설비는 기계분야 소방설비기사가 하여야 한다(공사업법 시행령 [별표 1]).

**06** 소방시설별 하자보수 보증기간으로 그 기간이 2년인 것은?
① 자동소화장치
② 비상방송설비
③ 자동화재탐지설비
④ 스프링클러설비

**해설** 제6조(하자보수 대상 소방시설과 하자보수 보증기간)
법 제15조제1항에 따라 하자를 보수하여야 하는 소방시설과 소방시설별 하자보수 보증기간은 다음 각 호의 구분과 같다.
1. 비상경보설비, 비상방송설비, 피난기구, 유도등, 비상조명등 및 무선통신보조설비 : 2년
2. 자동소화장치, 옥내소화전설비, 스프링클러설비등, 물분무등소화설비, 옥외소화전설비, 자동화재탐지설비, 화재알림설비, 소화용수설비 및 소화활동설비(무선통신보조설비는 제외한다) : 3년

**07** 일반소방시설설계업의 기계분야의 영업범위는 연면적 몇 [m²] 미만의 특정소방대상물에 대한 소방시설의 설계인가?
① 10,000[m²]　② 20,000[m²]
③ 30,000[m²]　④ 50,000[m²]

**해설** 일반소방시설설계업의 기계, 전기분야의 영업범위
가. 아파트에 설치되는 기계분야 소방시설(제연설비는 제외한다)의 설계
나. 연면적 3만제곱미터(공장의 경우에는 1만제곱미터) 미만 기계설계
다. 위험물제조소등에 설치되는 기계분야 소방시설의 설계

**08** 위험물제조소등에 예방규정을 정하여야 대상으로 맞지 않는 것은?
① 지정수량 10배 이상의 제조소
② 지정수량 10배 이상의 일반취급소
③ 지정수량 150배 이상의 옥외저장소
④ 지정수량 200배 이상의 옥외 탱크 저장소

**해설** 예방규정을 정하여야 할 제조소등
㉠ 지정수량의 10배 이상의 위험물을 취급하는 제조소
㉡ 지정수량의 10배 이상의 위험물을 취급하는 일반취급소
㉢ 지정수량의 100배 이상의 위험물을 취급하는 옥외저장소
㉣ 지정수량의 150배 이상의 위험물을 취급하는 옥내저장소
㉤ 지정수량의 200배 이상의 위험물을 취급하는 옥외탱크저장소
㉥ 암반탱크저장소
㉦ 이송취급소

**09** 지하가 중 터널로서 길이가 1,000[m]인 곳에 설치해야 할 소방시설이 아닌 것은?
① 비상콘센트설비
② 자동화재탐지설비
③ 옥내소화전설비
④ 제연설비

정답　05.④　06.②　07.③　08.③　09.④

**해설** 터널 길이에 따른 소방시설의 종류
- ㉠ 500[m] 이상 : 비상경보설비, 비상조명등설비, 비상콘센트설비, 무선통신보조설비
- ㉡ 1,000[m] 이상 : 옥내소화전설비, 자동화재탐지설비, 연결송수관설비
- ㉢ 모든 터널 : 소화기
- ㉣ 지하가 중 예상 교통량, 경사도 등 터널의 특성을 고려하여 행정안전부령으로 정하는 위험등급 이상에 해당하는 터널 : 물분무소화설비, 제연설비

**10** 스프링클러설비를 설치하여야 할 특정 소방대상물이 아닌 것은?

① 층수가 6층 이상인 특정소방대상물의 경우에는 전층
② 2층의 판매시설로서 바닥면적이 5,000[m²] 이상인 것은 전층
③ 10층의 호텔 건물로서 전층
④ 노유자시설로서 연면적이 500[m²] 이상인 경우에는 전층

**해설** 스프링클러설비를 설치해야 하는 특정소방대상물(위험물 저장 및 처리 시설 중 가스시설 및 지하구는 제외한다)은 다음의 어느 하나에 해당하는 것으로 한다.
1) 층수가 6층 이상인 특정소방대상물의 경우에는 모든 층. 다만, 다음의 어느 하나에 해당하는 경우는 제외한다.
   가) 주택 관련 법령에 따라 기존의 아파트등을 리모델링하는 경우로서 건축물의 연면적 및 층의 높이가 변경되지 않는 경우. 이 경우 해당 아파트 등의 사용검사 당시의 소방시설의 설치에 관한 대통령령 또는 화재안전기준을 적용한다.
   나) 스프링클러설비가 없는 기존의 특정소방대상물을 용도변경하는 경우. 다만, 2)부터 6)까지 및 9)부터 12)까지의 규정에 해당하는 특정소방대상물로 용도변경하는 경우에는 해당 규정에 따라 스프링클러설비를 설치한다.
2) 기숙사(교육연구시설·수련시설 내에 있는 학생 수용을 위한 것을 말한다) 또는 복합건축물로서 연면적 5천㎡ 이상인 경우에는 모든 층
3) 문화 및 집회시설(동·식물원은 제외한다), 종교시설(주요구조부가 목조인 것은 제외한다), 운동시설(물놀이형 시설 및 바닥이 불연재료이고 관람석이 없는 운동시설은 제외한다)로서 다음의 어느 하나에 해당하는 경우에는 모든 층
   가) 수용인원이 100명 이상인 것
   나) 영화상영관의 용도로 쓰는 층의 바닥면적이 지하층 또는 무창층인 경우에는 500㎡ 이상, 그 밖의 층의 경우에는 1천㎡ 이상인 것
   다) 무대부가 지하층·무창층 또는 4층 이상의 층에 있는 경우에는 무대부의 면적이 300㎡ 이상인 것
   라) 무대부가 다) 외의 층에 있는 경우에는 무대부의 면적이 500㎡ 이상인 것
4) 판매시설, 운수시설 및 창고시설(물류터미널로 한정한다)로서 바닥면적의 합계가 5천㎡ 이상이거나 수용인원이 500명 이상인 경우에는 모든 층
5) 다음의 어느 하나에 해당하는 용도로 사용되는 시설의 바닥면적의 합계가 600㎡ 이상인 것은 모든 층
   가) 근린생활시설 중 조산원 및 산후조리원
   나) 의료시설 중 정신의료기관
   다) 의료시설 중 종합병원, 병원, 치과병원, 한방병원 및 요양병원
   라) 노유자 시설
   마) 숙박이 가능한 수련시설
   바) 숙박시설
6) 창고시설(물류터미널은 제외한다)로서 바닥면적 합계가 5천㎡ 이상인 경우에는 모든 층
7) 특정소방대상물의 지하층·무창층(축사는 제외한다) 또는 층수가 4층 이상인 층으로서 바닥면적이 1천㎡ 이상인 층이 있는 경우에는 해당 층
8) 랙식 창고(rack warehouse) : 랙(물건을 수납할 수 있는 선반이나 이와 비슷한 것을 말한다. 이하 같다)을 갖춘 것으로서 천장 또는 반자(반자가 없는 경우에는 지붕의 옥내에 면하는 부분을 말한다)의 높이가 10m를 초과하고, 랙이 설치된 층의 바닥면적의 합계가 1천5백㎡ 이상인 경우에는 모든 층
9) 공장 또는 창고시설로서 다음의 어느 하나에 해당하는 시설
   가) 「화재의 예방 및 안전관리에 관한 법률 시행령」 별표 2에서 정하는 수량의 1천 배 이상의 특수가연물을 저장·취급하는 시설
   나) 「원자력안전법 시행령」 제2조제1호에 따른 중·저준위방사성폐기물(이하 "중·저준위방사성폐기물"이라 한다)의 저장시설 중 소화수를 수집·처리하는 설비가 있는 저장시설
10) 지붕 또는 외벽이 불연재료가 아니거나 내화구조가 아닌 공장 또는 창고시설로서 다음의 어느 하나에 해당하는 것

정답 10.④

가) 창고시설(물류터미널로 한정한다) 중 4)에 해당하지 않는 것으로서 바닥면적의 합계가 2천5백㎡ 이상이거나 수용인원이 250명 이상인 경우에는 모든 층
나) 창고시설(물류터미널은 제외한다) 중 6)에 해당하지 않는 것으로서 바닥면적의 합계가 2천5백㎡ 이상인 경우에는 모든 층
다) 공장 또는 창고시설 중 7)에 해당하지 않는 것으로서 지하층·무창층 또는 층수가 4층 이상인 것 중 바닥면적이 500㎡ 이상인 경우에는 모든 층
라) 랙식 창고 중 8)에 해당하지 않는 것으로서 바닥면적의 합계가 750㎡ 이상인 경우에는 모든 층
마) 공장 또는 창고시설 중 9)가)에 해당하지 않는 것으로서 「화재의 예방 및 안전관리에 관한 법률 시행령」 별표 2에서 정하는 수량의 500배 이상의 특수가연물을 저장·취급하는 시설

11) 교정 및 군사시설 중 다음의 어느 하나에 해당하는 경우에는 해당 장소
   가) 보호감호소, 교도소, 구치소 및 그 지소, 보호관찰소, 갱생보호시설, 치료감호시설, 소년원 및 소년분류심사원의 수용거실
   나) 「출입국관리법」 제52조제2항에 따른 보호시설(외국인보호소의 경우에는 보호대상자의 생활공간으로 한정한다. 이하 같다)로 사용하는 부분. 다만, 보호시설이 임차건물에 있는 경우는 제외한다.
   다) 「경찰관 직무집행법」 제9조에 따른 유치장

12) 지하가(터널은 제외한다)로서 연면적 1천㎡ 이상인 것
13) 발전시설 중 전기저장시설
14) 1)부터 13)까지의 특정소방대상물에 부속된 보일러실 또는 연결통로 등

**11** 다음 중 특정소방대상물의 구분 중 잘못 연결된 것은?

① 근린생활시설 – 일반목욕장
② 업무시설 – 소방서
③ 의료시설 – 한의원
④ 노유자시설 – 장애인관련시설

[해설]
① 근린생활시설 – 일반목욕장
② 업무시설 – 소방서
③ 근린생활시설 – 한의원
④ 노유자시설 – 장애인관련시설

**12** 한국소방안전원의 업무가 아닌 것은?

① 소방기술과 안전관리에 관한 교육 및 조사·연구
② 소방용 기계·기구에 대한 검사기술의 조사·연구
③ 소방기술과 안전관리에 관한 각종 간행물의 발간
④ 화재예방과 안전관리 의식의 고취를 위한 대국민 홍보

[해설] 기본법 제41조(안전원의 업무)
안전원은 다음 각 호의 업무를 수행한다.
1. 소방기술과 안전관리에 관한 교육 및 조사·연구
2. 소방기술과 안전관리에 관한 각종 간행물 발간
3. 화재 예방과 안전관리의식 고취를 위한 대국민 홍보
4. 소방업무에 관하여 행정기관이 위탁하는 업무
5. 소방안전에 관한 국제협력
6. 그 밖에 회원에 대한 기술지원 등 정관으로 정하는 사항

**13** 다음 중 상주공사감리를 하여야 할 대상으로서 옳은 것은?

① 10층 이상으로서, 300세대 이상인 아파트에 대한 소방시설의 공사
② 10층 이상으로서, 500세대 이상인 아파트에 대한 소방시설의 공사
③ 지하층을 포함한 16층 이상으로서, 300세대 이상인 아파트에 대한 소방시설의 공사
④ 지하층을 포함한 16층 이상으로서, 500세대 이상인 아파트에 대한 소방시설의 공사

[해설] 상주감리 대상

| 감리 종류 | 감리 대상 |
|---|---|
| 상주공사 감리 | ① 연면적이 30,000[㎡] 이상인 소방시설의 공사 ② 지하층 포함하여 16층 이상으로서 500세대 이상인 아파트의 소방시설공사 |
| 일반공사 감리 | 상주감리에 해당하지 아니하는 소방시설의 공사 |

정답 11.③ 12.② 13.④

**14** 현행 개정 등으로 문제 삭제

**15** 현행 개정 등으로 문제 삭제

**16** 전문 소방시설공사업에서 주된 기술인력으로 소방설비기사 자격자는 기계분야와 전기분야로 구분하여 각 몇 명 이상이어야 하는가?

① 기계분야 : 1명 이상, 전기분야 : 1명 이상
② 기계분야 : 2명 이상, 전기분야 : 1명 이상
③ 기계분야 : 2명 이상, 전기분야 : 2명 이상
④ 기계분야 : 3명 이상, 전기분야 : 3명 이상

**해설** 공사업법 시행령 [별표1] 소방시설공사업의 등록기준
2. 소방시설공사업

| 업종별 | 항목 | 기술인력 | 자본금 (자산평가액) | 영업범위 |
|---|---|---|---|---|
| 전문 소방시설 공사업 | | 가. 주된 기술인력: 소방기술사 또는 기계분야와 전기분야의 소방설비기사 각 1명(기계분야 및 전기분야의 자격을 함께 취득한 사람 1명) 이상<br>나. 보조기술인력: 2명 이상 | 가. 법인: 1억원 이상<br>나. 개인: 자산평가액 1억원 이상 | 특정소방대상물에 설치되는 기계분야 및 전기분야 소방시설의 공사·개설·이전 및 정비 |
| 일반 소방 시설 공사업 | 기계 분야 | 가. 주된 기술인력: 소방기술사 또는 기계분야 소방설비기사 1명 이상<br>나. 보조기술인력: 1명 이상 | 가. 법인: 1억원 이상<br>나. 개인: 자산평가액 1억원 이상 | 가. 연면적 1만제곱미터 미만의 특정소방대상물에 설치되는 기계분야 소방시설의 공사·개설·이전 및 정비<br>나. 위험물제조소등에 설치되는 기계분야 소방시설의 공사·개설·이전 및 정비 |
| | 전기 분야 | 가. 주된 기술인력: 소방기술사 또는 전기분야 소방설비기사 1명 이상<br>나. 보조기술인력: 1명 이상 | 가. 법인: 1억원 이상<br>나. 개인: 자산평가액 1억원 이상 | 가. 연면적 1만제곱미터 미만의 특정소방대상물에 설치되는 전기분야 소방시설의 공사·개설·이전·정비<br>나. 위험물제조소등에 설치되는 전기분야 소방시설의 공사·개설·이전·정비 |

**17** 특정소방대상물로서 의료시설에 해당되는 것은?
① 치과의원
② 한의원
③ 접골원
④ 마약진료소

**해설** 소방시설법 시행령 [별표4] 의료시설
(1) 병원 : 종합병원, 병원, 치과병원, 한방병원, 정신보건시설, 요양소
(2) 격리병원 : 전염병원, 마약진료소 그 밖의 이와 비슷한 것
(3) 장례식장

> 근린생활시설 : 의원, 치과의원, 한의원, 접골원, 조산소, 안마시술소, 산후조리원

**18** 소방안전관리자를 선임할 때 소방안전관리자 선임신고 시 첨부할 서류가 아닌 것은?

① 소방시설관리사 자격수첩
② 자체소방대장임을 증명하는 서류
③ 소방안전관리학과를 졸업한 경우 졸업증명서
④ 소방안전관리자를 겸임할 수 있는 안전관리자로 선임된 사실을 증명할 수 있는 서류

**해설** 소방안전관리대상물의 관계인은 법 제24조 또는 제35조에 따라 소방안전관리자 또는 총괄소방안전관리자(「기업활동 규제완화에 관한 특별조치법」 제29조제2항·제3항, 제30조제2항 또는 제32조제2항에 따라 소방안전관리자를 겸임하거나 공동으로 선임되는 사람을 포함한다)를 선임한 경우에는 법 제26조제1항에 따라 별지 제15호서식의 소방안전관리자 선임신고서(전자문서를 포함한다)에 다음 각 호의 어느 하나에 해당하는 서류(전자문서를 포함한다)를 첨부하여 소방본부장 또는 소방서장에게 제출해야 한다. 이 경우 소방안전관리대상물의 관계인은 종합정보망을 이용하여 선임신고를 할 수 있다.
1. 제18조에 따른 소방안전관리자 자격증
2. 소방안전관리대상물의 소방안전관리에 관한 업무를 감독할 수 있는 직위에 있는 사람임을 증명하는 서류 및 소방안전관리업무의 대행 계약서 사본(법 제24조제3항에 따라 소방안전관리대상물의 관계인이 소방안전관리업무를 대행하게 하는 경우만 해당한다)

정답 16.① 17.④ 18.③

3. 「기업활동 규제완화에 관한 특별조치법」 제29조제2항·제3항, 제30조제2항 또는 제32조제2항에 따라 해당 소방안전관리대상물의 소방안전관리자를 겸임할 수 있는 안전관리자로 선임된 사실을 증명할 수 있는 서류 또는 선임사항이 기록된 자격증(자격수첩을 포함한다)
4. 계약서 또는 권원이 분리됨을 증명하는 관련 서류(법 제35조에 따른 권원별 소방안전관리자를 선임한 경우만 해당한다)

**19** 위험물저장소로서 옥내저장소의 하나의 저장창고의 바닥면적을 $1,000[m^2]$ 이하로 하여야 하는 위험물에 해당되지 않는 것은?

① 무기과산화물
② 나트륨
③ 특수인화물
④ 제2석유류

**해설** 옥내저장소의 구조 및 설비

㉠ 저장창고는 위험물 저장을 전용으로 하는 독립된 건축물로 하고 지면에서 처마까지의 높이가 6[m] 미만인 단층건축물로 하고 그 바닥은 지면보다 높게 하여야 한다.
㉡ 하나의 저장창고의 바닥면적은 기준면적 이하로 할 것

| 위험물을 저장하는 창고 | 기준면적 |
|---|---|
| ① 제1류위험물(아염소산염류, 과염소산염류, 무기과산화물) 그 밖에 지정수량 50[kg]인 위험물<br>② 제3류위험물(칼륨, 나트륨, 알킬알루미늄, 알킬리튬), 황린, 그 밖에 지정수량 10[kg]인 위험물<br>③ 제4류위험물(특수인화물, 제1석유류, 알코올류)<br>④ 제5류위험물(유기과산화물, 질산에스터류) 그 밖에 지정수량이 10[kg]인 위험물<br>⑤ 제6류 위험물 | $1,000[m^2]$ 이하 |
| 위의 ①~⑤의 위험물 외의 위험물 | $2,000[m^2]$ 이하 |

㉢ 지정수량의 10배 이상의 저장창고(제6류 위험물은 제외)에는 피뢰침을 설치할 것

**20** 현행 개정 등으로 문제 삭제

**21** 건축허가청이 소방서장에게 건축허가등의 동의를 요청할 때 첨부하여야 할 서류는?

① 시공 시 안전관리담당자의 자격증 사본
② 소방시설관리를 담당할 소방시설관리사의 자격증 사본
③ 시공을 담당한 소방설비기사의 자격증 사본
④ 소방시설을 설계한 소방시설 설계업자의 등록증

**해설** 건축허가등의 동의를 요구하는 기관은 영 제7조제3항에 따라 건축허가등의 동의를 요구하는 경우에는 동의요구서(전자문서로 된 요구서를 포함한다)에 다음 각 호의 서류(전자문서를 포함한다)를 첨부해야 한다.

1. 「건축법 시행규칙」 제6조에 따른 건축허가신청서, 같은 법 시행규칙 제8조에 따른 건축허가서 또는 같은 법 시행규칙 제12조에 따른 건축·대수선·용도변경신고서 등 건축허가등을 확인할 수 있는 서류의 사본. 이 경우 동의 요구를 받은 담당 공무원은 특별한 사정이 있는 경우를 제외하고는 「전자정부법」 제36조제1항에 따른 행정정보의 공동이용을 통하여 건축허가서를 확인함으로써 첨부서류의 제출을 갈음할 수 있다.
2. 다음 각 목의 설계도서. 다만, 가목 및 나목2)·4)의 설계도서는 「소방시설공사업법 시행령」 제4조에 따른 소방시설공사 착공신고 대상에 해당되는 경우에만 제출한다.
  가. 건축물 설계도서
   1) 건축물 개요 및 배치도
   2) 주단면도 및 입면도(立面圖 : 물체를 정면에서 본 대로 그린 그림을 말한다. 이하 같다)
   3) 층별 평면도(용도별 기준층 평면도를 포함한다. 이하 같다)
   4) 방화구획도(창호도를 포함한다)
   5) 실내·실외 마감재료표
   6) 소방자동차 진입 동선도 및 부서 공간 위치도(조경계획을 포함한다)
  나. 소방시설 설계도서
   1) 소방시설(기계·전기 분야의 시설을 말한다)의 계통도(시설별 계산서를 포함한다)
   2) 소방시설별 층별 평면도
   3) 실내장식물 방염대상물품 설치 계획(「건축법」 제52조에 따른 건축물의 마감재료는 제외한다)

정답 19.④ 21.④

4) 소방시설의 내진설계 계통도 및 기준층 평면도(내진 시방서 및 계산서 등 세부 내용이 포함된 상세 설계도면은 제외한다)
3. 소방시설 설치계획표
4. 임시소방시설 설치계획서(설치시기·위치·종류·방법 등 임시소방시설의 설치와 관련된 세부 사항을 포함한다)
5. 「소방시설공사업법」 제4조제1항에 따라 등록한 소방시설설계업등록증과 소방시설을 설계한 기술인력의 기술자격증 사본
6. 「소방시설공사업법」 제21조 및 제21조의3제2항에 따라 체결한 소방시설설계 계약서 사본

**22** 다음 중 소방시설관리업자에게 종합점검을 받아야 하는 대상은?

① 옥내소화전설비가 설치된 연면적 5,000[m²] 이상 특정소방대상물
② 위험물제조소로서 연면적 10,000[m²] 이상 특정소방대상물
③ 연면적 5,000[m²] 이상이고 층수가 11층 이상인 아파트
④ 스프링클러설비가 설치된 연면적 5,000[m²] 이상 특정소방대상물

**해설** ■ 점검대상 및 시기, 점검자자격

| 대상 | | 횟수·시기 | | 점검자 |
|---|---|---|---|---|
| 작동점검 | 모든 특정소방대상물 [3급 이상에 해당] (제외 대상) 1. 특급소방안전관리대상물(종합점검만 연 2회) 2. 소방안전관리대상물에 속하지 않는 대상물 3. 위험물 제조소등 | • 원칙 : 연 1회 | | 관계인 (자탐,간이만해당) |
| | | 종합점검 대상 × | 안전관리대상물의 사용승인일이 속하는 달의 말일까지 | 소방안전관리자 (기술사,관리사) |
| | | 종합점검 대상 ○ | 종합실시월로부터 6개월이 되는 달에 실시 | 관리업자(관리사) (자탐,간이는 특급점검자가능) |
| 종합점검 | 최초점검 | 3급이상대상중 최초사용승인 건축물 | 사용승인일로부터 60일이내 | |
| | 그밖 점검 | 스프링클러설비가 설치된 특정소방대상물 | • 원칙 : 연 1회 (최초사용승인해 다음해부터 사용승인일이 속하는 달의 말일까지) 예 학교 : 1~6월이 사용승인일인 경우 6월 말일까지 • 특급 소방안전관리대상물 : 연2회(반기별 1회) | 소방안전관리자 (기술사, 관리사) 관리업자(관리사) |
| | | 물분무등소화설비가 설치된 연면적 5,000[㎡] 이상인 특정소방대상물 | | |
| | | 연면적 2,000[㎡] 이상 다중이용업소(9종) | | |
| | | 옥내소화전설비 또는 자동화재탐지설비가 설치된 연면적 1,000[㎡] 이상 공공기관(소방대 제외) | | |
| | | 제연설비가 설치된 터널 | | |

**23** ( ㉠ ) 또는 ( ㉡ )은 소방업무를 보조하기 위하여 특별시·광역시와 시·읍·면에 의용소방대를 둔다. ㉠, ㉡에 각각 들어갈 말은? [현행 삭제된 문제]

① ㉠ 대통령, ㉡ 행정안전부장관
② ㉠ 행정안전부장관, ㉡ 시·도지사
③ ㉠ 시·도지사, ㉡ 소방본부장
④ ㉠ 소방본부장, ㉡ 소방서장

**24** 현행 개정 등으로 문제 삭제

**25** 화재의 확대가 빠른 특수가연물에 해당되지 않는 것은?

① 면화류
② 사류
③ 석탄·목탄류
④ 동식물유류

**해설** 동식물유류 : 제4류 위험물

# 2004 제7회 소방시설관리사 1차 필기 기출문제

[제3과목 : 소방관계법령]

**01** 소방시설관리사가 동시에 둘 이상의 업체에 취업을 한 때 제1차 행정처분기준은?

① 자격정지 3월  ② 자격정지 6월
③ 자격정지 2년  ④ 자격취소

**해설** 소방시설법 시행규칙 [별표8] 소방시설관리사에 대한 행정처분 기준

나. 소방시설관리사에 대한 행정처분기준

| 위반사항 | 근거 법조문 | 행정처분기준 | | |
|---|---|---|---|---|
| | | 1차 | 2차 | 3차 |
| (1) 거짓, 그 밖의 부정한 방법으로 시험에 합격한 경우 | 법 제28조 제1호 | 자격 취소 | | |
| (2) 법 제20조제6항에 따른 소방안전관리 업무를 하지 않거나 거짓으로 한 경우 | 법 제28조 제2호 | 경고 (시정명령) | 자격 정지 6월 | 자격 취소 |
| (3) 법 제25조에 따른 점검을 하지 않거나 거짓으로 한 경우 | 법 제28조 제3호 | 경고 (시정명령) | 자격 정지 6월 | 자격 취소 |
| (4) 법 제26조제6항을 위반하여 소방시설관리증을 다른 자에게 빌려준 경우 | 법 제28조 제4호 | 자격 취소 | | |
| (5) 법 제26조제7항을 위반하여 동시에 둘 이상의 업체에 취업한 경우 | 법 제28조 제5호 | 자격 취소 | | |
| (6) 법 제26조제8항을 위반하여 성실하게 자체점검업무를 수행하지 아니한 경우 | 법 제28조 제6호 | 경고 | 자격 정지 6월 | 자격 취소 |
| (7) 법 제27조 각 호의 어느 하나의 결격사유에 해당하게 된 경우 | 법 제28조 제7호 | 자격 취소 | | |

**02** 위험물의 지정수량으로 조합한 것 중 옳은 것은?

① 황린 20[kg]
② 염소산염류 30[kg]
③ 과염소산 200[kg]
④ 질산 200[kg]

**해설** 위험물의 지정수량

| 종류 | 황린 | 염소산염류 | 과염소산 | 질산 |
|---|---|---|---|---|
| 구분 | 제3류 위험물 | 제1류 위험물 | 제6류 위험물 | 제6류 위험물 |
| 지정수량 | 20[kg] | 50[kg] | 300[kg] | 300[kg] |

**03** 방염 성능이 없어도 되는 물품은?

① 전시용 합판
② 침구류
③ 무대용 합판 또는 섬유판
④ 커튼류

**해설** 소방시설법 시행령 제20조(방염처리 대상 물품)
㉠ 창문에 설치하는 커튼류(브라인드 포함)
㉡ 카펫, 두께가 2[mm] 미만인 벽지류(종이벽지는 제외)
㉢ 전시용 합판 또는 섬유판, 무대용 합판 또는 섬유판
㉣ 암막, 무대막

> ◎ 방염물품 권장 : 침구류, 소파, 의자

**04** 소방시설관리사 시험의 시험위원이 될 수 없는 사람은?

① 소방관련학 석사학위를 가진 자
② 소방관련학 조교수 이상으로 2년 이상 재직한 자
③ 소방시설관리사
④ 소방기술사

**해설** 소방시설법 시행령 제40조(시험위원)
① 소방청장은 법 제25조제2항에 따라 관리사시험의 출제 및 채점을 위하여 다음 각 호의 어느 하나에 해당하는 사람 중에서 시험위원을 임명하거나 위촉하여야 한다.

정답  01.④  02.①  03.②  04.①

1. 소방 관련 분야의 박사학위를 가진 사람
2. 대학에서 소방안전 관련 학과 조교수 이상으로 2년 이상 재직한 사람
3. 소방위 이상의 소방공무원
4. 소방시설관리사
5. 소방기술사

② 시험위원의 수는 다음 각 호의 구분에 따른다.
1. 출제위원 : 시험 과목별 3명
2. 채점위원 : 시험 과목별 5명 이내(제2차시험의 경우로 한정한다)

③ 시험위원으로 임명되거나 위촉된 사람은 소방청장이 정하는 시험문제 등의 출제 시 유의사항 및 서약서 등에 따른 준수사항을 성실히 이행하여야 한다.

④ 임명되거나 위촉된 시험위원과 시험감독 업무에 종사하는 사람에게는 예산의 범위에서 수당과 여비를 지급할 수 있다.

## 05 특수가연물에 해당하는 것은?

① 볏짚류
② 알코올류
③ 질산
④ 동식물유류

**해설** 위험물의 분류

| 종류 | 볏짚류 | 알코올류 | 질산 | 동식물유류 |
|---|---|---|---|---|
| 구분 | 특수가연물 | 제4류 위험물 | 제6류 위험물 | 제4류 위험물 |

## 06 다음 중 다중이용업의 범위에 해당되는 것은?

① 층수가 11층 이상인 아파트
② 바닥면적의 합계가 100[m²]인 지상 3층 이상의 일반 음식점영업
③ 옥외에 설치된 운동시설
④ 노유자시설

**해설** 「다중이용업소의 안전관리에 관한 특별법」(이하 "법"이라 한다) 제2조제1항제1호에서 "대통령령으로 정하는 영업"이란 다음 각 호의 어느 하나에 해당하는 영업을 말한다. 다만, 영업을 옥외시설 또는 옥외장소에서 하는 경우 그 영업은 제외한다.

① 「식품위생법 시행령」 제21조제8호에 따른 식품접객업 중 다음 각 목의 어느 하나에 해당하는 것
㉠ 휴게음식점영업·제과점영업 또는 일반음식점영업으로서 영업장으로 사용하는 바닥면적(「건축법 시행령」 제119조제1항제3호에 따라 산정한 면적을 말한다. 이하 같다)의 합계가 100제곱미터(영업장이 지하층에 설치된 경우에는 그 영업장의 바닥면적 합계가 66제곱미터) 이상인 것. 다만, 영업장(내부계단으로 연결된 복층구조의 영업장을 제외한다)이 다음의 어느 하나에 해당하는 층에 설치되고 그 영업장의 주된 출입구가 건축물 외부의 지면과 직접 연결되는 곳에서 하는 영업을 제외한다.
ⓐ 지상 1층
ⓑ 지상과 직접 접하는 층
㉡ 단란주점영업과 유흥주점영업

② 「영화 및 비디오물의 진흥에 관한 법률」 제2조제10호, 같은 조 제16호가목·나목 및 라목에 따른 영화상영관·비디오물감상실업·비디오물소극장업 및 복합영상물제공업

③ 「학원의 설립·운영 및 과외교습에 관한 법률」 제2조제1호에 따른 학원(이하 "학원"이라 한다)으로서 다음 각 목의 어느 하나에 해당하는 것
㉠ 「화재예방, 소방시설 설치·유지 및 안전관리에 관한 법률 시행령」 별표 4에 따라 산정된 수용인원(이하 "수용인원"이라 한다)이 300명 이상인 것
㉡ 수용인원 100명 이상 300명 미만으로서 다음의 어느 하나에 해당하는 것. 다만, 학원으로 사용하는 부분과 다른 용도로 사용하는 부분(학원의 운영권자를 달리하는 학원과 학원을 포함한다)이 「건축법 시행령」 제46조에 따른 방화구획으로 나누어진 경우는 제외한다.
ⓐ 하나의 건축물에 학원과 기숙사가 함께 있는 학원
ⓑ 하나의 건축물에 학원이 둘 이상 있는 경우로서 학원의 수용인원이 300명 이상인 학원
ⓒ 하나의 건축물에 ①, ②, ④부터 ⑦까지, ⑦의2부터 ⑦의5까지 및 ⑧의 다중이용업 중 어느 하나 이상의 다중이용업과 학원이 함께 있는 경우

④ 목욕장업으로서 다음 각 목에 해당하는 것
㉠ 하나의 영업장에서 「공중위생관리법」 제2조제1항제3호가목에 따른 목욕장업 중 맥반석·황토·옥등을 직접 또는 간접 가열하여 발생하는 열기나 원적외선 등을 이용하여 땀을 배출하게 할 수 있는 시설 및 설비를 갖춘 것으로서 수용인원(물로 목욕을 할 수 있는 시설부분의 수용인원은 제외한다)이 100명 이상인 것

정답 05.① 06.②

ⓒ 「공중위생관리법」 제2조제1항제3호나목의 시설 및 설비를 갖춘 목욕장업
⑤ 「게임산업진흥에 관한 법률」 제2조제6호·제6호의2·제7호 및 제8호의 게임제공업·인터넷컴퓨터게임시설제공업 및 복합유통게임제공업. 다만, 게임제공업 및 인터넷컴퓨터게임시설제공업의 경우에는 영업장(내부계단으로 연결된 복층구조의 영업장은 제외한다)이 다음 각 목의 어느 하나에 해당하는 층에 설치되고 그 영업장의 주된 출입구가 건축물 외부의 지면과 직접 연결된 구조에 해당하는 경우는 제외한다.
  ㉠ 지상 1층
  ㉡ 지상과 직접 접하는 층
⑥ 「음악산업진흥에 관한 법률」 제2조제13호에 따른 노래연습장업
⑦ 「모자보건법」 제2조제10호에 따른 산후조리업
⑦의2. 고시원업[구획된 실(室) 안에 학습자가 공부할 수 있는 시설을 갖추고 숙박 또는 숙식을 제공하는 형태의 영업]
⑦의3. 「사격 및 사격장 안전관리에 관한 법률 시행령」 제2조제1항 및 별표 1에 따른 권총사격장(실내사격장에 한정하며, 같은 조 제1항에 따른 종합사격장에 설치된 경우를 포함한다)
⑦의4. 「체육시설의 설치·이용에 관한 법률」 제10조제1항제2호에 따른 가상체험 체육시설업(실내에 1개 이상의 별도의 구획된 실을 만들어 골프 종목의 운동이 가능한 시설을 경영하는 영업으로 한정한다)
⑦의5. 「의료법」 제82조제4항에 따른 안마시술소
⑧ 법 제15조제2항에 따른 화재안전등급이 제11조제1항에 해당하거나 화재발생시 인명피해가 발생할 우려가 높은 불특정다수인이 출입하는 영업으로서 행정안전부령으로 정하는 영업. 이 경우 소방청장은 관계 중앙행정기관의 장과 미리 협의하여야 한다.

**행정안전부령으로 정하는 영업**
1. 전화방업·화상대화방업: 구획된 실(室) 안에 전화기·텔레비전·모니터 또는 카메라 등 상대방과 대화할 수 있는 시설을 갖춘 형태의 영업
2. 수면방업: 구획된 실(室) 안에 침대·간이침대 그 밖에 휴식을 취할 수 있는 시설을 갖춘 형태의 영업
3. 콜라텍업: 손님이 춤을 추는 시설 등을 갖춘 형태의 영업으로서 주류판매가 허용되지 아니하는 영업
4. 방탈출카페업: 제한된 시간 내에 방을 탈출하는 놀이 형태의 영업
5. 키즈카페업: 다음 각 목의 영업
  가. 「관광진흥법 시행령」 제2조제1항제5호다목에 따른 기타유원시설업으로서 실내공간에서 어린이(「어린이안전관리에 관한 법률」 제3조제1호에 따른 어린이를 말한다. 이하 같다)에게 놀이를 제공하는 영업
  나. 실내에 「어린이놀이시설 안전관리법」 제2조제2호 및 같은 법 시행령 별표 2 제13호에 해당하는 어린이놀이시설을 갖춘 영업
  다. 「식품위생법 시행령」 제21조제8호가목에 따른 휴게음식점영업으로서 실내공간에서 어린이에게 놀이를 제공하고 부수적으로 음식류를 판매·제공하는 영업
6. 만화카페업: 만화책 등 다수의 도서를 갖춘 다음 각 목의 영업. 다만, 도서를 대여·판매만 하는 영업인 경우와 영업장으로 사용하는 바닥면적의 합계가 50제곱미터 미만인 경우는 제외한다.
  가. 「식품위생법 시행령」 제21조제8호가목에 따른 휴게음식점영업
  나. 도서의 열람, 휴식공간 등을 제공할 목적으로 실내에 다수의 구획된 실(室)을 만들거나 입체 형태의 구조물을 설치한 영업

**07** 현행 개정 등으로 문제 삭제

**08** 소방시설관리사 자격의 결격사유에 해당되지 않는 것은?

① 피성년후견인
② 파산선고를 받은 자로서 복권된 사람
③ 금고 이상의 형의 선고를 받고 그 집행이 종료되거나 집행을 받지 아니하기로 확정된 날부터 1년이 지나지 아니한 사람
④ 금고 이상의 형의 집행유예의 선고를 받고 그 집행유예기간 중에 있는 사람

**해설** 관리사의 결격사유
㉠ 피성년후견인
㉡ 금고 이상의 실형을 선고받고 그 집행이 끝나거나 집행이 면제된 날부터 2년이 지나지 아니한 사람
㉢ 금고 이상의 형의 집행유예를 선고받고 그 유예기간 중에 있는 사람
㉣ 자격이 취소(피성년후견인으로 자격이 취소된 경우는 제외한다)된 날부터 2년이 지나지 아니한 사람

정답 08.②

**09** 특정소방대상물의 소방시설은 정기적으로 점검을 받아야 하며, 그 결과를 누구에게 보고하여야 하는가?

① 시·도지사
② 행정안전부장관
③ 한국소방안전원장
④ 소방본부장 또는 소방서장

**해설** 소방시설의 자체점검(소방시설법 제22조)
㉠ 자체점검 실시권자 : 관계인
㉡ 점검 시 보고 : 관계인은 소방본부장 또는 소방서장
㉢ 점검의 구분과 그 대상, 점검자의 자격·인원, 점검장비, 점검방법 및 점검횟수 등 : 행정안전부령

**10** 소방용수시설의 저수조에 대한 기준으로 옳지 않은 것은?

① 지면으로부터 낙차가 6[m] 이하일 것
② 흡수부분의 수심이 0.5[m] 이상일 것
③ 소방펌프자동차가 쉽게 접근할 수 있도록 할 것
④ 흡수관의 투입구가 원형인 경우 지름이 60[cm] 이상일 것

**해설** 소방용수시설의 저수조의 설치기준(기본법 시행규칙 별표 3)
㉠ 지면으로부터의 낙차가 4.5[m] 이하일 것
㉡ 흡수부분의 수심이 0.5[m] 이상일 것
㉢ 소방펌프자동차가 쉽게 접근할 수 있도록 할 것
㉣ 흡수에 지장이 없도록 토사 및 쓰레기 등을 제거할 수 있는 설비를 갖출 것
㉤ 흡수관의 투입구가 사각형의 경우에는 한변의 길이가 60[cm] 이상, 원형의 경우에는 지름이 60[cm] 이상일 것
㉥ 저수조에 물을 공급하는 방법은 상수도에 연결하여 자동으로 급수되는 구조일 것

**11** 소방청장, 소방본부장 또는 소방서장의 직무로 옳은 것은?

① 이상기상의 예보 또는 특보가 있을지라도 화재위험경보를 발할 수는 없다.
② 화재를 예방하기 위하여 필요한 때에는 기간을 정하여 일정한 구역 안에 있어서의 모닥불, 흡연 등 화기취급을 금지하거나 제한할 수 있다.
③ 화재의 위험경보가 해제될 때까지 관계인은 해당구역 안에 상주하여야 한다.
④ 화재의 현장에 소방활동구역을 설정할 수 있으나, 그 구역으로부터 퇴거를 명하거나 출입을 금지 또는 제한할 수는 없다.

**해설** 소방서장 또는 소방본부장의 의무
㉠ 이상기상의 예보 또는 특보가 있을 때에는 화재에 관한 경보를 발하고 그에 따른 조치를 할 수 있다.
[소방관서장 의무]
㉡ 화재를 예방하기 위하여 필요한 때에는 기간을 정하여 일정한 구역 안에 있어서의 모닥불, 흡연 등 화기취급을 금지하거나 제한할 수 있다.
[소방관서장 의무]
㉢ 소방대장은 화재, 재난·재해 그 밖의 위급한 상황이 발생한 현장에 소방활동구역을 정하여 그 구역에의 출입을 제한할 수 있다(기본법 제23조).

**12** 특정소방대상물에서 소방안전관리업무를 대행할 수 있는 사람은?

① 소방시설관리업을 등록한 자
② 소방공사감리업을 등록한 자
③ 소방시설설계업을 등록한 자
④ 소방시설공사업을 등록한 자

**해설** 소방안전관리업무대행 : 소방시설관리업자

**13** 소방시설공사업자가 소방시설공사를 하고자 할 때에는?

① 소방시설 착공신고를 하여야 한다.
② 건축허가만 받으면 된다.
③ 시공 후 완공검사만 받으면 된다.
④ 소방서장의 인가를 받아야 한다.

**해설** 소방시설공사업자는 소방시설공사를 하고자 할 때에는 소방본부장 또는 소방서장에게 착공신고를 하여야 한다.

정답 09.④ 10.① 11.①,② 12.① 13.①

**14** 일반공사감리 대상의 경우 1인의 책임감리원이 담당하는 소방공사감리현장은 몇 개 이하인가?

① 2개　　② 3개
③ 4개　　④ 5개

**해설** 1인의 책임감리원이 담당하는 소방공사 감리현장은 5개 이하로서 감리 현장의 연면적의 총 합계가 10만 [$m^2$] 이하일 것(공사업법 시행규칙 제16조)

**15** 다음 중 기술자격에 의한 기술등급 구분으로 고급기술자에 해당되지 않는 자는?

① 소방설비기사 기계분야의 자격을 소지한 자로서 5년 이상 소방기술업무를 수행한 자
② 소방설비산업기사 기계분야의 자격을 소지한 자로서 8년 이상 소방기술업무를 수행한 자
③ 건축설비기사 자격을 소지한 자로서 10년 이상 소방기술업무를 수행한 자
④ 위험물산업기사 자격을 소지한 자로서 13년 이상 소방기술업무를 수행한 자

**해설** 기술자격에 따른 등급

| 등급 | 기계분야 | 전기분야 |
|---|---|---|
| 특급 기술자 | • 소방기술사<br>• 소방시설관리사 자격을 취득한 후 5년 이상 소방 관련 업무를 수행한 사람 | |
| | • 건축사, 건축기계설비기술사, 건설기계기술사, 공조냉동기계기술사, 화공기술사, 가스기술사 자격을 취득한 후 5년 이상 소방 관련 업무를 수행한 사람 | • 건축전기설비기술사 자격을 취득한 후 5년 이상 소방 관련 업무를 수행한 사람 |
| | • 소방설비기사 기계분야의 자격을 취득한 후 8년 이상 소방 관련 업무를 수행한 사람 | • 소방설비기사 전기분야의 자격을 취득한 후 8년 이상 소방 관련 업무를 수행한 사람 |
| | • 소방설비산업기사 기계분야의 자격을 취득한 후 11년 이상 소방 관련 업무를 수행한 사람 | • 소방설비산업기사 전기분야의 자격을 취득한 후 11년 이상 소방 관련 업무를 수행한 사람 |
| | • 건축기사, 건축설비기사, 건설기계설비기사, 일반기계기사, 공조냉동기계기사, 화공기사, 가스기능장, 가스기사, 산업안전기사, 위험물기능장 자격을 취득한 후 13년 이상 소방 관련 업무를 수행한 사람 | • 전기기능장, 전기기사, 전기공사기사 자격을 취득한 후 13년 이상 소방 관련 업무를 수행한 사람 |
| 고급 기술자 | • 소방시설관리사 | |
| | • 건축사, 건축기계설비기술사, 건설기계기술사, 공조냉동기계기술사, 화공기술사, 가스기술사 자격을 취득한 후 3년 이상 소방 관련 업무를 수행한 사람 | • 건축전기설비기술사 자격을 취득한 후 3년 이상 소방 관련 업무를 수행한 사람 |
| | • 소방설비기사 기계분야의 자격을 취득한 후 5년 이상 소방 관련 업무를 수행한 사람 | • 소방설비기사 전기분야의 자격을 취득한 후 5년 이상 소방 관련 업무를 수행한 사람 |
| | • 소방설비산업기사 기계분야의 자격을 취득한 후 8년 이상 소방 관련 업무를 수행한 사람 | • 소방설비산업기사 전기분야의 자격을 취득한 후 8년 이상 소방 관련 업무를 수행한 사람 |
| | • 건축기사, 건축설비기사, 건설기계설비기사, 일반기계기사, 공조냉동기계기사, 화공기사, 가스기능장, 가스기사, 산업안전기사, 위험물기능장 자격을 취득한 후 11년 이상 소방 관련 업무를 수행한 사람 | • 전기기능장, 전기기사, 전기공사기사 자격을 취득한 후 11년 이상 소방 관련 업무를 수행한 사람 |
| | • 건축산업기사, 건축설비산업기사, 건설기계설비산업기사, 공조냉동기계산업기사, 화공산업기사, 가스산업기사, 산업안전산업기사, 위험물산업기사 자격을 취득한 후 13년 이상 소방 관련 업무를 수행한 사람 | • 전기산업기사, 전기공사산업기사 자격을 취득한 후 13년 이상 소방 관련 업무를 수행한 사람 |
| 중급 기술자 | • 건축사, 건축기계설비기술사, 건설기계기술사, 공조냉동기계기술사, 화공기술사, 가스기술사 | • 건축전기설비기술사 |
| | • 소방설비기사(기계분야) | • 소방설비기사(전기분야) |
| | • 소방설비산업기사 기계분야의 자격을 취득한 후 3년 이상 소방 관련 업무를 수행한 사람 | • 소방설비산업기사 전기분야의 자격을 취득한 후 3년 이상 소방 관련 업무를 수행한 사람 |
| | • 건축기사, 건축설비기사, 건설기계설비기사, 일반기계기사, 공조냉동기계기사, 화공기사, 가스기능장, 가스기사, 산업안전기사, 위험물기능장 자격을 취득한 후 5년 이상 소방 관련 업무를 수행한 사람 | • 전기기능장, 전기기사, 전기공사기사 자격을 취득한 후 5년 이상 소방 관련 업무를 수행한 사람 |
| | • 건축산업기사, 건축설비산업기사, 건설기계설비산업기사, 공조냉동기계산업기사, 화공산업기사, 가스산업기사, 산업안전산업기사, 위험물산업기사 자격을 취득한 후 8년 이상 소방 관련 업무를 수행한 사람 | • 전기산업기사, 전기공사산업기사 자격을 취득한 후 8년 이상 소방 관련 업무를 수행한 사람 |

**정답** 14.④  15.③

| 초급기술자 | • 소방설비산업기사(기계분야)<br>• 건축기사, 건축설비기사, 건설기계설비기사, 일반기계기사, 공조냉동기계기사, 화공기사, 가스기능장, 가스기사, 산업안전기사, 위험물기능장 자격을 취득한 후 2년 이상 소방 관련 업무를 수행한 사람<br>• 건축산업기사, 건축설비산업기사, 건설기계설비산업기사, 공조냉동기계산업기사, 화공산업기사, 가스산업기사, 산업안전산업기사, 위험물산업기사 자격을 취득한 후 4년 이상 소방 관련 업무를 수행한 사람<br>• 위험물기능사 자격을 취득한 후 6년 이상 소방 관련 업무를 수행한 사람 | • 소방설비산업기사(전기분야)<br>• 전기기능장, 전기기사, 전기공사기사 자격을 취득한 후 2년 이상 소방 관련 업무를 수행한 사람<br>• 전기산업기사, 전기공사산업기사 자격을 취득한 후 4년 이상 소방 관련 업무를 수행한 사람 |
|---|---|---|

**16** 소방시설공사의 착공신고 대상이 아닌 것은?

① 증축, 개축하는 특정소방대상물에 옥내화전설비를 신설하는 공사
② 대수선, 구조·용도 변경되는 특정소방대상물에 옥외소화전설비를 신설하는 공사
③ 증축, 개축하는 특정소방대상물에 소화용수설비를 증설하는 공사
④ 증축, 개축하는 특정소방대상물에 제연설비의 제연구역을 증설하는 공사

**[해설]** 소방시설공사의 착공신고 대상(공사업법 시행령 제4조)
㉠ 신축, 증축, 개축, 재축, 대수선 또는 구조·용도 변경되는 특정소방대상물로서 설비를 신설하는 공사
　ⓐ 옥내소화전설비, 옥외소화전설비, 스프링클러설비, 간이스프링클러설비, 물분무등소화설비, 연결송수관설비, 연결살수설비, 제연설비, 소화용수설비 및 연소방지설비
　ⓑ 자동화재탐지설비, 비상경보설비, 비상방송설비, 비상콘센트설비, 무선통신보조설비
㉡ 증축, 개축, 재축, 대수선 또는 구조·용도 변경되는 특정소방대상물로서 설비를 증설하는 공사
　ⓐ 옥내·옥외소화전설비
　ⓑ 스프링클러설비, 간이스프링클러설비, 물분무등소화설비의 방호구역, 자동화재탐지설비의 경계구역, 제연설비의 제연구역, 연결살수설비의 살수구역, 연결송수관설비의 송수구역·비상콘센트설비의 전용회로, 연소방지설비의 살수구역

㉢ 소방시설등의 전부 또는 일부를 개설·이전 또는 정비하는 공사
　ⓐ 수신반
　ⓑ 소화펌프
　ⓒ 동력(감시)제어반

**17** 제조소 등의 검사권한이 없는 자는?
① 행정안전부장관　② 시·도지사
③ 소방본부장　　　④ 소방서장

**[해설]** 제조소 등의 출입·검사권자
시·도지사, 소방본부장, 소방서장

**18** 특정소방대상물의 관계인 또는 발주자는 당해 도급계약의 수급인이 도급계약을 해지할 수 있는데 해지사유에 해당되지 않는 것은?
① 소방시설업이 등록취소 되었을 때
② 영업정지처분을 받은 때
③ 휴업 또는 폐업한 때
④ 정당한 사유 없이 20일 소방공사를 하지 아니한 때

**[해설]** 공사업법 제23조(도급계약의 해지)
특정소방대상물의 관계인 또는 발주자는 해당 도급계약의 수급인이 다음 각 호의 어느 하나에 해당하는 경우에는 도급계약을 해지할 수 있다.
1. 소방시설업이 등록취소되거나 영업정지된 경우
2. 소방시설업을 휴업하거나 폐업한 경우
3. 정당한 사유 없이 30일 이상 소방시설공사를 계속하지 아니하는 경우
4. 제22조의2제2항에 따른 요구에 정당한 사유 없이 따르지 아니하는 경우

**19** 다음은 소방시설업 중 전문 소방시설공사업의 등록기준으로 틀린 것은?
① 소방설비기사(전기·기계) 자격증 각 1명 이상
② 법인은 자본금 1억 이상
③ 보조기술인력 2명 이상
④ 사무실 전용면적 33[$m^2$] 이상

정답　16.③　17.①　18.④　19.④

**해설** 전문 소방시설공사업의 등록기준(공사업법 시행령 별표 1)
(1) 주된 기술인력 : 소방기술사 또는 소방설비기사(전기·기계) 자격자 각 1명 이상
(2) 보조기술인력 : 2명 이상
(3) 법인 : 자본금 1억 이상
(4) 사무실 전용면적 : 법 개정으로 삭제됨

**20** 소방대상물에 인접한 도로의 폭, 교통의 상황, 도로주변의 토지의 고저, 건축물의 개황 그 밖의 소방활동에 필요한 지리에 대한 조사는 월 몇 회 이상 실시하여야 하는가?

① 1회 　　② 2회
③ 3회 　　④ 4회

**해설** 소방용수시설 및 지리조사(기본법 시행규칙 제7조)
㉠ 실시권자 : 소방본부장 또는 소방서장
㉡ 실시횟수 : 월 1회 이상
㉢ 조사내용
　ⓐ 소방용수시설에 대한 조사
　ⓑ 소방대상물에 인접한 도록의 폭, 교통상황, 도로변의 토지의 고저, 건축물의 개황 그 밖의 소방활동에 필요한 지리조사
㉣ 조사내용 보관 : 2년간

**21** 피난시설 및 방화시설에 대한 관계인의 잘못된 행위가 아닌 것은?

① 방화시설을 폐쇄하는 행위
② 방화시설을 훼손하는 행위
③ 방화시설 주위에 장애물을 치우는 행위
④ 방화시설을 변경하는 행위

**해설** 피난시설 및 방화시설의 금지행위(소방시설법 제10조)
㉠ 피난시설 및 방화시설을 폐쇄(잠금을 포함한다)하거나 훼손하는 등의 행위
㉡ 피난시설 및 방화시설의 주위에 물건을 쌓아두거나 장애물을 설치하는 행위
㉢ 피난시설 및 방화시설의 용도에 장애를 주거나 소방활동에 지장을 주는 행위
㉣ 그 밖에 피난시설 및 방화시설을 변경하는 행위

**22** 소방활동에 관련한 설명으로 틀린 것은?

① 화재현장 또는 구조·구급이 필요한 사고현장을 발견한 사람은 그 현장의 상황을 소방본부·소방서 또는 관계 행정기관에 지체 없이 알려야 한다.
② 소방자동차가 소방용수를 확보하기 위하여 주행할 때라도 모든 차와 사람은 통로를 양보하여야 한다.
③ 소방자동차의 우선 통행에 관하여는 「도로교통법」이 정하는 바에 따른다.
④ 소방자동차가 소방훈련을 위하여 필요한 때에는 사이렌을 사용할 수 있다.

**해설** 소방활동(기본법 제19조, 제21조)
㉠ 화재현장 또는 구조·구급이 필요한 사고현장을 발견한 사람은 그 현장의 상황을 소방본부·소방서 또는 관계 행정기관에 지체 없이 알려야 한다.
㉡ 모든 차와 사람은 소방자동차가 화재진압 및 구조·구급활동을 위하여 출동하는 때에는 이를 방해하여서는 아니된다.
㉢ 소방자동차의 우선 통행에 관하여는 「도로교통법」이 정하는 바에 따른다.
㉣ 소방자동차가 화재진압 및 구조·구급활동을 위하여 출동하거나 훈련을 위하여 필요한 때에는 사이렌을 사용할 수 있다.

**23** 가연성의 증기 또는 미분이 체류할 우려가 있는 건축물에 시설하는 위험물 제조소의 배출설비의 설치기준으로 맞는 것은?

① 배출설비는 특별한 경우를 제외하고 전역방식으로 할 것
② 자연배출방식을 이용하여 배출하는 것으로 할 것
③ 배출능력은 1시간당 배출장소 용적의 10배 이내로 할 것
④ 급기구는 높은 곳에 설치하고 가는 눈의 구리망 등으로 인화방지망을 설치할 것

**정답** 20.① 21.③ 22.② 23.④

**해설** 위험물제조소의 배출설비(위험물법 시행규칙 별표 4)
- ㉠ 배출설비는 국소방식으로 할 것. 단, 다음의 경우에는 전역방식으로 할 수 있다.
  - ⓐ 위험물취급설비가 배관이음 등으로만 된 경우
  - ⓑ 건축물의 구조·작업장소의 분포 등의 조건에 의하여 전역방식이 유효한 경우
- ㉡ 배출설비는 배풍기·배출덕트·후드 등을 이용하여 강제적으로 배출하는 것으로 할 것
- ㉢ 배출능력은 1시간당 배출장소 용적의 20배 이상(단, 전역방식은 바닥면적 $1m^2$ 당 $18[m^3/hr]$ 이상으로 할 것
- ㉣ 급기구는 높은 곳에 설치하고 가는 눈의 구리망 등으로 인화방지망을 설치할 것

**24** 위험물제조소에서 취급하는 위험물의 최대수량이 지정수량의 10배 이하인 건축물 주위에 보유하여야 할 공지의 너비는 몇 [m] 이상이어야 하는가?

① 3[m]  ② 5[m]
③ 7[m]  ④ 10[m]

**해설** 위험물제조소의 보유공지(위험물법 시행규칙 별표 4)

| 취급하는 위험물의 최대수량 | 공지의 너비 |
|---|---|
| 지정수량의 10배 이하 | 3[m] 이상 |
| 지정수량의 10배 초과 | 5[m] 이상 |

**25** 위험물안전관리법상 도로에 해당되지 않는 것은?

① 「도로법」에 의한 도로
② 「항만법」에 의한 항만시설 중 임항교통시설에 해당하는 도로
③ 「사도법」에 의한 사도
④ 일반교통에 이용되는 너비 1[m] 이상의 도로로서 자동차의 통행이 가능한 것

**해설** 도로(위험물법 시행규칙 제2조)
- ㉠ 「도로법」에 의한 도로
- ㉡ 「항만법」에 의한 항만시설 중 임항교통시설에 해당하는 도로
- ㉢ 「사도법」에 의한 사도
- ㉣ 그 밖에 일반교통에 이용되는 너비 2[m] 이상의 도로로서 자동차의 통행이 가능한 것

정답 24.① 25.④

# 2002 제6회 소방시설관리사 1차 필기 기출문제
### [제3과목 : 소방관계법령]

**01** 다음 중 소방시설업의 종류가 아닌 것은?
① 소방시설설계업  ② 소방시설공사업
③ 소방공사감리업  ④ 소방시설유지업

**해설** "소방시설업"의 종류
㉠ 소방시설설계업
㉡ 소방시설공사업
㉢ 소방공사감리업
㉣ 방염처리업(섬유류방염업, 합성수지류방염업, 합판목재류방염업)

**02** 소방시설공사 후 소방시설의 하자보수기간이 2년인 것은?
① 자동소화장치  ② 비상방송설비
③ 자동화재탐지설비  ④ 스프링클러설비

**해설** 하자보수 대상 소방시설과 하자보수 보증기간
법 제15조제1항에 따라 하자를 보수하여야 하는 소방시설과 소방시설별 하자보수 보증기간은 다음 각 호의 구분과 같다.
1. 비상경보설비, 비상방송설비, 피난기구, 유도등, 비상조명등 및 무선통신보조설비 : 2년
2. 자동소화장치, 옥내소화전설비, 스프링클러설비등, 물분무등소화설비, 옥외소화전설비, 자동화재탐지설비, 화재알림설비, 소화용수설비 및 소화활동설비(무선통신보조설비는 제외한다) : 3년

**03** 소방시설관리사 시험의 응시자격·시험과목·시험위원에 관하여 필요한 사항은 무엇으로 정하는가?
① 대통령령  ② 행정안전부령
③ 국토교통부령  ④ 시·도의 조례

**해설** 소방시설관리사(소방시설법 제26조)
㉠ 관리사시험의 응시자격·시험방법·시험과목·시험위원에 관한 사항 : 대통령령
㉡ 시험 실시권자 : 소방청장

**04** 소방시설업자가 특정소방대상물의 관계인에게 통지하지 않아도 되는 사항은?
① 소방시설업자의 지위를 양도한 때
② 소방시설업의 등록취소 처분을 받은 때
③ 휴업 또는 폐업을 한 때
④ 영업정지의 처분을 받은 때

**해설** 소방시설업자는 다음 각 호의 어느 하나에 해당하는 경우에는 소방시설공사등을 맡긴 특정소방대상물의 관계인에게 지체 없이 그 사실을 알려야 한다.
1. 제7조에 따라 소방시설업자의 지위를 승계한 경우
2. 제9조제1항에 따라 소방시설업의 등록취소처분 또는 영업정지처분을 받은 경우
3. 휴업하거나 폐업한 경우

**05** 현행 개정 등으로 문제 삭제

**06** 소방시설의 점검을 하는 소방시설관리사 시험은 누가 실시하는가?
① 소방청장
② 국토교통부장관
③ 시·도지사
④ 소방본부장 또는 소방서장

**해설** • 소방시설관리사 시험 실시권자 : 소방청장(소방시설법 제26조)

정답  01.④  02.②  03.①  04.①  06.①

**07** 건축물에서 옥내주유취급소의 용도에 사용하는 부분의 몇 이상의 방면은 자동차 등이 출입하는 측 또는 통풍 및 피난상 필요한 공지에 접하도록 하고 벽을 설치하지 않아야 하는가?

① 1  ② 2
③ 3  ④ 4

**해설** 옥내주유취급소 설치기준(위험물법 시행규칙 별표 13)
가. 건축물에서 옥내주유취급소의 용도에 사용하는 부분은 벽·기둥·바닥·보 및 지붕을 내화구조로 하고, 개구부가 없는 내화구조의 바닥 또는 벽으로 당해 건축물의 다른 부분과 구획할 것. 다만, 건축물의 옥내주유취급소의 용도에 사용하는 부분의 상부에 상층이 없는 경우에는 지붕을 불연재료로 할 수 있다.
나. 건축물에서 옥내주유취급소(건축물안에 설치하는 것에 한한다)의 용도에 사용하는 부분의 2 이상의 방면은 자동차 등이 출입하는 측 또는 통풍 및 피난상 필요한 공지에 접하도록 하고 벽을 설치하지 아니할 것
다. 건축물에서 옥내주유취급소의 용도에 사용하는 부분에는 가연성증기가 체류할 우려가 있는 구멍·구덩이 등이 없도록 할 것
라. 건축물에서 옥내주유취급소의 용도에 사용하는 부분에 상층이 있는 경우에는 상층으로의 연소를 방지하기 위하여 다음의 기준에 적합하게 내화구조로 된 캔틸레버를 설치할 것
　1) 옥내주유취급소의 용도에 사용하는 부분(고정주유설비와 접하는 방향 및 나목의 규정에 의하여 벽이 개방된 부분에 한한다)의 바로 위층의 바닥에 이어서 1.5[m] 이상 내어 붙일 것. 다만, 바로 위층의 바닥으로부터 높이 7[m] 이내에 있는 위층의 외벽에 개구부가 없는 경우에는 그러하지 아니하다.
　2) 캔틸레버 선단과 위층의 개구부(열지 못하게 만든 방화문과 연소방지상 필요한 조치를 한 것을 제외한다)까지의 사이에는 7[m]에서 당해 캔틸레버의 내어 붙인 거리를 뺀 길이 이상의 거리를 보유할 것
마. 건축물중 옥내주유취급소의 용도에 사용하는 부분외에는 주유를 위한 작업장 등 위험물취급장소와 접하는 외벽에 창(망입유리로 된 붙박이 창을 제외한다) 및 출입구를 설치하지 아니할 것

**08** 현행 개정 등으로 문제 삭제

**09** 시·도간의 소방업무에 관하여 상호응원협정을 체결하고자 할 때 포함사항이 아닌 것은?

① 소방신호방법의 통일
② 응원출동 대상지역 및 규모
③ 소요경비의 부담에 관한 사항
④ 응원출동의 요청방법

**해설** 소방업무의 상호 응원 협정(기본법 시행규칙 제8조)
㉠ 소방활동에 관한 사항
㉡ 응원출동 대상지역 및 규모
㉢ 소요경비의 부담에 관한 사항
㉣ 응원출동의 요청방법
㉤ 응원출동훈련 및 평가

**10** 다음은 차고·주차장에 스프링클러설비를 화재안전기준에 적합하게 설치한 경우에 면제되는 소방시설에 해당되지 않는 것은?

① 포소화설비
② 물분무소화설비
③ 이산화탄소소화설비
④ 연결살수설비

**해설** 소방시설의 면제(소방시설법 시행령 별표 5)
물분무등소화설비를 설치하여야 하는 차고·주차장에 스프링클러설비를 화재안전기준에 적합하게 설치한 경우에는 그 설비의 유효범위안의 부분에서 설치가 면제된다.

**11** 특정소방대상물에서 소방안전관리업무를 대행할 수 있는 사람은?

① 소방시설관리업을 등록한 자
② 소방시설공사업을 등록한 자
③ 소방시설설계업을 등록한 자
④ 소방시설감리업을 등록한 자

**해설** 소방안전관리업무대행 : 소방시설관리업자

정답  07.② 09.① 10.④ 11.①

**12** 현행 개정 등으로 문제 삭제

**13** 특정소방대상물에 대한 소방계획서는 누가 작성하는가?
① 소방서장   ② 소방안전관리자
③ 한국소방안전원장   ④ 의용소방대장

**해설** 소방계획서의 작성
소방안전관리자

**14** 이송취급소에서 배관을 지하에 매설하는 경우 배관은 그 외면으로부터 수도시설까지 몇 [m] 이상의 안전거리를 두어야 하는가?
① 0.3[m]   ② 1.5[m]
③ 10[m]   ④ 300[m]

**해설** 지하매설의 안전거리(위험물법 시행규칙 별표 15)
㉠ 건축물(지하가 내의 건축물을 제외한다) : 1.5[m] 이상
㉡ 지하가 및 터널 : 10[m] 이상
㉢ 「수도법」에 의한 수도시설(위험물의 유입우려가 있는 것에 한한다) : 300[m] 이상

**15** 지하가로서 연면적 몇 [m²] 이상인 소방대상물에 무선통신보조설비를 설치하여야 하는가?
① 500[m²]   ② 1,000[m²]
③ 1,500[m²]   ④ 2,000[m²]

**해설** 무선통신보조설비 설치기준(소방시설법 시행령 별표5)
무선통신보조설비를 설치하여야 하는 특정소방대상물(위험물 저장 및 처리 시설 중 가스시설은 제외한다)은 다음의 어느 하나와 같다.
1) 지하가(터널은 제외한다)로서 연면적 1천[m²] 이상인 것
2) 지하층의 바닥면적의 합계가 3천[m²] 이상인 것 또는 지하층의 층수가 3층 이상이고 지하층의 바닥면적의 합계가 1천[m²] 이상인 것은 지하층의 모든 층
3) 지하가 중 터널로서 길이가 500[m] 이상인 것
4) 「국토의 계획 및 이용에 관한 법률」 제2조제9호에 따른 공동구
5) 층수가 30층 이상인 것으로서 16층 이상 부분의 모든 층

**16** 제조소등의 관계인은 위험물안전관리자가 일시적으로 직무를 수행할 수 없을 때 대리자를 지정하여 그 직무를 대행하게 하여야 하는데 직무를 대행하는 기간은 며칠을 초과할 수 없는가?
① 7일 이내   ② 14일 이내
③ 30일 이내   ④ 90일 이내

**해설** 위험물안전관리 직무 대리자 지정
㉠ 위험물안전관리 직무 대리자 지정권자 : 제조소등의 관계인
㉡ 직무 대리자 지정사유
 ⓐ 선임된 안전관리자가 여행·질병 그 밖의 사유로 인하여 일시적으로 직무를 수행할 수 없는 경우
 ⓑ 안전관리자의 해임 또는 퇴직과 동시에 다른 안전관리자를 선임하지 못하는 경우
㉢ 직무 대리자 자격조건
 ⓐ 국가기술자격법에 따른 위험물의 취급에 관한 자격취득자
 ⓑ 안전교육을 받은 자
 ⓒ 제조소등의 위험물 안전관리업무에 있어서 안전관리자를 지휘·감독하는 직위에 있는 자
㉣ 직무 대리자의 직무 대행기간 : 30일을 초과할 수 없다.

**17** 소방대상물에 대한 화재예방을 위하여 관계인에게 필요한 자료제출을 명할 수 있는 사람은?
① 소방대상물의 소유자
② 안전관리 담당자
③ 소방본부장 또는 소방서장
④ 소방안전관리자

**해설** 자료제출명령권자 : 소방본부장 또는 소방서장

**18** 소방시설관리사의 응시자격에 해당되지 않는 것은?
① 산업안전기사 자격취득 후 소방실무경력 3년인 자
② 소방공무원으로 5년 경력자
③ 위험물산업기사 자격취득 후 소방실무경력 3년인 자
④ 소방설비산업기사 자격취득 후 소방실무경력 2년인 자

정답 13.② 14.④ 15.② 16.③ 17.③ 18.④

**해설 소방시설관리사 시험응시자격(소방시설법 시행령 제27조)**
1. 소방기술사・위험물기능장・건축사・건축기계설비기술사・건축전기설비기술사 또는 공조냉동기계기술사
2. 소방설비기사 자격을 취득한 후 2년 이상 소방청장이 정하여 고시하는 소방에 관한 실무경력(이하 "소방실무경력"이라 한다)이 있는 사람
3. 소방설비산업기사 자격을 취득한 후 3년 이상 소방실무경력이 있는 사람
4. 이공계 분야를 전공한 사람으로서 이공계 분야의 박사학위를 취득한 사람, 이공계 분야의 석사학위를 취득한 후 2년 이상 소방실무경력이 있는 사람, 이공계 분야의 학사학위를 취득한 후 3년 이상 소방실무경력이 있는 사람
5. 소방안전공학(소방방재공학, 안전공학을 포함한다) 분야를 전공한 후 해당 분야의 석사학위 이상을 취득한 사람이거나 2년 이상 소방실무경력이 있는 사람
6. 위험물산업기사 또는 위험물기능사 자격을 취득한 후 3년 이상 소방실무경력이 있는 사람
7. 소방공무원으로 5년 이상 근무한 경력이 있는 사람
8. 소방안전 관련 학과의 학사학위를 취득한 후 3년 이상 소방실무경력이 있는 사람
9. 산업안전기사 자격을 취득한 후 3년 이상 소방실무경력이 있는 사람
10. 다음 각 목의 어느 하나에 해당하는 사람
    가. 특급 소방안전관리대상물의 소방안전관리자로 2년 이상 근무한 실무경력이 있는 사람
    나. 1급 소방안전관리대상물의 소방안전관리자로 3년 이상 근무한 실무경력이 있는 사람
    다. 2급 소방안전관리대상물의 소방안전관리자로 5년 이상 근무한 실무경력이 있는 사람
    라. 3급 소방안전관리대상물의 소방안전관리자로 7년 이상 근무한 실무경력이 있는 사람
    마. 10년 이상 소방실무경력이 있는 사람

[2026.12.1.이후 개정 시행]
**시행령 제37조(소방시설관리사시험의 응시자격)**
법 제25조제1항에 따른 소방시설관리사시험(이하 "관리사시험"이라 한다)에 응시할 수 있는 사람은 다음 각 호와 같다.
1. 소방기술사・건축사・건축기계설비기술사・건축전기설비기술사 또는 공조냉동기계기술사
2. 위험물기능장
3. 소방설비기사
4. 「국가과학기술 경쟁력 강화를 위한 이공계지원 특별법」 제2조제1호에 따른 이공계 분야의 박사학위를 취득한 사람

5. 소방청장이 정하여 고시하는 소방안전 관련 분야의 석사 이상의 학위를 취득한 사람
6. 소방설비산업기사 또는 소방공무원 등 소방청장이 정하여 고시하는 사람 중 소방에 관한 실무경력(자격 취득 후의 실무경력으로 한정한다)이 3년 이상인 사람

## 19 현행 개정 등으로 문제 삭제

## 20 특정소방대상물에서 소방훈련을 실시하지 않은 관계인에 대한 벌칙은 얼마인가?

① 100만원 이하의 벌금
② 200만원 이하의 벌금
③ 200만원 이하의 과태료
④ 300만원 이하의 벌금

**해설 과태료(소방시설법 제53조)**
(1) 300만원 이하의 과태료
   ㉠ 화재안전기준을 위반하여 소방시설을 설치 또는 유지・관리한 자
   ㉡ 피난시설, 방화구획 또는 방화시설의 폐쇄・훼손・변경 등의 행위를 한 자
(2) 200만원 이하의 과태료
   ① 방염성능기준을 위반한 자
   ② 소방안전관리자 선임신고, 관리업 변경신고, 지위 승계신고를 하지 않거나 거짓으로 한 자
   ③ 소방안전관리 업무를 수행하지 아니한 관계인
   ④ 소방안전관리 업무를 하지 아니한 특정소방대상물의 관계인 또는 소방안전관리대상물의 소방안전관리자
   ⑤ 소방안전관리자의 업무를 지도・감독하지 아니한 소방안전관리대상물의 관계인
   ⑥ 규정을 위반하여 피난유도 안내정보를 제공하지 아니한 자
   ⑦ 특정소방대상물의 근무자 및 거주자에 대한 소방훈련 및 교육을 하지 아니한 자
   ⑧ 소방안전관리 업무를 하지 아니한 공공기관의 장
   ⑨ 소방시설등의 점검결과를 보고하지 아니한 자 또는 거짓으로 보고한 자
   ⑩ 지위승계, 행정처분 또는 휴업・폐업의 사실을 특정소방대상물의 관계인에게 알리지 아니하거나 거짓으로 알린 관리업자

정답 20.③

⑪ 기술인력의 참여 없이 자체점검을 한 관리업자
⑫ 점검실적을 증명하는 서류를 거짓으로 제출한 자
⑬ 감독·명령을 위반하여 보고 또는 자료제출을 하지 아니하거나 거짓으로 보고 또는 자료제출을 한 자 또는 정당한 사유 없이 관계 공무원의 출입 또는 조사·검사를 거부·방해 또는 기피한 자

[2022.12.1. 이후 개정]
**화재예방법 과태료**
**제52조(과태료)**
① 다음 각 호의 어느 하나에 해당하는 자에게는 300만원 이하의 과태료를 부과한다.
  1. 정당한 사유 없이 제17조제1항 각 호의 어느 하나에 해당하는 행위를 한 자
  2. 제24조제2항을 위반하여 소방안전관리자를 겸한 자
  3. 제24조제5항에 따른 소방안전관리업무를 하지 아니한 특정소방대상물의 관계인 또는 소방안전관리대상물의 소방안전관리자
  4. 제27조제2항을 위반하여 소방안전관리업무의 지도·감독을 하지 아니한 자
  5. 제29조제2항에 따른 건설현장 소방안전관리대상물의 소방안전관리자의 업무를 하지 아니한 소방안전관리자
  6. 제36조제3항을 위반하여 피난유도 안내정보를 제공하지 아니한 자
  7. 제37조제1항을 위반하여 소방훈련 및 교육을 하지 아니한 자
  8. 제41조제4항을 위반하여 화재예방안전진단 결과를 제출하지 아니한 자
② 다음 각 호의 어느 하나에 해당하는 자에게는 200만원 이하의 과태료를 부과한다.
  1. 제17조제4항에 따른 불을 사용할 때 지켜야 하는 사항 및 같은 조 제5항에 따른 특수가연물의 저장 및 취급 기준을 위반한 자
  2. 제18조제4항에 따른 소방설비등의 설치 명령을 정당한 사유 없이 따르지 아니한 자
  3. 제26조제1항을 위반하여 기간 내에 선임신고를 하지 아니하거나 소방안전관리자의 성명 등을 게시하지 아니한 자
  4. 제29조제1항을 위반하여 기간 내에 선임신고를 하지 아니한 자
  5. 제37조제2항을 위반하여 기간 내에 소방훈련 및 교육 결과를 제출하지 아니한 자
③ 제34조제1항제2호를 위반하여 실무교육을 받지 아니한 소방안전관리자 및 소방안전관리보조자에게는 100만원 이하의 과태료를 부과한다.
④ 제1항부터 제3항까지에 따른 과태료는 대통령령으로 정하는 바에 따라 소방청장, 시·도지사, 소방본부장 또는 소방서장이 부과·징수한다.

**21** 화재의 경계를 위한 소방신호의 목적에 해당되지 않는 것은?
① 화재예방  ② 소화활동
③ 시설보수  ④ 소방훈련

**해설** 소방신호(기본법 제18조)
㉠ 목적 : 경계, 발화, 해제, 훈련[예방, 활동, 훈련]
㉡ 소방신호의 종류와 방법 : 행정안전부령

**22** 다음 중 소방활동구역에 출입할 수 없는 자는?
① 기계, 전기, 수도업무 종사자로서 소화 작업에 관계가 있는 자
② 의사, 간호사, 기타 구급업무 종사자
③ 보도업무 종사자
④ 소방대장의 소방활동을 위하여 출입허가를 받은 자

**해설** 소방활동구역의 출입자(기본법 시행령 제8조)
㉠ 소방활동구역 안에 있는 소방대상물의 소유자·관리자 또는 점유자
㉡ 전기·가스·수도·통신·교통의 업무에 종사하는 자로서 원활한 소방활동을 위하여 필요한 자
㉢ 의사·간호사 그 밖의 구조·구급업무에 종사하는 자
㉣ 취재인력 등 보도업무에 종사하는 자
㉤ 수사업무에 종사하는 자
㉥ 그 밖에 소방대장이 소방활동을 위하여 출입을 허가한 자

**23** 소방대상물에 인접한 도로의 폭, 교통의 상황, 도로주변의 토지의 고저, 건축물의 개황 그 밖의 소방활동에 필요한 지리에 대한 조사는 월 몇 회 이상 실시하여야 하는가?
① 1회  ② 2회
③ 3회  ④ 4회

**해설** 소방용수시설 및 지리 조사(기본법 시행규칙 제7조)
  ㉠ 실시권자 : 소방본부장, 소방서장
  ㉡ 조사횟수 : 월 1회 이상
  ㉢ 조사내용
    ⓐ 소방용수시설에 대한 조사
    ⓑ 소방대상물에 인접한 도로의 폭·교통상황, 도로 주변의 토지의 고저·건축물의 개황 그 밖의 소방활동에 필요한 지리에 대한 조사
  ㉣ 조사결과 보존 기간 : 2년 간

**24** 현행 개정 등으로 문제 삭제

**25** 소방용수시설의 저수조는 지면으로부터의 낙차가 몇 [m] 이하여야 하는가?

① 4.5[m]  ② 5[m]
③ 5.5[m]  ④ 6[m]

**해설** 저수조의 설치기준
  ㉠ 지면으로부터의 낙차가 4.5[m] 이하일 것
  ㉡ 흡수부분의 수심이 0.5[m] 이상일 것
  ㉢ 소방펌프자동차가 쉽게 접근할 수 있도록 할 것
  ㉣ 흡수에 지장이 없도록 토사 및 쓰레기 등을 제거할 수 있는 설비를 갖출 것
  ㉤ 흡수관의 투입구가 사각형의 경우에는 한 변의 길이가 60[cm] 이상, 원형의 경우에는 지름이 60[cm] 이상일 것
  ㉥ 저수조에 물을 공급하는 방법은 상수도에 연결하여 자동으로 급수되는 구조일 것

정답 25.①

# 제5회 소방시설관리사 1차 필기 기출문제
[제3과목 : 소방관계법령]

**01** 상주 공사감리는 연면적 [m²] 이상의 특정소방대상물에 대한 공사를 말하는가?

① 10,000[m²]  ② 20,000[m²]
③ 30,000[m²]  ④ 40,000[m²]

**해설** 상주 공사감리대상(공사업법 시행령 별표 3)
㉠ 연면적이 30,000[m²] 이상인 대상물의 공사(아파트 제외)
㉡ 16층(지하층 포함) 이상으로 500세대 이상인 아파트의 공사

**02** 다음 중 형식승인대상 소방용품으로 볼 수 없는 것은?

① 피난밧줄  ② 소방호스
③ 소화기    ④ 방염도료

**해설** 소방시설법 시행령 [별표3] 소방용품(제6조 관련)
1. 소화설비를 구성하는 제품 또는 기기
   가. 별표 1 제1호가목의 소화기구(소화약제 외의 것을 이용한 간이소화용구는 제외한다)
   나. 별표 1 제1호나목의 자동소화장치
   다. 소화설비를 구성하는 소화전, 관창(菅槍), 소방호스, 스프링클러헤드, 기동용 수압개폐장치, 유수제어밸브 및 가스관선택밸브
2. 경보설비를 구성하는 제품 또는 기기
   가. 누전경보기 및 가스누설경보기
   나. 경보설비를 구성하는 발신기, 수신기, 중계기, 감지기 및 음향장치(경종만 해당한다)
3. 피난구조설비를 구성하는 제품 또는 기기
   가. 피난사다리, 구조대, 완강기(간이완강기 및 지지대를 포함한다)
   나. 공기호흡기(충전기를 포함한다)
   다. 피난구유도등, 통로유도등, 객석유도등 및 예비전원이 내장된 비상조명등
4. 소화용으로 사용하는 제품 또는 기기

가. 소화약제(별표 1 제1호나목2)와 3)의 자동소화장치와 같은 호 마목3)부터 8)까지의 소화설비용만 해당한다)
나. 방염제(방염액·방염도료 및 방염성물질을 말한다)
5. 그 밖에 행정안전부령으로 정하는 소방 관련 제품 또는 기기

**03** 특정소방대상물로서 의료시설에 해당되는 것은?

① 치과의원  ② 한의원
③ 접골원    ④ 마약진료소

**해설** 의료시설
㉠ 병원 : 종합병원, 병원, 치과병원, 한방병원, 요양병원
㉡ 격리병원 : 전염병원, 마약진료소, 그 밖에 이와 비슷한 것
㉢ 정신의료기관
㉣ 「장애인복지법」 제58조제1항제4호에 따른 장애인 의료재활시설

> 근린생활시설 : 의원, 치과의원, 한의원, 접골원, 조산소, 안마시술소, 산후조리원

**04** 다음 중 청문을 실시하지 않아도 되는 경우는?

① 소방기술사 자격의 취소
② 소방용품의 형식승인 취소
③ 소방용품의 성능시험 지정기관의 지정취소
④ 소방시설관리업의 등록취소

**해설** 청문(소방시설법 제49조)
㉠ 청문실시권자 : 소방청장 또는 시·도지사
㉡ 청문사유 및 실시권자
   ⓐ 관리업의 등록취소 및 영업정지 : 시도지사
   ⓑ 관리사 자격의 취소 및 정지 : 소방청장

정답  01.③  02.①  03.④  04.①

ⓒ 소방용품의 형식승인 취소 및 제품검사 중지 : 소방청장
ⓓ 성능인증의 취소 : 소방청장
ⓔ 우수품질인증의 취소 : 소방청장
ⓕ 전문기관의 지정취소 및 업무정지 : 소방청장

**05** 소방기술자의 실무교육은 어디에서 실시하는가?
① 행정안전부
② 소방기술심의위원회
③ 한국소방안전원
④ 한국소방산업기술원

**[해설]** **소방기술자의 실무교육 위탁** : 한국소방안전원(공사업법 제33조)

**06** 지정수량 미만인 위험물의 취급기준 및 시설기준은?
① 시·도의 조례로 정한다.
② 방화안전관리규정에 포함시킨다.
③ 행정안전부장관이 고시한다.
④ 위험물제조소 등의 내규로 정한다.

**[해설]** 지정수량 미만인 위험물의 취급기준 및 시설기준은 시·도의 조례로 정한다(위험물법 제4조).

> **지정수량 이상 사용 시 기준** : 위험물안전관리법에 적용

**07** 공사업법상 소방기술자가 동시에 둘 이상의 업체에 취업하였을 때의 벌칙에 해당하는 것은?
① 200만원 이하의 과태료
② 100만원 이하의 벌금
③ 200만원 이하의 벌금
④ 300만원 이하의 벌금

**[해설]** **공사업법상 300만원 이하의 벌금**
㉠ 등록증이나 등록수첩을 다른 자에게 빌려준 자
㉡ 소방시설공사 현장에 감리원을 배치하지 아니한 자
㉢ 감리업자의 보완 요구에 따르지 아니한 자
㉣ 공사감리 계약을 해지하거나 대가 지급을 거부하거나 지연시키거나 불이익을 준 자

㉤ 자격수첩 또는 경력수첩을 빌려 준 사람
㉥ 동시에 둘 이상의 업체에 취업한 사람
㉦ 관계인의 정당한 업무를 방해하거나 업무상 알게 된 비밀을 누설한 사람

**08** 다량의 위험물을 취급하는 제조소로서 지정수량의 3,000배 이상의 위험물을 취급하는 사업소에 설치하여야 하는 소방대는?
① 자체소방대
② 자위소방대
③ 의용소방대
④ 의무소방대

**[해설]** **자체소방대**
지정수량의 3,000배 이상의 위험물을 취급하는 제조소에 설치하여야 하는 소방대이다(위험물법 시행령 제18조).

**09** 현행 개정 등으로 문제 삭제

**10** 현행 개정 등으로 문제 삭제

**11** 소방시설관리사의 행정안전부령에 따른 자격정지 기간은?
① 1월 이하
② 3월 이하
③ 6월 이하
④ 6월 이상 2년 이하

**[해설]** **소방시설관리사의 자격정지기간**
6월 이상 2년 이하(소방시설법 제28조)

**12** 현행 개정 등으로 문제 삭제

**13** 화재현장에 소방활동구역을 설정하여 그 구역의 출입을 제한시킬 수 있는 자는?
① 소방대상물의 관계인
② 소방대상물의 근무자
③ 소방안전관리자
④ 소방대장

**[해설]** **소방활동구역의 설정권자**
소방대장(기본법 제23조)

**정답** 05.③ 06.① 07.④ 08.① 11.④ 13.④

**14** 현행 개정 등으로 문제 삭제

**15** 다음 중 소화활동설비에 해당되지 않는 것은?
① 연소방지설비　　② 무선통신보조설비
③ 자동화재속보설비　　④ 연결송수관설비

**해설** **소화활동설비**
제연설비, 연결송수관설비, 연결살수설비, 비상콘센트설비, 무선통신보조설비, 연소방지설비

**16** 지하가의 경우 스프링클러설비를 설치하여야 할 연면적은?
① $1,000[m^2]$ 이상
② $1,500[m^2]$ 이상
③ $2,000[m^2]$ 이상
④ $500[m^2]$ 이상

**해설** 스프링클러설비를 설치해야 하는 특정소방대상물(위험물 저장 및 처리 시설 중 가스시설 및 지하구는 제외한다)은 다음의 어느 하나에 해당하는 것으로 한다.
1) 층수가 6층 이상인 특정소방대상물의 경우에는 모든 층. 다만, 다음의 어느 하나에 해당하는 경우는 제외한다.
　가) 주택 관련 법령에 따라 기존의 아파트등을 리모델링하는 경우로서 건축물의 연면적 및 층의 높이가 변경되지 않는 경우. 이 경우 해당 아파트 등의 사용검사 당시의 소방시설의 설치에 관한 대통령령 또는 화재안전기준을 적용한다.
　나) 스프링클러설비가 없는 기존의 특정소방대상물을 용도변경하는 경우. 다만, 2)부터 6)까지 및 9)부터 12)까지의 규정에 해당하는 특정소방대상물로 용도변경하는 경우에는 해당 규정에 따라 스프링클러설비를 설치한다.
2) 기숙사(교육연구시설·수련시설 내에 있는 학생 수용을 위한 것을 말한다) 또는 복합건축물로서 연면적 5천㎡ 이상인 경우에는 모든 층
3) 문화 및 집회시설(동·식물원은 제외한다), 종교시설(주요구조부가 목조인 것은 제외한다), 운동시설(물놀이형 시설 및 바닥이 불연재료이고 관람석이 없는 운동시설은 제외한다)로서 다음의 어느 하나에 해당하는 경우에는 모든 층
　가) 수용인원이 100명 이상인 것
　나) 영화상영관의 용도로 쓰는 층의 바닥면적이 지하층 또는 무창층인 경우에는 500㎡ 이상, 그 밖의 층의 경우에는 1천㎡ 이상인 것
　다) 무대부가 지하층·무창층 또는 4층 이상의 층에 있는 경우에는 무대부의 면적이 300㎡ 이상인 것
　라) 무대부가 다) 외의 층에 있는 경우에는 무대부의 면적이 500㎡ 이상인 것
4) 판매시설, 운수시설 및 창고시설(물류터미널로 한정한다)로서 바닥면적의 합계가 5천㎡ 이상이거나 수용인원이 500명 이상인 경우에는 모든 층
5) 다음의 어느 하나에 해당하는 용도로 사용되는 시설의 바닥면적의 합계가 600㎡ 이상인 것은 모든 층
　가) 근린생활시설 중 조산원 및 산후조리원
　나) 의료시설 중 정신의료기관
　다) 의료시설 중 종합병원, 병원, 치과병원, 한방병원 및 요양병원
　라) 노유자 시설
　마) 숙박이 가능한 수련시설
　바) 숙박시설
6) 창고시설(물류터미널은 제외한다)로서 바닥면적 합계가 5천㎡ 이상인 경우에는 모든 층
7) 특정소방대상물의 지하층·무창층(축사는 제외한다) 또는 층수가 4층 이상인 층으로서 바닥면적이 1천㎡ 이상인 층이 있는 경우에는 해당 층
8) 랙식 창고(rack warehouse) : 랙(물건을 수납할 수 있는 선반이나 이와 비슷한 것을 말한다. 이하 같다)을 갖춘 것으로서 천장 또는 반자(반자가 없는 경우에는 지붕의 옥내에 면하는 부분을 말한다)의 높이가 10m를 초과하고, 랙이 설치된 층의 바닥면적의 합계가 1천5백㎡ 이상인 경우에는 모든 층
9) 공장 또는 창고시설로서 다음의 어느 하나에 해당하는 시설
　가) 「화재의 예방 및 안전관리에 관한 법률 시행령」 별표 2에서 정하는 수량의 1천 배 이상의 특수가연물을 저장·취급하는 시설
　나) 「원자력안전법 시행령」 제2조제1호에 따른 중·저준위방사성폐기물(이하 "중·저준위방사성폐기물"이라 한다)의 저장시설 중 소화수를 수집·처리하는 설비가 있는 저장시설
10) 지붕 또는 외벽이 불연재료가 아니거나 내화구조가 아닌 공장 또는 창고시설로서 다음의 어느 하나에 해당하는 것

**정답** 15.③ 16.①

가) 창고시설(물류터미널로 한정한다) 중 4)에 해당하지 않는 것으로서 바닥면적의 합계가 2천5백㎡ 이상이거나 수용인원이 250명 이상인 경우에는 모든 층
나) 창고시설(물류터미널은 제외한다) 중 6)에 해당하지 않는 것으로서 바닥면적의 합계가 2천5백㎡ 이상인 경우에는 모든 층
다) 공장 또는 창고시설 중 7)에 해당하지 않는 것으로서 지하층·무창층 또는 층수가 4층 이상인 것 중 바닥면적이 500㎡ 이상인 경우에는 모든 층
라) 랙식 창고 중 8)에 해당하지 않는 것으로서 바닥면적의 합계가 750㎡ 이상인 경우에는 모든 층
마) 공장 또는 창고시설 중 9)가)에 해당하지 않는 것으로서 「화재의 예방 및 안전관리에 관한 법률 시행령」 별표 2에서 정하는 수량의 500배 이상의 특수가연물을 저장·취급하는 시설
11) 교정 및 군사시설 중 다음의 어느 하나에 해당하는 경우에는 해당 장소
　가) 보호감호소, 교도소, 구치소 및 그 지소, 보호관찰소, 갱생보호시설, 치료감호시설, 소년원 및 소년분류심사원의 수용거실
　나) 「출입국관리법」 제52조제2항에 따른 보호시설(외국인보호소의 경우에는 보호대상자의 생활공간으로 한정한다. 이하 같다)로 사용하는 부분. 다만, 보호시설이 임차건물에 있는 경우는 제외한다.
　다) 「경찰관 직무집행법」 제9조에 따른 유치장
12) 지하가(터널은 제외한다)로서 연면적 1천㎡ 이상인 것
13) 발전시설 중 전기저장시설
14) 1)부터 13)까지의 특정소방대상물에 부속된 보일러실 또는 연결통로 등

**17** 일반 소방시설 설계업(기계분야)의 영업범위에 해당되지 않는 것은?

① 연면적 30,000[㎡] 미만에 설치되는 특정소방대상물의 소방시설 설계
② 아파트에 설치되는 소방시설의 설계
③ 위험물제조소 등에 설치되는 소방시설의 설계
④ 모든 특정소방대상물에 설치되는 소방시설의 설계

**해설** 소방시설설계업의 영업범위(공사업법 시행령 별표 1)
1. 소방시설설계업

| 업종별 | 항목 | 기술인력 | 영업범위 |
|---|---|---|---|
| 전문 소방시설 설계업 | | 가. 주된 기술인력: 소방기술사 1명 이상<br>나. 보조기술인력: 1명 이상 | 모든 특정소방대상물에 설치되는 소방시설의 설계 |
| 일반 소방 시설 설계업 | 기계 분야 | 가. 주된 기술인력: 소방기술사 또는 기계분야 소방설비기사 1명 이상<br>나. 보조기술인력: 1명 이상 | 가. 아파트에 설치되는 기계분야 소방시설(제연설비는 제외한다)의 설계<br>나. 연면적 3만제곱미터(공장의 경우에는 1만제곱미터) 미만의 특정소방대상물에 설치되는 기계분야 소방시설의 설계<br>다. 위험물제조소등에 설치되는 기계분야 소방시설의 설계 |
| | 전기 분야 | 가. 주된 기술인력: 소방기술사 또는 전기분야 소방설비기사 1명 이상<br>나. 보조기술인력: 1명 이상 | 가. 아파트에 설치되는 전기분야 소방시설의 설계<br>나. 연면적 3만제곱미터(공장의 경우에는 1만제곱미터) 미만의 특정소방대상물에 설치되는 전기분야 소방시설의 설계<br>다. 위험물제조소등에 설치되는 전기분야 소방시설의 설계 |

**18** 현행 개정 등으로 문제 삭제

**19** 현행 개정 등으로 문제 삭제

**20** 소방시설업 등록의 결격사유가 아닌 자는?

① 피성년후견인
② 금고 이상의 실형을 선고받고 그 집행이 끝나거나(집행이 끝난 것으로 보는 경우를 포함한다) 면제된 날부터 2년이 지나지 아니한 사람
③ 미성년자
④ 등록하려는 소방시설업 등록이 취소(제1호에 해당하여 등록이 취소된 경우는 제외한다)된 날부터 2년이 지나지 아니한 자

정답  17.④  20.③,④

**해설** 소방시설업 등록의 결격사유(공사업법 제5조)
1. 피성년후견인
2. 삭제 〈2015. 7. 20.〉
3. 이 법, 「소방기본법」, 「화재예방, 소방시설 설치·유지 및 안전관리에 관한 법률」 또는 「위험물안전관리법」에 따른 금고 이상의 실형을 선고받고 그 집행이 끝나거나(집행이 끝난 것으로 보는 경우를 포함한다) 면제된 날부터 2년이 지나지 아니한 사람
4. 이 법, 「소방기본법」, 「화재예방, 소방시설 설치·유지 및 안전관리에 관한 법률」 또는 「위험물안전관리법」에 따른 금고 이상의 형의 집행유예를 선고받고 그 유예기간 중에 있는 사람
5. 등록하려는 소방시설업 등록이 취소(제1호에 해당하여 등록이 취소된 경우는 제외한다)된 날부터 2년이 지나지 아니한 자
6. 법인의 대표자가 제1호부터 제5호까지의 규정에 해당하는 경우 그 법인
7. 법인의 임원이 제3호부터 제5호까지의 규정에 해당하는 경우 그 법인

**21** 현행 개정 등으로 문제 삭제

**22** 소방대상물의 개수명령에 필요한 조치로서 옳지 않은 것은?

① 소방대상물의 용도변경
② 소방대상물의 개수
③ 소방대상물의 이전
④ 소방대상물의 사용의 금지

**해설** 소방대상물의 개수명령의 조치(소방시설법 제5조)
㉠ 개수
㉡ 이전
㉢ 제거
㉣ 사용의 금지
㉤ 제한
㉥ 사용폐쇄
㉦ 공사의 정지 또는 중지

**23** 연면적 $5,000[m^2]$ 이상으로 포소화설비가 설치된 특정소방대상물의 소방시설점검을 할 수 없는 사람은? (단, 종합점검의 경우이다)

① 소방시설관리업자
② 소방안전관리자로 선임된 소방시설관리사
③ 소방안전관리자로 선임된 소방설비기사
④ 소방안전관리자로 선임된 소방기술사

**해설** ■ 점검대상 및 시기, 점검자자격

| 대상 | | 횟수·시기 | | 점검자 |
|---|---|---|---|---|
| 작동점검 | 모든 특정소방대상물 [3급이상에 해당] 〈제외 대상〉 1. 특급소방안전관리대상물(종합점검만 연 2회) 2. 소방안전관리대상물에 속하지 않는 대상물 3. 위험물 제조소등 | • 원칙 : 연 1회 | | 관계인 (자탐, 간이만해당) |
| | | 종합점검 대상 × | 안전관리대상물의 사용승인일이 속하는 달의 말일까지 | 소방안전관리자 (기술사, 관리사) |
| | | 종합점검 대상 ○ | 종합실시월로부터 6개월이 되는 달에 실시 | 관리업재(관리사) (자탐, 간이는 특급점검자가능) |
| 종합점검 | 최초점검 | 3급이상대상중 최초사용승인 건축물 | 사용승인일로부터 60일이내 | 소방안전관리자 (기술사, 관리사) 관리업재(관리사) |
| | 그밖 점검 | 스프링클러설비가 설치된 특정소방대상물 | • 원칙 : 연 1회 (최초사용승해 다음해부터 사용승인일이 속하는 달의 말일까지) **예** 학교 : 1~6월이 사용승인일 경우 6월 말일까지 • 특급 소방안전관리대상물 : 연2회(반기별 1회) | |
| | | 물분무등소화설비가 설치된 연면적 $5,000[m^2]$ 이상인 특정소방대상물 | | |
| | | 연면적 $2,000[m^2]$ 이상 다중이용업소(9종) | | |
| | | 옥내소화전설비 또는 자동화재탐지설비가 설치된 연면적 $1,000[m^2]$ 이상 공공기관(소방대 제외) | | |
| | | 제연설비가 설치된 터널 | | |

**24** 다음 중 1급 소방안전관리대상물의 소방안전관리자 자격 기준으로 적합하지 않은 사람은?

① 소방시설관리사
② 소방설비산업기사
③ 소방설비기사
④ 건축기사

**정답** 22.① 23.③ 24.④

### 소방안전관리 대상물

|  |  |
|---|---|
| 특급 | ① 50층 이상(지하층은 제외)이거나 지상으로부터 높이가 200[m] 이상인 아파트<br>② 연면적 10만[m²] 이상<br>③ 지하층 포함 30층 이상(아파트는 제외)<br>④ 높이가 120[m] 이상(아파트는 제외)<br><br>제외 • 공공기관 • 동·식물원 • 불연성 물품 창고 • 위험물 제조소등 • 지하구 |
| 1급 | ① 30층 이상(지하층은 제외)이거나 지상으로부터 높이가 120[m] 이상인 아파트<br>② 연면적 1만5천[m²] 이상인 것(아파트는 제외)<br>③ 층수가 11층 이상인 것(아파트는 제외)<br>④ 가연성 가스를 1천톤 이상 저장·취급하는 시설<br><br>제외 • 공공기관 • 동·식물원 • 불연성 물품 창고 • 위험물 제조소등 • 지하구 |
| 2급 | ① 옥내소화전설비, 스프링클러설비, 간이스프링클러설비 또는 물분무등소화설비[호스릴방식 제외]를 설치하는 특정소방대상물<br>② 가스 제조설비를 갖추고 도시가스사업의 허가를 받아야 하는 시설 또는 가연성 가스를 100톤 이상 1천톤 미만 저장·취급하는 시설<br>④ 지하구<br>⑤ 공동주택(300세대 이상, 승강기·중앙난방시설·주상복합건축물로 150세대 이상 등)<br>⑥ 보물 또는 국보로 지정된 목조건축물<br><br>제외 • 공공기관 |
| 3급 | 특급·1급·2급 소방안전관리대상물에 해당하지 아니하는 특정소방대상물로서 자동화재탐지설비를 설치하는 특정소방대상물 and 간이sp 설치대상물<br><br>제외 • 공공기관 |
| 비고 | 건축물대장의 건축물현황도에 표시된 대지경계선 안의 지역 또는 인접한 2개 이상의 대지에 소방안전관리자를 두어야 하는 특정소방대상물이 둘 이상 있고, 그 관리에 관한 권원(權原)을 가진 자가 동일인인 경우에는 이를 하나의 특정소방대상물로 보되, 그 특정소방대상물이 특급, 1급, 2급, 3급 소방안전관리대상물 중 둘 이상에 해당하는 경우에는 그 중에서 급수가 높은 특정소방대상물로 본다. |

■ 자격요건

|  |  |
|---|---|
| 1급 | • 소방설비기사, 소방설비산업기사<br>• 소방공무원 7년 이상 근무 경력 |
| 2급 | • 위험물기능장(산업기사, 기능사)<br>• 소방공무원 3년 이상 근무 경력 |
| 3급 | • 건축사, 산업안전기사, 산업안전산업기사, 건축기사, 건축산업기사, 일반기계기사 전기기능장, 전기기사, 전기산업기사, 전기공사기사(산업기사) 자격을 가진 사람<br>• 소방공무원 1년 이상 근무경력<br>• 3급 강습수료 후 시험합격한 사람 |
| 시설관리사 응시자격 | • 소방기술사·위험물기능장·건축사·건축기계설비기술사·건축전기설비기술사·공조냉동기술사<br>• 소방설비기사(소방안전(방재)공학 석사학위 이상 취득)+2년 이상 소방실무<br>• 소방설비산업기사(소방안전관리학과(관련) 대학 졸업)+3년 이상 소방실무<br>• 위험물산업기사, 위험물기능사+3년 이상 소방실무<br>• 소방공무원 5년 이상 근무 경력<br>• 산업안전기사+3년 이상 소방실무<br>• 10년 이상 소방실무 |

**25** 다음 중 어떤 설비가 화재안전기준에 적합하게 설치되어 있으면 제연설비를 면제할 수 있는가?

① 공기조화설비
② 연결살수설비
③ 스프링클러설비
④ 비상경보설비

**해설** 공기조화설비가 화재안전기준에 적합하게 설치되어 있으며 제연설비를 면제할 수 있다(소방시설법 시행령 별표 6)

정답 25.①

# 제4회 소방시설관리사 1차 필기 기출문제
[제3과목 : 소방관계법령]

**01** 다음 중 소방시설의 종류가 아닌 것은?
① 소화설비   ② 경보설비
③ 소화활동설비   ④ 방화벽설비

**해설** 소방시설(소방시설법 시행령 별표1)
1. 소화설비 : 물 또는 그 밖의 소화약제를 사용하여 소화하는 기계·기구 또는 설비로서 다음 각 목의 것
   가. 소화기구
      1) 소화기
      2) 간이소화용구 : 에어로졸식 소화용구, 투척용 소화용구 및 소화약제 외의 것을 이용한 간이소화용구
      3) 자동확산소화기
   나. 자동소화장치
      1) 주거용 주방자동소화장치
      2) 상업용 주방자동소화장치
      3) 캐비닛형 자동소화장치
      4) 가스자동소화장치
      5) 분말자동소화장치
      6) 고체에어로졸자동소화장치
   다. 옥내소화전설비(호스릴옥내소화전설비를 포함한다)
   라. 스프링클러설비등
      1) 스프링클러설비
      2) 간이스프링클러설비(캐비닛형 간이스프링클러설비를 포함한다)
      3) 화재조기진압용 스프링클러설비
   마. 물분무등소화설비
      1) 물 분무 소화설비
      2) 미분무소화설비
      3) 포소화설비
      4) 이산화탄소소화설비
      5) 할론소화설비
      6) 할로겐화합물 및 불활성기체 소화설비
      7) 분말소화설비
      8) 강화액소화설비
      9) 고체에어로졸소화설비
   바. 옥외소화전설비
2. 경보설비 : 화재발생 사실을 통보하는 기계·기구 또는 설비로서 다음 각 목의 것
   가. 단독경보형 감지기
   나. 비상경보설비
      1) 비상벨설비
      2) 자동식사이렌설비
   다. 시각경보기
   라. 자동화재탐지설비
   마. 비상방송설비
   바. 자동화재속보설비
   사. 통합감시시설
   아. 누전경보기
   자. 가스누설경보기
3. 피난구조설비 : 화재가 발생할 경우 피난하기 위하여 사용하는 기구 또는 설비로서 다음 각 목의 것
   가. 피난기구
      1) 피난사다리
      2) 구조대
      3) 완강기
      4) 그 밖에 법 제9조제1항에 따라 소방청장이 정하여 고시하는 화재안전기준(이하 "화재안전기준"이라 한다)으로 정하는 것
   나. 인명구조기구
      1) 방열복, 방화복(안전헬멧, 보호장갑 및 안전화를 포함한다)
      2) 공기호흡기
      3) 인공소생기
   다. 유도등
      1) 피난유도선
      2) 피난구유도등
      3) 통로유도등
      4) 객석유도등
      5) 유도표지
   라. 비상조명등 및 휴대용비상조명등

정답  01.④

4. 소화용수설비 : 화재를 진압하는 데 필요한 물을 공급하거나 저장하는 설비로서 다음 각 목의 것
   가. 상수도소화용수설비
   나. 소화수조·저수조, 그 밖의 소화용수설비
5. 소화활동설비 : 화재를 진압하거나 인명구조활동을 위하여 사용하는 설비로서 다음 각 목의 것
   가. 제연설비
   나. 연결송수관설비
   다. 연결살수설비
   라. 비상콘센트설비
   마. 무선통신보조설비
   바. 연소방지설비

**02** 저장 또는 취급하는 위험물의 수량이 지정수량의 20배 이하인 제1종 판매취급소의 위치로서 옳은 것은?

① 건축물의 지하층에 설치하여야 한다.
② 건축물의 1층에 설치하여야 한다.
③ 지하층만 있는 건축물에 설치하여야 한다.
④ 건축물의 2층 이상에 설치하여야 한다.

**해설** 판매취급소의 위치·구조 및 설비의 기준(위험물법 시행규칙 [별표14])
저장 또는 취급하는 위험물의 수량이 지정수량의 20배 이하인 판매취급소(이하 "제1종 판매취급소"라 한다)의 위치·구조 및 설비의 기준은 다음 각목과 같다.
가. 제1종 판매취급소는 건축물의 1층에 설치할 것
나. 제1종 판매취급소에는 별표 4 Ⅲ제1호의 기준에 따라 보기 쉬운 곳에 "위험물 판매취급소(제1종)"라는 표시를 한 표지와 동표 Ⅲ제2호의 기준에 따라 방화에 관하여 필요한 사항을 게시한 게시판을 설치하여야 한다.
다. 제1종 판매취급소의 용도로 사용되는 건축물의 부분은 내화구조 또는 불연재료로 하고, 판매취급소로 사용되는 부분과 다른 부분과의 격벽은 내화구조로 할 것
라. 제1종 판매취급소의 용도로 사용되는 건축물의 부분은 보를 불연재료로 하고, 천장을 설치하는 경우에는 천장을 불연재료로 할 것
마. 제1종 판매취급소의 용도로 사용되는 부분에 상층이 있는 경우에 있어서는 그 상층의 바닥을 내화구조로 하고, 상층이 없는 경우에 있어서는 지붕을 내화구조 또는 불연재료로 할 것
바. 제1종 판매취급소의 용도로 사용하는 부분의 창 및 출입구에는 60분+ 방화문·60분 방화문 또는 30분 방화문을 설치할 것
사. 제1종 판매취급소의 용도로 사용하는 부분의 창 또는 출입구에 유리를 이용하는 경우에는 망입유리로 할 것
아. 제1종 판매취급소의 용도로 사용하는 건축물에 설치하는 전기설비는 전기사업법에 의한 전기설비기술기준에 의할 것
자. 위험물을 배합하는 실은 다음에 의할 것
   1) 바닥면적은 $6[m^2]$ 이상 $15[m^2]$ 이하로 할 것
   2) 내화구조 또는 불연재료로 된 벽으로 구획할 것
   3) 바닥은 위험물이 침투하지 아니하는 구조로 하여 적당한 경사를 두고 집유설비를 할 것
   4) 출입구에는 수시로 열 수 있는 자동폐쇄식의 갑종방화문을 설치할 것
   5) 출입구 문턱의 높이는 바닥면으로부터 $0.1[m]$ 이상으로 할 것
   6) 내부에 체류한 가연성의 증기 또는 가연성의 미분을 지붕 위로 방출하는 설비를 할 것

**03** 다음 중 소방시설관리사 자격의 결격사유에 해당되지 않는 것은?

① 피성년후견인
② 파산선고를 받은 자로서 복권된 사람
③ 금고 이상의 형의 선고를 받고 그 집행이 종료되거나 집행을 받지 아니하기로 확정된 날부터 2년이 지나지 아니한 사람
④ 금고 이상의 형의 집행유예의 선고를 받고 그 집행유예기간 중에 있는 사람

**해설** 관리사의 결격사유(소방시설법 제27조)
㉠ 피성년후견인
㉡ 금고 이상의 실형을 선고받고 그 집행이 끝나거나 집행이 면제된 날부터 2년이 지나지 아니한 사람
㉢ 금고 이상의 형의 집행유예를 선고받고 그 유예기간 중에 있는 사람
㉣ 자격이 취소(피성년후견인으로 자격이 취소된 경우는 제외한다)된 날부터 2년이 지나지 아니한 사람

**04** 다음 중 이송취급소를 설치하여야 하는 장소는?

① 철도 및 도로의 터널 안
② 고속국도 및 자동차전용도로의 차도·길어깨 및 중앙분리대
③ 지형상황 등 부득이한 사유가 있고 안전에 필요한 조치를 한 곳
④ 호수·저수지 등으로서 수리의 수원이 되는 곳

**해설** 이송취급소 설치 제외 장소(위험물법 시행규칙 별표 15)
㉠ 철도 및 도로의 터널 안
㉡ 고속국도 및 자동차전용도로의 차도·길어깨 및 중앙분리대
㉢ 호수·저수지 등으로서 수리의 수원이 되는 곳
㉣ 급경사지역으로서 붕괴의 위험이 있는 지역

**05** 화재현장 또는 구조가 필요한 사고 현장을 발견한 사람은 화재 등의 상황을 알려야 하는데 해당되지 않는 대상은?

① 소방본부
② 소방서
③ 관계 행정기관
④ 관계인

**해설** 제19조(화재 등의 통지)
① 화재 현장 또는 구조·구급이 필요한 사고 현장을 발견한 사람은 그 현장의 상황을 소방본부, 소방서 또는 관계 행정기관에 지체 없이 알려야 한다.
② 다음 각 호의 어느 하나에 해당하는 지역 또는 장소에서 화재로 오인할 만한 우려가 있는 불을 피우거나 연막(煙幕) 소독을 하려는 자는 시·도의 조례로 정하는 바에 따라 관할 소방본부장 또는 소방서장에게 신고하여야 한다.
   1. 시장지역
   2. 공장·창고가 밀집한 지역
   3. 목조건물이 밀집한 지역
   4. 위험물의 저장 및 처리시설이 밀집한 지역
   5. 석유화학제품을 생산하는 공장이 있는 지역
   6. 그 밖에 시·도의 조례로 정하는 지역 또는 장소

**06** 소방시설관리업자가 영업정지를 명하는 경우로서 국민에게 심한 불편을 주거나 그 밖에 공익을 해칠 우려가 있는 때에는 영업정지처분에 갈음하여 부과하는 과징금의 금액은?

① 1,000만원 이하
② 3,000만원 이하
③ 1억원 이하
④ 2억원 이하

**해설** 영업정지처분에 갈음하여 부과하는 과징금 : 3천만원 이하

○ 과징금을 부과하는 위반행위의 종별·정도 등에 따른 과징금의 금액의 필요한 사항 : 행정안전부령

관리업 : 3천만원, 공사업 위험물 : 2억원

**07** 다음 중 특수가연물에 해당되지 않는 것은?

① 가연성 고체류
② 황
③ 목모 및 대팻밥
④ 석탄 및 목탄

**해설** 특수가연물(기본법 시행령 별표 2)

| 품명 | | 수량 |
|---|---|---|
| 면화류 | | 200[kg] 이상 |
| 나무껍질 및 대팻밥 | | 400[kg] 이상 |
| 넝마 및 종이부스러기 | | 1,000[kg] 이상 |
| 사류(絲類) | | 1,000[kg] 이상 |
| 볏짚류 | | 1,000[kg] 이상 |
| 가연성 고체류 | | 3,000[kg] 이상 |
| 석탄·목탄류 | | 10,000[kg] 이상 |
| 가연성 액체류 | | 2[m³] 이상 |
| 목재가공품 및 나무부스러기 | | 10[m³] 이상 |
| 합성수지류 | 발포시킨 것 | 20[m³] 이상 |
| | 그 밖의 것 | 3,000[kg] 이상 |

○ 황은 제2류 위험물

**08** 화재가 발생할 우려가 높거나 화재가 발생하는 경우 그로 인하여 피해가 클 것으로 예상되는 구역에 대하여 취할 수 있는 조치는?

① 화재예방강화지구로 지정
② 소방활동구역의 설정
③ 소화활동지역으로 지정
④ 소방훈련지역의 설정

**정답** 04.③ 05.④ 06.② 07.② 08.①

**해설** 화재예방강화지구 지정 지역
도시의 건물밀집지역 등 화재가 발생할 우려가 높거나 화재가 발생하는 경우 그로 인하여 피해가 클 것으로 예상되는 일정한 구역

**09** 현행 개정 등으로 문제 삭제

**10** 소방시설의 자체점검을 하지 아니하고 보고를 한 소방시설관리업자의 1차 행정처분기준은?

① 경고(시정명령)　② 영업정지 3월
③ 영업정지 6월　　④ 등록취소

**해설** 소방시설관리업에 대한 행정처분기준(소방시설법 시행규칙 별표8)

| 위반사항 | 근거 법조문 | 행정처분기준 | | |
|---|---|---|---|---|
| | | 1차 | 2차 | 3차 |
| (1) 거짓, 그 밖의 부정한 방법으로 등록을 한 경우 | 법 제34조 제1항 제1호 | 등록 취소 | | |
| (2) 법 제25조제1항에 따른 점검을 하지 않거나 거짓으로 한 경우 | 법 제34조 제1항 제2호 | 경고 (시정 명령) | 영업 정지 3개월 | 등록 취소 |
| (3) 법 제29조제2항에 따른 등록기준에 미달하게 된 경우. 다만, 기술인력이 퇴직하거나 해임되어 30일 이내에 재선임하여 신고하는 경우는 제외한다. | 법 제34조 제1항 제3호 | 경고 (시정 명령) | 영업 정지 3개월 | 등록 취소 |
| (4) 법 제30조 각 호의 어느 하나의 등록의 결격사유에 해당하게 된 경우 | 법 제34조 제1항 제4호 | 등록취소 | | |
| (5) 법 제33조제1항을 위반하여 다른 자에게 등록증 또는 등록수첩을 빌려준 경우 | 법 제34조 제1항 제7호 | 등록취소 | | |

**11** 소방대원에게는 필요한 교육·훈련을 실시하여야 하는데 이와 관련이 없는 사람은?

① 소방청장　　② 시·도지사
③ 소방본부장　④ 소방서장

**해설** 소방교육, 훈련실시권자(기본법 제17조)
소방청장·소방본부장 또는 소방서장

**12** 소방시설관리업을 하고자 하는 자의 처리방법은?

① 시·도지사에게 등록하여야 한다.
② 시·도지사에게 신고하여야 한다.
③ 소방청장에게 등록하여야 한다.
④ 소방청장에게 신고하여야 한다.

**해설** 소방시설관리업을 등록하고자 하는 자는 시·도지사에게 기술인력을 갖추어 등록하여야 한다.

**13** 객석 유도등을 설치하여야 할 소방대상물은?

① 의료시설
② 판매시설
③ 업무시설
④ 문화집회 및 운동시설

**해설** 유도등의 설치기준

| 설치장소 | 유도등 및 유도표지의 종류 |
|---|---|
| 1. 공연장·집회장(종교집회장 포함)·관람장·운동시설 | • 대형피난구유도등<br>• 통로유도등<br>• 객석유도등 |
| 2. 유흥주점영업시설(「식품위생법 시행령」 제21조제8호라목의 유흥주점영업중 손님이 춤을 출 수 있는 무대가 설치된 카바레, 나이트클럽 또는 그 밖에 이와 비슷한 영업시설만 해당한다) | |
| 3. 위락시설·판매시설·운수시설·「관광진흥법」 제2조제1항 제2호에 따른 관광숙박업·의료시설·장례식장·방송통신시설·전시장·지하상가·지하철역사 | • 대형피난구유도등<br>• 통로유도등 |
| 4. 숙박시설(제3호의 관광숙박업 외의 것을 말한다)·오피스텔 | • 중형피난구유도등<br>• 통로유도등 |
| 5. 제1호부터 제3호까지 외의 건축물로서 지하층·무창층 또는 층수가 11층 이상인 특정소방대상물 | |
| 6. 제1호부터 제5호까지 외의 건축물로서 근린생활시설·노유자시설·업무시설·발전시설·종교시설(집회장 용도를 사용하는 부분 제외)·교육연구시설·수련시설·공장·창고시설·교정 및 군사시설(국방·군사시설 제외)·기숙사·자동차정비공장·운전학원 및 정비학원·다중이용업소·복합건축물·아파트 | • 소형피난구유도등<br>• 통로유도등 |
| 7. 그 밖의 것 | • 피난구유도표지<br>• 통로유도표지 |

정답 10.① 11.② 12.① 13.④

**14** 위험물탱크 안전성능시험자가 반드시 갖추어야 할 장비에 해당되는 것은?

① 수압기  ② 비중계
③ 유량계  ④ 자기탐상시험기

**해설** 탱크시험자의 기술능력·시설 및 장비(위험물 시행령 별표7)
1. 기술능력
   가. 필수인력
      1) 위험물기능장·위험물산업기사 또는 위험물기능사 중 1명 이상
      2) 비파괴검사기술사 1명 이상 또는 초음파비파괴검사·자기비파괴검사 및 침투비파괴검사별로 기사 또는 산업기사 각 1명 이상
   나. 필요한 경우에 두는 인력
      1) 충·수압시험, 진공시험, 기밀시험 또는 내압시험의 경우 : 누설비파괴검사 기사, 산업기사 또는 기능사
      2) 수직·수평도시험의 경우 : 측량 및 지형공간정보 기술사, 기사, 산업기사 또는 측량기능사
      3) 방사선투과시험의 경우 : 방사선비파괴검사 기사 또는 산업기사
      4) 필수 인력의 보조 : 방사선비파괴검사·초음파비파괴검사·자기비파괴검사 또는 침투비파괴검사 기능사
2. 시설 : 전용사무실
3. 장비
   가. 필수장비 : 자기탐상시험기, 초음파두께측정기 및 다음 1) 또는 2) 중 어느 하나
      1) 영상초음파탐상시험기
      2) 방사선투과시험기 및 초음파탐상시험기
   나. 필요한 경우에 두는 장비
      1) 충·수압시험, 진공시험, 기밀시험 또는 내압시험의 경우
         가) 진공능력 53[kPa] 이상의 진공누설시험기
         나) 기밀시험장치(안전장치가 부착된 것으로서 가압능력 200[kPa] 이상, 감압의 경우에는 감압능력 10[kPa] 이상·감도 10[Pa] 이하의 것으로서 각각의 압력 변화를 스스로 기록할 수 있는 것)
      2) 수직·수평도 시험의 경우 : 수직·수평도 측정기
   ※ 비고 : 둘 이상의 기능을 함께 가지고 있는 장비를 갖춘 경우에는 각각의 장비를 갖춘 것으로 본다.

**15** 소방시설의 자체점검을 거짓으로 한 소방시설관리사의 1차 행정처분 기준은?

① 경고  ② 자격정지 6월
③ 자격정지 2년  ④ 자격취소

**해설** 소방시설관리사에 대한 행정처분기준(소방시설법 시행규칙 별표8)

| 위반사항 | 근거 법조문 | 행정처분기준 | | |
|---|---|---|---|---|
| | | 1차 | 2차 | 3차 |
| (1) 거짓, 그 밖의 부정한 방법으로 시험에 합격한 경우 | 법 제28조제1호 | 자격 취소 | | |
| (2) 법 제20조제6항에 따른 소방안전관리 업무를 하지 않거나 거짓으로 한 경우 | 법 제28조제2호 | 경고 (시정명령) | 자격 정지 6월 | 자격 취소 |
| (3) 법 제25조에 따른 점검을 하지 않거나 거짓으로 한 경우 | 법 제28조제3호 | 경고 (시정명령) | 자격 정지 6월 | 자격 취소 |
| (4) 법 제26조제6항을 위반하여 소방시설관리증을 다른 자에게 빌려준 경우 | 법 제28조제4호 | 자격 취소 | | |
| (5) 법 제26조제7항을 위반하여 동시에 둘 이상의 업체에 취업한 경우 | 법 제28조제5호 | 자격 취소 | | |
| (6) 법 제26조제8항을 위반하여 성실하게 자체점검업무를 수행하지 아니한 경우 | 법 제28조제6호 | 경고 | 자격 정지 6월 | 자격 취소 |
| (7) 법 제27조 각 호의 어느 하나의 결격사유에 해당하게 된 경우 | 법 제28조제7호 | 자격 취소 | | |
| (8) 삭제 〈2014.7.8〉 | | | | |
| (9) 삭제 〈2012.2.3〉 | | | | |

**16** 다음 중 소방용수시설의 저수조는 지면으로부터의 낙차의 기준은?

① 0.5[m] 이하  ② 0.5[m] 이상
③ 4.5[m] 이하  ④ 4.5[m] 이상

**해설** 저수조의 설치기준(기본법 시행규칙 별표 3)
㉠ 지면으로부터의 낙차가 4.5[m] 이하일 것
㉡ 흡수부분의 수심이 0.5[m] 이상일 것
㉢ 소방펌프자동차가 쉽게 접근할 수 있도록 할 것
㉣ 흡수에 지장이 없도록 토사 및 쓰레기 등을 제거할 수 있는 설비를 갖출 것

정답 14.④ 15.① 16.③

ⓜ 흡수관의 투입구가 사각형의 경우에는 한 변의 길이가 60[cm] 이상, 원형의 경우에는 지름이 60[cm] 이상일 것
ⓗ 저수조에 물을 공급하는 방법은 상수도에 연결하여 자동으로 급수되는 구조일 것

**17** 다음 중 소방시설관리사 시험위원의 자격이 없는 사람은?

① 소방 관련학 석사학위를 가진 사람
② 대학 이상의 교육기관에서 소방관련학과 조교수 이상으로 2년 이상 재직한 사람
③ 소방령 이상의 소방공무원
④ 소방기술사

**해설** 소방시설관리사 시험위원(소방시설법 시행령 제30조)
① 소방청장은 법 제26조제2항에 따라 관리사시험의 출제 및 채점을 위하여 다음 각 호의 어느 하나에 해당하는 사람중에서 시험위원을 임명하거나 위촉하여야 한다.
  1. 소방 관련 분야의 박사학위를 가진 사람
  2. 대학에서 소방안전 관련 학과 조교수 이상으로 2년 이상 재직한 사람
  3. 소방위 이상의 소방공무원
  4. 소방시설관리사
  5. 소방기술사
② 시험위원의 수는 다음 각 호의 구분에 따른다.
  1. 출제위원 : 시험 과목별 3명
  2. 채점위원 : 시험 과목별 5명 이내(제2차시험의 경우로 한정한다)
③ 시험위원으로 임명되거나 위촉된 사람은 소방청장이 정하는 시험문제 등의 출제 시 유의사항 및 서약서 등에 따른 준수사항을 성실히 이행하여야 한다.
④ 임명되거나 위촉된 시험위원과 시험감독 업무에 종사하는 사람에게는 예산의 범위에서 수당과 여비를 지급할 수 있다.

**18** 다음 중 소방신호로 볼 수 없는 것은?

① 경계신호    ② 발화신호
③ 소화신호    ④ 훈련신호

**해설** 소방신호의 종류(기본법 시행규칙 제10조, 별표 41)
㉠ 경계신호 : 화재 예방상 필요하다고 인정되거나 법 제14조의 규정에 의한 화재위험 경보 시 발령
㉡ 발화신호 : 화재가 발생한 때 발령
㉢ 해제신호 : 소화활동이 필요 없다고 인정되는 때 발령
㉣ 훈련신호 : 훈련 상 필요하다고 인정되는 때 발령

| 신호방법<br>종별 | 타종신호 | 사이렌 신호 |
|---|---|---|
| 경계신호 | 1타와 연2타를 반복 | 5초 간격을 두고 30초씩 3회 |
| 발화신호 | 난타 | 5초 간격을 두고 5초씩 3회 |
| 해제신호 | 상당한 간격을 두고 1타씩 반복 | 1분간 1회 |
| 훈련신호 | 연 3타 반복 | 10초 간격을 두고 1분씩 3회 |

**19** 방염업자가 소방대상물의 관계인에게 통지하지 않아도 되는 사항은?

① 방염업자의 지위 승계
② 방염업자의 영업정지 처분을 받은 때
③ 휴업한 때
④ 개업한 때

**해설** 방염업자가 관계인에게 통지사실 내용(소방시설법 제18조)
㉠ 방염업자의 지위를 승계한 때
㉡ 방염업의 등록취소 또는 영업정지의 처분을 받은 때
㉢ 휴업 또는 폐업을 한 때

**20** 특정소방대상물로서 근린생활시설에 해당되는 것은?

① 백화점    ② 방송국
③ 독서실    ④ 오피스텔

**해설** 근린생활시설(소방시설법 시행령 별표2)
가. 슈퍼마켓과 일용품(식품, 잡화, 의류, 완구, 서적, 건축자재, 의약품, 의료기기 등) 등의 소매점으로서 같은 건축물(하나의 대지에 두 동 이상의 건축물이 있는 경우에는 이를 같은 건축물로 본다. 이하 같다)에 해당 용도로 쓰는 바닥면적의 합계가 1천[m²] 미만인 것
나. 휴게음식점, 제과점, 일반음식점, 기원(棋院), 노래연습장 및 단란주점(단란주점은 같은 건축물에 해당 용도로 쓰는 바닥면적의 합계가 150[m²] 미만인 것만 해당한다)
다. 이용원, 미용원, 목욕장 및 세탁소(공장이 부설된 것과 「대기환경보전법」, 「물환경보전법」 또는 「소음·진동관리법」에 따른 배출시설의 설치허가 또는 신고의 대상이 되는 것은 제외한다)

정답  17.① 18.③ 19.④ 20.③

라. 의원, 치과의원, 한의원, 침술원, 접골원(接骨院), 조산원(「모자보건법」 제2조제11호에 따른 산후조리원을 포함한다) 및 안마원(「의료법」 제82조제4항에 따른 안마시술소를 포함한다)
마. 탁구장, 테니스장, 체육도장, 체력단련장, 에어로빅장, 볼링장, 당구장, 실내낚시터, 골프연습장, 물놀이형 시설(「관광진흥법」 제33조에 따른 안전성검사의 대상이 되는 물놀이형 시설을 말한다. 이하 같다), 그 밖에 이와 비슷한 것으로서 같은 건축물에 해당 용도로 쓰는 바닥면적의 합계가 500[m$^2$] 미만인 것
바. 공연장(극장, 영화상영관, 연예장, 음악당, 서커스장, 「영화 및 비디오물의 진흥에 관한 법률」 제2조제16가목에 따른 비디오물감상실업의 시설, 같은 호 나목에 따른 비디오물소극장업의 시설, 그 밖에 이와 비슷한 것을 말한다. 이하 같다) 또는 종교집회장[교회, 성당, 사찰, 기도원, 수도원, 수녀원, 제실(祭室), 사당, 그 밖에 이와 비슷한 것을 말한다. 이하 같다]으로서 같은 건축물에 해당 용도로 쓰는 바닥면적의 합계가 300[m$^2$] 미만인 것
사. 금융업소, 사무소, 부동산중개사무소, 결혼상담소 등 소개업소, 출판사, 서점, 그 밖에 이와 비슷한 것으로서 같은 건축물에 해당 용도로 쓰는 바닥면적의 합계가 500[m$^2$] 미만인 것
아. 제조업소, 수리점, 그 밖에 이와 비슷한 것으로서 같은 건축물에 해당 용도로 쓰는 바닥면적의 합계가 500[m$^2$] 미만이고, 「대기환경보전법」, 「물환경보전법」 또는 「소음·진동관리법」에 따른 배출시설의 설치허가 또는 신고의 대상이 아닌 것
자. 「게임산업진흥에 관한 법률」 제2조제6호의2에 따른 청소년게임제공업 및 일반게임제공업의 시설, 같은 조 제7호에 따른 인터넷컴퓨터게임시설제공업의 시설 및 같은 조 제8호에 따른 복합유통게임제공업의 시설로서 같은 건축물에 해당 용도로 쓰는 바닥면적의 합계가 500[m$^2$] 미만인 것
차. 사진관, 표구점, 학원(같은 건축물에 해당 용도로 쓰는 바닥면적의 합계가 500[m$^2$] 미만인 것만 해당하며, 자동차학원 및 무도학원은 제외한다), 독서실, 고시원(「다중이용업소의 안전관리에 관한 특별법」에 따른 다중이용업 중 고시원업의 시설로서 독립된 주거의 형태를 갖추지 않은 것으로서 같은 건축물에 해당 용도로 쓰는 바닥면적의 합계가 500[m$^2$] 미만인 것을 말한다), 장의사, 동물병원, 총포판매사, 그 밖에 이와 비슷한 것
카. 의약품 판매소, 의료기기 판매소 및 자동차영업소로서 같은 건축물에 해당 용도로 쓰는 바닥면적의 합계가 1천[m$^2$] 미만인 것
타. 삭제 〈2013.1.9.〉

**21** 지정수량 미만인 위험물의 저장 또는 취급에 관한 기준은?

① 시·도의 조례로 정한다.
② 소방안전관리규정에 포함시킨다.
③ 행정안전부장관이 고시한다.
④ 위험물제조소 등의 내규로 정한다.

**해설** 지정수량 미만인 위험물의 저장 또는 취급의 기준 (위험물법 제4조)
시·도의 조례

**22** 다음 중 100만원 이하의 벌금에 해당되지 않는 것은?

① 화재경계지구 안의 소방대상물에 대한 소방특별조사를 거부한 자
② 피난명령을 위반한 자
③ 위험시설 등에 대한 긴급조치를 방해한 자
④ 소방용수시설의 정당한 사용을 방해한 자

**해설** 100만원 이하의 벌금(기본법 제54조)
㉠ 정당한 사유 없이 소방대의 생활안전활동을 방해한 자
㉡ 정당한 사유 없이 소방대가 현장에 도착할 때까지 사람을 구출하는 조치 또는 불을 끄거나 불이 번지지 아니하도록 하는 조치를 하지 아니한 사람
㉢ 피난 명령을 위반한 사람
㉣ 정당한 사유 없이 물의 사용이나 수도의 개폐장치의 사용 또는 조작을 하지 못하게 하거나 방해한 자
㉤ 위험물질의 공급을 차단하는 등 필요한 조치를 정당한 사유 없이 방해한 자

▶ 소방용수시설의 효용을 방해한 자 : 5년 이하의 징역 또는 5,000만원 이하의 벌금

**23** 위험물의 운반에 관한 중요기준 및 세부기준의 내용에 포함되지 않아도 되는 것은?

① 용기
② 저장량
③ 적재방법
④ 운반방법

정답 21.① 22.④ 23.②

**해설** 위험물의 운반에 관한 중요기준 및 세부기준의 내용(위험물법 제20조)
  - ㉠ 용기
  - ㉡ 적재방법
  - ㉢ 운반방법

**24** 특정소방대상물에 설치된 전기실, 발전실 등 전기시설의 바닥면적이 몇 [m$^2$] 이상인 경우 물분무등소화설비를 설치하는가?

① 100[m$^2$]   ② 200[m$^2$]
③ 300[m$^2$]   ④ 400[m$^2$]

**해설** 물분무등소화설비 설치대상물(소방시설법 시행령 별표 5)
  - ㉠ 항공기격납고
  - ㉡ 주차용건축물로서 연면적 800[m$^2$] 이상인 것
  - ㉢ 건축물 내부에 설치된 차고 또는 주차장으로서 차고 또는 주차의 용도로 사용되는 부분의 바닥면적의 합계가 200[m$^2$] 이상인 것
  - ㉣ 기계식주차장으로서 20대 이상의 차량을 주차할 수 있는 것
  - ㉤ 전기실·발전실·변전실·축전지실·통신기기실 또는 전산실로서 바닥면적이 300[m$^2$] 이상인 것

**25** 문화집회 및 운동시설로서 무대부의 바닥면적이 몇 [m$^2$] 이상이면 제연설비를 설치하여야 하는가?

① 50[m$^2$]   ② 100[m$^2$]
③ 150[m$^2$]   ④ 200[m$^2$]

**해설** 제연설비 설치대상물(소방시설법 시행령 별표 5)
  - ㉠ 문화 및 집회시설, 종교시설, 운동시설로서 무대부의 바닥면적이 200[m$^2$] 이상 또는 문화 및 집회시설 중 영화상영관으로서 수용인원 100명 이상인 것
  - ㉡ 지하층이나 무창층에 설치된 근린생활시설, 판매시설, 운수시설, 숙박시설, 위락시설, 의료시설, 노유자시설 또는 창고시설(물류터미널만 해당한다)로서 해당 용도로 사용되는 바닥면적의 합계가 1천[m$^2$] 이상인 층
  - ㉢ 운수시설 중 시외버스정류장, 철도 및 도시철도 시설, 공항시설 및 항만시설의 대합실 또는 휴게시설로서 지하층 또는 무창층의 바닥면적이 1천[m$^2$] 이상인 것
  - ㉣ 지하가(터널은 제외한다)로서 연면적 1천[m$^2$] 이상인 것
  - ㉤ 지하가 중 예상 교통량, 경사도 등 터널의 특성을 고려하여 행정안전부령으로 정하는 터널
  - ㉥ 특정소방대상물(갓복도형 아파트등는 제외한다)에 부설된 특별피난계단 또는 비상용 승강기의 승강장

정답  24.③  25.④

MEMO

CHAPTER

# 06

[제 4 과목]
# 위험물의 성상

소방시설관리사 기출문제집 [필기]

# 제24회 소방시설관리사 1차 필기 기출문제
## [제4과목 : 위험물의 성상]

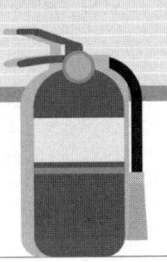

**01** 제1류 위험물 중 질산칼륨에 관한 설명으로 옳지 않은 것은?

① 물, 글리세린, 에탄올, 에테르에 잘 녹는다.
② 무색 또는 백색 결정이거나 분말이다.
③ 강산화제이며 가열하면 분해하여 산소를 방출한다.
④ 흑색화약, 불꽃류, 금속열처리제, 산화제 등으로 사용된다.

**해설** 질산칼륨($KNO_3$)의 특성
㉠ 제1류 위험물로서 강산화제이다.
㉡ 무색, 무취의 결정 또는 백색결정으로 초석이라고도 한다.
㉢ 물, 글리세린에 잘 녹으나, 알코올에는 불용이다.
㉣ 강산화제이며 가연물과 접촉하면 위험하다.
㉤ 황과 숯가루와 혼합하여 흑색화약을 제조한다.
㉥ 티오황산나트륨과 함께 가열하면 폭발한다.
㉦ 소화방법 : 주수소화

질산칼륨의 분해반응식
$$2KNO_3 \rightarrow 2KNO_2 + O_2 \uparrow$$

**02** 제1류 위험물 중 아염소산나트륨에 관한 설명으로 옳지 않은 것은?

① 섬유, 펄프의 표백, 살균제, 염색의 산화제, 발염제로 사용된다.
② 가열, 충격, 마찰에 의해 폭발적으로 분해한다.
③ 산을 가할 경우에 $ClO_2$ 가스가 발생한다.
④ 무색 결정성 분말로 조해성이 있고, 비극성 유류에 잘 녹는다.

**해설** 아염소산나트륨($NaClO_2$)
㉠ 무색 또는 백색 결정, 물에 잘 녹으며 조해성이 있음
㉡ 산과 반응하면 이산화염소 발생
$$3NaClO_2 + 2HCl \rightarrow 3NaCl + 2ClO_2 + H_2O_2$$
㉢ 가열, 충격, 마찰에 의해 폭발적으로 분해
㉣ 유기물, 금속분 등 환원성물질과 접촉하면 폭발
㉤ 비극성용매에는 잘 녹지 않는다.

**03** 제2류 위험물 중 황에 관한 설명으로 옳지 않은 것은?

① 물에 불용이고, 알코올에 난용이다.
② 공기 중에서 연소하기 쉽다.
③ 미세한 분말상태로 공기 중에 부유하면 분진폭발을 일으킨다.
④ 전기의 도체로 마찰에 의해 정전기가 발생할 우려가 있다.

**해설** 황(S) (지정수량 100[kg]) : 순도가 60중량% 이상인 것
㉠ 발화점 : 360[℃]
㉡ 사방황(팔면체), 단사황(비닐모양), 고무상황(무정형)은 서로 동소체 관계에 있다.
㉢ 공기 중에서 연소 시 푸른빛(청색 빛)을 내며 아황산가스($SO_2$)를 발생한다.
$$S + O_2 \rightarrow SO_2$$
(황) (산소) (아황산가스)
㉣ 전기의 부도체이므로 정전기의 발생에 주의한다.
㉤ 이황화탄소($CS_2$)에 잘 녹는다[고무상황 제외].
㉥ 고온에서 용융된 황은 수소와 격렬히 반응하여 황화수소를 발생시킨다.
$$H_2 + S \rightarrow H_2S + Q\,kcal$$
㉦ 위험성
ⓐ 미분이 공기 중에 떠있을 때에는 분진폭발의 위험이 있다.

정답 01.① 02.④ 03.④

ⓑ 산화제와 혼합되었을 때 마찰이나 열에 의해 착화 우려가 크다.
ⓒ 연소 시 발생되는 아황산가스는 인체에 유해하므로 보호구를 착용한다.
ⓞ 저장 및 취급방법
　ⓐ 산화제와 멀리하고 화기 등에 주의한다.
　ⓑ 가열, 충격, 마찰을 피하고 정전기 발생에 주의한다.
㊅ 소화방법
　ⓐ 다량의 주수에 의한 냉각소화
　ⓑ 탄산가스, 건조사 등에 의한 질식소화

**04** 제2류 위험물 중 주석분에 관한 설명으로 옳은 것은?
① 뜨겁고 진한 염산과 반응하여 수소가 발생된다.
② 염기와 서서히 반응하여 산소가 발생한다.
③ 미세한 조각이 대량으로 쌓여 있더라도 자연발화위험이 없다.
④ 공기나 물속에서 녹이 슬기 쉽다.

**해설** 주석(Sn) : 2류위험물 중 금속분류
㉠ 뜨겁고 진한 염산과 반응시 수소 발생
㉡ 염기와 반응하여 주석산 염이 된다.
㉢ 미세한 조각이 대량으로 쌓여 있으면 자연발화위험이 있다.
㉣ 실온에서 공기나 물에 반응하지 않는다.

**05** 제3류 위험물 중 리튬에 관한 설명으로 옳은 것은?
① 건조한 실온의 공기에서 반응하며, 100℃ 이상으로 가열하면 휘백색 불꽃을 내며 연소한다.
② 주기율표상 알칼리토금속에 해당한다.
③ 상온에서 수소와 반응하여 수소화합물을 만든다.
④ 습기가 존재하는 상태에서는 은색으로 변한다.

**해설** 리튬(Li)
㉠ 은백색 무른 경금속, 알칼리 금속
　※ 알칼리 금속 : 리튬(Li), 나트륨(Na), 칼륨(K), 루비듐(Rb), 세슘(Cs), 프랑슘(Fr)
　　알칼리토 금속 : 베릴륨(Be), 마그네슘(Mg), 칼슘(Ca), 스트론튬(Sr), 바륨(Ba), 라듐(Ra)

㉡ 질소와 화합하여 적색 질화리튬 생성, 2차전지 원료로 사용
㉢ 가열시 적색 불꽃 발생
㉣ 상온에서 수소와 반응하여 수소화합물 생성

**06** 제3류 위험물 중 알킬알루미늄에 관한 설명으로 옳은 것은?
① 물, 산과 반응하지 않는다.
② 탄소 수가 $C_1$~$C_4$까지 공기 중에 노출되면 자연발화한다.
③ 저장탱크에 희석안정제로 헥산, 벤젠, 톨루엔, 알코올 등을 넣어둔다.
④ 무색의 투명한 액체 또는 고체로 독성이 없다.

**해설** 알킬알루미늄
1) 알킬알루미늄 : 무색 투명한 액체
2) 알킬알루미늄은 알킬기와 알루미늄이 결합한 화합물을 말한다.

| 종류 | 화학식 | 물과 반응 시 발생가스 |
|---|---|---|
| 트라이메틸 알루미늄 | $(CH_3)_3Al$ | $CH_4$ |
| 트라이에틸 알루미늄 | $(C_2H_5)_3Al$ | $C_2H_6$ |
| 트라이프로필 알루미늄 | $(C_3H_7)_3Al$ | $C_3H_8$ |
| 트라이부틸 알루미늄 | $(C_4H_9)_3Al$ | $C_4H_{10}$ |

3) 알킬기의 탄소 1~4개까지 화합물은 공기와 접촉하면 자연발화
4) 알킬기의 탄소 5개까지는 점화원에 의해 불이 붙고, 6개 이상부터는 공기 중에서 서서히 산화하여 흰 연기가 남
5) 벤젠이나 헥산으로 희석, 저장용기 상부는 불연성가스로 봉입
6) 산, 알코올, 아민, 할로젠화합물과 접촉 시 맹렬히 반응함

**07** 탄화칼슘 10kg이 물과 반응하여 발생시키는 아세틸렌 부피($m^3$)는 약 얼마인가? (단, 원자량 Ca 40, C 12, 반응 시 온도와 압력은 30℃, 1기압으로 가정한다.)
① 3.15　　② 3.50
③ 3.88　　④ 4.23

**정답** 04.① 05.③ 06.② 07.③

**해설** 탄화칼슘과 물의 반응식

$CaC_2 + 2H_2O \rightarrow Ca(OH)_2 + C_2H_2$

탄화칼슘 분자량 = $40 + 12 \times 2 = 64$ kg/kmol

따라서 10kg의 탄화칼슘 = $\dfrac{10}{64}$ kmol

따라서 생성되는 아세틸렌 = $\dfrac{10}{64}$ kmol

$V = \dfrac{nRT}{P}$

$= \dfrac{\left(\dfrac{10}{64}\right) \times 0.082 \times (273+30)}{1}$

$= 3.88 \text{m}^3$

**08** 제4류 위험물 중 다이에틸에터(Diethyle-ther)에 관한 설명으로 옳지 않은 것을 모두 고른 것은?

> ㄱ. 무색투명한 액체로서 휘발성이 매우 높고 마취성을 가진다.
> ㄴ. 강환원제와 접촉 시 발열·발화한다.
> ㄷ. 물에 잘 녹는 물질로 유지 등을 잘 녹이는 용제이다.
> ㄹ. 건조·여과·이송 중에 정전기 발생·축적이 용이하다.

① ㄱ, ㄹ  ② ㄴ, ㄷ
③ ㄱ, ㄴ, ㄹ  ④ ㄱ, ㄴ, ㄷ, ㄹ

**해설** 다이에틸에터[$C_2H_5OC_2H_5$]
㉠ 휘발성이 강한 무색투명한 액체
㉡ 방향성이 있음
㉢ 물에 약간 녹고 알코올에 잘 녹으며 발생된 증기는 마취성이 있음
㉣ 공기와 장시간 접촉시 과산화물이 생성, 갈색병에 저장
㉤ 전기 부도체로서 정전기 주의

**09** 4mol의 나이트로글리세린[$C_3H_5(ONO_2)_3$]이 폭발할 때 생성되는 질소의 양(g)은? (단, 원자량 C 12, H 1, O 16, N 14이다.)

① 32  ② 168
③ 180  ④ 528

**해설** 폭발 반응식

$4C_3H_5(ONO_2)_3 \rightarrow 12CO_2 + 10H_2O + 6N_2 + O_2$

4mol 나이트로글리세린 폭발시 6mol의 질소 발생
따라서 $6 \times 14 \times 2 = 168$g

**10** 제5류 위험물 중 유기과산화물에 포함되는 물질은?
① 벤조일퍼옥사이드 - $(C_6H_5CO)_2O_2$
② 질산에틸 - $C_2H_5ONO_2$
③ 나이트로글라이콜 - $C_2H_4(ONO_2)_2$
④ 트라이나이트로페놀 - $C_6H_2(NO_2)_3OH$

**해설** 유기과산화물
② 질산에틸 - $C_2H_5ONO_2$ : 질산에스터류
③ 나이트로글라이콜 - $C_2H_4(ONO_2)_2$ : 질산에스터류
④ 트라이나이트로페놀 - $C_6H_2(NO_2)_3$ : 나이트로화합물

**11** 제6류 위험물인 질산의 용도로 옳지 않은 것은?
① 의약  ② 비료
③ 표백제  ④ 셀룰로이드 제조

**해설** 질산($HNO_3$) (지정수량 300kg)
① 일반적 성질
  ㉠ 융점 -40[℃], 비점 86[℃], 비중 1.49, 응축결정온도 -42[℃]
  ㉡ 무색의 액체로 보관 중 담황색으로 변색된다.
  ㉢ 부식성이 강한 강산이지만 금, 백금, 이리듐, 로듐만은 부식시키지 못한다.
  ㉣ 흡습성이 강하고 공기 중에서 발열한다.
  ㉤ 진한질산은 철(Fe), 니켈(Ni), 코발트(Co), 알루미늄(Al) 등을 부동태화한다.
② 위험성
  ㉠ 물과 접촉 시 심하게 발열한다.
  ㉡ 직사광선에 의해 분해되어 갈색증기인 이산화질소($NO_2$)를 생성시킨다.
    $4HNO_3 \rightarrow 2H_2O + 4NO_2\uparrow + O_2\uparrow$
    (질산) (수증기) (이산화질소) (산소)
  ㉢ 산화력과 부식성이 강해 피부에 닿으면 화상을 입는다.
③ 저장 및 취급방법
  ㉠ 직사광선에 의해 분해되므로 갈색병에 넣어 냉암소에 저장한다.

## 06. 위험물의 성상

    ⓒ 금속분 및 가연성 물질과는 이격시켜 저장하여야 한다.
  ④ **소화방법** : 다량의 주수에 의한 냉각 및 희석소화
  ⑤ 의약, 비료, 셀룰로이드 제조 용도

**12** 제6류 위험물에 관한 설명으로 옳지 않은 것은?
  ① 과염소산은 무색의 유동성 액체이다.
  ② 과산화수소의 농도가 36wt% 미만인 것은 위험물에 해당되지 않는다.
  ③ 질산의 비중이 1.49 미만인 것은 위험물에 해당되지 않는다.
  ④ 산소를 많이 포함하여 다른 가연물의 연소를 도우며, 가연성이다.

**해설** **제6류 위험물(산화성액체)** : 조연성, 불연성 물질
1) 과염소산은 무색의 유동석 액체
2) 과산화수소 : 농도가 36wt% 이상인 것
3) 질산 : 비중이 1.49 이상인 것
4) 산화성 액체, 불연성

정답 12.④

# 2023 제23회 소방시설관리사 1차 필기 기출문제
### [제4과목 : 위험물의 성상]

**01** 제1류 위험물인 산화성 고체에 관한 설명으로 옳은 것은?

① 가연성 유기화합물과 혼합 시 연소 위험성이 증가한다.
② 무기과산화물 관련 대형화재인 경우 질식소화는 효과가 없으며 다량의 물을 사용하여 소화하는 것이 좋다.
③ 제6류 위험물인 산화성 액체와 혼합하면 대부분 산화성이 감소한다.
④ 물에 녹는 것이 많으며 수용액 상태에서는 산화성이 없어지고 환원제로 작용한다.

**[해설]**
② 무기과산화물 관련 대형화재인 경우 질식소화(탄산수소염류의 분말소화기, 건조사)
③ 산화성이 감소X
④ 산화성이 없어지고 환원제로 작용X

**제1류 위험물**
(1) 제1류 위험물의 공통성질
 ① 대부분 무색결정 또는 백색분말로서 비중이 1보다 크다.
 ② 대부분 물에 잘 녹는다.
  [염소산칼륨 $KClO_3$와 과염소산칼륨 $KClO_4$는 물에 잘 녹지 않고 온수에 잘 녹음]
 ③ 일반적으로 불연성이다.
 ④ 산소를 많이 함유하고 있는 강산화제이다.(조연성 물질)
 ⑤ 반응성이 풍부하여 열, 타격, 마찰 또는 분해를 촉진하는 약품과 접촉하여 산소를 발생한다.
 ⑥ 가연성 물질과 혼합하면 연소 또는 폭발의 위험이 증가한다.

(2) 제1류 위험물의 저장 및 취급방법
 ① 대부분 조해성을 가지므로 습기 등에 주의하며 밀폐용기에 저장할 것
 ② 통풍이 잘되는 차가운 곳에 저장할 것
 ③ 열원이나 산화되기 쉬운 물질 및 화재위험이 있는 곳에서 멀리할 것
 ④ 가열, 충격, 마찰 등을 피하고 분해를 촉진하는 약품류와의 접촉을 피할 것
 ⑤ 취급 시 용기 등의 파손에 의한 위험물의 누설에 주의할 것

(3) 제1류 위험물의 소화방법
 ① 대량의 물을 주수하는 냉각소화(분해온도 이하로 유지하기 위하여)
 ② 무기과산화물(알칼리금속의 과산화물)은 급격히 발열반응하므로 탄산수소염류의 분말소화기, 건조사에 의한 피복소화

**02** 다음 위험물들의 지정수량을 모두 합한 값(kg)은?

> 황린($P_4$), 황(S), 알루미늄(Al), 칼륨(K)

① 310
② 450
③ 520
④ 630

**[해설]** 각 위험물별 지정수량
황린($P_4$) : 20[kg]
황(S) : 100[kg]
알루미늄분(Al) : 500[kg]
칼륨(K) : 10[kg]
총계 : 640[kg]

정답 01.① 02.④

## 06. 위험물의 성상

**03** 제2류 위험물인 Mg에 관한 설명으로 옳지 않은 것은?

① 상온에서는 비교적 안정하지만 뜨거운 물이나 과열 수증기와 접촉하면 격렬하게 $H_2$를 발생한다.
② 황산과 반응하여 $H_2$를 발생한다.
③ Mg분말 화재 발생 시 이산화탄소 소화약제를 사용한다.
④ $Br_2$와 반응하여 금속 할로겐 화합물을 만든다.

**해설** 마그네슘(Mg)
(1) 일반적 성질
  ① 은백색의 광택이 나는 가벼운 금속이다.(비중 1.7)
  ② 열전도율 및 전기전도도가 큰 금속이다.
  ③ 산 및 온수와 반응하여 수소를 발생한다.
  ④ 수소와 반응하지 않지만, 할로겐 원소와 반응하여 금속할로겐화물을 만든다.
  $(Mg + Br_2 \rightarrow MgBr_2)$
(2) 위험성
  ① 공기 중의 습기 또는 할로겐원소와 접촉 시 자연발화의 위험이 있다.
  ② 미분이 공기 중에 떠있을 때에는 분진폭발의 위험이 있다.
  ③ 산화제와의 혼합 시 타격, 충격, 마찰 등에 의해 착화하기 쉽다.
  ④ 연소 시 푸른 불꽃을 내며 발열량이 크다.
  ⑤ 탄산가스와 함께 연소시 유독가스인 일산화탄소를 발생한다.
  ⑥ 사염화탄소 등과 고온에서 작용할 경우 맹독성가스인 포스겐을 발생한다.
(3) 저장 및 취급방법
  ① 가열, 충격, 마찰을 피하고, 산화제와 멀리한다.
  ② 분진폭발의 우려가 있으므로 분진이 비산되지 않도록 한다.
(4) 소화방법
  ① 초기, 소규모 화재시는 석회분, 건조사 등으로 소화하고 기타의 경우는 다량의 소금분말, 소석회, 건조사 등으로 질식소화한다.
  ② 물, 건조분말, $CO_2$, $N_2$, 포 할로겐화물 소화약제는 적응성이 없으므로 사용을 금한다.
  ③ 용기가 방수조치 되어 있는 것은 물로 냉각시킨다.

**04** 황린($P_4$)과 황화인($P_2S_5$)에 관한 설명으로 옳지 않은 것은?

① 황린은 공기 중에서 연소 시 유해가스인 백색의 $P_2O_5$가 발생되나 황화인은 연소 시 $P_2O_5$가 발생되지 않는다.
② 황린은 황화인보다 지정수량이 더 적다.
③ 황린은 수산화칼륨 용액과 반응하여 유해한 $PH_3$를 발생한다.
④ 황화인은 물과 접촉 시 유해성, 가연성의 $H_2S$를 발생시키므로 화재소화 시 $CO_2$등을 이용한 질식소화를 한다.

**해설** 황린($P_4$, 백린)(지정수량 20kg)
(1) 일반적 성질
  ① 착화점 34℃(보통 50℃ 전후), 융점 44℃, 비점 280℃
  ② 백색 또는 담황색의 고체이다.
  ③ 상온에서 서서히 산화하여 어두운 곳에서 인광을 발한다.
  ④ 물에 녹지 않아, 물(pH9)속에 저장한다. 벤젠, 이황화탄소에 일부 녹는다. 삼염화린에 잘 녹는다.
  ⑤ 공기를 차단하고 250℃로 가열하면 적린(P)이 된다.
  ⑥ 연소 시 오산화인($P_2O_5$)의 흰 연기를 낸다.
  ⑥ 강알칼리 용액과 반응하여 유독성의 포스핀가스($PH_3$)를 발생
(2) 위험성
  ① 공기 중에서 쉽게 발화하여 유독한 오산화인($P_2O_5$)의 흰색 연기를 발생한다.
  ② 피부와 접촉 시 화상을 입으며 근육, 뼈 속으로 흡수된다.
  ③ 독성이 강하며 치사량은 0.05g이다.
(3) 저장 및 취급방법
  ① 인화수소($PH_3$)의 생성방지를 위하여 pH9의 물 속에 저장한다.
  ② 자연발화성이 있어 물속에 저장한다.
  ③ 맹독성이 있으므로 취급 시 고무장갑, 보호복, 보호안경을 착용한다.
  ④ 저장용기는 금속 또는 유리용기를 사용한다.
(4) 소화방법 : 주수에 의한 냉각소화, 마른 모래에 의한 피복소화

황화인(지정수량 100kg)
(1) 공통 성질
① 연소생성물은 모두 유독하다 [$P_2O_5$(오산화인), $SO_2$(이산화항, 아황산가스)]
② 물과 접촉하여 가연성 유독성의 황화수소($H_2S$) 발생
③ 주수냉각소화 또는 분말, 마른모래, 이산화탄소 등으로 질식소화
④ 황린($P_4$), 금속분등과 혼합하면 자연발화하고 알코올, 알칼리, 강산 등과 접촉시 심하게 반응한다.
⑤ 발화점이 융점보다 낮다
⑥ 소량의 경우 갈색유리병에 저장하고, 대량의 경우에는 양철통에 넣은 후 나무상자에 보관

**05** 물과 반응하여 수소를 발생시킬 수 있는 물질은?
① $K_2O_2$
② Li
③ 적린(P)
④ AlP

**해설**
① $2K_2O_2 + 2H_2O \rightarrow 4KOH + O_2 \uparrow$
② $2Li + 2H_2O \rightarrow 2LiOH + H_2 \uparrow$
③ P(물과 반응 ×)
④ $AlP + 3H_2O \rightarrow Al(OH)_3 + PH_3 \uparrow$

**06** $C_6H_6$ 2몰을 공기 중에서 완전히 연소시킬 때 발생되는 이산화탄소의 양(g)은? (단, C의 원자량은 12, O의 원자량은 16, H의 원자량은 1로 한다.)
① 66
② 132
③ 264
④ 528

**해설** 반응식 : $2C_6H_6 + 15O_2 \rightarrow 12CO_2 + 6H_2O$
$12CO_2$ = 12[몰]×(12g[C]+16g×2[$O_2$]) = 528g

**07** 제4류 위험물의 지정수량 크기를 작은 것부터 큰 것까지의 순서로 옳은 것은?
① 경유 < 아세트산 < 이소프로필알코올 < 에틸렌글리콜
② 이소프로필알코올 < 경유 < 아세트산 < 에틸렌글리콜
③ 이소프로필알코올 < 에틸렌글리콜 < 경유 < 아세트산
④ 경유 < 이소프로필알코올 < 에틸렌글리콜 < 아세트산

**해설** 각 위험물별 지정수량
경유 : 1,000L
아세트산 : 2,000L
이소프로필알코올 : 400L
에틸렌글리콜 : 4,000L

**08** 제4류 위험물에 관한 설명으로 옳지 않은 것은?
① 벤젠 증기는 공기보다 무거워서 낮은 곳에 체류하므로, 점화원에 의해 불이 일시에 번질 위험이 있다.
② 휘발유는 전기가 잘 통하므로 인화되기 쉽다.
③ 시안화수소 기체는 공기보다 약간 가벼우며 맹독성 물질이다.
④ 이황화탄소를 물을 채운 수조탱크 중에 저장하면 가연성 증기의 발생이 억제되어 안전하다.

**해설** ② 전기의 부도체로 정전기가 발생된다.

**09** 제6류 위험물인 과염소산의 성질로 옳지 않은 것은?
① 무색, 무취의 조연성 무기화합물이다.
② 철, 아연과 격렬히 반응하여 산화물을 만든다.
③ 물과 접촉하면 발열하며 고체수화물을 만든다.
④ 염소산 중 아염소산 보다 약한 산이다.

**해설** 과염소산($HClO_4$)(지정수량 300kg)
(1) 일반적 성질
① 비중 1.76, 융점 −112°C, 비점 39°C
② 무색, 무취의 유동하기 쉬운 액체로, 흡습성이 대단히 강하다.
③ 염소산 중에서 가장 강한 산이다.
(2) 위험성
① 불연성이지만 자극성, 산화성이 매우 큰 조연성 물질이다.

② 92℃ 이상에서는 폭발적으로 분해한다.
③ 물과 접촉 시 심하게 발열한다.
(3) 저장 및 취급방법
① 비, 눈 등 물과의 접촉을 피하고 충격, 마찰을 주지 않도록 주의한다.
② 누설 시 톱밥이나 종이, 나무부스러기 등에 섞여 폐기되지 않도록 한다.
③ 가열금지, 화기엄금, 직사광선을 차단하고 가연성 물질과의 접촉을 피한다.
④ 저장용기는 내산성용기를 사용한다.
(4) 소화방법
① 다량의 물로 분무주수하거나 분말을 방사한다.

**10** 과산화칼륨과 아세트산이 반응하여 발생하는 제6류 위험물의 분해 시 생성되는 물질로 옳은 것은?

① KOH, $O_2$
② $H_2$, $CO_2$
③ $C_2H_2$, $CO_2$
④ $H_2O$, $O_2$

**해설** 반응식 : $2K_2O_2 + 2CH_3COOH \rightarrow 2CH_3COOK + H_2O_2$
제6류 위험물인 과산화수소($H_2O_2$) 생성
분해반응식 : $2H_2O_2 \rightarrow 2H_2O + O_2$

**11** 제5류 위험물인 나이트로글리세린에 관한 설명으로 옳지 않은 것은?

① 동결하면 체적이 수축한다.
② 다이너마이트의 원료로 사용된다.
③ 충격에 둔감하기 때문에 액체 상태로 운반한다.
④ 질산과 황산의 혼산 중에 글리세린을 반응시켜 제조한다.

**해설** 나이트로글리세린[$C_3H_5(ONO_2)_3$]
(1) 일반적 성질
① 융점 13℃, 비점 257℃, 발화점 205~215℃, 비중 1.6
② 무색 투명한 기름모양의 액체(공업용은 담황색)로 일명 NG라 한다.
③ 물에 녹지 않지만 유기용제에는 잘 녹는다.
④ 상온에서는 액체이지만 겨울에는 동결한다.
⑤ 규조토에 흡수시킨 것을 다이너마이트라 한다.

(2) 위험성
① 점화하면 즉시 연소하고 다량이면 폭발한다.
② 산과 접촉하면 분해가 촉진되어 폭발할 수 있다.
③ 증기는 유독하다.
(3) 저장 및 취급방법
① 가열, 충격, 마찰 등에 민감하므로 주의한다.
② 증기는 유독하므로 피부보호나 보호구 등을 착용한다.
③ 저장용기는 구리(Cu)제 용기를 사용한다.
④ 통풍, 환기가 잘되는 찬 곳에 저장한다.
(4) 소화방법
① 다량의 주수에 의한 냉각소화

**12** 위험물안전관리법령상 제6류 위험물은?

① $H_3PO_4$
② $HCl$
③ $HClO_4$
④ $H_2SO_4$

**해설** 제6류 위험물
과염소산($HClO_4$)(지정수량 300kg)
과산화수소($H_2O_2$)(지정수량 300kg)
질산($HNO_3$)(지정수량 300kg)

정답 10.④ 11.③ 12.③

# 2022 제22회 소방시설관리사 1차 필기 기출문제
[제4과목 : 위험물의 성상]

**01** 제4류 위험물 중 제2석유류에 해당하는 것은?

① 중유  ② 아세톤
③ 경유  ④ 이황화탄소

**해설** 제4류 위험물의 종류

① "특수인화물"이라 함은 이황화탄소, 디에틸에테르 그 밖에 1기압에서 발화점이 섭씨 100도 이하인 것 또는 인화점이 섭씨 영하 20도 이하이고 비점이 섭씨 40도 이하인 것을 말한다.
② "제1석유류"라 함은 아세톤, 휘발유 그 밖에 1기압에서 인화점이 섭씨 21도 미만인 것을 말한다.
③ "알코올류"라 함은 1분자를 구성하는 탄소원자의 수가 1개부터 3개까지인 포화1가 알코올(변성알코올을 포함한다)을 말한다. 다만, 다음 각목의 1에 해당하는 것은 제외한다.
  가. 1분자를 구성하는 탄소원자의 수가 1개 내지 3개의 포화1가 알코올의 함유량이 60중량퍼센트 미만인 수용액
  나. 가연성액체량이 60중량퍼센트 미만이고 인화점 및 연소점(태그개방식인화점측정기에 의한 연소점을 말한다. 이하 같다)이 에틸알코올 60중량퍼센트 수용액의 인화점 및 연소점을 초과하는 것
④ "제2석유류"라 함은 등유, 경유 그 밖에 1기압에서 인화점이 섭씨 21도 이상 70도 미만인 것을 말한다. 다만, 도료류 그 밖의 물품에 있어서 가연성 액체량이 40중량퍼센트 이하 이면서 인화점이 섭씨 40도 이상인 동시에 연소점이 섭씨 60도 이상인 것은 제외한다.
⑤ "제3석유류"라 함은 중유, 클레오소트유 그 밖에 1기압에서 인화점이 섭씨 70도 이상 섭씨 200도 미만인 것을 말한다. 다만, 도료류 그 밖의 물품은 가연성 액체량이 40중량퍼센트 이하인 것은 제외한다.
⑥ "제4석유류"라 함은 기어유, 실린더유 그 밖에 1기압에서 인화점이 섭씨 200도 이상 섭씨 250도 미만의 것을 말한다. 다만 도료류 그 밖의 물품은 가연성 액체량이 40중량퍼센트 이하인 것은 제외한다.
⑦ "동식물유류"라 함은 동물의 지육 등 또는 식물의 종자나 과육으로부터 추출한 것으로서 1기압에서 인화점이 섭씨 250도 미만인 것을 말한다. 다만, 법 제20조제1항의 규정에 의하여 행정안전부령으로 정하는 용기기준과 수납·저장기준에 따라 수납되어 저장·보관되고 용기의 외부에 물품의 통칭명, 수량 및 화기엄금(화기엄금과 동일한 의미를 갖는 표시를 포함한다)의 표시가 있는 경우를 제외한다.

**02** 다음 제4류 위험물의 인화점이 높은 것부터 낮은 순서대로 옳게 나열한 것은?

| ㄱ. 이황화탄소 | ㄴ. 이소프렌 |
| ㄷ. 메틸에틸케톤 | ㄹ. 아세톤 |

① ㄱ - ㄴ - ㄷ - ㄹ
② ㄱ - ㄴ - ㄹ - ㄷ
③ ㄷ - ㄱ - ㄴ - ㄹ
④ ㄷ - ㄹ - ㄱ - ㄴ

**해설** 인화점

ㄱ. 이황화탄소 : $-30[℃]$
ㄴ. 이소프렌 : $-54[℃]$
ㄷ. 메틸에틸케톤 : $-7[℃]$
ㄹ. 아세톤 : $-18[℃]$

정답 01.③ 02.④

**03** 하이드록실아민의 성상에 관한 설명으로 옳지 않은 것은?

① 물, 메탄올에 녹는다.
② 금속과 접촉하면 가연성의 $C_2H_2$ 가스가 발생한다.
③ 암모니아에서 수소가 수산기로 치환되어 생성된 무색의 침상결정 물질이다.
④ 습기와 이산화탄소가 존재하면 분해, 가열되면서 폭발할 수 있다.

**해설** 하이드록실아민[$NH_2OH$]
① 백색침상결정
② 가열 시 폭발위험
③ 산화질소, 수소 등 생성
④ 물, 에탄올에 녹는다.

**04** 공기 중에서 에틸알코올 46[g]을 완전연소 시키기 위해서 필요한 공기량[g]은 약 얼마인가? (단, 공기 중에 산소는 21[vol%], 질소는 79[vol%]이다)

① 206[g]  ② 275[g]
③ 344[g]  ④ 412[g]

**해설** $C_2H_5OH + 3O_2 \rightarrow 2CO_2 + 3H_2O$
에틸알코올 분자량 : 46[g/mol] 따라서 1[mol]반응
필요한 공기의 mol=3[mol]×$\frac{100}{21}$=14.286[mol]
필요한 공기의 질량=14.286[mol]×29[g/mol]
　　　　　　　　　=414.29[g]

**05** 48[g]의 수소화나트륨이 물과 완전 반응하였을 때 이론적으로 발생 가능한 수소 질량[g]은 약 얼마인가? (단, 수소화나트륨 1몰의 분자량은 24[g]이다)

① 1[g]  ② 2[g]
③ 3[g]  ④ 4[g]

**해설** $NaH + H_2O \rightarrow NaOH + H_2\uparrow$
48g의 수소화나트륨은 2[mol]
생성된 수소의 mol=2[mol]
따라서 수소의 질량=2[mol]×2[g/mol]=4[g]

**06** 위험물안전관리법령상 제6류 위험물의 성상에 관한 설명으로 옳은 것을 모두 고른 것은?

> ㄱ. 무기화합물이다.
> ㄴ. 유독성 증기가 발생하기 쉽다.
> ㄷ. 유기물과 혼합하면 착화할 염려가 있다.

① ㄱ, ㄴ
② ㄱ, ㄷ
③ ㄴ, ㄷ
④ ㄱ, ㄴ, ㄷ

**해설** 제6류 위험물의 공통성질
① 산화성 액체로 비중이 1보다 크며 물에 잘 녹는다.
② 불연성이지만 분자 내에 산소를 많이 함유하고 있어 다른 물질의 연소를 돕는 조연성 물질이다.
③ 부식성이 강하며 증기는 유독하다.
④ 가연물(유기물) 및 분해를 촉진하는 약품과 접촉 시 분해폭발한다.
⑤ 무기화합물이다.

**07** 메틸알코올과 에틸알코올의 성상에 관한 설명으로 옳지 않은 것은?

① 포화1가 알코올이다.
② 연소하한계는 메틸알코올이 에틸알코올보다 낮다.
③ 인화점은 상온(20[℃]) 보다 낮고, 비점은 100[℃] 미만이다.
④ 연소 시 불꽃이 잘 보이지 않으므로 화상의 위험이 있다.

**해설** 메틸알코올(메탄올, $CH_3OH$)
에틸알코올(에탄올, $C_2H_5OH$)
• 일반적 성질 : 인화점 11[℃], 착화점 464[℃], 비점 64[℃], 연소범위 7.3~36[%], 증기비중 1.1
• 일반적 성질 : 인화점 13[℃], 착화점 423[℃], 비점 78[℃], 연소범위 4.3~19[%], 증기비중 1.59

정답 03.② 04.④ 05.④ 06.④ 07.②

**08** 질산암모늄 8[kg]이 급격한 가열, 충격으로 완전분해 폭발되어 질소, 수증기, 산소로 분해되었다. 이때 생성되는 질소의 양[kg]은? (단, 질소 원자량은 14, 수소원자량은 1, 산소 원자량은 16이다)

① 1.4[kg]  ② 2.8[kg]
③ 4.2[kg]  ④ 5.6[kg]

**해설** 질산암모늄

$$2NH_4NO_3 \rightarrow 2N_2 + 4H_2O + O_2\uparrow$$
(질산암모늄)　(질소)　(수증기)　(산소)

질산암모늄 2[kmol] 분해시 질소 2[kmol] 생성
질산암모늄 8[kg]은 0.1[kmol], 생성되는 질소는 0.1[kmol]
따라서 질소의 질량은 2.8[kg]

**09** 위험물안전관리법령상 위험물별 위험등급 – 품명 – 지정수량의 연결로 옳지 않은 것은?

① I등급 – 알킬리튬 – 10[kg]
② II등급 – 황화인 – 100[kg]
③ II등급 – 알칼리토금속 – 50[kg]
④ III등급 – 디에틸에테르 – 50[kg]

**해설** 디에틸에테르

| 품명 | 디에틸에테르 |
|---|---|
| 위험등급 | I등급<br>(특수인화물) |
| 지정수량 | 50[L] |

정답  08.②  09.④

# 2021 제21회 소방시설관리사 1차 필기 기출문제

[제4과목 : 위험물의 성상]

**01** 위험물안전관리법령상 제1류 위험물에 해당하는 것은?

① 과아이오딘산
② 질산구아니딘
③ 염소화규소화합물
④ 할로겐간화합물

**해설** 「위험물안전관리법 시행령」 별표1 제1류의 품명란 제10호, 제3류의 품명란 제11호, 제5류의 품명란 제10호, 제6류의 품명란 제4호에서 "행정안전부령으로 정하는 것"

| 류별 | 품명 | 위험등급 | 지정수량 | 류별 | 품명 | 위험등급 | 지정수량 |
|---|---|---|---|---|---|---|---|
| 제1류 | 과아이오딘산염류 | | | 제1류 | 차아염소산염류 | I | 50[kg] |
| | 과아이오딘산 | | | 제3류 | 염소화규소화합물 | III | 300[kg] |
| | 크롬, 납 또는 요오드의 산화물 | | | 제5류 | 금속의 아지화합물 | II | 200[kg] |
| | 아질산염류 | II | 300[kg] | | 질산구아니딘 | | |
| | 염소화이소시아눌산 | | | 제6류 | 할로겐간 화합물 (BrF₃, IF₅ 등) | I | 300[kg] |
| | 퍼옥소이황산염류 | | | | | | |
| | 퍼옥소붕산염류 | | | | | | |

**02** 위험물에 관한 설명으로 옳지 않은 것은?

① 다이크로뮴산암모늄은 융점 이상으로 가열하면 분해되어 $Cr_2O_3$가 생성된다.
② 적린은 독성이 강한 자연발화성물질로 황린의 동소체이다.
③ 수소화나트륨이 물과 반응하면 수산화나트륨이 생성된다.
④ 나이트로셀룰로오스는 물이나 알코올에 습윤하면 운반 시 위험성이 낮아진다.

**해설** 적린은 제2류 위험물로서 가연성 고체이다.

• 적린의 성질

| 화학식 | 원자량 | 비중 | 착화점 | 융점 |
|---|---|---|---|---|
| P | 31 | 2.2 | 260[℃] | 600[℃] |

• 암적색 무취 분말(황린의 동소체)
• 물, 알코올, 에테르, 이황화탄소($CS_2$), 암모니아에 불용
• 강알칼리와 반응 → 포스핀($PH_3$) 가스 발생
• 이황화탄소($CS_2$), 황(S), 암모니아($NH_3$)와 접촉 → 발화
• 강산화제($Na_2O_2$, $NaClO_2$)와 혼합 → 발화(저온 또는 충격, 마찰)
• 강산화제(염소산염류, 과염소산염류)와 혼합 → 폭발(약간의 가열, 충격, 마찰)
• 질산칼륨($KNO_3$), 질산나트륨($NaNO_3$)과 혼촉 → 발화 위험
• 적린(P) 제조법 → 황린($P_4$)을 공기차단하고 250[℃] 가열 후 냉각
• 공기 중 방치 → 자연발화(×)
• 260[℃] 이상 가열하면 발화하고 400[℃] 이상에서 승화한다.
• 제1류 위험물, 산화제와 혼합 차단 // 폭발성・가연성 물질과 격리 저장
• 소화방법 : 다량의 물로 냉각소화 // 모래나 $CO_2$ 효과(적린 소량의 경우)
• 연소반응식 : $4P + 5O_2 → 2P_2O_5$ [오산화인(인산무수물) 생성)]
• $6P + 5KClO_3 → 5KCl + 3P_2O_5$ (강산화제와의 혼합 반응식)

**03** 인화알루미늄이 물과 반응할 때 생성되는 가스는?

① $P_2O_5$
② $C_2H_6$
③ $PH_3$
④ $H_3PO_4$

**해설** 인화알루미늄과 물의 반응식
$AlP + 3H_2O → Al(OH)_3 + PH_3↑$
(물과의 반응 : 포스핀 가스 발생)

정답  01.①  02.②  03.③

**04** 위험물의 지정수량과 위험등급에 관한 내용이다. ( )에 들어갈 내용으로 옳은 것은?

| 품명 | 지정수량(kg) | 위험등급 |
|---|---|---|
| 무기과산화물 | ( ㉠ ) | I |
| 인화성고체 | ( ㉡ ) | III |
| 아조화합물 | 200 | ( ㉢ ) |

① ㉠ : 50, ㉡ : 1,000, ㉢ : I
② ㉠ : 50, ㉡ : 1,000, ㉢ : II
③ ㉠ : 100, ㉡ : 500, ㉢ : II
④ ㉠ : 100, ㉡ : 500, ㉢ : III

**해설**

| 류별 | 품명 | 위험등급 | 지정수량 |
|---|---|---|---|
| 제1류 | 무기과산화물 | I | 50[kg] |
| 제2류 | 인화성고체 | III | 1,000[kg] |
| 제5류 | 아조화합물 | II | 200[kg] |

**05** 위험물안전관리법령상 위험물의 성질에 따른 제조소의 특례 중 취급하는 설비에 철이온 등의 혼입에 의한 위험한 반응을 방지하기 위한 조치를 강구해야 하는 물질은?

① 산화프로필렌  ② 하이드록실아민
③ 메틸리튬     ④ 하이드라진

**해설** 하이드록실아민을 취급하는 제조소의 특례기준
① 안전거리 : $D = 51.1 \times \sqrt[3]{N}$
　D : 거리[m]
　N : 당해 제조소에서 취급하는 하이드록실아민 등의 지정수량의 배수
② 담 또는 토제의 설치기준
　㉠ 당해 제조소의 외벽 또는 이에 상당하는 공작물의 외측으로부터 2[m] 이상 떨어진 장소에 설치할 것
　㉡ 높이는 당해 제조소에 있어서 하이드록실아민 등을 취급하는 부분의 높이 이상으로 할 것
　㉢ 담은 두께 15[cm] 이상의 철근·철골철근콘크리트조 또는 두께 20[cm] 이상의 보강콘크리트블록조로 할 것
　㉣ 토제 경사면의 경사도는 60도 미만으로 할 것

③ 하이드록실아민 등을 취급하는 설비에는 하이드록실아민 등의 온도 및 농도의 상승에 의한 위험한 반응을 방지하기 위한 조치를 강구할 것
④ 하이드록실아민 등을 취급하는 설비에는 철이온 등의 혼입에 의한 위험한 반응을 방지하기 위한 조치를 강구할 것

**06** 위험물안전관리법령상 위험물을 운반용기에 수납하는 기준이다. ( )에 들어갈 내용으로 옳은 것은?

> 자연발화성물질 중 알킬알루미늄 등은 운반용기의 내용적의 ( ㉠ )[%] 이하의 수납률로 수납하되, 50[℃]의 온도에서 ( ㉡ )[%] 이상의 공간용적을 유지하도록 할 것

① ㉠ : 80, ㉡ : 10  ② ㉠ : 85, ㉡ : 10
③ ㉠ : 90, ㉡ : 5   ④ ㉠ : 95, ㉡ : 5

**해설** 액체위험물은 운반용기 내용적의 98[%] 이하의 수납률로 수납하되, 55[℃]에서 누설되지 아니하도록 충분한 공간용적을 유지하도록 할 것(다만, 알킬알루미늄 등은 운반용기 내용적의 90[%] 이하의 수납률로 수납하되, 50[℃]의 온도에서 5[%] 이상의 공간용적을 유지하도록 할 것)

**07** 위험물안전관리법령상 위험물을 운반하기 위하여 적재하는 경우, 차광성이 있는 피복으로 가리지 않아도 되는 것은?

① 염소산나트륨   ② 아세트알데히드
③ 황린         ④ 마그네슘

**해설** 마그네슘은 제2류 위험물 중 금수성 물질로 방수성 덮개를 하여야 함
- **차광성 덮개를 하여야 하는 위험물의 종류**
  제1류 위험물, 제3류 위험물 중 자연발화성 물품, 제4류 위험물 중 특수인화물, 제5류 위험물 또는 제6류 위험물
- **방수성 덮개를 하여야 하는 위험물의 종류**
  제1류 위험물 중 알칼리금속의 과산화물, 제2류 위험물 중 철분·금속분·마그네슘 또는 제3류 위험물 중 금수성 물품

**08** 위험물의 분류 및 표지에 관한 기준상 GHS의 물리적 위험성과 그림문자의 연결로 옳지 않은 것은?

① 자연발화성 액체

② 둔감화된 폭발성물질

③ 금속부식성 물질

④ 산화성 액체

**해설** GHS : 화학물질 분류・표시 국제기준
※ 물리적 위험성 관련 그림 문자 ※

- 폭발성 물질(불안정한 폭발성물질)
- 자기반응성 물질
- 유기과산화물

- 인화성 가스
- 인화성 고체
- 자기발열성 물질 및 혼합물
- 자연발화성 고체
- 물반응성 물질 및 혼합물
- 인화성 에어로졸
- 인화성 액체
- 자기반응성 물질 및 혼합물
- 자연발화성 액체
- 유기과산화물

- 산화성 가스
- 산화성 액체
- 산화성 고체

고압가스
- 압축가스
- 냉동액화가스
- 액화가스
- 용해가스

• 금속부식성 물질

---

**09** 칼륨 39[g]이 물과 완전 반응하였을 때 이론적으로 발생할 수 있는 수소의 질량(g)은 약 얼마인가? (단, 칼륨 1몰의 원자량은 39[g/mol]이다)

① 1[g]  ② 2[g]
③ 3[g]  ④ 4[g]

**해설** 칼륨과 물의 반응식

$2K + 2H_2O \rightarrow 2KOH + H_2 \uparrow$

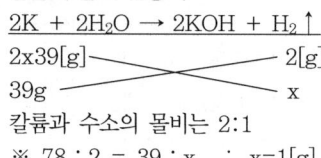

칼륨과 수소의 몰비는 2:1
※ $78 : 2 = 39 : x$  ∴ $x = 1[g]$

---

**10** 다음 제4류 위험물을 인화점이 높은 것부터 낮은 순서대로 옳게 나열한 것은?

㉠ 톨루엔  ㉡ 아세트알데히드
㉢ 초산    ㉣ 글리세린
㉤ 벤젠

① ㉠ - ㉢ - ㉡ - ㉣ - ㉤
② ㉡ - ㉤ - ㉠ - ㉢ - ㉣
③ ㉣ - ㉢ - ㉠ - ㉤ - ㉡
④ ㉣ - ㉢ - ㉤ - ㉠ - ㉡

**해설** 인화점

| 종류 | 톨루엔 | 아세트알데히드 | 초산 | 글리세린 | 벤젠 |
|---|---|---|---|---|---|
| 인화점 [℃] | 4[℃] | -38[℃] | 40[℃] | 160[℃] | -11[℃] |

---

**11** 메틸알코올 32[g]을 공기 중에서 완전연소 시키기 위하여 필요한 공기량(g)은 약 얼마인가? (단, 공기 중에 산소는 20[vol%], 질소는 80[vol%]이다)

① 54[g]  ② 108[g]
③ 216[g] ④ 432[g]

**해설** 메틸알코올 $CH_3OH$
완전연소반응식

$CH_3OH + \dfrac{3}{2}O_2 \rightarrow CO_2 + 2H_2O + Q\,kcal$

정답  08.②  09.①  10.③  11.③

메틸알코올 $32[g] = 1[mol]$

산소 $\frac{3}{2}[mol]$ 필요

따라서 공기는 $\frac{3}{2}mol \times \frac{1}{0.2} = 7.5[mol]$

공기의 분자량 : $32 \times 0.2 + 28 \times 0.8 = 28.8[g/mol]$

따라서 공기의 질량 : $7.5 \times 28.8 = 216[g]$

**12** 제4류 위험물인 시안화수소에 관한 설명으로 옳지 않은 것은?

① 특이한 냄새가 난다.
② 맹독성 물질이다.
③ 염료, 농약, 의약 등에 사용된다.
④ 증기비중이 1보다 크다.

**해설** 시안화수소 증기비중이 0.932로서 공기보다 가볍다.

**1) 시안화수소의 성질**

| 화학식 | 지정수량 | 증기비중 | 액체비중 | 비점 | 인화점 | 착화점 | 연소범위 |
|---|---|---|---|---|---|---|---|
| HCN | 400[L] | 0.932 | 0.69 | 26[℃] | -18[℃] | 538[℃] | 5.6~40[%] |

- 복숭아 냄새가 나는 무색 또는 푸른색을 띠는 액체
- 산, 알칼리에 안정하고, **물, 알코올, 에테르에 잘 녹는다.** (수용성)
- 휘발성이 매우 높아 인화의 위험성이 크다.
- 맹독성 물질이다.
- 저온에서는 안정하나 소량의 수분 또는 알칼리와 혼합되면 중합폭발의 우려가 있다.
- 밀폐용기를 가열하면 심하게 폭발한다.

**2) 저장 및 취급방법**
- 안정제로서 철분 또는 황산 등의 무기산을 소량 넣어준다.
- 사용 후 3개월이 지나면 안전하게 폐기시킨다.
- 저장 중 수분 또는 알칼리와 접촉되지 않도록 하고 용기는 밀봉한다.
- 색깔이 암갈색으로 변하였거나 중합반응이 일어난 것을 확인하면 즉시 폐기한다.

**3) 소화방법**
- 분무주수에 의한 냉각 및 희석소화
- 알코올포 및 분말, $CO_2$, 할로겐화합물 방사에 의한 질식소화

**13** 27[℃], 0.5[atm](50,662[Pa])에서 과산화수소 1몰은 약 몇 [g]인가?

① 8.5[g]  ② 17.0[g]
③ 34.0[g]  ④ 68.0[g]

**해설** 과산화수소 $H_2O_2$  $1[mol] = 34[g]$

**14** 물과 반응하여 수소가스가 발생하는 것은?

① 톨루엔  ② 적린
③ 루비듐  ④ 트리나이트로페놀

**해설** $2Rb + 2H_2O \rightarrow 2RbOH + H_2 \uparrow$

# 제20회 소방시설관리사 1차 필기 기출문제

[제4과목 : 위험물의 성상]

**01** 과염소산암모늄과 알루미늄 분말이 반응하여 폭발사고가 발생하였다. 이에 관한 설명으로 옳은 것은?

① 알루미늄은 급격히 환원되어 고온에서 염화알루미늄이 생성된다.
② 과염소산암모늄은 전자를 주는 물질을 발생하여 알루미늄 분말을 환원시키는 반응이다.
③ 산화성 물질과 환원성 물질의 반응으로 많은 가스 발생을 수반하는 폭발 반응이다.
④ 가연성 산화제와 알루미늄의 급격한 산화·환원 반응으로 압력이 발화원으로 작용한 것이다.

**해설**
- 과염소산암모늄 : 제1류 위험물(산화성고체)
- 알루미늄 분말 : 제2류 위험물(가연성고체)

**02** 위험물안전관리법령상 제2류 위험물 인화성고체로 분류되는 것은?

① 고형알코올  ② 마그네슘
③ 적린  ④ 황린

**해설** "인화성고체"라 함은 고형알코올 그 밖에 1기압에서 인화점이 섭씨 40도 미만인 고체를 말한다.

**03** 과산화칼륨이 다량의 물과 완전 반응하여 표준상태(0[℃], 1기압)에서 112[$m^3$]의 산소가 발생하였다면 과산화칼륨의 반응량[kg]은? (단, $K_2O_2$ 1[mol]의 분자량은 110[g]이다)

① 11[kg]  ② 110[kg]
③ 1,100[kg]  ④ 11,000[kg]

**해설** $O_2$ 1[mol] 생성 시 2[mol]의 $K_2O_2$ 필요
따라서 112[$m^3$]의 산소는 5[mol]의 산소이므로 10[mol]의 $K_2O_2$가 필요
따라서 110[kg]×10=1100[kg]

**04** 위험물안전관리법령상 제3류 위험물의 성상에 관한 설명으로 옳지 않은 것은?

① 트리에틸알루미늄은 상온상압에서 액체이다.
② 금수성물질은 물과 접촉하면 발화·폭발한다.
③ 트리메틸알루미늄은 물보다 가볍다.
④ 알킬알루미늄은 물과 반응하여 산소를 발생시킨다.

**해설** 금수성 물질 중 물과 반응시 수소외의 물질을 생성하는 물질들
(수소발생물질 : 나트륨, 칼륨, 리튬, 칼슘, 금속수소화물)
- 알킬알루미늄 [메탄, 에탄]
 $(CH_3)_3Al + 3H_2O \rightarrow Al(OH)_3 + 3CH_4 \uparrow$
 $(C_2H_5)_3Al + 3H_2O \rightarrow Al(OH)_3 + 3C_2H_6 \uparrow$
- 알킬리튬 [메탄, 에탄]
 $CH_3Li + H_2O \rightarrow LiOH + CH_4$
 $C_2H_5Li + H_2O \rightarrow LiOH + C_2H_6$
- 인화칼슘 [포스핀]
 $Ca_3P_2 + 6H_2O \rightarrow 3Ca(OH)_2 + 2PH_3$
- 인화알루미늄 [포스핀]
 $AlP + 3H_2O \rightarrow Al(OH)_3 + PH_3 \uparrow$
- 인화아연 [포스핀]
 $Zn_3P_2 + 6H_2O \rightarrow 3Zn(OH)_2 + 2PH_3 \uparrow$
- 탄화칼슘 [아세틸렌]
 $CaC_2 + 2H_2O \rightarrow Ca(OH)_2 + C_2H_2 \uparrow + 27.8kcal$
  (소석회, 수산화칼슘)  (아세틸렌)
- 탄화알루미늄 [메탄]
 $Al_4C_3 + 12H_2O \rightarrow 4Al(OH)_3 + 3CH_4$

정답  01.③  02.①  03.③  04.④

- 탄화리튬, 탄화나트륨, 탄화칼륨, 탄화마그네슘
  아세틸렌 발생함.
- 탄화망간 [메탄과 수소]
  $Mn_3C + 6H_2O \rightarrow 3Mn(OH)_2 + CH_4 + H_2 \uparrow$

**05** 마그네슘에 관한 설명으로 옳은 것을 모두 고른 것은?

> ㉠ 이산화탄소 소화약제를 사용할 수 없다.
> ㉡ $2Mg + O_2 \rightarrow 2MgO$는 발열반응이다.
> ㉢ 무기과산화물과 혼합한 것은 마찰·충격에 의하여 발화하지 않는다.
> ㉣ 강산과 반응하여 산소를 발생시킨다.

① ㉠, ㉡   ② ㉠, ㉢
③ ㉡, ㉢   ④ ㉡, ㉣

**해설** ㉢ 마그네슘은 제1류 위험물과 혼재 시 마찰, 충격에 의해 발화가능성이 있다.
㉣ 마그네슘은 물, 산과 반응하여 수소를 발생시킨다.

**06** 질산암모늄에 관한 설명으로 옳지 않은 것은?
① 강환원제이다.
② 질소비료의 원료이다.
③ 화약, 폭약의 산소공급제이다.
④ 분해폭발하면 다량의 가스가 발생한다.

**해설** 질산염류는 산화제이다.

**07** 위험물안전관리법령상 옥외탱크저장소에서 보유공지를 단축할 수 있는 물분무설비 기준으로 옳은 것은?
① 탱크에 보강링이 설치된 경우에는 보강링이 인접한 바로 위에 분무헤드를 설치한다.
② 탱크표면에 방사하는 물의 양은 탱크의 원주길이 1[m]에 대하여 분당 37[L] 이상으로 한다.
③ 수원의 양은 15분 이상 방사할 수 있는 수량으로 한다.
④ 화재 시 1[m²]당 10[kW] 이상의 복사열에 노출되는 표면을 갖는 인접한 옥외저장탱크에 설치한다.

**해설** 옥외저장탱크(이하 이호에서 "공지단축 옥외저장탱크"라 한다)에 다음 각목의 기준에 적합한 물분무설비로 방호조치를 하는 경우에는 그 보유공지를 제1호의 규정에 의한 보유공지의 2분의 1 이상의 너비(최소 3[m] 이상)로 할 수 있다. 이 경우 공지단축 옥외저장탱크의 화재시 1[m²]당 20[kW] 이상의 복사열에 노출되는 표면을 갖는 인접한 옥외저장탱크가 있으면 당해 표면에도 다음 각목의 기준에 적합한 물분무설비로 방호조치를 함께 하여야 한다.
가. 탱크의 표면에 방사하는 물의 양은 탱크의 원주길이 1[m]에 대하여 분당 37[L] 이상으로 할 것
나. 수원의 양은 가목의 규정에 의한 수량으로 20분 이상 방사할 수 있는 수량으로 할 것
다. 탱크에 보강링이 설치된 경우에는 보강링의 아래에 분무헤드를 설치하되, 분무헤드는 탱크의 높이 및 구조를 고려하여 분무가 적정하게 이루어 질 수 있도록 배치할 것
라. 물분무소화설비의 설치기준에 준할 것

**08** 위험물안전관리법령상 제4류 위험물 중 알코올류에 해당하는 것은?
① $C_2H_4(OH)_2$   ② $C_3H_7OH$
③ $C_5H_{11}OH$   ④ $C_6H_5OH$

**해설** ㉠ $C_2H_4(OH)_2$ - 에틸렌글리콜 [제3석유류 수용성]
㉡ $C_3H_7OH$ - 프로필알코올 [알코올류] : 알코올이란 1분자를 구성하는 탄소원자의 수가 1개부터 3개까지인 포화1가 알코올을 말한다[60중량% 이상만 해당]
㉢ $C_5H_{11}OH$ - 펜틸알코올 [화학약품류]
㉣ $C_6H_5OH$ - 하이드록시벤젠 [페놀, 화학약품류]

**09** 위험물안전관리법령상 제5류 위험물에 해당하지 않는 것은?
① 나이트로벤젠[$C_6H_5NO_2$]
② 트리나이트로페놀[$C_6H_2(NO_2)_3OH$]
③ 트리나이트로톨루엔[$C_6H_2(NO_2)_3CH_3$]
④ 나이트로글리세린[$C_3H_5(ONO_2)_3$]

**해설** 나이트로벤젠은 제3석유류, 비수용성

정답  05.① 06.① 07.② 08.② 09.①

**10** 과산화수소($H_2O_2$)에 관한 설명으로 옳지 않은 것은?

① 강산화제이나 환원제로 작용할 때도 있다.
② 60중량퍼센트 이상의 농도에서 가열·충격 시 단독으로도 폭발한다.
③ 석유, 벤젠에 용해되지 않는다.
④ 분해 시 산소를 발생하므로 안정제로 이산화망간을 사용한다.

**해설** 과산화수소의 안정제로는 인산, 요산, 글리세린 등이 사용된다.

**11** 스티렌($C_6H_5CH=CH_2$)의 성상 및 위험성에 관한 설명으로 옳지 않은 것은?

① 무색·투명한 액체로서 마취성이 있으며 독성이 매우 강하다.
② 실온에서 인화의 위험이 있으며, 연소 시 폭발성 유기과산화물을 생성한다.
③ 산화제와 중합반응하여 생성된 폴리스티렌수지는 분해폭발성 물질이다.
④ 강산성 물질과의 혼촉 시 발열·발화한다.

**해설** 폴리스티렌은 스티렌의 라디칼 중합으로 얻어지는 비결정성의 고분자로, 무색 투명한 열가소성 수지. 에틸렌과 벤젠을 반응시켜 생긴 액체 스티렌 단위체의 중합체인 폴리스티렌으로 이루어지며 약품에 잘 침식되지 않는다 [분해폭발성 물질 ×]

**12** 가솔린(휘발유)에 관한 설명으로 옳지 않은 것은?

① 주요성분은 탄소수가 $C_5 \sim C_9$의 포화·불포화 탄화수소 혼합물이다.
② 비전도성으로 정전유도현상에 의해 착화·폭발할 수 있다.
③ 유기용제에는 녹지 않으며 유지, 수지 등을 잘 녹인다.
④ 액체 상태는 물보다 가볍고, 증기 상태는 공기보다 무겁다.

**해설** 유기용제에 잘 녹는다.

**13** 탄화칼슘 16[kg]이 다량의 물과 완전 반응하여 생성되는 수산화칼슘의 질량[kg]은? (단, Ca의 원자량은 40이다)

① 15.5[kg]   ② 16.3[kg]
③ 18.5[kg]   ④ 19.3[kg]

**해설** $CaC_2 + 2H_2O \rightarrow Ca(OH)_2 + C_2H_2 \uparrow$
$CaC_2$분자량=64[kg/kmol]
따라서 16[kg]의 경우 0.25[kmol]
생성되는 수산화칼슘의 mol수는 0.25[kmol]
∴ $74 \times 0.25 = 18.5$[kg]

**정답** 10.④ 11.③ 12.③ 13.③

# 2019 제19회 소방시설관리사 1차 필기 기출문제
### [제4과목 : 위험물의 성상]

**01** 아염소산나트륨($NaClO_2$)에 관한 설명으로 옳지 않은 것은?

① 매우 불안정하여 180[℃] 이상 가열하면 발열 분해하여 $O_2$를 발생한다.
② 가연성물질로서 가열, 충격, 마찰에 의해 발화, 폭발한다.
③ 암모니아, 아민류와 반응하여 폭발성의 물질을 생성한다.
④ 수용액 상태에서도 산화력을 가지고 있다.

**해설** 제1류 위험물의 공통성질
㉠ 대부분 무색결정 또는 백색분말로서 비중이 1보다 크다.
㉡ 대부분 물에 잘 녹는다.
   [염소산칼륨 $KClO_3$와 과염소산칼륨 $KClO_4$는 물에 잘 녹지 않고 온수에 잘 녹음]
㉢ 일반적으로 불연성이다.
㉣ 산소를 많이 함유하고 있는 강산화제이다.
㉤ 반응성이 풍부하여 열, 타격, 마찰 또는 분해를 촉진하는 약품과 접촉하여 산소를 발생시킨다.

**02** 황 480[g]이 공기 중에서 완전 연소할 때 발생되는 이산화황($SO_2$) 가스의 발생량(g)은? (단, 황의 원자량은 32, 산소의 원자량은 16으로 한다)

① 630[g]  ② 730[g]
③ 850[g]  ④ 960[g]

**해설** $S + O_2 \rightarrow SO_2$

$S : \dfrac{480[g]}{32[g/mol]} = 15[mol]$

따라서 생성되는 이산화황 15[mol]
$15[mol] \times (32 + 16 \times 2)[g/mol] = 960[g]$

**03** 나트륨(Na)에 관한 설명으로 옳지 않은 것은?

① 수은과 격렬하게 반응하여 나트륨 아말감을 만든다.
② 물과 격렬하게 반응하여 발열하고 $O_2$를 발생한다.
③ 에틸알코올과 반응하여 $H_2$를 발생한다.
④ 질산과 격렬하게 반응하여 $H_2$를 발생한다.

**해설** 나트륨(Na)(지정수량 10kg)
① 일반적 성질
㉠ 비중 0.97, 융점 97.7[℃], 비점 880[℃]
㉡ 화학적으로 활성이 매우 큰 은백색의 무른 금속이다.
㉢ 연소 시 노란색 불꽃을 내며 연소한다.
  $4Na + O_2 \rightarrow 2Na_2O$
  (나트륨) (산소)  (산화나트륨)
② 위험성
㉠ 공기 중에서 수분과 반응하여 수소를 발생한다.
  $2Na + 2H_2O \rightarrow 2NaOH + H_2 \uparrow +88.2kcal$
  (나트륨) (물) (수산화나트륨) (수소) (반응열)
㉡ 알코올과 반응하여 나트륨알코올레이드와 수소를 발생시킨다.
  $2Na + 2C_2H_5OH \rightarrow 2C_2H_5ONa + H_2 \uparrow$
  (나트륨) (에틸알코올)(나트륨알코올레이드)(수소)
㉢ 피부와 접촉할 경우 화상을 입는다.
㉣ 사염화탄소 및 이산화탄소와는 폭발적으로 반응한다.
  $4Na + CCl_4 \rightarrow 4NaCl + C$
  (칼륨)(사염화탄소)(염화나트륨)(탄소)
  $4Na + 3CO_2 \rightarrow 2Na_2CO_3 + C$
  (칼륨) (이산화탄소)(탄산나트륨) (탄소)

정답  01.② 02.④ 03.②

**04** 철분(Fe)에 관한 설명으로 옳지 않은 것은?
① 절삭유와 같은 기름이 묻은 철분을 장기 방치하면 자연발화하기 쉽다.
② 용융 황과 접촉하면 폭발하며 무기과산화물과 혼합한 것은 소량의 물에 의해 발화한다.
③ 금속의 온도가 충분히 높을 때 수증기와 반응하면 $O_2$가 발생한다.
④ 발연질산에 넣었다가 꺼내면 산화 피막을 형성하여 부동태가 된다.

**해설** 물과 반응하면 수소가 발생된다.
$2Fe + 3H_2O \rightarrow Fe_2O_3(산화철) + 3H_2$

**05** 디에틸에테르($C_2H_5OC_2H_5$)에 관한 설명으로 옳지 않은 것은?
① 물과 접촉 시 격렬하게 반응한다.
② 비점, 인화점, 발화점이 매우 낮고 연소범위가 넓다.
③ 연소범위의 하한치가 낮아 약간의 증기가 누출되어도 폭발을 일으킨다.
④ 증기압이 높아 저장용기가 가열되면 변형이나 파손되기 쉽다.

**해설** 디에틸에테르(에테르)($C_2H_5OC_2H_5$)
① 일반적 성질
  ㉠ 인화점 −45[℃], 착화점 180[℃], 연소범위 1.9~48[%], 비점 35[℃], 비중 0.71
  ㉡ 무색투명한 액체이다.
  ㉢ 비극성 용매로서 물에 잘 녹지 않는다.
  ㉣ 전기의 불량도체로 정전기가 발생되기 쉽다.
  ㉤ 증기는 마취성이 있다.
  ㉥ 에탄올에 진한 황산을 넣고 130~140[℃]로 가열하여 제조한다.

$$2C_2H_5OH \xrightarrow{진한황산} C_2H_5OC_2H_5 + H_2O$$
(에틸알코올) (디에틸에테르) (물)

**06** 제3류 위험물이 아닌 것은?
① 황린  ② 다이크로뮴산염류
③ 탄화칼슘  ④ 알킬리튬

**해설** 다이크로뮴산염류는 제1류 위험물(산화성 고체)

**07** 하이드라진($N_2H_4$)에 관한 설명으로 옳지 않은 것은?
① 공기 중에서 가열하면 약 180[℃]에서 다량의 $NH_3$, $N_2$, $H_2$를 발생한다.
② 산소가 존재하지 않아도 폭발할 수 있다.
③ 강알칼리, 강환원제와는 반응하지 않는다.
④ CuO, CaO, HgO, BaO과 접촉할 때 불꽃이 발생하며 혼촉발화한다.

**해설** 하이드라진($N_2H_4$)은 4류위험물로서 강알칼리, 강환원제와 반응한다.

**08** 과염소산($HClO_4$)에 관한 설명으로 옳지 않은 것은?
① 종이, 나뭇조각 등의 유기물과 접촉하면 연소·폭발한다.
② 알코올과 에테르에 폭발위험이 있고, 불순물과 섞여있는 것은 폭발이 용이하다.
③ 물과 반응하면 심하게 발열하며 소리를 낸다.
④ 아염소산보다는 약한 산이다.

**해설** 과염소산($HClO_4$)(지정수량 300kg)
① 일반적 성질
  ㉠ 비중 1.76, 융점 −112[℃], 비점 39[℃]
  ㉡ 무색, 무취의 유동하기 쉬운 액체로, 흡습성이 대단히 강하다.
  ㉢ 염소산 중에서 가장 강한 산이다.
② 위험성
  ㉠ 불연성이지만 자극성, 산화성이 매우 크다.
  ㉡ 92[℃] 이상에서는 폭발적으로 분해한다.
  ㉢ 물과 접촉 시 심하게 발열한다.
③ 저장 및 취급방법
  ㉠ 비, 눈 등 물과의 접촉을 피하고 충격, 마찰을 주지 않도록 주의한다.

**정답** 04.③ 05.① 06.② 07.③ 08.④

ⓒ 누설 시 톱밥이나 종이, 나무부스러기 등에 섞여 폐기되지 않도록 한다.
ⓒ 가열금지, 화기엄금, 직사광선을 차단하고 가연성 물질과의 접촉을 피한다.
ⓔ 저장용기는 내산성용기를 사용한다.
④ 소화방법 : 다량의 물로 분무주수하거나 분말을 방사한다.

**09** 나이트로소화합물에 관한 설명으로 옳은 것은?

① 분해가 용이하고 가열 또는 충격·마찰에 안정하다.
② 연소속도가 느리다.
③ 나이트로소기(-NO)가 결합된 유기화합물이다.
④ 질식소화가 효과적이다.

**[해설]** 나이트로소화합물(지정수량 100kg)
유기화합물의 수소원자가 나이트로소기(-NO-)로 치환된 화합물로서 소방법에서는 나이트로소기가 2개 이상인 것
(1) 파라디나이트로소벤젠[$C_6H_4(NO)_2$]
  ① 황갈색의 분말로 가열, 충격, 마찰에 의해 폭발한다.
  ② 가열, 충격, 타격, 마찰을 피하고 저온의 격리된 장소에서 취급한다.
  ③ 다량 저장하지 않도록 하고 저장용기 중에 파라핀을 첨가하여 안정을 기한다.
  ④ 다량의 주수에 의한 냉각소화를 실시한다.
(2) 디나이트로소레조르신[$C_6H_2(OH)_2(NO)_2$]
  ① 흑회색 결정으로 폭발성이 있다.
  ② 약 160[℃]에서 분해한다.
  ③ 다량의 주수에 의한 냉각소화를 실시한다.

**10** 제4류 위험물 중 제1석유류가 아닌 것은?

① 벤젠
② 아세톤
③ 에틸렌글리콜
④ 메틸에틸케톤

**[해설]** 에틸렌글리콜 : 제3석유류
에틸렌글리콜($C_2H_4(OH)_2$)(지정수량 4,000리터)
① 일반적 성질
  ㉠ 인화점 111[℃], 착화점 413[℃], 융점 -12.6[℃], 비중 1.1
  ㉡ 무색, 무취의 끈적한 액체로 강한 흡습성이 있다.
  ㉢ 물, 알코올, 아세톤, 글리세린 등에 잘 녹는다.
  ㉣ 2가 알코올로 독성이 있으며 단맛이 있다.
  ㉤ 자동차용 부동액의 원료로 사용된다.
② 위험성, 저장 및 취급방법 : 중유에 준한다.
③ 소화방법
  ㉠ 분무주수에 의한 냉각 및 희석소화
  ㉡ 알코올포 및 분말, $CO_2$, 할로젠화합물 방사에 의한 질식소화

**11** 위험물안전관리법령상 브로민산칼륨($KBrO_3$)의 지정 수량(kg)은?

① 50[kg]   ② 100[kg]
③ 200[kg]   ④ 300[kg]

**[해설]** 제1류 위험물의 종류

| 위험등급 | 품명 | 지정수량 | 위험등급 | 품명 | 지정수량 |
|---|---|---|---|---|---|
| I | 아염소산염류<br>염소산염류<br>과염소산염류<br>무기과산화물 | 50[kg]<br>50[kg]<br>50[kg]<br>50[kg] | III | 과망가니즈산염류<br>다이크로뮴산염류 | 1,000[kg]<br>1,000[kg] |
| II | 브로민산염류<br>아이오딘산염류<br>질산염류 | 300[kg]<br>300[kg]<br>300[kg] | 기타 | 행정안전부령으로 정하는 것 | 50[kg] |

**12** 다음 물질 중 발화점이 가장 낮은 것은?

① 아크롤레인   ② 톨루엔
③ 메틸에틸케톤   ④ 초산에틸

**[해설]** 발화점[국가위험물정보시스템]
① 아크롤레인 : 220[℃]
② 톨루엔 : 480[℃]
③ 메틸에틸케톤 : 505[℃]
④ 초산에틸 : 429[℃]

정답  09.③  10.③  11.④  12.①

**13** 분자량 227[g/mol]인 나이트로글리세린[$C_3H_5(ONO_2)_3$] 2,000[g]이 부피 1,500[mL]인 비파괴성 용기에서 폭발하였다. 폭발 당시의 온도가 500[℃]라면 이때의 압력(atm)은? (단, 절대온도 273K, 기체상수 0.082[L·atm/K·mol]이며, 소수점 이하는 절삭한다)

① 372[atm]  ② 400[atm]
③ 485[atm]  ④ 575[atm]

$PV = \dfrac{W}{M}RT$

$P = \dfrac{WRT}{VM}$

$= \dfrac{2,000[g] \times 0.082[atm \cdot L/mol \cdot K] \times (273+500)[K]}{1.5[L] \times 227[g/mol]}$

$= 372.31[atm]$

∴ 372[atm]

# 2018 제18회 소방시설관리사 1차 필기 기출문제
### [제4과목 : 위험물의 성상]

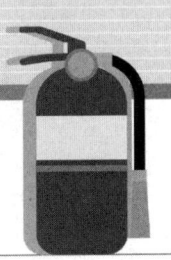

**01** 물과 반응하여 수산화나트륨을 발생하는 무기과산화물은?
① 다이크로뮴산나트륨
② 과망가니즈산나트륨
③ 과산화나트륨
④ 과염소산나트륨

**해설** $2Na_2O_2 + 2H_2O \rightarrow 4NaOH + O_2\uparrow + 발열$

**02** 제2류 위험물에 관한 설명으로 옳은 것은?
① 적린은 황린에 비해 화학적으로 활성이 크고 공기 중에서 불안정하다.
② 마그네슘 화재 시 물을 주수하면 메탄가스가 발생하여 폭발적으로 연소한다.
③ 황은 연소될 때 오산화인이 생성된다.
④ 철분은 상온에서 묽은 산과 반응하여 수소가스를 발생한다.

**해설** ① 적린은 황린에 비하여 안정하다.
  ※ 적린(P)과 황린($P_4$)의 비교
  • 적린은 황린에 비하여 안정하다.
  • 적린과 황린은 모두 물에 녹지 않는다.
  • 연소할 때 황린과 적린은 모두 $P_2O_5$의 흰 연기를 발생한다.
  • 비중과 융점(녹는점)은 적린이 크다.
② $Mg + 2H_2O \rightarrow Mg(OH)_2 + H_2\uparrow$ (수소가스 발생)
③ $S + O_2 \rightarrow SO_2$ (유독한 아황산가스 발생)
  ※ 연소 시 오산화인이 발생하는 물질은 황화인이다.
④ $Fe + 2HCl \rightarrow FeCl_2$(염화제1철) $+ H_2\uparrow$ (염산과의 반응 : 수소가스 발생)
  $2Fe + 6HCl \rightarrow 2FeCl_3$(염화제2철) $+ 3H_2\uparrow$ (염산과의 반응 : 수소가스 발생)

**03** 위험물안전관리법령상 제2류 위험물인 금속분에 해당되는 것은? (단, 150마이크로미터의 체를 통과하는 것이 50중량퍼센트 미만인 것은 제외한다)
① 칼슘분
② 니켈분
③ 세슘분
④ 아연분

**해설** 제2류 위험물 중 금속분의 종류 : 알루미늄분, 아연분, 티탄(티타늄)분 등

| 금속분 | 알칼리금속·알칼리토금속·철 및 마그네슘 외의 금속의 분말(구리분·니켈분 및 150[$\mu m$]의 체를 통과하는 것이 50[wt%] 미만인 것은 제외한다) |
|---|---|
| | 비고<br>마그네슘에 해당하지 않는 것<br>• 2[mm]의 체를 통과하지 아니하는 덩어리상태의 것<br>• 직경 2[mm] 이상의 막대 모양의 것 |

**04** 황린이 공기 중에서 완전연소 할 때 생성되는 물질은?
① 오산화인
② 황화수소
③ 인화수소
④ 이산화황

**해설** 황린은 연소 시 오산화인($P_2O_5$)의 흰 연기를 낸다.
$P_4 + 5O_2 \rightarrow 2P_2O_5$
(황린) (산소) (오산화인)

**05** 탄화칼슘 10[kg]이 질소와 고온에서 모두 반응한다고 가정할 때 생성되는 칼슘시안아미드(calcium cyanamide)의 질량(kg)은? (단, 원자량은 Ca는 40, C는 12, N는 14로 한다)
① 10.3[kg]
② 12.5[kg]
③ 14.4[kg]
④ 25.0[kg]

정답  01.③  02.④  03.④  04.①  05.②

해설) $CaC_2 + N_2 \rightarrow CaCN_2 + C + 74.6[kcal]$
(석회질소 생성) (700[℃] 이상에서 반응)

64g ────── 80g
10,000g ─── x

$$\therefore X = \frac{10,000 \times 80}{64} = 12,500[g] = 12.5[kg]$$

**06** 아세트알데히드에 관한 설명으로 옳지 않은 것은?
① 공기 중에서 산화되면 에틸알코올이 생성된다.
② 강산화제와 접촉 시 혼촉발화의 위험성이 있다.
③ 인화점이 낮아 상온에서 인화하기 쉬운 물질이다.
④ 구리, 은, 마그네슘과 반응하여 폭발성 물질을 생성한다.

해설) 아세트알데히드의 완전연소 반응식
$2CH_3CHO + 5O_2 \rightarrow 4CO_2 + 4H_2O$

■ 아세트알데히드의 물성

| | 화학식 | 분자량 | 비중 | 인화점 | 착화점 | 비점 | 연소범위 |
|---|---|---|---|---|---|---|---|
| 아세트알데히드(알데히드) | $CH_3CHO$ | 44 | 0.78 | -38[℃] | 185[℃] | 21[℃] | 4.1~57[%] |
| | 무색투명한 액체(자극성 냄새) | | | | | | |
| | 폭발성의 과산화물 생성, 아세틸라이드 생성(Cu, Mg, 은, 수은과 반응 시) | | | | | | |
| | 펠링반응, 은거울반응(암모니아성 질산은 용액 → 카르복실산) | | | | | | |
| | 불연성 가스 또는 수증기 봉입장치(저장용기 내부), 알코올용 포 효과 | | | | | | |

**07** 탄화알루미늄과 트리에틸알루미늄이 각각 물과 반응할 때 생성되는 기체는?

| | 탄화알루미늄 | 트리에틸알루미늄 |
|---|---|---|
| ① | $CH_4$ | $C_2H_6$ |
| ② | $C_2H_2$ | $H_2$ |
| ③ | $CH_4$ | $C_2H_4$ |
| ④ | $C_2H_6$ | $H_2$ |

해설) 탄화알루미늄과 물의 반응식
$Al_4C_3 + 12H_2O \rightarrow$
$4Al(OH)_3 + 3CH_4\uparrow + 360[kcal]$ (메탄가스 발생)
트리에틸알루미늄과 물의 반응식
$(C_2H_5)_3Al + 3H_2O \rightarrow$
$Al(OH)_3 + 3C_2H_6\uparrow$ (에탄가스 발생)

**08** 제4류 위험물에 관한 설명으로 옳지 않은 것은?
① 클레오소트유는 콜타르를 증류하여 제조하며 나프탈렌과 안트라센을 포함한 혼합물이다.
② 콜로디온은 용제인 에탄올과 에테르가 증발하고 나면 제6류 위험물과 같은 산화성을 나타낸다.
③ 이황화탄소는 액체비중이 물보다 크며 완전연소 시 이산화황과 이산화탄소가 생성된다.
④ 이소프로필알코올은 25[℃]에서 인화의 위험이 있고 증기는 공기보다 무거워 낮은 곳에 체류한다.

해설) 콜로디온
• 무색투명한 점도가 작은 액체
• 질화도가 낮은 질화면을 에테르1-알코올3의 혼합용제에 녹인 것
• 이 용액을 바르면 용매는 서서히 증발하여 나중에는 투명한 질화면 막이 생긴다.
① 클레오소트유 : 인화점 74[℃]/암록색/독성 있음 내산용기에 저장(철재용기는 부식)/카본블랙의 제조원료로 사용
③ 이황화탄소의 연소방식
$CS_2 + 3O_2 \rightarrow CO_2 + 2SO_2\uparrow$ / 비중 : 1.26
④ 이소프로필 알코올($C_3H_8O$, 아이소프로판올)
증기비중 : 2.07~2.1 / 비중 : 0.7864
녹는점 : -89.5[℃] / 끓는점 : 82.4[℃]

**09** 트리나이트로페놀에 관한 설명으로 옳지 않은 것은?
① 300[℃] 이상으로 가열하면 폭발한다.
② 순수한 것은 상온에서 황색의 액체이다.
③ 에탄올에 녹는다.
④ 피크린산이라고도 한다.

[해설] ① 폭발온도 : 3,320[℃]
② 순수한 것은 무색이다.

| 품명 | 물성 및 성질 | | | | | |
|---|---|---|---|---|---|---|
| 나이트로화합물 | 트리나이트로페놀 [TNP, 피크린산] [제5류 위험물] | 화학식 | 분자량 | 비중 | 인화점 | 착화점 | 융점 |
| | | $C_6H_2(OH)(NO_2)_3$ | 229 | 1.8 | -1[℃] | 300[℃] | 122.5[℃] |
| | | 광택 있는 황색의 침상결정이고 찬물에는 미량 녹으며 알코올, 에테르 온수에는 잘 녹는다. ||||||
| | | 나이트로화합물류 중 분자구조 내에 하이드록시기(-OH)를 갖는 위험물이다. ||||||
| | | 쓴맛과 독성이 있고 알코올, 에테르, 벤젠, 더운물에는 잘 녹는다. ||||||
| | | 단독으로 가열, 마찰 충격에 안정하고 연소 시 검은 연기를 내지만 폭발은 하지 않는다. (폭발온도 : 3,320[℃], 폭발속도 : 7,359[m/s]) ||||||
| | | 금속염과 혼합은 폭발이 심하며 가솔린, 알코올, 요오드, 황과 혼합하면 마찰, 충격에 의하여 심하게 폭발한다. ||||||

**10** 위험물안전관리법령상 지정수량 이상의 위험물을 운반하는 경우 질산에틸과 함께 운반할 수 있는 것은?

① 염소산암모늄, 과망가니즈산칼륨
② 적린, 아크릴산
③ 아세톤, 황린
④ 등유, 과염소산

[해설] **위험물 혼재 기준**
(1류, 6류) / (2류, 4류, 5류) / (3류, 4류)
질산에틸($C_2H_5ONO_2$)은 제5류 위험물(지정수량 10kg)이므로 제2류 위험물과 혼재 가능하다.
① 염소산암모늄($NH_4ClO_3$) [1류/50kg],
   과망가니즈산칼륨($KMnO_4$) [1류/1,000kg]
② 적린(P, 붉은인) [2류/100kg],
   아크릴산($CH_2CHCOOH$) [4류/2,000L]
③ 아세톤($CH_3COCH_3$) [4류/400L],
   황린($P_4$) [3류/20kg]
④ 등유[제2석유류/1,000L],
   과염소산($HClO_4$) [6류/300kg]

**11** 위험물안전관리법령상 위험물별 지정수량과 위험등급의 연결로 옳지 않은 것은?

① 염소산칼륨, 과산화마그네슘 – 50[kg] – I등급
② 질산, 과산화수소 – 300[kg] – I등급
③ 수소화리튬, 디에틸아연 – 300[kg] – III등급
④ 피크린산, 메틸하이드라진 – 200[kg] – II등급

[해설] ① 염소산칼륨(제1류 위험물/50[kg]/I)
    과산화마그네슘(제1류 위험물/50[kg]/I)
② 질산(제6류 위험물/300[kg]/I)
    과산화수소(제6류 위험물/300[kg]/I)
③ 수소화리튬(제3류 위험물/300[kg]/III)
    디에틸아연(제3류 위험물/50[kg]/II)
④ 피크린산(제5류 위험물/200[kg]/II)
    메틸하이드라진(제5류 위험물/200[kg]/II)

**12** 고농도의 경우 충격, 마찰에 의해 단독으로도 폭발할 수 있으며, 분해 시 발생기산소가 발생하는 물질은?

① 트리에틸알루미늄
② 인화칼슘
③ 하이드라진
④ 과산화수소

[해설] 과산화수소는 농도가 60[%] 이상인 것은 단독으로 폭발한다.

■ **과산화수소의 분해반응식**
   $H_2O_2 \rightarrow H_2O + [O]$(발생기산소)

$$2H_2O_2 \rightarrow 2H_2O + O_2$$

※ 과산화수소의 분해 시 생성되는 발생기 산소로 인해 과산화수소가 표백, 산화작용을 한다.

■ **과산화수소($H_2O_2$)** : 농도가 36[wt%] 이상인 것
① 일반적 성질
  ㉠ 비중 1.465, 융점 -0.89[℃], 비점 80[℃]
  ㉡ 순수한 것은 점성이 있는 무색의 액체이나 양이 많을 경우 청색을 띤다.
  ㉢ 물에 잘 녹는다.
  ㉣ 강한 산화성을 가지고 있지만, 환원제로도 작용한다.

정답 10.② 11.③ 12.④

㈒ 3[%] 수용액을 소독약으로 사용하며 옥시풀이라 한다.
② 위험성
　㉠ 가열, 햇빛 등에 의해 분해가 촉진되며 보관 중에는 분해하기 쉽다.
　㉡ Ag, Pt 등과 접촉 시 촉매역할을 하여 급격한 반응과 함께 산소를 방출한다.
　㉢ 농도가 60[%] 이상인 것은 단독으로 폭발한다.
　㉣ 농도가 진한 것은 피부와 접촉 시 수종을 일으킨다.
③ 저장 및 취급방법
　㉠ 갈색병에 저장하여 직사광선을 피하고 냉암소에 저장한다.
　㉡ 용기의 내압상승을 방지하기 위하여 밀전하지 말고 구멍 뚫린 마개를 사용한다.
　㉢ 농도가 클수록 위험성이 높으므로 안정제(인산, 요산, 글리세린 등)를 넣어 분해를 억제시킨다.
④ 소화방법 : 다량의 주수에 의한 냉각 및 희석소화

# 2017 제7회 소방시설관리사 1차 필기 기출문제
[제4과목 : 위험물의 성상]

**01** 제1류 위험물에 관한 설명으로 옳지 않은 것은?
① 모두 불연성 물질이며, 강력한 산화제로 열분해하여 산소를 발생시킨다.
② 브로민산염류, 질산염류, 아이오딘산염류는 지정수량이 300[kg]이고 위험등급 Ⅱ에 해당된다.
③ 물에 녹아 수용액 상태가 되면 산화성이 없어진다.
④ 무기과산화물, 퍼옥소붕산염류, 삼산화크롬은 물과 반응하여 산소를 발생하고 발열한다.

**해설** 삼산화크롬은 물과 반응하여 강산이 되며 심하게 발열한다. (주수소화금지)
$CrO_3 + H_2O \rightarrow H_2CrO_4$(크롬산)

**02** 제1류 위험물인 질산염류에 관한 설명으로 옳은 것은?
① 질산나트륨은 흑색화약의 원료로 사용된다.
② 질산칼륨은 ANFO 폭약의 원료로 사용된다.
③ 강력한 산화제로 염소산염류에 비해 불안정하여 폭약의 원료로 사용된다.
④ 물에 잘 녹으며 조해성이 있는 것이 많다.

**해설** ① 흑색화약의 원료로 사용되는 것은 질산칼륨이다.
② ANFO 폭약의 원료로 사용되는 것은 질산암모늄이다.
③ 질산염류는 염소산염류나 과염소산염류보다 가열, 마찰에 대하여 안정하다.

**03** 제2류 위험물인 황화인에 관한 설명으로 옳지 않은 것은?
① 대표적으로 안정된 황화인은 $P_4S_3$, $P_2S_5$, $P_4S_7$이 있다.
② $P_4S_3$, $P_2S_5$, $P_4S_7$의 연소생성물은 오산화인과 이산화황으로 동일하며, 유독하다.
③ $P_4S_3$, $P_2S_5$, $P_4S_7$는 찬물과 반응하여 가연성 가스인 황화수소가 발생된다.
④ 가열에 의해 매우 쉽게 연소하며, 때에 따라 폭발한다.

**해설**
- 삼황화인($P_4S_3$) : 물에 녹지 않고 질산, 이황화탄소, 알칼리 등에 잘 녹는다.
- 오황화인($P_2S_5$) : 물, 알칼리와 분해하여 황화수소($H_2S$)와 인산($H_3PO_4$)으로 된다.
- 칠황화인($P_4S_7$) : 온수와 분해하여 황화수소($H_2S$)와 인산($H_3PO_4$)으로 된다.

**04** 물과 반응하여 가연성 가스인 메탄($CH_4$)이 발생되는 위험물을 모두 고른 것은?

| ㉠ 인화알루미늄 | ㉡ 디에틸아연 |
| ㉢ 탄화알루미늄 | ㉣ 수소화알루미늄리튬 |
| ㉤ 메틸리튬 | |

① ㉢, ㉤  ② ㉣, ㉤
③ ㉠, ㉡, ㉣  ④ ㉢, ㉣, ㉤

**해설** **인화알루미늄(AlP)**
물 또는 습기와 접촉 시 가연성, 유독성의 포스핀($PH_3$)를 발생한다.
AlP + 3$H_2O$ → Al(OH)$_3$ + $PH_3$↑
(인화알루미늄) (물) (수산화알루미늄) (포스핀)

정답 01.③ 02.④ 03.③ 04.①

■ 탄화알루미늄($Al_4C_3$)
물과 반응하여 발열과 함께 가연성 가스인 메탄가스를 발생한다.

$Al_4C_3 + 12H_2O \rightarrow 4Al(OH)_3 + 3CH_4\uparrow + 360kcal$
(탄화알루미늄)(물)    (수산화알루미늄) (메탄)    (반응열)

■ 수소화알루미늄리튬
물과 반응하여 발열과 함께 수소를 발생한다.
$2LiAlH_4 + 2H_2O = 2LiOH + 2Al + 5H_2$

■ 메틸리튬
물과 반응하여 수산화리튬과 메탄가스를 발생한다.
$(CH_3)Li + H_2O \rightarrow LiOH + CH_4$
(메틸리튬)     (물)      (수산화리튬)  (메탄)

**05** 아세트알데히드(Acet Aldehyde)를 취급하는 제조 설비의 재질로 사용할 수 있는 것은?

① 구리   ② 마그네슘
③ 은     ④ 철

**해설** 아세트알데히드($CH_3CHO$) [특수인화물, 지정수량 50[L]]
① 일반적 성질
  ㉠ 인화점 −39[℃], 착화점 185[℃], 연소범위 4.1~57%, 비점 21[℃], 비중 0.8
  ㉡ 자극성 과일향을 가지는 무색투명한 휘발성 액체로 물에 잘 녹는다.
  ㉢ 환원력이 강하므로 은거울반응과 펠링반응을 한다.
② 위험성
  ㉠ 비점이 대단히 낮아 휘발하거나 인화되기 쉽다.
  ㉡ 착화온도가 낮고 폭발범위가 넓어 폭발의 위험이 크다.
  ㉢ 구리, 은, 마그네슘, 수은 및 그 합금과 반응하여 폭발성인 아세틸라이드를 생성한다.
  ㉣ 증기 및 액체는 인체에 유해하다.
③ 저장 및 취급방법
  ㉠ 용기 내부에는 불연성 가스($N_2$) 또는 수증기($H_2O$)를 봉입한다.
  ㉡ 공기와의 접촉 시 과산화물이 생성되므로 밀전·밀봉하여 냉암소에 저장한다.
  ㉢ 액체의 누출 및 증기의 누설방지를 위하여 용기는 완전 밀폐한다.
  ㉣ 산의 존재 하에서 심한 중합반응을 하기 때문에 접촉을 피한다.

**06** 특수인화물에 해당하지 않는 것은?

① $C_2H_5OC_2H_5$   ② $CH_3CHCH_2O$
③ $CH_3COCH_3$    ④ $CH_3CHO$

**해설**
① 디에틸에테르
② 산화프로필렌
③ 아세톤(제1석유류)
④ 아세트알데히드

| 품명 | 화학식의 종류 | |
|---|---|---|
| 특수<br>인화물류<br>(지정수<br>량 50L) | ① 디에틸에테르($C_2H_5OC_2H_5$, 산화에틸, 에테르, 에틸에테르) | |
| | ② 이황화탄소($CS_2$) | |
| | ③ 아세트알데히드($CH_3CHO$, 알데히드, 초산알데히드) | |
| | ④ 산화프로필렌($CH_3CHCH_2O$, 프로필렌옥사이드) | |
| | ⑤ 이소프로필아민[$(CH_3)_2CHNH_2$] | |
| | ⑥ 이소프렌<br>[$CH_2=C(CH_3)CH=CH_2$] | ⑦ 황화디메틸[$(CH_3)_2S$, 디메틸설파이드, DMS] |
| | ⑧ 이소펜탄<br>: 인화점 −51[℃] | ⑨ 비닐에테르<br>[$(CH_2=CH)_2O$] |

**07** 디에틸에테르를 장시간 저장할 때 폭발성의 불안정한 과산화물을 생성한다. 이러한 과산화물 생성 방지를 위한 방법으로 옳은 것은?

① 10[%] KI 용액을 첨가한다.
② 40[mesh]의 구리망을 넣어준다.
③ 30[%] 황산제일철을 넣어준다.
④ $CaCl_2$를 넣어준다.

**해설** 디에틸에테르를 공기 중에서 장시간 접촉 시 과산화물이 생성되어 가열, 충격, 마찰에 의해 폭발한다.

○ 과산화물
• 성질 : 5류 위험물과 같은 위험성
• 검출시약 : 10[%]의 요오드화칼륨(KI) 용액 → 과산화물 존재 시 황색으로 변색
• 제거시약 : 황산제일철($FeSO_4$), 환원철 등
• 생성방지법 : 40메시(mesh)의 동(Cu)망을 넣는다.

**08** 제5류 위험물 중 나이트로화합물에 해당하는 물질로만 이루어진 것은?

① 나이트로셀룰로오스, 나이트로글리세린, 나이트로글리콜
② 트리나이트로톨루엔, 디나이트로페놀, 나이트로글리콜
③ 나이트로글리세린, 펜트리트, 디나이트로톨루엔
④ 트리나이트로톨루엔, 피크린산, 테트릴

**해설** 제5류 위험물 중 나이트로화합물

| 품명 | 화학식의 종류 |
|---|---|
| 나이트로화합물 (R-NO₂) (지정수량 200[kg]) | ① 트리나이트로톨루엔[TNT, $C_6H_2CH_3(NO_2)_3$] |
| | ② 트리나이트로페놀 [TNP, 피크린산, $C_6H_2(NO_2)_3OH$] |
| | ③ 테트릴 [$C_6H_2(NO_2)_4NCH_3$] ④ 헥소겐 [$(CH_2NNO_2)_3$] |
| | ⑤ 디나이트로벤젠 [DBN, $C_6H_4(NO_2)_2$] ⑥ 디나이트로톨루엔 [DNT, $C_6H_3CH_3(NO_2)_2$] |
| | ⑦ 디나이트로페놀[$C_6H_3OH(NO_2)_2$] |

**09** 트리나이트로톨루엔(TNT)의 열분해 생성물이 아닌 것은?

① $H_2$  ② $CO_2$
③ $CO$  ④ $N_2$

**해설** $2C_6H_2CH_3(NO_2)_3 \rightarrow 2C + 3N_2\uparrow + 5H_2\uparrow + 12CO\uparrow$

**10** 옥내저장소에 질산칼륨 450[kg], 염소산칼륨 300[kg], 질산 600[L]를 저장하고 있다. 이 저장소는 지정수량의 몇 배를 저장하고 있는가? (단, 저장 중인 질산의 비중은 1.5이다)

① 5.5
② 9.5
③ 10.5
④ 12.5

**해설**

| 품명 | 질산칼륨 (제1류 위험물) | 염소산칼륨 (제1류 위험물) | 질산 (제6류 위험물) |
|---|---|---|---|
| 지정수량 | 300[kg] | 50[kg] | 300[kg] |

■ (질산칼륨)$\frac{450}{300}$ + (염소산칼륨)$\frac{300}{50}$ + (질산)$\frac{1.5 \times 600}{300}$ = 10.5

**11** 제6류 위험물에 관한 설명으로 옳지 않은 것은?

① 농도가 30[wt%]인 과산화수소는 위험물안전관리법령상의 위험물이다.
② 과산화수소의 자연분해 방지를 위해 용기에 인산 또는 요산을 첨가한다.
③ 질산은 염산과 일정한 비율로 혼합되면 금과 백금을 녹일 수 있는 왕수가 된다.
④ 과염소산은 가열하면 폭발적으로 분해되고 유독성 염화수소를 발생한다.

**해설** 과산화수소의 농도가 36[wt%] 이상인 것을 위험물로 간주한다.

**12** 위험물안전관리법령상 위험물별 지정수량과 위험등급의 연결이 옳지 않은 것은?

① 에틸알코올, 메틸에틸케톤 – 400[L] – Ⅱ등급
② 질산암모늄, 수소화리튬 – 300[kg] – Ⅲ등급
③ 알킬알루미늄, 유기과산화물 – 10[kg] – Ⅰ등급
④ 철분, 마그네슘 – 500[kg] – Ⅲ등급

**해설** ① 에틸알코올(알코올류/400[L]/Ⅱ)
메틸에틸케톤(제1석유류 비수용성/200[L]/Ⅱ)
② 질산암모늄(제1류 위험물/300[kg]/Ⅱ)
수소화리튬(제3류 위험물/300[kg]/Ⅲ)
③ 알킬알루미늄(제3류 위험물/10[kg]/Ⅰ)
유기과산화물(제5류/10[kg]/Ⅰ)
④ 철분(제2류 위험물/500[kg]/Ⅲ)
마그네슘(제2류 위험물/500[kg]/Ⅲ)

# 2016 제16회 소방시설관리사 1차 필기 기출문제
### [제4과목 : 위험물의 성상]

**01** 위험물안전관리법령상 제4류 위험물의 품명별 위험등급이 바르게 짝지어진 것은?

① 알코올류 – Ⅰ등급
② 특수인화물 – Ⅰ등급
③ 제2석유류 중 수용성액체 – Ⅱ등급
④ 제3석유류 중 비수용성액체 – Ⅱ등급

**해설** 제4류 위험물 위험등급·품명 및 지정수량

| 위험등급 | 품명 | | 지정수량 | 위험등급 | 품명 | | 지정수량 |
|---|---|---|---|---|---|---|---|
| Ⅰ | 특수인화물 | | 50리터 | Ⅲ | 제2석유류 | 비수용성액체 | 1,000리터 |
| | | | | | | 수용성액체 | 2,000리터 |
| Ⅱ | 제1석유류 | 비수용성액체 | 200리터 | | 제3석유류 | 비수용성액체 | 2,000리터 |
| | | 수용성액체 | 400리터 | | | 수용성액체 | 4,000리터 |
| | 알코올류 | | 400리터 | | 제4석유류 | | 6,000리터 |
| | | | | | 동식물유류 | | 10,000리터 |

**02** 상온에서 저장·취급 시 물과 접촉하면 위험한 것을 모두 고른 것은?

㉠ 과산화나트륨 ㉡ 적린
㉢ 칼륨 ㉣ 트리메틸알루미늄

① ㉠, ㉡, ㉢  ② ㉠, ㉡, ㉣
③ ㉠, ㉢, ㉣  ④ ㉡, ㉢, ㉣

**해설** 철분, 마그네슘은 산과 반응하여 수소를 발생한다.

**03** 제2류 위험물에 관한 설명으로 옳지 않은 것은?

① 철분, 마그네슘은 산과 반응하여 산소를 발생한다.
② 황은 가연성고체로 푸른 불꽃을 내며 연소한다.
③ 적린이 연소하면 유독성의 $P_2O_5$가 발생한다.
④ 산화제와 혼합하면 가열, 충격, 마찰에 의해 발화·폭발의 위험이 있다.

**해설** 철분, 마그네슘은 산과 반응하여 수소를 발생한다.

**04** 제3류 위험물인 황린에 관한 설명으로 옳은 것은?

① 증기는 자극성과 독성이 없다.
② 환원력이 약해 산소농도가 높아야 연소한다.
③ 갈색 또는 회색의 고체로 증기는 공기보다 가볍다.
④ 공기 중에서 자연발화의 위험성이 있어 물속에 저장한다.

**해설** 황린
■ 물성

| 화학식 | 비중 | 발화점 | 비점 | 융점 |
|---|---|---|---|---|
| $P_4$ | 1.82 | 34[℃] | 280[℃] | 44[℃] |

㉠ 백색 또는 담황색의 자연발화성 고체이다.
㉡ 물과 반응하지 않기 때문에 pH=9(약알칼리) 정도의 물속에 저장하며 보호액이 증발되지 않도록 한다.
㉢ 벤젠, 알코올에는 일부 용해하고 이황화탄소, 삼염화린, 염화황에는 잘 녹는다.
㉣ 황, 산소, 할로겐과 격렬하게 반응한다.
㉤ 증기는 공기보다 무겁고 자극적이며 맹독성인 물질이다.

정답  01.②  02.③  03.①  04.④

ⓑ 발화점이 매우 낮고 산소와 결합 시 산화열이 크며 공기 중에 방치하면 액화되면서 자연발화를 일으킨다.
ⓢ 공기를 차단하고 황린을 260[℃]로 가열하면 적린이 생성된다.
ⓞ 산화제, 화기의 접근, 고온체와 접촉을 피하고 직사광선을 차단한다.
ⓩ 강산화성 물질과 수산화나트륨과 혼촉 시 발화의 위험이 있다.
ⓒ 초기소화에는 물, 포, $CO_2$, 건조분말 소화약제가 유효하다.

**05** 나이트로셀룰로오스에 관한 설명으로 옳지 않은 것은?

① 질산에스터류에 속하며 자기반응성물질이다.
② 직사광선에 의해 분해하여 자연발화 할 수 있다.
③ 질화도가 클수록 분해도, 폭발성, 위험도가 감소한다.
④ 저장·운반 시에는 물 또는 알코올을 첨가하여 위험성을 감소시킨다.

**해설** 질화도가 클수록 폭발의 위험성이 크다.

**06** 제1류 위험물에 관한 설명으로 옳지 않은 것은?

① 과망가니즈산칼륨과 다이크로뮴산암모늄의 색상은 각각 등적색과 흑색이다.
② 염소산칼륨은 황산과 반응하여 이산화염소를 발생한다.
③ 아염소산나트륨은 강산화제이며 가열에 의해 분해하여 산소를 발생한다.
④ 질산암모늄은 급격한 가열, 충격에 의해 분해하여 폭발할 수 있다.

**해설** 과망가니즈산칼륨 - 흑자색 / 다이크로뮴산암모늄 - 등적색

**07** 제6류 위험물에 관한 설명으로 옳지 않은 것은?

① 모두 불연성 물질이다.
② 위험물안전관리법령상 모든 품명의 위험등급은 Ⅱ등급이다.
③ 과산화수소 저장용기의 뚜껑은 가스가 배출되는 구조로 한다.
④ 질산이 목탄분, 솜뭉치와 같은 가연물에 스며들면 자연발화의 위험이 있다.

**해설** 위험등급·품명 및 지정수량

| 위험등급 | 품명 | 지정수량 | 위험등급 | 품명 | 지정수량 |
|---|---|---|---|---|---|
| Ⅰ | 과염소산<br>과산화수소<br>질산 | 300[kg]<br>300[kg]<br>300[kg] | Ⅱ | 그 밖에 행정안전부령으로 정하는 것 | 300[kg] |

**08** 제5류 위험물인 유기과산화물에 관한 설명으로 옳지 않은 것은?

① 불티, 불꽃 등의 화기를 엄금한다.
② 직사광선을 피하고 냉암소에 저장한다.
③ 누출 시 과산화수소로 혼합시켜 제거한다.
④ 벤조일퍼옥사이드는 진한 황산과 혼촉 시 분해를 일으켜 폭발한다.

**해설** 누출 시 질석이나 진주암 같은 불연성 물질을 사용하여 흡수 또는 혼합하여 제거한다.

**09** 위험물안전관리법령상 제2류 위험물에 관한 설명으로 옳지 않은 것은?

① 황은 순도가 60중량퍼센트 이상인 것을 말하며 지정수량은 100[kg]이다.
② 마그네슘은 직경 2[mm] 이상의 막대 모양의 것을 말하며 지정수량은 100[kg]이다.
③ 인화성고체라 함은 고형알코올 그밖에 1기압에서 인화점이 섭씨 40도 미만인 고체를 말하며 지정수량은 1,000[kg]이다.

정답 05.③ 06.① 07.② 08.③ 09.②

④ 철분이라 함은 철의 분말로서 53마이크로미터의 표준체를 통과하는 것이 50중량퍼센트 이상이어야 하며 지정수량은 500[kg]이다.

**해설** 마그네슘 및 마그네슘을 함유한 것 중 2[mm]의 체를 통과하지 아니하는 덩어리 및 직경 2[mm] 이상의 막대모양의 것은 제외한다.

**10** 위험물안전관리법령상 제3류 위험물의 품명별 지정수량이 바르게 짝지어진 것은?

① 나트륨, 황린 – 10[kg]
② 알킬알루미늄, 알킬리튬 – 20[kg]
③ 금속의 수소화물, 금속의 인화물 – 50[kg]
④ 칼슘의 탄화물, 알루미늄의 탄화물 – 300[kg]

**해설** 위험등급 · 품명 및 지정수량

| 위험등급 | 품명 | 지정수량 | 위험등급 | 품명 | 지정수량 |
|---|---|---|---|---|---|
| I | 칼륨<br>나트륨<br>알킬알루미늄<br>알킬리튬<br>황린 | 10[kg]<br>10[kg]<br>10[kg]<br>10[kg]<br>20[kg] | III | 금속수소화합물<br>금속인화합물<br>칼슘 또는 알루미늄의 탄화물 | 300[kg]<br>300[kg]<br>300[kg] |
| II | 알칼리금속 및 알칼리 토금속<br>유기금속화합물 | 50[kg]<br>50[kg] | 기타 | 그 밖에 행정안전부령으로 정하는 것 | 10[kg] |

**11** 이황화탄소에 관한 설명으로 옳지 않은 것은?

① 인화점이 낮고 휘발성이 강하여 화재 위험성이 크다.
② 공기 중에서 연소하면 유독성의 이산화황을 발생한다.
③ 증기는 공기보다 무겁고, 매우 유독하여 흡입 시 신경계통에 장애를 준다.
④ 액체비중이 물보다 작고 물에 녹기 어렵기 때문에 수조탱크에 넣어 보관한다.

**해설** 이황화탄소는 물보다 비중이 크다.

■ 이황화탄소($CS_2$)
① 일반적 성질
  ㉠ 인화점 −30[℃], 착화점 100[℃], 연소범위 1~44[%], 비중 1.26
  ㉡ 무색투명한 액체로, 일광에 의해 황색으로 변색된다.
  ㉢ 물보다 무겁고, 물에 녹지 않는다.
② 위험성
  ㉠ 휘발성 및 인화성이 강하며, 4류 위험물 중 착화점이 가장 낮다.
  ㉡ 인화점 및 비점이 낮고 연소범위가 넓다.
  ㉢ 인체에 대한 독성이 있어 흡입 시 유해하다.
  ㉣ 연소 시 유독성 가스인 아황산가스($SO_2$)가 발생한다.
     $CS_2 + 3O_2 \rightarrow CO_2 + 2SO_2$
     (이황화탄소)(산소)  (이산화탄소)(아황산가스)
  ㉤ 물과 150[℃]에서 가열하면 분해하여 황화수소($H_2S$)를 발생한다.
     $CS_2 + 2H_2O \rightarrow CO_2 + 2H_2S$
     (이황화탄소) (물)   (이산화탄소)(황화수소)

**12** 제6류 위험물인 과염소산에 관한 설명으로 옳지 않은 것은?

① 공기와 접촉 시 황적색인 인화수소가 발생한다.
② 무색·무취의 액체로 물과 접촉하면 발열한다.
③ 무수물은 불안전하여 가열하면 폭발적으로 분해한다.
④ 저장시에는 가연성 물질과의 접촉을 피하여야 한다.

**해설** 과염소산($HClO_4$)은 공기와 접촉 시 유독성의 염화수소($HCl$)가 발생한다.

# 2015 제15회 소방시설관리사 1차 필기 기출문제
[제4과목 : 위험물의 성상]

## 01 제6류 위험물이 아닌 것은?
① 과염소산
② 아염소산칼륨
③ 질산(비중 1.49 이상)
④ 과산화수소(농도 36중량퍼센트 이상)

**해설** 아염소산칼륨은 제1류 위험물이다.
- **제6류 위험물 품명, 위험등급·지정수량**

| 위험등급 | 품명 | 지정수량 | 위험등급 | 품명 | 지정수량 |
|---|---|---|---|---|---|
| I | 과염소산<br>과산화수소<br>질산 | 300[kg]<br>300[kg]<br>300[kg] | II | 그밖에 행정안전부령으로 정하는 | 300[kg] |

※ 행정안전부령으로 정하는 것 : 할로겐간화합물

## 02 위험물안전관리법령상 품명(위험물)별 지정수량과 위험등급이 바르게 연결된 것은?
① 알킬리튬 – 10[kg] – I 등급
② 황린 – 20[kg] – II 등급
③ 유기금속화합물 – 300[kg] – III 등급
④ 금속의 인화합물 – 500[kg] – III 등급

**해설**

| 품명 | 알킬리튬(3류) | 황린(3류) | 유기금속화합물(3류) | 금속 인화합물(3류) |
|---|---|---|---|---|
| 위험등급 | I | I | II | III |
| 지정수량 | 10[kg] | 20[kg] | 50[kg] | 300[kg] |

## 03 제4류 위험물 중 제3석유류에 해당하는 것은?
① 중유
② 경유
③ 등유
④ 휘발유

**해설** 제4류 위험물 지정품명
㉠ 특수인화물 : 디에틸에테르, 이황화탄소
㉡ 제1석유류 : 아세톤, 휘발유
㉢ 제2석유류 : 등유, 경유
㉣ 제3석유류 : 중유, 클레오소트유
㉤ 제4석유류 : 기어유, 실린더유

## 04 다음 중 제5류 위험물에 관한 설명으로 옳지 않은 것은?
① 외부의 산소 없이도 자기연소하고 연소속도가 빠르다.
② 나이트로화합물은 나이트로기가 많을수록 분해가 용이하다.
③ 지정수량 이상의 제5류 위험물 운반·적재 시 제2류, 제4류, 제6류 위험물과 혼재가 가능하다.
④ 일반적으로 다량의 물을 사용하여 냉각소화가 가능하다.

**해설** 제5류 위험물은 제2류 및 제4류 위험물과 혼재 가능하다. 제6류 위험물은 제1류 위험물과만 혼재가능하다.

정답  01.②  02.①  03.①  04.③

**05** 제2류 위험물의 특성에 관한 설명으로 옳은 것은?

① 철분은 절삭유와 같은 기름이 묻은 상태로 장기간 방치하면 자연발화하기 쉽다.
② 황은 물이나 알코올에 잘 녹으며 고온에서 탄소와 반응하면 이황화탄소가 발생한다.
③ 삼황화인은 찬 물에 잘 녹고 조해성이 있으며 연소 시 유독한 오산화인과 이산화황을 발생한다.
④ 적린은 상온에서 공기 중에 방치하면 자연발화를 일으키므로 이를 방지하기 위하여 물속에 보관하여야 한다.

**해설** ② 황은 물이나 산에는 녹지 않으나 알코올에는 조금 녹고, 산소와 반응하면 이산화황이 발생한다.
③ 삼황화인($P_4S_3$)은 물에 녹지 않고 질산, 이황화탄소, 알칼리 등에 잘 녹으며, 공기 중에서 연소하여 오산화인($P_2O_5$)과 이산화황($SO_2$)이 된다.
$P_4S_3$ + $8O_2$ → $2P_2O_5$ + $3SO_2$
(삼황화인) (산소) (오산화인) (이산화황)
④ 적린은 공기 중에 방치하면 자연발화는 일어나지 않지만 260[℃] 이상 가열하면 발화, 400[℃] 이상에서 승화한다.
※ 물속에 저장하는 물질 : 황린, 이황화탄소

**06** 제2류 위험물 중 마그네슘(Mg)에 관한 설명으로 옳지 않은 것은?

① 공기 중 습기와 서서히 반응하여 열이 축적되면 자연발화의 위험성이 있다.
② 미세한 분말은 밀폐 공간 내 부유(浮遊)하면 분진폭발의 위험이 있다.
③ 이산화탄소($CO_2$) 중에서 연소한다.
④ 산이나 뜨거운 물에 반응하여 메탄($CH_4$)가스를 발생시킨다.

**해설** 마그네슘은 산 및 온수와 반응하여 수소가스를 발생시킨다.

**07** 옥내저장소에 아세톤 18[L] 용기 100개와 초산 200[L] 용기 10개를 저장하고 있다면 이 저장소에는 지정수량의 몇 배를 저장하고 있는가? (단, 용기는 가득 차 있다고 가정한다)

① 5배  ② 5.5배
③ 7배  ④ 9.5배

| 품 명 | 아세톤(제1석유류 수용성) | 초산(제2석유류 수용성) |
|---|---|---|
| 지정수량 | 400[L] | 2,000[L] |

▶ (아세톤)$\frac{18 \times 100}{400}$ + (초산)$\frac{200 \times 10}{2,000}$
= 5.5배

**08** 제6류 위험물에 관한 설명으로 옳지 않은 것은?

① 모두 무기화합물이며 불연성의 산화성액체이다.
② 지정수량은 300[kg]이며 위험등급은 Ⅰ등급에 해당한다.
③ 과산화수소의 저장용기는 완전히 밀전하여 저장한다.
④ 할로겐간화합물을 제외하고 산소를 함유하고 있으며 다른 물질을 산화시킨다.

**해설** 과산화수소의 저장용기는 내압상승을 방지하기 위하여 밀전하지 말고 구멍 뚫린 마개를 사용한다.

**09** 물과 반응하여 가연성 가스를 발생하는 위험물만으로 나열된 것은?

① $CaC_2$, $LiAlH_4$, $Al_4C_3$
② $K_2O_2$, $NaH$, $Zn(ClO_3)_2$
③ $Ba(ClO_3)_2$, $K_2O_2$, $CaC_2$
④ $Zn(ClO_3)_2$, $Ba(ClO_3)_2$, $Al_4C_3$

**해설**
• 탄화칼슘
  $CaC_2 + 2H_2O → Ca(OH)_2 + C_2H_2↑ + 27.8kcal$
• 수소화알루미늄리튬
  $LiAlH_4 + 4H_2O → LiOH + AL(OH)_3 + 4H_2$

- 탄화알루미늄
  $Al_4C_3 + 12H_2O \rightarrow 4Al(OH)_3 + 3CH_4$

**10** 제1류 위험물인 과산화나트륨($Na_2O_2$) 1[kg]이 완전 열분해 되었을 경우 생성되는 산소는 표준상태(STP)에서 약 몇 [L]인가? (단, Na 원자량은 23, O 원자량은 16으로 한다)

① 0.143[L]   ② 0.283[L]
③ 143.59[L]   ④ 283.18[L]

**해설** $2Na_2O_2 \rightarrow 2Na_2O + O_2 \uparrow$
$2 \times 78g \diagdown 22.4L$
$1,000g \diagup x$

$\therefore X = \dfrac{1,000 \times 22.4}{2 \times 78} \fallingdotseq 143.59[L]$

**11** 제1류 위험물의 성상 및 위험성에 관한 설명으로 옳지 않은 것은?

① 질산칼륨은 무색결정 또는 백색분말이며 짠맛이 있다.
② 과염소산칼륨은 무색무취의 결정으로 에탄올, 에테르에 잘 녹는다.
③ 질산나트륨은 무색결정으로 조해성이 있으며 칠레초석이라고도 불린다.
④ 과망가니즈산나트륨은 적린, 황, 금속분과 혼합하면 가열, 충격에 의해 폭발한다.

**해설** 과염소산칼륨은 물, 알코올, 에테르에 녹지 않는다.

**12** 트리나이트로톨루엔[$C_6H_2CH_3(NO_2)_3$] 열분해 반응 시 최종적으로 발생하는 물질이 아닌 것은?

① $N_2$   ② $H_2$
③ $CO$   ④ $NO_2$

**해설** 트리나이트로톨루엔 열분해 반응식
$2C_6H_2CH_3(NO_2)_3 \rightarrow 12CO + 2C + 3N_2 + 5H_2$

# 제4회 소방시설관리사 1차 필기 기출문제

[제4과목 : 위험물의 성상]

**01** 염소산칼륨($KClO_3$)에 관한 설명으로 옳지 않은 것은?

① 냉수, 알코올에 잘 녹는다.
② 무색 결정으로 인체에 유독하다.
③ 황산과 접촉으로 격하게 반응하여 $ClO_2$를 발생한다.
④ 적린과 혼합하면 가열·충격·마찰에 의해 폭발할 수 있다.

**해설** 온수, 글리세린에 잘 녹고 냉수 및 알코올에는 녹기 힘들다.

- **염소산칼륨($KClO_3$)(지정수량 50[kg])**
  ① 일반적 성질
    ㉠ 분해온도 : 약 400[℃]
    ㉡ 찬물에는 녹기 어렵고 온수 및 글리세린에는 잘 녹는다.
    ㉢ 무색의 결정 또는 백색의 분말이다.
  ② 위험성
    ㉠ 열분해반응식
      ⓐ 400[℃]
        $2KClO_3 \rightarrow KCl + KClO_4 + O_2 \uparrow$
      ⓑ 완전분해식
        $2KClO_3 \rightarrow 2KCl + 3O_2 \uparrow$
    ㉡ 인체에 유독하다.
    ㉢ 분해촉진제 : 이산화망간($MnO_2$) 등과 접촉 시 분해가 촉진된다.
    ㉣ 산과 작용하여 유독한 이산화염소($ClO_2$) 및 과산화수소를 발생한다.
      $2KClO_3 + 2HCl \rightarrow$
         $2KCl + 2ClO_2 + H_2O_2$
  ③ 저장 및 취급방법
    ㉠ 강산이나 분해를 촉진하는 물질과의 접촉을 피한다.
    ㉡ 저장용기는 밀전·밀봉하고 냉암소에 저장한다.

㉢ 환원성 물질과 격리·저장한다.
④ 소화방법 : 다량의 주수에 의한 냉각소화

**02** 제2류 위험물에 관한 설명으로 옳지 않은 것은?

① 금속분, 마그네슘은 위험등급 I에 해당한다.
② 인화성 고체인 고형알코올은 지정수량이 1,000[kg]이다.
③ 철분, 알루미늄분은 염산과 반응하여 수소가스를 발생시킨다.
④ 적린, 황의 화재 시에는 물을 이용한 냉각소화가 가능하다.

**해설** 금속분, 마그네슘은 위험등급 Ⅲ에 해당한다.

**03** 위험물의 유별 분류 및 지정수량이 옳지 않은 것은?

① 염소화이소시아눌산 - 제1류 - 300[kg]
② 염소화규소화합물 - 제3류 - 300[kg]
③ 금속의 아지화합물 - 제5류 - 300[kg]
④ 할로겐간화합물 - 제6류 - 300[kg]

**해설** 위험물의 유별 분류 및 지정수량(위험물법 시행령, 시행규칙)

| 분류 | 품명 | 지정수량 |
|---|---|---|
| 제1류 | 과아이오딘산염류<br>과아이오딘산<br>크롬, 납 또는 요오드의 산화물<br>아질산염류<br>차아염소산염류<br>염소화이소시아눌산<br>퍼옥소이황산염류<br>퍼옥소붕산염류 | 50킬로그램,<br>300킬로그램 또는<br>1,000킬로그램 |

정답 01.① 02.① 03.③

| 제3류 | 염소화규소화합물 | 10킬로그램, 20킬로그램, 50킬로그램 또는 300킬로그램 |
| --- | --- | --- |
| 제5류 | 금속의 아지화합물 질산구아니딘 | 제1종 : 10킬로그램 제2종 : 100킬로그램 |
| 제6류 | 할로겐간화합물 | 300킬로그램 |

**04** 위험물안전관리법령상 위험물에 해당하는 것은?

① 황가루와 활석가루가 각각 50[kg]씩 혼합된 물질
② 아연분말 100[kg] 중 150[㎛]의 체를 통과한 것이 60[kg]인 것
③ 철분 500[kg] 중 53[㎛]의 표준체를 통과한 것이 200[kg]인 것
④ 구리분말 300[kg] 중 150[㎛]의 체를 통과한 것이 200[kg]인 것

**해설** 표준체를 통하는 것이 50중량퍼센트 이상인 것을 위험물로 본다.
㉠ 철분 : 철의 분말로서 53마이크로미터의 표준체를 통과하는 것이 50중량퍼센트 미만인 것은 제외한다.
㉡ 금속분 : 알칼리금속·알칼리토류금속·철 및 마그네슘외의 금속의 분말을 말하고, 구리분·니켈분 및 150마이크로미터의 체를 통과하는 것이 50중량퍼센트 미만인 것은 제외한다.

**05** 물과 반응하여 메탄($CH_4$)가스를 발생하는 위험물은?

① 인화칼슘    ② 탄화알루미늄
③ 수소화리튬    ④ 탄화칼슘

**해설** 탄화알루미늄($Al_4C_3$)
㉠ 1,400[℃] 이상에서 분해한다.
㉡ 물과 반응하여 발열하고, 수산화알루미늄과 메탄가스를 발생한다.
• 반응식 : $Al_4C_3 + 12H_2O \rightarrow 4Al(OH)_3 + 3CH_4\uparrow + 360kcal$

**06** 제3류 위험물에 관한 설명으로 옳지 않은 것은?

① 황린은 공기와 접촉하면 자연발화 할 수 있다.
② 칼륨, 나트륨은 등유, 경유 등에 넣어 보관한다.
③ 지정수량 1/10을 초과하여 운반하는 경우, 제4류 위험물과 혼재할 수 없다.
④ 알킬알루미늄은 운반용기 내용적은 90% 이하로 수납하여야 한다.

**해설** 위험물의 혼재기준

| 위험물의 구분 | 제1류 | 제2류 | 제3류 | 제4류 | 제5류 | 제6류 |
| --- | --- | --- | --- | --- | --- | --- |
| 제1류 |  | × | × | × | × | ○ |
| 제2류 | × |  | × | ○ | ○ | × |
| 제3류 | × | × |  | ○ | × | × |
| 제4류 | × | ○ | ○ |  | ○ | × |
| 제5류 | × | ○ | × | ○ |  | × |
| 제6류 | ○ | × | × | × | × |  |

**07** ANFO 폭약의 원료로 사용되는 물질로 조해성이 있고 물에 녹을 때 흡열반응을 하는 것은?

① 질산칼륨
② 질산칼슘
③ 질산나트륨
④ 질산암모늄

**해설** 질산암모늄의 성질
㉠ 무색, 무취의 백색결정, 비료, 화약원료, 질산염제조, 폭약제조 등에 사용
㉡ 물, 알코올, 알칼리에 잘 녹는다.
㉢ 조해성이 강하고, 물에 녹을 때에는 흡열반응을 나타낸다.
㉣ ANFO(Ammonium Nitrate Fuel Oil) 폭약 : 질산암모늄과 경질유를 조합하여 제조하며, 석탄탄광, 금속탄광, 민간의 건축공사 등에서 가장 널리 사용되는 폭발물이다.

## 08 다음 위험물 중 물에 잘 녹는 것은?

① 벤젠
② 아세톤
③ 가솔린
④ 톨루엔

**해설** 아세톤 : 수용성/벤젠, 가솔린, 톨루엔 : 비수용성

| 구 분 | 종 류 |
|---|---|
| 특수인화물 | 디에틸에테르(에틸에테르), 산화프로필렌, 아세트알데히드, 이황화탄소 |
| 제1석유류 | 아세톤, 휘발유(가솔린), 벤젠, 톨루엔, 메틸에틸케톤, 피리딘, 초산에스터류 |
| 제2석유류 | 초산, 등유, 의산, 경유, 테레핀유, 크실렌, 스틸렌, 장뇌유, 클로로벤젠 |
| 제3석유류 | 중유, 클레오소트유, 글리세린, 에틸렌글리콜, 나이트로벤젠, 아닐린 |
| 제4석유류 | 기어유, 실린더유 |

## 09 제6류 위험물에 관한 설명으로 옳은 것은?

① 옥내저장소 저장창고의 바닥면적은 2,000[m²]까지 할 수 있다.
② 과산화수소는 비중이 1.49 이상인 것에 한하여 위험물로 규제한다.
③ 지정수량의 5배 이상을 취급하는 제조소에는 피뢰침을 설치하여야 한다.
④ 제조소 건축물의 창 및 출입구에 유리를 이용하는 경우에는 망입유리로 하여야 한다.

**해설** ① 옥내저장소 저장창고의 바닥면적은 1,000[m²]까지 할 수 있다.
② 질산은 비중이 1.49 이상인 것에 한하여 위험물로 규제한다.
③ 지정수량의 10배 이상을 취급하는 제조소(제6류 위험물은 제외)에는 피뢰침을 설치하여야 한다.

## 10 제5류 위험물에 관한 설명으로 옳지 않은 것은?

① 불티·불꽃·고온체와의 접근이나 과열·충격 또는 마찰을 피해야 한다.
② 제조소의 게시판에 표시하는 주의사항은 "화기엄금" 및 "충격주의"이며 적색바탕에 백색문자로 기재한다.
③ 운반용기의 외부에 표시하는 주의사항은 "화기엄금" 및 "충격주의"이다.
④ 유기과산화물, 나이트로화합물과 같은 자기반응성 물질은 제5류 위험물에 해당된다.

**해설** 제조소의 게시판에 표시하는 주의사항은 "화기엄금"이며 적색바탕에 백색문자로 기재한다.

## 11 디에틸에테르에 10[%]-요오드화칼륨(KI)용액을 첨가하였을 때 어떤 색상으로 변화하면 디에틸에테르 속에 과산화물이 생성되었다고 판정할 수 있는가?

① 황색
② 청색
③ 백색
④ 흑색

**해설** 디에틸에테르 과산화물
㉠ 과산화물 검출시약으로 10[%]-요오드화칼륨(KI)용액을 첨가하여 색상이 무색에서 황색으로 변화되면 과산화물이 생성되었다고 판정
㉡ 과산화물 제거 시약 : 황산제일철, 환원철
㉢ 과산화물 생성방지법으로 40[mesh]의 구리망을 넣는다.

**12** 제6류 위험물의 성상 및 위험성에 관한 설명으로 옳지 않은 것은?

① $BrF_3$는 자극적인 냄새가 나는 산화제이다.
② $HNO_3$는 유독성이 있는 부식성 액체이며 가열하면 적갈색의 $NO_2$를 발생한다.
③ $HClO_4$는 자극적인 냄새가 나는 무색 액체이며 물과 접촉하면 흡열반응을 한다.
④ $BrF_5$는 산과 반응하여 부식성 가스를 발생하고 물과 접촉하면 폭발 위험성이 있다.

해설 ① $BrF_3$(삼플루오르화브롬)는 할로겐간화합물의 일종으로 자극성의 냄새, 무색액체, 강산화제이다.
② $HNO_3$(질산)는 유독성이 있는 부식성 액체이며 가열하면 적갈색의 $NO_2$를 발생시킨다.
③ $HClO_4$(과염소산)는 물과 심하게 반응하여 발열반응, 무색, 공기 중에 방치하는 경우 분해하고 가열시 폭발한다.
④ $BrF_5$(오플루오르화브롬)는 할로겐간화합물의 일종으로 산과 반응하여 부식성 가스를 발생시키고 물과 접촉하면 폭발 위험성이 있다.

정답 12.③

# 2013 제3회 소방시설관리사 1차 필기 기출문제
[제4과목 : 위험물의 성상]

**01** 질산염류 150[kg], 염소산염류 300[kg], 과망가니즈산염류 3,000[kg]을 동일한 장소에 저장하고 있는 경우 지정수량의 몇 배인가?

① 4.3배　　② 7배
③ 9.5배　　④ 16.5배

**해설**

| 품 명 | 질산염류 | 염소산염류 | 과망가니즈산염류 |
|---|---|---|---|
| 지정수량 | 300[kg] | 50[kg] | 1,000[kg] |

▶ (질산염류) $\frac{150}{300}$ + (염소산염류) $\frac{300}{50}$
 + (과망가니즈산염류) $\frac{3,000}{1,000}$ = 9.5배

**02** 제4류 위험물의 인화점에 따른 구분과 종류를 연결한 것 중 옳지 않은 것은?

① 인화점 영하 10[℃] 이하 - 특수인화물 - 메탄올
② 인화점 200[℃] 이상 250[℃] 미만 - 제4석유류 - 기어유
③ 인화점 21[℃] 이상 70[℃] 미만 - 제2석유류 - 경유
④ 인화점 21[℃] 미만 - 제1석유류 - 휘발유

**해설** 제4류 위험물 지정품명 및 성질에 따른 품명
① 지정품명
　㉠ 특수인화물 : 디에틸에테르, 이황화탄소
　㉡ 제1석유류 : 아세톤, 휘발유
　㉢ 제2석유류 : 등유, 경유
　㉣ 제3석유류 : 중유, 클레오소트유
　㉤ 제4석유류 : 기어유, 실린더유
② 성질에 따른 품명
　㉠ 특수인화물 : 1기압에서 발화점이 100[℃] 이하인 것 또는 인화점이 -20[℃] 이하이고 비점이 40[℃] 이하인 것
　㉡ 제1석유류 : 1기압에서 인화점이 21[℃] 미만인 것
　㉢ 제2석유류 : 1기압에서 인화점이 21[℃] 이상, 70[℃] 미만인 것
　㉣ 제3석유류 : 1기압에서 인화점이 70[℃] 이상, 200[℃] 미만인 것
　㉤ 제4석유류 : 1기압에서 인화점이 200[℃] 이상, 250[℃] 미만의 것
　㉥ 동식물유류 : 동물의 지육 또는 식물의 종자나 과육으로부터 추출한 것으로서 1기압에서 인화점이 250[℃] 미만인 것

**03** 제2류 위험물인 금속분에 해당되는 것은? (단, 150마이크로미터의 체를 통과하는 것이 50중량퍼센트 미만인 것은 제외)

① 세슘분(Cs)　　② 구리분(Cu)
③ 은분(Ag)　　　④ 철분(Fe)

**해설** "금속분"이라 함은 알칼리금속·알칼리토류금속·철 및 마그네슘외의 금속의 분말을 말하고, 구리분·니켈분 및 150마이크로미터의 체를 통과하는 것이 50중량퍼센트 미만인 것은 제외한다.

**04** 탄화칼슘($CaC_2$)과 탄화알루미늄($Al_4C_3$)에 관한 설명으로 옳은 것은?

① 탄화칼슘과 물이 반응할 때 생성되는 프로필렌은 금속과 반응하여 아세틸라이드(acetylide)를 만든다.
② 저장 시 발생하는 가스에 의해 용기의 내부압력이 상승하므로 개방된 용기에 저장한다.

정답　01.③　02.①　03.③　04.④

③ 탄화알루미늄은 물과 반응 시 아세틸렌가스가 발생하므로 위험하다.
④ 소화 시 물, 포의 사용을 금한다.

해설
① 탄화칼슘과 물 반응 시 프로필렌(✕) → 아세틸렌
② 개방된 용기(✕) → 밀폐된 용기에 저장
③ 탄화알루미늄과 물 반응 시 아세틸렌(✕) → 메탄

■ **탄화칼슘(카바이트) (CaC_2)**
① 일반적 성질
 ㉠ 융점 2,370[℃], 비중 2.22
 ㉡ 백색 입방체의 결정이며, 시판품은 회색의 괴상 고체이다.
② 위험성
 ㉠ 물과 접촉으로 아세틸렌가스가 발생한다.
 $CaC_2 + 2H_2O \rightarrow Ca(OH)_2 + C_2H_2 \uparrow + 27.8kcal$
 (탄화칼슘) (물) (수산화칼슘) (아세틸렌) (반응열)
 ㉡ 카바이트는 불순물을 함유하고 있어 물과 반응 시 아세틸렌 외에 유독가스가 발생한다.
 ㉢ 생성되는 아세틸렌가스는 대단히 인화되기 쉽고 단독으로 분해폭발한다.
 $2C_2H_2 + 5O_2 \rightarrow 2H_2O + 4CO_2$
 (아세틸렌) (산소) (수증기) (탄산가스)
 $C_2H_2 \rightarrow H_2 + 2C$
 (아세틸렌) (수소) (탄소)
 ㉣ 생성되는 아세틸렌가스는 금속(Cu, Ag, Hg, Mg)과 반응하여 폭발성 화합물인 금속아세틸라이드를 생성한다.
 $C_2H_2 + 2Ag \rightarrow 2Ag_2C_2 + H_2 \uparrow$
 (아세틸렌) (은) (은아세틸라이드) (수소)
 ㉤ 생성되는 아세틸렌가스는 연소범위 2.5~81[%]로 매우 넓다.
③ 저장 및 취급방법
 ㉠ 습기가 없는 밀폐용기에 저장한다.
 ㉡ 용기의 상부에는 질소가스 등 불연성 가스를 봉입한다.
 ㉢ 빗물 또는 침수의 우려가 없고 화기가 없는 장소에 저장할 것
④ 소화방법 : 마른 모래의 피복소화, 탄산가스, 소화분말, 사염화탄소의 방사에 의한 소화

■ **탄화알루미늄(Al_4C_3)**
① 일반적 성질
 ㉠ 융점 2,200[℃], 비중 2.36
 ㉡ 순수한 것은 백색이지만 불순물에 의해 황색을 띤다.
② 위험성 : 물과 반응하여 발열과 함께 가연성 가스인 메탄가스를 발생한다.
 $Al_4C_3 + 12H_2O \rightarrow 4Al(OH)_3 + 3CH_4 \uparrow + 360kcal$
 (탄화알루미늄)(물) (수산화알루미늄)(메탄)(반응열)
③ 저장 및 취급방법
 ㉠ 밀폐용기에 저장하고 가연물과의 접촉을 피한다.
 ㉡ 건조한 곳에 저장하고 환기가 양호한 곳에 둔다.
④ 소화방법 : 건조사, 탄산가스의 방사에 의한 소화

**05** 제3류 위험물의 성질에 관한 설명으로 옳지 않은 것은?

① 인화칼슘은 물과 반응하여 $PH_3$가 발생한다.
② 나트륨 화재 시 주수 소화를 하는 것이 안전하다.
③ 황린은 발화점이 매우 낮고 공기 중에서 자연 발화하기 쉽다.
④ 칼륨은 물과 반응하여 발열하고 $H_2$가 발생한다.

해설
나트륨 화재 시 건조사 또는 금속화재용 분말소화약제, 건조된 소금(NaCl), 탄산칼슘($CaCO_3$)으로 피복하여 질식소화 한다.

**06** 제1류 위험물에 관한 설명으로 옳은 것은?

① 산화성 고체로서 모두 물보다 가벼운 고체물질이다.
② 브로민산염류, 과염소산, 과산화수소 등이 있다.
③ 무기과산화물의 화재 시 주수 소화해야 한다.
④ 가열·충격·마찰에 의하여 폭발의 위험성이 있다.

해설
① 대부분 비중이 1보다 크다.
② 과산화수소는 제6류 위험물이다.
③ 물과 반응 시 산소 방출 및 심하게 발열함으로 마른 모래에 의한 질식소화 필요

■ 제1류 위험물
(1) 제1류 위험물의 공통성질
  ① 대부분 무색결정 또는 백색분말로서 비중이 1보다 크다.
  ② 대부분 물에 잘 녹는다.
   [염소산칼륨 $KClO_3$와 과염소산칼륨 $KClO_4$는 물에 잘 녹지 않고 온수에 잘 녹음]
  ③ 일반적으로 불연성이다.
  ④ 산소를 많이 함유하고 있는 강산화제이다.
  ⑤ 반응성이 풍부하여 열, 타격, 마찰 또는 분해를 촉진하는 약품과 접촉하여 산소를 발생한다.
(2) 제1류 위험물의 저장 및 취급방법
  ① 대부분 조해성을 가지므로 습기 등에 주의하며 밀폐용기에 저장할 것
  ② 통풍이 잘되는 차가운 곳에 저장할 것
  ③ 열원이나 산화되기 쉬운 물질 및 화재위험이 있는 곳에서 멀리할 것
  ④ 가열, 충격, 마찰 등을 피하고 분해를 촉진하는 약품류와의 접촉을 피할 것
  ⑤ 취급 시 용기 등의 파손에 의한 위험물의 누설에 주의할 것
(3) 제1류 위험물의 소화방법
  ① 대량의 물을 주수하는 냉각소화(분해온도 이하로 유지하기 위하여)
  ② 무기과산화물(알칼리금속의 과산화물)은 급격히 발열반응하므로 탄산수소염류의 분말소화기, 건조사에 의한 피복소화

**07** 위험물의 특징에 관한 설명으로 옳은 것은?
  ① 삼황화인은 약 100[℃]에서 발화하며 이황화탄소에 녹는다.
  ② 적린은 황린에 비하여 화학적으로 활성이 크고 물에 잘 녹는다.
  ③ 황은 연소 시 유독성의 오산화인이 생성된다.
  ④ 마그네슘 화재 시 물을 주수하면 산소가 발생하여 폭발적으로 연소한다.

해설 ① 삼황화인 : 착화점 100[℃] / 물에 녹지 않고 이황화탄소, 질산, 알칼리 등에 잘 녹는다.
  ② 적린은 황린에 비해 안정하고(화학적으로 활성이 적다) 독성이 없다.
  ③ 황 연소 시 생성물은 아황산가스($SO_2$)이다.
  ④ 마그네슘 화재 시 물을 주수하면 수소가 발생한다.

■ 황화인(지정수량 100[kg])

| | 삼황화인($P_4S_3$) | 오황화인($P_2S_5$) | 칠황화인($P_4S_7$) |
|---|---|---|---|
| 착화점 | 100[℃] | 142.2[℃] | 250[℃] |
| 융점 | 172.5[℃] | 290[℃] | 310[℃] |
| 비점 | 407[℃] | 514[℃] | 523[℃] |
| 공통성질 | ① 연소생성물은 모두 유독하다 [$P_2O_5$(오산화인), $SO_2$(이산화황, 아황산가스)] ② 물과 접촉하여 가연성 유독성의 황화수소($H_2S$) 발생[BUT 주수소화 가능] ③ 주수냉각소화 또는 분말, 마른모래, 이산화탄소 등으로 질식소화 ④ 황린($P_4$), 금속분 등과 혼합하면 자연발화하고 알코올, 알칼리, 강산 등과 접촉 시 심하게 반응한다. ⑤ 발화점이 융점보다 낮다. ⑥ 소량의 경우 갈색유리병에 저장하고, 대량의 경우에는 양철통에 넣은 후 나무상자에 보관한다. | | |

**08** 제5류 위험물의 종류와 성질 및 취급에 관한 설명으로 옳지 않은 것은?
  ① 유기과산화물의 지정수량은 10[kg]이다.
  ② 질산에스터류는 외부로부터 산소의 공급이 없어도 자기연소하며 연소속도가 빠르다.
  ③ 나이트로글리세린, 알킬리튬, 알킬알루미늄 등이 있다.
  ④ 위험물제조소에는 적색바탕에 백색문자로 "화기엄금"이라는 주의사항을 표시한 게시판을 설치해야 한다.

해설 알킬리튬, 알킬알루미늄은 제3류 위험물이다.

■ 제5류 위험물(자기반응성 물질)

| | | |
|---|---|---|
| 제5류 | 자기반응성 물질 | 1. 유기과산화물 |
| | | 2. 질산에스터류 |
| | | 3. 나이트로화합물 |
| | | 4. 나이트로소화합물 |
| | | 5. 아조화합물 |
| | | 6. 다이아조화합물 |
| | | 7. 하이드라진 유도체 |
| | | 8. 하이드록실아민 |
| | | 9. 하이드록실아민염류 |

제1종 : 10킬로그램
제2종 : 100킬로그램

|  | 10. 그 밖에 행정안전부령으로 정하는 것 |
|  | 11. 제1호부터 제10호까지의 어느 하나에 해당하는 위험물을 하나 이상 함유한 것 |

※ 행정안전부령으로 정하는 것 : 금속의 아지화합물, 질산구아니딘

(1) 제5류 위험물의 공통성질
  ① 가연성이면서 분자 내에 산소를 함유하고 있는 자기연소성 물질이다.
  ② 유기물질로 연소속도가 매우 빨라 폭발적으로 연소한다.
  ③ 가열, 충격, 마찰 등에 의하여 폭발의 위험이 있다.
  ④ 공기 중에서 장시간 방치하면 자연발화를 일으키는 경우도 있다.

(2) 제5류 위험물의 저장 및 취급방법
  ① 화재 시 소화가 어려우므로 소분하여 저장할 것
  ② 가열, 충격, 마찰을 피하고 화기 및 점화원으로부터 멀리할 것
  ③ 용기의 파손 및 균열에 주의하고 통풍이 잘되는 냉암소에 저장할 것
  ④ 용기는 밀전·밀봉하고 운반용기 및 포장외부에는 "화기엄금" "충격주의" 등의 주의사항을 게시할 것

(3) 제5류 위험물의 소화방법
  초기소화에는 주수에 의한 냉각소화

**09** 나이트로셀룰로오스에 관한 설명으로 옳은 것은?
  ① 지정수량은 100[kg]이다.
  ② 물에 녹지 않고 아세톤에는 녹는다.
  ③ 질화도가 클수록 폭발 위험성이 낮다.
  ④ 셀룰로오스에 진한 염산과 진한 질산을 혼산으로 반응시켜 제조한 것이다.

해설 ① 지정수량은 10[kg]이다.
  ③ 질화도가 클수록 폭발 위험성이 크다.
  ④ 셀룰로오스에 진한 황산과 진한 질산을 혼산으로 반응시켜 제조한 것이다.

■ 나이트로셀룰로오스
  (질화면, NC)[$C_{24}H_{29}O_9(NO_3)_{11}$]
  ① 일반적 성질
    ⊙ 인화점 13[℃], 발화점 160~170[℃], 분해온도 130[℃], 비중 1.7
    ⓒ 맛과 냄새가 없으며 물에 녹지 않는다.
    ⓔ 천연 셀룰로오스를 진한 황산과 진한 질산의 혼산으로 반응시켜 만든다.

$$4C_6H_{10}O_5 + 11HNO_3 \xrightarrow{C-H_2SO_4} C_{24}H_{29}O_9(NO_3)_{11} + 11H_2O$$
  (셀룰로오스) (질산) (나이트로셀룰로오스) (물)

  ② 위험성
    ⊙ 약 130[℃]에서 서서히 분해하고 180[℃]에서 격렬하게 연소한다.
    ⓒ 건조된 것은 충격, 마찰 등에 민감하여 발화하기 쉽고 점화되면 폭발한다.
    ⓔ 직사광선, 산·알칼리 등에 의해 분해되어 자연발화 한다.
    ⓡ 질화도가 클수록 폭발의 위험성이 크고, 무연화약으로 사용된다.
  ③ 저장 및 취급방법
    ⊙ 저장 시 소분하여 물이 함유된 알코올로 습면시켜 저장한다.
    ⓒ 불꽃 등 화기로부터 멀리하고 마찰, 충격, 전도 등을 피한다.
  ④ 소화방법 : 다량의 주수에 의한 냉각소화

**10** 제6류 위험물에 해당되는 것은?
  ① 질산구아니딘
  ② 염소화규소화합물
  ③ 할로젠간화합물
  ④ 과아이오딘산

해설 ① 질산구아니딘(5류)
  ② 염소화규소화합물(3류)
  ③ 할로젠간화합물(6류)
  ④ 과아이오딘산(1류)

▶ 그밖에 행정안전부령으로 정하는 기타 위험물 종류

| | |
|---|---|
| 제1류 위험물 | 과아이오딘산염류, 과아이오딘산, 크롬, 납 또는 요오드의 산화물, 아질산염류, 차아염소산염류, 염소화이소시아눌산, 퍼옥소이황산염류, 퍼옥소붕산염류 |
| 제3류 위험물 | 염소화규소화합물 |
| 제5류 위험물 | 금속의 아지화합물, 질산구아니딘 |
| 제6류 위험물 | 할로젠간화합물 |

**11** 제6류 위험물의 특징에 관한 설명으로 옳지 않은 것은?

① 위험물안전관리법령상 모두 위험등급 I 에 해당한다.
② 과염소산은 밀폐용기에 넣어 냉암소에 저장한다.
③ 과산화수소 분해 시 발생하는 발생기 산소는 표백과 살균효과가 있다.
④ 질산은 단백질과 크산토프로테인(xanthoprotein) 반응을 하여 붉은색으로 변한다.

**해설** 질산은 단백질과 크산토프로테인 반응을 하여 노란색으로 변한다.

■ **크산토프로테인 반응**
단백질 검출 반응의 하나로서 아미노산 또는 단백질에 진한 질산을 가하여 가열하면 황색이 되고, 냉각하여 염기성으로 되게 하면 등황색을 띤다.

> ● 과산화수소 분해반응식
> $2H_2O_2 \rightarrow 2H_2O + O_2$

※ 과산화수소가 표백, 산화작용을 하는 이유는 분해할 때 발생기 산소가 생성되기 때문이다.

**12** 제4류 위험물에 관한 설명으로 옳지 않은 것은?

① 클레오소트유 – 나프탈렌과 안트라센이 주성분이며 금속에 대한 부식성이 있다.
② 아크롤레인 – 중합반응을 일으킬 수 있으며 공기에 의해 산화되어 프로필알코올이 된다.
③ 콜로디온 – 용제(에탄올과 에테르)가 증발하면 제5류 위험물과 같은 위험성이 있다.
④ 글리세린 – 나이트로글리세린의 원료이며 과망가니즈산 칼륨과 혼촉·발화한다.

**해설** 아크롤레인($CH_2CHCHO$)은 상온상압에서 공기에 의해 산화되고 장시간 보존하면 중합하여 아크릴산이 된다. 환원하면 프로필알데히드를 거쳐 프로필알코올이 된다.

정답 11.④ 12.②

# 2011 제2회 소방시설관리사 1차 필기 기출문제
[제4과목 : 위험물의 성상]

**01** K(칼륨)을 보관하는 보호액의 종류가 아닌 것은?
① 등유  ② 경유
③ 유동파라핀  ④ 사염화탄소

**[해설] 칼륨의 저장 및 취급방법**
㉠ 석유(파라핀, 경유, 등유) 속에 저장한다.
㉡ 보호액(석유) 속에 저장할 경우 보호액 표면에 노출되지 않도록 한다.
㉢ 습기에 노출되지 않도록 하고 소분병에 밀전·밀봉한다.

**02** 다음 위험물 중 위험등급 2등급에 해당하는 것은?
① 등유  ② 디에틸에테르
③ 클레오소트유  ④ 아세톤

**[해설]**

| 품명 | 등유 | 디에틸에테르 | 클레오소트유 | 아세톤 |
|---|---|---|---|---|
| 위험등급 | III (제2석유류 비수용성) | I (특수인화물) | III (제3석유류 비수용성) | II (제1석유류 수용성) |
| 지정수량 | 1,000[L] | 50[L] | 2,000[L] | 400[L] |

**03** 적린에 대한 설명으로 옳지 않은 것은?
① 황린의 동소체이다.
② 무취의 암적색 분말이다.
③ 이황화탄소, 에테르에 녹는다.
④ 이황화탄소, 황, 암모니아와 접촉하면 발화한다.

**[해설] 적린(붉은 인)(P) (지정수량 100[kg])**
㉠ 착화점 260[℃], 비중 2.2
㉡ 암적색의 분말이다. 독성이 강함 [황린의 경우 마늘향, 적린의 경우 무취]
㉢ 황린(노란 인)의 동소체이며, 황린을 공기차단 후 260[℃]로 가열하여 만든다.

$$P_4 \xrightarrow[\triangle]{260[℃]} 4P$$
(황린)  (적린)

㉣ 황린에 비하여 안정하고, 독성이 없다.
㉤ 물, 이황화탄소, 에테르 등에 녹지 않는다.
㉥ 연소 시 오산화인($P_2O_5$)이 생성된다.
  $4P + 5O_2 \rightarrow 2P_2O_5$
  (적린) (산소)  (오산화인)
㉦ 주수에 의한 냉각소화
㉧ 아황산소, 황, 암모니아와 접촉하면 변화한다.

**04** 과산화나트륨의 설명으로 옳지 않은 것은?
① 순수한 것은 백색분말이다.
② 물과 격렬하게 반응하여 산소와 많은 열을 발생시킨다.
③ 산과 반응하면 과산화수소를 발생시킨다.
④ 알코올에 녹아 산소를 발생시킨다.

**[해설] 과산화나트륨[비중 2.8, 황색분말, 피부접속 시 부식]**
㉠ 순수한 것은 백색이지만 보통은 황색이다.
㉡ 물과의 반응 → 반응열에 의해 연소, 폭발(금수성), 산소방출
  $2Na_2O_2 + 2H_2O \rightarrow 4NaOH + O_2 \uparrow + 발열$
㉢ $CO_2$와 반응 → 산소방출(이산화탄소 소화약제 적응성 없음)
㉣ 산과 반응 → 과산화수소($H_2O_2$) 생성
㉤ 알코올에 녹지 않는다.

정답  01.④  02.④  03.③  04.④

## 05 질산의 성질에 대한 설명으로 맞는 것은?

① 진한 질산을 가열하면 적갈색의 갈색증기인 $SO_2$가 발생한다.
② 습한 공기 중에서 흡열반응을 하는 무색의 무거운 액체이다.
③ 질산의 비중이 1.82 이상이면 위험물로 본다.
④ 환원성 물질과 혼합 시 발화한다.

**해설** 질산($HNO_3$) (지정수량 300kg)
① 일반적 성질
  ㉠ 융점 −40[℃], 비점 86[℃], 비중 1.49, 응축결정온도 −42[℃]
  ㉡ 무색의 액체로 보관 중 담황색으로 변색된다.
  ㉢ 부식성이 강한 강산이지만 금, 백금, 이리듐, 로듐만은 부식시키지 못한다.
  ㉣ 흡습성이 강하고 공기 중에서 발열한다.
  ㉤ 진한질산은 철(Fe), 니켈(Ni), 코발트(Co), 알루미늄(Al) 등을 부동태화한다.
② 위험성
  ㉠ 물과 접촉 시 심하게 발열한다.
  ㉡ 직사광선에 의해 분해되어 갈색증기인 이산화질소($NO_2$)를 생성시킨다.
  $$4HNO_3 \longrightarrow 2H_2O + 4NO_2\uparrow + O_2\uparrow$$
  (질산)　　　(수증기) (이산화질소) (산소)
  ㉢ 산화력과 부식성이 강해 피부에 닿으면 화상을 입는다.
③ 저장 및 취급방법
  ㉠ 직사광선에 의해 분해되므로 갈색병에 넣어 냉암소에 저장한다.
  ㉡ 금속분 및 가연성 물질과는 이격시켜 저장하여야 한다.
④ 소화방법 : 다량의 주수에 의한 냉각 및 희석소화

## 06 적린이 공기 중에서 산화하면 발생하는 물질은?

① 오산화인　　② 포스핀
③ 메탄　　　　④ 아세틸렌

**해설** 연소 시 오산화인($P_2O_5$)이 생성된다.
$$4P + 5O_2 \rightarrow 2P_2O_5$$
(적린) (산소) (오산화인)

## 07 고형알코올에 대한 설명으로 맞는 것은?

① 합성수지에 메탄올을 혼합 침투시켜 한천상(寒天狀)으로 만든 것이다.
② 50[℃] 미만에서 가연성의 증기를 발생하기 쉽고 매우 인화되기 쉽다.
③ 강산화제와 접촉을 하여도 무관하다.
④ 가열 또는 화염에 의해 화재 위험성이 매우 낮다.

**해설** 고형 알코올
합성수지에 메탄올을 혼합 침투시켜 한천상(寒天狀)으로 만든 것
㉠ 30[℃] 미만에서 가연성의 증기를 발생하기 쉽고 매우 인화되기 쉽다.
㉡ 물에 잘 녹으므로 대량의 주수에 의한 냉각 및 희석소화, 포말소화가 가능하다.
㉢ 가열 또는 화염에 의해 화재 위험성이 매우 높다.
㉣ 화기에 주의하고 서늘하고 건조한 곳에 저장한다.
㉤ 강산화제와의 접촉을 방지한다.
㉥ 소화방법은 알코올형 포말, $CO_2$, 건조분말이 적합하다.

## 08 다음 중 주수소화 해서는 안 되는 위험물은?

① 질산칼륨　　② 인화칼슘
③ 과산화수소　④ 황

**해설** 인화칼슘($Ca_3P_2$)
㉠ 적갈색 괴상의 고체이다.
㉡ 물 또는 약산과 반응하여 가연성, 유독성 가스인 포스핀($PH_3$)을 발생한다.
$$Ca_3P_2 + 6H_2O \rightarrow 3Ca(OH)_2 + 2PH_3\uparrow$$
(인화칼슘) (물) (수산화칼슘) (포스핀)
$$Ca_3P_2 + 6HCl \rightarrow 3CaCl_2 + 2PH_3\uparrow$$
(인화칼슘) (염산) (염화칼슘) (포스핀)
㉢ 에테르, 벤젠, 이황화탄소와 접촉하면 발화한다.
㉣ 건조사, 팽창질석, 팽창진주암으로 피복소화(주수엄금)

**정답** 05.④ 06.① 07.① 08.②

**09** 다음 중 과산화벤조일에 대한 설명 중 틀린 것은?

① 무색의 백색 결정으로 강산화성 물질이다.
② 물에는 녹지 않고 알코올에는 약간 녹는다.
③ 발화되면 연소속도가 빠르고 습한 상태에서는 위험하다.
④ 용기는 완전히 밀전 밀봉하고 환기가 잘되는 찬 곳에 저장한다.

해설 과산화벤조일(벤젠퍼옥사이드)[$(C_6H_5CO)_2O_2$]
■ 물성

| 화학식 | 비중 | 융점 | 착화점 |
|---|---|---|---|
| $(C_6H_5CO)_2O_2$ | 1.33 | $10^3 \sim 10^5[℃]$ | 125[℃] |

① 일반적 성질
  ㉠ 발화점 125[℃], 융점 103~105[℃], 비중 1.33
  ㉡ 무색, 무취의 백색분말 또는 결정이다.
  ㉢ 물에는 잘 녹지 않으나 알콜 등에는 잘 녹는다.
  ㉣ 가열하면 100[℃] 부근에서 흰 연기를 내며 분해한다.
② 위험성
  ㉠ 75~80[℃]에서 오래 있으면 분해한다.
  ㉡ 상온에서는 안정하나 열, 빛, 충격, 마찰 등에 의해 폭발할 위험이 있다.
  ㉢ 진한 황산, 진한 질산, 금속분 등과 혼합하면 분해를 일으켜 폭발한다.
  ㉣ 건조상태에서 마찰·충격으로 폭발의 위험이 있다.
③ 저장 및 취급방법
  ㉠ 이물질이 혼입되지 않도록 하며, 액체의 누출이 없도록 한다.
  ㉡ 마찰, 충격, 화기, 직사광선 등을 피하며, 냉암소에 저장한다.
  ㉢ 분진 등을 취급할 때는 눈이나 폐 등을 자극하므로 반드시 보호구(보호안경, 마스크 등)를 착용하여야 한다.
  ㉣ 저장 용기에 희석제를 넣어서 폭발위험성을 낮춘다.
     ※ 희석제 : 프탈산디메틸, 프탈산디부틸 등
④ 소화방법 : 다량의 주수에 의한 냉각소화

**10** 제5류 위험물 중 질산에스터류에 속하지 않는 것은?

① 질산에틸
② 나이트로셀룰로오스
③ 나이트로벤젠
④ 나이트로글리세린

해설 질산에스터류(지정수량 10[kg])
(1) 일반적 성질
  ① 분자 내부에 산소를 함유하고 있어 불안정하며 분해가 용이하다.
  ② 가열, 마찰, 충격으로 폭발이 쉬우며 폭약의 원료로 많이 사용된다.
(2) 종류 : 나이트로셀룰로오스, 나이트로글리세린, 셀룰로이드, 질산메틸, 질산에틸, 나이트로글리콜, 펜트리트
  ③ 나이트로벤젠은 제4류 위험물 중 3석유류 비수용성 [$C_6H_5NO_2$]

**11** 위험물을 옥내저장소에 다음과 같이 저장할 때 지정수량의 배수는 얼마인가?

- 휘발유 400[L]
- 아세톤 400[L]
- 나이트로벤젠 4,000[L]
- 글리세린 8,000[L]

① 3배　　② 4배
③ 6배　　④ 7배

해설

| 품 명 | 휘발유 | 아세톤 | 나이트로벤젠 | 글리세린 |
|---|---|---|---|---|
| 지정수량 | 200[L] | 400[L] | 2,000[L] | 4,000[L] |

▶ (휘발유)$\frac{400}{200}$ + (아세톤)$\frac{400}{400}$
　+ (나이트로벤젠)$\frac{4,000}{2,000}$
　+ (글리세린)$\frac{8,000}{4,000}$ = 7배

정답　09.③　10.③　11.④

## 12 벤젠에 대한 설명으로 틀린 것은?

① 벤젠은 방향족 탄화수소의 화합물이다.
② 벤젠, 톨루엔, 크실렌 중에서 가장 독성이 약하다.
③ 물에는 녹지 않고 알코올이나 아세톤에는 녹는다.
④ 벤젠은 제4류 위험물의 제1석유류로서 지정수량이 200[L]이다.

**해설** 벤젠(벤졸, $C_6H_6$)(지정수량 200리터)
① 일반적 성질
  ㉠ 인화점 −11[℃], 착화점 562[℃], 융점 5.5[℃], 연소범위 1.4~7.1[%], 비점 80[℃]
  ㉡ 무색의 휘발성 액체로 증기는 마취성, 독성이 있는 방향성을 갖는다.[톨루엔, 크실렌보다 독성이 강함]
  ㉢ 물에는 녹지 않는다. 알코올이나 아세톤 등에 녹음
  ㉣ 불포화결합을 하고 있으나 첨가반응보다 치환반응이 많다.
  ㉤ 탄소수에 비해 수소의 수가 적기 때문에 연소 시 그을음을 많이 낸다.
  ㉥ 융점이 5.5[℃]로 겨울에 찬 곳에서는 고체가 된다.
② 위험성
  ㉠ 융점은 5.5[℃]이고 인화점 −11[℃]로 겨울철에는 고체상태에서 가연성 증기가 발생한다.
  ㉡ 증기는 마취성과 독성이 강하여 2[%] 이상 고농도의 증기를 5~10분간 흡입하면 치명적이다.
  ㉢ 증기는 공기보다 무거우므로 누설 시 낮은 곳에 체류한다.
  ㉣ 유체의 마찰에 의해 정전기의 발생, 축적의 위험이 있다.
  ㉤ 산화성 물질과의 혼촉에 의해 발화위험이 있다.
③ 저장 및 취급방법 : 가솔린에 준한다.
④ 소화방법 : 포말 및 분말, $CO_2$, 할로겐화합물 방사에 의한 질식소화

## 13 다음 중 위험물의 정의에 대한 설명 중 옳지 않은 것은?

① 황은 순도가 50[%] 이상인 것을 말한다.
② 철분은 분말로서 53마이크로의 표준체를 통과하는 것이 50[wt%] 미만인 것은 제외한다.
③ 인화성 고체는 고형알코올 그 밖에 1기압에서 인화점이 40[℃] 미만인 고체를 말한다.
④ 제1석유류는 1기압에서 인화점이 21[℃] 미만인 것을 말한다.

**해설** 황(S) (지정수량 100[kg]) : 순도가 60중량% 이상인 것
㉠ 발화점 : 360[℃]
㉡ 사방황(팔면체), 단사황(비닐모양), 고무상황(무정형)은 서로 동소체 관계에 있다.
㉢ 공기 중에서 연소 시 푸른빛(청색 빛)을 내며 아황산가스($SO_2$)를 발생한다.
  S + $O_2$ → $SO_2$
  (황) (산소) (아황산가스)
㉣ 전기의 부도체이므로 정전기의 발생에 주의한다.
㉤ 이황화탄소($CS_2$)에 잘 녹는다[고무상황 제외].
㉥ 고온에서 용융된 황은 수소와 격렬히 반응하여 황화수소를 발생시킨다.
  $H_2$ + S → $H_2S$ + Qkcal
㉦ 위험성
  ⓐ 미분이 공기 중에 떠있을 때에는 분진폭발의 위험이 있다.
  ⓑ 산화제와 혼합되었을 때 마찰이나 열에 의해 착화 우려가 크다.
  ⓒ 연소 시 발생되는 아황산가스는 인체에 유해하므로 보호구를 착용한다.
㉧ 저장 및 취급방법
  ⓐ 산화제와 멀리하고 화기 등에 주의한다.
  ⓑ 가열, 충격, 마찰을 피하고 정전기 발생에 주의한다.
㉨ 소화방법
  ⓐ 다량의 주수에 의한 냉각소화
  ⓑ 탄산가스, 건조사 등에 의한 질식소화

**정답** 12.② 13.①

# 제1회 소방시설관리사 1차 필기 기출문제
### [제4과목 : 위험물의 성상]

**01** 제3류 위험물인 칼륨의 특성으로 맞지 않는 것은?

① 물보다 비중이 크다.
② 은백색의 광택이 있는 무른 경금속이다.
③ 연소 시 보라색 불꽃을 내면서 연소한다.
④ 융점이 63.5[℃]이고 비점은 762[℃]이다.

**해설** **칼륨**
① 일반적 성질
  ㉠ 비중 0.857, 융점 63.5[℃] 비점 762[℃]
  ㉡ 화학적으로 활성이 매우 큰 은백색의 무른 금속이다.
  ㉢ 연소 시 보라색 불꽃을 내며 연소한다.
② 위험성
  ㉠ 공기 중에서 수분과 반응하여 수소를 발생한다.
  $2K + 2H_2O \rightarrow 2KOH + H_2\uparrow + 92.8 kcal$
  (칼륨) (물) (수산화칼륨) (수소) (반응열)
  ㉡ 알코올과 반응하여 칼륨알코올레이드와 수소를 발생시킨다.
  $2K + 2C_2H_5OH \rightarrow 2C_2H_5OK + H_2\uparrow$
  (칼륨) (에틸알코올) (칼륨알코올레이드) (수소)
  ㉢ 피부와 접촉할 경우 화상을 입는다.
  ㉣ 사염화탄소 및 이산화탄소와는 폭발적으로 반응한다.
  $4K + CCl_4 \rightarrow 4KCl + C$
  (칼륨) (사염화탄소) (염화칼륨) (탄소)
  $4K + 3CO_2 \rightarrow 2K_2CO_3 + C$
  (칼륨) (이산화탄소) (탄산칼륨) (탄소)
③ 저장 및 취급방법
  ㉠ 석유(파라핀, 경유, 등유) 속에 저장한다.
  ㉡ 보호액(석유) 속에 저장할 경우 보호액 표면에 노출되지 않도록 한다.
  ㉢ 습기에 노출되지 않도록 하고 소분병에 밀전·밀봉한다.
④ 소화방법
  건조사 또는 금속화재용 분말소화약제, 건조된 소금(NaCl), 탄산칼슘($CaCO_3$)으로 피복하여 질식소화

**02** 황린의 위험성에 대한 설명으로 맞지 않는 것은?

① 발화점은 34[℃]로 낮아 매우 위험하다.
② 증기는 유독하며 피부에 접촉되면 화상을 입는다.
③ 상온에 방치하면 증기를 발생시키고 산화하여 발열한다.
④ 백색 또는 담황색의 고체로 물에 잘 녹는다.

**해설** **황린의 특성**
① 일반적 성질
  ㉠ 착화점 34[℃](보통 50[℃] 전후), 융점 44[℃], 비점 280[℃]
  ㉡ 백색 또는 담황색의 고체이다.
  ㉢ 상온에서 서서히 산화하여 어두운 곳에서 인광을 발한다.
  ㉣ 물에 녹지 않아, 물(pH9)속에 저장한다. 벤젠, 이황화탄소에 녹는다.
  ㉤ 공기를 차단하고 250[℃]로 가열하면 적린(P)이 된다.
  ㉥ 연소 시 오산화인($P_2O_5$)의 흰 연기를 낸다.
  $P_4 + 5O_2 \rightarrow 2P_2O_5$
  (황린) (산소) (오산화인)
  ㉦ 강알칼리 용액과 반응하여 유독성의 포스핀가스를 발생시킨다.
  $P_4 + 3KOH + 3H_2O \rightarrow 3KH_2PO_2 + PH_3\uparrow$
② 위험성
  ㉠ 공기 중에서 쉽게 발화하여 유독한 오산화인($P_2O_5$)의 흰색 연기를 발생한다.
  ㉡ 피부와 접촉 시 화상을 입으며 근육, 뼈 속으로 흡수된다.
  ㉢ 독성이 강하며 치사량은 0.05[g]이다.
③ 저장 및 취급방법
  ㉠ 인화수소($PH_3$)의 생성방지를 위하여 pH9의 물 속에 저장한다.
  ㉡ 자연발화성이 있어 물속에 저장한다.

**정답** 01.① 02.④

ⓒ 맹독성이 있으므로 취급 시 고무장갑, 보호복, 보호안경을 착용한다.
ⓔ 저장용기는 금속 또는 유리용기를 사용한다.
④ 소화방법 : 주수에 의한 냉각소화, 마른 모래에 의한 피복소화
※ 고압주수의 경우 황린을 비산시켜 화재의 확산 우려가 있으므로 주의를 요한다.

**03** 물에 잘 녹지 않고 물보다 가벼우며, 인화점이 가장 낮은 위험물은?
① 아세톤
② 디에틸에테르
③ 이황화탄소
④ 산화프로필렌

해설

| 품명 | 아세톤 | 디에틸에테르 | 이황화탄소 | 산화프로필렌 |
|---|---|---|---|---|
| 인화점 | −18[℃] | −45[℃] | −30[℃] | −37[℃] |
| 비중 | 0.87 | 0.71 | 1.26 | 0.83 |

**04** 칼륨(K)의 보호액으로 적당한 것은?
① 등유
② 에탄올
③ 아세트산
④ 톨루엔

해설 **칼륨의 저장 및 취급방법**
ⓐ 석유(파라핀, 경유, 등유) 속에 저장한다.
ⓑ 보호액(석유) 속에 저장할 경우 보호액 표면에 노출되지 않도록 한다.
ⓒ 습기에 노출되지 않도록 하고 소분병에 밀전·밀봉한다.

**05** 황린이 자연발화하기 쉬운 이유는 어느 것인가?
① 비등점이 낮고 증기의 비중이 작기 때문
② 녹는점이 낮고 상온에서 액체로 되어 있기 때문
③ 산소와 결합력이 강하고 착화온도가 낮기 때문
④ 인화점이 낮고 가연성 물질이기 때문

해설 **황린의 착화온도** : 미분상(34[℃]) / 고형상(60[℃])

**06** 대량의 제4류 위험물 화재에 있어서 물로 소화하는 것은 적절하지 못한데 그 이유는 무엇인가?
① 가연성 가스를 발생시킨다.
② 연소면을 확대시킨다.
③ 인화점이 강하다.
④ 물이 열분해한다.

해설 대부분 물보다 가벼운 물질이기 때문에 주수소화 시 화재 연소면의 확대 우려가 있다.

**07** 에테르A, 아세톤B, 피리딘C, 톨루엔D라고 할 때 다음 중 인화점이 낮은 것부터 순서대로 되어있는 것은?
① A-B-D-C
② A-C-B-D
③ B-C-D-A
④ D-C-B-A

해설

| 품명 | 에테르 | 아세톤 | 피리딘 | 톨루엔 |
|---|---|---|---|---|
| 인화점 | −45[℃] | −18[℃] | 20[℃] | 4[℃] |

**08** 톨루엔($C_6H_5CH_3$)의 일반적 성질에 대하여 다음 중 틀린 것은?
① 증기비중은 공기보다 가볍다.
② 인화점이 낮고 물에는 녹지 않는다.
③ 휘발성이 있는 무색투명한 액체이다.
④ 증기는 독성이 있지만 벤젠에 비해 약한 편이다.

해설 **톨루엔(메틸벤젠, $C_6H_5CH_3$)(지정수량 200리터)**
① 일반적 성질
ⓐ 인화점 4[℃], 착화점 552[℃], 연소범위 1.4~6.7[%]
ⓑ 무색의 휘발성 액체로 벤젠보다 독성은 적고 방향성을 갖는다.
ⓒ 물에는 녹지 않으나 유기용제에 잘 녹는다.
ⓓ 톨루엔에 진한 질산과 진한 황산을 가하면 나이트로화에 의해 트리나이트로톨루엔(TNT)이 생성된다.

$$C_6H_5CH_3 + 3HNO_3 \xrightarrow{C-H_2SO_4} C_6H_5CH_3(NO_2)_3 + 3H_2O$$

**정답** 03.② 04.① 05.③ 06.② 07.① 08.①

② 위험성, 저장 및 취급방법 : 벤젠에 준한다.
③ 소화방법 : 포말 및 분말, $CO_2$, 할로겐화합물 방사에 의한 질식소화

**09** 자체에서 산소를 함유하고 있어 공기 중의 산소를 필요로 하지 않고 자기 연소하는 것은 어느 것인가?

① 카바이드
② 생석회
③ 초산에스터류
④ 질산에스터류

해설 **제5류 위험물(자기반응성 물질)**

| | | | |
|---|---|---|---|
| 제5류 | 자기 반응성 물질 | 1. 유기과산화물 | |
| | | 2. 질산에스터류 | |
| | | 3. 나이트로화합물 | |
| | | 4. 나이트로소화합물 | |
| | | 5. 아조화합물 | 제1종 : 10킬로그램 |
| | | 6. 다이아조화합물 | |
| | | 7. 하이드라진 유도체 | 제2종 : 100킬로그램 |
| | | 8. 하이드록실아민 | |
| | | 9. 하이드록실아민염류 | |
| | | 10. 그 밖에 행정안전부령으로 정하는 것 | |
| | | 11. 제1호부터 제10호까지의 어느 하나에 해당하는 위험물을 하나 이상 함유한 것 | |

■ **제5류 위험물(자기반응성 물질)의 공통성질**
㉠ 가연성이면서 분자 내에 산소를 함유하고 있는 자기 연소성 물질이다.
㉡ 유기물질로 연소속도가 매우 빨라 폭발적으로 연소한다.
㉢ 가열, 충격, 마찰 등에 의하여 폭발의 위험이 있다.
㉣ 공기 중에서 장시간 방치하면 자연발화를 일으키는 경우도 있다.

**10** 나이트로셀룰로오스의 저장 및 취급상 틀린 것은?

① 열을 멀리하고 찬 곳에 저장한다.
② 햇빛이 잘 들어오는 곳에 저장한다.
③ 알코올로 습면하고 안정제를 가하여 저장한다.
④ 타격, 마찰을 하지 않는 곳에 저장한다.

해설 직사광선, 산·알칼리 등에 의해 분해되어 자연발화한다.

■ **나이트로셀룰로오스(질화면, NC)**
 $[C_{24}H_{29}O_9(NO_3)_{11}]$
① 일반적 성질
 ㉠ 인화점 13[℃], 발화점 160~170[℃], 분해온도 130[℃], 비중 1.7
 ㉡ 맛과 냄새가 없으며 물에 녹지 않는다.
 ㉢ 천연 셀룰로오스를 진한 황산과 진한 질산의 혼산으로 반응시켜 만든다.

$$C-H_2SO_4$$
$$4C_6H_{10}O_5 + 11HNO_3 \longrightarrow C_{24}H_{29}O_9(NO_3)_{11} + 11H_2O$$
(셀룰로오스)　　(질산)　　　　(나이트로셀룰로오스)　　(물)

② 위험성
 ㉠ 약 130[℃]에서 서서히 분해하고 180[℃]에서 격렬하게 연소한다.
 ㉡ 건조된 것은 충격, 마찰 등에 민감하여 발화하기 쉽고 점화되면 폭발한다.
 ㉢ 직사광선, 산·알칼리 등에 의해 분해되어 자연발화한다.
 ㉣ 질화도가 클수록 폭발의 위험성이 크고, 무연화약으로 사용된다.
③ 저장 및 취급방법
 ㉠ 저장 시 소분하여 물이 함유된 알코올로 습면시켜 저장한다.
 ㉡ 불꽃 등 화기로부터 멀리하고 마찰, 충격, 전도 등을 피한다.
④ 소화방법 : 다량의 주수에 의한 냉각소화

## 06. 위험물의 성상

**11** 과산화수소의 성질에 관한 설명이다. 옳지 않은 것은?

① 순수한 것은 점성이 있는 무색 액체이며, 다량이면 청색빛깔을 띤다.
② 순도가 높은 것은 불순물, 구리, 은, 백금 등의 미립자에 의하여 폭발적으로 분해한다.
③ 에테르에 녹지 않으며, 벤젠에는 녹는다.
④ 강력한 산화제이나 환원제로서 작용하는 경우도 있다.

**해설** 과산화수소
① 일반적 성질
  ㉠ 비중 1.465, 융점 -0.89[℃], 비점 80[℃]
  ㉡ 순수한 것은 점성이 있는 무색의 액체이나 양이 많을 경우 청색을 띤다.
  ㉢ 물에 잘 녹는다.[벤젠에는 녹지 않는다]
  ㉣ 강한 산화성을 가지고 있지만, 환원제로도 작용한다.
  ㉤ 3[%] 수용액을 소독약으로 사용하며 옥시풀이라 한다.
② 위험성
  ㉠ 가열, 햇빛 등에 의해 분해가 촉진되며 보관 중에는 분해하기 쉽다.
  ㉡ Ag, Pt 등과 접촉 시 촉매역할을 하여 급격한 반응과 함께 산소를 방출한다.
  ㉢ 농도가 60[%] 이상인 것은 단독으로 폭발한다.
  ㉣ 농도가 진한 것은 피부와 접촉 시 수종을 일으킨다.
③ 저장 및 취급방법
  ㉠ 갈색병에 저장하여 직사광선을 피하고 냉암소에 저장한다.
  ㉡ 용기의 내압상승을 방지하기 위하여 밀전하지 말고 구멍뚫린 마개를 사용한다.
  ㉢ 농도가 클수록 위험성이 높으므로 안정제(인산, 요산, 글리세린 등)를 넣어 분해를 억제시킨다.
④ 소화방법 : 다량의 주수에 의한 냉각 및 희석소화

**12** 다음 중 위험등급 I의 위험물이 아닌 것은?

① 아염소산염류   ② 마그네슘분
③ 황린          ④ 에테르

**해설** 마그네슘분은 제2류 위험물(가연성고체)로서 지정수량 500[kg]의 위험등급 III이다.

| 품명 | 아염소산염류 | 마그네슘분 | 황린 | 에테르 |
|---|---|---|---|---|
| 위험등급 | I | III | I | I(특수인화물) |
| 지정수량 | 50[kg] | 500[kg] | 20[kg] | 50[L] |

정답 11.③ 12.②

# 제10회 소방시설관리사 1차 필기 기출문제
[제4과목 : 위험물의 성상]

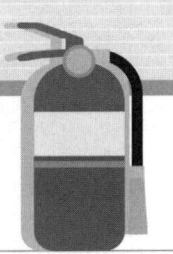

**01** 다음 중 제4류 위험물의 제2석유류에 해당하는 것은?

① 클로로벤젠  ② 피리딘
③ 시안화수소  ④ 휘발유

**해설** 제4류 위험물의 분류

| 종류 | 클로로벤젠 | 피리딘 | 시안화수소 | 휘발유 |
|---|---|---|---|---|
| 구분 | 제2석유류 | 제1석유류 | 제1석유류 | 제1석유류 |

**02** 다음 중 물에 잘 녹지 않는 위험물은?

① 벤젠  ② 에틸알코올
③ 글리세린  ④ 아세트알데히드

**해설** 벤젠($C_6H_6$)은 물에 전혀 녹지 않는 제4류 위험물 중 제1석유류이다.

**03** 제4류 위험물인 톨루엔의 특성으로 맞지 않는 것은?

① 무색의 휘발성 액체이다.
② 인화점은 4[℃]이고 착화점은 552[℃]이다.
③ 독성이 있고 방향성을 갖는다.
④ 물에는 녹으나 유기용제에는 녹지 않는다.

**해설** 톨루엔(Toluene, 메틸벤젠)
㉠ 물성

| 화학식 | 비중 | 비점 | 인화점 | 착화점 | 연소범위 |
|---|---|---|---|---|---|
| $C_6H_5CH_3$ | 0.871 | 111[℃] | 4[℃] | 552[℃] | 1.4~6.7[%] |

㉡ 무색, 투명한 독성이 있는 휘발성 액체이다.
㉢ 증기는 마취성이 있고 인화점이 낮다.
㉣ 물에 불용, 아세톤, 알코올 등 유기용제에는 잘 녹는다.
㉤ 고무, 수지를 잘 녹인다.
㉥ 벤젠보다 독성은 약하다.

**04** 제3류 위험물인 칼륨의 특성으로 맞지 않는 것은?

① 물보다 비중이 크다.
② 은백색의 광택이 있는 무른 경금속이다.
③ 연소 시 보라색 불꽃을 내면서 연소한다.
④ 융점이 63.5[℃]이고 비점은 762[℃]이다.

**해설** 칼륨
㉠ 물성

| 화학식 | 원자량 | 비점 | 융점 | 비중 | 불꽃색상 |
|---|---|---|---|---|---|
| K | 39 | 762[℃] | 63.6[℃] | 0.857 | 보라색 |

㉡ 은백색의 광택이 있는 무른 경금속으로 보라색 불꽃을 내면서 연소한다.
㉢ 할로겐 및 산소, 수증기 등과 접촉하면 발화위험이 있다.
㉣ 습기 존재 하에서 CO와 접촉하면 폭발한다.
㉤ 석유, 경유, 유동파라핀 등의 보호액을 넣은 내통에 밀봉 저장한다.

**05** 트리에틸알루미늄의 성질 중 틀린 것은?

① 유기금속화합물이다.
② 폴리에틸렌·폴리스티렌 등을 공업적으로 합성하기 위해서 사용한다.
③ 공기와 접촉하면 산화한다.
④ 무색 액체로, 분자량 114.17, 녹는점 -52.5[℃], 끓는 점 195[℃]이다.

정답  01.① 02.① 03.④ 04.① 05.③

## 해설 트리에틸알루미늄

㉠ 물성

| 화학식 | 분자량 | 비점 | 융점 | 비중 |
|---|---|---|---|---|
| $(C_2H_5)_3Al$ | 114.17 | 194[℃] | -52.5[℃] | 0.837 |

㉡ 무색의 액체이다.
㉢ 폴리에틸렌을 합성할 때 촉매로서 중요한 유기금속 화합물로 알루미늄과 에틸렌 및 수소로부터 합성된다.
㉣ 물속에 넣으면 곧 분해하고, 공기와 접촉하면 발화(發火)한다.

**06** 다음 중 자연발화성물질 및 금수성물질은 몇 류 위험물인가?

① 제1류 위험물
② 제2류 위험물
③ 제3류 위험물
④ 제4류 위험물

### 해설 위험물의 성질

| 구분 | 제1류 위험물 | 제2류 위험물 | 제3류 위험물 | 제4류 위험물 | 제5류 위험물 | 제6류 위험물 |
|---|---|---|---|---|---|---|
| 성질 | 산화성 고체 | 가연성 고체 | 자연발화성 및 금수성 물질 | 인화성 액체 | 자기반응성 물질 | 산화성 액체 |

**07** 적린, 황, 철의 위험물과 혼재할 수 있는 유별은?

① 제1류
② 제3류
③ 제4류
④ 제6류

### 해설 위험물의 혼재 가능

(1) 위험물 운반 시 혼재가능(위험물법 시행규칙 별표 19)

| 위험물의 구분 | 제1류 | 제2류 | 제3류 | 제4류 | 제5류 | 제6류 |
|---|---|---|---|---|---|---|
| 제1류 | | × | × | × | × | ○ |
| 제2류 | × | | × | ○ | ○ | × |
| 제3류 | × | × | | ○ | × | × |
| 제4류 | × | ○ | ○ | | ○ | × |
| 제5류 | × | ○ | × | ○ | | × |
| 제6류 | ○ | × | × | × | × | |

[비고]
1. "×"표시는 혼재할 수 없음을 표시한다.
2. "○"표시는 혼재할 수 있음을 표시한다.
3. 이 표는 지정수량의 $\frac{1}{10}$ 이하의 위험물에 대하여는 적용하지 아니한다.

> 제2류 위험물(적린, 황, 철)+제4류 위험물=혼재 가능

(2) 위험물 저장(옥내저장소, 옥외저장소) 시 혼재가능 (위험물법 시행규칙 별표 18)
유별을 달리하는 위험물은 동일한 저장소(내화구조의 격벽으로 완전히 구획된 실이 2 이상 있는 저장소에 있어서는 동일한 실. 이하 제3호에서 같다)에 저장하지 아니하여야 한다. 다만, 옥내저장소 또는 옥외저장소에 있어서 다음의 각목의 규정에 의한 위험물을 저장하는 경우로서 위험물을 유별로 정리하여 저장하는 한편, 서로 1m 이상의 간격을 두는 경우에는 그러하지 아니하다(중요기준).

① 제1류 위험물(알칼리금속의 과산화물 또는 이를 함유한 것을 제외한다)과 제5류 위험물을 저장하는 경우
② 제1류 위험물과 제6류 위험물을 저장하는 경우
③ 제1류 위험물과 제3류 위험물 중 자연발화성물질(황린 또는 이를 함유한 것에 한한다)을 저장하는 경우
④ 제2류 위험물 중 인화성고체와 제4류 위험물을 저장하는 경우
⑤ 제3류 위험물 중 알킬알루미늄등과 제4류 위험물(알킬알루미늄 또는 알킬리튬을 함유한 것에 한한다)을 저장하는 경우
⑥ 제4류 위험물 중 유기과산화물 또는 이를 함유하는 것과 제5류 위험물 중 유기과산화물 또는 이를 함유한 것을 저장하는 경우

※ 이 문제의 류별을 구분하여 출제자의 의도는 운반시 혼재가능을 물은 것 같으니 5류, 2류, 4류는 혼재가 가능하다.

> 혼재 가능이란 문제가 나올 때 운반인지 저장인지 구분인지를 정확히 하여야 한다.

정답 06.③ 07.③

**08** 인화칼슘이 물과 반응하였을 때 발생하는 가스에 대한 설명으로 옳은 것은?

① 폭발성인 수소를 발생한다.
② 유독성인 인화수소를 발생한다.
③ 조연성인 산소를 발생한다.
④ 가연성인 아세틸렌을 발생한다.

**해설** 인화칼슘(인화석회)와 물과의 반응하면 인화수소(포스핀, $PH_3$)를 발생한다.

$$Ca_3P_2 + 6H_2O \rightarrow 3Ca(OH)_2 + 2PH_3 \uparrow$$

**09** 다음 중 제6류 위험물이 아닌 것은?

① 과염소산　　② 과산화수소
③ 질산　　　　④ 과아이오딘산

**해설** 제6류 위험물(3종류) : 질산, 과산화수소, 과염소산

**10** 다음 중 제4류 위험물의 특수인화물에 해당하는 위험물은?

① 벤젠　　　　② 염화아세틸
③ 이소프로필아민　④ 아세토니트릴

**해설** 제4류 위험물의 분류
㉠ 특수인화물 : 이소프로필아민
㉡ 제1석유류 : 벤젠, 염화아세틸($CH_3COCl$), 아세토니트릴

**11** 제2석유류(비수용성) 40,000[L]에 대한 위험물의 소요단위는 얼마인가?

① 10　　　　② 8
③ 6　　　　 ④ 4

**해설** ㉠ 제4류 위험물 제2석유류(비수용성)의 지정수량 : 1,000[L]
㉡ 위험물의 1소요단위 : 지정수량의 10배

$$\therefore 소요단위 = \frac{저장량}{지정수량 \times 10} = \frac{40,000[L]}{1,000[L] \times 10} = 4단위$$

**12** 제3류 위험물의 공통성질에 해당되는 것은?

① 주수소화는 모두 불가능하다.
② 산화성 고체이다.
③ 대부분 무기화합물이다.
④ 저장 시는 모두 석유류 속에 저장하여야 한다.

**해설** 제3류 위험물의 성질
㉠ 황린을 제외한 제3류 위험물은 주수소화는 불가능하다.
㉡ 자연발화성 및 금수성 물질이다.
㉢ 대부분 무기화합물이다.
㉣ 저장 시는 칼륨과 나트륨은 석유류(등유, 경유, 유동 파라핀) 속에 저장하여야 한다.

정답 08.② 09.④ 10.③ 11.④ 12.③

# 제9회 소방시설관리사 1차 필기 기출문제
[제4과목 : 위험물의 성상]

**01** 다음 위험물의 류별에 따른 성질이 맞지 않는 것은?

① 제1류 위험물 – 산화성 고체
② 제2류 위험물 – 가연성 고체
③ 제4류 위험물 – 인화성 액체
④ 제5류 위험물 – 자연발화성 물질

**해설** 위험물의 성질

| 구분 | 제1류 위험물 | 제2류 위험물 | 제3류 위험물 | 제4류 위험물 | 제5류 위험물 | 제6류 위험물 |
|---|---|---|---|---|---|---|
| 성질 | 산화성 고체 | 가연성 고체 | 자연발화성 및 금수성 물질 | 인화성 액체 | 자기반응성 물질 | 산화성 액체 |

**02** 다음 위험물 중 알코올류에 속하지 않는 것은 무엇인가?

① 에틸알코올
② 메틸알코올
③ 변성알코올
④ 1-부탄올

**해설** 알코올류
탄소의 수가 1개에서 3개까지의 알코올(변성 알코올 포함)로서 농도가 60[%] 이상

**03** 위험물 취급 시 정전기에 의한 화재를 방지하기 위한 방법이 아닌 것은?

① 접지를 할 것
② 공기를 이온화 할 것
③ 상대습도를 70[%] 이상으로 할 것
④ 유속을 빠르게 할 것

**해설** 정전기 방지법
㉠ 접지를 할 것
㉡ 공기를 이온화 할 것
㉢ 상대습도를 70% 이상으로 할 것
㉣ 유속을 느리게(1m/sec 이하) 할 것

**04** 다음 위험물의 분류로 맞지 않는 것은?

① 특수인화물 – 이황화탄소, 아세트알데히드, 에테르
② 제1석유류 – 아세톤, 시안화수소, MEK
③ 제2석유류 – 등유, 초산, 경유
④ 제3석유류 – 중유, 클로로벤젠, 큐멘

**해설** 제4류 위험물

| 품명 | 구분 | 종류 |
|---|---|---|
| 특수 인화물 | ① 1기압에서 발화점이 100[℃] 이하 ② 인화점이 영하 20[℃] 이하이고 비점이 40[℃] 이하 | 이황화탄소, 디에틸에테르, 아세트알데히드, 산화프로필렌, 이소프렌, 이소펜탄 |
| 제1 석유류 | 인화점이 21[℃]도 미만 | 아세톤, 휘발유, 벤젠, 톨루엔, 메틸에틸케톤(MEK), 피리딘, 초산메틸, 초산에틸, 의산메틸, 의산에틸 |
| 알코올류 | $C_1 \sim C_3$까지의 농도가 60[%] 이상인 포화 1가 알코올 | 메틸알코올, 에틸알코올, 프로필알코올 |
| 제2 석유류 | 인화점이 섭씨 21도 이상 70[℃] 미만 | 등유, 경유, 초산, 의산, 테레핀유, 클로로벤젠, 스틸렌, 에틸벤젠, 메틸셀로솔브, 에틸셀로솔브, 크실렌, 아크릴산, 장뇌유, 송근유 등 |
| 제3 석유류 | 인화점이 70[℃] 이상 200[℃] 미만 | 중유, 클레오소트유, 나이트로벤젠, 아닐린, 메타크레졸, 글리세린, 에틸렌글리콜, 담금질유 등 |
| 제4 석유류 | 인화점이 200[℃] 이상 250[℃] 미만 | 기어유, 실린더유, 가소제, 담금질유, 절삭유, 방청류, 윤활유 등 |

정답 01.④ 02.④ 03.④ 04.④

| 동식물유류 | 동물의 지육 등 또는 식물의 종자나 과육으로부터 추출한 것으로서 1기압에서 인화점이 250[℃] 미만인 것 | 건성유, 반건성유, 불건성유 |

※ 큐멘[하이드로퍼옥사이드](2석유류 비수용성)

**05** 과산화나트륨($Na_2O_2$)의 화재 시 적합한 소화약제는?

① 포말소화약제  ② 마른 모래
③ 분말약제  ④ 물

해설 과산화나트륨이나 과산화칼륨의 적합한 소화약제 : 마른 모래, 팽창질석, 팽창진주암, 탄산수소염류

**06** 제2류 위험물의 금속분의 화재 시 주수소화 하여서는 안 되는 이유는?

① 산소 발생  ② 질소 발생
③ 수소 발생  ④ 유독가스 발생

해설 금속분(Al, Zn, Ti, Co)이 물과의 반응

$$2Al + 6H_2O \rightarrow 2Al(OH)_3 + 3H_2(수소)$$

**07** 동식물유류가 흡수된 기름걸레를 모아둔 곳에서 화재가 발생한 이유 중 관계가 가장 적은 것은?

① 습도가 높았다.
② 통풍이 잘 되는 곳에 두었다.
③ 산화되기 쉬운 기름이었다.
④ 온도가 높은 곳에 두었다.

해설 동식물유류가 흡수된 기름걸레를 통풍이 잘 되는 찬 곳에 쌓아 두면 화재가 일어나지 않는다.

**08** 다음 위험물에 대한 설명 중 틀린 것은?

① 황린은 물과 반응하기 때문에 물속에 저장하지 않는다.
② 과산화나트륨은 물과 반응하면 조연성 가스인 산소가 발생한다.
③ 마그네슘은 물과 반응하면 가연성 가스인 수소가 발생한다.
④ 나트륨은 물과 반응하면 가연성 가스인 수소가 발생한다.

해설 물과 반응 시 나타나는 현상
㉠ 황린의 저장방법 : 물속에 저장
㉡ 과산화나트륨과 물과의 반응
$2Na_2O_2 + 2H_2O \rightarrow 4NaOH + O_2 \uparrow$
㉢ 마그네슘과 물과의 반응
$Mg + 2H_2O \rightarrow Mg(OH)_2 + H_2 \uparrow$
㉣ 나트륨은 물과의 반응
$2Na + 2H_2O \rightarrow 2NaOH + H_2 \uparrow$

**09** 인화칼슘($Ca_3P_2$)이 물과 반응 시 생성되는 가연성 가스는?

① 수소  ② 아세틸렌
③ 인화수소  ④ 염화수소

해설 인화석회(인화칼슘)와 물과의 반응식

$$Ca_3P_2 + 6H_2O \rightarrow 2PH_3 + 3Ca(OH)_2$$
※ $PH_3$ : 인화수소(포스핀)

**10** 다음 제4류 위험물 중 인화점이 가장 낮은 것은?

① 에테르
② 이황화탄소
③ 아세톤
④ 아세트알데히드

해설 인화점

| 종류 | 에테르 | 이황화탄소 | 아세톤 | 아세트알데히드 |
|---|---|---|---|---|
| 인화점 [℃] | -45 | -30 | -18 | -38 |
| 발화점 [℃] | 180 | 100 | 538 | 185 |

○ 제4류 위험물 중 발화점이 가장 낮은 물질 : 이황화탄소(100[℃])

**11** 자체에서 가연물과 산소를 함유하고 있어 공기 중의 산소를 필요로 하지 않고 자기연소하는 것은?

① 인화석회
② 유기과산화물
③ 초산
④ 무기과산화물

**[해설] 자연소성 물질(제5류 위험물)**
질산에스터류, 유기과산화물, 나이트로화합물, 하이드라진유도체

**12** 구리(Cu), 은(Ag), 마그네슘(Mg), 수은(Hg)과 반응하면 아세틸라이드를 생성하고 연소범위가 2.5~38.5[%]인 물질은?

① 아세트알데히드
② 알킬알루미늄
③ 산화프로필렌
④ 콜로디온

**[해설] 산화프로필렌(Propylene Oxide)**
㉠ 특성

| 화학식 | 분자량 | 비중 | 비점 | 인화점 | 착화점 | 연소범위 |
|---|---|---|---|---|---|---|
| $CH_3CHCH_2O$ | 58 | 0.83 | 34[℃] | -37[℃] | 465[℃] | 2.5~38.5% |

㉡ 무색, 투명한 자극성 액체이다.
㉢ 구리(Cu), 마그네슘(Mg), 은(Ag), 수은(Hg)과 반응하면 아세틸라이드를 생성한다.
㉣ 저장용기 내부에는 불연성가스 또는 수증기 봉입장치를 할 것
㉤ 소화약제는 알콜용포, 이산화탄소, 분말소화가 효과가 있다.

■ 아세트알데히드($CH_3CHO$)
㉠ 인화점 -39[℃], 착화점 185[℃], 연소범위 4.1~57%, 비점 21[℃], 비중 0.8
㉡ 자극성 과일향을 가지는 무색투명한 휘발성 액체로 물에 잘 녹는다.
㉢ 환원력이 강하므로 은거울반응과 펠링반응을 한다.

**13** 제4류 위험물인 톨루엔($C_6H_5CH_3$)에 대한 일반적 성질 중 틀린 것은?

① 증기는 공기보다 가볍다.
② 인화점이 낮고 물에는 잘 녹지 않는다.
③ 휘발성이 있는 무색·투명한 액체이다.
④ 증기는 독성이 있지만 벤젠에 비해 약한 편이다.

**[해설]** 증기는 공기보다 3.2배 무겁다.

$$증기비중 = \frac{분자량}{29} = \frac{92}{29} = 3.17$$

**14** 다음 중 질산칼륨에 대한 설명 중 틀린 것은?

① 무색, 무취의 강산화제이다.
② 흑색화약의 원료로서 폭발의 위험이 있다.
③ 알코올에는 잘 녹고 물이나 글리세린에는 녹지 않는다.
④ 황과 숯가루와 혼합하여 흑색화약을 제조한다.

**[해설] 질산칼륨($KNO_3$)의 특성**
㉠ 제1류 위험물로서 강산화제이다.
㉡ 무색, 무취의 결정 또는 백색결정으로 초석이라고도 한다.
㉢ 물, 글리세린에 잘 녹으나, 알코올에는 불용이다.
㉣ 강산화제이며 가연물과 접촉하면 위험하다.
㉤ 황과 숯가루와 혼합하여 흑색화약을 제조한다.
㉥ 티오황산나트륨과 함께 가열하면 폭발한다.
㉦ 소화방법 : 주수소화

**○ 질산칼륨의 분해반응식**
$$2KNO_3 \rightarrow 2KNO_2 + O_2 \uparrow$$

# 2005 제8회 소방시설관리사 1차 필기 기출문제
[제4과목 : 위험물의 성상]

**01** 다음 위험물 중 그 성질이 산화성 고체인 것은?
① 셀룰로이드  ② 금속분
③ 아염소산염류  ④ 과염소산

**해설** 위험물의 분류

| 종류 | 셀룰로이드 | 금속분 | 아염소산염류 | 과염소산 |
|---|---|---|---|---|
| 구분 | 제5류 위험물 | 제2류 위험물 | 제1류 위험물 | 제6류 위험물 |
| 성질 | 자기반응성 물질 | 가연성 고체 | 산화성 고체 | 산화성 액체 |

**02** 디에틸에테르($C_2H_5OC_2H_5$)의 증기 비중은?
① 1.55  ② 2.5
③ 2.55  ④ 3.05

**해설** 디에틸에테르($C_2H_5OC_2H_5$)의 분자량 : 74

증기비중 $= \dfrac{74}{29} = 2.55$

> 증기비중 $= \dfrac{분자량}{29}$

**03** 다음 중 제4류 위험물의 제1석유류에 속하는 것은?
① 이황화탄소  ② 휘발유
③ 디에틸에테르  ④ 크실렌

**해설** 제4류 위험물의 분류

| 종류 | 이황화탄소 | 휘발유 | 디에틸에테르 | 크실렌 |
|---|---|---|---|---|
| 구분 | 특수인화물 | 제1석유류 | 특수인화물 | 제2석유류 |

**04** 다음 중 제6류 위험물의 공통성질로 맞지 않는 것은?
① 비중이 1보다 크고 물에 녹지 않는다.
② 산화성 물질로 다른 물질을 산화시킨다.
③ 자신들은 모두 불연성 물질이다.
④ 대부분 분해하며 유독성 가스가 발생하고 부식성이 강하다.

**해설** 제6류 위험물의 공통성질
㉠ 산화성 액체이며 무기화합물로 이루어져 형성된다.
㉡ 무색, 투명하며 비중은 1보다 크고, 물에 잘 녹는다. 표준상태에서는 모두 액체이다.
㉢ 과산화수소를 제외하고 강산성 물질이며 물에 녹기 쉽다.
㉣ 불연성 물질이며 가연물, 유기물 등과의 혼합으로 발화한다.
㉤ 증기는 유독하며 피부와 접촉 시 점막을 부식시킨다.

**05** 다음 물질 중 부동액으로 사용되는 것은?
① 나이트로벤젠
② 에틸렌글리콜
③ 크실렌
④ 중유

**해설** 부동액
겨울철에 동결을 방지하기 위하여 사용하는 액체로서 글리세린, 에틸렌글리콜이 있다.

정답  01.③  02.③  03.②  04.①  05.②

**06** 다음 설명 중 옳은 것은?
① 건성유는 공기 중의 산소와 반응하여 자연발화를 일으킨다.
② 요오드값이 클수록 불포화결합은 적다.
③ 불포화도가 크면 산소와의 결합이 어렵다.
④ 반건성유는 요오드가가 100 이상 150 이하이다.

**해설** 동식물유류
㉠ 건성유는 공기 중의 산소와 반응하여 자연발화를 일으킨다.
㉡ 요오드값이 클수록 불포화결합은 크다.
㉢ 불포화도가 크면 산소와의 결합이 쉽다.
㉣ 요오드값

| 구분 | 요오드 값 | 종류 |
|---|---|---|
| 건성유 | 130 이상 | 아마인유, 해바라기유, 들기름, 정어리기름, 동유, 상어유 |
| 반건성유 | 100~130 | 참기름, 콩기름, 채종유, 청어유, 옥수수기름, 면실유 |
| 불건성유 | 100 이하 | 피마자유, 올리브유, 야자유, 돼지기름, 쇠기름, 고래기름 |

**07** 제4류 위험물의 제1석유류인 메틸에틸케톤의 지정수량은?
① 100[L]  ② 200[L]
③ 300[L]  ④ 400[L]

**해설** 위험물의 분류
(1) 특수인화물(50[L]) : 이황화탄소, 디에틸에테르, 아세트알데히드, 산화프로필렌, 이소프렌, 이소펜탄
(2) 제1석유류
  ① 비수용성(200[L]) : 휘발유, 콜로디온, 벤젠, 톨루엔, 메틸에틸케톤, 초산에스터류, 의산에스터류 등
  ② 수용성(400[L]) : 아세톤, 피리딘
(3) 알코올 : 1분자를 구성하는 탄소원자의 수가 1개부터 3개까지인 포화1가 알코올(변성알코올 포함)
(4) 제2석유류
  ① 비수용성(1,000[L]) : 등유, 경유, 테레핀유, 클로로벤젠, 스틸렌, 에틸벤젠, 크실렌, 아크릴산, 장뇌유, 송근유 등
  ② 수용성(2,000[L]) : 초산, 의산, 메틸셀르솔브, 에틸셀르솔브
(5) 제3석유류
  ① 비수용성(2,000[L]) : 중유, 클레오소트유, 나이트로벤젠, 아닐린, 메타크레졸, 담금질유 등
  ② 수용성(4,000[L]) : 글리세린, 에틸렌글리콜

**08** 다음 중 칼륨, 나트륨은 어디에 보관하여야 하는가?
① 수은  ② 에탄올
③ 글리세린  ④ 경유

**해설** 위험물의 보관 방법
㉠ 칼륨, 나트륨 : 석유(등유), 경유, 유동파라핀에 저장
㉡ 이황화탄소, 황린 : 물속에 저장
㉢ 나이트로셀룰로오스 : 물 또는 알코올로 습면시켜 저장

**09** 다음 위험물 중 백색의 결정이 아닌 물질은?
① 과산화나트륨
② 과망가니즈산칼륨
③ 과산화바륨
④ 과산화마그네슘

**해설** 위험물의 결정 색상

| 종류 | 과산화나트륨 | 과망가니즈산칼륨 | 과산화바륨 | 과산화마그네슘 |
|---|---|---|---|---|
| 구분 | 백색 | 흑자색 | 백색 | 백색 |

**10** 다음 중 질산에스터류에 속하지 않는 것은?
① 나이트로벤젠
② 질산메틸
③ 나이트로셀룰로오스
④ 나이트로글리세린

**해설** 제5류 위험물의 질산에스터류
㉠ 나이트로셀룰로오스
㉡ 질산메틸
㉢ 질산에틸
㉣ 나이트로글리세린

정답 06.① 07.② 08.④ 09.② 10.①

**11** 다음 위험물 중 화재 시 주수소화하면 가장 위험한 것은?

① CaO
② $Ca_3P_2$
③ P
④ $C_6H_2(NO_2)_3CH_3$

**해설** 위험물의 소화방법

| 종류 | CaO | $Ca_3P_2$ | P | $C_6H_2(NO_2)_3CH_3$ |
|---|---|---|---|---|
| 품목 | 산화칼슘 | 인화석회 | 적린 | TNT |
| 소화방법 | 질식소화 | 질식(피복)소화 | 주수소화 | 주수소화 |

① 산화칼슘(CaO)은 물과 반응하면 가연성가스는 발생하지 않고 열만 발생한다.
② 인화석회는 물과 반응하면 포스핀가스를 발생한다.
　$Ca_3P_2 + 6H_2O \rightarrow 3Ca(OH)_2 + 2PH_3\uparrow$ (포스핀 가스 발생)
③ 적린은 물에 의한 냉각소화가 가능하다.
④ TNT(트리나이트로톨루엔)는 물에 의한 냉각소화가 가능하다.

정답 11.②

# 제7회 소방시설관리사 1차 필기 기출문제
### [제4과목 : 위험물의 성상]

**01** 과산화수소가 상온에서 분해할 때 발생하는 물질은?

① $H_2O + O_2$
② $H_2O + N_2$
③ $H_2O + H_2$
④ $H_2O + CO_2$

**해설** 과산화수소의 분해반응식
$H_2O \rightarrow H_2O + [O]$(발생기산소)

$$2H_2O_2 \rightarrow 2H_2O + O_2$$

**02** 다음 중 2가 알코올에 해당되는 것은?

① 메탄올
② 에탄올
③ 에틸렌글리콜
④ 글리세린

**해설** 알코올

| 구분 | 1가 알코올 (OH-1개) | 2가 알코올 (OH-2개) | 3가 알코올 (OH-3개) |
|---|---|---|---|
| 해당 물질 | 메틸알코올, 에틸알코올 | 에틸렌글리콜 | 글리세린 |
| 분류 | 제4류 알코올류 | 제4류 제3석유류 | 제4류 제3석유류 |

**03** 물 또는 습기와 접촉하면 급격히 발화하는 물질은?

① 질산
② 나트륨
③ 황린
④ 아세톤

**해설** 위험물의 특성
① 질산 : 물과 반응하면 많은 열을 발생한다.
② 나트륨 : 급격히 발화한다.

$$2Na + 2H_2O \rightarrow 2NaOH + H_2$$

③ 황린은 물속에 저장한다.
④ 아세톤은 물에 잘 녹는다.

**04** 다음 중 에테르의 인화점은?

① $-18[℃]$
② $-45[℃]$
③ $11[℃]$
④ $70[℃]$

**해설** 인화점

| 종류 | 인화점 |
|---|---|
| 휘발유 | $-43 \sim -20[℃]$ |
| 아세톤, 콜로디온 | $-18[℃]$ |
| 에테르 | $-45[℃]$ |
| 이황화탄소 | $-30[℃]$ |

**05** 제5류 위험물인 메틸에틸케톤퍼옥사이드(MEKPO)의 희석제로서 옳은 것은?

① 나이트로글리세린
② 나프탈렌
③ 아세틸퍼옥사이드
④ 프탈산디부틸

**해설** 메틸에틸케톤퍼옥사이드(MEKPO, Methyl Ethyl Keton Per Oxide)의 희석제
㉠ 프탈산디메틸(Dimethyl Phthalate, DMP)
㉡ 프탈산디부틸(Dibutyl Phthalate, DBP)

**06** 다음 중 칼륨 보관 시에 사용하는 것은?

① 수은
② 에탄올
③ 글리세린
④ 경유

**해설** 칼륨, 나트륨의 보호액
등유, 경유, 유동파라핀

정답 01.① 02.③ 03.② 04.② 05.④ 06.④

**07** 다음 중 착화온도가 가장 높은 것은?

① 황린　　② 적린
③ 황　　　④ 삼황화인

**해설** 착화온도

| 종류 | 황린 | 적린 | 황 | 삼황화인 |
|---|---|---|---|---|
| 착화온도 | 34[℃] | 260[℃] | 360[℃] | 100[℃] |

**08** 제4류 위험물에 가장 많이 사용하는 소화방법은?

① 물을 뿌린다.
② 연소물을 제거한다.
③ 공기를 차단한다.
④ 인화점 이하로 냉각한다.

**해설** 위험물의 소화방법

| 구분 | 성질 | 소화방법 |
|---|---|---|
| 제1류 위험물 | 산화성 고체 | 냉각소화 (무기과산화물 : 마른모래, 탄산수소염류의 질식소화) |
| 제2류 위험물 | 가연성 고체 (환원성 물질) | 냉각소화 (철분, 마그네슘, 금속분 : 마른모래, 탄산수소염류의 질식소화) |
| 제3류 위험물 | 자연발화성 및 금수성 물질 | 마른모래, 팽창질석, 팽창진주암, 탄산수소염류의 질식소화 |
| 제4류 위험물 | 인화성 액체 | 질식소화(포말, 이산화탄소, 할로겐화합물, 분말약제 등) |
| 제5류 위험물 | 자기연소성 물질 | 화재 초기에 다량의 주수 소화 |
| 제6류 위험물 | 산화성 액체 | 초기에는 다량의 주수 소화, 본격적인 것은 질식소화 |

○ 제4류 위험물 : 공기를 차단하여 질식소화

**09** 다음 위험물 중 화재 발생 시 적당한 소화제로서 틀린 것은?

① $CH_3COCH_3$ - 물
② $(C_2H_5)_3AlCl$ - 건조사
③ $C_6H_5CH_3$ - 포 또는 $CO_2$
④ 테레핀유 - 봉상주수

**해설** ④ 테레핀유 : 분말, $CO_2$, 할로겐화합물
① $CH_3COCH_3$ [아세톤]
② $(C_2H_5)_3AlCl$ [트리에틸염화알루미늄-알킬알루미늄]
③ $C_6H_5CH_3$ [톨루엔]

**10** 다음 중 물 속에 넣어 저장하는 것이 안전한 물질은?

① Na　　　　② $CS_2$
③ 알킬알루미늄　④ 아세톤

**해설** 저장방법

| 종류 | 저장방법 |
|---|---|
| 이황화탄소($CS_2$) | 물 속 |
| 칼륨, 나트륨 | 등유(석유), 경유, 유동파라핀 |
| 나이트로셀룰로오스 | 물 또는 알코올에 습면 |
| 기타 물질 | 건조하고 서늘한 냉암소 |

# 2002 제6회 소방시설관리사 1차 필기 기출문제

[제4과목 : 위험물의 성상]

**01** 제3류 위험물인 황린에 대한 설명으로 옳지 않는 것은?

① 황린이 발화하면 검은 악취가 있는 연기를 낸다.
② 황린은 공기 중에서 산화하고 산화열이 축척되어 자연발화한다.
③ 황린 자체와 증기 모두 인체에 유독하다.
④ 황린은 수중에 저장하여야 한다.

**해설** 황린($P_4$)은 자연발화하면 백색의 흰 연기(오산화인=$P_2O_5$)를 낸다.

**02** 다음 중 과망가니즈산칼륨($KMnO_4$)의 성질에 맞지 않는 것은?

① 물과 에탄올에 녹는다.
② 가열분해 시 이산화망간과 물이 생성된다.
③ 강한 알칼리와 접촉시키면 산소를 방출한다.
④ 흑자색의 결정으로 강한 산화력과 살균력을 나타낸다.

**해설** 과망가니즈산칼륨의 분해반응식

$$2KMnO_4 \rightarrow K_2MnO_4 + MnO_2 + O_2 \uparrow$$

**03** 위험물 자체에서 산소를 함유하고 있어 공기 중의 산소를 필요로 하지 않는 자기연소를 하는 것은?

① 카바이드
② 생석회
③ 초산에스터류
④ 질산에스터류

**해설** 자기연소성 물질(제5류 위험물)
질산에스터류, 유기과산화물, 나이트로화합물, 하이드라진유도체

**04** 제2류 위험물의 저장 및 취급 시 주의사항으로 맞지 않는 것은?

① 가열이나 산화제와의 접촉을 피한다.
② 금속분은 물속에 저장한다.
③ 연소 시에 발생하는 유독가스에 주의하여야 한다.
④ 마그네슘, 금속분의 화재 시에는 마른모래의 피복소화가 좋다.

**해설** 금속분(아연, 알루미늄)은 물과 반응하면 수소($H_2$)가 발생하므로 위험하다.

**05** 다음 중 칼륨의 성질로서 옳은 것은?

① 물과 반응하여 질소가 발생한다.
② 물과 반응하여 산소가 발생한다.
③ 물과 반응하여 수소가 발생한다.
④ 물과 반응하여 이산화탄소가 발생한다.

**해설** 칼륨과 물의 반응식

$$2K + 2H_2O \rightarrow 2KOH + H_2 + Q(발열반응)$$

**06** 다음 중 착화온도가 가장 낮은 것은?

① 휘발유
② 삼황화인
③ 적린
④ 황린

정답 01.① 02.② 03.④ 04.② 05.③ 06.④

**해설** 착화온도

| 종류 | 휘발유 | 삼황화인 | 적린 | 황린 |
|---|---|---|---|---|
| 착화점 | 300[℃] | 100[℃] | 260[℃] | 34[℃] |

**07** 다음 질산암모늄에 대한 설명 중 옳은 것은?

① 물에 녹을 때에는 발열반응을 하므로 위험하다.
② 가열하면 폭발적으로 분해하여 산소와 이산화탄소를 생성한다.
③ 소화방법으로는 질식소화가 좋다.
④ 단독으로도 급격한 가열, 충격으로 분해, 폭발하는 수도 있다.

**해설** 질산암모늄의 성질
[비중 1.73, 무색·무취 결정, 가연물접촉을 피하고 건조한 냉암소 보관, 대량의 주수소화]
㉠ 물에 용해 시 흡열반응함
㉡ 조해성이 강하며 보관에 주의
㉢ 단독으로도 급격한 가열, 충격으로 분해, 폭발 가능
㉣ 물, 에탄올에 잘 녹는다.
㉤ 가열하면 분해하여 아산화질소와 수증기를 발생한다.

$$NH_4NO_3 \rightarrow N_2O + 2H_2O$$
(질산암모늄) (아산화질소) (수증기)

㉥ 급격한 가열이나 충격을 가하면 단독으로 폭발한다.

$$2NH_4NO_3 \rightarrow 2N_2 + 4H_2O + O_2 \uparrow$$
(질산암모늄) (질소) (수증기) (산소)

**08** 다음 중 포 소화설비에서 소화적응성이 없는 것은?

① 제1류 위험물(알칼리금속 과산화물)
② 제2류 위험물(인화성 고체)
③ 제5류 위험물
④ 제6류 위험물

**해설** 포소화설비의 적응성이 없는 위험물
㉠ 제1류 위험물의 알칼리금속 과산화물($Na_2O_2$, $K_2O_2$)
㉡ 제2류 위험물의 마그네슘분, 철분, 금속분 [황화인도 주수 시 발열]
㉢ 제3류 위험물 전부[황린 가능]

**09** 황, 마그네슘, 금속분 등을 저장할 때 가장 주의하여야 할 사항은?

① 가연성물질과 함께 보관하거나 접촉을 피해야 한다.
② 빛이 닿지 않는 어두운 곳에 보관해야 한다.
③ 통풍이 잘되는 양지 바른 장소에 보관해야 한다.
④ 화기의 접근이나 과열을 피해야 한다.

**해설** 황, 마그네슘, 금속분(제2류 위험물) 등은 가연성 고체로서 화기의 접근을 피해야 한다.

정답 07.④ 08.① 09.④

# 제5회 소방시설관리사 1차 필기 기출문제
[제4과목 : 위험물의 성상]

**01** 산소를 함유하고 있지 않기 때문에 산화성 물질과의 혼합 위험성이 있는 위험물은?

① 제1류 위험물
② 제2류 위험물
③ 제5류 위험물
④ 제6류 위험물

**해설** 제1류 위험물(산화성 고체)과 제2류 위험물(환원성 물질)은 혼합하면 발화의 위험성이 따른다.

**02** 제1류 위험물의 무기과산화물에 대한 설명 중 틀린 것은?

① 불연성 물질이다.
② 가열·충격에 의하여 폭발하는 것도 있다.
③ 물과 반응하여 발열하고 수소가스를 발생시킨다.
④ 가열 또는 산화되기 쉬운 물질과 혼합하면 분해되어 산소를 발생한다.

**해설** 무기과산화물의 일반적인 성질
㉠ 대부분 무색 결정 또는 백색분말의 고체이다.
㉡ 강산화성 물질이며 불연성 고체이다.
㉢ 가열, 충격, 마찰, 타격으로 분해하여 산소를 방출하여 가연물의 연소를 도와준다.
㉣ 비중은 1보다 크며 물에 녹는 것도 있고 질산염류와 같이 조해성이 있는 것도 있다.
㉤ 물과 반응하면 조연성 가스인 산소를 발생시킨다.

◆ 무기과산화물 : 과산화칼륨($K_2O_2$), 과산화나트륨($Na_2O_2$)

**03** 알코올류에서 탄소수가 증가할 때 변화하는 현상이 아닌 것은?

① 인화점이 높아진다.
② 발화점이 높아진다.
③ 연소범위가 좁아진다.
④ 수용성이 감소된다.

**해설** 분자량이 증가할수록 나타나는 현상
㉠ 인화점, 증기비중, 비점, 점도가 커진다.
㉡ 착화점(발화점), 수용성, 휘발성, 연소범위, 비중이 감소한다.
㉢ 이성질체가 많아진다.

**04** 다음 위험물 중 물보다 가볍고 인화점이 0[℃] 이하인 물질은?

① 이황화탄소
② 아세트알데히드
③ 테레핀유
④ 경유

**해설** 위험물의 성질

| 종류 | 이황화탄소 | 아세트알데히드 | 테레핀유 | 경유 |
|---|---|---|---|---|
| 비중 | 1.26 | 0.78 | 0.86 | 0.82~0.84 |
| 인화점 | −30[℃] | −38[℃] | 35[℃] | 50~70[℃] |

**참고**
① 비중(액체의 비중) : 1보다 작으면 물보다 가벼워 물 위에 뜬다.
② 인화점 : 가연성 증기를 발생할 수 있는 최저의 농도

**정답** 01.② 02.③ 03.② 04.②

**05** 과염소산칼륨의 위험성에 관한 설명 중 틀린 것은?

① 진한 황산과 접촉하면 폭발한다.
② 황이나 목탄 등과 혼합되면 폭발할 염려가 있다.
③ 상온에서는 비교적 안정하나 수산화나트륨 용액과 혼합되면 폭발한다.
④ 알루미늄이나 마그네슘과 혼합되면 폭발할 염려가 있다.

**해설** 과염소산칼륨
㉠ 진한 황산과 접촉하면 폭발한다.
㉡ 황이나 목탄 등과 혼합되면 폭발할 염려가 있다.
㉢ 탄소, 황, 유기물과 혼합하였을 때 가열, 마찰, 충격에 의하여 폭발한다.
㉣ 알루미늄이나 마그네슘과 혼합되면 폭발할 염려가 있다.
㉤ 상온에서 불안정하여 400[℃]에서 서서히 분해가 시작되어 610[℃]에서 완전 분해하여 산소($O_2$)를 발생한다.

○ 과염소산칼륨의 분해반응식
$KClO_4 \rightarrow KCl + 2O_2 \uparrow$

**06** 다음 중 적린에 대한 설명 중 틀린 것은?

① 물이나 알코올에는 녹지 않는다.
② 착화온도는 약 260[℃]이다.
③ 공기 중에서 연소하면 인화수소가스가 발생한다.
④ 산화제인 제1류 위험물과 혼합하면 발화하기 쉽다.

**해설** 적린(붉은인)
㉠ 특성

| 분자식 | 분자량 | 비중 | 착화점 | 융점 |
| --- | --- | --- | --- | --- |
| P | 31 | 2.2 | 260[℃] | 600[℃] |

㉡ 황린의 동소체로 암적색 분말이다.
㉢ 물, 알코올, 에테르, $CS_2$, 암모니아에 녹지 않는다.
㉣ 강알칼리와 반응하여 유독성의 포스핀가스를 발생한다.
㉤ 이황화탄소($CS_2$), 황(S), 암모니아($NH_3$)와 접촉하면 발화한다.
㉥ 과산화나트륨($NaO_2$), 아염소산나트륨($NaClO_2$) 같은 강산화제와 혼합되어 있는 것은 저온에서 발화하거나 충격, 마찰에 의해 발화한다.
㉦ 염소산 및 과염소산염류 등 강산화제와 혼합하면 불안정한 물질이 되어 약간의 가열, 충격, 마찰에 의해 폭발한다.
㉧ 질산칼륨($KNO_3$), 질산나트륨($NaNO_3$)과 혼촉하면 발화위험이 있다.
㉨ 염소산염류($NaClO_3$), 질산은($AgNO_3$), 질산수은($HgNO_3$)과 혼합한 것은 100[℃] 이상에서 발화한다.
㉩ 제1류 위험물, 산화제와 혼합되지 않도록 하고 폭발성·가연성 물질과 격리하여 저장한다.
㉪ 다량의 물로 냉각소화하며 소량의 경우 모래나 $CO_2$도 효과가 있다.

○ 적린의 연소반응식
$4P + 5O_2 \rightarrow 2P_2O_5$(오산화인, 흰 연기 발생)

**07** 위험물의 자연발화의 조건으로 적당하지 않은 것은?

① 열전도율이 낮다.
② 방열속도가 발열속도보다 빠르다.
③ 공기의 이동이 적다.
④ 분말상의 형태이다.

**해설** 자연발화의 조건
㉠ 주위의 온도가 높을 것
㉡ 열전도율이 낮을 것
㉢ 발열량이 클 것
㉣ 표면적이 넓을 것(분말상태이면 표면적이 넓다)
㉤ 방열속도가 발열속도보다 느리다.
㉥ 공기의 이동이 적어야 할 것

○ 자연발화 방지법
① 습도를 낮게 할 것
② 주위의 온도를 낮출 것
③ 통풍을 잘 시킬 것
④ 불활성가스를 주입하여 공기와 접촉을 피할 것

정답 05.③ 06.③ 07.②

**08** 제2류, 제3류 위험물에 대한 설명 중 틀린 것은?

① 황린은 대량의 물로 소화하는 것이 좋다.
② 아연분과 황은 어떤 비율로 혼합되어 있어도 가열하면 폭발한다.
③ 적린은 연소 시에 오산화인의 흰 연기를 발생시킨다.
④ 마그네슘은 알칼리에는 안정하나 산과 반응하여 산소를 발생시킨다.

**해설** 제2류 위험물

(1) 황린은 제3류 위험물로서 물속에 저장하며 화재 시 물로 소화한다.
(2) 아연분과 황은 어떤 비율로 혼합되어 있어도 가열하면 폭발한다.
(3) 적린은 연소 시에 오산화인의 흰 연기를 발생시킨다.
  ① 적린의 연소반응식
    $4P + 5O_2 \rightarrow 2P_2O_5$ (오산화인)
  ② 황린의 연소반응식
    $P_4 + 5O_2 \rightarrow 2P_2O_5$
(4) 마그네슘은 물이나 산과 반응하여 수소를 발생시킨다.

○ 마그네슘과 물이나 산과의 반응식
$Mg + 2H_2O \rightarrow Mg(OH)_2 + H_2 \uparrow$
$Mg + 2HCl \rightarrow MgCl_2 + H_2 \uparrow$

**09** 위험물안전관리법령에서 규정한 나이트로화합물은?

① 피크린산  ② 나이트로벤젠
③ 나이트로글리세린  ④ 질산에틸

**해설** 위험물의 분류

| 종류 | 피크린산 | 나이트로벤젠 | 나이트로글리세린 | 질산에틸 |
|---|---|---|---|---|
| 구분 | 제5류 위험물 (나이트로화합물) | 제4류 위험물 (제3석유류) | 제5류 위험물 (질산에스터류) | 제5류 위험물 (질산에스터류) |
| 성질 | 자기반응성 물질 | 인화성 액체 | 자기반응성 물질 | 자기반응성 물질 |

정답 08.④ 09.①

# 제4회 소방시설관리사 1차 필기 기출문제
[제4과목 : 위험물의 성상]

**01** 다음 위험물 중 정제과정에 따라 감색유, 적색유, 백색유로 되는 것은?
① 장뇌유  ② 아마인유
③ 송근유  ④ 테레핀유

해설 장뇌유는 정제과정에 따라 감색유, 적색유, 백색유로 된다.

**02** 제4류 위험물 중 물에 잘 녹지 않는 물질은?
① 피리딘  ② 아세톤
③ 초산에틸  ④ 아닐린

해설 위험물의 성상

| 종류 | 피리딘 | 아세톤 | 초산에틸 | 아닐린 |
|---|---|---|---|---|
| 용해성 | 수용성 | 수용성 | 수용성 | 불용성 |

■ 아닐린($C_6H_5NH_2$) : 인화점 70[℃], 제3석유류, 비수용성, 2,000[L]

○ 위험물의 지정수량 계산 시 수용성
① 수용성 액체의 정의 : 20[℃], 1기압에서 동일한 양의 증류수와 완만하게 혼합하여 혼합액의 유동이 멈춘 후 당해 혼합액이 균일한 외관을 유지하는 것
② 수용성의 종류
  ㉠ 1석유류 : 아세톤, 피리딘
  ㉡ 2석유류 : 초산, 의산, 메틸셀르솔브, 에틸셀르솔브
  ㉢ 3석유류 : 에틸렌글리콜, 글리세린

**03** 다음 물질 중 인화점이 가장 낮은 것은?
① 에테르  ② 이황화탄소
③ 아세톤  ④ 벤젠

해설 인화점

| 종류 | 에테르 | 이황화탄소 | 아세톤 | 벤젠 |
|---|---|---|---|---|
| 인화점([℃]) | -45 | -30 | -18 | -11 |
| 발화점([℃]) | 180 | 100 | 538 | 562 |

○ 제4류 위험물 중 발화점이 가장 낮은 물질 : 이황화탄소(100[℃])

**04** 다음 중 제4류 위험물인 아세트알데히드의 인화점은 몇 [℃]인가?
① -45[℃]  ② -38[℃]
③ -30[℃]  ④ -11[℃]

해설 제4류 위험물의 인화점

| 종류 | 에테르 | 이황화탄소 | 아세트알데히드 | 산화프로필렌 | 아세톤 | 휘발유 | 벤젠 |
|---|---|---|---|---|---|---|---|
| 인화점([℃]) | -45 | -30 | -38 | -37 | -18 | -43~-20 | -11 |

**05** 제4류 위험물 중 착화온도가 가장 낮고 대단히 휘발하기 쉬우므로 용기나 탱크에 저장 시 물로 덮어서 증발을 막는 위험물은 어느 것인가?
① 이황화탄소
② 콜로디온
③ 에틸에테르
④ 가솔린

해설 이황화탄소
제4류 위험물 중 착화온도(100[℃])가 가장 낮고 물속에 저장한다.

정답 01.① 02.④ 03.① 04.② 05.①

**06** 다음 제4류 위험물 중 석유류의 분류가 옳은 것은?

① 제1석유류 : 아세톤, 가솔린, 이황화탄소
② 제2석유류 : 등유, 경유, 장뇌유
③ 제3석유류 : 중유, 송근유, 클레오소트유
④ 제4석유류 : 윤활유, 가소제, 글리세린

**해설** 제4류 위험물의 분류

| 품명 | 구분 | 종류 |
|---|---|---|
| 특수 인화물 | ① 1기압에서 발화점이 100[℃] 이하 ② 인화점이 영하 20[℃] 이하이고 비점이 40[℃] 이하 | 이황화탄소, 디에틸에테르, 아세트알데히드, 산화프로필렌, 이소프렌, 이소펜탄 |
| 제1 석유류 | 인화점이 21[℃] 미만 | 아세톤, 휘발유, 벤젠, 톨루엔, 메틸에틸케톤(MEK), 피리딘, 초산메틸, 초산에틸, 의산메틸, 의산에틸 |
| 알코올류 | $C_1$~$C_3$까지의 농도가 60[%] 이상인 포화 1가 알코올 | 메틸알코올, 에틸알코올, 프로필알코올 |
| 제2 석유류 | 인화점이 21[℃] 이상 70[℃] 미만 | 등유, 경유, 초산, 의산, 테레핀유, 클로로벤젠, 스틸렌, 에틸벤젠, 메틸셀르솔브, 에틸셀르솔브, 크실렌, 아크릴산, 장뇌유, 송근유 등 |
| 제3 석유류 | 인화점이 70[℃] 이상 200[℃] 미만 | 중유, 클레오소트유, 나이트로벤젠, 아닐린, 메타크레졸, 글리세린, 에틸렌글리콜, 담금질유 등 |
| 제4 석유류 | 인화점이 200[℃] 이상 250[℃] 미만 | 기어유, 실린더유, 가소제, 담금질유, 절삭유, 방청유, 윤활유 등 |
| 동식물 유류 | 동물의 지육 등 또는 식물의 종자나 과육으로부터 추출한 것으로서 1기압에서 인화점이 250[℃] 미만인 것 | 건성유, 반건성유, 불건성유 |

**07** 물과 반응해서 가연성 가스인 아세틸렌이 발생되지 않는 것은?

① $Na_2C_2$  ② $Al_4C_3$
③ $CaC_2$  ④ $Li_2C_2$

**해설** 탄화칼슘과 물의 반응식

$CaC_2 + 2H_2O \rightarrow Ca(OH)_2 + C_2H_2 \uparrow + 27.8kcal$
(소석회, 수산화칼슘)  (아세틸렌)

○ 금속탄화물이 물과의 반응식
① 물과 반응 시 아세틸렌($C_2H_2$)가스를 발생하는 물질 : $Li_2C_2$, $Na_2C_2$, $K_2C_2$, $MgC_2$, $CaC_2$
② 물과 반응 시 메탄가스를 발생하는 물질 : $Be_2C$, $Al_4C_3$

$Al_4C_3 + 12H_2O \rightarrow$
$4Al(OH)_3 + 3CH_4 \uparrow + 360kcal$
(수산화알루미늄) (메탄)

③ 물과 반응 시 메탄과 수소가스를 발생하는 물질 : $Mn_3C$

**08** 다음 중 디에틸에테르의 성질로 맞지 않은 것은?

① 증기는 마취성이 있다.
② 무색, 투명하다.
③ 물에는 녹기 어려우나 알코올에는 잘 녹는다.
④ 정전기가 발생하기 어렵다.

**해설** 디에틸에테르의 성질
㉠ 물성

| 분자식 | 분자량 | 비중 | 비점 | 인화점 | 착화점 | 증기 비중 | 연소 범위 |
|---|---|---|---|---|---|---|---|
| $C_2H_5OC_2H_5$ | 74.12 | 0.72 | 34.5[℃] | -45[℃] | 180[℃] | 2.55 | 1.9~48% |

㉡ 휘발성이 강한 무색, 투명한 특유의 향이 있는 액체이다.
㉢ 물에 약간 녹고, 알코올에 잘 녹으며 발생된 증기는 마취성이 있다.
㉣ 공기와 장기간 접촉하면 과산화물이 생성되므로 갈색 병에 저장하여야 한다.
㉤ 에테르는 전기불량도체이므로 정전기 발생에 주의한다.
㉥ 이산화탄소, 할로겐화합물, 청정소화약제, 포말에 의한 질식소화를 한다.

# CHAPTER 07

## [제 4 과목] 위험물의 시설기준

소방시설관리사 기출문제집 [필기]

# 2024 제24회 소방시설관리사 1차 필기 기출문제
[제4과목 : 위험물의 시설기준]

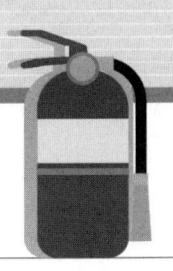

**01** 위험물안전관리법령상 제조소에서 저장 또는 취급하는 위험물의 주의사항을 표시한 게시판으로 옳은 것은?

① 트라이에틸알루미늄 - 물기주의 - 백색바탕에 청색문자
② 과산화나트륨 - 물기엄금 - 청색바탕에 백색문자
③ 질산메틸 - 화기주의 - 적색바탕에 백색문자
④ 적린 - 화기엄금 - 백색바탕에 적색문자

**해설** 위험물제조소별 주의사항

| 위험물의 종류 | 주의사항 | 게시판의 색상 |
|---|---|---|
| 제1류 위험물 중 알칼리금속의 과산화물<br>제3류 위험물 중 금수성물질 | 물기엄금 | 청색바탕에 백색문자 |
| 제2류 위험물(인화성 고체는 제외) | 화기주의 | 적색바탕에 백색문자 |
| 제2류 위험물 중 인화성 고체<br>제3류 위험물 중 자연발화성물질<br>제4류 위험물<br>제5류 위험물 | 화기엄금 | 적색바탕에 백색문자 |

**02** 위험물안전관리법령상 제조소의 위치·구조 및 설비의 기준 중 위험물을 취급하는 건축물에 설치하는 환기설비의 기준으로 옳은 것은?

① 환기는 강제배기방식으로 할 것
② 환기구는 지붕 위 또는 지상 1.8m 이상의 높이에 설치할 것
③ 급기구는 높은 곳에 설치하고 가는 눈의 구리망 등으로 인화방지망을 설치할 것
④ 급기구가 설치된 실의 바닥면적이 115㎡인 경우 급기구의 면적은 450㎠ 이상으로 할 것

**해설** 위험물 제조소의 환기설비(위험물법 규칙 별표 4)
(1) 환기는 자연배기방식으로 할 것
(2) 급기구는 바닥면적 150[m²]마다 1개 이상으로 하되, 급기구의 크기는 800[cm²] 이상으로 할 것

■ 바닥면적이 150[m²] 미만인 경우의 크기

| 바닥면적 | 급기구의 면적 |
|---|---|
| 60[m²] 미만 | 150[cm²] 이상 |
| 60[m²] 이상 90[m²] 미만 | 300[cm²] 이상 |
| 90[m²] 이상 120[m²] 미만 | 450[cm²] 이상 |
| 120[m²] 이상 150[m²] 미만 | 600[cm²] 이상 |

(1) 급기구는 낮은 곳에 설치하고 가는 눈의 구리망 등으로 인화방지망을 설치할 것
(2) 환기구는 지붕 위 또는 지상 2[m] 이상의 높이에 회전식 고정벤티레이터 또는 루프팬방식으로 설치할 것

**03** 위험물안전관리법령상 제조소의 위치·구조 및 설비의 기준 중 위험물을 취급하는 건축물에 설치하는 채광 및 조명설비의 기준으로 옳은 것은? (단, 예외규정은 고려하지 않는다.)

① 채광설비는 난연재료로 할 것
② 연소의 우려가 없는 장소에 설치하되 채광면적을 최대로 할 것
③ 조명설비의 전선은 내화·내열전선으로 할 것
④ 조명설비의 점멸스위치는 출입구의 내부에 설치할 것

**해설** 위험물제조소의 설치기준
(1) 채광설비 : 불연재료로 하고 연소의 우려가 없는 장소에 설치하되 채광면적을 최소로 할 것

정답 01.② 02.④ 03.③

(2) 조명설비
   ㉠ 가연성가스등이 체류할 우려가 있는 장소의 조명등 : 방폭등
   ㉡ 전선 : 내화·내열전선
   ㉢ 점멸스위치 : 출입구 바깥부분에 설치

**04** 위험물안전관리법령상 위험물제조소의 위치·구조 및 설비의 기준 중 위험물을 취급하는 건축물 그 밖의 시설 주위에 3m 이상 너비의 공지를 보유해야 하는 경우를 고른 것은?

> ㄱ. 아염소산나트륨 500kg
> ㄴ. 철분 5,000kg
> ㄷ. 부틸리튬 100kg
> ㄹ. 메틸알코올 5,000L

① ㄱ
② ㄴ, ㄷ
③ ㄱ, ㄴ, ㄷ
④ ㄴ, ㄷ, ㄹ

**해설** 제조소의 보유공지

위험물을 취급하는 건축물 그 밖의 시설(위험물을 이송하기 위한 배관 그 밖에 이와 유사한 시설을 제외한다)의 주위에는 그 취급하는 위험물의 최대수량에 따라 다음 표에 의한 너비의 공지를 보유하여야 한다.

| 취급하는 위험물의 최대수량 | 공지의 너비 |
| --- | --- |
| 지정수량의 10배 이하 | 3[m] 이상 |
| 지정수량의 10배 초과 | 5[m] 이상 |

[지정수량의 배수]

- 아염소산나트륨 500kg : $\frac{500}{50}=10$
- 철분 5,000kg : $\frac{5,000}{500}=10$
- 부틸리튬 100kg : $\frac{100}{10}=10$
- 메틸알코올 5,000L : $\frac{5,000}{400}=12.5$

**05** 위험물안전관리법령상 위험물제조소의 옥외에 있는 위험물취급탱크 3기가 다음과 같이 하나의 방유제 내에 있을 때, 방유제의 최소 용량($m^3$)은?

> • 등유 30,000L
> • 크레오소트유 20,000L
> • 기어유 5,000L

① 17    ② 17.5
③ 18    ④ 18.5

**해설** 위험물 제조소의 방유제 최소용량

※ 계산방법
  방유제의 용량 = 최대탱크용량×0.5 + 나머지 탱크용량×0.1
  = 30,000[L]×0.5
    +(20,000+5,000)[L]×0.1
  = 17,500[L] = 17.5$m^3$

**06** 위험물안전관리법령상 제조소의 위치·구조 및 설비의 기준 중 피뢰침(「산업표준화법」에 따른 한국산업표준 중 피뢰설비 표준에 적합한 것)을 설치하여야 하는 제조소는? (단, 제조소의 주위의 상황에 따라 안전상 피뢰침을 설치해야 하는 상황이다.)

① 염소산칼륨 300kg을 취급하는 제조소
② 수소화칼륨을 1,500kg을 취급하는 제조소
③ 과염소산 3,000kg을 취급하는 제조소
④ 이황화탄소 500L를 취급하는 제조소

**해설** 피뢰설비

지정수량의 10배 이상이 되면 위험물을 취급하는 제조소에는 피뢰침을 설치하여야 한다.(단, 제6류 위험물을 취급하는 제조소는 제외한다)

① 염소산칼륨 300kg을 취급하는 제조소 : $\frac{300}{50}=6$
② 수소화칼륨을 1,500kg을 취급하는 제조소 : $\frac{1,500}{300}=5$
③ 과염소산 3,000kg을 취급하는 제조소 : 6류위험물 제외
④ 이황화탄소 500L를 취급하는 제조소 : $\frac{500}{50}=10$

**07** 위험물안전관리법령상 지하저장탱크 용량이 40,000L인 경우 탱크의 최대지름(mm)은?

① 1,625  ② 2,450
③ 3,200  ④ 3,657

**해설** 지하탱크저장소의 탱크용량에 따른 탱크의 최대지름 및 두께 기준

| 탱크용량(단위 L) | 탱크의 최대지름 (단위 mm) | 강철판의 최소 두께(단위 mm) |
|---|---|---|
| 1,000 이하 | 1,067 | 3.20 |
| 1,000 초과 2,000 이하 | 1,219 | 3.20 |
| 2,000 초과 4,000 이하 | 1,625 | 3.20 |
| 4,000 초과 15,000 이하 | 2,450 | 4.24 |
| 15,000 초과 45,000 이하 | 3,200 | 6.10 |
| 45,000 초과 75,000 이하 | 3,657 | 7.67 |
| 75,000 초과 189,000 이하 | 3,657 | 9.27 |
| 189,000 초과 | - | 10.00 |

**08** 위험물안전관리법령상 1인의 안전관리자를 중복하여 선임할 수 있는 경우, 행정안전부령이 정하는 저장소의 기준으로 옳은 것은? (단, 동일구내에 있거나 상호 100m 이내의 거리에 있는 저장소로서 저장소의 규모, 저장하는 위험물의 종류 등을 고려하여 동일인이 설치한 경우이다.)

① 10개 이하의 암반탱크저장소
② 35개 이하의 옥외탱크저장소
③ 30개 이하의 옥내저장소
④ 30개 이하의 옥외저장소

**해설** 1인의 안전관리자 중복 선임할 수 있는 경우

시행령 제2조(1인의 안전관리자를 중복하여 선임할 수 있는 경우 등)
① 법 제15조제8항 전단에 따라 다수의 제조소등을 설치한 자가 1인의 안전관리자를 중복하여 선임할 수 있는 경우는 다음 각 호의 어느 하나와 같다.
 1. 보일러·버너 또는 이와 비슷한 것으로서 위험물을 소비하는 장치로 이루어진 7개 이하의 일반취급소와 그 일반취급소에 공급하기 위한 위험물을 저장하는 저장소[일반취급소 및 저장소가 모두 동일구내(같은 건물 안 또는 같은 울 안을 말한다. 이하 같다)에 있는 경우에 한한다. 이하 제2호에서 같다]를 동일인이 설치한 경우
 2. 위험물을 차량에 고정된 탱크 또는 운반용기에 옮겨 담기 위한 5개 이하의 일반취급소[일반취급소 간의 거리(보행거리를 말한다. 제3호 및 제4호에서 같다)가 300미터 이내인 경우에 한한다]와 그 일반취급소에 공급하기 위한 위험물을 저장하는 저장소를 동일인이 설치한 경우
 3. 동일구내에 있거나 상호 100미터 이내의 거리에 있는 저장소로서 저장소의 규모, 저장하는 위험물의 종류 등을 고려하여 행정안전부령이 정하는 저장소를 동일인이 설치한 경우
 4. 다음 각 목의 기준에 모두 적합한 5개 이하의 제조소등을 동일인이 설치한 경우
  가. 각 제조소등이 동일구내에 위치하거나 상호 100미터 이내의 거리에 있을 것
  나. 각 제조소등에서 저장 또는 취급하는 위험물의 최대수량이 지정수량의 3천배 미만일 것. 다만, 저장소의 경우에는 그러하지 아니하다.
 5. 그 밖에 제1호 또는 제2호의 규정에 의한 제조소등과 비슷한 것으로서 행정안전부령이 정하는 제조소등을 동일인이 설치한 경우

> 시행규칙 제56조(1인의 안전관리자를 중복하여 선임할 수 있는 저장소 등)
> ① 영 제12조제1항제3호에서 "행정안전부령이 정하는 저장소"라 함은 다음 각 호의 1에 해당하는 저장소를 말한다.
>  1. 10개 이하의 옥내저장소
>  2. 30개 이하의 옥외탱크저장소
>  3. 옥내탱크저장소
>  4. 지하탱크저장소
>  5. 간이탱크저장소
>  6. 10개 이하의 옥외저장소
>  7. 10개 이하의 암반탱크저장소
> ② 영 제12조제1항제5호에서 "행정안전부령이 정하는 제조소등"이라 함은 선박주유취급소의 고정주유설비에 공급하기 위한 위험물을 저장하는 저장소와 당해 선박주유취급소를 말한다.

정답 07.③ 08.①

**09** 위험물안전관리법령상 이동탱크저장소의 위치·구조 및 설비의 기준에 관한 설명으로 옳은 것을 모두 고른 것은?

> ㄱ. 안전장치는 상용압력이 20kPa 이하인 탱크에 있어서는 20kPa 이상 24kPa 이하의 압력에서, 상용압력이 20kPa를 초과하는 탱크에 있어서는 상용압력의 1.1배 이하의 압력에서 작동하는 것으로 할 것
> ㄴ. 옥내에 있는 상치장소는 벽·바닥·보·서까래 및 지붕이 내화구조 또는 난연재료로 된 건축물의 1층에 설치하여야 한다.
> ㄷ. 이동탱크저장소에 주입설비를 설치하는 경우에는 주입설비의 길이는 60m 이내로 하고, 분당 배출량은 200L 이하로 할 것
> ㄹ. 이동저장탱크는 그 내부에 4,000L 이하마다 1.6mm 이상의 강철판 또는 이와 동등 이상의 강도·내열성 및 내식성이 있는 금속성의 것으로 칸막이를 설치하여야 한다.

① ㄱ
② ㄱ, ㄴ
③ ㄱ, ㄴ, ㄷ
④ ㄴ, ㄷ, ㄹ

**해설** 이동탱크저장소의 위치, 구조 및 설비의 기준

이동탱크저장소의 안전장치의 작동압력(위험물법 시행규칙 별표 10)

| 상용압력 | 작동압력 |
|---|---|
| 20[kPa] 이하 | 20[kPa] 이상 24[kPa] 이하의 압력 |
| 20[kPa] 초과 | 상용압력의 1.1배 이하 |

[이동탱크저장소의 설치기준]
(1) 상치장소
  ㉠ 옥외에 있는 상치장소는 화기를 취급하는 장소 또는 인근의 건축물로부터 5[m] 이상(인근의 건축물이 1층인 경우에는 3[m] 이상)의 거리를 확보하여야 한다. 다만, 하천의 공지나 수면, 내화구조 또는 불연재료의 담 또는 벽 그 밖에 이와 유사한 것에 접하는 경우를 제외한다.
  ㉡ 옥내에 있는 상치장소는 벽·바닥·보·서까래 및 지붕이 내화구조 또는 불연재료로 된 건축물의 1층에 설치하여야 한다.
(2) 압력탱크(최대상용압력이 46.7[kPa] 이상인 탱크를 말한다) 외의 탱크는 70[kPa]의 압력으로, 압력탱크는 최대 상용압력의 1.5배의 압력으로 각각 10분간의 수압시험을 실시하여 새거나 변형되지 아니할 것. 이 경우 수압 시험은 용접부에 대한 비파괴시험과 기밀시험으로 대신할 수 있다.
(3) 이동저장탱크는 그 내부에 4,000[L] 이하마다 3.2[mm] 이상의 강철판 또는 이와 동등 이상의 강도·내열성 및 내식성이 있는 금속성의 것으로 칸막이를 설치하여야 한다.
(4) 표지 및 게시판
  ㉠ 이동탱크저장소에는 차량의 전면 및 후면의 보기 쉬운 곳에 사각형(한변의 길이가 0.6[m] 이상, 다른 한변의 길이가 0.3[m] 이상)의 흑색바탕에 황색의 반사도료 그 밖의 반사성이 있는 재료로 "위험물"이라고 표시한 표지를 설치하여야 한다.
  ㉡ 이동저장탱크의 뒷면 중 보기 쉬운 곳에는 당해 탱크에 저장 또는 취급하는 위험물의 유별·품명·최대수량 및 적재중량을 게시한 게시판을 설치하여야 한다. 이 경우 표시문자의 크기는 가로 40[mm], 세로 45[mm] 이상(여러 품명의 위험물을 혼재하는 경우에는 적재품명별 문자의 크기를 가로 20[mm] 이상, 세로 20[mm] 이상)으로 하여야 한다.
(5) 주입설비 길이 50[m] 이내 / 분당 토출량은 200[L] 이하로 할 것
(6) 방호틀은 두께 2.3[mm] 이상의 강철판 또는 이와 동등 이상의 기계적 성질이 있는 재료로써 산모양의 형상으로 하거나 이와 동등 이상의 강도가 있는 형상으로 할 것

**10** 위험물안전관리법령상 옥내저장소에 벤젠 20L 용기 200개와 포름산 200L 용기 20개를 저장하고 있다면, 이 저장소에는 지정수량 몇 배를 저장하고 있는가? (단, 용기에 가득 차 있다고 가정한다.)

① 12
② 21
③ 22
④ 26

**해설** 지정수량

벤젠 지정수량 배수 : $\dfrac{20L \times 200개}{200L} = 20$

포름산(개미산) 지정수량 배수 : $\dfrac{200L \times 20개}{2,000L} = 2$

∴ 따라서 22배

**11** 위험물안전관리법령상 판매취급소의 위치·구조 및 설비의 기준으로 옳지 않은 것은?

① 제1종 판매취급소는 건축물의 1층에 설치할 것
② 제1종 판매취급소의 위험물을 배합하는 실의 바닥면적은 5m² 이상 15m² 이하로 할 것
③ 제2종 판매취급소의 용도로 사용하는 부분은 벽·기둥·바닥 및 보를 내화구조로 할 것
④ 제2종 판매취급소의 용도로 사용하는 부분에 상층이 있는 경우에 있어서는 상층의 바닥을 내화구조로 하는 동시에 상층으로의 연소를 방지하기 위한 조치를 강구할 것

**해설** 판매취급소의 위치, 구조 및 설비의 기준

* 제1종 판매취급소 위치·구조 및 설비의 기준
저장 또는 취급하는 위험물의 수량이 지정수량의 20배 이하인 판매취급소
① 건축물의 1층에 설치할 것
② 게시판 및 표지판은 제조소에 준할 것
③ 건축물의 부분은 내화구조 또는 불연재료로 할 것
④ 판매취급소로 사용되는 부분과 다른 부분과의 격벽은 내화구조로 할 것
⑤ 건축물의 보를 불연재료로 하고 반자를 설치하는 경우에는 반자를 불연재료로 할 것
⑥ 상층이 있는 경우 상층의 바닥을 내화구조로 하고, 상층이 없는 경우 지붕을 내화구조 또는 불연재료로 할 것
⑦ 창 및 출입구에는 60분+ 방화문·60분 방화문 또는 30분 방화문을 설치할 것
⑧ 창 또는 출입구에 유리를 이용하는 경우에는 망입유리로 할 것
⑨ 위험물을 배합하는 실은 다음에 의할 것
  ㉠ 바닥면적은 6[m²] 이상 15[m²] 이하일 것
  ㉡ 내화구조로 된 벽으로 구획할 것(내화구조 또는 불연재료)
  ㉢ 바닥은 위험물이 침투하지 아니하는 구조로 하여 적당한 경사를 두고 집유설비를 할 것
  ㉣ 출입구에는 수시로 열 수 있는 자동폐쇄식의 60분+ 방화문 또는 60분 방화문을 설치할 것
  ㉤ 출입구 문턱의 높이는 바닥면으로부터 0.1[m] 이상으로 할 것
  ㉥ 내부에 체류한 가연성의 증기 또는 가연성의 미분을 지붕 위로 방출하는 설비를 할 것

* 제2종 판매취급소(지정수량의 40배 이하)
① 제2종 판매취급소의 용도로 사용하는 부분은 벽·기둥·바닥 및 보를 내화구조로 하고, 천장이 있는 경우에는 이를 불연재료로 하며, 판매취급소로 사용되는 부분과 다른 부분과의 격벽은 내화구조로 할 것
② 제2종 판매취급소의 용도로 사용하는 부분에 상층이 있는 경우에 있어서는 상층의 바닥을 내화구조로 하는 동시에 상층으로의 연소를 방지하기 위한 조치를 강구하고, 상층이 없는 경우에는 지붕을 내화구조로 할 것
③ 제2종 판매취급소의 용도로 사용하는 부분 중 연소의 우려가 없는 부분에 한하여 창을 두되, 당해 창에는 60분+ 방화문·60분 방화문 또는 30분 방화문을 설치할 것
④ 제2종 판매취급소의 용도로 사용하는 부분의 출입구에는 60분+ 방화문·60분 방화문 또는 30분 방화문을 설치할 것. 다만, 당해 부분 중 연소의 우려가 있는 벽 또는 창의 부분에 설치하는 출입구에는 수시로 열 수 있는 자동폐쇄식의 60분+ 방화문 또는 60분 방화문을 설치하여야 한다.

**12** 위험물안전관리법령상 소화설비 기준 중 소화난이도등급 I의 제조소 및 일반취급소에 설치하여야 하는 소화설비로 옳은 것을 모두 고른 것은?

ㄱ. 옥내소화전설비
ㄴ. 옥외소화전설비
ㄷ. 스프링클러설비

① ㄱ
② ㄱ, ㄴ
③ ㄴ, ㄷ
④ ㄱ, ㄴ, ㄷ

**해설** 소화난이도 등급 I에 해당하는 제조소에 설치하여야 하는 소화설비

| 제조소등의 구분 | 소화설비 |
| --- | --- |
| 제조소 및 일반취급소 | 옥내소화전설비, 옥외소화전설비, 스프링클러설비 또는 물분무등소화설비(화재발생 시 연기가 충만할 우려가 있는 장소에는 스프링클러설비 또는 이동식 외의 물분무등소화설비에 한한다) |

정답 11.② 12.④

## 07. 위험물의 시설기준

**13** 다음은 위험물안전관리법령상 옮겨 담는 일반취급소의 특례기준이다. ( )에 들어갈 알맞은 숫자로 옳은 것은? (단, 당해 일반취급소에 인접하여 연소의 우려가 있는 건축물은 없다.)

> 일반취급소의 주위에는 높이 ( )m 이상의 내화구조 또는 불연재료로 된 담 또는 벽을 설치하여야 한다.

① 1　　　　② 2
③ 3　　　　④ 4

**해설** 옮겨 담는 일반취급소의 특례기준
일반취급소의 주위에는 높이 2m 이상의 내화구조 또는 불연재료로 된 담 또는 벽을 설치하여야 한다.

정답 13.②

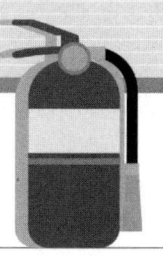

# 제23회 소방시설관리사 1차 필기 기출문제
### [제4과목 : 위험물의 시설기준]

**01** 위험물안전관리법령상 액체위험물을 취급하는 옥외설비의 바닥에 관한 기준으로 옳지 않은 것은?

① 바닥의 둘레에 높이 0.15m 이상의 턱을 설치한다.
② 바닥은 턱이 있는 쪽이 높게 경사지게 한다.
③ 바닥의 최저부에 집유설비를 한다.
④ 바닥은 콘크리트 등 위험물이 스며들지 않는 재료로 한다.

**해설** **옥외설비의 바닥**
옥외에서 액체위험물을 취급하는 설비의 바닥은 다음 각 호의 기준에 의하여야 한다.
1. 바닥의 둘레에 높이 0.15m 이상의 턱을 설치하는 등 위험물이 외부로 흘러나가지 아니하도록 하여야 한다.
2. 바닥은 콘크리트 등 위험물이 스며들지 아니하는 재료로 하고, 제1호의 턱이 있는 쪽이 낮게 경사지게 하여야 한다.
3. 바닥의 최저부에 집유설비를 하여야 한다.
4. 위험물(온도 20℃의 물 100g에 용해되는 양이 1g 미만인 것에 한한다)을 취급하는 설비에 있어서는 당해 위험물이 직접 배수구에 흘러들어가지 아니하도록 집유설비에 유분리장치를 설치하여야 한다.

**02** 위험물안전관리법령상 위험물을 취급하는 건축물에 설치하는 환기설비의 설치기준으로 옳은 것을 모두 고른 것은? (단, 배출설비는 설치되어 있지 않다.)

> ㄱ. 환기는 강제배기방식으로 한다.
> ㄴ. 급기구는 높은 곳에 설치한다.
> ㄷ. 급기구는 가는 눈의 구리망 등으로 인화방지망을 설치한다.
> ㄹ. 급기구가 설치된 실의 바닥면적이 80m²인 경우 급기구의 면적은 300cm² 이상으로 한다.

① ㄱ, ㄷ
② ㄴ, ㄹ
③ ㄷ, ㄹ
④ ㄴ, ㄷ, ㄹ

**해설** 환기설비는 다음의 기준에 의할 것
1) 환기는 자연배기방식으로 할 것
2) 급기구는 당해 급기구가 설치된 실의 바닥면적 150m²마다 1개 이상으로 하되, 급기구의 크기는 800cm² 이상으로 할 것. 다만 바닥면적이 150m² 미만인 경우에는 다음의 크기로 하여야 한다.

| 바닥면적 | 급기구의 면적 |
|---|---|
| 60m² 미만 | 150cm² 이상 |
| 60m² 이상 90m² 미만 | 300cm² 이상 |
| 90m² 이상 120m² 미만 | 450cm² 이상 |
| 120m² 이상 150m² 미만 | 600cm² 이상 |

3) 급기구는 낮은 곳에 설치하고 가는 눈의 구리망 등으로 인화방지망을 설치할 것
4) 환기구는 지붕위 또는 지상 2m 이상의 높이에 회전식 고정벤티레이터 또는 루프팬 방식(roof fan : 지붕에 설치하는 배기장치)으로 설치할 것

**03** 제5류 위험물 중 나이트로화합물에 속하는 것은?

① 피크린산
② 나이트로셀룰로오스
③ 나이트로글리콜
④ 황산하이드라진

**해설** ■ **위험물안전관리법 시행령 [별표 1] 〈개정 2024. 4. 30.〉**
위험물 및 지정수량(제2조 및 제3조관련)

| 위험물 | | | 지정수량 |
|---|---|---|---|
| 유별 | 성질 | 품명 | |
| 제1류 | 산화성 고체 | 1. 아염소산염류 | 50킬로그램 |
| | | 2. 염소산염류 | 50킬로그램 |
| | | 3. 과염소산염류 | 50킬로그램 |
| | | 4. 무기과산화물 | 50킬로그램 |
| | | 5. 브로민산염류 | 300킬로그램 |

정답 01.② 02.③ 03.①

## 07. 위험물의 시설기준

| | | | |
|---|---|---|---|
| | | 6. 질산염류 | 300킬로그램 |
| | | 7. 아이오딘산염류 | 300킬로그램 |
| | | 8. 과망가니즈산염류 | 1,000킬로그램 |
| | | 9. 다이크로뮴산염류 | 1,000킬로그램 |
| | | 10. 그 밖에 행정안전부령으로 정하는 것<br>11. 제1호부터 제10호까지의 어느 하나에 해당하는 위험물을 하나 이상 함유한 것 | 50킬로그램,<br>300킬로그램<br>또는<br>1,000킬로그램 |
| 제2류 | 가연성<br>고체 | 1. 황화인 | 100킬로그램 |
| | | 2. 적린 | 100킬로그램 |
| | | 3. 황 | 100킬로그램 |
| | | 4. 철분 | 500킬로그램 |
| | | 5. 금속분 | 500킬로그램 |
| | | 6. 마그네슘 | 500킬로그램 |
| | | 7. 그 밖에 행정안전부령으로 정하는 것<br>8. 제1호부터 제7호까지의 어느 하나에 해당하는 위험물을 하나 이상 함유한 것 | 100킬로그램<br>또는<br>500킬로그램 |
| | | 9. 인화성고체 | 1,000킬로그램 |
| 제3류 | 자연<br>발화성<br>물질<br>및<br>금수성<br>물질 | 1. 칼륨 | 10킬로그램 |
| | | 2. 나트륨 | 10킬로그램 |
| | | 3. 알킬알루미늄 | 10킬로그램 |
| | | 4. 알킬리튬 | 10킬로그램 |
| | | 5. 황린 | 20킬로그램 |
| | | 6. 알칼리금속(칼륨 및 나트륨을 제외한다) 및 알칼리토금속 | 50킬로그램 |
| | | 7. 유기금속화합물(알킬알루미늄 및 알킬리튬을 제외한다) | 50킬로그램 |
| | | 8. 금속의 수소화물 | 300킬로그램 |
| | | 9. 금속의 인화물 | 300킬로그램 |
| | | 10. 칼슘 또는 알루미늄의 탄화물 | 300킬로그램 |
| | | 11. 그 밖에 행정안전부령으로 정하는 것<br>12. 제1호 내지 제11호의 1에 해당하는 어느 하나 이상을 함유한 것 | 10킬로그램,<br>20킬로그램,<br>50킬로그램<br>또는<br>300킬로그램 |
| 제4류 | 인화성<br>액체 | 1. 특수인화물 | 50리터 |
| | | 2. 제1석유류 비수용성액체 | 200리터 |
| | | 수용성액체 | 400리터 |
| | | 3. 알코올류 | 400리터 |
| | | 4. 제2석유류 비수용성액체 | 1,000리터 |
| | | 수용성액체 | 2,000리터 |
| | | 5. 제3석유류 비수용성액체 | 2,000리터 |
| | | 수용성액체 | 4,000리터 |
| | | 6. 제4석유류 | 6,000리터 |
| | | 7. 동식물유류 | 10,000리터 |
| 제5류 | 자기<br>반응성<br>물질 | 1. 유기과산화물 | 제1종:<br>10킬로그램<br>제2종:<br>100킬로그램 |
| | | 2. 질산에스터류 | |
| | | 3. 나이트로화합물 | |
| | | 4. 나이트로소화합물 | |
| | | 5. 아조화합물 | |
| | | 6. 다이아조화합물 | |
| | | 7. 하이드라진 유도체 | |
| | | 8. 하이드록실아민 | |
| | | 9. 하이드록실아민염류 | |
| | | 10. 그 밖에 행정안전부령으로 정하는 것 | |
| | | 11. 제1호부터 제10호까지의 어느 하나에 해당하는 위험물을 하나 이상 함유한 것 | |
| 제6류 | 산화성<br>액체 | 1. 과염소산 | 300킬로그램 |
| | | 2. 과산화수소 | 300킬로그램 |
| | | 3. 질산 | 300킬로그램 |
| | | 4. 그 밖에 행정안전부령으로 정하는 것 | 300킬로그램 |
| | | 5. 제1호 내지 제4호의 1에 해당하는 어느 하나 이상을 함유한 것 | 300킬로그램 |

**04** 위험물안전관리법령상 위험물을 취급하는 건축물의 지붕(작업공정상 제조기계시설등이 2층 이상에 연결되어 설치된 경우에는 최상층의 지붕을 말한다)을 내화구조로 할 수 있는 건축물로 옳은 것은?

① 제4석유류를 취급하는 건축물
② 질산염류를 취급하는 건축물
③ 알킬알루미늄을 취급하는 건축물
④ 하이드록실아민을 취급하는 건축물

정답 04.①

**해설** 지붕(작업공정상 제조기계시설 등이 2층 이상에 연결되어 설치된 경우에는 최상층의 지붕을 말한다)은 폭발력이 위로 방출될 정도의 가벼운 불연재료로 덮어야 한다. 다만, 위험물을 취급하는 건축물이 다음 각목의 1에 해당하는 경우에는 그 지붕을 내화구조로 할 수 있다.
가. 제2류 위험물(분말상태의 것과 인화성고체를 제외한다), 제4류 위험물 중 제4석유류·동식물유류 또는 제6류 위험물을 취급하는 건축물인 경우
나. 다음의 기준에 적합한 밀폐형 구조의 건축물인 경우
  1) 발생할 수 있는 내부의 과압(過壓) 또는 부압(負壓)에 견딜 수 있는 철근콘크리트조일 것
  2) 외부화재에 90분 이상 견딜 수 있는 구조일 것

**05** 위험물안전관리법령상 위험물제조소에 설치한 소화설비의 용량과 능력단위의 연결로 옳지 않은 것은?

① 마른 모래(삽 1개 포함) : 50L - 0.5
② 팽창진주암(삽 1개 포함) : 160L - 1.0
③ 소화전용물통 : 8L - 0.3
④ 수조(소화전용물통 3개 포함) : 80L - 2.5

**해설**

| 소화설비 | 용량 | 능력단위 |
|---|---|---|
| 소화전용(轉用)물통 | 8ℓ | 0.3 |
| 수조(소화전용물통 3개 포함) | 80ℓ | 1.5 |
| 수조(소화전용물통 6개 포함) | 190ℓ | 2.5 |
| 마른 모래(삽 1개 포함) | 50ℓ | 0.5 |
| 팽창질석 또는 팽창진주암 (삽 1개 포함) | 160ℓ | 1.0 |

**06** 위험물안전관리법령상 제3석유류를 취급하는 설비가 집중되어 있는 위험물 취급장소의 살수기준면적이 300m²인 경우 스프링클러설비가 소화 적응성이 있기 위한 최소방사량(L/분)으로 옳은 것은? (단, 위험물의 취급을 주된 작업으로 한다.)

① 2,940
② 3,540
③ 4,650
④ 4,890

**해설**

| 살수기준 면적(m²) | 방사밀도(ℓ/m²분) | | 비고 |
|---|---|---|---|
| | 인화점 38℃ 미만 | 인화점 38℃ 이상 | |
| 279 미만 | 16.3 이상 | 12.2 이상 | 살수기준면적은 내화구조의 벽 및 바닥으로 구획된 하나의 실의 바닥면적을 말하고, 하나의 실의 바닥면적이 465m² 이상인 경우의 살수기준면적은 465m²로 한다. 다만, 위험물의 취급을 주된 작업내용으로 하지 아니하고 소량의 위험물을 취급하는 설비 또는 부분이 넓게 분산되어 있는 경우에는 방사밀도는 8.2ℓ/m²분 이상, 살수기준 면적은 279m² 이상으로 할 수 있다. |
| 279 이상 ~ 372 미만 | 15.5 이상 | 11.8 이상 | |
| 372 이상 ~ 465 미만 | 13.9 이상 | 9.8 이상 | |
| 465 이상 | 12.2 이상 | 8.1 이상 | |

$300 m^2 \times 11.8 l/m^2 \cdot \min = 3,540 l/\min$

**07** 위험물 제조소등의 옥외에서 액체위험물을 취급하는 설비의 집유설비에 유분리장치를 설치하지 않아도 되는 위험물을 모두 고른 것은?

ㄱ. 아세톤　　ㄴ. 아세트산
ㄷ. 아세트알데히드

① ㄱ
② ㄴ
③ ㄴ, ㄷ
④ ㄱ, ㄴ, ㄷ

**해설** 제1석유류 또는 알코올류를 저장 또는 취급하는 장소의 주위에는 배수구 및 집유설비를 설치하여야 한다. 이 경우 제1석유류(온도 20℃의 물 100g에 용해되는 양이 1g 미만인 것에 한한다)를 저장 또는 취급하는 장소에 있어서는 집유설비에 유분리장치를 설치하여야 한다.

**08** 제조소등에서 저장·취급하는 위험물 유별 주의사항을 표시한 게시판으로 옳게 연결된 것은?

① 제4류, 제5류 - 화기엄금 - 적색바탕, 백색문자
② 제2류 - 화기주의 - 적색바탕, 황색문자
③ 제3류 - 물기주의 - 청색바탕, 백색문자
④ 제1류, 제6류 - 물기엄금 - 백색바탕, 적색문자

**정답** 05.④ 06.② 07.④ 08.①

해설 제조소에는 보기 쉬운 곳에 다음 각목의 기준에 따라 방화에 관하여 필요한 사항을 게시한 게시판을 설치하여야 한다.
가. 게시판은 한변의 길이가 0.3m 이상, 다른 한변의 길이가 0.6m 이상인 직사각형으로 할 것
나. 게시판에는 저장 또는 취급하는 위험물의 유별·품명 및 저장최대수량 또는 취급최대수량, 지정수량의 배수 및 안전관리자의 성명 또는 직명을 기재할 것
다. 나목의 게시판의 바탕은 백색으로, 문자는 흑색으로 할 것
라. 나목의 게시판 외에 저장 또는 취급하는 위험물에 따라 다음의 규정에 의한 주의사항을 표시한 게시판을 설치할 것
  1) 제1류 위험물 중 알칼리금속의 과산화물과 이를 함유한 것 또는 제3류 위험물 중 금수성물질에 있어서는 "물기엄금"
  2) 제2류 위험물(인화성고체를 제외한다)에 있어서는 "화기주의"
  3) 제2류 위험물 중 인화성고체, 제3류 위험물 중 자연발화성물질, 제4류 위험물 또는 제5류 위험물에 있어서는 "화기엄금"
마. 라목의 게시판의 색은 "물기엄금"을 표시하는 것에 있어서는 청색바탕에 백색문자로, "화기주의" 또는 "화기엄금"을 표시하는 것에 있어서는 적색바탕에 백색문자로 할 것

**09** 이동탱크저장소의 시설기준으로 옳지 않은 것은?

① 옥내에 있는 상치장소는 지붕이 내화구조 또는 불연재료로 된 건축물의 1층에 설치하여야 한다.
② 이동저장탱크는 그 내부에 4,000L 이하마다 3.2mm 이상의 강철판으로 칸막이를 설치하여야 한다.
③ 제4류 위험물 중 알코올류, 제1석유류 또는 제2석유류의 이동탱크저장소에는 접지도선을 설치하여야 한다.
④ 이동저장탱크에 설치하는 안전장치는 상용압력이 20kPa를 초과하는 탱크에 있어서는 상용압력의 1.1배 이하의 압력에서 작동하도록 하여야 한다.

해설 접지도선
제4류 위험물중 특수인화물, 제1석유류 또는 제2석유류의 이동탱크저장소에는 다음의 각호의 기준에 의하여 접지도선을 설치하여야 한다.
1. 양도체(良導體)의 도선에 비닐 등의 전열(電熱)차단재료로 피복하여 끝부분에 접지전극등을 결착시킬 수 있는 클립(clip) 등을 부착할 것
2. 도선이 손상되지 아니하도록 도선을 수납할 수 있는 장치를 부착할 것

**10** 알킬리튬을 취급하는 옥외탱크저장소 설치기준에 관한 설명으로 옳지 않은 것은?

① 옥외저장탱크의 주위에는 누설범위를 국한하기 위한 설비를 설치하여야 한다.
② 옥외저장탱크에는 냉각장치 또는 수증기 봉입장치를 설치하여야 한다.
③ 옥외저장탱크에는 헬륨, 네온 등 불활성 기체를 봉입하는 장치를 설치하여야 한다.
④ 누설된 알킬리튬을 안전한 장소에 설치된 조에 이끌어 들일 수 있는 설비를 설치하여야 한다.

해설 알킬알루미늄등, 아세트알데히드등 및 하이드록실아민등을 저장 또는 취급하는 옥외탱크저장소는 Ⅰ 내지 Ⅸ에 의하는 외에 당해 위험물의 성질에 따라 다음 각호에 정하는 기준에 의하여야 한다.
1. 알킬알루미늄등의 옥외탱크저장소
  가. 옥외저장탱크의 주위에는 누설범위를 국한하기 위한 설비 및 누설된 알킬알루미늄등을 안전한 장소에 설치된 조에 이끌어 들일 수 있는 설비를 설치할 것
  나. 옥외저장탱크에는 불활성의 기체를 봉입하는 장치를 설치할 것
2. 아세트알데히드등의 옥외탱크저장소
  가. 옥외저장탱크의 설비는 동·마그네슘·은·수은 또는 이들을 성분으로 하는 합금으로 만들지 아니할 것
  나. 옥외저장탱크에는 냉각장치 또는 보냉장치, 그리고 연소성 혼합기체의 생성에 의한 폭발을 방지하기 위한 불활성의 기체를 봉입하는 장치를 설치할 것

3. 하이드록실아민등의 옥외탱크저장소
   가. 옥외탱크저장소에는 하이드록실아민등의 온도의 상승에 의한 위험한 반응을 방지하기 위한 조치를 강구할 것
   나. 옥외탱크저장소에는 철이온 등의 혼입에 의한 위험한 반응을 방지하기 위한 조치를 강구할 것

**11** 경유 1,000kL를 하나의 옥외저장탱크에 저장할 때, 지정수량의 배수와 보유공지의 너비로 옳은 것은?

① 100배, 3m 이상
② 1,000배, 5m 이상
③ 1,500배, 9m 이상
④ 2,000배, 12m 이상

**해설** 경유 1000kL = 1,000,000L

지정수량 배수 = $\frac{1,000,000l}{1,000l/1배}$ = 1,000배

보유공지의 너비 : 5m 이상

| 저장 또는 취급하는 위험물의 최대수량 | 공지의 너비 |
|---|---|
| 지정수량의 500배 이하 | 3m 이상 |
| 지정수량의 500배 초과 1,000배 이하 | 5m 이상 |
| 지정수량의 1,000배 초과 2,000배 이하 | 9m 이상 |
| 지정수량의 2,000배 초과 3,000배 이하 | 12m 이상 |
| 지정수량의 3,000배 초과 4,000배 이하 | 15m 이상 |
| 지정수량의 4,000배 초과 | 당해 탱크의 수평단면의 최대지름(가로형인 경우에는 긴 변)과 높이 중 큰 것과 같은 거리 이상. 다만, 30m 초과의 경우에는 30m 이상으로 할 수 있고, 15m 미만의 경우에는 15m 이상으로 하여야 한다. |

**12** 주유취급소의 고정주유설비 주위에 주유를 받으려는 자동차 등이 출입할 수 있도록 보유하여야 하는 주유공지의 너비와 길이 기준으로 옳은 것은?

① 너비 10m 이상, 길이 4m 이상
② 너비 10m 이상, 길이 6m 이상
③ 너비 15m 이상, 길이 4m 이상
④ 너비 15m 이상, 길이 6m 이상

**해설** 주유취급소의 고정주유설비[펌프기기 및 호스기기로 되어 위험물을 자동차등에 직접 주유하기 위한 설비로서 현수식(매닮식)의 것을 포함한다. 이하 같다]의 주위에는 주유를 받으려는 자동차 등이 출입할 수 있도록 너비 15m 이상, 길이 6m 이상의 콘크리트 등으로 포장한 공지(이하 "주유공지"라 한다)를 보유하여야 하고, 고정급유설비(펌프기기 및 호스기기로 되어 위험물을 용기에 옮겨 담거나 이동저장탱크에 주입하기 위한 설비로서 현수식의 것을 포함한다. 이하 같다)를 설치하는 경우에는 고정급유설비의 호스기기의 주위에 필요한 공지(이하 "급유공지"라 한다)를 보유하여야 한다.

**13** 위험물안전관리법령상 위험물을 취급하는 건축물에 설치하는 배출설비의 설치기준으로 옳지 않은 것은?

① 배풍기는 강제배기방식으로 한다.
② 배출능력은 1시간당 배출장소 용적의 20배 이상인 것으로 한다.
③ 배출구는 지상 2m 이상으로서 연소의 우려가 없는 장소에 설치한다.
④ 위험물취급설비가 배관이음 등으로만 된 경우에는 국소방식으로만 해야 한다.

**해설** 배출설비는 국소방식으로 하여야 한다. 다만, 다음 각목의 1에 해당하는 경우에는 전역방식으로 할 수 있다.
가. 위험물취급설비가 배관이음 등으로만 된 경우
나. 건축물의 구조·작업장소의 분포 등의 조건에 의하여 전역방식이 유효한 경우

정답 11.② 12.④ 13.④

# 제22회 소방시설관리사 1차 필기 기출문제
[제4과목 : 위험물의 시설기준]

**01** 위험물안전관리법령상 제조소에 설치하는 배출설비의 배출능력 기준은? (단, 배출설비는 국소방식이다)

① 1시간당 배출장소 용적의 10배 이상
② 1시간당 배출장소 용적의 15배 이상
③ 1시간당 배출장소 용적의 20배 이상
④ 1시간당 배출장소 용적의 25배 이상

**해설** 배출설비의 설치 기준(위험물법 시행규칙 별표 4)
(1) 배출설비 : 국소방식

> 전역방출방식으로 할 수 있는 경우
> ① 위험물취급설비가 배관이음 등으로만 된 경우
> ② 건축물의 구조·작업장소의 분포 등의 조건에 의하여 전역방식이 유효한 경우

(2) 배출설비는 배풍기·배출닥트·후드 등을 이용하여 강제적으로 배출하는 것으로 할 것
(3) 배출능력은 1시간당 배출장소 용적의 20배 이상인 것으로 할 것(전역방식의 경우 : 바닥면적 1[m²]당 18[m³] 이상)
(4) 급기구는 높은 곳에 설치하고, 가는 눈의 구리망 등으로 인화방지망을 설치할 것
(5) 배출구는 지상 2[m] 이상으로서 연소의 우려가 없는 장소에 설치하고, 배출닥트가 관통하는 벽부분의 바로 가까이에 화재시 자동으로 폐쇄되는 방화댐퍼를 설치할 것
(6) 배풍기 : 강제배기방식

**02** 위험물안전관리법령상 제조소등에 설치하는 옥외소화전 설비에 관한 기준이다. ( )에 들어갈 내용으로 옳은 것은?

> 옥외소화전설비는 모든 옥외소화전(설치개수가 4개 이상인 경우는 4개의 옥외소화전)을 동시에 사용할 경우에 각 노즐끝부분의 방수압력이 ( ㄱ )[kPa] 이상이고, 방수량이 1분당 ( ㄴ )[L] 이상의 성능이 되도록 할 것

① ㄱ : 100, ㄴ : 80
② ㄱ : 100, ㄴ : 260
③ ㄱ : 170, ㄴ : 350
④ ㄱ : 350, ㄴ : 450

**해설** 일반건축물과 위험물제조소등의 비교

| 종류 | 항목 | 방수량 | 방수압력 | 토출량 | 수원 | 비상전원 |
|---|---|---|---|---|---|---|
| 옥내소화전설비 | 일반건축물 | 130 [L/min] | 0.17 [MPa] | N(최대 2개) × 130[L/min] | N(최대 2개) × 2.6[m³] (130[L/min] × 20[min]) | 20분 |
| | 위험물제조소 등 | 260 [L/min] | 0.35 [MPa] | N(최대5개) × 260[L/min] | N(최대 5개) × 7.8[m³] (260[L/min] × 30[min]) | 45분 |
| 옥외소화전설비 | 일반건축물 | 350 [L/min] | 0.25 [MPa] | N(최대 2개) × 350[L/min] | N(최대 2개) × 7[m³] (350[L/min] × 20[min]) | - |
| | 위험물제조소 등 | 450 [L/min] | 0.35 [MPa] | N(최대 4개) × 450[L/min] | N(최대 4개) × 13.5[m³] (450[L/min] × 30[min]) | 45분 |
| 스프링클러설비 | 일반건축물 | 80 [L/min] | 0.1 [MPa] | N × 80[L/min] | 헤드수 × 1.6[m³] (80[L/min] × 20[min]) | 20분 |
| | 위험물제조소 등 | 80 [L/min] | 0.1 [MPa] | N × 80[L/min] | 헤드수 × 2.4[m³] (80[L/min] × 30[min]) | 45분 |

정답 01.③ 02.④

**03** 위험물안전관리법령상 제5류 위험물을 취급하는 위험물제조소에 설치하여야 하는 게시판의 주의사항으로 옳은 것은?

① 화기엄금
② 화기주의
③ 물기엄금
④ 물기주의

**해설** 제조소 등의 주의사항

| 위험물의 종류 | 주의사항 | 게시판의 색상 |
|---|---|---|
| 제1류 위험물 중 알칼리금속의 과산화물<br>제3류 위험물 중 금수성 물질 | 물기엄금 | 청색바탕에 백색문자 |
| 제2류 위험물(인화성 고체는 제외) | 화기주의 | 적색바탕에 백색문자 |
| 제2류 위험물 중 인화성 고체<br>제3류 위험물 중 자연발화성 물질<br>제4류 위험물<br>제5류 위험물 | 화기엄금 | 적색바탕에 백색문자 |
| 알칼리금속의 과산화물 외의<br>제1류 위험물<br>제6류 위험물 | 주의사항 규정이 없음 | |

**04** 위험물안전관리법령상 소화설비, 경보설비 및 피난설비의 기준에서 용량 190[L]인 수조(소화전용 물통 6개 포함)의 능력단위는?

① 1.0[L]
② 1.5[L]
③ 2.5[L]
④ 3.0[L]

**해설** 소화설비의 능력단위

| 소화설비 | 용량 | 능력단위 |
|---|---|---|
| 소화전용(轉用) 물통 | 8[L] | 0.3 |
| 수조(소화전용 물통 3개 포함) | 80[L] | 1.5 |
| 수조(소화전용 물통 6개 포함) | 190[L] | 2.5 |
| 마른모래(삽 1개 포함) | 50[L] | 0.5 |
| 팽창질석 또는 팽창진주암(삽 1개 포함) | 160[L] | 1.0 |

**05** 위험물안전관리법령상 제조소의 위치·구조 및 설비의 환기설비 기준에서 급기구가 설치된 실의 바닥면적이 60[m²]일 경우 급기구의 면적기준은?

① 150[cm²] 이상
② 300[cm²] 이상
③ 450[cm²] 이상
④ 600[cm²] 이상

**해설** 환기설비
㉠ 환기 : 자연배기방식
㉡ 급기구는 당해 급기구가 설치된 실의 바닥면적 150[m²] 마다 1개 이상으로 하되 급기구의 크기는 800[cm²] 이상으로 할 것. 다만 바닥면적 150[m²] 미만인 경우에는 다음의 크기로 할 것

| 바닥면적 | 급기구의 면적 |
|---|---|
| 60[m²] 미만 | 150[cm²] 이상 |
| 60[m²] 이상 ~ 90[m²] 미만 | 300[cm²] 이상 |
| 90[m²] 이상 ~ 120[m²] 미만 | 450[cm²] 이상 |
| 120[m²] 이상 ~ 150[m²] 미만 | 600[cm²] 이상 |

㉢ 급기구는 낮은 곳에 설치하고 가는 눈의 구리망으로 인화 방지망을 설치할 것
㉣ 환기구는 지붕위 또는 지상 2[m] 이상의 높이에 회전식 고정식벤틸레이터 또는 루프팬방식으로 설치할 것

**06** 위험물안전관리법령상 하이드록실아민등을 취급하는 제조소의 특례에서 제조소 주위에 설치하는 담 또는 토제(土堤)의 설치기준으로 옳지 않은 것은?

① 담은 두께 10[cm] 이상의 철근콘크리트조·철골철근콘크리트조로 할 것
② 담은 두께 20[cm] 이상의 보강콘크리트블록조로 할 것
③ 담 또는 토제는 당해 제조소의 외벽 또는 이에 상당하는 공작물의 외측으로부터 2[m] 이상 떨어진 장소에 설치할 것
④ 토제의 경사면의 경사도는 60도 미만으로 할 것

**해설** 제조소의 주위에는 다음에 정하는 기준에 적합한 담 또는 토제(土堤)를 설치할 것
㉠ 담 또는 토제는 당해 제조소의 외벽 또는 이에 상당하는 공작물의 외측으로부터 2[m] 이상 떨어진 장소에 설치할 것

정답 03.① 04.③ 05.② 06.①

ⓒ 담 또는 토제의 높이는 당해 제조소에 있어서 하이드록실아민 등을 취급하는 부분의 높이 이상으로 할 것
ⓒ 담은 두께 15[cm] 이상 철근콘크리트조·철골철근콘크리트조 또는 두께 20[cm] 이상의 보강콘크리트블록조로 할 것
ⓔ 토제의 경사면의 경사도는 60도 미만으로 할 것

**07** 위험물안전관리법령상 소화설비, 경보설비 및 피난설비의 기준에서 연면적이 300[m²]인 위험물제조소의 소요단위는? (단, 제조소의 건축물 외벽은 내화구조가 아니다)

① 3  ② 4
③ 5  ④ 6

**해설** $300m^2 \div 50m^2/1단위 = 6단위$

[소요단위의 계산방법]
(1) 제조소 또는 취급소의 건축물
  ① 외벽이 내화구조 : 연면적 100[m²]를 1소요단위
  ② 외벽이 내화구조가 아닌 것 : 연면적 50[m²]를 1소요단위
(2) 저장소의 건축물
  ① 외벽이 내화구조 : 연면적 150[m²]를 1소요단위
  ② 외벽이 내화구조가 아닌 것 : 연면적 75[m²]를 1소요단위
(3) 위험물은 지정수량의 10배 : 1소요단위

**08** 위험물안전관리법령상 제조소의 위치·구조 및 설비의 기준에서 위험물을 취급하는 건축물의 지붕(작업공정상 제조기계시설 등이 2층 이상에 연결되어 설치된 경우에는 최상층의 지붕을 말한다)을 내화구조로 할 수 있는 건축물을 모두 고른 것은?

ㄱ. 제6류 위험물을 취급하는 건축물
ㄴ. 제4류 위험물 중 제4석유류·동식물유류를 취급하는 건축물
ㄷ. 외부화재에 60분 이상 견딜 수 있는 밀폐형 구조의 건축물

① ㄱ, ㄴ  ② ㄱ, ㄷ
③ ㄴ, ㄷ  ④ ㄱ, ㄴ, ㄷ

**해설** 위험물을 취급하는 제조소 건축물의 지붕을 내화구조로 할 수 있는 경우

지붕(작업공정상 제조기계시설 등이 2층 이상에 연결되어 설치된 경우에는 최상층의 지붕을 말한다)은 폭발력이 위로 방출될 정도의 가벼운 불연재료로 덮어야 한다. 다만, 위험물을 취급하는 건축물이 다음 각목의 1에 해당하는 경우에는 그 지붕을 내화구조로 할 수 있다.
  가. 제2류 위험물(분상의 것과 인화성고체를 제외한다), 제4류 위험물 중 제4석유류·동식물유류 또는 제6류 위험물을 취급하는 건축물인 경우
  나. 다음의 기준에 적합한 밀폐형 구조의 건축물인 경우
    1) 발생할 수 있는 내부의 과압(過壓) 또는 부압(負壓)에 견딜 수 있는 철근콘크리트조일 것
    2) 외부화재에 90분 이상 견딜 수 있는 구조일 것

**09** 위험물안전관리법령상 소화설비, 경보설비 및 피난설비의 기준에서 소화난이도등급 Ⅰ의 주유취급소 중 건축물에 한정하여 설치하는 소화설비는?

① 옥내소화전설비
② 옥외소화전설비
③ 스프링클러설비
④ 연결송수관설비

**해설** 소화난이도등급 Ⅰ의 제조소등에 설치하여야 하는 소화설비

| 제조소등의 구분 | 소화설비 |
|---|---|
| 제조소 및 일반취급소 | 옥내소화전설비, 옥외소화전설비, 스프링클러설비 또는 물분무등 소화설비(화재발생시 연기가 충만할 우려가 있는 장소에는 스프링클러설비 또는 이동식 외의 물분무등 소화설비에 한한다)<br>주유취급소 : 스프링클러설비(건축물에 한정한다), 소형수동식 소화기 등(능력단위의 수치가 건축물, 그 밖의 공작물 및 위험물의 소요단위의 수치에 이르도록 설치할 것) |
| 옥내저장소 - 처마높이가 6[m] 이상인 단층건물 또는 다른 용도의 부분이 있는 건축물에 설치한 옥내저장소 | 스프링클러설비 또는 이동식 외의 물분무등소화설비 |
| 옥내저장소 - 그 밖의 것 | 옥외소화전설비, 스프링클러설비, 이동식 외의 물분무등소화설비 또는 이동식 포소화설비(포소화전을 옥외에 설치하는 것에 한한다) |

정답 07.④ 08.① 09.③

| | | | |
|---|---|---|---|
| 옥외 탱크 저장소 | 지중탱크 또는 해상탱크 외의 것 | 황을 저장취급하는 것 | 물분무소화설비 |
| | | 인화점 70[℃] 이상의 제4류 위험물만을 저장취급하는 것 | 물분무소화설비 또는 고정식 포소화설비 |
| | | 그 밖의 것 | 고정식 포소화설비(포소화설비가 적응성이 없는 경우에는 분말소화설비) |
| | 지중탱크 | | 고정식 포소화설비, 이동식 이외의 이산화탄소소화설비 또는 이동식 이외의 할로겐화물소화설비 |
| | 해상탱크 | | 고정식 포소화설비, 물분무소화설비, 이동식 이외의 이산화탄소소화설비 또는 이동식 이외의 할로겐화물 소화설비 |
| 옥내 탱크 저장소 | | 황을 저장 취급하는 것 | 물분무소화설비 |
| | | 인화점 70[℃] 이상의 제4류 위험물만을 저장 취급하는 것 | 물분무소화설비, 고정식 포소화설비, 이동식 이외의 이산화탄소소화설비, 이동식 이외의 할로겐화합물소화설비 또는 이동식 이외의 분말소화설비 |
| | | 그 밖의 것 | 고정식 포소화설비, 이동식 이외의 이산화탄소소화설비, 이동식 이외의 할론겐화합물소화설비 또는 이동식 이외의 분말소화설비 |
| 옥외저장소 및 이송취급소 | | | 옥내소화전설비, 옥외소화전설비, 스프링클러설비 또는 물분무등소화설비(화재발생시 연기가 충만할 우려가 있는 장소에는 스프링클러설비 또는 이동식 이외의 물분무등 소화설비에 한한다) |
| 암반 탱크 저장소 | | 황을 저장 취급하는 것 | 물분무소화설비 |
| | | 인화점 70[℃] 이상의 제4류 위험물만을 저장 취급하는 것 | 물분무소화설비 또는 고정식 포소화설비 |
| | | 그 밖의 것 | 고정식 포소화설비(포소화설비가 적응성이 없는 경우에는 분말소화설비) |

**10** 위험물안전관리법령상 제4류 위험물 중 이동탱크저장소에 저장하는 경우 접지도선을 설치하여야 하는 것으로 명시되어 있지 않은 것은?

① 특수인화물　　② 제1석유류
③ 제2석유류　　④ 제3석유류

**해설** **이동탱크저장소의 기준**
제4류 위험물 중 특수인화물, 제1석유류 또는 제2석유류의 이동탱크저장소에는 정해진 기준에 의하여 접지도선을 설치할 것

**11** 위험물안전관리법령상 이동탱크저장소의 이동저장탱크에 설치하는 안전장치 및 방파판의 기준으로 옳지 않은 것은?

① 하나의 구획부분에 2개 이상의 방파판을 이동탱크저장소의 진행방향과 수직으로 설치하되, 각 방파판은 그 높이 및 칸막이로부터의 거리를 같게 할 것
② 방파판은 두께 1.6[mm] 이상의 강철판 또는 이와 동등 이상의 강도·내열성 및 내식성이 있는 금속성의 것으로 할 것
③ 상용압력이 20[kPa] 이하인 탱크에 있어서는 20[kPa] 이상 24[kPa] 이하의 압력에서 안전장치가 작동하는 것으로 할 것
④ 상용압력이 20[kPa]를 초과하는 탱크에 있어서는 상용압력의 1.1배 이하의 압력에서 안전장치가 작동하는 것으로 할 것

**해설** **방파판**
1) 두께 1.6[mm] 이상의 강철판 또는 이와 동등 이상의 강도·내열성 및 내식성이 있는 금속성의 것으로 할 것
2) 하나의 구획부분에 2개 이상의 방파판을 이동탱크저장소의 진행방향과 평행으로 설치하되, 각 방파판은 그 높이 및 칸막이로부터의 거리를 다르게 할 것
3) 하나의 구획부분에 설치하는 각 방파판의 면적의 합계는 당해 구획부분의 최대 수직단면적의 50[%] 이상으로 할 것. 다만, 수직단면이 원형이거나 짧은 지름이 1[m] 이하의 타원형일 경우에는 40[%] 이상으로 할 수 있다.

**12** 위험물안전관리법령상 주유취급소의 위치·구조 및 설비의 기준에서 이동저장 탱크에 주입하기 위한 고정급유설비의 펌프기기가 분당 배출량이 200[L] 이상인 경우, 주유설비에 관계된 모든 배관의 안지름[mm] 기준은?

① 32[mm] 이상　　② 40[mm] 이상
③ 50[mm] 이상　　④ 65[mm] 이상

정답　10.④　11.①　12.②

**해설** **고정주유설비 기준**
펌프기기는 주유관 끝부분에서의 최대배출량이 제1석유류의 경우에는 분당 50[L] 이하, 경유의 경우에는 분당 180[L] 이하, 등유의 경우에는 분당 80[L] 이하인 것으로 할 것. 다만, 이동저장탱크에 주입하기 위한 고정급유설비의 펌프기기는 최대배출량이 분당 300[L] 이하인 것으로 할 수 있으며, 분당 배출량이 200[L] 이상인 것의 경우에는 주유설비에 관계된 모든 배관의 안지름을 40[mm] 이상으로 하여야 한다.

**13** 위험물안전관리법령상 옥내탱크저장소 중 탱크전용실을 단층건물 외의 건축물에 설치하는 경우 탱크 전용실을 건축물의 1층 또는 지하층에 설치하여야 하는 것은?

① 질산의 탱크전용실
② 중유의 탱크전용실
③ 실린더유의 탱크전용실
④ 클레오소트유의 탱크전용실

**해설** **[옥내탱크저장소 기준 Ⅰ의 2]**
옥내탱크저장소 중 탱크전용실을 단층건물 외의 건축물에 설치하는 것(제2류 위험물 중 황화인·적린 및 덩어리 황, 제3류 위험물 중 황린, 제6류 위험물 중 질산 및 제4류 위험물 중 인화점이 38[℃] 이상인 위험물만을 저장 또는 취급하는 것에 한한다.)의 위치구조 및 설비의 기술기준
가. 옥내저장탱크는 탱크전용실이 설치할 것. 이 경우 제2류위험물 중 황화인, 적린 및 덩어리황, 제3류위험물 중 황린, 제6류위험물 중 질산의 탱크전용실은 건축물의 1층 또는 지하층에 설치하여야 한다.

**14** 위험물안전관리법령상 인화성액체위험물(이황화탄소를 제외한다)의 옥외탱크저장소의 탱크 주위에 설치하여야 하는 방유제에 관한 내용이다. 아래 조건에서 방유제 내에 설치할 수 있는 옥외저장탱크의 최대 수는?

> 방유제내에 설치하는 모든 옥외저장탱크의 용량이 20만[L] 이하이고, 당해 옥외저장탱크에 저장 또는 취급하는 위험물의 인화점이 70[℃] 이상 200[℃] 미만인 경우

① 10   ② 15
③ 20   ④ 25

**해설** **방유제의 설치기준**
(1) 방유제의 높이는 0.5[m] 이상 3[m] 이하로 할 것
(2) 방유제 내의 면적은 8만[m²] 이하로 할 것
(3) 방유제 내에 설치하는 옥외저장탱크의 수는 10(방유제 내에 설치하는 모든 옥외저장탱크의 용량이 20만[L] 이하이고, 당해 옥외저장탱크에 저장 또는 취급하는 위험물의 인화점이 70[℃] 이상 200[℃] 미만인 경우에는 20) 이하로 할 것. 다만, 인화점이 200[℃] 이상인 위험물을 저장 또는 취급하는 옥외저장탱크에 있어서는 그러하지 아니하다.
(4) 방유제의 용량은 방유제안에 설치된 탱크가 하나인 때에는 그 탱크 용량의 110[%] 이상, 2기 이상인 때에는 그 탱크 중 용량이 최대인 것의 용량의 110[%] 이상으로 할 것. 이 경우 방유제의 용량은 당해 방유제의 내용적에서 용량이 최대인 탱크 외의 탱크의 방유제 높이 이하 부분의 용적, 당해 방유제 내에 있는 모든 탱크의 지반면 이상 부분의 기초적 체적, 간막이 둑의 체적 및 당해 방유제 내에 있는 배관 등의 체적을 뺀 것으로 한다.
(5) 방유제는 옥외저장탱크의 지름에 따라 그 탱크의 옆판으로부터 다음에 정하는 거리를 유지할 것. 다만, 인화점이 200[℃] 이상인 위험물을 저장 또는 취급하는 것에 있어서는 그러하지 아니하다.
 ㉠ 지름이 15[m] 미만인 경우에는 탱크 높이의 3분의 1 이상
 ㉡ 지름이 15[m] 이상인 경우에는 탱크 높이의 2분의 1 이상
(6) 높이가 1[m]를 넘는 방유제 및 간막이 둑의 안팎에는 방유제 내에 출입하기 위한 계단 또는 경사로를 약 50[m]마다 설치할 것

**15** 위험물안전관리법령상 간이탱크저장소의 간이저장탱크에 설치하여야 하는 '밸브없는 통기관'의 설비기준으로 옳지 않은 것은?

① 통기관의 지름은 25[mm] 이상으로 할 것
② 통기관은 옥외에 설치하되, 그 끝부분의 높이는 지상 1.5[m] 이상으로 할 것
③ 인화점 80[℃] 이상의 위험물만을 해당 위험물의 인화점 미만의 온도로 저장 또는 취급하는 탱크에 설치하는 통기관에는 인화방지장치를 할 것
④ 통기관의 끝부분은 수평면에 대하여 아래로 45° 이상 구부려 빗물 등이 침투하지 아니하도록 할 것

**정답** 13.① 14.③ 15.③

해설 **간이저장탱크에 밸브 없는 통기관 설치 기준**
  ㉠ 통기관의 지름은 25[mm] 이상으로 할 것
  ㉡ 통기관은 옥외에 설치하되, 그 선단의 높이는 지상 1.5[m] 이상으로 할 것
  ㉢ 통기관의 선단은 수평면에 대하여 아래로 45도 이상 구부려 빗물 등이 침투하지 아니하도록 할 것
  ㉣ 가는 눈의 구리망 등으로 인화방지장치를 할 것
  ㉤ 통기관은 평상시나 위험물 주입시나 항상 개방된 구조이어야 할 것

**16** 위험물안전관리법령상 위험물의 성질에 따른 옥내저장소의 특례에서 지정과산화물을 저장 또는 취급하는 옥내저장소에 대해 강화되는 저장창고의 기준으로 옳지 않은 것은?

① 저장창고는 200[m²] 이내마다 격벽으로 완전하게 구획할 것
② 저장창고의 격벽은 두께 30[cm] 이상의 철근콘크리트조 또는 철골철근콘크리트조로 하거나 두께 40[cm] 이상의 보강콘크리트블록조로 할 것
③ 저장창고의 외벽은 두께 20[cm] 이상의 철근콘크리트조나 철골철근콘크리트조 또는 두께 30[cm] 이상의 보강콘크리트블록조로 할 것
④ 저장창고의 창은 바닥면으로부터 2[m] 이상의 높이에 둘 것

해설 **지정과산화물을 저장 또는 취급하는 옥내저장소에 대하여 강화되는 기준**
  가. 옥내저장소는 당해 옥내저장소의 외벽으로부터 별표 4 Ⅰ제1호 가목 내지 다목의 규정에 의한 건축물의 외벽 또는 이에 상당하는 공작물의 외측까지의 사이에 부표 1에 정하는 안전거리를 두어야 한다.
  나. 옥내저장소의 저장창고 주위에는 부표 2에 정하는 너비의 공지를 보유하여야 한다. 다만, 2 이상의 옥내저장소를 동일한 부지내에 인접하여 설치하는 때에는 당해 옥내저장소의 상호간 공지의 너비를 동표에 정하는 공지 너비의 3분의 2로 할 수 있다.
  다. 옥내저장소의 저장창고의 기준은 다음과 같다.
    1) 저장창고는 150[㎡] 이내마다 격벽으로 완전하게 구획할 것. 이 경우 당해 격벽은 두께 30[cm] 이상의 철근콘크리트조 또는 철골철근콘크리트조로 하거나 두께 40[cm] 이상의 보강콘크리트블록조로 하고, 당해 저장창고의 양측의 외벽으로부터 1[m] 이상, 상부의 지붕으로부터 50[cm] 이상 돌출하게 하여야 한다.
    2) 저장창고의 외벽은 두께 20[cm] 이상의 철근콘크리트조나 철골철근콘크리트조 또는 두께 30[cm] 이상의 보강콘크리트블록조로 할 것
    3) 저장창고의 지붕은 다음 각목의 1에 적합할 것
      가) 중도리(서까래 중간을 받치는 수평의 도리) 또는 서까래의 간격은 30[cm] 이하로 할 것
      나) 지붕의 아래쪽 면에는 한 변의 길이가 45[cm] 이하의 환강(丸鋼)·경량형강(輕量形鋼) 등으로 된 강제(鋼製)의 격자를 설치할 것
      다) 지붕의 아래쪽 면에 철망을 쳐서 불연재료의 도리(서까래를 받치기 위해 기둥과 기둥사이에 설치한 부재)·보 또는 서까래에 단단히 결합할 것
      라) 두께 5[cm] 이상, 너비 30[cm] 이상의 목재로 만든 받침대를 설치할 것
    4) 저장창고의 출입구에는 60분+ 또는 60분 방화문을 설치할 것
    5) 저장창고의 창은 바닥면으로부터 2[m] 이상의 높이에 두되, 하나의 벽면에 두는 창의 면적의 합계를 당해 벽면의 면적의 80분의 1 이내로 하고, 하나의 창의 면적을 0.4[㎡] 이내로 할 것
  라. Ⅱ 내지 Ⅳ의 규정은 적용하지 아니한다.

# 제21회 소방시설관리사 1차 필기 기출문제
### [제4과목 : 위험물의 시설기준]

**01** 위험물안전관리법령상 옥내저장소의 위치·구조 및 설비의 기준에 따라 위험물저장창고의 바닥을 물이 스며 나오거나 스며들지 아니하는 구조로 하여야 하는 위험물이 아닌 것은?

① 과산화나트륨
② 철분
③ 칼륨
④ 나이트로글리세린

**해설** 나이트로글리세린은 제5류 위험물로 해당되지 않음
**바닥에 물이 스며들지 아니하도록 해야 하는 위험물의 종류**
㉠ 제1류 위험물 중 알칼리금속의 과산화물 또는 이를 함유하는 것
㉡ 제2류 위험물 중 철분·금속분·마그네슘 또는 이 중 어느 하나 이상을 함유하는 것
㉢ 제3류 위험물 중 금수성 물품
㉣ 제4류 위험물

**02** 위험물안전관리법령상 주유취급소에 캐노피를 설치하는 경우 주유취급소의 위치·구조 및 설비의 기준에 해당하지 않는 것은?

① 배관이 캐노피 내부를 통과할 경우에는 1개 이상의 점검구를 설치할 것
② 캐노피의 면적은 주유를 취급하는 곳의 바닥면적의 1/3 이하로 할 것
③ 캐노피 외부의 점검이 곤란한 장소에 배관을 설치하는 경우에는 용접이음으로 할 것
④ 캐노피 외부의 배관이 일광열의 영향을 받을 우려가 있는 경우에는 단열재로 피복할 것

**해설** **주유취급소 캐노피 설치 기준**
㉠ 배관이 캐노피 내부를 통과할 경우에는 1개 이상의 점검구를 설치할 것
㉡ 캐노피 외부의 점검이 곤란한 장소에 배관을 설치하는 경우에는 용접이음으로 할 것
㉢ 캐노피 외부의 배관이 일광열의 영향을 받을 우려가 있는 경우에는 단열재로 피복할 것

**03** 위험물안전관리법령상 옥외저장소에 지정수량 이상을 저장할 수 있는 위험물을 모두 고른 것은? (단, 옥외에 있는 탱크에 위험물을 저장하는 장소는 제외한다)

㉠ 과산화수소    ㉡ 메틸알코올
㉢ 황린          ㉣ 올리브유

① ㉠, ㉢
② ㉡, ㉣
③ ㉠, ㉡, ㉣
④ ㉠, ㉢, ㉣

**해설** 과산화수소(6류), 메틸알코올(알코올류), 올리브유(동·식물류) 【황린은 제3류 위험물로서 해당 안됨】
**옥외저장소에 저장할 수 있는 위험물의 종류**
① 제2류 위험물 중 황·인화성 고체(인화점이 0[℃] 이상인 것)
② 제1석유류(인화점이 0[℃] 이상인 것)
③ 알코올류, 제2석유류, 제3석유류, 제4석유류, 동·식물류
④ 제6류 위험물

정답 01.④ 02.② 03.③

**04** 제5류 위험물의 성질에 관한 설명으로 옳지 않은 것은?

① 강산화제, 강산류와 혼합한 것은 발화를 촉진시키고 위험성도 증가한다.
② 다이아조화합물은 위험등급 I로 고농도인 경우 충격에 민감하여 연소 시 순간적으로 폭발한다.
③ 나이트로화합물은 화기, 가열, 충격 등에 민감하여 폭발위험이 있다.
④ 외부의 산소공급이 없어도 자기연소하므로 연소속도가 빠르다.

**해설** 다이아조화합물 : 위험등급(II)  지정수량(200[kg])

**05** 위험물안전관리법령상 제조소에 설치하는 배출설비에 관한 설명으로 옳지 않은 것은?

① 배출능력은 1시간당 배출장소 용적의 10배 이상인 것으로 하여야 한다. 다만, 전역방식의 경우에는 바닥면적 1[m²]당 18[m³] 이상으로 할 수 있다.
② 위험물취급설비가 배관이음 등으로만 된 경우에는 전역방식으로 할 수 있다.
③ 배출구는 지상 2[m] 이상으로서 연소의 우려가 없는 장소에 설치하여야 한다.
④ 배풍기·배출 덕트(duct)·후드 등을 이용하여 강제적으로 배출하는 것으로 해야 한다.

**해설** 배출능력은 1시간당 배출장소 용적의 20배 이상이다.

**배출설비 설치기준**

가연성 증기 또는 미분이 체류할 우려가 있는 건축물에는 옥외의 높은 곳으로 배출할 수 있도록 배출설비를 설치하여야 한다.

① 배출설비는 국소방식으로 하여야 한다. 다만, 다음 각목의 1에 해당하는 경우에는 전역방식으로 할 수 있다.
  ㉠ 위험물취급설비가 배관이음 등으로만 된 경우
  ㉡ 건축물의 구조·작업장소의 분포 등의 조건에 의하여 전역방식이 유효한 경우

② 배출설비는 배풍기·배출덕트·후드 등을 이용하여 강제적으로 배출하는 것으로 하여야 한다.
③ 배출능력은 1시간당 배출장소 용적의 20배 이상인 것으로 하여야 한다. 다만, 전역방식의 경우에는 바닥면적 1[m²]당 18[m³] 이상으로 할 수 있다.
④ 배출설비의 급기구 및 배출구는 다음 각목의 기준에 의하여야 한다.
  ㉠ 급기구는 높은 곳에 설치하고, 가는 눈의 구리망 등으로 인화방지망을 설치할 것
  ㉡ 배출구는 지상 2[m] 이상으로서 연소의 우려가 없는 장소에 설치하고, 배출덕트가 관통하는 벽부분의 바로 가까이에 화재 시 자동으로 폐쇄되는 방화댐퍼를 설치할 것
⑤ 배풍기는 강제배기방식으로 하고, 옥내덕트의 내압이 대기압 이상이 되지 아니하는 위치에 설치하여야 한다.

**06** 위험물안전관리법령상 소화설비, 경보설비 및 피난설비의 기준에서 제조소등에 전기설비가 설치된 경우 당해 장소의 면적이 400[m²]일 때, 소형수동식소화기를 최소 몇 개 이상 설치해야 하는가? (단, 전기배선, 조명기구 등은 제외한다)

① 1개
② 2개
③ 3개
④ 4개

**해설** **전기설비의 소화설비**

제조소등에 전기설비(전기배선, 조명기구 등은 제외한다)가 설치된 경우에는 당해 장소의 면적 100[m²]마다 소형수동식소화기를 1개 이상 설치할 것

400m²/100m² = 4

∴ 소형수동식소화기 4개 이상 설치해야 함

**07** 위험물안전관리법령상 제조소의 안전거리 기준에 관한 설명으로 옳지 않은 것은? (단, 제6류 위험물을 취급하는 제조소를 제외한다)

① 「초·중등교육법」 제2조 및 「고등교육법」 제2조에 정하는 학교는 수용인원에 관계 없이 30[m] 이상 이격하여야 한다.
② 「아동복지법」에 따른 아동복지시설에 20명 이상의 인원을 수용하는 경우는 30[m] 이상 이격하여야 한다.
③ 「공연법」에 의한 공연장이 300명 이상의 인원을 수용하는 경우는 30[m] 이상 이격하여야 한다.
④ 「노인복지법에」에 의한 노인복지시설에 20명 이상의 인원을 수용하는 경우는 20[m] 이상 이격하여야 한다.

**해설** 위험물 제조소의 안전거리
건축물의 외벽 또는 이에 상당하는 공작물의 외측으로부터 당해 제조소의 외벽 또는 이에 상당하는 공작물의 외측까지의 사이에 다음의 규정에 의한 수평거리(안전거리)를 두어야 한다(제6류 위험물은 제외).
① 지정문화유산, 천연기념물 : 50[m]
② 학교, 병원, 공연장(3백 명 이상 수용) : 30[m]
③ 아동복지시설, 노인복지시설, 장애인복지시설로서 20명 이상 수용시설 : 30[m]
④ 고압가스, 액화석유가스, 도시가스를 저장·취급하는 시설 : 20[m]
⑤ 건축물 그 밖의 공작물로서 주거용으로 사용되는 것 : 10[m]
⑥ 사용전압이 35,000[V]를 초과하는 특고압가공전선 : 5[m]
⑦ 사용전압이 7,000[V] 초과 35,000[V] 이하의 특고압가공전선 : 3[m]

**08** 위험물안전관리법령상 제조소의 환기설비 시설기준에 관한 설명으로 옳지 않은 것은?

① 바닥면적이 120[m²]인 경우, 급기구의 면적은 300[cm²] 이상으로 하여야 한다.
② 환기구는 지붕위 또는 지상 2[m] 이상의 높이에 회전식 고정벤티레이터 또는 루프팬 방식으로 설치 할 것
③ 급기구는 해당 급기구가 설치된 실의 바닥면적 150[m²] 마다 1개 이상으로 하여야 한다.
④ 급기구는 낮은 곳에 설치하고 가는 눈의 구리망 등으로 인화방지망을 설치하여야 한다.

**해설** 환기설비 : 환기설비는 다음의 기준에 의할 것
㉠ 환기는 자연배기방식으로 할 것
㉡ 급기구는 당해 급기구가 설치된 실의 바닥면적 150[m²]마다 1개 이상으로 하되, 급기구의 크기는 800[cm²] 이상으로 할 것. 다만 바닥면적이 150[m²] 미만인 경우에는 다음의 크기로 하여야 한다.

| 바닥면적 | 급기구의 면적 |
|---|---|
| 60[m²] 미만 | 150[cm²] 이상 |
| 60[m²] 이상 90[m²] 미만 | 300[cm²] 이상 |
| 90[m²] 이상 120[m²] 미만 | 450[cm²] 이상 |
| 120[m²] 이상 150[m²] 미만 | 600[cm²] 이상 |

㉢ 급기구는 낮은 곳에 설치하고 가는 눈의 구리망 등으로 인화방지망을 설치할 것
㉣ 환기구는 지붕위 또는 지상 2[m] 이상의 높이에 회전식 고정벤티레이터 또는 루프팬방식으로 설치할 것

**09** 위험물안전관리법령상 제1종 판매취급소의 위치·구조 및 설비의 기준으로 옳지 않은 것은?

① 판매취급소는 건축물의 1층에 설치할 것
② 판매취급소의 용도로 사용하는 부분의 창 및 출입구에는 60분+ 방화문·60분 방화문 또는 30분 방화문을 설치할 것
③ 판매취급소로 사용되는 부분과 다른 부분과의 격벽은 내화구조로 할 것
④ 판매취급소의 용도로 사용하는 건축물의 부분은 보를 불연재료로 하고, 천장을 설치하는 경우에는 천장을 난연재료로 할 것

정답 07.④ 08.① 09.④

**해설** 제1종 판매취급소 위치 · 구조 및 설비의 기준
저장 또는 취급하는 위험물의 수량이 지정수량의 20배 이하인 판매취급소
① 건축물의 1층에 설치할 것
② 게시판 및 표지판은 제조소에 준할 것
③ 건축물의 부분은 내화구조 또는 불연재료로 할 것
④ 판매취급소로 사용되는 부분과 다른 부분과의 격벽은 내화구조로 할 것
⑤ 건축물의 보를 불연재료로 하고 반자를 설치하는 경우에는 반자를 불연재료로 할 것
⑥ 상층이 있는 경우 상층의 바닥을 내화구조로 하고, 상층이 없는 경우 지붕을 내화구조 또는 불연재료로 할 것
⑦ 창 및 출입구에는 60분+ 방화문 · 60분 방화문 또는 30분 방화문을 설치할 것
⑧ 창 또는 출입구에 유리를 이용하는 경우에는 망입유리로 할 것
⑨ 위험물을 배합하는 실은 다음에 의할 것
  ㉠ 바닥면적은 6[m²] 이상 15[m²] 이하일 것
  ㉡ 내화구조로 된 벽으로 구획할 것(내화구조 또는 불연재료)
  ㉢ 바닥은 위험물이 침투하지 아니하는 구조로 하여 적당한 경사를 두고 집유설비를 할 것
  ㉣ 출입구에는 수시로 열 수 있는 자동폐쇄식의 60분+ 또는 60분 방화문을 설치할 것
  ㉤ 출입구 문턱의 높이는 바닥면으로부터 0.1[m] 이상으로 할 것
  ㉥ 내부에 체류한 가연성의 증기 또는 가연성의 미분을 지붕 위로 방출하는 설비를 할 것

**10** 위험물안전관리법령상 위험물제조소에서 위험물을 가압하는 설비 또는 그 취급하는 위험물의 압력이 상승할 우려가 있는 설비에 설치하는 안전장치가 아닌 것은?

① 대기밸브부착 통기관
② 자동적으로 압력의 상승을 정지시키는 장치
③ 안전밸브를 병용하는 경보장치
④ 감압측에 안전밸브를 부착한 감압밸브

**해설** 압력계 및 안전장치
위험물을 가압하는 설비 또는 그 취급하는 위험물의 압력이 상승할 우려가 있는 설비에는 압력계 및 다음 각목의 1에 해당하는 안전장치를 설치하여야 한다. 다만, ㉣의 파괴판은 위험물의 성질에 따라 안전밸브의 작동이 곤란한 가압설비에 한한다.
㉠ 자동적으로 압력의 상승을 정지시키는 장치
㉡ 감압측에 안전밸브를 부착한 감압밸브
㉢ 안전밸브를 병용하는 경보장치
㉣ 파괴판

**11** 위험물안전관리법령상 제1류 위험물을 저장하는 옥내저장소의 저장창고는 지면에서 처마까지의 높이를 몇 [m] 미만은 단층건물로 하는가?

① 6[m]   ② 8[m]
③ 10[m]  ④ 12[m]

**해설** 저장창고는 지면에서 처마까지의 높이가 6[m] 미만인 단층건물로 하고 그 바닥을 지반면보다 높게 하여야 한다.

정답 10.① 11.①

# 2020 제20회 소방시설관리사 1차 필기 기출문제

[제4과목 : 위험물의 시설기준]

**01** 위험물안전관리법령상 옥내저장탱크에 불활성가스를 봉입하여 저장하여야 하는 것은?

① 아세트산에틸
② 아세트알데히드
③ 메틸에틸케톤
④ 과산화벤조일

**해설** 알킬알루미늄 및 아세트알데히드의 경우 불활성기체를 봉입하는 장치를 설치하여야 한다.

**02** 위험물안전관리법령상 옥외저장소에 저장할 수 있는 것은? (단, 「국제해상위험물규칙」 등 예외 규정은 적용하지 않는다)

① 염소산나트륨
② 과염소산
③ 질산메틸
④ 황린

**해설** 옥외저장소
옥외에 다음 각목의 1에 해당하는 위험물을 저장하는 장소. 다만, 제2호의 장소를 제외한다.
가. 제2류 위험물중 황 또는 인화성고체(인화점이 섭씨 0도 이상인 것에 한한다)
나. 제4류 위험물중 제1석유류(인화점이 섭씨 0도 이상인 것에 한한다)·알코올류·제2석유류·제3석유류·제4석유류 및 동식물유류
다. 제6류 위험물
라. 제2류 위험물 및 제4류 위험물중 특별시·광역시 또는 도의 조례에서 정하는 위험물(「관세법」 제154조의 규정에 의한 보세구역안에 저장하는 경우에 한한다)
마. 「국제해사기구에 관한 협약」에 의하여 설치된 국제해사기구가 채택한 「국제해상위험물규칙」(IMDG Code)에 적합한 용기에 수납된 위험물

**03** 위험물안전관리법령상 염소산칼륨을 1일 1,000[kg] 생산하고 있는 제조소의 소화기 비치량을 산정하기 위한 총 소요단위는? (단, 제조소의 연면적은 300[m²]이고, 제조소의 외벽은 내화구조이다)

① 5  ② 6
③ 7  ④ 8

**해설** $\dfrac{1000\text{kg}}{50\text{kg}/1\text{배}} \div 10\text{배}/1\text{단위} + \dfrac{300\text{m}^2}{100\text{m}^2/1\text{단위}}$
$= 5\text{단위}$

**04** 위험물안전관리법령상 일반취급소 하나의 층에 옥내소화전 3개가 설치되어 있다. 확보해야 할 수원의 최소 양[m³]은?

① 7.8[m³]  ② 11.7[m³]
③ 15.6[m³]  ④ 23.4[m³]

**해설** $Q = N \times 7.8\text{m}^3 = 3 \times 7.8\text{m}^3 = 23.4[\text{m}^3]$

**05** 위험물안전관리법령상 제조소의 옥외 위험물 취급탱크가 메틸알코올 1[m³]와 아세톤 0.5[m³]가 있다. 이를 하나의 방유제 내에 설치하고자 할 때 방유제 기준에 관한 검토사항으로 옳은 것은?

① 방유제 용량은 0.55[m³] 이상이 되도록 설치하여야 한다.
② 방유제 용량은 1.1[m³] 이상이 되도록 설치하여야 한다.
③ 취급하는 위험물의 성상이 액체이므로 방유제를 설치하지 않아도 된다.
④ 위험물 저장탱크의 용량이 지정수량 기준에 미달하여 방유제를 설치하지 않아도 된다.

**정답** 01.② 02.② 03.① 04.④ 05.①

**해설** 제조소에서의 방유제 용량은 최대탱크용량의 50[%]와 기타탱크용량합의 10[%]를 합한 양으로 할 것.

**06** 위험물안전관리법령상 주유취급소 내 건축물 등의 구조 기준으로 옳지 않은 것은? (단, 단서조항은 적용하지 않는다)

① 건축물의 벽·기둥·바닥·보 및 지붕을 내화구조 또는 불연재료로 할 수 있다.
② 주거시설 용도로 사용하는 부분은 개구부가 없는 내화구조의 바닥 또는 벽으로 당해 건축물의 다른 부분과 구획하고 주유를 위한 작업장 등 위험물취급장소에 면한 쪽의 벽에는 출입구를 설치할 수 없다.
③ 사무실 등의 창 및 출입구에 유리를 사용하는 경우에는 망입유리 또는 강화유리로 하여야 한다.
④ 자동차 등의 점검·장비를 행하는 설비는 고정주유설비로부터 2[m] 이상, 도로경계선으로부터 1[m] 이상 떨어진 장소에 설치하여야 한다.

**해설** 자동차 등의 점검·장비를 행하는 설비는 고정주유설비로부터 4[m] 이상, 도로경계선으로부터 2[m] 이상 떨어진 장소에 설치하여야 한다.

**07** 위험물안전관리법령상 제조소등에서 "화기엄금" 게시판을 설치하여야 하는 위험물을 모두 고른 것은?

㉠ 제2류 위험물(인화성고체 제외)
㉡ 제4류 위험물
㉢ 제3류 위험물 중 자연발화성 물질
㉣ 제5류 위험물

① ㉡, ㉣
② ㉠, ㉡, ㉢
③ ㉠, ㉢, ㉣
④ ㉡, ㉢, ㉣

**해설** 저장 또는 취급하는 위험물에 따라 다음의 규정에 의한 주의사항을 표시한 게시판을 설치할 것

1) 제1류 위험물 중 알칼리금속의 과산화물과 이를 함유한 것 또는 제3류 위험물 중 금수성물질에 있어서는 "물기엄금"
2) 제2류 위험물(인화성고체를 제외한다)에 있어서는 "화기주의"
3) 제2류 위험물 중 인화성고체, 제3류 위험물 중 자연발화성물질, 제4류 위험물 또는 제5류 위험물에 있어서는 "화기엄금"

**08** 위험물안전관리법령상 유별을 달리하는 위험물 상호간 1m 이상의 간격을 두더라도 동일한 옥내저장소에 저장할 수 없는 것은?

① 제1류 위험물과 제6류 위험물
② 제2류 위험물 중 인화성고체와 제4류 위험물
③ 제4류 위험물과 제5류 위험물(유기과산화물은 제외)
④ 제1류 위험물(알칼리금속의 과산화물은 제외)과 제5류 위험물

**해설** 제조소등에서의 위험물의 저장 및 취급에 관한 기준

영 별표 1의 유별을 달리하는 위험물은 동일한 저장소(내화구조의 격벽으로 완전히 구획된 실이 2 이상 있는 저장소에 있어서는 동일한 실. 이하 제3호에서 같다)에 저장하지 아니하여야 한다. 다만, 옥내저장소 또는 옥외저장소에 있어서 다음의 각목의 규정에 의한 위험물을 저장하는 경우로서 위험물을 유별로 정리하여 저장하는 한편, 서로 1m 이상의 간격을 두는 경우에는 그러하지 아니하다(중요기준).

가. 제1류 위험물(알칼리금속의 과산화물 또는 이를 함유한 것을 제외한다)과 제5류 위험물을 저장하는 경우
나. 제1류 위험물과 제6류 위험물을 저장하는 경우
다. 제1류 위험물과 제3류 위험물 중 자연발화성물질(황린 또는 이를 함유한 것에 한한다)을 저장하는 경우
라. 제2류 위험물 중 인화성고체와 제4류 위험물을 저장하는 경우
마. 제3류 위험물 중 알킬알루미늄등과 제4류 위험물(알킬알루미늄 또는 알킬리튬을 함유한 것에 한한다)을 저장하는 경우
바. 제4류 위험물 중 유기과산화물 또는 이를 함유하는 것과 제5류 위험물 중 유기과산화물 또는 이를 함유한 것을 저장하는 경우

## 07. 위험물의 시설기준

**09** 위험물안전관리법령상 제조소 바닥면적이 110[m²]인 경우 환기설비 중 급기구의 면적 기준으로 옳은 것은?

① 300[cm²] 이상
② 450[cm²] 이상
③ 600[cm²] 이상
④ 800[cm²] 이상

**해설** 급기구는 당해 급기구가 설치된 실의 바닥면적 150[m²]마다 1개 이상으로 하되, 급기구의 크기는 800[cm²] 이상으로 할 것. 다만 바닥면적이 150[m²] 미만인 경우에는 다음의 크기로 하여야 한다.

| 바닥면적 | 급기구의 면적 |
|---|---|
| 60[m²] 미만 | 150[cm²] 이상 |
| 60[m²] 이상 90[m²] 미만 | 300[cm²] 이상 |
| 90[m²] 이상 120[m²] 미만 | 450[cm²] 이상 |
| 120[m²] 이상 150[m²] 미만 | 600[cm²] 이상 |

**10** 위험물안전관리법령상 일반취급소에 해당하는 것을 모두 고른 것은? (단, 위험물은 지정수량의 배수 이상이다)

| | 반응원료 | 중간생성물 | 최종생성물 |
|---|---|---|---|
| ㉠ | 위험물 | 위험물 | 비위험물 |
| ㉡ | 위험물 | 비위험물 | 비위험물 |
| ㉢ | 비위험물 | 위험물 | 위험물 |
| ㉣ | 비위험물 | 위험물 | 비위험물 |
| ㉤ | 비위험물 | 비위험물 | 위험물 |

① ㉠, ㉡
② ㉠, ㉡, ㉣
③ ㉠, ㉢, ㉣
④ ㉢, ㉣, ㉤

**해설** 최종생성물이 위험물인 것은 제조소이다.

**11** 위험물안전관리법령상 하이드록실아민을 1일 150[kg] 취급하는 제조소의 최소 안전거리[m]는 약 얼마인가?

① 41[m]     ② 50[m]
③ 59[m]     ④ 63[m]

**해설** $D = 51.1\sqrt[3]{N} = 51.1 \times \sqrt[3]{\dfrac{150}{100}} = 58.49[m]$

**12** 위험물안전관리법령상 암반탱크저장소의 암반탱크 설치기준에서 암반투수계수(m/s) 기준은?

① $1 \times 10^{-5}$ 이하
② $1 \times 10^{-6}$ 이하
③ $1 \times 10^{-7}$ 이하
④ $1 \times 10^{-8}$ 이하

**해설** 암반탱크는 암반투수계수가 1초당 10만분의 1[m] 이하인 천연암반 내에 설치할 것.

# 제19회 소방시설관리사 1차 필기 기출문제
[제4과목 : 위험물의 시설기준]

**01** 위험물안전관리법령상 제조소의 위치·구조 및 설비의 기준에서 지정수량 5배의 하이드록실아민(NH₂OH)을 취급하는 위험물 제조소의 외벽과 병원(의료법에 의한 병원급 의료기관)의 안전거리로 옳은 것은?

① 8[m] 이상  ② 68[m] 이상
③ 78[m] 이상  ④ 88[m] 이상

**해설** 하이드록실아민 등을 취급하는 제조소의 안전거리

$$D = 51.1 \times \sqrt[3]{N}$$

∴ N을 지정수량의 배수(하이드록실아민 지정수량 : 100[kg])

∴ $D = 51.1 \times \sqrt[3]{5} = 87.38[m]$
따라서 88[m] 이상

**02** 다음은 위험물안전관리법령상 제조소의 위치·구조 및 설비의 기준에 관한 내용이다. ( )에 알맞은 숫자를 순서대로 나열한 것은?

> Ⅱ. 보유공지
> 1. 위험물을 취급하는 건축물 그 밖의 시설(위험물을 이송하기 위한 배관 그밖에 이와 유사한 시설을제외한다)의 주위에는 그 취급하는 위험물의 최대수량에 따라 다음 표에 의한 너비의 공지를 보유하여야 한다.
>
> | 취급하는 위험물의 최대수량 | 공지의 너비 |
> | --- | --- |
> | 지정수량의 10배 이하 | ( )[m] 이상 |
> | 지정수량의 10배 초과 | ( )[m] 이상 |

① 1, 3  ② 2, 3
③ 3, 5  ④ 5, 7

**해설** 제조소의 보유공지
위험물을 취급하는 건축물 그 밖의 시설(위험물을 이송하기 위한 배관 그 밖에 이와 유사한 시설을 제외한다)의 주위에는 그 취급하는 위험물의 최대수량에 따라 다음 표에 의한 너비의 공지를 보유하여야 한다.

| 취급하는 위험물의 최대수량 | 공지의 너비 |
| --- | --- |
| 지정수량의 10배 이하 | 3[m] 이상 |
| 지정수량의 10배 초과 | 5[m] 이상 |

**03** 위험물안전관리법령상 제조소의 위치·구조 및 설비의 기준에서 배관의 설치에 관한 설명으로 옳은 것은?

① 배관의 재질은 폴리에틸렌(PE)관 그밖에 이와 유사한 금속성으로 하여야 한다.
② 배관에 걸리는 최대상용압력의 1.2배 이상의 압력으로 수압시험을 실시하여야 한다.
③ 지상에 설치하는 배관은 지진·풍압·지반침하 및 온도변화에 안전한 구조의 지지물에 설치하여야 한다.
④ 지하에 매설하는 배관은 지면에 미치는 중량이 당해 배관에 미치도록 하여 안전하게 하여야 한다.

**해설** ① 배관의 재질은 강관 그 밖에 이와 유사한 금속성으로 하여야 한다.
② 배관에 걸리는 최대상용압력의 1.5배 이상의 압력으로 수압시험(불연성의액체 또는 기체를 이용하여 실시하는 시험을 포함한다)을 실시하여 누설 그 밖의 이상이 없는 것으로 하여야 한다.
④ 배관을 지하에 매설하는 경우에는 다음 각목의 기준에 적합하게 하여야 한다.
  ㉠ 금속성 배관의 외면에는 부식방지를 위하여 도복장·코팅 또는 전기방식등의 필요한 조치를 할 것

정답 01.④ 02.③ 03.③

ⓒ 배관의 접합부분(용접에 의한 접합부 또는 위험물의 누설의 우려가 없다고 인정되는 방법에 의하여 접합된 부분을 제외한다)에는 위험물의 누설여부를 점검할 수 있는 점검구를 설치할 것
ⓒ 지면에 미치는 중량이 당해 배관에 미치지 아니하도록 보호할 것

**04** 위험물안전관리법령상 제조소의 위치·구조 및 설비의 기준에서 표지 및 게시판에 관한 설명으로 옳지 않은 것은?

① "위험물제조소"의 표지는 백색바탕에 흑색문자로 할 것
② 제1류 위험물의 "물기엄금"의 표지는 청색바탕에 백색문자로 할 것
③ 제4류 위험물의 "화기엄금"의 표지는 적색바탕에 백색문자로 할 것
④ 제5류 위험물의 "화기주의"의 표지는 적색바탕에 백색문자로 할 것

**해설** 제5류 위험물의 경우 "화기엄금"의 표지를 부착하여야 한다.

**05** 위험물안전관리법령상 소화설비, 경보설비 및 피난설비의 기준에서 위험물제조소의 연면적이 2,000[m²] 이상 또는 저장 및 취급하는 위험물이 지정수량의 150배 이상인 위험물제조소에 설치하여야 하는 소화설비로 옳은 것을 모두 고른 것은?

| ⓐ 옥내소화전설비 | ⓑ 옥외소화전설비 |
| ⓒ 상수도소화전설비 | ⓓ 물분무소화설비 |

① ⓐ, ⓑ, ⓒ            ② ⓐ, ⓑ, ⓓ
③ ⓐ, ⓒ, ⓓ            ④ ⓑ, ⓒ, ⓓ

**해설** 소화난이도 등급 Ⅰ에 해당하는 제조소에 설치하여야 하는 소화설비
옥내소화전설비, 옥외소화전설비, 스프링클러설비 또는 물분무등소화설비(화재발생 시 연기가 충만할 우려가 있는 장소에는 스프링클러설비 또는 이동식 외의 물분무등소화설비에 한한다)

**06** 위험물안전관리법령상 옥외탱크저장소의 위치·구조 및 설비의 기준에서 인화성액체위험물(이황화탄소를 제외한다) 옥외탱크저장소의 탱크 주위에 설치하는 방유제의 설치높이 기준으로 옳은 것은?

① 0.1[m] 이상 1[m] 이하
② 0.3[m] 이상 2[m] 이하
③ 0.5[m] 이상 3[m] 이하
④ 0.7[m] 이상 4[m] 이하

**해설** 옥외탱크저장소의 방유제
① 용량 : 방유제 안에 탱크가 하나인 때에는 그 탱크용량의 110[%] 이상, 2기 이상인 때에는 가장 큰 탱크 용량의 110[%] 이상으로 할 것
② 높이 : 0.5[m] 이상 3[m] 이하
③ 면적 : 80,000[m²] 이하
④ 방유제 내에 최대설치 개수 : 10기 이하(인화점이 200[℃] 이상은 예외)

**07** 위험물안전관리법령상 옥외저장소의 위치·구조 및 설비의 기준에서 옥외저장소에 위험물을 저장하는 경우 저장 장소 주위에 배수구 및 집유설비를 설치하여야 하는 위험물이 아닌 것은?

① 에틸알코올        ② 디에틸에테르
③ 톨루엔            ④ 초산에틸

**해설** 제1석유류 또는 알코올류를 저장 또는 취급하는 장소의 주위에는 배수구 및 집유설비를 설치하여야 한다. [디에틸에테르는 특수인화물]

**08** 위험물안전관리법령상 옥외탱크저장소의 위치·구조 및 설비의 기준에서 무연가솔린 5,000리터를 저장하는 위험물 옥외탱크저장소에는 접지시설을 하거나 피뢰침을 설치하여야 한다. 이 경우 위험물 옥외탱크저장소에 피뢰침을 설치하지 아니할 수 있는 접지시설의 저항 값으로 옳은 것은?

① 5[Ω] 이하        ② 10[Ω] 이하
③ 15[Ω] 이상       ④ 20[Ω] 이상

**정답** 04.④ 05.② 06.③ 07.② 08.①

해설 지정수량의 10배 이상인 옥외탱크저장소(제6류 위험물의 옥외탱크저장소를 제외한다)에는 별표 4 Ⅷ제7호의 규정에 준하여 피뢰침을 설치하여야 한다. 다만, 탱크에 저항이 5[Ω] 이하인 접지시설을 설치하거나 인근 피뢰설비의 보호범위 내에 들어가는 등 주위의 상황에 따라 안전상 지장이 없는 경우에는 피뢰침을 설치하지 아니할 수 있다.

**09** 위험물안전관리법령상 이송취급소의 위치·구조 및 설비의 기준에서 배관을 지하에 매설하는 경우 건축물의 외면으로부터 배관까지의 안전거리는? (단, 지하가내의 건축물은 제외한다)

① 0.5[m] 이상
② 0.75[m] 이상
③ 1.0[m] 이상
④ 1.5[m] 이상

해설 배관을 지하에 매설하는 경우에는 다음 각목의 기준에 의하여야 한다.
가. 배관은 그 외면으로부터 건축물·지하가·터널 또는 수도시설까지 각각 다음의 규정에 의한 안전거리를 둘 것. 다만, 2) 또는 3)의 공작물에 있어서는 적절한 누설확산방지조치를 하는 경우에 그 안전거리를 2분의 1의 범위 안에서 단축할 수 있다.
  1) 건축물(지하가내의 건축물을 제외한다) : 1.5[m] 이상
  2) 지하가 및 터널 : 10[m] 이상
  3) 「수도법」에 의한 수도시설(위험물의 유입우려가 있는 것에 한한다) : 300[m] 이상
나. 배관은 그 외면으로부터 다른 공작물에 대하여 0.3[m] 이상의 거리를 보유 할 것. 다만, 0.3[m] 이상의 거리를 보유하기 곤란한 경우로서 당해 공작물의 보전을 위하여 필요한 조치를 하는 경우에는 그러하지 아니하다.

**10** 위험물안전관리법령상 제조소의 위치·구조 및 설비의 기준에서 위험물을 취급하는 건축물의 지붕(작업공정상제조기계시설 등이 2층 이상에 연결되어 설치된 경우에는 최상층의 지붕을 말한다)을 내화구조로 할 수 없는 것은?

① 제1류 위험물
② 제2류 위험물(분상의 것과 인화성고체 제외)
③ 제4류 위험물 중 제4석유류·동식물유류
④ 제6류 위험물을 취급하는 건축물

해설 지붕(작업공정상 제조기계시설 등이 2층 이상에 연결되어 설치된 경우에는 최상층의 지붕을 말한다)은 폭발력이 위로 방출될 정도의 가벼운 불연재료로 덮어야 한다. 다만, 위험물을 취급하는 건축물이 다음 각목의 1에 해당하는 경우에는 그 지붕을 내화구조로 할 수 있다.
가. 제2류 위험물(분상의 것과 인화성고체를 제외한다), 제4류 위험물 중 제4석유류·동식물유류 또는 제6류 위험물을 취급하는 건축물인 경우
나. 다음의 기준에 적합한 밀폐형 구조의 건축물인 경우
  1) 발생할 수 있는 내부의 과압(過壓) 또는 부압(負壓)에 견딜 수 있는 철근콘크리트조일 것
  2) 외부화재에 90분 이상 견딜 수 있는 구조일 것

**11** 위험물안전관리법령상 옥내저장소의 위치·구조 및 설비의 기준에서 제4류 위험물 중 아세톤을 보관하는 하나의 옥내저장창고(2 이상의 구획된 실이 있는 때에는 각 실의 바닥 면적의 합계로 한다)의 최대 바닥면적($m^2$)은?

① 500[$m^2$]
② 1,000[$m^2$]
③ 1,500[$m^2$]
④ 2,000[$m^2$]

해설 옥내저장소 : 하나의 저장창고의 바닥면적은 기준면적 이하로 할 것

| 위험물을 저장하는 창고 | 기준면적 |
|---|---|
| ① 제1류 위험물(아염소산염류, 과염소산염류, 무기과산화물) 그 밖에 지정수량 50[kg]인 위험물<br>② 제3류 위험물(칼륨, 나트륨, 알킬알루미늄, 알킬리튬), 황린, 그 밖에 지정수량 10[kg]인 위험물<br>③ 제4류 위험물(특수인화물, 제1석유류, 알코올류)<br>④ 제5류 위험물(유기과산화물, 질산에스터류) 그 밖에 지정수량이 10[kg]인 위험물<br>⑤ 제6류 위험물 | 1,000[$m^2$] 이하 |
| 위의 ①~⑤의 위험물 외의 위험물 | 2,000[$m^2$] 이하 |

07. 위험물의 시설기준

**12** 위험물안전관리법령상 수소충전설비를 설치한 주유취급소의 특례에 관한 설명으로 옳지 않은 것은?

① 충전설비의 위치는 주유공지 또는 급유공지 내의 장소로 한다.
② 충전설비는 자동차 등의 충돌을 방지하는 조치를 마련하여야 한다.
③ 충전설비는 자동차 등의 충돌을 감지하여 운전을 자동으로 정지시키는 구조이어야 한다.
④ 충전설비의 충전호스는 자동차 등의 가스충전구와 정상적으로 접속하지 않는 경우에는 가스가 공급되지 않는 구조로 하여야 한다.

해설 충전설비는 다음의 기준에 적합하여야 한다.
㉠ 위치는 주유공지 또는 급유공지 외의 장소로 하되, 주유공지 또는 급유공지에서 압축수소를 충전하는 것이 불가능한 장소로 할 것
㉡ 충전호스는 자동차등의 가스충전구와 정상적으로 접속하지 않는 경우에는 가스가 공급되지 않는 구조로 하고, 200[kg중] 이하의 하중에 의하여 파단 또는 이탈되어야 하며, 파단 또는 이탈된 부분으로부터 가스 누출을 방지할 수 있는 구조일 것
㉢ 자동차등의 충돌을 방지하는 조치를 마련할 것
㉣ 자동차등의 충돌을 감지하여 운전을 자동으로 정지시키는 구조일 것

정답 12.①

# 2018 제18회 소방시설관리사 1차 필기 기출문제
[제4과목 : 위험물의 시설기준]

**01** 위험물안전관리법령상 위험물제조소에 옥외소화전이 5개 있을 경우 확보하여야 할 수원의 최소 수량($m^3$)은?

① 14[$m^3$]    ② 31.2[$m^3$]
③ 54[$m^3$]    ④ 67.5[$m^3$]

**해설** 위험물제조소등 시설의 옥외소화전 수원량
N(최대 4개)×13.5[$m^3$] (450[L/min]×30[min]) = 4 × 13.5[$m^3$] = 54[$m^3$]

■ 일반건축물과 위험물제조소등의 비교

| 종류 | 항목 | 방수량 | 방수압력 | 토출량 | 수 원 | 비상전원 |
|---|---|---|---|---|---|---|
| 옥내소화전설비 | 일반건축물 | 130[L/min] | 0.17[MPa] | N(최대5개)×130[L/min] | N(최대 5개)×2.6[$m^3$] (130[L/min]×20[min]) | 20분 |
| | 위험물제조소 등 | 260[L/min] | 0.35[MPa] | N(최대5개)×260[L/min] | N(최대 5개)×7.8[$m^3$] (260[L/min]×30[min]) | 45분 |
| 옥외소화전설비 | 일반건축물 | 350[L/min] | 0.25[MPa] | N(최대2개)×350[L/min] | N(최대 2개)×7[$m^3$] (350[L/min]×20[min]) | – |
| | 위험물제조소 등 | 450[L/min] | 0.35[MPa] | N(최대4개)×450[L/min] | N(최대 4개)×13.5[$m^3$] (450[L/min]×30[min]) | 45분 |
| 스프링클러설비 | 일반건축물 | 80[L/min] | 0.1[MPa] | N×80[L/min] | 헤드수×1.6[$m^3$] (80[L/min]×20[min]) | 20분 |
| | 위험물제조소 등 | 80[L/min] | 0.1[MPa] | N×80[L/min] | 헤드수×2.4[$m^3$] (80[L/min]×30[min]) | 45분 |

**02** 위험물안전관리법령상 위험물을 취급하는 제조소 건축물의 지붕을 내화구조로 할 수 있는 것은?

① 과염소산    ② 과망가니즈산칼륨
③ 부틸리튬    ④ 산화프로필렌

**해설** 위험물을 취급하는 제조소 건축물의 지붕을 내화구조로 할 수 있는 경우
지붕(작업공정상 제조기계시설 등이 2층 이상에 연결되어 설치된 경우에는 최상층의 지붕을 말한다)은 폭발력이 위로 방출될 정도의 가벼운 불연재료로 덮어야 한다.

다만, 위험물을 취급하는 건축물이 다음 각목의 1에 해당하는 경우에는 그 지붕을 내화구조로 할 수 있다.
가. 제2류 위험물(분상의 것과 인화성고체를 제외한다), 제4류 위험물 중 제4석유류·동식물유류 또는 제6류 위험물을 취급하는 건축물인 경우
나. 다음의 기준에 적합한 밀폐형 구조의 건축물인 경우
 1) 발생할 수 있는 내부의 과압(過壓) 또는 부압(負壓)에 견딜 수 있는 철근콘크리트조일 것
 2) 외부화재에 90분 이상 견딜 수 있는 구조일 것

① 과염소산(6류)
② 과망가니즈산칼륨(1류)
③ 부틸리튬(3류)
④ 산화프로필렌(4류–특수인화물)

**03** 위험물안전관리법령상 철분을 취급하는 위험물제조소에 설치하여야 하는 주의사항을 표시한 게시판의 내용으로 옳은 것은?

① 물기주의    ② 물기엄금
③ 화기주의    ④ 화기엄금

**해설** 제조소 등의 주의사항

| 위험물의 종류 | 주의사항 | 게시판의 색상 |
|---|---|---|
| 제1류 위험물 중 알칼리금속의 과산화물 제3류 위험물 중 금수성 물질 | 물기엄금 | 청색바탕에 백색문자 |
| 제2류 위험물(인화성 고체는 제외) | 화기주의 | 적색바탕에 백색문자 |
| 제2류 위험물 중 인화성 고체 제3류 위험물 중 자연발화성 물질 제4류 위험물 제5류 위험물 | 화기엄금 | 적색바탕에 백색문자 |
| 알칼리금속의 과산화물 외의 제1류 위험물 제6류 위험물 | 주의사항 규정이 없음 | |

☞ 철분은 제2류 위험물이므로 "화기주의"가 맞다.

정답 01.③ 02.① 03.③

## 04
위험물안전관리법령상 위험물제조소의 환기설비에 관한 기준 중 다음 ( )에 들어갈 내용으로 옳은 것은?

> 환기구는 지붕 위 또는 지상 ( )[m] 이상의 높이에 회전식 고정벤티레이터 또는 루프팬방식으로 설치할 것

① 1　　② 2
③ 3　　④ 4

**해설** 위험물 제조소의 환기설비(위험물법 규칙 별표 4)
(1) 환기는 자연배기방식으로 할 것
(2) 급기구는 바닥면적 150[m²]마다 1개 이상으로 하되, 급기구의 크기는 800[cm²] 이상으로 할 것

**[ 바닥면적이 150[m²] 미만인 경우의 크기 ]**

| 바닥면적 | 급기구의 면적 |
|---|---|
| 60[m²] 미만 | 150[cm²] 이상 |
| 60[m²] 이상 90[m²] 미만 | 300[cm²] 이상 |
| 90[m²] 이상 120[m²] 미만 | 450[cm²] 이상 |
| 120[m²] 이상 150[m²] 미만 | 600[cm²] 이상 |

(1) 급기구는 낮은 곳에 설치하고 가는 눈의 구리망 등으로 인화 방지망을 설치할 것
(2) 환기구는 지붕 위 또는 지상 2[m] 이상의 높이에 회전식 고정벤티레이터 또는 루프팬 방식으로 설치할 것

## 05
위험물안전관리법령상 위험물제조소와 인근 건축물 등과의 안전거리가 다음 중 가장 긴 것은? (단, 제6류 위험물을 취급하는 제조소를 제외한다)

① 「초·중등교육법」에 정하는 학교
② 사용전압이 35,000[V]를 초과하는 특고압가공전선
③ 「도시가스사업법」의 규정에 의한 가스공급시설
④ 「문화유산의 보존 및 활용에 관한 법률」에 따른 기념물 중 지정문화유산

**해설** 제조소의 안전거리

| 건축물 | 안전거리 |
|---|---|
| 사용전압 7,000[V] 초과 35,000[V] 이하의 특고압 가공전선 | 3[m] 이상 |
| 사용전압 35,000[V] 초과의 특고압 가공전선 | 5[m] 이상 |
| 주거용으로 사용되는 것(제조소가 설치된 부지 내에 있는 것을 제외) | 10[m] 이상 |
| 고압가스, 액화석유가스, 도시가스를 저장 또는 취급하는 시설 | 20[m] 이상 |
| 학교, 병원급 의료기관(병원, 치과병원, 한방병원, 요양병원, 종합병원), 극장, 공연장, 영화상영관, 그 밖에 수용인원 300명 이상의 인원을 수용할 수 있는 것, 아동복지시설, 노인복지시설, 장애인복지시설, 한부모가족복지시설, 어린이집, 성매매피해자 등을 위한 지원시설, 정신보건시설, 가정폭력피해자보호시설 및 그 밖에 수용인원 20명 이상의 인원을 수용할 수 있는 것 | 30[m] 이상 |
| 지정문화유산, 천연기념물 | 50[m] 이상 |

## 06
위험물안전관리법령상 지하탱크저장소의 기준에 관한 설명으로 옳은 것은? (단, 이중벽탱크와 특수누설방지구조는 제외한다)

① 지하저장탱크의 윗부분은 지면으로부터 0.5[m] 이상 아래에 있어야 한다.
② 지하저장탱크와 탱크전용실의 안쪽과의 사이는 5[cm] 이상의 간격을 유지하도록 한다.
③ 지하저장탱크는 용량 1,500[L] 이하일 때 탱크의 최대 직경은 1,067[mm], 강철판의 최소두께는 4.24[mm]로 한다.
④ 철근콘크리트 구조인 탱크전용실의 벽·바닥 및 뚜껑은 두께 0.3[m] 이상으로 하고 그 내부에는 직경 9[mm]부터 13[mm]까지의 철근을 가로 및 세로로 5[cm]부터 20[cm]까지의 간격으로 배치한다.

**해설** ① 0.6[m]
② 0.1[m](10[cm])
③ 최대직경 1,219[mm], 강철판 최소두께 3.2[mm]

**정답** 04.② 05.④ 06.④

**07** 위험물안전관리법령상 이동탱크저장소의 기준에 관한 설명으로 옳은 것을 모두 고른 것은?

> ㉠ 이동탱크저장소에 주입설비를 설치하는 경우에는 주입설비의 길이는 60[m] 이내로 하고, 분당 토출량은 250[L] 이하로 할 것
> ㉡ 탱크는 두께 3.2[mm] 이상의 강철판 또는 이와 동등 이상의 강도·내식성 및 내열성이 있다고 인정하여 소방청장이 정하여 고시하는 재료 및 구조로 위험물이 새지 아니하게 제작할 것
> ㉢ 제4류 위험물 중 특수인화물, 제석유류 또는 제2석유류의 이동탱크저장소에는 정해진 기준에 의하여 접지도선을 설치 할 것
> ㉣ 방호틀은 두께 1.6[mm] 이상의 강철판 또는 이와 동등 이상의 기계적 성질이 있는 재료로써 산모양의 형상으로 할 것

① ㉠, ㉣  ② ㉡, ㉢
③ ㉠, ㉢, ㉣  ④ ㉠, ㉡, ㉢, ㉣

**해설** ㉠ 주입설비 길이 50[m] 이내 / 분당 토출량은 200[L] 이하로 할 것
㉣ 방호틀은 두께 2.3[mm] 이상의 강철판 또는 이와 동등 이상의 기계적 성질이 있는 재료로써 산모양의 형상으로 하거나 이와 동등 이상의 강도가 있는 형상으로 할 것

**08** 위험물안전관리법령상 옥외탱크저장소 탱크 주위에 설치하는 방유제의 설치기준 중 ( )에 들어갈 내용으로 옳게 나열된 것은?

> 방유제는 두께 ( ㉠ )[m] 이상, 지하매설깊이 ( ㉡ )[m] 이상으로 할 것. 다만, 방유제와 옥외저장탱크사이의 지반면 아래에 불침윤성(不侵潤性) 구조물을 설치하는 경우에는 지하매설깊이를 해당 불침윤성 구조물까지로 할 수 있다.

① ㉠ : 0.1, ㉡ : 0.5
② ㉠ : 0.1, ㉡ : 1.0
③ ㉠ : 0.2, ㉡ : 0.5
④ ㉠ : 0.2, ㉡ : 1.0

**해설** 방유제는 높이 0.5[m] 이상 3[m] 이하, 두께 0.2[m] 이상, 지하매설깊이 1[m] 이상으로 할 것. 다만, 방유제와 옥외저장탱크사이의 지반면 아래에 불침윤성(不侵潤性) 구조물을 설치하는 경우에는 지하매설깊이를 해당 불침윤성 구조물까지로 할 수 있다.

**09** 위험물안전관리법령상 위험물저장소의 건축물 외벽이 내화구조이고 연면적이 900[m²]인 경우, 소화설비의 설치기준에 의한 소화설비 소요단위의 계산값은?

① 6  ② 9
③ 12  ④ 18

**해설** 소화설비의 설치 기준(위험물법 규칙 별표 17)
(1) 전기설비의 소화설비 : 면적 100[m²]마다 소형수동식소화기를 1개 이상 설치할 것
(2) 소요단위의 계산방법
 ㉠ 제조소 또는 취급소의 건축물
  ① 외벽이 내화구조 : 연면적 100[m²]를 1소요단위
  ② 외벽이 내화구조가 아닌 것 : 연면적 50[m²]를 1소요단위
 ㉡ 저장소의 건축물
  ① 외벽이 내화구조 : 연면적 150[m²]를 1소요 단위
  ② 외벽이 내화구조가 아닌 것 : 연면적 75[m²]를 1소요단위
 ㉢ 위험물은 지정수량의 10배 : 1소요단위
∴ 외벽이 내화구조인 위험물저장소의 소요단위 = 면적 ÷ 150[m²] = 900 ÷ 150 = 6

**10** 위험물안전관리법령상 옥외저장소에 저장할 수 없는 위험물을 모두 고른 것은? (단, 국제해상위험물규칙에 적합한 용기에 수납된 경우와 「관세법」상 보세구역 안에 저장하는 경우는 제외한다)

> ㉠ 황  ㉡ 인화알루미늄
> ㉢ 벤젠  ㉣ 에틸알코올
> ㉤ 초산  ㉥ 적린
> ㉦ 과염소산

① ㉠, ㉣, ㉦  ② ㉡, ㉢, ㉥
③ ㉡, ㉤, ㉥  ④ ㉢, ㉤, ㉦

정답 07.② 08.④ 09.① 10.②

### 해설) 옥외저장소에 저장할 수 있는 위험물의 종류
- 제2류 위험물 중 황 또는 인화성고체(인화점이 섭씨 0도 이상인 것에 한한다)
- 제4류 위험물 중 제1석유류(인화점이 섭씨 0도 이상인 것에 한한다)·알코올류·제2석유류·제3석유류·제4석유류 및 동식물유류
- 제6류 위험물

▶ 저장 가능 : ㉠ 황(0) / ㉣ 에틸알코올(알코올류) / ㉤ 초산(제2석유류) / ㉥ 과염소산(6류)

▶ 저장 불가능 : ㉡ 인화알루미늄(3류) / ㉢ 벤젠(1석유류/인화점 -11[℃]) / ㉥ 적린(2류)

■ 위험물안전관리법 시행령 [별표 2]
지정수량 이상의 위험물을 저장하기 위한 장소와 그에 따른 저장소의 구분(제4조관련)

| 지정수량 이상의 위험물을 저장하기 위한 장소 | 저장소의 구분 |
|---|---|
| 1. 옥내(지붕과 기둥 또는 벽 등에 의하여 둘러싸인 곳을 말한다. 이하 같다)에 저장(위험물을 저장하는데 따르는 취급을 포함한다. 이하 이 표에서 같다)하는 장소. 다만, 제3호의 장소를 제외한다. | 옥내저장소 |
| 2. 옥외에 있는 탱크(제4호 내지 제6호 및 제8호에 규정된 탱크를 제외한다. 이하 제3호에서 같다)에 위험물을 저장하는 장소 | 옥외탱크저장소 |
| 3. 옥내에 있는 탱크에 위험물을 저장하는 장소 | 옥내탱크저장소 |
| 4. 지하에 매설한 탱크에 위험물을 저장하는 장소 | 지하탱크저장소 |
| 5. 간이탱크에 위험물을 저장하는 장소 | 간이탱크저장소 |
| 6. 차량(피견인자동차에 있어서는 앞차 축을 갖지 아니하는 것으로서 당해 피견인자동차의 일부가 견인 자동차에 적재되고 당해 피견인자동차와 그 적재물의 중량의 상당부분이 견인자동차에 의하여 지탱되는 구조의 것에 한한다)에 고정된 탱크에 위험물을 저장하는 장소 | 이동탱크저장소 |
| 7. 옥외에 다음 각목의 1에 해당하는 위험물을 저장하는 장소. 다만, 제2호의 장소를 제외한다.<br>가. 제2류 위험물중 황 또는 인화성고체(인화점이 섭씨 0도 이상인 것에 한한다)<br>나. 제4류 위험물중 제1석유류(인화점이 섭씨 0도 이상인 것에 한한다)·알코올류·제2석유류·제3석유류·제4석유류 및 동식물유류<br>다. 제6류 위험물<br>라. 제2류 위험물 및 제4류 위험물중 특별시·광역시 또는 도의 조례에서 정하는 위험물(「관세법」제154조의 규정에 의한 보세구역안에 저장하는 경우에 한한다)<br>마. 「국제해사기구에 관한 협약」에 의하여 설치된 국제해사기구가 채택한 「국제해상위험물규칙」(IMDG Code)에 적합한 용기에 수납된 위험물 | 옥외저장소 |
| 8. 암반내의 공간을 이용한 탱크에 액체의 위험물을 저장하는 장소 | 암반탱크저장소 |

**11** 위험물안전관리법령상 제1종 판매취급소의 위험물을 배합하는 실에 관한 기준으로 옳은 것은?

① 바닥면적은 6[$m^2$] 이상 15[$m^2$] 이하로 할 것
② 방화구조 또는 난연재료로 된 벽으로 구획할 것
③ 출입구 문턱의 높이는 바닥면으로부터 5[cm] 이상으로 할 것
④ 출입구에는 수시로 열 수 있는 자동폐쇄식의 30분 방화문을 설치할 것

### 해설) 제1종 판매취급소의 배합실의 기준(위험물법 규칙 별표 14)
(1) 바닥면적은 6[$m^2$] 이상 15[$m^2$] 이하로 할 것
(2) 내화구조 또는 불연재료로 된 벽을 구획할 것
(3) 바닥은 위험물이 침투하지 아니하는 구조로 하여 적당한 경사를 두고, 집유설비를 할 것
(4) 출입구에는 수시로 열 수 있는 자동폐쇄식의 60분+방화문 또는 60분 방화문을 설치할 것
(5) 출입구 문턱이 높이는 바닥면으로부터 0.1[m] 이상으로 할 것

**12** 위험물안전관리법령상 이송취급소에 관한 기준 중 ( )에 들어갈 내용으로 옳은 것은?

> 내압시험 시 배관 등은 최대상용압력의 ( )배 이상의 압력으로 4시간 이상 수압을 가하여 누설 그 밖의 이상이 없을 것

① 1  ② 1.1
③ 1.25  ④ 1.5

### 해설) 이송취급소의 비파괴시험, 내압시험
(1) 비파괴시험 : 배관 등의 용접부는 비파괴시험을 실시하여 합격할 것(이송기지내의 지상에 설치된 배관 등은 전체 용접부의 20[%] 이상을 발췌하여 시험할 수 있다)
(2) 내압시험
배관 등은 최대상용압력의 1.25배 이상의 압력으로 4시간 이상 수압을 가하여 누설 그 밖의 이상이 없을 것

**13** 위험물 안전관리법령상 주유취급소의 담 또는 벽의 일부분에 방화상 유효한 구조의 유리를 부착할 때 설치기준으로 옳지 않은 것은?

① 하나의 유리판의 가로의 길이는 2[m] 이내일 것
② 주유취급소 내의 지반면으로부터 70[cm]를 초과하는 부분에 한하여 유리를 부착할 것
③ 유리를 부착하는 범위는 전체의 담 또는 벽의 길이의 10분의 3을 초과하지 아니할 것
④ 유리를 부착하는 위치는 주입구, 고정주유설비 및 고정급유설비로부터 4[m] 이상 이격될 것

**해설** 주유취급소의 담 또는 벽의 일부분에 방화상 유효한 구조의 유리를 부착할 수 있는 경우
㉠ 유리를 부착하는 위치는 주입구, 고정주유설비 및 고정급유설비로부터 4[m] 이상 이격될 것
㉡ 유리를 부착하는 방법
　ⓐ 주유취급소 내의 지반면으로부터 70[cm]를 초과하는 부분에 한하여 유리를 부착할 것
　ⓑ 하나의 유리판의 가로의 길이는 2[m] 이내일 것
　ⓒ 유리판의 테두리를 금속제의 구조물에 견고하게 고정하고 해당 구조물을 담 또는 벽에 견고하게 부착
　ⓓ 유리의 구조는 접합유리(두장의 유리를 두께 0.76[mm] 이상의 폴리비닐부티랄 필름으로 접합한 구조를 말한다)로 하되, 「유리구획 부분의 내화시험방법(KS F 2845)」에 따라 시험하여 비차열 30분 이상의 방화성능이 인정될 것
㉢ 유리를 부착하는 범위는 전체의 담 또는 벽의 길이의 10분의 2를 초과하지 아니할 것

정답 13.③

# 2017 제17회 소방시설관리사 1차 필기 기출문제
### [제4과목 : 위험물의 시설기준]

**01** 위험물안전관리법령상 옥외탱크저장소 주위에 확보하여야 하는 보유공지는 어느 부분을 기준으로 너비를 확보하는가?

① 방유제의 내벽
② 옥외저장탱크의 측면
③ 옥외저장탱크 밑판의 중심
④ 펌프시설의 중심

**해설** 옥외탱크저장소의 보유공지는 위험물의 최대수량에 따라 옥외저장탱크의 측면으로부터 다음의 표에 의한 너비의 공지를 보유하여야 한다(위험물법 시행규칙 별표 6).

| 저장 또는 취급하는 위험물의 최대수량 | 공지의 너비 |
| --- | --- |
| 지정수량의 500배 이하 | 3[m] 이상 |
| 지정수량의 500배 초과 1,000배 이하 | 5[m] 이상 |
| 지정수량의 1,000배 초과 2,000배 이하 | 9[m] 이상 |
| 지정수량의 2,000배 초과 3,000배 이하 | 12[m] 이상 |
| 지정수량의 3,000배 초과 4,000배 이하 | 15[m] 이상 |
| 지정수량의 4,000배 초과 | 당해 탱크의 수평단면의 최대지름(횡형인 경우에는 긴 변)과 높이 중 큰 것과 같은 거리 이상. 다만, 30[m] 초과의 경우에는 30[m] 이상으로 할 수 있고, 15[m] 미만의 경우에는 15[m] 이상으로 하여야 한다. |

**02** 위험물안전관리법령상 하이드록실아민 등을 취급하는 제조소의 담 또는 토제 설치 기준에 관한 내용이다. ( )에 알맞은 숫자를 순서대로 나열한 것은?

제조소 주위에는 공작물의 외측으로부터 (　)[m] 이상 떨어진 장소에 담 또는 토제를 설치하고 담의 두께는 (　)[cm] 이상의 철근콘크리트조로 하고, 토제의 경우 경사면의 경사도는 (　)도 미만으로 한다.

① 2, 15, 60
② 2, 20, 45
③ 3, 15, 60
④ 3, 20, 45

**해설** 제조소의 주위에는 다음에 정하는 기준에 적합한 담 또는 토제(土堤)를 설치할 것
㉠ 담 또는 토제는 당해 제조소의 외벽 또는 이에 상당하는 공작물의 외측으로부터 2[m] 이상 떨어진 장소에 설치할 것
㉡ 담 또는 토제의 높이는 당해 제조소에 있어서 하이드록실아민 등을 취급하는 부분의 높이 이상으로 할 것
㉢ 담은 두께 15[cm] 이상 철근콘크리트조・철골철근콘크리트조 또는 두께 20[cm] 이상의 보강콘크리트블록조로 할 것
㉣ 토제의 경사면의 경사도는 60도 미만으로 할 것

**03** 위험물안전관리법령상 제조소 등에 설치하는 비상구 설치 기준으로 옳지 않은 것은?

① 출입구와 같은 방향에 있지 아니하고, 출입구로부터 3[m] 이상 떨어져 있을 것
② 작업장 각 부분으로부터 하나의 비상구까지 수평거리는 50[m] 이하가 되도록 할 것
③ 비상구의 너비는 0.75[m] 이상, 높이는 1.5[m] 이상으로 할 것
④ 피난 방향으로 열리는 구조이며, 항상 잠겨있는 구조로 할 것

**정답** 01.② 02.① 03.④

해설 제조소등에 설치하는 비상구 설치 기준(산업안전보건기준에 관한 규칙 제17조)
① 사업주는 별표 1에 규정된 위험물질을 제조·취급하는 작업장과 그 작업장이 있는 건축물에 제11조에 따른 출입구 외에 안전한 장소로 대피할 수 있는 비상구 1개 이상을 다음 각 호의 기준에 맞는 구조로 설치하여야 한다.
  (1) 출입구와 같은 방향에 있지 아니하고, 출입구로부터 3[m] 이상 떨어져 있을 것
  (2) 작업장의 각 부분으로부터 하나의 비상구 또는 출입구까지의 수평거리가 50[m] 이하가 되도록 할 것
  (3) 비상구의 너비는 0.75[m] 이상으로 하고, 높이는 1.5[m] 이상으로 할 것
  (4) 비상구의 문은 피난 방향으로 열리도록 하고, 실내에서 항상 열 수 있는 구조로 할 것
② 사업주는 ①에 따른 비상구에 문을 설치하는 경우 항상 사용할 수 있는 상태로 유지하여야 한다.

**04** 위험물 제조소의 옥외에 있는 위험물 취급탱크 2기가 방유제 내에 있다. 방유제의 최소 내용적($m^3$)은 얼마인가?

① 15[$m^3$]  ② 17[$m^3$]
③ 32[$m^3$]  ④ 33[$m^3$]

해설 위험물 제조소의 방유제, 방유턱의 용량(위험물법 시행규칙 별표 4)
① 옥외에 있는 위험물 취급탱크의 방유제 용량
  (1) 탱크 1기일 때 : 탱크용량 × 0.5
  (2) 탱크 2기 이상일 때 : (탱크용량 × 0.5) + 나머지 탱크용량합계 × 0.1)
② 옥내에 있는 위험물 취급탱크의 방유턱 용량
  (1) 탱크 1기일 때 : 탱크용량 이상
  (2) 탱크 2기 이상일 때 : 최대탱크용량 이상
※ 방유제 용량 = (30,000[L] × 0.5) + 20,000[L] × 0.1) = 17,000[L] = 17[$m^3$]

1[$m^3$] = 1,000 [L]

**05** 위험물안전관리법령상 옥외저장소에 저장 또는 취급 할 수 없는 위험물은? (단, 국제해상위험물 규칙에 적합한 용기에 수납된 경우, 보세구역 안에 저장하는 경우는 제외한다)
① 벤 젠
② 톨루엔
③ 피리딘
④ 에틸알코올

해설 옥외저장소에 저장할 수 있는 위험물(위험물법 시행규칙 별표 11)
① 제2류 위험물 중 황, 인화성고체(인화점이 0[℃] 이상인 것에 한함)
② 제4류 위험물 중 제1석유류(인화점이 0[℃] 이상인 것에 한함), 제2석유류, 제3석유류, 제4석유류, 알코올류, 동식물유류
③ 제6류 위험물

| 【 제4류 위험물의 인화점 】 | | | | |
|---|---|---|---|---|
| 종류 | 벤 젠 | 톨루엔 | 피리딘 | 에틸알코올 |
| 인화점 | -11[℃] | 4[℃] | 20[℃] | 13[℃] |

**06** 위험물안전관리법령상 이송취급소를 설치할 수 없는 장소는? (단, 지형상황 등 부득이 한 경우 또는 횡단의 경우는 제외한다)
① 시가지 도로의 노면 아래
② 산림 또는 평가
③ 고속국도의 길어깨
④ 지하 또는 해저

해설 이송취급소의 설치제외장소(위험물법 시행규칙 별표 15)
㉠ 철도 및 도로의 터널 안
㉡ 고속국도 및 자동차전용도로의 차도·길어깨 및 중앙분리대
㉢ 호수·저수지 등으로서 수리의 수원이 되는 곳
㉣ 급경사지역으로서 붕괴의 위험이 있는 지역

정답 04.② 05.① 06.③

**07** 위험물안전관리법령상 옥내저장탱크의 대기밸브 부착 통기관은 얼마 이하의 압력차(kPa)로 작동되어야 하는가?

① 5[kPa]  ② 7[kPa]
③ 10[kPa]  ④ 20[kPa]

**해설** 옥내저장탱크의 대기밸브 부착 통기관(위험물법 시행규칙 별표7)
㉠ 통기관의 선단은 건축물의 창·출입구 등의 개구부로부터 1[m] 이상 떨어진 옥외의 장소에 지면으로부터 4[m] 이상의 높이로 설치하되, 인화점이 40[℃] 미만인 위험물의 탱크에 설치하는 통기관에 있어서는 부지경계선으로부터 1.5[m] 이상 이격할 것. 다만, 고인화점 위험물만을 100[℃] 미만의 온도로 저장 또는 취급하는 탱크에 설치하는 통기관은 그 선단을 탱크전용실 내에 설치할 수 있다.
㉡ 통기관은 가스 등이 체류할 우려가 있는 굴곡이 없도록 할 것
㉢ 5[kPa] 이하의 압력차이로 작동할 수 있을 것
㉣ 가는 눈의 구리망 등으로 인화방지장치를 할 것. 다만, 인화점 70[℃] 이상의 위험물만을 해당 위험물의 인화점 미만의 온도로 저장 또는 취급하는 탱크에 설치하는 통기관에 있어서는 그러하지 아니하다.

**08** 위험물안전관리법령상 옥내탱크저장소의 저장탱크에 크레오소트유(Creosote Oil)를 저장하고자 할 때 최대용량(L)은?(단, 옥내탱크저장소는 단층건축물에 설치되어 있다)

① 20,000[L]  ② 40,000[L]
③ 60,000[L]  ④ 80,000[L]

**해설** 옥내저장탱크의 용량
① 단층건축물에 설치하는 경우
 (1) 제4석유류, 동식물유류 : 지정수량의 40배 이하
 (2) 제4석유류, 동식물유류외의 제4류 위험물 : 최대 20,000[L]
② 단층건물 외의 건축물에 설치하는 것
 (1) 1층 이하의 층
  - 제4석유류, 동식물유류 : 지정수량의 40배 이하
  - 제4석유류, 동식물유류 외의 제4류 위험물 : 최대 20,000[L]
 (2) 2층 이상의 층
  - 제4석유류, 동식물유류 : 지정수량의 10배 이하
  - 제4석유류, 동식물유류 외의 제4류 위험물 : 최대 5,000[L]

**09** 다음 그림과 같은 저장탱크에 중유를 저장하고자 한다. 지정수량의 최대 몇 배를 저장할 수 있는가? (단, 공간용적은 10[%]이고, 원주율은 3.14, 소수점 셋째자리에서 반올림한다)

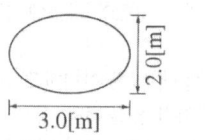 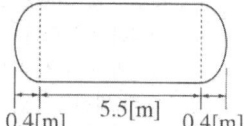

① 12.22배  ② 13.03배
③ 13.58배  ④ 14.47배

**해설** 지정수량의 배수

$$내용적(V) = \frac{\pi ab}{4}(\ell + \frac{\ell_1 + \ell_2}{3})$$

① 내용적(V) $= \frac{\pi ab}{4}(\ell + \frac{\ell_1 + \ell_2}{3})$
$= \frac{3.14 \times 3 \times 2}{4}(5.5 + \frac{0.4 + 0.4}{3})$
$= 27.16[m^3]$

② 지정수량의 배수
 (1) 중유의 지정수량 : 2,000[L](제4류 제3석유류의 비수용성)
 (2) 탱크용량 = 27.16 × 1,000[L] × 0.9
   = 24,444[L]

∴ 지정수량의 배수 $= \frac{저장량}{지정수량}$
$= \frac{24,444[L]}{2,000[L]} = 12.22배$

**10** 위험물안전관리법령상 수소충전설비를 설치한 주유취급소의 충전설비 설치 기준으로 옳지 않은 것은?

① 자동차 등의 충돌을 방지하는 조치를 마련할 것
② 충전호스는 200[kg중] 이하의 하중에 의하여 파단 또는 이탈되어야 할 것
③ 급유공지 또는 주유공지에 설치할 것
④ 충전호스는 자동차 등의 가스충전구와 정상적으로 접속하지 않는 경우에는 가스가 공급되지 않는 구조로 할 것

> **해설** 압축수소충전설비 설치 주유취급소의 충전설비의 설치 기준
> ⊙ 위치는 주유공지 또는 급유공지 외의 장소로 하되, 주유공지 또는 급유공지에서 압축수소를 충전하는 것이 불가능한 장소로 할 것
> ⓒ 충전호스는 자동차 등의 가스충전구와 정상적으로 접속하지 않는 경우에는 가스가 공급되지 않는 구조로 하고, 200[kg중] 이하의 하중에 의하여 파단 또는 이탈되어야 하며, 파단 또는 이탈된 부분으로부터 가스 누출을 방지할 수 있는 구조일 것
> ⓒ 자동차 등의 충돌을 방지하는 조치를 마련할 것
> ⓔ 자동차 등의 충돌을 감지하여 운전을 자동으로 정지시키는 구조일 것

**11** 제4류 위험물 제1석유류인 아세톤 1,000[L]를 사용하는 취급소의 살수기준면적이 465[m²]이라면, 소화설비적응성을 갖기 위한 스프링클러설비의 최소방사량(m³/min)은? (단, 위험물을 취급하는 설비 또는 부분이 넓게 분산되어 있지 않으며, 소수점 셋째자리에서 반올림한다)

① 3.77[m³/min]
② 4.05[m³/min]
③ 5.67[m³/min]
④ 6.10[m³/min]

> **해설** 최소 방사량(위험물법 시행규칙 별표 17)
>
> | 살수기준 면적[m²] | 방사밀도[L/m²·분] | |
> |---|---|---|
> | | 인화점 38[℃] 미만 | 인화점 38[℃] 이상 |
> | 279 미만 | 16.3 이상 | 12.2 이상 |
> | 279 이상 372 미만 | 15.5 이상 | 11.8 이상 |
> | 372 이상 465 미만 | 13.9 이상 | 9.8 이상 |
> | 465 이상 | 12.2 이상 | 8.1 이상 |
>
> 비고: 살수기준면적은 내화구조의 벽 및 바닥으로 구획된 하나의 실의 바닥면적을 말하고, 하나의 실의 바닥면적이 465[m²] 이상인 경우의 살수기준면적은 465[m²]로 한다. 다만, 위험물의 취급을 주된 작업내용으로 하지 아니하고 소량의 위험물을 취급하는 설비 또는 부분이 넓게 분산되어 있는 경우에는 방사밀도는 8.2[L/m²]분 이상, 살수기준 면적은 279[m²] 이상으로 할 수 있다.

① 제1석유류인 아세톤의 인화점 : -18[℃]
② 최소 방사량 = 12.2[L/m²·min] × 465[m²]
   = 5,673[L/min] = 5.67[m³/min]

**12** 위험물안전관리법령상 제1종 판매취급소의 위치·구조 및 설비의 기준에 관한 설명으로 옳지 않은 것은?

① 상층이 없는 경우 지붕은 내화구조 또는 불연재료로 한다.
② 취급하는 위험물은 지정수량 20배 이하로 한다.
③ 상층이 있는 경우 상층의 바닥을 내화구조로 한다.
④ 저장하는 위험물은 지정수량 40배 이하로 한다.

> **해설** 제1종 판매취급소의 위치·구조 및 설비의 기준(위험물법 시행규칙 별표 14)
> ① 제1종 판매취급소 : 저장 또는 취급하는 위험물의 수량이 지정수량의 20배 이하인 판매취급소
> ② 제1종 판매취급소는 건축물의 1층에 설치할 것
> ③ 제1종 판매취급소의 용도로 사용되는 건축물의 부분은 내화구조 또는 불연재료로 하고, 판매취급소로 사용되는 부분과 다른 부분과의 격벽은 내화구조로 할 것
> ④ 제1종 판매취급소의 용도로 사용하는 건축물의 부분은 보를 불연재료로 하고, 천장을 설치하는 경우에는 천장을 불연재료로 할 것
> ⑤ 제1종 판매취급소의 용도로 사용하는 부분에 상층이 있는 경우에 있어서는 그 상층의 바닥을 내화구조로 하고, 상층이 없는 경우에 있어서는 지붕을 내화구조 또는 불연재료로 할 것
> ⑥ 제1종 판매취급소의 용도로 사용하는 부분의 창 및 출입구에는 60분+ 방화문·60분 방화문 또는 30분 방화문을 설치할 것
> ⑦ 제1종 판매취급소의 용도로 사용하는 부분의 창 또는 출입구에 유리를 이용하는 경우에는 망입유리로 할 것

정답 11.③ 12.④

07. 위험물의 시설기준

**13** 위험물안전관리법령상 주유취급소의 위치·구조 및 설비의 기준에 관한 내용이다. ( )에 알맞은 숫자를 순서대로 나열한 것은?

> 주유 취급소의 고정주유설비의 주위에는 주유를 받으려는 자동차 등이 출입 할 수 있도록 너비 ( )[m] 이상, 길이 ( )[m] 이상의 콘크리트 등으로 포장한 공지를 보유하여야 한다.

① 6, 10　　　② 6, 15
③ 10, 6　　　④ 15, 6

**해설** **주유공지 및 급유공지**
① 주유취급소의 고정주유설비(펌프기기 및 호스기기로 되어 위험물을 자동차 등에 직접 주유하기 위한 설비로서 현수식의 것을 포함한다)의 주위에는 주유를 받으려는 자동차 등이 출입할 수 있도록 너비 15[m] 이상, 길이 6[m] 이상의 콘크리트 등으로 포장한 공지(이하 "주유공지"라 한다)를 보유하여야 하고, 고정급유설비(펌프기기 및 호스기기로 되어 위험물을 용기에 옮겨 담거나 이동탱크에 주입하기 위한 설비로서 현수식의 것을 포함한다)를 설치하는 경우에는 고정급유설비의 호스기기의 주위에 필요한 공지(이하 "급유공지"라한다)를 보유하여야 한다.
② ①의 규정에 의한 공지의 바닥은 주위 지면보다 높게 하고, 그 표면을 적당하게 경사지게 하여 새어나온 기름 그 밖의 액체가 공지의 외부로 유출되지 아니하도록 배수구·집유설비 및 유분리장치를 하여야 한다.

정답　13.④

# 2016 제16회 소방시설관리사 1차 필기 기출문제

[제4과목 : 위험물의 시설기준]

**01** 위험물안전관리법령상 연면적 500[m²] 이상인 제조소에 반드시 설치하여야 하는 경보설비는?

① 확성장치  ② 비상경보설비
③ 비상방송설비  ④ 자동화재탐지설비

**해설** 제조소 등의 경보설비 설치기준

| 제조소 등의 구분 | 제조소 등의 규모, 저장 또는 취급하는 위험물의 종류 및 최대수량 등 | 경보설비 |
|---|---|---|
| 1. 제조소 및 일반취급소 | • 연면적 500[m²] 이상인 것<br>• 옥내에서 지정수량의 100배 이상을 취급하는 것(고인화점 위험물만을 100[℃] 미만의 온도에서 취급하는 것을 제외한다)<br>• 일반취급소로 사용되는 부분 외의 부분이 있는 건축물에 설치된 일반취급소(일반취급소와 일반취급소외의 부분이 내화구조의 바닥 또는 벽으로 개구부 없이 구획된 것을 제외한다) | 자동화재탐지설비 |
| 2. 옥내저장소 | • 지정수량의 100배 이상을 저장 또는 취급하는 것(고인화점위험물만을 저장 또는 취급하는 것을 제외한다)<br>• 연면적이 150[m²]를 초과하는 것 [당해 저장창고가 연면적 150[m²] 이내마다 불연재료의 격벽으로 개구부 없이 완전히 구획된 것과 제2류 또는 제4류의 위험물(인화성고체 및 인화점이 70[℃] 미만인 제4류 위험물을 제외한다)만을 저장 또는 취급하는 것에 있어서는 저장창고의 연면적이 500[m²] 이상의 것에 한한다]<br>• 6[m] 이상인 단층건물의 것<br>• 사용되는 부분 외의 부분이 있는 건축물에 설치된 옥내저장소 [옥내저장소와 옥내저장소 외의 부분이 내화구조의 바닥 또는 벽으로 개구부 없이 구획된 것과 제2류 또는 제4류의 위험물(인화성고체 및 인화점이 70[℃] 미만인 제4류 위험물을 제외한다)만을 저장 또는 취급하는 것을 제외한다] | 자동화재탐지설비 |
| 3. 옥내탱크저장소 | 단층 건물 외의 건축물에 설치된 옥내탱크저장소로서 소화난이도 등급 I에 해당하는 것 | |
| 4. 주유취급소 | 옥내주유취급소 | |
| 5. 옥외탱크 저장소 | 특수인화물, 제1석유류 및 알코올류를 저장 또는 취급하는 탱크의 용량이 1,000만리터 이상인 것 | • 자동화재탐지설비<br>• 자동화재속보설비 |
| 6. 제1호 내지 제4호의 자동화재탐지설비 설치 대상에 해당하지 아니하는 제조소 등 | 지정수량의 10배 이상을 저장 또는 취급하는 것 | 자동화재탐지설비, 비상경보설비, 확성장치 또는 비상방송설비 중 1종 이상 |

**02** 위험물안전관리법령상 제조소의 특례기준에서 은·수은·동·마그네슘 또는 이들의 합금으로 된 취급설비를 사용해서는 안 되는 위험물은?

① 아세트알데히드
② 휘발유
③ 톨루엔
④ 아세톤

**해설** 아세트알데히드와 산화프로필렌은 은(Ag)·수은(Hg)·동(Cu)·마그네슘(Mg) 또는 이들의 합금으로 된 취급설비를 사용하면 아세틸레이트의 폭발물질을 생성하므로 위험하다.

**03** 위험물안전관리법령상 제조소에 피뢰침을 설치하여야 하는 경우 취급하는 위험물의 수량은 지정수량의 최소 몇 배 이상이어야 하는가? (단, 제조소에서 취급하는 위험물은 경유이며, 제조소에 피뢰침을 반드시 설치하는 경우에 한한다)

① 5배  ② 10배
③ 15배  ④ 20배

**해설** 제조소 등의 피뢰설비 설치기준 : 지정수량의 10배 이상 (제6류 위험물은 제외)

**정답** 01.④ 02.① 03.②

## 07. 위험물의 시설기준

**04** 위험물안전관리법령상 주유취급소의 위치·구조 및 설비의 기준에 관한 조문의 일부이다. ( )에 들어갈 숫자가 바르게 나열된 것은?

> 사무실 등의 창 및 출입구에 유리를 사용하는 경우에는 망입유리 또는 강화 유리로 할 것. 이 경우 강화유리의 두께는 창에는 ( ㉠ )[mm] 이상, 출입구에는 ( ㉡ )[mm] 이상으로 하여야 한다.

① ㉠ : 5, ㉡ : 10  
② ㉠ : 5, ㉡ : 12  
③ ㉠ : 8, ㉡ : 10  
④ ㉠ : 8, ㉡ : 12

**해설** 주유취급소의 위치·구조 및 설비의 기준
(1) 사무실 등의 창 및 출입구에 유리를 사용하는 경우에는 망입유리 또는 강화유리로 할 것. 이 경우 강화유리의 두께는 창에는 8[mm] 이상, 출입구에는 12[mm] 이상으로 하여야 한다.
(2) 건축물 중 사무실 그 밖의 화기를 사용하는 곳은 누설한 가연성의 증기가 그 내부에 유입되지 아니하도록 다음의 기준에 적합한 구조로 할 것
    ㉠ 출입구는 건축물의 안에서 밖으로 수시로 개방할 수 있는 자동폐쇄식의 것으로 할 것
    ㉡ 출입구 또는 사이통로의 문턱의 높이를 15[cm] 이상으로 할 것
    ㉢ 높이 1[m] 이하의 부분에 있는 창 등은 밀폐시킬 것

**05** 위험물안전관리법령상 소화설비, 경보설비 및 피난설비의 기준에 관한 조문의 일부이다. ( )에 들어갈 숫자는?

> 제조소등에 전기설비(전기배선, 조명기구 등은 제외한다)가 설치된 경우에는 당해 장소의 면적 100[m²] 마다 소형수동식소화기를 ( )개 이상 설치할 것

① 1  ② 2  
③ 3  ④ 4

**해설** 전기설비의 소화설비
제조소 등에 전기설비(전기배선, 조명기구 등은 제외한다)가 설치된 경우에는 당해 장소의 면적 100[m²]마다 소형수동식소화기를 1개 이상 설치할 것

**06** 위험물안전관리법령상 제조소에 설치하는 배출설비에 관한 설명으로 옳지 않은 것은?

① 위험물취급설비가 배관이음 등으로만 된 경우에는 전역방식으로 할 수 있다.
② 전역방식 배출설비의 배출능력은 1시간당 바닥면적 1[m²] 당 15[m³] 이상으로 하여야 한다.
③ 배출구는 지상 2[m] 이상으로서 연소의 우려가 없는 장소에 설치하여야 한다.
④ 배풍기·배출닥트·후드 등을 이용하여 강제적으로 배출하는 것으로 하여야 한다.

**해설** 제조소 등의 배출설비
가연성의 증기 또는 미분이 체류할 우려가 있는 건축물에는 그 증기 또는 미분을 옥외의 높은 곳으로 배출할 수 있도록 다음 각 호의 기준에 의하여 배출설비를 설치하여야 한다.
(1) 배출설비는 국소방식으로 하여야 한다. 다만, 다음 각 목에 해당하는 경우에는 전역방식으로 할 수 있다.
    - 위험물취급설비가 배관이음 등으로만 된 경우
    - 건축물의 구조·작업장소의 분포 등의 조건에 의하여 전역방식이 유효한 경우
(2) 배출설비는 배풍기·배출닥트·후드 등을 이용하여 강제적으로 배출하는 것으로 하여야 한다.
(3) 배출능력은 1시간당 배출장소 용적의 20배 이상인 것으로 하여야 한다. 다만, 전역방식의 경우에는 바닥면적 1[m²]당 18[m³] 이상으로 할 수 있다.
(4) 배출설비의 급기구 및 배출구는 다음 각목의 기준에 의하여야 한다.
    - 급기구는 높은 곳에 설치하고, 가는 눈의 구리망 등으로 인화방지망을 설치할 것
    - 배출구는 지상 2[m] 이상으로서 연소의 우려가 없는 장소에 설치하고, 배출닥트가 관통하는 벽부분의 바로 가까이에 화재 시 자동으로 폐쇄되는 방화댐퍼를 설치할 것
(5) 배풍기는 강제배기방식으로 하고, 옥내닥트의 내압이 대기압 이상이 되지 아니하는 위치에 설치하여야 한다.

정답 04.④ 05.① 06.②

**07** 위험물안전관리법령상 제조소와 수용인원이 300인 이상인 영화상영관과의 안전거리 기준으로 옳은 것은? (단, 6류 위험물을 취급하는 제조소를 제외한다)

① 10[m] 이상  ② 20[m] 이상
③ 30[m] 이상  ④ 50[m] 이상

**해설** 제조소의 안전거리

| 건축물 | 안전거리 |
|---|---|
| 사용전압 7,000[V] 초과 35,000[V] 이하의 특고압 가공전선 | 3[m] 이상 |
| 사용전압 35,000[V] 초과의 특고압 가공전선 | 5[m] 이상 |
| 주거용으로 사용되는 것(제조소가 설치된 부지 내에 있는 것을 제외) | 10[m] 이상 |
| 고압가스, 액화석유가스, 도시가스를 저장 또는 취급하는 시설 | 20[m] 이상 |
| 학교, 병원급 의료기관(병원, 치과병원, 한방병원, 요양병원, 종합병원), 극장, 공연장, 영화상영관, 그 밖에 수용인원 300명 이상의 인원을 수용할 수 있는 것, 아동복지시설, 노인복지시설, 장애인복지시설, 한부모가족복지시설, 어린이집, 성매매피해자 등을 위한 지원시설, 정신보건시설, 가정폭력피해자보호시설 및 그 밖에 수용인원 20명 이상의 인원을 수용할 수 있는 것 | 30[m] 이상 |
| 지정문화유산, 천연기념물 | 50[m] 이상 |

**08** 옥외탱크저장소의 하나의 방유제 안에 3기의 아세톤 저장탱크가 있다. 위험물안전관리법령상 탱크 주위에 설치하여야 할 방유제 용량은 최소 몇 [L] 이상이어야 하는가? (단, 아세톤 저장탱크의 용량은 각각 10,000[L], 20,000[L], 30,000[L]이다)

① 10,000[L]  ② 22,000[L]
③ 33,000[L]  ④ 60,000[L]

**해설** 방유제, 방유턱의 용량
(1) 위험물제조소의 옥외에 있는 위험물 취급탱크의 방유제의 용량
 - 1기일 때 : 탱크용량 × 0.5(50[%])
 - 2기 이상일 때 : 최대탱크용량 × 0.5 + (나머지 탱크 용량합계 × 0.1)

(2) 위험물제조소의 옥내에 있는 위험물 취급탱크의 방유턱의 용량
 - 1기일 때 : 탱크용량 이상
 - 2기 이상일 때 : 최대 탱크용량 이상
(3) 위험물옥외탱크저장소의 방유제의 용량
 - 1기일 때 : 탱크용량 × 1.1(110[%]) (비인화성 물질 × 100[%])
 - 2기 이상일 때 : 최대 탱크용량 × 1.1(110[%]) (비인화성 물질 × 100[%])
∴ 방유제의 용량 = 최대 탱크용량 × 1.1
   = 30,000[L] × 1.1
   = 33,000[L]

**09** 위험물안전관리법령상 용량 80[L] 수조(소화전용 물통 3개 포함)의 능력단위는?

① 0.5  ② 1.0
③ 1.5  ④ 2.0

**해설** 소화설비의 능력단위

| 소화설비 | 용량 | 능력단위 |
|---|---|---|
| 소화전용(轉用) 물통 | 8[L] | 0.3 |
| 수조(소화전용 물통 3개 포함) | 80[L] | 1.5 |
| 수조(소화전용 물통 6개 포함) | 190[L] | 2.5 |
| 마른모래(삽 1개 포함) | 50[L] | 0.5 |
| 팽창질석 또는 팽창진주암(삽 1개 포함) | 160[L] | 1.0 |

**10** 위험물안전관리법령상 판매취급소의 위치·구조 및 설비의 기준으로 옳지 않은 것은?

① 제1종 판매취급소는 건축물의 1층에 설치할 것
② 제1종 판매취급소의 용도로 사용하는 부분의 창 및 출입구에는 60분+ 방화문·60분 방화문 또는 30분 방화문을 설치할 것
③ 제2종 판매취급소의 용도로 사용하는 부분은 벽·기둥·바닥 및 보를 내화구조로 할 것
④ 제2종 판매취급소의 용도로 사용하는 부분에 천장이 있는 경우에는 이를 난연재료로 할 것

**해설** 판매취급소의 위치·구조 및 설비의 기준
① 제1종 판매취급소(지정수량의 20배 이하)

**정답** 07.③ 08.③ 09.③ 10.④

(1) 제1종 판매취급소는 건축물의 1층에 설치할 것
(2) 제1종 판매취급소의 용도로 사용되는 건축물의 부분은 내화구조 또는 불연재료로 하고, 판매취급소로 사용되는 부분과 다른 부분과의 격벽은 내화구조로 할 것
(3) 제1종 판매취급소의 용도로 사용하는 건축물의 부분은 보를 불연재료로 하고, 천장을 설치하는 경우에는 천장을 불연재료로 할 것
(4) 제1종 판매취급소의 용도로 사용하는 부분에 상층이 있는 경우에 있어서는 그 상층의 바닥을 내화구조로 하고, 상층이 없는 경우에 있어서는 지붕을 내화구조 또는 불연재료로 할 것
(5) 제1종 판매취급소의 용도로 사용하는 부분의 창 및 출입구에는 60분+ 방화문·60분 방화문 또는 30분 방화문을 설치할 것
(6) 위험물을 배합하는 실의 기준
 - 바닥면적은 6[m$^2$] 이상 15[m$^2$] 이하로 할 것
 - 내화구조 또는 불연재료로 된 벽으로 구획할 것
 - 바닥은 위험물이 침투하지 아니하는 구조로 하여 적당한 경사를 두고 집유설비를 할 것
 - 출입구에는 수시로 열 수 있는 자동폐쇄식의 60분+ 또는 60분 방화문을 설치할 것
 - 출입구 문턱의 높이는 바닥면으로부터 0.1[m] 이상으로 할 것
 - 내부에 체류한 가연성의 증기 또는 가연성의 미분을 지붕 위로 방출하는 설비를 할 것

② 제2종 판매취급소(지정수량의 40배 이하)
(1) 제2종 판매취급소의 용도로 사용하는 부분은 벽·기둥·바닥 및 보를 내화구조로 하고, 천장이 있는 경우에는 이를 불연재료로 하며, 판매취급소로 사용되는 부분과 다른 부분과의 격벽은 내화구조로 할 것
(2) 제2종 판매취급소의 용도로 사용하는 부분에 상층이 있는 경우에 있어서는 상층의 바닥을 내화구조로 하는 동시에 상층으로의 연소를 방지하기 위한 조치를 강구하고, 상층이 없는 경우에는 지붕을 내화구조로 할 것
(3) 제2종 판매취급소의 용도로 사용하는 부분 중 연소의 우려가 없는 부분에 한하여 창을 두되, 당해 창에는 60분+ 방화문·60분 방화문 또는 30분 방화문을 설치할 것
(4) 제2종 판매취급소의 용도로 사용하는 부분의 출입구에는 60분+ 방화문·60분 방화문 또는 30분 방화문을 설치할 것. 다만, 당해 부분 중 연소의 우려가 있는 벽 또는 창의 부분에 설치하는 출입구에는 수시로 열 수 있는 자동폐쇄식의 60분+ 또는 60분 방화문을 설치하여야 한다.

**11** 위험물안전관리법령상 옥내저장소의 표지 및 게시판의 기준으로 옳지 않은 것은?

① 표지의 바탕은 백색으로, 문자는 흑색으로 할 것
② 표지는 한 변의 길이가 0.3[m] 이상, 다른 한 변의 길이가 0.6[m] 이상인 직사각형으로 할 것
③ 인화성고체를 제외한 제2류 위험물에 있어서는 "화기엄금"의 게시판을 설치할 것
④ "물기엄금"을 표시하는 게시판에 있어서는 청색바탕에 백색문자로 할 것

**해설** 옥내저장소의 표지 및 게시판의 기준
(1) 표지의 바탕은 백색으로, 문자는 흑색으로 할 것
(2) 표지는 한 변의 길이가 0.3[m] 이상, 다른 한 변의 길이가 0.6[m] 이상인 직사각형으로 할 것
(3) 제2류 위험물
 - 인화성 고체 : 화기엄금(적색바탕에 백색문자)
 - 그 밖의 것(인화성 고체는 제외) : 화기주의
(4) 표시하는 게시판에 있어서는 청색바탕에 백색문자로 할 것

**12** 위험물안전관리법령상 간이탱크저장소의 위치·구조 및 설비의 기준에 관한 조문의 일부이다. ( )에 들어갈 숫자가 바르게 나열된 것은?

> 간이저장탱크는 두께 ( ㉠ )[mm] 이상 강판으로 흠이 없도록 제작하여야 하며, ( ㉡ )[kPa]의 압력으로 10분간의 수압시험을 실시하여 새거나 변형되지 아니하여야 한다.

① ㉠ : 2.3, ㉡ : 60
② ㉠ : 2.3, ㉡ : 70
③ ㉠ : 3.2, ㉡ : 60
④ ㉠ : 3.2, ㉡ : 70

**해설** 간이탱크저장소의 수압시험
간이저장탱크는 두께 3.2[mm] 이상의 강판으로 흠이 없도록 제작하여야 하며, 70[kPa]의 압력으로 10분간의 수압시험을 실시하여 새거나 변형되지 아니하여야 한다.

**13** 위험물안전관리법령상 에탄올 2,000[L]를 취급하는 제조소 건축물 주위에 보유하여야 할 공지의 너비 기준으로 옳은 것은?

① 2[m] 이상　　② 3[m] 이상
③ 4[m] 이상　　④ 5[m] 이상

**해설** 공지의 너비

(1) 지정수량의 배수 = $\dfrac{저장량}{지정수량}$

　= $\dfrac{2,000[L]}{400[L]}$ = 5.0배

(2) 보유공지

| 지정배수 | 10배 이하 | 10배 초과 |
|---|---|---|
| 보유공지의 너비 | 3[m] 이상 | 5[m] 이상 |

정답 13.②

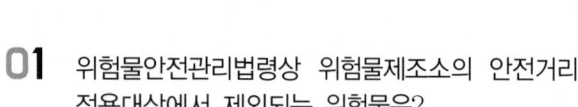

## 제5회 소방시설관리사 1차 필기 기출문제
[제4과목 : 위험물의 시설기준]

**01** 위험물안전관리법령상 위험물제조소의 안전거리 적용대상에서 제외되는 위험물은?

① 제3류 위험물   ② 제4류 위험물
③ 제5류 위험물   ④ 제6류 위험물

**해설** 제6류 위험물은 안전거리와 피뢰설비(지정수량 10배 이상) 제외대상이다.

**02** 위험물안전관리법령상 위험물제조소의 채광 및 조명설비에 관한 기준으로 옳지 않은 것은?

① 전선은 내화·내열전선으로 할 것
② 점멸스위치는 출입구 바깥부분에 설치할 것(다만, 스위치의 스파크로 인한 화재·폭발의 우려가 없을 경우에는 그러하지 아니한다)
③ 가연성가스 등이 체류할 우려가 있는 장소의 조명등은 방폭등으로 할 것
④ 채광설비는 불연재료로 하고 연소의 우려가 없는 장소에서 설치하되 채광면적을 최대로 할 것

**해설** 위험물제조소의 채광 및 조명설비
(1) 조명설비
 - 가연성가스등이 체류할 우려가 있는 장소의 조명등 : 방폭등
 - 전선 : 내화·내열전선
 - 점멸스위치 : 출입구 바깥부분에 설치(다만, 스위치의 스파크로 인한 화재·폭발의 우려가 없을 경우에는 그러하지 아니한다)
(2) 채광설비 : 불연재료로 하고 연소의 우려가 없는 장소에 설치하되 채광면적을 최소로 할 것

**03** 위험물안전관리 법령상 제1류 위험물 중 알칼리금속의 과산화물 운반용기 외부에 표시해야 할 주의사항으로 옳지 않은 것은? (단, 국제해상위험물규칙(IMDG Code)에 정한 기준 또는 소방청장이 정하여 고시하는 기준에 적합한 표시를 한 경우는 제외한다)

① 물기엄금      ② 화기·충격주의
③ 공기접촉엄금  ④ 가연물접촉주의

**해설** 운반용기의 주의사항
(1) 제1류 위험물
 - 알칼리금속의 과산화물 : 화기·충격주의, 물기엄금, 가연물접촉주의
 - 그 밖의 것 : 화기·충격주의, 가연물접촉주의
(2) 제2류 위험물
 - 철분·금속분·마그네슘 : 화기주의, 물기엄금
 - 인화성고체 : 화기엄금
 - 그 밖의 것 : 화기주의
(3) 제3류 위험물
 - 자연발화성물질 : 화기엄금, 공기접촉엄금
 - 금수성물질 : 물기엄금
(4) 제4류 위험물 : 화기엄금
(5) 제5류 위험물 : 화기엄금, 충격주의
(6) 제6류 위험물 : 가연물접촉주의

**04** 위험물안전관리법령상 위험물제조소의 압력계 및 안전장치설비 중 위험물을 가압하는 설비에 설치하는 안전장치가 아닌 것은?

① 밸브 없는 통기관
② 안전밸브를 병용하는 경보장치
③ 감압측에 안전밸브를 부착한 감압밸브
④ 자동적으로 압력의 상승을 정지시키는 장치

**정답** 01.④  02.④  03.③  04.①

**해설** 안전장치
(1) 자동적으로 압력의 상승을 정지시키는 장치
(2) 감압측에 안전밸브를 부착한 감압밸브
(3) 안전밸브를 병용하는 경보장치
(4) 파괴판(위험물의 성질에 따라 안전밸브의 작동이 곤란한 설비에 한한다)

**05** 위험물안전관리법령상 위험물제조소의 옥외에서 액체위험물을 취급하는 설비의 바닥의 둘레에 설치하는 턱의 높이 기준은?

① 0.1[m] 이상
② 0.15[m] 이상
③ 0.3[m] 이상
④ 0.5[m] 이상

**해설** 옥외시설의 바닥(옥외에서 액체위험물을 취급하는 경우)
(1) 바닥의 둘레에 높이 0.15[m] 이상의 턱을 설치할 것
(2) 바닥의 최저부에 집유설비를 할 것
(3) 위험물(20[℃]이 물 100[g]에 용해되는 양이 1[g] 미만인 것에 한함)을 취급하는 설비에는 집유설비에 유분리장치를 설치할 것

**06** 위험물안전관리법령상 제조소등의 소화난이도 Ⅰ 등급 중 황만을 저장 취급하는 옥내탱크저장소에 설치하는 소화설비는?

① 물분무소화설비
② 강화액소화설비
③ 이산화탄소소화설비
④ 청정소화약제소화설비

**해설** 소화난이도등급 Ⅰ의 제조소등에 설치하여야 하는 소화설비

| 제조소등의 구분 | 소화설비 |
|---|---|
| 제조소 및 일반취급소 | 옥내소화전설비, 옥외소화전설비, 스프링클러설비 또는 물분무등 소화설비(화재발생시 연기가 충만할 우려가 있는 장소에는 스프링클러설비 또는 이동식 외의 물분무등 소화설비에 한한다) |

| | | |
|---|---|---|
| 옥내 저장소 | 처마높이가 6[m] 이상인 단층건물 또는 다른 용도의 부분이 있는 건축물에 설치한 옥내저장소 | 스프링클러설비 또는 이동식 외의 물분무등소화설비 |
| | 그 밖의 것 | 옥외소화전설비, 스프링클러설비, 이동식 외의 물분무등소화설비 또는 이동식 포소화설비(포소화전을 옥외에 설치하는 것에 한한다. |
| 옥외 탱크 저장소 | 지중탱크 또는 해상탱크 외의 것 - 황을 저장취급하는 것 | 물분무소화설비 |
| | 지중탱크 또는 해상탱크 외의 것 - 인화점 70[℃] 이상의 제4류 위험물만을 저장취급하는 것 | 물분무소화설비 또는 고정식 포소화설비 |
| | 지중탱크 또는 해상탱크 외의 것 - 그 밖의 것 | 고정식 포소화설비(포소화설비가 적응성이 없는 경우에는 분말소화설비) |
| | 지중탱크 | 고정식 포소화설비, 이동식 이외의 이산화탄소소화설비 또는 이동식 이외의 할로겐화물소화설비 |
| | 해상탱크 | 고정식 포소화설비, 물분무소화설비, 이동식 이외의 이산화탄소소화설비 또는 이동식 이외의 할로겐화물 소화설비 |
| 옥내 탱크 저장소 | 황을 저장 취급하는 것 | 물분무소화설비 |
| | 인화점 70[℃] 이상의 제4류 위험물만을 저장 취급하는 것 | 물분무소화설비, 고정식 포소화설비, 이동식 이외의 이산화탄소소화설비, 이동식 이외의 할로겐화합물소화설비 또는 이동식 이외의 분말소화설비 |
| | 그 밖의 것 | 고정식 포소화설비, 이동식 이외의 이산화탄소소화설비, 이동식 이외의 할로겐화합물소화설비 또는 이동식 이외의 분말소화설비 |
| 옥외저장소 및 이송취급소 | | 옥내소화전설비, 옥외소화전설비, 스프링클러설비 또는 물분무등소화설비(화재발생시 연기가 충만할 우려가 있는 장소에는 스프링클러설비 또는 이동식 이외의 물분무등 소화설비에 한한다) |
| 암반 탱크 저장소 | 황을 저장 취급하는 것 | 물분무소화설비 |
| | 인화점 70[℃] 이상의 제4류 위험물만을 저장 취급하는 것 | 물분무소화설비 또는 고정식 포소화설비 |
| | 그 밖의 것 | 고정식 포소화설비(포소화설비가 적응성이 없는 경우에는 분말소화설비) |

**07** 위험물안전관리법령상 지하탱크저장소 하나의 전용실에 경유 20,000[L]와 휘발유 10,000[L]의 저장탱크를 인접해 설치하는 경우 탱크 상호간의 거리는 최소 몇 [m]를 유지하여야 하는가? (단, 지하저장탱크 사이에 탱크전용실의 벽이나 두께 20[cm] 이상의 콘크리트 구조물이 있는 경우는 제외)

① 0.3[m]  ② 0.5[m]
③ 0.6[m]  ④ 1[m]

**해설** **지하저장탱크의 이격거리**

지하저장탱크를 2 이상 인접해 설치하는 경우에는 그 상호간에 1[m](해당 2 이상의 지하저장탱크의 용량의 합계가 지정수량의 100배 이하인 때에는 0.5[m]) 이상의 간격을 두어야 한다.

(1) 공식

$$\text{지정수량의 배수} = \frac{\text{저장량}}{\text{지정수량}} + \frac{\text{저장량}}{\text{지정수량}} \cdots$$

(2) 지정수량

| 품목 | 품명 | 지정수량 |
|---|---|---|
| 경유 | 제2석유류(비수용성) | 1,000[L] |
| 휘발유 | 제1석유류(수용성) | 200[L] |

∴ 지정수량의 배수 =
$$\frac{20,000[L]}{1,000[L]} + \frac{10,000[L]}{200[L]} = 70배$$

∴ 지정수량의 배수가 70배이므로 0.5[m] 이상의 간격을 두어야 한다.

**08** 위험물안전관리법령상 옥내탱크저장소의 탱크전용실에 하나의 탱크를 설치하고 등유를 저장하려고 한다. 저장 할 수 있는 최대용량과 그 지정수량의 배수는?

① 20,000[L] – 20배
② 20,000[L] – 40배
③ 40,000[L] – 20배
④ 40,000[L] – 40배

**해설** 옥내저장탱크의 용량(동일한 탱크전용실에 2 이상 설치하는 경우에는 각 탱크의 용량의 합계)은 지정수량의 40배(제4석유류 및 동식물유류 외의 제4류 위험물 : 20,000[L]를 초과할 때에는 20,000[L]) 이하일 것

∴ 등유는 제4류 위험물 제2석유류(비수용성)로서 지정수량 1,000[L]이다.
(1) 지정수량의 40배는 1,000[L]×40배 = 40,000[L]
(2) 제2석유류는 20,000[L]를 초과하면 20,000[L]로 하고 지정수량의 배수는 20,000[L]/1,000[L] = 20배이다.

**09** 위험물안전관리법령상 간이탱크저장소 설치 기준에 관한 내용으로 옳은 것은?

① 간이저장탱크의 용량은 1,000[L] 이하이어야 한다.
② 하나의 간이탱크저장소에 설치하는 간이 저장탱크 수는 5 이하로 한다.
③ 간이저장탱크는 70[kPa]의 압력으로 10분간의 수압시험을 실시하여 새거나 변형되지 아니하여야 한다.
④ 간이저장탱크를 옥외에 설치하는 경우 그 탱크 주위에 너비 0.5[m] 이상의 공지를 둔다.

**해설** **간이탱크저장소 설치기준**
(1) 간이저장탱크의 용량 : 600[L]
(2) 하나의 간이탱크저장소에 설치하는 간이저장탱크의 수 : 3 이하
(3) 간이저장탱크는 두께 3.2[mm] 이상의 강판으로 흠이 없도록 제작하여야 하며 70[kPa]의 압력으로 10분간의 수압시험을 실시하여 새거나 변형되지 아니하여야 한다.
(4) 간이저장탱크를 옥외에 설치하는 경우 그 탱크 주위에 너비 1[m] 이상의 공지를 두어야 한다.

**10** 위험물안전관리법령상 제조소등에 설치하는 옥외소화전설비 수원기준에 관한 것이다. ( )에 들어갈 숫자는?

> 수원의 수량은 옥외소화전의 설치개수(설치개수가 4개 이상인 경우는 4개의 옥외소화전에 ( )[m³]를 곱한 양 이상이 되도록 설치할 것

① 2.6  ② 7
③ 7.8  ④ 13.5

정답 07.② 08.① 09.③ 10.④

**해설** 일반건축물과 위험물제조소등의 비교

| 종류 | 항목 | 방수량 | 방수압력 | 토출량 | 수원 | 비상전원 |
|---|---|---|---|---|---|---|
| 옥내소화전설비 | 일반건축물 | 130 [L/min] | 0.17 [MPa] | N(최대 2개) ×130[L/min] | N(최대 2개)×2.6[m³] (130[L/min]×20[min]) | 20분 |
| | 위험물제조소 등 | 260 [L/min] | 0.35 [MPa] | N(최대 5개) ×260[L/min] | N(최대 5개)×7.8[m³] (260[L/min]×30[min]) | 45분 |
| 옥외소화전설비 | 일반건축물 | 350 [L/min] | 0.25 [MPa] | N(최대 2개) ×350[L/min] | N(최대 2개)×7[m³] (350[L/min]×20[min]) | — |
| | 위험물제조소 등 | 450 [L/min] | 0.35 [MPa] | N(최대 4개) ×450[L/min] | N(최대 4개)×13.5[m³] (450[L/min]×30[min]) | 45분 |
| 스프링클러설비 | 일반건축물 | 80 [L/min] | 0.1 [MPa] | N ×80[L/min] | 헤드수×1.6[m³] (80[L/min]×20[min]) | 20분 |
| | 위험물제조소 등 | 80 [L/min] | 0.1 [MPa] | N ×80[L/min] | 헤드수×2.4[m³] (80[L/min]×30[min]) | 45분 |

**11** 위험물안전관리법령상 제1종 판매취급소에 관한 설명으로 옳지 않은 것은?

① 제1종 판매취급소는 저장 또는 취급하는 위험물의 수량이 지정수량의 20배 이하인 판매취급소를 말한다.
② 제1종 판매취급소의 위험물을 배합하는 실의 바닥면적은 20[m²] 이하로 한다.
③ 제1종 판매취급소로 사용되는 부분과 다른부분과의 격벽은 내화구조로 하여야 한다.
④ 제1종 판매취급소의 용도로 사용하는 부분의 창 및 출입구에는 60분+ 방화문·60분 방화문 또는 30분 방화문을 설치하여야 한다.

**해설** 제1종 판매취급소 설치기준

(1) 제1종 판매취급소 : 저장 또는 취급하는 위험물의 수량이 지정수량의 20배 이하인 판매취급소
(2) 제1종 판매취급소의 배합실의 기준
 – 바닥면적은 6[m²] 이상 15[m²] 이하일 것
 – 내화구조 또는 불연재료로 된 벽으로 구획할 것
 – 바닥은 위험물이 침투하지 아니하는 구조로 하여 적당한 경사를 두고 집유설비를 할 것
 – 출입구에는 수시로 열 수 있는 자동폐쇄식의 60분+ 또는 60분 방화문을 설치할 것

 – 출입구 문턱의 높이는 바닥면으로부터 0.1[m] 이상으로 할 것
 – 내부에 체류한 가연성의 증기 또는 가연성의 미분을 지붕위로 방출하는 설비를 할 것
(3) 제1종 판매취급소로 사용되는 부분과 다른 부분과의 격벽은 내화구조로 하여야 한다.
(4) 제1종 판매취급소의 용도로 사용하는 부분의 창 및 출입구에는 60분+ 방화문·60분 방화문 또는 30분 방화문을 설치하여야 한다.

**12** 위험물안전관리법령상 주유취급소 내에 설치하는 고정주유설비와 고정급유설비 사이에 유지하여야 하는 거리기준은?

① 1[m] 이상  ② 3[m] 이상
③ 4[m] 이상  ④ 5[m] 이상

**해설** 위험물 주유취급소의 고정주유설비, 고정급유설비와의 거리

(1) 고정주유설비(중심선을 기점으로 하여)
 – 도로경계선 : 4[m] 이상
 – 부지경계선, 담, 건축물의 벽 : 2[m] 이상
 – 개구부가 없는 벽 : 1[m] 이상
(2) 고정급유설비(중심선을 기점으로 하여)
 – 도로경계선까지 : 4[m] 이상
 – 부지경계선·담까지 : 1[m]
 – 건축물의 벽까지 : 2[m](개구부가 없는 벽까지는 1[m]) 이상 거리를 유지할 것
(3) 고정주유설비와 고정급유설비 사이 : 4[m] 이상

**13** 위험물안전관리법령상 경유 40,000[L]를 저장하고 있는 위험물에 관한 소화설비 소요단위는?

① 2단위  ② 4단위
③ 6단위  ④ 8단위

**해설** 소요단위

$$\text{소요단위} = \frac{\text{저장량}}{\text{지정수량} \times 10}$$

경유(제4류 위험물 제2석유류 비수용성)의 지정수량 : 1,000[L]

$$\therefore \text{소요단위} = \frac{\text{저장량}}{\text{지정수량} \times 10} = \frac{40,000[L]}{1,000[L] \times 10} = 4단위$$

정답 11.② 12.③ 13.②

# 2014 제4회 소방시설관리사 1차 필기 기출문제
### [제4과목 : 위험물의 시설기준]

**01** 위험물 안전관리법령상 팽창진주암(삽 1개 포함)의 1.0 능력단위에 해당하는 용량으로 옳은 것은?
① 50[L]     ② 80[L]
③ 100[L]    ④ 160[L]

**해설** 간이소화용구의 능력단위

| 간이소화용구 | | 능력단위 |
|---|---|---|
| 1. 마른모래 | 삽을 상비한 50[L] 이상의 것 1포 | 0.5단위 |
| 2. 팽창질석 또는 팽창진주암 | 삽을 상비한 80[L] 이상의 것 1포 | |

**02** 위험물 안전관리법령상 제조소의 안전거리 규정에 관한 설명으로 옳지 않은 것은?
① 고등교육법에서 정하는 학교는 수용인원에 관계없이 30[m] 이상 이격하여야 한다.
② 영유아보육법에 의한 어린이집이 20명의 인원을 수용하는 경우는 30[m] 이상 이격하여야 한다.
③ 공연법에 의한 공연장이 300명의 인원을 수용하는 경우는 10[m] 이상 이격하여야 한다.
④ 노인복지법에 의한 노인복지시설이 20명의 인원을 수용하는 경우는 30[m] 이상 이격하여야 한다.

**해설** 안전거리 30[m] 이상
공연장, 영화상영관 및 그 밖에 이와 유사한 시설로서 3백명 이상의 인원을 수용할 수 있는 것

**03** 위험물안전관리법령상 제조소의 환기설비 시설기준에 관한 설명으로 옳지 않은 것은?
① 급기구는 해당 급기구가 설치된 실의 바닥면적 150[m²]마다 1개 이상으로 하여야 한다.
② 환기구는 지붕 위 또는 지상 1[m] 이상의 높이에 설치하여야 한다.
③ 바닥면적이 120[m²]인 경우, 급기구의 크기를 600[cm²] 이상으로 하여야 한다.
④ 급기구는 낮은 곳에 설치하고 가는 눈의 구리망 등으로 인화방지망을 설치하여야 한다.

**해설** 환기구는 지붕위 또는 지상 2[m] 이상의 높이에 회전식 고정벤티레이터 또는 루프팬 방식으로 설치할 것

**04** 위험물안전관리법령상 제조소등의 시설 중 각종 턱에 관한 기준으로 옳지 않은 것은?
① 액체위험물을 취급하는 제조소의 옥외설비는 바닥의 둘레에 높이 0.15[m] 이상의 턱을 설치하여야 한다.
② 판매취급소에서 위험물을 배합하는 실의 출입구 문턱 높이는 바닥 면으로부터 0.05[m] 이상이어야 한다.
③ 옥외탱크저장소에서 옥외저장탱크 펌프실의 바닥 주위에는 높이 0.2[m] 이상의 턱을 만들어야 한다.
④ 주유취급소의 펌프실 출입구에는 바닥으로부터 0.1[m] 이상의 턱을 설치하여야 한다.

**해설** 판매취급소에서 위험물을 배합하는 실의 출입구 문턱의 높이는 바닥면으로부터 0.1[m] 이상으로 할 것

**정답** 01.④  02.③  03.② 04.②

**05** 위험물안전관리법령상 제조소 내의 위험물을 취급하는 배관을 강관 이외의 재질로 하는 경우 사용할 수 없는 것은?

① 폴리프로필렌
② 폴리우레탄
③ 고밀도폴리에틸렌
④ 유리섬유강화플라스틱

**해설** 배관의 재질
㉠ 강관 그 밖에 이와 유사한 금속성
㉡ 유리섬유강화플라스틱
㉢ 고밀도폴리에틸렌 또는 폴리우레탄

**06** 위험물안전관리법령상 옥내탱크저장소의 탱크전용실을 단층건물 외의 건축물에 설치할 수 없는 위험물은?

① 적린   ② 칼륨
③ 경유   ④ 질산

**해설** 옥내탱크저장소 중 탱크전용실을 단층건물 외의 건축물에 설치하는 것
제2류 위험물 중 황화인·적린 및 덩어리 황, 제3류 위험물 중 황린, 제6류 위험물 중 질산 및 제4류 위험물 중 인화점이 38[℃] 이상인 위험물만을 저장 또는 취급하는 것에 한한다.

**07** 위험물안전관리법령상 제조소 옥외설비 바닥의 집유설비에 유분리장치를 설치해야하는 액체위험물의 용해도 기준으로 옳은 것은?

① 15[℃]의 물 100[g]에 용해되는 양이 0.1[g] 미만인 것
② 15[℃]의 물 100[g]에 용해되는 양이 1[g] 미만인 것
③ 20[℃]의 물 100[g]에 용해되는 양이 0.1[g] 미만인 것
④ 20[℃]의 물 100[g]에 용해되는 양이 1[g] 미만인 것

**해설** 제조소 옥외설비의 바닥기준
㉠ 바닥의 둘레에 높이 0.15[m] 이상의 턱을 설치하는 등 위험물이 외부로 흘러나가지 아니하도록 하여야 한다.
㉡ 바닥은 콘크리트 등 위험물이 스며들지 아니하는 재료로 하고, ㉠의 턱이 있는 쪽이 낮게 경사지게 하여야 한다.
㉢ 바닥의 최저부에 집유설비를 하여야 한다.
㉣ 위험물(온도 20[℃]의 물 100[g]에 용해되는 양이 1[g] 미만인 것에 한한다)을 취급하는 설비에 있어서는 당해 위험물이 직접 배수구에 흘러들어가지 아니하도록 집유설비에 유분리장치를 설치하여야 한다.

**08** 위험물안전관리법령상 위험물의 운송 및 운반에 관한 설명으로 옳지 않은 것은?

① 지정수량 이상을 운송하는 차량은 운행 전 관할소방서장에게 신고하여야 한다.
② 알킬리튬은 운송책임자의 감독 또는 지원을 받아 운송을 하여야 한다.
③ 제3류 위험물 중 금수성 물질은 적재 시 방수성이 있는 피복으로 덮어야 한다.
④ 위험물은 운반용기의 외부에 위험물 품명, 수량, 주의사항 등을 표시하여 적재하여야 한다.

**해설** 대통령령이 정하는 위험물의 운송에 있어서는 운송책임자(위험물 운송의 감독 또는 지원을 하는 자를 말한다. 이하 같다)의 감독 또는 지원을 받아 이를 운송하여야 한다.

■ 위험물법 제21조(위험물의 운송)
① 이동탱크저장소에 의하여 위험물을 운송하는 자(운송책임자 및 이동탱크저장소운전자를 말하며, 이하 "위험물운송자"라 한다)는 당해 위험물을 취급할 수 있는 국가기술자격자 또는 제28조제1항의 규정에 따른 안전교육을 받은 자이어야 한다.
② 대통령령이 정하는 위험물의 운송에 있어서는 운송책임자(위험물 운송의 감독 또는 지원을 하는 자를 말한다. 이하 같다)의 감독 또는 지원을 받아 이를 운송하여야 한다. 운송책임자의 범위, 감독 또는 지원의 방법 등에 관한 구체적인 기준은 행정안전부령으로 정한다.
③ 위험물운송자는 이동탱크저장소에 의하여 위험물을 운송하는 때에는 행정안전부령으로 정하는 기준을 준수하는 등 당해 위험물의 안전확보를 위하여 세심한 주의를 기울여야 한다.

**09** 위험물안전관리법령상 옥내저장소의 지붕 또는 천장에 관한 설명으로 옳지 않은 것은?

① 황린만 저장하는 경우에는 지붕을 내화구조로 할 수 있다.
② 셀룰로이드만 저장하는 경우에는 불연재료로 된 천장을 설치할 수 있다.
③ 할로겐간화합물만 저장하는 경우에는 지붕을 내화구조로 할 수 있다.
④ 피크린산만 저장하는 경우에는 난연재료로 된 천장을 설치할 수 있다.

해설) 황린은 제3류 위험물이므로 지붕을 불연재료로 하여야 한다. 저장창고는 지붕을 폭발력이 위로 방출될 정도의 가벼운 불연재료로 하고, 천장을 만들지 아니하여야 한다. 다만, 제2류 위험물(분상의 것과 인화성고체를 제외한다)과 제6류 위험물만의 저장창고에 있어서는 지붕을 내화구조로 할 수 있고, 제5류 위험물만의 저장창고에 있어서는 당해 저장창고내의 온도를 저온으로 유지하기 위하여 난연재료 또는 불연재료로 된 천장을 설치할 수 있다.

**10** 위험물안전관리법령상 이송취급소에 해당하지 않는 것을 모두 고른 것은?

㉠ 송유관 안전관리법에 의한 송유관에 의하여 위험물을 이송하는 경우
㉡ 농어촌 전기공급사업 촉진법에 따라 설치된 자가발전시설에 사용되는 위험물을 이송하는 경우
㉢ 사업소와 사업소사이의 이송배관이 제3자(해당 사업소와 관련이 있거나 유사한 사업을 하는 자에 한한다)의 토지만을 통과하는 경우로서 배관의 길이가 100[m] 이하인 경우

① ㉠, ㉡
② ㉡, ㉢
③ ㉠, ㉢
④ ㉠, ㉡, ㉢

해설) 이송취급소에 해당하지 않는 경우(위험물안전관리법시행령 별표3)
① [송유관안전관리법]에 의한 송유관에 의하여 위험물을 이송하는 경우
② 제조소등에 관련된 시설(배관을 제외한다) 및 그 부지가 같은 사업소안에 있고 당해 사업소안에서만 위험물을 이송하는 경우
③ 사업소와 사업소의 사이에 도로(폭 2미터 이상의 일반교통에 이용되는 도로로서 자동차의 통행이 가능한 것을 말한다)만 있고 사업소와 사업소 사이의 이송배관이 그 도로를 횡단하는 경우
④ 사업소와 사업소 사이의 이송배관이 제3자(당해 사업소와 관련이 있거나 유사한 사업을 하는 자에 한한다)의 토지만을 통과하는 경우로서 당해 배관의 길이가 100미터 이하인 경우
⑤ 해상구조물에 설치된 배관(이송되는 위험물이 별표 1의 제4류 위험물중 제1석유류인 경우에는 배관의 내경이 30센티미터 미만인 것에 한한다)으로서 당해 해상구조물에 설치된 배관의 길이가 30미터 이하인 경우
⑥ 사업소와 사업소 사이의 이송배관이 다목 내지 마목의 규정에 의한 경우 중 2 이상에 해당하는 경우
⑦ 「농어촌 전기공급사업 촉진법」에 따라 설치된 자가발전시설에 사용되는 위험물을 이송하는 경우

**11** 위험물안전관리법령상 제조소 건축물의 외벽이 내화구조인 경우 2 소요단위에 해당하는 연면적은?

① 100[m²]
② 150[m²]
③ 200[m²]
④ 300[m²]

해설) 제조소 또는 취급소의 건축물은 외벽이 내화구조인 것은 연면적 100[m²]를 1소요단위로 하며, 외벽이 내화구조가 아닌 것은 연면적 50[m²]를 1소요단위로 할 것
따라서 2소요단위는 100[m²]×2=200[m²]

**12** 위험물안전관리법령상 이동탱크저장소의 기준 중 이동저장탱크에 설치하는 강철판으로 된 칸막이, 방파판, 방호틀 각각의 최소 두께를 합한 값은?

① 4.8[mm]
② 6.9[mm]
③ 7.1[mm]
④ 9.6[mm]

해설) 강철판으로 된 칸막이 3.2[mm], 방파판 1.6[mm], 방호틀 2.3[mm] 이므로 두께의 합은 7.1[mm]이다.

정답 09.① 10.④ 11.③ 12.③

**13** 위험물안전관리법령상 주유취급소의 담 또는 벽의 일부분에 부착할 수 있는 방화상 유효한 유리는 하나의 유리판의 가로 길이가 몇 [m] 이내 이어야 하는가?

① 0.5[m]  ② 1.0[m]
③ 1.5[m]  ④ 2.0[m]

해설 하나의 유리판의 가로의 길이는 2[m] 이내일 것

정답 13.④

# 2013 제13회 소방시설관리사 1차 필기 기출문제

[제4과목 : 위험물의 시설기준]

**01** 위험물안전관리법령상 위험물제조소에서 저장 또는 취급하는 위험물에 표시해야 하는 게시판의 주의사항이 옳게 연결된 것은?

① 마그네슘, 인화성고체 – 화기주의
② 질산메틸, 적린 – 화기주의
③ 칼슘카바이드, 철분 – 물기엄금
④ 톨루엔, 황린 – 화기엄금

**해설** 제조소등의 주의사항

| 위험물의 종류 | 주의사항 | 게시판의 색상 |
|---|---|---|
| 제1류 위험물 중 알칼리금속의 과산화물<br>제3류 위험물 중 금수성물질(칼슘카바이드) | 물기엄금 | 청색바탕에 백색문자 |
| 제2류 위험물(인화성 고체는 제외) – 마그네슘, 린, 철분 | 화기주의 | 적색바탕에 백색문자 |
| 제2류 위험물 중 인화성 고체<br>제3류 위험물 중 자연발화성 물질(황린)<br>제4류 위험물(톨루엔)<br>제5류 위험물(질산메틸) | 화기엄금 | 적색바탕에 백색문자 |

**02** 위험물제조소의 하나의 방유제 안에 톨루엔 200[m³]와 경유 100[m³]를 저장한 옥외취급탱크가 각 1기씩 있다. 위험물안전관리법령상 탱크 주위에 설치하여야 할 방유제 용량은 최소 몇 [m³] 이상이 되어야 하는가?

① 100[m³]  ② 110[m³]
③ 220[m³]  ④ 330[m³]

**해설** 방유제의 용량
(1) 위험물제조소의 옥외에 있는 위험물 취급탱크
– 하나의 취급탱크 주위에 설치하는 방유제의 용량 : 당해 탱크용량의 50[%] 이상

– 2 이상의 취급탱크 주위에 하나의 방유제를 설치하는 경우 방유제의 용량 : 당해 탱크 중 용량이 최대인 것의 50[%]에 나머지 탱크용량 합계의 10[%]를 가산한 양 이상이 되게 할 것

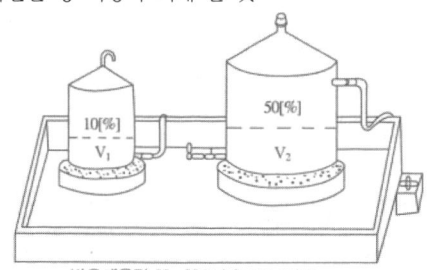

방유제용량 $V=(V_2 \times 0.5)+(V_1 \times 0.1)$

(2) 위험물제조소의 옥내에 있는 위험물 취급탱크
– 하나의 취급탱크의 주위에 설치하는 방유턱의 용량 : 당해 탱크용량 이상
– 2 이상의 취급탱크 주위에 설치하는 방유턱의 용량 : 최대 탱크용량 이상

> **방유제, 방유턱의 용량**
> (1) 위험물제조소의 옥외에 있는 위험물 취급탱크의 방유제의 용량
>   ① 1기 일 때 : 탱크용량 × 0.5(50[%])
>   ② 2기 이상일 때 : 최대탱크용량 × 0.5 + (나머지 탱크 용량합계 × 0.1)
> (2) 위험물제조소의 옥내에 있는 위험물 취급탱크의 방유턱의 용량
>   ① 1기 일 때 : 탱크용량 이상
>   ② 2기 이상일 때 : 최대 탱크용량 이상
> (3) 위험물옥외탱크저장소의 방유제의 용량
>   ① 1기 일 때 : 탱크용량 × 1.1(110[%])[비인화성 물질 × 100[%]]
>   ② 2기 이상일 때 : 최대 탱크용량 × 1.1(110[%]) [비인화성 물질 × 100[%]]

∴ 방유제용량 = (200[m³] × 0.5) + (100[m³] × 0.1) = 110[m³]

**정답** 01.④  02.②

**03** 위험물안전관리법령상 위험물의 성질에 따른 제조소의 특례에 관한 내용으로 옳지 않은 것은?

① 산화프로필렌을 취급하는 설비는 은·수은·동·마그네슘 또는 이들을 성분으로 하는 합금으로 만들지 아니할 것
② 알킬리튬을 취급하는 설비에는 불활성기체를 봉입하는 장치를 갖출 것
③ 디에틸에테르를 취급하는 설비에는 온도 및 농도의 상승에 의한 위험한 반응을 방지하기 위한 조치를 강구할 것
④ 하이드록실아민염류를 취급하는 설비에는 철이온 등의 혼입에 의한 위험한 반응을 방지하기 위한 조치를 강구할 것

**해설** 위험물의 성질에 따른 제조소의 특례
(1) 알킬알루미늄등(알킬알루미늄·알킬리튬)을 취급하는 제조소의 특례
  ㉠ 알킬알루미늄 등을 취급하는 설비의 주위에는 누설범위를 국한하기 위한 설비와 누설된 알킬알루미늄 등을 안전한 장소에 설치된 저장실에 유입시킬 수 있는 설비를 갖출 것
  ㉡ 알킬알루미늄 등을 취급하는 설비에는 불활성기체를 봉입하는 장치를 갖출 것
(2) 아세트알데히드등(아세트알데히드·산화프로필렌)을 취급하는 제조소의 특례
  ㉠ 아세트알데히드 등을 취급하는 설비는 은·수은·동·마그네슘 또는 이들의 성분으로 하는 합금으로 만들지 아니할 것
  ㉡ 아세트알데히드 등을 취급하는 설비에는 연소성 혼합기체의 생성에 의한 폭발을 방지하기 위한 불활성기체 또는 수증기를 봉입하는 장치를 갖출 것
  ㉢ 아세트알데히드 등을 취급하는 탱크(옥외에 있는 탱크 또는 옥내에 있는 탱크로서 그 용량이 지정수량의 5분의 1 미만의 것을 제외한다)에는 냉각장치 또는 저온을 유지하기 위한 장치(이하 "보냉장치"라 한다) 및 연소성 혼합기체의 생성에 의한 폭발을 방지하기 위한 불활성기체를 봉입하는 장치를 갖출 것. 다만, 지하에 있는 탱크가 아세트알데히드 등의 온도를 저온으로 유지할 수 있는 구조인 경우에는 냉각장치 및 보냉장치를 갖추지 아니할 수 있다.

(3) 하이드록실아민 등을 취급하는 제조소의 특례
  ㉠ 안전거리(건축물의 벽 또는 이에 상당하는 공작물의 외측으로부터 당해 제조소의 외벽 또는 이에 상당하는 공작물의 외측까지의 거리)

$$D = 51.1\sqrt[3]{N}$$

  여기서, D : 거리[m]
  N : 해당 제조소에서 취급하는 하이드록실아민 등의 지정수량의 배수
  ㉡ 담 또는 토제(土堤)의 설치기준
    ⓐ 담 또는 토제는 당해 제조소의 외벽 또는 이에 상당하는 공작물의 외측으로부터 2[m] 이상 떨어진 장소에 설치할 것
    ⓑ 담 또는 토제의 높이는 당해 제조소에 있어서 하이드록실아민 등을 취급하는 부분의 높이 이상으로 할 것
    ⓒ 담은 두께 15[cm] 이상의 철근콘크리트조·철골철근콘크리트조 또는 두께 20[cm] 이상의 보강콘크리트블록조로 할 것
    ⓓ 토제의 경사면의 경사도는 60도 미만으로 할 것
  ㉢ 하이드록실아민 등을 취급하는 설비에는 하이드록실아민 등의 온도 및 농도의 상승에 의한 위험한 반응을 방지하기위한 조치를 강구할 것
  ㉣ 하이드록실아민 등을 취급하는 설비에는 철이온 등의 혼입에 의한 위험한 반응을 방지하기 위한 조치를 강구 할 것

**04** 위험물안전관리법령상 안전거리에 관하여 규제를 받지 않는 제조소등으로만 짝지어진 것은?

① 옥내저장소, 암반탱크저장소
② 지하탱크저장소, 옥내탱크저장소
③ 옥외탱크저장소, 제조소
④ 일반취급소, 옥외저장소

**해설** 안전거리, 보유공지 적용제외 대상
㉠ 안전거리 적용제외 대상 : 옥내탱크저장소, 지하탱크저장소, 이동탱크저장소, 간이탱크저장소, 암반탱크저장소, 판매취급소, 주유취급소
㉡ 보유공지 적용제외 대상 : 옥내탱크저장소, 지하탱크저장소, 암반탱크저장소, 옥내에 설치된 간이탱크저장소, 주유취급소, 판매취급소

**05** 위험물안전관리법령상 위험물제조소의 기준으로 옳은 것은?

① 조명설비의 전선은 내화·내열전선으로 할 것
② 채광설비는 연소의 우려가 없는 장소에 설치하되 채광면적을 최대로 할 것
③ 환기설비의 급기구는 높은 곳에 설치하고 구리망 등으로 인화방지망을 설치할 것
④ 배출설비의 배풍기는 자연배기방식으로 할 것

**해설** 위험물제조소의 설치기준

(1) 채광설비 : 불연재료로 하고 연소의 우려가 없는 장소에 설치하되 채광면적을 최소로 할 것
(2) 조명설비
  ㉠ 가연성가스등이 체류할 우려가 있는 장소의 조명등 : 방폭등
  ㉡ 전선 : 내화·내열전선
  ㉢ 점멸스위치 : 출입구 바깥부분에 설치
(3) 환기설비
  ㉠ 환기 : 자연배기방식
  ㉡ 급기구는 당해 급기구가 설치된 실의 바닥면적 150[m²]마다 1개 이상으로 하되 급기구의 크기는 800[cm²] 이상으로 할 것. 다만 바닥면적 150[m²] 미만인 경우에는 다음의 크기로 할 것

| 바닥면적 | 급기구의 면적 |
|---|---|
| 60[m²] 미만 | 150[cm²] 이상 |
| 60[m²] 이상 ~ 90[m²] 미만 | 300[cm²] 이상 |
| 90[m²] 이상 ~ 120[m²] 미만 | 450[cm²] 이상 |
| 120[m²] 이상 ~ 150[m²] 미만 | 600[cm²] 이상 |

  ㉢ 급기구는 낮은 곳에 설치하고 가는 눈의 구리망으로 인화 방지망을 설치할 것
  ㉣ 환기구는 지붕위 또는 지상 2[m] 이상의 높이에 회전식 고정식벤티레이터 또는 루프팬방식으로 설치할 것

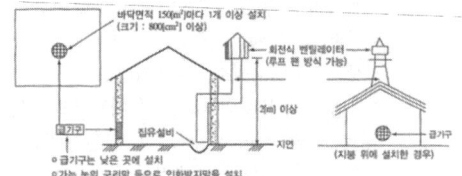

(4) 배출설비
  ㉠ 설치 장소 : 가연성 증기 또는 미분이 체류할 우려가 있는 건축물
  ㉡ 배출설비 : 국소방식

> ● 전역방출방식으로 할 수 있는 경우
> ① 위험물취급설비가 배관이음 등으로만 된 경우
> ② 건축물의 구조·작업장소의 분포 등의 조건에 의하여 전역방식이 유효한 경우

  ㉢ 배출설비는 배풍기, 배출덕트, 후드 등을 이용하여 강제적으로 배출하는 것으로 할 것
  ㉣ 배출능력은 1시간당 배출장소 용적의 20배 이상인 것으로 할 것(전역방출방식 : 바닥면적 1[m²]당 18[m²] 이상)
  ㉤ 급기구는 높은 곳에 설치하고 가는 눈의 구리망으로 인화방지망을 설치할 것
  ㉥ 배출구는 지상 2[m] 이상으로서 연소 우려가 없는 장소에 설치하고 화재시 자동으로 폐쇄되는 방화댐퍼를 설치할 것
  ㉦ 배풍기 : 강제배기방식

**06** 위험물안전관리법령상 옥내저장소의 시설기준에 관한 내용으로 옳지 않은 것은? (단, 다층건물 및 복합용도 건축물의 옥내저장소는 제외)

① 저장창고는 위험물 저장을 전용으로 하는 독립된 건축물로 하여야 한다.
② 지붕은 내화구조로 하되 반자를 설치하여야 한다.
③ 제1류 위험물을 저장할 경우 지면에서 처마까지의 높이가 6[m] 미만의 단층 건물로 해야 한다.
④ 내화구조로 된 옥내저장소에 적린 600[kg]을 저장할 경우 너비 1[m] 이상의 공지를 확보해야한다.

**해설** 옥내저장소의 저장창고

(1) 저장창고는 지면에서 처마까지의 높이(처마높이)가 6[m] 미만인 단층 건물로 하고 그 바닥을 지반면보다 높게 하여야 한다.

> 저장창고는 위험물의 저장을 전용으로 하는 독립된 건축물로 하여야 한다.

(2) 저장창고의 벽·기둥 및 바닥은 내화구조로 하고, 보와 서까래는 불연 재료로 하여야 한다.

(3) 저장창고는 지붕을 폭발력이 위로 방출될 정도의 가벼운 불연 재료로 하고, 천장을 만들지 아니하여야 한다.
(4) 보유공지

| 저장 또는 취급하는 위험물의 최대수량 | 공지의 너비 | |
|---|---|---|
| | 벽·기둥 및 바닥이 내화구조로 된 건축물 | 그 밖의 건축물 |
| 지정수량의 5배 이하 | | 0.5[m] 이상 |
| 지정수량의 5배 초과 10배 이하 | 1[m] 이상 | 1.5[m] 이상 |
| 지정수량의 10배 초과 20배 이하 | 2[m] 이상 | 3[m] 이상 |
| 지정수량의 20배 초과 50배 이하 | 3[m] 이상 | 5[m] 이상 |
| 지정수량의 50배 초과 200배 이하 | 5[m] 이상 | 10[m] 이상 |
| 지정수량의 200배 초과 | 10[m] 이상 | 15[m] 이상 |

∴ 적린의 지정수량은 100[kg]이므로 지정수량의 배수를 구하면 지정수량의 배수 = 600[kg]/100[kg] = 6배, 표에서 지정수량의 5배 초과 10배 이하 ⇒ 1[m] 이상

**07** 위험물안전관리법령상 이송취급소의 시설기준에 관한 내용으로 옳지 않은 것은?

① 해상에 설치한 배관에는 외면부식을 방지하기 위한 도장을 실시하여야 한다.
② 도장을 한 배관은 지표면에 접하여 지상에 설치할 수 있다.
③ 지하매설배관은 지하가 내의 건축물을 제외하고는 그 외면으로부터 건축물까지 1.5[m] 이상 안전거리를 두어야 한다.
④ 해저에 배관을 설치하는 경우에는 원칙적으로 이미 설치된 배관에 대하여 30[m] 이상의 안전거리를 두어야 한다.

**해설** 이송취급소의 시설기준
㉠ 해상에 설치한 배관에는 외면부식을 방지하기 위한 도장을 실시하여야 한다.
㉡ 배관은 지표면에 접하지 아니하도록 지상에 설치하여야 있다.
㉢ 지하매설배관은 지하가 내의 건축물을 제외하고는 그 외면으로부터 건축물까지 1.5[m] 이상 안전거리를 두어야 한다.
㉣ 해저에 배관을 설치하는 경우에는 원칙적으로 이미 설치된 배관에 대하여 30[m] 이상의 안전거리를 두어야 한다.

**08** 위험물안전관리법령상 주유취급소에 설치할 수 있는 건축물이나 공작물 등에 해당되지 않는 것은?

① 주유취급소에 출입하는 사람을 대상으로 하는 일반음식점
② 자동차 등의 간이정비를 위한 작업장
③ 자동차 등의 세정을 위한 작업장
④ 전기자동차용 충전설비

**해설** 주유취급소에 설치할 수 있는 건축물이나 공작물
㉠ 주유 또는 등유·경유를 옮겨 담기 위한 작업장
㉡ 주유취급소의 업무를 행하기 위한 사무소
㉢ 자동차 등의 점검 및 간이정비를 위한 작업장
㉣ 자동차 등의 세정을 위한 작업장
㉤ 주유취급소에 출입하는 사람을 대상으로 한 점포·휴게음식점 또는 전시장
㉥ 주유취급소의 관계자가 거주하는 주거시설
㉦ 전기자동차용 충전설비

**09** 위험물안전관리법령상 과산화수소 5,000[kg]을 저장하는 옥외저장소에 설치하여야 할 경보설비의 종류에 해당되지 않는 것은?

① 자동화재탐지설비
② 비상경보설비
③ 확성장치
④ 자동화재속보설비

**해설** 위험물제조소등에는 지정수량의 10배 이상이면 자동화재탐지설비, 비상경보설비, 비상방송설비, 확성장치 중 1종 이상을 설치하여야 한다.

과산화수소는 5,000[kg]/300[kg] = 16.7배

**10** 위험물안전관리법령상 금속분, 마그네슘을 저장하는 곳에 적응성이 있는 소화설비를 다음 보기에서 모두 고른 것은?

> ㉠ 팽창질석
> ㉡ 이산화탄소소화설비
> ㉢ 분말소화설비(탄산수소염류)
> ㉣ 대형 무상강화액소화기

① ㉠, ㉢　　② ㉠, ㉣
③ ㉠, ㉡, ㉢　　④ ㉡, ㉢, ㉣

**해설** 금속분, 마그네슘 소화약제
㉠ 마른모래
㉡ 팽창질석, 팽창진주암
㉢ 탄산수소염류분말약제

**11** 위험물안전관리법령상 이황화탄소를 제외한 인화성 액체위험물을 저장하는 옥외탱크저장소의 방유제시설 기준에 관한 내용으로 옳지 않은 것은?

① 방유제의 높이는 0.5[m] 이상, 3[m] 이하로 한다.
② 옥외저장탱크의 총용량이 20만[L] 초과인 경우 방유제 내에 설치하는 탱크수는 10 이하로 한다.
③ 방유제 안에 탱크가 1개 설치된 경우 방유제의 용량은 그 탱크 용량으로 한다.
④ 높이가 1[m]를 넘는 방유제의 안팎에는 계단 또는 경사로를 약 50[m]마다 설치해야 한다.

**해설** 방유제의 설치기준
(1) 방유제의 높이는 0.5[m] 이상 3[m] 이하로 할 것
(2) 방유제 내의 면적은 8만[m²] 이하로 할 것
(3) 방유제 내에 설치하는 옥외저장탱크의 수는 10(방유제 내에 설치하는 모든 옥외저장탱크의 용량이 20만[L] 이하이고, 당해 옥외저장탱크에 저장 또는 취급하는 위험물의 인화점이 70[℃] 이상 200[℃] 미만인 경우에는 20) 이하로 할 것. 다만, 인화점이 200[℃] 이상인 위험물을 저장 또는 취급하는 옥외저장탱크에 있어서는 그러하지 아니하다.
(4) 방유제의 용량은 방유제안에 설치된 탱크가 하나인 때에는 그 탱크 용량의 110[%] 이상, 2기 이상인 때에는 그 탱크 중 용량이 최대인 것의 용량의 110[%] 이상으로 할 것. 이 경우 방유제의 용량은 당해 방유제의 내용적에서 용량이 최대인 탱크 외의 탱크의 방유제 높이 이하 부분의 용적, 당해 방유제 내에 있는 모든 탱크의 지반면 이상 부분의 기초적 체적, 간막이 둑의 체적 및 당해 방유제 내에 있는 배관 등의 체적을 뺀 것으로 한다.
(5) 방유제는 옥외저장탱크의 지름에 따라 그 탱크의 옆판으로부터 다음에 정하는 거리를 유지할 것. 다만, 인화점이 200[℃] 이상인 위험물을 저장 또는 취급하는 것에 있어서는 그러하지 아니하다.
㉠ 지름이 15[m] 미만인 경우에는 탱크 높이의 3분의 1 이상
㉡ 지름이 15[m] 이상인 경우에는 탱크 높이의 2분의 1 이상
(6) 높이가 1[m]를 넘는 방유제 및 간막이 둑의 안팎에는 방유제 내에 출입하기 위한 계단 또는 경사로를 약 50[m]마다 설치할 것

**12** 위험물안전관리법령상 이동탱크저장소의 시설기준에 관한 내용으로 옳은 것은?

① 옥외 상치장소로서 인근에 1층 건축물이 있는 경우에는 5[m] 이상 거리를 두어야 한다.
② 압력탱크 외의 탱크는 70[kPa]의 압력으로 30분간 수압시험을 실시하여 새거나 변형되지 않아야 한다.
③ 액체위험물의 탱크내부에는 4,000[L] 이하마다 3.2[mm] 이상의 강철판 등으로 칸막이를 설치해야 한다.
④ 차량의 전면 및 후면에는 사각형의 백색바탕에 적색의 반사도료로 "위험물"이라고 표시한 표지를 설치해야 한다.

**해설** 이동탱크저장소의 설치기준
(1) 상치장소
㉠ 옥외에 있는 상치장소는 화기를 취급하는 장소 또는 인근의 건축물로부터 5[m] 이상(인근의 건축물이 1층인 경우에는 3[m] 이상)의 거리를 확보하여야 한다. 다만, 하천의 공지나 수면, 내화구조 또는 불연재료의 담 또는 벽 그 밖에 이와 유사한 것에 접하는 경우를 제외한다.

ⓒ 옥내에 있는 상치장소는 벽·바닥·보·서까래 및 지붕이 내화구조 또는 불연재료로 된 건축물의 1층에 설치하여야 한다.
(2) 압력탱크(최대상용압력이 46.7[kPa] 이상인 탱크를 말한다) 외의 탱크는 70[kPa]의 압력으로, 압력탱크는 최대 상용압력의 1.5배의 압력으로 각각 10분간의 수압시험을 실시하여 새거나 변형되지 아니할 것. 이 경우 수압 시험은 용접부에 대한 비파괴시험과 기밀시험으로 대신할 수 있다.
(3) 이동저장탱크는 그 내부에 4,000[L] 이하마다 3.2[mm] 이상의 강철판 또는 이와 동등 이상의 강도·내열성 및 내식성이 있는 금속성의 것으로 칸막이를 설치하여야 한다.
(4) 표지 및 게시판
 ㉠ 이동탱크저장소에는 차량의 전면 및 후면의 보기 쉬운 곳에 사각형(한변의 길이가 0.6[m] 이상, 다른 한변의 길이가 0.3[m] 이상)의 흑색바탕에 황색의 반사도료 그 밖의 반사성이 있는 재료로 "위험물"이라고 표시한 표지를 설치하여야 한다.
 ㉡ 이동저장탱크의 뒷면 중 보기 쉬운 곳에는 당해탱크에 저장 또는 취급하는 위험물의 유별·품명·최대수량 및 적재중량을 게시한 게시판을 설치하여야 한다. 이 경우 표시문자의 크기는 가로 40[mm], 세로 45[mm] 이상(여러 품명의 위험물을 혼재하는 경우에는 적재품명별 문자의 크기를 가로 20[mm] 이상, 세로 20[mm] 이상)으로 하여야 한다.

**해설** 소화설비 설치기준

| 구분 | 최대 기준개수 | 방수량 | 방사 시간 | 방사압 | 수평 거리 | 비상 전원 |
|---|---|---|---|---|---|---|
| 옥내 소화전 | 5개 | 260[Lpm] | 30[min] | 0.35[Mpa] | 25[m] | 45분 이상 |
| 옥외 소화전 | 4개 | 450[Lpm] | 30[min] | 0.35[Mpa] | 40[m] | 45분 이상 |
| 스프링 클러 | 폐쇄형: 30개 개방형: 150[m²] | 80[Lpm] | 30[min] | 0.1[Mpa] | 1.7[m] | 45분 이상 |
| 물분무 | $2\pi r$ | 37[L/min·m] | 20[min] | – | – | 설치 |
| | 표면적 1[m²] 당 | 20[Lpm] | 30[min] | 0.35[Mpa] | – | |

**13** 위험물안전관리법령상 위험물제조소에 설치하는 옥내소화전설비의 설치기준으로 옳지 않은 것은?

① 비상전원의 용량은 그 설비를 유효하게 20분 이상 작동시키는 것이 가능할 것
② 배선은 600[V] 2종 비닐전선 또는 이와 동등 이상의 내열성을 갖는 전선을 사용할 것
③ 각 소화전의 노즐선단 방수량은 260[L/min] 이상일 것
④ 주배관 중 입상관은 관의 직경이 50[mm] 이상인 것으로 할 것

# 2011 제2회 소방시설관리사 1차 필기 기출문제

[제4과목 : 위험물의 시설기준]

**01** 셀프용 고정주유설비의 기준으로 맞지 않는 것은?

① 주유호스의 선단부에 수동개폐장치를 부착한 주유노즐을 설치하여야 한다.
② 경유의 1회 연속주유량의 상한은 200[L] 이하로 하며, 주유시간의 상한은 4분 이하로 한다.
③ 1회의 연속주유량 및 주유시간의 상한을 미리 설정할 수 있는 구조이어야 한다.
④ 휘발유 1회 주유량의 상한은 200[L] 이하이고, 주유시간의 상한은 6분 이하로 한다.

**해설** 셀프용 고정주유설비의 기준
(1) 주유호스의 선단부에 수동개폐장치를 부착한 주유노즐을 설치할 것. 다만, 수동개폐장치를 개방한 상태로 고정시키는 장치가 부착된 경우에는 다음에 기준에 적합하여야 한다.
  - 주유작업을 개시함에 있어서 주유노즐의 수동 개폐장치가 개방상태에 있을 때에는 해당 수동개폐장치를 일단 폐쇄시켜야만 다시 주유를 개시할 수 있는 구조로 할 것
  - 주유노즐이 자동차 등의 주유구로부터 이탈된 경우 주유를 자동적으로 정지시키는 구조일 것
(2) 주유노즐은 자동차 등의 연료탱크가 가득 찬 경우 자동적으로 정지시키는 구조일 것
(3) 주유호스는 200[kg] 이하의 하중에 의하여 파단 또는 이탈되어야 하고, 파단 또는 이탈된 부분으로부터의 위험물 누출을 방지할 수 있는 구조일 것
(4) 휘발유와 경유 상호 간의 오인에 의한 주유를 방지할 수 있는 구조일 것
(5) 1회의 연속 주유량 및 주유시간의 상한을 미리 설정할 수 있는 구조일 것. 이 경우 주유량의 상한은 휘발유는 100[L] 이하, 경유는 200[L] 이하로 하며, 주유시간의 상한은 4분 이하로 한다.

**02** 배관을 지하에 매설하는 이송취급소에서 배관은 그 외면으로부터 건축물(지하가 내의 건축물은 제외)과의 안전거리로 맞는 것은?

① 1.5[m] 이상
② 10[m] 이상
③ 100[m] 이상
④ 300[m] 이상

**해설** 배관을 지하에 매설하는 이송취급소의 안전거리
(1) 건축물(지하가 내의 건축물을 제외한다) : 1.5[m] 이상
(2) 지하가 및 터널 : 10[m] 이상
(3) 수도법에 의한 수도시설(위험물의 유입우려가 있는 것에 한한다) : 300[m] 이상

**03** 다음 위험물을 운반하고자 할 때 주의사항으로 틀린 것은?

① 제6류 위험물 – 화기엄금
② 제5류 위험물 – 화기엄금, 충격주의
③ 제4류 위험물 – 화기엄금
④ 제2류 위험물(인화성 고체) – 화기엄금

**해설** 운반 시 주의사항
(1) 제1류 위험물
  - 알칼리금속의 과산화물 : 화기·충격주의, 물기엄금, 가연물접촉주의
  - 그 밖의 것 : 화기·충격주의, 가연물접촉주의
(2) 제2류 위험물
  - 철분·금속분·마그네슘 : 화기주의, 물기엄금
  - 인화성 고체 : 화기엄금
  - 그 밖의 것 : 화기주의
(3) 제3류 위험물
  - 자연발화성 물질 : 화기엄금, 공기접촉엄금
  - 금수성 물질 : 물기엄금
(4) 제4류 위험물 : 화기엄금
(5) 제5류 위험물 : 화기엄금, 충격주의

정답 01.④ 02.① 03.①

(6) 제6류 위험물 : 가연물접촉주의

**04** 하이드록실아민 등을 취급하는 제조소의 벽으로부터 공작물의 외측까지의 안전거리(m)로 맞는 것은? (단, 하이드록실아민의 지정수량의 배수는 9배이다)

① 150.3[m]　　② 106.29[m]
③ 156.3[m]　　④ 159.3[m]

**해설** 안전거리

$$D = 51.1\sqrt[3]{N}$$

여기서, D : 거리[m]
　　　　N : 해당 제조소에서 취급하는 하이드록실아민 등의 지정수량의 배수
∴ 안전거리 $D = 51.1\sqrt[3]{N} = 51.1\sqrt[3]{9}$
　　　　　 = 106.29[m]

**05** 제조소의 바닥 면적이 80[m²]일 때 환기설비의 급기구의 크기는 얼마 이상으로 하는가?

① 150[cm²] 이상　　② 300[cm²] 이상
③ 450[cm²] 이상　　④ 600[cm²] 이상

**해설** 급기구의 크기

| 바닥면적 | 급기구의 면적 |
|---|---|
| 60[m²] 미만 | 150[cm²] 이상 |
| 60[m²] 이상 90[m²] 미만 | 300[cm²] 이상 |
| 90[m²] 이상 120[m²] 미만 | 450[cm²] 이상 |
| 120[m²] 이상 150[m²] 미만 | 600[cm²] 이상 |
| 150[m²] 이상 | 800[cm²] 이상 |

**06** 위험물의 취급 중 제조에 관한 기준으로 틀린 것은?

① 증류공정에 있어서는 위험물을 취급하는 설비의 내부압력의 변동 등에 의하여 액체 또는 증기가 새지 아니하도록 할 것
② 추출공정에 있어서는 추출관의 내부압력이 정상으로 상승하지 아니하도록 할 것
③ 분쇄공정에 있어서는 위험물의 분말이 현저하게 부유하고 있거나 위험물의 분말이 현저하게 기계, 기구 등에 부착하고 있는 상태로 그 기계, 기구를 취급하지 아니할 것.
④ 건조공정에 있어서는 위험물의 온도가 국부적으로 상승하지 아니하는 방법으로 가열 또는 건조할 것

**해설** 위험물의 취급 중 제조에 관한 기준(중요기준)
㉠ 증류공정에 있어서는 위험물을 취급하는 설비의 내부압력의 변동 등에 의하여 액체 또는 증기가 새지 아니하도록 할 것
㉡ 추출공정에 있어서는 추출관의 내부압력이 비정상으로 상승하지 아니하도록 할 것
㉢ 건조공정에 있어서는 위험물의 온도가 국부적으로 상승하지 아니하는 방법으로 가열 또는 건조할 것
㉣ 분쇄공정에 있어서는 위험물의 분말이 현저하게 부유하고 있거나 위험물의 분말이 현저하게 기계·기구 등에 부착하고 있는 상태로 그 기계·기구를 취급하지 아니할 것

**07** 위험물을 취급하는 제조소에는 화재예방을 위한 예방규정을 정하여야 하는데 대상으로 맞지 않는 것은?

① 지정수량의 10배 이상의 위험물을 취급하는 제조소
② 지정수량의 10배 이상의 위험물을 저장하는 일반취급소
③ 지정수량의 100배 이상의 위험물을 저장하는 옥내저장소
④ 지정수량의 100배 이상의 위험물을 저장하는 옥외저장소

**해설** 예방규정을 정하여야 할 제조소 등(위험물법 시행령 제15조)
㉠ 지정수량의 10배 이상의 위험물을 취급하는 제조소
㉡ 지정수량의 10배 이상의 위험물을 취급하는 일반취급소
㉢ 지정수량의 100배 이상의 위험물을 저장하는 옥외저장소

**정답** 04.② 05.② 06.② 07.③

㉣ 지정수량의 150배 이상의 위험물을 저장하는 옥내저장소
㉤ 지정수량의 200배 이상의 위험물을 저장하는 옥외탱크저장소
㉥ 암반탱크저장소
㉦ 이송취급소

**08** 지하저장탱크의 윗부분은 지면으로부터 몇 [m] 이상 아래에 있어야 하는가?

① 0.4[m]  ② 0.5[m]
③ 0.6[m]  ④ 1.0[m]

**해설** 지하저장탱크의 윗부분은 지면으로부터 0.6[m] 이상 아래에 있어야 한다.

**09** 용량이 1,000만[L] 이상인 옥외저장탱크의 주위에 설치하는 방유제에는 해당 탱크마다 간막이 둑을 설치하여야 하는데 설치기준으로 틀린 것은?

① 간막이 둑은 흙 또는 철근콘크리트로 할 것
② 간막이 둑의 용량은 간막이 둑 안에 설치된 탱크의 용량의 5[%] 이상일 것
③ 간막이 둑의 높이는 0.3[m] 이상으로 하되, 방유제의 높이보다 0.2[m] 이상 낮게 할 것
④ 방유제 내에 설치되는 옥외저장탱크의 용량의 합계가 2억[L]를 넘는 방유제에 있어서는 1[m] 이상으로 하되, 방유제의 높이보다 0.2[m] 이상 낮게 할 것

**해설** 용량이 1,000만[L] 이상인 옥외저장탱크의 주위에 설치하는 방유제에는 다음의 규정에 따라 해당 탱크마다 간막이 둑을 설치할 것
(1) 간막이 둑의 높이는 0.3[m](방유제 내에 설치되는 옥외저장탱크의 용량의 합계가 2억[L]를 넘는 방유제에 있어서는 1[m]) 이상으로 하되, 방유제의 높이보다 0.2[m] 이상 낮게 할 것
(2) 간막이 둑은 흙 또는 철근콘크리트로 할 것
(3) 간막이 둑의 용량은 간막이 둑 안에 설치된 탱크의 용량의 10[%] 이상일 것

**10** 지하저장탱크의 주위에는 해당 탱크로부터의 액체위험물의 누설을 검사하기 위한 관을 설치하여야 하는데 설치기준으로 틀린 것은?

① 이중관으로 할 것. 다만, 소공이 없는 상부는 단관으로 할 수 있다.
② 재료는 금속관 또는 경질합성수지관으로 할 것
③ 관은 탱크전용실의 바닥 또는 탱크의 기초 위에 닿게 할 것
④ 관의 상부로부터 탱크의 중심 높이까지의 부분에는 소공이 뚫려 있을 것

**해설** 누유검사관의 설치 기준(위험물법 시행규칙 별표 8)
㉠ 이중관으로 할 것. 다만, 소공이 없는 상부는 단관으로 할 수 있다.
㉡ 재료는 금속관 또는 경질합성수지관으로 할 것
㉢ 관은 탱크전용실의 바닥 또는 탱크의 기초까지 닿게 할 것
㉣ 관의 밑부분으로부터 탱크의 중심 높이까지의 부분에는 소공이 뚫려 있을 것. 다만, 지하수위가 높은 장소에 있어서는 지하수위 높이까지의 부분에 소공이 뚫려 있어야 한다.
㉤ 상부는 물이 침투하지 아니하는 구조로 하고, 뚜껑은 검사시에 쉽게 열 수 있도록 할 것

> 누유검사관 : 4개소 이상 설치

**11** 이동탱크저장소의 구조에 대한 설명 중 맞는 것은?

① 방파판은 두께 1.6[mm] 이상의 강철판으로 할 것
② 하나의 구획 부분에 2개 이상의 방파판을 이동 탱크저장소의 반대방향과 평행으로 설치하되, 각 방파판은 그 높이 및 칸막이로부터의 거리를 다르게 할 것
③ 하나의 구획 부분에 설치하는 각 방파판의 면적의 합계는 해당 구획 부분의 최대 수직단면적의 40[%] 이상으로 할 것
④ 방호틀의 두께는 3.2[mm] 이상의 강철판 또는 이와 동등 이상의 기계적 성질이 있는 재료로써 산모양의 형상으로 하거나 이와 동등 이상의 강도가 있는 형상으로 할 것

**해설** 이동탱크저장소의 구조
(1) 방파판
　㉠ 두께 1.6[mm] 이상의 강철판 또는 이와 동등 이상의 강도·내열성 및 내식성이 있는 금속성의 것으로 할 것
　㉡ 하나의 구획 부분에 2개 이상의 방파판을 이동탱크저장소의 진행방향과 평행으로 설치하되, 각 방파판은 그 높이 및 칸막이로부터의 거리를 다르게 할 것
　㉢ 하나의 구획 부분에 설치하는 각 방파판의 면적의 합계는 해당 구획 부분의 최대 수직단면적의 50[%] 이상으로 할 것. 다만, 수직단면이 원형이거나 짧은 지름이 1[m] 이하의 타원형일 경우에는 40[%] 이상으로 할 수 있다.
(2) 방호틀
　㉠ 두께 2.3[mm] 이상의 강철판 또는 이와 동등 이상의 기계적 성질이 있는 재료로써 산모양의 형상으로 하거나 이와 동등 이상의 강도가 있는 형상으로 할 것
　㉡ 정상 부분은 부속장치보다 50[mm] 이상 높게 하거나 이와 동등 이상의 성능이 있는 것으로 할 것

**12** 위험물제조소 등에 기재하여야 할 게시판에 주의사항으로 틀린 것은?

① 과산화나트륨 – 물기엄금
② 탄화칼슘 – 물기엄금
③ 인화성 고체 – 화기엄금
④ 과산화수소 – 화기엄금

**해설** 제조소 등의 주의사항

| 위험물의 종류 | 주의사항 | 게시판의 색상 |
| --- | --- | --- |
| 제1류 위험물 중 알칼리금속의 과산화물<br>제3류 위험물 중 금수성 물질 | 물기엄금 | 청색바탕에 백색문자 |
| 제2류 위험물(인화성 고체는 제외) | 화기주의 | 적색바탕에 백색문자 |
| 제2류 위험물 중 인화성 고체<br>제3류 위험물 중 자연발화성 물질<br>제4류 위험물<br>제5류 위험물 | 화기엄금 | 적색바탕에 백색문자 |
| 알칼리금속의 과산화물 외의<br>제1류 위험물<br>제6류 위험물 | 주의사항 규정이 없음 | |

정답 12.④

## 제1회 소방시설관리사 1차 필기 기출문제

[제4과목 : 위험물의 시설기준]

**01** 제2류 위험물(인화성 고체는 제외)의 주의사항 및 게시판의 표시내용으로 맞는 것은?

① 적색 바탕에 백색 문자의 "화기주의"
② 청색 바탕에 백색 문자의 "물기엄금"
③ 적색 바탕에 백색 문자의 "화기엄금"
④ 청색 바탕에 백색 문자의 "물기주의"

**[해설]** (3) 주의사항을 표시한 게시판 설치

| 류별 | 주의사항 | 색상 |
|---|---|---|
| 제1류위험물(알칼리금속의 과산화물)<br>제3류위험물(금수성물질) | 물기엄금 | 청색바탕에<br>백색문자 |
| 제2류위험물(인화성 고체 제외) | 화기주의 | 적색바탕에<br>백색문자 |
| 제2류위험물(인화성 고체)<br>제3류위험물(자연발화성물질)<br>제4류위험물, 제5류 위험물 | 화기엄금 | 적색바탕에<br>백색문자 |

※ 위험등급은 운반용기의 외부 표시사항이다.

**02** 옥내저장소의 바닥에 물이 스며들지 못하는 구조로 해야 하는 위험물이 아닌 것은?

① 제2류 위험물 중 철분을 함유하는것
② 제3류 위험물 중 금수성물질
③ 제6류 위험물
④ 알칼리금속의 과산화물

**[해설]** 바닥에 물이 스며들지 아니하도록 해야 하는 위험물의 종류
㉠ 제1류 위험물 중 알칼리금속의 과산화물 또는 이를 함유하는 것
㉡ 제2류 위험물 중 철분·금속분·마그네슘 또는 이 중 어느 하나 이상을 함유하는 것
㉢ 제3류 위험물 중 금수성 물품
㉣ 제4류 위험물

**03** 지정수량의 몇 배 이상의 위험물을 취급하는 제조소에는 화재예방을 위한 예방규정을 정하여야 하는가?

① 10배  ② 20배
③ 30배  ④ 40배

**[해설]** 예방규정을 정하여야 하는 제조소 등
① 지정수량의 10배 이상의 위험물을 취급하는 제조소
② 지정수량의 10배 이상의 위험물을 취급하는 일반취급소
③ 지정수량의 100배 이상의 위험물을 저장하는 옥외저장소
④ 지정수량의 150배 이상의 위험물을 저장하는 옥내저장소
⑤ 지정수량의 200배 이상의 위험물을 저장하는 옥외탱크저장소
⑥ 암반탱크저장소, 이송취급소

**04** 위험물 제조소의 안전거리를 30[m] 이상으로 하여야 하는 경우에 해당하지 않는 것은?

① 학교로서 수용인원이 200명 이상인 것
② 치과병원으로서 수용인원이 200명 이상인 것
③ 요양병원으로서 수용인원이 200명 이상인 것
④ 공연장으로서 수용인원이 200명 이상인 것

**[해설]** 위험물제조소의 안전거리

| 안전<br>거리 | 해당 대상물 |
|---|---|
| 50[m]<br>이상 | 유형문화재와 기념물 중 지정문화재 |
| 30[m]<br>이상 | • 학교<br>• 종합병원, 병원, 치과병원, 한방병원, 요양병원<br>• 공연장, 영화상영관, 유사한 시설로서 300명 이상 수용할 수 있는 것 |

정답  01.① 02.③ 03.① 04.④

| 20[m] 이상 | • 아동복지시설, 노인복지시설, 장애인복지시설, 한부모가족복지시설, 보육시설, 성매매피해자 등의지원시설, 정신보건시설, 가정폭력피해자 보호시설로서 20명 이상의 인원을 수용할 수 있는 것 |
| --- | --- |
| 20[m] 이상 | • 고압가스제조시설(용기에 충전하는 것을 포함) 또는 고압가스 사용시설로서 1일 30[m³] 이상의 용적을 취급하는 시설이 있는 것<br>• 고압가스저장시설<br>• 액화산소를 소비하는 시설<br>• 액화석유가스제조시설 및 액화석유가스저장시설<br>• 가스공급시설 |
| 10[m] 이상 | 주거용으로 사용되는 건축물이나 공작물(제조소 부지 내의 것은 제외) |
| 5[m] 이상 | 사용전압 35,000[V]를 초과하는 특고압가공전선 |
| 3[m] 이상 | 사용전압 7,000[V] 초과 35,000[V] 이하의 특고압가공전선 |

④ 공연장으로서 수용인원이 300명 이상일 것

**05** 위험물 제조소의 건축물의 구조로 잘못된 것은?

① 벽, 기둥, 서까래 및 계단은 난연재료로 할 것
② 지하층이 없도록 할 것
③ 지붕은 폭발력이 위로 방출될 정도의 가벼운 불연재료로 덮을 것
④ 연소의 우려가 있는 외벽에 설치하는 출입구에는 수시로 열 수 있는 자동폐쇄식의 60분+ 또는 60분 방화문을 설치할 것

**해설** 건축물의 구조

위험물을 취급하는 건축물의 구조는 다음 각 호의 기준에 의하여야 한다.
1. 지하층이 없도록 하여야 한다. 다만, 위험물을 취급하지 아니하는 지하층으로서 위험물의 취급장소에서 새어나온 위험물 또는 가연성의 증기가 흘러 들어갈 우려가 없는 구조로 된 경우에는 그러하지 아니하다.
2. 벽·기둥·바닥·보·서까래 및 계단을 불연재료로 하고, 연소(延燒)의 우려가 있는 외벽(소방청장이 정하여 고시하는 것에 한한다. 이하 같다)은 출입구 외의 개구부가 없는 내화구조의 벽으로 하여야 한다. 이 경우 제6류 위험물을 취급하는 건축물에 있어서 위험물이 스며들 우려가 있는 부분에 대하여는 아스팔트 그 밖에 부식되지 아니하는 재료로 피복하여야 한다.
3. 지붕(작업공정상 제조기계시설 등이 2층 이상에 연결되어 설치된 경우에는 최상층의 지붕을 말한다)은 폭발력이 위로 방출될 정도의 가벼운 불연재료로 덮어야 한다. 다만, 위험물을 취급하는 건축물이 다음 각 목의 1에 해당하는 경우에는 그 지붕을 내화구조로 할 수 있다.
    가. 제2류 위험물(분상의 것과 인화성고체를 제외한다), 제4류 위험물 중 제4석유류·동식물유류 또는 제6류 위험물을 취급하는 건축물인 경우
    나. 다음의 기준에 적합한 밀폐형 구조의 건축물인 경우
        1) 발생할 수 있는 내부의 과압(過壓) 또는 부압(負壓)에 견딜 수 있는 철근콘크리트조일 것
        2) 외부화재에 90분 이상 견딜 수 있는 구조일 것
4. 출입구와 「산업안전보건기준에 관한 규칙」 제17조에 따라 설치하여야 하는 비상구에는 60분+ 방화문·60분 방화문 또는 30분 방화문을 설치하되, 연소의 우려가 있는 외벽에 설치하는 출입구에는 수시로 열 수 있는 자동폐쇄식의 60분+ 또는 60분 방화문을 설치하여야 한다.
5. 위험물을 취급하는 건축물의 창 및 출입구에 유리를 이용하는 경우에는 망입유리로 하여야 한다.
6. 액체의 위험물을 취급하는 건축물의 바닥은 위험물이 스며들지 못하는 재료를 사용하고, 적당한 경사를 두어 그 최저부에 집유설비를 하여야 한다.

**06** 다음은 위험물 제조소에 설치하는 안전장치이다. 이 중에서 위험물의 성질에 따라 안전밸브의 작동이 곤란한 가압설비에 한하여 설치하는 것은?

① 자동적으로 압력의 상승을 정지시키는 장치
② 감압측에 안전밸브를 부착한 감압밸브
③ 안전밸브를 병용하는 경보장치
④ 파괴판

**해설** 압력계 및 안전장치

위험물을 가압하는 설비 또는 그 취급하는 위험물의 압력이 상승할 우려가 있는 설비에는 압력계 및 다음각목의1에 해당하는 안전장치를 설치하여야 한다. 다만, 라목의 파괴판은 위험물의 성질에 따라 안전밸브의 작동이 곤란한 가압설비에 한한다.
가. 자동적으로 압력의 상승을 정지시키는 장치
나. 감압측에 안전밸브를 부착한 감압밸브
다. 안전밸브를 병용하는 경보장치
라. 파괴판

정답 05.① 06.④

**07** 위험물을 저장한 탱크에서 화재가 발생하였을 때 Slop over 현상이 일어날 수 있는 위험물은?

① 제1류 위험물  ② 제2류 위험물
③ 제3류 위험물  ④ 제4류 위험물

**해설** 유류탱크의 발생 현상
(1) 보일 오버(Boil over)
    저유를 저장한 개방탱크의 화재 발생 시에 자연히 발생하는 현상, 장시간 조용히 연소하다가 탱크내의 잔존기름의 갑작스런 오버 플로우나 분출이 일어나는 현상이다. 급속히 팽창하는 증기–기름거품을 형성하는 것은 끓는 물이 원인이다.
(2) 슬롭 오버(Slop over) : 물이 연소유의 뜨거운 표면에 들어갈 때 일어나는 현상으로 그리 격렬하지는 않다.
(3) 프로스 오버(Froth over)
    물이 점성의 뜨거운 기름표면 아래서 끓을 때 화재를 수반하지 않는 용기의 over flowing하는 현상으로서 뜨거운 아스팔트에서 물이 있는 탱크차에 넣을 때 이 현상이 일어난다.

**08** 위험물 저장소로서 옥내저장소의 저장창고의 구조 및 설비로 옳은 것은?

① 지면에서 처마까지의 높이가 8[m] 미만인 단층건축물로 하고 그 바닥은 지반면보다 낮게 하여야 한다.
② 지면에서 처마까지의 높이가 8[m] 미만인 단층건축물로 하고 그 바닥은 지반면보다 높게 하여야 한다.
③ 지면에서 처마까지의 높이가 6[m] 미만인 단층건축물로 하고 그 바닥은 지반면보다 낮게 하여야 한다.
④ 지면에서 처마까지의 높이가 6[m] 미만인 단층건축물로 하고 그 바닥은 지반면보다 높게 하여야 한다.

**해설** 옥내저장소의 구조 및 설비
① 저장창고는 위험물 저장을 전용으로 하는 독립된 건축물로 하고 지면에서 처마까지의 높이가 6[m] 미만인 단층건축물로 하고 그 바닥은 지면보다 높게 하여야 한다.

② 하나의 저장창고의 바닥면적은 기준면적 이하로 할 것

| 위험물을 저장하는 창고 | 기준면적 |
|---|---|
| ① 제1류위험물(아염소산염류, 과염소산염류, 무기과산화물) 그 밖에 지정수량 50[kg]인 위험물<br>② 제3류위험물(칼륨, 나트륨, 알킬알루미늄, 알킬리튬), 황린, 그 밖에 지정수량 10[kg]인 위험물<br>③ 제4류위험물(특수인화물, 제1석유류, 알코올류)<br>④ 제5류위험물(유기과산화물, 질산에스터류) 그 밖에 지정수량이 10[kg]인 위험물<br>⑤ 제6류 위험물 | 1,000[m²] 이하 |
| 위의 ①~⑤의 위험물 외의 위험물 | 2,000[m²] 이하 |

③ 지정수량의 10배 이상의 저장창고(제6류 위험물은 제외)에는 피뢰침을 설치할 것

**09** 주유취급소의 표시 및 게시판에서 "주유 중 엔진정지"라고 표시하는 게시판의 색깔로서 맞는 것은?

① 황색 바탕에 흑색 문자
② 흑색 바탕에 황색 문자
③ 적색 바탕에 백색 문자
④ 백색 바탕에 적색 문자

**해설** 황색바탕에 흑색문자로 "주유 중 엔진정지"라는 표시를 한 게시판을 설치할 것

**10** 위험물을 배합하는 제1종 판매취급소의 실의 기준에 적합하지 않은 것은?

① 바닥면적을 6[m²] 이상 15[m²] 이하로 할 것
② 내화구조 또는 불연재료로 된 벽을 구획할 것
③ 바닥에는 적당한 경사를 두고, 집유설비를 할 것
④ 출입구에는 60분+, 60분 방화문 또는 30분 방화문을 설치 할 것

**해설** 출입구에는 수시로 열 수 있는 자동폐쇄식의 60분+ 또는 60분 방화문을 설치할 것
▶ 위험물을 배합하는 실은 다음에 의할 것
㉠ 바닥면적은 6[m²] 이상 15[m²] 이하로 할 것
㉡ 내화구조 또는 불연재료로 된 벽으로 구획할 것
㉢ 바닥은 위험물이 침투하지 아니하는 구조로 하여 적당한 경사를 두고 집유설비를 할 것

정답 07.④ 08.④ 09.① 10.④

ⓒ 출입구에는 수시로 열 수 있는 자동폐쇄식의 60분+ 또는 60분 방화문을 설치할 것
ⓜ 출입구 문턱의 높이는 바닥면으로부터 0.1[m] 이상으로 할 것
ⓗ 내부에 체류한 가연성의 증기 또는 가연성의 미분을 지붕 위로 방출하는 설비를 할 것

**11** 위험물을 운반할 때 위험물의 성질 등을 운반용기 및 포장의 외부에 주의사항을 표시토록 되어 있는데 다음 중 틀린 것은?

① 제2류 위험물에는 "화기주의"
② 제3류 위험물에는 "물기엄금"
③ 제4류 위험물에는 "화기주의"
④ 제5류 위험물에는 "화기엄금, 충격주의"

**해설** **제조소 등의 주의사항**
제조소에는 보기 쉬운 곳에 다음 각목의 기준에 따라 방화에 관하여 필요한 사항을 게시한 게시판을 설치하여야 한다.
가. 게시판은 한변의 길이가 0.3[m] 이상, 다른 한변의 길이가 0.6[m] 이상인 직사각형으로 할 것
나. 게시판에는 저장 또는 취급하는 위험물의 유별·품명 및 저장최대수량 또는 취급최대수량, 지정수량의 배수 및 안전관리자의 성명 또는 직명을 기재할 것
다. 나목의 게시판의 바탕은 백색으로, 문자는 흑색으로 할 것
라. 나목의 게시판 외에 저장 또는 취급하는 위험물에 따라 다음의 규정에 의한 주의사항을 표시한 게시판을 설치할 것
  1) 제1류 위험물 중 알칼리금속의 과산화물과 이를 함유한 것 또는 제3류 위험물 중 금수성물질에 있어서는 "물기엄금"
  2) 제2류 위험물(인화성고체를 제외한다)에 있어서는 "화기주의"
  3) 제2류 위험물 중 인화성고체, 제3류 위험물 중 자연발화성물질, 제4류 위험물 도는 제5류 위험물에 있어서는 "화기엄금"
마. 라목의 게시판의 색은 "물기엄금"을 표시하는 것에 있어서는 청색바탕에 백색문자로, "화기주의" 또는 "화기엄금"을 표시하는 것에 있어서는 적색바탕에 백색문자로 할 것

**12** 위험물의 저장기준으로 틀린 것은?

① 지하저장탱크의 주된 밸브는 이송할 때 이외에는 폐쇄하여야 한다.
② 이동탱크저장소에는 설치허가증을 비치하여야 한다.
③ 산화프로필렌을 저장하는 이동저장탱크에는 불연성 가스를 봉입하여야 한다.
④ 옥외저장탱크 주위에 설치된 방유제의 내부에 물이나 유류가 고였을 경우 즉시 배출하도록 하여야 한다.

**해설** 위험물안전관리법 시행규칙 [별표 18] 제조소등에서의 위험물의 저장 및 취급에 관한 기준(제49조관련) 中 옥외저장탱크·옥내저장탱크 또는 지하저장탱크의 주된 밸브(액체의 위험물을 이송하기 위한 배관에 설치된 밸브 중 탱크의 바로 옆에 있는 것을 말한다) 및 주입구의 밸브 또는 뚜껑은 위험물을 넣거나 빼낼 때 외에는 폐쇄하여야 한다.

**13** 위험물안전관리자를 선임하지 않고 위험물제조소 등의 허가를 받은 자에 대한 벌칙은?

① 500만원 이하의 벌금
② 1년 이하의 징역 또는 500만원 이하의 벌금
③ 1년 이하의 징역 또는 1,000만원 이하의 벌금
④ 1,500만원 이하의 벌금

**해설** 위험물안전관리자 미선임 : 1,500만원 이하의 벌금

# 2008 제10회 소방시설관리사 1차 필기 기출문제
### [제4과목 : 위험물의 시설기준]

**01** 위험물제조소의 환기설비 설치기준에서 바닥면적 90[m²]일 때 급기구의 크기는 얼마 이상으로 하여야 하는가?

① 150[cm²]  ② 300[cm²]
③ 450[cm²]  ④ 600[cm²]

**해설** 환기설비의 설치 기준
(1) 환기는 자연배기방식으로 할 것
(2) 급기구는 당해 급기구가 설치된 실의 바닥면적 150[m²]마다 1개 이상으로 하되, 급기구의 크기는 800[cm²] 이상으로 할 것. 다만, 바닥면적이 150[m²] 미만인 경우에는 다음의 크기로 하여야 한다.

| 바닥면적 | 급기구의 면적 |
|---|---|
| 60[m²] 미만 | 150[cm²] 이상 |
| 60[m²] 이상 90[m²] 미만 | 300[cm²] 이상 |
| 90[m²] 이상 120[m²] 미만 | 450[cm²] 이상 |
| 120[m²] 이상 150[m²] 미만 | 600[cm²] 이상 |

(3) 급기구는 낮은 곳에 설치하고 가는 눈의 구리망 등으로 인화방지망을 설치할 것
(4) 환기구는 지붕위 또는 지상 2[m] 이상의 높이에 회전식 고정벤티레이터 또는 루프팬 방식으로 설치할 것

**02** 다음 중 위험물제조소의 게시판에 기재사항이 아닌 것은?

① 위험물의 유별  ② 안전관리자의 성명
③ 위험등급  ④ 취급최대수량

**해설** 제조소의 표지 및 게시판
(1) 위험물 제조소라는 표지를 설치
  ① 표지의 크기 : 한변의 길이 0.3[m] 이상, 다른 한변의 길이 0.6[m] 이상
  ② 표지의 색상 : 백색바탕에 흑색 문자

(2) 방화에 관하여 필요한 사항을 게시한 게시판 설치
  ① 게시판의 크기 : 한변의 길이 0.3[m] 이상, 다른 한변의 길이 0.6[m] 이상
  ② 기재 내용 : 위험물의 유별·품명 및 저장최대수량 또는 취급최대수량, 지정수량의 배수 및 안전관리자의 성명 또는 직명
  ③ 게시판의 색상 : 백색바탕에 흑색문자
(3) 주의사항을 표시한 게시판 설치

| 류별 | 주의사항 | 색상 |
|---|---|---|
| 제1류위험물(알칼리금속의 과산화물) 제3류위험물(금수성물질) | 물기엄금 | 청색바탕에 백색문자 |
| 제2류위험물(인화성 고체 제외) | 화기주의 | 적색바탕에 백색문자 |
| 제2류위험물(인화성 고체) 제3류위험물(자연발화성물질) 제4류위험물, 제5류 위험물 | 화기엄금 | 적색바탕에 백색문자 |

※ 위험등급은 운반용기의 외부 표시사항이다.

**03** 다음 중 제조소에서 30[m] 이상의 안전거리를 두지 않아도 되는 것은?

① 100명 이상을 수용하는 학교
② 20명 이상을 수용하는 노인복지시설
③ 100명 이상을 수용하는 공연장
④ 종합병원

**해설** 제조소 등의 안전거리제조소의 안전거리

| 건 축 물 | 안전거리 |
|---|---|
| 사용전압 7,000[V] 초과 35,000[V] 이하의 특고압가공전선 | 3[m] 이상 |
| 사용전압 35,000[V] 초과의 특고압가공전선 | 5[m] 이상 |

정답  01.③  02.③  03.③

| 주거용으로 사용되는 것(제조소가 설치된 부지 내에 있는 것을 제외) | 10[m] 이상 |
|---|---|
| 고압가스, 액화석유가스, 도시가스를 저장 또는 취급하는 시설 | 20[m] 이상 |
| • 학교, 병원(종합병원, 병원, 치과병원, 한방병원 및 요양병원)<br>• 공연장, 영화상영관으로 수용인원 300인 이상<br>• 복지시설(아동복지시설, 노인복지시설, 장애인복지시설, 모·부자복지시설), 보육시설, 성매매피해자를 위한 복지시설, 정신보건시설, 가정폭력피해자 보호시설 수용인원 20인 이상 | 30[m] 이상 |
| 지정문화유산, 천연기념물 | 50[m] 이상 |

**04** 다음 중 옥내저장소에 제5류 위험물을 저장하고자 할 때 주의사항은?

① 물기주의　　② 물기엄금
③ 화기주의　　④ 화기엄금

**해설** 제조소의 표지 및 게시판
(1) 위험물 제조소라는 표지를 설치
　① 표지의 크기 : 한변의 길이 0.3[m] 이상, 다른 한변의 길이 0.6[m] 이상
　② 표지의 색상 : 백색바탕에 흑색 문자
(2) 방화에 관하여 필요한 사항을 게시한 게시판 설치
　① 게시판의 크기 : 한변의 길이 0.3[m] 이상, 다른 한변의 길이 0.6[m] 이상
　② 기재 내용 : 위험물의 유별·품명 및 저장최대수량 또는 취급최대수량, 지정수량의 배수 및 안전관리자의 성명 또는 직명
　③ 게시판의 색상 : 백색바탕에 흑색문자
(3) 주의사항을 표시한 게시판 설치

| 류별 | 주의사항 | 색상 |
|---|---|---|
| 제1류 위험물(알칼리금속의 과산화물)<br>제3류 위험물(금수성물질) | 물기엄금 | 청색바탕에 백색문자 |
| 제2류 위험물(인화성 고체 제외) | 화기주의 | 적색바탕에 백색문자 |
| 제2류 위험물(인화성 고체)<br>제3류 위험물(자연발화성물질)<br>제4류 위험물, 제5류 위험물 | 화기엄금 | 적색바탕에 백색문자 |

※ 위험등급은 운반용기의 외부 표시사항이다.

**05** 지하탱크저장소에 대한 설명으로 맞는 것은?
① 지하저장탱크 윗부분과 지면과의 거리는 0.6[m] 이상일 것
② 지하저장탱크와 탱크전용실의 간격은 0.8[m] 이상일 것
③ 지하저장탱크상호간 거리는 0.5[m] 이상일 것
④ 지하의 가장 가까운 벽, 피트 등의 시설물 및 대지경계선은 0.5[m] 이상일 것

**해설** 지하탱크저장소의 설치 기준
㉠ 탱크전용실은 지하의 가장 가까운 벽·피트·가스관 등의 시설물 및 대지경계선으로부터 0.1[m] 이상 떨어진 곳에 설치하여야 한다.
㉡ 지하저장탱크의 윗 부분은 지면으로부터 0.6[m] 이상 아래에 있어야 한다.
㉢ 지하저장탱크를 2 이상 인접해 설치하는 경우에는 그 상호간에 1[m](당해 2 이상의 지하저장탱크의 용량의 합계가 지정수량의 100배 이하인 때에는 0.5[m]) 이상의 간격을 유지하여야 한다.
㉣ 지하저장탱크의 재질은 두께 3.2[mm] 이상의 강철판으로 하여야 한다.
㉤ 탱크전용실은 벽 및 바닥 : 두께 0.3[m] 이상의 콘크리트구조

**06** 위험물이송취급소에 압력안전장치를 설치하였을 때 상용압력이 20[kPa]일 때 안전장치의 압력은?
① 20~24[kPa]
② 28[kPa]
③ 최대상용압력의 1.1배 이하
④ 최대상용압력의 1.2배 이하

**해설** 이송취급소의 압력안전장치
배관계에는 배관 내의 압력이 최대상용압력을 초과하거나 유격작용 등에 의하여 생긴 압력이 최대상용압력의 1.1배를 초과하지 아니하도록 제어하는 장치(압력안전장치)를 설치할 것

정답　04.④　05.①　06.③

**07** 다음 중 위험물 이송취급소의 이송배관으로서 적합하지 않는 것은?

① 압력배관용 탄소강관
② 고압배관용 탄소강관
③ 고온배관용 탄소강관
④ 일반배관용 탄소강관

**해설** 이송취급소의 이송배관
(1) 고압배관용 탄소강관(KS D 3564)
(2) 압력배관용 탄소강관(KS D 3562)
(3) 고온배관용 탄소강관(KS D 3570)
(4) 배관용 스테인레스강관(KS D 3576)

**08** 위험물 제조소등에 경보설비를 설치하여야 할 대상은?

① 지정수량 10배 이상
② 지정수량 20배 이상
③ 지정수량 30배 이상
④ 지정수량 40배 이상

**해설** 위험물 제조소등에 경보설비 설치 : 지정수량 10배 이상

**09** 다음 중 소화난이도 Ⅰ등급에 해당하지 않는 것은?

① 연면적 1,000[m²] 이상 제조소
② 지정수량 100배 이상 옥내저장소
③ 지반면으로부터 탱크상단까지 높이가 6[m] 이상인 옥외탱크저장소
④ 인화성고체 지정수량 100배 이상 저장하는 옥외저장소

**해설** 소화난이도등급 Ⅰ에 해당하는 제조소등

| 제조소등의 구분 | 제조소등의 규모, 저장 또는 취급하는 위험물의 품명 및 최대수량 등 |
|---|---|
| 제조소 일반취급소 | 연면적 1,000[m²] 이상인 것 |
| | 지정수량의 100배 이상인 것 (고인화점위험물만을 100[℃] 미만의 온도에서 취급하는 것 및 제48조의 위험물을 취급하는 것은 제외) |
| | 지반면으로부터 6[m] 이상의 높이에 위험물 취급설비가 있는 것 (고인화점위험물만을 100[℃] 미만의 온도에서 취급하는 것은 제외) |
| | 일반취급소로 사용되는 부분 외의 부분을 갖는 건축물에 설치된 것 (내화구조로 개구부 없이 구획된 것 및 고인화점위험물을 100[℃] 미만의 온도에서 취급하는 것은 제외) |
| 옥내저장소 | 지정수량의 150배 이상인 것(고인화점위험물만을 저장하는 것 및 제48조의 위험물을 저장하는 것은 제외) |
| | 연면적 150[m²]을 초과하는 것(150[m²] 이내마다 불연재료로 개구부 없이 구획된 것 및 인화성 고체 외의 제2류 위험물 또는 인화점 70[℃] 이상의 제4류 위험물만을 저장하는 것은 제외) |
| | 처마높이가 6[m] 이상인 단층건물의 것 |
| | 옥내저장소로 사용되는 부분 외의 부분이 있는 건축물에 설치된 것 (내화구조로 개구부 없이 구획된 것 및 인화성고체 외의 제2류 위험물 또는 인화점 70[℃] 이상의 제4류 위험물만을 저장하는 것은 제외) |
| 옥외탱크저장소 | 액표면적이 40[m²] 이상인 것 (제6류 위험물을 저장하는 것 및 고인화점위험물만을 100[℃] 미만의 온도에서 저장하는 것은 제외) |
| | 지반면으로부터 탱크 옆판의 상단까지 높이가 6[m] 이상인 것 (제6류 위험물을 저장하는 것 및 고인화점위험물만을 100[℃] 미만의 온도에서 저장하는 것은 제외) |
| | 지중탱크 또는 해상탱크로서 지정수량의 100배 이상인 것 (제6류 위험물을 저장하는 것 및 고인화점위험물만을 100[℃] 미만의 온도에서 저장하는 것은 제외) |
| | 고체위험물을 저장하는 것으로서 지정수량의 100배 이상인 것 |
| 옥내탱크저장소 | 액표면적이 40[m²] 이상인 것 (제6류 위험물을 저장하는 것 및 고인화점위험물만을 100[℃] 미만의 온도에서 저장하는 것은 제외) |
| | 바닥면으로부터 탱크 옆판의 상단까지 높이가 6[m] 이상인 것 (제6류 위험물을 저장하는 것 및 고인화점위험물만을 100[℃] 미만의 온도에서 저장하는 것은 제외) |
| | 탱크전용실이 단층건물 외의 건축물에 있는 것으로서 인화점 40[℃] 이상 70[℃] 미만의 위험물을 지정수량의 50배 이상 저장하는 것 (내화구조로 개구부 없이 구획된 것은 제외) |
| 옥외저장소 | 덩어리상태의 황을 저장하는 것으로서 경계표시 내부의 면적(2 이상의 경계표시가 있는 경우에는 각 경계표시의 내부의 면적을 합한 면적)이 100[m²] 이상인 것 |
| | 별표 11 Ⅲ의 위험물을 저장하는 것으로서 지정수량의 100배 이상인 것 |
| 암반탱크저장소 | 액표면적이 40[m²] 이상인 것 (제6류 위험물을 저장하는 것 및 고인화점위험물만을 100[℃] 미만의 온도에서 저장하는 것은 제외) |
| | 고체위험물을 저장하는 것으로서 지정수량의 100배 이상인 것 |
| 이송취급소 | 모든 대상 |

**10** 다음 중 옥외탱크저장소의 방유제 용량은 탱크가 하나일 때 탱크용량의 몇 [%] 이상이어야 하는가?

① 30[%]
② 80[%]
③ 110[%]
④ 150[%]

**해설** 옥외탱크저장소의 방유제 용량
(1) 탱크가 하나일 때 : 탱크 용량의 110[%] 이상(인화성이 없는 액체위험물은 100[%])
(2) 탱크가 2기 이상일 때 : 탱크 중 용량이 최대인 것의 용량의 110[%] 이상(인화성이 없는 액체위험물은 100[%])

**11** 화재예방과 재해 발생 시 비상조치를 하기 위하여 제조소등에 예방규정을 작성하여야 하는데 대상 기준이 아닌 것은?

① 지정수량의 10배 이상의 위험물을 취급하는 제조소
② 지정수량의 100배 이상의 위험물을 저장하는 일반취급소
③ 지정수량의 150배 이상의 위험물을 저장하는 옥내저장소
④ 암반탱크저장소

**해설** 예방규정을 정하여야 하는 제조소등
㉠ 지정수량의 10배 이상의 위험물을 취급하는 제조소, 일반취급소
㉡ 지정수량의 100배 이상의 위험물을 저장하는 옥외저장소
㉢ 지정수량의 150배 이상의 위험물을 저장하는 옥내저장소
㉣ 지정수량의 200배 이상의 위험물을 저장하는 옥외탱크저장소
㉤ 암반탱크저장소
㉥ 이송취급소

**12** 다음 중 방수성이 있는 피복으로 덮어야 하는 위험물로만 구성된 것은?

① 과염소산염류, 삼산화크롬, 황린
② 무기과산화물, 과산화수소, 마그네슘
③ 철분, 금속분, 마그네슘
④ 염소산염류, 과산화수소, 금속분

**해설** 방수성이 있는 것으로 피복
㉠ 제1류 위험물 중 알칼리금속의 과산화물
㉡ 제2류 위험물 중 철분·금속분·마그네슘
㉢ 제3류 위험물 중 금수성 물질

◯ 차광성이 있는 것으로 피복
① 제1류 위험물
② 제3류 위험물 중 자연발화성물질
③ 제4류 위험물 중 특수인화물
④ 제5류 위험물
⑤ 제6류 위험물

**13** 간이저장탱크의 밸브 없는 통기관에 대한 설명 중 틀린 것은?

① 통기관은 위험물 주입시 외에는 항상 막아놓도록 한다.
② 통기관은 옥외에 설치하되 그 선단의 높이는 지상 1.5[m] 이상으로 할 것
③ 통기관의 선단은 수평면에 대하여 아래로 45도 이상 구부려 빗물 등이 침투하지 아니하도록 할 것
④ 가는 눈의 구리망 등으로 인화방지장치를 할 것

**해설** 간이저장탱크에 밸브 없는 통기관 설치 기준
㉠ 통기관의 지름은 25[mm] 이상으로 할 것
㉡ 통기관은 옥외에 설치하되, 그 선단의 높이는 지상 1.5[m] 이상으로 할 것
㉢ 통기관의 선단은 수평면에 대하여 아래로 45도 이상 구부려 빗물 등이 침투하지 아니하도록 할 것
㉣ 가는 눈의 구리망 등으로 인화방지장치를 할 것
㉤ 통기관은 평상시나 위험물 주입시나 항상 개방된 구조이어야 할 것

정답 10.③ 11.② 12.③ 13.①

# 제9회 소방시설관리사 1차 필기 기출문제

[제4과목 : 위험물의 시설기준]

**01** 지정수량의 몇 배 이상의 위험물을 취급하는 제조소, 일반취급소에는 화재예방을 위한 예방규정을 정하여야 하는가?

① 10배  ② 20배
③ 30배  ④ 40배

**해설** 예방규정을 정하여야 할 제조소등(위험물법 시행령 제15조)
㉠ 지정수량의 10배 이상의 위험물을 취급하는 제조소
㉡ 지정수량의 10배 이상의 위험물을 취급하는 일반취급소
㉢ 지정수량의 100배 이상의 위험물을 취급하는 옥외저장소
㉣ 지정수량의 150배 이상의 위험물을 취급하는 옥내저장소
㉤ 지정수량의 200배 이상의 위험물을 취급하는 옥외탱크저장소
㉥ 암반탱크저장소
㉦ 이송취급소

**02** 다음 위험물 중 옥외저장소에 저장할 수 없는 위험물은?

① 황  ② 휘발유
③ 알코올  ④ 등유

**해설** 옥외저장 할 수 있는 위험물(위험물법 령 별표 2)
㉠ 제2류 위험물 : 황, 인화성고체(인화점이 0[℃] 이상)
㉡ 제4류 위험물 : 제1석유류(인화점이 0[℃] 이상), 알코올류, 제2석유류, 제3석유류, 제4석유류, 동식물유류
㉢ 제6류 위험물

◎ 휘발유(제4류 위험물 제1석유류)의 인화점
  −43∼−20[℃]

**03** 위험물제조소 등에는 지정수량 이상의 기준이 되면 위험물 안전관리자를 선임하여야 하는데 안전관리자로 선임될 수 없는 사람은?

① 위험물 기능장
② 위험물 산업기사
③ 위험물안전관리교육이수자
④ 소방공무원 경력 1년 이상인 자

**해설** 소방공무원경력 3년 이상이어야 제4류 위험물을 취급하는 제조소등에 위험물안전관리자로 선임할 수 있다.

**04** 위험물을 저장 또는 취급하는 위험물 탱크의 용량산정 방법은?

① 탱크의 용량=탱크의 내용적+탱크의 공간용적
② 탱크의 용량=탱크의 내용적−탱크의 공간용적
③ 탱크의 용량=탱크의 내용적×탱크의 공간용적
④ 탱크의 용량=탱크의 내용적÷탱크의 공간용적

**해설** 탱크의 용량(위험물법 시행규칙 제5조)
(1) 탱크의 용량=탱크의 내용적−탱크의 공간용적
(2) 탱크의 공간 용적 : $\frac{5}{100}$ 이상 $\frac{10}{100}$ 이하

**05** 위험물 제조소에는 지정수량의 10배 이상이 되면 피뢰설비를 설치하여야 하는데 하지 않아도 되는 위험물은?

① 제2류 위험물  ② 제3류 위험물
③ 제4류 위험물  ④ 제6류 위험물

**해설** 피뢰설비
지정수량의 10배 이상이 되면 위험물을 취급하는 제조소에는 피뢰침을 설치하여야 한다(단, 제6류 위험물을 취급하는 제조소는 제외한다).

정답  01.① 02.② 03.④ 04.② 05.④

**06** 제4류 위험물을 취급하는 제조소 또는 일반취급소에는 지정수량의 몇 배 이상일 때 자체소방대를 두어야 하는가?

① 1,000배　　② 2,000배
③ 3,000배　　④ 4,000배

**해설** 제4류 위험물을 취급하는 제조소 또는 일반취급소에는 지정수량의 3,000배 이상일 때 자체소방대를 두어야 한다(위험물법 시행령 제18조).

**07** 위험물 옥내저장소의 소화난이도 등급 Ⅰ에 해당하는 기준이 아닌 것은?

① 지정수량의 100배 이상인 것
② 연면적 150[m²]을 초과하는 것
③ 처마의 높이가 6[m] 이상인 단층건물의 것
④ 옥내저장소로 사용되는 부분 외의 부분이 있는 건축물에 설치된 것

**해설** 옥내저장소의 소화난이도 등급 Ⅰ의 기준
　㉠ 지정수량의 150배 이상인 것
　㉡ 연면적 150[m²]을 초과하는 것
　㉢ 처마의 높이가 6[m] 이상인 단층건물의 것
　㉣ 옥내저장소로 사용되는 부분 외의 부분이 있는 건축물에 설치된 것

**08** 위험물 제조소의 환기설비 중 급기구의 바닥면적이 150[m²] 이상일 때 급기구의 크기는?

① 150[cm²] 이상
② 300[cm²] 이상
③ 450[cm²] 이상
④ 800[cm²] 이상

**해설** 위험물 제조소의 환기설비(위험물법 규칙 별표 4)
　(1) 환기는 자연배기방식으로 할 것
　(2) 급기구는 바닥면적 150[m²]마다 1개 이상으로 하되, 급기구의 크기는 800[cm²] 이상으로 할 것
　　　[바닥면적이 150[m²] 미만인 경우의 크기]

| 바닥면적 | 급기구의 면적 |
|---|---|
| 60[m²] 미만 | 150[cm²] 이상 |
| 60[m²] 이상 90[m²] 미만 | 300[cm²] 이상 |
| 90[m²] 이상 120[m²] 미만 | 450[cm²] 이상 |
| 120[m²] 이상 150[m²] 미만 | 600[cm²] 이상 |

(1) 급기구는 낮은 곳에 설치하고 가는 눈의 구리망 등으로 인화 방지망을 설치할 것
(2) 환기구는 지붕 위 또는 지상 2[m] 이상의 높이에 회전식 고정벤티레이터 또는 루프팬 방식으로 설치할 것

**09** 위험물 제조소의 옥외에 있는 위험물을 취급하는 취급탱크의 용량이 1,000[L] 2기와 2,000[L] 1기의 용량인 탱크 주위에 설치하여야 하는 방유제의 최소 기준 용량은?

① 1,000[L]　　② 1,100[L]
③ 1,200[L]　　④ 1,500[L]

**해설** 옥외에 있는 위험물 탱크의 방유제 용량(위험물법 시행규칙 별표 4)
(1) 1기일 때 : 탱크용량의 50[%] 이상
(2) 2기 이상일 때=(최대용량×50[%]+나머지 각 탱크용량×10[%])
　∴ 방유제 용량=(최대용량×0.5)+(나머지 각 탱크용량×0.1)
　　　=(2,000×0.5)+(1,000×0.1)+(1,000×0.1)=1,200[L]

**10** 옥내저장소의 저장창고는 지면에서 처마까지의 높이가 몇 [m] 미만인 단층 건물로 하고 그 바닥을 지반면보다 높게 하여야 하는가?

① 3[m]　　② 6[m]
③ 10[m]　　④ 12[m]

**해설** 옥내저장소의 저장창고는 지면에서 처마까지의 높이가 6[m] 미만인 단층 건물로 하고 그 바닥을 지반면보다 높게 하여야 한다(위험물법 시행규칙 별표 5).

정답　06.③　07.①　08.④　09.③　10.②

**11** 위험물 제조소의 건축물의 구조에 대한 설명 중 틀린 것은?

① 건축물의 구조는 지하층이 없도록 한다.
② 연소우려가 있는 외벽은 개구부가 없는 내화구조의 벽으로 한다.
③ 밀폐형 구조의 건축물인 경우에는 외부화재에 60분 이상 견딜 수 있는 구조로 하여야 한다.
④ 액체 위험물을 취급하는 건축물의 바닥은 위험물이 스며들지 못하는 재료로 하고 적당한 경사를 두어 그 최저부에는 집유설비를 하여야 한다.

해설) 밀폐형 구조의 건축물인 경우에는 외부화재에 90분 이상 견딜 수 있는 구조로 하여야 한다.

정답 11.③

# 2005 제8회 소방시설관리사 1차 필기 기출문제
[제4과목 : 위험물의 시설기준]

**01** 다음 중 위험물 제조소 등에 설치하는 경보설비의 종류가 아닌 것은?

① 자동화재탐지설비  ② 비상경보설비
③ 자동화재속보설비  ④ 확성장치

**해설** 위험물 제조소의 경보설비[21년 이후 개정]

| 제조소 등의 구분 | 제조소 등의 규모, 저장 또는 취급하는 위험물의 종류 및 최대수량 등 | 경보설비 |
| --- | --- | --- |
| 1. 제조소 및 일반취급소 | • 연면적 500[m²] 이상인 것<br>• 옥내에서 지정수량의 100배 이상을 취급하는 것(고인화점 위험물만을 100[℃] 미만의 온도에서 취급하는 것을 제외한다)<br>• 일반취급소로 사용되는 부분 외의 부분이 있는 건축물에 설치된 일반취급소(일반취급소와 일반취급소외의 부분이 내화구조의 바닥 또는 벽으로 개구부 없이 구획된 것을 제외한다) | 자동화재 탐지설비 |
| 2. 옥내저장소 | • 지정수량의 100배 이상을 저장 또는 취급하는 것(고인화점위험물만을 저장 또는 취급하는 것을 제외한다)<br>• 연면적이 150[m²]를 초과하는 것 [당해 저장창고가 연면적 150[m²] 이내마다 불연재료의 격벽으로 개구부 없이 완전히 구획된 것과 제2류 또는 제4류의 위험물(인화성고체 및 인화점이 70[℃] 미만인 제4류 위험물을 제외한다)만을 저장 또는 취급하는 것에 있어서는 저장창고의 연면적이 500[m²] 이상의 것에 한한다]<br>• 6[m] 이상인 단층건물의 것<br>• 사용되는 부분 외의 부분이 있는 건축물에 설치된 옥내저장소 [옥내저장소와 옥내저장소 외의 부분이 내화구조의 바닥 또는 벽으로 개구부 없이 구획된 것과 제2류 또는 제4류의 위험물(인화성고체 및 인화점이 70[℃] 미만인 제4류 위험물을 제외한다)만을 저장 또는 취급하는 것을 제외한다] | |
| 3. 옥내탱크저장소 | 단층 건물 외의 건축물에 설치된 옥내탱크저장소로서 소화난이도 등급 I에 해당하는 것 | |
| 4. 주유취급소 | 옥내주유취급소 | |
| 5. 옥외탱크 저장소 | 특수인화물, 제1석유류 및 알코올류를 저장 또는 취급하는 탱크의 용량이 1,000만리터 이상인 것 | • 자동화재탐지 설비<br>• 자동화재속보 설비 |
| 6. 제1호 내지 제4호의 자동화재탐지설비 설치 대상에 해당하지 아니하는 제조소 등 | 지정수량의 10배 이상을 저장 또는 취급하는 것 | 자동화재탐지설비, 비상경보설비, 확성장치 또는 비상방송설비 중 1종 이상 |

**02** 다음 중 위험물 기능사가 취급할 수 있는 위험물의 종류로 옳은 것은?

① 제1~2류 위험물
② 제1~5류 위험물
③ 제1~6류 위험물
④ 국가 기술자격증에 기재된 유(類)의 위험물

**해설** 위험물취급자격자의 자격(제11조 제1항 관련)

| 위험물취급자격자의 구분 | | 취급할 수 있는 위험물 |
| --- | --- | --- |
| 1. 「국가기술자격법」에 의하여 위험물의 취급에 관한 자격을 취득한 자 | 위험물기능장 | 별표 1의 위험물(제1류~제6류 위험물) |
| | 위험물산업기사 | 별표 1의 위험물(제1류~제6류 위험물) |
| | 위험물기능사 | 별표 1의 위험물(제1류~제6류 위험물) |
| 2. 안전관리자교육이수자(법 제28조 제1항의 규정에 의하여 소방청장이 실시하는 안전관리자교육을 이수한 자를 말한다. 이하 별표 6에서 같다) | | 별표 1의 위험물 중 제4류 위험물 |
| 3. 소방공무원경력자(소방공무원으로 근무한 경력이 3년 이상인 자를 말한다. 이하 별표 6에서 같다) | | 별표 1의 위험물 중 제4류 위험물 |

정답 01.③ 02.③

## 07. 위험물의 시설기준

**03** 소화난이도 등급 Ⅲ의 지하 탱크 저장소에 설치하여야 할 소화설비는?

① 능력단위의 수치가 2단위 이상인 소형 수동식 소화기 1개 이상
② 능력단위의 수치가 2단위 이상인 소형 수동식 소화기 2개 이상
③ 능력단위의 수치가 3단위 이상인 소형 수동식 소화기 2개 이상
④ 능력단위의 수치가 3단위 이상인 소형 수동식 소화기 3개 이상

**해설** 소화난이도 등급 Ⅲ의 설치하는 소화설비

| 제조소등의 구분 | 소화설비 | 설치기준 | |
|---|---|---|---|
| 지하탱크 저장소 | 소형수동식소화기등 | 능력단위의 수치가 3 이상 | 2개 이상 |
| 이동탱크 저장소 | 자동차용소화기 | 무상의 강화액 8[L] 이상 | 2개 이상 |
| | | 이산화탄소 3.2[kg] 이상 | |
| | | 일브롬화일염화이플루오르화메탄 ($CF_2ClBr$) 2[L] 이상 | |
| | | 일브롬화삼플루오르화메탄 ($CF_3Br$) 2[L] 이상 | |
| | | 이브롬화사플루오르화에탄 ($C_2F_3Br_2$) 1[L] 이상 | |
| | | 소화분말 3.5[kg] 이상 | |
| | 마른모래 및 팽창질석 또는 팽창진주암 | 마른모래 150[L] 이상 | |
| | | 팽창질석 또는 팽창진주암 640[L] 이상 | |

**04** 위험물제조소의 옥외에 있는 액체위험물을 취급하는 1,000[L] 1기 및 500[L] 2기의 용량인 탱크를 설치할 때 방유제의 용량은?

① 500[L]  ② 600[L]
③ 700[L]  ④ 800[L]

**해설** 위험물 취급탱크(지정수량 $\frac{1}{5}$ 미만은 제외)

(1) 위험물제조소의 옥외에 있는 위험물 취급탱크
 ① 취급탱크가 1기일 때 방유제의 용량 : 당해 탱크용량의 50[%] 이상
 ② 취급탱크가 2 이상일 때 방유제의 용량 : (최대탱크용량×50[%])+(나머지 탱크용량 합계×10[%])

(2) 위험물제조소의 옥내에 있는 위험물 취급탱크
 ① 하나의 취급탱크의 주위에 설치하는 방유턱의 용량 : 당해 탱크용량 이상
 ② 2 이상의 취급탱크 주위에 설치하는 방유턱의 용량 : 최대 탱크용량 이상

∴ 방유제의 용량 = (1,000[L]×0.5)+(500×0.1)
                    +(500×0.1)
                  = 600[L]

**05** 다음 중 위험물제조소별 주의사항으로 틀린 것은?

① 황화인 – 화기주의
② 인화성 고체 – 화기주의
③ 클레오소트유 – 화기엄금
④ 나이트로화합물 – 화기엄금

**해설** 위험물제조소별 주의사항

| 위험물의 종류 | 주의사항 | 게시판의 색상 |
|---|---|---|
| 제1류 위험물 중 알칼리금속의 과산화물 제3류 위험물 중 금수성물질 | 물기엄금 | 청색바탕에 백색문자 |
| 제2류 위험물(인화성 고체는 제외) | 화기주의 | 적색바탕에 백색문자 |
| 제2류 위험물 중 인화성 고체 제3류 위험물 중 자연발화성물질 제4류 위험물 제5류 위험물 | 화기엄금 | 적색바탕에 백색문자 |
| 제1류 위험물의 알칼리금속의 과산화물외의 것과 제6류 위험물 | 별도의 표시를 하지 않는다. | |

**06** 소화난이도등급 Ⅲ의 알킬알루미늄을 저장하는 이동탱크저장소에 자동차용소화기 2개 이상을 설치한 후 추가로 설치하여야 할 마른모래의 양은 몇 [L]인가?

① 50[L] 이상
② 100[L] 이상
③ 150[L] 이상
④ 200[L] 이상

**해설** 소화난이도 등급 Ⅲ의 설치하는 소화설비

| 제조소등의 구분 | 소화설비 | 설치기준 | |
|---|---|---|---|
| 지하탱크 저장소 | 소형수동식소화기등 | 능력단위의 수치가 3 이상 | 2개 이상 |
| 이동탱크 저장소 | 자동차용소화기 | 무상의 강화액 8[L] 이상 | 2개 이상 |
| | | 이산화탄소 3.2[kg] 이상 | |
| | | 일브롬화일염화이플루오르화메탄 ($CF_2ClBr$) 2[L] 이상 | |
| | | 일브롬화삼플루오르화메탄 ($CF_3Br$) 2[L] 이상 | |
| | | 이브롬화사플루오르화에탄 ($C_2F_3Br_2$) 1[L] 이상 | |
| | | 소화분말 3.5[kg] 이상 | |
| | 마른모래 및 팽창질석 또는 팽창진주암 | 마른모래 150[L] 이상 | |
| | | 팽창질석 또는 팽창진주암 640[L] 이상 | |

**07** 위험물 제조소 등에 옥외소화전을 4개 설치하고자 할 때 필요한 수원의 양은 얼마인가?

① 13[m³] 이상   ② 14[m³] 이상
③ 24[m³] 이상   ④ 54[m³] 이상

**해설** 옥외소화전설비의 수원 = N(최대 4개) × 450[L/min] × 30[min]
= N × 13,500[L] = N × 13.5[m³]
= 4 × 13.5[m³] = 54[m³]

마. 옥내소화전설비의 설치기준은 다음의 기준에 의할 것
  1) 옥내소화전은 제조소등의 건축물의 층마다 당해 층의 각 부분에서 하나의 호스접속구까지의 수평거리가 25[m] 이하가 되도록 설치할 것. 이 경우 옥내소화전은 각층의 출입구 부근에 1개 이상 설치하여야 한다.
  2) 수원의 수량은 옥내소화전이 가장 많이 설치된 층의 옥내소화전 설치개수(설치개수가 5개 이상인 경우는 5개)에 7.8[m³]를 곱한 양 이상이 되도록 설치할 것
  3) 옥내소화전설비는 각층을 기준으로 하여 당해 층의 모든 옥내소화전(설치개수가 5개 이상인 경우는 5개의 옥내소화전)을 동시에 사용할 경우에 각 노즐선단의 방수압력이 350[kPa] 이상이고 방수량이 1분당 260[L] 이상의 성능이 되도록 할 것
  4) 옥내소화전설비에는 비상전원을 설치할 것

바. 옥외소화전설비의 설치기준은 다음의 기준에 의할 것
  1) 옥외소화전은 방호대상물(당해 소화설비에 의하여 소화하여야 할 제조소등의 건축물, 그 밖의 공작물 및 위험물을 말한다. 이하 같다)의 각 부분(건축물의 경우에는 당해 건축물의 1층 및 2층의 부분에 한한다)에서 하나의 호스접속구까지의 수평거리가 40[m] 이하가 되도록 설치할 것. 이 경우 그 설치개수가 1개일 때는 2개로 하여야 한다.
  2) 수원의 수량은 옥외소화전의 설치개수(설치개수가 4개 이상인 경우는 4개의 옥외소화전)에 13.5[m³]를 곱한 양 이상이 되도록 설치할 것
  3) 옥외소화전설비는 모든 옥외소화전(설치개수가 4개 이상인 경우는 4개의 옥외소화전)을 동시에 사용할 경우에 각 노즐선단의 방수압력이 350[kPa] 이상이고, 방수량이 1분당 450[L] 이상의 성능이 되도록 할 것
  4) 옥외소화전설비에는 비상전원을 설치할 것

**08** 위험물 간이저장 탱크의 밸브 없는 통기관의 설치 기준으로 맞지 않는 것은?

① 통기관은 지름 30[mm] 이상으로 한다.
② 통기관은 옥외에 설치하되 그 선단의 높이는 지상 1.5[m] 이상으로 한다.
③ 통기관의 선단은 수평면에 대하여 아래로 45도 이상 구부려야 한다.
④ 가는 눈의 구리망 등으로 인화방지망을 설치하여야 한다.

**해설** 간이저장 탱크의 밸브 없는 통기관의의 지름 : 25[mm] 이상

**09** 소화난이도 등급 Ⅰ의 옥내탱크저장소나 옥외탱크저장소에서 황을 저장·취급할 경우 설치하여야 하는 소화설비는?

① 물분무소화설비
② 옥외소화전설비
③ 포소화설비
④ 옥내소화전설비

## 07. 위험물의 시설기준

**해설** 소화난이도등급 Ⅰ의 제조소등에 설치하여야 하는 소화설비

| 제조소등의 구분 | | | 소화설비 |
|---|---|---|---|
| 제조소 및 일반취급소 | | | 옥내소화전설비, 옥외소화전설비, 스프링클러설비 또는 물분무등 소화설비(화재발생시 연기가 충만할 우려가 있는 장소에는 스프링클러설비 또는 이동식 외의 물분무등 소화설비에 한한다) |
| 옥내저장소 | 처마높이가 6[m] 이상인 단층건물 또는 다른 용도의 부분이 있는 건축물에 설치한 옥내저장소 | | 스프링클러설비 또는 이동식 외의 물분무등소화설비 |
| | 그 밖의 것 | | 옥외소화전설비, 스프링클러설비, 이동식 외의 물분무등소화설비 또는 이동식 포소화설비(포소화전을 옥외에 설치하는 것에 한한다. |
| 옥외탱크저장소 | 지중탱크 또는 해상탱크 외의 것 | 황을 저장취급하는 것 | 물분무소화설비 |
| | | 인화점 70[℃] 이상의 제4류 위험물만을 저장취급하는 것 | 물분무소화설비 또는 고정식 포소화설비 |
| | | 그 밖의 것 | 고정식 포소화설비(포소화설비가 적응성이 없는 경우에는 분말소화설비) |
| | 지중탱크 | | 고정식 포소화설비, 이동식 이외의 이산화탄소소화설비 또는 이동식 이외의 할로겐화물소화설비 |
| | 해상탱크 | | 고정식 포소화설비, 물분무소화설비, 이동식 이외의 이산화탄소소화설비 또는 이동식 이외의 할로겐화물 소화설비 |
| 옥내탱크저장소 | 황을 저장 취급하는 것 | | 물분무소화설비 |
| | 인화점 70[℃] 이상의 제4류 위험물만을 저장 취급하는 것 | | 물분무소화설비, 고정식 포소화설비, 이동식 이외의 이산화탄소소화설비, 이동식 이외의 할로겐화합물소화설비 또는 이동식 이외의 분말소화설비 |
| | 그 밖의 것 | | 고정식 포소화설비, 이동식 이외의 이산화탄소소화설비, 이동식 이외의 할론겐화합물소화설비 또는 이동식 이외의 분말소화설비 |
| 옥외저장소 및 이송취급소 | | | 옥내소화전설비, 옥외소화전설비, 스프링클러설비 또는 물분무소화설비)9화재발생시 연기가 충만할 우려가 있는 장소에는 스프링클러설비 또는 이동식 이외의 물분무등 소화설비에 한한다) |
| 암반탱크저장소 | 황을 저장 취급하는 것 | | 물분무소화설비 |
| | 인화점 70[℃] 이상의 제4류 위험물만을 저장 취급하는 것 | | 물분무소화설비 또는 고정식 포소화설비 |
| | 그 밖의 것 | | 고정식 포소화설비(포소화설비가 적응성이 없는 경우에는 분말소화설비) |

**10** 다음 중 옥외탱크저장소의 방유제에 대한 설명으로 틀린 것은?

① 방유제 내의 면적은 50,000[m²] 이하로 할 것
② 방유제의 높이는 0.5[m] 이상 3[m] 이하로 할 것
③ 방유제 내에 설치하는 옥외저장탱크의 수는 10 이하로 할 것
④ 방유제는 철근콘크리트로 만들 것

**해설** 옥외탱크저장소의 방유제

(1) 방유제의 용량
 ① 탱크가 하나일 때 : 탱크 용량의 110[%] 이상(인화성이 없는 액체위험물은 100[%])
 ② 탱크가 2기 이상일 때 : 탱크 중 용량이 최대인 것의 용량의 110[%] 이상(인화성이 없는 액체위험물은 100[%])

> 이 경우 방유제 용량=내용적-(최대용량인 탱크외의 탱크의 방유제 높이 이하의 용적+기초체적+간막이 둑의 체적+방유제 내의 배관 체적)

(2) 방유제의 높이 : 0.5[m] 이상 3[m] 이하
(3) 방유제의 면적 : 80,000[m²] 이하
(4) 방유제 내에 설치하는 옥외저장탱크의 수는 10(방유제 내에 설치하는 모든 옥외저장탱크의 용량이 20만[L] 이하이고, 위험물의 인화점이 70[℃] 이상 200[℃] 미만인 경우에는 20) 이하로 할 것(단, 인화점이 200[℃] 이상인 옥외저장탱크는 제외)

> ⊙ 방유제내에 탱크의 설치갯수
> ① 제1석유류, 제2석유류, 알코올류 : 10기 이하
> ② 제3석유류(인화점 70[℃] 이상 200[℃] 미만) : 20기 이하
> ③ 제4석유류(인화점이 200[℃] 이상) : 제한없음

(5) 방유제 외면의 $\frac{1}{2}$ 이상은 자동차 등이 통행할 수 있는 3[m] 이상의 노면폭을 확보한 구내도로에 직접 접하도록 할 것
(6) 방유제는 탱크의 옆판으로부터 일정 거리를 유지할 것(단, 인화점이 200[℃] 이상인 위험물은 제외)
 ① 지름이 15[m] 미만인 경우 : 탱크 높이의 $\frac{1}{3}$ 이상
 ② 지름이 15[m] 이상인 경우 : 탱크 높이의 $\frac{1}{2}$ 이상
(7) 방유제의 재질 : 철근콘크리트

**정답** 10.①

(8) 용량이 1,000만[L] 이상인 옥외저장탱크의 주위에 설치하는 방유제의 규정
   ① 간막이 둑의 높이는 0.3[m](방유제 내에 설치되는 옥외저장탱크의 용량의 합계가 2억 [L]를 넘는 방유제에 있어서는 1[m]) 이상으로 하되, 방유제의 높이보다 0.2[m] 이상 낮게 할 것
   ② 간막이 둑은 흙 또는 철근콘크리트로 할 것
   ③ 간막이 둑의 용량은 간막이 둑 안에 설치된 탱크의 용량의 10[%] 이상일 것
(9) 방유제에는 배수구를 설치하고 개폐밸브를 방유제 밖에 설치할 것
(10) 높이가 1[m] 이상이면 계단 또는 경사로를 약 50[m]마다 설치할 것

**11** 위험물제조소 중 위험물을 취급하는 건축물은 특별한 경우를 제외하고 어떤 구조로 하여야 하는가?
① 지하층이 없도록 하여야 한다.
② 지하층을 주로 사용하는 구조이어야 한다.
③ 지하층이 있는 2층 이내의 건축물이어야 한다.
④ 지하층이 있는 3층 이내의 건축물이어야 한다.

**해설** 위험물제조소의 건축물의 구조(위험물법 시행규칙 별표 4)
(1) 지하층이 없도록 하여야 한다.
(2) 벽·기둥·바닥·보·서까래 및 계단 : 불연재료(연소우려가 있는 외벽 : 개구부가 없는 내화구조의 벽)
(3) 지붕은 폭발력이 위로 방출될 정도의 가벼운 불연재료로 덮어야 한다.

> 지붕을 내화구조로 할 수 있는 경우
> ① 제2류 위험물(분상의 것과 인화성고체는 제외)
> ② 제4류 위험물 중 제4석유류, 동식물유류
> ③ 제6류 위험물

(4) 출입구와 비상구에는 60분+·60분 방화문 또는 30분 방화문을 설치하여야 한다.

> ① 연소우려가 있는 외벽의 출입구 : 수시로 열 수 있는 자동폐쇄식의 60분+ 또는 60분 방화문 설치
> ② 60분+ 또는 60분 방화문 : 비차열시간 1시간 이상 성능 확보
> ③ 30분 방화문 : 비차열시간 30분 이상 성능 확보

(5) 건축물의 창 및 출입구의 유리 : 망입유리
(6) 액체의 위험물을 취급하는 건축물의 바닥 : 적당한 경사를 두고 그 최저부에 집유설비를 할 것

**12** 다음 중 위험물안전관리자로 선임될 수 없는 자는?
① 위험물기능장
② 소방공무원으로 근무한 경력이 5년 이상인 자
③ 안전관리자 교육이수자
④ 소방시설관리사

**해설** 소방시설관리사는 위험물안전관리자가 될 수 없다.

**13** 주유취급소의 고정주유설비의 주위에는 주유를 받으려는 자동차 등이 출입할 수 있도록 너비 몇 [m] 이상, 길이 몇 [m] 이상의 콘크리트로 포장한 공지를 보유하여야 하는가?
① 너비 : 12[m], 길이 : 4[m]
② 너비 : 12[m], 길이 : 6[m]
③ 너비 : 15[m], 길이 : 4[m]
④ 너비 : 15[m], 길이 : 6[m]

**해설** 주유취급소에 설치하는 고정주유설비의 보유 공지 : 너비 15[m], 길이 6[m](위험물법 규칙 별표 13)

**14** 위험물제조소의 안전거리로서 옳지 않은 것은?
① 3[m] 이상－7,000[V] 이상 35,000[V] 이하의 특고압가공전선
② 5[m] 이상－35,000[V]를 초과하는 특고압가공전선
③ 20[m] 이상－주거용으로 사용하는 것
④ 50[m] 이상－유형문화재

**해설** 위험물제조소의 안전거리(위험물법 시행규칙 별표 4)

| 안전거리 | 해당대상물 |
| --- | --- |
| 50[m] 이상 | 지정문화유산, 천연기념물 |
| 30[m] 이상 | ① 학교<br>② 종합병원, 병원, 치과병원, 한방병원, 요양병원<br>③ 공연장, 영화상영관, 유사한 시설로서 300명 이상 수용할 수 있는 것<br>④ 아동복지시설, 장애인 복지시설, 모·부자복지시설, 보육시설, 가정폭력피해자시설로서 20명 이상의 인원을 수용할 수 있는 것 |
| 20[m] 이상 | 고압가스, 액화석유가스, 도시가스를 저장 또는 취급하는 시설 |
| 10[m] 이상 | 주거 용도로 사용되는 것 |
| 5[m] 이상 | 사용전압 35,000[V]를 초과하는 특고압가공전선 |
| 3[m] 이상 | 사용전압 7,000[V] 초과 35,000[V] 이하의 특고압가공전선 |

# 2004 제7회 소방시설관리사 1차 필기 기출문제

[제4과목 : 위험물의 시설기준]

**01** 옥외탱크저장소의 방유제의 면적은?

① 50,000[m²] 이하
② 70,000[m²] 이하
③ 80,000[m²] 이하
④ 90,000[m²] 이하

**해설** 옥외탱크저장소의 방유제(위험물법 시행규칙 별표 6)
(1) 설치이유 : 위험물 누출시 외부 확산을 방지하기 위하여 설치하는 둑
(2) 용량
  ① 탱크 1기 : 탱크용량의 110[%] 이상
  ② 탱크 2기 이상 : 최대용량 탱크의 110[%] 이상
(3) 면적 : 80,000[m²] 이하
(4) 높이 : 0.5[m] 이상 3[m] 이하
(5) 방유제 내에 설치하는 탱크 수 : 10기 이하(용량 20만 [L] 이하이고 인화점이 70~200[℃] 미만 : 20기 이하)

**02** 지정수량이 10배 이상인 위험물을 취급하는 제조소에 설치하여야 할 설비가 아닌 것은?

① 확성장치  ② 비상방송설비
③ 자동화재탐지설비  ④ 무선통신보조설비

**해설** **지정수량 10배 이상** : 경보설비(자동화재탐지설비, 비상경보설비, 비상방송설비, 확성장치) 설치

➡ 무선통신보조설비 : 소화활동설비

**03** 주거용으로 사용되는 위험물 제조소의 안전거리는?

① 3[m] 이상  ② 5[m] 이상
③ 10[m] 이상  ④ 20[m] 이상

**해설** 위험물 제조소의 안전거리(위험물법 시행규칙 별표 4)

| 안전거리 | 해당 대상물 |
|---|---|
| 50[m] 이상 | 지정문화유산, 천연기념물 |
| 30[m] 이상 | ① 학교<br>② 종합병원, 병원, 치과병원, 한방병원, 요양병원<br>③ 공연장, 영화상영관, 유사한 시설로서 300명 이상 수용할 수 있는 것<br>④ 아동복지시설, 장애인복지시설, 모·부자복지시설, 보육시설, 가정폭력피해자시설로서 20명 이상의 인원을 수용할 수 있는 것 |
| 20[m] 이상 | 고압가스, 액화석유가스, 도시가스를 저장 또는 취급하는 시설 |
| 10[m] 이상 | 주거 용도로 사용되는 것 |
| 5[m] 이상 | 사용전압 35,000[V]를 초과하는 특고압가공전선 |
| 3[m] 이상 | 사용전압 7,000[V] 초과 35,000[V] 이하의 특고압가공전선 |

**04** 제4류 위험물의 게시판 표시내용 중 주의사항으로 맞는 것은?

① 적색 바탕에 백색 문자의 "화기주의"
② 청색 바탕에 백색 문자의 "물기엄금"
③ 적색 바탕에 백색 문자의 "화기엄금"
④ 청색 바탕에 백색 문자의 "물기주의"

**해설** 제4류 위험물 : 화기엄금(적색바탕에 백색문자)

**05** 이송취급소에서 이송기지의 배관의 최대 상용압력이 0.5[MPa]일 때 공지의 너비는?

① 3[m] 이상  ② 5[m] 이상
③ 9[m] 이상  ④ 15[m] 이상

정답 01.③ 02.④ 03.③ 04.③ 05.③

**해설** 이송취급소의 보유공지(위험물법 시행규칙 별표 15)

| 배관의 최대상용압력 | 공지의 너비 |
|---|---|
| 0.3[MPa] 미만 | 5[m] 이상 |
| 0.3[MPa] 이상 1[MPa] 미만 | 9[m] 이상 |
| 1[MPa] 이상 | 15[m] 이상 |

**06** 지정유기과산화물의 옥내저장소 외벽의 기준으로 옳지 않은 것은?

① 두께 20[cm] 이상의 철근콘크리트조
② 두께 20[cm] 이상의 철골철근콘크리트조
③ 두께 40[cm] 이상의 보강시멘트블록조
④ 두께 30[cm] 이상의 보강콘크리트블록조

**해설** 지정유기과산화물의 옥내저장소 저장창고의 기준(위험물법 시행규칙 별표 5)

1) 저장창고는 150[m²] 이내마다 격벽으로 완전하게 구획할 것. 이 경우 당해 격벽은 두께 30[cm] 이상의 철근콘크리트조 또는 철골철근콘크리트조로 하거나 두께 40[cm] 이상의 보강콘크리트블록조로 하고, 당해 저장창고의 양측의 외벽으로 부터 1[m] 이상, 상부의 지붕으로부터 50[cm] 이상 돌출하게 하여야 한다.
2) 저장창고의 외벽은 두께 20[cm] 이상의 철근콘크리트조나 철골철근콘크리트조 또는 두께 30[cm] 이상의 보강콘크리트블록조로 할 것
3) 저장창고의 지붕은 다음 각목의 1에 적합할 것
   가) 중도리 또는 서까래의 간격은 30[cm] 이하로 할 것
   나) 지붕의 아래쪽 면에는 한 변의 길이가 45[cm] 이하의 환강(丸鋼)·경량형강(輕量形鋼) 등으로 된 강제(鋼製)의 격자를 설치할 것
   다) 지붕의 아래쪽 면에 철망을 쳐서 불연재료의 도리·보 또는 서까래에 단단히 결합할 것
   라) 두께 5[cm] 이상, 너비 30[cm] 이상의 목재로 만든 받침대를 설치할 것
4) 저장창고의 출입구에는 60분+ 또는 60분 방화문을 설치할 것
5) 저장창고의 창은 바닥면으로부터 2[m] 이상의 높이에 두되, 하나의 벽면에 두는 창의 면적의 합계를 당해 벽면의 면적의 80분의 1 이내로 하고, 하나의 창의 면적을 0.4[m²] 이내로 할 것

**07** 위험물제조소의 옥외에 있는 위험물 취급탱크용량이 200[m³] 및 150[m³]인 2기의 탱크 주위에 설치하여야 할 방유제의 용량은?

① 30[m³]   ② 50[m³]
③ 70[m³]   ④ 115[m³]

**해설** 옥외에 있는 위험물 탱크의 방유제 용량(위험물법 시행규칙 별표 4)

(1) 1기 일때 : 탱크용량의 50[%] 이상
(2) 2기 이상일 때=(최대용량 × 50[%]+나머지탱크용량 합계 × 10[%])
∴ 용량=최대용량 × 0.5+나머지탱크용량 × 0.1
  =200 × 0.5+150 × 0.1=115[m³]

**08** 이동탱크저장소의 상용압력이 20[kPa] 초과할 경우 안전장치의 작동압력은?

① 상용압력의 1.1배 이하
② 상용압력의 1.5배 이하
③ 20[kPa] 이상 14[kPa] 이하
④ 40[kPa] 이상 48[kPa] 이하

**해설** 이동탱크저장소의 안전장치(위험물법 규칙 별표 10)

| 상용압력 | 작동압력 |
|---|---|
| 20[kPa] 이하 | 20[kPa] 이상 24[kPa] 이하 |
| 20[kPa] 초과 | 상용압력의 1.1배 이하 |

**09** 지정수량의 100배인 위험물을 옥내저장소에 저장할 때 보유 공지는? (단, 벽·기둥 및 바닥이 내화구조로 된 건축물이다)

① 1.5[m] 이상   ② 2[m] 이상
③ 3[m] 이상   ④ 5[m] 이상

**해설** 옥내저장소의 보유공지(위험물법 시행규칙 별표 5)

| 저장 또는 취급하는 위험물의 최대수량 | 공지의 너비 | |
|---|---|---|
| | 벽·기둥 및 바닥이 내화구조로 된 건축물 | 그 밖의 건축물 |
| 지정수량의 5배 이하 | | 0.5[m] 이상 |
| 지정수량의 5배 초과 10배 이하 | 1[m] 이상 | 1.5[m] 이상 |

정답  06.③  07.④  08.①  09.④

| 지정수량의 10배 초과 20배 이하 | 2[m] 이상 | 3[m] 이상 |
|---|---|---|
| 지정수량의 20배 초과 50배 이하 | 3[m] 이상 | 5[m] 이상 |
| 지정수량의 50배 초과 200배 이하 | 5[m] 이상 | 10[m] 이상 |
| 지정수량의 200배 초과 | 10[m] 이상 | 15[m] 이상 |

**10** 옥내저장소에는 연면적 몇 [m²]를 초과할 때 소화난이도등급 Ⅱ에 해당되는가?

① 150[m²]　　② 600[m²]
③ 1,000[m²]　④ 2,000[m²]

**해설** 소화설비, 경보설비 및 피난설비의 기준

Ⅰ. 소화설비
 1. 소화난이도등급 Ⅰ의 제조소등 및 소화설비
  가. 소화난이도등급 Ⅰ에 해당하는 제조소등

| 제조소 등의 구분 | 제조소등의 규모, 저장 또는 취급하는 위험물의 품명 및 최대수량 등 |
|---|---|
| 제조소 일반취급소 | 연면적 1,000[m²] 이상인 것 |
| | 지정수량의 100배 이상인 것(고인화점위험물을 100[℃] 미만의 온도에서 취급하는 것 및 제48조의 위험물을 취급하는 것은 제외) |
| | 지반면으로부터 6[m] 이상의 높이에 위험물 취급설비가 있는 것(고인화점위험물만을 100[℃] 미만의 온도에서 취급하는 것은 제외) |
| | 일반취급소로 사용되는 부분 외의 부분을 갖는 건축물에 설치된 것(내화구조로 개구부 없이 구획 된 것, 고인화점위험물만을 100[℃] 미만의 온도에서 취급하는 것 및 별표 16 Ⅹ의2의 화학실험의 일반취급소는 제외) |
| 주유취급소 | 별표 13 Ⅴ제2호에 따른 면적의 합이 500[m²]를 초과하는 것 |
| 옥내저장소 | 지정수량의 150배 이상인 것(고인화점위험물만을 저장하는 것 및 제48조의 위험물을 저장하는 것은 제외) |
| | 연면적 150[m²]를 초과하는 것(150[m²] 이내마다 불연재료로 개구부없이 구획된 것 및 인화성고체 외의 제2류 위험물 또는 인화점 70[℃] 이상의 제4류 위험물만을 저장하는 것은 제외) |
| | 처마높이가 6[m] 이상인 단층건물의 것 |
| | 옥내저장소로 사용되는 부분 외의 부분이 있는 건축물에 설치된 것(내화구조로 개구부 없이 구획된 것 및 인화성고체 외의 제2류 위험물 또는 인화점 70[℃] 이상의 제4류 위험물만을 저장하는 것은 제외) |
| 옥외탱크 저장소 | 액표면적이 40[m²] 이상인 것(제6류 위험물을 저장하는 것 및 고인화점위험물만을 100[℃] 미만의 온도에서 저장하는 것은 제외) |
| | 지반면으로부터 탱크 옆판의 상단까지 높이가 6[m] 이상인 것(제6류 위험물을 저장하는 것 및 고인화점위험물만을 100[℃] 미만의 온도에서 저장하는 것은 제외) |
| | 지중탱크 또는 해상탱크로서 지정수량의 100배 이상인 것(제6류 위험물을 저장하는 것 및 고인화점위험물만을 100[℃] 미만의 온도에서 저장하는 것은 제외) |
| | 고체위험물을 저장하는 것으로서 지정수량의 100배 이상인 것 |
| 옥내탱크 저장소 | 액표면적이 40[m²] 이상인 것(제6류 위험물을 저장하는 것 및 고인화점위험물만을 100[℃] 미만의 온도에서 저장하는 것은 제외) |
| | 바닥면으로부터 탱크 옆판의 상단까지 높이가 6[m] 이상인 것(제6류 위험물을 저장하는 것 및 고인화점위험물만을 100[℃] 미만의 온도에서 저장하는 것은 제외) |
| | 탱크전용실이 단층건물 외의 건축물에 있는 것으로서 인화점 38[℃] 이상 70[℃] 미만의 위험물을 지정수량의 5배 이상 저장하는 것(내화구조로 개구부없이 구획된 것은 제외한다) |
| 옥외저장소 | 덩어리 상태의 황을 저장하는 것으로서 경계표시 내부의 면적 (2 이상의 경계표시가 있는 경우에는 각 경계표시의 내부의 면적을 합한 면적)이 100[m²] 이상인 것 |
| | 별표 11 Ⅲ의 위험물을 저장하는 것으로서 지정수량의 100배 이상인 것 |
| 암반탱크 저장소 | 액표면적이 40[m²] 이상인 것(제6류 위험물을 저장하는 것 및 고인화점위험물만을 100[℃] 미만의 온도에서 저장하는 것은 제외) |
| | 고체위험물만을 저장하는 것으로서 지정수량의 100배 이상인 것 |
| 이송취급소 | 모든 대상 |

비고 : 제조소등의 구분별로 오른쪽란에 정한 제조소등의 규모, 저장 또는 취급하는 위험물의 수량 및 최대수량 등의 어느 하나에 해당하는 제조소등은 소화난이도등급 Ⅰ에 해당하는 것으로 한다.

나. 소화난이도등급 Ⅰ의 제조소등에 설치하여야 하는 소화설비

| 제조소등의 구분 | 소화설비 |
|---|---|
| 제조소 및 일반취급소 | 옥내소화전설비, 옥외소화전설비, 스프링클러설비 또는 물분무등소화설비(화재발생시 연기가 충만할 우려가 있는 장소에는 스프링클러설비 또는 이동식 외의 물분무등소화설비에 한한다) |
| 주유취급소 | 스프링클러설비(건축물에 한정한다), 소형수동식소화기등(능력단위의 수치가 건축물 그 밖의 공작물 및 위험물의 소요단위의 수치에 이르도록 설치할 것) |

정답 10.①

| 제조소등의 구분 | | 소화설비 |
|---|---|---|
| 옥내저장소 | 처마높이가 6[m] 이상인 단층건물 또는 다른 용도의 부분이 있는 건축물에 설치한 옥내저장소 | 스프링클러설비 또는 이동식 외의 물분무등소화설비 |
| | 그 밖의 것 | 옥외소화전설비, 스프링클러설비, 이동식 외의 물분무등소화설비 또는 이동식 포소화설비(포소화전을 옥외에 설치하는 것에 한한다) |
| 옥외탱크저장소 | 지중탱크 또는 해상탱크 외의 것 - 황만을 저장 취급하는 것 | 물분무소화설비 |
| | 지중탱크 또는 해상탱크 외의 것 - 인화점 70[℃] 이상의 제4류 위험물만을 저장취급하는 것 | 물분무소화설비 또는 고정식 포소화설비 |
| | 지중탱크 또는 해상탱크 외의 것 - 그 밖의 것 | 고정식 포소화설비(포소화설비가 적응성이 없는 경우에는 분말소화설비) |
| | 지중탱크 | 고정식 포소화설비, 이동식 이외의 불활성가스소화설비 또는 이동식 이외의 할로겐화합물소화설비 |
| | 해상탱크 | 고정식 포소화설비, 물분무소화설비, 이동식 이외의 불활성가스소화설비 또는 이동식 이외의 할로겐화합물소화설비 |
| 옥내탱크저장소 | 황만을 저장취급하는 것 | 물분무소화설비 |
| | 인화점 70[℃] 이상의 제4류 위험물만을 저장취급하는 것 | 물분무소화설비, 고정식 포소화설비, 이동식 이외의 불활성가스소화설비, 이동식 이외의 할로겐화합물소화설비 또는 이동식 이외의 분말소화설비 |
| | 그 밖의 것 | 고정식 포소화설비, 이동식 이외의 불활성가스소화설비, 이동식 이외의 할로겐화합물소화설비 또는 이동식 이외의 분말소화설비 |
| 옥외저장소 및 이송취급소 | | 옥내소화전설비, 옥외소화전설비, 스프링클러설비 또는 물분무등소화설비(화재발생시 연기가 충만할 우려가 있는 장소에는 스프링클러설비 또는 이동식 이외의 물분무등소화설비에 한한다) |
| 암반탱크저장소 | 황만을 저장취급하는 것 | 물분무소화설비 |
| | 인화점 70[℃] 이상의 제4류 위험물만을 저장취급하는 것 | 물분무소화설비 또는 고정식 포소화설비 |
| | 그 밖의 것 | 고정식 포소화설비(포소화설비가 적응성이 없는 경우에는 분말소화설비) |

비고 1. 위 표 오른쪽란의 소화설비를 설치함에 있어서는 당해 소화설비의 방사범위가 당해 제조소, 일반취급소, 옥내저장소, 옥외탱크저장소, 옥내탱크저장소, 옥외저장소, 암반탱크저장소(암반탱크에 관계되는 부분을 제외한다) 또는 이송취급소(이송기지 내에 한한다)의 건축물, 그 밖의 공작물 및 위험물을 포함하도록 하여야 한다. 다만, 고인화점위험물만을 100[℃] 미만의 온도에서 취급하는 제조소 또는 일반취급소의 경우에는 당해 제조소 또는 일반취급소의 건축물 및 그 밖의 공작물만 포함하도록 할 수 있다.
2. 고인화점위험물만을 100[℃] 미만의 온도에서 취급하는 제조소 또는 일반취급소의 위험물에 대해서는 대형수동식소화기 1개 이상과 당해 위험물의 소요단위에 해당하는 능력단위의 소형수동식소화기를 설치하여야 한다. 다만, 당해 제조소 또는 일반취급소에 옥내·외소화전설비, 스프링클러설비 또는 물분무등소화설비를 설치한 경우에는 당해 소화설비의 방사능력범위 내에는 대형수동식소화기를 설치하지 아니할 수 있다.
3. 가연성증기 또는 가연성미분이 체류할 우려가 있는 건축물 또는 실내에는 대형수동식소화기 1개 이상과 당해 건축물, 그 밖의 공작물 및 위험물의 소요단위에 해당하는 능력단위의 소형수동식소화기 등을 추가로 설치하여야 한다.
4. 제4류 위험물을 저장 또는 취급하는 옥외탱크저장소 또는 옥내탱크저장소에는 소형수동식소화기 등을 2개 이상 설치하여야 한다.
5. 제조소, 옥내탱크저장소, 이송취급소, 또는 일반취급소의 작업공정상 소화설비의 방사능력범위 내에 당해 제조소등에서 저장 또는 취급하는 위험물의 전부가 포함되지 아니하는 경우에는 당해 위험물에 대하여 대형수동식소화기 1개 이상과 당해 위험물의 소요단위에 해당하는 능력단위의 소형수동식소화기 등을 추가로 설치하여야 한다.

2. 소화난이도등급Ⅱ의 제조소등 및 소화설비
  가. 소화난이도등급Ⅱ에 해당하는 제조소등

| 제조소등의 구분 | 제조소등의 규모, 저장 또는 취급하는 위험물의 품명 및 최대수량 등 |
|---|---|
| 제조소 일반취급소 | 연면적 600[m²] 이상인 것 |
| | 지정수량의 10배 이상인 것(고인화점위험물만을 100[℃] 미만의 온도에서 취급하는 것 및 제48조의 위험물을 취급하는 것은 제외) |
| | 별표 16 Ⅱ·Ⅲ·Ⅳ·Ⅴ·Ⅷ·Ⅸ·Ⅹ 또는 Ⅹ의2의 일반취급소로서 소화난이도등급Ⅰ의 제조소등에 해당하지 아니하는 것(고인화점위험물만을 100[℃] 미만의 온도에서 취급하는 것은 제외) |
| 옥내저장소 | 단층건물 이외의 것 |
| | 별표 5 Ⅱ 또는 Ⅳ제1호의 옥내저장소 |
| | 지정수량의 10배 이상인 것(고인화점위험물만을 저장하는 것 및 제48조의 위험물을 저장하는 것은 제외) |
| | 연면적 150[m²] 초과인 것 |
| | 별표 5 Ⅲ의 옥내저장소로서 소화난이도등급Ⅰ의 제조소등에 해당하지 아니하는 것 |
| 옥외탱크저장소 옥내탱크저장소 | 소화난이도등급Ⅰ의 제조소등 외의 것(고인화점위험물만을 100[℃] 미만의 온도로 저장하는 것 및 제6류 위험물만을 저장하는 것은 제외) |
| 옥외저장소 | 덩어리 상태의 황을 저장하는 것으로서 경계표시 내부의 면적(2 이상의 경계표시가 있는 경우에는 각 경계표시의 내부의 면적을 합한 면적)이 5[m²] 이상 100[m²] 미만인 것 |
| | 별표 11 Ⅲ의 위험물을 저장하는 것으로서 지정수량의 10배 이상 100배 미만인 것 |

| | |
|---|---|
| | 지정수량의 100배 이상인 것(덩어리 상태의 황 또는 고인화점위험물을 저장하는 것은 제외) |
| 주유취급소 | 옥내주유취급소로서 소화난이도등급 Ⅰ의 제조소등에 해당하지 아니하는 것 |
| 판매취급소 | 제2종 판매취급소 |

비고 : 제조소등의 구분별로 오른쪽란에 정한 제조소등의 규모, 저장 또는 취급하는 위험물의 수량 및 최대수량 등의 어느 하나에 해당하는 제조소등은 소화난이도등급Ⅱ에 해당하는 것으로 한다.

### 나. 소화난이도등급Ⅱ의 제조소등에 설치하여야 하는 소화설비

| 제조소등의 구분 | 소화설비 |
|---|---|
| 제조소<br>옥내저장소<br>옥외저장소<br>주유취급소<br>판매취급소<br>일반취급소 | 방사능력범위 내에 당해 건축물, 그 밖의 공작물 및 위험물이 포함되도록 대형수동식소화기를 설치하고, 당해 위험물의 소요단위의 1/5 이상에 해당되는 능력단위의 소형수동식소화기등을 설치할 것 |
| 옥외탱크저장소<br>옥내탱크저장소 | 대형수동식소화기 및 소형수동식소화기등을 각각 1개 이상 설치할 것 |

비고 1. 옥내소화전설비, 옥외소화전설비, 스프링클러설비 또는 물분무등소화설비를 설치한 경우에는 당해 소화설비의 방사능력범위 내의 부분에 대해서는 대형수동식소화기를 설치하지 아니할 수 있다.
2. 소형수동식소화기등이란 제4호의 규정에 의한 소형수동식소화기 또는 기타 소화설비를 말한다. 이하 같다.

### 3. 소화난이도등급Ⅲ의 제조소등 및 소화설비
#### 가. 소화난이도등급Ⅲ에 해당하는 제조소등

| 제조소등의 구분 | 제조소등의 규모, 저장 또는 취급하는 위험물의 품명 및 최대수량등 |
|---|---|
| 제조소<br>일반취급소 | 제48조의 위험물을 취급하는 것 |
| | 제48조의 위험물외의 것을 취급하는 것으로서 소화난이도등급Ⅰ 또는 소화난이도등급Ⅱ의 제조소등에 해당하지 아니하는 것 |
| 옥내저장소 | 제48조의 위험물을 취급하는 것 |
| | 제48조의 위험물외의 것을 취급하는 것으로서 소화난이도등급Ⅰ 또는 소화난이도등급Ⅱ의 제조소등에 해당하지 아니하는 것 |
| 지하탱크저장소<br>간이탱크저장소<br>이동탱크저장소 | 모든 대상 |
| 옥외저장소 | 덩어리 상태의 황을 저장하는 것으로서 경계표시 내부의 면적(2 이상의 경계표시가 있는 경우에는 각 경계표시의 내부의 면적을 합한 면적)이 5[m²] 미만인 것 |
| | 덩어리 상태의 황외의 것을 저장하는 것으로서 소화난이도등급Ⅰ 또는 소화난이도등급Ⅱ의 제조소등에 해당하지 아니하는 것 |
| 주유취급소 | 옥내주유취급소 외의 것으로서 소화난이도등급 Ⅰ의 제조소등에 해당하지 아니하는 것 |
| 제종<br>판매취급소 | 모든 대상 |

비고 : 제조소등의 구분별로 오른쪽란에 정한 제조소등의 규모, 저장 또는 취급하는 위험물의 수량 및 최대수량 등의 어느 하나에 해당하는 제조소등은 소화난이도등급Ⅲ에 해당하는 것으로 한다.

### 나. 소화난이도등급Ⅲ의 제조소등에 설치하여야 하는 소화설비

| 제조소등의 구분 | 소화설비 | 설치기준 | |
|---|---|---|---|
| 지하탱크저장소 | 소형수동식소화기등 | 능력단위의 수치가 3 이상 | 2개 이상 |
| 이동탱크저장소 | 자동차용소화기 | 무상의 강화액 8[L] 이상 | 2개 이상 |
| | | 이산화탄소 3.2[kg] 이상 | |
| | | 일브롬화일염화이플루오르화메탄(CF₂ClBr) 2[L] 이상 | |
| | | 일브롬화삼플루오르화메탄(CF₃Br) 2[L] 이상 | |
| | | 이브롬화사플루오르화에탄(C₂F₄Br₂) 1[L] 이상 | |
| | | 소화분말 3.3킬로그램 이상 | |
| | 마른 모래 및 팽창질석 또는 팽창진주암 | 마른모래 150[L] 이상 | |
| | | 팽창질석 또는 팽창진주암 640[L] 이상 | |
| 그 밖의 제조소등 | 소형수동식소화기등 | 능력단위의 수치가 건축물 그 밖의 공작물 및 위험물의 소요단위의 수치에 이르도록 설치할 것. 다만, 옥내소화전설비, 옥외소화전설비, 스프링클러설비, 물분무등소화설비 또는 대형수동식소화기를 설치한 경우에는 당해 소화설비의 방사능력범위내의 부분에 대하여는 수동식소화기등을 그 능력단위의 수치가 당해 소요단위의 수치의 1/5이상이 되도록 하는 것으로 족하다 | |

비고 : 알킬알루미늄등을 저장 또는 취급하는 이동탱크저장소에 있어서는 자동차용소화기를 설치하는 외에 마른모래나 팽창질석 또는 팽창진주암을 추가로 설치하여야 한다.

4. 소화설비의 적응성

| 소화설비의 구분 | | | 대상물 구분 | | | | | | | |
|---|---|---|---|---|---|---|---|---|---|---|
| | | | 건축물·그 밖의 공작물 | 전기설비 | 제1류 위험물 알칼리금속과산화물등 | 제1류 위험물 그 밖의 것 | 제2류 위험물 철분·금속분·마그네슘등 | 제2류 위험물 인화성고체 | 제2류 위험물 그 밖의 것 | 제3류 위험물 금수성물품 | 제3류 위험물 그 밖의 것 | 제4류 위험물 | 제5류 위험물 | 제6류 위험물 |
| 옥내소화전 또는 옥외소화전설비 | | | O | | | O | | O | O | | O | | O | O |
| 스프링클러설비 | | | O | | | O | | O | O | | O | △ | O | O |
| 물분무등소화설비 | 물분무소화설비 | | O | O | | O | | O | O | | O | O | O | O |
| | 포소화설비 | | O | | | O | | O | O | | O | O | O | O |
| | 불활성가스소화설비 | | | O | | | | O | | | | O | | |
| | 할로겐화합물소화설비 | | | O | | | | O | | | | O | | |
| | 분말소화설비 | 인산염류등 | O | O | | O | | O | O | | | O | | O |
| | | 탄산수소염류등 | | O | O | | O | O | | O | | O | | |
| | | 그 밖의 것 | | | O | | O | | | O | | | | |
| 대형·소형 수동식 소화기 | 봉상수(棒狀水)소화기 | | O | | | O | | O | O | | O | | O | O |
| | 무상수(霧狀水)소화기 | | O | O | | O | | O | O | | O | | O | O |
| | 봉상강화액소화기 | | O | | | O | | O | O | | O | | O | O |
| | 무상강화액소화기 | | O | O | | O | | O | O | | O | O | O | O |
| | 포소화기 | | O | | | O | | O | O | | O | O | O | O |
| | 이산화탄소소화기 | | | O | | | | O | | | | O | | △ |
| | 할로겐화합물소화기 | | | O | | | | O | | | | O | | |
| | 분말소화기 | 인산염류소화기 | O | O | | O | | O | O | | | O | | O |
| | | 탄산수소염류소화기 | | O | O | | O | O | | O | | O | | |
| | | 그 밖의 것 | | | O | | O | | | O | | | | |
| 기타 | 물통 또는 수조 | | O | | | O | | O | O | | O | | O | O |
| | 건조사 | | | | O | O | O | O | O | O | O | O | O | O |
| | 팽창질석 또는 팽창진주암 | | | | O | O | O | O | O | O | O | O | O | O |

비고
1. "O"표시는 당해 소방대상물 및 위험물에 대하여 소화설비가 적응성이 있음을 표시하고, "△"표시는 제4류 위험물을 저장 또는 취급하는 장소의 살수기준면적에 따라 스프링클러설비의 살수밀도가 다음 표에 정하는 기준 이상인 경우에는 당해 스프링클러설비가 제4류 위험물에 대하여 적응성이 있음을, 제6류 위험물을 저장 또는 취급하는 장소로서 폭발의 위험이 없는 장소에 한하여 이산화탄소소화기가 제6류 위험물에 대하여 적응성이 있음을 각각 표시한다.
2. 인산염류등은 인산염류, 황산염류 그 밖에 방염성이 있는 약제를 말한다.
3. 탄산수소염류등은 탄산수소염류 및 탄산수소염류와 요소의 반응생성물을 말한다.
4. 알칼리금속과산화물등은 알칼리금속의 과산화물 및 알칼리금속의 과산화물을 함유한 것을 말한다.
5. 철분·금속분·마그네슘등은 철분·금속분·마그네슘과 철분·금속분 또는 마그네슘을 함유한 것을 말한다.

**11** 외벽이 내화구조인 옥내저장소의 건축물에서 소요단위 1단위에 해당하는 면적은?

① 50[m²]  ② 75[m²]
③ 100[m²]  ④ 150[m²]

**해설** 소요단위의 계산방법
(1) 제조소 또는 취급소의 건축물
① 외벽이 내화구조 : 연면적 100[m²]를 1소요단위
② 외벽이 내화구조가 아닌 것 : 연면적 50[m²]를 1소요단위
(2) 저장소의 건축물
① 외벽이 내화구조 : 연면적 150[m²]를 1소요단위
② 외벽이 내화구조가 아닌 것 : 연면적 75[m²]를 1소요단위
(3) 위험물은 지정수량의 10배 : 1소요단위

**12** 위험물제조소에 설치하는 환기설비에서 실의 바닥면적이 70[m²]일 때 급기구의 크기는?

① 150[cm²] 이상  ② 300[cm²] 이상
③ 450[cm²] 이상  ④ 800[cm²] 이상

**해설** 환기설비의 설치 기준(위험물법 시행규칙 별표 4)
(1) 환기는 자연배기방식으로 할 것
(2) 급기구는 당해 급기구가 설치된 실의 바닥면적 150[m²]마다 1개 이상으로 하되, 급기구의 크기는 800[cm²] 이상으로 할 것. 다만, 바닥면적이 150[m²] 미만인 경우에는 다음의 크기로 하여야 한다.

| 바닥면적 | 급기구의 면적 |
|---|---|
| 60[m²] 미만 | 150[cm²] 이상 |
| 60[m²] 이상 90[m²] 미만 | 300[cm²] 이상 |
| 90[m²] 이상 12[m²] 미만 | 450[cm²] 이상 |
| 120[m²] 이상 150[m²] 미만 | 600[cm²] 이상 |

(3) 급기구는 낮은 곳에 설치하고 가는 눈의 구리망 등으로 인화방지망을 설치할 것
(4) 환기구는 지붕위 또는 지상 2[m] 이상의 높이에 회전식 고정벤티레이터 또는 루프팬방식으로 설치할 것

정답  11.④  12.②

**13** 등유를 취급하는 고정주유설비의 펌프기기는 주유관 선단에서의 최대 토출량이 몇 [L/min] 이하인 것으로 하여야 하는가?

① 40[L/min]  ② 50[L/min]
③ 80[L/min]  ④ 180[L/min]

**해설** 주유취급소의 고정주유설비의 토출량(위험물법 규칙 별표 13)

| 위험물 | 제1석유류(휘발유) | 등유 | 경유 |
|---|---|---|---|
| 토출량 | 50[L/min] 이하 | 80[L/min] 이하 | 180[L/min] 이하 |

**14** 옥내저장소에 제1류 위험물인 알칼리금속의 과산화물을 저장할 때 표시하는 "물기엄금"이라는 게시판의 색깔은?

① 황색바탕에 흑색문자
② 황색바탕에 백색문자
③ 청색바탕에 백색문자
④ 적색바탕에 흑색문자

**해설** 위험물제조소 등의 주의사항(위험물법 시행규칙 별표 4)

| 류별 | 주의사항 | 색상 |
|---|---|---|
| 제1류위험물(알칼리금속의 과산화물)<br>제3류위험물(금수성물질) | 물기<br>엄금 | 청색바탕에<br>백색문자 |
| 제2류위험물(인화성 고체 제외) | 화기<br>주의 | 적색바탕에<br>백색문자 |
| 제2류위험물(인화성 고체)<br>제3류위험물(자연발화성물질)<br>제4류위험물, 제5류 위험물 | 화기<br>엄금 | 적색바탕에<br>백색문자 |

**15** 옥외탱크저장소의 탱크 중 압력탱크의 수압시험방법으로 옳은 것은?

① 0.07[MPa]의 압력으로 10분간 실시
② 0.15[MPa]의 압력으로 10분간 실시
③ 최대 상용압력의 0.7배의 압력으로 10분간 실시
④ 최대 상용압력의 1.5배의 압력으로 10분간 실시

**해설** 옥외탱크저장소의 수압시험방법(위험물법 시행규칙 별표 6)
(1) 압력탱크외의 탱크 : 충수시험
(2) 압력탱크의 탱크 : 최대상용압력의 1.5배의 압력으로 10분간 실시

정답  13.③  14.③  15.④

# 2002 제6회 소방시설관리사 1차 필기 기출문제
[제4과목 : 위험물의 시설기준]

**01** 지정수량 2배의 하이드록실아민을 취급하는 제조소의 안전거리(m)는?

① 10.0[m]   ② 25.8[m]
③ 34.0[m]   ④ 64.4[m]

**해설** 하이드록실아민 제조소의 안전거리(위험물법 시행규칙 별표 4)
$D = 51.1 \sqrt[3]{N}$
D : 거리(m)
N : 해당 제조소에서 취급하는 하이드록실아민등의 지정수량의 배수
∴ $D = 51.1 \times \sqrt[3]{2} = 64.38 [m]$

**02** 위험물의 운반 시 용기·적재방법 및 운반방법에 관하여는 화재 등의 위해 예방과 응급조치상의 중요성을 감안하여 중요기준 및 세부기준은 어느 기준에 따라야 하는가?

① 행정안전부령
② 대통령령
③ 소방본부장
④ 시·도의 조례

**해설** 위험물의 운반시 중요기준 및 세부기준(위험물법 제20조)
행정안전부령

**03** 제조소에 설치된 옥외에서 액체위험물을 취급하는 바닥의 기준으로 틀린 것은?

① 바닥의 둘레에 높이 0.3[m] 이상의 턱을 설치할 것
② 바닥은 콘크리트 등 위험물이 스며들지 아니하는 재료로 할 것
③ 바닥은 턱이 있는 쪽이 낮게 경사지게 할 것
④ 바닥의 최저부에 집유설비를 할 것

**해설** 옥외에서 액체위험물을 취급하는 설비의 바닥의 기준(위험물법 규칙 별표 4)
(1) 바닥의 둘레에 높이 0.15[m] 이상의 턱을 설치하는 등 위험물이 외부로 흘러나가지 아니하도록 할 것
(2) 바닥은 콘크리트 등 위험물이 스며들지 아니하는 재료로 하고, 제1호의 턱이 있는 쪽이 낮게 경사지게 할 것
(3) 바닥의 최저부에 집유설비를 할 것
(4) 위험물(온도 20[℃]의 물 100[g]에 용해되는 양이 1[g] 미만인 것에 한함)을 취급하는 설비에 있어서는 당해 위험물이 직접 배수구에 흘러들어가지 아니하도록 집유설비에 유분리장치를 설치할 것

**04** 위험물을 취급하는 건축물의 방화벽을 불연재료로 하였다. 위험물 주위에 보유공지를 두지 않아도 되는 것은?

① 제1류 위험물
② 제3류 위험물
③ 제5류 위험물
④ 제6류 위험물

**해설** 방화상 유효한 격벽을 설치한 때 보유공지 예외(위험물법 시행규칙 별표 4)
(1) 방화벽은 내화구조로 할 것(제6류 위험물인 경우에는 불연재료로 할 수 있다)
(2) 방화벽에 설치하는 출입구 및 창 등의 개구부는 가능한 한 최소로 하고, 출입구 및 창에는 자동폐쇄식의 60분+ 또는 60분 방화문을 설치할 것
(3) 방화벽의 양단 및 상단이 외벽 또는 지붕으로부터 50[cm] 이상 돌출하도록 할 것

정답  01.④  02.①  03.①  04.④

**05** 위험물제조소의 옥외에 있는 하나의 취급탱크에 설치하는 방유제의 용량은 당해 탱크 용량의 몇 [%] 이상으로 하는가?

① 50[%]  ② 60[%]
③ 70[%]  ④ 80[%]

**해설** 제조소의 위험물 취급탱크의 방유제용량(위험물법 시행규칙 별표 4)

탱크용량의 50[%] 이상

**06** 제조소에 환기설비를 설치하지 않아도 되는 경우는?

① 비상발전설비를 갖춘 조명설비를 유효하게 설치한 경우
② 배출설비를 유효하게 설치한 경우
③ 채광설비를 유효하게 설치한 경우
④ 공기조화설비를 유효하게 설치한 경우

**해설** 제외 대상(위험물법 규칙 별표 4)
(1) 환기설비 제외 : 배출설비가 설치되어 유효하게 환기가 되는 건축물
(2) 채광설비 제외 : 조명설비가 설치되어 유효하게 조도가 확보되는 건축물

**07** 위험물은 1소요단위가 지정수량의 몇 배인가?

① 5배   ② 10배
③ 20배  ④ 30배

**해설** 소요단위 계산방법

| 연면적 | | 소요단위 |
|---|---|---|
| ① 제조소 또는 취급소의 건축물의 외벽 | 내화구조 | 100[m²]가 1소요단위 |
| | 내화구조가 아닌 것 | 50[m²]가 1소요단위 |
| ② 저장소의 건축물의 외벽 | 내화구조 | 150[m²]가 1소요단위 |
| | 내화구조가 아닌 것 | 75[m²]가 1소요단위 |
| ③ 위험물 | | 지정수량의 10배가 1소요단위 |

**08** 위험물제조소의 "화기엄금"의 표지 및 게시판의 바탕색은?

① 청색  ② 적색
③ 백색  ④ 흑색

**해설** 위험물제조소등의 표지 및 게시판
(1) 위험물제조소 : 백색바탕에 흑색문자
(2) 이동탱크저장소의 "위험물" : 흑색바탕에 황색반사도료
(3) 주유취급소의 "주유 중 엔진정지" : 황색바탕에 흑색문자
(4) 화기엄금, 화기주의 : 적색바탕에 백색문자
(5) 물기엄금 : 청색바탕에 백색문자

**09** 고압가스안전관리법의 규정에 의하여 허가를 받거나 신고를 하여야 하는 고압가스 저장시설을 저장 또는 취급하는 시설은 제조소와 몇 [m] 이상의 안전거리를 두어야 하는가?

① 10[m]  ② 15[m]
③ 20[m]  ④ 25[m]

**해설** 제조소의 안전거리(위험물법 시행규칙 별표 4)

| 안전거리 | 해당대상물 |
|---|---|
| 50[m] 이상 | 지정문화유산, 천연기념물 |
| 30[m] 이상 | ① 학교<br>② 종합병원, 병원, 치과병원, 한방병원, 요양병원<br>③ 공연장, 영화상영관, 유사한 시설로서 300명 이상 수용할 수 있는 것<br>④ 아동복지시설, 장애인 복지시설, 모·부자 복지시설, 보육시설, 가정폭력피해자시설로서 20명 이상의 인원을 수용할 수 있는 것 |
| 20[m] 이상 | 고압가스, 액화석유가스, 도시가스를 저장 또는 취급하는 시설 |
| 10[m] 이상 | 주거 용도로 사용되는 것 |
| 5[m] 이상 | 사용전압 35,000[V]를 초과하는 특고압가공전선 |
| 3[m] 이상 | 사용전압 7,000[V] 초과 35,000[V] 이하의 특고압가공전선 |

정답 05.① 06.② 07.② 08.② 09.③

**10** 보냉장치가 없는 이동저장탱크에 저장하는 아세트알데히드 등 또는 디에틸에테르 등의 유지 온도는?

① 30[℃] 이하　　② 30[℃] 이상
③ 40[℃] 이하　　④ 40[℃] 이상

**해설** 위험물의 저장 기준(위험물법 규칙 별표 18)
(1) 이동저장탱크에 알킬알루미늄 등을 저장하는 경우에는 200[kPa] 이하의 압력으로 불활성의 기체를 봉입하여 둘 것
(2) 옥외저장탱크·옥내저장탱크 또는 지하저장탱크에 저장
　① 압력탱크 외의 탱크에 저장하는 디에틸에테르 등 : 30[℃] 이하, 아세트알데히드 : 15[℃] 이하
　② 압력탱크에 저장하는 아세트알데히드 등 또는 디에틸에테르 등에 저장
(3) 아세트알데히드 등 또는 디에틸에테르 등에 저장
　① 보냉장치가 있는 이동저장탱크 : 비점 이하
　② 보냉장치가 없는 이동저장탱크 : 40[℃] 이하

**11** 위험물 제조소의 환기설비 중 실의 바닥면적이 150[m²] 이상일 때 급기구의 크기는?

① 150[cm²] 이상　　② 300[cm²] 이상
③ 450[cm²] 이상　　④ 800[cm²] 이상

**해설** 위험물 제조소의 환기설비(위험물법 규칙 별표 4)
(1) 환기는 자연배기방식으로 할 것
(2) 급기구는 바닥면적 150[m²]마다 1개 이상으로 하되, 급기구의 크기는 800[cm²] 이상으로 할 것

■ 바닥면적이 150[m²] 미만인 경우의 크기

| 바닥면적 | 급기구의 면적 |
|---|---|
| 60[m²] 미만 | 150[cm²] 이상 |
| 60[m²] 이상 90[m²] 미만 | 300[cm²] 이상 |
| 90[m²] 이상 120[m²] 미만 | 450[cm²] 이상 |
| 120[m²] 이상 150[m²] 미만 | 600[cm²] 이상 |

(1) 급기구는 낮은 곳에 설치하고 가는 눈의 구리망 등으로 인화방지망을 설치할 것
(2) 환기구는 지붕위 또는 지상 2[m] 이상의 높이에 회전식 고정벤티레이터 또는 루프팬방식으로 설치할 것

**12** 위험물저장소로서 옥내저장소의 저장창고의 기준으로 옳은 것은?

① 지면에서 처마까지의 높이가 8[m] 미만인 단층건축물로 하고 그 바닥은 지반면보다 낮게 하여야 한다.
② 지면에서 처마까지의 높이가 8[m] 미만인 단층건축물로 하고 그 바닥은 지반면보다 높게 하여야 한다.
③ 지면에서 처마까지의 높이가 6[m] 미만인 단층건축물로 하고 그 바닥은 지반면보다 낮게 하여야 한다.
④ 지면에서 처마까지의 높이가 6[m] 미만인 단층건축물로 하고 그 바닥은 지반면보다 높게 하여야 한다.

**해설** 옥내저장소의 저장창고는 지면에서 처마까지의 높이가 6[m] 미만인 단층건축물로 하고 그 바닥을 지반면보다 높게 하여야 한다(위험물법 시행규칙 별표 5).

**13** 탱크의 매설에서 지하탱크저장소의 탱크 윗부분은 지면으로부터 몇 [m] 이상 아래에 있어야 하는가?

① 0.6[m]　　② 0.8[m]
③ 1.0[m]　　④ 1.2[m]

**해설** 지하탱크 저장소의 탱크는 저장탱크의 윗부분은 지면으로부터 0.6[m] 이상 아래에 있어야 한다(위험물법 시행규칙 별표 8).

**14** 저장 또는 취급하는 위험물의 저장수량이 지정수량의 50배일 때 옥내저장소의 공지의 너비는? (단, 벽·기둥 및 바닥이 내화구조로 된 건축물이다)

① 1.5[m] 이상
② 2[m] 이상
③ 3[m] 이상
④ 5[m] 이상

정답　10.③　11.④　12.④　13.①　14.③

## 07. 위험물의 시설기준

**해설** 옥내저장소의 보유공지(위험물법 시행규칙 별표 5)

| 저장 또는 취급하는 위험물의 최대수량 | 공지의 너비 | |
|---|---|---|
| | 벽·기둥 및 바닥이 내화구조로 된 건축물 | 그 밖의 건축물 |
| 지정수량의 5배 이하 | | 0.5[m] 이상 |
| 지정수량의 5배 초과 10배 이하 | 1[m] 이상 | 1.5[m] 이상 |
| 지정수량의 10배 초과 20배 이하 | 2[m] 이상 | 3[m] 이상 |
| 지정수량의 20배 초과 50배 이하 | 3[m] 이상 | 5[m] 이상 |
| 지정수량의 50배 초과 200배 이하 | 5[m] 이상 | 10[m] 이상 |
| 지정수량의 200배 초과 | 10[m] 이상 | 15[m] 이상 |

**15** 지정수량의 몇 배 이상의 위험물을 취급하는 제조소에는 화재예방을 위한 예방규정을 정하여야 하는가?

① 10배　　② 20배
③ 30배　　④ 40배

**해설** 예방규정을 정하여야 할 제조소등(위험물법 시행령 제15조)
　㉠ 지정수량의 10배 이상의 위험물을 취급하는 제조소
　㉡ 지정수량의 10배 이상의 위험물을 취급하는 일반취급소
　㉢ 지정수량의 100배 이상의 위험물을 취급하는 옥외저장소
　㉣ 지정수량의 150배 이상의 위험물을 취급하는 옥내저장소
　㉤ 지정수량의 200배 이상의 위험물을 취급하는 옥외탱크저장소
　㉥ 암반탱크저장소
　㉦ 이송취급소

**16** 지하탱크저장소의 액체위험물의 누설을 검사하기 위한 관의 기준으로 틀린 것은?

① 단관으로 할 것
② 관은 탱크실의 바닥에 닿게 할 것
③ 재료는 금속관 또는 경질합성수지관으로 할 것
④ 관의 밑부분으로부터 탱크의 중심높이까지의 부분에는 소공이 뚫려 있을 것

**해설** 누유검사관의 설치 기준(위험물법 시행규칙 별표 8)
　㉠ 이중관으로 할 것. 다만, 소공이 없는 상부는 단관으로 할 수 있다.
　㉡ 재료는 금속관 또는 경질합성수지관으로 할 것
　㉢ 관은 탱크전용실바닥 또는 탱크의 기초까지 닿게 할 것
　㉣ 관의 밑부분으로부터 탱크의 중심 높이까지의 부분에는 소공이 뚫려 있을 것. 다만, 지하수위가 높은 장소에 있어서는 지하수위 높이까지의 부분에 소공이 뚫려 있어야 한다.
　㉤ 상부는 물이 침투하지 아니하는 구조로 하고, 뚜껑은 검사 시에 쉽게 열 수 있도록 할 것

● 누유검사관 : 4개소 이상 설치

# 제5회 소방시설관리사 1차 필기 기출문제
[제4과목 : 위험물의 시설기준]

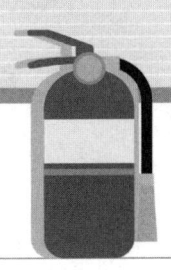

**01** 위험물제조소별 주의사항으로 옳지 않은 것은?
① 황화인 – 화기주의
② 인화성 고체 – 화기주의
③ 휘발유 – 화기엄금
④ 셀룰로이드 – 화기엄금

**해설** 위험물제조소별 주의사항

| 위험물의 종류 | 주의사항 | 게시판의 색상 |
|---|---|---|
| 제1류 위험물 중 알칼리금속의 과산화물<br>제3류 위험물 중 금수성물질 | 물기엄금 | 청색바탕에 백색문자 |
| 제2류 위험물(인화성 고체는 제외) | 화기주의 | 적색바탕에 백색문자 |
| 제2류 위험물 중 인화성 고체<br>제3류 위험물 중 자연발화성물질<br>제4류 위험물<br>제5류 위험물 | 화기엄금 | 적색바탕에 백색문자 |

① 황화인 : 제2류 위험물
② 인화성 고체 : 제2류 위험물
③ 휘발유 : 제4류 위험물
④ 셀룰로이드 : 제5류 위험물

**02** 고체위험물은 운반용기 내용적의 몇 [%] 이하의 수납률로 수납하여야 하는가?
① 36[%]    ② 60[%]
③ 95[%]    ④ 98[%]

**해설** 수납률(위험물법 시행규칙 별표 19)
(1) 고체위험물 : 95[%] 이하
(2) 액체위험물 : 98[%] 이하

**03** 지하탱크저장소의 압력탱크 외의 탱크에 있어서 수압시험 방법으로 옳은 것은?
① 70[kPa]의 압력으로 10분간 실시
② 1.5[kg/cm²]의 압력으로 10분간 실시
③ 최대 상용압력의 0.7배의 압력으로 10분간 실시
④ 최대 상용압력의 1.5배의 압력으로 10분간 실시

**해설** 지하탱크저장소의 수압시험(위험물법 시행규칙 별표 8)
(1) 압력탱크 : 최대상용압력의 1.5배의 압력으로 10분간 실시
(2) 압력탱크 외의 탱크 : 70[kPa]의 압력으로 10분간 실시

**04** 주유취급소의 표지 및 게시판에서 "주유 중 엔진 정지"의 표시 색상은?
① 황색 바탕에 흑색 문자
② 흑색 바탕에 황색 문자
③ 적색 바탕에 백색 문자
④ 백색 바탕에 적색 문자

**해설** 주유취급소의 표지 및 게시판(위험물법 시행규칙 별표 13)
(1) 주유 중 엔진정지 : 황색 바탕에 흑색 문자
(2) 화기엄금 : 적색 바탕에 백색 문자

**05** 이송취급소에서 배관을 지하에 매설하는 경우 배관은 그 외면으로부터 지하가 및 터널까지 몇 [m] 이상의 안전거리를 두어야 하는가?
① 0.3[m]    ② 1.5[m]
③ 10[m]    ④ 300[m]

정답  01.② 02.③ 03.① 04.① 05.③

**해설** 배관을 지하에 매설할 경우 안전거리(위험물법 시행규칙 별표 15)

| 대상물 | 건축물<br>(지하가내의 건축물은 제외) | 지하가 및 터널 | 수도시설 |
|---|---|---|---|
| 안전<br>거리 | 1.5[m] 이상 | 10[m]<br>이상 | 300[m]<br>이상 |

**06** 이송취급소내의 지상에 설치된 배관 등은 전체 용접부의 몇 [%] 이상을 발췌하여 비파괴시험을 실시하는가?

① 10[%]　　　　② 20[%]
③ 30[%]　　　　④ 40[%]

**해설** 이송취급소의 비파괴시험, 내압시험
(1) 비파괴시험 : 배관 등의 용접부는 비파괴시험을 실시하여 합격할 것(이송기지내의 지상에 설치된 배관 등은 전체 용접부의 20[%] 이상을 발췌하여 시험할 수 있다)
(2) 내압시험 : 배관 등은 최대상용압력의 1.25배 이상의 압력으로 4시간 이상 수압을 가하여 누설 그 밖의 이상이 없을 것

**07** 위험물 옥내저장소에는 안전거리를 두어야 한다. 안전거리 제외대상이 아닌 것은?

① 지정수량 20배 미만의 제4석유류를 저장하는 옥내저장소
② 지정수량 20배 미만의 동·식물류를 취급하는 옥내 저장소
③ 제5류 위험물을 저장하는 옥내저장소
④ 제6류 위험물을 저장 또는 취급하는 옥내 저장소

**해설** 옥내저장소의 안전거리 제외 대상
(1) 제4석유류 또는 동식물유류의 위험물을 저장 또는 취급하는 옥내저장소로서 지정수량의 20배 미만인 것
(2) 제6류 위험물을 저장 또는 취급하는 옥내저장소
(3) 지정수량의 20배(하나의 저장창고의 바닥면적이 150[m$^2$] 이하인 경우에는 50배) 이하의 위험물을 저장 또는 취급하는 옥내저장소로서 다음의 기준에 적합한 것

① 저장창고의 벽·기둥·바닥·보 및 지붕이 내화구조일 것
② 저장창고의 출입구에 수시로 열 수 있는 자동폐쇄방식의 60분+ 또는 60분 방화문이 설치되어 있을 것
③ 저장창고에 창이 설치되지 아니할 것

**08** 열처리작업 또는 방전가공을 위한 위험물을 취급하는 일반취급소로서 지정수량 30배 미만에는 특례기준이 적용되는데 이때 제4류 위험물은 인화점이 몇 [℃] 이상인가?

① 21[℃]　　　　② 30[℃]
③ 50[℃]　　　　④ 70[℃]

**해설** 열처리작업 또는 방전가공을 위한 위험물(인화점 70[℃] 이상인 제4류 위험물)을 취급하는 일반취급소로서 지정수량의 30배 미만의 것은 특례기준이 적용된다(위험물법 시행규칙 별표 16).

**09** 위험물의 취급 중 소비에 관한 기준으로 틀린 것은?

① 추출공정에 있어서는 추출관의 내부온도가 국부적으로 상승하지 아니하도록 하여야 한다.
② 분사도장작업은 방화상 유효한 격벽 등으로 구획된 안전한 장소에서 하여야 한다.
③ 열처리작업은 위험물이 위험한 온도에 이르지 아니하도록 하여야 한다.
④ 버너를 사용하는 경우에는 버너의 역화를 방지하고 위험물이 넘치지 아니하도록 하여야 한다.

**해설** 위험물의 소비 기준(위험물법 규칙 별표 18 : 제조소등에서의 위험물의 저장 및 취급에 관한 기준)
(1) 분사도장작업은 방화상 유효한 격벽 등으로 구획된 안전한 장소에서 하여야 한다.
(2) 담금질 또는 열처리작업은 위험물이 위험한 온도에 이르지 아니하도록 하여야 한다.
(3) 버너를 사용하는 경우에는 버너의 역화를 방지하고 위험물이 넘치지 아니하도록 하여야 한다.

**정답** 06.② 07.③ 08.④ 09.①

▶ 위험물의 취급 중 제조에 관한 기준은 다음 각목과 같다(중요기준).
　가. 증류공정에 있어서는 위험물을 취급하는 설비의 내부압력의 변동 등에 의하여 액체 또는 증기가 새지 아니하도록 할 것
　나. 추출공정에 있어서는 추출관의 내부압력이 비정상으로 상승하지 아니하도록 할 것
　다. 건조공정에 있어서는 위험물의 온도가 국부적으로 상승하지 아니하는 방법으로 가열 또는 건조할 것
　라. 분쇄공정에 있어서는 위험물의 분말이 현저하게 부유하고 있거나 위험물의 분말이 현저하게 기계·기구 등에 부착하고 있는 상태로 그 기계·기구를 취급하지 아니할 것

**10** 위험물저장소로서 옥내저장소의 저장 창고는 위험물 저장을 전용으로 하여야 하며, 지면에서 처마까지의 높이는 몇 [m] 미만인 단층건축물로 하여야 하는가?

① 6[m]
② 6.5[m]
③ 7[m]
④ 7.5[m]

**해설** **옥내저장소의 건축물의 구조(위험물법 규칙 별표 5)**
옥내저장소의 저장창고는 위험물의 저장을 전용으로 하며 지면에서 처마까지의 높이 6[m] 미만인 단층건물로 하고 그 바닥은 지면보다 높게 하여야 한다.

**11** 자연발화의 위험 또는 현저하게 화재가 발생할 우려가 있는 위험물을 옥내저장소에 저장할 때 지정수량의 몇 배 이하마다 구분하여 저장하여야 하는가?

① 2배　　② 5배
③ 10배　　④ 20배

**해설** 옥내저장소에 동일 품명의 위험물이더라도 자연발화 할 우려가 있는 위험물 또는 재해가 현저하게 증대할 우려가 있는 위험물을 다량 저장하는 경우에는 지정수량의 10배 이하마다 구분하여 상호간 0.3[m] 이상의 간격을 두어야 한다(위험물법 시행규칙 별표 18).

**12** 위험물제조소의 옥외에 있는 액체위험물을 취급하는 100[m³] 및 200[m³]의 용량인 2개의 탱크 주위에 설치하여야 하는 방유제의 최소 기준용량은?

① 50[m³]　　② 90[m³]
③ 110[m³]　　④ 150[m³]

**해설** **위험물 취급탱크(지정수량 1/5 미만은 제외)**
(1) 위험물제조소의 옥외에 있는 위험물 취급탱크
　① 하나의 취급탱크 주위에 설치하는 방유제의 용량 : 당해 탱크용량의 50[%] 이상
　② 2 이상의 취급탱크 주위에 하나의 방유제를 설치하는 경우 방유제의 용량 : 당해 탱크 중 용량이 최대인 것의 50[%]에 나머지 탱크용량 합계의 10[%]를 가산한 양 이상이 되게 할 것
(2) 위험물제조소의 옥내에 있는 위험물 취급탱크
　① 하나의 취급탱크의 주위에 설치하는 방유턱의 용량 : 당해 탱크용량 이상
　② 2 이상의 취급탱크 주위에 설치하는 방유턱의 용량 : 최대 탱크용량 이상
∴ 방유제의 용량 = 최대탱크용량 × 0.5
　　　　　　　　＋나머지 탱크용량 × 0.1
　　　　　　＝ 200[m³] × 0.5 + 100[m³] × 0.1
　　　　　　＝ 110[m³]

**13** 위험물 배관과 탱크부분의 완충조치로써 적당하지 않은 이음방법은?

① 리벳 조인트
② 볼 조인트
③ 루프 조인트
④ 플렉시블 조인트

**해설** **배관과 탱크부분의 완충조치** : 볼 조인트, 루프 조인트, 플렉시블 조인트

**14** 옥내저장소의 하나의 저장창고의 바닥면적을 1,000m² 이하로 하여야 하는데 해당되지 않는 위험물은?

① 무기과산화물　　② 나트륨
③ 특수인화물　　④ 초산

정답　10.①　11.③　12.③　13.①　14.④

**해설** 옥내저장소의 하나의 저장창고의 바닥면적(위험물법 시행규칙 별표 5)

(1) 바닥면적 1,000[m²] 이하
  ① 제1류 위험물 : 아염소산염류, 염소산염류, 과염소산염류, 무기과산화물, 지정수량 50[kg]인 위험물
  ② 제3류 위험물 : 칼륨, 나트륨, 알킬알루미늄, 알킬리튬, 황린, 지정수량 10[kg]인 위험물
  ③ 제4류 위험물 : 특수인화물, 제1석유류, 알코올류
  ④ 제5류 위험물 : 유기과산화물, 질산에스터류, 지정수량 10[kg]인 위험물
  ⑤ 제6류 위험물
(2) 바닥면적 2,000[m²] 이하 : (1)의 위험물외의 위험물
(3) 바닥면적 1,500[m²] 이하 : (1), (2)의 위험물을 내화구조의 격벽으로 완전히 구획된 실에 각각 저장하는 창고

◎ 초산 : 제4류 위험물 제2석유류

**15** 화재 발생 시 소화활동을 원활히 하기 위한 보유공지의 기능으로 적당하지 않은 것은?

① 위험물시설의 화재 시 연소방지
② 위험물의 원활한 공급
③ 소방활동의 공간제공
④ 피난상 필요한 공간제공

**해설** 보유공지
화재 발생시 소화활동을 원활히 하기 위하여 두는 공간
(1) 위험물시설의 화재시 연소방지
(2) 소방활동의 공간제공
(3) 피난상 필요한 공간제공

**16** 알킬알루미늄 등의 이동탱크저장소에 있어서 이동저장탱크로부터 알킬알루미늄 등을 꺼낼 때에는 동시에 몇 [kPa] 이하의 압력으로 불활성의 기체를 봉입하여야 하는가?

① 100[kPa]  ② 200[kPa]
③ 300[kPa]  ④ 400[kPa]

**해설** 이동저장탱크에 알킬알루미늄 등을 저장하는 경우에는 200[kPa] 이하의 압력으로 불활성의 기체를 봉입하여야 한다(위험물법 시행규칙 별표 18).

# 1998 제4회 소방시설관리사 1차 필기 기출문제

[제4과목 : 위험물의 시설기준]

**01** 옥외탱크저장소의 저장탱크의 강철판 두께는 몇 [mm] 이상이어야 하는가?

① 2.5[mm]  ② 2.8[mm]
③ 3.2[mm]  ④ 4.0[mm]

**해설** 옥외탱크저장소의 강철판 두께(위험물법 시행규칙 별표 6) 3.2[mm] 이상

**02** 다음 설명 중 ( ) 안에 알맞은 수치는?

> 옥내탱크저장소의 탱크 중 통기관의 선단은 건축물의 창·출입구 등의 개구부로부터 ( ① )[m] 이상 떨어진 곳의 옥외의 장소에 지면으로부터 ( ② )[m] 이상의 높이로 설치하여야 한다.

① ① 1, ② 2  ② ① 2, ② 1
③ ① 1, ② 4  ④ ① 4, ② 1

**해설** 옥내탱크저장소의 탱크 중 통기관의 선단은 건축물의 창·출입구 등의 개구부로부터 1[m] 이상 떨어진 곳의 옥외의 장소에 지면으로부터 4[m] 이상의 높이로 설치하되 인화점이 40[℃] 미만인 위험물의 탱크에 설치하는 통기관에 있어서는 부지경계선으로부터 1.5[m] 이상 이격하여야 한다(위험물법 시행규칙 별표 7).

**03** 위험물 옥내저장소 설치할 때 안전거리를 두지 않아도 되는 것은?

① 제1석유류를 저장하는 옥내저장소로서 지정수량의 20배 미만
② 제2석유류를 저장하는 옥내저장소로서 지정수량의 20배 미만
③ 제3석유류를 저장하는 옥내저장소로서 지정수량의 20배 미만
④ 제4석유류를 저장하는 옥내저장소로서 지정수량의 20배 미만

**해설** 옥내저장소의 안전거리 제외 대상(위험물법 시행규칙 별표 5)
(1) 지정수량의 20배 미만인 제4석유류
(2) 지정수량의 20배 미만인 동식물유류
(3) 제6류 위험물

**04** 이동탱크저장소의 방호틀의 두께 몇 [mm] 이상의 강철판으로 제작하여야 하는가?

① 1.6[mm] 이상  ② 2.3[mm] 이상
③ 3.2[mm] 이상  ④ 5.0[mm] 이상

**해설** 강철판의 두께

| 구분 | 이동탱크 저장소 ||||| 지하탱크 | 옥내탱크 | 옥외탱크 |
|---|---|---|---|---|---|---|---|---|
| | 탱크본체 | 측면틀 | 안전칸막이 | 방호틀 | 방파판 | | | |
| 두께 (mm) | 3.2 | 3.2 | 3.2 | 2.3 | 1.6 | 3.2 | 3.2 | 3.2 |

**05** 이동탱크저장소의 상용압력이 20[kPa] 이하일 경우 안전장치의 작동압력은?

① 상용압력의 1.1배 이하
② 상용압력의 1.5배 이하
③ 20[kPa] 이상 24[kPa] 이하
④ 40[kPa] 이상 48[kPa] 이하

정답 01.③ 02.③ 03.④ 04.② 05.③

**해설** 이동탱크저장소의 안전장치의 작동압력(위험물법 시행규칙 별표 10)

| 상용압력 | 작동압력 |
|---|---|
| 20[kPa] 이하 | 20[kPa] 이상 24[kPa] 이하의 압력 |
| 20[kPa] 초과 | 상용압력의 1.1배 이하 |

**06** 옥외탱크저장소 주위에는 공지를 보유하여야 한다. 저장 또는 취급하는 위험물의 최대 저장량이 지정수량의 600배라면 몇 [m] 이상인 너비의 공지를 보유하여야 하는가?

① 3[m]  ② 5[m]
③ 9[m]  ④ 12[m]

**해설** 옥외 탱크저장소의 보유공지(위험물법 시행규칙 별표 6)

| 저장 또는 취급하는 위험물의 최대수량 | 공지의 너비 |
|---|---|
| 지정수량의 500배 이하 | 3[m] 이상 |
| 지정수량의 500배 초과 1,000배 이하 | 5[m] 이상 |
| 지정수량의 1,000배 초과 2,000배 이하 | 9[m] 이상 |
| 지정수량의 2,000배 초과 3,000배 이하 | 12[m] 이상 |
| 지정수량의 3,000배 초과 4,000배 이하 | 15[m] 이상 |
| 지정수량의 4,000배 초과 | 탱크의 수평단면의 최대지름과 높이 중 큰 것과 같은 거리 이상 (30[m] 초과는 30[m] 이상으로, 15[m] 미만은 15[m]로 한다) |

**07** 위험물 제조소에서 지정수량 10배 이하일 때 보유 공지는?

① 3[m] 이상  ② 5[m] 이상
③ 7[m] 이상  ④ 9[m] 이상

**해설** 위험물 제조소의 보유공지(위험물법 시행규칙 별표 4)

| 취급하는 위험물의 최대수량 | 공지의 너비 |
|---|---|
| 지정수량의 10배 이하 | 3[m] 이상 |
| 지정수량의 10배 초과 | 5[m] 이상 |

**08** 다음 중 주유취급소의 특례 기준에 해당되지 않는 것은?

① 영업용 주유취급소
② 항공기 주유취급소
③ 철도 주유취급소
④ 고속국도 주유취급소

**해설** 주유취급소의 특례 기준(위험물법 시행규칙 별표 13)
㉠ 철도주유취급소
㉡ 고속국도 주유취급소
㉢ 자가용 주유취급소
㉣ 선박 주유취급소
㉤ 고객이 직접 주유하는 주유취급소
㉥ 항공기주유취급소
㉦ 수소충전설비를 설치한 주유취급소

**09** 탱크의 매설에서 지하탱크저장소의 탱크는 본체 윗부분은 지면으로부터 몇 [m] 이상 아래에 있어야 하는가?

① 0.6[m]  ② 0.8[m]
③ 1.0[m]  ④ 1.2[m]

**해설** 지하탱크저장소의 탱크는 저장탱크의 윗부분은 지면으로부터 0.6[m] 이상 아래에 있어야 한다(위험물법 시행규칙 별표 8).

**10** 지하저장탱크의 주위에는 당해 탱크로부터 액체위험물의 누설을 검사하기 위한 관의 설치기준으로 옳지 않은 것은?

① 소공이 없는 상부는 단관으로 할 수 있다.
② 재료는 금속관 또는 경질합성수지관으로 한다.
③ 관은 탱크실의 바닥에서 0.2[m] 이격하여 설치한다.
④ 관의 밑부분으로부터 탱크의 중심 높이까지의 부분에는 소공이 뚫려 있어야 한다.

**해설** 누유검사관의 설치 기준(위험물법 시행규칙 별표 8)
㉠ 이중관으로 할 것. 다만, 소공이 없는 상부는 단관으로 할 수 있다.
㉡ 재료는 금속관 또는 경질합성수지관으로 할 것

ⓒ 관은 탱크전용실바닥 또는 탱크의 기초까지 닿게 할 것
ⓔ 관의 밑부분으로부터 탱크의 중심 높이까지의 부분에는 소공이 뚫려 있을 것. 다만, 지하수위가 높은 장소에 있어서는 지하수위 높이까지의 부분에 소공이 뚫려 있어야 한다.
ⓜ 상부는 물이 침투하지 아니하는 구조로 하고, 뚜껑은 검사시에 쉽게 열 수 있도록 할 것

> 누유검사관 : 4개소 이상 설치

**11** 간이탱크저장소의 통기관의 지름은?

① 20[mm] 이상  ② 25[mm] 이상
③ 30[mm] 이상  ④ 40[mm] 이상

**해설** 간이탱크저장소의 통기관의 지름 : 25[mm] 이상(위험물법 시행규칙 별표 9)

**12** 인화점이 200[℃] 미만인 위험물을 저장하는 옥외탱크저장소의 방유제는 탱크의 지름이 15[m] 이상인 경우 그 탱크의 측면으로부터 탱크 높이의 얼마 이상인 거리를 확보하여야 하는가?

① $\frac{1}{2}$  ② $\frac{1}{3}$
③ $\frac{1}{4}$  ④ $\frac{1}{5}$

**해설** 방유제의 탱크 옆판으로부터 유지거리(인화점 200[℃] 이상은 제외)

| 탱크의 지름 | 이격거리 |
| --- | --- |
| 지름이 15[m] 미만 | 탱크높이의 $\frac{1}{3}$ 이상 |
| 지름이 15[m] 이상 | 탱크높이의 $\frac{1}{2}$ 이상 |

**13** 위험물제조소의 배출설비의 배출능력은 1시간당 배출장소 용적의 몇 배 이상으로 하여야 하는가?

① 10배  ② 20배
③ 30배  ④ 40배

**해설** 배출설비의 설치 기준(위험물법 시행규칙 별표 4)
(1) 배출설비 : 국소방식

> 전역방출방식으로 할 수 있는 경우
> ① 위험물취급설비가 배관이음 등으로만 된 경우
> ② 건축물의 구조·작업장소의 분포 등의 조건에 의하여 전역방식이 유효한 경우

(2) 배출설비는 배풍기·배출닥트·후드 등을 이용하여 강제적으로 배출하는 것으로 할 것
(3) 배출능력은 1시간당 배출장소 용적의 20배 이상인 것으로 할 것(전역방식의 경우 : 바닥면적 1[m²]당 18[m³] 이상)
(4) 급기구는 높은 곳에 설치하고, 가는 눈의 구리망 등으로 인화방지망을 설치할 것
(5) 배출구는 지상 2[m] 이상으로서 연소의 우려가 없는 장소에 설치하고, 배출닥트가 관통하는 벽부분의 바로 가까이에 화재시 자동으로 폐쇄되는 방화댐퍼를 설치할 것
(6) 배풍기 : 강제배기방식

**14** 위험물저장소로서 옥내저장소의 하나의 저장창고의 바닥면적을 1,000[m²] 이하로 하여야 하는데 위험물에 해당되지 않는 것은?

① 무기과산화물  ② 나트륨
③ 특수인화물  ④ 제2석유류

**해설** 옥내저장소의 하나의 저장창고의 바닥면적(위험물법 시행규칙 별표 5)
(1) 바닥면적 1,000[m²] 이하
  ① 제1류 위험물 : 아염소산염류, 염소산염류, 과염소산염류, 무기과산화물, 지정수량 50[kg]인 위험물
  ② 제3류 위험물 : 칼륨, 나트륨, 알킬알루미늄, 알킬리튬, 황린, 지정수량 10[kg]인 위험물
  ③ 제4류 위험물 : 특수연화물, 제1석유류, 알코올류
  ④ 제5류 위험물 : 유기과산화물, 질산에스터류, 지정수량 10[kg]인 위험물
  ⑤ 제6류 위험물
(2) 바닥면적 2,000[m²] 이하 : (1)의 위험물외의 위험물
(3) 바닥면적 1,500[m²] 이하 : (1), (2)의 위험물을 내화구조의 격벽으로 완전히 구획된 실에 각각 저장하는 창고

정답  11.②  12.①  13.②  14.④

**15** 위험물 저장탱크의 내용적을 산출하기 위한 식으로 맞는 것은?

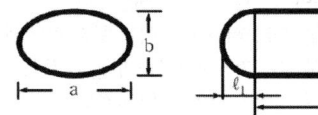

① $\dfrac{\pi ab}{4}\left(\ell + \dfrac{\ell_1 + \ell_2}{3}\right)$

② $\dfrac{\pi ab}{4}\left(\ell + \dfrac{\ell_1 - \ell_2}{3}\right)$

③ $\pi r^2\left(\ell + \dfrac{\ell_1 + \ell_2}{3}\right)$

④ $\pi r^2 \ell$

**해설** 내용적 $V = \dfrac{\pi ab}{4}\left(\ell + \dfrac{\ell_1 - \ell_2}{3}\right)$

**16** 다음 중 옥외탱크저장소에 반드시 필요한 내용으로 볼 수 없는 것은?

① 표지 및 게시판
② 보유공지 및 안전거리
③ 탱크의 구조
④ 건축물의 구조

**해설** 옥외탱크저장소의 위치, 구조 및 설비의 기준
1. 안전거리
2. 보유공지
3. 표지 및 게시판
4. 특정옥외저장탱크의 기초 및 지반
5. 준특정옥외저장탱크의 기초 및 지반
6. 외부구조 및 설비
7. 특정옥외저장탱크의 구조
8. 준특정옥외저장탱크의 구조
9. 방유제

**17** 지하탱크가 있는 제조소등의 경우 완공검사의 신청시기로 맞는 것은?

① 탱크를 완공하고 상치장소를 확보한 후
② 지하탱크를 매설하기 전
③ 공사 전체 또는 일부를 완료한 후
④ 공사의 일부를 완료한 후

**해설** 완공검사의 신청시기(위험물법 시행규칙 제20조)
(1) 지하탱크가 있는 제조소등의 경우 : 당해 지하탱크를 매설하기 전
(2) 이동탱크저장소의 경우 : 이동저장탱크를 완공하고 상치장소를 확보한 후
(3) 이송취급소의 경우 : 이송배관 공사의 전체 또는 일부를 완료한 후, 다만, 지하·하천 등에 매설하는 이송배관의 공사의 경우에는 이송배관을 매설하기 전
(4) 전체 공사가 완료된 후에는 완공검사를 실시하기 곤란한 경우
  ① 위험물설비 또는 배관의 설치가 완료되어 기밀시험 또는 내압시험을 실시하는 시기
  ② 배관을 지하에 설치하는 경우에는 소방서장 또는 공사가 지정하는 부분을 매몰하기 직전
  ③ 공사가 지정하는 부분의 비파괴시험을 실시하는 시기
(5) 제1호 내지 제4호에 해당하지 아니하는 제조소등의 경우 : 제조소등의 공사를 완료한 후

# CHAPTER 08

## [제 5 과목]
## 소방시설의 구조 및 원리

소방시설관리사 기출문제집 [필기]

# 2024 제24회 소방시설관리사 1차 필기 기출문제
[제5과목 : 소방시설의 구조 및 원리]

**01** 옥내소화전설비의 화재안전기술기준상 물올림장치의 설치기준 중 일부이다. ( )에 들어갈 것으로 옳은 것은?

> 수조의 유효수량은 ( ㄱ )L 이상으로 하되, 구경 ( ㄴ )mm 이상의 급수배관에 따라 해당 수조에 물이 계속 보급되도록 할 것

① ㄱ : 100, ㄴ : 15
② ㄱ : 100, ㄴ : 20
③ ㄱ : 200, ㄴ : 15
④ ㄱ : 200, ㄴ : 20

**해설** 물올림장치 설치기준
1. 물올림장치에는 전용의 수조를 설치할 것
2. 수조의 유효수량은 100L 이상으로 하되, 구경 15mm 이상의 급수배관에 따라 해당 수조에 물이 계속 보급되도록 할 것

**02** 옥외소화전설비의 화재안전기술기준에 따라 옥외소화전 3개가 다음 조건과 같이 설치된 경우, 펌프의 축동력(kW)은 약 얼마인가?

> - 실양정 30m
> - 배관 및 배관부속품의 마찰손실수두는 실양정의 30%
> - 호스길이는 40m(호스길이 100m당 마찰손실수두는 4m)
> - 펌프의 효율 75%, 전달계수 1.1
> - 주어진 조건 이외의 다른 조건은 고려하지 않고, 계산결과 값은 소수점 둘째 자리에서 반올림한다.

① 7.5   ② 10.0
③ 11.0   ④ 13.0

**해설** 펌프의 축동력

$$P = \frac{\gamma QH}{\eta}$$

$P$ : 전동기 동력(kW)
$\gamma$ : 9.8kN/m³
$Q$ : 토출량 (m³/s)
$H$ : 전양정(m)
$\eta$ : 전효율

1) 옥외소화전설비의 토출량
   $Q = 350l/\min \times N$(설치개수)
   $Q$ : 토출량(유량) l/min
   $N$ : 2개 이상일 경우 2개
   $Q = 350l/\min \times 2 = 700l/\min = 0.7 m^3/\min$

2) 옥내소화전설비 전양정(펌프방식)
   $H = h_1 + h_2 + h_3 + h_4$
   $H$ : 전양정[m]
   $h_1$ : 실양정(흡입양정+토출양정)
   $h_2$ : 배관 및 관부속품의 마찰손실수두
   $h_3$ : 소방호스의 마찰손실수두
   $h_4$ : 방수압력 환산수두
   $h_1 = 30m$
   $h_2 = (30 \times 0.3) = 9m$
   $h_3 = 40m \times \dfrac{4}{100} = 1.6m$
   $h_4 = 25m$
   $H = 30 + 9 + 1.6 + 25 = 65.6m$

3) 펌프효율 : 75% = 0.75
   $\therefore P = \dfrac{9.8 \times 0.7 \times 65.6}{0.75 \times 60} = 10.00 \text{kW}$

정답 01.① 02.②

**03** 옥내소화전설비의 화재안전기술기준상 옥상수조를 설치하지 않아도 되는 기준으로 옳은 것은?

① 압력수조를 가압송수장치로 설치한 경우
② 수원이 건축물의 최하층에 설치된 방수구보다 높은 위치에 설치된 경우
③ 건축물의 높이가 지표면으로부터 10m를 초과하는 경우
④ 고가수조를 가압송수장치로 설치한 경우

**[해설]** 옥상수조 설치 제외 경우
(1) 지하층만 있는 건축물
(2) 고가수조를 가압송수장치로 설치한 경우
(3) 수원이 건축물의 최상층에 설치된 방수구보다 높은 위치에 설치된 경우
(4) 건축물의 높이가 지표면으로부터 10m 이하인 경우
(5) 주펌프와 동등 이상의 성능이 있는 별도의 펌프로서 내연기관의 기동과 연동하여 작동되거나 비상전원을 연결하여 설치한 경우
(6) 가압수조를 가압송수장치로 설치한 옥내소화전설비
(7) 학교·공장·창고시설(옥상수조를 설치한 대상은 제외)로서 동결의 우려가 있는 장소에 있어서는 기동스위치에 보호판을 부착하여 옥내소화전함 내에 설치한 경우

**04** 내화구조이고 물품 보관용 랙이 설치되지 않은 가로 50m, 세로 30m인 창고에 라지드롭형 스프링클러헤드를 정방형으로 배치하는 경우 필요한 헤드의 최소 설치개수는? (단, 특수가연물을 저장 또는 취급하지 않음)

① 84개        ② 160개
③ 187개       ④ 273개

**[해설]** 스프링클러 헤드의 설치개수
[스프링클러헤드 헤드 배치기준]

| 설치장소 | 수평거리(R) |
|---|---|
| 특수가연물 저장·취급장소 | 1.7m 이하 |
| 그 외 창고 | 2.1m 이하 |
| 그 외 창고(내화구조) | 2.3m 이하 |

[헤드 설치개수]
1) 헤드의 정방형(정사각형) 배치
  $S = 2R\cos 45°$
   $S$ : 설치거리[m]
   $R$ : 수평거리[m]
2) 특수가연물 저장소이므로 $R = 2.3$m
   $S = 2 \times 2.3 \times \cos 45° = 3.25$m
3) 가로설치 헤드 개수 $= \dfrac{50}{3.25} = 15.38 = 16$개
4) 세로설치 헤드 개수 $= \dfrac{30}{3.25} = 9.23 = 10$개
5) 총 헤드 개수 $= 16 \times 10 = 160$개

**05** 물분무소화설비의 화재안전기술기준상 고압의 전기기기가 있는 장소는 전기의 절연을 위하여 전기기기와 물분무헤드 사이에 거리를 두어야 한다. 전기기기의 전압(kV)에 따라 이격한 거리(cm)로 옳은 것은?

① 66kV – 60cm
② 120kV – 130cm
③ 150kV – 160cm
④ 200kV – 190cm

**[해설]** 전기기기와 물분무헤드 사이의 거리

| 전압(kV) | 거리(cm) |
|---|---|
| 66 이하 | 70 이상 |
| 66 초과 77 이하 | 80 이상 |
| 77 초과 110 이하 | 110 이상 |
| 110 초과 154 이하 | 150 이상 |
| 154 초과 180 이하 | 180 이상 |
| 181 초과 220 이하 | 210 이상 |
| 220 초과 275 이하 | 260 이상 |

정답 03.④ 04.② 05.③

**06** 포소화설비의 화재안전기술기준상 용어의 정의로 옳지 않은 것은?

① "비확관형 분기배관"이란 배관의 측면에 분기 호칭내경 이상의 구멍을 뚫고 배관이음쇠를 용접 이음한 배관을 말한다.
② "포소화전설비"란 포소화전방수구·호스 및 이동식포노즐을 사용하는 설비를 말한다.
③ "주펌프"란 구동장치의 회전 또는 왕복운동으로 소화용수를 가압하여 그 압력으로 급수하는 주된 펌프를 말한다.
④ "프레져 프로포셔너방식"이란 펌프의 토출관에 압입기를 설치하여 포 소화약제 압입용 펌프로 포 소화약제를 압입시켜 혼합하는 방식을 말한다.

**해설** **포소화설비 혼합장치 정의**
1) 펌프 프로포셔너방식
   펌프의 토출관과 흡입관 사이의 배관 도중에 설치한 흡입기에 펌프에서 토출된 물의 일부를 보내고, 농도조정밸브에서 조정된 포소화약제의 필요량을 포소화약제 탱크에서 펌프 흡입으로 내어 이를 혼합하는 방식을 말한다.
2) 프레져 프로포셔너방식
   펌프와 발포기의 중간에 설치된 벤추리관의 벤추리작용과 펌프 가압수의 포소화약제 저장탱크에 대한 압력에 따라 포소화약제를 흡입·혼합하는 방식을 말한다.
3) 라인 프로포셔너방식
   펌프와 발포기의 중간에 설치된 벤추리관의 벤추리작용에 따라 포소화약제를 흡입·혼합하는 방식을 말한다.
4) 프레져사이드 프로포셔너방식
   펌프의 토출관에 압입기를 설치하여 포소화약제 압입용 펌프로 포소화약제를 압입시켜 혼합하는 방식을 말한다.
5) 압축공기포믹싱챔버방식
   물, 포 소화약제 및 공기를 믹싱챔버로 강제주입시켜 챔버 내에서 포수용액을 생성한 후 포를 방사하는 방식을 말한다.

**07** 포소화설비의 화재안전성능기준상 특수가연물을 저장·취급하는 특정소방대상물 중 바닥면적이 200m²인 부분에 포헤드방식으로 포소화설비를 설치하는 경우 1분당 최소 방사량(L)은? (단, 포소화약제의 종류는 합성계면활성제포로 함)

① 740   ② 1,300
③ 1,600   ④ 1,700

**해설** **포헤드 방사량**

| 소방대상물 | 약제 종류 | 바닥 1m² 방사량 |
|---|---|---|
| • 차고, 주차장<br>• 항공기격납고 | 단백포 | 6.5L |
|  | 합성계면<br>활성제포 | 8.0L |
|  | 수성막포 | 3.7L |
| • 특수가연물을 저장·<br>취급하는 공장, 창고 | 단백포 | 6.5L |
|  | 합성계면<br>활성제포 | 6.5L |
|  | 수성막포 | 6.5L |

**08** 피난기구의 화재안전기술기준상 설치장소별 피난기구 적응성에서 지상 4층 노유자 시설에 적응성이 있는 피난기구를 모두 고른 것은?

> ㄱ. 미끄럼대   ㄴ. 구조대
> ㄷ. 완강기   ㄹ. 피난교
> ㅁ. 피난사다리   ㅂ. 승강식 피난기

① ㄱ, ㄷ, ㄹ   ② ㄱ, ㄷ, ㅁ
③ ㄴ, ㄹ, ㅂ   ④ ㄴ, ㅁ, ㅂ

**해설** **노유자시설 피난기구 적응성**
1) 1~3층 – 미끄럼대, 구조대, 피난교, 다수인피난장비, 승강식 피난기
2) 4층 이하 10층 이하 – 구조대, 피난교, 다수인피난장비, 승강식 피난기
[비고]
구조대(4층 이상의 층)의 적응성은 장애인 관련 시설로서 주된 사용자 중 스스로 피난이 불가한 자가 있는 경우 제4조, 제2항 제4호(층마다 1개 이상)에 따라 추가로 설치하는 경우에 한한다.

**09** 창고시설의 화재안전기술기준상 피난유도선의 설치기준에서 ( )에 들어갈 것으로 옳은 것은?

- 피난유도선은 연면적 ( ㄱ )㎡ 이상인 창고시설의 지하층 및 무창층에 다음의 기준에 따라 설치해야 한다.
- 각 층 직통계단 출입구로부터 건물 내부 벽면으로 ( ㄴ )m 이상 설치할 것
- 화재 시 점등되며 비상전원 ( ㄷ )분 이상을 확보할 것

① ㄱ : 10,000, ㄴ : 10, ㄷ : 20
② ㄱ : 10,000, ㄴ : 20, ㄷ : 20
③ ㄱ : 15,000, ㄴ : 10, ㄷ : 30
④ ㄱ : 15,000, ㄴ : 20, ㄷ : 30

**해설** 피난유도선 설치기준
연면적 15,000㎡ 이상인 창고시설의 지하층 및 무창층 설치
(1) 광원점등방식으로 바닥으로부터 1m 이하의 높이에 설치할 것
(2) 각 층 직통계단 출입구로부터 건물 내부 벽면으로 10m 이상 설치할 것
(3) 화재 시 점등되며 비상전원 30분 이상을 확보할 것
(4) 「피난유도선 성능인증 및 제품검사의 기술기준」에 적합한 것으로 설치

**10** 자동화재탐지설비 및 시각경보장치의 화재안전성 능기준상 다음 조건에 따른 계단에 설치하여야 하는 연기감지기(ㄱ)의 수와 경계구역(ㄴ)의 수는?

- 지하 2층에서 지상 25층 및 옥상층까지의 계단은 2개소이며, 계단 상호간 수평거리 20m
- 층고 : 지하층 4m, 지상층 3m, 옥상층 3m
- 광전식(스포트형) 2종 감지기 설치

① ㄱ : 8개, ㄴ : 4개
② ㄱ : 8개, ㄴ : 6개
③ ㄱ : 14개, ㄴ : 4개
④ ㄱ : 14개, ㄴ : 6개

**해설** 연기감지기수와 경계구역 수
[연기감지기 설치기준]
1) 복도 및 통로 : 보행거리 30m(3종 20m)마다
2) 계단 및 경사로 : 수직거리 15m(3종 10m)마다
3) 부착높이별 유효바닥면적

| 부착 높이·특정 소방대상물의 구분 | 감지기의 종류 | |
|---|---|---|
| | 1종 및 2종 | 3종 |
| 4m 미만 | 150 | 50 |
| 4m 이상 20m 미만 | 75 | - |

4) 연기감지기 수
  (1) 지하층 : $\dfrac{4 \times 2}{15} = 0.53 = 1$개
  (2) 지상층 : $\dfrac{(25 \times 3) + 3}{15} = 5.2 = 6$개
  (3) 총 7개×2개소=14개

[경계구역 설정]
1) 계단, 경사로, 엘리베이터 승강로, 린넨슈트, 파이프 덕트 및 피트는 별도의 경계구역을 설정한다.
2) 1경계구역 : 45m 이하
3) 수직적 경계구역
  (1) 지하층 : $\dfrac{4 \times 2}{45} = 0.17 = 1$개
  (2) 지상층 : $\dfrac{(25 \times 3) + 3}{45} = 1.73 + 2$개
  (3) 총 3경계구역×2개소=6경계구역

**11** 화재안전기술기준상 비상방송설비의 음향장치 설치기준으로 옳지 않은 것은?

① 아파트등의 경우 실내에 설치하는 확성기 음성입력은 1W 이상일 것
② 음량조정기를 설치하는 경우 음량조정기의 배선은 3선식으로 할 것
③ 조작부의 조작스위치는 바닥으로부터 0.8m 이상 1.5m 이하의 높이에 설치할 것
④ 창고시설에서 발화한 때에는 전 층에 경보를 발해야 한다.

**해설** 비상방송설비의 음향장치
① 아파트등의 경우 실내에서 설치하는 확성기 음성입력은 2W 이상일 것

**12** 비상조명등의 화재안전기술기준상 휴대용비상조명등의 설치기준으로 옳지 않은 것은?

① 사용시 자동으로 점등되는 구조일 것
② 건전지 및 충전식 배터리의 용량은 20분 이상 유효하게 사용할 수 있는 것으로 할 것
③ 외함은 난연성능이 있을 것
④ 지하상가 및 지하역사에는 수평거리 50m 이내마다 3개 이상 설치

**해설** 휴대용 비상조명등 설치기준
1) 설치장소
   (1) 숙박시설 또는 다중이용업소에는 객실 또는 영업장 안의 구획된 실마다 잘 보이는 곳에 1개 이상 설치(외부 설치 시 출입문 손잡이로부터 1m 이내)
   (2) 대규모 점포와 영화상영관에는 보행거리 50m 이내마다 3개 이상 설치
   (3) 지하상가 및 지하역사에는 보행거리 25m 이내마다 3개 이상 설치
2) 설치높이 : 바닥으로부터 0.8m 이상 1.5m 이하
3) 어둠속 위치를 확인 가능
4) 사용 시 자동으로 점등되는 구조
5) 외함 난염 성능 필요
6) 건전지를 사용 시 방전방지조치를 하여야 하고, 충전식 배터리의 경우 상시 충전되도록 할 것
7) 건전지 및 충전식 배터리의 용량 : 20분 이상

**13** 자동화재탐지설비 및 시각경보장치의 화재안전기술기준에 관한 설명으로 옳지 않은 것은?

① 광전식분리형감지기의 광축(송광면과 수광면의 중심을 연결한 선)은 나란한 벽으로부터 0.5m 이상 이격하여 설치할 것
② 청각장애인용 시각경보장치의 설치 높이는 천장의 높이가 2m 이하인 경우에는 천장으로부터 0.15m 이내의 장소에 설치해야 한다.
③ 수신기는 화재로 인하여 하나의 층의 지구음향장치 또는 배선이 단락되어도 다른 층의 화재통보에 지장이 없도록 각층 배선 상에 유효한 조치를 할 것
④ 외기에 면하여 상시 개방된 부분이 있는 차고·주차장·창고 등에 있어서는 외기에 면하는 각 부분으로부터 5m 미만의 범위 안에 있는 부분은 경계구역의 면적에 삽입하지 않는다.

**해설** 자동화재탐지설비 및 시각경보장치의 화재안전기술기준
① 광전식 분리형 감지기의 광축(송광면의 수광면의 중심을 연결한 선)은 나란한 벽으로부터 0.6m 이상 이격하여 설치할 것

**14** 소방펌프의 설계 시 유량 0.8m³/min, 양정 70m였으나 시운전 시 양정이 60m, 회전수는 2,000rpm으로 측정되었다. 양정이 70m가 되려면 회전수는 최소 몇 rpm으로 조정해야 하는가? (단, 계산결과 값은 소수점 첫째 자리에서 반올림함)

① 1,852    ② 2,105
③ 2,160    ④ 2,333

**해설** 상사법칙(양정)

$$\frac{H_2}{H_1} = \left(\frac{D_2}{D_1}\right)^2 \left(\frac{N_2}{N_1}\right)^2$$

양정 $H_1$ : 70m, $H_2$ : 60m
회전수 $N_2$ : 2,000rpm
[양정 70m일 때 회전수 $N_1$]

$N_1 = N_2 \times \left(\frac{H_1}{H_2}\right)^{\frac{1}{2}}$ 이므로

$N_1 = 2000\text{rpm} \times \left(\frac{70\text{m}}{60\text{m}}\right)^{\frac{1}{2}}$

$= 2160.25\text{rpm}$

∴ 회전수는 2,160rpm

**15** 자동화재탐지설비 및 시각경보장치의 화재안전기술기준상 배선의 기준으로 옳은 것은?

① P형 수신기 및 G.P형 수신기의 감지기 회로의 배선에 있어서 하나의 공통선에 접속할 수 있는 경계구역은 6개 이하로 할 것
② 감지기회로 및 부속회로 전로와 대지 사이 및 배선 상호간의 절연저항은 1경계구역마다 직류 250V의 절연저항측정기를 사용하여 측정한 절연저항이 0.1MΩ 이상이 되도록 할 것
③ 감지기회로의 전로저항은 30Ω 이하가 되도록 할 것
④ 감지기회로의 도통시험을 위한 종단전항의 전용함을 설치하는 경우 그 설치 높이는 바닥으로부터 2.0m 이내로 할 것

**해설** 배선기준
① P형 수신기 및 G.P형 수신기의 감지기회로의 배선에 있어서 하나의 공통선에 접속할 수 있는 경계구역은 7개 이하로 할 것
③ 감지기회로의 전로저항은 50Ω 이하가 되도록 할 것
④ 감지기회로의 보통시험을 위한 종단저항의 전용함을 설치하는 경우 그 설치높이는 바닥으로부터 1.5m 이내로 할 것

**16** 건설현장의 화재안전기술기준에 관한 설명으로 옳지 않은 것은?

① 용접 용단 작업 시 11m 이내에 가연물이 있는 경우 해당 가연물을 방화포로 보호할 것
② 비상경보장치는 피난층 또는 지상으로 통하는 각 층 직통계단의 출입구마다 설치할 것
③ 비상조명등이 설치된 장소의 조도는 각 부분의 바닥에서 1lx 이상이 되도록 할 것
④ 가스누설경보기는 지하층에 가연성가스를 발생시키는 작업을 하는 부분으로부터 수평거리 15m 이내에 바닥으로부터 탐지부 상단까지의 거리가 0.3m 이하인 위치에 설치할 것

**해설** 가스누설경보기 설치기준
㉠ 가연성 가스를 발생시키는 작업을 하는 지하층 또는 무창층 내부(내부에 구획된 실이 있는 경우에는 구획실마다)에 가연성 가스를 발생시키는 작업을 하는 부분으로부터 수평거리 10m 이내에 바닥으로부터 탐지부 상단까지의 거리가 0.3m 이하인 위치에 설치
㉡ 「가스누설경보기의 형식승인 및 제품검사의 기술기준」에 적합한 것으로 설치

**17** 이산화탄소소화설비의 화재안전성능기준 및 화재안전기술기준에 관한 설명으로 옳은 것은?

① "전역방출방식"이란 소화약제 공급장치에 배관 및 분사헤드 등을 고정 설치하여 직접 화점에 소화약제를 방출하는 방식을 말한다.
② "설계농도"란 규정된 실험 조건의 화재를 소화하는데 필요한 소화약제의 농도를 말한다.
③ 저장용기의 충전비는 고압식은 1.1 이상 1.4 이하로 한다.
④ 소화약제 저장용기는 온도가 40℃ 이하이고, 온도변화가 작은 곳에 설치하여야 한다.

**해설** 이산화탄소소화설비 설치기준
① "전역방출방식"이란 소화약제 공급장치에 배관 및 분사헤드 등을 설치하여 밀폐 방호구역 전체에 소화약제를 방출하는 방식
② "설계농도"란 방호대상물 또는 방호구역의 소화약제 저장량을 산출하기 위한 농도로서 소화농도에 안전율을 고려하여 설정한 농도를 말한다.
③ 저장용기의 충전비는 고압식은 1.5 이상 1.9 이하, 저압식은 1.1 이상 1.4 이하로 할 것

**18** 할로겐화합물 및 불활성기체소화설비의 화재안전기술기준상 사람이 상주하고 있는 곳에서 할로겐화합물 및 불활성기체소화약제의 최대허용설계농도(%)가 옳은 것을 모두 고른 것은?

> ㄱ. FC-3-1-10 : 40%  ㄴ. HFC-125 : 10.5%
> ㄷ. HFC-227ea : 10.5%  ㄹ. IG-100 : 43%
> ㅁ. IG-55 : 30%

① ㄴ, ㄷ  ② ㄹ, ㅁ
③ ㄱ, ㄴ, ㅁ  ④ ㄱ, ㄷ, ㄹ

**해설** 할로겐·불활성약제 최대허용설계농도

| 소화약제 | 최대허용설계농도[%] |
|---|---|
| FC-3-1-10 | 40 |
| HCFC BLEND A | 10 |
| HCFC-124 | 1.0 |
| HFC-125 | 11.5 |
| HFC-227ea | 10.5 |
| HFC-23 | 30 |
| HFC-236fa | 12.5 |
| FIC-13I1 | 0.3 |
| FK-5-1-12 | 10 |
| IG-01 | 43 |
| IG-100 | 43 |
| IG-541 | 43 |
| IG-55 | 43 |

**19** 분말소화설비의 화재안전성능기준상 방호구역에 분말소화설비를 전역방출방식으로 설치하고자 한다. 방호구역의 조건이 다음과 같을 때 제3종 분말소화약제의 최소저장량(kg)은?

> • 방호구역의 체적은 200㎥
> • 방호구역의 개구부 면적은 4㎡
> • 자동폐쇄장치는 설치하지 않음

① 55.2  ② 82.8
③ 130.8  ④ 138.0

**해설** 분말소화약제 저장량

| 구분 | 소요 약제량 | 개구부가산량 (자동폐쇄장치 미설치 시 적용) |
|---|---|---|
| 제1종 분말 | 0.6[kg/m³] | 4.5[kg/m²] |
| 제2·3종 분말 | 0.35[kg/m³] | 2.7[kg/m²] |
| 제4종 분말 | 0.24[kg/m³] | 1.8[kg/m²] |

※ 소화약제저장량[kg]
= (방호구역체적 × 소요약제량) + (개구부면적[m²] × 개구부가산량 [kg/m²])
= (200m³ × 0.36kg/m³) + (4m² × 2.7kg/m²)
= 82.8[kg]

**20** 제연설비의 화재안전기술기준상 제연구역에 관한 기준이 아닌 것은?

① 하나의 제연구역의 면적은 1,000㎡ 이내로 할 것
② 통로상의 제연구역은 보행중심선의 길이가 60m를 초과하지 않을 것
③ 하나의 제연구역은 직경 50m 원내로 들어갈 수 있을 것
④ 거실과 통로(복도를 포함한다)는 각각 제연구획할 것

**해설** 제연구역의 구획기준
1) 하나의 제연구역의 면적은 1,000㎡ 이내로 할 것
2) 거실과 통로(복도를 포함)는 각각 제연구획할 것
3) 통로상의 제연구역은 보행중심선의 길이가 60m를 초과하지 아니할 것
4) 하나의 제연구역은 직경 60m 원내에 들어갈 수 있을 것
5) 하나의 제연구역은 2개 이상의 층에 미치지 아니하도록 할 것. 다만, 층의 구분이 불분명한 부분은 그 부분을 다른 부분과 별도로 제연구획하여야 한다.

**21** 연결송수관설비의 화재안전성능기준상 송수구와 방수구의 설치 기준이다. ( )에 들어갈 것으로 옳은 것은?

> - 연결송수관설비의 송수구는 지면으로부터 높이가 ( ㄱ )미터 이상 ( ㄴ )미터 이하의 위치에 설치할 것
> - 연결송수관설비의 송수구는 구경 ( ㄷ )밀리미터의 쌍구형으로 할 것
> - 연결송수관설비의 ( ㄹ )층 이상의 부분에 설치하는 방수구는 쌍구형으로 할 것

① ㄱ : 0.5, ㄴ : 1, ㄷ : 65, ㄹ : 11
② ㄱ : 0.5, ㄴ : 1, ㄷ : 80, ㄹ : 15
③ ㄱ : 0.8, ㄴ : 1.5, ㄷ : 65, ㄹ : 11
④ ㄱ : 0.8, ㄴ : 1.5, ㄷ : 80, ㄹ : 15

**해설** 송수구와 방수구 설치기준
1) 송수구 설치기준
   (1) 지면으로부터 높이가 0.5m 이상 1m 이하의 위치에 설치할 것
   (2) 구경 65mm의 쌍구형으로 할 것
2) 방수구 설치기준
   11층 이상의 부분에는 쌍구형으로 할 것(다만 다음 각 목의 층에는 단구형으로 설치 가능)
   (1) 아파트의 용도로 사용되는 층
   (2) 스프링클러설비가 유효하게 설치되어 있고 방수구가 2개소 이상 설치된 층

**22** 소화기구 및 자동소화장치의 화재안전기술기준상 다음 조건에 따른 창고시설에 설치해야 하는 소형소화기의 최소 설치개수는?

> - 소형소화기 1개의 능력단위는 3단위이다.
> - 창고시설의 바닥면적은 가로 80m×세로 75m이다.
> - 주요구조부가 내화구조이고, 벽 및 반자의 실내에 면하는 부분이 난연재료로 되어 있다.
> - 주어진 조건 이외의 다른 조건을 고려하지 않는다.

① 5개   ② 10개
③ 20개  ④ 34개

**해설** 소화기구의 최소설치개수

| 특정소방대상물 | 소화기구의 능력단위 |
|---|---|
| 위락시설 | 바닥면적 30m²마다 1단위 |
| 공연장, 집회장, 관람장, 문화재, 장례식장 및 의료시설 | 바닥면적 50m²마다 1단위 |
| 근린생활시설, 판매시설, 운수시설, 숙박시설, 노유자시설, 전시장, 공동주택, 업무시설, 공장, 방송통신시설, 창고시설, 항공기 및 자동차 관련 시설 및 관광 휴게시설 | 바닥면적 100m²마다 1단위 |
| 그 밖의 것 | 바닥면적 200m²마다 1단위 |

소화기구의 능력단위를 산출함에 있어서 건축물의 주요구조부가 내화구조이고, 벽 및 반자의 실내에 면하는 부분이 불연재료·준불연재료 또는 난연재료로 된 특정소방대상물에 있어서는 위 표의 기준 면적 2배를 해당 특정소방대상물의 기준 면적으로 한다.

능력단위 = $\dfrac{80 \times 75 [m^2]}{100 \times 2 [m^2]}$ = 30단위

소화기개수 : 30단위÷3단위/개=10개

**23** 연결살수설비의 화재안전기술기준상 송수구를 단구형으로 설치할 수 있는 경우 하나의 송수구역에 부착하는 살수헤드의 수는 몇 개 이하인가?

① 10개   ② 15개
③ 20개   ④ 25개

**해설** 연결살수설비의 송수구 설치기준
1) 소방차가 쉽게 접근할 수 있고, 노출된 장소에 설치할 것
   ※ 가연성 가스의 저장·취급시설에 설치하는 연결살수설비의 송수구는 그 방호대상물로부터 20m 이상의 거리를 두거나 방호대상물에 면하는 부분이 높이 1.5m 이상, 폭 2.5m 이상의 철근콘크리트벽으로 가려진 장소에 설치하여야 한다.
2) 송수구는 구경 65mm의 쌍구형으로 설치할 것(하나의 송수구역에 살수헤드의 수가 10개 이하 : 단구형 가능)
3) 개방형 헤드의 송수구는 각 송수구역마다 설치할 것 (다만 선택밸브가 설치되어 있고 각 송수구역의 주요구조부가 내화구조로 되어 있는 경우 제외)

4) 지면으로부터 높이가 0.5m 이상 1m 이하의 위치에 설치할 것
5) 송수구로부터 주배관에 이르는 연결배관에는 개폐밸브를 설치하지 아니 할 것(다만 스프링클러설비·물분무소화설비·포소화설비 또는 연결송수관설비의 배관과 겸용하는 경우 제외)
6) 송수구의 부근에는 "연결살수설비송수구"라고 표시한 표지와 송수구역 일람표를 설치할 것
7) 송수구에는 이물질을 막기 위한 마개를 씌워야 한다.

**24** 비상콘센트설비의 화재안전성능기준상 전원 및 콘센트에 관한 기준이 아닌 것은?

① 절연저항은 전원부와 외함 사이를 500볼트 절연저항계로 측정할 때 20메가옴 이상일 것
② 비상전원의 설치장소는 다른 장소와 방화구획할 것
③ 비상전원은 비상콘센트설비를 유효하게 30분 이상 작동시킬 수 있는 용량으로 할 것
④ 비상콘센트용의 풀박스 등은 방청도장을 한 것으로서, 두께 1.6밀리미터 이상의 철판으로 할 것

**해설** 비상전원 설치기준
(1) 점검에 편리, 화재 및 침수 등의 재해로 인한 피해를 받을 우려가 없는 곳에 설치
(2) 용량 : 비상콘센트 설비를 유효하게 20분 이상 작동
(3) 상용전원으로부터 전력의 공급이 중단될 때에는 자동으로 비상전원으로부터 전력을 공급받을 수 있도록 할 것
(4) 설치장소는 다른 장소와 방화구획할 것
이 경우 그 장소에는 비상전원의 공급에 필요한 기구나 설비 외의 것(열병합발전설비에 필요한 기구나 설비 제외)을 두어서는 아니 됨
(5) 실내에 설치하는 때에는 비상조명등을 설치할 것

**25** 무선통신보조설비의 화재안전성능기준 및 화재안전기술기준에 관한 설명으로 옳지 않은 것은?

① 누설동축케이블 및 안테나 고압의 전로로부터 1.0m 이상 떨어진 위치에 설치하여야 한다.
② 지하층으로서 특정소방대상물의 바닥부분 2면 이상이 지표면과 동일한 경우에는 해당 층에 한해 무선통신보조설비를 설치하지 아니 할 수 있다.
③ 분배기의 임피던스는 50Ω의 것으로 할 것
④ 증폭기에는 비상전원이 부착된 것으로 하고 해당 비상전원 용량은 무성통신보조설비를 유효하게 30분 이상 작동시킬 수 있는 것으로 할 것

**해설** 누설동축케이블등 설치기준
누설동축케이블 및 안테나는 고압의 전로로부터 1.5m 이상 떨어진 위치에 설치할 것(다만 해당 전로에 정전기 차폐장치를 유효하게 설치한 경우에는 그렇지 않다)

정답 24.③ 25.①

# 제23회 소방시설관리사 1차 필기 기출문제
[제5과목 : 소방시설의 구조 및 원리]

**01** 소화기구 및 자동소화장치의 화재안전기술기준상 다음 조건에 따른 소화기의 최소설치개수는?

- 특정소방대상물 : 문화재(주요구조부는 비내화구조임)
- 바닥면적 : 1,000m²
- 소화기 1개의 능력단위 : A급 5단위

① 4개  ② 5개
③ 6개  ④ 7개

**해설** 문화재 50m²당 1단위

$\dfrac{1000m^2}{50m^2} = 20단위$, $\dfrac{20단위}{5단위/개} = 4개$

**02** 옥내소화전설비의 화재안전기술기준상 펌프를 이용하는 가압송수장치의 설치기준에 관한 내용으로 옳지 않은 것은?

① 펌프는 전용으로 할 것(다만, 다른 소화설비와 겸용하는 경우 각각의 소화설비의 성능에 지장이 없을 때에는 그렇지 않음)
② 동결방지조치를 하거나 동결의 우려가 없는 장소에 설치할 것
③ 펌프의 토출 측에는 압력계를 체크밸브 이후에 설치하고, 흡입 측에는 연성계 또는 진공계를 설치할 것
④ 펌프축은 스테인리스 등 부식에 강한 재질을 사용할 것

**해설** 펌프의 토출 측에는 압력계를 체크밸브 이전에 펌프 토출 측 플랜지에서 가까운 곳에 설치하고, 흡입 측에는 연성계 또는 진공계를 설치할 것. 다만, 수원의 수위가 펌프의 위치보다 높거나 수직회전축펌프의 경우에는 연성계 또는 진공계를 설치하지 않을 수 있다.

**03** 옥내소화전설비의 화재안전기술기준상 배관 내 사용압력이 1.2MPa 이상일 경우에 사용할 수 있는 배관으로 옳은 것은?

① 배관용 아크용접 탄소강 강관(KS D 3583)
② 배관용 스테인리스 강관(KS D 3576)
③ 덕타일 주철관(KS D 4311)
④ 일반배관용 스테인리스 강관(KS D 3595)

**해설** 배관의 종류
2. 3.1.1 배관 내 사용압력이 1.2MPa 미만일 경우에는 다음의 어느 하나에 해당하는 것
  (1) 배관용 탄소 강관(KS D 3507)
  (2) 이음매 없는 구리 및 구리합금관(KS D 5301). 다만, 습식의 배관에 한한다.
  (3) 배관용 스테인리스 강관(KS D 3576) 또는 일반배관용 스테인리스 강관(KS D 3595)
  (4) 덕타일 주철관(KS D 4311)
2.3.1.2 배관 내 사용압력이 1.2MPa 이상일 경우에는 다음의 어느 하나에 해당하는 것
  (1) 압력 배관용 탄소 강관(KS D 3562)
  (2) 배관용 아크용접 탄소강 강관(KS D 3583)

**04** 10층 건물에 옥내소화전이 각 층에 3개씩 설치되었다. 펌프의 성능시험에서 정격토출압력이 0.8MPa일 때 ( )에 들어갈 것으로 옳은 것은?

| 구분 | 유량<br>(L/min) | 펌프토출압력<br>(MPa) |
|---|---|---|
| 체절운전 시 | ( ㄱ ) | ( ㄴ ) |
| 정격토출량의 150% 운전 시 | ( ㄷ ) | ( ㄹ ) |

① ㄱ : 0, ㄴ : 1.2 미만
② ㄱ : 0, ㄴ : 1.2 이상
③ ㄷ : 390, ㄹ : 0.52 미만
④ ㄷ : 390, ㄹ : 0.52 이상

**정답** 01.① 02.③ 03.① 04.④

해설 정격토출량 : 260L/min
따라서 150% 토출량 : 390L/min
정격토출압력 : 0.8MPa
따라서 체절시 토출압력 : 0.8 × 1.4 = 1.12MPa
따라서 체절시 토출압력 : 0.8 × 0.65 = 0.52MPa

**05** 옥외소화전설비의 설치에 관한 내용으로 옳은 것은?

① 호스접결구는 지면으로부터 높이가 0.8m 이상 1.5m 이하의 위치에 설치해야 한다.
② 옥외소화전이 11개 이상 30개 이하 설치된 때에는 10개 이하의 소화전함을 각각 분산하여 설치해야 한다.
③ 배관과 배관이음쇠는 배관용 스테인리스 강관(KS D 3576)의 이음을 용접으로 할 경우 텅스텐 불활성 가스 아크 용접방식에 따른다.
④ 펌프의 토출 측 배관은 공기 고임이 생기지 않는 구조로 하고 여과장치를 설치해야 한다.

해설 ① 호스접결구는 지면으로부터 높이가 0.5m 이상 1m 이하의 위치에 설치해야 한다.
② 옥외소화전이 11개 이상 30개 이하 설치된 때에는 11개 이상의 소화전함을 각각 분산하여 설치해야 한다.
④ 펌프의 흡입측 배관은 공기 고임이 생기지 않는 구조로 하고 여과장치를 설치해야 한다.

**06** 스프링클러설비의 화재안전기술기준상 스프링클러헤드 수별 급수관의 구경을 산정하려고 한다. 다음 조건에 맞는 급수관의 최소 구경으로 옳은 것은?

- 반자 아래의 헤드와 반자속의 헤드를 동일 급수관의 가지관상에 병설하는 경우
- 폐쇄형스프링클러헤드 수 : 7개
- 수리계산방식은 고려하지 않음

① 32mm  ② 40mm
③ 50mm  ④ 65mm

해설 [별표1] 스프링클러헤드 수별 급수관의 구경(제8조제3항제3호관련)
(단위 : mm)

| 급수관의 구경<br>구분 | 25 | 32 | 40 | 50 | 65 | 80 | 90 | 100 | 125 | 150 |
|---|---|---|---|---|---|---|---|---|---|---|
| 가 | 2 | 3 | 5 | 10 | 30 | 60 | 80 | 100 | 160 | 161 이상 |
| 나 | 2 | 4 | 7 | 15 | 30 | 60 | 65 | 100 | 160 | 161 이상 |
| 다 | 1 | 2 | 5 | 8 | 15 | 27 | 40 | 55 | 90 | 91 이상 |

(주)
1. 폐쇄형스프링클러헤드를 사용하는 설비의 경우로서 1개층에 하나의 급수배관(또는밸브 등)이 담당하는 구역의 최대면적은 3,000㎡를 초과하지 아니할 것
2. 폐쇄형스프링클러헤드를 설치하는 경우에는 "가"란의 헤드 수에 따를 것. 다만, 100개 이상의 헤드를 담당하는 급수배관(또는 밸브)의 구경을 100㎜로 할 경우에는 수리계산을 통하여 제8조제3항제3호에서 규정한 배관의 유속에 적합하도록 할 것
3. 폐쇄형스프링클러헤드를 설치하고 반자 아래의 헤드와 반자속의 헤드를 동일 급수관의 가지관상에 병설하는 경우에는 "나"란의 헤드 수에 따를 것

**07** 물분무소화설비의 화재안전기술기준상 물분무헤드의 설치제외 장소로 옳지 않은 것은?

① 물에 심하게 반응하는 물질 또는 물과 반응하여 위험한 물질을 생성하는 물질을 저장 또는 취급하는 장소
② 고온의 물질 및 증류범위가 넓어 끓어 넘치는 위험이 있는 물질을 저장 또는 취급하는 장소
③ 운전시에 표면의 온도가 260℃ 이상으로 되는 등 직접 분무를 하는 경우 그 부분에 손상을 입힐 우려가 있는 기계장치 등이 있는 장소
④ 통신기기실·전자기기실·기타 이와 유사한 장소

정답 05.③ 06.② 07.④

해설 2.12 물분무헤드의 설치제외
  2.12.1 다음의 장소에는 물분무헤드를 설치하지 않을 수 있다.
    2.12.1.1 물에 심하게 반응하는 물질 또는 물과 반응하여 위험한 물질을 생성하는 물질을 저장 또는 취급하는 장소
    2.12.1.2 고온의 물질 및 증류범위가 넓어 끓어 넘치는 위험이 있는 물질을 저장 또는 취급하는 장소
    2.12.1.3 운전시에 표면의 온도가 260℃ 이상으로 되는 등 직접 분무를 하는 경우 그 부분에 손상을 입힐 우려가 있는 기계장치 등이 있는 장소

**08** 포소화설비의 화재안전기술기준상 차고에 전역방출방식의 고발포용 고정포방출구를 설치하려고 한다. 팽창비가 500인 경우 관포체적 $1m^3$에 대하여 1분당 최소 포수용액 방출량은?

① 0.16L  ② 0.18L
③ 0.29L  ④ 0.31L

해설 소방대상물별, 팽창비별 고정포방출구의 분당 방사량 ($l/m^3 \cdot min$)

| 소방대상물 | 포의 팽창비 | $1m^3$에 대한 포수용액 방출량 |
|---|---|---|
| 항공기 격납고 | 팽창비 80 이상 250 미만 | 2.00 $l$ |
| | 팽창비 250 이상 500 미만 | 0.50 $l$ |
| | 팽창비 500 이상 1,000 미만 | 0.29 $l$ |
| 차고 또는 주차장 | 팽창비 80 이상 250 미만 | 1.11 $l$ |
| | 팽창비 250 이상 500 미만 | 0.28 $l$ |
| | 팽창비 500 이상 1,000 미만 | 0.16 $l$ |
| 특수가연물을 저장, 취급하는 소방대상물 | 팽창비 80 이상 250 미만 | 1.25 $l$ |
| | 팽창비 250 이상 500 미만 | 0.31 $l$ |
| | 팽창비 500 이상 1,000 미만 | 0.18 $l$ |

**09** 할로겐화합물 및 불활성기체소화설비의 화재안전기술기준상 음향경보장치의 설치기준으로 옳은 것은?

① 수동식 기동장치 및 자동식 기동장치를 설치한 것은 화재감지기와 연동하여 자동으로 경보를 발하는 것으로 할 것
② 방호구역 또는 방호대상물이 있는 구획 외부에 있는 자에게 유효하게 경보할 수 있는 것으로 할 것
③ 방호구역 또는 방호대상물이 있는 구획의 각 부분으로부터 하나의 확성기까지의 수평거리는 25m 이하가 되도록 할 것
④ 제어반의 복구스위치를 조작할 경우 경보를 정지할 수 있는 것으로 할 것

해설 2.11 음향경보장치
  2.11.1 할로겐화합물 및 불활성기체소화설비의 음향경보장치는 다음의 기준에 따라 설치해야 한다.
    2.11.1.1 수동식 기동장치를 설치한 것은 그 기동장치의 조작과정에서, 자동식 기동장치를 설치한 것은 화재감지기와 연동하여 자동으로 경보를 발하는 것으로 할 것
    2.11.1.2 소화약제의 방출 개시 후 1분 이상 경보를 계속할 수 있는 것으로 할 것
    2.11.1.3 방호구역 또는 방호대상물이 있는 구획 안에 있는 자에게 유효하게 경보할 수 있는 것으로 할 것
  2.11.2 방송에 따른 경보장치를 설치할 경우에는 다음의 기준에 따라야 한다.
    2.11.2.1 증폭기 재생장치는 화재 시 연소의 우려가 없고, 유지관리가 쉬운 장소에 설치할 것
    2.11.2.2 방호구역 또는 방호대상물이 있는 구획의 각 부분으로부터 하나의 확성기까지의 수평거리는 25m 이하가 되도록 할 것
    2.11.2.3 제어반의 복구스위치를 조작하여도 경보를 계속 발할 수 있는 것으로 할 것

**10** 이산화탄소소화설비의 화재안전성능기준에 관한 내용으로 옳은 것은?

① 설계농도란 규정된 실험 조건의 화재를 소화하는데 필요한 소화약제의 농도(형식승인 대상의 소화약제는 형식승인된 소화농도)를 말한다.
② 방호구역에는 소화약제 방출 시 과압으로 인한 구조물 등의 손상을 방지하기 위하여 급기구를 설치해야 한다.
③ 분사헤드는 사람이 상시 근무하거나 다수인이 출입·통행하는 곳과 자기연소성물질 또는 활성금속물질 등을 저장하는 장소에는 설치해서는 안 된다.
④ 지하층, 무창층 및 밀폐된 거실 등에 방출된 소화약제를 배출하기 위한 자동폐쇄장치를 갖추어야 한다.

해설 ① "설계농도"란 방호대상물 또는 방호구역의 소화약제 저장량을 산출하기 위한 농도로서 소화농도에 안전율을 고려하여 설정한 농도를 말한다.
② 이산화탄소소화설비가 설치된 방호구역에는 소화약제 방출 시 과압으로 인한 구조물 등의 손상을 방지하기 위하여 과압배출구를 설치해야 한다.
④ 지하층, 무창층 및 밀폐된 거실 등에 이산화탄소소화설비를 설치한 경우에는 방출된 소화약제를 배출하기 위한 배출설비를 갖추어야 한다.

**11** 다음 조건의 전기실에 불활성기체소화설비를 설치하려고 한다. 화재안전기술기준상 필요한 화재감지기의 최소 설치개수는?

- 주요구조부 : 내화구조
- 전기실 바닥면적 : 500m²
- 감지기 부착높이 : 4.5m
- 적용 감지기 : 차동식 스포트형(2종)

① 8개   ② 15개
③ 24개  ④ 30개

해설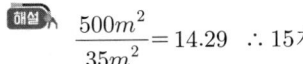

교차회로방식 사용 ∴ 30개

**12** 다음 조건의 주차장에 전역방출방식의 분말소화설비를 설치하려고 한다. 화재안전기술기준상 필요한 소화약제의 최소 저장용기 수(병)는?

- 방호구역 체적 : 450m³
- 개구부의 면적 : 10m²(자동폐쇄장치 미설치)
- 저장용기 내용적 : 68L

① 2    ② 3
③ 4    ④ 5

해설 주차장이므로 3종분말 사용
$W = V \times \alpha + A \times \beta$
$= 450m^3 \times 0.36kg/m^3 + 10m^2 \times 2.7kg/m^2$
$= 189kg$
3종의 경우 충전비 1.0사용
따라서 1병당 충전질량 68kg
$\therefore \dfrac{189kg}{68kg/병} = 2.78 \quad \therefore 3병$

**13** 다음 조건의 방호구역에 할로겐화합물 소화설비를 설치하려고 한다. 화재안전기술기준상 필요한 소화약제의 최소 저장용기 수(병)는?

- 방호구역 체적 : 650m³
- 소화약제 : HFC-227ea
- 선형상수 : $K_1 = 0.1269$, $K_2 = 0.0005$
- 방호구역 최송예상온도 : 25℃
- 설계농도 : 최대허용 설계농도 적용
- 저장용기 : 68L 내용적에 50kg 저장

① 9    ② 11
③ 13   ④ 40

해설 
$W = \dfrac{V}{S} \times \dfrac{C}{100-C}$
$= \dfrac{650}{0.1269 + 0.0005 \times 25} \times \dfrac{10.5}{100-10.5}$
$= 547.04kg$

$\dfrac{547.04kg}{50kg/병} = 10.94 \quad \therefore 11병$

정답  10.③  11.④  12.②  13.②

## 14
자동화재탐지설비 및 시각경보장치의 화재안전기술기준상 다음 장소에 연기감지기를 설치해야 하는 특정소방대상물로 옳지 않은 것은?

> 취침·숙박·입원 등 이와 유사한 용도로 사용되는 거실

① 공동주택·오피스텔·숙박시설·위락시설
② 교육연구시설 중 합숙소
③ 의료시설, 근린생활시설 중 입원실이 있는 의원·조산원
④ 교정 및 군사시설

**해설**
2.4.2 다음의 장소에는 연기감지기를 설치해야 한다. 다만, 교차회로방식에 따른 감지기가 설치된 장소 또는 2.4.1 단서에 따른 감지기가 설치된 장소에는 그렇지 않다.
  2.4.2.1 계단·경사로 및 에스컬레이터 경사로
  2.4.2.2 복도(30m 미만의 것을 제외한다)
  2.4.2.3 엘리베이터 승강로(권상기실이 있는 경우에는 권상기실)·린넨슈트·파이프 피트 및 덕트 기타 이와 유사한 장소
  2.4.2.4 천장 또는 반자의 높이가 15m 이상 20m 미만의 장소
  2.4.2.5 다음의 어느 하나에 해당하는 특정소방대상물의 취침·숙박·입원 등 이와 유사한 용도로 사용되는 거실
    (1) 공동주택·오피스텔·숙박시설·노유자시설·수련시설
    (2) 교육연구시설 중 합숙소
    (3) 의료시설, 근린생활시설 중 입원실이 있는 의원·조산원
    (4) 교정 및 군사시설
    (5) 근린생활시설 중 고시원

## 15
다음은 자동화재탐지설비 및 시각경보장치의 화재안전기술기준상 청각장애인용 시각경보장치의 설치기준이다. ( )에 들어갈 것으로 옳은 것은?

> 설치높이는 바닥으로부터 ( ㄱ )m 이상 ( ㄴ )m 이하의 장소에 설치할 것. 다만, 천장의 높이가 ( ㄱ )m 이하인 경우에는 천장으로부터 ( ㄷ )m 이내의 장소에 설치해야 한다.

① ㄱ : 1.5, ㄴ : 2.0, ㄷ : 0.1
② ㄱ : 1.5, ㄴ : 2.0, ㄷ : 0.15
③ ㄱ : 2.0, ㄴ : 2.5, ㄷ : 0.1
④ ㄱ : 2.0, ㄴ : 2.5, ㄷ : 0.15

**해설**
2.5.2 청각장애인용 시각경보장치는 소방청장이 정하여 고시한 「시각경보장치의 성능인증 및 제품검사의 기술기준」에 적합한 것으로서 다음의 기준에 따라 설치해야 한다.
  2.5.2.1 복도·통로·청각장애인용 객실 및 공용으로 사용하는 거실(로비, 회의실, 강의실, 식당, 휴게실, 오락실, 대기실, 체력단련실, 접객실, 안내실, 전시실, 기타 이와 유사한 장소를 말한다)에 설치하며, 각 부분으로부터 유효하게 경보를 발할 수 있는 위치에 설치할 것
  2.5.2.2 공연장·집회장·관람장 또는 이와 유사한 장소에 설치하는 경우에는 시선이 집중되는 무대부 부분 등에 설치할 것
  2.5.2.3 설치 높이는 바닥으로부터 2m 이상 2.5m 이하의 장소에 설치할 것. 다만, 천장의 높이가 2m 이하인 경우에는 천장으로부터 0.15m 이내의 장소에 설치해야 한다.
  2.5.2.4 시각경보장치의 광원은 전용의 축전지설비 또는 전기저장장치(외부 전기에너지를 저장해 두었다가 필요한 때 전기를 공급하는 장치)에 의하여 점등되도록 할 것. 다만, 시각경보기에 작동전원을 공급할 수 있도록 형식승인을 얻은 수신기를 설치한 경우에는 그렇지 않다.

정답 14.① 15.④

**16** 특별피난계단의 계단실 및 부속실 제연설비의 화재안전기술기준상 다음 조건에 따른 출입문의 틈새면적($m^2$)은?

- 출입문 틈새의 길이(L) : 7m
- 설치된 출입문($\ell$ . Ad) : 제연구역의 실내 쪽으로 열리도록 설치하는 외여닫이문
- 소수점 다섯째 자리에서 반올림함

① 0.01  ② 0.0125
③ 0.0152  ④ 0.0228

**해설** 2.9.1 제연구역으로부터 공기가 누설하는 틈새면적은 다음의 기준에 따라야 한다.
  2.9.1.1 출입문의 틈새면적은 다음의 식 (2.9.1.1)에 따라 산출하는 수치를 기준으로 할 것. 다만, 방화문의 경우에는 「한국산업표준」에서 정하는 「문세트 (KS F 3109)」에 따른 기준을 고려하여 산출할 수 있다.
  A = (L / $\ell$ ) × Ad … (2.9.1.1)
  여기에서
  A : 출입문의 틈새($m^2$)
  L : 출입문 틈새의 길이(m). 다만, L의 수치가 $\ell$의 수치 이하인 경우에는 $\ell$의 수치로 할 것
  $\ell$ : 외여닫이문이 설치되어 있는 경우에는 5.6, 쌍여닫이문이 설치되어 있는 경우에는 9.2, 승강기의 출입문이 설치되어 있는 경우에는 8.0으로 할 것
  Ad : 외여닫이문으로 제연구역의 실내 쪽으로 열리도록 설치하는 경우에는 0.01, 제연구역의 실외 쪽으로 열리도록 설치하는 경우에는 0.02, 쌍여닫이문의 경우에는 0.03, 승강기의 출입문에 대하여는 0.06으로 할 것

$$A = \frac{7m}{5.6m} \times 0.01 m^2 = 0.0125 m^2$$

**17** 유도등 및 유도표지의 화재안전기술기준상 설치기준에 관한 내용으로 옳은 것은?

① 피난구유도등은 피난구의 바닥으로부터 높이 1.2m 이상으로서 출입구에 인접하도록 설치할 것
② 복도통로유도등은 구부러진 모퉁이를 기점으로 보행거리 25m마다 설치할 것
③ 유도표지는 각 층마다 복도 및 통로의 각 부분으로부터 보행거리가 20m 이하가 되는 곳에 설치할 것
④ 축광방식의 피난유도선은 바닥으로부터 높이 50cm 이하의 위치 또는 바닥 면에 설치할 것

**해설** ① 피난구유도등은 피난구의 바닥으로부터 높이 1.5m 이상으로서 출입구에 인접하도록 설치할 것
② 구부러진 모퉁이 및 2.3.1.1.1에 따라 설치된 통로유도등을 기점으로 보행거리 20m마다 설치할 것
③ 계단에 설치하는 것을 제외하고는 각 층마다 복도 및 통로의 각 부분으로부터 하나의 유도표지까지의 보행거리가 15m 이하가 되는 곳과 구부러진 모퉁이의 벽에 설치할 것

**18** 비상경보설비 및 단독경보형감지기의 화재안전기술기준상 단독경보형감지기 설치기준에 관한 내용으로 옳지 않은 것은?

① 각 실(이웃하는 실내의 바닥면적이 각각 $30m^2$ 미만이고 벽체의 상부의 전부 또는 일부가 개방되어 이웃하는 실내와 공기가 상호 유통되는 경우에는 이를 1개의 실로 본다)마다 설치하되 바닥면적이 $150m^2$를 초과하는 경우에는 $150m^2$마다 1개 이상 설치할 것
② 계단실은 최상층의 계단실 천장(외기가 상통하는 계단실의 경우를 포함한다)에 설치할 것
③ 건전지를 주전원으로 사용하는 단독경보형감지기는 정상적인 작동상태를 유지할 수 있도록 주기적으로 건전지를 교환할 것
④ 상용전원을 주전원으로 사용하는 단독경보형감지기의 2차전지는 「소방시설 설치 및 관리에 관한 법률」제40조에 따라 제품검사에 합격한 것을 사용할 것

**해설** 2.2.1 단독경보형감지기는 다음의 기준에 따라 설치해야 한다.
  2.2.1.1 각 실(이웃하는 실내의 바닥면적이 각각 30$m^2$ 미만이고 벽체의 상부의 전부 또는 일부가 개방되어 이웃하는 실내와 공기가 상호 유통되는 경우에

정답 16.② 17.④ 18.②

는 이를 1개의 실로 본다)마다 설치하되, 바닥면적이 150㎡를 초과하는 경우에는 150㎡마다 1개 이상 설치할 것
2.2.1.2 계단실은 최상층의 계단실 천장(외기가 상통하는 계단실의 경우를 제외한다)에 설치할 것
2.2.1.3 건전지를 주전원으로 사용하는 단독경보형감지기는 정상적인 작동상태를 유지할 수 있도록 주기적으로 건전지를 교환할 것
2.2.1.4 상용전원을 주전원으로 사용하는 단독경보형감지기의 2차전지는 법 제40조에 따라 제품검사에 합격한 것을 사용할 것

**19** 연결송수관설비의 화재안전기술기준상 방수구는 특정소방대상물의 층마다 설치해야한다. 방수구 설치를 제외할 수 있는 것으로 옳지 않은 것은?

① 아파트의 1층 및 2층
② 소방차의 접근이 가능하고 소방대원이 소방차로부터 각 부분에 쉽게 도달할 수 있는 피난층
③ 송수구가 부설된 옥내소화전을 설치한 특정소방대상물(집회장·관람장·백화점·도매시장·소매시장·판매시설·공장·창고시설 또는 지하가를 제외한다)로서 지하층을 제외한 층수가 5층 이하이고 연면적이 6,000m² 이하인 특정소방대상물의 지상층
④ 송수구가 부설된 옥내소화전을 설치한 특정소방대상물(집회장·관람장·백화점·도매시장·소매시장·판매시설·공장·창고시설 또는 지하가를 제외한다)로서 지하층의 층수가 2 이하인 특정소방대상물의 지하층

해설 2.3.1.1 연결송수관설비의 방수구는 그 특정소방대상물의 층마다 설치할 것. 다만, 다음의 어느 하나에 해당하는 층에는 설치하지 않을 수 있다.
(1) 아파트의 1층 및 2층
(2) 소방차의 접근이 가능하고 소방대원이 소방차로부터 각 부분에 쉽게 도달할 수 있는 피난층
(3) 송수구가 부설된 옥내소화전을 설치한 특정소방대상물(집회장·관람장·백화점·도매시장·소매시장·판매시설·공장·창고시설 또는 지하가를 제외한다)로서 다음의 어느 하나에 해당하는 층
(3-1) 지하층을 제외한 층수가 4층 이하이고 연면적이 6,000m² 미만인 특정소방대상물의 지상층
(3-2) 지하층의 층수가 2 이하인 특정소방대상물의 지하층

**20** 고층건축물의 화재안전기술기준상 피난안전구역에 설치하는 소방시설의 설치기준에 관한 내용으로 옳은 것은?

① 제연설비의 피난안전구역과 비 제연구역간의 차압은 40Pa(옥내소화전설비가 설치된 경우에는 12.5Pa) 이상으로 해야 한다.
② 피난유도선의 피난유도 표시부 너비는 최소 25mm 이상으로 설치할 것
③ 비상조명등은 각 부분의 바닥에서 조도는 1ℓx 이상이 될 수 있도록 설치할 것
④ 인명구조기구 중 방열복, 인공소생기를 각 1개 이상 비치할 것

| 구 분 | 설치기준 |
|---|---|
| 1. 제연설비 | 피난안전구역과 비 제연구역간의 차압은 50pa(옥내에 스프링클러설비가 설치된 경우에는 12.5Pa) 이상으로 하여야 한다. 다만 피난안전구역의 한쪽 면 이상이 외기에 개방된 구조의 경우에는 설치하지 아니할 수 있다. |
| 2. 피난유도선 | 피난유도선은 다음의 기준에 따라 설치하여야 한다.<br>가. 피난안전구역이 설치된 층의 계단실 출입구에서 피난안전구역 주 출입구 또는 비상구까지 설치할 것<br>나. 계단실에 설치하는 경우 계단 및 계단참에 설치할 것<br>다. 피난유도 표시부의 너비는 최소 25mm 이상으로 설치할 것<br>라. 광원점등방식(전류에 의하여 빛을 내는 방식)으로 설치하되, 60분 이상 유효하게 작동할 것 |
| 3. 비상조명등 | 피난안전구역의 비상조명등은 상시 조명이 소등된 상태에서그 비상조명등이 점등되는 경우 각 부분의 바닥에서 조도는 10ℓx 이상이 될 수 있도록 설치할 것 |
| 4. 휴대용 비상조명등 | 가. 피난안전구역에는 휴대용비상조명등을 다음 각호의 기준에 따라 설치하여야한다.<br>1) 초고층 건축물에 설치된 피난안전구역 : 피난안전구역 위층의 재실자수(「건축물의 피난·방화구조 등의 기준에 관한 규칙」별표 1의2에 따라 산정된 재실자 수를 말한다)의 10분의 1 이상 |

| | | |
|---|---|---|
| | | 2) 지하연계 복합건축물에 설치된 피난안전구역 : 피난안전구역이 설치된 층의 수용인원(영별표 2에 따라 산정된 수용인원을 말한다)의 10분의 1 이상 |
| | | 나. 건전지 및 충전식 건전지의 용량은 40분 이상 유효하게 사용할 수 있는 것으로 한다. 다만, 피난안전구역이 50층 이상에 설치되어 있을 경우의 용량은 60분 이상으로 할 것 |
| 5. 인명구조기구 | | 가. 방열복, 인공소생기를 각 2개 이상 비치할 것
나. 45분 이상 사용할 수 있는 성능의 공기호흡기(보조마스크를 포함한다)를 2개 이상 비치하여야 한다. 다만, 피난안전구역이 50층 이상에 설치되어 있을 경우에는 동일한 성능의 예비용기를 10개 이상 비치할 것
다. 화재시 쉽게 반출할 수 있는 곳에 비치할 것
라. 인명구조기구가 설치된 장소의 보기 쉬운 곳에 "인명구조기구"라는 표지판 등을 설치할 것 |

**21** 소화수조 및 저수조의 화재안전기술기준상 설치기준에 관한 내용으로 옳지 않은 것은?

① 소화수조 및 저수조의 채수구 또는 흡수관투입구는 소방차가 5m 이내의 지점까지 접근할 수 있는 위치에 설치해야 한다.

② 1층 및 2층의 바닥면적의 합계가 $15,000m^2$ 이상인 특정소방대상물은 $7,500m^2$로 나누어 얻은 수(소수점이하의 수는 1로 본다)에 $20m^3$를 곱한 양 이상이 되도록 해야 한다.

③ 채수구의 수는 소요수량이 $100m^3$ 이상인 경우 3개 이상 설치해야 한다.

④ 소화수조 또는 저수조가 지표면으로부터의 깊이(수조 내부바닥까지의 길이를 말한다)가 4.5m 이상인 지하에 있는 경우에는 가압송수장치를 설치해야 한다.

**해설** 소화수조 및 저수조의 채수구 또는 흡수관투입구는 소방차가 2m 이내의 지점까지 접근할 수 있는 위치에 설치해야 한다.

**22** 화재안전기술기준에서 정하는 방화구획 등의 설치기준에 관한 내용으로 옳지 않은 것은?

① 지하구 방화벽의 출입문은 「건축법 시행령」 제64조에 따른 방화문으로서 60분+ 방화문 또는 60분 방화문으로 설치할 것

② 소방시설용 비상전원수전설비를 고압으로 수전하는 경우 방화구획 하지 않을 수 있다.

③ 전기저장장치 설치장소의 벽체, 바닥 및 천장은 「건축물의 피난·방화구조 등의 기준에 관한 규칙」에 따라 건축물의 다른 부분과 방화구획 해야 한다. 다만, 배터리실 외의 장소와 옥외형 전기저장장치 설비는 방화구획 하지 않을 수 있다.

④ 제연설비 비상전원의 설치장소는 다른 장소와 방화구획할 것

**해설** 비상전원수전설비 설치기준 상 고압, 특고압의 경우 방화구획형, 옥외개방형, 큐비클형이 있으며 옥내시설하는 경우 방화구획하여야 한다.

**23** 가스누설경보기의 화재안전기술기준상 일산화탄소 경보기 중 단독형 경보기 설치기준으로 옳은 것을 모두 고른 것은?

> ㄱ. 단독형 경보기는 천장으로부터 경보기 하단까지의 거리가 0.5m 이하가 되도록 설치할 것
> ㄴ. 가스누설 경보음향장치는 수신부로부터 1m 떨어진 위치에서 음압이 70dB 이상일 것
> ㄷ. 가스누설 경보음향의 음량과 음색이 다른 기기의 소음 등과 명확히 구별될 것

① ㄱ, ㄴ        ② ㄱ, ㄷ
③ ㄴ, ㄷ        ④ ㄱ, ㄴ, ㄷ

**해설** 일산화탄소경보기의 단독형경보기 설치기준
2.2.4.1 가스누설 경보음향의 음량과 음색이 다른 기기의 소음 등과 명확히 구별될 것
2.2.4.2 가스누설 경보음향장치는 수신부로부터 1m 떨어진 위치에서 음압이 70dB 이상일 것

**정답** 21.① 22.② 23.③

2.2.4.3 단독형 경보기는 천장으로부터 경보기 하단까지의 거리가 0.3m 이하가 되도록 설치한다.

2.2.4.4 경보기가 설치된 장소에는 관계자 등에게 신속히 연락할 수 있도록 비상연락번호를 기재한 표를 비치할 것

2.2.5 2.2.2 내지 2.2.4에도 불구하고 중앙소방기술심의위원회의 심의를 거쳐 일산화탄소경보기의 성능을 확보할 수 있는 별도의 설치방법을 인정받은 경우에는 해당 설치방법을 반영한 제조사의 시방서에 따라 설치할 수 있다.

**24** 무선통신보조설비의 화재안전기술기준상 설치기준으로 옳지 않은 것은?

① 증폭기에는 비상전원이 부착된 것으로 하고 해당 비상전원 용량은 무선통신보조설비를 유효하게 20분 이상 작동시킬 수 있는 것으로 할 것

② 수신기가 설치된 장소 등 사람이 상시 근무하는 장소에는 옥외안테나의 위치가 모두 표시된 옥외안테나 위치표시도를 비치할 것

③ 분배기·분파기 및 혼합기 등의 임피던스는 50Ω의 것으로 할 것

④ 누설동축케이블 및 동축케이블의 임피던스는 50Ω 으로 하고, 이에 접속하는 안테나·분배기 기타의 장치는 해당 임피던스에 적합한 것으로 할 것

**해설** 증폭기에는 비상전원이 부착된 것으로 하고 해당 비상전원 용량은 무선통신보조설비를 유효하게 30분 이상 작동시킬 수 있는 것으로 할 것

**25** 다음은 비상콘센트설비의 화재안전기술기준상 전원의 설치기준이다. ( )에 들어갈 것으로 옳은 것은?

> 지하층을 제외한 층수가 ( ㄱ )층 이상으로서 연면적이 ( ㄴ )㎡ 이상이거나 지하층의 바닥면적의 합계가 ( ㄷ )㎡ 이상인 특정소방대상물의 비상콘센트설비에는 자가발전설비, 비상전원수전설비, 축전지설비 또는 전기저장장치(외부 전기에너지를 저장해 두었다가 필요한 때 전기를 공급하는 장치를 말한다)를 비상전원으로 설치할 것

① ㄱ : 5, ㄴ : 1,000, ㄷ : 2,000
② ㄱ : 5, ㄴ : 2,000, ㄷ : 3,000
③ ㄱ : 7, ㄴ : 1,000, ㄷ : 2,000
④ ㄱ : 7, ㄴ : 2,000, ㄷ : 3,000

**해설** 비상콘센트설비 비상전원 설치대상 및 비상전원의 종류
지하층을 제외한 층수가 7층 이상으로서 연면적이 2,000㎡ 이상이거나 지하층의 바닥면적의 합계가 3,000㎡ 이상인 특정소방대상물의 비상콘센트설비에는 자가발전설비, 비상전원수전설비, 축전지설비 또는 전기저장장치(외부 전기에너지를 저장해 두었다가 필요한 때 전기를 공급하는 장치를 말한다)를 비상전원으로 설치할 것. 다만, 2 이상의 변전소에서 전력을 동시에 공급받을 수 있거나 하나의 변전소로부터 전력의 공급이 중단되는 때에는 자동으로 다른 변전소로부터 전력을 공급받을 수 있도록 상용전원을 설치한 경우에는 비상전원을 설치하지 않을 수 있다.

정답 24.① 25.④

# 제22회 소방시설관리사 1차 필기 기출문제
### [제5과목 : 소방시설의 구조 및 원리]

**01** 화재안전기준상 설치 높이 기준이 다른 것은?

① 포소화설비의 송수구
② 옥내소화전설비의 방수구
③ 연결송수관설비의 송수구
④ 소화용수설비의 채수구

**해설** 송수구 : 지면으로부터 0.5[m] 이상 1[m] 이하
옥내소화전 방수구 : 바닥으로부터 1.5[m] 이하

**02** 옥내소화전설비의 화재안전기준상 배관에 관한 내용으로 옳지 않은 것은?

① 펌프의 흡입 측 배관은 공기 고임이 생기지 아니하는 구조로 하고 여과장치를 설치하여야 한다.
② 연결송수관설비의 배관과 겸용할 경우의 주배관은 구경 100[mm] 이상, 방수구로 연결되는 배관의 구경은 65[mm] 이상인 것으로 하여야 한다.
③ 펌프의 흡입 측 배관은 수조가 펌프보다 낮게 설치된 경우에는 충압펌프를 제외한 각 펌프마다 수조로부터 별도로 설치하여야 한다.
④ 펌프의 토출 측 주배관의 구경은 유속이 4[m/s] 이하가 될 수 있는 크기 이상으로 하여야 한다.

**해설** 펌프의 흡입 측 배관은 수조가 펌프보다 낮게 설치된 경우에는 충압펌프를 포함하여 각 펌프마다 수조로부터 별도로 설치하여야 한다.

**03** 자동화재탐지설비 및 시각경보장치의 화재안전기준상 연기감지기 설치 기준으로 옳은 것을 모두 고른 것은?

> ㄱ. 천장 또는 반자가 낮은 실내에 있어서는 출입구의 가까운 부분에 설치할 것
> ㄴ. 천장 또는 반자 부근에 배기구가 있는 경우에는 그 부근에 설치할 것
> ㄷ. 감지기는 벽 또는 보로부터 0.6[m] 이상 떨어진 곳에 설치할 것

① ㄱ, ㄴ
② ㄱ, ㄷ
③ ㄴ, ㄷ
④ ㄱ, ㄴ, ㄷ

**해설** 연기감지기는 다음의 기준에 따라 설치할 것
㉠ 감지기의 부착높이에 따라 다음 표에 따른 바닥면적마다 1개 이상으로 할 것

| 부착높이 | 감지기의 종류 | |
|---|---|---|
| | 1종 및 2종 | 3종 |
| 4[m] 미만 | 150 | 50 |
| 4[m] 이상 20[m] 미만 | 75 | – |

㉡ 감지기는 복도 및 통로에 있어서는 보행거리 30[m](3종에 있어서는 20[m])마다, 계단 및 경사로에 있어서는 수직거리 15[m](3종에 있어서는 10[m])마다 1개 이상으로 할 것
㉢ 천장 또는 반자가 낮은 실내 또는 좁은 실내에 있어서는 출입구의 가까운 부분에 설치할 것
㉣ 천장 또는 반자부근에 배기구가 있는 경우에는 그 부근에 설치할 것
㉤ 감지기는 벽 또는 보로부터 0.6[m] 이상 떨어진 곳에 설치할 것

정답 01.② 02.③ 03.④

## 04 
자동화재탐지설비 및 시각경보장치의 화재안전기준상 설치장소별 감지기 적응성에서 연기감지기를 설치할 수 있는 경우, 연기가 멀리 이동해서 감지기에 도달하는 계단, 경사로와 같은 장소에 적응성이 있는 감지기 종류로 묶인 것은?

① 이온화식스포트형, 광전식분리형
② 이온아날로그식스포트형, 광전아날로그식분리형
③ 광전아날로그식분리형, 광전식분리형
④ 이온아날로그식스포트형, 이온화식스포트형

**해설** 설치장소별 감지기 적응성(제7조제7항 관련)

| 환경상태 | 적응장소 | 이온화식스포트형 | 광전식스포트형 | 이온아날로그식스포트형 | 광전아날로그식스포트형 | 광전식분리형 | 광전아날로그식분리형 | 비고 |
|---|---|---|---|---|---|---|---|---|
| 1. 흡연에 의해 연기가 체류하며 환기가 되지 않는 장소 | 회의실, 응접실, 휴게실, 노래연습실, 오락실, 다방, 음식점, 대합실, 카바레 등의 객실, 집회장, 연회장 등 |  | ◎ |  | ◎ | ○ | ○ |  |
| 2. 취침시설로 사용하는 장소 | 호텔 객실, 여관, 수면실 등 | ◎ | ◎ | ◎ | ◎ | ○ | ○ |  |
| 3. 연기이외의 미분이 떠다니는 장소 | 복도, 통로 등 | ◎ | ◎ | ◎ | ◎ | ○ | ○ |  |
| 4. 바람에 영향을 받기 쉬운 장소 | 로비, 교회, 관람장, 옥탑에 있는 기계실 |  | ◎ |  | ◎ | ○ | ○ |  |
| 5. 연기가 멀리 이동해서 감지기에 도달하는 장소 | 계단, 경사로 |  | ○ |  | ○ | ○ | ○ | 광전식스포트형감지기 또는 광전아날로그식스포트형감지기를 설치하는 경우에는 당해 감지기회로에 축적기능을 갖지않는 것으로 할 것. |
| 6. 훈소화재의 우려가 있는 장소 | 전화기기실, 통신기기실, 전산실, 기계제어실 |  | ○ |  | ○ | ○ | ○ |  |
| 7. 넓은 공간으로 천장이 높아 열 및 연기가 확산하는 장소 | 체육관, 항공기 격납고, 높은 천장의 창고·공장, 관람석 상부 등 감지기 부착 높이가 8m 이상의 장소 |  |  |  |  | ○ | ○ |  |

주) 1. "○"는 당해 설치장소에 적응하는 것을 표시
2. "◎" 당해 설치장소에 연감지기를 설치하는 경우에는 당해 감지회로에 축적기능을 갖는 것을 표시
3. 차동식스포트형, 차동식분포형, 보상식스포트형 및 연기식(당해 감지기회로에 축적기능을 갖지않는 것)1종은 감도가 예민하기 때문에비화재보 발생은 2종에 비해불리한 조건이라는 것을 유의하여 따를 것
4. 차동식분포형 3종 및 정온식 2종은 소화설비와 연동하는 경우에 한해서 사용 할 것
5. 광전식분리형감지기는 평상시 연기가 발생하는 장소 또는 공간이 협소한 경우에는 적응성이 없음
6. 넓은 공간으로 천장이 높아 열 및 연기가 확산하는 장소로서 차동식분포형 또는 광전식분리형 2종을 설치하는 경우에는 제조사의 사양에 따를 것
7. 다신호식감지기는 그 감지기가 가지고 있는 종별, 공칭작동온도별로 따르고 표에 따른 적응성이 있는 감지기로 할 것
8. 축적형감지기 또는 축적형중계기 혹은 축적형수신기를 설치하는 경우에는 제7조에 따를 것.

## 05
포소화설비의 화재안전기준상 주차장에 설치하는 호스릴포소화설비 또는 포소화전설비 기준으로 옳지 않은 것은? (단, 주차장은 지상 1층으로서 지붕이 없다)

① 호스릴함 또는 호스함은 바닥으로부터 높이 1.5[m] 이하의 위치에 설치하고 그 표면에는 "포호스릴함(또는 포소화전함)"이라고 표시한 표지와 적색의 위치표시등을 설치할 것
② 호스릴포방수구 또는 포소화전방수구가 5개 이상 설치된 경우에는 5개를 동시에 사용할 경우 포노즐선단의 포수용액 방사압력이 0.25[MPa] 이상일 것
③ 호스릴 또는 호스를 호스릴포방수구 또는 포소화전방수구로 분리하여 비치하는 때에는 그로부터 3[m] 이내의 거리에 호스릴함 또는 호스함을 설치할 것
④ 방호대상물의 각 부분으로부터 하나의 호스릴포방수구까지의 수평거리는 15[m] 이하 (포소화전방수구의 경우에는 25[m] 이하)가 되도록 하고 호스릴 또는 호스의 길이는 방호대상물의 각 부분에 포가 유효하게 뿌려질 수 있도록 할 것

**해설** 포소화전 및 호스릴포소화설비 방수압 : 0.35[MPa] 이상

**정답** 04.③ 05.②

**06** 옥내소화전설비의 화재안전기준상 펌프의 정격토출량이 650[L/min]일 때 성능시험배관의 유량측정장치 용량은 몇 [L/min] 이상으로 하여야 하는가?

① 650.5[L/min]  ② 910.5[L/min]
③ 975.5[L/min]  ④ 1,137.5[L/min]

**해설** 정격토출량의 175[%] 이상 측정할 수 있는 성능이 있을 것.
따라서 650[L/min]×1.75=1,137.5[L/min]

**07** 다음의 특정소방대상물에서 소화기구의 능력단위를 산출한 값은? (단, 각 건축물의 주요구조부는 비내화구조이고, 바닥면적은 550m²이다)

| ㄱ. 관광휴게시설 | ㄴ. 의료시설 |
| ㄷ. 위락시설 | ㄹ. 근린생활시설 |

① ㄱ:3, ㄴ:11, ㄷ:19, ㄹ:6
② ㄱ:3, ㄴ:19, ㄷ:11, ㄹ:6
③ ㄱ:6, ㄴ:11, ㄷ:19, ㄹ:3
④ ㄱ:6, ㄴ:11, ㄷ:19, ㄹ:6

**해설**
ㄱ. 관광휴게시설 $\frac{550[m^2]}{100[m^2]}=5.5$단위 ∴ 6단위

ㄴ. 의료시설 $\frac{550[m^2]}{50[m^2]}=11$단위 ∴ 11단위

ㄷ. 위락시설 $\frac{550[m^2]}{30[m^2]}=18.3$단위 ∴ 19단위

ㄹ. 근린생활시설 $\frac{550[m^2]}{100[m^2]}=5.5$단위 ∴ 6단위

**08** 전양정 150[m], 토출량 20[m³/min], 회전수 1,800[rpm]인 펌프가 있다. 이때 편흡입 2단 펌프와 양흡입 1단 펌프의 비속도는 약 얼마인가?

① 315.9, 132.8
② 315.9, 143.6
③ 354.1, 132.8
④ 354.1, 143.6

**해설** 비속도(비교회전도)
사양이 다른 펌프들을 토출량 1[m³/min], 양정 1[m]를 만들기 위해 임펠러(1개)의 분당 회전수를 비교하며, 임펠러 형상의 척도로 활용

$$N_s = \frac{N\sqrt{Q}}{\left(\frac{H}{n}\right)^{\frac{3}{4}}}$$

여기서, $N_s$ : 비속도[rpm]
N : 임펠러의 회전속도[rpm]
Q : 토출량[m³/min]
H : 펌프의 전양정[m]
n : 단수

비속도
편흡입2단펌프의 경우
$$N_s = \frac{N\sqrt{Q}}{\left(\frac{H}{n}\right)^{\frac{3}{4}}} = \frac{1800\sqrt{20}}{\left(\frac{150}{2}\right)^{\frac{3}{4}}} = 315.86$$

양흡입1단펌프의 경우
$$N_s = \frac{N\sqrt{Q}}{\left(\frac{H}{n}\right)^{\frac{3}{4}}} = \frac{1800\sqrt{\frac{20}{2}}}{\left(\frac{150}{1}\right)^{\frac{3}{4}}} = 132.801$$

**09** 공기관식 차동식분포형 감지기의 화재작동시험을 했을 경우 작동시간이 규정(기준)시간보다 늦은 경우가 아닌 것은?

① 리크저항값이 규정치보다 작다.
② 접점수고값이 규정치보다 낮다.
③ 주입한 공기량에 비해 공기관 길이가 길다.
④ 공기관에 작은 구멍이 있다.

**해설** 작동시간이 늦은 경우의 원인
① 리크저항값이 규정치보다 작다.
② 리크에서 누설되기 쉽다.
③ 리크홀 크기가 크다.
④ 접점수고값이 규정치보다 높다.
⑤ 공기관에서 누설이 있다.
⑥ 공기관길이가 규정치보다 길다.

**정답** 06.④ 07.④ 08.① 09.②

**10** 할로겐화합물 및 불활성기체소화설비의 화재안전기준상 관의두께(t) 산출 계산식 중 최대허용응력(SE) 값은?

○ 배관재질 인장강도 : 380,000[kPa]
○ 배관재질 항복점 : 220,000[kPa]
○ 배관이음효율 : 0.85

① 96,900[kPa]   ② 102,750[kPa]
③ 124,667[kPa]  ④ 149,600[kPa]

**해설** 배관의 두께는 다음의 계산식에서 구한 값(t) 이상일 것 다만, 분사헤드 설치부는 제외한다.

관의 두께(t) = $\frac{PD}{2SE} + A$

여기서, P : 최대허용압력(kPa)
D : 배관의 바깥지름(mm)
SE : 최대허용응력(kPa)(배관재질 인장강도의 1/4값과 항복점의 2/3값 중 적은 값×배관이음효율×1.2)
A : 나사이음, 홈이음 등의 허용값(mm)(헤드설치부분은 제외한다)
• 나사이음 : 나사의 높이
• 절단홈이음 : 홈의 깊이
• 용접이음 : 0

**배관이음 효율**
• 이음매 없는 배관 : 1.0
• 전기저항 용접배관 : 0.85
• 가열맞대기 용접배관 : 0.60

최대허용응력 = 인장강도의 1/4값과 항복점의 2/3값 중 작은값×0.85×1.2
= 95,000[kPa]×0.85×1.2
= 96,900[kPa]

**11** 자동화재탐지설비의 수신기 시험방법이 아닌 것은?

① 예비전원시험
② 유통시험
③ 화재표시작동시험
④ 회로도통시험

**해설** 수신기의 기능시험
① 공통선시험
② 회로도통시험
③ 동시작동시험
④ 절연저항시험
⑤ 저전압시험
⑥ 회로저항시험
⑦ 예비전원시험/비상전원시험
⑧ 음향장치 작동시험
⑨ 화재표시 작동시험

공기관식차동식분포형감지기 기능시험
① 화재작동시험
② 작동계속시험
③ 유통시험
④ 접점수고시험
⑤ 리크저항시험

**12** 소방시설의 내진설계 기준상 흔들림 방지 버팀대의 설치기준으로 옳지 않은 것은?

① 흔들림 방지 버팀대가 부착된 건축 구조부재는 소화배관에 의해 추가된 지진하중을 견딜 수 있어야 한다.
② 흔들림 방지 버팀대의 세장비(L/r)는 300을 초과하지 않아야 한다.
③ 2방향 흔들림 방지 버팀대는 횡방향 및 종방향 흔들림 방지 버팀대의 역할을 동시에 할 수 있어야 한다.
④ 흔들림 방지 버팀대는 내력을 충분히 발휘할 수 있도록 견고하게 설치하여야 한다.

**해설** 제9조(흔들림 방지 버팀대)
① 흔들림 방지 버팀대는 다음 각 호의 기준에 따라 설치하여야 한다.
   6. 하나의 수평직선배관은 최소 2개의 횡방향 흔들림 방지 버팀대와 1개의 종방향 흔들림 방지 버팀대를 설치하여야 한다. 다만, 영향구역 내 배관의 길이가 6[m] 미만인 경우에는 횡방향과 종방향 흔들림 방지 버팀대를 각 1개씩 설치할 수 있다.

**13** 스프링클러설비의 화재안전기준상 폐쇄형 스프링클러헤드를 사용하는 경우 수원의 저수량 산정 시 스프링클러헤드 기준개수가 가장 많은 장소는? (단, 층이나 세대에 설치된 헤드 개수는 기준개수보다 많다)

① 지하역사
② 지하층을 제외한 층수가 10층인 의료시설로 헤드의 부착 높이가 8[m] 이상인 것
③ 지하층을 제외한 층수가 35층인 아파트
④ 지하층을 제외한 층수가 10층인 판매시설이 설치되지 않은 복합건축물

**해설** 기준개수

| 스프링클러설비 설치장소 | | | 기준개수 |
|---|---|---|---|
| 지하층을 제외한 층수가 10층 이하인 소방대상물 | 공장 | 특수가연물을 저장·취급하는 것 | 30 |
| | | 그 밖의 것 | 20 |
| | 근린생활시설·판매시설·운수시설 또는 복합건축물 | 판매시설 또는 복합건축물(판매시설이 설치되는 복합건축물을 말한다) | 30 |
| | | 그 밖의 것 | 20 |
| | 그 밖의 것 | 헤드의 부착높이가 8[m] 이상인 것 | 20 |
| | | 헤드의 부착높이가 8[m] 미만인 것 | 10 |
| 지하층을 제외한 층수가 11층 이상인 소방대상물(아파트를 제외한다)·지하가 또는 지하역사 | | | 30 |

비고 : 하나의 소방대상물이 2 이상의 "스프링클러헤드의 기준개수"란에 해당하는 때에는 기준개수가 많은 난을 기준으로 한다. 다만, 각 기준개수에 해당하는 수원을 별도로 설치하는 경우에는 그러하지 아니하다.

**14** 소방시설 설치 및 관리에 관한 법령상 물분무등소화설비를 설치하여야 하는 특정소방대상물은? (단, 위험물 저장 및 처리 시설 중 가스시설 또는 지하구는 제외한다)

① 항공기 및 자동차 관련 시설 중 자동차 정비공장
② 연면적 600[m²] 이상인 차고, 주차용 건축물 또는 철골 조립식 주차시설
③ 건축물 내부에 설치된 차고 또는 주차장으로서 차고 또는 주차의 용도로 사용되는 부분의 바닥면적이 200[m²] 이상인 층
④ 기계장치에 의한 주차시설을 이용하여 10대 이상의 차량을 주차할 수 있는 것

**해설** 물분무등소화설비를 설치해야 하는 특정소방대상물(위험물 저장 및 처리 시설 중 가스시설 및 지하구는 제외한다)은 다음의 어느 하나에 해당하는 것으로 한다.
1) 항공기 및 자동차 관련 시설 중 항공기 격납고
2) 차고, 주차용 건축물 또는 철골 조립식 주차시설. 이 경우 연면적 800[m²] 이상인 것만 해당한다.
3) 건축물의 내부에 설치된 차고·주차장으로서 차고 또는 주차의 용도로 사용되는 면적이 200[m²] 이상인 경우 해당 부분(50세대 미만 연립주택 및 다세대주택은 제외한다)
4) 기계장치에 의한 주차시설을 이용하여 20대 이상의 차량을 주차할 수 있는 시설
5) 특정소방대상물에 설치된 전기실·발전실·변전실(가연성 절연유를 사용하지 않는 변압기·전류차단기 등의 전기기기와 가연성 피복을 사용하지 않은 전선 및 케이블만을 설치한 전기실·발전실 및 변전실은 제외한다)·축전지실·통신기기실 또는 전산실, 그 밖에 이와 비슷한 것으로서 바닥면적이 300[m²] 이상인 것[하나의 방화구획 내에 둘 이상의 실(室)이 설치되어 있는 경우에는 이를 하나의 실로 보아 바닥면적을 산정한다]. 다만, 내화구조로 된 공정제어실 내에 설치된 주조정실로서 양압시설(외부 오염 공기 침투를 차단하고 내부의 나쁜 공기가 자연스럽게 외부로 흐를 수 있도록 한 시설을 말한다)이 설치되고 전기기기에 220볼트 이하인 저전압이 사용되며 종업원이 24시간 상주하는 곳은 제외한다.
6) 소화수를 수집·처리하는 설비가 설치되어 있지 않은 중·저준위방사성폐기물의 저장시설. 이 시설에는 이산화탄소소화설비, 할론소화설비 또는 할로겐화합물 및 불활성기체 소화설비를 설치해야 한다.
7) 지하가 중 예상 교통량, 경사도 등 터널의 특성을 고려하여 행정안전부령으로 정하는 터널. 이 시설에는 물분무소화설비를 설치해야 한다.
8) 국가유산 중 「문화유산의 보존 및 활용에 관한 법률」에 따른 지정문화유산(문화유산자료를 제외한다) 또는 「자연유산의 보존 및 활용에 관한 법률」에 따른 천연기념물등(자연유산자료를 제외한다)으로서 소방청장이 국가유산청장과 협의하여 정하는 것

정답 13.① 14.③

**15** 다음은 스프링클러설비의 화재안전기준상 전동기 또는 내연기관에 따른 펌프를 이용하는 가압송수장치 설치기준이다. ( )에 들어갈 소방시설의 명칭을 소방시설 도시기호로 옳게 나타낸 것은?

> 펌프의 토출측에는 ( ㄱ )를 체크밸브 이전에 펌프 토출측 플랜지에서 가까운 곳에 설치하고, 흡입측에는 ( ㄴ ) 또는 진공계를 설치할 것. 다만, 수원의 수위가 펌프의 위치보다 높거나 수직회전축 펌프의 경우에는 ( ㄴ ) 또는 진공계를 설치하지 않을 수 있다.

① ㄱ : (유량계), ㄴ : (압력계)
② ㄱ : (압력계), ㄴ : (연성계)
③ ㄱ : (연성계), ㄴ : (유량계)
④ ㄱ : (압력계), ㄴ : (유량계)

**해설** 도시기호
- (압력계)
- (연성계 또는 진공계)
- (유량계)

**16** 다음 조건의 차고(연면적 800[m²])에 분말소화설비를 설치하려고 한다. 분말소화설비의 화재안전기준상 필요한 분말소화약제의 최소 저장량[kg]은?

> ○ 약제방출방식 : 전역방출방식
> ○ 방호구역 체적 : 250[m³]
> ○ 개구부 면적 : 가로(2[m])×세로(3[m])
> ○ 개구부에는 자동폐쇄장치를 설치한다.

① 60[kg]
② 70[kg]
③ 80[kg]
④ 90[kg]

**해설** 차고의 경우 3종분말 사용
$W = V \times \alpha + A \times \beta$
$= 250[\text{m}^3] \times 0.36[\text{kg/m}^3] = 90[\text{kg}]$

**17** 할론소화설비의 화재안전기준상 자동식 기동장치에 관한 기준으로 옳은 것은?

① 기계식 기동장치로서 7병 이상의 저장용기를 동시에 개방하는 설비는 2병 이상의 저장용기에 전자개방밸브를 부착할 것
② 가스압력식 기동장치의 기동용가스용기에는 내압시험압력 0.6배부터 내압시험압력 이하에서 작동하는 안전장치를 설치할 것
③ 가스압력식 기동장치에서 기동용가스용기의 용적은 1[L] 이상으로 하고, 해당 용기에 저장하는 이산화탄소의 양은 0.6[kg] 이상으로 하며, 충전비는 1.5 이상으로 할 것
④ 가스압력식 기동장치의 기동용가스용기 및 해당 용기에 사용하는 밸브는 20[MPa] 이상의 압력에 견딜 수 있는 것으로 할 것

**해설** 할론소화설비의 자동식 기동장치는 자동화재탐지설비의 감지기의 작동과 연동하는 것으로서 다음의 기준에 따라 설치해야 한다.
① 자동식 기동장치에는 수동으로도 기동할 수 있는 구조로 할 것
② 전기식 기동장치로서 7병 이상의 저장용기를 동시에 개방하는 설비는 2병 이상의 저장용기에 전자 개방밸브를 부착할 것
③ 가스압력식 기동장치는 다음의 기준에 따를 것
  1. 기동용가스용기 및 해당 용기에 사용하는 밸브는 25[MPa] 이상의 압력에 견딜 수 있는 것으로 할 것
  2. 기동용가스용기에는 내압시험압력의 0.8배부터 내압시험압력 이하에서 작동하는 안전장치를 설치할 것
  3. 기동용가스용기의 체적은 5[L] 이상으로 하고, 해당 용기에 저장하는 질소 등의 비활성기체는 6.0[MPa] 이상(21[℃] 기준)의 압력으로 충전할 것. 다만, 기동용가스용기의 체적을 1[L] 이상으로 하고, 해당 용기에 저장하는 이산화탄소의 양은 0.6[kg] 이상으로 하며, 충전비는 1.5 이상 1.9 이하의 기동용가스용기로 할 수 있다.
④ 기계식 기동장치는 저장용기를 쉽게 개방할 수 있는 구조로 할 것

**정답** 15.② 16.④ 17.③

**18** 연결송수관설비의 화재안전기준에 관한 내용으로 옳지 않은 것은?

① 방수기구함은 피난층과 가장 가까운 층을 기준으로 3개층마다 설치하되, 그 층의 방수구마다 수평거리 5[m] 이내에 설치할 것
② 송수구는 구경 65[mm]의 쌍구형으로 할 것
③ 충압펌프를 제외한 가압송수장치는 부식 등으로 인한 펌프의 고착을 방지할 수 있도록 펌프축은 스테인리스 등 부식에 강한 재질을 사용할 것
④ 습식의 경우 송수구 부근에는 송수구·자동배수밸브·체크밸브의 순으로 설치할 것

**[해설] 방수기구함**

연결송수관설비의 방수용기구함을 다음의 기준에 따라 설치하여야 한다.
① 방수기구함은 피난층과 가장 가까운 층을 기준으로 3개 층마다 설치하되, 그 층의 방수구마다 보행거리 5[m] 이내에 설치할 것
② 방수기구함에는 길이 15[m]의 호스와 방사형 관창을 다음 각목의 기준에 따라 비치할 것
  ㉠ 호스는 방수구에 연결하였을 때 그 방수구가 담당하는 구역의 각 부분에 유효하게 물이 뿌려질 수 있는 개수 이상을 비치할 것. 이 경우 쌍구형 방수구는 단구형 방수구의 2배 이상의 개수를 설치하여야 한다.
  ㉡ 방사형 관창은 단구형 방수구의 경우에는 1개, 쌍구형 방수구의 경우에는 2개 이상 비치할 것
③ 방수기구함에는 "방수기구함"이라고 표시한 축광식 표지를 할 것

**19** 지하 2층, 지상 30층, 연면적 80,000[m²]인 특정소방대상물의 지상 2층에서 화재가 발생하였을 경우 비상방송설비의 음향장치가 경보되는 층이 아닌 것은?

① 지상 1층   ② 지상 2층
③ 지상 3층   ④ 지상 4층

**[해설] 고층건축물 우선경보**

층수가 30층 이상의 특정소방대상물은 다음 각목에 따라 경보를 발할 수 있도록 하여야 한다.
㉠ 2층 이상의 층에서 발화한 때에는 발화층 및 그 직상 4개층에 경보를 발할 것
㉡ 1층에서 발화한 때에는 발화층·그 직상 4개층 및 지하층에 경보를 발할 것
㉢ 지하층에서 발화한 때에는 발화층·그 직상층 및 기타의 지하층에 경보를 발할 것
따라서 지상2층 화재시 지상2층~지상6층 경보

**20** 피난기구의 화재안전기준상 승강식피난기 및 하향식 피난구용 내림식사다리 설치기준으로 옳지 않은 것은?

① 대피실 내에는 비상조명등을 설치할 것
② 대피실에는 층의 위치표시와 피난기구 사용설명서 및 주의사항 표지판을 부착할 것
③ 사용 시 기울거나 흔들리지 않도록 설치할 것
④ 대피실 출입문이 개방되거나, 피난기구 작동 시 해당층 및 직상층 거실에 설치된 표시등 및 경보장치가 작동되고, 감시 제어반에서는 피난기구의 작동을 확인할 수 있어야 할 것

**[해설] 승강식 피난기 및 하향식 피난구용 내림식사다리 설치기준**

① 승강식피난기 및 하향식 피난구용 내림식사다리는 설치경로가 설치층에서 피난층까지 연계될 수 있는 구조로 설치할 것. 단, 건축물 규모가 지상 5층 이하로서 구조 및 설치 여건상 불가피한 경우는 그러하지 아니 한다.
② 대피실의 면적은 2[m²](2세대 이상일 경우에는 3[m²]) 이상으로 하고, 건축법시행령 제46조제4항의 규정에 적합하여야 하며 하강구(개구부) 규격은 직경60[cm] 이상일 것. 단, 외기와 개방된 장소에는 그러하지 아니 한다.
③ 하강구 내측에는 기구의 연결 금속구 등이 없어야 하며 전개된 피난기구는 하강구 수평투영면적 공간 내의 범위를 침범하지 않는 구조이어야 할 것. 단, 직경 60[cm] 크기의 범위를 벗어난 경우이거나, 직하층의 바닥 면으로부터 높이 50[cm] 이하의 범위는 제외한다.
④ 대피실의 출입문은 60분+ 또는 60분방화문으로 설치하고, 피난방향에서 식별할 수 있는 위치에 "대피실" 표지판을 부착할 것. 단, 외기와 개방된 장소에는 그러하지 아니 한다.

정답 18.① 19.① 20.④

⑤ 착지점과 하강구는 상호 수평거리 15[cm] 이상의 간격을 둘 것
⑥ 대피실 내에는 비상조명등을 설치할 것
⑦ 대피실에는 층의 위치표시와 피난기구 사용설명서 및 주의사항 표지판을 부착할 것
⑧ 대피실 출입문이 개방되거나, 피난기구 작동 시 해당 층 및 직하층 거실에 설치된 표시등 및 경보장치가 작동되고, 감시 제어반에서는 피난기구의 작동을 확인할 수 있어야 할 것
⑨ 사용 시 기울거나 흔들리지 않도록 설치할 것
⑩ 승강식피난기는 한국소방산업기술원 또는 법 제42조제1항에 따라 성능시험기관으로 지정받은 기관에서 그 성능을 검증받은 것으로 설치할 것

**21** 다음은 유도등 및 유도표지의 화재안전기준상 통로유도등의 설치기준에 관한 내용이다. ( )에 들어갈 것으로 옳은 것은?

- 복도통로유도등은 구부러진 모퉁이 및 설치된 통로유도등을 기점으로 보행거리 ( ㄱ )[m] 마다 설치할 것
- 계단통로유도등은 바닥으로부터 높이 ( ㄴ )[m] 이하의 위치에 설치할 것

① ㄱ:15, ㄴ:1　② ㄱ:15, ㄴ:1.5
③ ㄱ:20, ㄴ:1　④ ㄱ:20, ㄴ:1.5

**해설** ① 복도통로유도등의 설치기준
㉮ 복도에 설치하되 제5조제1항제1호 또는 제2호에 따라 피난구유도등이 설치된 출입구의 맞은편 복도에는 입체형으로 설치하거나, 바닥에 설치할 것
㉯ 구부러진 모퉁이 및 가목에 따라 설치된 통로유도등을 기점으로 보행거리 20[m]마다 설치할 것.
㉰ 바닥으로부터 높이 1[m] 이하의 위치에 설치할 것, 다만, 지하층 또는 무창층의 용도가 도매시장·소매시장·여객자동차터미널·지하역사 또는 지하상가인 경우에는 복도·통로 중앙부분의 바닥에 설치하여야 한다.
㉱ 바닥에 설치하는 통로유도등은 하중에 따라 파괴되지 아니하는 강도의 것으로 할 것
② 계단통로유도등의 설치기준
㉮ 각 층의 경사로참 또는 계단참마다(1개층에 경사로참 또는 계단참이 2 이상 있는 경우에는 2개의 계단참마다) 설치할 것
㉯ 바닥으로부터 높이 1[m] 이하의 위치에 설치할 것

**22** 다음 조건의 거실에 제연설비를 설치할 때 배기팬 구동에 필요한 전동기 용량[kW]은 약 얼마인가?

- 바닥면적 800[m²]인 거실로서 예상제연구역은 직경 50[m], 제연경계벽의 수직거리는 2.4[m]임
- 배연 Duct 길이는 200[m], Duct 저항은 1[m]당 0.2[mmAq]임
- 배출구 저항은 10[mmAq], 배기그릴 저항은 5[mmAq], 관부속품 저항은 Duct저항의 55[%]임
- 효율은 60[%], 전달계수는 1.1임
- 예상제연구역의 배출량 기준

| 예상제연구역 | 제연경계<br>수직거리 | 배출량 |
|---|---|---|
| 직경 40[m]인 원의<br>범위를 초과하는 경우 | 2[m] 이하 | 45,000[m³/hr]<br>이상 |
| | 2[m] 초과<br>2.5[m] 이하 | 50,000[m³/hr]<br>이상 |
| | 2.5[m] 초과<br>3[m] 이하 | 55,000[m³/hr]<br>이상 |
| | 3[m] 초과 | 65,000[m³/hr]<br>이상 |

① 15.2[kW]
② 19.2[kW]
③ 23.2[kW]
④ 27.2[kW]

$P[\text{kW}] = \dfrac{PQ}{102\eta} K$

$P = 10[\text{mmAq}] + 5[\text{mmAq}] + (200[\text{m}] \times 0.2[\text{mmAq/m}])$
$\quad + (200[\text{m}] \times 0.2[\text{mmAq/m}]) \times 0.55 = 77[\text{mmAq}]$

$Q = 50,000[\text{m}^3/\text{hr}] = \dfrac{50,000}{3,600}[\text{m}^3/\text{sec}]$

$\therefore P = \dfrac{77 \times \dfrac{50,000}{3,600}}{102 \times 0.6} \times 1.1 = 19.22[\text{kW}]$

**23** 비상콘센트설비의 화재안전기준상 비상콘센트설비의 전원부와 외함 사이의 정격전압이 다음과 같을 때 절연내력 시험전압[V]은?

| 정격전압[V] | 절연내력 시험전압[V] |
|---|---|
| 100 | ( ㄱ ) |
| 250 | ( ㄴ ) |

① ㄱ : 250[V], ㄴ : 750[V]
② ㄱ : 500[V], ㄴ : 1,000[V]
③ ㄱ : 750[V], ㄴ : 1,250[V]
④ ㄱ : 1,000[V], ㄴ : 1,500[V]

**해설** 절연내력
전원부와 외함 사이에 다음과 같이 실효전압을 가하는 시험에서 1분 이상 견디는 것일 것
㉮ 정격전압이 150[V] 이하인 경우 : 1,000[V]의 실효전압을 인가
㉯ 정격전압이 150[V] 초과인 경우 : (정격전압×2)+ 1,000[V]의 실효전압을 인가

**24** 무선통신보조설비의 화재안전기준에 관한 내용으로 옳지 않은 것은?

① 누설동축케이블 또는 동축케이블과 이에 접속하는 안테나가 설치된 층은 계단실, 승강기, 별도 구획된 실을 제외한 모든 부분에서 유효하게 통신이 가능할 것
② 증폭기에는 비상전원이 부착된 것으로 하고 해당 비상전원 용량은 무선통신보조설비를 유효하게 30분 이상 작동시킬 수 있는 것으로 할 것
③ 누설동축케이블의 끝부분에는 무반사 종단저항을 견고하게 설치할 것
④ 분배기·분파기 및 혼합기 등의 임피던스는 50Ω의 것으로 할 것

**해설** 무선통신보조설비는 다음 각 호의 기준에 따라 설치하여야 한다.
㉠ 누설동축케이블 또는 동축케이블과 이에 접속하는 안테나가 설치된 층은 모든 부분(계단실, 승강기, 별도 구획된 실 포함)에서 유효하게 통신이 가능할 것
㉡ 옥외 안테나와 연결된 무전기와 건축물 내부에 존재하는 무전기 간의 상호통신, 건축물 내부에 존재하는 무전기 간의 상호통신, 옥외 안테나와 연결된 무전기와 방재실 또는 건축물 내부에 존재하는 무전기와 방재실 간의 상호통신이 가능할 것

**25** 누전경보기의 화재안전기준상 누전경보기의 설치방법 등에 관한 내용으로 옳지 않은 것은?

① 경계전로의 정격전류가 60[A]를 초과하는 전로에 있어서는 1급 누전경보기를 설치할 것
② 경계전로의 정격전류가 60[A] 이하의 전로에 있어서는 1급 또는 2급 누전경보기를 설치할 것
③ 정격전류가 60[A]를 초과하는 경계전로가 분기되어 각 분기회로의 정격전류가 60[A] 이하로 되는 경우 당해 분기회로마다 2급 누전경보기를 설치한 때에는 당해 경계전로에 1급 누전경보기를 설치한 것으로 본다.
④ 변류기는 특정소방대상물의 형태, 인입선의 시설방법 등에 따라 옥외 인입선의 제1지점의 부하측 또는 제1종 접지선측의 점검이 쉬운 위치에 설치할 것

**해설** 누전경보기의 설치방법
① 경계전로의 정격전류가 60[A]를 초과하는 전로에 있어서는 1급 누전경보기를, 60[A] 이하의 전로에 있어서는 1급 또는 2급 누전경보기를 설치할 것. 다만, 정격전류가 60[A]를 초과하는 경계전로가 분기되어 각 분기회로의 정격전류가 60[A] 이하로 되는 경우 당해 분기회로마다 2급 누전경보기를 설치한 때에는 당해 경계전로에 1급 누전경보기를 설치한 것으로 본다.
② 변류기는 소방대상물의 형태, 인입선의 시설방법 등에 따라 옥외 인입선의 제1지점의 부하측 또는 제2종 접지선측의 점검이 쉬운 위치에 설치할 것. 다만, 인입선의 형태 또는 소방대상물의 구조상 부득이한 경우에 있어서는 인입구에 근접한 옥내에 설치할 수 있다.
③ 변류기를 옥외의 전로에 설치하는 경우에는 옥외형의 것을 설치할 것

정답 23.④ 24.① 25.④

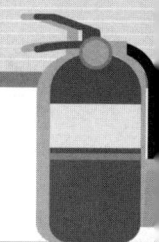

# 제21회 소방시설관리사 1차 필기 기출문제
### [제5과목 : 소방시설의 구조 및 원리]

**01** 제연설비의 화재안전기준상 제연설비에 관한 기준으로 옳은 것은?

① 하나의 제연구역의 면적은 1,500[m²] 이내로 할 것
② 하나의 제연구역은 직경 100[m] 원내에 들어갈 수 있을 것
③ 하나의 제연구역은 2개 이상 층에 미치지 아니하도록 할 것. 다만, 층의 구분이 불분명한 부분은 그 부분을 다른 부분과 별도로 제연구획 하여야 한다.
④ 통로상의 제연구역은 수평거리가 100[m]를 초과하지 아니할 것

**해설** 제연설비의 설치장소는 다음에 따른 제연구역으로 구획하여야 한다.
1. 하나의 제연구역의 면적은 1,000[m²] 이내로 할 것
2. 거실과 통로(복도를 포함한다. 이하 같다)는 상호 제연구획 할 것
3. 통로상의 제연구역은 보행중심선의 길이가 60[m]를 초과하지 아니할 것
4. 하나의 제연구역은 직경 60[m] 원내에 들어갈 수 있을 것
5. 하나의 제연구역은 2개 이상 층에 미치지 아니하도록 할 것. 다만, 층의 구분이 불분명한 부분은 그 부분을 다른 부분과 별도로 제연구획 하여야 한다.

**02** 분말소화설비의 화재안전기준상 가압용가스용기에 관한 기준으로 옳지 않은 것은?

① 분말소화약제의 가스용기는 분말소화약제의 저장용기에 접속하여 설치하여야 한다.
② 가압용가스에 질소가스를 사용하는 것의 질소가스는 소화약제 1[kg]마다 10[L] 이상으로 할 것
③ 분말소화약제의 가압용가스 용기를 3병 이상 설치한 경우에는 2개 이상의 용기제 전자개방밸브를 부착하여야 한다.
④ 가압용가스에 이산화탄소를 사용하는 것의 이산화탄소는 소화약제 1[kg]에 대하여 20[g]에 배관의 청소에 필요한 양을 가산한 양 이상으로 할 것

**해설**
① 분말소화약제의 가스용기는 분말소화약제의 저장용기에 접속하여 설치하여야 한다.
② 분말소화약제의 가압용가스 용기를 3병 이상 설치한 경우에는 2개 이상의 용기에 전자개방밸브를 부착하여야 한다.
③ 분말소화약제의 가압용가스 용기에는 2.5[MPa] 이하의 압력에서 조정이 가능한 압력조정기를 설치하여야 한다.
④ 가압용가스 또는 축압용가스는 다음 각 호의 기준에 따라 설치하여야 한다.
 1. 가압용가스 또는 축압용가스는 질소가스 또는 이산화탄소로 할 것
 2. 가압용가스에 질소가스를 사용하는 것의 질소가스는 소화약제 1[kg]마다 40[L](35[℃]에서 1기압의 압력상태로 환산한 것) 이상, 이산화탄소를 사용하는 것의 이산화탄소는 소화약제 1[kg]에 대하여 20[g]에 배관의 청소에 필요한 양을 가산한 양 이상으로 할 것

정답 01.③ 02.②

3. 축압용가스에 질소가스를 사용하는 것의 질소가스는 소화약제 1[kg]에 대하여 10[L](35[℃]에서 1기압의 압력상태로 환산한 것) 이상, 이산화탄소를 사용하는 것의 이산화탄소는 소화약제 1[kg]에 대하여 20[g]에 배관의 청소에 필요한 양을 가산한 양 이상으로 할 것
4. 배관의 청소에 필요한 양의 가스는 별도의 용기에 저장할 것

**03** 할로겐화합물 및 불활성기체소화설비의 화재안전기준에서 정하고 있는 할로겐화합물 및 불활성기체소화약제 최대허용설계농도 중 다음에서 최대허용설계농도(%)가 가장 낮은 소화약제는?

① IG-55
② HFC-23
③ HFC-125
④ FK-5-1-12

해설 [별표 2]
할로겐화합물 및 불활성기체소화약제 최대허용설계농도
(제7조제2항 관련)

| 소 화 약 제 | 최대허용 설계농도(%) |
|---|---|
| FC-3-1-10 | 40 |
| HCFC BLEND A | 10 |
| HCFC-124 | 1.0 |
| HFC-125 | 11.5 |
| HFC-227ea | 10.5 |
| HFC-23 | 30 |
| HFC-236fa | 12.5 |
| FIC-13I1 | 0.3 |
| FK-5-1-12 | 10 |
| IG-01 | 43 |
| IG-100 | 43 |
| IG-541 | 43 |
| IG-55 | 43 |

**04** 지하구의 화재안전기준상 방화벽의 설치기준으로 옳지 않은 것은?

① 내화구조로서 홀로 설 수 있는 구조일 것
② 방화벽의 출입문은 30분 방화문으로 설치할 것
③ 방화벽은 분기구 및 국사·변전소 등의 건축물과 지하구가 연결되는 부위(건축물로부터 20[m] 이내)에 설치할 것
④ 방화벽을 관통하는 케이블·전선 등에는 국토교통부 고시(내화구조의 인정 및 관리기준)에 따라 내화충전구조로 마감할 것

해설 방화벽은 다음에 따라 설치하고 항상 닫힌 상태를 유지하거나 자동폐쇄장치에 의하여 화재 신호를 받으면 자동으로 닫히는 구조로 하여야 한다.
1. 내화구조로서 홀로 설 수 있는 구조일 것
2. 방화벽의 출입문은 60분+ 또는 60분 방화문으로 설치할 것
3. 방화벽을 관통하는 케이블·전선 등에는 국토교통부 고시(내화구조의 인정 및 관리기준)에 따라 내화충전구조로 마감할 것
4. 방화벽은 분기구 및 국사·변전소 등의 건축물과 지하구가 연결되는 부위(건축물로부터 20[m] 이내)에 설치할 것
5. 자동폐쇄장치를 사용하는 경우에는 「자동폐쇄장치의 성능인증 및 제품검사의 기술기준」에 적합한 것으로 설치할 것

**05** 연결송수관설비의 화재안전기준상 배관에 관한 설치기준의 일부이다. ( )에 들어갈 것으로 옳은 것은?

- 주배관은 구경은 ( ㉠ )[mm] 이상의 것으로 할 것
- 지면으로부터의 높이가 31[m] 이상인 특정소방대상물 또는 지상 ( ㉡ )층 이상인 특정소방대상물에 있어서는 습식설비로 할 것

① ㉠ : 100, ㉡ : 9
② ㉠ : 100, ㉡ : 11
③ ㉠ : 150, ㉡ : 9
④ ㉠ : 150, ㉡ : 11

해설 연결송수관설비의 배관은 다음의 기준에 따라 설치하여야 한다.
1. 주배관의 구경은 100[mm] 이상의 것으로 할 것
2. 지면으로부터의 높이가 31[m] 이상인 특정소방대상물 또는 지상 11층 이상인 특정소방대상물에 있어서는 습식설비로 할 것

**06** 연결살수설비의 화재안전기준상 송수구의 설치높이로 옳은 것은?

① 지면으로부터 높이가 0.5[m] 이상 1[m] 이하의 위치에 설치할 것
② 지면으로부터 높이가 0.8[m] 이상 1.5[m] 이하의 위치에 설치할 것
③ 지면으로부터 높이가 1[m] 이상 1.5[m] 이하의 위치에 설치할 것
④ 지면으로부터 높이가 1.5[m] 이상 2[m] 이하의 위치에 설치할 것

**해설** 연결살수설비의 송수구는 다음의 기준에 따라 설치하여야 한다.
1. 소방차가 쉽게 접근할 수 있고 노출된 장소에 설치할 것. 이 경우 가연성가스의 저장·취급시설에 설치하는 연결살수설비의 송수구는 그 방호대상물로부터 20[m] 이상의 거리를 두거나 방호대상물에 면하는 부분이 높이 1.5[m] 이상 폭 2.5[m] 이상의 철근콘크리트 벽으로 가려진 장소에 설치하여야 한다.
2. 송수구는 구경 65[mm]의 쌍구형으로 설치할 것. 다만, 하나의 송수구역에 부착하는 살수헤드의 수가 10개 이하인 것은 단구형의 것으로 할 수 있다.
3. 개방형헤드를 사용하는 송수구의 호스접결구는 각 송수구역마다 설치할 것. 다만, 송수구역을 선택할 수 있는 선택밸브가 설치되어 있고 각 송수구역의 주요 구조부가 내화구조로 되어 있는 경우에는 그러하지 아니하다.
4. 지면으로부터 높이가 0.5[m] 이상 1[m] 이하의 위치에 설치할 것
5. 송수구로부터 주배관에 이르는 연결배관에는 개폐밸브를 설치하지 아니 할 것
6. 송수구의 부근에는 "연결살수설비 송수구"라고 표시한 표지와 송수구역 일람표를 설치할 것. 다만, 제2항에 따른 선택밸브를 설치한 경우에는 그러하지 아니하다.
7. 송수구에는 이물질을 막기 위한 마개를 씌워야 한다.

**07** 무선통신보조설비의 화재안전기준상 누설동축케이블 설치기준으로 옳지 않은 것은?

① 누설동축케이블과 이에 접속하는 안테나 또는 동축케이블과 이에 접속하는 안테나로 구성할 것
② 누설동축케이블의 끝부분에는 무반사 종단저항을 견고하게 설치할 것
③ 해당전로에 정전기 차폐장치를 유효하게 설치한 경우에도 누설동축케이블 및 안테나는 고압의 전로로부터 1[m] 이상 떨어진 위치에 설치할 것
④ 누설동축케이블 및 동축케이블은 불연 또는 난연성의 것으로서 습기에 따라 전기의 특성이 변질되지 아니하는 것으로 하고, 노출하여 설치한 경우에는 피난 및 통행에 장애가 없도록 할 것

**해설** 무선통신보조설비의 누설동축케이블 등은 다음의 기준에 따라 설치하여야 한다.
1. 소방전용주파수대에서 전파의 전송 또는 복사에 적합한 것으로서 소방전용의 것으로 할 것. 다만, 소방대 상호 간의 무선연락에 지장이 없는 경우에는 다른 용도와 겸용할 수 있다.
2. 누설동축케이블과 이에 접속하는 안테나 또는 동축케이블과 이에 접속하는 안테나로 구성할 것
3. 누설동축케이블 및 동축케이블은 불연 또는 난연성의 것으로서 습기에 따라 전기의 특성이 변질되지 아니하는 것으로 하고, 노출하여 설치한 경우에는 피난 및 통행에 장애가 없도록 할 것
4. 누설동축케이블 및 동축케이블은 화재에 따라 해당 케이블의 피복이 소실된 경우에 케이블 본체가 떨어지지 아니하도록 4[m] 이내마다 금속제 또는 자기제 등의 지지금구로 벽·천장·기둥 등에 견고하게 고정시킬 것. 다만, 불연재료로 구획된 반자 안에 설치하는 경우에는 그러하지 아니하다.
5. 누설동축케이블 및 안테나는 금속판 등에 따라 전파의 복사 또는 특성이 현저하게 저하되지 아니하는 위치에 설치할 것

6. 누설동축케이블 및 안테나는 고압의 전로로부터 1.5[m] 이상 떨어진 위치에 설치할 것. 다만, 해당 전로에 정전기 차폐장치를 유효하게 설치한 경우에는 그러하지 아니하다.
7. 누설동축케이블의 끝부분에는 무반사 종단저항을 견고하게 설치할 것

**08** 미분무소화설비의 화재안전기준에 관한 내용으로 옳지 않은 것은?

① 중압 미분무소화설비란 사용압력이 0.5[MPa]을 초과하고 5.5[MPa] 이하인 미분무소화설비를 말한다.
② 사용되는 필터 또는 스트레이너의 메쉬는 헤드 오리피스 지름의 80[%] 이하가 되어야 한다.
③ 설비에 사용되는 구성요소는 STS 304 이상의 재료를 사용하여야 한다.
④ 가압송수장치가 기동되는 경우에는 자동으로 정지되지 아니하도록 하여야 한다.

**해설**
㉠ "저압 미분무소화설비"란 최고사용압력이 1.2[MPa] 이하인 미분무소화설비를 말한다.
㉡ "중압 미분무소화설비"란 사용압력이 1.2[MPa]을 초과하고 3.5[MPa] 이하인 미분무소화설비를 말한다.
㉢ "고압 미분무소화설비"란 최저사용압력이 3.5[MPa]을 초과하는 미분무소화설비를 말한다.

**09** 포소화설비의 화재안전기준에서 정하고 있는 가압송수장치의 포워터스프링클러헤드 표준방사량으로 옳은 것은?

① 50[L/min] 이상
② 65[L/min] 이상
③ 70[L/min] 이상
④ 75[L/min] 이상

**해설** 포소화설비의 화재안전기준
가압송수장치는 다음 표에 따른 표준방사량을 방사할 수 있도록 하여야 한다.

| 구분 | 표준방사량 |
|---|---|
| 포워터스프링클러헤드 | 75[L/min] 이상 |
| 포헤드·고정포방출구 또는 이동식포노즐·압축공기포헤드 | 각 포헤드·고정포방출구 또는 이동식포노즐의 설계압력에 따라 방출되는 소화약제의 양 |

**10** 소화기구 및 자동소화장치의 화재안전기준상 다음 조건에 따른 의료시설에 설치해야 하는 소형 소화기의 최소 설치 개수는?

- 소형소화기 1개의 능력단위는 3단위이다.
- 의료시설은 15층에만 있으며, 바닥면적은 가로 40[m] × 세로 40[m]이다.
- 주요구조부가 내화구조이고, 벽 및 반자의 실내에 면하는 부분이 난연재료로 되어 있다.

① 4개  ② 6개
③ 9개  ④ 11개

**해설**
$A(m^2) = 40m \times 40m = 1,600[m^2]$

$\dfrac{1,600[m^2]}{100[m^2/능력단위]} = 16[단위]$

$\dfrac{16[단위]}{3[단위/개]} = 5.33 ≒ 6[개]$

[별표 3]
특정소방대상물별 소화기구의 능력단위기준(제4조제1항제2호 관련)

| 특정소방대상물 | 소화기구의 능력단위 |
|---|---|
| 1. 위락시설 | 해당 용도의 바닥면적 30[m²]마다 능력단위 1단위 이상 |
| 2. 공연장·집회장·관람장·문화재·장례식장 및 의료시설 | 해당 용도의 바닥면적 50[m²]마다 능력단위 1단위 이상 |
| 3. 근린생활시설·판매시설·운수시설·숙박시설·노유자시설·전시장·공동주택·업무시설·방송통신시설·공장·창고시설·항공기 및 자동차 관련 시설 및 관광휴게시설 | 해당 용도의 바닥면적 100[m²]마다 능력단위 1단위 이상 |
| 4. 그 밖의 것 | 해당 용도의 바닥면적 200[m²]마다 능력단위 1단위 이상 |

(주) 소화기구의 능력단위를 산출함에 있어서 건축물의 주요구조부가 내화구조이고, 벽 및 반자의 실내에 면하는 부분이 불연재료·준불연재료 또는 난연재료로 된 특정소방대상물에 있어서는 위 표의 기준면적의 2배를 해당 특정소방대상물의 기준면적으로 한다.

## 08. 소방시설의 구조 및 원리

**11** 옥내소화전설비에서 옥내소화전 2개설치 시 최소유량은 260[L/min]이다. 펌프성능시험에서 다음 ( )에 들어갈 것으로 옳은 것은?

| 구분 | 체절운전 시 | 정격토출량 100% 운전 시 | 정격토출량 150% 운전 시 |
|---|---|---|---|
| 펌프 토출량 | ( ㉠ ) [L/min] | 260[L/min] | 390[L/min] |
| 펌프 토출압 | 1.4[MPa] | 1[MPa] | ( ㉡ )[MPa] 이상 |

① ㉠ : 0, ㉡ : 0.65
② ㉠ : 0, ㉡ : 1.5
③ ㉠ : 130, ㉡ : 0.65
④ ㉠ : 130, ㉡ : 1.5

**해설** 펌프의 성능은 체절운전 시 정격토출압력의 140[%]를 초과하지 아니하고, 정격토출량의 150[%]로 운전 시 정격토출압력의 65[%] 이상이 되어야 하며, 펌프의 성능시험배관은 다음 각 호의 기준에 적합하여야 한다.
㉠ 체절운전이므로 토출량 : 0[L/min]
㉡ 정격토출량 150[%] 운전 시 : 정격토출압력의 65[%] 이상이 되어야 하므로, 1MPa×0.65=0.65[MPa]

**12** 옥외소화전 5개가 설치된 특정소방대상물이 있다. 펌프방식을 사용하여 소화수를 공급할 때, 펌프의 전동기 최소용량[kW]은 약 얼마인가?

- 실양정 20[m], 호스길이 25[m](호스의 마찰손실수두는 호스길이 100[m]당 4[m])
- 배관 및 배관부속품 마찰손실수두 10[m], 펌프효율 50[%]
- 전달계수(K) 1.1, 관창에서의 방수압 29[mAq]
- 주어진 조건 이외의 다른 조건은 고려하지 않고, 계산결과 값은 소수점 셋째자리에서 반올림함

① 1.51[kW]
② 12.43[kW]
③ 15.10[kW]
④ 20.51[kW]

**해설**
$P[kw] = \dfrac{\gamma QH}{102\eta}K$

$= \dfrac{1,000\text{kgf/m}^3 \times \left(\dfrac{0.7}{60}\right)\text{m}^3/\text{s} \times (20+29+10+1)\text{m}}{102 \times 0.5} \times 1.1$

$= 15.098[\text{kW}]$
$\fallingdotseq 15.10$

※ $H = h_1 + h_2 + h_3 + h_4$
$= 10\text{m} + 20\text{m} + \left(25\text{m} \times \dfrac{4\text{m}}{100\text{m}}\right) + 29\text{m}$
$= 60[\text{m}]$

$Q = 2 \times 350 l/\text{min} = 700 l/\text{min} = \left(\dfrac{0.7}{60}\right)\text{m}^3/\text{s}$

**13** 스프링클러설비의 화재안전기준상 헤드에 관한 기준으로 옳은 것은?

① 살수가 방해되지 아니하도록 벽과 스프링클러헤드간의 공간은 10[cm] 이상으로 한다.
② 스프링클러헤드와 그 부착면과의 거리는 60[cm] 이하로 한다.
③ 상부에 설치된 헤드의 방출수에 따라 감열부에 영향을 받을 우려가 있는 헤드에는 방출수를 차단할 수 있는 유효한 반사판을 설치한다.
④ 측벽형을 설치하는 경우 긴 변의 한쪽 벽에 일렬로 설치하고 4[m] 이내마다 설치한다.

**해설** 스프링클러헤드는 다음의 방법에 따라 설치하여야 한다.
1. 살수가 방해되지 아니하도록 스프링클러헤드로부터 반경 60[cm] 이상의 공간을 보유할 것. 다만, 벽과 스프링클러헤드간의 공간은 10[cm] 이상으로 한다.
2. 스프링클러헤드와 그 부착면(상향식헤드의 경우에는 그 헤드의 직상부의 천장·반자 또는 이와 비슷한 것을 말한다. 이하 같다)과의 거리는 30[cm] 이하로 할 것
3. 배관·행거 및 조명기구 등 살수를 방해하는 것이 있는 경우에는 제1호 및 제2호에도 불구하고 그로부터 아래에 설치하여 살수에 장애가 없도록 할 것. 다만, 스프링클러헤드와 장애물과의 이격거리를 장애물 폭의 3배 이상 확보한 경우에는 그러하지 아니하다.
4. 스프링클러헤드의 반사판은 그 부착 면과 평행하게 설치할 것. 다만, 측벽형헤드 또는 제6호에 따른 연소할 우려가 있는 개구부에 설치하는 스프링클러헤드의 경우에는 그러하지 아니하다.

정답 11.① 12.③ 13.①

5. 천장의 기울기가 10분의 1을 초과하는 경우에는 가지관을 천장의 마루와 평행하게 설치하고, 스프링클러헤드는 다음 각 목의 어느 하나의 기준에 적합하게 설치할 것
   가. 천장의 최상부에 스프링클러헤드를 설치하는 경우에는 최상부에 설치하는 스프링클러헤드의 반사판을 수평으로 설치할 것
   나. 천장의 최상부를 중심으로 가지관을 서로 마주보게 설치하는 경우에는 최상부의 가지관 상호간의 거리가 가지관상의 스프링클러헤드 상호간의 거리의 2분의 1 이하(최소 1[m] 이상이 되어야 한다)가 되게 스프링클러헤드를 설치하고, 가지관의 최상부에 설치하는 스프링클러헤드는 천장의 최상부로부터의 수직거리가 90[cm] 이하가 되도록 할 것. 톱날지붕, 둥근지붕 기타 이와 유사한 지붕의 경우에도 이에 준한다.
6. 연소할 우려가 있는 개구부에는 그 상하좌우에 2.5[m] 간격으로(개구부의 폭이 2.5[m] 이하인 경우에는 그 중앙에) 스프링클러헤드를 설치하되, 스프링클러헤드와 개구부의 내측 면으로부터 직선거리는 15[cm] 이하가 되도록 할 것. 이 경우 사람이 상시 출입하는 개구부로서 통행에 지장이 있는 때에는 개구부의 상부 또는 측면(개구부의 폭이 9[m] 이하인 경우에 한한다)에 설치하되, 헤드 상호간의 간격은 1.2[m] 이하로 설치하여야 한다.
7. 습식스프링클러설비 및 부압식스프링클러설비 외의 설비에는 상향식스프링클러헤드를 설치할 것. 다만, 다음 각 목의 어느 하나에 해당하는 경우에는 그러하지 아니하다.
   가. 드라이펜던트스프링클러헤드를 사용하는 경우
   나. 스프링클러헤드의 설치장소가 동파의 우려가 없는 곳인 경우
   다. 개방형스프링클러헤드를 사용하는 경우
8. 측벽형스프링클러헤드를 설치하는 경우 긴 변의 한쪽 벽에 일렬로 설치(폭이 4.5[m] 이상 9[m] 이하인 실에 있어서는 긴 변의 양쪽에 각각 일렬로 설치하되 마주보는 스프링클러헤드가 나란히꼴이 되도록 설치)하고 3.6[m] 이내마다 설치할 것
9. 상부에 설치된 헤드의 방출수에 따라 감열부에 영향을 받을 우려가 있는 헤드에는 방출수를 차단할 수 있는 유효한 차폐판을 설치할 것

**14** 옥내소화전설비의 화재안전기준에 관한 내용으로 옳은 것은?

① 물올림장치란 옥내소화전설비의 관창에서 압력변동을 검지하여 자동적으로 펌프를 기동시키는 것으로서 압력챔버 또는 기동용압력스위치 등을 말한다.
② 펌프의 토출 측에는 진공계를 체크밸브 이전에 펌프토출 측 플랜지에서 가까운 곳에 설치한다.
③ 가압송수장치의 기동을 표시하는 표시등은 옥내소화전함의 내부에 설치하되 황색등으로 한다.
④ 옥내소화전설비의 수원은 그 저수량이 옥내소화전의 설치개수가 가장 많은 층의 설치 개수(2개 이상 설치된 경우에는 2개)에 2.6[m³]를 곱한 양 이상이 되도록 하여야 한다.

[해설] 옥내소화전설비의 수원은 그 저수량이 옥내소화전의 설치개수가 가장 많은 층의 설치개수(2개 이상 설치된 경우에는 2개)에 2.6[m³](호스릴옥내소화전설비를 포함한다)를 곱한 양 이상이 되도록 하여야 한다.

**15** 건축물의 높이가 3.5[m]인 특수가연물을 저장 또는 취급하는 랙크식 창고에 스프링클러설비를 설치하고자 한다. 바닥면적 가로 40[m], 세로 66[m]라고 한다면, 스프링클러헤드를 정방형으로 배치할 경우 헤드의 최소 설치개수는?

① 322개　　② 433개
③ 476개　　④ 512개

[해설] 가로 : $\dfrac{40}{2 \times 1.7 \times \cos 45} = 16.637$ ∴ 17개

세로 : $\dfrac{66}{2 \times 1.7 \times \cos 45} = 27.45$ ∴ 28개

∴ 17[개] × 28[개] = 476[개]

정답  14.④  15.③

**16** 옥내소화전설비의 화재안전기준상 가압송수장치의 내연기관에 관한 내용으로 옳지 않은 것은?

① 내연기관의 기동은 소화전함의 위치에서 원격조작이 가능하고, 기동을 명시하는 적색등을 설치할 것
② 제어반에 따라 내연기관의 자동기동 및 수동기동이 가능하고, 상시 충전되어 있는 축전지설비를 갖출 것
③ 내연기관의 연료량은 펌프를 20분(층수가 30층 이상 49층 이하는 40분, 50층 이상은 60) 이상 운전할 수 있는 용량일 것
④ 내연기관의 충압펌프는 정격부하운전 시험 및 수온의 상승을 방지하기 위하여 순환배관을 설치할 것

**해설** 내연기관을 사용하는 경우에는 다음의 기준에 적합한 것으로 할 것
가. 내연기관의 기동은 제9호의 기동장치를 설치하거나 또는 소화전함의 위치에서 원격조작이 가능하고 기동을 명시하는 적색등을 설치할 것
나. 제어반에 따라 내연기관의 자동기동 및 수동기동이 가능하고, 상시 충전되어 있는 축전지설비를 갖출 것
다. 내연기관의 연료량은 펌프를 20분(층수가 30층 이상 49층 이하는 40분, 50층 이상은 60분) 이상 운전할 수 있는 용량일 것

**17** 다음 조건에서 준비작동식 유수검지장치를 설치할 경우 광전식 스포트형 2종 연기감지기의 최소 설치개수는?

- 감지기 부착높이 7.5[m]이며, 교차회로방식 적용
- 주요구조부가 내화구조인 공장으로 바닥면적 1,900[m²]

① 26개　　② 28개
③ 52개　　④ 56개

**해설** $\dfrac{1,900[m^2]}{75[m^2/개]} = 25.33$　∴ 26[개]

교차회로방식적용이므로,
26[개/회로]×2[회로] = 52[개]

**18** 피난기구의 화재안전기준의 설치장소별 피난기구 적응성에서 노유자시설의 층별적응성이 있는 피난기구의 연결이 옳은 것은?

① 지하 1층 - 피난교
② 지상 2층 - 완강기
③ 지상 3층 - 승강식 피난기
④ 지상 4층 미끄럼대

**해설** [별표 1]
소방대상물의 설치장소별 피난기구의 적응성(제4조제1항 관련)

| 설치장소별 구분 | 1층 | 2층 | 3층 | 4층 이상 10층 이하 |
|---|---|---|---|---|
| 1. 노유자시설 | 미끄럼대·구조대·피난교·다수인피난장비·승강식피난기 | 미끄럼대·구조대·피난교·다수인피난장비·승강식피난기 | 미끄럼대·구조대·피난교·다수인피난장비·승강식피난기 | 구조대·피난교·다수인피난장비·승강식피난기 |
| 2. 의료시설·근린생활시설 중 입원실이 있는 의원·접골원·조산원 | | | 구조대·피난교·피난용트랩·다수인피난장비·승강식피난기 | 구조대·피난교·피난용트랩·다수인피난장비·승강식피난기 |
| 3. 「다중이용업소의 안전관리에 관한 특별법 시행령」 제2조에 따른 다중이용업소로서 영업장의 위치가 4층 이하인 다중이용업소 | | 미끄럼대·피난사다리·구조대·완강기·다수인피난장비·승강식피난기 | 미끄럼대·피난사다리·구조대·완강기·다수인피난장비·승강식피난기 | 미끄럼대·피난사다리·구조대·완강기·다수인피난장비·승강식피난기 |
| 4. 그 밖의 것 | | | 미끄럼대·피난사다리·구조대·완강기·피난교·피난용트랩·간이완강기·공기안전매트·다수인피난장비·승강식피난기 | 피난사다리·구조대·완강기·피난교·간이완강기·공기안전매트·다수인피난장비·승강식피난기 |

비고
1) 구조대의 적응성은 장애인 관련 시설로서 주된 사용자중 스스로 피난이 불가한 자가 있는 경우 추가로 설치하는 경우에 한한다.
2), 3) 간이완강기의 적응성은 숙박시설의 3층 이상에 있는 객실에, 공기안전매트의 적응성은 공동주택에 추가로 설치하는 경우에 한한다.

**19** 법령개정으로 인해 문제 삭제

**20** 소방시설의 내진설계 기준에 관한 내용으로 옳지 않은 것은?

① 상쇄배관(offset)이란 영향구역 내의 직선배관이 방향전환 한 후 다시 같은 방향으로 연속될 경우, 중간에 방향전환 된 짧은 배관은 단부로 보지 않고 상쇄하여 직선으로 볼 수 있는 것을 말하며, 짧은 배관의 합산길이는 3.7[m] 이하여야 한다.
② 하나의 수평직선배관은 최소 2개의 횡방향 흔들림 방지 버팀대와 1개의 종방향 흔들림 방지 버팀대를 설치하여야 한다.
③ 수평직선배관 횡방향 흔들림 방지 버팀대의 간격은 중심선을 기준으로 최대간격이 12[m]를 초과하지 않아야 한다.
④ 수평직선배관 종방향 흔들림 방지 버팀대의 설계하중은 영향구역내의 수평주행배관, 교차배관, 가지배관의 하중을 포함하여 산정한다.

**해설** 소방시설의 내진설계 기준

보기①
**제3조(정의)**
21. "상쇄배관(offset)"이란 영향구역 내의 직선배관이 방향전환 한 후 다시 같은 방향으로 연속될 경우, 중간에 방향전환 된 짧은 배관은 단부로 보지 않고 상쇄하여 직선으로 볼 수 있는 것을 말하며, 짧은 배관의 합산길이는 3.7[m] 이하여야 한다.

보기②
**제9조(흔들림 방지 버팀대)**
① 흔들림 방지 버팀대는 다음 각 호의 기준에 따라 설치하여야 한다.
  6. 하나의 수평직선배관은 최소 2개의 횡방향 흔들림 방지 버팀대와 1개의 종방향 흔들림 방지 버팀대를 설치하여야 한다. 다만, 영향구역 내 배관의 길이가 6[m] 미만인 경우에는 횡방향과 종방향 흔들림 방지 버팀대를 각 1개씩 설치할 수 있다.

보기③
**제10조(수평직선배관 흔들림 방지 버팀대)**
① 횡방향 흔들림 방지 버팀대는 다음 각 호의 기준에 따라 설치하여야 한다.
  3. 흔들림 방지 버팀대의 간격은 중심선을 기준으로 최대간격이 12[m]를 초과하지 않아야 한다.

보기④
**제10조(수평직선배관 흔들림 방지 버팀대)**
② 종방향 흔들림 방지 버팀대는 다음 각 호의 기준에 따라 설치하여야 한다.
  2. 종방향 흔들림 방지 버팀대의 설계하중은 설치된 위치의 좌우 12[m]를 포함한 24[m] 이내의 배관에 작용하는 수평지진하중으로 영향구역내의 수평주행배관, 교차배관 하중을 포함하여 산정하며, 가지배관의 하중은 제외한다.

**21** 자동화재탐지설비 및 시각경보장치의 화재안전기준상 감지기에 관한 내용으로 옳은 것은?

① 공기관식 차동식분포형감지기 공기관의 노출부분은 감지구역마다 10[m] 이상이 되도록 한다.
② 감지기는 실내로의 공기유입구로부터 0.6[m] 이상 떨어진 위치에 설치한다.
③ 광전식분리형감지기의 광축은 나란한 벽으로부터 0.5[m] 이상 이격하여 설치한다.
④ 파이프덕트 등 그 밖의 이와 비슷한 것으로서 2개층마다 방화구획된 것이나 수평단면적이 5[m$^2$] 이하인 것은 감지기를 설치하지 아니한다.

**해설** 다음의 장소에는 감지기를 설치하지 아니한다.
1. 천장 또는 반자의 높이가 20[m] 이상인 장소. 다만, 제1항 단서 각호의 감지기로서 부착높이에 따라 적응성이 있는 장소는 제외한다.
2. 헛간 등 외부와 기류가 통하는 장소로서 감지기에 따라 화재발생을 유효하게 감지할 수 없는 장소
3. 부식성가스가 체류하고 있는 장소
4. 고온도 및 저온도로서 감지기의 기능이 정지되기 쉽거나 감지기의 유지관리가 어려운 장소
5. 목욕실·욕조나 샤워시설이 있는 화장실·기타 이와 유사한 장소
6. 파이프덕트 등 그 밖의 이와 비슷한 것으로서 2개층 마다 방화구획된 것이나 수평단면적이 5[m$^2$] 이하인 것

7. 먼지·가루 또는 수증기가 다량으로 체류하는 장소 또는 주방 등 평시에 연기가 발생하는 장소(연기감지기에 한한다)
8. 삭 제
9. 프레스공장·주조공장 등 화재발생의 위험이 적은 장소로서 감지기의 유지관리가 어려운 장소

**22** 지하구의 화재안전기준상 자동재탐지설비에 대한 다음 ( )에 들어갈 것으로 옳은 것은?

> 지하구 천장의 중심부에 설치하되 감지기와 천장 중심부 하단과의 수직거리는 ( )[cm] 이내로 할 것. 다만, 형식승인 내용에 설치방법이 규정되어 잇거나, 중앙기술심의위원회의 심의를 거쳐 제조사 시방서에 따른 설치방법이 지하구 화재에 적합하다고 인정되는 경우에는 형식승인 내용 또는 심의결과에 의한 제조사 시방서에 따라 설치할 수 있다.

① 30   ② 45
③ 60   ④ 80

① 감지기는 다음에 따라 설치하여야 한다.
  1. 「자동화재탐지설비 및 시각경보장치의 화재안전기준(NFSC 203)」제7조제1항 각 호의 감지기 중 먼지·습기 등의 영향을 받지 아니하고 발화지점(1[m] 단위)과 온도를 확인할 수 있는 것을 설치할 것
  2. 지하구 천장의 중심부에 설치하되 감지기와 천장 중심부 하단과의 수직거리는 30[cm] 이내로 할 것. 다만, 형식승인 내용에 설치방법이 규정되어 있거나, 중앙기술심의위원회의 심의를 거쳐 제조사 시방서에 따른 설치방법이 지하구 화재에 적합하다고 인정되는 경우에는 형식승인 내용 또는 심의결과에 의한 제조사 시방서에 따라 설치할 수 있다.
  3. 발화지점이 지하구의 실제거리와 일치하도록 수신기 등에 표시할 것
  4. 공동구 내부에 상수도용 또는 냉·난방용 설비만 존재하는 부분은 감지기를 설치하지 않을 수 있다.
② 발신기, 지구음향장치 및 시각경보기는 설치하지 않을 수 있다.

**23** 유도등 및 유도표지의 화재안전기준상 다음 조건에 따른 객석유도등의 최소설치개수는?

> - 공연장 객석의 좌, 우 양 측면에 직선부분의 길이가 22[m]인 통로가 각 1개씩 2개소 설치되어 있다.
> - 공영장 객석의 후면에 직선부분의 길이가 18m인 통로가 1개소 설치되어 있다.
> - 상기 이외의 통로는 객석유도등 설치 대상에 포함하지 않는 것으로 한다.

① 9개   ② 11개
③ 14개   ④ 17개

- $\dfrac{22m}{4m} - 1 = 4.5$  ∴ 5[개]  ⇒ 2개소이므로 10[개]
- $\dfrac{18m}{4m} - 1 = 3.5$  ∴ 4[개]

따라서 14[개]

**24** 자동화재탐지설비 및 시각경보장치의 화재안전기준상 경계구역의 설정기준으로 옳지 않은 것은?

① 하나의 경계구역의 면적은 600[m²] 이하로 하고 한변의 길이는 50[m] 이하로 할 것
② 외기에 면하여 상시 개방된 부분이 있는 차고·주차장·창고 등에 있어서는 외기에 면하는 각 부분으로부터 5[m] 미만의 범위안에 있는 부분은 경계구역의 면적에 산입하지 아니한다.
③ 하나의 경계구역이 2개 이상의 건축물에 미치지 아니하도록 할 것
④ 하나의 경계구역이 2개 이상의 층에 미치지 아니하도록 할 것. 다만, 600[m²] 이하의 범위 안에서는 2개의 층을 하나의 경계구역으로 할 수 있다.

정답 22.① 23.③ 24.④

해설 자동화재탐지설비의 경계구역은 다음의 기준에 따라 설정하여야 한다. 다만, 감지기의 형식승인 시 감지거리, 감지면적 등에 대한 성능을 별도로 인정받은 경우에는 그 성능인정범위를 경계구역으로 할 수 있다.
1. 하나의 경계구역이 2개 이상의 건축물에 미치지 아니하도록 할 것
2. 하나의 경계구역이 2개 이상의 층에 미치지 아니하도록 할 것. 다만, 500[m$^2$] 이하의 범위안에서는 2개의 층을 하나의 경계구역으로 할 수 있다.
3. 하나의 경계구역의 면적은 600[m$^2$] 이하로 하고 한 변의 길이는 50[m] 이하로 할 것. 다만, 해당 특정소방대상물의 주된 출입구에서 그 내부 전체가 보이는 것에 있어서는 한 변의 길이가 50[m]의 범위 내에서 1,000[m$^2$] 이하로 할 수 있다.

**25** 비상방송설비의 화재안전기준상 음향장치의 설치 기준으로 옳은 것은?

① 증폭기 및 조작부는 수위실 등 상시 사람이 근무하는 장소로서 점검이 편리하고 방화상 유효한 곳에 설치할 것

② 기동장치에 따른 화재신고를 수신한 후 필요한 음량으로 화재발생 상황 및 피난에 유효한 방송이 자동으로 개시될 때까지의 소요시간은 30초 이하로 할 것

③ 층수가 3층 이상으로서 연면적이 2,000[m$^2$]를 초과하는 특정소방대상물 지상 1층에서 발화한 때에는 발화층·그 직상층 및 지하층에 경보를 발할 것

④ 확성기의 음성입력은 1[W](실외에 설치하는 것에 있어서는 2[W]) 이상일 것

해설 비상방송설비는 다음의 기준에 따라 설치하여야 한다. 이 경우 엘리베이터 내부에는 별도의 음향장치를 설치할 수 있다.
1. 확성기의 음성입력은 3[W](실내에 설치하는 것에 있어서는 1[W]) 이상일 것
2. 확성기는 각층마다 설치하되, 그 층의 각 부분으로부터 하나의 확성기까지의 수평거리가 25[m] 이하가 되도록 하고, 해당층의 각 부분에 유효하게 경보를 발할 수 있도록 설치할 것
3. 음량조정기를 설치하는 경우 음량조정기의 배선은 3선식으로 할 것
4. 조작부의 조작스위치는 바닥으로부터 0.8[m] 이상 1.5[m] 이하의 높이에 설치할 것
5. 조작부는 기동장치의 작동과 연동하여 해당 기동장치가 작동한 층 또는 구역을 표시할 수 있는 것으로 할 것
6. 증폭기 및 조작부는 수위실 등 상시 사람이 근무하는 장소로서 점검이 편리하고 방화상 유효한 곳에 설치할 것

[2023.2.10.이후 개정]
7. 층수가 11층(공동주택의 경우에는 16층) 이상의 특정소방대상물은 다음의 기준에 따라 경보를 발할 수 있도록 해야 한다.
① 2층 이상의 층에서 발화한 때에는 발화층 및 그 직상 4개층에 경보를 발할 것〈개정 2023.2.10〉
② 1층에서 발화한 때에는 발화층·그 직상 4개층 및 지하층에 경보를 발할 것〈개정 2023.2.10.〉
③ 지하층에서 발화한 때에는 발화층·그 직상층 및 기타의 지하층에 경보를 발할 것

# 제20회 소방시설관리사 1차 필기 기출문제
### [제5과목 : 소방시설의 구조 및 원리]

**01** 누전경보기의 화재안전기준상 설치기준으로 옳지 않은 것은?

① 경계전로의 정격전류가 60[A]를 초과하는 전로에 있어서는 1급 누전경보기를, 60[A] 이하의 전로에 있어서는 1급 또는 2급 누전경보기를 설치할 것
② 변류기는 특정소방대상물의 형태, 인입선의 시설방법 등에 따라 옥외 인입선의 제1지점의 부하측 또는 제2종 접지선측의 점검이 쉬운 위치에 설치할 것
③ 전원은 분전반으로부터 전용회로로 하고, 각 극에 개폐기 및 30[A] 이하의 과전류차단기(배선용 차단기에 있어서는 20[A] 이하의 것으로 각 극을 개폐할 수 있는 것)를 설치할 것
④ 변류기를 옥외의 전로에 설치하는 경우에는 옥외형으로 설치할 것

**해설** 전원은 분전반으로부터 전용회로로 하고, 각 극에 개폐기 및 15[A] 이하의 과전류차단기(배선용 차단기에 있어서는 20[A] 이하의 것으로 각 극을 개폐할 수 있는 것)를 설치할 것

**02** 비상콘센트설비의 화재안전기준상 ( )에 들어갈 기준은?

> 절연내력은 전원부와 외함 사이에 정격전압이 150V 이하인 경우에는 ( ㉠ )V의 실효전압을, 정격전압이 150V 이상인 경우에는 그 정격전압에 2를 곱하여 1,000을 더한 실효전압을 가하는 시험에서 ( ㉡ )분 이상 견디는 것으로 할 것

① ㉠ : 500, ㉡ : 1
② ㉠ : 1,000, ㉡ : 1
③ ㉠ : 500, ㉡ : 3
④ ㉠ : 1,000, ㉡ : 3

**해설** 절연내력시험
절연내력은 전원부와 외함 사이에 정격전압이 150[V] 이하인 경우에는 1000[V]의 실효전압을, 정격전압이 150[V] 이상인 경우에는 그 정격전압에 2를 곱하여 1,000을 더한 실효전압을 가하는 시험에서 1분 이상 견디는 것으로 할 것

**03** 유도등 및 유도표지의 화재안전기준상 피난유도선 설치기준으로 옳은 것은?

① 축광방식의 피난유도선은 바닥으로부터 높이 50[cm] 이하의 위치 또는 바닥면에 설치할 것
② 축광방식의 피난유도 표시부는 60[cm] 이내의 간격으로 연속되도록 설치할 것
③ 광원점등방식의 피난유도 표시부는 바닥으로부터 높이 1.5[m] 이하의 위치 또는 바닥면에 설치할 것
④ 광원점등방식의 피난유도 표시부는 60[cm] 이내의 간격으로 연속되도록 설치하되 실내 장식물 등으로 설치가 곤란할 경우 1.5[m] 이내로 설치할 것

**해설** ㉡ 축광방식의 피난유도 표시부는 50[cm] 이내의 간격으로 연속되도록 설치할 것
㉢ 광원점등방식의 피난유도 표시부는 바닥으로부터 높이 1[m] 이하의 위치 또는 바닥면에 설치할 것
㉣ 광원점등방식의 피난유도 표시부는 50[cm] 이내의 간격으로 연속되도록 설치하되 실내 장식물 등으로 설치가 곤란할 경우 1[m] 이내로 설치할 것

정답 01.③ 02.② 03.①

**04** 자동화재탐지설비 및 시각경보장치의 화재안전기준상 발신기 설치기준으로 옳지 않은 것은?

① 지하구의 경우에는 발신기를 설치하지 아니할 수 있다.
② 조작이 쉬운 장소에 설치하고, 스위치는 바닥으로부터 0.8[m] 이상 1.5[m] 이하의 높이에 설치할 것
③ 특정소방대상물의 층마다 설치하되, 해당 특정소방대상물의 각 부분으로부터 하나의 발신기까지의 수평거리가 25[m] 이하가 되도록 할 것. 다만, 복도 또는 별도로 구획된 실로서 보행거리가 40[m] 이상일 경우에는 추가로 설치하여야 한다.
④ 발신기의 위치를 표시하는 표시등은 함의 상부에 설치하되, 그 불빛은 부착면으로부터 10° 이상의 범위안에서 부착지점으로부터 10[m] 이내의 어느곳에서도 쉽게 식별할 수 있는 적색등으로 하여야 한다.

[해설] 발신기의 위치를 표시하는 표시등은 함의 상부에 설치하되, 그 불빛은 부착면으로부터 15° 이상의 범위안에서 부착지점으로부터 10[m] 이내의 어느곳에서도 쉽게 식별할 수 있는 적색등으로 하여야 한다.

**05** 비상방송설비의 화재안전기준상 용어의 정의 및 음향장치에 관한 내용으로 옳지 않은 것은?

① 음량조절기란 가변저항을 이용하여 전류를 변화시켜 음량을 크게 하거나 작게 조절할 수 있는 장치를 말한다.
② 증폭기란 전류량을 늘려 감도를 좋게 하고 미약한 음성전류를 커다란 음성전류로 변화시켜 소리를 크게 하는 장치를 말한다.
③ 음량조정기를 설치하는 경우 음량조정기의 배선은 3선식으로 할 것
④ 하나의 특정소방대상물에 2 이상의 조작부가 설치되어 있는 때에는 각각의 조작부가 있는 장소 상호간에 동시통화가 가능한 설비를 설치할 것

[해설] 증폭기란 전압전류의 진폭을 늘려 감도를 좋게 하고 미약한 음성전류를 커다란 음성전류로 변화시켜 소리를 크게 하는 장치를 말한다.

**06** 단상 2선식 220[V]로 수전하는 곳에 부하전력이 65[kW], 역률이 85[%], 구내배선의 길이가 100[m]일 때 전압강하를 5[V]까지 허용하는 경우 배선의 최소 굵기[mm²]는 약 얼마인가?

① 121.46[mm²]  ② 142.89[mm²]
③ 210.36[mm²]  ④ 247.49[mm²]

[해설] $P = VI\cos\theta$,
$I = \dfrac{P}{V\cos\theta} = \dfrac{65 \times 10^3}{220 \times 0.85} = 347.59 A$
$A = \dfrac{35.6 LI}{1000 e} = \dfrac{35.6 \times 100 \times 347.59}{1000 \times 5}$
$= 247.48[mm^2]$

**07** 소방펌프에 전기를 공급하는 전동기설비가 있을 때 모터의 전부하전류[A]는 약 얼마인가? (단, 전압은 단상 220[V], 모터용량은 20[kW], 역률은 90[%], 효율은 70[%]이다)

① 58[A]  ② 83[A]
③ 101[A]  ④ 144[A]

[해설] $P = \dfrac{20 kW}{0.7} = 28.57 kW$
$P = VI\cos\theta$
$I = \dfrac{P}{V\cos\theta} = \dfrac{28.57 \times 10^3}{220 \times 0.9} = 144.29[A]$

**08** P형 1급 수신기와 감지기 사이에 배선회로에서 종단저항은 10[kΩ], 배선저항 100[Ω], 릴레이 저항은 800[Ω]이며 회로전압은 24[V]일 때, 감지기 동작 시 흐르는 전류[mA]는 약 얼마인가?

① 11.63[mA]  ② 12.63[mA]
③ 23.67[mA]  ④ 26.67[mA]

정답 04.④ 05.② 06.④ 07.④ 08.④

**해설**

$$\text{동작전류} = \frac{\text{회로전압}}{\text{릴레이저항} + \text{선로저항}}$$

$$I = \frac{24}{800+100} = 0.02667 A \fallingdotseq 26.67 [\text{mA}]$$

**09** 간이스프링클러설비의 화재안전기준상 급수배관의 설치기준으로 옳지 않은 것은?

① 상수도직결형의 경우에는 수도배관 호칭지름 25[mm] 이상의 배관이어야 한다.
② 배관과 연결되는 이음쇠 등의 부속품은 물이 고이는 현상을 방지하는 조치를 하여야 한다.
③ 급수를 차단할 수 있는 개폐밸브는 개폐표시형으로 하여야 한다.
④ 수리계산에 의하는 경우 가지배관의 유속은 6[m/s], 그 밖의 배관의 유속은 10[m/s]를 초과할 수 없다.

**해설** 상수도직결형의 경우에는 수도배관 호칭지름 32[mm] 이상의 배관이어야 한다.
"캐비닛형" 및 "상수도직결형"을 사용하는 경우 주배관은 32, 수평주행배관은 32, 가지배관은 25 이상으로 할 것. 이 경우 최장배관은 제5조제6항에 따라 인정받은 길이로 하며 하나의 가지배관에는 간이헤드를 3개 이내로 설치하여야 한다.

**10** 도로터널의 화재안전기준상 옥내소화전설비의 설치기준으로 옳은 것은?

① 소화전함과 방수구는 편도 2차선 이상의 양방향 터널이나 4차로 이상의 일방향 터널의 경우에는 양쪽 측벽에 각각 60[m] 이내의 간격으로 엇갈리게 설치할 것
② 소화전함에는 옥내소화전 방수구 1개, 15[m] 이상의 소방호스 2본 이상 및 방수노즐을 비치할 것
③ 가압송수장치는 옥내소화전 2개(4차로 이상의 터널인 경우 3개)를 동시에 사용할 경우 각 옥내소화전의 노즐선단에서의 방수압력은 0.35[MPa] 이상이고 방수량은 190[L/min] 이상이 되는 성능의 것으로 할 것
④ 방수구는 40[mm] 구경의 단구형을 옥내소화전이 설치된 도로의 바닥면으로부터 1.5[m] 이하의 높이에 설치할 것

**해설** ㉠ 소화전함과 방수구는 편도 2차선 이상의 양방향 터널이나 4차로 이상의 일방향 터널의 경우에는 양쪽 측벽에 각각 50[m] 이내의 간격으로 엇갈리게 설치할 것
㉡ 소화전함에는 옥내소화전 방수구 1개, 15[m] 이상의 소방호스 3본 이상 및 방수노즐을 비치할 것
㉢ 방수구는 40[mm] 구경의 단구형을 옥내소화전이 설치된 벽면의 바닥면으로부터 1.5[m] 이하의 높이에 설치할 것

**11** 고층건축물의 화재안전기준상 피난안전구역에 설치하는 소방시설 설치기준으로 옳지 않은 것은?

① 피난유도선 설치기준에서 피난유도 표시부의 너비는 최소 25[mm] 이상으로 설치할 것
② 인명구조기구는 피난안전구역이 50층 이상에 설치되어 있을 경우에는 동일한 성능의 예비용기를 5개 이상 비치할 것
③ 비상조명등은 상시 조명이 소등된 상태에서 그 비상조명등이 점등되는 경우 각 부분의 바닥에서 조도는 10[lx] 이상이 될 수 있도록 설치할 것
④ 제연설비는 피난안전구역과 비 제연구역간의 차압은 50[Pa](옥내에 스프링클러설비가 설치된 경우에는 12.5[Pa]) 이상으로 하여야 한다.

**해설** 인명구조기구는 피난안전구역이 50층 이상에 설치되어 있을 경우에는 동일한 성능의 예비용기를 10개 이상 비치할 것

**12** 소방펌프의 정격유량과 압력이 각각 0.1[m³/s] 및 0.5[MPa]일 경우 펌프의 수동력[kW]은 약 얼마인가?

① 30[kW]   ② 40[kW]
③ 50[kW]   ④ 60[kW]

해설 수동력 $P[\text{kW}] = \gamma QH = PQ$
$= 0.5 \times 10^3 [\text{kN/m}^2] \times 0.1 [\text{m}^3/\text{s}]$
$= 50 [\text{kW}]$

**13** 지상 40층짜리 아파트에 스프링클러설비가 설치되어 있고 세대별 헤드수가 8개일 때 확보해야 할 최소 수원의 양[m³]은? (단, 옥상수조 수원의 양은 고려하지 않는다)

① 12.8[m³]  ② 16.0[m³]
③ 25.6[m³]  ④ 32.0[m³]

해설 $Q = N \times 3.2\text{m}^3 = 8 \times 3.2\text{m}^3 = 25.6[\text{m}^3]$
[30층 이상 49층 이하의 경우 헤드 1개당 3.2[m³] 적용, 세대 내 최대 헤드수 8개 적용]

**14** 옥외소화전설비의 화재안전기준상 소화전함 설치기준으로 옳지 않은 것은?

① 옥외소화전이 10개 이하 설치된 때에는 옥외소화전마다 5[m] 이내의 장소에 1개 이상의 소화전함을 설치하여야 한다.
② 옥외소화전이 11개 이상 30개 이하 설치된 때에는 11개 이상의 소화전함을 각각 분산하여 설치하여야 한다.
③ 옥외소화전이 31개 이상 설치된 때에는 옥외소화전 2개마다 1개 이상의 소화전함을 설치하여야 한다.
④ 가압송수장치의 조작부 또는 그 부근에는 가압송수장치의 기동을 명시하는 적색등을 설치하여야 한다.

해설 옥외소화전이 31개 이상 설치된 때에는 옥외소화전 3개마다 1개 이상의 소화전함을 설치하여야 한다.

**15** 물분무소화설비의 화재안전기준상 수원의 저수량 기준으로 옳은 것은?

① 콘베이어 벨트 등은 벨트부분의 바닥면적 1[m²]에 대하여 8[L/min]로 20분간 방수할 수 있는 양 이상으로 할 것
② 차고 또는 주차장은 그 바닥면적 1[m²]에 대하여 10[L/min]로 20분간 방수할 수 있는 양 이상으로 할 것
③ 절연유 봉입 변압기는 바닥부분을 제외한 표면적을 합한 면적 1[m²]에 대하여 8[L/min]로 20분간 방수할 수 있는 양 이상으로 할 것
④ 케이블트레이, 케이블덕트 등은 투영된 바닥면적 1[m²]에 대하여 12[L/min]로 20분간 방수할 수 있는 양 이상으로 할 것

해설 ㉠ 콘베이어벨트 등은 벨트부분의 바닥면적 1[m²]에 대하여 10[L/min]로 20분간 방수할 수 있는 양 이상으로 할 것
㉡ 차고 또는 주차장은 그 바닥면적 1[m²]에 대하여 20[L/min]로 20분간 방수할 수 있는 양 이상으로 할 것
㉢ 절연유 봉입 변압기는 바닥부분을 제외한 표면적을 합한 면적 1[m²]에 대하여 10[L/min]로 20분간 방수할 수 있는 양 이상으로 할 것

**16** 지상 11층의 내화구조 건물에서 특별피난계단용 부속실의 급기 가압용 송풍기의 동력[kW]은 약 얼마인가?

- 총 누설량 : 2.1[m³/s]
- 총 보충량 : 0.75[m³/s]
- 송풍기 모터효율 : 50[%]
- 송풍기 압력 : 1,000[Pa]
- 전달계수 : 1.1
- 송풍기 풍량의 여유율 : 15[%]

① 1.68[kW]  ② 7.21[kW]
③ 16.8[kW]  ④ 72.1[kW]

해설 $P = \dfrac{P \times Q \times 1.15}{\eta} \times K$

$Q$[급기량] = 누설량 + 보충량
$= 2.1 + 0.75 = 2.85 \text{m}^3/\text{s}$

$P = \dfrac{1\text{kPa} \cdot \text{kN/m}^2 \times 2.85\text{m}^3/\text{s} \times 1.15}{0.5} \times 1.1$
$= 7.21[\text{kW}]$

정답 13.③ 14.③ 15.④ 16.②

**17** 할로겐화합물 및 불활성기체소화설비의 화재안전기준상 용어의 정의로 옳지 않은 것은?

① "할로겐화합물 및 불활성기체소화약제"란 할로겐화합물(할론 1301, 할론 2402, 할론 1211 제외) 및 불활성기체로서 전기적으로 전도성이며 휘발성이 있거나 증발 후 잔여물을 남기지 않는 소화약제를 말한다.
② "할로겐화합물소화약제"란 불소, 염소, 브롬 또는 요오드 중 하나 이상의 원소를 포함하고 있는 유기화합물을 기본성분으로 하는 소화약제를 말한다.
③ "불활성기체소화약제"란 헬륨, 네온, 아르곤 또는 질소가스 중 하나 이상의 원소를 기본성분으로 하는 소화약제를 말한다.
④ "충전밀도"란 용기의 단위용적당 소화약제의 중량의 비율을 말한다.

**해설** "할로겐화합물 및 불활성기체소화약제"란 할로겐화합물(할론 1301, 할론 2402, 할론 1211 제외) 및 불활성기체로서 전기적으로 비전도성이며 휘발성이 있거나 증발 후 잔여물을 남기지 않는 소화약제를 말한다.

**18** 이산화탄소 소화설비의 화재안전기준상 호스릴 이산화탄소 소화설비의 설치기준으로 옳지 않은 것은?

① 방호대상물의 각 부분으로부터 하나의 호스 접결구까지의 수평거리가 15[m] 이하가 되도록 할 것
② 노즐은 20[℃]에서 하나의 노즐마다 50[kg/min] 이상의 소화약제를 방사할 수 있는 것으로 할 것
③ 소화약제 저장용기는 호스릴을 설치하는 장소마다 설치할 것
④ 화재 시 현저하게 연기가 찰 우려가 없는 장소로서 지상 1층 및 피난층에 있는 부분으로서 지상에서 수동 또는 원격조작에 따라 개방할 수 있는 개구부의 유효면적의 합계가 바닥면적의 15[%] 이상이 되는 부분에 설치할 수 있다.

**해설** 노즐은 20[℃]에서 하나의 노즐마다 60[kg/min] 이상의 소화약제를 방사할 수 있는 것으로 할 것

**19** 피난기구의 화재안전기준이다. ( )에 들어갈 피난기구로 옳은 것은?

> 피난기구를 설치하는 개구부는 서로 동일직선상이 아닌 위치에 있을 것. 다만, ( ㉠ )·( ㉡ )·( ㉢ )·아파트에 설치되는 피난기구(다수인 피난장비는 제외한다) 기타 피난 상 지장이 없는 것에 있어서는 그러하지 아니하다.

① ㉠ : 구조대, ㉡ : 피난교, ㉢ : 피난용트랩
② ㉠ : 구조대, ㉡ : 피난교, ㉢ : 간이완강기
③ ㉠ : 피난교, ㉡ : 피난용트랩, ㉢ : 피난사다리
④ ㉠ : 피난교, ㉡ : 피난용트랩, ㉢ : 간이완강기

**해설** 피난기구를 설치하는 개구부는 서로 동일직선상이 아닌 위치에 있을 것. 다만, 피난교·피난용트랩·간이완강기·아파트에 설치되는 피난기구(다수인 피난장비는 제외한다) 기타 피난 상 지장이 없는 것에 있어서는 그러하지 아니하다.

**20** 연결송수관설비의 화재안전기준상 송수구가 부설된 옥내소화전을 설치한 특정소방대상물 중 방수구를 설치하지 않아도 되는 층은?

① 지하층의 층수가 2 이하인 숙박시설의 지하층
② 지하층의 층수가 2 이하인 창고시설의 지하층
③ 지하층의 층수가 2 이하인 관람장의 지하층
④ 지하층의 층수가 2 이하인 공장의 지하층

**해설** 연결송수관설비의 방수구는 그 특정소방대상물의 층마다 설치할 것. 다만, 다음 각목의 어느 하나에 해당하는 층에는 설치하지 아니할 수 있다.
가. 아파트의 1층 및 2층
나. 소방차의 접근이 가능하고 소방대원이 소방차로부터 각 부분에 쉽게 도달할 수 있는 피난층

**정답** 17.① 18.② 19.④ 20.①

다. 송수구가 부설된 옥내소화전을 설치한 특정소방대상물(집회장·관람장·백화점·도매시장·소매시장·판매시설·공장·창고시설 또는 지하가를 제외한다)로서 다음의 어느 하나에 해당하는 층
　(1) 지하층을 제외한 층수가 4층 이하이고 연면적이 6,000[m²] 미만인 특정소방대상물의 지상층
　(2) 지하층의 층수가 2 이하인 특정소방대상물의 지하층

**21** 소방시설의 내진설계 기준상 수평배관 흔들림 방지 버팀대 설치기준으로 옳은 것은?

① 횡방향 흔들림 방지 버팀대의 설계하중은 설치된 위치의 좌우 5[m]를 포함한 15[m] 내의 배관에 작용하는 횡방향수평지진하중으로 산정한다.
② 횡방향 흔들림 방지 버팀대는 배관구경에 관계없이 모든 주배관, 교차배관에 설치하여야 한다.
③ 마지막 버팀대와 배관 단부 사이의 거리는 2[m]를 초과하지 않아야 한다.
④ 버팀대의 간격은 중심선 기준으로 최대간격이 15[m]를 초과하지 않아야 한다.

[해설] ㉠ 횡방향 흔들림 방지 버팀대의 설계하중은 설치된 위치의 좌우 6[m]를 포함한 12[m] 내의 배관에 작용하는 횡방향수평지진하중으로 산정한다.
㉢ 마지막 버팀대와 배관 단부 사이의 거리는 1.8[m]를 초과하지 않아야 한다.
㉣ 버팀대의 간격은 중심선 기준으로 최대간격이 12[m]를 초과하지 않아야 한다.

**22** 특별피난계단의 계단실 및 부속실 제연설비의 화재안전기준상 수직풍도에 따른 배출기준으로 옳지 않은 것은?

① 배출댐퍼는 두께 1.5[mm] 이상의 강판 또는 이와 동등 이상의 성능이 있는 것으로 설치하여야 하며 비내식성 재료의 경우에는 부식방지 조치를 할 것
② 수직풍도의 내부면은 두께 0.5[mm] 이상의 아연도금강판 또는 동등이상의 내식성·내열성이 있는 것으로 마감되는 접합부에 대하여는 통기성이 없도록 조치할 것
③ 화재층의 옥내에 설치된 화재감지기의 동작에 따라 전층의 댐퍼가 개방될 것
④ 열기류에 노출되는 송풍기 및 그 부품들은 250[℃]의 온도에서 1시간 이상 가동상태를 유지할 것

[해설] 화재층의 옥내에 설치된 화재감지기의 동작에 따라 당해 층의 댐퍼가 개방될 것

**23** 특별피난계단의 계단실 및 부속실 제연설비의 화재안전기준상 제연구역으로부터 공기가 누설하는 출입문의 틈새면적을 산출하는 기준이다. ( )에 들어갈 값으로 옳은 것은?

A = ( L / ℓ ) × Ad
A : 출입문의 틈새[m²]
L : 출입문 틈새의 길이[m]
ℓ : 외여닫이문이 설치되어 있는 경우에는 5.6, 쌍여닫이문이 설치되어 있는 경우에는 9.2, 승강기의 출입문이 설치되어 있는 경우에는 8.0으로 할 것
Ad : 외여닫이문으로 제연구역의 실내 쪽으로 열리도록 설치하는 경우에는 ( ㉠ ), 제연구역의 실외 쪽으로 열리도록 설치하는 경우에는 ( ㉡ ), 쌍여닫이문의 경우에는 ( ㉢ ), 승강기의 출입문에 대하여는 0.06으로 할 것

① ㉠ : 0.01[m²], ㉡ : 0.02[m²], ㉢ : 0.03[m²]
② ㉠ : 0.02[m²], ㉡ : 0.03[m²], ㉢ : 0.04[m²]
③ ㉠ : 0.03[m²], ㉡ : 0.04[m²], ㉢ : 0.05[m²]
④ ㉠ : 0.04[m²], ㉡ : 0.05[m²], ㉢ : 0.06[m²]

[해설] Ad : 외여닫이문으로 제연구역의 실내 쪽으로 열리도록 설치하는 경우에는 0.01[m²], 제연구역의 실외 쪽으로 열리도록 설치하는 경우에는 0.02[m²], 쌍여닫이문의 경우에는 0.03[m²], 승강기의 출입문에 대하여는 0.06[m²]으로 할 것

08. 소방시설의 구조 및 원리

**24** 바닥면적이 가로 30[m], 세로 20[m]인 아래의 특정소방대상물에서 소화기구의 능력단위를 산정한 값으로 옳은 것은? (단, 건축물의 주요 구조부는 내화구조가 아님)

  ㉠ 숙박시설    ㉡ 장례식장
  ㉢ 위락시설    ㉣ 교육연구시설

① ㉠ : 6, ㉡ : 12, ㉢ : 20, ㉣ : 3
② ㉠ : 12, ㉡ : 6, ㉢ : 12, ㉣ : 6
③ ㉠ : 6, ㉡ : 6, ㉢ : 12, ㉣ : 3
④ ㉠ : 12, ㉡ : 12, ㉢ : 20, ㉣ : 6

**해설**

㉠ 숙박시설 = $\dfrac{(30 \times 20)\mathrm{m}^2}{100\mathrm{m}^2/1단위} = 6단위$

㉡ 장례식장 = $\dfrac{(30 \times 20)\mathrm{m}^2}{50\mathrm{m}^2/1단위} = 12단위$

㉢ 위락시설 = $\dfrac{(30 \times 20)\mathrm{m}^2}{30\mathrm{m}^2/1단위} = 20단위$

㉣ 교육연구시설 = $\dfrac{(30 \times 20)\mathrm{m}^2}{200\mathrm{m}^2/1단위} = 3단위$

**25** 내화건축물의 소화용수설비 최소 유효저수량[m³]은? (단, 소수점 이하의 수는 1로 본다)

- 지상 8층
- 각 층의 바닥면적은 각각 5,000[m²]
- 대지면적은 25,000[m²]

① 60[m²]   ② 80[m²]
③ 100[m²]  ④ 120[m²]

**해설** 1, 2층의 바닥면적 합이 10,000[m²]로서 15,000[m²] 미만이므로 연면적을 12,500[m²]로 나누어 얻은 수에 20[m³]을 곱한 양이 필요하다.

$\dfrac{8 \times 5000 \mathrm{\ m}^2}{12{,}500\mathrm{m}^2} = 3.2 \quad \therefore 4$

$4 \times 20\mathrm{m}^3 = 80[\mathrm{m}^3]$

정답  24.①  25.②

# 제9회 소방시설관리사 1차 필기 기출문제
[제5과목 : 소방시설의 구조 및 원리]

**01** 비상방송설비의 화재안전기준상 배선의 설치기준으로 옳은 것은?

① 화재로 인하여 하나의 층의 확성기 또는 배선이 단락 또는 단선되어도 다른 층의 화재통보에 지장이 없도록 한다.
② 전원회로의 배선은 옥내소화전설비의 화재안전기준(NFSC 102)에 따른 내화배선 또는 내열배선에 따라 설치한다.
③ 전원회로의 부속회로는 전로와 대지 사이 및 배선 상호간의 절연저항은 1경계구역마다 직류 500[V]의 절연저항측정기를 사용하여 측정한 절연저항이 0.1[MΩ] 이상이 되도록 한다.
④ 비상방송설비의 배선은 다른 전선과 별도의 관·덕트, 몰드 또는 풀박스 등에 설치한다. 다만, 100[V] 미만의 약전류 회로에 사용하는 전선으로서 각각의 전압이 같을 때에는 그러하지 아니하다.

**해설** 2.2 배선
  2.2.1 비상방송설비의 배선은 「전기사업법」 제67조에 따른 「전기설비기술기준」에서 정한 것 외에 다음의 기준에 따라 설치해야 한다.
    2.2.1.1 화재로 인하여 하나의 층의 확성기 또는 배선이 단락 또는 단선되어도 다른 층의 화재통보에 지장이 없도록 할 것
    2.2.1.2 전원회로의 배선은 「옥내소화전설비의 화재안전기술기준(NFTC 102)」 2.7.2의 표 2.7.2(1)에 따른 내화배선에 따르고, 그 밖의 배선은 「옥내소화전설비의 화재안전기술기준(NFTC 102)」 2.7.2의 표 2.7.2(1) 또는 표 2.7.2(2)에 따른 내화배선 또는 내열배선에 따를 것
    2.2.1.3 전원회로의 전로와 대지 사이 및 배선상호 간의 절연저항은 「전기사업법」 제67조에 따른 「전기설비기술기준」이 정하는 바에 따르고, 부속회로의 전로와 대지 사이 및 배선 상호 간의 절연저항은 1경계구역마다 직류 250V의 절연저항측정기를 사용하여 측정한 절연저항이 0.1MΩ 이상이 되도록 할 것
    2.2.1.4 비상방송설비의 배선은 다른 전선과 별도의 관·덕트(절연효력이 있는 것으로 구획한 때에는 그 구획된 부분은 별개의 덕트로 본다) 몰드 또는 풀박스 등에 설치할 것. 다만, 60V 미만의 약전류회로에 사용하는 전선으로서 각각의 전압이 같을 때는 그렇지 않다.

**02** 수신기 형식승인 및 제품검사의 기술기준상 수신기의 구조 및 일반기능으로 옳지 않은 것은?

① 화재신호를 수신하는 경우 P형, P형복합식, GP형, GP형복합식, R형, R형복합식, GR형 또는 GR형복합식의 수신기에 있어서는 2 이상의 지구표시장치에 의하여 각각 화재를 표시할 수 있어야 한다.
② 예비전원회로에는 단락사고 등으로부터 보호하기 위한 퓨즈 등 과전류 보호장치를 설치하여야 한다.
③ 수신기(1회선용은 제외한다)는 2회선이 동시에 작동하여도 화재표시가 되어야 하며, 감지기의 감지 또는 발신기의 발신개시로부터 P형, P형복합식, GP형, GP형복합식, R형, R형복합식, GR형 또는 GR형복합식수신기의 수신완료까지의 소요시간은 5초(축적형의 경우에는 60초) 이내이어야 한다.

정답 01.① 02.④

④ 부식에 의하여 전기적 기능에 영향을 초래할 우려가 있는 부분은 칠, 도금 등으로 유효하게 내식가공을 하거나 방청가공을 하여야 하며, 기계적 기능에 영향이 있는 단자, 나사 및 와셔 등은 동합금이나 이와 동등 이상의 내식성능이 있는 재질을 사용하여야 한다.

**해설** ④ 부식에 의하여 기계적 기능에 영향을 초래할 우려가 있는 부분은 칠, 도금 등으로 유효하게 내식가공을 하거나 방청가공을 하여야 하며, 전기적 기능에 영향이 있는 단자, 나사 및 와셔 등은 동합금이나 이와 동등 이상의 내식성능이 있는 재질을 사용하여야 한다.

**03** 스프링클러설비의 화재안전기준상 다음 조건에서 폐쇄형스프링클러헤드의 기준 개수는?

> 특정소방대상물(지하 2층 ~ 지상 50층, 각층 층고 2.8[m])로서 주차장(지하 2개층)을 공유하는 아파트(지하층을 제외한 층수가 50층)와 오피스텔(지하층을 제외한 층수가 15층)이 각각 별동으로 건설되어 소화설비는 완전 별개로 운영된다.

① 아파트 : 10개,  오피스텔 : 10개
② 아파트 : 10개,  오피스텔 : 30개
③ 아파트 : 20개,  오피스텔 : 20개
④ 아파트 : 20개,  오피스텔 : 30개

**해설** 수원의 양
▶ 폐쇄형 스프링클러헤드를 사용하는 경우
30층 미만의 경우 : 수원의 양[m³]= $N \times 1.6$[m³] 이상= $N \times 80$[L/min]$\times 20$[min] 이상
30층 이상 49층 이하의 경우 : 수원의 양[m³]
= $N \times 3.2$[m³] 이상
= $N \times 80$[L/min]$\times 40$[min] 이상
50층 이상의 경우 : 수원의 양[m³] = $N \times 4.8$[m³] 이상 = $N \times 80$[L/min]$\times 60$[min] 이상
$N$ : 스프링클러헤드의 설치개수가 가장 많은 층의 설치수(최대기준개수 이하)

**[ 기준개수 ]**

| 스프링클러설비 설치장소 | | | 기준개수 |
|---|---|---|---|
| 지하층을 제외한 층수가 10층 이하인 소방대상물 | 공장 | 특수가연물을 저장·취급하는 것 | 30 |
| | | 그 밖의 것 | 20 |
| | 근린생활시설·판매시설·운수시설 또는 복합건축물 | 판매시설 또는 복합건축물(판매시설이 설치되는 복합건축물을 말한다) | 30 |
| | | 그 밖의 것 | 20 |
| | 그 밖의 것 | 헤드의 부착높이가 8[m] 이상인 것 | 20 |
| | | 헤드의 부착높이가 8[m] 미만인 것 | 10 |
| 지하층을 제외한 층수가 11층 이상인 소방대상물(아파트를 제외한다)·지하가 또는 지하역사 | | | 30 |

비고 : 하나의 소방대상물이 2 이상의 "스프링클러헤드의 기준개수"란에 해당하는 때에는 기준개수가 많은 난을 기준으로 한다. 다만, 각 기준개수에 해당하는 수원을 별도로 설치하는 경우에는 그러하지 아니하다.

**[공동주택 화재안전기술기준]**
2.3.1 스프링클러설비는 다음의 기준에 따라 설치해야 한다.
  2.3.1.1 폐쇄형스프링클러헤드를 사용하는 아파트등은 기준개수 10개(스프링클러헤드의 설치개수가 가장 많은 세대에 설치된 스프링클러헤드의 개수가 기준개수보다 작은 경우에는 그 설치개수를 말한다)에 1.6m³를 곱한 양 이상의 수원이 확보되도록 할 것. 다만, 아파트등의 각 동이 주차장으로 서로 연결된 구조인 경우 해당 주차장 부분의 기준개수는 30개로 할 것

**[창고시설 화재안전기술기준]**
2.3.2 수원의 저수량은 다음의 기준에 적합해야 한다.
  2.3.2.1 라지드롭형 스프링클러헤드의 설치개수가 가장 많은 방호구역의 설치개수(30개 이상 설치된 경우에는 30개)에 3.2m³(랙식 창고의 경우에는 9.6m³)를 곱한 양 이상이 되도록 할 것
  2.3.2.2 2.3.1.4에 따라 화재조기진압용 스프링클러설비를 설치하는 경우 「화재조기진압용 스프링클러설비의 화재안전기술기준(NFTC 103B)」 2.2.1에 따를 것

정답 03.②

**04** 국가화재안전기준상 배관의 기울기에 관한 내용으로 옳지 않은 것은?

① 습식 스프링클러설비 또는 부압식 스프링클러설비 외의 설비에는 헤드를 향하여 상향으로 수평주행배관의 기울기를 500분의 1 이상, 가지배관의 기울기를 250분의 1 이상으로 할 것. 다만, 배관의 구조상 기울기를 줄 수 없는 경우에는 배수를 원활하게 할 수 있도록 배수밸브를 설치하여야 한다.

② 간이스프링클러설비의 배관을 수평으로 할 것. 다만, 배관의 구조상 소화수가 남아 있는 곳에는 배수밸브를 설치하여야 한다.

③ 연소방지설비에 있어서의 수평주행배관의 구경은 100[mm] 이상의 것으로 하되, 연소방지설비전용헤드 및 스프링클러헤드를 향하여 상향으로 1,000분의 1 이상의 기울기로 설치하여야 한다.

④ 개방형 미분무소화설비에는 헤드를 향하여 하향으로 수평주행배관의 기울기를 1,000분의 1 이상, 가지배관의 기울기를 500분의 1 이상으로 할 것. 다만, 배관의 구조상 기울기를 줄 수 없는 경우에는 배수를 원활하게 할 수 있도록 배수밸브를 설치하여야 한다.

**해설** 개방형 미분무소화설비에는 헤드를 향하여 상향으로 수평주행배관의 기울기를 500분의 1 이상, 가지배관의 기울기를 250분의 1 이상으로 할 것. 다만, 배관의 구조상 기울기를 줄 수 없는 경우에는 배수를 원활하게 할 수 있도록 배수밸브를 설치하여야 한다.

**05** 소방용 가압송수장치 전동기가 3상3선식 380[V]로 작동하고 있다. 전동기의 용량이 85[kW], 역률 90[%], 전기공급설비로부터 100[m] 떨어져 있으며 전선에서의 전압강하를 10[V]까지 허용할 경우 전선의 최소 굵기($mm^2$)는 약 얼마인가?

① 41.1[$mm^2$]  ② 42.1[$mm^2$]
③ 43.2[$mm^2$]  ④ 44.2[$mm^2$]

**해설**
$$A = \frac{30.8\,LI}{1000\,e}$$
$$I = \frac{P}{\sqrt{3}\,V\cos\theta} = \frac{85000}{\sqrt{3}\times 380\times 0.9} = 143.49[A]$$
$$A = \frac{30.8\times 100\times 143.49}{1000\times 10} = 44.19 \fallingdotseq 44.2[mm^2]$$

**06** P형 1급 수신기와 감지기와의 배선회로에서 회로종단저항은 10[kΩ]이고, 감지기 회로저항은 30[Ω], 릴레이 저항은 20[Ω], 회로전압 DC 24[V]일 때, 평상시 수신반에서의 감시전류[mA]는 약 얼마인가?

① 2.39[mA]
② 3.39[mA]
③ 4.25[mA]
④ 5.25[mA]

**해설**
$$\text{감시전류} = \frac{\text{회로전압}}{\text{릴레이저항} + \text{회로(배선)저항} + \text{종단저항}}$$
$$= \frac{24}{20+30+10000}$$
$$= 0.002388[A] \fallingdotseq 2.39[mA]$$

**07** 고가수조를 보호하기 위하여 피뢰침을 설치한 경우 피뢰부의 소방시설 도시기호는?

①   ②  
③   ④  

**해설** 도시기호

| ① | 피뢰부(평면도) |
|---|---|
| ② | 스피커 |
| ③ | 화재댐퍼 |
| ④ | 입상(전선관) |

정답 04.④ 05.④ 06.① 07.①

**08** 지상 30층 아파트에 스프링클러설비가 설치되어 있고 세대별 헤드 수는 12개일 때, 옥상수조 수원의 양을 포함하여 확보하여야 할 스프링클러설비 최소 수원의 양($m^3$)은 약 얼마 이상인가?

① 32.0[$m^3$]　② 38.4[$m^3$]
③ 42.7[$m^3$]　④ 51.2[$m^3$]

**해설**
$Q = 10 \times 3.2[m^3] + 10 \times 3.2[m^3] \times \dfrac{1}{3}$
$\quad = 42.67[m^3]$

**09** 국가화재안전기준상 음향장치 및 음향경보장치 기준으로 옳지 않은 것은?

① 비상벨설비 또는 자동식사이렌설비의 음향장치의 음량은 부착된 음향장치의 중심으로부터 1[m] 떨어진 위치에서 90[dB] 이상이 되는 것으로 하여야 한다.
② 화재조기진압용 스프링클러설비의 음향장치의 음량은 부착된 음향장치의 중심으로부터 1[m] 떨어진 위치에서 90[dB] 이상이 되는 것으로 한다.
③ 이산화탄소소화설비의 음향경보장치는 소화약제의 방사개시 후 30초 이상 경보를 계속할 수 있는 것으로 한다.
④ 할로겐화합물 및 불활성기체소화설비의 음향경보장치는 소화약제의 방사개시 후 1분 이상 경보를 계속할 수 있는 것으로 한다.

**해설** 30초 이상 → 1분 이상

**10** 연소방지설비의 화재안전기준상 연소방지도료의 도포에 관한 기준으로 옳은 것은?

① 리본가스버너의 불꽃의 길이는 240[mm] 이상이어야 하고, 트레이격자 사이의 시료중심에 불꽃이 닿도록 할 것
② 시료의 배열은 수직형트레이 중심부분에 시료를 단층으로 배열하고 전선의 직경 1/2 간격으로 폭 130[mm] 이상이 되도록 금속제 사다리 중앙부에 배열할 것
③ 수직형트레이 시험기의 온도측정용 온도감지센서는 불꽃과 가능한 멀리 설치하여야 하며, 시험편과 닿지 않도록 3[mm]의 거리를 두어 설치하여야 할 것
④ 버너면은 시험편 표면에서부터 76[mm] 간격을 두어야 하며, 수직형트레이 바닥에서 600[mm] 높이에 수평으로 장치하여야 할 것

**해설** 난연성시험[현행 삭제문제]
㉠ 시료의 길이가 2,400[mm]인 전선에 연소방지도료 또는 난연테이프를 도포(감은)한 것으로 할 것
㉡ 난연성시험기는 금속제수직형트레이와 별도의 리본가스버너를 사용할 것
㉢ 트레이는 사다리 형태이며, 깊이 75[mm], 너비 300[mm], 길이 2,440[mm]로 할 것
㉣ 리본가스버너의 불꽃의 길이는 380[mm] 이상이어야 하고, 트레이격자 사이의 시료중심에 불꽃이 닿도록 할 것
㉤ 버너면은 시험편 표면에서부터 76[mm] 간격을 두어야 하며, 수직형트레이 바닥에서 600[mm] 높이에 수평으로 장치하여야 할 것
㉥ 수직형트레이 시험기의 온도측정용 온도감지센서는 불꽃 가까이에 설치하여야 하며, 시험편과 닿지 않도록 3[mm]의 거리를 두어 설치하여야 할 것
㉦ 시료의 배열은 수직형트레이 중심부분에 시료를 단층으로 배열하고 전선의 직경 1/2간격으로 폭 150[mm] 이상이 되도록 금속제 사다리 중앙부에 배열할 것
㉧ 가열온도를 816±10[℃]를 유지하면서 20분간 가열한 후 불꽃을 제거하였을 때 자연소화 되어야 하며, 시험체가 전소되지 아니하여야 할 것

**정답** 08.③　09.③　10.④

**11** 다음 직병렬 복합 누설경로 그림에서 제연실에서의 총 유효누설면적[m²]은 얼마인가? (단, $A_1 = A_2 = A_3 = 0.02[m^2]$, $A_4 = A_5 = 0.01[m^2]$, 소수점 이하 넷째자리에서 반올림한다)

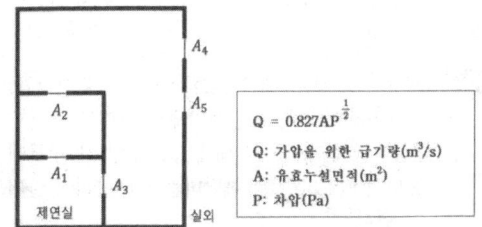

① $0.007[m^2]$  ② $0.017[m^2]$
③ $0.027[m^2]$  ④ $0.037[m^2]$

**해설** $A_4 + A_5 = 0.01 + 0.01 = 0.02 m^2$

$A_1 \to A_2 = \dfrac{1}{\sqrt{\dfrac{1}{0.02^2} + \dfrac{1}{0.02^2}}}$

$= 0.01414[m^2]$

$A_3$와 $A_1 \to A_2$가 병렬 $= 0.01414[m^2] + 0.02[m^2]$
$= 0.03414[m^2]$

$A_3$와 $A_1 \to A_2$ 병렬답안과 $A_4 + A_5$가 직렬

$= \dfrac{1}{\sqrt{\dfrac{1}{0.03414^2} + \dfrac{1}{0.02^2}}} = 0.01725[m^2]$

∴ $0.017[m^2]$

**12** 제연설비의 화재안전기준상 예상제연구역에 대한 배출구의 설치기준으로 옳은 것은?

① 바닥면적이 $400[m^2]$ 미만인 예상제연구역이 벽으로 구획되어 있는 경우의 배출구는 바닥 이외의 천장·반자 또는 이에 가까운 벽의 부분에 설치한다.

② 바닥면적이 $400[m^2]$ 미만인 예상제연구역의 경우 배출구를 벽에 설치한 경우에는 배출구의 중심이 가장 짧은 제연경계의 하단보다 높이 되도록 하여야 한다.

③ 바닥면적이 $400[m^2]$ 이상인 통로외의 예상제연구역에 대한 배출구를 벽에 설치한 경우에는 배출구의 하단과 바닥간의 최단거리가 $2[m]$ 이상이어야 한다.

④ 바닥면적이 $400[m^2]$ 이상인 통로 예상제연구역 중 어느 한부분이 제연경계로 구획되어 있을 경우 배출구를 벽 또는 제연경계에 설치하는 경우에는 제연경계의 수직거리가 가장 짧은 제연경계의 하단보다 낮게 설치하여야 한다.

**해설** 예상제연구역에 대한 배출구의 설치는 다음 각 호의 기준에 따라야 한다.

1. 바닥면적이 $400[m^2]$ 미만인 예상제연구역(통로인 예상제연구역을 제외한다)에 대한 배출구의 설치는 다음 각 목의 기준에 적합할 것
   가. 예상제연구역이 벽으로 구획되어 있는 경우의 배출구는 천장 또는 반자와 바닥 사이의 중간 윗부분에 설치할 것
   나. 예상제연구역 중 어느 한부분이 제연경계로 구획되어 있는 경우에는 천장·반자 또는 이에 가까운 벽의 부분에 설치할 것. 다만, 배출구를 벽에 설치하는 경우에는 배출구의 하단이 해당 예상제연구역에서 제연경계의 폭이 가장 짧은 제연경계의 하단보다 높이 되도록 하여야 한다.
2. 통로인 예상제연구역과 바닥면적이 $400[m^2]$ 이상인 통로외의 예상제연구역에 대한 배출구의 위치는 다음 각 목의 기준에 적합하여야 한다.
   가. 예상제연구역이 벽으로 구획되어 있는 경우의 배출구는 천장·반자 또는 이에 가까운 벽의 부분에 설치할 것. 다만, 배출구를 벽에 설치한 경우에는 배출구의 하단과 바닥간의 최단거리가 $2[m]$ 이상이어야 한다.
   나. 예상제연구역 중 어느 한부분이 제연경계로 구획되어 있을 경우에는 천장·반자 또는 이에 가까운 벽의 부분(제연경계를 포함한다)에 설치할 것. 다만, 배출구를 벽 또는 제연경계에 설치하는 경우에는 배출구의 하단이 해당 예상제연구역에서 제연경계의 폭이 가장 짧은 제연경계의 하단보다 높이 되도록 설치하여야 한다.

**13** 유도등 및 유도표지의 화재안전기준상 피난구유도등 설치 제외 대상에 관한 설명이다. ( )에 들어갈 특정소방대상물로 옳지 않은 것은?

> 출입구가 3 이상 있는 거실로서 그 거실 각 부분으로부터 하나의 출입구에 이르는 보행거리가 30[m] 이하인 경우에는 주된 출입구 2개소 외의 출입구(유도표지가 부착된 출입구를 말한다). 다만, ( )의 경우에는 그러하지 아니하다

① 공연장, 숙박시설   ② 노유자시설, 공동주택
③ 판매시설, 집회장   ④ 전시장, 장례식장

**해설** 피난구유도등의 설치 제외 대상
㉠ 바닥면적이 1,000[m²] 미만인 층으로서 옥내로부터 직접 지상으로 통하는 출입구(외부의 식별이 용이한 경우에 한함)
㉡ 대각선 길이가 15m 이내인 구획된 실의 출입구
㉢ 거실 각 부분으로부터 하나의 출입구에 이르는 보행거리가 20[m] 이하이고 비상조명등과 유도표지가 설치된 거실의 출입구
㉣ 출입구가 3 이상 있는 거실로서 그 거실 각 부분으로부터 하나의 출입구에 이르는 보행거리가 30[m] 이하인 경우에는 주된 출입구 2개소 외의 출입구(유도표지가 부착된 출입구). 다만, 공연장・집회장・관람장・전시장・판매시설・운수시설・숙박시설・노유자시설・의료시설・장례식장의 경우에는 그러하지 아니하다.

**14** 할로겐화합물 및 불활성기체소화설비의 화재안전기준상 배관의 설치기준으로 옳지 않은 것은?

① 할로겐화합물 및 불활성기체소화설비의 배관은 전용으로 하여야 한다.
② 강관을 사용하는 경우의 배관은 압력배관용 탄소강관(KS D 3562) 또는 이와 동등 이상의 강도를 가진 것으로서 아연도금 등에 따라 방식 처리된 것을 사용하여야 한다.
③ 배관과 배관, 배관과 배관부속 및 밸브류의 접속은 나사접합, 용접접합, 압축접합 또는 플랜지접합 등의 방법을 사용하여야 한다.
④ 배관의 구경은 해당 방호구역에 할로겐화합물소화약제는 10초 이내에, 불활성기체소화약제는 A・C급 화재 1분, B급 화재 2분 이내에 방호구역 각 부분에 최소설계농도의 95[%] 이상 해당하는 약제량이 방출되도록 하여야 한다.

**해설** 배관의 구경은 해당 방호구역에 할로겐화합물소화약제는 10초 이내에, 불활성기체소화약제는 A・C급 화재 2분, B급 화재 1분 이내에 방호구역 각 부분에 최소설계농도의 95[%] 이상 해당하는 약제량이 방출되도록 하여야 한다.

**15** 자동화재속보설비의 화재안전기준상 설치기준으로 옳은 것은?

① 조작스위치는 바닥으로부터 1.5[m] 이하의 높이에 설치한다.
② 속보기는 소방관서에 통신망으로 통보하도록 하며, 데이터 또는 코드전송방식을 부가적으로 설치할 수 없다.
③ 노유자시설에 설치하는 자동화재속보설비는 속보기에 감지기를 직접 연결하는 방식으로 한다.
④ 자동화재탐지설비와 연동으로 작동하여 자동적으로 화재발생 상황을 소방관서에 전달되는 것으로 한다.

**해설** 자동화재속보설비의 설치기준
㉠ 자동화재탐지설비와 연동으로 작동하여 자동적으로 화재발생 상황을 소방관서에 전달되는 것으로 할 것
㉡ 스위치는 바닥으로부터 0.8[m] 이상 1.5[m] 이하의 높이에 설치하고, 그 보기 쉬운 곳에 스위치임을 표시한 표지를 할 것
㉢ 속보기는 소방관서에 통신망으로 통보하도록 하며, 데이터 또는 코드전송방식을 부가적으로 설치할 수 있다. 단, 데이터 및 코드전송방식의 기준은 소방청장이 정하여 고시한 「자동화재속보설비의 속보기의 성능인증 및 제품검사의 기술기준」에 따른다.

**정답** 13.② 14.④ 15.④

ⓔ 문화재에 설치하는 자동화재속보설비는 ㉠의 기준에 불구하고 속보기에 감지기를 직접 연결하는 방식(자동화재탐지설비 1개의 경계구역에 한한다)으로 할 수 있다.
ⓜ 속보기는 소방청장이 정하여 고시한 「자동화재속보설비의 속보기의 성능인증 및 제품검사의 기술기준」에 적합한 것으로 설치하여야 한다.

**16** 자동화재탐지설비 및 시각경보장치의 화재안전기준상 지상 15층, 지하 3층으로 연면적이 3,000[m²]를 초과하는 특정소방대상물에 화재가 발생하여 자동화재탐지설비를 통해 지하 1층, 지하 2층, 지하 3층, 지상 1층에 경보가 발하여진 경우, 발화층은?

① 지하 3층     ② 지하 2층
③ 지하 1층     ④ 지상 2층

[해설] 층수가 5층 이상으로서 연면적이 3,000[m²]를 초과하는 특정소방대상물은 다음 각목에 따라 경보를 발할 수 있도록 하여야 한다.
㉠ 2층 이상의 층에서 발화한 때에는 발화층 및 그 직상층에 경보를 발할 것
㉡ 1층에서 발화한 때에는 발화층·그 직상층 및 지하층에 경보를 발할 것
㉢ 지하층에서 발화한 때에는 발화층·그 직상층 및 기타의 지하층에 경보를 발할 것

**17** 할로겐화합물 및 불활성기체소화설비의 화재안전기준상 소화약제의 최대허용 설계농도(%) 기준으로 옳은 것은?

① HCFC-124 : 2.0
② HFC-227ea : 10.5
③ HFC-236fa : 13.5
④ IG-100 : 53

[해설] 할로겐화합물 및 불활성기체 소화약제 최대허용 설계농도

| 소화약제 | 최대허용 설계농도(%) |
|---|---|
| FC-3-1-10 | 40 |
| HCFC BLEND A | 10 |
| HCFC-124 | 1.0 |
| HFC-125 | 11.5 |
| HFC-227ea | 10.5 |
| HFC-23 | 30 |
| HFC-236fa | 12.5 |
| FIC-13I1 | 0.3 |
| FK-5-1-12 | 10 |
| IG-01 | 43 |
| IG-100 | 43 |
| IG-541 | 43 |
| IG-55 | 43 |

**18** 분말소화설비를 방호구역에 전역방출방식으로 설치하고자 한다. 소화약제는 제4종 분말이고, 방호구역의 체적이 150[m³], 개구부의 면적이 3[m²]이며, 자동폐쇄장치를 설치하지 아니한 경우 분말소화약제의 최소 저장량[kg]은?

① 41.4[kg]     ② 49.5[kg]
③ 59.4[kg]     ④ 67.5[kg]

[해설] $W = V \times \alpha + A \times \beta$
$= 150[m^3] \times 0.24[kg/m^3] + 3[m^2] \times 1.8[kg/m^2]$
$= 41.4[kg]$

**19** 자동화재탐지설비 및 시각경보장치의 화재안전기준상 부착높이가 8[m] 이상 15[m] 미만일 경우 적응성 있는 감지기의 종류로 옳지 않은 것은?

① 차동식 스포트형     ② 차동식 분포형
③ 연기복합형         ④ 불꽃감지기

[해설] 부착높이에 따른 감지기 종류

| 부착높이 | 감지기의 종류 |
|---|---|
| 4[m] 미만 | • 차동식(스포트형, 분포형)<br>• 보상식 스포트형<br>• 정온식(스포트형, 감지선형)<br>• 이온화식 또는 광전식(스포트형, 분리형, 공기흡입형)<br>• 열복합형<br>• 연기복합형<br>• 열연기복합형<br>• 불꽃감지기 |

정답  16.③  17.②  18.①  19.①

| | | |
|---|---|---|
| 4[m] 이상 8[m] 미만 | • 차동식(스포트형, 분포형)<br>• 보상식 스포트형<br>• 정온식(스포트형, 감지선형) 특종 또는 1종<br>• 이온화식 1종 또는 2종<br>• 광전식(스포트형, 분리형, 공기흡입형) 1종 또는 2종<br>• 열복합형<br>• 연기복합형<br>• 열연기복합형<br>• 불꽃감지기 | |
| 8[m] 이상 15[m] 미만 | • 차동식 분포형<br>• 이온화식 1종 또는 2종<br>• 광전식(스포트형, 분리형, 공기흡입형) 1종 또는 2종<br>• 연기복합형<br>• 불꽃감지기 | |
| 15[m] 이상 20[m] 미만 | • 이온화식 1종<br>• 광전식(스포트형, 분리형, 공기흡입형) 1종<br>• 연기복합형<br>• 불꽃감지기 | |
| 20[m] 이상 | • 불꽃감지기<br>• 광전식(분리형, 공기흡입형) 중 아날로그 방식 | |

**20** 화재조기진압용 스프링클러설비의 화재안전기준상 헤드에 관한 기준으로 옳지 않은 것은?

① 헤드의 작동온도는 74[℃] 이하로 한다.
② 하향식 헤드의 반사판의 위치는 천장이나 반자 아래 115[mm] 이상 355[mm] 이하로 한다.
③ 헤드의 반사판은 천장 또는 반자와 평행하게 설치하고, 저장물의 최상부와 914[mm] 이상 확보되도록 한다.
④ 헤드 하나의 방호면적은 $6.0[m^2]$ 이상 $9.3[m^2]$ 이하로 한다.

**해설** 헤드
㉠ 헤드 하나의 방호면적은 $6.0[m^2]$ 이상 $9.3[m^2]$ 이하로 할 것
㉡ 가지배관의 헤드 사이의 거리는 천장의 높이가 9.1[m] 미만인 경우에는 2.4[m] 이상 3.7[m] 이하로, 9.1[m] 이상 13.7[m] 이하인 경우에는 3.1[m] 이하로 할 것
㉢ 헤드의 반사판은 천장 또는 반자와 평행하게 설치하고 저장물의 최상부와 914mm 이상 확보되도록 할 것

㉣ 하향식 헤드의 반사판의 위치는 천장이나 반자 아래 125[mm] 이상 355[mm] 이하일 것
㉤ 상향식 헤드의 감지부 중앙은 천장 또는 반자와 101[mm] 이상 152[mm] 이하이어야 하며, 반사판의 위치는 스프링클러배관의 윗부분에서 최소 178[mm] 상부에 설치되도록 할 것
㉥ 헤드와 벽과의 거리는 헤드 상호간 거리의 2분의 1을 초과하지 않아야 하며 최소 102[mm] 이상일 것
㉦ 헤드의 작동온도는 74[℃] 이하일 것. 다만, 헤드 주위의 온도가 38[℃] 이상의 경우에는 그 온도에서의 화재시험 등에서 헤드작동에 관하여 공인기관의 시험을 거친 것을 사용할 것

**21** 물분무소화설비의 화재안전기준상 물분무소화설비를 투영된 바닥면적이 $50[m^2]$인 케이블트레이에 설치하는 경우 필요한 최소 수원의 양$[m^3]$은 얼마 이상인가?

① $10[m^3]$  ② $12[m^3]$
③ $20[m^3]$  ④ $24[m^3]$

**해설**
$Q = A[m^2] \times 12[L/m^2 \cdot min] \times 20[min]$
$= 50[m^2] \times 12[L/m^2 \cdot min] \times 20[min]$
$= 12000[L]$
$= 12[m^3]$

**22** 이산화탄소소화설비의 화재안전기준상 이산화탄소 소화약제양[kg]으로 옳은 것은?

| 방호구역 체적 | 방호구역의 체적 1[m³]에 대한 소화약제의 양 |
|---|---|
| 45[m³] 미만 | ㉠ |
| 45[m³] 이상 150[m³] 미만 | ㉡ |
| 150[m³] 이상 1,450[m³] 미만 | ㉢ |
| 1,450[m³] 이상 | ㉣ |

① ㉠ : 0.75[kg]
② ㉡ : 0.75[kg]
③ ㉢ : 0.75[kg]
④ ㉣ : 0.75[kg]

해설 **방호구역의 체적 1[m³]에 대한 기본약제량**

| 방호구역의 체적 | 방호구역의 체적 1[m³]에 대한 소화약제의 양 | 소화약제 저장량의 최저한도 |
|---|---|---|
| 45[m³] 미만 | 1.00[kg] | 45[kg] |
| 45[m³] 이상 150[m³] 미만 | 0.90[kg] | 45[kg] |
| 150[m³] 이상 1,450[m³] 미만 | 0.80[kg] | 135[kg] |
| 1,450[m³] 이상 | 0.75[kg] | 1,125[kg] |

※ 산출한 양이 최저한도의 양 미만인 경우에는 그 최저한도의 양으로 한다.
※ 불연재료나 내열성의 재료로 밀폐된 구조물이 있는 경우에는 그 체적을 제외한다.

**23** 연결송수관설비의 화재안전기준상 송수구의 설치 기준으로 옳지 않은 것은?

① 습식의 경우에는 송수구·체크밸브·자동배수밸브의 순으로 설치한다.
② 지면으로부터 높이가 0.5[m] 이상 1.0[m] 이하의 위치에 설치한다.
③ 구경 65[mm]의 쌍구형으로 한다.
④ 가까운 곳의 보기 쉬운 곳에 송수압력범위를 표시한 표지를 한다.

해설 **송수구 설치기준**

㉠ 소방차가 쉽게 접근할 수 있고 잘 보이는 장소에 설치하되 화재층으로부터 지면으로 떨어진 유리창 등이 송수 및 그 밖의 소화작업에 지장을 주지 아니하는 장소에 설치할 것
㉡ 지면으로부터 높이가 0.5[m] 이상, 1[m] 이하의 위치에 설치할 것
㉢ 송수구는 화재층으로부터 지면으로 떨어지는 유리창 등이 송수 및 그 밖의 소화작업에 지장을 주지 아니하는 장소에 설치할 것
㉣ 송수구로부터 연결송수관설비의 주배관에 이르는 연결배관에 개폐밸브를 설치한 때에는 그 개폐상태를 쉽게 확인 및 조작할 수 있는 옥외 또는 기계실 등의 장소에 설치할 것. 이 경우 개폐밸브에는 그 밸브의 개폐상태를 감시제어반에서 확인할 수 있도록 급수개폐밸브 작동표시 스위치를 다음 기준에 따라 설치하여야 한다.

ⓐ 급수개폐밸브가 잠길 경우 탬퍼 스위치의 동작으로 인하여 감시제어반 또는 수신기에 표시되어야 하며 경보음을 발할 것
ⓑ 탬퍼 스위치는 감시제어반 또는 수신기에서 동작의 유무확인과 동작시험, 도통시험을 할 수 있을 것
ⓒ 급수개폐밸브의 작동표시 스위치에 사용되는 전기배선은 내화전선 또는 내열전선으로 설치할 것
㉤ 구경 65[mm]의 쌍구형으로 할 것
㉥ 송수구에는 그 가까운 곳의 보기 쉬운 곳에 송수압력범위를 표시한 표지를 할 것
㉦ 송수구는 연결송수관의 수직배관마다 1개 이상을 설치할 것. 다만, 하나의 건축물에 설치된 각 수직배관이 중간에 개폐밸브가 설치되지 아니한 배관으로 상호 연결되어 있는 경우에는 건축물마다 1개씩 설치할 수 있다.
㉧ 송수구의 부근에는 자동배수밸브 및 체크밸브를 다음 각목의 기준에 따라 설치할 것. 이 경우 자동배수밸브는 배관 안의 물이 잘 빠질 수 있는 위치에 설치하되 배수로 인하여 다른 물건이나 장소에 피해를 주지 아니하여야 한다.
  ⓐ 습식의 경우에는 송수구·자동배수밸브·체크밸브의 순으로 설치할 것
  ⓑ 건식의 경우에는 송수구·자동배수밸브·체크밸브·자동배수밸브의 순으로 설치할 것
㉨ 송수구에는 가까운 곳의 보기 쉬운 곳에 "연결송수관설비송수구"라고 표시한 표지를 설치할 것
㉩ 송수구에는 이물질을 막기 위한 마개를 씌울 것

**24** 피난기구의 화재안전기준상 숙박시설의 각 층의 바닥면적이 2,500[m²]일 경우 층마다 설치하여야 하는 피난기구의 최소 개수는?

① 3개  ② 4개
③ 5개  ④ 6개

해설 **피난기구 설치수선정기준**

피난기구는 다음 각 호의 기준에 따른 개수 이상을 설치하여야 한다.
㉠ 층마다 설치하되, 숙박시설·노유자시설 및 의료시설로 사용되는 층에 있어서는 그 층의 바닥면적 500[m²]마다, 위락시설·문화집회 및 운동시설·판매시설로 사용되는 층 또는 복합용도의 층에 있어서는 그 층의 바닥면적 800[m²]마다, 계단실형 아파트에 있어서는 각 세대마다, 그 밖의 용도의 층에 있어서

는 그 층의 바닥면적 1,000[m²]마다 1개 이상 설치할 것

ⓒ ㉠에 따라 설치한 피난기구 외에 숙박시설(휴양콘도미니엄을 제외한다)의 경우에는 추가로 객실마다 완강기 또는 둘 이상의 간이완강기를 설치할 것

ⓒ ㉠에 따라 설치한 피난기구 외에 아파트(주택법시행령 제48조의 규정에 따른 아파트에 한한다)의 경우에는 하나의 관리주체가 관리하는 아파트 구역마다 공기안전매트 1개 이상을 추가로 설치할 것. 다만, 옥상으로 피난이 가능하거나 인접세대로 피난할 수 있는 구조인 경우에는 추가로 설치하지 아니할 수 있다.

$$\therefore \frac{2500[m^2]}{500[m^2/개]} = 5개$$

## 25 이산화탄소소화설비의 화재안전기준상 소화약제의 저장용기 설치기준으로 옳지 않은 것은?

① 직사광선 및 빗물이 침투할 우려가 없는 곳에 설치할 것
② 방화문으로 구획된 실에 설치할 것
③ 온도가 45[℃] 이하이고, 온도변화가 적은 곳에 설치할 것
④ 방호구역 외의 장소에 설치할 것

**해설** 저장용기 설치장소 기준

㉠ 방호구역 외의 장소에 설치할 것. 다만, 방호구역 내에 설치할 경우에는 피난 및 조작이 용이하도록 피난구 부근에 설치할 것
ⓒ 온도가 40[℃] 이하이고 온도변화가 적은 곳에 설치할 것
ⓒ 직사광선 및 빗물이 침투할 우려가 없는 곳에 설치할 것
㉣ 방화문으로 구획된 실에 설치할 것
㉤ 용기의 설치장소에는 당해 용기가 설치된 곳임을 표시하는 표지를 할 것
㉥ 용기 간의 간격은 점검에 지장이 없도록 3[cm] 이상의 간격을 유지할 것
㉦ 저장용기와 집합관을 연결하는 연결배관에는 체크밸브를 설치할 것. 다만, 저장용기가 하나의 방호구역만을 담당하는 경우에는 그러하지 아니하다.

정답 25.③

# 2018 제18회 소방시설관리사 1차 필기 기출문제
[제5과목 : 소방시설의 구조 및 원리]

**01** 소화기구 및 자동소화장치의 화재안전기준상 상업용 주방자동소화장치의 설치기준이 아닌 것은?

① 소화장치는 조리기구의 종류별로 성능인증 받은 설계 매뉴얼에 적합하게 설치할 것
② 감지부는 성능인증 받은 유효높이 및 위치에 설치할 것
③ 차단장치(전기 또는 가스)는 상시 확인 및 점검이 가능하도록 설치할 것
④ 수신부는 주위의 열기류 또는 습기 등과 주위온도에 영향을 받지 아니하고 사용자가 상시 볼 수 있는 장소에 설치할 것

**해설** ④는 주거용주방자동소화장치의 설치기준이다.
▶ **상업용 주방자동소화장치의 설치기준**
㉠ 소화장치는 조리기구의 종류별로 성능인증 받은 설계 매뉴얼에 적합하게 설치할 것
㉡ 감지부는 성능인증 받은 유효높이 및 위치에 설치할 것
㉢ 차단장치(전기 또는 가스)는 상시 확인 및 점검이 가능하도록 설치할 것
㉣ 후드에 방출되는 분사헤드는 후드의 가장 긴 변의 길이까지 방출될 수 있도록 약제 방출 방향 및 거리를 고려하여 설치할 것
㉤ 덕트에 방출되는 분사헤드는 성능인증 받은 길이 이내로 설치할 것

▶ **주거용주방자동소화장치의 설치기준**
㉠ 소화약제 방출구는 환기구(주방에서 발생하는 열기류 등을 밖으로 배출하는 장치를 말한다. 이하 같다)의 청소부분과 분리되어 있어야 하며, 형식승인 받은 유효설치 높이 및 방호면적에 따라 설치할 것
㉡ 감지부는 형식승인 받은 유효한 높이 및 위치에 설치할 것
㉢ 차단장치(가스 또는 전기)는 상시 확인 및 점검이 가능하도록 설치할 것
㉣ 가스용 주방자동소화장치를 사용하는 경우 탐지부는 수신부와 분리하여 설치하되, 공기보다 가벼운 가스를 사용하는 경우에는 천장 면으로부터 30[cm] 이하의 위치에 설치하고, 공기보다 무거운 가스를 사용하는 장소에는 바닥 면으로부터 30[cm] 이하의 위치에 설치할 것
㉤ 수신부는 주위의 열기류 또는 습기 등과 주위온도에 영향을 받지 아니하고 사용자가 상시 볼 수 있는 장소에 설치할 것

**02** 펌프의 재원이 전양정 50[m], 6[m³/min], 4극 유도전동기 60[Hz], 슬립 3[%]일 때, 비속도는 약 얼마인가?

① 210.11[rpm]   ② 214.60[rpm]
③ 227.45[rpm]   ④ 235.31[rpm]

**해설** 비속도(비교회전도)
사양이 다른 펌프들을 토출량 1[m³/min], 양정 1[m]를 만들기 위해 임펠러(1개)의 분당 회전수를 비교하며, 임펠러 형상의 척도로 활용

$$N_s = \frac{N\sqrt{Q}}{\left(\frac{H}{n}\right)^{\frac{3}{4}}}$$

$N_s$ : 비속도[rpm], N : 임펠러의 회전속도[rpm],
Q : 토출량[m³/min], H : 펌프의 전양정[m],
n : 단수

㉠ 회전속도
$$N = \frac{120f}{P}(1-s) = \frac{120 \times 60}{4} \times (1-0.03)$$
$$= 1,746[\text{rpm}]$$

㉡ 비속도
$$N_s = \frac{N\sqrt{Q}}{\left(\frac{H}{n}\right)^{\frac{3}{4}}} = \frac{1746\sqrt{6}}{\left(\frac{50}{1}\right)^{\frac{3}{4}}}$$
$$= 227.4533.. ≒ 227.45[\text{rpm}]$$

정답 01.④ 02.③

**03** 무전통신보조설비의 화재안전기준상 ( )에 들어갈 내용으로 옳게 묶인 것은?

> 무선통신보조설비의 무선기기 접속 단자를 지상에 설치할 경우 ( )거리 ( )[m] 이내마다 설치하고, 다른 용도로 사용되는 접속단자에서 ( )[m] 이상의 거리를 둘 것

① 수평, 300, 5   ② 보행, 100, 3
③ 수평, 100, 3   ④ 보행, 300, 5

**해설** 무선기기 접속단자의 설치기준[현행 삭제문제]
㉠ 화재층으로부터 지면으로 떨어지는 유리창 등에 의한 지장을 받지 않고 지상에서 유효하게 소방활동을 할 수 있는 장소 또는 수위실 등 상시 사람이 근무하고 있는 장소에 설치할 것
㉡ 단자는 한국산업규격에 적합한 것으로 하고, 바닥으로부터 높이 0.8[m] 이상 1.5[m] 이하의 위치에 설치할 것
㉢ 지상에 설치하는 접속단자는 보행거리 300[m] 이내마다 설치하고, 다른 용도로 사용되는 접속단자에서 5[m] 이상의 거리를 둘 것
㉣ 지상에 설치하는 단자를 보호하기 위하여 견고하고 함부로 개폐할 수 없는 구조의 보호함을 설치하고, 먼지·습기 및 부식 등에 따라 영향을 받지 않도록 조치할 것
㉤ 단자의 보호함의 표면에 "무선기 접속단자"라고 표시한 표지를 할 것

[2022.12.1. NFTC 개정 이후]
옥외안테나는 다음의 기준에 따라 설치해야 한다.
① 건축물, 지하가, 터널 또는 공동구의 출입구(「건축법 시행령」 제39조에 따른 출구 또는 이와 유사한 출입구를 말한다) 및 출입구 인근에서 통신이 가능한 장소에 설치할 것
② 다른 용도로 사용되는 안테나로 인한 통신장애가 발생하지 않도록 설치할 것
③ 옥외안테나는 견고하게 파손의 우려가 없는 곳에 설치하고 그 가까운 곳의 보기 쉬운 곳에 "무선통신보조설비 안테나"라는 표시와 함께 통신 가능거리를 표시한 표지를 설치할 것
④ 수신기가 설치된 장소 등 사람이 상시 근무하는 장소에는 옥외안테나의 위치가 모두 표시된 옥외안테나 위치표시도를 비치할 것

**04** 특별피난계단의 계단실 및 부속실 제연설비의 화재안전기준상 제연구획에 대한 급기 기준으로 옳지 않은 것은?

① 계단실 및 부속실을 동시에 제연하는 경우 계단실에 대하여는 그 부속실의 수직풍도를 통해 급기할 수 있다.
② 하나의 수직풍도마다 전용의 송풍기로 급기할 것
③ 부속실을 제연하는 경우 동일수직선상에 2대 이상의 급기송풍기가 설치되는 경우에는 수직풍도를 분리하여 설치할 수 있다.
④ 계단실을 제연하는 경우 전용수직풍도를 설치하거나 부속실에 급기풍도를 직접 연결하여 급기하는 방식으로 할 것

**해설** 급기
㉠ 부속실을 제연하는 경우 동일수직선상의 모든 부속실은 하나의 전용수직풍도를 통해 동시에 급기할 것. 다만, 동일수직선상에 2대 이상의 급기송풍기가 설치되는 경우에는 수직풍도를 분리하여 설치할 수 있다.
㉡ 계단실 및 부속실을 동시에 제연하는 경우 계단실에 대하여는 그 부속실의 수직풍도를 통해 급기할 수 있다.
㉢ 계단실만 제연하는 경우에는 전용수직풍도를 설치하거나 계단실에 급기풍도 또는 급기 송풍기를 직접 연결하여 급기하는 방식으로 할 것
㉣ 하나의 수직풍도마다 전용의 송풍기로 급기할 것
㉤ 비상용승강기의 승강장을 제연하는 경우에는 비상용승강기의 승강로를 급기풍도로 사용할 수 있다. 다만, 승강장과 부속실을 겸용하는 경우에는 그러하지 아니하다.

정답 03.④ 04.④

**05** 연결송수관설비의 화재안전기준상 배관 등의 설치기준으로 옳지 않은 것은?

① 지상 11층 이상인 특정소방대상물에 있어서는 습식설비로 할 것
② 주배관의 구경은 100[mm] 이상의 것으로 할 것
③ 연결송수관설비의 배관은 주배관의 구경이 100[mm] 이상인 옥내소화전설비·스프링클러설비 또는 물분무등소화설비의 배관과 겸용할 수 있다.
④ 배관 내 사용압력이 1.2[MPa] 이상일 경우에는 일반배관용 스테인리스강관(KS D 3595) 또는 배관용 스테인리스강관(KS D 3576)을 사용한다.

**[해설]** 배관 내 사용압력이 1.2[MPa] 이상일 경우에는 다음 각 목 어느 하나에 해당하는 것으로 할 것
㉠ 압력배관용 탄소강관(KS D 3562)
㉡ 배관용 아크용접 탄소강강관(KS D 3583)

▶ **연결송수관설비(NFTC 502)의 배관 등**
㉠ 배관은 다음의 기준에 따라 설치하여야 한다.
  ⓐ 주배관의 구경은 100[mm] 이상의 것으로 할 것
  ⓑ 지면으로부터의 높이가 31[m] 이상인 소방대상물 또는 지상 11층 이상인 소방대상물에 있어서는 습식설비로 할 것
㉡ 연결송수관설비의 배관은 주배관의 구경이 100[mm] 이상인 옥내소화전설비·스프링클러설비 또는 물분무 등 소화설비의 배관과 겸용할 수 있다. 다만, 층수가 30층 이상의 특정소방대상물은 스프링클러설비의 배관과 겸용할 수 없다.
㉢ 연결송수관설비의 수직배관은 내화구조로 구획된 계단실(부속실을 포함한다) 또는 파이프덕트 등 화재의 우려가 없는 장소에 설치하여야 한다. 다만, 학교 또는 공장이거나 배관주위를 1시간 이상의 내화성능이 있는 재료로 보호하는 경우에는 그러하지 아니하다.
㉣ 기타 배관규정은 옥내소화전 배관규정과 동일

**06** 소방시설용 비상전원수전설비의 화재안전기준상 다음 설명에 해당하는 용어는?

> 소방회로 및 일반회로 겸용의 것으로서 수전설비, 변전설비 그 밖의 기기 및 배선을 금속제 외함에 수납한 것을 말한다.

① 공용큐비클식　　② 공용배전반
③ 공용분전반　　　④ 전용큐비클식

**[해설] 비상전원수전설비(NFTC 602) 용어의 정의**
㉠ "소방회로"란 소방부하에 전원을 공급하는 전기회로를 말한다.
㉡ "일반회로"란 소방회로 이외의 전기회로를 말한다.
㉢ "수전설비"란 전력수급용 계기용변성기·주차단장치 및 그 부속기기를 말한다.
㉣ "변전설비"란 전력용변압기 및 그 부속장치를 말한다.
㉤ "전용큐비클식"이란 소방회로용의 것으로 수전설비, 변전설비 그 밖의 기기 및 배선을 금속제 외함에 수납한것을 말한다.
㉥ "공용큐비클식"이란 소방회로 및 일반회로 겸용의 것으로서 수전설비, 변전설비 그 밖의 기기 및 배선을 금속제외함에 수납한 것을 말한다.
㉦ "전용배전반"이란 소방회로 전용의 것으로서 개폐기, 과전류차단기, 계기 그 밖의 배선용기기 및 배선을 금속제외함에 수납한 것을 말한다.
㉧ "공용배전반"이란 소방회로 및 일반회로 겸용의 것으로서 개폐기, 과전류차단기, 계기 그 밖의 배선용기기 및 배선을 금속제 외함에 수납한 것을 말한다.
㉨ "전용분전반"이란 소방회로 전용의 것으로서 분기개폐기, 분기과전류차단기 그 밖의 배선용기기 및 배선을 금속제 외함에 수납한 것을 말한다.
㉩ "공용분전반"이란 소방회로 및 일반회로 겸용의 것으로서 분기개폐기, 분기과전류차단기 그 밖의 배선용기기 및 배선을 금속제 외함에 수납한 것을 말한다.

**정답** 05.④　06.①

**07** 연결살수설비의 화재안전기준상 (   )에 들어갈 내용으로 옳게 묶인 것은?

> 송수구는 구경 (   )[mm]의 쌍구형으로 설치할 것. 다만, 하나의 송수구역에 부착하는 살수헤드의 수가 (   )개 이하인 것은 단구형의 것으로 할 수 있다.

① 40, 3    ② 40, 10
③ 65, 10   ④ 100, 20

**해설** 연결살수설비(NFTC 503) 송수구의 설치기준
㉠ 소방차가 쉽게 접근할 수 있고 노출된 장소에 설치할 것. 이 경우 가연성 가스의 저장·취급시설에 설치하는 연결살수설비의 송수구는 그 방호대상물로부터 20[m] 이상의 거리를 두거나 방호대상물에 면하는 부분이 높이 1.5[m] 이상, 폭 2.5[m] 이상의 철근콘크리트 벽으로 가려진 장소에 설치하여야 한다.
㉡ 송수구는 구경 65[mm]의 쌍구형으로 설치할 것. 다만, 하나의 송수구역에 부착하는 살수헤드의 수가 10개 이하인 것에 있어서는 단구형으로 할 수 있다.
㉢ 개방형 헤드를 사용하는 송수구의 호스접결구는 각 송수구역마다 설치할 것. 다만, 송수구역을 선택할 수 있는 선택밸브가 설치되어 있고 각 송수구역의 주요구조부가 내화구조로 되어 있는 경우에는 그러하지 아니하다.
㉣ 지면으로부터 높이가 0.5[m] 이상, 1[m] 이하의 위치에 설치할 것
㉤ 송수구로부터 주배관에 이르는 연결배관에는 개폐밸브를 설치하지 아니할 것. 다만, 스프링클러설비·물분무소화설비·포소화설비 또는 연결송수관설비의 배관과 겸용하는 경우에는 그러하지 아니하다.
㉥ 송수구의 부근에는 "연결살수설비송수구"라고 표시한 표지와 송수구역 일람표를 설치할 것
㉦ 송수구에는 이물질을 막기 위한 마개를 씌워야 한다.

**08** 4단 펌프인 수평 회전축 소화펌프를 운전하면서 물의 압력을 측정하였더니 흡입측 압력이 0.09[MPa], 토출측 압력이 0.98[MPa]이었다. 이 펌프 1단의 임펠러에 가해지는 토출압력(MPa)은 약 얼마인가?

① 0.13[MPa]
② 0.16[MPa]
③ 0.19[MPa]
④ 0.21[MPa]

**해설** 펌프의 압축비(=압력상승배수)

$$K = \sqrt[n]{\frac{P_2}{P_1}} = \left(\frac{P_2}{P_1}\right)^{\frac{1}{n}}$$

K : 압축비, n : 펌프의 단수
$P_1$ : 펌프의 흡입측 절대압력
$P_2$ : 펌프의 토출측 절대압력

▶ 압축비 $K = \sqrt[n]{\frac{P_2}{P_1}} = \left(\frac{P_2}{P_1}\right)^{\frac{1}{n}}$

$= \left(\frac{0.98}{0.09}\right)^{\frac{1}{4}} = 1.8165...$

$≒ 1.82$

∴ $P_1 \times 1.817 = 0.09 \times 1.82 = 0.1638$
$≒ 0.16[MPa]$

**09** 피난기구의 화재안전기준의 설치장소별 피난기구 적응성에서 4층 이상 10층 이하의 노유자시설에 설치할 수 있는 피난기구로 묶인 것은?

① 구조대, 미끄럼대
② 피난교, 승강식피난기
③ 완강기, 승강식피난기
④ 피난교, 완강기

**해설** 피난기구의 적응성

| 설치장소별 구분 \ 층별 | 1층 | 2층 | 3층 | 4층 이상 10층 이하 |
|---|---|---|---|---|
| 1. 노유자시설 | 미끄럼대·구조대·피난교·다수인피난장비·승강식피난기 | 미끄럼대·구조대·피난교·다수인피난장비·승강식피난기 | 미끄럼대·구조대·피난교·다수인피난장비·승강식피난기 | 구조대·피난교·다수인피난장비·승강식피난기 |

**정답** 07.③ 08.② 09.②

| | | | | |
|---|---|---|---|---|
| 2. 의료시설·근린생활시설 중 입원실이 있는 의원·접골원·조산원 | | | 미끄럼대·구조대·피난교·피난용트랩·다수인피난장비·승강식피난기 | 구조대·피난교·피난용트랩·다수인피난장비·승강식피난기 |
| 3. 「다중이용업소의 안전관리에 관한 특별법 시행령」 제2조에 따른 다중이용업소로서 영업장의 위치가 4층 이하인 다중이용업소 | | 미끄럼대·피난사다리·구조대·완강기·다수인피난장비·승강식피난기 | 미끄럼대·피난사다리·구조대·완강기·다수인피난장비·승강식피난기 | 미끄럼대·피난사다리·구조대·완강기·다수인피난장비·승강식피난기 |
| 4. 그 밖의 것 | | | 미끄럼대·피난사다리·구조대·완강기·피난교·피난용트랩·간이완강기·공기안전매트·다수인피난장비·승강식피난기 | 피난사다리·구조대·완강기·피난교·간이완강기·공기안전매트·다수인피난장비·승강식피난기 |

비고
1) 구조대의 적응성은 장애인 관련 시설로서 주된 사용자중 스스로 피난이 불가한 자가 있는 경우 추가로 설치하는 경우에 한한다.
2), 3) 간이완강기의 적응성은 숙박시설의 3층 이상에 있는 객실에, 공기안전매트의 적응성은 공동주택에 추가로 설치하는 경우에 한한다.

**10** 유도등 및 유도표지의 화재안전기준상 축광식 피난유도선의 설치기준에 관한 설명으로 옳지 않은 것은?

① 바닥으로부터 높이 50[cm] 이하의 위치 또는 바닥 면에 설치할 것
② 구획된 각 실로부터 주출입구 또는 비상구까지 설치할 것
③ 피난유도 표시부는 1[m] 이내의 간격으로 연속되도록 설치할 것
④ 외광 또는 조명장치에 의하여 상시 조명이 제공되거나 비상조명등에 의한 조명이 제공되도록 설치할 것

**해설** 축광방식의 피난유도선 설치기준
㉠ 구획된 각 실로부터 주출입구 또는 비상구까지 설치할 것
㉡ 바닥으로부터 높이 50[cm] 이하의 위치 또는 바닥 면에 설치할 것
㉢ 피난유도 표시부는 50[cm] 이내의 간격으로 연속되도록 설치할 것
㉣ 부착대에 의하여 견고하게 설치할 것
㉤ 외광 또는 조명장치에 의하여 상시 조명이 제공되거나 비상조명등에 의한 조명이 제공되도록 설치할 것

**11** 자동화재탐지설비 및 시각경보장치의 화재안전기준상 다음 조건을 만족하는 소방대상물의 최소 경계구역 수는?

- 층별 바닥면적 605[m²](55[m]×11[m])인 10층 규모의 대상물
- 지하 2층, 지상 8층 구조이고, 높이가 43[m]인 소방대상물
- 건물 중앙부에 지하까지 연계된 계단 및 엘리베이터 설치

① 12개  ② 21개
③ 23개  ④ 24개

**해설** 수평경계구역 : 층당 2구역 = 2 × 10 = 20
수직경계구역 : 계단2(지상/지하) + 엘리베이터1 = 3
∴ 경계구역 수 총 23개

▶ **경계구역** : 발화지점을 신속, 정확히 파악하여 소화, 피난 등 후속 조치를 위한 최소 단위구역

1. 수평적 개념의 경계구역
   ① 건물마다 설정
   ② 층마다 설정(연속된 2개층(층의 바닥면적 분할 불가) 바닥면적의 합계가 500[m²] 이하일 경우 하나의 경계구역 설정가능)
   ③ 하나의 경계구역 – 최대면적 : 600[m²] 이하, 최대길이 : 50[m] 이하(주된 출입구에서 그 내부 전체가 보이는 경우 최대면적 1000[m²] 이하까지 완화 가능. 단, 최대길이는 50[m] 그대로 적용. 완화 불가)
   ④ 지하구 : 하나의 경계구역 : 최대길이 : 700[m] 이하 (지하가 중 터널의 경우 100[m] 이하)
2. 수직적 개념의 경계구역
   ① 계단, 경사로, 엘리베이터 승강로(권상기실이 있는 경우에는 권상기실), 린넨슈트, 파이프 피트 및 덕트 등 건물에 필연적 또는 부속적으로 생기는 수직공간은 수평 경계구역과 별도로 경계구역 설정
   ② 계단 및 경사로의 경우 하나의 경계구역의 높이는 45[m] 이하로 할 것(기타 수직공간은 높이 제한 없음)

정답 10.③ 11.③

③ 계단 및 경사로의 경우 B2층 이상일 경우 지상 부분과 별도로 경계구역 설정(B1층일 경우 지상 부분과 포함하여 경계구역 설정)
3. 외기에 면하여 상시 개방된 부분이 있는 차고, 주차장, 창고 등의 경우 외기에 면하는 각 부분으로부터 5[m] 미만의 범위 안에 있는 부분은 경계구역 면적제외 가능
4. 스프링클러설비, 물분무등소화설비, 제연설비의 자동식 기동장치로 화재감지기를 설치한 경우 경계구역은 당해 소화설비의 방사구역 또는 제연구역과 동일하게 설정 가능
5. 목욕실, 욕조나 샤워시설이 있는 화장실 등은 감지기는 설치 제외 장소이나, 경계구역 면적에는 포함

## 12 자동화재탐지설비 및 시각경보장치의 화재안전기준상 다음 조건에서 설명하고 있는 감지기는?

- 분전반 내부에 설치하는 경우 접착제를 이용하여 돌기를 바닥에 고정시키고 그 곳에 감지기를 설치할 것
- 감지기와 감지구역의 각 부분과의 수평거리가 내화구조의 경우 1종 4.5[m] 이하, 2종 3[m] 이하로 할 것
- 단자부와 마감 고정금구와의 설치간격은 10[cm] 이내로 설치할 것

① 정온식감지선형
② 열전대식 차동식분포형
③ 광전식분리형
④ 열연복합형

**해설** 정온식감지선형감지기는 다음의 기준에 따라 설치할 것
㉠ 보조선이나 고정금구를 사용하여 감지선이 늘어지지 않도록 설치할 것
㉡ 단자부와 마감 고정금구와의 설치간격은 10[cm] 이내로 설치할 것
㉢ 감지선형 감지기의 굴곡반경은 5[cm] 이상으로 할 것
㉣ 감지기와 감지구역의 각 부분과의 수평거리가 내화구조의 경우 1종 4.5[m] 이하, 2종 3[m] 이하로 할 것. 기타 구조의 경우 1종 3[m] 이하, 2종 1[m] 이하로 할 것
㉤ 케이블트레이에 감지기를 설치하는 경우에는 케이블트레이 받침대에 마감금구를 사용하여 설치할 것
㉥ 지하구나 창고의 천장 등에 지지물이 적당하지 않는 장소에서는 보조선을 설치하고 그 보조선에 설치할 것
㉦ 분전반 내부에 설치하는 경우 접착제를 이용하여 돌기를 바닥에 고정시키고 그 곳에 감지기를 설치할 것
㉧ 그 밖의 설치방법은 형식승인 내용에 따르며 형식승인 사항이 아닌 것은 제조사의 시방(示方)에 따라 설치할 것

## 13 스프링클러설비가 설치된 복합건축물(판매시설 포함)로서 배관 길이 80[m], 관경 100[mm], 마찰손실계수 0.03인 배관을 통해 높이 60[m]까지 소화수를 공급할 경우, 펌프의 이론 소요동력(kW)은 약 얼마인가? (단, 펌프효율 : 0.8, 전달계수 : 1.15, 중력가속도 : 9.8[m/s²], 헤드의 방수압 : 10[mAq], π : 3.14, 헤드는 표준형이다)

① 47.28[kW]  ② 52.28[kW]
③ 57.28[kW]  ④ 62.28[kW]

**해설**
$$P[kW] = \frac{\Upsilon \times Q \times H}{102 \cdot \eta} \cdot K$$

$$= \frac{1000 \times \frac{2.4}{60} \times H}{102 \times 0.8} \times 1.15$$

$$H = 60[m] + h_L + 10[m], \quad h_L = f \cdot \frac{L}{D} \cdot \frac{U^2}{2g}$$

$$U = \frac{Q}{A} = \frac{\frac{2.4}{60}}{\frac{\pi}{4}(0.1)^2} = 5.095$$

$$\fallingdotseq 5.1[m/s]$$

$$\therefore h_L = 0.03 \times \frac{80}{0.1} \times \frac{5.1^2}{2 \times 9.8}$$

$$= 31.848..$$
$$\fallingdotseq 31.85[m]$$

$$\therefore H = 60[m] + 31.85[m] + 10[m]$$
$$= 101.85[m]$$

$$\therefore P(kW) = \frac{\Upsilon \times Q \times H}{102 \cdot \eta} \cdot K$$

$$= \frac{1000 \times \frac{2.4}{60} \times 101.85}{102 \times 0.8} \times 1.15$$

$$= 57.415.. \fallingdotseq 57.42[kW]$$

정답 12.① 13.③

**14** 비상콘센트설비의 화재안전기준상 전원 및 콘센트 등 설치기준으로 옳지 않은 것은?

① 지하층을 포함한 층수가 7층 이상으로서 연면적 2,000[m²] 이상인 소방대상물에 설치하는 비상콘센트설비는 자가발전설비를 비상전원으로 설치한다.
② 하나의 전용회로에 설치하는 비상콘센트는 10개 이하로 할 것
③ 비상콘센트용의 풀박스 등은 방청도장을 한 것으로서, 두께 1.6[mm] 이상의 철판으로 할 것
④ 비상콘센트설비의 전원회로는 단상교류 220[V]인 것으로서, 그 공급용량은 1.5[kVA] 이상인 것으로 할 것

**해설** 비상전원 설치대상
지하층을 제외한 층수가 7층 이상으로서 연면적이 2,000[m²] 이상이거나 지하층의 바닥면적의 합계가 3,000[m²] 이상인 소방대상물의 비상콘센트설비에는 자가발전설비 또는 비상전원수전설비, 전기저장장치를 비상전원으로 설치할 것. 다만, 2 이상의 변전소에서 전력을 동시에 공급받을 수 있거나 하나의 변전소로부터 전력의 공급이 중단되는 때에는 자동으로 다른 변전소로부터 전력을 공급받을 수 있도록 상용전원을 설치한 경우에는 비상전원을 설치하지 아니할 수 있다.

**15** 자동화재탐지설비 및 시각경보장치의 화재안전기준상 광전식분리형감지기의 설치 기준으로 옳은 것은?

① 광축은 나란한 벽으로부터 0.6[m] 이상 이격하여 설치할 것
② 광축의 높이는 천장 등 높이의 60[%] 이상으로 할 것
③ 감지기의 송광부와 수광부는 설치된 뒷벽으로부터 30[cm] 이내 위치에 설치할 것
④ 감지기의 수광면은 햇빛이 잘 비추는 곳으로 놓이도록 설치할 것

**해설** 광전식분리형감지기는 다음의 기준에 따라 설치할 것
㉠ 감지기의 수광면은 햇빛을 직접 받지 않도록 설치할 것
㉡ 광축(송광면과 수광면의 중심을 연결한 선)은 나란한 벽으로부터 0.6[m] 이상 이격하여 설치할 것
㉢ 감지기의 송광부와 수광부는 설치된 뒷벽으로부터 1[m] 이내 위치에 설치할 것
㉣ 광축의 높이는 천장 등(천장의 실내에 면한 부분 또는 상층의 바닥하부면을 말한다) 높이의 80[%] 이상일 것
㉤ 감지기의 광축의 길이는 공칭감시거리 범위 이내일 것
㉥ 그 밖의 설치기준은 형식승인 내용에 따르며 형식승인 사항이 아닌 것은 제조사의 시방에 따라 설치할 것

**16** 자동화재탐지설비 및 시각경보장치의 화재안전기준상 수신기 설치기준으로 옳은 것은?

① 6층 이상의 소방대상물에는 발신기와 전화통화가 가능한 수신기를 설치할 것
② 수신기는 감지기, 중계기 또는 발신기가 작동하는 경계구역을 표시할 수 있는 것으로 설치할 것
③ 하나의 경계구역은 여러개의 표시등으로 표시하여 공동감시가 가능토록 설치할 것
④ 실내면적 50[m²] 이상으로 열이나 연기 등으로 인하여 감지기가 일시적인 화재신호를 발신할 우려가 있는 경우에는 축적기능이 있는 수신기를 설치할 것

**해설** ① 4층 이상[현행 삭제]
③ 하나의 경계구역은 하나의 표시등 또는 하나의 문자로 표시되도록 할 것
④ 자동화재탐지설비의 수신기는 특정소방대상물 또는 그 부분이 지하층·무창층 등으로서 환기가 잘되지 아니하거나 실내면적이 40[m²] 미만인 장소, 감지기의 부착면과 실내바닥과의 거리가 2.3[m] 이하인 장소로서 일시적으로 발생한 열·연기 또는 먼지 등으로 인하여 감지기가 화재신호를 발신할 우려가 있는 때에는 축적기능 등이 있는 것(축적형 감지기가 설치된 장소에는 감지기회로의 감시전류를 단속적으로 차단시켜 화재를 판단하는 방식외의 것을 말한다)으로 설치하여야 한다. 다만, 비화재보 방지기능이 있는 감지기를 설치한 경우에는 그러하지 아니하다.

정답 14.① 15.① 16.②

▶ 비화재보 방지기능이 있는 감지기의 종류
불꽃감지기·정온식 감지선형 감지기·분포형 감지기·복합형 감지기·광전식 분리형 감지기·아날로그방식의 감지기·다신호방식의 감지기·축적방식의 감지기

**17** 포소화설비의 화재안전기준상 포헤드 및 고정포방출구 설치기준으로 옳지 않은 것은?

① 포헤드의 1분당 바닥면적 1[m²]당 방사량으로 차고·주차장에 합성계면활성제포 소화약제 6.5[L] 이상
② 포헤드 및 고정포방출구의 팽창비가 20 이하인 경우에는 포헤드, 압축공기포헤드를 사용한다.
③ 포워터스프링클러헤드는 특정소방대상물의 천장 또는 반자에 설치하되, 바닥면적 8[m²]마다 1개 이상으로 하여 해당 방호대상물의 화재를 유효하게 소화할 수 있도록 할 것
④ 포헤드는 특정소방대상물의 천장 또는 반자에 설치하되, 바닥면적 9[m²]마다 1개 이상으로 하여 해당 방호대상물의 화재를 유효하게 소화할 수 있도록 할 것

해설 ① 6.5[L] 이상 → 8.0[L] 이상

**【 대상물별 포헤드의 분당 방사량 】**

| 소방대상물 | 포소화약제의 종류 | 바닥면적 1[m²]당 방사량 |
|---|---|---|
| 차고·주차장 및 항공기 격납고 | 단백포소화약제 | 6.5[L] 이상 |
| | 합성계면활성제포 소화약제 | 8.0[L] 이상 |
| | 수성막포소화약제 | 3.7[L] 이상 |
| 소방기본법시행령 별표2의 특수가연물을 저장·취급하는 소방대상물 | 단백포소화약제 | 6.5[L] 이상 |
| | 합성계면활성제포 소화약제 | 6.5[L] 이상 |
| | 수성막포소화약제 | 6.5[L] 이상 |
| 위험물제조소 등 | 단백포소화약제 | 6.5[L] 이상 |
| | 합성계면활성제포 소화약제 | 6.5[L] 이상 |
| | 수성막포소화약제 | 6.5[L] 이상 |

| 제4류 위험물 중 수용성 액체를 저장, 취급하는 소방대상물 | 알코올형 포소화약제 | 13[L] 이상 |
|---|---|---|

② 포헤드 및 고정포방출구의 팽창비율에 따른 포방출구의 종류

| 팽창비율에 따른 포의 종류 | 포방출구의 종류 |
|---|---|
| 팽창비가 20 이하인 것(저발포) | 포헤드, 압축공기포헤드 |
| 팽창비가 80 이상 1,000 미만인 것(고발포) | 고발포용 고정포방출구 |

**18** 소방시설의 내진설계기준에서 규정하고 있는 배관의 내진설계 기준으로 옳지 않은 것은?

① 건물의 지진분리이음이 설치된 위치의 배관에는 직경과 상관없이 지진분리장치를 설치하여야 한다.
② 배관에 대한 내진설계를 실시할 경우 지진분리이음은 배관의 수평·수직 지진하중을 산정하여야 한다.
③ 배관의 변형을 최소화하고 소화설비 주요 부품 사이의 유연성을 증가시킬 수 있는 것으로 설치하여야 한다.
④ 버팀대와 고정장치는 소화설비의 동작 및 살수를 방해하지 않아야 한다.

해설 소방시설의 내진설계 기준 제6조(배관)
① 배관은 다음 각 호의 기준에 따라 설치하여야 한다.
  1. 건물 구조부재간의 상대변위에 의한 배관의 응력을 최소화하기 위하여 지진분리이음 또는 지진분리장치를 사용하거나 이격거리를 유지하여야 한다.
  2. 건축물 지진분리이음 설치위치 및 건축물 간의 연결배관 중 지상노출 배관이 건축물로 인입되는 위치의 배관에는 관경에 관계없이 지진분리장치를 설치하여야 한다.
  3. 천장과 일체 거동을 하는 부분에 배관이 지지되어 있을 경우 배관을 단단히 고정시키기 위해 흔들림 방지 버팀대를 사용하여야 한다.
  4. 배관의 흔들림을 방지하기 위하여 흔들림 방지 버팀대를 사용하여야 한다.
  5. 흔들림 방지 버팀대와 그 고정장치는 소화설비의 동작 및 살수를 방해하지 않아야 한다.
  6. 삭제

② 배관의 수평지진하중은 다음 각 호의 기준에 따라 계산하여야 한다.
1. 흔들림 방지 버팀대의 수평지진하중 산정 시 배관의 중량은 가동중량(Wp)으로 산정한다.
2. 흔들림 방지 버팀대에 작용하는 수평지진하중은 제3조의2제2항제3호에 따라 산정한다.
3. 수평지진하중(Fpw)은 배관의 횡방향과 종방향에 각각 적용되어야 한다.

③ 벽, 바닥 또는 기초를 관통하는 배관 주위에는 다음 각 호의 기준에 따라 이격거리를 확보하여야 한다. 다만, 벽, 바닥 또는 기초의 각 면에서 300[mm] 이내에 지진분리이음을 설치하거나 내화성능이 요구되지 않는 석고보드나 이와 유사한 부서지기 쉬운 부재를 관통하는 배관은 그러하지 아니하다.
1. 관통구 및 배관 슬리브의 호칭구경은 배관의 호칭구경이 25[mm] 내지 100[mm] 미만인 경우 배관의 호칭구경보다 50[mm] 이상, 배관의 호칭구경이 100[mm] 이상인 경우에는 배관의 호칭구경보다 100[mm] 이상 커야 한다. 다만, 배관의 호칭구경이 50[mm] 이하인 경우에는 배관의 호칭구경 보다 50[mm] 미만의 더 큰 관통구 및 배관 슬리브를 설치할 수 있다.
2. 방화구획을 관통하는 배관의 틈새는 「건축물의 피난·방화구조 등의 기준에 관한 규칙」 제14조제2항에 따라 인정된 내화충전구조 중 신축성이 있는 것으로 메워야 한다.

④ 소방시설의 배관과 연결된 타 설비배관을 포함한 수평지진하중은 제2항의 기준에 따라 결정하여야 한다.

**19** 스프링클러설비의 화재안전기준상 폐쇄형스프링클러설비의 방호구역·유수검지장치의 기준으로 옳지 않은 것은?

① 자연낙차에 따른 압력수가 흐르는 배관 상에 설치된 유수검지장치는 화재 시 물의 흐름을 검지할 수 있는 최대한의 압력이 얻어질 수 있도록 수조의 상단으로부터 낙차를 두어 설치할 것

② 하나의 방호구역에는 1개 이상의 유수검지장치를 설치하되, 화재발생 시 접근이 쉽고 점검하기 편리한 장소에 설치할 것

③ 스프링클러헤드에 공급되는 물은 유수검지장치를 지나도록 할 것. 다만, 송수구를 통하여 공급되는 물은 그러하지 아니하다.

④ 조기반응형 스프링클러헤드를 설치하는 경우에는 습식유수검지장치 또는 부압식스프링클러설비를 설치할 것

**해설** 폐쇄형스프링클러헤드를 사용하는 설비의 방호구역 및 유수검지장치

① 하나의 방호구역의 바닥면적은 3,000[m²]를 초과하지 아니할 것. 다만, 폐쇄형스프링클러설비에 격자형배관방식(2 이상의 수평주행배관 사이를 가지배관으로 연결하는 방식을 말한다)을 채택하는 때에는 3,700[m²] 범위 내에서 펌프용량, 배관의 구경 등을 수리학적으로 계산한 결과 헤드의 방수압 및 방수량이 방호구역 범위 내에서 소화목적을 달성하는 데 충분할 것

② 하나의 방호구역에는 1개 이상의 유수검지장치를 설치하되, 화재발생 시 접근이 쉽고 점검하기 편리한 장소에 설치할 것

③ 하나의 방호구역은 2개 층에 미치지 아니하도록 할 것. 다만, 1개 층에 설치되는 스프링클러헤드의 수가 10개 이하인 경우와 복층형구조의 공동주택에는 3개 층 이내로 할 수 있다.

④ 유수검지장치를 실내에 설치하거나 보호용 철망 등으로 구획하여 바닥으로부터 0.8[m] 이상 1.5[m] 이하의 위치에 설치하되, 그 실 등에는 가로 0.5[m] 이상 세로 1[m] 이상의 출입문을 설치하고 그 출입문 상단에 "유수검지장치실"이라고 표시한 표지를 설치할 것. 다만, 유수검지장치를 기계실(공조용기계실을 포함한다) 안에 설치하는 경우에는 별도의 실 또는 보호용 철망을 설치하지 아니하고 기계실 출입문 상단에 "유수검지장치실"이라고 표시한 표지를 설치할 수 있다.

⑤ 스프링클러헤드에 공급되는 물은 유수검지장치를 지나도록 할 것. 다만, 송수구를 통하여 공급되는 물은 그러하지 아니하다.

⑥ 자연낙차에 따른 압력수가 흐르는 배관 상에 설치된 유수검지장치는 화재 시 물의 흐름을 검지할 수 있는 최소한의 압력이 얻어질 수 있도록 수조의 하단으로부터 낙차를 두어 설치할 것

⑦ 조기반응형 스프링클러헤드를 설치하는 경우에는 습식유수검지장치 또는 부압식스프링클러설비를 설치할 것

정답 19.①

**20** 미분무소화설비의 화재안전기준상 헤드의 설치기준으로 옳지 않은 것은?

① 미분무헤드는 설계도면과 동일하게 설치하여야 한다.
② 미분무헤드는 소방대상물의 천장·반자·천장과 반자사이·덕트·선반 기타 이와 유사한 부분에 설계자의 의도에 적합하도록 설치하여야 한다.
③ 미분무소화설비에 사용되는 헤드는 개방형 헤드를 설치하여야 한다.
④ 미분무헤드는 배관, 행거 등으로부터 살수가 방해되지 아니하도록 설치하여야 한다.

**해설** 미분무소화설비의 헤드 설치 기준
㉠ 미분무헤드는 소방대상물의 천장·반자·천장과 반자사이·덕트·선반 기타 이와 유사한 부분에 설계자의 의도에 적합하도록 설치하여야 한다.
㉡ 하나의 헤드까지의 수평거리 산정은 설계자가 제시하여야 한다.
㉢ 미분무소화설비에 사용되는 헤드는 조기반응형 헤드를 설치하여야 한다.
㉣ 폐쇄형 미분무헤드는 그 설치장소의 평상시 최고주위온도에 따라 다음 식에 따른 표시온도의 것으로 설치하여야 한다.
 Ta = 0.9Tm − 27.3[℃]
 Ta : 최고주위온도
 Tm : 헤드의 표시온도
㉤ 미분무헤드는 배관, 행거 등으로부터 살수가 방해되지 아니하도록 설치하여야 한다.
㉥ 미분무헤드는 설계도면과 동일하게 설치하여야 한다.
㉦ 미분무헤드는 '한국소방산업기술원' 또는 법 제42조 제1항의 규정에 따라 성능시험기관으로 지정받은 기관에서 검증받아야 한다.

**21** 간이스프링클러설비의 화재안전기준상 상수도 직결형의 배관 및 밸브 설치순서로 옳은 것은?

① 수도용계량기, 급수차단장치, 개폐표시형밸브, 압력계, 체크밸브, 유수검지장치, 2개의 시험밸브의 순으로 설치할 것
② 수도용계량기, 급수차단장치, 개폐표시형밸브, 체크밸브, 압력계, 유수검지장치, 2개의 시험밸브의 순으로 설치할 것
③ 급수차단장치, 수도용계량기, 개폐표시형밸브, 체크밸브, 압력계, 유수검지장치, 2개의 시험밸브의 순으로 설치할 것
④ 수도용계량기, 개폐표시형밸브, 급수차단장치, 체크밸브, 압력계, 유수검지장치, 2개의 시험밸브의 순으로 설치할 것

**해설** 상수도직결형은 다음 각 목의 기준에 따라 설치할 것
㉠ 수도용계량기, 급수차단장치, 개폐표시형밸브, 체크밸브, 압력계, 유수검지장치(압력스위치 등 유수검지장치와 동등 이상의 기능과 성능이 있는 것을 포함한다. 이하 같다), 2개의 시험밸브의 순으로 설치할 것
㉡ 간이스프링클러설비 이외의 배관에는 화재 시 배관을 차단할 수 있는 급수차단장치를 설치할 것

▶ 배관 및 밸브의 설치순서
① 상수도직결형 - (생략)
② 펌프 등의 가압송수장치를 이용하여 배관 및 밸브 등을 설치하는 경우
 수원, 연성계 또는 진공계(수원이 펌프보다 높은 경우를 제외한다. 이하 같다), 펌프 또는 압력수조, 압력계, 체크밸브, 성능시험배관, 개폐표시형밸브, 유수검지장치, 시험밸브의 순으로 설치할 것
③ 가압수조를 가압송수장치로 이용하여 배관 및 밸브 등을 설치하는 경우
 수원, 가압수조, 압력계, 체크밸브, 성능시험배관, 개폐표시형밸브, 유수검지장치, 2개의 시험밸브의 순으로 설치할 것
④ 캐비닛형의 가압송수장치에 배관 및 밸브 등을 설치하는 경우
 수원, 연성계 또는 진공계(수원이 펌프보다 높은 경우를 제외한다. 이하 같다), 펌프 또는 압력수조, 압력계, 체크밸브, 개폐표시형밸브, 2개의 시험밸브의 순으로 설치할 것. 다만, 소화용수의 공급은 상수도와 직결된 바이패스관 또는 펌프에서 공급받아야 한다.

정답 20.③ 21.②

**22** 지상 5층 복합건축물(판매시설 포함) 각 층에 최대 옥내소화전 3개와 폐쇄형스프링클러헤드 60개가 설치되어 있을 경우, 필요한 수원의 양($m^3$)은?

① 101.2[$m^2$]
② 53.2[$m^2$]
③ 55.8[$m^2$]
④ 52.6[$m^2$]

**해설**
㉠ 옥내소화전 수원 양 = 2 × 2.6[$m^3$] = 5.2[$m^3$]
㉡ 스프링클러 수원 양 = N × 1.6[$m^3$]
　　　　　　　　　　= 30 × 1.6[$m^3$] = 48[$m^3$]
∴ ㉠ + ㉡ = 5.2[$m^3$] + 48[$m^3$] = 53.2[$m^3$]

☞ 문제에서 복합건축물의 판매시설 설치 여부에 대한 조건이 빠지긴 하였으나 판매시설이 있는 복합건축물이라 가정하고 보조 수원의 언급이 없으므로 주수원 양만 산출함

**【 폐쇄형 스프링클러헤드를 사용하는 경우 헤드의 기준 개수 】**

| 설치장소 | | | 기준 개수 |
|---|---|---|---|
| 지하가, 지하역사, 지하층을 제외한 11층 이상(아파트 제외) | | | 30 |
| 지하층을 제외한 10층 이하 | 공장 또는 창고(특수가연물 저장, 취급) | | 30 |
| | 근린생활시설·판매시설·운수시설·복합건축물 | 판매시설·복합건축물(판매시설 설치) | 30 |
| | | 기타 | 20 |
| | 기타 | 헤드 부착높이 8[m] 이상 | 20 |
| | | 헤드 부착높이 8[m] 미만 | 10 |

**[공동주택 화재안전기술기준]**
2.3.1 스프링클러설비는 다음의 기준에 따라 설치해야 한다.
　2.3.1.1 폐쇄형스프링클러헤드를 사용하는 아파트등은 기준개수 10개(스프링클러헤드의 설치개수가 가장 많은 세대에 설치된 스프링클러헤드의 개수가 기준개수보다 작은 경우에는 그 설치개수를 말한다)에 1.6㎥를 곱한 양 이상의 수원이 확보되도록 할 것. 다만, 아파트등의 각 동이 주차장으로 서로 연결된 구조인 경우 해당 주차장 부분의 기준개수는 30개로 할 것

**[창고시설 화재안전기술기준]**
2.3.2 수원의 저수량은 다음의 기준에 적합해야 한다.
　2.3.2.1 라지드롭형 스프링클러헤드의 설치개수가 가장 많은 방호구역의 설치개수(30개 이상 설치된 경우에는 30개)에 3.2㎥(랙식 창고의 경우에는 9.6㎥)를 곱한 양 이상이 되도록 할 것
　2.3.2.2 2.3.1.4에 따라 화재조기진압용 스프링클러설비를 설치하는 경우「화재조기진압용 스프링클러설비의 화재안전기술기준(NFTC 103B)」 2.2.1에 따를 것

**23** 소방시설 설치 및 관리에 관한 법령상 옥외소화전설비 설치대상으로 옳은 것은?

① 동일구내 각각의 건축물이 다른 건축물의 2층 외벽으로부터 수평거리가 10.5[m]이며, 지상 1층 및 2층 바닥면적합계가 5,000[$m^3$]인 건축물
② 가연성 액체류 1,000[$m^3$] 이상을 저장하는 창고
③ 국보로 지정된 석조건축물
④ 볏짚류 750,000[kg] 이상을 저장하는 창고

**해설** 옥외소화전설비(NFSC109) 설치대상
㉠ 지상 1층 및 2층의 바닥면적의 합계가 9,000[$m^2$] 이상인 것. 이 경우 동일구내에 2 이상의 특정소방대상물이 행정안전부령이 정하는 연소 우려가 있는 구조인 경우에는 이를 하나의 특정소방대상물로 본다.
㉡ 문화유산 중「문화유산의 보존 및 활용에 관한 법률」 제23조에 따라 보물 또는 국보로 지정된 목조건축물
㉢ 공장 또는 창고로서 지정수량의 750배 이상의 특수가연물을 저장·취급하는 것

> ① 바닥면적 9,000[$m^2$] 이상
> ② 가연성 액체류 1,500[$m^3$] 이상
> ③ 목조건축물

정답 22.③ 23.④

▶ 특수가연물의 종류 및 지정수량

| 품 명 | | 수 량 |
|---|---|---|
| 면화류 | | 200[kg] 이상 |
| 나무껍질 및 대팻밥 | | 400[kg] 이상 |
| 넝마 및 종이부스러기 | | 1,000[kg] 이상 |
| 사류(絲類) | | 1,000[kg] 이상 |
| 볏짚류 | | 1,000[kg] 이상 |
| 가연성 고체류 | | 3,000[kg] 이상 |
| 석탄·목탄류 | | 10,000[kg] 이상 |
| 가연성 액체류 | | 2[m³] 이상 |
| 목재가공품 및 나무부스러기 | | 10[m³] 이상 |
| 합성수지류 | 발포시킨 것 | 20[m³] 이상 |
| | 그 밖의 것 | 3,000[kg] 이상 |

**24** 자동화재탐지설비 및 시각경보장치의 화재안전기준상 청각장애인용 시각경보장치의 설치기준으로 옳지 않은 것은?

① 설치높이는 바닥으로부터 2[m] 이상 2.5[m] 이하의 장소에 설치할 것
② 천장의 높이가 2[m] 이하인 경우에는 천장으로부터 1[m] 이내의 장소에 설치하여야 한다.
③ 복도·통로·청각장애인용 객실 및 공용으로 사용하는 거실에 설치하며, 각 부분으로부터 유효하게 경보를 발할 수 있는 위치에 설치할 것
④ 공연장·집회장·관람장 또는 이와 유사한 장소에 설치하는 경우에는 시선이 집중되는 무대부 부분 등에 설치할 것

**해설** 시각경보장치의 설치기준

㉠ 복도·통로·청각장애인용 객실 및 공용으로 사용하는 거실(로비, 회의실, 강의실, 식당, 휴게실, 오락실, 대기실, 체력단련실, 접객실, 안내실, 전시실, 기타 이와 유사한 장소를 말한다)에 설치하며, 각 부분으로부터 유효하게 경보를 발할 수 있는 위치에 설치할 것

㉡ 공연장·집회장·관람장 또는 이와 유사한 장소에 설치하는 경우에는 시선이 집중되는 무대부 부분 등에 설치할 것
㉢ 설치높이는 바닥으로부터 2[m] 이상 2.5[m] 이하의 장소에 설치할 것 다만, 천장의 높이가 2[m] 이하인 경우에는 천장으로부터 0.15[m] 이내의 장소에 설치하여야 한다.
㉣ 시각경보장치의 광원은 전용의 축전지설비 또는 전기저장장치에 의하여 점등되도록 할 것. 다만, 시각경보기에 작동전원을 공급할 수 있도록 형식승인을 얻은 수신기를 설치한 경우에는 그러하지 아니하다.

**25** 소방펌프 시운전 시 공급유량이 원활하지 않아 펌프 임펠러 교체로 회전수를 변경하였다. 이때 소요 펌프동력(kW)은 약 얼마인가?

- 회전수 $N_1$ : 1,800[rpm], $N_2$ : 1,980[rpm]
- 임펠러 직경 $D_1$ : 400[mm], $D_2$ : 440[mm]
- 유량 : 3,050[L/min]
- 양정 $H_1$ : 85[m], 전달계수 : 1.1, 펌프효율 : 0.75

① 61.98[kW]  ② 70.74[kW]
③ 80.74[kW]  ④ 90.74[kW]

**해설**
$$P[kW] = \frac{\Upsilon \times Q \times H}{102 \cdot \eta} \cdot K$$

$$= \frac{1000 \times \frac{3.05}{60} \times H_2}{102 \times 0.75} \times 1.1$$

$$H_2 = \left(\frac{N_2}{N_1}\right)^2 \times \left(\frac{D_2}{D_1}\right)^2 \times H_1$$

$$= \left(\frac{1,980}{1,800}\right)^2 \times \left(\frac{440}{400}\right)^2 \times 85$$

$$= 124.4485 ≒ 124.45[m]$$

$$\therefore P(kW) = \frac{\Upsilon \times Q \times H}{102 \cdot \eta} \cdot K$$

$$= \frac{1000 \times \frac{3.05}{60} \times 124.45}{102 \times 0.75} \times 1.1$$

$$= 90.9639... ≒ 90.96[kW]$$

# 2017 제17회 소방시설관리사 1차 필기 기출문제
[제5과목 : 소방시설의 구조 및 원리]

**01** 특정소방대상물별 소화기구의 능력단위기준에 관한 설명으로 옳은 것은? (단, 주요 구조부는 내화구조가 아님)

① 위락시설 : 바닥면적 50[$m^2$]마다 능력단위 1단위 이상
② 장례식장 : 바닥면적 100[$m^2$]마다 능력단위 1단위 이상
③ 관광휴게시설 : 바닥면적 100[$m^2$]마다 능력단위 1단위 이상
④ 창고시설 : 바닥면적 200[$m^2$]마다 능력단위 1단위 이상

**해설** 특정소방대상물별 소화기구의 능력단위기준(제4조제1항제2호 관련)

| 특정소방대상물 | 소화기구의 능력단위 |
|---|---|
| 1. 위락시설 | 해당 용도의 바닥면적 30[$m^2$] 마다 능력단위 1단위 이상 |
| 2. 공연장·집회장·관람장·문화재·장례식장 및 의료시설 | 해당 용도의 바닥면적 50[$m^2$] 마다 능력단위 1단위 이상 |
| 3. 근린생활시설·판매시설·운수시설·숙박시설·노유자시설·전시장·공동주택·업무시설·방송통신시설·공장·창고시설·항공기 및 자동차 관련 시설 및 관광휴게시설 | 해당 용도의 바닥면적 100[$m^2$] 마다 능력단위 1단위 이상 |
| 4. 그 밖의 것 | 해당 용도의 바닥면적 200[$m^2$] 마다 능력단위 1단위 이상 |

**02** 도로터널의 화재안전기준에 관한 내용으로 옳지 않은 것은?

① 소화전함과 방수구는 주행차로 우측 측벽을 따라 50[m] 이내의 간격으로 설치하며, 편도 2차선 이상의 양방향터널이나 4차로 이상의 일방향 터널의 경우에는 양쪽 측벽에 각각 50[m] 이내의 간격으로 엇갈리게 설치할 것
② 물분무설비의 하나의 방수구역은 25[m] 이상으로 하며, 4개 방수구역을 동시에 20분 이상 방수할 수 있는 수량을 확보할 것
③ 제연설비의 설계화재강도는 20[MW]를 기준으로 하고, 이때 연기발생률은 80[$m^3$/s]로 할 것
④ 연결송수관설비의 방수압력은 0.35[MPa] 이상, 방수량은 400[L/min] 이상을 유지할 수 있도록 할 것

**해설** ② 3개구역을 동시에 방수, 40분 이상

**03** 미분무소화설비의 방수구역 내에 설치된 미분무헤드의 개수가 20개, 헤드 1개당 설계유량은 50[L/min], 방사시간 1시간, 배관의 총 체적 0.06[$m^3$]이며, 안전율은 1.2일 경우 본 소화설비에 필요한 최소 수원의 양[$m^3$]은?

① 72.06[$m^3$]  ② 74.06[$m^3$]
③ 76.06[$m^3$]  ④ 78.06[$m^3$]

**해설** $Q = N \times D \times T \times S + V$
$= 20 \times 0.05 [m^3/min] \times 60[min] \times 1.2 + 0.06[m^3]$
$= 72.06[m^3]$

정답 01.③ 02.② 03.①

**04** 경유를 저장한 직경 40[m]인 플로팅루프탱크에 고정포방출구를 설치하고 소화약제는 수성막포농도 3[%], 분당 방출량 10[L/m²], 방사시간 20분으로 설계할 경우 본 포소화설비의 고정포방출구에 필요한 소화약제량 [L]은 약 얼마인가? (단, 탱크내면과 굽도리판의 간격은 1.4[m], 원주율은 3.14, 기타 제시되지 않은 것은 고려하지 않음)

① 1,018.11[L]
② 1,108.11[L]
③ 1,058.11[L]
④ 1,208.11[L]

**해설**
$Q = A \times Q \times T \times S$
$= \left[\dfrac{3.14}{4}(40[m])^2 - \dfrac{3.14}{4}(37.2[m])^2\right] \times 10[L/m^2 \cdot min]$
$\times 20[min] \times 0.03 = 1018.11[L]$

**05** 수화수조 및 저수조의 화재안전기준에 관한 내용으로 옳지 않은 것은?

① 지하에 설치하는 소화용수설비의 흡수관투입구는 그 한 변이 0.6[m] 이상인 것으로 하고 소요수량이 80[$m^3$] 미만인 것은 1개 이상, 80[$m^3$] 이상인 것은 2개 이상을 설치한다.
② 1층과 2층의 바닥면적의 합계가 32,000[$m^2$]인 경우 소화수조의 저수량은 100[$m^3$] 이상이어야 한다.
③ 소화수조 또는 저수조가 지표면으로부터 깊이가 4.5[m] 이상인 지하에 있는 경우에는 소요수량에 관계없이 가압송수장치의 분당 양수량은 1,100[L] 이상으로 설치한다.
④ 소화용수설비를 설치하여야 할 특정소방대상물에 있어서 유수의 양이 0.8[$m^3$/min] 이상인 유수를 사용할 수 있는 경우에는 소화수조를 설치하지 아니할 수 있다.

**해설** 소화수조 또는 저수조가 지표면으로부터의 깊이(수조 내부바닥까지의 길이를 말한다)가 4.5[m] 이상인 지하에 있는 경우에는 다음 표에 따라 가압송수장치를 설치하여야 한다. 다만, 규정에 따른 저수량을 지표면으로부터 4.5[m] 이하인 지하에서 확보할 수 있는 경우에는 소화수조 또는 저수조의 지표면으로부터의 깊이에 관계 없이 가압송수장치를 설치하지 아니할 수 있다.

| 소요수량 | 20[$m^3$] 이상 40[$m^3$] 미만 | 40[$m^3$] 이상 100[$m^3$] 미만 | 100[$m^3$] 이상 |
|---|---|---|---|
| 가압송수장치의 1분당 양수량 | 1,100[L] 이상 | 2,200[L] 이상 | 3,300[L] 이상 |

**06** 스프링클러설비의 화재안전기준에 관한 내용으로 옳은 것은?

① 50층인 초고층건축물에 스프링클러설비를 설치할 때 본 설비의 유효수량과 옥상에 설치한 수원의 양을 합한 수원의 양은 100[$m^3$]이다.
② 소방펌프의 성능은 체절운전 시 정격토출압력의 150[%]를 초과하지 아니하도록, 정격토출량의 140[%]로 운전 시 정격토출압력의 65[%] 이상이 되어야 한다.
③ 성능시험배관은 펌프의 토출측에 설치된 개폐밸브 이후에서 분기하여 설치하고, 유량측정장치를 기준으로 전단 및 후단의 직관부에 개폐밸브를 설치한다.
④ 가압송수장치에는 체절운전 시 수온의 상승을 방지하기 위한 순환배관을 설치할 것. 다만, 충압펌프의 경우에는 그러하지 아니한다.

**해설**
① $Q = 30 \times 4.8[m^3] + 30 \times 4.8[m^3] \times \dfrac{1}{3}$
$= 192[m^3]$
② 소방펌프의 성능은 체절운전시 정격토출압력의 140[%]를 초과하지 아니하도록, 정격토출량의 150[%]로 운전 시 정격토출압력의 65[%] 이상이 되어야 한다.
③ 성능시험배관은 펌프의 토출측에 설치된 개폐밸브 이전에서 분기하여 설치하고, 유량측정장치를 기준으로 전단부에는 개폐밸브, 후단부에는 유량조절밸브를 설치한다.

**정답** 04.① 05.③ 06.④

**07** 승강식피난기 및 하향식 피난구용 내림식사다리에 관한 설치기준으로 옳은 것은?

① 하강구 내측에는 기구의 연결 금속구 등이 있어야 하며, 전개된 피난기구는 하강구 수직투영면적 공간 내의 범위를 침범하지 않는 구조이어야 할 것
② 승강식피난기 및 하향식 피난구용 내림식사다리는 설치경로가 설치층에서 피난층까지 연계될 수 있는 구조로 설치할 것. 단, 건축물 규모가 지상 4층 이하로서 구조 및 설치 여건상 불가피한 경우는 그러하지 아니한다.
③ 대피실의 출입문은 갑종방화문으로 설치하고, 피난방향에서 식별할 수 있는 위치에 "대피실" 표지판을 부착할 것. 단, 외기와 개방된 장소에는 그러하지 아니하다. 또한 착지점과 하강구는 상호 수평거리 15[cm] 이상의 간격을 둘 것
④ 대피실 출입문이 개방되거나, 피난기구 작동 시 해당층 및 직상층 거실에 설치된 유도표지 및 시각장치가 작동되고, 감시 제어반에서는 피난기구의 작동을 확인할 수 있어야 할 것

**해설** 승강식 피난기 및 하향식 피난구용 내림식사다리

㉠ 승강식피난기 및 하향식 피난구용 내림식사다리는 설치경로가 설치층에서 피난층까지 연계될 수 있는 구조로 설치할 것. 단, 건축물 규모가 지상 5층 이하로서 구조 및 설치 여건상 불가피한 경우는 그러하지 아니 하다.
㉡ 대피실의 면적은 2[m²](2세대 이상일 경우에는 3[m²]) 이상으로 하고, 건축법시행령 제46조제4항의 규정에 적합하여야 하며 하강구(개구부) 규격은 직경 60[cm] 이상일 것. 단, 외기와 개방된 장소에는 그러하지 아니 하다.
㉢ 하강구 내측에는 기구의 연결 금속구 등이 없어야 하며 전개된 피난기구는 하강구 수평투영면적 공간 내의 범위를 침범하지 않는 구조이어야 할 것. 단, 직경 60[cm] 크기의 범위를 벗어난 경우이거나, 직하층의 바닥 면으로부터 높이 50[cm] 이하의 범위는 제외한다.
㉣ 대피실의 출입문은 갑종방화문으로 설치하고, 피난방향에서 식별할 수 있는 위치에 "대피실" 표지판을 부착할 것. 단, 외기와 개방된 장소에는 그러하지 아니하다.
㉤ 착지점과 하강구는 상호 수평거리 15[cm] 이상의 간격을 둘 것
㉥ 대피실 내에는 비상조명등을 설치할 것
㉦ 대피실에는 층의 위치표시와 피난기구 사용설명서 및 주의사항 표지판을 부착할 것
㉧ 대피실 출입문이 개방되거나, 피난기구 작동 시 해당층 및 직하층 거실에 설치된 표시등 및 경보장치가 작동되고, 감시 제어반에서는 피난기구의 작동을 확인할 수 있어야 할 것
㉨ 사용 시 기울거나 흔들리지 않도록 설치할 것
㉩ 승강식피난기는 한국소방산업기술원 또는 법 제42조제1항에 따라 성능시험기관으로 지정받은 기관에서 그 성능을 검증받은 것으로 설치할 것

**08** 특정소방대상물에 아래의 조건에 따라 소방펌프를 설치할 경우 전동기의 설계용량 [kW]은 약 얼마인가?

- 전달계수(전동기 직렬) : 1.1
- 정격토출량 : 1,500[L/min]
- 전양정 : 40[m]
- 펌프 효율 : 75[%]

① 12.4[kW]
② 14.4[kW]
③ 16.4[kW]
④ 20.4[kW]

**해설**

$$P[\text{kW}] = \frac{\gamma QH}{102\eta} K$$

$$P = \frac{1000 \times \frac{1.5}{60} \times 40}{102 \times 0.75} \times 1.1$$

$$\fallingdotseq 14.38[\text{kW}]$$

**09** 소방시설 도시기호의 명칭을 순서대로 연결한 것은?

| ㉠ | ㉡ | ㉢ | ㉣ |
|---|---|---|---|

① 릴리프밸브(일반), 앵글밸브, 가스체크밸브, 감압밸브
② 앵글밸브, 릴리프밸브(일반), 감압밸브, 가스체크밸브
③ 앵글밸브, 릴리프밸브(일반), 가스체크밸브, 감압밸브
④ 릴리프밸브(일반), 가스체크밸브, 앵글밸브, 감압밸브

**10** 고층건축물의 화재안전기준에 따른 피난안전구역에 설치하는 소방시설 중 피난유도선의 설치기준으로 옳지 않은 것은?

① 피난안전구역이 설치된 층의 계단실 출입구에서 피난안전구역 주 출입구 또는 비상구까지 설치할 것
② 계단실에 설치하는 경우 계단 및 계단참에 설치할 것
③ 피난유도 표시부의 너비는 최소 20[mm] 이하로 설치할 것
④ 광원점등방식(전류에 의하여 빛을 내는 방식)으로 설치하되, 60분 이상 유효하게 작동할 것

【해설】 피난유도선은 다음 각호의 기준에 따라 설치하여야 한다.
㉠ 피난안전구역이 설치된 층의 계단실 출입구에서 피난안전구역 주 출입구 또는 비상구까지 설치할 것
㉡ 계단실에 설치하는 경우 계단 및 계단참에 설치할 것
㉢ 피난유도 표시부의 너비는 최소 25[mm] 이상으로 설치할 것
㉣ 광원점등방식(전류에 의하여 빛을 내는 방식)으로 설치하되, 60분 이상 유효하게 작동할 것

**11** 소방시설 설치 및 관리에 관한 법령에서 제시된 소방시설의 분류로 옳지 않은 것은?

① 경보설비 : 자동화재탐지설비, 비상경보설비, 비상방송설비, 가스누설경보기
② 피난구조설비 : 피난기구, 인명구조기구, 유도등, 비상조명등, 제연설비
③ 소화설비 : 소화기구, 소화전설비(옥내, 옥외), 물분무소화설비, 미분무소화설비
④ 소화활동설비 : 연결살수설비, 연소방지설비, 무선통신보조설비, 비상콘센트설비

【해설】 제연설비는 소화활동설비이다.

**12** 소방시설 종합점검표에 따른 다중이용업 소방시설 등의 점검사항 중 그 밖의 안전시설로 옳지 않은 것은?

① 영상음향차단장치
② 방염물품
③ 누전차단기
④ 방화문

【해설】

| | | |
|---|---|---|
| 그 밖의 안전시설 | 영상음향차단장치 | 노래반주기 등의 영상음향차단장치는 화재 시 자동 또는 수동으로 음향 및 영상이 정지될 수 있는 구조인가 확인 |
| | 누전차단기 | 전원인가 확인 후 테스트 버튼을 눌러 트립 또는 오프 되는가 확인 |
| | 피난안내도·피난안내영상물 | • 비상구, 피난동선 및 소화기 위치 등의 내용이 포함되어 있는가 확인<br>• 피난안내도의 크기 및 부착위치가 적합한가 확인<br>• 피난안내영상물의 상영시기가 적합한가 확인 |

정답 09.① 10.③ 11.② 12.④

**13** 휴대용비상조명등 설치기준으로 옳지 않은 것은?

① 숙박시설 또는 다중이용업소에는 객실 또는 영업장의 구획된 실마다 잘 보이는 곳(외부에 설치 시 출입문손잡이로부터 1[m] 이내 부분)에 1개 이상 설치할 것
② 「유통산업발전법」에 따른 대규모점포(지하상가 및 지하역사는 제외한다)와 영화상영관에는 보행거리 50[m] 이내마다 2개를 설치할 것
③ 지하상가 및 지하역사에는 보행거리 25[m] 이내 마다 3개 이상 설치할 것
④ 설치높이는 바닥으로부터 0.8[m] 이상 1.5[m] 이하의 높이에 설치할 것

**해설** 50[m] 이내마다 3개를 설치할 것

**14** 소방시설의 내진설계 기준으로 옳은 것은?

① 배관에 대한 내진설계를 실시할 경우 지진분리이음은 배관의 수직지진하중에 따라 산정하여야 한다.
② 배관의 변형을 최소화하기 위하여 소화설비 주요 부품과 벽체 상호간에 견고하게 고정하여야 한다.
③ 건축 구조부재 상호간의 상대변위에 의한 배관의 응력을 최대화시키기 위하여 신축배관을 사용하거나 적당한 이격거리를 유지하여야 한다.
④ 건물의 지진분리이음에 설치된 위치의 배관에는 직경과 상관없이 지진분리장치를 설치하여야 한다.

**해설** 배관의 내진설계는 다음 각 호의 기준에 따라 설치하여야 한다.
㉠ 배관에 대한 내진설계를 실시할 경우 지진분리이음은 배관의 수평지진하중을 산정하여야 한다.
㉡ 배관의 변형을 최소화하고 소화설비 주요 부품 사이의 유연성을 증가시킬 수 있는 것으로 설치하여야 한다.
㉢ 건물 구조부재간의 상대변위에 의한 배관의 응력을 최소화시키기 위하여 신축배관을 사용하거나 적당한 이격거리를 유지하여야 한다.
㉣ 건물의 지진분리이음이 설치된 위치의 배관에는 직경과 상관없이 지진분리장치를 설치하여야 한다.
㉤ 천장과 일체 거동을 하는 부분에 배관이 지지되어 있을 경우 배관을 단단히 고정시키기 위해 버팀대를 사용하여야 한다.
㉥ 배관의 흔들림을 방지하기 위하여 흔들림 방지 버팀대를 사용하여야 한다.
㉦ 버팀대와 고정장치는 소화설비의 동작 및 살수를 방해하지 않아야 한다.

[21년 이후 개정 현행 삭제문제]

**15** 수평 배관의 직경이 확대되면서 유속이 16[m/sec]에서 6[m/sec]로 변동될 경우 압력수두[m]는 얼마인가? (단, 중력가속도 10[m/sec$^2$]이다)

① 4[m]  ② 8[m]
③ 11[m]  ④ 15[m]

**해설** $\dfrac{P_1}{\gamma} + \dfrac{V_1^2}{2g} + Z_1 = \dfrac{P_2}{\gamma} + \dfrac{V_2^2}{2g} + Z_2$ 에서

$Z_1 = Z_2$

$\dfrac{P_2 - P_1}{\gamma} = \dfrac{V_1^2}{2g} - \dfrac{V_2^2}{2g}$

$= \dfrac{16^2}{2 \times 10} - \dfrac{6^2}{2 \times 10}$

$= 11[m]$

**16** 절연유 봉입 변압기 설비에 물분무소화설비를 설치한 경우 필요한 저수량[m$^3$]은 얼마인가? (단, 바닥면적을 제외한 변압기의 표면적은 24[m$^2$])

① 1.2[m$^3$]
② 2.4[m$^3$]
③ 3.6[m$^3$]
④ 4.8[m$^3$]

**해설** $Q = A[m^2] \times 10[L/m^2 \cdot min] \times 20[min]$
$= 24[m^2] \times 10[L/m^2 \cdot min] \times 20[min]$
$= 4800[L]$
$= 4.8[m^3]$

**정답** 13.② 14.④ 15.③ 16.④

**17** 다음 간이소화용구를 배치했을 때 능력단위의 합은?

- 삽을 상비한 마른모래(50[L], 4포)
- 삽을 상비한 팽창질석(80[L], 4포)

① 2단위
② 3단위
③ 4단위
④ 5단위

**해설** 0.5단위 × 4 + 0.5단위 × 4 = 4단위

**18** 무선통신보조설비의 화재안전기준상 누설동축케이블 등의 설치기준으로 옳지 않은 것은?

① 누설동축케이블은 화재에 따라 해당 케이블의 피복이 소실된 경우에 케이블 본체가 떨어지지 아니하도록 4[m] 이내마다 금속제 또는 자기제 등의 지지금구로 벽·천장·기둥 등에 견고하게 고정시킬 것
② 누설동축케이블의 중간부분에는 무반사 종단저항을 견고하게 설치할 것
③ 누설동축케이블 및 안테나는 금속판 등에 따라 전파의 복사 또는 특성이 현저하게 저하되지 아니하는 위치에 설치할 것
④ 누설동축케이블 및 안테나는 고압의 전로로부터 1.5[m] 이상 떨어진 위치에 설치할 것

**해설** 누설동축케이블 등
㉠ 소방전용주파수대에서 전파의 전송 또는 복사에 적합한 것으로서 소방전용의 것으로 할 것. 다만, 소방대 상호간의 무선연락에 지장이 없는 경우에는 다른 용도와 겸용할 수 있다.
㉡ 누설동축케이블과 이에 접속하는 안테나 또는 동축케이블과 이에 접속하는 안테나에 따른 것으로 할 것
㉢ 누설동축케이블은 불연 또는 난연성의 것으로서 습기에 따라 전기의 특성이 변질되지 아니하는 것으로 하고, 노출하여 설치한 경우에는 피난 및 통행에 장애가 없도록 할 것
㉣ 누설동축케이블은 화재에 따라 당해 케이블의 피복이 소실된 경우에 케이블 본체가 떨어지지 아니하도록 4[m] 이내마다 금속제 또는 자기제 등의 지지금구로 벽·천장·기둥 등에 견고하게 고정시킬 것. 다만, 불연재료로 구획된 반자 안에 설치하는 경우에는 그러하지 아니하다.
㉤ 누설동축케이블 및 안테나는 금속판 등에 따라 전파의 복사 또는 특성이 현저하게 저하되지 아니하는 위치에 설치할 것
㉥ 누설동축케이블 및 안테나는 고압의 전로로부터 1.5[m] 이상 떨어진 위치에 설치할 것(정전기 차폐장치를 설치한 경우는 제외)
㉦ 누설동축케이블의 끝부분에는 무반사(Dummy) 종단저항을 견고하게 설치할 것

**19** 스프링클러설비의 화재안전기준상 설치장소의 최고주위온도가 79[℃]인 경우 표시 온도 몇 [℃]의 폐쇄형 헤드를 설치해야 하는가? (단, 높이가 4[m] 이상인 공장 및 창고는 제외한다)

① 64[℃] 이상 106[℃] 미만
② 79[℃] 이상 121[℃] 미만
③ 121[℃] 이상 162[℃] 미만
④ 162[℃] 이상

**해설** 최고주위온도에 따른 표시온도

| 설치장소의 최고 주위온도 | 표시온도 |
| --- | --- |
| 39[℃] 미만 | 79[℃] 미만 |
| 39[℃] 이상 64[℃] 미만 | 79[℃] 이상 121[℃] 미만 |
| 64[℃] 이상 106[℃] 미만 | 121[℃] 이상 162[℃] 미만 |
| 106[℃] 이상 | 162[℃] 이상 |

**20** 자동화재탐지설비의 화재안전기준상 20[m] 이상의 높이에 설치할 수 있는 감지기는?

① 차동식 분포형 공기관식 감지기
② 광전식 스포트형 중 아날로그방식
③ 이온화식 스포트형 중 아날로그 방식
④ 광전식 공기흡입형 중 아날로그 방식

정답  17.③  18.②  19.③  20.④

해설 **부착높이에 따른 감지기 적응성**

| 부착높이 | 감지기의 종류 |
|---|---|
| 4[m] 미만 | 차동식(스포트형, 분포형)<br>보상식 스포트형<br>정온식(스포트형, 감지선형)<br>이온화식 또는 광전식(스포트형, 분리형, 공기흡입형)<br>열복합형, 연기복합형, 열연기복합형, 불꽃감지기 |
| 4[m] 이상<br>8[m] 미만 | 차동식(스포트형, 분포형)<br>보상식 스포트형<br>정온식(스포트형, 감지선형 특종 또는 1종)<br>이온화식 1종 또는 2종<br>광전식(스포트형, 분리형, 공기흡입형) 1종 또는 2종<br>열복합형, 연기복합형, 열연기복합형, 불꽃감지기 |
| 8[m] 이상<br>15[m] 미만 | 차동식 분포형<br>이온화식 1종 또는 2종<br>광전식(스포트형, 분리형, 공기흡입형) 1종 또는 2종<br>연기복합형<br>불꽃감지기 |
| 15[m] 이상<br>20[m] 미만 | 이온화식 1종<br>광전식(스포트형, 분리형, 공기흡입형) 1종<br>연기복합형<br>불꽃감지기 |
| 20[m] 이상 | 불꽃감지기<br>광전식(분리형, 공기흡입형) 중 아날로그방식 |

**21** 각 층의 바닥면적이 $500[m^2]$인 건축물에 다음 조건에 따라 자동화재탐지설비를 설치하는 경우 P형 수신기의 필요한 최소가닥수는? (단, 계단은 고려하지 않음)

- 건축물은 지하 2층, 지상 6층
- 수신기는 1층에 설치
- 6회로마다 발신기 공통선, 경종 및 표시등공통선은 1선씩 추가함

① 20가닥  ② 22가닥
③ 24가닥  ④ 28가닥

해설

| 발신기<br>공통선 | 경종 및 표시등<br>공통선 | 경종선 | 표시등<br>선 | 발신기<br>(응답)선 | 전화선 | 회로선<br>(지구선) |
|---|---|---|---|---|---|---|
| 2 | 2 | 7 | 1 | 1 | 1 | 8 |

[2022.6.9 이후 전화선 삭제]

**22** 임시소방시설의 화재안전기준상 용어의 정의로 옳지 않은 것은?

① "소화기"란 소화약제를 압력에 따라 방사하는 기구로서 사람이 수동으로 조작하여 소화하는 것을 말한다.
② "간이소화장치"란 공사현장에서 화재위험작업시 신속한 화재진압이 가능하도록 물을 방수하는 이동식 또는 고정식 형태의 소화장치를 말한다.
③ "비상경보장치"란 화재위험작업 공간 등에서 자동조작에 의해서 화재경보상황을 알려줄 수 있는 설비(비상벨, 사이렌, 휴대용확성기 등)를 말한다.
④ "간이피난유도선"이란 화재위험작업 시 작업자의 피난을 유도할 수 있는 케이블형태의 장치를 말한다.

해설 이 기준에서 사용하는 용어의 정의는 다음과 같다.
① "소화기"란 「소화기구의 화재안전기준(NFSC101)」 제3조제2호에서 정의하는 소화기를 말한다.
② "간이소화장치"란 공사현장에서 화재위험작업 시 신속한 화재진압이 가능하도록 물을 방수하는 이동식 또는 고정식 형태의 소화장치를 말한다.
③ "비상경보장치"란 화재위험작업 공간 등에서 수동조작에 의해서 화재경보상황을 알려줄 수 있는 설비(비상벨, 사이렌, 휴대용확성기 등)를 말한다.
④ "간이피난유도선"이란 화재위험작업 시 작업자의 피난을 유도할 수 있는 케이블형태의 장치를 말한다.

**23** 연면적이 $65,000[m^2]$인 5층 건축물에 설치되어야 하는 소화수조 또는 저수조의 최소 저수량은? (단, 각 층의 바닥면적은 동일)

① $160[m^3]$ 이상  ② $180[m^3]$ 이상
③ $200[m^3]$ 이상  ④ $220[m^3]$ 이상

해설 소화수조 또는 저수조의 저수량은 소방대상물의 연면적을 다음 표에 따른 기준면적으로 나누어 얻은 수(소수점 이하의 수는 1로 본다)에 $20[m^3]$를 곱한 양 이상이 되도록 하여야 한다.

정답 21.② 22.③ 23.②

| 소방대상물의 구분 | 면적 |
|---|---|
| 1층 및 2층의 바닥면적 합계가 15,000[m²] 이상인 소방대상물 | 7,500[m²] |
| 그 밖의 소방대상물 | 12,500[m²] |

▸ $\dfrac{65,000[m^2]}{7,500[m^2]} = 8.67 ≒ 9$

∴ $9 \times 20[m^3] = 180[m^3]$

**24** 다음 조건에서 이산화탄소소화설비를 설치할 경우 감지기의 최소설치 개수는?

- 내화구조의 공장 건축물로 바닥면적 800[m²]
- 차동식스포트형 2종 감지기 설치
- 감지기 부착높이 7.5[m]

① 22개      ② 32개
③ 46개      ④ 64개

$\dfrac{800[m^2]}{35[m^2/개]} = 22.86$ ∴ 23개

교차회로방식이므로 $23 \times 2 = 46$개

**25** 소방시설의 내진설계 기준상 용어의 정의로 옳지 않은 것은?

① "내진"이란 면진, 제진을 포함한 지진으로부터 소방시설의 피해를 줄일 수 있는 구조를 의미하는 포괄적인 개념을 말한다.
② "면진"이란 건축물과 소방시설을 분리시켜 지반진동으로 인한 지진력이 직접 구조물로 전달되는 양을 감소시킴으로써 내진성을 확보하는 수동적인 지진 제어 기술을 말한다.
③ "세장비(L/r)"란 버팀대의 길이(L)와 최소회전반경(r)의 비율을 말하며, 세장비가 작을수록 좌굴(Buckling) 현상이 발생하여 지진발생 시 파괴되거나 손상을 입기 쉽다.
④ "내진스토퍼"란 지진하중에 의해 과도한 변위가 발생하지 않도록 제한하는 장치를 말한다.

 "세장비(L/r)"란 버팀대의 길이(L)와 최소회전반경(r)의 비율을 말하며, 세장비가 커질수록 좌굴(buckling) 현상이 발생하여 지진발생 시 파괴되거나 손상을 입기 쉽다.

# 2016 제16회 소방시설관리사 1차 필기 기출문제
[제5과목 : 소방시설의 구조 및 원리]

**01** 가로 40[m], 세로 30[m]의 특수가연물 저장소에 스프링클러설비를 하고자 한다. 정방형으로 헤드를 배치할 경우 필요한 헤드의 최소 설치개수는?

① 130개
② 140개
③ 181개
④ 221개

**해설**
가로열 설치수 = $\dfrac{40[m]}{2 \times 1.7[m] \times \cos 45°}$
= 16.63 ∴ 17개

세로열 설치수 = $\dfrac{30[m]}{2 \times 1.7[m] \times \cos 45°}$
= 12.48 ∴ 13개

∴ 17 × 13 = 221개

**02** 도로터널의 화재안전기준상 소화기 설치기준으로 옳은 것은?

① 소화기의 총중량은 7[kg] 이하로 할 것
② B급 화재 시 소화기의 능력단위는 3단위 이상으로 할 것
③ 소화기는 바닥면으로부터 1.2[m] 이하의 높이에 설치할 것
④ 편도 2차선 이상의 양방향 터널에는 한쪽 측벽에 50[m] 이내의 간격으로 소화기 2개 이상을 설치할 것

**해설** 소화기 설치기준
㉠ 소화기의 능력단위는 A급 화재는 3단위 이상, B급 화재는 5단위 이상 및 C급 화재에 적응성이 있는 것으로 할 것
㉡ 소화기의 총중량은 사용 및 운반이 편리성을 고려하여 7[kg] 이하로 할 것
㉢ 소화기는 주행차로의 우측 측벽에 50[m] 이내의 간격으로 2개 이상을 설치하며, 편도2차선 이상의 양방향터널과 4차로 이상의 일방향 터널의 경우에는 양쪽 측벽에 각각 50[m] 이내의 간격으로 엇갈리게 2개 이상을 설치할 것
㉣ 바닥면(차로 또는 보행로를 말한다. 이하 같다)으로부터 1.5[m] 이하의 높이에 설치할 것
㉤ 소화기구함의 상부에 "소화기"라고 조명식 또는 반사식의 표지판을 부착하여 사용자가 쉽게 인지할 수 있도록 할 것

**03** 바닥면적이 100[m²]인 지하주차장에 물분무소화설비를 설치하는 경우 필요한 수원의 최소량은?

① 2,000[L]
② 20,000[L]
③ 40,000[L]
④ 80,000[L]

**해설** $Q = A[m^2] \times 20[L/m^2 \cdot min] \times 20[min]$
= 100[m²] × 20[L/m² · min] × 20[min]
= 40,000[L]

정답 01.④ 02.① 03.③

**04** 스프링클러설비의 화재안전기준상 배관에 관한 기준으로 옳지 않은 것은?

① 배관 내 사용압력이 1.2[MPa] 이상일 경우에는 압력배관용탄소강관(KS D 3562)을 사용한다.
② 배관의 구경 계산 시 수리계산에 따르는 경우 교차배관의 유속은 6[m/s]를 초과할 수 없다.
③ 펌프의 성능시험배관은 펌프의 토출측에 설치된 개폐밸브 이전에서 분기하여 설치하여야 한다.
④ 가압송수장치의 체절운전 시 수온의 상승을 방지하기 위하여 체크밸브와 펌프사이에서 분기한 구경 20[mm] 이상의 배관에 체절압력 미만에서 개방되는 릴리프밸브를 설치하여야 한다.

**[해설]** 수리계산에 따르는 경우 가지배관의 유속은 6[m/s], 그 밖의 배관의 유속은 10[m/s]를 초과할 수 없다.

**05** 포소화설비의 경우 화재안전기준상 자동식 기동장치로 자동화재탐지설비의 연기감지기를 사용하는 경우 설치기준으로 옳은 것은?

① 감지기는 보로부터 0.3[m] 이상 떨어진 곳에 설치한다.
② 반자부근에 배기구가 있는 경우에는 그 부근에 설치한다.
③ 천장 또는 반자가 낮은 실내에는 출입구의 먼 부분에 설치한다.
④ 좁은 실내에 있어서는 출입구의 먼 부분에 설치한다.

**[해설]** 연기감지기는 다음의 기준에 따라 설치할 것
㉠ 감지기의 부착높이에 따라 다음 표에 따른 바닥면적 마다 1개 이상으로 할 것

| 부착높이 | 감지기의 종류 | |
|---|---|---|
| | 1종 및 2종 | 3종 |
| 4[m] 미만 | 150 | 50 |
| 4[m] 이상 20[m] 미만 | 75 | — |

㉡ 감지기는 복도 및 통로에 있어서는 보행거리 30[m](3종에 있어서는 20[m])마다, 계단 및 경사로에 있어서는 수직거리 15[m](3종에 있어서는 10[m])마다 1개 이상으로 할 것
㉢ 천장 또는 반자가 낮은 실내 또는 좁은 실내에 있어서는 출입구의 가까운 부분에 설치할 것
㉣ 천장 또는 반자부근에 배기구가 있는 경우에는 그 부근에 설치할 것
㉤ 감지기는 벽 또는 보로부터 0.6[m] 이상 떨어진 곳에 설치할 것

**06** 자동화재탐지설비의 감지기 설치기준으로 옳은 것은?

① 정온식감지기는 주방·보일러실 등으로서 다량의 화기를 취급하는 장소에 설치하되 공칭작동온도가 최고주위온도보다 10[℃] 이상 높은 것으로 설치할 것
② 감지기(차동식분포형의 것을 제외한다)는 실내로의 공기유입구로부터 0.8[m] 이상 떨어진 위치에 설치할 것
③ 스포트형감지기는 65° 이상 경사되지 아니하도록 부착할 것
④ 감지기는 천장 또는 반자의 옥내에 면하는 부분에 설치할 것

**[해설]** ① 20[℃] 이상 높은 것
② 1.5[m] 이상 떨어진 위치
③ 45° 이상

정답 04.② 05.② 06.④

**07** 분말소화설비의 화재안전기준상 전역방출방식일 때 방호구역의 체적 1[m³]에 대한 소화약제량으로 옳은 것은?

① 제1종 분말 : 0.60[kg]
② 제2종 분말 : 0.24[kg]
③ 제3종 분말 : 0.24[kg]
④ 제4종 분말 : 0.36[kg]

**해설** 방호구역 1[m³]에 대한 약제량과 자동폐쇄장치가 없는 개구부 1[m²]당 가산량

| 소화약제의 종별 | 방호구역 1[m³]에 대한 약제량 | 가산량(개구부 1[m²]에 대한 약제량) |
|---|---|---|
| 제1종 분말 | 0.6[kg] | 4.5[kg] |
| 제2종, 3종 분말 | 0.36[kg] | 2.7[kg] |
| 제4종 분말 | 0.24[kg] | 1.8[kg] |

**08** 분말소화설비의 화재안전기준상 가압식 분말소화설비 소화약제 저장용기에 설치하는 안전밸브의 작동압력 기준은?

① 최고사용압력의 1.8배 이하
② 최고사용압력의 0.8배 이하
③ 내압시험압력의 1.8배 이하
④ 내압시험압력의 0.8배 이하

**해설** 저장용기에는 가압식의 것에 있어서는 최고사용압력의 1.8배 이하, 축압식의 것에 있어서는 용기 내압시험압력의 0.8배 이하의 압력에서 작동하는 안전밸브를 설치할 것

**09** 다음 조건에서 이산화탄소소화설비를 설치할 때 필요한 최소 소화약제량은?

- 화재시 연소면이 한정되고 가연물이 비산할 우려가 없는 장소
- 방호대상물 표면적 : 20[m²]
- 국소방출방식의 고압식

① 260[kg]  ② 286[kg]
③ 364[kg]  ④ 250[kg]

**해설** $W = A[m^2] \times 13[kg/m^2] \times 1.4$
$= 20[m^2] \times 13[kg/m^2] \times 1.4 = 364[kg]$

**10** 승강식피난기 및 하향식 피난구용 내림식사다리 설치기준에 관한 설명으로 옳은 것은?

① 대피실 내에는 일반 백열등을 설치할 것
② 사용 시 기울거나 흔들리지 않도록 설치할 것
③ 대피실의 면적은 3[m²](2세대 이상일 경우에는 5[m²]) 이상으로 할 것
④ 착지점과 하강구는 상호 수평거리 5[cm] 이상의 간격을 둘 것

**해설** 승강식 피난기 및 하향식 피난구용 내림식사다리
㉠ 승강식피난기 및 하향식 피난구용 내림식사다리는 설치경로가 설치층에서 피난층까지 연계될 수 있는 구조로 설치할 것. 단, 건축물 규모가 지상 5층 이하로서 구조 및 설치 여건상 불가피한 경우는 그러하지 아니 하다.
㉡ 대피실의 면적은 2[m²](2세대 이상일 경우에는 3[m²]) 이상으로 하고, 건축법시행령 제46조제4항의 규정에 적합하여야 하며 하강구(개구부) 규격은 직경 60[cm] 이상일 것. 단, 외기와 개방된 장소에는 그러하지 아니하다.
㉢ 하강구 내측에는 기구의 연결 금속구 등이 없어야 하며 전개된 피난기구는 하강구 수평투영면적 공간 내의 범위를 침범하지 않는 구조이어야 할 것. 단, 직경 60[cm] 크기의 범위를 벗어난 경우이거나, 직하층의 바닥 면로부터 높이 50[cm] 이하의 범위는 제외한다.
㉣ 대피실의 출입문은 60분+또는 60분방화 문으로 설치하고, 피난방향에서 식별할 수 있는 위치에 "대피실" 표지판을 부착할 것. 단, 외기와 개방된 장소에는 그러하지 아니 하다.
㉤ 착지점과 하강구는 상호 수평거리 15[cm] 이상의 간격을 둘 것
㉥ 대피실 내에는 비상조명등을 설치할 것
㉦ 대피실에는 층의 위치표시와 피난기구 사용설명서 및 주의사항 표지판을 부착할 것
㉧ 대피실 출입문이 개방되거나, 피난기구 작동 시 해당 층 및 직하층 거실에 설치된 표시등 및 경보장치가 작동되고, 감시 제어반에서는 피난기구의 작동을 확인할 수 있어야 할 것

정답 07.① 08.① 09.③ 10.②

㉢ 사용시 기울거나 흔들리지 않도록 설치할 것
㉣ 승강식피난기는 한국소방산업기술원 또는 법 제42조 제1항에 따라 성능시험기관으로 지정받은 기관에서 그 성능을 검증받은 것으로 설치할 것

**11** 비상경보설비 및 단독경보형감지기의 화재안전기준상 용어의 정의로 옳지 않은 것은?

① "비상벨설비"란 화재발생 상황을 경종으로 경보하는 설비를 말한다.
② "자동식사이렌설비"란 화재발생 상황을 사이렌으로 경보하는 설비를 말한다.
③ "발신기"란 화재발생 신호를 수신기에 자동으로 발신하는 장치를 말한다.
④ "단독경보형감지기"란 화재발생 상황을 단독으로 감지하여 자체에 내장된 음향장치로 경보하는 감지기를 말한다.

[해설] "발신기"란 화재발생 신호를 수신기에 수동으로 발신하는 장치를 말한다.

**12** 누전경보기의 화재안전기준상 누전경보기의 설치기준으로 옳은 것은?

① 변류기를 옥외의 전로에 설치하는 경우에는 옥내형으로 설치할 것
② 누전경보기의 전원을 분기할 때에는 다른 차단기에 따라 전원이 차단되도록 할 것
③ 누전경보기 전원의 개폐기에는 누전경보기용임을 표시한 표지를 할 것
④ 누전경보기 전원은 분전반으로부터 전용회로로 하고, 각극에 개폐기 및 25[A] 이하의 과전류 차단기를 설치할 것

[해설] ① 옥외형의 것으로 설치할 것
② 전원을 분기할 때에는 다른 차단기에 따라 전원이 차단되지 아니하도록 할 것
④ 15[A] 이하의 과전류 차단기를 설치할 것

**13** 할로겐화합물 및 불활성기체소화약제소화설비 설치 시 화재안전기준으로 옳지 않은 것은?

① 저장용기는 온도가 60[℃] 이상이고 온도의 변화가 작은 곳에 설치할 것
② 저장용기를 방호구역 외에 설치한 경우에는 방화문으로 구획된 실에 설치할 것
③ 수동식 기동장치는 해당 방호구역의 출입구 부근 등 조작을 하는 자가 쉽게 피난할 수 있는 장소에 설치할 것
④ 수동식 기동장치는 5[kg] 이하의 힘을 가하여 기동할 수 있는 구조로 설치할 것

[해설] 저장용기는 온도가 55[℃] 이하이고 온도의 변화가 작은 곳에 설치할 것

**14** 자동화재속보설비의 화재안전기준으로 옳지 않은 것은?

① 문화재에 설치하는 자동화재속보설비는 속보기에 감지기를 직접 연결하는 방식(자동화재탐지설비 1개의 경계구역에 한한다)으로 할 수 있다.
② 조작스위치는 통상 1[m] 미만으로 설치하지만 특별한 높이 규정은 없으며 신속한 전달이 중요하다.
③ 자동화재탐지설비와 연동으로 작동하여 자동적으로 화재발생 상황을 소방관서에 전달되는 것으로 하여야 한다.
④ 속보기는 소방관서에 통신망으로 통보하도록 하며, 데이터 또는 코드전송 방식을 부가적으로 설치할 수 있다.

[해설] 스위치는 바닥으로부터 0.8[m] 이상 1.5[m] 이하의 높이에 설치하고, 그 보기 쉬운 곳에 스위치임을 표시한 표지를 할 것

정답 11.③ 12.③ 13.① 14.②

**15** 광원점등방식의 피난유도선에 관한 설치기준으로 옳은 것은?

> ㉠ 바닥에 설치되는 피난유도 표시부는 노출하는 방식을 사용할 것
> ㉡ 수신기로부터의 화재신호 및 수동조작에 의하여 광원이 점등되도록 설치할 것
> ㉢ 피난유도 표시부는 바닥으로부터 높이 1.5[m] 이하의 위치 또는 바닥 면에 설치할 것
> ㉣ 피난유도 표시부는 50[cm] 이내의 간격으로 연속되도록 설치하되 실내장식물 등으로 설치가 곤란할 경우 1[m] 이내로 설치할 것

① ㉠, ㉣   ② ㉠, ㉢
③ ㉡, ㉢   ④ ㉡, ㉣

**해설** 피난유도선

(1) 축광방식의 피난유도선 설치기준
 ① 구획된 각 실로부터 주출입구 또는 비상구까지 설치할 것
 ② 바닥으로부터 높이 50[cm] 이하의 위치 또는 바닥 면에 설치할 것
 ③ 피난유도 표시부는 50[cm] 이내의 간격으로 연속되도록 설치할 것
 ④ 부착대에 의하여 견고하게 설치할 것
 ⑤ 외광 또는 조명장치에 의하여 상시 조명이 제공되거나 비상조명등에 의한 조명이 제공되도록 설치할 것

(2) 광원점등방식의 피난유도선 설치기준
 ① 구획된 각 실로부터 주출입구 또는 비상구까지 설치할 것
 ② 피난유도 표시부는 바닥으로부터 높이 1[m] 이하의 위치 또는 바닥 면에 설치할 것
 ③ 피난유도 표시부는 50[cm] 이내의 간격으로 연속되도록 설치하되 실내장식물 등으로 설치가 곤란할 경우 1[m] 이내로 설치할 것
 ④ 수신기로부터의 화재신호 및 수동조작에 의하여 광원이 점등되도록 설치할 것
 ⑤ 비상전원이 상시 충전상태를 유지하도록 설치할 것
 ⑥ 바닥에 설치되는 피난유도 표시부는 매립하는 방식을 사용할 것
 ⑦ 피난유도 제어부는 조작 및 관리가 용이하도록 바닥으로부터 0.8[m] 이상 1.5[m] 이하의 높이에 설치할 것

**16** 다음 조건의 창고건물에 옥외소화전이 4개 설치되어 있을 때 전동기펌프의 설계 동력은? (단, 주어진 조건 이외의 다른 조건은 고려하지 않고, 계산 결과값은 소수점 셋째자리에서 반올림함)

• 펌프에서 최고위 방수구까지의 높이 : 10[m]
• 배관의 마찰손실수두 : 40[m]
• 호스의 마찰손실수두 : 5[m]
• 펌프의 효율 : 65[%]
• 전달계수 : 1.1

① 14.34[kW]   ② 15.45[kW]
③ 17.75[kW]   ④ 30.90[kW]

**해설**
$$P[\text{kW}] = \frac{\gamma Q H}{102\eta} K$$

$$= \frac{1000 \times \dfrac{0.7}{60} \times 80}{102 \times 0.65} \times 1.1$$

$$= 15.485 \fallingdotseq 15.49[\text{kW}]$$

• $Q[\text{L/min}] = N \times 350[\text{L/min}]$
  (N : 최대 2개)
  $= 2 \times 350[\text{L/min}]$
  $= 700[\text{L/min}]$
  $= 0.7[\text{m}^3/\text{min}]$

• $H = h_1 + h_2 + h_3 + 25[\text{m}]$
  $= 10[\text{m}] + 40[\text{m}] + 5[\text{m}] + 25[\text{m}]$
  $= 80[\text{m}]$

**17** 자동화재탐지설비의 수신기 설치기준으로 옳지 않은 것은?

① 4층 이상의 특정소방대상물에는 발신기와 전화 통화가 가능한 수신기를 설치할 것
② 해당 특정소방대상물의 경계구역을 각각 표시할 수 있는 회선수 미만의 수신기를 설치할 것
③ 하나의 경계구역은 하나의 표시등 또는 하나의 문자로 표시되도록 할 것
④ 수신기의 음향기구는 그 음량 및 음색이 다른 기기의 소음 등과 명확히 구별될 수 있는 것으로 할 것

**해설** ② 해당 특정소방대상물의 경계구역을 각각 표시할 수 있는 회선수 이상의 수신기를 설치할 것
① 보기 현행 삭제

**18** 비상조명등의 화재안전기준에 따라 지하상가에 휴대용 비상조명등을 설치할 때 옳은 것은?

① 보행거리 50[m]마다 3개를 설치하였다.
② 보행거리 50[m]마다 1개를 설치하였다.
③ 보행거리 25[m]마다 3개를 설치하였다.
④ 바닥으로부터 1.8[m] 높이에 설치하였다.

**해설** 휴대용비상조명등은 다음 각 호의 기준에 적합하여야 한다.
㉠ 다음 각 목의 장소에 설치할 것
  ⓐ 숙박시설 또는 다중이용업소에는 객실 또는 영업장안의 구획된 실마다 잘 보이는 곳(외부에 설치 시 출입문손잡이로부터 1[m] 이내 부분)에 1개 이상 설치
  ⓑ 「유통산업발전법」제2조 제3호에 따른 대규모점포(지하상가 및 지하역사를 제외한다)와 영화상영관에는 보행거리 50[m] 이내마다 3개 이상 설치
  ⓒ 지하상가 및 지하역사에는 보행거리 25[m] 이내마다 3개 이상 설치
㉡ 설치높이는 바닥으로부터 0.8[m] 이상 1.5[m] 이하의 높이에 설치할 것
㉢ 어둠속에서 위치를 확인할 수 있도록 할 것
㉣ 사용시 자동으로 점등되는 구조일 것
㉤ 외함은 난연성능이 있을 것
㉥ 건전지를 사용하는 경우에는 방전방지조치를 하여야 하고, 충전식 밧데리의 경우에는 상시 충전되도록 할 것
㉦ 건전지 및 충전식 밧데리의 용량은 20분 이상 유효하게 사용할 수 있는 것으로 할 것

**19** 연소방지설비를 설치하는 지하구에 방화벽을 설치하려고 한다. 방화벽의 설치기준으로 옳지 않은 것은?

① 내화구조로서 홀로 설 수 있는 구조일 것
② 방화벽에 출입문을 설치하는 경우에는 방화문으로 할 것
③ 방화벽을 관통하는 케이블·전선 등에는 내열성이 있는 화재차단재로 마감할 것
④ 방화벽의 위치는 분기구 및 환기구 등의 구조를 고려하여 설치할 것

**해설** 방화벽설치기준
㉠ 내화구조로서 홀로 설 수 있는 구조일 것
㉡ 방화벽에 출입문을 설치하는 경우에는 60분+ 또는 60분 방화문으로 할 것
㉢ 방화벽을 관통하는 케이블·전선 등에는 내화성이 있는 화재차단재로 마감할 것
㉣ 방화벽의 위치는 분기구 및 환기구 등의 구조를 고려하여 설치할 것

**20** 비상콘센트설비의 전원부와 외함 사이의 정격 전압이 250[V]일 때 절연내력 시험 전압은?

① 1,000[V]
② 1,200[V]
③ 1,250[V]
④ 1,500[V]

**해설** 절연내력 : 전원부와 외함 사이에 다음과 같이 실효전압을 가하는 시험에서 1분 이상 견디는 것일 것
㉠ 정격전압이 150[V] 이하인 경우 : 1,000[V]의 실효전압을 인가
㉡ 정격전압이 150[V] 초과인 경우 : (정격전압×2)+1,000[V]의 실효전압을 인가
따라서 (250×2)+1,000=1,500[V]

**21** 연결살수설비를 설치하여야 할 특정소방대상물 또는 그 부분으로서 연결살수설비 헤드 설치 제외 장소가 아닌 것은?

① 목욕실
② 발전실
③ 병원의 수술실
④ 수영장 관람석

**해설** 헤드의 설치 제외장소
㉠ 상점(영 별표 2 제5호와 제6호의 판매시설과 운수시설을 말하며, 바닥면적이 150[m²] 이상인 지하층에 설치된 것을 제외한다)으로서 주요구조부가 내화구조 또는 방화구조로 되어 있고 바닥면적이 500[m²] 미만으로 방화구획되어 있는 특정소방대상물 또는 그 부분
㉡ 계단실(특별피난계단의 부속실을 포함한다)·경사로·승강기의 승강로·파이프덕트·목욕실·수영장(관람석부분을 제외한다)·화장실·직접 외기에 개방되어 있는 복도 기타 이와 유사한 장소
㉢ 통신기기실·전자기기실·기타 이와 유사한 장소
㉣ 발전실·변전실·변압기·기타 이와 유사한 전기설비가 설치되어 있는 장소
㉤ 병원의 수술실·응급처치실·기타 이와 유사한 장소

**22** 특별피난계단의 계단실 및 부속실 제연설비 화재안전기준상 급기송풍기의 설치기준으로 옳지 않은 것은?

① 송풍기의 송풍능력은 송풍기가 담당하는 제연구역에 대한 급기량의 1.5배 이상으로 할 것
② 송풍기에는 풍량조절장치를 설치하여 풍량조절을 할 수 있도록 할 것
③ 송풍기에는 풍량을 실측할 수 있는 유효한 조치를 할 것
④ 송풍기는 옥내의 화재감지기의 동작에 따라 작동하도록 할 것

**해설** 급기송풍기

㉠ 송풍기의 송풍능력은 송풍기가 담당하는 제연구역에 대한 급기량의 1.15배 이상으로 할 것
㉡ 송풍기에는 풍량조절장치를 설치하여 풍량조절을 할 수 있도록 할 것
㉢ 송풍기에는 풍량 및 풍량을 실측할 수 있는 유효한 조치를 할 것
㉣ 송풍기는 인접장소의 화재로부터 영향을 받지 아니하고 접근 및 점검이 용이한 곳에 설치할 것
㉤ 송풍기는 옥내 화재감지기의 동작에 따라 작동하도록 할 것
㉥ 송풍기와 연결되는 캔버스는 내열성(석면재료를 제외한다)이 있는 것으로 할 것

**23** 연결송수관설비 방수구의 설치기준으로 옳지 않은 것은?

① 아파트의 경우 계단으로부터 5[m] 이내에 설치한다.
② 바닥면적이 1,000[m²] 미만인 층에 있어서는 계단 부속실로부터 10[m] 이내에 설치한다.
③ 방수구는 개폐기능을 가진 것으로 설치하여야 하며, 평상시 닫힌 상태를 유지한다.
④ 방수구는 연결송수관설비의 전용방수구 또는 옥내소화전 방수구로서 구경 65[mm]의 것으로 설치한다.

**해설** 방수구는 아파트 또는 바닥면적이 1,000[m²] 미만인 층에 있어서는 계단으로부터 5[m] 이내에, 바닥면적 1,000[m²] 이상인 층에 있어서는 각 계단으로부터 5[m] 이내에 설치할 것

**24** 다음 조건의 거실제연설비에서 다익형 송풍기를 사용할 경우 최소 축동력은? (단, 계산 결과값은 소수점 둘째 자리에서 반올림함)

- 송풍기 전압 : 50[mmAq]
- 효율 : 55[%]
- 송풍기 풍량 : 39,600[CMH]

① 9.8[kW]　　② 10.5[kW]
③ 11.8[kW]　　④ 15.5[kW]

**해설** 
$$P[\text{kW}] = \frac{PQ}{102\eta}$$

$$P = \frac{50 \times \frac{39600}{3600}}{102 \times 0.55}$$
$$= 9.8[\text{kW}]$$

**25** 옥내소화전설비의 화재안전기준상 수조의 설치기준으로 옳지 않은 것은?

① 수조의 외측에 수위계를 설치할 것
② 동결방지조치를 하거나 동결의 우려가 없는 장소에 설치할 것
③ 수조의 밑 부분에는 청소용 배수밸브 또는 배수관을 설치할 것
④ 수조의 상단이 바닥보다 높은 때에는 수조의 외측에 이동식 사다리를 설치할 것

**해설** ④ 고정식사다리 설치할 것

정답　22.①　23.②　24.①　25.④

# 2015 제5회 소방시설관리사 1차 필기 기출문제
[제5과목 : 소방시설의 구조 및 원리]

**01** 한 대의 원심펌프를 회전수를 달리하여 운전할 때의 관계식은? (단, Q : 유량, N : 회전수, H : 양정, L : 축동력)

① $\dfrac{Q_2}{Q_1} = \dfrac{N_1}{N_2}$  ② $\dfrac{H_1}{H_2} = \left(\dfrac{N_1}{N_2}\right)^2$

③ $\dfrac{L_1}{L_2} = \left(\dfrac{N_2}{N_1}\right)^3$  ④ $\dfrac{Q_1}{Q_2} = \left(\dfrac{N_2}{N_1}\right)^4$

**해설** 상사법칙
㉠ 유량은 펌프 회전수에 정비례하고 임펠러 직경의 3승에 비례한다.
$Q_2 = \dfrac{N_2}{N_1} \times \left(\dfrac{D_2}{D_1}\right)^3 \times Q_1$

㉡ 양정은 펌프 회전수의 제곱에 비례하고 임펠러 직경의 2승에 비례한다.
$H_2 = \left(\dfrac{N_2}{N_1}\right)^2 \times \left(\dfrac{D_2}{D_1}\right)^2 \times H_1$

㉢ 축동력은 펌프 회전수의 3승에 비례하고 임펠러 직경의 5승에 비례한다.
$L_2 = \left(\dfrac{N_2}{N_1}\right)^3 \times \left(\dfrac{D_2}{D_1}\right)^5 \times L_1$

Q : 유량, D : 임펠러 직경, N : 회전수, H : 양정, L : 축동력

**02** 바닥면적 530[m²]의 특정소방대상물인 장례식장에 설치할 소화기구의 최소 능력 단위는? (단, 주요구조부는 비내화구조임)

① 3  ② 6
③ 8  ④ 11

**해설** $\dfrac{530[m^2]}{50[m^2/단위]} = 10.6[단위] ≒ 11[단위]$

특정소방대상물별 소화기구의 능력단위기준(제4조제1항제2호 관련)

| 특정소방대상물 | 소화기구의 능력단위 |
|---|---|
| 1. 위락시설 | 해당 용도의 바닥면적 30[m²] 마다 능력단위 1단위 이상 |
| 2. 공연장·집회장·관람장·문화재·장례식장 및 의료시설 | 해당 용도의 바닥면적 50[m²] 마다 능력단위 1단위 이상 |
| 3. 근린생활시설·판매시설·운수시설·숙박시설·노유자시설·전시장·공동주택·업무시설·방송통신시설·공장·창고시설·항공기 및 자동차 관련 시설 및 관광휴게시설 | 해당 용도의 바닥면적 100[m²] 마다 능력단위 1단위 이상 |
| 4. 그 밖의 것 | 해당 용도의 바닥면적 200[m²] 마다 능력단위 1단위 이상 |

**03** 옥외소화전설비 노즐선단의 방수압력이 0.26[MPa]에서 310[L/min]으로 방수되었다. 350[L/min]을 방수하고자 할 경우 노즐선단의 방수압력(MPa)은? (단, 계산결과값은 소수점 넷째자리에서 반올림함)

① 0.200[MPa]  ② 0.231[MPa]
③ 0.331[MPa]  ④ 0.462[MPa]

**해설** $Q = K\sqrt{10P}$, $310 = K\sqrt{10 \times 0.26}$
$K = 192.25$
$350 = 192.25\sqrt{10 \times P}$
$P = 0.331[MPa]$

**정답** 01.② 02.④ 03.③

## 04 스프링클러설비에 관한 설명으로 옳은 것을 모두 고른 것은?

㉠ 유리벌브형 폐쇄형 헤드의 표시온도가 93[℃]인 경우 액체의 색은 초록색이어야 한다.
㉡ 반응시간지수(RTI)란 기류의 온도·압력 및 작동시간에 대하여 스프링클러헤드의 반응을 예상한 지수이다.
㉢ 준비작동식유수검지장치의 작동에서 화재감지회로는 교차회로방식으로 하여야 하나, 스프링클러설비의 배관에 압축공기가 채워지는 경우에는 그러하지 아니하다.
㉣ 상부에 설치된 헤드의 방출수에 따라 감열부에 영향을 받을 우려가 있는 헤드에는 방출수를 차단할 수 있는 유효한 반사판을 설치하여야 한다.

① ㉠, ㉡　　② ㉠, ㉢
③ ㉡, ㉣　　④ ㉢, ㉣

**해설** 표시온도에 따른 색상

| 퓨즈 블링크형(퓨즈메탈형) | | 글라스 벌브형(유리벌브형) | |
| --- | --- | --- | --- |
| 표시온도(℃) | 색 | 표시온도(℃) | 색 |
| 77[℃] 미만 | 표시없음 | 57[℃] | 오렌지 |
| 78~120[℃] | 흰색 | 68[℃] | 빨강 |
| 121~162[℃] | 파랑 | 79[℃] | 노랑 |
| 163~203[℃] | 빨강 | 93[℃] | 초록 |
| 204~259[℃] | 초록 | 141[℃] | 파랑 |
| 260~319[℃] | 오렌지 | 182[℃] | 연한 자두 |
| 320[℃] 이상 | 검정 | 227[℃] 이상 | 검정 |

화재감지회로는 교차회로방식으로 할 것. 다만, 다음 각 목의 어느 하나에 해당하는 경우에는 그러하지 아니하다.
㉠ 스프링클러설비의 배관 또는 헤드에 누설경보용 물 또는 압축공기가 채워지거나 부압식스프링클러설비의 경우
㉡ 화재감지기를 「자동화재탐지설비의 화재안전기준(NFSC 203)」 제7조제1항 단서의 각 호의 감지기로 설치한 때[오동작없는 감지기]

## 05 표시등의 성능인증 및 제품검사의 기술기준상 옥내소화전의 표시등은 사용전압의 몇 [%]인 전압을 24시간 연속하여 가하는 경우 단선이 발생하지 않아야 하는가?

① 130[%]　　② 140[%]
③ 150[%]　　④ 160[%]

**해설** 표시등의 성능인증 및 제품검사 기술기준
표시등은 사용전압의 130[%]인 전압을 24시간 연속하여 가하는 경우. 단선, 현저한 광속변화, 전류변화 등의 현상이 발생하지 않아야 한다.

## 06 펌프의 토출관과 흡입관 사이의 배관도중에 설치한 흡입기에 펌프에서 토출된 물의 일부를 보내고, 농도 조정밸브에서 조정된 포소화약제의 필요량을 포소화약제탱크에서 펌프 흡입측으로 보내어 이를 혼합하는 방식은?

① 라인 프로포셔너방식
② 프레져 프로포셔너방식
③ 펌프 프로포셔너방식
④ 프레져사이드 프로포셔너방식

**해설** 약제혼합방식의 종류
① 펌프 프로포셔너방식(Pump Proportioner Type) : 펌프의 토출관과 흡입관 사이의 배관 도중에서 분기된 바이패스배관 상에 설치된 흡입기에 펌프에서 토출된 물의 일부를 보내고 농도조절밸브에서 조정된 포소화약제의 필요량을 포소화약제 탱크에서 펌프 흡입측으로 보내어 이를 혼합하는 방식

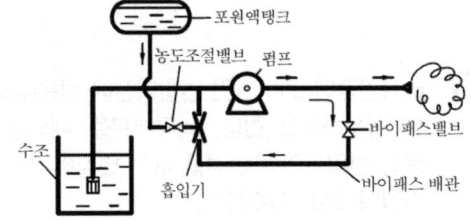

펌프 프로포셔너방식

② 라인 프로포셔너방식(Line Proportioner Type) : 펌프와 발포기 중간에 설치된 벤튜리관의 벤튜리작용에 의하여 포소화약제를 흡입, 혼합하는 방식

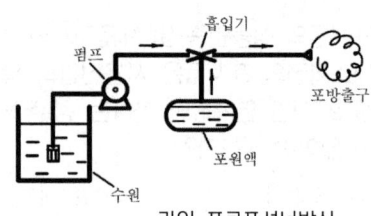

라인 프로포셔너방식

③ 프레져 프로포셔너방식(Pressure Proportioner Type) : 펌프와 발포기의 중간에 설치된 벤튜리관의 벤튜리작용과 펌프가압수의 포소화약제 저장탱크에 대한 압력에 의하여 포소화약제를 흡입·혼합하는 방식

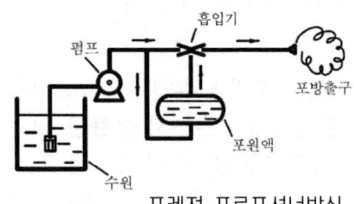

프레져 프로포셔너방식

④ 프레져 사이드 프로포셔너방식(Pressure Side Proportioner Type) : 펌프의 토출관에 압입기를 설치하여 포소화약제 압입용 펌프로 포소화약제를 압입시켜 혼합하는 방식

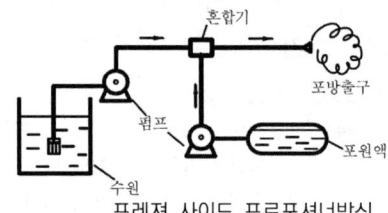

프레져 사이드 프로포셔너방식

⑤ 압축공기포 믹싱챔버방식 : 압축공기 또는 압축질소를 일정 비율로 포수용액에 강제주입 혼합하는 방식을 말한다.

**07** 바닥면적이 30[m²]인 변압기실에 물분무소화설비를 설치하려고 한다. 바닥부분을 제외한 절연유 봉입 변압기의 표면적을 합한 면적이 3[m²]일 때, 수원의 최소 저수량[L]은?

① 450[L]    ② 600[L]
③ 900[L]    ④ 1,000[L]

해설
$Q = A[\text{m}^2] \times 10[\text{L/m}^2 \cdot \text{min}] \times 20[\text{min}]$
$\quad = 3[\text{m}^2] \times 10[\text{L/m}^2 \cdot \text{min}] \times 20[\text{min}]$
$\quad = 600[\text{L}]$

**08** 할론소화설비의 화재안전기준상 분사헤드의 방사압력의 최소 기준으로 옳은 것은?

|  | 할론1301 | 할론1211 | 할론2402 |
|---|---|---|---|
| ① | 0.9[MPa] 이상 | 0.2[MPa] 이상 | 0.1[MPa] 이상 |
| ② | 0.8[MPa] 이상 | 0.1[MPa] 이상 | 0.3[MPa] 이상 |
| ③ | 0.7[MPa] 이상 | 0.3[MPa] 이상 | 0.4[MPa] 이상 |
| ④ | 1.0[MPa] 이상 | 0.2[MPa] 이상 | 0.2[MPa] 이상 |

해설 방사압력기준
㉠ 할론 1301 : 0.9[MPa] 이상
㉡ 할론 1211 : 0.2[MPa] 이상
㉢ 할론 2402 : 0.1[MPa] 이상

**09** 이산화탄소소화설비의 자동식 기동장치 중 가스압력식 기동장치의 설치기준으로 옳지 않은 것은?

① 기동용가스용기 및 해당 용기에 사용하는 밸브는 25[MPa] 이상의 압력에 견딜 수 있는 것으로 할 것
② 기동용가스용기에는 내압시험압력의 0.8배부터 내압시험압력 이하에서 작동하는 안전장치를 설치할 것
③ 기동용가스용기의 용적은 5[L] 이상으로 하고, 해당 용기에 저장하는 비활성기체는 5.0[MPa] 이상(21[℃] 기준)의 압력으로 충전할 것
④ 기동용가스용기에는 충전여부를 확인할 수 있는 압력게이지를 설치할 것

해설 가스압력식 기동장치는 다음의 기준에 따를 것
㉠ 기동용 가스용기 및 당해 용기에 사용하는 밸브는 25[MPa] 이상의 압력에 견딜 수 있는 것으로 할 것
㉡ 기동용 가스용기에는 내압시험압력의 0.8배 내지 내압시험압력 이하에서 작동하는 안전장치를 설치할 것
㉢ 기동용 가스용기의 용적은 5[L] 이상으로 하고 해당 용기에 저장하는 질소 등의 비활성기체는 6.0[MPa] 이상(21[℃] 기준)의 압력으로 충전할 것

㉣ 기동용 가스용기에는 충전여부를 확인할 수 있는 압력게이지를 설치할 것

**10** 할로겐화합물 및 불활성기체소화약제소화설비의 화재안전기준상 사람이 상주하는 곳에 설치하는 할로겐화합물 및 불활성기체소화약제의 최대허용 설계농도로 옳은 것은?

① HCFC BLEND A : 11[%]
② IG-100 : 45[%]
③ HFC-23 : 55[%]
④ HFC-227ea : 10.5[%]

해설 할로겐화합물 및 불활성기체소화약제 최대허용 설계농도

| 소화약제 | 최대허용 설계농도(%) |
| --- | --- |
| FC-3-1-10 | 40 |
| HCFC BLEND A | 10 |
| HCFC-124 | 1.0 |
| HFC-125 | 11.5 |
| HFC-227ea | 10.5 |
| HFC-23 | 30 |
| HFC-236fa | 12.5 |
| FIC-13I1 | 0.3 |
| FK-5-1-12 | 10 |
| IG-01 | 43 |
| IG-100 | 43 |
| IG-541 | 43 |
| IG-55 | 43 |

**11** 자동화재탐지설비 및 시각경보장치의 화재안전기준상의 내용으로 옳지 않은 것은?

① 외기에 면하여 상시 개방된 부분이 있는 차고에 있어서는 외기에 면하는 각 부분으로부터 5[m] 미만의 범위안에 있는 부분은 경계구역의 면적에 산입하지 아니한다.
② 4층 이상의 특정소방대상물에는 발신기와 전화통화가 가능한 수신기를 설치할 것
③ 중계기는 수신기에서 직접 감지기회로의 도통시험을 행하지 아니하는 것에 있어서는 수신기와 감지기 사이에 설치할 것
④ 열전대식 차동식분포형감지기는 하나의 검출기에 접속하는 감지부는 2개 이상 15개 이하가 되도록 할 것

해설 열전대식의 경우 최소 4개 이상 최대 20개 이하가 되도록 설치할 것

**12** 방호구역이 120[m³]인 공간에 전역방출방식의 분말소화설비를 설치할 때 최소 소화약제 저장량[kg]은? (단, 소화약제는 제2종 분말이며, 개구부의 면적은 2[m²]로 자동폐쇄장치가 설치되어 있지 않음)

① 35.7[kg]  ② 48.6[kg]
③ 56.3[kg]  ④ 61.8[kg]

해설 $W = V \times \alpha + A \times \beta$
$= 120[m^3] \times 0.36[kg/m^3] + 2[m^2] \times 2.7[kg/m^2]$
$= 48.6[kg]$

**13** 자동화재속보설비에 관한 설명으로 옳지 않은 것은?

① 노유자 생활시설은 자동화재속보설비를 설치하여야 한다.
② 문화재에 설치하는 자동화재속보설비는 속보기에 감지기를 직접 연결하는 방식(자동화재탐지설비 1개의 경계구역에 한한다)으로 할 수 있다.
③ 속보기는 연동 또는 수동 작동에 의한 다이얼링 후 소방관서와 전화접속이 이루어지지 않는 경우에는 최초 다이얼링을 포함하여 3회 이상 반복적으로 접속을 위한 다이얼링이 이루어져야 한다.
④ 속보기는 음성속보방식 외에 데이터 또는 코드전송방식 등을 이용한 속보기능을 부가로 설치할 수 있다.

## 08. 소방시설의 구조 및 원리

**해설** ▶ 속보기의 기능

속보기는 연동 또는 수동 작동에 의한 다이얼링 후 소방관서와 전화접속이 이루어지지 않는 경우에는 최초 다이얼링을 포함하여 10회 이상 반복적으로 접속을 위한 다이얼링이 이루어져야 한다. 이 경우 매회 다이얼링 완료 후 호출은 30초 이상 지속되어야 한다.

**14** 누전경보기의 형식승인 및 제품검사의 기술기준상 누전경보기의 공칭작동 전류치는 몇 [mA] 이하이여야 하는가?

① 200[mA]   ② 250[mA]
③ 300[mA]   ④ 350[mA]

**해설** 공칭작동전류 및 감도조정 범위
㉠ 공칭작동 전류치 : 200[mA] 이하(누전경보기를 동작시키는 데 필요한 누설전류로 제조자가 표시)
㉡ 감도조정 범위 : 200[mA], 500[mA], 1,000[mA] (최대치 1,000[mA] 즉, 1[A])

**15** 아래와 같은 평면도에서 단독경보형감지기의 최소 설치개수는? (단, A실과 B실 사이는 벽체 상부의 전부가 개방되어 있으며, 나머지 벽체는 전부 폐쇄되어 있음)

| A실<br>(바닥면적<br>20[m²]) | B실<br>(바닥면적<br>30[m²]) | C실<br>(바닥면적<br>30[m²]) | D실<br>(바닥면적<br>30[m²]) |
|---|---|---|---|
| E실<br>(바닥면적 160[m²]) ||||

① 3개   ② 4개
③ 5개   ④ 6개

**해설** 각 실(이웃하는 실내의 바닥면적이 각각 30[m²] 미만이고, 벽체의 상부의 전부 또는 일부가 개방되어 이웃하는 실내와 공기가 상호 유통되는 경우에는 이를 1개의 실로 본다)마다 설치하되, 바닥면적이 150[m²]를 초과하는 경우에는 150[m²]마다 1개 이상 설치할 것

$A실 : \dfrac{20}{150} = 0.13 \therefore 1개$

$B실 : \dfrac{30}{150} = 0.2 \therefore 1개$

$C실 : \dfrac{30}{150} = 0.2 \therefore 1개$

$D실 : \dfrac{30}{150} = 0.2 \therefore 1개$

$E실 : \dfrac{160}{150} = 1.06 \therefore 2개$

**16** 피난기구의 화재안전기준상 피난기구의 설치기준으로 옳은 것은?

① 층마다 설치하되, 노유자시설로 사용되는 층에 있어서는 그 층의 바닥면적 500[m²]마다 1개 이상 설치할 것
② 층마다 설치하되, 위락시설로 사용되는 층에 있어서는 그 층의 바닥면적 1,000[m²]마다 1개 이상 설치할 것
③ 층마다 설치하되, 계단실형 아파트에 있어서는 각 세대마다, 그 밖의 용도의 층에 있어서는 그 층의 바닥면적 1,200[m²]마다 1개 이상 설치할 것
④ 숙박시설(휴양콘도미니엄을 제외한다)의 경우에는 추가로 객실마다 완강기 또는 하나 이상의 간이완강기를 설치할 것

**해설** 피난기구의 설치기준
㉠ 층마다 설치하되, 숙박시설·노유자시설 및 의료시설로 사용되는 층에 있어서는 그 층의 바닥면적 500[m²] 마다, 위락시설·문화집회 및 운동시설·판매시설로 사용되는 층 또는 복합용도의 층에 있어서는 그 층의 바닥면적 800[m²]마다, 계단실형 아파트에 있어서는 각 세대마다, 그 밖의 용도의 층에 있어서는 그 층의 바닥면적 1,000[m²]마다 1개 이상 설치할 것
㉡ ㉠에 따라 설치한 피난기구 외에 숙박시설(휴양콘도미니엄을 제외한다)의 경우에는 추가로 객실마다 완강기 또는 둘 이상의 간이완강기를 설치할 것
㉢ ㉠에 따라 설치한 피난기구 외에 아파트(주택법시행령 제48조의 규정에 따른 아파트에 한한다)의 경우에는 하나의 관리주체가 관리하는 아파트 구역마다 공기안전매트 1개 이상을 추가로 설치할 것. 다만, 옥상으로 피난이 가능하거나 인접세대로 피난할 수 있는 구조인 경우에는 추가로 설치하지 아니할 수 있다.

**17** 비상조명등의 화재안전기준상 비상조명등의 설치제외 규정 중 일부이다. ( )안에 들어갈 숫자는?

> 거실의 각 부분으로부터 하나의 출입구에 이르는 보행거리가 ( )[m] 이내인 부분

① 15    ② 20
③ 25    ④ 30

**해설** 다음 각 호의 어느 하나에 해당하는 경우에는 비상조명등을 설치하지 아니한다.
㉠ 거실의 각 부분으로부터 하나의 출입구에 이르는 보행거리가 15[m] 이내인 부분
㉡ 의원·경기장·공동주택·의료시설·학교의 거실

**18** 유도등의 형식승인 및 제품검사의 기술기준상 식별도의 기준으로 ( )안에 들어갈 숫자는?

> 피난구유도등 및 거실통로유도등은 상용전원으로 등을 켜는(평상사용 상태로 연결. 사용전압에 의하여 점등 후 주위조도를 10[lx]에서 30[lx]까지의 범위내로 한다) 경우에는 직선거리 ( ㉠ )[m]의 위치에서, 비상전원으로 등을 켜는(비상전원에 의하여 유효점등시간 동안 등을 켠 후 주위조도를 0[lx]에서 1[lx]까지의 범위내로 한다) 경우에는 직선거리 ( ㉡ )[m]의 위치에서 각기 보통시력(시력 1.0에서 1.2의 범위내를 말한다)으로 피난유도표시에 대한 식별이 가능하여야 한다.

① ㉠ : 10, ㉡ : 10    ② ㉠ : 15, ㉡ : 15
③ ㉠ : 20, ㉡ : 15    ④ ㉠ : 30, ㉡ : 20

**해설** 제16조(식별도 및 시야각시험)
① 피난구유도등 및 거실통로유도등은 상용전원으로 등을 켜는(평상사용 상태로 연결. 사용전압에 의하여 점등 후 주위조도를 10[lx]서 30[lx]까지의 범위내로 한다. 이하 이 조에서 같다) 경우에는 직선거리 30[m]의 위치에서, 비상전원으로 등을 켜는(비상전원에 의하여 유효점등시간 동안 등을 켠 후 주위조도를 0[lx]에서 1[lx]까지의 범위내로 한다. 이하 이 조에서 같다) 경우에는 직선거리 20[m]의 위치에서 각기 보통시력(시력 1.0에서 1.2의 범위내를 말한다. 이하 같다)으로 피난유도표시에 대한 식별이 가능하여야 한다.

**19** 연결송수관설비의 설치기준으로 옳지 않은 것은?

① 건식연결송수관설비의 송수구 부근의 자동배수밸브 및 체크밸브는 송수구·체크밸브·자동배수밸브 순으로 설치할 것
② 방수기구함은 피난층과 가장 가까운 층을 기준으로 3개층마다 설치하되, 그 층의 방수구마다 보행거리 5[m] 이내에 설치할 것
③ 지표면에서 최상층 방수구의 높이가 70[m] 이상의 특정소방대상물에는 연결송수관설비의 가압송수장치를 설치하여야 한다.
④ 11층 이상의 아파트의 용도로 사용되는 층에 설치하는 방수구는 단구형으로 할 수 있다.

**해설** 송수구의 부근에는 자동배수밸브 및 체크밸브를 다음 각 목의 기준에 따라 설치할 것. 이 경우 자동배수밸브는 배관 안의 물이 잘 빠질 수 있는 위치에 설치하되 배수로 인하여 다른 물건이나 장소에 피해를 주지 아니하여야 한다.
㉠ 습식의 경우에는 송수구·자동배수밸브·체크밸브의 순으로 설치할 것
㉡ 건식의 경우에는 송수구·자동배수밸브·체크밸브·자동배수밸브의 순으로 설치할 것

**20** 바닥면적이 750[m²]인 거실에 다음과 같이 제연설비를 설치하려 할 때, 배기팬 구동에 필요한 전동기 용량(kW)은? (단, 계산결과값은 소수점 넷째자리에서 반올림함)

> - 예상제연구역은 직경 45[m]이고, 제연경계벽의 수직거리는 3.2[m]이다.
> - 직관 덕트의 길이는 180[m], 직관 덕트의 손실저항은 0.2[mmAq/m]이며, 기타 부속류 저항의 합계는 직관덕트 손실합계의 55[%]로 하고, 전동기의 효율은 60[%], 전달계수 K값은 1.1로 한다.

① 9.891[kW]
② 11.683[kW]
③ 15.322[kW]
④ 18.109[kW]

해설

$P[\text{kW}] = \dfrac{PQ}{102\eta}K$

$P[\text{mmAq}] = 0.2 \times 180 + (0.2 \times 180) \times 0.55$
$= 55.8[\text{mmAq}]$

$Q[\text{m}^3/\text{sec}] = \dfrac{65000[\text{m}^3]}{[\text{hr}]} \times \dfrac{1[\text{hr}]}{3600[\text{sec}]}$
$= 18.06[\text{m}^3/\text{sec}]$

$P = \dfrac{55.8 \times 18.06}{102 \times 0.6} \times 1.1 = 18.11[\text{kW}]$

■ 거실의 바닥면적이 400[m²] 이상으로 구획된 예상제연구역인 경우

| 직경 | 수직거리 | 배출량 |
|---|---|---|
| 40[m] 이하 | 2[m] 이하 | 40,000[m³/hr] 이상 |
| | 2[m] 초과 2.5[m] 이하 | 45,000[m³/hr] 이상 |
| | 2.5[m] 초과 3[m] 이하 | 50,000[m³/hr] 이상 |
| | 3[m] 초과 | 60,000[m³/hr] 이상 |
| 40[m] 초과 60[m] 이하 | 2[m] 이하 | 45,000[m³/hr] 이상 |
| | 2[m] 초과 2.5[m] 이하 | 50,000[m³/hr] 이상 |
| | 2.5[m] 초과 3[m] 이하 | 55,000[m³/hr] 이상 |
| | 3[m] 초과 | 65,000[m³/hr] 이상 |

**21** 무선통신보조설비의 설치기준으로 옳지 않은 것은?

① 누설동축케이블의 끝부분에는 무반사 종단저항을 견고하게 설치할 것
② 분배기·분파기 및 혼합기 등의 임피던스는 100[Ω]의 것으로 할 것
③ 증폭기에는 비상전원이 부착된 것으로 하고 해당 비상전원 용량은 무선통신보조설비를 유효하게 30분 이상 작동시킬 수 있는 것으로 할 것
④ 누설동축케이블은 금속판 등에 따라 전파의 복사 또는 특성이 현저하게 저하되지 아니하는 위치에 설치할 것

해설 임피던스(Impedance)
누설동축케이블 또는 동축케이블의 임피던스는 50[Ω]으로 하고, 이에 접속하는 안테나·분배기, 기타의 장치는 당해 임피던스에 적합한 것으로 할 것

**22** 비상콘센트설비의 화재안전기준상 전원회로의 설치기준으로 옳지 않은 것은?

① 비상콘센트설비의 전원회로는 단상교류 220[V]인 것으로서, 그 공급용량은 1.5[kVA] 이상인 것으로 할 것
② 전원회로는 각층에 2 이상이 되도록 설치할 것(다만, 설치하여야 할 층의 비상콘센트가 1개인 때에는 하나의 회로로 할 수 있다)
③ 비상콘센트용의 풀박스 등은 방청도장을 한 것으로서, 두께 1.6[mm] 이상의 철판으로 할 것
④ 하나의 전용회로에 설치하는 비상콘센트는 15개 이하로 할 것

해설 하나의 전용회로에 설치하는 비상콘센트는 10개 이하로 할 것

**23** 연결살수설비의 화재안전기준상 연결살수설비의 헤드를 설치해야 할 곳은?

① 천장·반자 중 한 쪽이 불연재료로 되어 있고 천장과 반자 사이의 거리가 0.9[m]인 부분
② 고온의 노가 설치된 장소 또는 물과 격렬하게 반응하는 물품의 저장 또는 취급장소
③ 천장 및 반자가 불연재료 외의 것으로 되어 있고 천장과 반자 사이의 거리가 1.5[m]인 부분
④ 현관으로서 바닥으로부터 높이가 20[m]인 장소

해설 헤드의 설치 제외장소
㉠ 상점으로서 주요구조부가 내화구조 또는 방화구조로 되어 있고 바닥면적이 500[m²] 미만으로 방화구획되어 있는 소방대상물 또는 그 부분
㉡ 계단실·경사로·승강기의 승강로·파이프덕트·목욕실·화장실·직접 외기에 개방되어 있는 복도 기타 이와 유사한 장소
㉢ 통신기기실·전자기기실·기타 이와 유사한 장소
㉣ 발전실·변전실·변압기·기타 이와 유사한 전기설비가 설치되어 있는 장소

ⓜ 병원의 수술실·응급처치실·기타 이와 유사한 장소
ⓗ 천장과 반자 양쪽이 불연재료로 되어 있는 경우로서 그 사이의 거리 및 구조가 다음에 해당하는 부분
  ⓐ 천장과 반자 사이의 거리가 2[m] 미만인 부분
  ⓑ 천장과 반자 사이의 벽이 불연재료이고 천장과 반자 사이의 거리가 2[m] 이상으로서 그 사이에 가연물이 존재하지 아니하는 부분
ⓢ 천장·반자 중 한쪽이 불연재료로 되어 있고 천장과 반자 사이의 거리가 1[m] 미만인 부분
ⓞ 천장 및 반자가 불연재료 외의 것으로 되어 있고 천장과 반자 사이의 거리가 0.5[m] 미만인 부분
ⓩ 펌프실·물탱크실 그 밖의 이와 비슷한 장소
ⓒ 현관 또는 로비 등으로서 바닥으로부터 높이가 20[m] 이상인 장소
ⓚ 냉장창고의 냉장실 또는 냉동창고의 냉동실
ⓣ 고온의 노가 설치된 장소 또는 물과 격렬하게 반응하는 물품의 저장 또는 취급장소
ⓟ 불연재료로 된 특정소방대상물 또는 그 부분으로서 다음에 해당하는 장소
  ⓐ 정수장·오물처리장 그 밖의 이와 비슷한 장소
  ⓑ 펄프공장의 작업장·음료수공장의 세정 또는 충전하는 작업장 그 밖의 이와 비슷한 장소
  ⓒ 불연성의 금속·석재 등의 가공공장으로서 가연성 물질을 저장 또는 취급하지 아니하는 장소
  ⓓ 가연성물질이 존재하지 않는 「건축물의 에너지절약설계기준」에 따른 방풍실
ⓗ 실내에 설치된 테니스장·게이트볼장·정구장 또는 이와 비슷한 장소로서 실내바닥·벽·천장이 불연재료 또는 준불연재료로 구성되어 있고 가연물이 존재하지 않는 장소로서 관람석이 없는 운동시설 부분(지하층은 제외한다)

**24** 연소방지설비의 배관에 관한 기준으로 옳은 것은?
① 수평주행배관은 방수헤드를 향하여 상향 1,000분의 1 이상의 기울기로 설치한다.
② 방수헤드간의 수평거리는 연소방지설비 전용헤드의 경우 2[m] 이하로 한다.
③ 하나의 배관에 연소방지설비 전용헤드가 6개 이상 설치될 경우 배관구경은 65[mm]로 한다.
④ 수평주행배관의 구경은 100[mm] 이상으로 한다.

**해설** 연소방지설비 배관의 구경[21년 이후 개정]
㉠ 연소방지설비 전용헤드를 사용하는 경우에는 다음 표에 따른 구경 이상으로 할 것

| 하나의 배관에 부착하는 살수헤드의 개수 | 1개 | 2개 | 3개 | 4개 또는 5개 | 6개 이상 |
|---|---|---|---|---|---|
| 배관의 구경(mm) | 32 | 40 | 50 | 65 | 80 |

㉡ 스프링클러헤드를 사용하는 경우에는 스프링클러설비의 배관구경 기준에 따를 것

▶ 방수헤드
① 천장 또는 벽면에 설치할 것
② 방수헤드 간의 수평거리는 연소방지설비 전용헤드의 경우에는 2[m] 이하, 스프링클러헤드의 경우에는 1.5[m] 이하로 할 것
③ 소방대원의 출입이 가능한 환기구·작업구 마다 지하구의 양쪽방향으로 살수헤드를 설정하되 한쪽방향의 살수구역의 길이는 2[m] 이상으로 할 것. 다만 환기구사이의 간격이 700[m]를 초과할 경우에는 700 이내 마다 살수구역을 설정하되 지하구의 구조를 고려하여 방화벽을 설치한 경우에는 그렇지 않다.
④ 연소방지설비전용헤드를 설치할 겨웅에는 「소화설비용헤드의 성능인증 및 제품검사의 기술기준」에 적합한 살수헤드를 설치할 것

정답 24.②

**25** 다음과 같은 조건에서 평면에서 '실 I'에 급기하여야 할 풍량은 최소 몇 $[m^3/s]$인가? (단, 계산결과 값은 소수점 넷째자리에서 반올림함)

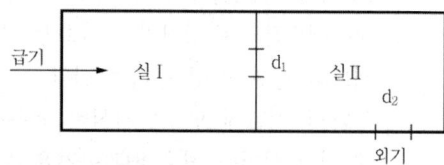

- 각 실의 출입문($d_1$, $d_2$)은 닫혀 있고, 각 출입문의 누설틈새는 $0.02[m^2]$이며, 각 실의 출입문 이외의 누설틈새는 없다.
- '실 I'과 외기 간의 차압은 50[Pa]로 한다.
- 풍량산출식은 $Q = 0.827 \times A \times P^{1/2}$이다.
  (Q : 풍량, A : 누설틈새면적, P : 차압)

① $0.040[m^3/sec]$  ② $0.083[m^3/sec]$
③ $0.117[m^3/sec]$  ④ $0.234[m^3/sec]$

$A = \dfrac{1}{\sqrt{\dfrac{1}{0.02^2} + \dfrac{1}{0.02^2}}} = 0.01414[m^2]$

$Q = 0.827 \times 0.01414 \times 50^{1/2} = 0.0826$
$\fallingdotseq 0.083[m^3/sec]$

# 제4회 소방시설관리사 1차 필기 기출문제

[제5과목 : 소방시설의 구조 및 원리]

**01** 화재안전기준상 전기실 및 전산실에 적응성이 있는 소화기구의 소화약제는?

① 포소화약제
② 강화액소화약제
③ 할로겐화합물 및 불활성기체소화약제
④ 산알칼리소화약제

**해설** 전기실 및 전산실 적응성이 있는 소화약제
㉠ 이산화탄소소화약제
㉡ 할론소화약제
㉢ 할로겐화합물 및 불활성기체소화약제
㉣ 인산염류소화약제
㉤ 중탄산염류소화약제
㉥ 고체에어로졸화합물

**02** 다음은 옥내소화전설비의 화재안전기준에 관한 내용이다. ( )안에 들어갈 내용이 순서대로 옳은 것은?

> 펌프의 성능은 체절운전 시 정격토출압력의 ( )[%]를 초과하지 아니하고, 정격토출량의 ( )[%]로 운전 시 정격토출압력의 ( )[%] 이상이 되어야 한다.

① 140, 65, 120
② 140, 150, 65
③ 150, 65, 140
④ 150, 140, 65

**해설** 펌프의 성능
펌프의 성능은 체절운전 시 정격토출압력의 140[%]를 초과하지 아니하고, 정격토출량의 150[%]로 운전 시 정격토출압력의 65[%] 이상이 되어야 한다.

**03** 옥내소화전이 지상 29층에 2개, 지상 30층에 3개 설치되어 있는 지상 40층인 건축물에서 화재안전기준상 수원의 최소용량($m^3$)은? (단, 옥상수원 제외)

① 7.8[$m^3$]
② 15.6[$m^3$]
③ 23.4[$m^3$]
④ 39.0[$m^3$]

**해설** 수원의 최소용량 $N \times 5.2[m^3] = 3 \times 5.2[m^3] = 15.6[m^3]$
㉠ 층수가 30층 미만 : N(2개 이상은 2개)$\times 2.6[m^3]$
㉡ 층수가 30층 이상 49층 이하 : N(5개 이상은 5개)$\times 5.2[m^3]$
㉢ 층수가 50층 이상 : N(5개 이상은 5개)$\times 7.8[m^3]$

**04** 물분무소화설비의 화재안전기준에 관한 설명으로 옳지 않은 것은?

① 220[kV] 초과 275[kV] 이하인 전압의 전기기기가 있는 장소에 있어서는 전기기기와 물분무헤드 사이에 210[cm] 이상 거리를 두어야 한다.
② 물분무소화설비를 설치하는 차고 또는 주차장의 배수구에는 새어나온 기름을 모아 소화할 수 있도록 길이 40[m] 이하마다 집수관·소화핏트 등 기름분리장치를 설치하여야 한다.
③ 수원은 절연유 봉입 변압기에 있어서 바닥부분을 제외한 표면적을 합한 면적 1[$m^2$]에 대하여 10[L/min]로 20분간 방수할 수 있는 양 이상으로 하여야 한다.
④ 운전시에 표면의 온도가 260[℃] 이상으로 되는 등 직접 분무를 하는 경우 그 부분에 손상을 입힐 우려가 있는 기계장치 등이 있는 장소에는 물분무헤드를 설치하지 아니할 수 있다.

정답 01.③ 02.② 03.② 04.①

해설) 220[kV] 초과 275[kV] 이하인 전압의 전기기기가 있는 장소에 있어서는 전기기기와 물분무헤드 사이에 260[cm] 이상 거리를 두어야 한다.

【 물분무헤드와 전기기기 사이의 이격거리 】

| 전압(kV) | 거리(cm) | 전압(kV) | 거리(cm) |
|---|---|---|---|
| 66 이하 | 70 이상 | 154 초과 181 이하 | 180 이상 |
| 66 초과 77 이하 | 80 이상 | 181 초과 220 이하 | 210 이상 |
| 77 초과 110 이하 | 110 이상 | 220 초과 275 이하 | 260 이상 |
| 110 초과 154 이하 | 150 이상 | – | – |

**05** 옥외소화전설비의 화재안전기준에 관한 설명으로 옳지 않은 것은?

① 노즐선단에서의 방수압력은 0.25[MPa] 이상이고, 방수량이 350[L/min] 이상이어야 한다.
② 수원은 설치개수(옥외소화전이 2개 이상 설치된 경우에는 2개)에 7[m²]를 곱한 양 이상으로 한다.
③ 옥외소화전이 10개 이하 설치된 때에는 소화전 3개마다 1개 이상의 소화전함을 설치하여야 한다.
④ 호스접결구는 특정소방대상물의 각 부분으로부터 하나의 호스접결구까지의 수평거리가 40[m] 이하가 되도록 설치하고 호스구경은 65[mm]의 것으로 하여야 한다.

해설) 옥외소화전이 10개 이하 설치된 때에는 옥외소화전마다 5[m] 이내의 장소에 1개 이상의 소화전함을 설치하여야 한다.

**06** 화재조기진압용 스프링클러설비의 화재안전기준에 관한 설명으로 옳지 않은 것은?

① 헤드 하나의 방호면적은 6.0[m²] 이상 9.3[m²] 이하로 한다.
② 교차배관은 가지배관 밑에 설치하고 그 구경은 최소 40[mm] 이상으로 한다.
③ 하향식 헤드의 반사판의 위치는 천장이나 반자 아래 125[mm] 이상 355[mm] 이하로 한다.
④ 천장의 높이가 9.1[m] 이상 13.7[m] 이하인 경우 가지배관 사이의 거리는 2.4[m] 이상 3.7[m] 이하로 한다.

해설) 가지배관 사이의 거리는 2.4[m] 이상 3.7[m] 이하로 할 것. 다만, 천장의 높이가 9.1[m] 이상 13.7[m] 이하인 경우에는 2.4[m] 이상 3.1[m] 이하로 한다.

**07** 바닥면적 300[m²]인 주차장에 호스릴포소화설비를 설치하는 경우 화재안전기준상 포소화약제의 최소저장량[L]은? (단, 호스 접결구는 8개, 약제의 사용농도는 3[%]이다)

① 800[L]  ② 900[L]
③ 1,000[L]  ④ 1,100[L]

해설) N(5개 이상은 5개)×S×6000
=5×0.03×6000=900[L]

**08** 이산화탄소소화설비의 화재안전기준에 관한 설명으로 옳은 것은?

① 저압식 저장용기의 충전비는 1.5 이상 1.9 이하로 한다.
② 소화약제의 저장용기는 온도가 50[℃] 이하인 곳에 설치한다.
③ 셀룰로이드제품 등 자기연소성 물질 저장·취급하는 장소에는 분사헤드를 설치하여야 한다.
④ 음향경보장치는 소화약제의 방사개시 후 1분 이상 경보를 계속할 수 있는 것으로 설치하여야 한다.

해설) ① 저압식 저장용기의 충전비는 1.1 이상 1.4 이하로 한다.
② 소화약제의 저장용기는 온도가 40[℃] 이하인 곳에 설치한다.
③ 셀룰로이드제품 등 자기연소성 물질을 저장·취급하는 장소에는 분사헤드를 설치해서는 아니 된다.

**09** 할로겐화합물 및 불활성기체소화약제소화설비의 화재안전기준상 A급 화재 소화농도가 30[%]일 경우 사람이 상주하는 곳에 사용이 가능한 소화약제는?

① FC-3-1-10
② HCFC-124
③ HFC-125
④ HFC-236fa

**해설** 최대허용설계농도
① FC-3-1-10 : 40[%]
② HCFC-124 : 1[%]
③ HFC-125 : 11.5[%]
④ HFC-236fa : 12.5[%]

**10** 화재 시 연소면이 1면에 한정되고 가연물이 비산할 우려가 없는 표면적 100[m²]인 방호대상물에 국소방출방식 할론소화약제를 적용할 경우, 할론 1301의 최소저장량[kg]은?

① 748[kg]
② 850[kg]
③ 950[kg]
④ 968[kg]

**해설** 국소방출방식일 때 할론 1301의 최소저장량
W=1.25×6.8[[kg/m²]×표면적[m²]
 =1.25×6.8[kg/m²]×100[m²]=850[kg]

**11** 자동화재탐지설비의 화재안전기준상 감지기의 부착높이가 8[m] 이상 15[m] 미만인 경우 설치하여야 하는 감지기가 아닌 것은?

① 불꽃감지기
② 이온화식 2종 감지기
③ 차동식 스포트형 감지기
④ 광전식 스포트형 1종 감지기

**해설** 8[m] 이상 15[m] 미만인 경우 설치가능한 감지기
㉠ 차동식 분포형, 이온화식 1종 또는 2종
㉡ 광전식(스포트형, 분리형, 공기흡입형) 1종 또는 2종
㉢ 연기복합형, 불꽃감지기

**12** 분말소화약제의 화재안전기준상 소화약제 1[kg]당 저장용기의 내용적[L]으로 옳은 것은?

① 제1종 분말 : 0.8[L]
② 제2종 분말 : 0.9[L]
③ 제3종 분말 : 0.9[L]
④ 제4종 분말 : 1.0[L]

**해설** 소화약제 1[kg]당 저장용기의 내용적[L]
㉠ 제1종 분말 : 0.8[L/kg]
㉡ 제2종, 제3종 분말 : 1.0[L/kg]
㉢ 제4종 분말 : 1.25[L/kg]

**13** 현행 개정 등으로 문제 삭제

**14** 비상방송설비의 화재안전기준상 음향장치 설치기준으로 옳지 않은 것은?

① 음량조정기를 설치하는 경우 음량조정기의 배선은 2선식으로 할 것
② 음향장치는 정격전압의 80[%] 전압에서 음향을 발할 수 있는 것을 할 것
③ 다른 방송설비와 공용하는 것에 있어서는 화재 시 비상경보 외의 방송을 차단할 수 있는 구조로 할 것
④ 증폭기는 수위실 등 상시 사람이 근무하는 장소로서 점검이 편리하고 방화상 유효한 곳에 설치할 것

**해설** 음량조정기를 설치하는 경우 음량조정기의 배선은 3선식으로 할 것

**15** 유도등 및 유도표지의 화재안전기준상 통로유도등의 설치기준에 관한 내용으로 옳은 것을 모두 고른 것은?

> ㉠ 복도통로유도등은 구부러진 모퉁이 및 보행거리 20[m] 마다 설치할 것
> ㉡ 계단통로유도등은 바닥으로부터 높이 1[m] 이하의 위치에 설치할 것
> ㉢ 거실통로유도등은 바닥으로부터 높이 1[m] 이상의 위치에 설치할 것

① ㉠, ㉡
② ㉠, ㉢
③ ㉡, ㉢
④ ㉠, ㉡, ㉢

**해설** 거실통로유도등은 바닥으로부터 높이 1.5[m] 이상의 위치에 설치할 것

**16** 가스누설경보기의 형식승인 및 제품검사의 기술기준상 경보기의 일반구조로 옳지 않은 것은?

① 분리형의 탐지부 외함의 두께는 강판의 경우 1.0[mm] 이상일 것
② 수신부의 외함이 합성수지인 경우 자기소화성이 있을 것
③ 접착테이프를 사용하여 쉽게 고정할 수 있을 것
④ 전원공급의 상태를 쉽게 확인할 수 있는 표시등이 있을 것

**해설** 건물 등에 부착하도록 되어있는 것은 나사, 못 등에 의하여 쉽게 고정시킬 수 있는 구조이어야 하며, 접착테이프 등을 사용하는 구조가 아니어야 한다.

**17** 화재안전기준상 각 층의 바닥면적이 3,000[m²]인 판매시설에서 층마다 설치하여야 하는 피난기구의 최소개수는?

① 3개  ② 4개
③ 5개  ④ 6개

**해설** 피난기구의 수량=3000[m²]/800[m²]=3.75=4개

| 용도 | 수량 |
|---|---|
| 숙박시설·노유자시설 및 의료시설 | 바닥면적 500[m²]마다 1개 이상 |
| 위락시설·문화집회 및 운동시설·판매시설로 사용되는 층 또는 복합용도의 층 | 바닥면적 800[m²]마다 1개 이상 |
| 계단실형 아파트 | 각 세대마다 1개 이상 |
| 그 밖의 용도 | 바닥면적 1,000[m²]마다 1개 이상 |

**18** 제연설비의 화재안전기준에 관한 설명으로 옳은 것은?

① 하나의 제연구역은 직경 40[m] 원내에 들어갈 수 있어야 한다.
② 제연경계의 수직거리는 2.5[m] 이내이어야 한다.
③ 거실과 통로(복도를 제외)는 상호 제연구획 하여야 한다.
④ 예상제연구역의 각 부분으로부터 하나의 배출구까지의 수평거리는 10[m] 이내가 되도록 하여야 한다.

**해설** ① 하나의 제연구역은 직경 60[m] 원내에 들어갈 수 있어야 한다.
② 제연경계는 제연경계의 폭이 0.6[m] 이상이고, 수직거리는 2[m] 이내이어야 한다. 다만, 구조상 불가피한 경우 2[m]를 초과할 수 있다.
③ 거실과 통로(복도를 포함)는 상호 제연구획 하여야 한다.

**19** 비상조명등의 화재안전기준에 관한 설명으로 옳은 것은?

① 의료시설의 거실에는 비상조명등을 설치하지 아니한다.
② 휴대용비상조명등의 설치높이는 바닥으로부터 0.5[m] 이상 1.0[m] 이하의 높이에 설치하여야 한다.

③ 거실의 각 부분으로부터 하나의 출입구에 이르는 수평거리가 15[m] 이내인 부분에는 비상조명등을 설치하지 아니한다.
④ 지하층을 포함한 층수가 11층 이상의 층은 비상조명등을 60분 이상 유효하게 작동시킬 수 있는 용량으로 하여야 한다.

해설 ② 휴대용비상조명등의 설치높이는 바닥으로부터 0.8[m] 이상 1.5[m] 이하의 높이에 설치하여야 한다.
③ 거실의 각 부분으로부터 하나의 출입구에 이르는 보행거리가 15[m] 이내인 부분에는 비상조명등을 설치하지 아니한다.
④ 지하층을 제외한 층수가 11층 이상의 층은 비상조명등을 60분 이상 유효하게 작동시킬 수 있는 용량으로 하여야 한다.

**20** 지표면에서 최상층 방수구의 높이가 70[m] 이상인 특정소방대상물에 설치하는 연결송수관설비의 가압송수장치에 관한 화재안전기준으로 옳은 것은?

① 충압펌프가 기동이 된 경우에는 자동으로 정지되지 아니하도록 하여야 한다.
② 펌프의 토출량은 계단식 아파트의 경우에는 1,200[L/min] 이상이 되는 것으로 하여야 한다.
③ 펌프의 양정은 최상층에 설치된 노즐선단의 압력이 0.25[MPa] 이상의 압력이 되도록 하여야 한다.
④ 펌프의 토출측에는 압력계를 체크밸브 이후로 펌프 토출측 플랜지에서 가까운 곳에 설치하여야 한다.

해설 펌프의 토출량은 2,400[L/min](계단식 아파트의 경우에는 1,200[L/min]) 이상이 되는 것으로 할 것

**21** 현행 개정 등으로 문제 삭제

**22** 연결살수설비에서 패쇄형 스프링클러헤드를 설치하는 경우 화재안전기준으로 옳은 것은?

① 스프링클러헤드와 그 부착면과의 거리는 55[cm] 이하로 하여야 한다.
② 높이가 4[m] 이상인 공장에 설치하는 스프링클러헤드는 그 설치장소의 평상시 최고 주위온도에 관계없이 표시온도 106[℃] 이상의 것으로 할 수 있다.
③ 습식 연결살수설비외의 설비는 상향식스프링클러헤드를 설치하여야 한다.
④ 스프링클러헤드의 반사판은 그 부착면과 10분의 1 이상 경사되지 않게 설치하여야 한다.

해설 ① 스프링클러헤드와 그 부착면과의 거리는 30[cm] 이하로 하여야 한다.
② 높이가 4[m] 이상인 공장 및 창고(랙크식창고를 포함한다)에 설치하는 스프링클러헤드는 그 설치장소의 평상시 최고 주위온도에 관계없이 표시온도 121[℃] 이상의 것으로 할 수 있다.
④ 스프링클러헤드의 반사판은 그 부착면과 평행하게 설치할 것. 다만, 측면형헤드 또는 연소할 우려가 있는 개구부에 설치하는 스프링클러헤드의 경우에는 그러하지 아니하다.

**23** 비상콘센트설비의 화재안전기준상 전원회로 설치기준으로 옳지 않은 것은?

① 하나의 전용회로에 설치하는 비상콘센트는 10개 이하로 할 것
② 콘센트마다 플러그접속 차단기를 설치하여야 하며, 충전부가 노출되지 아니하도록 할 것
③ 전원으로부터 각 층의 비상콘센트에 분기되는 경우에는 분기배선용 차단기를 보호함안에 설치할 것
④ 비상콘센트설비의 전원회로는 단상교류 220[V]인 것으로, 그 공급용량 1.5[kVA] 이상인 것을 할 것

해설 콘센트마다 배선용 차단기(KS C 8321)를 설치하여야 하며, 충전부가 노출되지 아니하도록 할 것

**24** 현행 개정 등으로 문제 삭제

**25** 무선통신보조설비의 화재안전기준에 관한 설명으로 옳은 것은?

① 동축케이블의 임피던스는 45[Ω]으로 설치하여야 한다.
② 증폭기의 전면에는 주 회로의 전원이 정상인지의 여부를 표시할 수 있는 표시등 및 전류계를 설치하여야 한다.
③ 지상에 설치하는 접속단자는 보행거리 300[m] 이내마다 설치하고, 다른 용도로 사용되는 접속단자에는 1.5[m] 이상의 거리를 두어야 한다.
④ "분배기"란 신호의 전송로가 분기되는 장소에 설치하는 것으로 임피던스 매칭과 신호 균등분배를 위해 사용하는 장치를 말한다.

[해설] ① 동축케이블의 임피던스는 50[Ω]으로 설치하여야 한다.
② 증폭기의 전면에는 주 회로의 전원이 정상인지의 여부를 표시할 수 있는 표시등 및 전압계를 설치하여야 한다.
③ 지상에 설치하는 접속단자는 보행거리 300[m] 이내마다 설치하고, 다른 용도로 사용되는 접속단자에는 5[m] 이상의 거리를 두어야 한다.

정답 25.④

# 2013 제3회 소방시설관리사 1차 필기 기출문제

[제5과목 : 소방시설의 구조 및 원리]

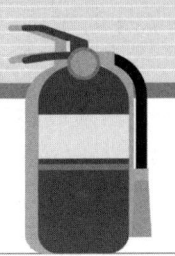

**01** 내화구조의 건축물에 바닥면적이 310[m²]인 무도학원(실내마감재료는 불연재료)에 소화기구 설치 시 필요한 최소능력단위는?

① 3  ② 6
③ 8  ④ 11

**해설** 위락시설의 경우 당해 용도의 바닥면적 30[m²] 마다 능력단위 1단위 이상, 건축물의 주요구조부가 내화구조이고 벽 및 반자의 실내에 면하는 부분이 불연, 준불연재료인 경우 2배의 면적을 기준면적으로 한다.
∴ 310[m²]/60[m²]=5.16
∴ 6단위

**02** 전양정이 50[m]이고 회전수가 2,000[rpm]인 원심펌프의 회전수를 2,400[rpm]으로 변경하여 운전하는 경우 펌프의 전양정(m)은?

① 34.7[m]  ② 60[m]
③ 72[m]  ④ 86.4[m]

**해설** $H_2 = \left(\dfrac{N_2}{N_1}\right)^2 \times H_1 = \left(\dfrac{2400}{2000}\right)^2 \times 50 = 72[\text{m}]$

**03** 포소화설비의 자동식 기동장치로 폐쇄형스프링클러헤드를 사용하는 경우 설치기준으로 옳지 않은 것은?

① 표시온도가 103[℃] 이상인 것을 사용할 것
② 부착면의 높이는 바닥으로부터 5[m] 이하로 할 것
③ 1개의 스프링클러헤드의 경계면적은 20[m²] 이하로 할 것
④ 하나의 감지장치 경계구역은 하나의 층이 되도록 할 것

**해설** 폐쇄형 스프링클러헤드를 사용하는 경우에는 다음에 따를 것
㉠ 표시온도가 79[℃] 미만인 것을 사용하고, 1개의 스프링클러헤드의 경계면적은 20[m²] 이하로 할 것
㉡ 부착면의 높이는 바닥으로부터 5[m] 이하로 하고, 화재를 유효하게 감지할 수 있도록 할 것
㉢ 하나의 감지장치 경계구역은 하나의 층이 되도록 할 것

**04** 포소화설비의 화재안전기준에서 전역방출방식의 고발포용 고정포방출구의 설치기준으로 옳지 않은 것은?

① 차고 또는 주차장의 대상물에 포의 팽창비가 300인 고정포방출구는 당해 방호구역의 관포체적 1[m³]에 대하여 1분당 방출량이 0.28[L] 이상의 양이 되도록 할 것
② 항공기 격납고의 대상물에 포의 팽창비가 300인 고정포방출구는 당해 방호구역의 관포체적 1[m³]에 대하여 1분당 방출량이 0.5[L] 이상의 양이 되도록 할 것
③ 고정포방출구는 바닥면적 500[m²]마다 1개 이상으로 할 것
④ 고정포방출구는 방호대상물의 최고부분보다 낮은 위치에 설치할 것

**해설** 고정포방출구는 방호대상물의 최고부분보다 높은 위치에 설치할 것. 다만, 밀어 올리는 능력을 가진 것에 있어서는 방호대상물과 같은 높이로 할 수 있다.

정답 01.② 02.③ 03.① 04.④

**05** 다음과 같은 조건에서 이산화탄소소화설비의 최소약제량[kg]은?

- 전역방출방식의 표면화재 방호대상물
- 방호구역 체적 200[m³]
- 설계농도 33[%]
- 자동폐쇄장치를 설치하지 아니한 개구부 면적 4[m²]

① 180[kg]  ② 200[kg]
③ 220[kg]  ④ 240[kg]

해설
$$W = V \times \alpha + A \times \beta$$
$$= 200[m^3] \times 0.8[kg/m^3] + 4[m^2] \times 5[kg/m^2]$$
$$= 180[kg]$$

**06** 할론소화설비의 화재안전기준에 의한 기동장치의 설치기준으로 옳은 것은?

① 수동식 기동장치의 조작부는 바닥으로부터 높이 1[m] 이상 1.5[m] 이하의 위치에 설치할 것
② 가스압력식 기동장치의 기동용 가스용기는 25 [MPa] 이상의 압력에 견딜 수 있을 것
③ 가스압력식 기동장치의 기동용 가스용기에는 내압시험압력의 0.8배 내지 1.2배 사이에서 작동하는 안전장치를 설치할 것
④ 수동식기동장치의 전역방출방식에 있어서는 방호대상물마다, 국소방출방식에 있어서는 방호구역마다 설치할 것

해설
① 0.8[m] 이상 1.5[m] 이하
③ 0.8배 내지 내압시험압력에서 작동
④ 전역방출방식은 방호구역마다, 국소방출방식은 방호대상물마다 설치

**07** 현행 개정 등으로 문제 삭제

**08** 옥외소화전설비의 화재안전기준에 의하여 옥외소화전을 11개 이상 30개 이하 설치시 몇 개 이상의 소화전함을 분산 설치하여야 하는가?

① 5   ② 11
③ 16  ④ 21

해설 옥외소화전설비에는 옥외소화전마다 그로부터 5m 이내의 장소에 소화전함을 설치하여야 한다.
㉠ 옥외소화전이 10개 이하 설치된 때에는 옥외소화전마다 5[m] 이내의 장소에 1개 이상의 소화전함을 설치하여야 한다.
㉡ 옥외소화전이 11개 이상, 30개 이하 설치된 때에는 11개 이상의 소화전함을 각각 분산하여 설치하여야 한다.
㉢ 옥외소화전이 31개 이상 설치된 때에는 옥외소화전 3개마다 1개 이상의 소화전함을 설치하여야 한다.

**09** 간이스프링클러설비의 설치기준으로 옳지 않은 것은?

① 간이헤드의 작동온도는 실내의 최대 주위 천장온도가 0[℃] 이상 38[℃] 이하인 경우 공칭작동온도가 57[℃]에서 77[℃]의 것을 사용할 것
② 상수도직결형의 상수도압력은 가장 먼 가지배관에서 2개의 간이헤드를 동시에 개방할 경우 각각의 간이헤드 선단 방수압력은 0.1[MPa] 이상으로 할 것
③ 비상전원은 간이스프링클러설비를 유효하게 10분(근린생활시설의 경우 20분) 이상 작동될 수 있도록 할 것
④ 송수구는 구경 65[mm]의 단구형 또는 쌍구형으로 하여야 하며, 송수배관의 안지름은 32[mm] 이상으로 할 것

해설 구경 65[mm]의 단구형 또는 쌍구형으로 하여야 하며, 송수배관의 안지름은 40[mm] 이상으로 할 것

**10** 물분무소화설비를 설치하는 차고 또는 주차장의 배수설비 설치기준으로 옳은 것은?

① 차량이 주차하는 장소의 적당한 곳에 높이 15[cm] 이상의 경계턱으로 배수구를 설치할 것
② 길이 60[m] 이하마다 집수관·소화핏트 등 기름분리장치를 설치할 것
③ 차량이 주차하는 바닥은 배수구를 향하여 100분의 1 이상의 기울기를 유지할 것
④ 배수설비는 가압송수장치의 최대송수능력의 수량을 유효하게 배수할 수 있는 크기 및 기울기로 할 것

**해설**
① 10[cm] 이상의 경계턱
② 40[m] 이하마다
③ 100분의 2 이상 기울기

**11** 할로겐화합물 및 불활성기체소화약제소화설비를 사람이 상주하는 곳에 설치 시 소화약제량의 최대허용설계농도기준으로 옳지 않은 것은?

① HCFC BLEND A : 10[%]
② HFC-23 : 40[%]
③ HFC-125 : 11.5[%]
④ IG-55 : 43[%]

**해설** 할로겐화합물 및 불활성기체소화약제 최대허용 설계농도

| 소화약제 | 최대허용 설계농도(%) |
| --- | --- |
| FC-3-1-10 | 40 |
| HCFC BLEND A | 10 |
| HCFC-124 | 1.0 |
| HFC-125 | 11.5 |
| HFC-227ea | 10.5 |
| HFC-23 | 30 |
| HFC-236fa | 12.5 |
| FIC-13I1 | 0.3 |
| FK-5-1-12 | 10 |
| IG-01 | 43 |
| IG-100 | 43 |
| IG-541 | 43 |
| IG-55 | 43 |

**12** 바닥면적이 400[m²]인 발전기실(층고 3[m], C급)에 소화농도 7[%]로 HFC-227ea를 설치 시 소요되는 최저의 소화약제량(kg)은 약 얼마인가?

- 약제 방사 시 방호구역은 20[℃]로 한다.
- 소화약제 별 선형상수를 구하기 위한 $K_1$=0.1269, $K_2$=0.0005이다.
- 기타 조건은 할로겐화합물 및 불활성기체소화약제소화설비의 화재안전기준에 의한다.

① 330　　② 402
③ 804　　④ 877

**해설**
$$W = \frac{V}{S} \times \left[\frac{C}{(100-C)}\right]$$
$$= \frac{400 \times 3}{0.1269 + 0.0005 \times 20} \times \left[\frac{7 \times 1.2}{(100 - 7 \times 1.2)}\right]$$
$$= 803.83[kg]$$
$$\fallingdotseq 804[kg]$$

2.4.1.3 체적에 따른 소화약제의 설계농도(%)는 상온에서 제조업체의 설계기준에 따라 인증받은 소화농도(%)에 표 2.4.1.3에 따른 안전계수를 곱한 값 이상으로 할 것 〈개정 2024.8.1.〉

2.4.1.3 A·B·C급 화재별 안전계수 〈신설 2024.8.1.〉

| 설계농도 | 소화농도 | 안전계수 |
| --- | --- | --- |
| A급 | A급 | 1.2 |
| B급 | B급 | 1.3 |
| C급 | A급 | 1.35 |

변경된 사항으로 풀이시 다음과 같음
$$W = \frac{V}{S} \times \left[\frac{C}{(100-C)}\right]$$
$$= \frac{400 \times 3}{0.1269 + 0.0005 \times 20} \times \left[\frac{7 \times 1.35}{(100 - 7 \times 1.35)}\right]$$
$$= 914.79[kg]$$
$$\fallingdotseq 915[kg]$$

**정답** 10.④ 11.② 12.③

**13** 분말소화설비의 화재안전기준에 따른 소화약제 저장용기의 설치기준으로 옳지 않은 것은?

① 제3종 분말 저장용기의 내용적은 소화약제 1[kg]당 1[L]로 할 것
② 저장용기의 충전비는 0.8 이상으로 할 것
③ 축압식 저장용기에 내압시험압력의 1.8배 이하에서 작동하는 안전밸브를 설치할 것
④ 저장용기 및 배관에 잔류 소화약제를 처리할 수 있는 청소장치를 설치할 것

**해설** 저장용기에는 가압식의 것에 있어서는 최고사용압력의 1.8배 이하, 축압식의 것에 있어서는 용기 내압시험압력의 0.8배 이하의 압력에서 작동하는 안전밸브를 설치할 것

**14** 다음 조건에서 준비작동식 스프링클러설비 설치 시 감지기의 최소설치 개수는?

- 바닥면적 800[m²]인 공장으로서 비내화구조
- 차동식스포트형 2종 감지기 설치
- 감지기 부착높이 7.5[m]

① 23개　　② 32개
③ 46개　　④ 64개

**해설** $\dfrac{800[\text{m}^2]}{25[\text{m}^2/\text{개}]} = 32[\text{개}]$ ∴ 32[개] × 2 = 64[개]

**15** 비상방송설비의 화재안전기준에 의하여 연면적이 5,000[m²]인 특정소방대상물(지하1층, 지상5층)의 지상1층에서 화재발생 시 경보를 발하여야 하는 층은? [현행 전층 경보 문제]

① 지하1층, 1층, 2층　② 1층, 2층, 3층
③ 1층, 2층, 5층　　④ 전체층

**해설** [2022.12.1. NFTC이후 개정]
층수가 11층(공동주택의 경우에는 16층) 이상의 특정소방대상물은 다음의 기준에 따라 경보를 발할 수 있도록 해야 한다.
① 2층 이상의 층에서 발화한 때에는 발화층 및 그 직상 4개층에 경보를 발할 것〈개정 2023.2.10〉
② 1층에서 발화한 때에는 발화층·그 직상 4개층 및 지하층에 경보를 발할 것〈개정 2023.2.10.〉
③ 지하층에서 발화한 때에는 발화층·그 직상층 및 기타의 지하층에 경보를 발할 것

**16** 자동화재속보설비의 화재안전기준에 의한 설치기준으로 옳지 않은 것은?

① 노유자시설에 상시 근무인원이 10인 이하인 경우 자동화재속보설비를 설치하지 아니할 수 있다.
② 스위치는 바닥으로부터 0.8[m] 이상 1.5[m] 이하의 높이에 설치하여야 한다.
③ 속보기는 소방관서에 통신망으로 통보하도록 하여야 한다.
④ 자동화재탐지설비와 연동으로 작동하여 자동적으로 화재발생상황을 소방관서에 전달되는 것으로 하여야 한다.

**해설** 자동화재속보설비를 설치해야 하는 특정소방대상물은 다음의 어느 하나에 해당하는 것으로 한다. 다만, 방재실 등 화재 수신기가 설치된 장소에 24시간 화재를 감시할 수 있는 사람이 근무하고 있는 경우에는 자동화재속보설비를 설치하지 않을 수 있다.
1) 노유자 생활시설
2) 노유자 시설로서 바닥면적이 500㎡ 이상인 층이 있는 것
3) 수련시설(숙박시설이 있는 것만 해당한다)로서 바닥면적이 500㎡ 이상인 층이 있는 것
4) 문화유산 중 「문화유산의 보존 및 활용에 관한 법률」 제23조에 따라 보물 또는 국보로 지정된 목조건축물
5) 근린생활시설 중 다음의 어느 하나에 해당하는 시설
　가) 의원, 치과의원 및 한의원으로서 입원실이 있는 시설
　나) 조산원 및 산후조리원
6) 의료시설 중 다음의 어느 하나에 해당하는 것
　가) 종합병원, 병원, 치과병원, 한방병원 및 요양병원(의료재활시설은 제외한다)
　나) 정신병원 및 의료재활시설로 사용되는 바닥면적의 합계가 500㎡ 이상인 층이 있는 것
7) 판매시설 중 전통시장

**정답** 13.③　14.④　15.④　16.①

**17** 누전경보기의 화재안전기준에 의한 설치기준으로 옳지 않은 것은?

① 경계전로의 정격전류가 60[A]를 초과하는 전로에 있어서는 1급 누전경보기를 설치할 것
② 누전경보기 수신부의 음향장치는 수위실 등 상시 사람이 근무하는 장소에 설치할 것
③ 변류기를 옥외의 전로에 설치하는 경우에는 옥외형으로 설치할 것
④ 전원은 분전반으로부터 전용회로로 하고, 각 극에 개폐기 및 60[A] 이하의 과전류차단기를 설치할 것

**해설** 개폐기 및 15[A] 이하의 과전류 차단기(배선용차단기에 있어서는 20[A] 이하의 것)를 설치할 것

**18** 피난기구 설치 시 피난 또는 소화활동상 유효한 개구부의 크기 기준으로 옳은 것은?

① 가로 0.5[m] 이상, 세로 1[m] 이상
② 가로 및 세로가 각 0.6[m] 이상
③ 가로 0.3 이상, 세로 0.6[m] 이상
④ 가로 0.5[m] 이상, 세로 0.8[m] 이상

**해설** 피난기구는 계단·피난구 기타 피난시설로부터 적당한 거리에 있는 안전한 구조로 된 피난 또는 소화활동상 유효한 개구부(가로 0.5[m] 이상 세로 1[m] 이상인 것을 말한다. 이 경우 개부구 하단이 바닥에서 1.2[m] 이상이면 발판 등을 설치하여야 하고, 밀폐된 창문은 쉽게 파괴할 수 있는 파괴장치를 비치하여야 한다)에 고정하여 설치하거나 필요한 때에 신속하고 유효하게 설치할 수 있는 상태에 둘 것

**19** 광원점등방식 피난유도선의 설치기준으로 옳지 않은 것은?

① 피난유도 표시부는 80[cm] 이내의 간격으로 연속되도록 설치하되 실내장식물 등으로 설치가 곤란할 경우 2[m] 이내로 설치할 것
② 비상전원은 상시 충전상태를 유지하도록 설치할 것
③ 피난유도 제어부는 조작 및 관리가 용이하도록 바닥으로부터 0.8[m] 이상 1.5[m] 이하의 높이에 설치할 것
④ 피난유도 표시부는 바닥으로부터 높이 1[m] 이하의 위치 또는 바닥 면에 설치할 것

**해설** 광원점등방식의 피난유도선 설치기준
㉠ 구획된 각 실로부터 주출입구 또는 비상구까지 설치할 것
㉡ 피난유도 표시부는 바닥으로부터 높이 1[m] 이하의 위치 또는 바닥 면에 설치할 것
㉢ 피난유도 표시부는 50[cm] 이내의 간격으로 연속되도록 설치하되 실내장식물 등으로 설치가 곤란할 경우 1[m] 이내로 설치할 것
㉣ 수신기로부터의 화재신호 및 수동조작에 의하여 광원이 점등되도록 설치할 것
㉤ 비상전원이 상시 충전상태를 유지하도록 설치할 것
㉥ 바닥에 설치되는 피난유도 표시부는 매립하는 방식을 사용할 것
㉦ 피난유도 제어부는 조작 및 관리가 용이하도록 바닥으로부터 0.8[m] 이상 1.5[m] 이하의 높이에 설치할 것

**20** 비상콘센트설비의 화재안전기준에 관한 설명으로 옳지 않은 것은?

① 하나의 전용회로에 설치하는 비상콘센트는 10개 이하로 할 것
② 비상콘센트의 전원부와 외함 사이의 절연저항은 전원부와 외함 사이를 500[V] 절연저항계로 측정할 때 20[MΩ] 미만일 것
③ 비상콘센트는 바닥으로부터 0.8[m] 이상 1.5[m] 이하의 위치에 설치할 것
④ 전원회로는 각 층에 2 이상이 되도록 설치할 것. 다만, 설치하여야 할 층의 비상콘센트가 1개인 때에는 하나의 회로로 할 수 있다.

**해설** 비상콘센트의 전원부와 외함 사이의 절연저항은 전원부와 외함 사이를 500[V] 절연저항계로 측정할 때 20[MΩ] 이상일 것

정답 17.④ 18.① 19.① 20.②

**21** 무선통신보조설비를 구성하는 장치로서 두 개 이상의 입력신호를 원하는 비율로 조합한 출력이 발생하도록 하는 장치는?

① 분배기   ② 분파기
③ 증폭기   ④ 혼합기

**해설** 용어정의
㉠ "누설동축케이블"이란 동축케이블의 외부도체에 가느다란 홈을 만들어서 전파가 외부로 새어나갈 수 있도록 한 케이블을 말한다.
㉡ "분배기"란 신호의 전송로가 분기되는 장소에 설치하는 것으로 임피던스 매칭(Matching)과 신호 균등분배를 위해 사용하는 장치를 말한다.
㉢ "분파기"란 서로 다른 주파수의 합성된 신호를 분리하기 위해서 사용하는 장치를 말한다.
㉣ "혼합기"란 두개 이상의 입력신호를 원하는 비율로 조합한 출력이 발생하도록 하는 장치를 말한다.
㉤ "증폭기"란 신호 전송 시 신호가 약해져 수신이 불가능해지는 것을 방지하기 위해서 증폭하는 장치를 말한다.

**22** 현행 개정 등으로 문제 삭제

**23** 현행 개정 등으로 문제 삭제

**24** 특별피난계단의 부속실에 설치된 제연설비의 제어반기능에 관한 기준으로 옳지 않은 것은?

① 급기용 댐퍼의 개폐에 대한 감시 및 원격조작기능
② 급기송풍기와 유입공기의 배출용 송풍기의 작동여부에 대한 감시 및 원격조작기능
③ 수동기동장치의 작동여부에 대한 감시기능
④ 비상전원의 원격조작기능

**해설** 제어반의 기능 기준
㉠ 급기용 댐퍼의 개폐에 대한 감시 및 원격조작기능
㉡ 배출댐퍼 또는 개폐기의 작동 여부에 대한 감시 및 원격조작기능
㉢ 급기송풍기와 유입공기의 배출용 송풍기의 작동 여부에 대한 감시 및 원격조작기능

㉣ 제연구역 출입문의 일시적인 고정개방 및 해정에 대한 감시 및 원격조작기능
㉤ 수동기동장치의 작동 여부에 대한 감시기능
㉥ 급기구 개구율의 자동조절장치의 작동 여부에 대한 감시기능. 다만, 급기구에 차압표시계를 고정부착한 자동차압·과압조절형 댐퍼를 설치하고 당해 제어반에도 차압표시계를 설치한 경우에는 그러하지 아니하다.
㉦ 감시선로의 단선에 대한 감시기능
㉧ 예비전원이 확보되고 예비전원의 적합여부를 시험할 수 있어야 할 것

**25** 연결살수설비의 화재안전기준에 의한 설치기준으로 옳지 않은 것은?

① 교차배관에는 가지배관과 가지배관 사이마다 1개 이상의 행가를 설치하되, 가지배관 사이의 거리가 4.5[m]를 초과하는 경우에는 4.5[m] 이내마다 1개 이상 설치할 것
② 개방형헤드를 사용하는 연결살수설비의 수평주행배관은 헤드를 향하여 상향으로 100분의 1 이상의 기울기로 설치할 것
③ 천장 또는 반자의 각 부분으로부터 하나의 살수헤드까지의 수평거리가 연결살수설비 전용헤드의 경우 2.3[m] 이하로 할 것
④ 습식 연결살수설비의 배관은 동결방지조치를 하거나 동결의 우려가 없는 장소에 설치할 것

**해설** 연결살수설비 헤드의 설치기준
㉠ 천장 또는 반자의 실내에 면하는 부분에 설치할 것
㉡ 천장 또는 반자의 각 부분으로부터 하나의 살수헤드까지의 수평거리가 연결살수설비 전용헤드의 경우는 3.7[m] 이하, 스프링클러헤드의 경우는 2.3[m] 이하로 할 것. 다만, 살수헤드의 부착면과 바닥과의 높이가 2.1[m] 이하인 부분에 있어서는 살수헤드의 살수분포에 따른 거리로 할 수 있다.

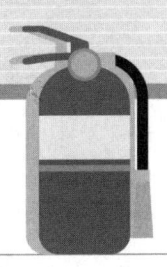

# 제2회 소방시설관리사 1차 필기 기출문제
[제5과목 : 소방시설의 구조 및 원리]

**01** 다음의 조건에 설치할 수 없는 감지기는?

- 수신기는 비축적형 방식의 수신기이다.
- 열, 연기, 먼지 등으로 인하여 일시적으로 화재신호를 발생할 우려가 있는 장소이다.
- 실내면적이 40[m²] 미만인 장소, 감지기 부착면과 실내 바닥과의 거리가 2.3[m] 이하이다.

① 정온식감지선형감지기
② 보상식 감지기
③ 복합형감지기
④ 분포형 감지기

**해설** 비화재보방지 기능이 있는 감지기의 종류
㉠ 불꽃감지기
㉡ 정온식 감지선형 감지기
㉢ 분포형 감지기
㉣ 복합형 감지기
㉤ 광전식 분리형 감지기
㉥ 아날로그방식의 감지기
㉦ 다신호방식의 감지기
㉧ 축적방식의 감지기

**02** 종합병원의 3층에 설치하는 피난구조기구로 적당하지 않은 것은?

① 미끄럼대
② 완강기
③ 구조대
④ 피난교

**해설** 피난구조기구의 구조

| 층별<br>설치장소별<br>구분 | 1층 | 2층 | 3층 | 4층 이상<br>10층 이하 |
|---|---|---|---|---|
| 1. 노유자시설 | 미끄럼대·<br>구조대·<br>피난교·<br>다수인피난장비·<br>승강식피난기 | 미끄럼대·<br>구조대·<br>피난교·<br>다수인피난장비·<br>승강식피난기 | 미끄럼대·<br>구조대·<br>피난교·<br>다수인피난장비·<br>승강식피난기 | 구조대·<br>피난교·<br>다수인피난장비·<br>승강식피난기 |
| 2. 의료시설·근린생활시설 중 입원실이 있는 의원·접골원·조산원 | | | 미끄럼대·<br>구조대·<br>피난교·<br>피난용트랩·<br>다수인피난장비·<br>승강식피난기 | 구조대·<br>피난교·<br>피난용트랩·<br>다수인피난장비·<br>승강식피난기 |
| 3. 「다중이용업소의 안전관리에 관한 특별법 시행령」제2조에 따른 다중이용업소로서 영업장의 위치가 4층 이하인 다중이용업소 | | 미끄럼대·<br>피난사다리·<br>구조대·<br>완강기·<br>다수인피난장비·<br>승강식피난기 | 미끄럼대·<br>피난사다리·<br>구조대·<br>완강기·<br>다수인피난장비·<br>승강식피난기 | 미끄럼대·<br>피난사다리·<br>구조대·<br>완강기·<br>다수인피난장비·<br>승강식피난기 |
| 4. 그 밖의 것 | | | 미끄럼대·<br>피난사다리·<br>구조대·<br>완강기·<br>피난교·<br>피난용트랩·<br>간이완강기·<br>공기안전매트·<br>다수인피난장비·<br>승강식피난기 | 피난사다리·<br>구조대·<br>완강기·<br>피난교·<br>간이완강기·<br>공기안전매트·<br>다수인피난장비·<br>승강식피난기 |

비고
1) 구조대의 적응성은 장애인 관련 시설로서 주된 사용자중 스스로 피난이 불가한 자가 있는 경우 추가로 설치하는 경우에 한한다.
2), 3) 간이완강기의 적응성은 숙박시설의 3층 이상에 있는 객실에, 공기안전매트의 적응성은 공동주택에 추가로 설치하는 경우에 한한다.

**정답** 01.② 02.②

**03** 연결살수설비 배관 중 하나의 배관에 부착하는 살수헤드의 수가 5개인 경우 배관의 구경은?

① 32[mm]　　② 40[mm]
③ 50[mm]　　④ 65[mm]

**해설** 배관의 구경
㉠ 연결살수설비 전용헤드를 사용하는 경우

| 하나의 배관에 부착하는 살수헤드의 개수 | 1개 | 2개 | 3개 | 4개 또는 5개 | 6개 이상 10개 이하 |
|---|---|---|---|---|---|
| 배관의 구경(mm) | 32 | 40 | 50 | 65 | 80 |

㉡ 스프링클러헤드를 사용하는 경우

| 급수관의 직경<br>구분 | 25 | 32 | 40 | 50 | 65 | 80 | 90 | 100 | 125 | 150 |
|---|---|---|---|---|---|---|---|---|---|---|
| 가 | 2 | 3 | 5 | 10 | 30 | 60 | 80 | 100 | 160 | 161 이상 |
| 나 | 2 | 4 | 7 | 15 | 30 | 60 | 65 | 100 | 160 | 161 이상 |
| 다 | 1 | 2 | 5 | 8 | 15 | 27 | 40 | 55 | 90 | 91 이상 |

**04** 휴대용 비상조명등의 설치기준에서 ( )안에 적당한 내용은 어느 것인가?

> 대규모 점포(지하상가 및 지하역사는 제외) 및 영화 상영관에는 ( ㉠ ) 50[m] 이내마다 ( ㉡ )개 이상 설치한다.

① ㉠ 보행거리 ㉡ 1
② ㉠ 보행거리 ㉡ 3
③ ㉠ 수평거리 ㉡ 1
④ ㉠ 수평거리 ㉡ 3

**05** 고정포방출구 방식에서 고정포방출구에서 방출하기 위하여 필요한 양을 구하는 공식으로 옳은 것은?

① $Q = N \times S \times 8{,}000[L]$
② $Q = A \times Q_1 \times T \times S$
③ $Q = N \times S \times 6{,}000[L]$
④ $Q = A \times Q_1 \times V \times S$

**해설** $Q = A \times Q_1 \times T \times S$

**06** 옥내소화전설비의 물올림장치에 대한 설명이다. 번호의 규격으로 맞는 것은?

㉠ 호수조용량　㉡ 물올림배관
㉢ 순환배관　　㉣ 물올림탱크급수배관

① ㉠ 100[L] 이상　㉡ 25[mm] 이상
　㉢ 20[mm] 이상　㉣ 15[mm] 이상
② ㉠ 200[L] 이상　㉡ 15[mm] 이상
　㉢ 20[mm] 이상　㉣ 25[mm] 이상
③ ㉠ 100[L] 이상　㉡ 20[mm] 이상
　㉢ 25[mm] 이상　㉣ 15[mm] 이상
④ ㉠ 200[L] 이상　㉡ 20[mm] 이상
　㉢ 25[mm] 이상　㉣ 15[mm] 이상

**해설** ㉠ 호수조용량 100[L] 이상
㉡ 물올림배관 25[mm] 이상
㉢ 순환배관 20[mm] 이상
㉣ 물올림탱크급수배관 15[mm] 이상

**07** 옥내소화전설비에서 가장 많이 설치된 소화전의 수는 4개일 때 유량계의 용량은 얼마 이상으로 하여야 하는가? (단, 명판에 기재된 펌프 토출량은 600[L/min]이다)

① 630[L/min]　　② 900[L/min]
③ 960[L/min]　　④ 1,050[L/min]

**해설** 유량계는 정격토출량의 175[%] 이상 측정할 수 있을 것
600[L/min]×1.75=1,050[L/min]

**정답** 03.④ 04.② 05.② 06.① 07.④

**08** 연결송수관설비의 설치기준으로 틀린 것은?

① 송수구는 지면으로부터 높이가 0.5[m] 이상 1[m] 이하의 위치에 설치할 것
② 송수구는 연결송수관의 수직배관마다 1개 이상을 설치할 것. 다만, 하나의 건축물에 설치된 각 수직배관이 중간에 개폐밸브가 설치되지 아니한 배관으로 상호 연결되어 있는 경우에는 건축물마다 1개씩 설치할 수 있다.
③ 건식의 경우에는 송수구, 자동배수밸브, 체크밸브, 자동배수밸브의 순으로 설치할 것
④ 지면으로부터의 높이가 31[m] 이상인 소방대상물 또는 지상 16층 이상인 소방대상물에 있어서는 습식설비로 할 것

**해설** 배관은 다음의 기준에 따라 설치하여야 한다.
㉠ 주배관의 구경은 100[mm] 이상의 것으로 할 것
㉡ 지면으로부터의 높이가 31[m] 이상인 소방대상물 또는 지상 11층 이상인 소방대상물에 있어서는 습식설비로 할 것

**09** 바닥면적 2,000[m²], 부착높이 6[m], 내화구조가 아닌 기타구조인 소방대상물에 차동식스포트형감지기(2종)을 설치하고자 한다. 몇 개 이상을 설치하여야 하는가?

① 50개  ② 60개
③ 70개  ④ 80개

**해설**

(단위 : m²)

| 부착높이 및 특정소방대상물의 구분 | | 감지기의 종류 | | | | | |
|---|---|---|---|---|---|---|---|
| | | 차동식 스포트형 | | 보상식 스포트형 | | 정온식 스포트형 | |
| | | 1종 | 2종 | 1종 | 2종 | 특종 | 1종 | 2종 |
| 4[m] 미만 | 주요구조부를 내화구조로 한 특정소방대상물 또는 그 부분 | 90 | 70 | 90 | 70 | 70 | 60 | 20 |
| | 기타 구조의 특정소방대상물 또는 그 부분 | 50 | 40 | 50 | 40 | 40 | 30 | 15 |
| 4[m] 이상 8[m] 미만 | 주요구조부를 내화구조로 한 특정소방대상물 또는 그 부분 | 45 | 35 | 45 | 35 | 35 | 30 | |
| | 기타 구조의 특정소방대상물 또는 그 부분 | 30 | 25 | 30 | 25 | 25 | 15 | |

▶ $\dfrac{2,000[m^2]}{25[m^2/개]} = 80[개]$

**10** 정온식감지선형감지기의 설치기준으로 틀린 것은?

① 감지선형감지기의 굴곡반경은 5[cm] 이하로 할 것
② 단자부와 마감 고정금구와의 설치간격은 10[cm] 이내로 설치할 것
③ 감지기와 감지구역의 각 부분과의 수평거리가 내화구조의 경우 1종 4.5[m] 이하, 2종 3[m] 이하로 할 것
④ 지하구나 창고의 천장 등에 지지물이 적당하지 않는 장소에는 보조선을 설치하고 그 보조선에 설치할 것

**해설** 정온식감지선형감지기의 설치기준
㉠ 보조선이나 고정금구를 사용하여 감지선이 늘어지지 않도록 설치할 것
㉡ 단자부와 마감 고정금구와의 설치간격은 10[cm] 이내로 설치할 것
㉢ 감지선형 감지기의 굴곡반경은 5[cm] 이상으로 할 것
㉣ 감지기와 감지구역의 각부분과의 수평거리가 내화구조의 경우 1종 4.5[m] 이하, 2종 3[m] 이하로 할 것. 기타구조의 경우 1종 3[m] 이하, 2종 1[m] 이하로 할 것
㉤ 케이블트레이에 감지기를 설치하는 경우에는 케이블트레이 받침대에 마감금구를 사용하여 설치할 것
㉥ 지하구나 창고의 천장 등에 지지물이 적당하지 않는 장소에서는 보조선을 설치하고 그 보조선에 설치할 것
㉦ 분전반 내부에 설치하는 경우 접착제를 이용하여 돌기를 바닥에 고정시키고 그 곳에 감지기를 설치할 것

**11** 광전식분리형감지기의 설치기준으로 맞는 것은?

① 감지기의 송광면은 햇빛을 직접 받지 않도록 설치할 것
② 광축(송광면과 수광면의 중심을 연결한 선)은 나란한 벽으로부터 0.5[m] 이상 이격하여 설치할 것
③ 감지기의 송광부와 수광부는 설치된 뒷벽으로부터 1[m] 이내 위치에 설치할 것
④ 광축의 높이는 천장 등(천장의 실내에 면한 부분 또는 상층의 바닥하부면을 말한다) 높이의 60[%] 이상일 것

정답 08.④ 09.④ 10.① 11.③

**해설** 광전식분리형감지기의 설치기준
  ㉠ 감지기의 수광면은 햇빛을 직접 받지 않도록 설치할 것
  ㉡ 광축(송광면과 수광면의 중심을 연결한 선)은 나란한 벽으로부터 0.6[m] 이상 이격하여 설치할 것
  ㉢ 감지기의 송광부와 수광부는 설치된 뒷벽으로부터 1[m] 이내 위치에 설치할 것
  ㉣ 광축의 높이는 천장 등(천장의 실내에 면한 부분 또는 상층의 바닥하부면을 말한다) 높이의 80[%] 이상일 것
  ㉤ 감지기의 광축의 길이는 공칭감시거리 범위 이내일 것
  ㉥ 그 밖의 설치기준은 형식승인 내용에 따르며 형식승인 사항이 아닌 것은 제조사의 시방에 따라 설치할 것

**12** 이산화탄소소화설비의 소화약제의 저장용기의 설치기준으로 틀린 것은?

① 저압식 저장용기에는 내압시험압력의 0.64배부터 0.8배까지의 압력에서 작동하는 안전밸브를 설치할 것
② 저장용기의 충전비는 저압식은 1.5 이상 1.9 이하로 할 것
③ 저압식 저장용기에는 액면계 및 압력계와 2.3[MPa] 이상 1.9[MPa] 이하의 압력에서 작동하는 압력 경보장치를 설치할 것
④ 저장용기는 고압식은 25[MPa] 이상, 저압식은 3.5[MPa] 이상의 내압시험압력에서 합격한 것으로 할 것

**해설** 저압식 충전비는 1.1 이상 1.4 이하

**13** 수(水)계 소화설비의 개폐밸브에 탬퍼스위치를 설치하지 않아도 되는 곳은?

① 주펌프 흡입측 배관에 설치된 밸브
② 고가수조와 입상배관에 연결된 배관상의 밸브
③ 성능시험배관의 밸브
④ 유수검지장치의 1차측과 2차측에 설치된 밸브

**해설** 탬퍼스위치 설치 위치
  • 지하 수조로부터 펌프 흡입측 배관에 설치된 개폐밸브

  • 주펌프의 흡입측 개폐밸브
  • 주펌프의 토출측 개폐밸브
  • 스프링클러설비의 송수구에 설치하는 개폐표시형밸브/준비작동식 유수검지장치 및 일제개방밸브의 1차측 및 2차측 개폐밸브
  • 스프링클러설비 입상관과 접속된 고가수조의 개폐밸브

**14** 큰 물방울을 방출하여 물방울이 화염을 뚫고 침투하여 저장창고 등에서 발생하는 대형화재를 진압할 수 있는 헤드는?

① 측벽형 스프링클러헤드
② 폐쇄형 스프링클러헤드
③ 라지드롭 스프링클러헤드
④ 조기반응형 스프링클러헤드

**해설** 라지드롭헤드 : 큰 물방울을 방출하여 물방울이 화염을 뚫고 침투하여 저장창고 등에서 발생하는 대형화재를 진압할 수 있는 헤드

**15** 공동현상의 방지대책이 아닌 것은?

① 펌프의 흡입측 수두를 크게 한다.
② 펌프의 흡입관경을 크게 한다.
③ 펌프의 설치위치를 수원보다 낮게 한다.
④ 펌프의 마찰손실을 적게 한다.

**해설** 공동현상
(1) 발생원인
  ㉠ Pump의 흡입측 수두, 마찰손실, Impeller 속도가 클 때
  ㉡ Pump의 흡입관경이 적을 때
  ㉢ Pump 설치위치가 수원보다 높을 때
  ㉣ 관내의 유체가 고온일 때
  ㉤ Pump의 흡입압력이 유체의 증기압보다 낮을 때
(2) 방지 대책
  ㉠ Pump의 흡입측 수두, 마찰손실, Impeller 속도를 적게 한다.
  ㉡ Pump 흡입관경을 크게 한다.
  ㉢ Pump 설치위치를 수원보다 낮게 하여야 한다.
  ㉣ Pump 흡입압력을 유체의 증기압보다 높게 한다.
  ㉤ 양흡입 Pump를 사용하여야 한다.
  ㉥ 양흡입 Pump로 부족 시 펌프를 2대로 나눈다.

**정답** 12.② 13.③ 14.③ 15.①

**16** 유량이 0.52[m³/min]일 때 옥내소화전설비의 주배관의 최소 관경은 얼마 이상으로 하여야 하는가?

① 50[mm]  ② 65[mm]
③ 80[mm]  ④ 100[mm]

**해설**
$$D = \sqrt{\frac{4Q}{\pi U}} = \sqrt{\frac{4 \times \frac{0.52}{60}}{\pi \times 4}} = 0.05[\text{m}] = 52[\text{mm}]$$
$$\therefore 65[\text{mm}]$$

**17** 다음 수계 소화설비의 설명으로 틀린 것은?

① 가압송수장치가 기동이 된 경우에는 자동으로 정지되었다.
② 충압펌프 기동 후 자동으로 정지되었다.
③ 기동용 수압개폐장치의 용적은 200[L]의 것을 사용하였다.
④ 충압펌프의 경우에 순환배관을 설치하지 않았다.

**해설** 수계소화설비의 주펌프는 자동으로 기동된 후 자동으로 정지되지 아니하여야 한다.

**18** 다음 중 유도등의 비상전원은 유효하게 작동시킬 수 있는 용량으로 하여야 하는데 시간이 가장 긴 것은?

① 지하상가  ② 공연장
③ 숙박시설  ④ 노유자시설

**해설** 비상전원의 설치기준
㉠ 축전지로 할 것
㉡ 유도등을 20분 이상 유효하게 작동시킬 수 있는 용량으로 할 것. 다만, 다음 각 목의 특정소방대상물의 경우에는 그 부분에서 피난층에 이르는 부분의 유도등을 60분 이상 유효하게 작동시킬 수 있는 용량으로 하여야 한다.
  ⓐ 지하층을 제외한 층수가 11층 이상의 층
  ⓑ 지하층 또는 무창층으로서 용도가 도매시장·소매시장·여객자동차터미널·지하역사 또는 지하상가

**19** 옥내소화전설비의 배선 중 내열배선이 아닌 것은?

① 클로로프렌 외장케이블
② 버스덕트
③ 450/750V 저독성 난연 가교 폴리올레핀 절연 전선
④ 0.6/1kV 가교 폴리에틸렌 절연 저독성 난연 폴리올레핀 시스 전력케이블

**해설** 내화 및 내열배선공사에 사용되는 전선의 종류
㉠ 450/750V 저독성 난연 가교 폴리올레핀 절연 전선
㉡ 0.6/1kV 가교 폴리에틸렌 절연 저독성 난연 폴리올레핀 시스 전력케이블
㉢ 6/10kV 가교 폴리에틸렌 절연 저독성 난연 폴리올레핀 시스 전력용 케이블
㉣ 가교 폴리에틸렌 절연 비닐시스 트레이용 난연 전력 케이블
㉤ 0.6/1kV EP 고무절연 클로로프렌 시스 케이블
㉥ 300/500V 내열성 실리콘 고무 절연전선(180℃)
㉦ 내열성에틸렌-비닐 아세테이트 고무 절연 케이블
㉧ 버스덕트(Bus Duct)
㉨ 기타 전기용품안전관리법 및 전기설비기술기준에 따라 동등 이상의 내열성능이 있다고 주무부장관이 인정하는 것

**20** 누전경보기를 설치할 수 있는 장소는?

① 화약류를 제조하거나 저장 또는 취급하는 장소
② 온도의 변화가 급격한 장소
③ 가연성의 증기, 먼지, 가스 등이나 부식성의 증기, 가스 등이 다량으로 체류하는 장소
④ 습도가 낮은 장소

**해설** 수신부의 설치제외 장소 : [다만, 당해 누전경보기에 대하여 방폭·방식·방습·방온·방진 및 정전기 차폐등의 방호조치를 한 것에 있어서는 그러하지 아니하다]
㉠ 가연성의 증기·먼지·가스 등이나 부식성의 증기·가스 등이 다량으로 체류하는 장소
㉡ 화약류를 제조하거나 저장 또는 취급하는 장소
㉢ 습도가 높은 장소
㉣ 온도의 변화가 급격한 장소
㉤ 대전류회로·고주파 발생회로 등에 따른 영향을 받을 우려가 있는 장소

정답  16.②  17.①  18.①  19.①  20.④

**21** 불꽃감지기를 천장에 설치하는 경우에는 감지기는 바닥을 향하여 설치하여야 하는데 설명 중 틀린 것은?

① 불꽃감지기의 공칭감시거리는 20[m] 미만의 장소에 적합한 것은 1[m] 간격으로 분할한다.
② 불꽃감지기의 공칭감시거리는 20[m] 이상의 장소에 적합한 것은 3[m] 간격으로 분할한다.
③ 불꽃감지기의 시야각은 5° 간격으로 한다.
④ 불꽃감지기 중 도로형은 최대시야각이 180° 이상이어야 한다.

**해설** 제19조의2(불꽃감지기의 유효감지거리의 구분, 감도시험, 시야각)
① 불꽃감지기의 유효감지거리 및 시야각은 다음 각 호에 따른다.
1. 유효감지거리 범위는 20[m] 미만은 1[m] 간격으로, 20[m] 이상은 5[m] 간격으로 설정하여야 하며, 단일 유효감시거리, 복수 유효감지거리, 단일 유효감지거리 범위 또는 복수 유효감시거리 범위로 설정할 수 있다.
2. 제1호에 따른 복수의 유효감지거리 및 유효감지거리 범위는 다수의 단계로 분할하여 설정할 수 있다. 다만, 유효감지거리를 범위로 설정한 경우에는 각 단계별 유효감지거리 세부 범위는 연속되도록 설정하여야 한다.
3. 시야각은 5° 간격으로 설정한다.

**22** 특별피난계단의 계단실 및 부속실 제연설비의 화재안전기준에 관한 설명 중 틀린 것은?

① 제연구역과 옥내와의 사이에 유지하여야 하는 최소차압은 40[Pa] 이상으로 하여야 한다.
② 제연구역과의 옥내와의 사이에 유지하여야 하는 최소차압은 옥내에 스프링클러설비가 설치된 경우에는 12.5[Pa] 이상으로 하여야 한다.
③ 자동폐쇄장치란 제연구역의 출입문 등에 설치하는 것으로서 화재발생 시 옥내에 설치된 발신기 작동과 연동하여 출입문을 자동적으로 닫게 하는 장치를 말한다.
④ 계단실과 부속실을 동시에 제연하는 경우 부속실의 기압은 계단실과 같게 하거나 계단실의 기압보다 낮게 할 경우에는 부속실과 계단실의 압력차이는 5[Pa] 이하가 되도록 하여야 한다.

**해설** "자동폐쇄장치"란 제연구역의 출입문 등에 설치하는 것으로서 화재발생시 옥내에 설치된 감지기 작동과 연동하여 출입문을 자동적으로 닫게 하는 장치를 말한다.

**23** 통로유도등의 표시색깔은?
① 백색바탕에 적색문자
② 적색바탕에 녹색문자
③ 녹색바탕에 백색문자
④ 백색바탕에 녹색문자

**해설** 유도등의 색상
(1) 피난구 유도등 : 녹색바탕에 백색문자
(2) 통로 유도등 : 백색바탕에 녹색문자

**24** 수동발신기 스위치를 작동시켰더니 화재표시동작을 하지 않았다. 원인으로 볼 수 없는 것은?
① 발신기 접점불량
② 응답램프 불량
③ 배선의 단선
④ 감지기 불량

**해설** 발신기 동작의 원인과 감지기 불량은 관계가 없다.

**25** 준비작동식 스프링클러 설비의 정상 상태가 아닌 것은?
① 경보시험밸브는 평상시 닫힌 상태이다.
② 전자밸브는 평상시 닫힌 상태이다.
③ 2차 개폐밸브는 평상시 닫힌 상태이다.
④ 셋팅밸브는 평상시 닫힌 상태이다.

**해설** 평소 밸브 유지상태(경계 시 밸브 유지상태)
• 1차측 제어밸브, 2차측 제어밸브, 경보정지밸브, 게이지밸브 : 개방상태
• 중간챔버 급수수용밸브, 수동기동밸브, 자동기동밸브, 경보시험밸브, 배수밸브 : 폐쇄상태

정답 21.② 22.③ 23.④ 24.④ 25.③

# 2010 제1회 소방시설관리사 1차 필기 기출문제
[제5과목 : 소방시설의 구조 및 원리]

**01** 유도등은 소방대상물의 용도별 적응하는 유도등을 설치하여야 한다. 다음 중 공연장, 위락시설, 일반 숙박시설, 근린생활시설(주택용도 제외) 등에 공통적으로 설치하여야 하는 유도등은?

① 소형 피난구유도등
② 통로유도등
③ 객석유도등
④ 중형 피난구유도등

**해설** 특정소방대상물의 종류별 유도등 적응성

| 설치장소 | 유도등 및 유도표지의 종류 |
|---|---|
| 1. 공연장, 집회장(종교집회장 포함), 관람장, 운동시설 | • 대형피난구유도등<br>• 통로유도등<br>• 객석유도등 |
| 2. 유흥주점영업시설(식품위생법시행령 제21조 제8호 라목의 유흥주점 영업 중 손님이 춤을 출 수 있는 무대가 설치된 카바레, 나이트클럽 또는 그 밖에 이와 비슷한 영업시설만 해당한다) | • 대형피난구유도등<br>• 통로유도등<br>• 객석유도등 |
| 3. 위락시설, 판매시설, 운수시설, 관광진흥법 제3조 제1항 제2호에 따른 관광숙박업, 의료시설, 장례식장, 방송통신시설, 전시장, 지하상가, 지하철역사 | • 대형피난구유도등<br>• 통로유도등 |
| 4. 숙박시설(제3호의 관광숙박업 외의 것을 말한다), 오피스텔 | • 중형피난구유도등<br>• 통로유도등 |
| 5. 제1호부터 제3호까지 외의 건축물로서 지하층, 무창층 또는 층수가 11층 이상인 특정소방대상물 | • 중형피난구유도등<br>• 통로유도등 |
| 6. 제1호부터 제5호까지 외의 건축물로서 근린생활시설 노유자시설, 업무시설, 발전시설, 종교시설(집회장 용도로 사용하는 부분 제외) 교육연구시설, 수련시설, 공장, 창고, 시설교정시설 및 군사시설(국방, 군사시설제외)기숙사, 자동차정비공장, 운전학원 및 정비학원, 다중이용업소, 복합건축물, 아파트 | • 소형피난구유도등<br>• 통로유도등 |
| 7. 그 밖의 것 | • 피난구유도표지<br>• 통로유도표지 |

**02** 비상방송설비 음향장치의 음량조정기를 설치하는 경우 음량조정기의 배선은?

① 단선식
② 2선식
③ 3선식
④ 4선식

**해설** 음량조정기설치

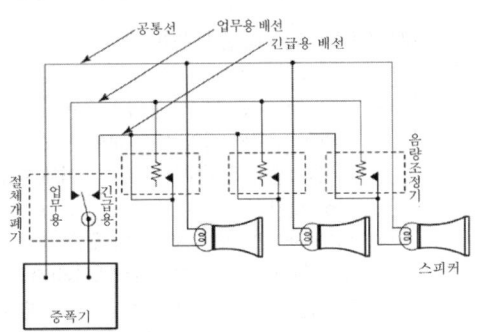

【 3선식 배선 】

**03** 다음 중 지하층, 무창층 등으로서 환기가 잘되지 아니하거나 실내면적이 $40[m^2]$ 미만인 장소, 감지기의 부착면과 실내바닥과의 길이가 $2.3[m]$ 이하인 곳으로서 일시적으로 발생한 열, 연기 또는 먼지 등으로 인하여 화재를 발신할 우려가 있는 장소에 설치 가능한 적응성이 있는 감지기의 종류에 포함되지 않는 것은?

① 정온식 감지선형 감지기
② 보상식 스포트형 감지기
③ 분포형 감지기
④ 불꽃감지기

**해설** 오동작 우려가 없는 감지기
㉠ 불꽃감지기
㉡ 정온식 감지선형 감지기

ⓒ 분포형 감지기
ⓔ 복합형 감지기
ⓜ 광전식 분리형 감지기
ⓗ 아날로그방식의 감지기
ⓢ 다신호방식의 감지기
ⓞ 축적방식의 감지기

**04** 다음 중 백화점에 설치하는 휴대용 비상조명등의 설치기준으로 적합한 것은?

① 수평거리 25[m] 이내마다 2개 이상 설치
② 보행거리 25[m] 이내마다 3개 이상 설치
③ 수평거리 50[m] 이내마다 2개 이상 설치
④ 보행거리 50[m] 이내마다 3개 이상 설치

**해설** 휴대용비상조명등의 설치기준
1. 다음 각 목의 장소에 설치할 것
   가. 숙박시설 또는 다중이용업소에는 객실 또는 영업장안의 구획된 실마다 잘 보이는 곳(외부에 설치시 출입문 손잡이로부터 1[m] 이내 부분)에 1개 이상 설치
   나. 「유통산업발전법」 제2조제3호에 따른 대규모점포(지하상가 및 지하역사는 제외한다)와 영화상영관에는 보행거리 50[m] 이내마다 3개 이상 설치
   다. 지하상가 및 지하역사에는 보행거리 25[m] 이내마다 3개 이상 설치

**05** 천장의 높이가 2[m] 이하인 회의실에 청각장애인용 시각경보장치를 설치하고자 한다. 시각경보장치는 천장으로부터 몇 [m] 이내에 설치하여야 하는가?

① 0.1[m]
② 0.15[m]
③ 1.2[m]
④ 0.25[m]

**해설** 설치높이는 바닥으로부터 2[m] 이상 2.5[m] 이하의 장소에 설치할 것. 다만, 천장의 높이가 2[m] 이하인 경우에는 천장으로부터 0.15[m] 이내의 장소에 설치하여야 한다.

**06** 누전경보기의 변류기(ZCT)는 경계전로에 정격전류를 흘리는 경우 그 경계전로의 전압강하는 몇 [V] 이하이어야 하는가? (단, 경계전로의 전선을 그 변류기에 관통시키는 것은 제외한다)

① 0.3[V]
② 0.5[V]
③ 1.0[V]
④ 3.0[V]

**해설** 누전경보기의 형식승인 및 제품검사 기술기준
▶ 제22조(전압강하방지시험)
변류기(경계전로의 전선을 그 변류기에 관통시키는 것은 제외한다)는 경계전로에 정격전류를 흘리는 경우, 그 경계전로의 전압강하는 0.5[V] 이하이어야 한다.

**07** 다음 중 무선통신보조설비의 주회로 전원이 정상인지 여부를 확인하기 위해 증폭기 전면에 설치하는 것은?

① 전압계 및 전류계
② 전압계 및 표시등
③ 회로시험계
④ 전류계

**해설** 2.5 증폭기 등
증폭기 및 무선이동중계기를 설치하는 경우에는 다음의 기준에 따라 설치하여야 한다.
1. 전원은 전기가 정상적으로 공급되는 축전지, 전기저장장치(외부 전기에너지를 저장해 두었다가 필요한 때 전기를 공급하는 장치) 또는 교류전압 옥내간선으로 하고, 전원까지의 배선은 전용으로 할 것
2. 증폭기의 전면에는 주회로의 전원이 정상인지의 여부를 표시할 수 있는 표시등 및 전압계를 설치할 것
3. 증폭기에는 비상전원이 부착된 것으로 하고 해당 비상전원 용량은 무선통신보조설비를 유효하게 30분 이상 작동시킬 수 있는 것으로 할 것
4. 무선이동중계기를 설치하는 경우에는 「전파법」 제58조의2에 따른 적합성평가를 받은 제품으로 설치할 것
5. 디지털 방식의 무전기를 사용하는데 지장이 없을 것

**정답** 04.④ 05.② 06.② 07.②

**08** 다음 ( ㉠ ), ( ㉡ )에 들어갈 내용으로 알맞은 것은?

"비상콘센트의 플러그접속기는 3상교류 ( ㉠ )의 것에 있어서는 접지형 3극 플러그접속기(KS C 8305)를, 단상교류 ( ㉡ )의 것에 있어서는 접지형 2극 플러그접속기를 설치할 것"

① ㉠ 200[V], ㉡ 100[V]
② ㉠ 380[V], ㉡ 110[V]
③ ㉠ 220[V], ㉡ 200[V]
④ ㉠ 380[V], ㉡ 220[V]

**해설** 단상교류 : 220[V], 3상교류 : 380[V]
[현행 삭제, 현행 : 단상 220[V]만 규정됨]

**09** 부동충전방식에 의하여 사용할 때 각 전해조(電解槽)에서 일어나는 전위차를 보정하기 위하여 1~3개월마다 1회 정전압으로 충전하여 각 전해조의 용량을 균일화하기 위하여 충전하는 방식을 무엇이라고 하는가?

① 세류충전         ② 정전류충전
③ 보통충전         ④ 균등충전

**해설** 충전방식
㉠ 보통충전 : 필요할 때마다 표준 시간율로 소정의 충전을 하는 방식
㉡ 급속충전 : 비교적 단시간에 보통 충전전류의 2~3배의 전류로 충전하는 방식
㉢ 부동충전 : 전지의 자기 방전을 보충함과 동시에 상용부하에 대한 전력 공급은 충전기가 부담하도록 하고, 충전기가 부담하기 어려운 일시적인 대전류 부하는 축전지로 하여금 부담하게 하는 방식
㉣ 균등충전 : 부동충전방식에 의하여 사용할 때 각 전해조에 일어나는 전위차를 보정하기 위하여 1~3개월마다 1회 정전압으로 10~12시간 충전하는 방식
㉤ 세류충전(트리클 충전) : 자기 방전량만 항상 충전하는 부동충전방식의 일종
㉥ 회복충전 : 축전지를 과방전 또는 방치상태에서 기능 회복을 위하여 실시하는 충전방식

**10** 계단, 경사로(엘리베이터 경사로 포함)에 대하여 별도로 경계구역을 설정하되, 하나의 경계구역의 높이는 몇 [m] 이하로 하여야 하는가?

① 15[m]           ② 30[m]
③ 45[m]           ④ 50[m]

**해설** 수직경계구역(계단경사로) : 45[m] 이하

**11** 물분무 소화설비에서 차량이 주차하는 장소의 바닥면은 배수구를 향하여 얼마 이상의 기울기를 유지하여야 하는가?

① $\frac{1}{100}$          ② $\frac{2}{100}$
③ $\frac{3}{100}$          ④ $\frac{5}{100}$

**해설** 물분무소화설비 차고 또는 주차장에 설치하는 배수설비
㉠ 차량이 주차하는 장소의 적당한 곳에 높이 10[cm] 이상의 경계턱으로 배수구를 설치할 것
㉡ 배수구에는 새어나온 기름을 모아 소화할 수 있도록 길이 40[m] 이하마다 집수관·소화핏트 등 기름분리장치를 설치할 것
㉢ 차량이 주차하는 바닥은 배수구를 향하여 100분의 2 이상의 기울기를 유지할 것
㉣ 배수설비는 가압송수장치의 최대송수능력의 수량을 유효하게 배수할 수 있는 크기 및 기울기로 할 것

**12** 할론 소화약제의 저장용기는 어떠한 장소에 설치·유지하여야 하는가?

① 온도에 무관하니까 아무 곳이나 좋다.
② 0[℃] 이상인 장소는 다 적당하다.
③ 상온 이하이면 다 좋다.
④ 온도가 40[℃] 이하이고, 온도변화가 적은 곳이 좋다.

**해설** 할론소화설비 설치기준 중 저장용기 설치장소 기준
㉠ 방호구역 외의 장소에 설치할 것. 다만, 방호구역 내에 설치할 경우에는 피난 및 조작이 용이하도록 피난구 부근에 설치할 것
㉡ 온도가 40[℃] 이하이고 온도변화가 적은 곳에 설치할 것

정답 08.④ 09.④ 10.③ 11.② 12.④

ⓒ 직사광선 및 빗물이 침투할 우려가 없는 곳에 설치할 것
ⓔ 방화문으로 구획된 실에 설치할 것
ⓜ 용기의 설치장소에는 당해 용기가 설치된 곳임을 표시하는 표지를 할 것
ⓗ 용기 간의 간격은 점검에 지장이 없도록 3[cm] 이상의 간격을 유지할 것
ⓢ 저장용기와 집합관을 연결하는 연결배관에는 체크밸브를 설치할 것. 다만, 저장용기가 하나의 방호구역만을 담당하는 경우에는 그러하지 아니하다.

**13** 이산화탄소 소화설비에 사용되는 고압식 이산화탄소 소화약제 저장용기의 충전비는 얼마인가?

① 1.5 이상 1.9 이하
② 1.2 이상 1.5 이하
③ 1.0 이상 1.3 이하
④ 0.8 이상 1.0 이하

**해설** 저장용기의 충전비

| 구분 | 저압식 | 고압식 |
|---|---|---|
| 충전비 | 1.1 이상, 1.4 이하 | 1.5 이상, 1.9 이하 |

**14** 스프링클러헤드 설치방법 중 살수가 방해되지 않게 하기 위해서는 헤드로부터 반경 몇 [cm] 이상의 공간을 보유해야 하는가?

① 30[cm]  ② 40[cm]
③ 50[cm]  ④ 60[cm]

**해설** 헤드주변에는 살수에 방해되지 않도록 반경 60[cm] 이상의 공간을 보유하여야 한다.

**15** 포소화설비에 사용되는 펌프의 양정(H)은 다음 식에 따라 산출한 수치 이상이 되도록 해야 한다. 각 요소에 해당하는 설명으로 가장 거리가 먼 것은?

$$H \geq h_1 + h_2 + h_3 + h_4$$

① $h_1$은 방출구의 설계압력 환산수두 또는 노즐 선단의 방사압력 환산수두
② $h_2$는 배관 및 관부속물의 마찰손실수두
③ $h_3$은 펌프흡입구의 하단에서 최상부에 있는 포방출구까지의 수직거리 즉 낙차
④ $h_4$는 헤드의 마찰손실수두

**해설** $h_4$는 고려하지 않는 사항이다.

**16** 간이 스프링클러설비에 설치하는 간이형 스프링클러헤드 하나의 수평거리는 [m] 이하로 하는가?

① 1.7[m]  ② 2.1[m]
③ 2.3[m]  ④ 3.7[m]

**해설** 간이 스프링클러설비에 설치하는 간이형 스프링클러헤드 하나의 수평거리는 2.3[m] 이하로 한다.

**17** 소화용수설비에 설치하는 소화수조의 소요수량이 50[m³]인 경우 가압송수장치의 1분당 송수량은 몇 [m³/min] 이상이어야 하는가?

① 1.1[m³/min]  ② 2.2[m³/min]
③ 3.3[m³/min]  ④ 5.5[m³/min]

**해설** 소화수조 또는 저수조가 지표면으로부터의 깊이(수조 내부바닥까지의 길이를 말한다)가 4.5[m] 이상인 지하에 있는 경우에는 다음 표에 따라 가압송수장치를 설치하여야 한다. 다만, 규정에 따른 저수량을 지표면으로부터 4.5[m] 이하인 지하에서 확보할 수 있는 경우에는 소화수조 또는 저수조의 지표면으로부터의 깊이에 관계없이 가압송수장치를 설치하지 아니할 수 있다.

| 소요수량 | 20[m³] 이상 40[m³] 미만 | 40[m³] 이상 100[m³] 미만 | 100[m³] 이상 |
|---|---|---|---|
| 가압송수장치의 1분당 양수량 | 1,100[L] 이상 | 2,200[L] 이상 | 3,300[L] 이상 |

**18** 연소할 우려가 있는 부분에 드렌처설비를 설치하였다. 한 개의 제어밸브에 드렌처헤드 5개씩 2개 밸브로 설치하였을 경우에 드렌처 설비에 필요한 수원의 수량은 얼마 이상이어야 하는가?

① 2[m³]  ② 4[m³]
③ 8[m³]  ④ 16[m³]

해설 $Q = 5 \times 1.6[m^3] = 8[m^3]$

**19** 소방대상물의 설치장소가 지하층에 적응되는 피난기구는 어느 것인가? (일반대상물의 경우)
① 피난사다리  ② 미끄럼대
③ 구조대      ④ 피난교

해설 지하층에 적응성이 있는 피난기구는 피난사다리와 피난용트랩 2가지이다.

**20** 지하가의 바닥면적이 3,500[m²]이다. 연결송수관설비의 방수구는 소방대상물 각 부분으로부터 수평거리 몇 [m] 이하가 되도록 설치하여야 하는가?
① 25[m]   ② 30[m]
③ 40[m]   ④ 50[m]

해설 **방수구 설치기준**
㉠ 연결송수관설비의 방수구는 그 소방대상물의 층마다 설치할 것

○ **방수구를 설치하지 않아도 되는 층**
  • 아파트의 1층 및 2층
  • 소방차의 접근이 가능하고 소방대원이 소방차로부터 각 부분에 쉽게 도달할 수 있는 피난층
  • 송수구가 부설된 옥내소화전을 설치한 소방대상물로서 다음에 해당하는 층
    – 지하층을 제외한 층수가 4층 이하이고 연면적이 6,000[m²] 미만인 소방대상물의 지상층
    – 지하층의 층수가 2 이하인 소방대상물의 지하층

㉡ 방수구는 아파트 또는 바닥면적이 1,000[m²] 미만인 층에 있어서는 계단으로부터 5[m] 이내에, 바닥면적 1,000[m²] 이상인 층에 있어서는 각 계단으로부터 5[m] 이내에 설치할 것
㉢ 각 부분으로부터 방수구까지의 수평거리
  ⓐ 지하가 또는 지하층의 바닥면적의 합계가 3,000[m²] 이상인 것 : 25[m]
  ⓑ ⓐ에 해당하지 아니하는 것 : 50[m]

**21** 스프링클러설비의 배관에 대한 설명으로 옳지 않은 것은?
① 주차장의 스프링클러설비는 습식 이외의 방식으로 한다.
② 습식 스프링클러설비는 헤드를 향하여 상향으로 수평주행배관의 기울기를 1/500 이상으로 한다.
③ 급수배관에 설치되는 탬퍼스위치는 감시제어반 또는 수신기에서 동작의 유무확인을 할 수 있어야 한다.
④ 일제개방밸브를 사용하는 스프링클러설비에서는 일제개방밸브 2차측에 개폐표시형 밸브를 설치하여야 한다.

해설 **배관의 기울기**
습식스프링클러설비 또는 부압식 스프링클러설비 외의 설비에는 헤드를 향하여 상향으로 수평주행배관의 기울기를 500분의 1 이상, 가지배관의 기울기를 250분의 1 이상으로 할 것. 다만, 배관의 구조상 기울기를 줄 수 없는 경우에는 배수를 원활하게 할 수 있도록 배수밸브를 설치하여야 한다.

**22** 할론1301 소화약제의 소화효과와 가장 거리가 먼 것은?
① 냉각소화
② 질식소화
③ 가연물 제거소화
④ 연쇄반응의 억제소화

해설 **할론1301의 소화효과** : 억제효과, 냉각효과, 질식효과

**23** 이산화탄소 소화설비의 자동식 기동장치의 설치기준으로 적합하지 않은 것은?

① 기동장치는 자동화재탐지설비의 감지기의 작동과 연동하여야 할 것
② 자동식 기동장치에는 수동으로도 기동할 수 있는 구조로 할 것
③ 가스압력식 기동용 가스용기의 용적은 5[L] 이상으로 할 것
④ 기동용 가스용기에 저장하는 이산화탄소의 충전비는 1.3 이상으로 할 것

**해설** **자동식기동장치 설치기준[이산화탄소소화설비]**
㉠ 자동화재탐지설비 감지기의 작동과 연동할 것
㉡ 자동식 기동장치에는 수동으로도 기동할 수 있는 구조로 할 것
㉢ 전기식 기동장치로서 7병 이상의 저장용기를 동시에 개방하는 설비에 있어서는 2병 이상의 저장용기에 전자개방밸브를 부착할 것
㉣ 가스압력식 기동장치는 다음의 기준에 따를 것
  ⓐ 기동용 가스용기 및 당해 용기에 사용하는 밸브는 25[MPa] 이상의 압력에 견딜 수 있는 것으로 할 것
  ⓑ 기동용 가스용기에는 내압시험압력의 0.8배 내지 내압시험압력 이하에서 작동하는 안전장치를 설치할 것
  ⓒ 기동용 가스용기의 용적은 5[L] 이상으로 하고 해당 용기에 저장하는 질소 등의 비활성기체는 6.0[MPa] 이상(21[℃] 기준)의 압력으로 충전할 것
  ⓓ 기동용 가스용기에는 충전여부를 확인할 수 있는 압력게이지를 설치할 것
㉤ 기계식 기동장치에 있어서는 저장용기를 쉽게 개방할 수 있는 구조로 할 것

**24** 연결살수설비에 관한 설명 중 맞지 않는 것은?

① 송수구는 반드시 65[mm]의 쌍구형으로만 하여야 한다.
② 선택밸브는 화재 시 연소의 우려가 없는 장소에 설치한다.
③ 헤드는 천장 또는 반자의 실내에 면하는 부분에 설치한다.
④ 개방형 헤드 사용 시 주배관 중 물이 잘 빠질 수 있는 위치에 자동배수밸브를 설치한다.

**해설** 송수구는 구경 65[mm]의 쌍구형으로 설치할 것. 다만, 하나의 송수구역에 부착하는 살수헤드의 수가 10개 이하인 것에 있어서는 단구형으로 할 수 있다.

**25** 특별피난계단 부속실 등에 설치하는 급기가압방식 제연설비의 측정, 시험, 조정 항목을 열거한 것이다. 맞지 않는 것은?

① 출입문의 크기, 개폐방향이 설계도면과 일치하는지 여부 확인
② 출입문과 바닥 사이의 틈새가 균일한지 여부 확인
③ 화재감지기 동작에 의한 설비작동여부 확인
④ 피난구의 설치위치 및 크기의 적정여부 확인

**해설** TAB 제연설비의 시험 등은 다음의 기준에 따라 실시하여야 한다.
㉠ 제연구역의 모든 출입문 등의 크기와 열리는 방향이 설계 시와 동일한지 여부를 확인하고, 동일하지 아니한 경우 급기량과 보충량 등을 다시 산출하여 조정가능 여부 또는 재설계·개수의 여부를 결정할 것
㉡ ㉠의 기준에 따른 확인결과 출입문 등이 설계 시와 동일한 경우에는 출입문마다 그 바닥 사이의 틈새가 평균적으로 균일한지 여부를 확인하고 큰 편차가 있는 출입문 등에 대하여는 그 바닥의 마감을 재시공하거나, 출입문 등에 불연재료를 사용하여 틈새를 조정할 것

**정답** 23.④  24.①  25.④

ⓒ 제연구역의 출입문 및 복도와 거실(옥내가 복도와 거실로 되어 있는 경우에 한한다) 사이의 출입문마다 제연설비가 작동하고 있지 아니한 상태에서 그 폐쇄력을 측정할 것
ⓔ 옥내의 층별로 화재감지기(수동기동장치를 포함)를 동작시켜 제연설비가 작동하는지 여부를 확인할 것. 다만, 둘 이상의 특정소방대상물이 지하에 설치된 주차장으로 연결되어 있는 경우에는 주차장에서 하나의 특정소방대상물의 제연구역으로 들어가는 입구에 설치된 제연용 연기감지기의 작동에 따라 특정소방대상물의 해당 수직풍도에 연결된 모든 제연구역의 댐퍼가 개방되도록 하고 비상전원을 작동시켜 급기 및 배기용 송풍기의 성능이 정상인지 확인할 것
ⓜ ⓔ의 기준에 따라 제연설비가 작동하는 경우 다음 각 목의 기준에 따른 시험 등을 실시할 것
ⓐ 부속실과 면하는 옥내 및 계단실의 출입문을 동시 개방할 경우, 유입공기의 풍속이 규정에 따른 방연풍속에 적합한지 여부를 확인하고, 적합하지 아니한 경우에는 급기구의 개구율과 송풍기의 풍량조절댐퍼 등을 조정하여 적합하게 할 것. 이 경우 유입공기의 풍속은 출입문의 개방에 따른 개구부를 대칭적으로 균등분할하는 10 이상의 지점에서 측정하는 풍속의 평균치로 할 것
ⓑ ⓐ의 기준에 따른 시험 등의 과정에서 출입문을 개방하지 아니하는 제연구역의 실제 차압이 기준에 적합한지 여부를 출입문 등에 차압 측정공을 설치하고 이를 통하여 차압측정기구로 실측하여 확인·조정할 것
ⓒ 제연구역의 출입문이 모두 닫혀 있는 상태에서 제연설비를 가동시킨 후 출입문의 개방에 필요한 힘을 측정하여 규정에 따른 개방력에 적합한지 여부를 확인하고, 적합하지 아니한 경우에는 급기구의 개구율조정 및 플랩댐퍼와 풍량조절용 댐퍼 등의 조정에 따라 적합하도록 조치할 것
ⓓ ⓐ의 기준에 따른 시험 등의 과정에서 부속실의 개방된 출입문이 자동으로 완전히 닫히는지 여부를 확인하고, 닫힌 상태를 유지할 수 있도록 조정할 것

# 2008 제10회 소방시설관리사 1차 필기 기출문제
[제5과목 : 소방시설의 구조 및 원리]

**01** 다음 수계소화설비에 대한 설명 중 틀린 것은?
① 물올림장치는 수조가 펌프보다 낮은 경우에 설치한다.
② 가압송수장치에는 고가수조방식, 압력수조방식, 펌프방식 등이 있다.
③ 릴리프밸브는 체절운전 시 수온상승을 방지하기 위해 설치한다.
④ 순환배관은 펌프의 성능시험을 하기 위해 설치한다.

**해설** 순환배관
  ㉠ 기능 : 펌프 내의 체절운전 시 공회전에 의한 수온상승을 방지하기 위해
  ㉡ 분기점 : 펌프와 체크밸브 사이에서 분기한다.
  ㉢ 릴리프밸브의 작동압력 : 체절압력 미만에서 작동
  ㉣ 순환배관의 구경 : 20[mm] 이상

**02** 방호구역의 체적이 600[m³]의 전기실에 화재가 발생되어 이산화탄소 소화약제를 방출하여 소화를 하였다면 이곳에 방출하여야 하는 $CO_2$ 방사량(m³)은 얼마인가? (단, 한계 산소농도는 15[%]이다)
① 160  ② 180
③ 240  ④ 300

**해설** 이산화탄소 방사량

$$\text{가스량} = \frac{21 - O_2}{O_2} \times V$$

$$\therefore \frac{21 - O_2}{O_2} \times V = \frac{21 - 15}{15} \times 600[m^3] = 240[m^3]$$

**03** 다음 중 틀리게 설명한 것은?
① 저압식 저장용기에는 액면계 및 압력계를 설치할 것
② 저압식 저장용기에는 내압시험압력의 0.8배 내지 내압시험압력에서 작동하는 봉판을 설치할 것
③ 고압식 저장용기에는 25[MPa] 이상의 내압시험압력에 합격한 것으로 할 것
④ 고압식 저장용기 충전비는 1.5 이상 2.0 이하로 할 것

**해설** 이산화탄소 저장용기에 설치하는 장치
(1) 저압식 저장용기
  ① 안전밸브 : 내압시험압력의 0.64배 내지 0.8배의 압력에서 작동
  ② 봉판 : 내압시험압력의 0.8배 내지 내압시험압력에서 작동
  ③ 압력경보장치 : 압력이 2.3[MPa] 이상 1.9[MPa] 이하에서 작동
  ④ 자동냉동장치 : 온도가 영하 18[℃] 이하에서 2.1[MPa] 이상의 압력유지
  ⑤ 액면계, 압력계를 설치
(2) 저장용기의 충전비

| 구분 | 저압식 | 고압식 |
|---|---|---|
| 충전비 | 1.1 이상, 1.4 이하 | 1.5 이상, 1.9 이하 |

(3) 저장용기는 고압식은 25[MPa] 이상, 저압식은 3.5[MPa] 이상의 내압시험에 합격한 것으로 할 것

정답 01.④ 02.③ 03.④

## 04 다음 문제의 빈칸에 알맞은 것을 고르시오.

> 이산화탄소 소화설비에서 자동식 기동장치의 전기식기동장치에는 (　)병 이상의 저장용기를 동시에 개방하는 설비에 있어서는 (　)병 이상의 저장용기에 전자개방밸브를 부착할 것

① 7-2　　　② 5-2
③ 7-3　　　④ 2-7

**해설** **자동식 기동장치**
㉠ 자동식 기동장치에는 수동으로도 기동할 수 있는 구조로 할 것
㉡ 전기식 기동장치로서 7병 이상의 저장용기를 동시에 개방하는 설비에 있어서는 2병 이상의 저장용기에 전자개방밸브를 부착할 것
㉢ 가스압력식 기동장치의 설치 기준
　ⓐ 기동용가스용기 및 당해 용기에 사용하는 밸브는 25[MPa] 이상의 압력에 견딜 수 있는 것으로 할 것
　ⓑ 기동용 가스용기에는 내압시험압력의 0.8배 내지 내압시험압력 이하에서 작동하는 안전장치를 설치할 것

## 05 다음 중 종단저항에 대한 설명 중 틀린 것은?

① 감지기배선 중간에 설치할 것
② 전용함을 설치하는 경우 그 설치 높이는 바닥으로부터 1.5[m] 이내로 할 것
③ 감지기 회로 끝부분에 설치할 것
④ 종단감지기에 설치할 경우에는 구별이 쉽도록 해당감지기의 기판 등에 별도의 표시를 할 것

**해설** **감지기회로의 도통시험을 위한 종단저항의 설치 기준**
㉠ 점검 및 관리가 쉬운 장소에 설치할 것
㉡ 전용함을 설치하는 경우 그 설치 높이는 바닥으로부터 1.5[m] 이내로 할 것
㉢ 감지기 회로의 끝부분에 설치하며, 종단감지기에 설치할 경우에는 구별이 쉽도록 해당감지기의 기판 등에 별도의 표시를 할 것

## 06 다음 중 공동구에 대한 설명 중 틀린 것은? [현행 삭제된 문제]

① 주수신기는 관할 소방서에 설치하고 부수신기는 공동구 통제실에 설치할 것
② 정보통신망은 원격제어가 가능할 것
③ 예비선로를 구축할 것
④ 소방관서와 공동구 통제실간에 정보통신망을 구축할 것

**해설** 주수신기는 공동구 통제실에, 보조수신기는 소방관서에 설치하고, 주수신기는 원격제어 기능이 있을 것

## 07 다음 중 소방시설 면제기준이 맞게 된 것은?

① 스프링클러설비를 설치하여야 할 특정소방대상물에 물분무등소화설비를 설치한 경우
② 물분무등소화설비를 설치하여야 하는 차고, 주차장에 간이스프링클러설비를 설치한 경우
③ 비상방송설비를 설치하여야 할 특정소방대상물에 단독경보형감지기를 설치한 경우
④ 간이스프링클러설비를 설치하여야 할 특정소방대상물에 이산화탄소소화설비를 설치한 경우

**해설** 특정소방대상물의 소방시설 설치의 면제기준(설치유지법 시행령 별표 5)

| 설치가 면제되는 소방시설 | 설치면제 요건 |
| --- | --- |
| 스프링클러설비 | 스프링클러설비를 설치하여야 하는 특정소방대상물에 물분무등소화설비를 화재안전기준에 적합하게 설치한 경우에는 그 설비의 유효범위안의 부분에서 설치가 면제된다. |

[2022.12.1 이후 개정]

| 설치가 면제되는 소방시설 | 설치면제 요건 |
| --- | --- |
| 스프링클러설비 | 가. 스프링클러설비를 설치해야 하는 특정소방대상물(발전시설 중 전기저장시설은 제외한다)에 적응성 있는 자동소화장치 또는 물분무등소화설비를 화재안전기준에 적합하게 설치한 경우에는 그 설비의 유효범위에서 설치가 면제된다.<br>나. 스프링클러설비를 설치해야 하는 전기저장시설에 소화설비를 소방청장이 정하여 고시하는 방법에 따라 설치한 경우에는 그 설비의 유효범위에서 설치가 면제된다. |

정답 04.① 05.① 06.① 07.①

**08** P형 1급 발신기 구성요소가 아닌 것은?
① 화재표시등   ② 응답표시등
③ 누름스위치   ④ 전화잭

해설) P형 1급 발신기 구성요소
응답확인램프, 전화장치(전화잭), 스위치, 보호판 등

**09** 노즐구경이 19[mm]인 소방차노즐로 방수시 방수압력이 0.3[MPa]이었다. 이때 옥내소화전설비의 방수량[L/min]은?
① 356.2[L/min]
② 408.3[L/min]
③ 512.5[L/min]
④ 622.3[L/min]

해설) 옥내 소화전의 방수량

$$Q = 0.653 D^2 \sqrt{10P}$$

Q : 방수량[L/min]
D : 관경[mm]
P : 방수압력[MPa]

∴ $Q = 0.653 \times (19)^2 \times \sqrt{10 \times 0.3}$
  $= 408.3 [L/min]$

**10** 내경 100[mm]의 수평배관 내로 물이 10[m/sec]의 속도로 흐르고 있다. 배관 내에 작용하는 압력은 1[kgf/cm²]이고 위치수두는 10[m]이다. 이 배관 내의 전수두(mH₂O)는 얼마인가?
① 18.6[mH₂O]   ② 20.6[mH₂O]
③ 25.1[mH₂O]   ④ 27.6[mH₂O]

해설) 베르누이 방정식에서

(1) 속도수두 $= \dfrac{u^2}{2g} = \dfrac{10^2}{2 \times 9.8} = 5.1 [m]$

(2) 압력수두 $= \dfrac{P}{\gamma} [kgf/cm^2] = 1[kgf/cm^2]$
  $\times \dfrac{10.332[mH_2O]}{1.0332[kgf/cm^2]}$
  $= 10[mH_2O]$

(3) 위치수두 = 10[m]
∴ 전수두 = 속도수두 + 압력수두 + 위치수두
       = 5.1 + 10 + 10 = 25.1[m]

**11** P형 1급 수신기의 반복시험으로 수신기를 정격 사용 전압에서 몇 회의 화재동작을 실시하였을 경우 구조나 기능에 이상이 생기지 아니하여야 하는가?
① 10,000회   ② 15,000회
③ 20,000회   ④ 25,000회

해설) 반복시험회수

| 설비의 종류 | 감지기 | 발신기 | 중계기 | 비상조명등 | 수신기 |
|---|---|---|---|---|---|
| 반복시험회수 | 1,000회 | 1,000회 | 2,000회 | 5,000회 | 10,000회 |

**12** 분말소화기의 축압식의 가스로 사용되는 것은?
① 압축공기   ② 메탄
③ 이산화탄소  ④ 질소

해설) 분말소화기
㉠ 축압식 : 질소
㉡ 가압식 : 이산화탄소

**13** 연결살수헤드 전용헤드와 일반헤드의 수평거리로서 맞는 것은?
① 전용헤드 - 2.7[m], 일반헤드 - 1.6[m]
② 전용헤드 - 3.2[m], 일반헤드 - 2.1[m]
③ 전용헤드 - 3.7[m], 일반헤드 - 2.1[m]
④ 전용헤드 - 3.7[m], 일반헤드 - 2.3[m]

해설) 건축물에 설치하는 연결살수 설비의 헤드 설치 기준
㉠ 천장 또는 반자의 실내에 면하는 부분에 설치할 것
㉡ 천장 또는 반자의 각 부분으로부터 하나의 살수 헤드까지의 수평거리
  ⓐ 연결살수설비 전용헤드의 경우 : 3.7[m] 이하
  ⓑ 스프링클러 헤드의 경우 : 2.3[m] 이하

**14** 물올림장치의 저수위경보장치가 동작된 이유가 아닌 것은?
① 자동급수장치의 고장
② 저수위경보장치의 고장
③ 수신반 고장
④ 배관 내에 공기고임상태

해설) 배관 내에 공기고임상태일 때에는 공동현상이 발생한다.

정답 08.① 09.② 10.③ 11.① 12.④ 13.④ 14.④

**15** 다음 중 화재조기진압용 스프링클러설비에 대한 설명으로 맞는 것은?

① 천장면의 기울기가 1,000분의 168을 초과하지 아니하여야 하고 초과할 경우 반자를 지면과 수평으로 설치할 것
② 저장물의 간격은 모든 방향에서 132[mm] 이상 유지할 것
③ 당해 층의 높이가 18.1[m] 이하일 것
④ 천장은 평평하여야 하며 철재나 목재트러스 구조인 경우 철재나 목재의 돌출부분이 152[mm] 초과하지 아니할 것

**[해설]** 화재조기집압용 스프링클러설비를 설치할 장소의 구조
㉠ 당해 층의 높이가 13.7[m] 이하일 것. 다만, 2층 이상일 경우에는 당해 층의 바닥을 내화구조로 하고 다른 부분과 방화구획할 것
㉡ 천장의 기울기가 1,000분의 168을 초과하지 않아야 하고, 이를 초과하는 경우에는 반자를 지면과 수평으로 설치할 것
㉢ 천장은 평평하여야 하며 철재나 목재트러스 구조인 경우, 철재나 목재의 돌출부분이 102[mm]를 초과하지 아니할 것
㉣ 보로 사용되는 목재·콘크리트 및 철재 사이의 간격이 0.9[m] 이상 2.3[m] 이하일 것. 다만, 보의 간격이 2.3[m] 이상인 경우에는 화재조기진압용 스프링클러헤드의 동작을 원활히 하기 위하여 보로 구획된 부분의 천장 및 반자의 넓이가 28[m]를 초과하지 아니할 것
㉤ 창고 내의 선반의 형태는 하부로 물이 침투되는 구조로 할 것

**16** 다음 중 스프링클러헤드가 설치되는 배관은?

① 가지배관
② 교차배관
③ 수평주행배관
④ 배수배관

**[해설]** 가지배관에 스프링클러헤드를 설치한다.

**17** 다음 중 소방시설의 분류가 잘못 연결된 것은?

① 소화활동설비 – 단독경보형감지기
② 소화활동설비 – 비상콘센트설비
③ 경보설비 – 자동화재속보설비
④ 피난구조설비 – 비상조명등

**[해설]** 단독경보형감지기 – 경보설비

**18** 박물관에 $CO_2$소화설비를 하려고 한다. 이 박물관의 체적은 400[m³]이고, 자동폐쇄장치가 설치되어 있지 않으며 개구부 면적은 5[m²]이다. 이때 탄산가스의 약제 저장량[kg]은?

① 650[kg]   ② 750[kg]
③ 850[kg]   ④ 950[kg]

**[해설]** 탄산가스저장량[kg] = 방호체적[m³] × 필요 가스량[kg/m³] + 개구부면적[m²] × 가산량(10[kg/m³])
= 400[m³] × 2.0[kg/m³] + 5[m²] × 10[kg/m²]
= 850[kg]

**19** 다음 중 피난기구의 적응성이 잘못된 것은?

① 9층 공동주택 – 피난사다리
② 5층 노유자시설 – 피난교
③ 4층 기숙사 – 미끄럼대
④ 5층 수련시설 – 완강기

**[해설]** 소방대상물의 설치장소별 피난기구의 적응성(제4조 제1항 관련)

| 설치장소별<br>구분 | 1층 | 2층 | 3층 | 4층 이상<br>10층 이하 |
|---|---|---|---|---|
| 1. 노유자시설 | 미끄럼대·<br>구조대·<br>피난교·<br>다수인피난장비·<br>승강식피난기 | 미끄럼대·<br>구조대·<br>피난교·<br>다수인피난장비·<br>승강식피난기 | 미끄럼대·<br>구조대·<br>피난교·<br>다수인피난장비·<br>승강식피난기 | 구조대·<br>피난교·<br>다수인피난장비·<br>승강식피난기 |
| 2. 의료시설·근린생활시설 중 입원실이 있는 의원·접골원·조산원 | | | 미끄럼대·<br>구조대·<br>피난교·<br>피난용트랩·<br>다수인피난장비·<br>승강식피난기 | 구조대·<br>피난교·<br>피난용트랩·<br>다수인피난장비·<br>승강식피난기 |

정답 15.① 16.① 17.① 18.③ 19.③

| | | | | |
|---|---|---|---|---|
| 「다중이용업소의 안전관리에 관한 특별법 시행령」 제조에 따른 다중이용업소로서 영업장의 위치가 4층 이하인 다중이용업소 | | 미끄럼대·<br>피난사다리·<br>구조대·<br>완강기·<br>다수인피난장비·<br>승강식피난기 | 미끄럼대·<br>피난사다리·<br>구조대·<br>완강기·<br>다수인피난장비·<br>승강식피난기 | 미끄럼대·<br>피난사다리·<br>구조대·<br>완강기·<br>다수인피난장비·<br>승강식피난기 |
| 4. 그 밖의 것 | | | 미끄럼대·<br>피난사다리·<br>구조대·<br>완강기·<br>피난교·<br>피난용트랩·<br>간이완강기·<br>공기안전매트·<br>다수인피난장비·<br>승강식피난기 | 피난사다리·<br>구조대·<br>완강기·<br>피난교·<br>간이완강기·<br>공기안전매트·<br>다수인피난장비·<br>승강식피난기 |

비고
1) 구조대의 적응성은 장애인 관련 시설로서 주된 사용자중 스스로 피난이 불가한 자가 있는 경우 추가로 설치하는 경우에 한한다.
2), 3) 간이완강기의 적응성은 숙박시설의 3층 이상에 있는 객실에, 공기안전매트의 적응성은 공동주택에 추가로 설치하는 경우에 한한다.

**20** 표준형스프링클러헤드의 반응시간지수로서 맞는 것은?

① 50 이하   ② 50 초과 80 이하
③ 80 초과 350 이하   ④ 350 초과

【해설】 표준형 스프링클러헤드의 반응시간지수 : 80 초과~350 이하

**21** 다음 중 유도표지에 대한 설명으로 틀린 것은?

① 방사성물질을 사용하는 유도표지는 쉽게 파괴되지 아니하는 재질일 것
② 주위조도 0[lx]에서 20분간 발광 후 직선거리 20[m] 떨어진 위치에서 보통시력으로 문자 또는 화살표 등 쉽게 확인될 것
③ 휘도는 주위조도 0[lx]에서 20분간 발광 후 20[mcd/m²]일 것
④ 표시면은 쉽게 변형, 변질, 변색되지 아니할 것

【해설】 유도표지는 설치 기준
㉠ 방사성물질을 사용하는 유도표지는 쉽게 파괴되지 아니하는 재질로 처리할 것
㉡ 유도표지는 주위 조도 0[lx]에서 20분간 발광 후 직선거리 20[m] 떨어진 위치에서 보통시력으로 표시면의 문자 또는 화살표 등을 쉽게 식별할 수 있는 것으로 할 것

○ 현행 식별도시험
제8조(식별도시험)
① 축광유도표지 및 축광위치표지는 200[lx]밝기의 광원으로 20분간 조사시킨 상태에서 다시 주위조도를 0[lx]로 하여 60분간 발광시킨 후 직선거리 20[m](축광위치표지의 경우 10[m])떨어진 위치에서 유도표지 또는 위치표지가 있다는 것이 식별되어야 하고, 유도표지는 직선거리 3[m]의 거리에서 표시면의 표시 중 주체가 되는 문자 또는 주체가 되는 화살표 등이 쉽게 식별되어야 한다. 이 경우 측정자는 보통 시력(시력 1.0에서 1.2의 범위를 말한다)을 가진 자로서 시험실시 20분전까지 암실에 들어가 있어야 한다.
② 제1항의 규정에도 불구하고 보조축광표지는 200[lx]밝기의 광원으로 20분간 조사시킨 상태에서 다시 주위조도를 0[lx]로 하여 60분간 발광시킨 후 직선거리 10[m]떨어진 위치에서 보조축광표지가 있다는 것이 식별되어야 한다. 이 경우 측정자의 조건은 제1항의 조건을 적용한다.
㉢ 유도표지의 표시면은 쉽게 변형·변질 또는 변색되지 아니할 것
㉣ 유도표지의 표지면의 휘도는 주위 조도 0[lx]에서 20분간 발광 후 24[mcd/m²] 이상으로 할 것

○ 현행 휘도
제9조(휘도시험)
축광유도표지 및 축광위치표지의 표시면을 0[lx] 상태에서 1시간 이상 방치한 후 200[lx] 밝기의 광원으로 20분간 조사시킨 상태에서 다시 주위조도를 0[lx]로 하여 휘도시험을 실시하는 경우 다음 각 호에 적합하여야 한다.
1. 5분간 발광시킨 후의 휘도는 1[m²]당 110[mcd] 이상이어야 한다.
2. 10분간 발광시킨 후의 휘도는 1[m²]당 50[mcd] 이상이어야 한다.
3. 20분간 발광시킨 후의 휘도는 1[m²]당 24[mcd] 이상이어야 한다.
4. 60분간 발광시킨 후의 휘도는 1[m²]당 7[mcd] 이상이어야 한다.

㉤ 유도표지의 크기는 다음 표의 기준에 따를 것

| 종류 | 가로의 길이(mm) | 세로의 길이(mm) |
|---|---|---|
| 피난구유도표지 | 360 이상 | 120 이상 |
| 복도통로유도표지 | 250 이상 | 85 이상 |

정답  20.③  21.③

**22** 간이스프링클러설비의 가압송수장치로 사용할 수 없는 것은?

① 고가수조　　② 압력수조
③ 가압수조　　④ 지하수조

**해설** 간이스프링클러설비의 가압송수장치
고가수조, 압력수조, 가압수조, 전동기 또는 내연기관에 따른 펌프

**23** 다음 중 조기반응형 스프링클러헤드를 설치할 수 없는 장소로 맞는 것은?

① 공동주택
② 노유자시설의 거실
③ 다중이용업소
④ 오피스텔

**해설** 조기반응형 스프링클러 헤드의 설치 장소
㉠ 공동주택·노유자시설의 거실
㉡ 오피스텔·숙박시설의 침실, 병원의 입원실

**24** 지하가에 스프링클러설비를 설치할 경우 펌프 토출량으로 알맞은 것은? (단, 스프링클러헤드는 80개를 설치)

① 800[L/min]　　② 1,600[L/min]
③ 2,400[L/min]　　④ 2,200[L/min]

**해설** 스프링클러설비의 펌프 토출량

$$Q = N \times 80[L/min]$$

여기서, Q : 펌프의 토출량[L/min]
　　　　N : 헤드수
∴ Q = 30 × 80[L/min] = 2,400[L/min]

**25** 백화점에 스프링클러설비를 설치할 경우 수원의 용량은 얼마 이상 필요한가?

① 16[m³]　　② 32[m³]
③ 48[m³]　　④ 64[m³]

**해설** 스프링클러설비의 수원[m³] = N × 1.6[m³]
　　　　　　　　　　　　　= 30개 × 1.6[m³] = 48[m³]

**폐쇄형 스프링클러 헤드의 설치개수 및 수원의 양**

| 소방대상물 | | | 헤드의 기준개수 | 수원의 양 |
|---|---|---|---|---|
| 10층 이하 소방대상물 | 공장, 창고 (랙크식 창고를 포함한다) | 특수가연물 저장·취급 | 30 | 30개×1.6[m³] =48[m³] |
| | | 그 밖의 것 | 20 | 20개×1.6[m³] =32[m³] |
| | 근린생활시설, 판매시설 및 운수시설, 복합건축물 | 판매시설, 복합건축물 (판매시설이 설치되는 복합건축물을 말한다) | 30 | 30개×1.6[m³] =48[m³] |
| | | 그 밖의 것 | 20 | 20개×1.6[m³] =32[m³] |
| | 그 밖의 것 | 헤드의 부착높이 8[m] 이상 | 20 | 20개×1.6[m³] =32[m³] |
| | | 헤드의 부착높이 8[m] 미만 | 10 | 10개×1.6[m³] =16[m³] |
| 아파트 | | | 10 | 10개×1.6[m³] =16[m³] |
| 11층 이상인 소방대상물(아파트는 제외), 지하가, 지하역사 | | | 30 | 30개×1.6[m³] =48[m³] |

# 2006 제9회 소방시설관리사 1차 필기 기출문제
[제5과목 : 소방시설의 구조 및 원리]

**01** 위험물 옥외탱크저장소에 고정포방출구를 설치하려고 하는데 맞지 않는 것은?

① Ⅰ형 고정포방출구를 고정지붕구조의 탱크(CRT)에 설치한다.
② Ⅱ형 고정포방출구를 고정지붕구조의 탱크(CRT)에 설치한다.
③ Ⅲ형 고정포방출구를 부상지붕구조의 탱크(FRT)에 설치한다.
④ 특형 고정포방출구를 부상지붕구조의 탱크(FRT)에 설치한다.

**해설** 포방출구의 종류

㉠ Ⅰ형 : 고정지붕구조의 탱크에 상부포주입법(고정포 방출구를 탱크옆판의 상부에 설치하여 액표면상에 포를 방출하는 방법)을 이용하는 것으로 방출된 포가 액면 아래로 몰입되거나 액면을 뒤섞지 않고 액면상을 덮을 수 있는 통계단 또는 미끄럼판 등의 설비 및 탱크내의 위험물 증기가 외부로 역류되는 것을 저지할 수 있는 구조·기구를 갖는 포방출구

㉡ Ⅱ형 : 고정 지붕구조 또는 부상덮개부착 고정지붕구조의 탱크에 상부포주입법을 이용하는 것으로 방출된 포가 탱크옆판의 내면을 따라 흘러내려가면서 액면 아래로 몰입되거나 액면을 뒤섞지 않고 액면상을 덮을 수 있는 반사판 및 탱크 내의 위험물 증기가 외부로 역류되는 것을 저지할 수 있는 구조·기구를 갖는 포방출구

㉢ 특형 : 부상지붕구조의 탱크에 상부포주입법을 이용하는 것으로 부상지붕의 부상 부상상에 높이 0.9m 이상의 금속제의 칸막이를 탱크옆판의 내측으로부터 1.2m 이상 이격하여 설치하고 탱크옆판과 칸막이에 의하여 형성된 환상부분에 포를 주입하는 것이 가능한 구조의 반사판을 갖는 포방출구

㉣ Ⅲ형 : 고정지붕구조의 탱크에 저부포주입법(탱크의 액면하에 설치된 포방출구부터 포를 탱크 내에 주입하는 방법)을 이용하는 것으로 송포관으로부터 포를 방출하는 포방출구

㉤ Ⅳ형 : 고정지붕구조의 탱크에 저부포주입법을 이용하는 것으로 평상시에는 탱크의 액면하의 저부에 격납통에 수납되어 있는 특수호스 등이 송포관의 말단에 접속되어 있다가 포를 보내어 선단의 액면까지 도달한 후 포를 방출하는 포방출구

**02** 청각장애인용 시각경보장치의 설치높이는 바닥으로부터 얼마로 하여야 하는가?

① 1.8[m] 이상 2.5[m] 이하
② 1[m] 이상 2.5[m] 이하
③ 1[m] 이상 2[m] 이하
④ 2[m] 이상 2.5[m] 이하

**해설** 청각장애인용 시각경보장치의 설치기준

청각장애인용 시각경보장치는 소방청장이 정하여 고시한 「시각경보장치의 성능인증 및 제품검사의 기술기준」에 적합한 것으로서 다음 각 목의 기준에 따라 설치하여야 한다.

1. 복도·통로·청각장애인용 객실 및 공용으로 사용하는 거실(로비, 회의실, 강의실, 식당, 휴게실, 오락실, 대기실, 체력단련실, 접객실, 안내실, 전시실, 기타 이와 유사한 장소를 말한다)에 설치하며, 각 부분으로부터 유효하게 경보를 발할 수 있는 위치에 설치할 것
2. 공연장·집회장·관람장 또는 이와 유사한 장소에 설치하는 경우에는 시선이 집중되는 무대부 부분 등에 설치할 것
3. 설치높이는 바닥으로부터 2[m] 이상 2.5[m] 이하의 장소에 설치할 것. 다만, 천장의 높이가 2[m] 이하인 경우에는 천장으로부터 0.15[m] 이내의 장소에 설치하여야 한다.

정답 01.③ 02.④

**03** 화재조기진압용 스프링클러설비의 수원은 수리학적으로 가장 먼 가지배관 3개에 각각 4개의 스프링클러 헤드가 동시에 개방되었을 때 헤드 선단의 압력이 천장의 높이가 9.1[m] 미만인 경우에는 ( ㉠ )[MPa] 이상, 천장의 높이가 9.1[m] 이상 13.7[m] 이하인 경우에는 ( ㉡ )[MPa] 이상으로 60분간 방사할 수 있는 양으로 하여야 한다. ( )안에 적당한 말은? [현행 삭제된 문제]

① ㉠ 0.17, ㉡ 0.25
② ㉠ 0.25, ㉡ 0.35
③ ㉠ 0.35, ㉡ 0.51
④ ㉠ 0.35, ㉡ 0.61

**04** 옥내소화전설비에서 토출량이 Q[L/min]인 소화펌프 2대를 직렬로 연결하였다면 토출량은?

① Q    ② 2Q
③ 3Q   ④ 4Q

**해설** 소화펌프 2대 연결 시

| 연결방법 | 토출량 | 양정 |
|---|---|---|
| 직렬 방법 | Q | 2H |
| 병렬 방법 | 2Q | H |

**05** 물분무소화설비의 펌프의 토출량을 계산할 때 계산식으로 맞는 것은?

① 특수가연물 : 바닥면적($m^2$)×20[L/min·$m^2$]
② 차고 : 바닥면적($m^2$)×10[L/min·$m^2$]
③ 케이블트레이 : 바닥면적($m^2$)×12[L/min·$m^2$]
④ 절연유 봉입 변압기 : 바닥면적($m^2$)×20[L/min·$m^2$]

**해설** 물분무소화설비의 펌프의 토출량과 수원

| 소방대상물 | 펌프의 토출량(L/min) | 수원의 양(L) |
|---|---|---|
| 특수가연물 저장, 취급 | 바닥면적(최소 50[$m^2$])×10[L/min·$m^2$] | 바닥면적(최소 50[$m^2$])×10[L/min·$m^2$]×20[min] |
| 차고, 주차장 | 바닥면적(최소 50[$m^2$])×20[L/min·$m^2$] | 바닥면적(최소 50[$m^2$])×20[L/min·$m^2$]×20[min] |
| 절연유 봉입변압기 | 표면적(바닥부분 제외)×10[L/min·$m^2$] | 표면적(바닥부분 제외)×10[L/min·$m^2$]×20[m] |
| 케이블트레이, 케이블덕트 | 투영된 바닥면적×12[L/min·$m^2$] | 투영된 바닥면적×12[L/min·$m^2$]×20[min] |
| 콘베이어 벨트 | 벨트부분의 바닥면적×10[L/min·$m^2$] | 벨트부분의 바닥면적×10[L/min·$m^2$]×20[min] |

**06** 수신기의 구조 및 일반기능에 대한 설명 중 옳은 것은?

① 정격전압이 60[V]를 넘는 기구의 금속제 외함에는 접지단자를 설치하여야 한다.
② 예비전원회로에는 단락사고 등으로부터 보호하기 위한 개폐기를 설치한다.
③ 극성이 있는 경우에는 오접속방지장치를 하지 않아도 된다.
④ 내부에는 주전원의 양극을 별도로 개폐할 수 있는 전원스위치를 설치하여야 한다.

**해설** 수신기의 구조 및 일반기능
㉠ 외함은 불연성 또는 난연성재질로 할 것
㉡ 극성이 있는 경우에는 오접속방지장치를 할 것
㉢ 정격전압이 60[V]를 넘는 기구의 금속제 외함에는 접지단자를 설치할 것
㉣ 예비전원회로에는 단락사고 등으로부터 보호하기 위한 퓨즈를 설치할 것
㉤ 내부에 주전원의 양극을 동시에 개폐할 수 있는 전원스위치를 설치할 것
㉥ 전면에는 예비전원의 상태감시장치와 주전원의 감시장치를 설치할 것
㉦ 수신기의 외부 배선 연결용 단자에 있어서 공통 신호선용 단자는 7개 회로마다 1개 이상 설치할 것

정답 03.① 04.① 05.③ 06.①

**07** 스프링클러설비에서 한 쪽 가지배관에 설치하는 헤드의 수는 몇 개 이하로 하여야 하는가?

① 5개  ② 8개
③ 10개  ④ 16개

**해설** 한 쪽 가지배관의 헤드의 수 : 8개 이하

**08** 분말 저장용기에는 가압식의 것일 때 안전밸브는 어느 압력에서 작동하여야 하는가?

① 내압시험압력의 1.8배 이하
② 최고사용압력의 1.8배 이하
③ 내압시험압력의 0.8배 이하
④ 최고사용압력의 0.8배 이하

**해설** 분말 저장용기의 안전밸브의 작동 압력
㉠ 가압식 : 최고사용압력의 1.8배 이하
㉡ 축압식 : 내압시험압력의 0.8배 이하

**09** 전역방출방식의 할론 소화설비를 설치하고자 할 때 할론 1301의 분사헤드의 방사 압력은 얼마로 하여야 하는가?

① 0.1[MPa]  ② 0.2[MPa]
③ 0.9[MPa]  ④ 1.4[MPa]

**해설** 할론 소화설비의 분사헤드의 방사압력

| 약제 | 할론 2402 | 할론 1211 | 할론 1301 |
|---|---|---|---|
| 방사압력 | 0.1[MPa] 이상 | 0.2[MPa] 이상 | 0.9[MPa] 이상 |

**10** 열전대식 차동식 분포형 감지기 하나의 검출부에 접속하는 열전대부는 몇 개 이하로 하여야 하는가?

① 10개  ② 15개
③ 20개  ④ 25개

**해설** • 열전대식 차동식 분포형 감지기 하나의 검출부에 접속하는 열전대부 : 4개 이상 20개 이하

**11** 휴대용비상조명등의 설치기준으로 맞지 않는 것은?

① 배터리의 용량은 20분 이상 작동할 수 있어야 한다.
② 숙박시설에는 객실에 잘 보이는 곳에 1개 이상 설치하여야 한다.
③ 백화점, 영화상영관은 보행거리 50[m] 이내마다 3개 이상 설치하여야 한다.
④ 지하상가, 지하역사는 수평거리 25[m] 이내마다 3개 이상 설치하여야 한다.

**해설** 휴대용비상조명등의 설치기준
㉠ 설치장소
ⓐ 숙박시설, 다중이용업소에 1개 이상 설치
ⓑ 백화점, 전문점, 할인점, 쇼핑센터, 영화상영관 : 보행거리 50[m] 이내마다 3개 이상 설치
ⓒ 지하상가, 지하역사 : 보행거리 25[m] 이내마다 3개 이상 설치
㉡ 설치높이 : 바닥으로부터 0.8[m] 이상 1.5[m] 이하
㉢ 배터리 용량 : 20분 이상

**12** 다음 중 피난기구의 설치기준에 대한 설명 중 틀린 것은?

① 피난기구를 설치하는 것 외에 숙박시설에는 추가로 객실마다 간이 완강기 1개만 설치하면 된다.
② 숙박시설, 노유자시설로 사용되는 층에 있어서는 그 층의 바닥면적 500[m²]마다 1개 이상 설치하여야 한다.
③ 4층 이상의 층에 피난사다리를 설치하는 경우에는 금속성 고정식 사다리를 설치하여야 한다.
④ 4층 이상 10층 이하인 의료시설에는 구조대, 피난교, 피난용트랩을 설치하여야 한다.

**해설** 피난기구는 층마다 설치하고, 숙박시설은 500[m²]마다 1개 이상 설치하고 추가로 객실마다 간이 완강기 2개 또는 완강기를 설치하여야 한다.

**정답** 07.② 08.② 09.③ 10.③ 11.④ 12.①

| 층별<br>설치장소별<br>구분 | 1층 | 2층 | 3층 | 4층 이상<br>10층 이하 |
|---|---|---|---|---|
| 1. 노유자시설 | 미끄럼대·<br>구조대·<br>피난교·<br>다수인피난장비·<br>승강식피난기 | 미끄럼대·<br>구조대·<br>피난교·<br>다수인피난장비·<br>승강식피난기 | 미끄럼대·<br>구조대·<br>피난교·<br>다수인피난장비·<br>승강식피난기 | 구조대·<br>피난교·<br>다수인피난장비·<br>승강식피난기 |
| 2. 의료시설·근린생활시설 중 입원실이 있는 의원·접골원·조산원 | | | 미끄럼대·<br>구조대·<br>피난교·<br>피난용트랩·<br>다수인피난장비·<br>승강식피난기 | 구조대·<br>피난교·<br>피난용트랩·<br>다수인피난장비·<br>승강식피난기 |
| 3. 「다중이용업소의 안전관리에 관한 특별법 시행령」제2조에 따른 다중이용업소로서 영업장의 위치가 4층 이하인 다중이용업소 | | 미끄럼대·<br>피난사다리·<br>구조대·<br>완강기·<br>다수인피난장비·<br>승강식피난기 | 미끄럼대·<br>피난사다리·<br>구조대·<br>완강기·<br>다수인피난장비·<br>승강식피난기 | 미끄럼대·<br>피난사다리·<br>구조대·<br>완강기·<br>다수인피난장비·<br>승강식피난기 |
| 4. 그 밖의 것 | | | 미끄럼대·<br>피난사다리·<br>구조대·<br>완강기·<br>피난교·<br>피난용트랩·<br>간이완강기·<br>공기안전매트·<br>다수인피난장비·<br>승강식피난기 | 피난사다리·<br>구조대·<br>완강기·<br>피난교·<br>간이완강기·<br>공기안전매트·<br>다수인피난장비·<br>승강식피난기 |

비고
1) 구조대의 적응성은 장애인 관련 시설로서 주된 사용자중 스스로 피난이 불가한 자가 있는 경우 추가로 설치하는 경우에 한한다.
2), 3) 간이완강기의 적응성은 숙박시설의 3층 이상에 있는 객실에, 공기안전매트의 적응성은 공동주택에 추가로 설치하는 경우에 한한다.

**13** 제연설비에서 배출기의 흡입측 풍도안의 풍속은 얼마로 하여야 하는가?

① 10[m/sec] 이하
② 15[m/sec] 이하
③ 20[m/sec] 이하
④ 25[m/sec] 이하

**해설** 배출기, 유입풍도의 풍속
㉠ 배출기의 흡입측 풍도안의 풍속 : 15[m/sec] 이하
㉡ 배출기의 배출측 풍속 : 20[m/sec] 이하
㉢ 유입 풍도안의 풍속 : 20[m/sec] 이하

**14** 연결살수설비에서 배관의 구경이 80[mm]일 때 살수헤드의 수는 몇 개 이상인가?

① 2개
② 3개
③ 5개
④ 6개

**해설** 연결살수설비의 전용 헤드를 배관에 설치할 때 기준

| 하나의 배관에 부착하는 살수헤드의 개수 | 배관의 구경(mm) |
|---|---|
| 1개 | 32 |
| 2개 | 40 |
| 3개 | 50 |
| 4개 또는 5개 | 65 |
| 6개 이상 10개 이하 | 80 |

**15** 무선통신보조설비의 증폭기의 비상전원의 용량은 무선통신보조설비를 유효하게 몇 분 이상 작동시킬 수 있는 것으로 하여야 하는가?

① 10분
② 20분
③ 30분
④ 60분

**해설** 무선통신보조설비의 증폭기의 비상전원의 용량 : 30분 이상 작동

**16** 할론 소화설비의 분사헤드로 소화약제 방출 시 무상으로 분무되는 것으로 하여야 하는 약제는?

① 할론 1301
② 할론 2402
③ 할론 1211
④ 할론 1040

**해설** 전역방출방식 또는 국소방출방식으로 할론 2402를 방사하는 분사헤드는 무상으로 분무되는 것으로 하여야 한다.

**17** 송풍기 등을 사용하여 건축물 내부에 발생한 연기를 제연구획까지 풍도를 설치하여 강제로 제연하는 방식은?

① 밀폐 방연방식　② 자연 제연방식
③ 강제 제연방식　④ 스모그타워 제연방식

**해설** 기계(강제)제연방식 : 송풍기(제연기)를 이용하여 화재발생한 곳의 연기는 외부로 방출시키는 방식

**18** 다음 소화설비 중 방사 압력이 가장 큰 것은?

① 옥내소화전설비　② 스프링클러설비
③ 포말소화설비　④ 옥외소화전설비

**해설** 소화설비의 방사압력

| 종류 | 옥내소화전설비 | 스프링클러설비 | 포말소화설비 | 옥외소화전설비 |
|---|---|---|---|---|
| 방사압력 | 0.17[MPa] | 0.1[MPa] | 0.35[MPa] | 0.25[MPa] |

**19** 16층의 특정소방대상물의 1층에서 화재가 발생하였을 때 비상방송설비가 우선적으로 경보를 하지 않아도 되는 층은?

① 지하층　② 1층
③ 2층　④ 3층

**해설** [2022.12.1. NFTC이후 개정]
층수가 11층(공동주택의 경우에는 16층) 이상의 특정소방대상물은 다음의 기준에 따라 경보를 발할 수 있도록 해야 한다.
① 2층 이상의 층에서 발화한 때에는 발화층 및 그 직상 4개층에 경보를 발할 것 〈개정 2023.2.10〉
② 1층에서 발화한 때에는 발화층·그 직상 4개층 및 지하층에 경보를 발할 것 〈개정 2023.2.10.〉
③ 지하층에서 발화한 때에는 발화층·그 직상층 및 기타의 지하층에 경보를 발할 것

**20** 10층 이하의 특정소방대상물에 헤드의 부착높이가 6[m]인 장소에 스프링클러설비를 설치하고자 할 때 수원의 양은 얼마로 하여야 하는가?

① 16[m³]　② 32[m³]
③ 48[m³]　④ 64[m³]

**해설** 스프링클러설비의 수원[m³] = N×1.6[m³]
= 10개×1.6[m³] = 16[m³]

**폐쇄형 스프링클러 헤드의 설치개수 및 수원의 양**

| 소방대상물 | | | 헤드의 기준개수 | 수원의 양 |
|---|---|---|---|---|
| 10층 이하 소방대상물 | 공장 | 특수가연물 저장·취급 | 30 | 30개×1.6[m³] =48[m³] |
| | | 그 밖의 것 | 20 | 20개×1.6[m³] =32[m³] |
| | 근린생활시설, 판매시설 및 운수시설, 복합건축물 | 판매시설, 복합건축물 (판매시설이 설치되는 복합건축물을 말한다) | 30 | 30개×1.6[m³] =48[m³] |
| | | 그 밖의 것 | 20 | 20개×1.6[m³] =32[m³] |
| | 그 밖의 것 | 헤드의 부착높이 8[m] 이상 | 20 | 20개×1.6[m³] =32[m³] |
| | | 헤드의 부착높이 8[m] 미만 | 10 | 10개×1.6[m³] =16[m³] |
| 11층 이상인 소방대상물(아파트는 제외), 지하가, 지하역사 | | | 30 | 30개×1.6[m³] =48[m³] |

[공동주택 화재안전기술기준]
2.3.1 스프링클러설비는 다음의 기준에 따라 설치해야 한다.
　2.3.1.1 폐쇄형스프링클러헤드를 사용하는 아파트등은 기준개수 10개(스프링클러헤드의 설치개수가 가장 많은 세대에 설치된 스프링클러헤드의 개수가 기준개수보다 작은 경우에는 그 설치개수를 말한다)에 1.6m³를 곱한 양 이상의 수원이 확보되도록 할 것. 다만, 아파트 등의 각 동이 주차장으로 서로 연결된 구조인 경우 해당 주차장 부분의 기준개수는 30개로 할 것

[창고시설 화재안전기술기준]
2.3.2 수원의 저수량은 다음의 기준에 적합해야 한다.
　2.3.2.1 라지드롭형 스프링클러헤드의 설치개수가 가장 많은 방호구역의 설치개수(30개 이상 설치된 경우에는 30개)에 3.2m³(랙식 창고의 경우에는 9.6m³)를 곱한 양 이상이 되도록 할 것
　2.3.2.2 2.3.1.4에 따라 화재조기진압용 스프링클러설비를 설치하는 경우 「화재조기진압용 스프링클러설비의 화재안전기술기준(NFTC 103B)」 2.2.1에 따를 것

**21** 할로겐화합물 및 불활성기체소화약제 소화설비의 음향경보장치는 약제방사 개시 후 몇 분 이상 경보를 계속할 수 있는 것으로 하여야 하는가?

① 30초　　② 1분
③ 2분　　④ 5분

해설) 할로겐화합물 및 불활성기체소화약제 소화설비 음향경보장치 : 1분 이상 경보를 발할 것

**22** 자동화재탐지설비의 감지기 작동과 연동해서 작동시키기 않아도 되는 설비는?

① 개방형헤드를 사용한 스프링클러설비
② 이동식 포말소화설비
③ 물분무등소화설비
④ 분말 소화설비

해설) 자동화재탐지설비의 감지기와 연동
㉠ 개방형 스프링클러설비
㉡ 물분무등소화설비
㉢ 이산화탄소 소화설비
㉣ 할론 소화설비
㉤ 분말 소화설비

**23** 비상경보설비에 대한 설명 중 맞지 않는 것은?

① 지구음향장치는 소방대상물의 층마다 설치하되 소방대상물로부터 하나의 음향장치까지의 수평거리가 25[m] 이하가 되도록 하여야 한다.
② 음향장치는 정격전압의 80[%] 전압에서 음향을 발할 수 있도록 하여야 한다.
③ 발신기의 조작스위치는 바닥으로부터 0.5[m] 이상 1.0[m] 이하에 설치하여야 한다.
④ 발신기는 층마다 설치하되 소방대상물로부터 하나의 발신기까지의 수평거리가 25[m] 이하가 되도록 하여야 한다.

해설) • 비상경보설비 발신기의 조작스위치의 설치 위치 : 0.8[m] 이상 1.5[m] 이하

**24** 부착면의 높이 4[m] 미만의 장소에 연기감지기 1종을 설치할 때, 감지기 1개의 감지면적은 최대 몇 [m²]이어야 하는가?

① 40[m²]　　② 50[m²]
③ 75[m²]　　④ 150[m²]

해설) 연기감지기의 부착 높이에 따른 감지기의 바닥면적

| 부착 높이 | 감지기의 종류 | |
|---|---|---|
| | 1종 및 2종 | 3종 |
| 4[m] 미만 | 150[m²] | 50[m²] |
| 4[m] 이상 20[m] 미만 | 75[m²] | - |

**25** 비상콘센트설비의 전원회로의 설치기준으로 옳지 않은 것은?

① 하나의 전용회로에 설치하는 비상콘센트는 10개 이하로 하여야 한다.
② 콘센트마다 배선용차단기를 설치하여야 한다.
③ 비상콘센트용의 풀박스 등은 방청도장을 한 것으로서 두께 1.5[mm] 이상의 철판으로 하여야 한다.
④ 단상교류 220[V]인 것으로서 그 공급용량은 1.5[kVA] 이상인 것으로 하여야 한다.

해설) 비상콘센트용의 풀박스 등은 방청도장을 한 것으로서, 두께 1.6[mm] 이상의 철판으로 할 것

정답  21.② 22.② 23.③ 24.④ 25.③

# 2005 제6회 소방시설관리사 1차 필기 기출문제
### [제5과목 : 소방시설의 구조 및 원리]

**01** 수신기에서 시험용 스위치를 사용하여 화재작동 시험을 한 결과 표시램프가 점등되지 않은 경우, 고장의 원인으로 볼 수 없는 것은?

① 감지기회로의 배선의 단선
② 표시램프의 배선의 단선
③ 표시램프의 단선
④ 표시램프 소켓의 접촉불량

**해설** 수신기 화재작동시험 후 표시램프의 미점등 원인
㉠ 표시램프의 배선의 단선
㉡ 표시램프의 단선
㉢ 표시램프의 소켓의 접촉불량

**02** 특정소방대상물에 자동화재탐지설비의 감지기를 설치하지 않아도 되는 곳은?

① 목욕실·샤워시설이 설치된 화장실, 기타 이와 유사한 장소
② 습기가 별로 없는 건조한 장소
③ 사람의 왕래가 별로 없는 장소
④ 천장 또는 반자의 높이가 15[m] 이상 20[m] 미만인 장소

**해설** 감지기의 설치제외 장소
㉠ 천장 또는 반자의 높이가 20[m] 이상인 장소
㉡ 부식성가스가 체류하고 있는 장소
㉢ 목욕실·샤워시설이 설치된 화장실 기타 이와 유사한 장소
㉣ 먼지·가루 또는 수증기가 다량으로 체류하는 장소 (연기감지기에 한함)

**03** 구경이 50[mm]의 배관에 260[L/min]의 유체가 흐르고 있다. 이 배관의 100[m] 당 압력손실[kgf/cm²]을 구하시오. (단, 배관의 조도는 100이다)

① 1.15[kgf/cm²]    ② 1.92[kgf/cm²]
③ 3.15[kgf/cm²]    ④ 4.15[kgf/cm²]

**해설** Hagen–Williams 식에서

$$\Delta Pm = 6.174 \times 10^5 \times \frac{Q^{1.85}}{C^{1.85} \times D^{4.87}} \times L$$

$$= 6.174 \times 10^5 \times \frac{(260)^{1.85}}{(100)^{1.85} \times (50)^{4.87}} \times 100$$

$$= 1.924 [kgf/cm^2]$$

$$= 1.92 [kgf/cm^2]$$

**04** 펌프의 분당 토출량이 500[L], 양정이 70[m]인 소화펌프를 설치하려고 한다. 이때 전동기의 용량은? (단, 펌프효율 : 0.55, 여유율 : 10[%])

① 10.4[HP]    ② 12.4[HP]
③ 15.4[HP]    ④ 19.4[HP]

**해설** 전동기 용량

$$P[HP] = \frac{\gamma QH}{76 \times \eta} \times K$$

여기서 $\gamma$ : 물의 비중량[1,000kgf/m³]
  $Q$ : 펌프의 토출량[m³/sec]
  $H$ : 펌프의 전양정[m]
  $K$ : 전달계수
  $\eta$ : 펌프의 효율

$$\therefore P(HP) = \frac{1,000 \times \frac{0.5}{60} \times 70}{76 \times 0.55} \times 1.1$$

$$= 15.35 [HP]$$
$$= 1.54 [HP]$$

**정답**  01.①  02.①  03.②  04.③

**05** 다음 중 비상조명등의 비상전원이 60분간 작동되지 않아도 되는 소방대상물은?

① 지하층 또는 무창층으로서 도매시장
② 지하층 또는 무창층으로서 지하상가
③ 지하층 또는 무창층으로서 지하공동구
④ 지하층 또는 무창층으로서 지하역사

해설 ▶ 비상조명등의 설치기준
㉠ 조도는 비상조명등이 설치된 장소의 각 부분의 바닥에서 1[Lux] 이상이 되도록 할 것
㉡ 비상전원은 조명등을 20분 이상 유효하게 작동시킬 수 있는 용량으로 할 것
㉢ 비상조명등의 비상전원이 60분 이상 작동하여야 하는 소방대상물
　ⓐ 11층 이상(지하층을 제외한다)
　ⓑ 지하층, 무창층으로서 도매시장, 소매시장, 여객자동차터미널, 지하역사, 지하상가
㉣ 휴대용 비상조명등의 설치기준
　ⓐ 설치장소
　　㉮ 숙박시설, 다중이용업소에 1개 이상 설치
　　㉯ 백화점, 전문점, 할인점, 쇼핑센터, 영화상영관 : 보행거리 50[m] 이내마다 3개 이상 설치
　　㉰ 지하상가, 지하역사 : 보행거리 25[m] 이내마다 3개 이상 설치
　ⓑ 설치높이 : 바닥으로부터 0.8[m] 이상 1.5[m] 이하
　ⓒ 배터리 용량 : 20분 이상

**06** 다음 중 옥내소화전설비의 표시등에 대한 설명으로 옳은 것은?

① 위치표시등과 기동표시등은 모두 불이 켜진 상태로 있어야 한다.
② 위치표시등과 기동표시등은 모두 불이 켜지지 않은 상태로 있어야 한다.
③ 위치표시등은 평상시 불이 켜지지 않은 상태로 있어야 한다.
④ 기동표시등은 평상시 불이 켜지지 않은 상태로 있어야 한다.

해설 ▶ 표시등
㉠ 위치표시등 : 평상시 점등, 펌프작동 시 점등
㉡ 기동표시등 : 평상시 소등, 펌프작동 시 점등

**07** 백화점 · 전문점 · 할인점 · 쇼핑센터 및 영화상영관에는 보행거리 50[m] 이내마다 몇 개 이상의 휴대용 비상조명등을 설치하여야 하는가?

① 1개 이상　② 2개 이상
③ 3개 이상　④ 5개 이상

해설 ▶ 5번 문제 해설 참조

**08** 바닥면적이 150[m²]인 주차장에 호스릴방식으로 포소화설비를 하였다. 이곳에 설치한 포방출구는 5개이고, 포소화약제의 농도는 6[%]이다. 이때 필요한 포소화약제의 양(L)은 얼마인가?

① 810[L]　② 1,080[L]
③ 1,350[L]　④ 1,800[L]

해설 ▶ 옥내저장탱크에 호스릴 방식(옥내포소화전) 계산식(단, 바닥면적이 200[m²] 미만 시 75[%]로 한다)

$$Q = N \times S \times 6,000L \times 0.75$$

여기서, N : 호스 접결구수(5개 이상은 5개)
　　　　S : 포소화약제의 사용농도
∴ Q = 5 × 0.06 × 6,000 × 0.75 = 1,350[L]

**09** 성능시험배관의 관경은 정격토출압력의 65[%] 이상에서 정격토출량의 150[%]를 토출할 수 있는 크기로 하여야 하는데 500[L/min]의 분당 토출량, 압력은 0.17[MPa]일 때 성능시험 배관의 관경은 얼마로 하여야 하는가?

① 25[mm]　② 32[mm]
③ 40[mm]　④ 50[mm]

해설 ▶ $Q = 0.653D^2\sqrt{10P}$
$1.5 \times 500 = 0.653D^2 \times \sqrt{10 \times 0.17 \times 0.65}$
$D = 33[mm] \Rightarrow 40[mm]$

**10** 펌프설비 주변 배관 중 체절운전 시 수온상승방지를 위하여 설치하는 배관은?

① 흡수관　② 급수관
③ 순환배관　④ 오버플로우관

**해설** 순환배관
체절운전 시 수온상승을 방지하기 위하여 설치하는 배관

**11** Halon 1211의 소화약제 분자식은?
① $CBrF_3$
② $CH_2ClBr$
③ $C_2Br_2F_4$
④ $CF_2ClBr$

**해설**

| 약제종류 | 할론 1301 | 할론 1211 | 할론 1011 | 할론 2402 |
|---|---|---|---|---|
| 분자식 | $CF_3Br$ | $CF_2ClBr$ | $CH_2ClBr$ | $C_2F_4Br_2$ |

**12** 비상콘센트를 다음과 같은 조건으로 현장 설치한 경우 화재안전기준과 맞지 않는 것은?
① 바닥으로부터 높이 1.45[m]에 움직이지 않게 고정시켜 설치된 경우
② 바닥면적이 800[m²]인 층의 계단 출입구에서 4[m] 이내 설치된 경우
③ 바닥면적의 합계가 12,000[m²]인 지하상가의 수평거리 30[m]마다 추가 설치한 경우
④ 바닥면적의 합계가 2,500[m²]인 지하층의 수평거리 40[m]마다 추가로 설치된 경우

**해설** 비상콘센트
㉠ 바닥으로부터 높이 0.8[m] 이상 1.5[m] 이하의 위치에 설치할 것
㉡ 비상콘센트의 배치는 아파트 또는 바닥면적이 1,000[m²] 미만인 층에 있어서는 계단의 출입구(계단의 부속실을 포함하며 계단이 2 이상 있는 경우에는 그중 1개의 계단을 말한다)로부터 5[m] 이내에 바닥면적 1,000[m²] 이상인 층(아파트를 제외한다)에 있어서는 각 계단의 출입구 또는 계단부속실의 출입구(계단의 부속실을 포함하며 계단이 3 이상 있는 층의 경우에는 그중 2개의 계단을 말한다)로부터 5[m] 이내에 설치하되, 그 비상콘센트로부터 그 층의 각 부분까지의 거리가 다음 각목의 기준을 초과하는 경우에는 그 기준 이하가 되도록 비상콘센트를 추가하여 설치할 것
ⓐ 지하상가 또는 지하층의 바닥면적의 합계가 3,000[m²] 이상인 것은 수평거리 25[m]
ⓑ ⓐ에 해당하지 아니하는 것은 수평거리 50[m]

**13** 축압식 분말소화기에 관한 옳은 설명은?
① 압력원이 별도의 용기에 저장되므로 안전하다.
② 장기간 보관 시에도 가스누설이 적다.
③ 가압가스 저장용기는 용접식이 있다.
④ 가스누설을 방지하기 위해 주기적인 압력점검이 필요하다.

**해설** 분말소화기

| 항목<br>종류 | 압력게이지 | 충전가스 | 압력점검 | 압력원용기 |
|---|---|---|---|---|
| 축압식 | 있다. | 질소 | 주기적으로 필요 | 자체 축압이 되어 있다. |
| 가스가압식<br>(가압식) | 없다. | 이산화탄소 | 압력게이지가 없어 점검이 필요 없다. | 별도의 용기에 보관 |

**14** 비상방송설비에 사용하고 있는 전자음향장치의 주파수 범위는?
① 400~1,000[Hz]
② 40~1,000[Hz]
③ 16~20,000[Hz]
④ 160~10,000[Hz]

**해설** 전자음향장치의 주파수 범위 : 400~1,000[Hz]

**15** 무선통신 보조설비의 증폭기를 작동시키기 위한 비상전원은 몇 분 이상 기능을 발휘하여야 하는가?
① 10분
② 20분
③ 30분
④ 40분

**해설** 비상전원의 용량

| 설비의 종류 | 비상전원용량(이상) |
|---|---|
| 자동화재탐지설비, 자동화재속보설비, 비상경보설비 | 10분 |
| 제연설비, 비상콘센트설비, 옥내소화전설비, 유도등 | 20분 |
| 무선통신 보조설비의 증폭기 | 30분 |

**16** 포소화설비의 기동장치에서 폐쇄형 스프링클러헤드를 사용할 경우에 헤드의 표시온도는 몇 [℃] 미만인가?

① 52[℃]  ② 69[℃]
③ 79[℃]  ④ 100[℃]

**해설** 자동식 기동장치의 설치기준(폐쇄형 스프링클러헤드 사용)
㉠ 표시온도가 79[℃] 미만인 것을 사용하고, 1개의 스프링클러헤드의 경계면적은 20[m²] 이하로 할 것
㉡ 부착면의 높이는 바닥으로부터 5[m] 이하로 할 것
㉢ 하나의 감지장치 경계구역은 하나의 층이 되도록 할 것

**17** 플루팅 루프 탱크의 측면과 원형파이프 사이의 환상 부분에 포를 방출하는 발포기의 명칭은?

① Ⅰ형 포방출구   ② Ⅲ형 포방출구
③ Ⅱ형 포방출구   ④ 특형 포방출구

**해설** 포 방출구(위험물 세부기준 제133조)

| 포방출구 | 적용탱크 | 주입방법 |
|---|---|---|
| Ⅰ형 포방출구 | 고정 지붕구조(CRT) | 상부 포 주입법 |
| Ⅱ형 포방출구 | 고정 지붕구조(CRT) 고정덮개부착고정 지붕구조 | 상부 포 주입법 |
| 특형 포방출구 | 부상 지붕구조(FRT) | 상부 포 주입법 |
| Ⅲ형 포방출구 | 고정 지붕구조(CRT) | 저부 포 주입법 |
| Ⅳ형 포방출구 | 고정 지붕구조(CRT) | 저부 포 주입법 |

○ ㉠ 특형 포방출구 : 플루팅 루프 탱크의 측면과 원형파이프 사이의 환상 부분에 포를 방출하는 연쇄발포기
㉡ CRT탱크 : Cone Roof Tank(고정 지붕 구조)
㉢ FRT탱크 : Floating Roof Tank(부상 지붕 구조)

**18** 8[m] 이상 15[m] 미만의 높이에는 부착할 수 없는 감지기는?

① 이온화식 2종   ② 광전식 1종
③ 차동식분포형   ④ 보상식스포트형

**해설** 8[m] 이상 15[m] 미만 적응성감지기 종류
1. 차동식분포형감지기
2. 이온화식 1,2종 감지기
3. 광전식 1,2종 감지기
4. 연기복합형감지기
5. 불꽃감지기

**19** 소화능력단위가 B급 화재를 기준으로 할 경우 얼마 이상을 대형 소화기라 하는가?

① 10단위   ② 20단위
③ 30단위   ④ 40단위

**해설** 소화능력 단위에 의한 분류
㉠ 소형 수동식소화기 : 능력단위 1단위 이상으로 대형 수동식 소화기의 능력단위 이하인 수동식 소화기
㉡ 대형 수동식소화기 : 능력단위가 A급 화재는 10단위 이상, B급 화재는 20단위 이상인 것으로서 소화약제 충전량은 아래 표에 기재한 이상인 수동식 소화기

| 종별 | 소화약제의 충전량 | 종별 | 소화약제의 충전량 |
|---|---|---|---|
| 포 | 20[L] | 분말 | 20[kg] |
| 강화액 | 60[L] | 할로겐화합물 | 30[kg] |
| 물 | 80[L] | 이산화탄소 | 50[kg] |

**20** 길이가 10[m]인 환봉에 인장하중을 가했을 때 그 길이가 10.5[m]로 되었다면 그 변형률은?

① 0.5    ② 0.05
③ -0.5   ④ -0.05

**해설** 변형률
$$\epsilon = \frac{\text{변화된 길이}}{\text{초기길이}} = \frac{(10.5-10)}{10} = 0.05$$

**21** 포 소화설비에 구성요인 중 혼합장치를 설치하는 이유는?

① 일정한 방사압을 유지하기 위하여
② 일정한 유량을 유지하기 위하여
③ 일정한 혼합비율을 유지하기 위하여
④ 균일한 혼합을 위하여

**해설** 혼합장치
일정한 혼합비율을 유지하기 위하여 설치

**22** 다음 중 스프링클러 헤드의 설치제외 장소가 아닌 곳은?
① 계단실, 경사로
② 통신기기실, 전자기기실
③ 변압기실, 변전실, 발전실
④ 불연재료인 천장과 반자 사이가 2[m] 이상인 부분

**해설** 스프링클러 헤드의 설치제외 대상물
㉠ 계단실·경사로·승강기의 승강로·파이프덕트·목욕실·화장실 기타 이와 유사한 장소
㉡ 통신기기실·전자기기실 기타 이와 유사한 장소
㉢ 발전실·변전실·변압기 기타 이와 유사한 전기 설비가 설치되어 있는 장소
㉣ 병원의 수술실·응급처치실 기타 이와 유사한 장소
㉤ 천장·반자 중 한쪽이 불연재료로 되어 있고 천정과 반자 사이의 거리 1[m] 미만인 부분
㉥ 천장 및 반자가 불연재료 외의 것으로 되어 있고 천정과 반자 사이의 거리 0.5[m] 미만인 부분
㉦ 현관 또는 로비 등으로서 바닥으로부터 높이가 20[m] 이상인 장소
㉧ 냉장창고의 냉장실 또는 냉동창고의 냉동실

**23** 자동화재탐지설비의 지구음향장치는 지하가 중 터널의 경우에는 주행방향의 측벽길이 몇 [m] 이내마다 설치하여야 하는가?
① 30[m]  ② 40[m]
③ 50[m]  ④ 60[m]

**해설** 음향장치의 설치기준
㉠ 주음향장치는 수신기의 내부 또는 그 직근에 설치할 것
㉡ 5층(지하층은 제외) 이상으로서 연면적이 3,000[m²] 초과하는 소방대상물

| 발화층 | 경보를 발하여야 하는 층 |
|---|---|
| 2층 이상 | 발화층, 그 직상층 |
| 1층 | 발화층, 그 직상층, 지하층 |
| 지하층 | 발화층, 그 직상층, 기타의 지하층 |

㉢ 지구음향장치는 소방대상물의 층마다 설치하되 당해 소방대상물의 각 부분으로부터 하나의 음향장치까지의 수평거리가 25[m] 이하(터널은 주행 방향의 측벽 길이 50[m] 이내)가 되도록 할 것

**24** 공기관식 감지기의 주된 부분이 아닌 것은?
① 다이아프램  ② 리크공
③ 공기관  ④ 감지선

**해설** 공기관식 감지기의 구성부분
공기관, 다이아프램, 리크공(리크구멍), 접점기구

**25** 현재 국내 및 국제적으로 적용되고 있는 할로겐화합물 및 불활성기체소화약제 소화설비 중 약제의 저장용기 내에서 저장상태가 기체상태의 압축가스인 약제는?
① INERGEN  ② NAFS-Ⅲ
③ FM-200  ④ FE-13

**해설** INERGEN은 기체상태로 저장된 압축가스이다.

| 종류 | 상품명 | 구분 |
|---|---|---|
| IG - 541 | INERGEN | 불활성기체소화약제 |
| HCFC-BLEND-A | NAFS-Ⅲ | 할로겐화합물소화약제 |
| HFC-227ea | FM-200 | 할로겐화합물소화약제 |
| HFC-23 | FE-13 | 할로겐화합물소화약제 |

**정답** 22.④ 23.③ 24.④ 25.①

# 제7회 소방시설관리사 1차 필기 기출문제
[제5과목 : 소방시설의 구조 및 원리]

**01** 체적 50[m³]의 전산실에 전역 방출방식의 할론 소화설비를 설치하는 경우, 할론1301의 저장량은 몇 [kg] 이상이어야 하는가? (단, 전산실에는 자동폐쇄장치가 부착하되 개구부가 있음)

① 13[kg]
② 16[kg]
③ 19[kg]
④ 22[kg]

**해설** 가스저장량[kg] = 방호구역체적[m³] × 필요가스량[kg/m³] + 개구부면적[m²] × 가산량[kg/m²]
= 50[m³] × 0.32[kg/m³] = 16[kg] 이상

**02** 노유자 시설의 3층에 설치하여야 할 피난기구의 종류로 적합하지 않은 것은?

① 미끄럼대
② 피난교
③ 구조대
④ 간이 완강기

**해설** 피난기구의 적응성

| 층별<br>설치장소별<br>구분 | 1층 | 2층 | 3층 | 4층 이상<br>10층 이하 |
|---|---|---|---|---|
| 1. 노유자시설 | 미끄럼대·<br>구조대·<br>피난교·<br>다수인피난장비·<br>승강식피난기 | 미끄럼대·<br>구조대·<br>피난교·<br>다수인피난장비·<br>승강식피난기 | 미끄럼대·<br>구조대·<br>피난교·<br>다수인피난장비·<br>승강식피난기 | 구조대·<br>피난교·<br>다수인피난장비·<br>승강식피난기 |
| 2. 의료시설·근린생활시설 중 입원실이 있는 의원·접골원·조산원 | | | 미끄럼대·<br>구조대·<br>피난교·<br>피난용트랩·<br>다수인피난장비·<br>승강식피난기 | 구조대·<br>피난교·<br>피난용트랩·<br>다수인피난장비·<br>승강식피난기 |
| 3. 「다중이용업소의 안전관리에 관한 특별법 시행령」 제2조에 따른 다중이용업소로서 영업장의 위치가 4층 이하인 다중이용업소 | | 미끄럼대·<br>피난사다리·<br>구조대·<br>완강기·<br>다수인피난장비·<br>승강식피난기 | 미끄럼대·<br>피난사다리·<br>구조대·<br>완강기·<br>다수인피난장비·<br>승강식피난기 | 미끄럼대·<br>피난사다리·<br>구조대·<br>완강기·<br>다수인피난장비·<br>승강식피난기 |
| 4. 그 밖의 것 | | | 미끄럼대·<br>피난사다리·<br>구조대·<br>완강기·<br>피난교·<br>피난용트랩·<br>간이완강기·<br>공기안전매트·<br>다수인피난장비·<br>승강식피난기 | 피난사다리·<br>구조대·<br>완강기·<br>피난교·<br>간이완강기·<br>공기안전매트·<br>다수인피난장비·<br>승강식피난기 |

비고
1) 구조대의 적응성은 장애인 관련 시설로서 주된 사용자중 스스로 피난이 불가한 자가 있는 경우 추가로 설치하는 경우에 한한다.
2), 3) 간이완강기의 적응성은 숙박시설의 3층 이상에 있는 객실에, 공기안전매트의 적응성은 공동주택에 추가로 설치하는 경우에 한한다.

**03** 자동화재탐지설비의 발신기는 소방대상물의 층마다 설치하되, 당해 소방대상물의 각 부분으로부터 하나의 발신기까지의 수평거리가 몇 [m] 이하가 되도록 하여야 하는가?

① 15[m]
② 20[m]
③ 25[m]
④ 30[m]

**해설** 자동화재탐지설비의 발신기
㉠ 소방대상물의 층마다 설치
㉡ 소방대상물의 각 부분으로부터 하나의 발신기까지의 수평거리 : 25[m] 이하

정답 01.② 02.④ 03.③

**04** 이산화탄소 소화설비를 일반건축물에 설치되어 있을 때 국소방출방식의 분사헤드가 소화약제를 방사하는데 필요한 시간은?

① 10초 이내   ② 30초 이내
③ 1분 이내    ④ 2분 이내

**해설** 약제 방사시간

| 설비종류<br>방출방식 | 이산화탄소소화설비 | | 할론<br>소화설비 | 분말<br>소화설비 |
|---|---|---|---|---|
| | 표면화재 | 심부화재 | | |
| 전역방출방식 | 1분 | 7분 | 10초 | 30초 |
| 국소방출방식 | 30초 | 30초 | 10초 | 30초 |

**05** 누전경보기의 변류기는 소방대상물의 형태, 인입선의 시설방법 등에 따라 어디에 설치하는가?

① 옥외인입선의 제1지점의 전원측 또는 제1종 접지선측의 점검이 쉬운 위치에 설치
② 옥외인입선의 제1지점의 부하측 또는 제1종 접지선측의 점검이 쉬운 위치에 설치
③ 옥외인입선의 제1지점의 전원측 또는 제2종 접지선측의 점검이 쉬운 위치에 설치
④ 옥외인입선의 제1지점의 부하측 또는 제2종 접지선측의 점검이 쉬운 위치에 설치

**해설** 누전경보기의 설치 기준
㉠ 경계전로의 정격전류

| 정격전류 | 60[A] 초과 | 60[A] 이하 |
|---|---|---|
| 경보기의 종류 | 1급 | 1급, 2급 |

㉡ 변류기는 소방대상물의 형태, 인입선의 시설방법 등에 따라 옥외인입선의 제1지점의 부하측 또는 제2종의 접지선측의 점검이 쉬운 위치에 설치할 것. 다만, 인입선의 형태 또는 소방대상물의 구조상 부득이한 경우에 있어서는 인입구에 근접한 옥내에 설치할 수 있다.
㉢ 변류기를 옥외의 전로에 설치하는 경우에는 옥외형의 것을 설치할 것

**06** 3[%]의 단백포 15[L]를 취해서 포의 팽창비가 100이 되게 포 방출구로 방출하였다. 방출된 포의 체적[L]은 얼마인가?

① 5,000[L]    ② 15,000[L]
③ 50,000[L]   ④ 55,000[L]

**해설** 팽창비 = $\dfrac{\text{방출 후 포의 체적[L]}}{\text{방출 전 포 수용액의 체적[L]}}$

방출 후 포의 체적 = 팽창비 × 방출 전 포 수용액의 체적
$= 100 \times \left(\dfrac{15}{0.03}\right) = 50{,}000[L]$

**07** 옥내소화전설비의 저장수량이 15,000[L]라고 하면 몇 [L]를 옥상에 설치하여야 하는가?

① 5,000[L] 이상   ② 7,500[L] 이상
③ 10,000[L] 이상  ④ 15,000[L] 이상

**해설** 옥상 저수량 = 유효수량 × $\dfrac{1}{3}$ = 15,000[L] × $\dfrac{1}{3}$
= 5,000[L]

**08** 스케줄 번호는 배관의 무엇을 나타내는가?
① 배관의 길이   ② 배관의 구경
③ 배관의 두께   ④ 배관의 재질

**해설** 스케줄 번호 : 배관의 두께

**09** 14층 건물의 지하 1층에 제연설비용 배풍기를 설치하였다. 이 배풍기의 풍량은 60[m³/min]이고 풍압은 15[cmAq]이었다. 이때 배풍기의 동력은 몇 [HP]로 해주어야 하는가? (단, 배풍기는 타워형으로 효율은 70[%]이고 여유율은 10[%]이다)

① 2.02[HP]   ② 3.35[HP]
③ 1.84[HP]   ④ 3.1[HP]

**해설**
$[HP] = \dfrac{Q[m^3/min] \times P_r[mmAq]}{60 \times 76\eta} \times K$

$= \dfrac{60[m^3/min] \times 150[mmAq]}{60 \times 76 \times 0.7} \times 1.1$

$= 3.1[HP]$

**10** 다음 중 통로유도등의 표시색깔은?

① 백색바탕에 적색문자
② 적색바탕에 녹색문자
③ 녹색바탕에 백색문자
④ 백색바탕에 녹색문자

**해설** 유도등의 색상
㉠ 피난구유도등 : 녹색바탕에 백색문자
㉡ 통로유도등 : 백색바탕에 녹색문자

**11** 정온식 스포트형 감지기를 설치하는 현장에서 성능검사를 하려고 할 때 시험장치는?

① 메거　　　　　② 회로시험기
③ 마노미터　　　④ 가열시험기

**해설** 성능검사 시험장치

| 감지기 종류 | 정온식 스포트형 | 공기관식 | 열전대식, 열반도체식 | 연기 감지기 |
|---|---|---|---|---|
| 시험 장치 | 가열시험기 | 마노미터 | 미터릴레이 | 가연시험기 |

**12** 금속관공사로 배관공사를 할 때 굴곡부의 곡률반경은 관경의 몇 배로 하여야 하는가?

① 3배 이상　　　② 5배 이상
③ 6배 이상　　　④ 10배 이상

**해설** 금속관공사로 배관공사를 할 때 굴곡부의 곡률반경은 관경의 6배 이상으로 하여야 한다.

**13** 물분무소화설비의 배수 설비에 관한 설명 중 맞지 않는 것은?

① 차량이 주차하는 장소의 적당한 곳에 높이 10[cm] 이상의 경계턱으로 배수구를 설치하여야 한다.
② 배수구에는 새어나온 기름을 모아 소화할 수 있도록 길이 40[m] 이하마다 집수관, 소화핏트 등 기름분리장치를 설치하여야 한다.
③ 차량이 주차하는 바닥은 배수구를 향하여 $\frac{1}{200}$ 이상의 기울기를 유지하여야 한다.
④ 배수 설비는 가압송수장치의 최대 송수능력의 수량을 유효하게 배수할 수 있는 크기 및 기울기로 하여야 한다.

**해설** 배수설비 기울기 : $\frac{2}{100}$ 이상

**14** 16층의 사무소 건축물로 1층과 2층의 바닥면적이 각각 $5,000[m^2]$이고 연면적이 $60,000[m^2]$인 경우 소화용수의 저수량으로 몇 $[m^3]$가 가장 타당한가?

① $80[m^3]$　　　② $100[m^3]$
③ $120[m^3]$　　　④ $140[m^3]$

**해설** 소방대상물의 기준면적

| 소방대상물의 구분 | 기준면적 (m²) |
|---|---|
| 1층 및 2층의 바닥면적의 합계가 15,000m² 이상인 소방대상물 | 7,500 |
| 그 밖의 소방대상물 | 12,500 |

∴ $60,000[m^2] \div 12,500[m^2] = 4.8 \Rightarrow 5 \times 20[m^3]$
$= 100[m^3]$

**15** 경보기구의 정격전압이 몇 [V] 이상이면 그 금속제 외함에는 접지단자를 설치하여야 하는가?

① 60[V]　　　② 100[V]
③ 150[V]　　　④ 200[V]

**해설** 경보기구의 접지단자 : 60[V]

**16** 현행 개정 등으로 문제 삭제

**17** 소화능력단위에 의한 분류에서 소형소화기의 기준은?

① 능력단위 1단위 이상이면서 대형소화기의 능력단위 미만인 소화기이다.
② 능력단위 3단위 이상이면서 대형소화기의 능력단위 미만인 소화기이다.
③ 능력단위 5단위 이상이면서 대형소화기의 능력단위 미만인 소화기이다.
④ 능력단위 10단위 이상이면서 대형소화기의 능력단위 미만인 소화기이다.

**해설** 소화기의 분류
㉠ 소형소화기 : 능력단위 1단위 이상, 대형소화기능력단위 미만
㉡ 대형소화기 : A급 화재 10단위 이상, B급 화재 20단위 이상

**18** 연결송수관과 옥내소화전의 배관과 겸용할 경우 주배관의 구경은?

① 50[mm] 이상　② 80[mm] 이상
③ 100[mm] 이상　④ 120[mm] 이상

**해설** 옥내소화전과 연결송수관 겸용할 경우
㉠ 주배관 : 100[mm] 이상
㉡ 방수구로 연결되는 배관 : 65[mm] 이상

**19** 무선통신보조설비의 누설동축 케이블의 끝부분에는 어떤 것을 설치하는가?

① 인덕터　　　② 음량형콘덴서
③ 리액터　　　④ 무반사종단저항

**해설** 누설동축케이블의 끝부분에는 무반사종단저항을 견고하게 설치할 것

**20** $CO_2$ 소화설비의 전기식 기동장치로서 7병 이상의 저장용기를 동시에 개방하는 설비에 있어서는 몇 병 이상의 전자 개방밸브를 부착하도록 되어 있는가?

① 5병　　　　② 4병
③ 3병　　　　④ 2병

**해설** 전기식 기동장치로서 7병 이상의 저장용기를 동시에 개방하는 설비에 있어서는 2병 이상의 저장용기에 전자개방밸브를 부착할 것

> **분말소화설비**
> 분말소화약제의 가압용 가스용기를 3병 이상 설치 시 2개 이상의 용기에 전자개방밸브를 부착할 것

**21** 가스누설경보기에서 분리형으로서 영업용인 것의 회로수는?

① 1　　　　　② 2
③ 3　　　　　④ 4

**해설** 가스누설경보기의 분리형
㉠ 영업용 : 1회로용
㉡ 공업용 : 2회로용 이상

**22** 비상콘센트설비의 전원회로의 설치기준으로 옳지 않은 것은?

① 하나의 전용회로에 설치하는 비상콘센트는 10개 이하로 하여야 한다.
② 콘센트마다 배선용차단기를 설치하여야 한다.
③ 비상콘센트용의 풀박스 등은 방청도장을 한 것으로서 두께 1.2[mm] 이상의 철판으로 하여야 한다.
④ 단상교류 220[V]인 것으로서, 그 공급용량은 1.5[kVA] 이상인 것을 사용한다.

**해설** 비상콘센트의 전원회로
㉠ 전원회로 : 각 층에 2 이상
㉡ 전원으로부터 각 층의 비상콘센트에 분기되는 경우에는 분기배선용 차단기를 보호함 안에 설치할 것
㉢ 배선용차단기 : 콘센트마다
㉣ 배선용차단기의 용량 : 접지형 2극 플러그 접속기 용량과 동일
㉤ 개폐기에는 "비상콘센트"라고 표시한 표지를 할 것
㉥ 풀박스의 두께 : 1.6[mm] 이상 철판
㉦ 하나의 전용회로 : 10개 이하

정답　17.①　18.③　19.④　20.④　21.①　22.③

**23** 이산화탄소 소화설비에서 방호대상물 중 가연성 액체 또는 가연성 가스의 소화에 필요한 설계농도가 가장 높은 것은?
① 수소　　　　② 에탄
③ 프로판　　　④ 에틸렌

**해설** 가연성액체 또는 가스의 소화에 필요한 설계농도

| 방호대상물 | 설계농도(%) |
|---|---|
| 수소 | 75 |
| 아세틸렌 | 66 |
| 일산화탄소 | 64 |
| 산화에틸렌 | 53 |
| 에틸렌 | 49 |
| 에탄 | 40 |
| 석탄가스, 천연가스, 사이크로프로판 | 37 |
| 이소부탄, 프로판 | 36 |
| 부탄, 메탄 | 34 |

**24** 스프링클러설비의 비상전원 설치기준으로 옳은 것은?
① 실내에 설치할 때는 그 실내에 비상조명등을 설치한다.
② 설치장소는 다른 장소와 일반 칸막이 등으로 구획한다.
③ 상용전원 정전 시 수동으로 전환한다.
④ 본 설비를 유효하게 10분 이상 작동한다.

**해설** 스프링클러설비의 비상전원
㉠ 실내에 설치할 때는 그 실내에 비상조명 등을 설치하여야 한다.
㉡ 설치장소는 다른 장소와 방화구획하여야 한다.
㉢ 상용전원 정전 시 자동으로 비상전원으로부터 전력을 공급받아야 한다.
㉣ 스프링클러설비를 유효하게 20분 이상 작동할 수 있어야 한다.

**25** 자동화재탐지설비의 감지기의 높이가 10[m]인 장소에 설치할 수 있는 감지기는?
① 보상식 스포트형
② 정온식 스포트형
③ 차동식 분포형
④ 차동식 스포트형

**해설** 부착높이에 따른 감지기 종류

| 부착높이 | 감지기의 종류 |
|---|---|
| 8[m] 이상 15[m] 미만 | • 차동식 분포형<br>• 이온화식 1종 또는 2종<br>• 광전식(스포트형, 분리형, 공기흡입형) 1종 또는 2종<br>• 연기복합형<br>• 불꽃감지기 |

정답　23.①　24.①　25.③

# 2002 제6회 소방시설관리사 1차 필기 기출문제
[제5과목 : 소방시설의 구조 및 원리]

**01** 폭 15[m], 길이 20[m]인 사무실의 조도를 400[lx]로 할 경우 전광속 4,900[lm]의 형광등 40[W]을 시설할 경우 몇 등을 사용하여야 하는가? (단, 조명률은 50[%], 감광보상률은 1.3으로 한다)

① 23등  ② 32등
③ 46등  ④ 64등

**해설** 조명등의 수

$$\text{등의 수 } N = \frac{AED}{FU}$$

여기서, A : 단면적[m²]
E : 조도[lx]
D : 감광보상률
F : 광속[lm]
U : 조명률

$$\therefore \text{등의 수 } N = \frac{AED}{FU} = \frac{(15 \times 20) \times 400 \times 1.3}{4,900 \times 0.5}$$
$$= 63.67 ≒ 64등$$

**02** 종합방재센터에서 이용하는 제어방식이 아닌 것은?

① Ten key를 이용한 제어방식
② Optimization를 이용한 제어방식
③ Light Pen를 이용한 제어방식
④ Touch Screen를 이용한 제어방식

**해설** 종합방재센터의 제어 방식
㉠ Ten key를 이용한 제어방식
㉡ Light Pen를 이용한 제어방식
㉢ Touch Screen를 이용한 제어방식
[Optimization : 최적화]

**03** 물소화설비의 배관에 개폐밸브로서 개폐 표시형의 것(예로 OS & Y 밸브 등)을 설치하는 이유로서 가장 적합한 것은?

① 개폐조작이 용이하기 때문이다.
② 개폐상태 여부를 용이하게 육안 판별하기 위해서이다.
③ 소방관의 수시점검을 위한 편의를 제공하기 위해서이다.
④ 밸브의 고장을 가급적 막기 위해서다.

**해설** OS & Y 밸브
개폐상태를 육안 판별하기 위하여

**04** 연결송수관설비의 송수구 설치기준 중 옳은 것은?

① 송수구의 부근에 설치하는 자동배수밸브 및 체크밸브는 습식의 경우, 송수구, 자동배수밸브, 체크밸브, 자동배수밸브 순으로 설치한다.
② 지면으로부터 0.5[m] 이상 0.8[m] 이하의 위치에 설치한다.
③ 동파되지 않도록 전용함 내에 설치한다.
④ 소방자동차가 쉽게 접근할 수 있고 잘 보이는 장소에 설치한다.

**해설** 연결송수관설비의 송수구 설치기준
㉠ 송수구는 65[mm]의 나사식 쌍구형으로 할 것
㉡ 송수구 부근의 설치 기준
ⓐ 습식 : 송수구→자동배수밸브→체크밸브
ⓑ 건식 : 송수구→자동배수밸브→체크밸브→자동배수밸브
㉢ 소방자동차가 쉽게 접근할 수 있고 잘 보이는 장소에 설치할 것

정답 01.④ 02.② 03.② 04.④

㉣ 지면으로부터 높이가 0.5[m] 이상 1.0[m] 이하의 위치에 설치할 것
㉤ 송수구는 연결송수관의 수직배관마다 1개 이상을 설치할 것
㉥ 주배관의 구경 : 100[mm] 이상

**05** 습식 또는 건식 스프링클러설비에서 가압송수장치로부터 최고 위치, 최대 먼 거리에 설치된 가지관의 말단에 시험배관을 설치하는 목적으로 가장 적합한 것은?

① 배관 내의 부식 및 이물질의 축적여부를 진단하기 위해서이다.
② 펌프의 성능시험을 하기 위해서이다.
③ 유수경보장치의 기능을 수시 확인하기 위해서이다.
④ 평상시 배관 내의 수압이 적당한 상태로 유지되고 있는지 확인하기 위해서이다.

**해설** 유수경보장치 동작시험

◯ 시험배관에 설치부속품 : 압력계, 개폐밸브, 프레임이 제거된 개방형 헤드

**06** 다음 중 스프링클러설비의 특징으로 틀린 것은?

① 초기진화에 효과가 좋다.
② 조작이 간편하다.
③ 사람이 없는 야간에도 자동적으로 화재를 감지하여 소화할 수 있다.
④ 시공이 옥내소화전설비보다 간단하다.

**해설** 스프링클러설비는 옥내·옥외소화전보다 시설비가 많이 든다.

**07** 옥내소화전설비에 있어서 수조의 설치기준으로 적당하지 않은 것은?

① 수조를 실내에 설치하였을 경우에는 조명설비를 설치한다.
② 수조의 상단이 바닥보다 높을 때는 수조내측에 사다리를 설치한다.
③ 점검이 편리한 곳에 설치한다.
④ 수조 밑부분에 청소용 배수밸브, 배수관을 설치한다.

**해설** 옥내소화전설비용 수조의 설치 기준

㉠ 수조의 외측에 수위계를 설치할 것
㉡ 수조의 상단이 바닥보다 높은 때에는 수조의 외측에 고정식사다리를 설치할 것
㉢ 수조가 실내에 설치된 때에는 그 실내에 조명설비를 설치할 것
㉣ 수조의 밑부분에는 청소용 배수밸브 또는 배수관을 설치할 것
㉤ 수조의 외측에 보기 쉬운 곳에 "옥내소화전설비용 수조"라고 표시를 할 것

**08** 체적 50[m³]의 전산실에 할론소화설비의 전역 방출방식으로 설치할 경우, 할론 1301의 저장량은 몇 [kg] 이상이어야 하는가? (단, 전산실에는 자동폐쇄장치가 부착되어 있으며, 개구부가 있음)

① 13[kg]   ② 16[kg]
③ 19[kg]   ④ 22[kg]

**해설** 가스저장량[kg]=방호구역체적[m³]×필요가스량[kg/m³]
+개구부면적[m²]×가산량[kg/m²]
=50[m³]×0.32[kg/m³]=16[kg] 이상

◯ 가스계소화설비의 약제량 계산시 주의사항
① 자동폐쇄장치 부착 시 약제량=방호구역체적[m³]×필요가스량[kg/m³]
② 자동폐쇄장치 미부착 시 약제량=방호구역체적[m³]×필요가스량[kg/m³]
+개구부면적[m²]×가산량[kg/m²]

**정답** 05.③ 06.④ 07.② 08.②

**09** 어떤 방호대상물에 스프링클러 설비의 준비작동식 밸브가 설치되어 있다. 주변온도 20[℃]일 때 준비작동식 밸브와 소화설비반간의 거리가 300[m]인 경우 화재 시 준비작동식 밸브를 작동시키기 위한 전선의 최소 굵기는 다음 중 어느 것인가? (준비작동식 밸브의 정격은 DC24[V], 0.7[A]이며 전압 강하 허용률은 -10[%], 전선의 저항은 주변온도 20[℃]일 때 1.2[mm] : 15.24[Ω/km], 1.6[mm] : 8.573[Ω/km], 2.0[mm] : 5.487[Ω/km], 2.6[mm] : 5.24[Ω/km]이다)

① 1.2[mm]  ② 1.6[mm]
③ 2.0[mm]  ④ 2.6[mm]

**해설**

전압강하율 $\epsilon = \dfrac{V_S - V_R}{V_R} \times 100[\%]$ 에서

전압강하 허용률 10[%]일 때

$V_R = \dfrac{V_S}{\dfrac{\epsilon}{100}+1} = \dfrac{24}{\dfrac{10}{100}+1} \fallingdotseq 21.82[V]$ 가 되므로

전압강하 $e = V_S - V_R = 24 - 21.82 = 2.18[V]$ 가 되며 직류2선식 배선방식의 전선단면적

$A = \dfrac{35.6LI}{1,000e} = \dfrac{35.6 \times 300 \times 0.7}{1,000 \times 2.18} = 3.429[mm^2]$

$A = \dfrac{\pi D^2}{4}$, $D = \sqrt{\dfrac{4A}{\pi}} = 2.089[mm]$

∴ 전선의 최소 굵기가 2.089[mm] 이상이어야 하므로 전선의 굵기는 2.6[mm]를 선정하여야 한다.

**10** 자동화재탐지설비에서 비화재보가 빈번할 때의 조치로서 적당하지 않은 것은?

① 감지기 설치장소에 급격한 온도상승을 가져오는 감열체가 있는지를 확인한다.
② 전원회로의 전압계 지시치가 0인가를 확인한다.
③ 수신기 내부의 계전기 접점을 확인한다.
④ 감지기 회로배선 및 절연상태를 확인한다.

**해설**

비화재보가 빈번할 경우의 조치
㉠ 감지기 회로 배선 및 절연상태 확인
㉡ 수신기 내부의 계전기 접점 확인
㉢ 감지기 설치장소에 온도상승요인인 감열체가 있는지 확인
㉣ 수신기 내부의 표시회로의 절연상태 확인

**11** 공기포 원액의 시험시료를 저장탱크에서 채취할 경우 채취방법 중 옳은 것은?

① 저장조의 상부에서 채취
② 저장조의 중부에서 채취
③ 저장조의 하부에서 채취
④ 저장조의 상부, 중간 및 하부에서 채취

**해설**

공기포 원액의 시험시료
저장조의 상부, 중간 및 하부에서 채취

**12** 제연구획에 대한 설명 중 잘못된 것은?

① 하나의 제연구역의 면적은 1,000[m²] 이내로 하여야 한다.
② 거실과 통로는 상호 제연구획하여야 한다.
③ 제연구역의 구획은 보·제연경계벽 및 벽으로 하여야 한다.
④ 통로상의 제연구역은 보행 중심선으로 길이가 최대 50[m] 이내이어야 한다.

**해설**

제연구획의 기준
㉠ 하나의 제연구역의 면적은 1,000[m²] 이내로 할 것
㉡ 거실과 통로는 상호 제연구획 할 것
㉢ 통로상의 제연구역은 보행 중심선으로 길이가 60[m]는 초과하지 아니할 것
㉣ 하나의 제연구역은 직경 60[m] 원내에 들어갈 수 있을 것
㉤ 하나의 제연구역은 2개 이상 층에 미치지 아니하도록 할 것

정답 09.④ 10.② 11.④ 12.④

**13** 옥내소화전의 배관설비에 대한 설명으로 부적합한 것은?

① 펌프의 흡수관에 여과장치를 한다.
② 주배관 중 수직배관은 구경 50[mm] 이상의 것으로 한다.
③ 연결송수관과 겸용하는 경우의 가지배관은 구경 50[mm] 이상의 것으로 한다.
④ 연결송수관의 설비와 겸용할 경우의 주배관의 구경은 100[mm] 이상의 것으로 한다.

**해설** 옥내소화전설비의 배관 구경

| 구분 | 주배관 중 수직배관 | 방수구로 연결되는 가지배관 |
|---|---|---|
| 옥내소화전설비 | 50[mm] 이상 | 40[mm] 이상 |
| 호스릴 옥내소화전설비 | 32[mm] 이상 | 25[mm] 이상 |
| 연결송수관설비와 겸용 | 100[mm] 이상 (주배관) | 65[mm] 이상 |

**14** 다음은 P형 1급 수신기의 기능장치이다. 사용하지 않는 장치는?

① 화재표시 작동시험장치
② 중계기 연결작동 시험장치
③ 예비전원 시험장치
④ 전화연락장치

**해설** P형 1급 수신기의 기능
㉠ 화재표시작동 시험장치
㉡ 수신기와 감지기 등과의 사이의 외부배선의 도통시험장치
㉢ 전원자동 절환 장치
㉣ 예비전원의 양부의 시험장치
㉤ 발신기 등과 연락하는 일을 할 수 있는 전화연락장치

**15** 할로겐화합물 및 불활성기체소화약제 소화설비의 분사헤드의 설치높이로 맞는 것은?

① 최소 0.1[m] 이상, 최대 3.2[m] 이하
② 최소 0.1[m] 이상, 최대 3.5[m] 이하
③ 최소 0.2[m] 이상, 최대 3.5[m] 이하
④ 최소 0.2[m] 이상, 최대 3.7[m] 이하

**해설** 분사헤드의 설치높이
최소 0.2[m] 이상, 최대 3.7[m] 이하

**16** 스프링클러 헤드를 설치하여야 하는 것은?

① 통신기기실, 전자기기실, 파이프덕트
② 변전실, 발전실, 변압기
③ 천장, 반자 중 한쪽이 불연재료로 되어 있고 천정과 반자 사이의 거리가 1[m] 미만인 부분
④ 현관 또는 로비 등으로서 바닥으로부터 높이가 10[m] 이상인 장소

**해설** 스프링클러 헤드의 설치제외 대상물
㉠ 계단실(특별피난계단의 부속실 포함)·경사로·승강기의 승강로·파이프덕트·목욕실·화장실 기타 이와 유사한 장소
㉡ 통신기기실·전자기기실 기타 이와 유사한 장소
㉢ 발전실·변전실·변압기 기타 이와 유사한 전기 설비가 설치되어 있는 장소
㉣ 병원의 수술실·응급처치실 기타 이와 유사한 장소
㉤ 천장·반자 중 한쪽이 불연재료로 되어 있고 천정과 반자 사이의 거리 1[m] 미만인 부분
㉥ 천장 및 반자가 불연재료 외의 것으로 되어 있고 천정과 반자 사이의 거리 0.5[m] 미만인 부분
㉦ 펌프실·물탱크실 그 밖의 이와 비슷한 장소
㉧ 현관 또는 로비 등으로서 바닥으로부터 높이가 20[m] 이상인 장소

**17** 도통시험을 한 결과 단선이 된 회선이 있었을 때 그 원인으로 적당하지 않다고 생각되는 것은?

① 말단에 종단 저항이 없었다.
② 회로 선로가 단선되었다.
③ 도통시험 릴레이의 접점 불량이다.
④ 시험 스위치의 불량이다.

**해설** 도통시험 시 단선원인
㉠ 말단에 종단 저항이 없을 때
㉡ 회로 선로의 단선
㉢ 시험 스위치의 불량

▶ 도통시험을 할 때에는 릴레이가 작동하지 않는다.

정답 13.③ 14.② 15.④ 16.④ 17.③

**18** 할론소화약제의 저장용기 중 할론 1211에 있어서의 충전비는 얼마인가?

① 0.51 이상 0.67 미만
② 0.7 이상 1.4 이하
③ 0.67 이상 2.75 이하
④ 0.9 이상 1.6 이하

**해설** 할론 소화약제의 충전비

| 약제 | 할론 1301 | 할론 1211 | 할론 2402 | |
|---|---|---|---|---|
| 충전비 | 0.9 이상 1.6 이하 | 0.7 이상 1.4 이하 | 가압식 | 0.51 이상 0.67 미만 |
| | | | 축압식 | 0.67 이상 2.75 이하 |

**19** 옥내소화전설비에서 토출량이 Q[L/min]인 소화펌프 2대를 직렬로 연결하였다면 토출량은?

① Q    ② 2Q
③ 3Q   ④ 4Q

**해설** 펌프 2대 사용 시

| 연결방법 | 직렬 연결 | 병렬 연결 |
|---|---|---|
| 토출량 | Q | 2Q |
| 양정 | 2H | H |

**20** 체적 150[m³]인 방호대상물에 이산화탄소 소화설비를 설치하려고 한다. 소요약제량이 1.3[kg/m³]일 때 용기저장실에 저장하여야 할 저장용기의 수는? (단, 저장용기의 내용적은 68[L], 충전비는 1.5이다)

① 1병    ② 5병
③ 6병    ④ 7병

**해설** 약제소요량 = 150[m³] × 1.3[kg/m³] = 195[kg]

$$충전비 = \frac{용기의\ 내용적}{약제의\ 중량}$$

$$약제의\ 중량(저장량) = \frac{용기의\ 내용적}{충전비}$$

$$= \frac{68L}{1.5} = 45.3[kg]$$

∴ 저장용기의 수 = $\frac{약제소요량}{저장량} = \frac{195}{45.3} = 4.3$
⇒ 5병

**21** 스프링클러설비의 점검정비에 관한 사항 중 적절하지 못한 것은?

① 정비작업을 마친 후 30분 이내에 급수를 재개한다.
② 헤드의 주위에 필요한 공간을 갖는다.
③ 헤드는 규정의 일정간격을 유지하고 있는가를 확인한다.
④ 실온에 맞는 표시온도의 헤드를 사용한다.

**해설** 스프링클러설비의 점검정비 사항
㉠ 정비작업을 마친 후 즉시 급수를 재개하여 누설의 이상 유무를 확인한다.
㉡ 헤드의 주위에 필요한 공간을 갖는다.
㉢ 헤드는 규정의 일정간격을 유지하고 있는가를 확인한다.
㉣ 실온에 맞는 표시온도의 헤드를 사용한다.

**22** 폐쇄형 스프링클러 헤드의 감도를 예상하는 지수인 RTI와 관련이 깊은 것은?

① 기류의 온도와 비열
② 기류의 온도, 속도 및 작동시간
③ 기류의 비열 및 유동방향
④ 기류의 온도, 속도 및 비열

**해설** 반응시간지수(RTI)
기류의 온도, 속도 및 작동시간에 대하여 스프링클러 헤드의 반응을 예상한 지수

> $RTI = r\sqrt{u}$
> 여기서, r : 감열체의 시간상수[초]
>         u : 기류속도[m/sec]

**정답** 18.② 19.① 20.② 21.① 22.②

**23** 연결송수관설비의 설치기준으로 적합하지 않은 것은?

① 주배관의 구경은 100[mm] 이상으로 설치한다.
② 송수구는 구경 65[mm]로 설치한다.
③ 방수구는 구경 65[mm]로 설치한다.
④ 방수구는 당해 층의 각 부분으로부터 수평거리 40[m] 이하가 되도록 설치한다.

**해설** 연결송수관설비의 설치기준
㉠ 주배관의 구경 : 100[mm] 이상
㉡ 송수구, 방수구의 구경 : 65[mm]
㉢ 방수구까지의 수평거리 : 50[m] 이하

> ⓐ 옥외소화전의 호스접결구까지 : 40[m] 이하
> ⓑ 옥내소화전 방수구까지 : 25[m] 이하

방수구는 아파트 또는 바닥면적이 1,000[m²] 미만인 층에 있어서는 계단(계단의 부속실을 포함하며 계단이 2 이상 있는 경우에는 그 중 1개의 계단을 말한다)으로부터 5[m] 이내에, 바닥면적 1,000[m²] 이상인 층(아파트를 제외한다)에 있어서는 각 계단(계단의 부속실을 포함하며 계단이 3 이상 있는 층의 경우에는 그 중 2개의 계단을 말한다)으로부터 5[m] 이내에 설치하되, 그 방수구로부터 그 층의 각 부분까지의 거리가 다음 각목의 기준을 초과하는 경우에는 그 기준 이하가 되도록 방수구를 추가하여 설치할 것
ⓐ 지하가(터널은 제외한다) 또는 지하층의 바닥면적의 합계가 3,000[m²] 이상인 것은 수평거리 25[m]
ⓑ ⓐ에 해당하지 아니하는 것은 수평거리 50[m]

**24** 포소화설비에서 혼합장치(6[%])를 사용하여 방출 시 포원액은 20[L/분] 소모된다고 한다. 이 설비가 30분 작동되면 소모된 수원의 양(m³)은?

① 1.2[m³]    ② 9.4[m³]
③ 36[m³]    ④ 313.3[m³]

**해설** 6%포 약제=원액 6[%]+물 94[%]
0.06(6[%]) : 20[L/min]=0.94(94[%]) : x
x=313.33[L/min]
∴ 30분 작동하므로 313.33[L/min]×30[min]
　　=9,400[L]=9.4[m³]

**25** 14층 건물의 지하 1층에 제연설비용 배풍기를 설치하였다. 이 배풍기의 풍량은 450[m³/min]이고 풍압은 25[mmAq]이었다. 이때 배풍기의 동력은 몇 [kW]로 해주어야 하는가? (단, 배풍기는 타워형으로 효율은 55[%]이고 여유율은 10[%]이다)

① 2.02[kW]    ② 3.35[kW]
③ 1.84[kW]    ④ 3.68[kW]

$$P[\text{kW}] = \frac{Q[\text{m}^3/\text{min}] \times P_r[\text{mmAq}]}{60 \times 102 \times \eta} \times K$$

$$= \frac{450[\text{m}^3/\text{min}] \times 25[\text{mmAq}]}{60 \times 102 \times 0.55} \times 1.1$$

$$= 3.68[\text{kW}]$$

# 제5회 소방시설관리사 1차 필기 기출문제
### [제5과목 : 소방시설의 구조 및 원리]

**01** 자동화재탐지설비의 감지기의 높이가 10[m]인 장소에 설치할 수 있는 감지기는?

① 보상식 스포트형
② 정온식 스포트형
③ 차동식 분포형
④ 차동식 스포트형

**해설** 부착높이에 따른 감지기 종류

| 부착높이 | 감지기의 종류 |
|---|---|
| 8[m] 이상 15[m] 미만 | • 차동식 분포형<br>• 이온화식 1종 또는 2종<br>• 광전식(스포트형, 분리형, 공기흡입형) 1종 또는 2종<br>• 연기복합형<br>• 불꽃감지기 |

**02** 다음은 감지기 설치에 관한 설명이다. 차동식 분포형의 경우 공기관을 벽체 등에 관통시킬 때의 조치로서 적합한 것은?

① 공기관을 부드러운 비닐관으로 보호한다.
② 공기관을 나체로 통과시켜도 된다.
③ 관통부분에 부싱 등을 끼우고 그 속에 공기관을 통과시킨다.
④ 2개의 공기관을 병렬로 통과시킨다.

**해설** 차동식 분포형의 경우 공기관을 벽체 등에 관통시킬 때에는 관통부분에 부싱 등을 끼우고 그 속에 공기관을 통과시킨다.

**03** 자동화재탐지설비의 음향장치 설치기준으로 틀린 것은?

① 소방대상물의 각 층 각 부분에서 음향장치까지의 수평거리는 25[m] 이하로 한다.
② 방송설비를 감지기와 연동하여 작동하도록 하고 주경종과 지구경종을 생략한다.
③ 음향장치는 정격정압 80[%]의 전압에서 음향을 발하도록 한다.
④ 음량은 부착된 음향장치 중심에서 1[m] 떨어진 위치에서 90[dB] 이상 되도록 한다.

**해설** [2022.12.1. NFTC이후 개정]
층수가 11층(공동주택의 경우에는 16층) 이상의 특정소방대상물은 다음의 기준에 따라 경보를 발할 수 있도록 해야 한다.
① 2층 이상의 층에서 발화한 때에는 발화층 및 그 직상 4개층에 경보를 발할 것〈개정 2023.2.10〉
② 1층에서 발화한 때에는 발화층·그 직상 4개층 및 지하층에 경보를 발할 것〈개정 2023.2.10.〉
③ 지하층에서 발화한 때에는 발화층·그 직상층 및 기타의 지하층에 경보를 발할 것

정답 01.③ 02.③ 03.②

**04** 포 소화설비에서 포워터 스프링클러헤드가 5개 설치된 경우 수원의 양[m³]은?

① 1.75[m³]   ② 2.75[m³]
③ 3.75[m³]   ④ 4.75[m³]

해설 수원=헤드의 개수×75[L/min]×10[min]
=5×75[L/min]×10[min]
=3,750[L]=3.75[m³]

**05** 옥외소화전의 노즐(구경 19[mm])에서 방수압을 측정하였더니 2.5[kg/cm²]이었다면 방수량은?

① 175.5[L/min]
② 194.5[L/min]
③ 372.7[L/min]
④ 392.7[L/min]

해설 방수량

$$Q = 0.653D^2\sqrt{P}$$

여기서, Q : 방수량[L/min]
D : 관경 또는 노즐구경[mm]
P : 방수압력[kg/cm²]

∴ $Q = 0.653D^2\sqrt{P} = 0.653 \times (19)^2 \times \sqrt{2.5}$
$= 372.7[L/min]$

**06** 이산화탄소 약제저장용기의 내용적이 100[L], 약제를 80[kg] 저장하였을 경우 충전비는 얼마인가?

① 0.8[L/kg]
② 1[L/kg]
③ 1.25[L/kg]
④ 1.3[L/kg]

해설 충전비

$$C = \frac{V}{G}$$

여기서, C : 충전비[L/kg]
V : 용기의 내용적[L]
G : 약제의 저장량[kg]

∴ 충전비 $C = \frac{100}{80} = 1.25[L/kg]$

**07** 배관 내의 이물질 등으로 하향형의 스프링클러헤드가 막힐 우려가 있어 교차배관상단에서 가지배관을 분기하여 헤드를 설치하는 스프링클러설비 방식은?

① 폐쇄형 습식   ② 폐쇄형 건식
③ 일제살수식   ④ 개방형 건식

해설 폐쇄형 습식
배관 내의 이물질 등으로 하향형의 스프링클러헤드가 막힐 우려가 있어 교차배관상단에서 가지배관을 분기하여 헤드를 설치하는 스프링클러설비 방식

**08** 건물 내에 옥내소화전을 1층 7개, 2층 6개, 3층 5개, 4층 4개, 5층 3개를 설치하였다. 이 건물에 필요한 수원의 저수량[m³]은 얼마인가?

① 7.8[m³] 이하   ② 7.8[m³] 이상
③ 13[m³] 이하   ④ 13[m³] 이상

해설 수원의 저수량=N(최대 5개)×130[L/min]×20[min]
=5×2,600[L]=13,000=13[m³]
[21년 이후 2개로 개정]

**09** P형 1급 수신기와 발신기간의 일반적인 소요 전선수는?

① 2선   ② 3선
③ 4선   ④ 5선

해설 P형 1급 수신기와 발신기간의 선로명
㉠ 응답선
㉡ 지구(발신기)선
㉢ 전화선
㉣ 공통선
[현행 전화선 삭제]

**10** 습식 스프링클러설비 배관의 동파방지법으로 적당하지 않은 것은?

① 보온재를 이용한 배관보온법
② 히팅코일을 이용한 가열법
③ 순환펌프를 이용한 물의 순환법
④ 에어 콤프레서를 이용한 방법

해설 **습식 스프링클러설비 배관의 동파방지법**
  ㉠ 보온재를 이용한 배관보온법
  ㉡ 부동액 주입법
  ㉢ 순환펌프를 이용한 물의 순환법
  ㉣ 히팅코일을 이용한 가열법

**11** 다음 옥내소화전설비에서 펌프의 성능시험 배관에 대한 설명으로 옳은 것은?

① 펌프의 토출측에 설치된 개폐밸브 이후에서 분기할 것
② 배관의 구경은 정격토출압력의 50[%] 이하에서 정격토출량의 120[%] 이상을 토출할 수 있는 크기 이상으로 할 것
③ 펌프 정격토출량의 175[%] 이상 측정할 수 있는 유량측정장치를 설치할 것
④ 정격토출량이 분당 100[L] 이하인 펌프는 유량측정장치를 설치하지 않아도 좋다.

해설 **옥내소화전설비에서 펌프의 성능시험 배관**
  ㉠ 펌프의 토출측에 설치된 개폐밸브 이전에서 분기할 것
  ㉡ 배관의 구경은 정격토출량의 150[%]로 운전 시 정격토출압력의 65[%] 이상이 되도록 할 것
  ㉢ 펌프 정격토출량의 175[%] 이상 측정할 수 있는 유량측정장치를 설치할 것
  ㉣ 정격토출량이 분당 100[L] 이하인 펌프는 유량측정장치를 설치하여야 한다.

**12** 무선통신보조설비의 누설동축케이블 및 안테나는 고압의 전로로부터 몇 [m] 이상 떨어진 위치에 설치하는가?

① 1[m]   ② 1.5[m]
③ 2[m]   ④ 2.5[m]

해설 **누설동축케이블 등의 설치 기준**
  ㉠ 누설동축케이블은 화재에 의하여 당해 케이블의 피복이 소실된 경우에 케이블 본체가 떨어지지 아니하도록 4[m] 이내마다 금속제 또는 자기제 등의 지지금구로 벽·천장·기둥 등에 견고하게 고정시킬 것 (단, 불연재료로 구획된 반자 안에 설치하는 경우에는 제외)
  ㉡ 누설동축케이블 및 안테나는 고압의 전로로부터 1.5[m] 이상 떨어진 위치에 설치할 것(단, 당해 전로에 정전기 차폐장치를 유효하게 설치한 경우에는 제외)
  ㉢ 누설동축케이블의 끝부분에는 무반사 종단저항을 견고하게 설치할 것

**13** 소방펌프에서 송수가 불능할 때 그 원인이 아닌 것은?

① 스트레이너(Strainer)가 막혀 있다.
② 축소부의 패킹을 과하게 조였다.
③ 토출압력이 불충분하다.
④ NPSH가 부족하다.

해설 **소화펌프의 송수 불능 원인**
  ㉠ 스트레이너 폐쇄
  ㉡ 토출압력 불충분
  ㉢ NPSH 부족
  ㉣ 공동현상 발생

**14** 공기관식 차동식 분포형 감지기의 유통시험 시 필요하지 않는 기구는?

① 백금카이로식 가열시험기
② 공기주입기
③ 고무관
④ 마노미터

해설 **유통시험시 필요한 기구**
  ㉠ 공기주입기
  ㉡ 고무관
  ㉢ 마노미터
  ㉣ 유리관

**15** 방호체적 500[m³]인 전산기기실에 이산화탄소 소화설비를 전역방출 방식으로 설치하고자 한다. 이때 필요한 이산화탄소약제의 양[kg]은? (단, 개구부는 무시한다)

① 1,120[kg]   ② 520[kg]
③ 680[kg]    ④ 650[kg]

정답  11.③  12.②  13.②  14.①  15.④

**해설** 심부화재 방호대상물(종이, 목재, 석탄, 섬유류, 합성수지류 등)

| 방호대상물 | 필요가스량 | 설계농도 |
|---|---|---|
| 유압기기를 제외한 전기 설비, 케이블실 | 1.3[kg/m³] | 50[%] |
| 체적 55[m³] 미만의 전기설비 | 1.6[kg/m³] | 50[%] |
| 서고, 전자제품창고, 목재가공품창고, 박물관 | 2.0[kg/m³] | 65[%] |
| 고무류·면화류 창고, 모피 창고, 석탄창고, 집진설비 | 2.7[kg/m³] | 75[%] |

➡ 탄소가스저장량[kg]
 = 방호구역체적[m³] × 필요가스량[kg/m³]
 + 개구부면적[m²] × 가산량(10[kg/m²])

∴ 탄산가스저장량[kg] = 500[m³] × 1.3[kg/m³]
 = 650[kg]

**16** 감지기의 배선방식에서 종단저항을 마지막 감지기에 설치하지 않고, 수신기 또는 발신기 속에 설치하는 것이 일반적이다. 그 주된 이유는?

① 도통시험을 용이하게 하기 위함
② 절연저항시험을 용이하게 하기 위함
③ 시공을 용이하게 하기 위함
④ 배선의 길이를 절약하기 위함

**해설** 종단저항
감지기 회로의 도통시험을 용이하게 하기 위하여 설치

**17** 자동화재탐지설비의 화재표시작동시험으로 확인할 수 없는 것은?

① 지구표시등의 점등 유무
② 주음향장치의 명동 유무
③ 각 회선의 전압계의 지시치 정상 유무
④ 감지기배선의 단선 유무

**해설** 화재표시작동시험의 확인
 ㉠ 지구표시등의 점등 유무
 ㉡ 주음향장치의 명동 유무
 ㉢ 감지기회로 또는 부속기기의 회로 유무

**18** 스프링클러설비에서 교차배관의 분기되는 지점을 기점으로 한쪽 가지관에 설치하는 헤드의 개수는 몇 개 이하로 하여야 하는가?

① 6개  ② 8개
③ 10개  ④ 12개

**해설** • 한쪽 가지배관에 설치하는 헤드의 수 : 8개 이하

**19** 스프링클러헤드의 점검사항에 해당하지 않는 것은?

① 헤드의 부식유무
② 헤드의 강도
③ 최고온도의 변화
④ 헤드의 감열 방해

**해설** 스프링클러헤드의 점검정비 사항
 ㉠ 헤드의 부식유무
 ㉡ 최고온도의 변화
 ㉢ 헤드의 감열 방해

➡ 헤드의 강도는 점검사항이 아니고 시험을 하여야 하는 사항이다.

**20** 비상전원의 사용전압이 150[V]일 때 절연저항은 0.1[MΩ] 이상이어야 한다. 측정법이 옳지 않은 것은?

① 배선과 대지 사이
② 전용수전설비의 변압기 2차측과 외함 사이
③ 축전지설비의 외함과 대지 사이
④ 수신기 1차측과 대지 사이

**해설** 절연저항 측정법
 ㉠ 배선과 대지 사이
 ㉡ 전용수전설비의 변압기 2차측과 외함 사이
 ㉢ 수신기 1차측과 대지 사이

정답 16.① 17.③ 18.② 19.② 20.③

## 08. 소방시설의 구조 및 원리

**21** 스프링클러 소화설비용 펌프의 흡입측 압력이 2.5[MPa]였고, 토출측 압력이 9.6[MPa]로 나타났다면 압축비를 1.4로 할 때 펌프의 단수는?

① 4　　② 3
③ 2　　④ 1

**해설** 압축비

$$압축비\ K = \sqrt[n]{\frac{p_2}{p_1}}$$

여기서, $n$ : 단수
　　　　$P_1$ : 최초의 압력
　　　　$P_2$ : 최종의 압력

∴ 압축비 $K = \sqrt[n]{\frac{p_2}{p_1}}$

$1.4 = \sqrt[n]{\frac{9.6}{2.5}}$　　$1.4 = \left(\frac{9.6}{2.5}\right)^{\frac{1}{n}}$

$(1.4)^n = \frac{9.6}{2.5}$　　$(1.4)^n = 3.84 ≒ 4$

**22** 스프링클러설비를 설치한 하나의 층 바닥면적이 7,500[m²]일 때 유수검지장치를 몇 개 이상 설치하여야 하는가?

① 1개　　② 2개
③ 3개　　④ 4개

**해설** 유수검지장치는 하나의 방호구역의 바닥면적은 3,000[m²]를 초과하지 않아야 한다.
∴ 7,500 ÷ 3,000 = 2.5 ⇒ 3

**23** 자동화재탐지설비의 음향장치는 정격전압의 몇 [%] 전압에서 음향을 발할 수 있어야 하며, 음량은 음향장치의 중심으로부터 1[m] 위치에서 몇 [dB] 이상이어야 하는가?

① 80[%], 90[dB]　　② 80[%], 80[dB]
③ 90[%], 80[dB]　　④ 90[%], 90[dB]

**해설** 자동화재탐지설비의 음향장치는 정격전압의 80[%] 전압에서 음향을 발할 수 있어야 하며, 음량은 음향장치의 중심으로부터 1[m] 위치에서 90[dB] 이상이어야 한다.

**24** 표시온도가 163~203[℃]인 퓨즈 메탈형 스프링클러헤드 프레임의 색상은?

① 흰색　　② 파랑색
③ 빨강색　　④ 초록색

**해설** 퓨즈 메탈형 스프링클러헤드 프레임(스프링클러 헤드의 검정기술기준)

| 퓨즈 블링크형(퓨즈메탈형) | | 글라스 벌브형(유리밸브형) | |
|---|---|---|---|
| 표시온도[℃] | 색 | 표시온도[℃] | 색 |
| 77[℃] 미만 | 표시없음 | 57[℃] | 오렌지 |
| 78~120[℃] | 흰색 | 68[℃] | 빨강 |
| 121~162[℃] | 파랑 | 79[℃] | 노랑 |
| 163~203[℃] | 빨강 | 93[℃] | 초록 |
| 204~259[℃] | 초록 | 141[℃] | 파랑 |
| 260~319[℃] | 오렌지 | 182[℃] | 연한 자두 |
| 320[℃] 이상 | 검정 | 227[℃] 이상 | 검정 |

**25** 25[m]인 객석통로에 객석유도등 설치 시 설치개수는?

① 2개　　② 4개
③ 6개　　④ 8개

**해설** 객석유도등의 설치갯수

$= \dfrac{객석의\ 통로의\ 직선부분의\ 길이[m]}{4} - 1$

$= \dfrac{25}{4} - 1 = 5.25$

⇒ 6개

**정답** 21.① 22.③ 23.① 24.③ 25.③

# 제4회 소방시설관리사 1차 필기 기출문제
[제5과목 : 소방시설의 구조 및 원리]

**01** P형 1급 수신기의 예비전원의 전압을 테스트한 결과 0이었다. 다음 설명 중에서 관계가 없는 것은?
① 감지기 연결배선에 절연불량
② 접속배선이 단선
③ 부식되었다.
④ 예비전원 단자가 벗겨졌다.

해설 감지기 연결배선과 예비전원의 전압시험과는 관계가 없다. 상용전원 이상 시 예비전원으로 절환되어 수신기에 전원이 공급된다.

**02** 일제개방형 스프링클러설비에서 일제 개방밸브 2차측 배관의 구조기준으로 옳은 것은?
① 입상 주배관과 연결하고 개폐표시형 밸브를 설치하여야 한다.
② 역류개폐가 가능한 체크밸브를 설치하여야 한다.
③ 개폐표시형 밸브를 설치하고 이 밸브의 2차측에 자동배수장치를 설치하여야 한다.
④ 개폐표시형 밸브를 설치하고 이 밸브의 1차측에 압력스위치를 설치하여야 한다.

해설 일제개방형 스프링클러설비 설치 기준
㉠ 2차측 : 개폐표시형 밸브 설치
㉡ 2차측 개폐표시형 밸브 아래에 압력스위치, 자동배수밸브 설치

**03** 다음 중 연결송수관설비의 송수구의 외관점검 사항이 아닌 것은?
① 주위에 점검 또는 사용상 장해물이 없고 개폐방향표시의 적정여부 확인
② 송수구 표지 및 송수구역 등을 명시한 계통도의 적정한 설치여부 확인
③ 송수구 외형의 누설·변형·손상 등이 없는가의 여부 확인
④ 송수구 내부에 이물질의 존재여부 확인

해설 개폐방향표시의 적정여부는 선택밸브의 점검항목이다.

**04** 이산화탄소 소화설비의 소화약제 저장용기의 선택밸브 또는 개폐밸브 사이에 설치하는 안전장치의 작동압력은 하는가?
① 내압시험압력의 0.64배 내지 0.8배
② 내압시험압력의 1.0배
③ 내압시험압력의 0.8배
④ 17~25[MPa]

해설 **이산화탄소의 압력**

| 구분 | | 압력 기준 |
|---|---|---|
| 저장용기의 내압시험압력 | 저압식 | 3.5[MPa] 이상 |
| | 고압식 | 25[MPa] 이상 |
| 안전밸브의 작동압력 | | 내압시험압력의 0.64배 내지 0.8배 |
| 봉판의 작동압력 | | 내압시험압력의 0.8배 내지 내압시험압력 |
| 압력경보장치의 작동압력 | | 2.3[MPa] 이상 1.9[MPa] 이하 |
| 자동냉동장치 | | 영하 18[℃] 이하에서 2.1[MPa] 이상의 압력 |
| 저장용기와 선택밸브 또는 개폐밸브 사이의 안전장치 | | 내압시험압력의 0.8배 |

**05** 폐쇄형 스프링클러헤드를 주위온도 50[℃]인 장소에 설치할 경우 표시온도는?

① 79[℃] 미만
② 79[℃] 이상 121[℃] 미만
③ 121[℃] 이상 162[℃] 미만
④ 162[℃] 이상

**해설** 폐쇄형 스프링클러헤드의 표시온도

| 설치장소의 최고 주위온도 | 표시온도 |
|---|---|
| 39[℃] 미만 | 79[℃] 미만 |
| 39[℃] 이상 64[℃] 미만 | 79[℃] 이상 121[℃] 미만 |
| 64[℃] 이상 106[℃] 미만 | 121[℃] 이상 162[℃] 미만 |
| 106[℃] 이상 | 162[℃] 이상 |

**06** 다음 분말소화약제 중 어느 종류의 화재에도 적응성이 있는 약제는 어느 것인가?

① $NaHCO_3$
② $KHCO_3$
③ $NH_4H_2PO_4$
④ $Na_2CO_3$

**해설** • 제3종 분말($NH_4H_2PO_4$) : A급, B급, C급 화재

**07** 분말소화설비의 전역 방출 방식에 있어서 방호 체적이 500[m³]일 때 설치하여야 하는 분사 헤드의 수는? (단, 제1종 소화 분말로서 분사 헤드의 방출률은 20[kg/분·개]이다)

① 35개
② 134개
③ 9개
④ 30개

**해설** 소화약제의 양=방호체적[m³]×0.6[kg/m³]
    =500[m³]×0.6[kg/m³]=300[kg]
분사헤드의 수=300[kg]÷20[kg/min]×2=30개
(여기서 2=소화약제는 30초 이내 방사해야 하는데 문제는 [min]이다)

**08** 어떤 소방대상물에 옥외소화전이 5개 설치되어 있다. 이때 수원의 양(m³)은?

① 7[m³]
② 14[m³]
③ 18[m³]
④ 21[m³]

**해설** 수원의 양=옥외소화전수(최대 2개)×350[L/min]
    ×20[min]
    =2×7,000[L]=14,000[L]=14[m³]

**09** 무선통신보조설비의 누설동축케이블 등의 설치기준으로 옳은 것은?

① 누설동축케이블과 이에 접속하는 안테나 또는 동축케이블과 이에 접속하는 안테나에 따른 것으로 할 것
② 습기에 의하여 전기특성이 저하되지 않는 것으로 하며 노출배선을 하지 않도록 할 것
③ 6[m] 이내마다 금속제로 견고하게 고정시킬 것
④ 끝부분에는 아무것도 설치하지 말고 그대로 단락시킬 것

**해설** 누설동축케이블 등
㉠ 누설동축케이블과 이에 접속하는 안테나 또는 동축케이블과 이에 접속하는 안테나에 따른 것으로 할 것
㉡ 누설동축케이블은 불연 또는 난연성의 것으로서 습기에 의하여 전기의 특성이 변질되지 아니하는 것으로 하고, 노출하여 설치한 경우는 피난 및 통행에 장해가 없도록 할 것
㉢ 4[m] 이내마다 금속제 또는 자기제 등의 지지금구로 벽·천장·기둥 등에 견고하게 고정시킬 것
㉣ 끝부분에는 무반사 종단저항을 설치할 것

**10** 할론 소화설비의 Halon 1301의 분사헤드의 방사압력은?

① 0.1[MPa] 이상
② 0.2[MPa] 이상
③ 0.9[MPa] 이상
④ 1.4[MPa] 이상

**해설** 분사헤드의 방사압력

| 약제 | 방사압력 |
|---|---|
| 할론2402 | 0.1[MPa] 이상 |
| 할론1211 | 0.2[MPa] 이상 |
| 할론1301 | 0.9[MPa] 이상 |

정답 05.② 06.③ 07.④ 08.② 09.① 10.③

**11** 자동화재탐지설비의 감지기회로 단선 여부를 시험할 수 없는 것은?

① 동시작동시험  ② 유통시험
③ 화재표시작동시험  ④ 회로도통시험

**해설** **유통시험**
공기관에 공기를 주입하여 공기의 누설, 공기관의 변형 또는 막힘의 여부를 확인

**12** 다음 중 교차회로방식의 화재감지기 회로로 구성하여 작동되는 소화설비가 아닌 것은?

① 할론 소화설비
② 분말소화설비
③ 이산화탄소 소화설비
④ 옥내소화전설비

**해설** **교차회로방식의 설치 소화설비**
㉠ 스프링클러설비(준비작동식, 일제살수식)
㉡ 이산화탄소 소화설비
㉢ 할론소화설비
㉣ 분말소화설비

**13** 현행 개정 등으로 문제 삭제

**14** 현행 개정 등으로 문제 삭제

**15** 가동식의 벽, 제연경계벽, 댐퍼 및 배출기의 작동은 무엇과 연동되어야 하는가?

① 스프링클러설비  ② 무선통신보조설비
③ 자동화재감지기  ④ 통로유도등

**해설** 가동식의 벽, 제연경계벽, 댐퍼 및 배출기의 작동은 자동화재감지기와 연동되어야 하며 예상제연구역 또는 인접장소 및 제어반에서 수동으로 기동이 가능하도록 할 것

○ **자동화재감지기와 연동되어야 하는 것**
① 가동식의 벽  ② 제연경계벽
③ 댐퍼  ④ 배출기

**16** 다음 중 완강기의 기능점검 항목이 아닌 것은?

① 보호장치  ② 조속기
③ 로프  ④ 벨트

**해설** **완강기의 구조**
㉠ 조속기(속도 조절기)  ㉡ 로프
㉢ 벨트  ㉣ 후크
㉤ 연결금속구

○ 완강기의 구조는 기능점검을 하여야 한다.

**17** 어느 제연구역의 계단실을 급기 가압하여 제연하려고 한다. 보충량이 1,000[m³/min]일 때 플랩댐퍼의 날개면적[m²]은?

① 0.42[m²]  ② 1.42[m²]
③ 2.85[m²]  ④ 5.86[m²]

**해설** **플랩댐퍼의 날개면적**

$$A = \frac{q}{5.85}$$

여기서, $A$ : 날개면적[m²]
$q$ : 보충량[m³/sec]

∴ $A = \dfrac{1,000[\text{m}^3]/60[\text{sec}]}{5.85} = 2.85[\text{m}^2]$

**18** 자동화재탐지설비에서 비화재보가 빈번할 때의 조치로서 적당하지 않은 것은?

① 감지기 설치장소에 급격한 온도상승을 가져오는 감열체가 있는지를 확인
② 전원회로의 전압계 지시치가 0인가를 확인
③ 수신기 내부의 계전기 접점 확인
④ 감지기 회로배선 및 절연상태 확인

**해설** **비화재보가 빈번할 경우의 조치**
㉠ 감지기 회로 배선 및 절연상태 확인
㉡ 수신기 내부의 계전기 접점 확인
㉢ 감지기 설치장소에 온도상승요인인 감열체가 있는지를 확인
㉣ 수신기 내부의 표시회로의 절연상태 확인

정답  11.②  12.④  15.③  16.①  17.③  18.②

**19** 할론 소화설비의 배관시공방법으로 틀린 것은?

① 전용으로 한다.
② 동관을 사용하는 경우 이음이 없는 것을 사용한다.
③ 강관을 사용하는 경우 배관은 압력배관용 탄소강관 중 이음이 없는 것을 사용한다.
④ 주배관은 반드시 스케줄 80 이상의 압력배관용 탄소강관을 사용한다.

**해설** 할론소화설비의 배관
㉠ 전용으로 할 것
㉡ 강관을 사용하는 경우의 배관은 압력배관용 탄소강관(KS D 3562) 중 이음이 없는 스케줄 40 이상의 것 또는 이와 동등 이상의 강도를 가진 것으로 아연도금 등에 의하여 방식처리된 것을 사용할 것
㉢ 동관을 사용하는 경우에는 이음이 없는 동 및 동합금관(KS D 5301)의 것으로서 고압식은 16.5[MPa] 이상, 저압식은 3.75[MPa] 이상의 압력에 견딜 수 있는 것일 것

**20** 자동화재탐지설비의 수신기의 화재표시작동시험과 관계없는 것은?

① 접점수고시험
② 화재표시램프의 시험
③ 지구표시램프의 시험
④ 음향장치의 시험

**해설** 화재표시 작동시험
㉠ 지구램프작동시험
㉡ 화재벨 작동시험
㉢ 화재표시램프의 시험
㉣ 음향장치의 시험

**21** 연결송수관설비에 관한 설명 중 틀린 것은?

① 송수구는 쌍구형으로 하고 소방자동차가 쉽게 접근할 수 있는 위치에 설치할 것
② 송수구의 부근에는 자동배수밸브, 체크밸브를 설치할 것
③ 주배관의 구경은 65[mm] 이상으로 할 것
④ 지면으로부터의 높이가 31[m] 이상인 소방대상물에 있어서는 습식설비로 할 것

**해설** 주배관의 구경
100[mm] 이상

**22** 드렌처(Drencher)설비의 헤드 설치수가 5개일 때 그 수원은 다음 중 어느 것이 맞는가?

① 2,000[L]  ② 4,000[L]
③ 6,000[L]  ④ 8,000[L]

**해설** 드렌처(Drencher)설비의 수원 = N(헤드 수) × 1.6[m³]
= 5 × 1.6[m³] = 8[m³]
= 8,000[L]

**23** 자동화재탐지설비의 수신기의 설치기준으로 옳지 않은 것은?

① 수위실 등 상시 사람이 근무하고 있는 장소에 설치하고 그 장소에는 경계구역 일람도를 설치할 것
② 수신기의 음향기구는 그 음량 및 음색이 다른 기기의 소음 등과 명확히 구별될 수 있는 것으로 할 것
③ 하나의 표시등에는 두 개 이상의 경계구역이 표시되도록 할 것
④ 화재·가스·전기 등에 대한 종합방재반을 설치한 경우에는 당해 조작반에 수신기의 작동과 연동하여 감지기, 중계기 또는 발신기가 작동하는 경계구역을 표시할 수 있는 것으로 할 것

**정답** 19.④ 20.① 21.③ 22.④ 23.③

해설 **수신기의 설치기준**
㉠ 수위실 등 상시 사람이 근무하고 있는 장소에 설치하고, 그 장소에는 경계구역 일람도를 비치할 것
㉡ 수신기의 음향기구는 그 음량 및 음색이 다른 기기의 소음 등과 명확히 구별될 수 있는 것으로 할 것
㉢ 하나의 표시등에는 하나의 경계구역이 표시되도록 할 것
㉣ 수신기는 감지기·중계기 또는 발신기가 작동하는 경계구역을 표시할 수 있는 것으로 할 것
㉤ 화재·가스·전기 등에 대한 종합방재반을 설치한 경우에는 당해 조작반을 수신기의 작동과 연동하여 감지기, 중계기 또는 발신기가 작동하는 경계구역을 표시할 수 있는 것으로 할 것
㉥ 수신기의 조작 스위치는 바닥으로부터 높이가 0.8[m] 이상 1.5[m] 이하인 장소에 설치할 것

> **수신기 설치**
> ① 항상 사람이 있는 곳
> ② 수위실, 중앙방재센터, 숙직실, 관리실

**24** 습식스프링클러설비 외의 설비에 있어서 헤드를 향하여 가지배관의 기울기로서 옳은 것은?

① 가지배관은 헤드를 향하여 상향으로 $\frac{1}{500}$ 이상의 기울기를 가질 것

② 가지배관은 헤드를 향하여 상향으로 $\frac{2}{100}$ 이상의 기울기를 가질 것

③ 가지배관은 헤드를 향하여 상향으로 $\frac{1}{100}$ 이상의 기울기를 가질 것

④ 가지배관은 헤드를 향하여 상향으로 $\frac{1}{250}$ 이상의 기울기를 가질 것

해설 **배수관 및 배관의 기울기**
㉠ 수직배수배관의 구경은 50[mm] 이상으로 할 것
㉡ 습식스프링클러설비 외의 설비에는 헤드를 향하여 상향으로 수평주행배관의 기울기는 $\frac{1}{500}$ 이상, 가지배관의 기울기는 $\frac{1}{250}$ 이상으로 할 것

**25** 감지기는 높이에 따라 설치하는데 8[m] 이상 15[m] 미만의 높이에는 부착할 수 없는 감지기는?
① 이온화식 2종
② 광전식 1종
③ 차동식 분포형
④ 보상식 스포트형

해설 **부착높이에 따른 감지기 설치**

| 부착높이 | 감지기의 종류 | 설치할 수 없는 감지기 |
|---|---|---|
| 8[m] 이상 15[m] 미만 | • 차동식 분포형<br>• 이온화식 1종 또는 2종<br>• 광전식 1종 또는 2종 연기복합형<br>• 불꽃감지기 | • 차동식 스포트형<br>• 보상식 스포트형 |

MEMO